T0328937

Gewasbeschermingsgids 2012

Gewasbeschermingsgids 2012

**Gids voor de gewasbescherming
in de land- en tuinbouw
en het openbaar en particulier groen**

Wageningen Academic
P u b l i s h e r s

De gegevens betreffende de toegelaten gewasbeschermingsmiddelen en werkzame stoffen zijn afkomstig uit de GBK en zijn bijgewerkt tot 1 januari 2012. Gewasbeschermingsmiddelen die na 1 januari 2012 met terugwerkende kracht zijn toegelaten zijn niet opgenomen in deze gids.

ISSN 1571-201X
ISBN 978-90-8686-198-9

Eenentwintigste, geheel herziene druk, 2012

Maker foto omslag: Blahedo
Foto gelicenseerd onder:
Naamsvermelding-Gelijk delen 2.5 Unported
(http://creativecommons.org/licenses/
by-sa/2.5/deed.nl)

De Nederlandse Voedsel- en Warenautoriteit aanvaardt geen enkele aansprakelijkheid voor schade die direct of indirect voortvloeit uit eventuele onjuistheden in de vermeldingen in deze gids. Behoudens hetgeen in de bronvermelding naar de Nederlandse Voedsel- en Warenautoriteit verwijst, is deze organisatie op geen enkele wijze betrokken bij de totstandkoming van deze gids, noch is hij hiervoor aansprakelijk.

De uitgever aanvaardt geen aansprakelijkheid voor eventuele schade, die zou kunnen voortvloeien uit enige fout die in deze publicatie zou kunnen voorkomen.

Voorwoord

Voor u ligt de 21ᵉ editie van de Gewasbeschermingsgids die is samengesteld door Wageningen Academic Publishers met behulp van de gegevens van de Nederlandse Voedsel- en Warenautoriteit (NVWA) (voorheen Plantenziektenkundige Dienst). De term gewasbescherming staat voor alle maatregelen die gericht zijn op het beneden aanvaardbare grenzen brengen of houden van ziekten, plagen en andere schadelijke factoren bij de teelt van gewassen en het beheer van (andere) vegetaties. Met deze gids bieden wij de gebruiker een uniek overzicht van alle mogelijkheden tot gewasbescherming in de verschillende sectoren van de land- en tuinbouw en in het openbaar en particulier groen. Deze gids stelt u niet alleen in staat om snel en efficiënt de gewasbeschermingsmogelijkheden te vinden die benoemd zijn voor specifieke gewassen en/of aantasters maar geeft u ook nuttige aanvullende informatie over de aard en groepering van de verschillende toegelaten gewasbeschermingsmiddelen.

De inhoud van deze gids komt grotendeels voort uit de Gewasbeschermingskennisbank (GBK). Dit is een databank van de Nederlandse Voedsel- en Warenautoriteit waarin gezocht kan worden op alle combinaties van gewassen en plagen en de daarbij benoemde gewasbeschermingsmaatregelen.

De unieke vormgeving van deze gids geeft een goed overzicht van wat gewasbescherming in de praktijk kan inhouden. Niet-chemische maatregelen en biologische en chemische middelen worden per gewasaantaster combinatie benoemd zodat eenieder die gewasbescherming toepast in de praktijk hierin een verantwoorde keuze kan maken.

Wij hopen met deze gids een bijdrage te leveren aan de kennis over de mogelijkheden van geïntegreerde gewasbescherming en wensen iedereen veel gebruiksgemak toe van deze gids.

Allen die een bijdrage hebben geleverd aan het tot stand komen van deze uitgave, hiervoor hartelijk dank!

Inhoudsopgave

Inleiding

In deze gids is alle relevante informatie voor de gewasbescherming zo toegankelijk mogelijk samengebracht.

Deze informatie bestaat uit:

- de in Nederland voorkomende ziekten, plagen, onkruiden en andere teeltproblemen;
- de beschikbare maatregelen om deze ziekten, plagen, onkruiden en andere teeltproblemen te voorkomen en te bestrijden;
- de in Nederland toegelaten gewasbeschermingsmiddelen en de daarbij behorende veiligheidstermijnen en wachttijden.

Bovenstaande informatie kunt u terugvinden in vier verschillende hoofdstukken.

Hoofdstuk 1 bevat informatie over alle gewasbeschermingsmiddelen die per 1 januari 2012 in Nederland zijn toegelaten. Dit hoofdstuk heeft drie ingangen, namelijk de merknaam, de naam van de werkzame stof en de indeling van de werkzame stoffen naar gewasbeschermingsmiddelengroep.

Hoofdstuk 2 vermeldt per teeltgroep en gewas alle voorkomende ziekten, plagen en teeltproblemen waartegen maatregelen bekend zijn en gewasbeschermingsmiddelen zijn toegelaten. Voor de exacte doseringen en specifieke toepassingsomstandigheden van de gewasbeschermingsmiddelen verwijzen wij u naar de gebruiksvoorschriften.

Hoofdstuk 3 geeft informatie over het voorkomen en bestrijden van onkruiden. De algemene niet-chemische maatregelen en de toegelaten herbiciden zijn per sector en gewas weergegeven.

Hoofdstuk 4 vermeldt de veiligheidstermijnen en wachttijden per sector en gewas die wettelijk aangehouden moeten worden na de toepassing van gewasbeschermingsmiddelen.

Tot slot zijn er enkele bijlagen opgenomen met informatie zoals de database van het College voor de Toelating van Gewasbeschermingsmiddelen en Biociden. Ook vindt u in de bijlagen de adressen van de Nederlandse Voedsel- en Warenautoriteit en andere belangrijke instanties op het terrein van de gewasbescherming.

Achter in de gids is een index met plantennamen en objecten opgenomen.

Bij een aantal organismen die in deze gids genoemd worden, staat de vermelding 'dit is een quarantaine organisme'. Voor de actuele bestrijdingsmaatregelen dient u contact op te nemen met de Nederlandse Voedsel- en Warenautoriteit.

1. Toegelaten gewasbeschermingsmiddelen en werkzame stoffen

1.1 Inleiding

In dit hoofdstuk treft u informatie aan over alle gewasbeschermingsmiddelen en werkzame stoffen die toegelaten zijn voor gebruik in de land- en tuinbouw en in het openbaar en particulier groen. Deze informatie is afkomstig uit de Gewasbeschermingskennisbank (GBK) van de Nederlandse Voedsel- en Warenautoriteit. De gegevens over de gewasbeschermingsmiddelen komen voor een belangrijk deel uit de toelatingsbeschikkingen van het College voor de toelating van gewasbeschermingsmiddelen en biociden (Ctgb) en zijn bijgewerkt tot 1 januari 2012.

Dit hoofdstuk bestaat uit een aantal paragrafen waarbij de volgende ingangen gekozen zijn:
- De namen van de toegelaten **gewasbeschermingsmiddelen** (1.2).
  In twee tabellen vindt u informatie over de toegelaten gewasbeschermingsmiddelen. In tabel 1.2.1 zijn de algemene gegevens per middel weergegeven en of het een biocide betreft. In tabel 1.2.2 staan de middelen vermeld met de daarbij behorende bestrijdingsmiddelengroep en de eventuele risico's voor het milieu en de gebruiker.
- De toegelaten **werkzame stoffen** (1.3).
  In deze paragraaf wordt een overzicht gegeven van de toegelaten werkzame stoffen en combinaties van werkzame stoffen. Hier kunt u informatie vinden over de chemische of biologische groep waartoe de stof behoort en over het werkingsmechanisme. Ook de namen van de toegelaten middelen per stof staan vermeld.
- De indeling van de **werkzame stoffen** naar **bestrijdingsmiddelengroep** (1.4).
  In deze paragraaf wordt een overzicht gegeven van de werkzame stoffen waarbij de stoffen ingedeeld zijn naar hun bestrijdende werking (bijvoorbeeld fungiciden ter bestrijding van schimmels). De werkzame stoffen zijn verder onderverdeeld in groepen op basis van hun chemische of biologische groepskenmerken.

1.2 Gewasbeschermingsmiddelen

1.2.1 Algemene gegevens per middel

In deze paragraaf zijn alle gewasbeschermingsmiddelen opgenomen die toegelaten zijn voor gebruik in de land- en tuinbouw en in het openbaar en particulier groen.

- De gewasbeschermingsmiddelen staan alfabetisch gerangschikt op merknaam.
- Achter de merknaam staat het bijbehorende toelatingsnummer
- De toelatingshouder staat vermeld als afkorting. De verklaring van deze afkorting vindt u in Bijlage 2 bij de adressen van de toelatingshouders.
- De uiterste gebruiksdatum geeft aan tot wanneer een middel gebruikt mag worden in dien het middel geen verlenging van toelating heeft gekregen van het Ctgb.
- De formuleringscode is internationaal gestandaardiseerd. Deze codes worden hieronder verklaard.
- De samenstelling uit werkzame stof(fen) met bijbehorende gehalte(n) per middel staat in de laatste kolom.

Verklaring internationale formuleringscodes:

ab	=	lokmiddel op graanbasis
ae	=	aerosol spuitbus
al	=	andere vloeistoffen voor directe toepassing
ap	=	andere poeders voor directe toepassing
cb	=	concentraat voor lokmiddel
cl	=	contactvloeistof of -gel
cs	=	capsule suspensie
dc	=	dispergeerbaar concentraat
dp	=	stuifpoeder
ec	=	emulgeerbare oplossing
es	=	emulsie voor zaadbehandeling
ew	=	emulsie, olie in water
fg	=	fijn granulaat
fs	=	suspensieconcentraat voor zaadbehandeling
ft	=	rooktablet
fu	=	rookontwikkelaar
fw	=	rookpellet
ga	=	gas (onder druk)
gb	=	lokmiddel in korrelvorm
gr	=	granulaat
hn	=	heet vernevelbaar concentraat
ls	=	oplossing voor zaadbehandeling
od	=	olie dispensie
pa	=	pasta
pr	=	plantenstaafje
ps	=	omhuld zaad
rb	=	lokaas (gereed voor gebruik)
sc	=	suspensie concentraat
se	=	suspo emulsie
sg	=	water oplosbaar granulaat
sl	=	met water mengbaar concentraat
sp	=	wateroplosbaar poeder
st	=	wateroplosbaar tablet
tb	=	tablet
tp	=	strooipoeder
ul	=	oplossing voor ULV-toepassing
vp	=	damp ontwikkelend product
vx	=	vloeistof, niet gespecificeerd
wg	=	water dispergeerbaar granulaat
wp	=	spuitpoeder
ws	=	water dispergeerbaar poeder voor vochtige zaadbehandeling
xx	=	diversen
z	=	niet beschikbaar

Tabel 1. Overzicht van toegelaten gewasbeschermingsmiddelen.

Merknaam	Toelatings-nummer (N)	Toelatings-houder[1]	Uiterste gebruiksdatum	Formulering[2]	Werkzame stof(fen)	Gehalte(s)
11 E Olie	5952	BAN		ec	minerale olie	850 g/l
AAmix	12346	BAN		vx	2,4-D	250 g/l
AAmix	12346	BAN		vx	dicamba	50 g/l
AAmix	12346	BAN		vx	MCPA	166 g/l
AAterra ME	8766	UCT		ec	etridiazool	700 g/l
Abamectine HF-G	13207	HOLL		ec	abamectin	18 g/l
Acanto	12432	SYNG		sc	picoxystrobin	250 g/l
Acanto	12432	SYNG		sc	waterstofperoxide	30 %
Accent	13129	DUP		wg	nicosulfuron	75 %
Accurate	13541	CHEA		wg	metsulfuron-methyl	200 g/kg
Acomac	13314	CPAP		vx	glyfosaat	360 g/l
Acrobat DF	12518	BAS		wg	dimethomorf	75 g/kg
Acrobat DF	12518	BAS		wg	mancozeb	667 g/kg
Actara	12679	SYNG		wg	thiamethoxam	25 %
Actellic 50	6469	SYNG		ec	pirimifos-methyl	500 g/l
Activus 40 WG	13297	MAH		wg	pendimethalin	40 %
Admiral	11828	SUMI		ec	pyriproxyfen	100 g/l
Admire	11483	BAN		wg	imidacloprid	70 %
Admire N	12945	BAN		wg	imidacloprid	5 %
Admire O-Teq	12942	BAN		od	imidacloprid	350 g/l
Afalon Flow	11019	BAN		sc	linuron	450 g/l
Afalon SC	12707	AAK		sc	linuron	450 g/l
Affirm	13455	SYNG		sg	emamectin benzoaat	9,5 g/kg
Agri Des[3]	12450	DILE		vx	2-propanol	146 g/l
Agri Des[3]	12450	DILE		vx	didecyldimethylammoniumchloride	78 g/l
Agri Des[3]	12450	DILE		vx	glutaaraldehyde	107 g/l
Agri Des[3]	12450	DILE		vx	quaternaire ammonium verbindingen, benzyl-c8-18-al	171 g/l
Agrichem Asulam 2	11078	AGC	31-dec-12	ec	asulam	400 g/l
Agrichem Bentazon Vloeibaar	7758	AGC		sl	bentazon	480 g/l
Agrichem CCC 750	9151	AGC		sl	chloormequat	750 g/l
Agrichem Deltamethrin	11263	AGC		ec	deltamethrin	25 g/l
Agrichem Diquat	7862	AGC		sl	diquat-dibromide	200 g/l
Agrichem Ethofumesaat (2)	10568	AGC		ec	ethofumesaat	200 g/l
Agrichem Ethofumesaat Flowable	10319	AGC		sc	ethofumesaat	500 g/l
Agrichem Ethofumesaat/Fenmedifam	10572	AGC		sc	ethofumesaat	50 g/l
Agrichem Ethofumesaat/Fenmedifam	10572	AGC		sc	fenmedifam	90 g/l
Agrichem Fenmedifam	9390	AGC		ec	fenmedifam	157 g/l
Agrichem Fluroxypyr	10233	AGC		sl	fluroxypyr	200 g/l
Agrichem Glyfosaat	7866	AGC		sl	glyfosaat	360 g/l
Agrichem Glyfosaat 2	10945	AGC		sl	glyfosaat	360 g/l
Agrichem Glyfosaat B	10946	AGC		sl	glyfosaat	400 g/l
Agrichem Kiemremmer 1%	11003	AGC		ap	chloorprofam	1 %
Agrichem Kiemremmer HN	11004	AGC		al	chloorprofam	300 g/l
Agrichem MCPA	13268	NUFK		sl	MCPA	500 g/l
Agrichem Metamitron	12551	SAPH		sc	metamitron	700 g/l
Agrichem Metamitron 700	11503	AGC		sc	metamitron	700 g/l
Agrichem Metazachloor	12224	AGC		sc	metazachloor	500 g/l
Agrichem Pirimicarb	12236	AGC		wg	pirimicarb	50 %
Agrichem Propyzamide 50	12233	AGC		wp	propyzamide	50 %
Agroxone MCPA	13299	NUFK		sl	MCPA	500 g/l
Akofol 80 WP	11778	AAK	01-jul-12	wp	folpet	80 %
Akopham 320 SC	13105	AAK		sc	fenmedifam	320 g/l
Akosate	12967	AAK		sl	glyfosaat	360 g/l
Alar 64 SP	8589	UCT		wp	daminozide	64 %
Alar 85 SG	12610	UCT		sg	daminozide	85 %
Algclean[3]	13519	CHMT		vx	didecyldimethylammoniumchloride	100 g/l
Algeen[3]	12261	ECH		vx	didecyldimethylammoniumchloride	100 g/l
Algendood[3]	10852	LUX		sl	quaternaire ammonium verbindingen, benzyl-c8-18-al	240 g/l
Algenkiller[3]	13020	LUX		vx	didecyldimethylammoniumchloride	100 g/l
Algenprotector[3]	13457	AMSA		vx	didecyldimethylammoniumchloride	100 g/l
Algenreiniger[3]	12244	ROW		vx	didecyldimethylammoniumchloride	100 g/l

[1] zie bijlage 2; [2] zie begin van deze paragraaf; [3] biocide

1.2 Gewasbeschermingsmiddelen

Merknaam	Toelatings-nummer (N)	Toelatings-houder[1]	Uiterste gebruiksdatum	Formulering[2]	Werkzame stof(fen)	Gehalte(s)
Algenverwijderaar[3]	12243	REM		vx	didecyldimethylammoniumchloride	100 g/l
Algisept[3]	12248	HELI		vx	didecyldimethylammoniumchloride	100 g/l
Algvrij[3]	12255	TEV		vx	didecyldimethylammoniumchloride	100 g/l
Aliette WG	11561	BAN		wg	fosetyl-aluminium	80 %
Allegro	11826	BAS		sc	epoxiconazool	125 g/l
Allegro	11826	BAS		sc	kresoxim-methyl	125 g/l
Allegro Plus	12747	BAS		se	epoxiconazool	125 g/l
Allegro Plus	12747	BAS		se	fenpropimorf	150 g/l
Allegro Plus	12747	BAS		se	kresoxim-methyl	125 g/l
Allure Vloeibaar	11585	BAN		sc	chloorthalonil	330 g/l
Allure Vloeibaar	11585	BAN		sc	prochloraz	105 g/l
Ally SX	10903	DUP		wg	metsulfuron-methyl	20 %
Amega	12661	NUFA		sl	glyfosaat	360 g/l
Amega	13189	NUF		vx	glyfosaat	360 g/l
Amigo	11662	BAN		sc	imidacloprid	350 g/l
Amistar	11767	SYNG		sc	azoxystrobin	250 g/l
Amistar TIP	13197	SYNG		sc	azoxystrobin	200 g/l
Amistar TIP	13197	SYNG		sc	difenoconazool	125 g/l
Anti Bladluis	7468	DNK		ae	piperonylbutoxide	0,6 %
Anti Bladluis	7468	DNK		ae	pyrethrinen	0,12 %
AntiGroen- en Alg[3]	12883	BSI		vx	didecyldimethylammoniumchloride	450 g/l
Anti-Mos	12126	DNK		sp	ijzer(II)sulfaat	95 %
Antimos-R.V.W.	8646	WES		sp	ijzer(II)sulfaat	95 %
Apollo	8794	MAH		sc	clofentezin	500 g/l
Apollo 500 SC	12459	AAK		sc	clofentezin	500 g/l
Apron XL	12280	SYNG		es	metalaxyl-M	339,2 g/l
Aramo	12394	CERT		ec	tepraloxydim	50 g/l
Artus	12692	DUP		wg	carfentrazone-ethyl	40 %
Artus	12692	DUP		wg	metsulfuron-methyl	10 %
Arvicolex	11570	BAN	01-jul-12	cb	bromadiolon	10 g/l
Aseptacarex	11101	ASP		ec	pyridaben	157 g/l
Asulam HF	12776	HOLL	31-dec-12	vx	asulam	400 g/l
Asulox	5282	BAN	31-dec-12	ec	asulam	400 g/l
Atlantis	12748	BAN		wg	iodosulfuron-methyl-natrium	0,6 %
Atlantis	12748	BAN		wg	mesosulfuron-methyl	3 %
Aurora	12362	FMC		wg	carfentrazone-ethyl	400 g/kg
Avadex BW	3201	MONE		ec	tri-allaat	400 g/l
Aviator Xpro	13502	BAN		ec	bixafen	75 g/l
Aviator Xpro	13502	BAN		ec	prothioconazool	150 g/l
Aviso DF	11234	BAS		wg	cymoxanil	4,8 %
Aviso DF	11234	BAS		wg	metiram	57 %
Axial	13066	SYNG	31-jul-13	ec	pinoxaden	100 g/l
Axial 50	13422	SYNG		ec	pinoxaden	50 g/l
Axoris Quick-Gran	13215	COBE		gr	thiamethoxam	12,00 g/kg
Axoris Quick-Sticks	13216	COBE		pr	thiamethoxam	12,00 g/kg
Azoxy HF	13236	HOLL		sc	azoxystrobin	250 g/l
Azur	11328	BAN		vx	diflufenican	20 g/l
Azur	11328	BAN		vx	ioxynil	100 g/l
Azur	11328	BAN		vx	isoproturon	400 g/l
Banvel 4S	11291	SYNG		sl	dicamba	480 g/l
Bardac 22[3]	7086	LON		vx	didecyldimethylammoniumchloride	450 g/l
Bardac 22-200[3]	9616	SPE		vx	didecyldimethylammoniumchloride	100 g/l
Bardac 22-90[3]	9644	ROW		vx	didecyldimethylammoniumchloride	45 g/l
Bartion	12814	BAN		fs	fluoxastrobin	37,5 g/l
Bartion	12814	BAN		fs	prothioconazool	37,5 g/l
Basagran	6034	BAS		sl	bentazon	480 g/l
Basagran SG	12413	BAS		wg	bentazon	87 %
Basta 200	8906	BAN		sl	glufosinaat-ammonium	200 g/l
Baycor Flow	11463	BAN		sc	bitertanol	500 g/l
Bayer mos en groene aanslag spray	13532	BAN		al	decaanzuur	12 g/l
Bayer mos en groene aanslag spray	13532	BAN		al	octaanzuur	17,7 g/l
Bayer onkruid en mos spray	13563	BAN		al	decaanzuur	12 g/l
Bayer onkruid en mos spray	13563	BAN		al	octaanzuur	17,7 g/l
Bellis	12845	BAS		wg	boscalid	25,2 %
Bellis	12845	BAS		wg	pyraclostrobine	12,8 %

[1] zie bijlage 2; [2] zie begin van deze paragraaf; [3] biocide

Merknaam	Toelatings-nummer (N)	Toelatings-houder[1]	Uiterste gebruiksdatum	Formulering[2]	Werkzame stof(fen)	Gehalte(s)
Bentazon-Imex	9549	WES		sl	bentazon	480 g/l
Berelex	4075	SUMI		tb	gibberella zuur A3	9,6 %
Berelex	4075	SUMI		tb	gibberellinezuur	9,6 %
Berelex GA 4/7	5132	SUMI		vx	gibberelline A4 + A7	10 g/l
Beret Gold 025 FS	11943	SYNG		sc	fludioxonil	25 g/l
Beret Gold 025 FS EXC	11978	SYNG		fs	fludioxonil	25 g/l
Betanal Expert	11533	BAN		vx	desmedifam	25 g/l
Betanal Expert	11533	BAN		vx	ethofumesaat	151 g/l
Betanal Expert	11533	BAN		vx	fenmedifam	75 g/l
Betanal Quattro	12697	BAN		se	desmedifam	20 g/l
Betanal Quattro	12697	BAN		se	ethofumesaat	100 g/l
Betanal Quattro	12697	BAN		se	fenmedifam	60 g/l
Betanal Quattro	12697	BAN		se	metamitron	200 g/l
Betasana SC	13234	UPL		sc	fenmedifam	160 g/l
Beta-Team EC	13258	AGC		ec	desmedifam	16 g/l
Beta-Team EC	13258	AGC		ec	ethofumesaat	128 g/l
Beta-Team EC	13258	AGC		ec	fenmedifam	62 g/l
Better DF	12456	OXOI		wg	chloridazon	65 %
Biathlon	13142	BAS		wg	tritosulfuron	71,4 %
BIO 1020	12589	NOVO		gr	*Metarhizium anisopliae* stam fs2	9x10^8 cfu/g
Bio Alg Forte[3]	12948	RAME		vx	didecyldimethylammoniumchloride	450 g/l
Bio Groen[3]	12321	DASI		vx	didecyldimethylammoniumchloride	100 g/l
Bio Mos[3]	11969	PROF		vx	didecyldimethylammoniumchloride	100 g/l
Biosoft-S[3]	13254	AVF		vx	didecyldimethylammoniumchloride	100 g/l
Biox M	13493	XEDA		hn	groenemuntolie	100 %
Bofort	13389	DOWA		ec	aminopyralid	30,2 g/l
Bofort	13389	DOWA		ec	fluroxypyr-meptyl	144 g/l
Bonzi	9611	SYNG		ec	paclobutrazol	4 g/l
Borneo	13227	SUMI		sc	etoxazool	110 g/l
Botanigard Vloeibaar	12611	CERT		vx	*Beauveria bassiana* stam gha	2x10^10 cfu/ml
Botanigard WP	12612	CERT		sp	*Beauveria bassiana* stam gha	3,7x10^10 cfu/g
Boxer	10701	SYNG		ec	prosulfocarb	800 g/l
Brabant 2,4-D/Dicamba	5582	AGC		sl	2,4-D	250 g/l
Brabant 2,4-D/Dicamba	5582	AGC		sl	dicamba	120 g/l
Brabant Amitrol Vloeibaar	6049	AGC		sl	amitrol	250 g/l
Brabant Amitrol Vloeibaar	13332	NUFK		sl	amitrol	250 g/l
Brabant Captan Flowable	10331	AGC		sc	captan	500 g/l
Brabant Chloor-IPC VL	5134	AGC		ec	chloorprofam	400 g/l
Brabant Linuron Flowable	10372	AGC		sc	linuron	500 g/l
Brabant Mancozeb Flowable	10274	AGC		sc	mancozeb	500 g/l
Brabant Mixture	5089	AGC		sc	2,4-D	250 g/l
Brabant Mixture	5089	AGC		sc	dicamba	50 g/l
Brabant Mixture	5089	AGC		sc	MCPA	166 g/l
Brabant Slakkendood	4377	LOCO		gb	metaldehyde	6 %
Brabant Spuitzwavel 2	10123	AGC		wp	zwavel	80 %
Bravo Premium	13549	SYNG		sc	chloorthalonil	250 g/l
Bravo Premium	13549	SYNG		sc	propiconazool	62,5 g/l
Budget Abamectine 18 EC	13208	ITIC		ec	abamectin	18 g/l
Budget Azoxystrobin 250 SC	13344	ITIC		sc	azoxystrobin	250 g/l
Budget Chloorthalonil 500 SC	12654	ITIC		sc	chloorthalonil	500 g/l
Budget Fluroxypyr 200 EC	12659	ITIC		ec	fluroxypyr	200 g/l
Budget Linuron 450 SC	12592	ITIC		sc	linuron	450 g/l
Budget Maleine Hydrazide SG	12827	ITIC		sg	maleine hydrazide	61 %
Budget Metamitron SC	12687	ITIC		sc	metamitron	700 g/l
Budget Metlaxyl-M SL	13244	ITIC		sl	metalaxyl-M	465,2 g/l
Budget Milbectin 1% EC	13204	ITIC		ec	milbemectin	1 %
Budget Nicosulfuron 40 SC	12542	ITIC		sc	nicosulfuron	40 g/l
Budget Prochloraz 45 EW	12543	ITIC		ew	prochloraz	450 g/l
Butisan S	8660	BAS		sc	metazachloor	500 g/l
Buttress	13441	NUFK		sl	2,4-Db	400 g/l
Calaris	12878	SYNG		sc	mesotrione	70 g/l
Calaris	12878	SYNG		sc	terbuthylazine	330 g/l
Callisto	12204	SYNG		sc	mesotrione	100 g/l
Calypso	12452	BAN		dc	thiacloprid	480 g/l
Calypso	13007	HUN		sc	thiacloprid	480 g/l

[1] zie bijlage 2; [2] zie begin van deze paragraaf; [3] biocide

Merknaam	Toelatings-nummer (N)	Toelatings-houder[1]	Uiterste gebruiksdatum	Formulering[2]	Werkzame stof(fen)	Gehalte(s)
Calypso Pro	12922	BAN		sc	thiacloprid	480 g/l
Calypso Spray	12813	BAN		al	thiacloprid	0,015 %
Calypso Vloeibaar	12818	BAN		se	thiacloprid	0,92 %
Calypso Vloeibaar	12835	BAN		se	thiacloprid	0,92 %
Cambatec	13210	AGRT		sl	dicamba	480 g/l
Cantack	12939	BAN		sc	acequinocyl	164 g/l
Canvas	13530	NUFK		sc	amisulbrom	200 g/l
Capri Twin	13257	DOWA		wg	florasulam	22,8 g/kg
Capri Twin	13257	DOWA		wg	pyroxsulam	68,3 g/kg
Captan 480 SC	10949	MAH	01-jul-12	sc	captan	480 g/l
Captan 80 WG	12300	TOM		wg	captan	80 %
Captan 83% Spuitpoeder	6864	AAK	01-jul-12	wp	captan	83 %
Captan 83% Spuitpoeder	11037	MAH	01-jul-12	wp	captan	83 %
Captosan 500 SC	10104	SYNG		sc	captan	500 g/l
Captosan Spuitkorrel 80 WG	11515	SYNG		wg	captan	80 %
Caragoal GR	4379	LUX		gr	metaldehyde	6,4 %
Caramba	12746	BAS		sl	metconazool	60 g/l
Carpovirusine Plus	11819	ASP		sc	*Cydia pomonella* granulose virus	6,7x10^{12} cfu/l
Catamaran	13450	PRO		vx	glyfosaat	360 g/l
CeCeCe	7938	BAS		sl	chloormequat	750 g/l
Centium 360 CS	12148	FMC		cs	clomazone	360 g/l
Cerall	13069	BELC		fs	*Pseudomonas chlororaphis* stam ma342	10^{10} cfu/ml
Ceridor MCPA	13334	NUFK		vx	MCPA	500 g/l
Certis Chloor-IPC 40% Vloeibaar	3992	LUX		ec	chloorprofam	400 g/l
Cetabever Houtreiniger 2-in-1[3]	12401	AKZO		vx	didecyldimethylammoniumchloride	50 g/l
Challenge	8950	BAN		sc	aclonifen	600 g/l
Chekker	12664	BAN	01-jun-12	wg	amidosulfuron	12,5 %
Chekker	12664	BAN	01-jun-12	wg	iodosulfuron-methyl-natrium	1,25 %
Chemtec Algendoder Concentraat[3]	12260	CLPR		vx	didecyldimethylammoniumchloride	100 g/l
Chlorisyl	11198	CHIA		ec	chloorprofam	400 g/l
Chorus 50 WG	12097	SYNG		wg	cyprodinil	50 %
Chrysal AVB	12617	ENHO		sl	zilverthiosulfaat	98,7 %
Chrysal BVB	12884	CHRY		sl	6-benzyladenine	19 g/l
Chrysal BVB	12884	CHRY		sl	benzyladenine	19 g/l
Chrysal BVB	12884	CHRY		sl	gibberelline A4 + A7	19 g/l
Chrysal Plus	13004	BAN		sl	ethefon	480 g/l
Chrysal RVB	12192	CHRY		sl	aluminiumsulfaat	44,9 g/l
Chrysal SVB	11048	SUMI		tb	gibberelline	26,4 %
Chrysal SVB	11048	SUMI		tb	gibberellinezuur	26,4 %
Chryzoplus Grijs	8541	RZP		ap	3-indolylboterzuur	0,8 %
Chryzoplus Grijs	8541	RZP		ap	indolylboterzuur	0,8 %
Chryzopon Rose	8543	RZP		ap	3-indolylboterzuur	0,1 %
Chryzopon Rose	8543	RZP		ap	indolylboterzuur	0,1 %
Chryzosan Wit	6266	RZP		ap	3-indolylboterzuur	0,6 %
Chryzosan Wit	6266	RZP		ap	indolylboterzuur	0,6 %
Chryzotek Beige	8542	RZP		ap	3-indolylboterzuur	0,4 %
Chryzotek Beige	8542	RZP		ap	indolylboterzuur	0,4 %
Chryzotop Groen	9160	RZP		ap	3-indolylboterzuur	0,25 %
Chryzotop Groen	9160	RZP		ap	indolylboterzuur	0,25 %
CIPC 400 EC	12930	AGPH		vx	chloorprofam	400 g/l
Citin Groene Aanslag Verwijderaar[3]	10762	SPOT		sl	didecyldimethylammoniumchloride	50 g/l
Clean-up	13406	BIOI		vx	glyfosaat	360 g/l
Clear-Up 120	13567	BAN		sl	glyfosaat	120 g/l
Clear-Up 360 N	12593	CHEA		sl	glyfosaat	360 g/l
Clear-up concentraat	13291	NUFK		vx	glyfosaat	360 g/l
Clear-Up Foam	12730	BAN		ae	glyfosaat	0,62 %
Clear-Up Spray	11972	BAN	01-aug-12	al	glufosinaat-ammonium	2 g/l
Clear-Up Spray N	12769	BAN		sl	glyfosaat	7,2 g/l
Cliness	13286	NUFK		vx	glyfosaat	360 g/l
Clinic	11962	NUFA		sl	glyfosaat	360 g/l
Clio	12849	BAS		sc	topramezone	30,0 %
Cliophar 100 SL	11955	CHIA		sl	clopyralid	100 g/l
Collis	12504	BAS		sc	boscalid	200 g/l
Collis	12504	BAS		sc	kresoxim-methyl	100 g/l

[1] zie bijlage 2; [2] zie begin van deze paragraaf; [3] biocide

Merknaam	Toelatings-nummer (N)	Toelatings-houder[1]	Uiterste gebruiksdatum	Formulering[2]	Werkzame stof(fen)	Gehalte(s)
Comet	12411	BAS		ec	pyraclostrobine	250 g/l
Comet Duo	12921	BAS		se	epoxiconazool	62,5 g/l
Comet Duo	12921	BAS		se	pyraclostrobine	85 g/l
Compo Groenreiniger Concentrate[3]	13110	COBE		vx	didecyldimethylammoniumchloride	45 g/l
Conqueror	11651	AGC		ec	desmedifam	16 g/l
Conqueror	11651	AGC		ec	ethofumesaat	128 g/l
Conqueror	11651	AGC		ec	fenmedifam	62 g/l
Consento	12859	BAN		sc	fenamidone	6,73 %
Consento	12859	BAN		sc	propamocarb	375 g/l
Consento	12859	BAN		sc	propamocarb-hydrochloride	375 g/l
Conserve	12363	DOWA		sc	spinosad	120 g/l
Contans WG	12423	BIPA		wg	*Coniothyrium minitans* stam con/m/91-8	5 %
Corbel	8158	BAS		ec	fenpropimorf	750 g/l
Corzal	12433	AGC		se	fenmedifam	157 g/l
Cruiser 350 FS	12913	SYNG		fs	thiamethoxam	350 g/l
Cruiser 600 FS	12863	SYNG		fs	thiamethoxam	600 g/l
Cruiser 70 WS	12852	SYNG		ws	thiamethoxam	70 %
Curzate 60DF	12755	DUP		wg	cymoxanil	60 %
Curzate M	8708	DUP		wp	cymoxanil	4,5 %
Curzate M	8708	DUP		wp	mancozeb	68 %
Cyd-X	13248	CERT		sc	*Cydia pomonella* granulose virus	$3x10^{13}$ gv/l
Cyd-X Xtra	13329	CERT		sc	*Cydia pomonella* granulose virus	$3x10^{13}$ gv/l
Cymoxanil-M	11687	LUX		wp	cymoxanil	4,5 %
Cymoxanil-M	11687	LUX		wp	mancozeb	65 %
Cyperkill 250 EC	13169	AGPH		ec	cypermethrin	250 g/l
Daconil 500 Vloeibaar	7827	SYNG		sc	chloorthalonil	500 g/l
Damine 500	11195	CHIA		sl	2,4-D	500 g/l
Danadim 40	12128	CHEA		ec	dimethoaat	400 g/l
Danadim Progress	9978	CHEA		ec	dimethoaat	400 g/l
Danisaraba 20SC	13439	OTSU		z	cyflumetofen	200 g/l
Dazide Enhance	8962	FAL		sp	daminozide	85 %
Decis Micro	8388	BAN	01-jul-13	sc	deltamethrin	6,2 %
Defi	13235	SYNG		ec	prosulfocarb	800 g/l
Delan DF	10001	BAS		sg	dithianon	70 %
Delaro	12877	BAN		sc	prothioconazool	175 g/l
Delaro	12877	BAN		sc	trifloxystrobin	150 g/l
Delfin	10944	AGRI		wg	*Bacillus thuringiensis* subsp. *kurstaki*	$32x10^6$ cfu/g
Deltamethrin E.C. 25	10135	WES		ec	deltamethrin	25 g/l
Deptil Steriquat[3]	12898	HYP		vx	didecyldimethylammoniumchloride	100 g/l
Derrex	13507	NEUD		gb	ijzer(III)fosfaat	2,97 %
Desbest 710[3]	12837	FRVE		vx	didecyldimethylammoniumchloride	100 g/l
Desfix-Bam[3]	12259	VAT		vx	didecyldimethylammoniumchloride	100 g/l
Desquat L[3]	9532	VEC		vx	didecyldimethylammoniumchloride	30 g/l
Diabolo SL	8921	JAS		sl	imazalil	100 g/l
Dicamix-G Vloeibaar	3807	LUX		sl	2,4-D	292,78 g/l
Dicamix-G Vloeibaar	3807	LUX		sl	dicamba	62,50 g/l
Dicamix-G Vloeibaar	3807	LUX		sl	MCPA	192,86 g/l
Dimanin[3]	9984	BAN		sc	quaternaire ammonium verbindingen, benzyl-c8-18-al	75 g/l
Dimanin Spray[3]	13265	BAN		vx	didecyldimethylammoniumchloride	2,5 g/l
Dimanin-Algendoder[3]	5699	BAN		sl	quaternaire ammonium verbindingen, benzyl-c8-18-al	330 g/l
Dimanin-Ultra[3]	11302	BAN		sc	quaternaire ammonium verbindingen, benzyl-c8-18-al	330 g/l
Dimilin Spuitpoeder 25%	6774	UCT		wp	diflubenzuron	25 %
Dimilin Vloeibaar	10604	UCT		sc	diflubenzuron	480 g/l
Dimistar Progress	12597	CHEA		ec	dimethoaat	400 g/l
Dipel	5845	SUMI		wp	*Bacillus thuringiensis* subsp. *kurstaki*	16000 iu/mg
Dipel ES	11425	SUMI		sc	*Bacillus thuringiensis* subsp. *kurstaki*	17600 iu/mg
Dipper	12838	CITR		sl	ascorbinezuur	20 g/kg
Dithane DG Newtec	10318	DOWA		wg	mancozeb	75 %
Dual Gold 960 EC	12096	SYNG		ec	S-metolachloor	960 g/l
Duplosan MCPP	9531	BAS		sl	mecoprop-P	600 g/l
Duplosan MCPP	13372	NUFK		sl	mecoprop-P	600 g/l

[1] zie bijlage 2; [2] zie begin van deze paragraaf; [3] biocide

Merknaam	Toelatings- nummer (N)	Toelatings- houder[1]	Uiterste gebruiksdatum	Formulering[2]	Werkzame stof(fen)	Gehalte(s)
Dutch Trig	11050	ARC		al	*Verticillium albo-atrum* stam wcs850	10,7 g/l
E.P. Algex[3]	12262	ECPO		vx	didecyldimethylammoniumchloride	100 g/l
Eagle	12502	BAN	01-jun-12	wg	amidosulfuron	75 %
Eco Steryl[3]	12271	ACIB		vx	didecyldimethylammoniumchloride	100 g/l
Eco-D[3]	13109	RECP		vx	didecyldimethylammoniumchloride	45 g/l
Eco-Slak	13300	BIOI		gb	ijzer(III)fosfaat	1 %
Effect	12908	AGC		sc	ethofumesaat	200 g/l
Elumis	13192	SYNG		od	mesotrione	75 g/l
Elumis	13192	SYNG		od	nicosulfuron	30 g/l
Embalit NT[3]	11624	HOET		vx	quaternaire ammonium verbindingen, benzyl-c8-18-al	490 g/l
Embalit NTK[3]	11622	HOET		vx	quaternaire ammonium verbindingen, benzyl-c8-18-al	49 g/l
Emblem	12695	NUFA		wp	bromoxynil	20 %
Envidor	12477	BAN		sc	spirodiclofen	240 g/l
Envision	12523	CHEA		sl	glyfosaat	360 g/l
Enzicur	12940	KPP		sp	kaliumjodide	52 g/kg
Enzicur	12940	KPP		sp	kaliumthiocyanaat	22 g/kg
Escar-Go tegen slakken Ferramol	12167	NEUD		gr	ijzer(III)fosfaat	1 %
Ethosat 500 SC	13196	MAH		sc	ethofumesaat	500 g/l
Ethrel-A	6355	BAN		sl	ethefon	480 g/l
Ethybloc TM Tabs	13331	ROHP		vp	1-methylcyclopropeen	0,63 %
Ethylene Buster	13319	RAH		vp	1-methylcyclopropeen	0,63 %
Etna	13424	AGC		vx	glyfosaat	360 g/l
Evergreen Anti-Mos + Gazonmest	11770	ASF		gr	ijzer(II)sulfaat	14,2 %
Evergreen Anti-Onkruid + Gazonmest	11941	SCOT		gr	2,4-D	0,7 %
Evergreen Anti-Onkruid + Gazonmest	11941	SCOT		gr	dicamba	0,1 %
Evergreen Greenkeeper	12959	SCOT		sg	2,4-D	0,8 %
Evergreen Greenkeeper	12959	SCOT		sg	dicamba	0,12 %
Exact	11222	BAN		vx	triadimenol	50 g/l
Exact SC	13308	BAN		sc	triadimenol	312 g/l
Exact-Vloeibaar	11223	BAN		vx	triadimenol	50 g/l
Exemptor	13138	BAN		gr	thiacloprid	10 %
Exomone C	13309	EXOS		z	codlemon	1,0 g/l
Falgro	10095	FAL		tb	gibberella zuur A3	12 %
Falgro	10095	FAL		tb	gibberelline A4 + A7	1,33 %
Falgro	10095	FAL		tb	gibberellinezuur	12 %
Fame	13289	BAN		wg	flubendiamide	240 g/kg
Fandango	12723	BAN		ec	fluoxastrobin	100 g/l
Fandango	12723	BAN		ec	prothioconazool	100 g/l
Fenomenal	12824	BAN		wg	fenamidone	6,0 %
Fenomenal	12824	BAN		wg	fosetyl-aluminium	60 %
Fenoxycarb 25 W.G.	11891	WES		wg	fenoxycarb	25 %
Ferramol Ecostyle Slakkenkorrels	12118	NEUD		gr	ijzer(III)fosfaat	1 %
Fervent Groen Weg[3]	12441	IPER		vx	didecyldimethylammoniumchloride	450 g/l
Fiesta	13137	BAS		sc	chloridazon	400 g/l
Fiesta	13137	BAS		sc	quinmerac	50 g/l
Finale SL 14	10645	BAN		sl	glufosinaat-ammonium	150 g/l
Finesse Vloeibaar	11977	BAN		vx	chloorthalonil	500 g/l
Finion Slakkenkorrels	3473	BEBO		gb	metaldehyde	6,4 %
Finy	12965	AGC		wg	metsulfuron-methyl	20 %
Fleche	13345	NUFK		vx	glyfosaat	360 g/l
Flexity	12737	BAS		sc	metrafenon	300 g/l
Flint	12289	BAN		wg	trifloxystrobin	500 g/kg
Flitser concentraat	13396	BAN		vx	decaanzuur	9,7 %
Flitser concentraat	13396	BAN		vx	nonaanzuur	9,4 %
Flitser spray	13397	BAN		vx	decaanzuur	1,8 %
Flitser spray	13397	BAN		vx	nonaanzuur	1,8 %
Floramite 240 SC	12421	UCT		sc	bifenazaat	240 g/l
Florever	12643	BKM		sl	zilverthiosulfaat	98,7 %
Florissant 100	12644	FLOR		sl	zilverthiosulfaat	98,7 %
Florissant 200	12214	FLOR		tb	gibbereline	26,4 %
Florissant 200	12214	FLOR		tb	gibberellinezuur	26,4 %
Florissant 600	12215	FLOR		sl	aluminiumsulfaat	44,9 g/l
Floxy	12807	CHIA		vx	fluroxypyr	200 g/l

[1] zie bijlage 2; [2] zie begin van deze paragraaf; [3] biocide

Merknaam	Toelatings-nummer (N)	Toelatings-houder[1]	Uiterste gebruiksdatum	Formulering[2]	Werkzame stof(fen)	Gehalte(s)
Fluazinam 500 SC	11906	WES		sc	fluazinam	500 g/l
Flurostar 200	13370	GLOB		ec	fluroxypyr	200 g/l
Fluroxypyr Vloeibaar	9685	WES	31-jul-13	ec	fluroxypyr	200 g/l
Fluxyr 200 EC	13416	AGC		ec	fluroxypyr-meptyl	288 g/l
Focus Plus	10866	BAS		ec	cycloxydim	100 g/l
Folicur	11765	BAN		wg	tebuconazool	25 %
Folicur SC	13057	BAN		sc	tebuconazool	430 g/l
Folio Gold	12994	SYNG		sc	chloorthalonil	500 g/l
Folio Gold	12994	SYNG		sc	metalaxyl-M	36,3 g/l
Folpan 80 WP	11246	MAH	01-jul-12	wp	folpet	80 %
Foodclean Des 30[3]	12239	FOOD		vx	didecyldimethylammoniumchloride	100 g/l
Force	13135	SYNG		fs	tefluthrin	200 g/l
Freshstart	12726	RAH		vp	1-methylcyclopropeen	3,3 %
Freshstart Singles	12641	RAH		vp	1-methylcyclopropeen	33 g/kg
Freshstart TM Tabs	13330	ROHP		vp	1-methylcyclopropeen	0,63 %
Frontier Optima	12283	BAS		ec	dimethenamide-P	64 %
Frupica	12221	CERT		wp	mepanipyrim	50 %
Frupica SC	12229	CERT		sc	mepanipyrim	440 g/l
Fubol Gold	12537	SYNG		wg	mancozeb	64 %
Fubol Gold	12537	SYNG		wg	metalaxyl-M	3,9 %
Fungaflor 100 EC	7119	JAS		ec	imazalil	100 g/l
Fungaflor Rook	9657	JAS		fu	imazalil	15 %
Fusilade Max	12519	SYNG		ec	fluazifop-P-butyl	125 g/l
Fylan Flow	12117	HFY		sc	fluazinam	500 g/l
Fythane DG	13016	DOWA		wg	mancozeb	75 %
Galipur	12489	AGC		sc	ethofumesaat	500 g/l
Gamma Groene Aanslag Verwijderaar[3]	12864	GAMM		vx	didecyldimethylammoniumchloride	45 g/l
Gamma Mosbestrijder	12614	INGA		tp	ijzer(II)sulfaat	66,5 %
Gardo Old	13145	SYNG		sc	S-metolachloor	312,5 g/l
Gardo Old	13145	SYNG		sc	terbuthylazine	187,5 g/l
Garlon 4 E	8344	DOWA	30-nov-12	ec	triclopyr	480 g/l
Gaucho	11455	BAN		ps	imidacloprid	70 %
Gaucho Rood	11601	BAN	01-jul-13	ws	imidacloprid	70 %
Gaucho Tuinbouw	12341	BAN		ws	imidacloprid	70 %
Gazelle	12809	CERT		sp	acetamiprid	200 g/kg
Gazonfloranid met Onkruidverdelger	7631	COBE		gr	2,4-D	0,7 %
Gazonfloranid met Onkruidverdelger	7631	COBE		gr	dicamba	0,1 %
Gazon-Insect	12919	BAN		wg	imidacloprid	5 %
Gazon-Net N	11997	BAN		sl	2,4-D	250 g/l
Gazon-Net N	11997	BAN		sl	dicamba	50 g/l
Gazon-Net N	11997	BAN		sl	MCPA	166 g/l
Genoxone ZX	13497	AGPH		ec	2,4-D	140 g/l
Genoxone ZX	13497	AGPH		ec	triclopyr	144 g/l
Gibb Plus	12463	GLOB		sl	gibberelline A4 + A7	10 g/l
Gladjanus GA 4-7	10673	WES	31-jul-13	vx	gibberelline A4 + A7	10 g/l
Glifonex	11040	DANA		sl	glyfosaat	360 g/l
GLY-360	13470	CHEA		sl	glyfosaat	360 g/l
GLY-7,2	13471	CHEA		sl	glyfosaat	7,2 g/l
Glycar	11055	MONA		sl	glyfosaat	360 g/l
Glyfall	11676	HERM		sl	glyfosaat	360 g/l
Glyfos	11227	CHEA		vx	glyfosaat	360 g/l
Glyfos Envision 120 g/l	12594	CHEA		sl	glyfosaat	120 g/l
Glyfos Envision 7.2 g/l	12595	CHEA		sl	glyfosaat	7,2 g/l
Glyper 360 SL	12216	NOFI		vx	glyfosaat	360 g/l
Glyphogan	11230	MAH		sl	glyfosaat	360 g/l
Goltix 70 WG	12709	AAK		wg	metamitron	700 g/kg
Goltix 700 SC	13089	AAK		sc	metamitron	700 g/l
Goltix SC	12629	MAH		sc	metamitron	700 g/l
Goltix Super	12982	MAH		sc	ethofumesaat	150 g/l
Goltix Super	12982	MAH		sc	metamitron	350 g/l
Goltix WG	8629	MAH		wg	metamitron	70 %
Gras-Weg	12429	WES		ec	tepraloxydim	50 g/l
Gratil	11883	BAN	01-jun-12	wg	amidosulfuron	75 %
Green Clean 3[3]	12277	LCI		sl	didecyldimethylammoniumchloride	100 g/l
Green Kill[3]	12881	BSI		vx	didecyldimethylammoniumchloride	45 g/l

[1] zie bijlage 2; [2] zie begin van deze paragraaf; [3] biocide

Merknaam	Toelatings-nummer (N)	Toelatings-houder[1]	Uiterste gebruiksdatum	Formulering[2]	Werkzame stof(fen)	Gehalte(s)
Greendelete[3]	13123	VOS		vx	didecyldimethylammoniumchloride	100 g/l
Greenfix	11628	DENK		sl	glyfosaat	360 g/l
Greenfix NW	13036	CHEA		sl	glyfosaat	360 g/l
Greenfix NW Ready to Use	13188	CHEA		sl	glyfosaat	7,2 g/l
Greenfix Onkruidruimer	11873	LUX	01-aug-12	al	glufosinaat-ammonium	2 g/l
Greenmaster Fine Turf Extra	9353	SCOT		gr	2,4-D	0,7 %
Greenmaster Fine Turf Extra	9353	SCOT		gr	dicamba	0,1 %
Greenstop Pro[3]	12973	CID		vx	didecyldimethylammoniumchloride	45 g/l
Groen aanslagverwijderaar & desinfectie[3]	13224	FRIS		vx	didecyldimethylammoniumchloride	45 g/l
Groene Aanslag Reiniger[3]	13418	HORT		vx	didecyldimethylammoniumchloride	45 g/l
Groene Aanslag Reiniger[3]	12613	DNK		vx	quaternaire ammonium verbindingen, benzyl-c8-18-al	75 g/l
Groenreiniger[3]	13267	EWET		vx	didecyldimethylammoniumchloride	100 g/l
Gro-Stop Basis	11631	CERT		ec	chloorprofam	300 g/l
Gro-Stop Electro	13494	CERT		hn	chloorprofam	636 g/l
Gro-Stop Fog	4563	LUX		al	chloorprofam	300 g/l
Gro-Stop Innovator	12638	CERT		ul	chloorprofam	300,0 g/l
Gro-Stop Poeder	4285	CERT		ap	chloorprofam	1 %
Gro-Stop Ready	12637	CERT		ew	chloorprofam	120,0 g/l
Gro-Stop Rood	4301	LUX		ap	chloorprofam	1 %
Halamid-D[3]	8241	VEIP		sl	natrium-p-tolueensulfonchloramide	81 %
HBV Algen en Groenverwijderaar[3]	12267	HBV		vx	didecyldimethylammoniumchloride	100 g/l
HC-Fix[3]	12257	HUCH		vx	didecyldimethylammoniumchloride	100 g/l
Herbiclean Concentraat	13551	BAN		vx	decaanzuur	9,7 %
Herbiclean Concentraat	13551	BAN		vx	nonaanzuur	9,4 %
Herbiclean Spray	13550	BAN		vx	decaanzuur	1,8 %
Herbiclean Spray	13550	BAN		vx	nonaanzuur	1,8 %
Heritage	12553	SYNG		wg	azoxystrobin	50 %
Hermosan 80 WG	11609	HERM		wg	thiram	80 %
HG Groene Aanslag Reiniger[3]	9374	HGI		sl	didecyldimethylammoniumchloride	50 g/l
HG groene aanslag reiniger kant & klaar[3]	13228	HGI		vx	didecyldimethylammoniumchloride	2,5 g/l
HG Onkruidweg	13568	HGI		al	decaanzuur	12 g/l
HG Onkruidweg	13155	HGI		sl	glyfosaat	7,2 g/l
HG Onkruidweg	13568	HGI		al	octaanzuur	17,7 g/l
HG onkruidweg concentraat	13298	CHEA		vx	glyfosaat	360 g/l
HGX "Spray Tegen Bladluis"	11776	HGI		ae	piperonylbutoxide	0,075 %
HGX "Spray Tegen Bladluis"	11776	HGI		ae	pyrethrinen	0,03 %
HGX Natuurvriendelijke Korrels Tegen Slakken	12774	NEUD		gr	ijzer(III)fosfaat	1 %
Himalaya 60 SG	13411	AGPH		sg	maleïne hydrazide	60 %
Holland Fytozide	11132	HFY		sp	daminozide	85 %
Horizon	11125	BAN	31-okt-12	ec	tebuconazool	250 g/l
Hussar	12517	BAN		wg	iodosulfuron-methyl-natrium	5 %
Hussar Vloeibaar	12869	BAN		od	iodosulfuron-methyl-natrium	100 g/l
Imax 100 SL	13199	AGC		sl	imazalil	100 g/l
Imax 200 EC	13125	AGC		ec	imazalil	200 g/l
Imex Iprodion Flo	12430	WES		sc	iprodion	500 g/l
Imex Linuron Flow	12431	WES		sc	linuron	450 g/l
Imex-Abamactine 2	13190	WES		ec	abamectin	18 g/l
Imex-Asulam	8018	WES	31-dec-12	sl	asulam	400 g/l
Imex-Daminozide SG	12587	WES		sg	daminozide	85 %
Imex-Diquat	10479	WES		sl	diquat-dibromide	200 g/l
Imex-Fenoxaprop	12844	WES		sl	fenoxaprop-P-ethyl	69 g/l
Imex-Glyfosaat	13025	WES		sl	glyfosaat	360 g/l
Imex-Glyfosaat 2	8597	WES		sl	glyfosaat	360 g/l
Imex-Imidacloprid	11547	WES	31-jul-13	wg	imidacloprid	70 %
Imex-Metribuzin	8545	WES		gr	metribuzin	70 %
Imex-Propamocarb	11175	WES	30-sep-12	sl	propamocarb-hydrochloride	722 g/l
Infinito	12927	BAN		sc	fluopicolide	62,5 g/l
Infinito	12927	BAN		sc	propamocarb	525,2 g/l
Infinito	12927	BAN		sc	propamocarb-hydrochloride	523,5 g/l
Insegar 25 WG	11643	SYNG		wg	fenoxycarb	25 %
Intrakeur Gazonherstelset 1450 GR	12105	INTR		tp	ijzer(II)sulfaat	66,5 %

[1] zie bijlage 2; [2] zie begin van deze paragraaf; [3] biocide

Merknaam	Toelatings-nummer (N)	Toelatings-houder[1]	Uiterste gebruiksdatum	Formulering[2]	Werkzame stof(fen)	Gehalte(s)
Intratuin gazonmest + Anti-onkruid	13237	SCOT		gr	2,4-D	0,7 %
Intratuin gazonmest + Anti-onkruid	13237	SCOT		gr	dicamba	0,1 %
Intratuin Mosbestrijder	12404	INTR		tp	ijzer(II)sulfaat	60 %
Intratuin Onkruidbestrijder met Gazonmeststof	12402	INTR		gr	2,4-D	0,7 %
Intratuin Onkruidbestrijder met Gazonmeststof	12402	INTR		gr	dicamba	0,1 %
Isomate CLR	13415	CBC		vp	(z)-11-tetradecenyl-acetaat	37,8 %
Isomate CLR	13415	CBC		vp	(z)-tetradec-9enylacetaat	6,5 %
Isomate CLR	13415	CBC		vp	codlemon	36,2 %
Isomate CLR	13415	CBC		vp	dodecan-1-ol	5,6 %
Isomate CLR	13415	CBC		vp	tetradecanol	1,0 %
Isomexx	13342	NUFA		wg	metsulfuron-methyl	20 %
Isopan	4372	CHIA		ec	chloorprofam	400 g/l
Itcan	13335	KREG		sp	maleine hydrazide	600 g/kg
Javelin	10904	BAN		sc	diflufenican	62,5 g/l
Javelin	10904	BAN		sc	isoproturon	500 g/l
Jepolinex	6215	LUX		sl	2,4-D	250 g/l
Jepolinex	6215	LUX		sl	dicamba	120 g/l
Karate met Zeon Technologie	12698	SYNG		cs	lambda-cyhalothrin	100 g/l
Kart	13290	DOWA		se	florasulam	1,0 g/l
Kart	13290	DOWA		se	fluroxypyr-meptyl	144,09 g/l
KB Slakkendood	12443	SCOT		gr	metaldehyde	6 %
Kenbyo FL	11841	BAS		sc	kresoxim-methyl	500 g/l
Kenbyo MZ	12512	BAS		wg	kresoxim-methyl	17 %
Kenbyo MZ	12512	BAS		wg	mancozeb	50 %
Kerb 50 W Spuitpoeder	5785	CERT		wp	propyzamide	50 %
Kerb Flo	13152	DOWA		sc	propyzamide	400 g/l
Keropur	12487	AGC		vx	ethofumesaat	50 g/l
Keropur	12487	AGC		vx	fenmedifam	90 g/l
Klaverblad-Glyfosaat	10045	KLC		sc	glyfosaat	360 g/l
K-Obiol ULV 6	13136	BAN		ul	deltamethrin	6,0 g/l
Kohinor 70 WG	12972	MAH	01-jul-12	wg	imidacloprid	70 %
Kohinor 70 WG	13363	MAH		wg	imidacloprid	70 %
Kontakt 320 SC	12899	MAH		sc	fenmedifam	320 g/l
Kruidvat Groene Aanslag Verwijderaar[3]	12135	SPOT		sl	didecyldimethylammoniumchloride	50 g/l
Kumulus S	6147	BAS		wp	zwavel	80 %
Laddok N	10792	BAS		sc	bentazon	200 g/l
Laddok N	10792	BAS		sc	terbuthylazine	200 g/l
Landgoed Groene Aanslag Verwijderaar[3]	12494	AGRR		vx	didecyldimethylammoniumchloride	50 g/l
Langwerkende Gazonmest met Onkruidbestrijder	12137	SCOT		gr	2,4-D	0,7 %
Langwerkende Gazonmest met Onkruidbestrijder	12137	SCOT		gr	dicamba	0,1 %
Late-Val Vloeibaar	9887	LUX		sl	1-naftylazijnzuur	100 g/l
Latitude	13379	MONB		fs	silthiofam	125 g/l
Laudis	13287	BAN		od	tembotrione	44 g/l
Laudis WG	13514	BAN		wg	isoxadifen-ethyl	10 %
Laudis WG	13514	BAN		wg	tembotrione	20 %
Legacy 500 SC	13553	MAH		sc	diflufenican	500 g/l
Legurame Vloeibaar	5634	FEIN		vx	carbetamide	300 g/l
Lentagran WP	12915	BELC		wp	pyridaat	45 %
Lijnfix	11992	NOVH		sl	maleine hydrazide	186,5 g/l
Linurex 50 SC	12557	MAH		sc	linuron	500 g/l
Lirotect Super 375 SC	10098	SYNG		sc	imazalil	125 g/l
Lirotect Super 375 SC	10098	SYNG		sc	thiabendazool	250 g/l
Lizetan Plantenspray	12832	BAN		ae	piperonylbutoxide	0,6 %
Lizetan Plantenspray	12832	BAN		ae	pyrethrinen	0,12 %
Lontrel 100	11526	DOWA		vx	clopyralid	100 g/l
Luizendoder	13022	LUX		vx	piperonylbutoxide	162,3 g/l
Luizendoder	13022	LUX		vx	pyrethrinen	40,7 g/l
Lurectron Nevelautomaat[3]	11016	DNK		ae	dichloorvos	15 %
Lurectron Nevelautomaat Extra[3]	11100	RIW		ae	dichloorvos	15 %
Luxan Algencleaner[3]	13018	LUX		vx	didecyldimethylammoniumchloride	45 g/l

[1] zie bijlage 2; [2] zie begin van deze paragraaf; [3] biocide

Merknaam	Toelatings-nummer (N)	Toelatings-houder[1]	Uiterste gebruiksdatum	Formulering[2]	Werkzame stof(fen)	Gehalte(s)
Luxan Glyfosaat Vloeibaar	10793	DENK		sl	glyfosaat	360 g/l
Luxan MCPA 500 VLB.	12407	LUX		vx	MCPA	500 g/l
Luxan Mollentabletten	8717	LUX		ft	aluminium-fosfide	57 %
Luxan Mosdood	11630	LUX		sp	ijzer(II)sulfaat	95 %
Luxan Pyrethrum Vloeibaar	9431	LUX		ec	piperonylbutoxide	240 g/l
Luxan Pyrethrum Vloeibaar	9431	LUX		ec	pyrethrinen	24 g/l
Luxan Slakkenkorrels Super	12365	LUX		gb	metaldehyde	6,4 %
Luxan Spuitzwavel	4960	LUX		wp	zwavel	80 %
Madex	12202	KPP		sc	*Cydia pomonella* granulose virus	3x10^10 virus/ml
Madex Plus	13302	KPP		sc	*Cydia pomonella* granulose virus	3x10^13 gv/l
Magnate 100 SL	12836	MAH		sl	imazalil	100 g/l
Magtoxin WM	9182	DEE		fw	magnesiumfosfide	66 %
Maister	12544	BAN		wg	foramsulfuron	300 g/l
Maister	12544	BAN		wg	iodosulfuron-methyl-natrium	10,0 g/kg
Maister Vloeibaar	13187	BAN		od	foramsulfuron	30 g/l
Maister Vloeibaar	13187	BAN		od	iodosulfuron-methyl-natrium	1 g/l
Malvin WG	6782	TOM		wg	captan	80 %
Manconyl 2	11471	WES		wp	mancozeb	80 %
Masai	11833	BAS		sg	tebufenpyrad	25 %
Masai 25 WG	11781	BAS		sg	tebufenpyrad	25 %
Mastana SC	13489	AGC		sc	mancozeb	500 g/l
Matador	12015	BAN		ec	tebuconazool	250 g/l
Matador	12015	BAN		ec	triadimenol	125 g/l
Match	12821	SYNG		ec	lufenuron	50 g/l
Matos	13226	DOWA		sl	glyfosaat	360 g/l
Maxcel	13147	SUMI		sl	6-benzyladenine	1,93 %
Maxcel	13147	SUMI		sl	benzyladenine	1,93 %
Maxim 100 FS	13275	SYNG		fs	fludioxonil	100 g/l
Maxim XL	12302	SYNG		fs	fludioxonil	25 g/l
Maxim XL	12302	SYNG		fs	metalaxyl-M	9,7 g/l
Mecop PP-2	12678	WES		sl	mecoprop-P	600 g/l
Medax TOP	13401	BAS		sc	mepiquatchloride	300 g/l
Medax TOP	13401	BAS		sc	prohexadione-calcium	50 g/l
Megasept[3]	12305	MEGA		vx	didecyldimethylammoniumchloride	100 g/l
Mellerud Groene Aanslag Verwijderaar 1,0 L / 2,5 L[3]	12603	MELL		vx	didecyldimethylammoniumchloride	100 g/l
Meltatox	5076	BAS		ec	dodemorf	400 g/l
Menno Clean	12784	BRIN		sl	benzoëzuur	90 g/l
Menno Ter Forte[3]	9308	TUH		sc	didecyldimethylammoniumchloride	320 g/l
Merit Turf	13321	BAN		gr	imidacloprid	0,5 %
Merlin	11894	BAN		wg	isoxaflutool	75 %
Merpan Basic WP	11037	MAH	01-jul-12	wp	captan	83 %
Merpan Flowable	12892	MAH		sc	captan	500 g/l
Merpan Spuitkorrel	11462	MAH		wg	captan	80 %
Mesurol 500 SC	11720	BAN		sc	methiocarb	500 g/l
Mesurol FS	12964	BAN		fs	methiocarb	500 g/l
Mesurol Pro	4859	BAN		gb	methiocarb	4 %
Met52 granulair bioinsecticide	13437	NOVO		gr	*Metarhizium anisopliae* stam fs2	9 x 10^8 cfu/g
Metafox 700 WG	12900	FUCH		gr	metamitron	70 %
Metald-Slakkenkorrels	10163	BAN		gb	metaldehyde	6 %
Metald-Slakkenkorrels N	12174	BAN		gr	metaldehyde	6,4 %
Metazachloor-500	9316	WES		sc	metazachloor	500 g/l
Micro-Clean[3]	12680	FORM		vx	didecyldimethylammoniumchloride	100 g/l
Microsan[3]	12249	HOM		vx	didecyldimethylammoniumchloride	100 g/l
Microsol[3]	12351	GROB		vx	didecyldimethylammoniumchloride	100 g/l
Microsulfo	12397	BAN		wg	zwavel	80 %
Mikado	11813	BAN	01-jan-13	sc	sulcotrion	300 g/l
Milagro	11996	SYNG		sc	nicosulfuron	40 g/l
Milagro Extra 60D	13043	ISK		od	nicosulfuron	60 g/l
Milbeknock	12364	SUMI		ec	milbemectin	1 %
Mildin 750 EC	12373	SYNG		ec	fenpropidin	750 g/l
Mirage 45 EC	11099	AAK		ec	prochloraz	450 g/l
Mirage 45 EC	12000	MAH		ec	prochloraz	450 g/l
Mirage Elan	11824	MAH		sc	prochloraz	450 g/l

[1] zie bijlage 2; [2] zie begin van deze paragraaf; [3] biocide

Merknaam	Toelatings-nummer (N)	Toelatings-houder[1]	Uiterste gebruiksdatum	Formulering[2]	Werkzame stof(fen)	Gehalte(s)
Mirage Plus 570 SC	11529	MAH		sc	folpet	450 g/l
Mirage Plus 570 SC	11529	MAH		sc	prochloraz	120 g/l
Mistral 70 WG	13040	FEIN		wg	metribuzin	700 g/kg
Mocap 15G	13220	STRU		gr	ethoprofos	150 g/kg
Mocap 20 GS	12516	BAN	31-mrt-13	gr	ethoprofos	20 %
Moddus 250 EC	12063	SYNG		ec	trinexapac-ethyl	250 g/l
Modipur	12488	AGC		sc	metamitron	700 g/l
Mogeton	12599	ASP		wg	quinoclamine	53,5 %
Mon 79632	13435	MONE		sl	glyfosaat	360 g/l
Monam CleanStart	6321	BAS		sc	metam-natrium	510 g/l
Monam Geconc.	6443	LUX		sl	metam-natrium	510 g/l
Monami	13059	BAN	01-jul-13	sc	imidacloprid	17,5 g/l
Monami	13059	BAN	01-jul-13	sc	pencycuron	250 g/l
Monarch	13144	BELC		sc	flutolanil	460 g/l
Moncereen Droogontsmetter	9102	BAN		tp	pencycuron	12,5 %
Moncereen Vloeibaar	8935	BAN		sc	pencycuron	250 g/l
Mos-10[3]	12352	SCHO		vx	didecyldimethylammoniumchloride	100 g/l
Mosbestrijder met Gazonmest	11640	WOF		gr	ijzer(II)sulfaat	14,2 %
Mosdood	5535	MEL		gr	ijzer(II)sulfaat	95 %
Mosmiddel	9327	BAN		sp	ijzer(II)sulfaat	95 %
Mosskil Plus	9679	SCOT		sg	ijzer(II)sulfaat	14,2 %
Movento	13404	BAN		od	spirotetramat	150 g/l
MS VB-08[3]	13173	BAN		wg	imidacloprid	10 %
Mucosin-AT[3]	12046	KOLB		vx	didecyldimethylammoniumchloride	450 g/l
Mundial	12802	BAS		fs	fipronil	500 g/l
Muscodel[3]	12252	VOS		vx	didecyldimethylammoniumchloride	100 g/l
Mycostop	11708	VERD		wp	*Streptomyces griseoviridis* k61 isolate	10^8 cfu/g
Mycotal	10980	KPP		wp	*Lecanicillium muscarium* stam ve6	10^{10} sp/g
Nativo	13211	BAN		wg	tebuconazool	500 g/kg
Nativo	13211	BAN		wg	trifloxystrobin	250 g/kg
Naturado Gazonmest met mosbe-strijder	13239	SCOT		gr	ijzer(II)sulfaat	14,2 %
Naturado Gazonmest met onkruidbe-strijder	13238	SCOT		gr	2,4-D	0,7 %
Naturado Gazonmest met onkruidbe-strijder	13238	SCOT		gr	dicamba	0,1 %
Neemazal-T/S	12455	ASP		ec	azadirachtin	10 g/l
Nemasol	9635	UCN		sl	metam-natrium	510 g/l
Nemathorin 10G	12417	ISK		fg	fosthiazaat	10 %
Neonet 500 HN	12924	AGPH		vx	chloorprofam	500 g/l
Neonet Dust	12928	AGPH		tp	chloorprofam	1 %
Neonet Start	12929	AGPH		ec	chloorprofam	300 g/l
Neu 1181M	13318	NEUD		gb	ijzer(III)fosfaat	29,7 g/kg
Nicanor 20 SX	12739	MAH		sg	metsulfuron-methyl	20 %
Nimrod Vloeibaar	6834	MAH		ec	bupirimaat	250 g/l
Nissorun Spuitpoeder	9704	CERT		wp	hexythiazox	10 %
Nissorun Vloeibaar	10379	CERT		sc	hexythiazox	250 g/l
Nocturn	13359	SUMI		ew	pyridalyl	100 g/l
Nogerma Aardappel-Kiemremmer	5830	CHIA		ap	chloorprofam	1 %
Nogerma RTU	13465	AGPH		al	chloorprofam	120 g/l
Nogerma Starter	12645	CHIA		ec	chloorprofam	300 g/l
Nogerma Vloeibaar 500	5829	CHIA		al	chloorprofam	500 g/l
Nomolt	9914	BAS		vx	teflubenzuron	150 g/l
Oberon	12588	BAN		sc	spiromesifen	240 g/l
Oblix 200 EC	12907	AGC		ec	ethofumesaat	200 g/l
Obsthormon 24A	6083	ASP		sl	1-naftylazijnzuur	75 g/l
Ohayo	10710	ISK		sc	fluazinam	500 g/l
Olie-H	6598	LUX		ec	minerale olie	800 g/l
Olie-H	6598	LUX		ec	paraffine olie	96 %
Olympus	12787	SYNG		sc	azoxystrobin	80 g/l
Olympus	12787	SYNG		sc	chloorthalonil	400 g/l
Onkruid	12880	INTR		sl	glyfosaat	7,2 g/l
Onkruid Stop	12180	CHRY		sl	2,4-D	250 g/l
Onkruid Stop	12180	CHRY		sl	dicamba	50 g/l
Onkruid Stop	12180	CHRY		sl	MCPA	166 g/l

[1] zie bijlage 2; [2] zie begin van deze paragraaf; [3] biocide

Merknaam	Toelatings-nummer (N)	Toelatings-houder[1]	Uiterste gebruiksdatum	Formulering[2]	Werkzame stof(fen)	Gehalte(s)
Onkruid Totaal	11976	POC		sl	glyfosaat	360 g/l
Onkruid Totaal Stop	11980	CHRY	01-aug-12	al	glufosinaat-ammonium	2 g/l
Onkruidbestrijder	13051	ACTI		vx	decaanzuur	1,8 %
Onkruidbestrijder	13051	ACTI		vx	nonaanzuur	1,8 %
Onkruiddoder	12634	DNK		sl	glyfosaat	7,2 g/l
Onkruidkiller	13032	CHEA		sl	glyfosaat	360 g/l
Opera	12509	BAS		se	epoxiconazool	50 g/l
Opera	12509	BAS		se	pyraclostrobine	133 g/l
Opus	11408	BAS		sc	epoxiconazool	125 g/l
Opus Team	11407	BAS		se	epoxiconazool	84 g/l
Opus Team	11407	BAS		se	fenpropimorf	250 g/l
Oriënza Quat[3]	12127	VHS		vx	didecyldimethylammoniumchloride	46 g/l
Ortiva	12169	SYNG		sc	azoxystrobin	250 g/l
Ortiva Garden	13100	SYNG		sc	azoxystrobin	250 g/l
Orvego	13317	BAS		sc	ametoctradin	300 g/l
Orvego	13317	BAS		sc	dimethomorf	225 g/l
Orvego MZ	13442	BAS		z	ametoctradin	8,0 %
Orvego MZ	13442	BAS		z	mancozeb	48,0 %
Ovirex VS	9388	WES		ec	minerale olie	850 g/l
Panic	12639	DOWA		sc	glyfosaat	360 g/l
Panic Free	13186	DOWA		sl	glyfosaat	360 g/l
Pantopur	12486	AGC		ec	desmedifam	16 g/l
Pantopur	12486	AGC		ec	ethofumesaat	128 g/l
Pantopur	12486	AGC		ec	fenmedifam	62 g/l
Paraat	11432	BAS		wp	dimethomorf	50 %
Parimco Abamectine	11588	PAR	01-jul-13	ec	abamectin	18 g/l
Parimco Abamectine Nieuw	13171	PAR		ec	abamectin	18 g/l
Park Gazonmest met Onkruidbestrijder	8370	COBE		gr	2,4-D	0,7 %
Park Gazonmest met Onkruidbestrijder	8370	COBE		gr	dicamba	0,1 %
Park Mosbestrijder	7890	BAT		sp	ijzer(II)sulfaat	66,5 %
Pearl Paint Groene Aanslag Verwijderaar[3]	12604	PEAR		vx	didecyldimethylammoniumchloride	45 g/l
Penncozeb 80 WP	8758	EAA		wp	mancozeb	80 %
Penncozeb DG	10421	EAA		wg	mancozeb	75 %
Perfekthion	6169	BAS		ec	dimethoaat	400 g/l
Philabuster 400 SC	12983	JAS		sc	imazalil	200 g/l
Philabuster 400 SC	12983	JAS		sc	pyrimethanil	200 g/l
Pilot	12279	NISS		vx	quizalofop-P-ethyl	50 g/l
Pirimor	5794	SYNG		wg	pirimicarb	50 %
Pirimor Rookontwikkelaar	5793	SYNG		fu	pirimicarb	10 %
Plenum 50 WG	12491	SYNG		wg	pymetrozine	50 %
Plushine Groene Aanslag Verwijderaar[3]	12675	ZEND		vx	didecyldimethylammoniumchloride	45 g/l
Pokon Groene Aanslag[3]	12109	CHRY		sl	didecyldimethylammoniumchloride	450 g/l
Pokon Groene Aanslag Stop[3]	12839	CHRY		vx	didecyldimethylammoniumchloride	45 g/l
Pokon Hardnekkige Insecten Stop	12958	CHRY		ae	piperonylbutoxide	0,6 %
Pokon Hardnekkige Insecten Stop	12958	CHRY		ae	pyrethrinen	0,12 %
Pokon Luizen Stop	11514	CHRY		ae	piperonylbutoxide	0,6 %
Pokon Luizen Stop	11514	CHRY		ae	pyrethrinen	0,12 %
Pokon Mos Weg !	13240	SCOT		gr	ijzer(II)sulfaat	14,2 %
Pokon Mos Weg!	9019	CHRY		sp	ijzer(II)sulfaat	60 %
Pokon Onkruid Totaal Stop	12733	CHRY		sl	glyfosaat	7,2 g/l
Pokon onkruid totaal stop concentraat	13346	NUFK		vx	glyfosaat	360 g/l
Pokon Onkruid Weg!	13241	SCOT		gr	2,4-D	0,7 %
Pokon Onkruid Weg!	13241	SCOT		gr	dicamba	0,1 %
Pokon Onkruid Weg!	8392	CHRY		gr	2,4-D	0,7 %
Pokon Onkruid Weg!	8392	CHRY		gr	dicamba	0,1 %
Pokon Plantstick	12219	CHRY		pr	imidacloprid	2,5 %
Pokon Schimmel Stop	12768	CHRY		ae	tebuconazool	0,15 g/kg
Pokon Slakken Stop	11346	CHRY		ab	metaldehyde	6,4 %
Polder 1%	13325	AGC		dp	chloorprofam	1 %
Polder 300 HN	13324	AGC		z	chloorprofam	300 g/l
Policlean	13225	DOWA		sl	glyfosaat	360 g/l
Polyram DF	10378	BAS		wg	metiram	80 %
Pomonellix	13054	ARYS		vx	Cydia pomonella granulose virus	1x10^{13} gv/l
Poncho Beta	13044	BAN		fs	beta-cyfluthrin	53,3 g/l

[1] zie bijlage 2; [2] zie begin van deze paragraaf; [3] biocide

Merknaam	Toelatings-nummer (N)	Toelatings-houder[1]	Uiterste gebruiksdatum	Formulering[2]	Werkzame stof(fen)	Gehalte(s)
Poncho Beta	13044	BAN		fs	clothianidine	400 g/l
Poncho Rood	13276	BAN		fs	clothianidine	600 g/l
Potazil 100 SL	12862	MAH		sl	imazalil	100 g/l
Powertwinn	13185	MAH		sc	ethofumesaat	200 g/l
Powertwinn	13185	MAH		sc	fenmedifam	200 g/l
Preferal	12694	BIBB		wg	Paecilomyces fumosoroseus apopka stam 97	2×10^9 cfu/g
Prelude 20 LF	13214	PLNT		ls	prochloraz	200 g/l
Prestop	13413	VERD		wp	Gliocladium catenulatum stam j1446	2×10^8 cfu/g
Prestop Mix	13414	VERD		ws	Gliocladium catenulatum stam j1446	10^8 cfu/g
Previcur Energy	13221	BAN		sl	fosetyl	310 g/l
Previcur Energy	13221	BAN		sl	fosetyl-aluminium	310 g/l
Previcur Energy	13221	BAN		sl	propamocarb	530 g/l
Primo Maxx	12706	SYNG		sl	trinexapac-ethyl	121 g/l
Primstar	12585	DOWA		sc	florasulam	2,5 g/l
Primstar	12585	DOWA		sc	fluroxypyr	100 g/l
Primstar	12585	DOWA		sc	fluroxypyr-meptyl	144 g/l
Primus	12175	DOWA		sc	florasulam	50 g/l
Priori Xtra	12762	SYNG		sc	azoxystrobin	200 g/l
Priori Xtra	12762	SYNG		sc	cyproconazool	80 g/l
Proclaim	13260	SYNG		sg	emamectin benzoaat	0,95 %
Prodoradix Agro	13077	VKKA		wp	Pseudomonas sp. stam dsmz 13134	$6,6\times10^{10}$ cfu/g
Progold Algvrij[3]	12937	CLPR		vx	didecyldimethylammoniumchloride	100 g/l
Proline	12725	BAN		ec	prothioconazool	250 g/l
Promanal Gebruiksklaar	11859	NEUD		xx	minerale olie	2,28 %
Promanal-R Concentraat	13202	NEUD		ec	koolzaadolie	825,3 g/l
Promanal-R Concentraat	13202	NEUD		ec	pyrethrinen	4,59 g/l
Promanal-R Gebruiksklaar	13201	NEUD		vx	koolzaadolie	8,25 g/l
Promanal-R Gebruiksklaar	13201	NEUD		vx	pyrethrinen	0,05 g/l
Proplant	12918	AGPH		sl	propamocarb-hydrochloride	736,7 g/l
Propyzamide 50% WP	8223	WES		wp	propyzamide	50 %
Prosaro	12843	BAN		ec	prothioconazool	125 g/l
Prosaro	12843	BAN		ec	tebuconazool	125 g/l
Proseed	10918	LUX		sc	thiram	400 g/l
Protect Pro	13203	AAK		sl	ascorbinezuur	20 g/kg
Protectol BN 18[3]	11329	AAK		vx	bronopol	200 g/l
Protex-Abamectine	12810	ARES		ec	abamectin	18 g/l
Protex-Dicamba-I 480 SL	13079	MAP		sl	dicamba	480 g/l
Provado Garden	12115	BAN		wg	imidacloprid	5 %
Provado Insectenpin	11998	BAN		pr	imidacloprid	2,5 %
Proxanil	13217	AGPH		sc	cymoxanil	50 g/l
Proxanil	13217	AGPH		sc	propamocarb-hydrochloride	400 g/l
Puma S EW	12379	BAN		sl	fenoxaprop-P-ethyl	69 g/l
Puma S EW	12379	BAN		sl	mefenpyr-diethyl	18,75 g/l
Pyramin DF	12228	BAS		wg	chloridazon	65 %
Pyramin FL	12227	BAS		sc	chloridazon	430 g/l
Pyrethrum Plantspray	12447	LUX		ae	piperonylbutoxide	0,6 %
Pyrethrum Plantspray	12447	LUX		ae	pyrethrinen	0,12 %
Pyrethrum Spray	12389	BAN		ae	piperonylbutoxide	0,6 %
Pyrethrum Spray	12389	BAN		ae	pyrethrinen	0,12 %
Pyrethrum Vloeibaar	10797	DNK		ec	piperonylbutoxide	162,3 g/l
Pyrethrum Vloeibaar	12390	BAN		vx	piperonylbutoxide	162,3 g/l
Pyrethrum Vloeibaar	10797	DNK		ec	pyrethrinen	40,7 g/l
Pyrethrum Vloeibaar	12390	BAN		vx	pyrethrinen	40,7 g/l
Pyristar 250 CF	13274	MAH		cs	chloorpyrifos	250 g/l
Quatril[3]	12241	CHEI		vx	didecyldimethylammoniumchloride	100 g/l
Quickdown	13246	CERT		ec	pyraflufen-ethyl	2,5 %
Quit	13565	NEUD		sl	maleine hydrazide	30 g/l
Quit	13565	NEUD		sl	nonaanzuur	186,7 g/l
Quit Spray	13564	NEUD		al	maleine hydrazide	4,95 g/l
Quit Spray	13564	NEUD		al	nonaanzuur	31,0 g/l
Radicale 2	11087	WES		sl	glufosinaat-ammonium	150 g/l
Rak 3	11815	BAS		vp	codlemon	80,3 %
Rak 3+4	12467	BAS		vp	(z)-11-tetradecenyl-acetaat	75,8 %
Rak 3+4	12467	BAS		vp	(z)-11-tetradecenyl-acetaat	75,8 %

[1] zie bijlage 2; [2] zie begin van deze paragraaf; [3] biocide

Merknaam	Toelatings-nummer (N)	Toelatings-houder[1]	Uiterste gebruiksdatum	Formulering[2]	Werkzame stof(fen)	Gehalte(s)
Rak 3+4	12467	BAS		vp	codlemon	73 %
Rak 4	12469	BAS		vp	(z)-11-tetradecenyl-acetaat	75,8 %
Rak 4	12469	BAS		vp	(z)-11-tetradecenyl-acetaat	75,8 %
Ranman	12282	ISK		sc	cyazofamide	400 g/l
Ranman Top	13467	ISK		z	cyazofamide	160 g/l
Raptol	13230	NEUD		ec	koolzaadolie	825,3 g/l
Raptol	13230	NEUD		ec	pyrethrinen	4,59 g/l
Raxil T	12701	BAN		fs	tebuconazool	3,76 g/l
Raxil T	12701	BAN		fs	thiram	262,2 g/l
Redigo	13547	BAN		fs	prothioconazool	100 g/l
Redigo Pro	13548	BAN		fs	prothioconazool	150 g/l
Redigo Pro	13548	BAN		fs	tebuconazool	20 g/l
Regalis	12317	BAS		wg	prohexadione-calcium	10 %
Reglone	5581	SYNG		sl	diquat-dibromide	200 g/l
Reglone	5581	SYNG		sl	diquat-dibromide	200 g/l
Regulex	12070	HERM		sl	gibberelline A4 + A7	10 g/l
Rem	10011	LIJN		sl	maleïne hydrazide	186,5 g/l
Resolva	13167	SYNG		sl	glyfosaat	151,4 g/l
Resolva 24H	13388	SYNG		sl	glyfosaat	153 g/l
Resolva 24H Spray	13419	SYNG		sl	glyfosaat	8,3 g/l
Resolva Spray	13166	SYNG		sl	glyfosaat	8,4 g/l
Resolva Ultra	13231	SYNG		sl	glyfosaat	360 g/l
Restrain	13126	REST		ga	ethyleen	
Result 10[3]	12378	AGOS		vx	didecyldimethylammoniumchloride	100 g/l
Revus	12969	SYNG		sc	mandipropamid	250 g/l
Revus Gardan	13261	SYNG		sc	mandipropamid	250 g/l
Rhizopon A Poeder	6282	RZP		ap	3-indolylazijnzuur	0,5/0,7/1 %
Rhizopon A Poeder	6282	RZP		ap	indolylazijnzuur	0,5/0,7/1 %
Rhizopon A Tabletten	6283	RZP		tb	3-indolylazijnzuur	20 %
Rhizopon A Tabletten	6283	RZP		tb	indolylazijnzuur	20 %
Rhizopon AA Poeder	6284	RZP		ap	3-indolylboterzuur	0,5 %
Rhizopon AA Poeder	6284	RZP		ap	indolylboterzuur	0,5 %
Rhizopon AA Tabletten	6285	RZP		tb	3-indolylboterzuur	20 %
Rhizopon AA Tabletten	6285	RZP		tb	indolylboterzuur	20 %
Rhizopon B Poeder	6286	RZP		ap	1-naftylazijnzuur	0,1/0,2 %
Rhizopon B Tabletten	6287	RZP		tb	1-naftylazijnzuur	10 %
Ridomil Gold	12281	SYNG		ec	metalaxyl-M	465,2 g/l
Rizolex Vloeibaar	11098	SUMI		wp	tolclofos-methyl	500 g/l
Rocket EC	13378	CERT		ec	triflumizool	150 g/l
Rosacur	12728	BAN		se	tebuconazool	45,9 g/l
Rosacur Pro	12931	BAN		wg	tebuconazool	25 %
Rosacur Spray	12693	BAN		ae	tebuconazool	0,15 g/kg
Rosaflor	12220	BKM		sl	aluminiumsulfaat	44,9 g/l
Rosate 36	13466	ALBA		sl	glyfosaat	360 g/l
Roundup	6483	MONE		sl	glyfosaat	360 g/l
Roundup +	12960	MONE		sl	glyfosaat	360 g/l
Roundup Econ 400	11553	MONE		sl	glyfosaat	400 g/l
Roundup Energy	12546	MONE		sg	glyfosaat	68 %
Roundup Evolution	11228	MONE		sl	glyfosaat	360 g/l
Roundup Force	13546	MONE		sl	glyfosaat	360 g/l
Roundup Huis & Tuin	10099	MONE		sl	glyfosaat	360 g/l
Roundup Max	12545	MONE		sl	glyfosaat	450 g/l
Roundup Ready To Use	10867	MONE		sl	glyfosaat	7,2 g/l
Rovral Aquaflo	8928	BAN		sc	iprodion	500 g/l
Roxasect Slakkenkorrels	12410	NEUD		gr	ijzer(III)fosfaat	1 %
Roxy	13164	QCHE		ec	prosulfocarb	800 g/l
Royal MH-30	8063	UCT		sc	maleïne hydrazide	186,5 g/l
Royal MH-Spuitkorrel	11599	UCT		sg	maleïne hydrazide	61 %
Rudis	12970	BAN		sc	prothioconazool	480 g/l
Runner	12696	DOWA		sc	methoxyfenozide	240 g/l
Safari	11754	DUP		wg	triflusulfuron-methyl	50 %
Samson 4SC	11995	ISK		sc	nicosulfuron	40 g/l
Samson Extra 6% OD	12987	ISK		od	nicosulfuron	60 g/l
Sanosept 80 H[3]	11928	TISP		vx	didecyldimethylammoniumchloride	100 g/l
Scala	11555	BAN		sc	pyrimethanil	400 g/l

[1] zie bijlage 2; [2] zie begin van deze paragraaf; [3] biocide

Merknaam	Toelatings-nummer (N)	Toelatings-houder[1]	Uiterste gebruiksdatum	Formulering[2]	Werkzame stof(fen)	Gehalte(s)
Scala	12124	HERM		sc	pyrimethanil	400 g/l
Scelta	13440	CERT		sc	cyflumetofen	20 %
Scitec	13269	SYNG		ec	trinexapac-ethyl	250 g/l
Scomrid Aerosol	13284	CERT		ae	imazalil	2 %
Score 10 WG	12497	BAS		wg	difenoconazool	10 %
Score 250 EC	11453	SYNG		ec	difenoconazool	250 g/l
Scotts Onkruidbestrijder met Gazonmest	11508	SCOT		sg	2,4-D	0,8 %
Scotts Onkruidbestrijder met Gazonmest	11508	SCOT		sg	dicamba	0,12 %
Scutello	11420	SUMI		wp	*Bacillus thuringiensis* subsp. *kurstaki*	16000 iu/mg
Scutello L	11695	SUMI		sc	*Bacillus thuringiensis* subsp. *kurstaki*	17600 iu/mg
Securo	12955	BAS		sc	folpet	300 g/l
Securo	12955	BAS		sc	pyraclostrobine	100 g/l
Seguris Flexi	13510	SYNG		ec	isopyrazam	125 g/l
Sencor WG	8024	BAN		wg	metribuzin	70 %
Septi-Bac 250[3]	12344	BICL		vx	didecyldimethylammoniumchloride	100 g/l
Septiquad[3]	12268	MIL		vx	didecyldimethylammoniumchloride	100 g/l
Shirlan	12205	SYNG		sc	fluazinam	500 g/l
Signum	12630	BAS		wg	boscalid	26,7 %
Signum	12630	BAS		wg	pyraclostrobine	6,7 %
Signum S	13477	BAS		wg	boscalid	26,7 g/kg
Signum S	13477	BAS		wg	pyraclostrobine	6,7 %
Skyway Xpro	13513	BAN		ec	bixafen	75 g/l
Skyway Xpro	13513	BAN		ec	prothioconazool	100 g/l
Skyway Xpro	13513	BAN		ec	tebuconazool	100 g/l
Slakkenbestrijder	13320	PROG		gr	ijzer(III)fosfaat	1 %
Slakkerdode3r	13448	PROG		gr	ijzer(III)fosfaat	1 %
Sluxx	13316	NEUD		gb	ijzer(III)fosfaat	29,7 g/kg
Smart Bayt	13107	BAN		rb	ijzer(III)fosfaat	1,62 %
Smart Bayt Slakkenkorrels	13566	NEUD		gb	ijzer(III)fosfaat	1 %
Smartfresh	12522	RAH		vp	1-methylcyclopropeen	33 g/kg
Sombrero	13524	MAH		fs	imidacloprid	600 g/l
Spectrum	13456	BAS		ec	dimethenamide	720 g/l
Spectrum+A586	13456	BAS		ec	dimethenamide-P	720 g/l
Sphere	12602	BAN		wg	cyproconazool	160 g/l
Sphere	12602	BAN		wg	trifloxystrobin	375 g/l
Sphinx	11041	POLY		sc	glyfosaat	360 g/l
Spirit	13168	MAH		sc	folpet	450 g/l
Spirit	13168	MAH		sc	tebuconazool	100 g/l
Splendid	7774	BAN		ec	deltamethrin	25 g/l
Spore-Stop	12984	KPP		sp	kaliumjodide	0,06 g/l
Spore-Stop	12984	KPP		sp	kaliumthiocyanaat	0,02 g/l
Sporgon	8555	BAN		ec	prochloraz	46 %
Sportak EW	11567	BAN		ew	prochloraz	450 g/l
Spotlight Plus	12361	FMC		ec	carfentrazone-ethyl	60,0 g/l
Spruzit Gebruiksklaar	11947	ECOS		ae	piperonylbutoxide	0,075 %
Spruzit Gebruiksklaar	11947	ECOS		ae	pyrethrinen	0,03 %
Spruzit Vloeibaar	7229	NEUD		vx	piperonylbutoxide	160 g/l
Spruzit Vloeibaar	7229	NEUD		vx	pyrethrinen	40 g/l
Spruzit-R concentraat	13122	NEUD		ec	koolzaadolie	825,3 g/l
Spruzit-R concentraat	13122	NEUD		ec	pyrethrinen	4,59 g/l
Spruzit-R gebruiksklaar	13154	NEUD		vx	koolzaadolie	8,25 g/l
Spruzit-R gebruiksklaar	13154	NEUD		vx	pyrethrinen	0,05 g/l
Spyrale	12975	SYNG		ec	difenoconazool	100 g/l
Spyrale	12975	SYNG		ec	fenpropidin	375 g/l
Stabilan	8828	NUF		sc	chloormequat	750 g/l
Stabilan	9991	WES		sc	chloormequat	750 g/l
Starane 200	9401	DOWA		ec	fluroxypyr	200 g/l
Stekmiddel	9874	BAN		ap	3-indolylboterzuur	0,25 %
Stekmiddel	9874	BAN		ap	indolylboterzuur	0,25 %
Stekpoeder	12078	POC		ap	3-indolylboterzuur	0,25 %
Stekpoeder	12078	POC		ap	indolylboterzuur	0,25 %
Steward	12371	DUP		wg	indoxacarb	30 %
Stomp 400 SC	10766	BAS		sc	pendimethalin	400 g/l

[1] zie bijlage 2; [2] zie begin van deze paragraaf; [3] biocide

Merknaam	Toelatings-nummer (N)	Toelatings-houder[1]	Uiterste gebruiksdatum	Formulering[2]	Werkzame stof(fen)	Gehalte(s)
Stomp SC	13561	BAS		sc	pendimethalin	400 g/l
Stroby WG	11818	BAS		wg	kresoxim-methyl	50 %
Subliem	12988	BAN		sc	fluoxastrobin	130 g/l
Subliem	12988	BAN		sc	pencycuron	400 g/l
Sulfus	13099	SYNG		wg	zwavel	80 %
Sultan 500 SC	13128	MAH		sc	metazachloor	500 g/l
Sumicidin Super	10211	SUMI		ec	esfenvaleraat	25 g/l
Sun Ultra Fine Spray Oil	12574	SUN		ec	minerale olie	850 g/l
Sunspray 11-E	10238	SUN		ec	minerale olie	850 g/l
Switch	12819	SYNG		wg	cyprodinil	37,5 %
Switch	12819	SYNG		wg	fludioxonil	25 %
Syllit Flow 450 SC	11647	CHIA		sc	dodine	450 g/l
Symphonie	13148	BELC		dp	flutolanil	60 g/kg
Tachigaren 70 WP	8733	SUBE		wp	hymexazool	70 %
Tachigaren Vloeibaar	11527	SUBE	01-jun-13	sl	hymexazool	360 g/l
Taifun 360	13479	MAH		sl	glyfosaat	360 g/l
Talent	13070	LUX		al	d-carvon	93 %
Talent	13070	LUX		al	d-karvon	95 %
Tanalith P 6303[3]	12555	ARCT		ec	propiconazool	250 g/l
Tandus	13068	NUF		vx	fluroxypyr	200 g/l
Tanos	12353	DUP		wg	cymoxanil	25 %
Tanos	12353	DUP		wg	famoxadone	25 %
Targa Prestige	11155	NISN		vx	quizalofop-P-ethyl	50 g/l
Tecto 500 SC	12290	SYNG		sc	thiabendazool	500 g/l
Tegen bladluizen	11250	DNK		ae	piperonylbutoxide	0,075 %
Tegen bladluizen	11250	DNK		ae	pyrethrinen	0,03 %
Tegen mos in gazons	13117	BSI		gr	ijzer(II)sulfaat	95 %
Teldor	12130	BAN		wg	fenhexamide	50 %
Teldor Spuitkorrels	12146	BAN		wg	fenhexamide	50 %
Tensiodes Quat[3]	12384	TENS		vx	didecyldimethylammoniumchloride	100 g/l
Teppeki	12757	ISK		wg	flonicamid	50 %
Thiovit Jet	5395	SYNG		wp	zwavel	80 %
Thiram Granuflo	10172	UCN		wg	thiram	80 %
Tilt 250 EC	8627	SYNG		ec	propiconazool	250 g/l
Titus	11393	DUP		wg	rimsulfuron	25 %
Toki	12968	SUMI		wp	flumioxazin	500 g/kg
Tomahawk 200 EC	12059	MAH		ec	fluroxypyr	200 g/l
Topaz 100 EC	9364	SYNG		ec	penconazool	100 g/l
Topgun Concentraat 18%	11954	WODC		sl	decaanzuur	9,7 %
Topgun Concentraat 18%	11954	WODC		sl	nonaanzuur	9,4 %
Topgun Gebruiksklaar	11953	WODC		cl	decaanzuur	1,8 %
Topgun Gebruiksklaar	11953	WODC		cl	nonaanzuur	1,8 %
Topper	13478	AGPH		st	triclopyr	100 g/kg
Topsin M Vloeibaar	7211	CERT		sc	thiofanaat-methyl	500 g/l
Torinka	13247	CPAP		vx	glyfosaat	360 g/l
Torque	6525	BAS		wp	fenbutatinoxide	50 %
Torque-L	7037	BAS		sc	fenbutatinoxide	550 g/l
Totril	12926	BAN		ec	ioxynil	301,5 g/l
Totril	12926	BAN		ec	ioxynil octanoaat	301,5 g/l
Totril	12926	BAN		ec	ioxynil-octanoaat	301,5 g/l
Touchdown Quattro	12552	SYNG		sl	glyfosaat	360 g/l
Tracer	12567	DOWA		sc	spinosad	480 g/l
Tramat 200 EC	12873	BAN		ec	ethofumesaat	200 g/l
Tramat 500	12521	BAN		sc	ethofumesaat	500 g/l
Traxos 50	13423	SYNG		ec	clodinafop-propargyl	25,00 g/l
Traxos 50	13423	SYNG		ec	pinoxaden	25,00 g/l
Trekpleister Groene Aanslag Verwijderaar[3]	12136	SPOT		sl	didecyldimethylammoniumchloride	50 g/l
Trianum-G	12841	KPP		gr	*Trichoderma harzianum rifai* stam t-22	$1,5x10^8$ cfu/g
Trianum-P	12699	KPP		wp	*Trichoderma harzianum rifai* stam t-22	$1,0x10^9$ cfu/g
Tribel 480 EC	12183	CHIA	01-okt-12	ec	triclopyr	480 g/l
Tridex 80 WP	12749	CERE		wp	mancozeb	80 %
Tridex DG	10560	EAA		wg	mancozeb	75 %
Trigard 100 SL	12014	SYNG		sl	cyromazin	100 g/l
Trimangol 80 WP	5928	EAA		wp	maneb	80 %

[1] zie bijlage 2; [2] zie begin van deze paragraaf; [3] biocide

Merknaam	Toelatings-nummer (N)	Toelatings-houder[1]	Uiterste gebruiksdatum	Formulering[2]	Werkzame stof(fen)	Gehalte(s)
Trimangol DG	10420	EAA		wg	maneb	75 %
Troy 480	13386	AGC		sl	bentazon	480 g/l
TTH Desinfectant[3]	12250	TTH		vx	didecyldimethylammoniumchloride	100 g/l
Tuberprop Basic	12468	AGC		ec	chloorprofam	300 g/l
Tuberprop Easy	13420	AGC		ew	chloorprofam	120 g/l
Tuberprop Ultra	13542	AGC		ul	chloorprofam	300 g/l
Turbat	10002	BAS		wp	cymoxanil	4,5 %
Turbat	10002	BAS		wp	mancozeb	65 %
Turex Spuitpoeder	11702	AGRI		wp	Bacillus thuringiensis subsp. aizawai	25000 iu/mg
Twist	12288	BAN	01-jul-12	ec	trifloxystrobin	125 g/l
Twist Plus Spray	13417	BAN		al	tebuconazool	0,125 g/l
Twist Plus Spray	13417	BAN		al	trifloxystrobin	0,125 g/l
U 46 D-Fluid	7556	BAS		sl	2,4-D	500 g/l
U 46 M	7737	BAS		sl	MCPA	500 g/l
Ultima	13469	NEUD		sl	maleine hydrazide	30 g/l
Ultima	13469	NEUD		sl	nonaanzuur	186,7 g/l
Ultima AF	13468	NEUD		al	maleine hydrazide	4,95 g/l
Ultima AF	13468	NEUD		al	nonaanzuur	31,0 g/l
Ultima zevenblad concentraat	13543	NEUD		sl	maleine hydrazide	30 g/l
Ultima zevenblad concentraat	13543	NEUD		sl	nonaanzuur	186,7 g/l
Ultima zevenblad gebruiksklaar	13544	NEUD		al	maleine hydrazide	4,95 g/l
Ultima zevenblad gebruiksklaar	13544	NEUD		al	nonaanzuur	31,0 g/l
Unikat Pro	12783	DOWA		wg	mancozeb	66,7 %
Unikat Pro	12783	DOWA		wg	zoxamide	8,3 %
Unisept[3]	12258	BOCO		vx	didecyldimethylammoniumchloride	100 g/l
Vacciplant	13383	GOEM		sl	laminarin	45 g/l
Valbon	12667	CERT		wg	benthiavalicarb-isopropyl	1,25 %
Valbon	12667	CERT		wg	mancozeb	70 %
Valioso	12847	FIA		tb	gibberelline A4 + A7	1,33 %
Valioso	12847	FIA		tb	gibberellinezuur	12 %
Vapona Bladluizenspray	13113	SARA		ae	piperonylbutoxide	0,6 %
Vapona Bladluizenspray	13113	SARA		ae	pyrethrinen	0,12 %
VBC-476	12865	SUMI		sl	6-benzyladenine	19 g/l
VBC-476	12865	SUMI		sl	benzyladenine	19 g/l
VBC-476	12865	SUMI		sl	gibberelline A4 + A7	19 g/l
Vectine Plus	13156	BRIN		ec	abamectin	18 g/l
Vega EC	11984	BAS		ec	cinidon-ethyl	200 g/l
Venture	12781	BAS		sc	boscalid	233 g/l
Venture	12781	BAS		sc	epoxiconazool	67 g/l
Verigal D	10194	FEIN		sg	bifenox	250 g/l
Verigal D	10194	FEIN		sg	mecoprop-P	308 g/l
Verigal Kleinverpakking	10191	FEIN		sc	bifenox	250 g/l
Verigal Kleinverpakking	10191	FEIN		sc	mecoprop-P	308 g/l
Vertimec Gold	13087	SYNG		ec	abamectin	18 g/l
Viridal	13425	DUP		wg	cymoxanil	4,5 %
Viridal	13425	DUP		wg	mancozeb	68 %
Viro Cid[3]	11761	CID		vx	didecyldimethylammoniumchloride	78 g/l
Viro Cid[3]	11761	CID		vx	glutaaraldehyde	107 g/l
Viro Cid[3]	11761	CID		vx	quaternaire ammonium verbindingen, benzyl-c8-18-al	171 g/l
Vondac DG	10602	EAA		wg	maneb	75 %
Vondozeb DG	12168	EAA		gr	mancozeb	75 %
Vydate 10G	12409	DUP		gr	oxamyl	10 %
Wakil XL	13296	SYNG		wg	cymoxanil	10,0 %
Wakil XL	13296	SYNG		wg	fludioxonil	5,0 %
Wakil XL	13296	SYNG		wg	metalaxyl-M	17 %
Wam[3]	12323	CHEM		vx	didecyldimethylammoniumchloride	100 g/l
Wizard	13259	AGC		ec	ethofumesaat	50 g/l
Wizard	13259	AGC		ec	fenmedifam	92 g/l
Wöbra	13243	FLUE		pa	kwartszand	48 %
Wopro Abamectin	13460	SIM		ec	abamectin	18 g/l
Wopro Bifenazate	13458	SIM		sc	bifenazaat	240 g/l
Wopro Deltamethrin	13461	SIM		ec	deltamethrin	25 g/l
Wopro Glyphosate	13459	SIM		vx	glyfosaat	360 g/l
Wopro Pirimiphos Methyl	13516	SIM		vx	pirimifos-methyl	500 g/l

[1] zie bijlage 2; [2] zie begin van deze paragraaf; [3] biocide

1.2 Gewasbeschermingsmiddelen

Merknaam	Toelatings- nummer (N)	Toelatings- houder[1]	Uiterste gebruiksdatum	Formulering[2]	Werkzame stof(fen)	Gehalte(s)
Xen Tari WG	12437	SUMI		wg	*Bacillus thuringiensis* subsp. *aizawai*	15000 iu/mg
ZandalL WG	12866	DUP		wg	cymoxanil	4,5 %
ZandalL WG	12866	DUP		wg	mancozeb	68 %
Zeptreet 100[3]	12313	ZEP		vx	didecyldimethylammoniumchloride	100 g/l
Zetanil	12745	SIC		wp	cymoxanil	45 g/kg
Zetanil	12745	SIC		wp	mancozeb	650 g/kg
Zetanil Solo	12920	OXOI		wp	cymoxanil	50 %

[1] zie bijlage 2; [2] zie begin van deze paragraaf; [3] biocide

1.2.2 Werking en risico's per middel

In deze paragraaf staat per gewasbeschermingsmiddel de werking van het middel aangegeven met de naam van de bestrijdingsmiddelengroep en de eventuele risico's voor het milieu en de gebruiker.
- De gewasbeschermingsmiddelen staan alfabetisch gerangschikt op merknaam.
- Achter de merknaam staat het bijbehorende toelatingsnummer.
- De bestrijdingsmiddelengroep van het middel geeft aan voor bestrijding van welke aan-tastergroep of teeltprobleem (bijvoorbeeld IN=insecticide) het middel geschikt is.
- De milieu-effect codes geven het risico voor het milieu aan. Deze risico's hebben betrek-king op het gevaar voor bijen en hommels, zweefvliegen, regenwormen, waterorganismen en het grondwater. Deze risico's leiden tot beperkende maatregelen die worden voorge-schreven bij toepassing van het middel.
- Grondwater: sinds 1 februari 1995 geldt voor heel Nederland één en dezelfde norm voor grondwaterbelasting door gewasbeschermingsmiddelen en wordt er geen onderscheid meer gemaakt tussen grondwaterbeschermingsgebieden en overige gebieden. Toetsing door het Ctgb van de toelating aan deze norm gebeurt in de regel pas bij de verlenging. De risicozinnen met betrekking tot grondwaterbeschermingsgebieden in het Wettelijk Gebruiksvoorschrift (in de tabel weergegeven onder het grondwatersymbool) van de betreffende middelen blijven echter onverminderd van kracht voor de zogenaamde waterwingebieden, welke met borden in het veld zijn aangegeven.
- De risico's voor de gebruiker zijn gebaseerd op zogenaamde Risico-zinnen uit de toela-tingsbeschikking van de middelen. Deze R-zinnen geven aan welke aanduidingen op de verpakking van de bestrijdingsmiddelen moeten worden vermeld, ingevolge artikel 15 van de "Regeling samenstelling, indeling, verpakking en etikettering".

Verklaring van de in de tabel gebruikt codes:

AC	=	acaricide (bestrijding van mijten)
AL	=	algicide (bestrijding van groene aanslag)
BA	=	bactericide (bestrijding van bacteriën)
DO	=	doodspuitmidden (loofdoding)
DS	=	desinfectans
FU	=	fungicide (bestrijding van schimmels)
GR	=	groeiregulator
HE	=	herbicide (bestrijding van onkruiden)
IN	=	insecticide (bestrijding van insecten)
KA	=	kiemremmingsmiddel voor aardappelen
MO	=	talpacide (bestrijding van mollen)
NE	=	nematicide (bestrijding van aaltjes)
RO	=	rodenticide (bestrijding van ratten en muizen)
SL	=	molluscicide (bestrijding van slakken)
VI	=	virucide (bestrijding van virussen)
VO	=	vogelafweermiddel
WI	=	wildafweermiddel

Werking en risico's per middel

Milieu-effect codes:

⚠ B = Het middel is gevaarlijk voor bijen en hommels. Niet toepassen op bloeiende gewassen.

⚠ Z = Het middel is gevaarlijk voor zweefvliegen. Vermijd onnodige blootstelling.

⚠ R = Het middel is gevaarlijk voor regenwormen. Een behandeling niet vaker dan 2 à 3 maal per seizoen uitvoeren.

M = Het middel is gevaarlijk voor roofmijten

D = Het middel is gevaarlijk voor niet-doelwit arthropoden. Vermijd onnodige blootstelling.

⚠ W = Het middel is giftig voor waterorganismen. Toepassen zodanig dat het niet in het oppervlaktewater terecht kan komen.

⚠ V = Het middel is giftig voor waterorganismen. Toepassing door middel van een vliegtuig is verboden.

P = Het middel is gevaarlijk voor niet-doelwit planten. Toepassen zodanig dat omringende planten niet door de spuitvloeistof geraakt worden.

🔲 G = Grondwaterbescherming

0 = Het is verboden dit middel in een grondwaterbeschermingsgebied te gebruiken.

1 = In een grondwaterbeschermingsgebied is het gebruik niet toegestaan gedurende de periode 1 oktober - 1 april.

2 = In een grondwaterbeschermingsgebied is het gebruik niet toegestaan op gronden met een organische-stofgehalte minder dan 2% en minder dan 10% afslibbaar.

3 = In een grondwaterbeschermingsgebied is het gebruik in de vollegrondsteelten van krokus, iris en boomkwekerijgewassen niet toegestaan.

4 = In een grondwaterbeschermingsgebied is het gebruik in glasteelten niet toegestaan.

5 = In een grondwaterbeschermingsgebied is het gebruik niet toegestaan in de teelt van bloembollen en knollen op zandgronden.

6 = In een grondwaterbeschermingsgebied is het gebruik niet toegestaan in bedekte grondgebonden teelten.

Y = Het middel is gevaarlijk voor natuurlijke vijanden.

Gevaar voor gebruiker (indien van toepassing is ook het bijpassende gevaarsymbool gegeven):

b = brandgevaarlijk

b- = brandgevaarlijk

🔥 F = vlamsymbool 'licht ontvlambaar'.

🔥 F+ = vlamsymbool 'zeer licht ontvlambaar'.

O = vlamsymbool 'oxyderend'

❌ Xi = andreaskruis 'irriterend'; irriterend voor de ogen en huid, kan overgevoeligheid veroorzaken bij inademing en/of contact met de huid.

❌ Xn = andreaskruis 'schadelijk'; schadelijk bij opname door mond, bij inademing of bij aanraking met de huid.

☠ T = doodshoofd 'vergiftig'; giftig bij opname door mond, inademing en aanraking met de huid.

☠ T+ = doodshoofd 'zeer vergiftig'; zeer giftig bij opname door de mond, inademing en aanraking met de huid.

🧪 C = inwerkend zuur 'bijtend'; gevaar voor oogletsel en/of veroorzaakt ernstige brandwonden.

Tabel 2. Overzicht van toegelaten gewasbeschermingsmiddelen en de risico's voor het milieu en de gebruiker.

Merknaam	Toelatings-nummer (N)	Bestrijdings-middelen-groepscodes*	B	Z	R	M	D	W	V	P	G	Y	b/b-	F	F+	O	Xi	Xn	T	T+	C
11 E Olie	5952	IN					D										Xi				
AAmix	12346	HE								P	0							Xn			
AAterra ME	8766	FU					D				0								T		
Abamectine HF-G	13207	IN	B				D											Xn			
Acanto	12432	FU					D														
Accent	13129	HE									0										
Accurate	13541	HE									0										
Acomac	13314	HE															Xi				
Acrobat DF	12518	FU					D		V									Xn			
Actara	12679	IN	B				D				6										
Actellic 50	6469	AC/IN																Xn			
Activus 40 WG	13297	HE							V								Xi				
Admiral	11828	IN																Xn			
Admire	11483	IN	B				D											Xn			
Admire N	12945	IN	B																		
Admire O-Teq	12942	IN	B				D											Xn			
Afalon Flow	11019	HE							V										T		
Afalon SC	12707	HE							V										T		
Affirm	13455	IN																			
Agri Des	12450	DS																			C
Agrichem Asulam 2	11078	HE									0										
Agrichem Bentazon Vloeibaar	7758	HE																Xn			
Agrichem CCC 750	9151	GR																Xn			
Agrichem Deltamethrin	11263	IN					D	W										Xn			
Agrichem Diquat	7862	DO/HE	B				D		V										T		
Agrichem Ethofumesaat (2)	10568	HE							V									Xn			
Agrichem Ethofumesaat Flowable	10319	HE							V												
Agrichem Ethofumesaat/ Fenmedifam	10572	HE					D		V									Xn			
Agrichem Fenmedifam	9390	HE																Xn			
Agrichem Fluroxypyr	10233	HE	B															Xn			
Agrichem Glyfosaat	7866	DO/HE															Xi				
Agrichem Glyfosaat 2	10945	DO/HE															Xi				
Agrichem Glyfosaat B	10946	DO/HE															Xi				
Agrichem Kiemremmer 1%	11003	KA																Xn			
Agrichem Kiemremmer HN	11004	KA																			C
Agrichem MCPA	13268	HE																Xn			
Agrichem Metamitron	12551	HE									2							Xn			
Agrichem Metamitron 700	11503	HE									2							Xn			
Agrichem Metazachloor	12224	HE									0							Xn			
Agrichem Pirimicarb	12236	IN																	T		
Agrichem Propyzamide 50	12233	HE																Xn			
Agroxone MCPA	13299	HE																Xn			
Akofol 80 WP	11778	FU																Xn			
Akopham 320 SC	13105	HE							V								Xi				
Akosate	12967	HE															Xi				
Alar 64 SP	8589	GR																			
Alar 85 SG	12610	GR																			
Algclean	13519	DS						W													C
Algeen	12261	DS						W													C
Algendood	10852	AL																			C
Algenkiller	13020	DS						W													C
Algenprotector	13457	DS																			C
Algenreiniger	12244	DS						W													C
Algenverwijderaar	12243	DS						W													C
Algisept	12248	DS						W													C
Algvrij	12255	DS						W													C
Aliette WG	11561	FU															Xi				
Allegro	11826	FU																Xn			
Allegro Plus	12747	FU																Xn			
Allure Vloeibaar	11585	FU							V									Xn			
Ally SX	10903	HE																			
Amega	12661	DO/HE															Xi				
Amega	13189	HE															Xi				

*Verklaring codes en symbolen: zie pagina 38.

Merknaam	Toelatingsnummer (N)	Bestrijdingsmiddelengroepscodes*	B	Z	R	M	D	W	V	P	G	Y	b-/b	F	F+	O	Xi	Xn	T	T+	C
Amigo	11662	IN																Xn			
Amistar	11767	FU														O					
Amistar TIP	13197	FU														O	Xi				
Anti Bladluis	7468	IN												F							
AntiGroen- en Alg	12883	DS						W													C
Anti-Mos	12126	HE																Xn			
Antimos-R.V.W.	8646	HE																Xn			
Apollo	8794	AC																			
Apollo 500 SC	12459	AC																			
Apron XL	12280	FU																Xn			
Aramo	12394	HE					D											Xn			
Artus	12692	HE														O	Xi				
Arvicolex	11570	RO																	T		
Aseptacarex	11101	AC/IN	B																	T+	
Asulam HF	12776	HE														O					
Asulox	5282	HE															Xi				
Atlantis	12748	HE														O	Xi				
Aurora	12362	HE														O					
Avadex BW	3201	HE					D											Xn			
Aviator Xpro	13502	FU							V									Xn			
Aviso DF	11234	FU							V				b					Xn			
Axial	13066	HE															Xi				
Axial 50	13422	HE							V								Xi				
Axoris Quick-Gran	13215	IN																			
Axoris Quick-Sticks	13216	IN																			
Azoxy HF	13236	FU																			
Azur	11328	HE																Xn			
Banvel 4S	11291	HE														O					
Bardac 22	7086	DS						W													C
Bardac 22-200	9616	DS						W													C
Bardac 22-90	9644	DS						W									Xi				
Bartion	12814	FU															Xi				
Basagran	6034	HE																Xn			
Basagran SG	12413	HE																Xn			
Basta 200	8906	DO/HE					D												T		
Baycor Flow	11463	FU						W									Xi				
Bayer mos en groene aanslag spray	13532	HE	B														Xi				
Bayer onkruid en mos spray	13563	HE	B														Xi				
Bellis	12845	FU																Xn			
Bentazon-Imex	9549	HE																Xn			
Berelex	4075	GR																			
Berelex GA 4/7	5132	GR																			
Beret Gold 025 FS	11943	FU																			
Beret Gold 025 FS EXC	11978	FU																			
Betanal Expert	11533	HE							V												
Betanal Quattro	12697	HE							V												
Betasana SC	13234	HE					D		V								Xi				
Beta-Team EC	13258	HE																Xn			
Better DF	12456	HE																			
Biathlon	13142	HE							V							O	Xi				
BIO 1020	12589	IN					D										Xi				
Bio Alg Forte	12948	DS						W													C
Bio Groen	12321	DS						W													C
Bio Mos	11969	DS						W													C
Biosoft-S	13254	DS																			C
Biox M	13493	KA																Xn			
Bofort	13389	HE														O	Xi				
Bonzi	9611	GR																			
Borneo	13227	AC					D														
Botanigard Vloeibaar	12611	IN																Xn			
Botanigard WP	12612	IN																Xn			
Boxer	10701	HE															Xi				
Brabant 2,4-D/Dicamba	5582	HE														O		Xn			
Brabant Amitrol Vloeibaar	6049	HE					D											Xn			

*Verklaring codes en symbolen: zie pagina 38.

Merknaam	Toelatingsnummer (N)	Bestrijdingsmiddelengroepscodes*	B	Z	R	M	D	W	V	P	G	Y	b / b-	F	F+	O	Xi	Xn	T	T+	C
Brabant Amitrol Vloeibaar	13332	HE					D											Xn			
Brabant Captan Flowable	10331	FU						W											T		
Brabant Chloor-IPC VL	5134	HE																Xn			
Brabant Linuron Flowable	10372	HE							V										T		
Brabant Mancozeb Flowable	10274	FU					D		V									Xn			
Brabant Mixture	5089	HE									0							Xn			
Brabant Slakkendood	4377	SL																			
Brabant Spuitzwavel 2	10123	AC/FU					D						b								
Bravo Premium	13549	FU																Xn			
Budget Abamectine 18 EC	13208	IN	B				D											Xn			
Budget Azoxystrobin 250 SC	13344	FU																			
Budget Chloorthalonil 500 SC	12654	FU							V									Xn			
Budget Fluroxypyr 200 EC	12659	HE	B															Xn			
Budget Linuron 450 SC	12592	HE							V										T		
Budget Maleine Hydrazide SG	12827	KA																			
Budget Metamitron SC	12687	HE																Xn			
Budget Metlaxyl-M SL	13244	FU																Xn			
Budget Milbectin 1% EC	13204	IN					D											Xn			
Budget Nicosulfuron 40 SC	12542	HE															Xi				
Budget Prochloraz 45 EW	12543	FU																			
Butisan S	8660	HE									0							Xn			
Buttress	13441	HE							V									Xn			
Calaris	12878	HE					D											Xn			
Callisto	12204	HE															Xi				
Calypso	12452	IN					D											Xn			
Calypso	13007	IN					D											Xn			
Calypso Pro	12922	IN					D											Xn			
Calypso Spray	12813	IN																			
Calypso Vloeibaar	12818	IN																			
Calypso Vloeibaar	12835	IN																			
Cambatec	13210	HE																			
Cantack	12939	AC						W													
Canvas	13530	FU									0										
Capri Twin	13257	HE							V		0										
Captan 480 SC	10949	FU						W										Xn			
Captan 80 WG	12300	FU						W										Xn			
Captan 83% Spuitpoeder	6864	FU						W											T		
Captan 83% Spuitpoeder	11037	FU						W											T		
Captosan 500 SC	10104	FU						W										Xn			
Captosan Spuitkorrel 80 WG	11515	FU						W										Xn			
Caragoal GR	4379	SL																			
Caramba	12746	FU							V									Xn			
Carpovirusine Plus	11819	IN															Xi				
Catamaran	13450	HE															Xi				
CeCeCe	7938	GR																Xn			
Centium 360 CS	12148	HE																			
Cerall	13069	FU																Xn			
Ceridor MCPA	13334	HE																Xn			
Certis Chloor-IPC 40% Vloeibaar	3992	HE																Xn			
Cetabever Houtreiniger 2-in-1	12401	AL						W									Xi				
Challenge	8950	HE										1									
Chekker	12664	HE					D										Xi				
Chemtec Algendoder Concentraat	12260	DS						W													C
Chlorisyl	11198	HE																Xn			
Chorus 50 WG	12097	FU																			
Chrysal AVB	12617	GR																			
Chrysal BVB	12884	GR																			
Chrysal Plus	13004	GR															Xi				
Chrysal RVB	12192	BA																Xn			
Chrysal SVB	11048	GR																			
Chryzoplus Grijs	8541	GR																			
Chryzopon Rose	8543	GR																			
Chryzosan Wit	6266	GR																			
Chryzotek Beige	8542	GR																			
Chryzotop Groen	9160	GR																			

*Verklaring codes en symbolen: zie pagina 38.

1.2 Gewasbeschermingsmiddelen

Merknaam	Toelatings- nummer (N)	Bestrijdings- middelen- groepscodes*	Milieu-effect codes*										Gevaarcodes*								
			B	Z	R	M	D	W	V	P	G	Y	b / b-	F	F+	O	Xi	Xn	T	T+	C
CIPC 400 EC	12930	HE																Xn			
Citin Groene Aanslag Verwijderaar	10762	AL						W									Xi				
Clean-up	13406	HE																			
Clear-Up 120	13567	HE																			
Clear-Up 360 N	12593	HE																			
Clear-up concentraat	13291	HE															Xi				
Clear-Up Foam	12730	HE												F							
Clear-Up Spray	11972	HE					D				0										
Clear-Up Spray N	12769	HE																			
Cliness	13286	HE															Xi				
Clinic	11962	DO/HE															Xi				
Clio	12849	HE																Xn			
Cliophar 100 SL	11955	HE									0										
Collis	12504	FU					D											Xn			
Comet	12411	FU																Xn			
Comet Duo	12921	FU							V									Xn			
Compo Groenreiniger Concentrate	13110	DS						W									Xi				
Conqueror	11651	HE																Xn			
Consento	12859	FU							V												
Conserve	12363	IN	B				D				0										
Contans WG	12423	FU																Xn			
Corbel	8158	FU					D											Xn			
Corzal	12433	HE					D														
Cruiser 350 FS	12913	IN					D														
Cruiser 600 FS	12863	IN																			
Cruiser 70 WS	12852	IN																			
Curzate 60DF	12755	FU							V							O		Xn			
Curzate M	8708	FU					D		V				b				Xi				
Cyd-X	13248	IN																			
Cyd-X Xtra	13329	IN																			
Cymoxanil-M	11687	FU					D		V									Xn			
Cyperkill 250 EC	13169	IN						W										Xn			
Daconil 500 Vloeibaar	7827	FU							V									Xn			
Damine 500	11195	HE					D				1							Xn			
Danadim 40	12128	AC/IN	B				D		V									Xn			
Danadim Progress	9978	AC/IN	B				D		V									Xn			
Danisaraba 20SC	13439	AC																			
Dazide Enhance	8962	GR																			
Decis Micro	8388	IN					D	W											T		
Defi	13235	HE															Xi				
Delan DF	10001	FU																Xn			
Delaro	12877	FU							V									Xn			
Delfin	10944	IN																Xn			
Deltamethrin E.C. 25	10135	IN					D	W										Xn			
Deptil Steriquat	12898	DS						W													C
Derrex	13507	SL																			
Desbest 710	12837	DS						W													C
Desfix-Bam	12259	DS						W													C
Desquat L	9532	DS						W													
Diabolo SL	8921	FU															Xi				
Dicamix-G Vloeibaar	3807	HE									0							Xn			
Dimanin Spray	13265	DS						W													
Dimanin-Algendoder	5699	AL/DS						W													C
Dimanin-Blauw	11302	AL																			C
Dimanin-Groen	9984	AL						W									Xi				
Dimilin Spuitpoeder 25%	6774	AC/IN	B				D														
Dimilin Vloeibaar	10604	AC/IN	B				D														
Dimistar Progress	12597	IN	B				D		V									Xn			
Dipel	5845	IN																Xn			
Dipel ES	11425	IN																Xn			
Dipper	12838	FU					D						b								C
Dithane DG Newtec	10318	FU							V	5		Y	b					Xn			
Dual Gold 960 EC	12096	HE							V								Xi				
Duplosan MCPP	9531	HE																Xn			
Duplosan MCPP	13372	HE																Xn			

*Verklaring codes en symbolen: zie pagina 38.

Merknaam	Toelatingsnummer (N)	Bestrijdingsmiddelengroepscodes*	B	Z	R	M	D	W	V	P	G	Y	b/b-	F	F+	O	Xi	Xn	T	T+	C
Dutch Trig	11050	FU															Xi				
E.P. Algex	12262	DS						W													C
Eagle	12502	HE																			
Eco Steryl	12271	DS						W													C
Eco-D	13109	DS						W									Xi				
ECO-SLAK	13300	SL																			
Effect	12908	HE							V												
Elumis	13192	HE															Xi				
Embalit NT	11624	AL/BA/FU						W													C
Embalit NTK	11622	AL/FU/HE						W									Xi				
Emblem	12695	HE					D											Xn			
Envidor	12477	IN	B				D											Xn			
Envision	12523	DO/HE																			
Enzicur	12940	FU					D						b-			O		Xn			
Escar-Go tegen slakken Ferramol	12167	SL																			
Ethosat 500 SC	13196	HE							V												
Ethrel-A	6355	GR															Xi				
Ethybloc TM Tabs	13331	GR															Xi				
Ethylene Buster	13319	GR															Xi				
Etna	13424	HE															Xi				
Evergreen Anti-Mos + Gazonmest	11770	HE																			
Evergreen Anti-Onkruid + Gazonmest	11941	HE								0											
Evergreen Greenkeeper	12959	HE								0											
Exact	11222	FU																Xn			
EXACT SC	13308	FU																Xn			
Exact-Vloeibaar	11223	FU																			
Exemptor	13138	IN																Xn			
Exomone C	13309	IN																			
Falgro	10095	GR																			
Fame	13289	IN	B															Xn			
Fandango	12723	FU							V									Xn			
Fenomenal	12824	FU															Xi				
Fenoxycarb 25 W.G.	11891	IN	B				D											Xn			
Ferramol Ecostyle Slakkenkorrels	12118	SL																			
Fervent Groen Weg	12441	DS						W													C
Fiesta	13137	HE							V	0							Xi				
Finale SL 14	10645	DO/HE					D												T		
Finesse Vloeibaar	11977	FU																Xn			
Finion Slakkenkorrels	3473	SL					D			0											
Finy	12965	HE																			
Fleche	13345	HE															Xi				
Flexity	12737	FU																			
Flint	12289	FU					D										Xi				
Flitser concentraat	13396	HE															Xi				
Flitser spray	13397	HE																			
Floramite 240 SC	12421	AC					D										Xi				
Florever	12643	GR																			
Florissant 100	12644	GR																			
Florissant 200	12214	GR																			
Florissant 600	12215	BA																Xn			
Floxy	12807	HE	B															Xn			
Fluazinam 500 SC	11906	FU															Xi				
Flurostar 200	13370	HE							V									Xn			
Fluroxypyr Vloeibaar	9685	HE																Xn			
Fluxyr 200 EC	13416	HE							V									Xn			
Focus Plus	10866	HE								0								Xn			
Folicur	11765	FU					D														
Folicur SC	13057	FU							V									Xn			
Folio Gold	12994	FU					D		V									Xn			
Folpan 80 WP	11246	FU																Xn			
Foodclean Des 30	12239	DS						W													C
Force	13135	IN															Xi				
Freshstart	12726	GR																			
Freshstart Singles	12641	GR																			

*Verklaring codes en symbolen: zie pagina 38.

Werking en risico's per middel

Merknaam	Toelatings-nummer (N)	Bestrijdings-middelen-groepscodes*	Milieu-effect codes*										Gevaarcodes*								
			B	Z	R	M	D	W	V	P	G	Y	b/b-	F	F+	O	Xi	Xn	T	T+	C
Freshstart TM Tabs	13330	GR															Xi				
Frontier Optima	12283	HE																Xn			
Frupica	12221	FU																			
Frupica SC	12229	FU					D										Xi				
Fubol Gold	12537	FU					D		V									Xn			
Fungaflor 100 EC	7119	FU															Xi				
Fungaflor Rook	9657	FU																Xn			
Fusilade Max	12519	HE				M												Xn			
Fylan Flow	12117	FU															Xi				
Fythane DG	13016	FU							V		5	Y	b					Xn			
Galipur	12489	HE							V		0										
Gamma Groene Aanslag Verwijderaar	12864	AL						W									Xi				
Gamma Mosbestrijder	12614	HE																Xn			
Gardo Old	13145	HE															Xi				
Garlon 4 E	8344	HE									0							Xn			
Gaucho	11455	IN																Xn			
Gaucho Rood	11601	IN																Xn			
Gaucho Tuinbouw	12341	IN																Xn			
Gazelle	12809	IN					D		V									Xn			
Gazonfloranid met Onkruidverdelger	7631	HE									0										
Gazon-Insect	12919	IN	B																		
Gazon-Net N	11997	HE								P	0							Xn			
Genoxone ZX	13497	HE																Xn			
Gibb Plus	12463	GR																			
Gladjanus GA 4-7	10673	GR																			
Glifonex	11040	DO/HE															Xi				
GLY-360	13470	HE																			
GLY-7,2	13471	HE																			
Glycar	11055	DO/HE															Xi				
Glyfall	11676	DO/HE															Xi				
Glyfos	11227	DO/HE																			
Glyfos Envision 120 g/l	12594	HE																			
Glyfos Envision 7.2 g/l	12595	HE																			
Glyper 360 SL	12216	DO/HE															Xi				
Glyphogan	11230	DO/HE															Xi				
Goltix 70 WG	12709	HE									2							Xn			
Goltix 700 SC	13089	HE																Xn			
Goltix SC	12629	HE																Xn			
Goltix Super	12982	HE									0										
Goltix WG	8629	HE									2							Xn			
Gras-Weg	12429	HE					D											Xn			
Gratil	11883	HE															Xi				
Green Clean 3	12277	DS						W													C
Green Kill	12881	DS						W									Xi				
Greendelete	13123	DS						W													C
Greenfix	11628	HE					D										Xi				
Greenfix NW	13036	HE																			
GREENFIX NW READY TO USE	13188	HE																			
Greenfix Onkruidruimer	11873	HE					D				0										
Greenmaster Fine Turf Extra	9353	HE									0										
Greenstop Pro	12973	DS						W									Xi				
Groen aanslagverwijderaar & desinfectie	13224	DS						W									Xi				
Groene Aanslag Reiniger	12613	AL															Xi				
Groene Aanslag Reiniger	13418	DS															Xi				
Groenreiniger	13267	DS						W													C
Gro-Stop Basis	11631	KA																Xn			
GRO-STOP ELECTRO	13494	KA																Xn			
Gro-Stop Fog	4563	KA																Xn			
Gro-Stop Innovator	12638	KA																Xn			
Gro-Stop Poeder	4285	KA																Xn			
Gro-Stop Ready	12637	KA						W										Xn			
Gro-Stop Rood	4301	KA																Xn			

*Verklaring codes en symbolen: zie pagina 38.

Merknaam	Toelatings-nummer (N)	Bestrijdings-middelen-groepscodes*	Milieu-effect codes*										Gevaarcodes*								
			B	Z	R	M	D	W	V	P	G	Y	b / b-	F	F+	O	Xi	Xn	T	T+	C
Halamid-D	8241	DS																			C
HBV Algen en Groenverwijderaar	12267	DS						W													C
HC-Fix	12257	DS						W													C
Herbiclean Concentraat	13551	HE															Xi				
Herbiclean Spray	13550	HE																			
Heritage	12553	FU																			
Hermosan 80 WG	11609	FU																Xn			
HG Groene Aanslag Reiniger	9374	AL						W									Xi				
HG groene aanslag reiniger kant & klaar	13228	DS						W													
HG Onkruidweg	13155	HE																			
HG Onkruidweg	13568	HE	B														Xi				
HG onkruidweg concentraat	13298	HE																			
HGX "Spray Tegen Bladluis"	11776	IN												F							
HGX Natuurvriendelijke Korrels Tegen Slakken	12774	SL																			
Himalaya 60 SG	13411	GR							V												
Holland Fytozide	11132	GR																			
Horizon	11125	FU					D											Xn			
Hussar	12517	HE															Xi				
Hussar Vloeibaar	12869	HE								0							Xi				
Imax 100 SL	13199	FU															Xi				
Imax 200 EC	13125	FU					D											Xn			
Imex Iprodion Flo	12430	FU								0								Xn			
Imex Linuron Flow	12431	HE							V										T		
Imex-Abamactine 2	13190	IN	B				D											Xn			
Imex-Asulam	8018	HE															Xi				
Imex-Daminozide SG	12587	GR																			
Imex-Diquat	10479	DO/HE	B				D		V										T		
Imex-Fenoxaprop	12844	HE															Xi				
Imex-Glyfosaat	13025	HE																			
Imex-Glyfosaat 2	8597	DO/HE															Xi				
Imex-Imidacloprid	11547	IN	B				D											Xn			
Imex-Metribuzin	8545	HE								2								Xn			
Imex-Propamocarb	11175	FU															Xi				
Infinito	12927	FU															Xi				
Insegar 25 WG	11643	IN	B				D											Xn			
Intrakeur Gazonherstelset 1450 GR	12105	HE																Xn			
Intratuin gazonmest + Anti-onkruid	13237	HE								0											
Intratuin Mosbestrijder	12404	HE																Xn			
Intratuin Onkruidbestrijder met Gazonmeststof	12402	HE								0											
Isomate CLR	13415	IN															Xi				
Isomexx	13342	HE							V												
Isopan	4372	HE																Xn			
Itcan	13335	GR																			
Javelin	10904	HE																Xn			
Jepolinex	6215	HE								0								Xn			
Karate met Zeon Technologie	12698	IN	B				D											Xn			
Kart	13290	HE															Xi				
KB Slakkendood	12443	SL					D			0											
Kenbyo FL	11841	FU																Xn			
Kenbyo MZ	12512	FU							V	5								Xn			
Kerb 50 W Spuitpoeder	5785	HE																Xn			
Kerb Flo	13152	HE																Xn			
Keropur	12487	HE																Xn			
Klaverblad-Glyfosaat	10045	DO/HE															Xi				
K-OBIOL ULV 6	13136	IN																Xn			
Kohinor 70 WG	12972	IN	B				D											Xn			
Kohinor 70 WG	13363	IN	B				D											Xn			
Kontakt 320 SC	12899	HE							V								Xi				
Kruidvat Groene Aanslag Verwijderaar	12135	AL						W									Xi				
Kumulus S	6147	AC/FU					D						b								

*Verklaring codes en symbolen: zie pagina 38.

Merknaam	Toelatings-nummer (N)	Bestrijdings-middelen-groepscodes*	B	Z	R	M	D	W	V	P	G	Y	b / b-	F	F+	O	Xi	Xn	T	T+	C
Laddok N	10792	HE															Xi				
Landgoed Groene Aanslag Verwijderaar	12494	AL						W									Xi				
Langwerkende Gazonmest met Onkruidbestrijder	12137	HE														O					
Late-Val Vloeibaar	9887	GR																			
Latitude	13379	FU																			
Laudis	13287	HE							V								Xi				
Laudis WG	13514	HE														O		Xn			
Legacy 500 SC	13553	HE																			
Legurame Vloeibaar	5634	HE																Xn			
Lentagran WP	12915	HE														O	Xi				
Lijnfix	11992	GR																			
Linurex 50 SC	12557	HE							V										T		
Lirotect Super 375 SC	10098	FU																Xn			
Lizetan Plantenspray	12832	IN												F							
Lontrel 100	11526	HE														O					
Luizendoder	13022	IN	B				D											Xn			
Lurectron Nevelautomaat	11016	IN												F						T+	
Lurectron Nevelautomaat Extra	11100	IN												F						T+	
Luxan Algencleaner	13018	DS						W									Xi				
Luxan Glyfosaat Vloeibaar	10793	DO/HE					D										Xi				
Luxan MCPA 500 VLB.	12407	HE																Xn			
Luxan Mollentabletten	8717	MO/RO													F+					T+	
Luxan Mosdood	11630	HE																Xn			
Luxan Pyrethrum Vloeibaar	9431	IN	B				D											Xn			
Luxan Slakkenkorrels Super	12365	SL					D									O					
Luxan Spuitzwavel	4960	AC/FU					D						b								
Madex	12202	IN															Xi				
Madex Plus	13302	IN																			
Magnate 100 SL	12836	FU															Xi				
Magtoxin WM	9182	MO/RO													F+					T+	
Maister	12544	HE															Xi				
Maister Vloeibaar	13187	HE															Xi				
Malvin WG	6782	FU						W										Xn			
Manconyl 2	11471	FU							V	5		Y	b					Xn			
Masai	11833	AC																Xn			
Masai 25 WG	11781	AC																Xn			
Mastana SC	13489	FU							V			Y						Xn			
Matador	12015	FU																Xn			
Match	12821	IN	B				D						b								C
Matos	13226	HE					D														
Maxcel	13147	GR					D														
Maxim 100 FS	13275	FU																			
Maxim XL	12302	FU																			
Mecop PP-2	12678	HE																Xn			
Medax TOP	13401	GR							V									Xn			
Megasept	12305	DS						W													C
Mellerud Groene Aanslag Verwijderaar 1,0 L / 2,5 L	12603	DS						W													C
Meltatox	5076	FU																Xn			
Menno Clean	12784	DS											b-				Xi				
Menno Ter Forte	9308	AL/DS																			C
Merit Turf	13321	IN															Xi				
Merlin	11894	HE																Xn			
Merpan Basic WP	11037	FU						W											T		
Merpan Flowable	12892	FU						W										Xn			
Merpan Spuitkorrel	11462	FU						W										Xn			
Mesurol 500 SC	11720	IN	B				D												T		
Mesurol FS	12964	VO																	T		
Mesurol Pro	4859	IN/SL																Xn			
Met52 granulair bioinsecticide	13437	IN					D										Xi				
Metafox 700 WG	12900	HE									2							Xn			
Metald-Slakkenkorrels	10163	SL					D									O					
Metald-Slakkenkorrels N	12174	SL					D									O					

*Verklaring codes en symbolen: zie pagina 38.

Merknaam	Toelatings- nummer (N)	Bestrijdings- middelen- groepscodes*	Milieu-effect codes*										Gevaarcodes*								
			B	Z	R	M	D	W	V	P	G	Y	b/b-	F	F+	O	Xi	Xn	T	T+	C
Metazachloor-500	9316	HE								0								Xn			
Micro-Clean	12680	DS						W													C
Microsan	12249	DS						W													C
Microsol	12351	DS						W													C
Microsulfo	12397	AC/FU					D														
Mikado	11813	HE					D														
Milagro	11996	HE															Xi				
Milagro Extra 60D	13043	HE								0							Xi				
Milbeknock	12364	AC/IN					D											Xn			
Mildin 750 EC	12373	FU																Xn			
Mirage 45 EC	11099	FU															Xi				
Mirage 45 EC	12000	FU															Xi				
Mirage Elan	11824	FU																			
Mirage Plus 570 SC	11529	FU																Xn			
Mistral 70 WG	13040	HE					D			0								Xn			
Mocap 15G	13220	IN																		T+	
Mocap 20 GS	12516	IN/NE					D													T+	
Moddus 250 EC	12063	GR							V								Xi				
Modipur	12488	HE								2								Xn			
Mogeton	12599	AL																Xn			
MON 79632	13435	HE																			
Monam CleanStart	6321	FU/HE/NE					D														C
Monam Geconc.	6443	FU/HE/NE					D														C
Monami	13059	FU/IN																			
Monarch	13144	FU								0											
Moncereen Droogontsmetter	9102	FU																			
Moncereen Vloeibaar	8935	FU					D														
Mos-10	12352	DS						W													C
Mosbestrijder met Gazonmest	11640	HE																			
Mosdood	5535	HE																Xn			
Mosmiddel	9327	HE																Xn			
Mosskil Plus	9679	HE																			
Movento	13404	IN	B				D											Xn			
MS VB-08	13173	IN																			
Mucosin-AT	12046	DS						W													C
Mundial	12802	IN																	T		
Muscodel	12252	DS						W													C
Mycostop	11708	FU																Xn			
Mycotal	10980	IN															Xi				
Nativo	13211	FU							V									Xn			
Naturado Gazonmest met mosbestrijder	13239	HE																			
Naturado Gazonmest met onkruidbestrijder	13238	HE								0											
Neemazal-T/S	12455	AC/IN		Z																	
Nemasol	9635	FU/HE/NE					D														C
Nemathorin 10G	12417	IN/NE																Xn			
Neonet 500 HN	12924	KA																Xn			
Neonet Dust	12928	KA																Xn			
Neonet Start	12929	KA																Xn			
NEU 1181M	13318	SL																			
Nicanor 20 SX	12739	HE																			
Nimrod Vloeibaar	6834	FU																Xn			
Nissorun Spuitpoeder	9704	AC																Xn			
Nissorun Vloeibaar	10379	AC																			
Nocturn	13359	IN															Xi				
Nogerma Aardappel-Kiemremmer	5830	KA																Xn			
Nogerma RTU	13465	HE																Xn			
Nogerma Starter	12645	KA																Xn			
Nogerma Vloeibaar 500	5829	KA																Xn			
Nomolt	9914	IN																			
Oberon	12588	AC/IN					D			0							Xi				
Oblix 200 EC	12907	HE							V									Xn			
Obsthormon 24A	6083	GR															Xi				
Ohayo	10710	FU															Xi				

*Verklaring codes en symbolen: zie pagina 38.

Werking en risico's per middel

Merknaam	Toelatingsnummer (N)	Bestrijdingsmiddelengroepscodes*	Milieu-effect codes*										Gevaarcodes*								
			B	Z	R	M	D	W	V	P	G	Y	b-	F	F+	O	Xi	Xn	T	T+	C
Olie-H	6598	IN					D														
Olympus	12787	FU					D											Xn			
Onkruid	12880	HE																			
Onkruid Stop	12180	HE								P	0							Xn			
Onkruid Totaal	11976	HE																			
Onkruid Totaal Stop	11980	HE					D				0										
Onkruidbestrijder	13051	HE																			
Onkruiddoder	12634	HE																			
Onkruidkiller	13017	HE																			
Onkruidkiller	13032	HE																			
Opera	12509	FU																Xn			
Opus	11408	FU																Xn			
Opus Team	11407	FU																Xn			
Oriënza Quat	12127	DS															Xi				
Ortiva	12169	FU									0										
Ortiva Garden	13100	FU									0										
Orvego	13317	FU							V									Xn			
Orvego MZ	13442	FU							V									Xn			
Ovirex VS	9388	IN					D										Xi				
Panic	12639	HE																			
Panic Free	13186	HE					D														
Pantopur	12486	HE																Xn			
Paraat	11432	FU					D														
Parimco Abamectine	11588	AC/IN	B					W											T		
Parimco Abamectine Nieuw	13171	IN	B				D											Xn			
Park Gazonmest met Onkruidbestrijder	8370	HE									0										
Park Mosbestrijder	7890	HE																Xn			
Pearl Paint Groene Aanslag Verwijderaar	12604	DS						W									Xi				
Penncozeb 80 WP	8758	FU							V	5		Y	b					Xn			
Penncozeb DG	10421	FU							V	5		Y	b					Xn			
Perfekthion	6169	AC/IN	B				D		V									Xn			
Philabuster 400 SC	12983	FU																Xn			
Pilot	12279	HE																Xn			
Pirimor	5794	IN																	T		
Pirimor Rookontwikkelaar	5793	IN																Xn			
Plenum 50 WG	12491	IN	B				D											Xn			
Plushine Groene Aanslag Verwijderaar	12675	DS						W									Xi				
Pokon Groene Aanslag	12109	AL						W													C
POKON groene aanslag STOP	12839	DS						W									Xi				
POKON hardnekkige insecten STOP	12958	IN												F							
Pokon Luizen Stop	11514	IN												F							
Pokon Mos Weg !	13240	HE																			
Pokon Mos Weg!	9019	HE																Xn			
Pokon Onkruid Totaal Stop	12733	HE																			
Pokon onkruid totaal stop concentraat	13346	HE															Xi				
Pokon Onkruid Weg !	13241	HE									0										
Pokon Onkruid Weg!	8392	HE									0										
Pokon Plantstick	12219	IN	B																		
Pokon Schimmel Stop	12768	FU												F			Xi				
Pokon Slakken Stop	11346	SL					D				0										
Polder 1%	13325	KA																Xn			
Polder 300 HN	13324	KA																			C
Policlean	13225	HE					D														
Polyram DF	10378	FU					D						b					Xn			
Pomonellix	13054	IN															Xi				
Poncho Beta	13044	IN																Xn			
Poncho Rood	13276	IN																Xn			
Potazil 100 SL	12862	FU															Xi				
Powertwinn	13185	HE							V								Xi				
Preferal	12694	IN															Xi	Xn			

*Verklaring codes en symbolen: zie pagina 38.

Merknaam	Toelatingsnummer (N)	Bestrijdingsmiddelengroepscodes*	Milieu-effect codes*										Gevaarcodes*								
			B	Z	R	M	D	W	V	P	G	Y	b-	F	F+	O	Xi	Xn	T	T+	C
Prelude 20 LF	13214	FU																			
Prestop	13413	FU																			
Prestop Mix	13414	FU																			
Previcur Energy	13221	FU															Xi				
Primo Maxx	12706	GR																			
Primstar	12585	HE															Xi				
Primus	12175	HE																			
Priori Xtra	12762	FU																Xn			
Proclaim	13260	IN					D														
Prodoradix Agro	13077	FU																Xn			
Progold Algvrij	12937	DS						W													C
Proline	12725	FU							V									Xn			
Promanal Gebruiksklaar	11859	AC/IN																			
Promanal-R Concentraat	13202	IN					D														
Promanal-R Gebruiksklaar	13201	IN					D														
Proplant	12918	FU					D										Xi				
Propyzamide 50% WP	8223	HE																Xn			
Prosaro	12843	FU					D											Xn			
Proseed	10918	FU																Xn			
Protect Pro	13203	FU					D						b								C
Protectol BN 18	11329	DS																Xn			
Protex-Abamectine	12810	IN	B					W											T		
Protex-Dicamba-I 480 SL	13079	HE																			
Provado Garden	12115	IN	B																		
Provado Insectenpin	11998	IN	B																		
Proxanil	13217	FU															Xi				
Puma S EW	12379	HE															Xi				
Pyramin DF	12228	HE																Xn			
Pyramin FL	12227	HE															Xi				
Pyrethrum Plantspray	12447	IN												F							
Pyrethrum Spray	12389	IN												F							
Pyrethrum Vloeibaar	10797	IN	B				D											Xn			
Pyrethrum Vloeibaar	12390	IN	B				D											Xn			
Pyristar 250 CF	13274	IN															Xi				
Quatril	12241	DS						W													C
Quickdown	13246	HE							V								Xi				
Quit	13565	HE																			
Quit Spray	13564	HE																			
Radicale 2	11087	DO/HE					D									O			T		
Rak 3	11815	IN																			
RAK 3+4	12467	IN																			
Rak 4	12469	IN																			
Ranman	12282	FU							V								Xi				
Ranman Top	13467	FU							V								Xi				
Raptol	13230	IN					D														
Raxil T	12701	FU														O		Xn			
Redigo	13547	FU															Xi				
Redigo Pro	13548	FU																			
Regalis	12317	GR																			
Reglone	5581	DO/HE	B				D		V										T		
Regulex	12070	GR																			
Rem	10011	GR																			
Resolva	13167	HE																			
Resolva 24H	13388	HE																			
Resolva 24H Spray	13419	HE																			
Resolva Spray	13166	HE																			
Resolva Ultra	13231	HE																			
Restrain	13126	KA											b		F+						
Result 10	12378	DS						W													C
Revus	12969	FU														O					
Revus Gardan	13261	FU																			
Rhizopon A Poeder	6282	GR																			
Rhizopon A Tabletten	6283	GR																			
Rhizopon AA Poeder	6284	GR																			
Rhizopon AA Tabletten	6285	GR																			

*Verklaring codes en symbolen: zie pagina 38.

Werking en risico's per middel

Merknaam	Toelatings-nummer (N)	Bestrijdings-middelen-groepscodes*	B	Z	R	M	D	W	V	P	G	Y	b / b-	F	F+	O	Xi	Xn	T	T+	C
Rhizopon B Poeder	6286	GR																			
Rhizopon B Tabletten	6287	GR															Xi				
Ridomil Gold	12281	FU																Xn			
Rizolex Vloeibaar	11098	FU															Xi				
Rocket EC	13378	FU					D											Xn			
Rosacur	12728	FU																			
Rosacur Pro	12931	FU					D														
Rosacur Spray	12693	FU												F			Xi				
Rosaflor	12220	BA																Xn			
Rosate 36	13466	HE																			
Roundap Force	13546	HE																			
Roundup	6483	DO/HE															Xi				
Roundup +	12960	DO/HE					D														
Roundup Econ 400	11553	DO/HE																			
Roundup Energy	12546	HE															Xi				
Roundup Evolution	11228	DO/HE																			
Roundup Huis & Tuin	10099	HE																			
Roundup Max	12545	HE					D														
Roundup Ready To Use	10867	HE																			
Rovral Aquaflo	8928	FU																Xn			
Roxasect Slakkenkorrels	12410	SL																			
Roxy	13164	HE															Xi				
Royal MH-30	8063	GR																			
Royal MH-Spuitkorrel	11599	GR																			
Rudis	12970	FU																Xn			
Runner	12696	IN								0											
Safari	11754	HE																			
Samson 4SC	11995	HE															Xi				
Samson Extra 6% OD	12987	HE								0							Xi				
Sanosept 80 H	11928	DS						W													C
Scala	11555	FU																			
Scala	12124	FU																			
Scelta	13440	AC																			
Scitec	13269	GR															Xi				
Scomrid Aerosol	13284	FU					D							F							
Score 10 WG	12497	FU															Xi				
Score 250 EC	11453	FU							V												
Scotts Onkruidbestrijder met Gazonmest	11508	HE								0											
Scutello	11420	IN																Xn			
Scutello L	11695	IN																Xn			
Securo	12955	FU																Xn			
Seguris Flexi	13510	FU							V									Xn			
Sencor WG	8024	HE								2								Xn			
Septi-Bac 250	12344	DS						W													C
Septiquad	12268	DS						W													C
Shirlan	12205	FU															Xi				
Signum	12630	FU								6								Xn			
Signum S	13477	FU																Xn			
Skyway Xpro	13513	FU							V									Xn			
Slakkenbestrijder	13320	SL																			
Slakkerdode3r	13448	SL																			
Sluxx	13316	SL																			
Smart Bayt	13107	MO																			
Smart Bayt Slakkenkorrels	13566	SL																			
Smartfresh	12522	GR																			
SOMBRERO	13524	IN																Xn			
SPECTRUM	13456	HE							V									Xn			
Sphere	12602	FU							V									Xn			
Sphinx	11041	DO/HE															Xi				
Spirit	13168	FU																Xn			
Splendid	7774	IN					D	W										Xn			
Spore-Stop	12984	FU					D									O		Xn			
Sporgon	8555	FU																Xn			
Sportak EW	11567	FU																			

*Verklaring codes en symbolen: zie pagina 38.

Merknaam	Toelatingsnummer (N)	Bestrijdingsmiddelengroepscodes*	Milieu-effect codes*										Gevaarcodes*								
			B	Z	R	M	D	W	V	P	G	Y	b-	F	F+	O	Xi	Xn	T	T+	C
Spotlight Plus	12361	DO														0	Xi				
Spruzit Gebruiksklaar	11947	IN												F							
Spruzit Vloeibaar	7229	IN	B				D														
Spruzit-R concentraat	13122	IN					D														
Spruzit-R gebruiksklaar	13154	IN					D														
Spyrale	12975	FU							V								Xn			
Stabilan	8828	GR																Xn			
Stabilan	9991	GR																Xn			
Starane 200	9401	HE																Xn			
Stekmiddel	9874	GR																			
Stekpoeder	12078	GR																			
Steward	12371	IN	B						V			Y						Xn			
Stomp 400 SC	10766	HE							V												
Stomp SC	13561	HE							V												
Stroby WG	11818	FU																Xn			
Subliem	12988	FU																			
Sulfus	13099	FU					D														
Sultan 500 SC	13128	HE														0		Xn			
Sumicidin Super	10211	IN	B				D	W	V									Xn			
Sun Ultra Fine Spray Oil	12574	IN/VI					D										Xi				
Sunspray 11-E	10238	IN					D										Xi				
Switch	12819	FU														0	Xi				
Syllit Flow 450 SC	11647	FU															Xi				
Symphonie	13148	FU														0					
Tachigaren 70 WP	8733	FU													F+		Xi				
Tachigaren Vloeibaar	11527	FU																			
Taifun 360	13479	HE																			
Talent	13070	KA															Xi				
Tanalith P 6303	12555	DS						W										Xn			
Tandus	13068	HE																Xn			
Tanos	12353	FU							V									Xn			
Targa Prestige	11155	HE																Xn			
Tecto 500 SC	12290	FU															Xi				
Tegen bladluizen	11250	IN												F							
Tegen mos in gazons	13117	HE																Xn			
Teldor	12130	FU																			
Teldor Spuitkorrels	12146	FU																			
Tensiodes Quat	12384	DS						W													C
Teppeki	12757	IN					D														
Thiovit Jet	5395	AC/FU					D														
Thiram Granuflo	10172	FU																Xn			
Tilt 250 EC	8627	FU					D		V									Xn			
Titus	11393	HE							V												
Toki	12968	HE																	T		
Tomahawk 200 EC	12059	HE																Xn			
Topaz 100 EC	9364	FU					D									0	Xi				
Topgun Concentraat 18%	11954	HE															Xi				
Topgun Gebruiksklaar	11953	HE																			
Topper	13478	GR																Xn			
Topsin M Vloeibaar	7211	FU			R													Xn			
Torinka	13247	HE															Xi				
Torque	6525	AC																		T+	
Torque-L	7037	AC																		T+	
Totril	12926	HE																Xn			
Touchdown Quattro	12552	DO/HE																			
Tracer	12567	IN	B						V			Y				0					
Tramat 200 EC	12873	HE							V									Xn			
Tramat 500	12521	HE							V												
Traxos 50	13423	HE							V								Xi				
Trekpleister Groene Aanslag Verwijderaar	12136	AL						W									Xi				
Trianum-G	12841	GR																Xn			
Trianum-P	12699	GR																Xn			
Tribel 480 EC	12183	HE														0		Xn			
Tridex 80 WP	12749	FU							V		5	Y	b					Xn			

*Verklaring codes en symbolen: zie pagina 38.

1.2 Gewasbeschermingsmiddelen

Merknaam	Toelatings-nummer (N)	Bestrijdings-middelen groepscodes*	B	Z	R	M	D	W	V	P	G	Y	b / b-	F	F+	O	Xi	Xn	T	T+	C
Tridex DG	10560	FU							V		5	Y	b					Xn			
Trigard 100 SL	12014	IN	B				D														
Trimangol 80 WP	5928	FU							V			Y	b					Xn			
Trimangol DG	10420	FU							V			Y	b-					Xn			
Troy 480	13386	HE							V								Xi				
TTH Desinfectant	12250	DS						W													C
Tuberprop Basic	12468	KA																Xn			
Tuberprop Easy	13420	KA																Xn			
Tuberprop Ultra	13542	KA																Xn			
Turbat	10002	FU					D		V				b				Xi				
Turex Spuitpoeder	11702	IN																Xn			
Twist	12288	FU					D		V								Xi				
TWIST PLUS SPRAY	13417	FU																			
U 46 D-Fluid	7556	HE					D			1							Xi				
U 46 M	7737	GR/HE																Xn			
Ultima	13469	HE																			
Ultima AF	13468	HE																			
Ultima zevenblad concentraat	13543	HE																			
Ultima zevenblad gebruiksklaar	13544	HE																			
Unikat Pro	12783	FU															Xi	Xn			
Unisept	12258	DS						W													C
Vacciplant	13383	BA/FU																			
Valbon	12667	FU					D										Xi				
Valioso	12847	GR																			
Vapona Bladluizenspray	13113	IN												F							
VBC-476	12865	GR																			
Vectine Plus	13156	IN	B				D											Xn			
Vega EC	11984	HE																Xn			
Venture	12781	FU																Xn			
Verigal D	10194	HE					D										Xi				
Verigal Kleinverpakking	10191	HE															Xi				
Vertimec Gold	13087	AC/IN	B				D											Xn			
Viridal	13425	FU					D		V				b				Xi				
Viro Cid	11761	DS																			C
Vondac DG	10602	FU							V			Y	b					Xn			
Vondozeb DG	12168	FU							V		5	Y	b					Xn			
Vydate 10G	12409	IN/NE																	T		
Wakil XL	13296	FU																			
Wam	12323	DS						W													C
Wizard	13259	HE																Xn			
Wöbra	13243	WI																			
Wopro Abamectin	13460	IN	B				D											Xn			
Wopro Bifenazate	13458	AC					D										Xi				
Wopro Deltamethrin	13461	IN					D	W										Xn			
Wopro Glyphosate	13459	HE															Xi				
Wopro Pirimiphos Methyl	13516	IN																Xn			
Xen Tari WG	12437	IN																Xn			
ZandalL WG	12866	FU					D		V				b				Xi				
Zeptreet 100	12313	DS						W													C
Zetanil	12745	FU					D										Xi				
Zetanil Solo	12920	FU																Xn			

*Verklaring codes en symbolen: zie pagina 38.

1.3 Werkzame stoffen

In de volgende paragraaf (1.3.1) vindt u informatie over iedere toegelaten werkzame stof of combinatie van werkzame stoffen. De volgende informatie wordt vermeld:

- Werkzame stofnaam
  De werkzame stoffen staan genoemd in alfabetische volgorde, waarbij de werkzame stoffen beginnend met een cijfer (bijvoorbeeld 2,4-D) als eerste worden genoemd.

- Chemische of biologische groep
  De chemische of biologische groep vermeldt waartoe de werkzame stof behoort op basis van zijn chemische of biologische eigenschappen (bijvoorbeeld ureum verbindingen). Als een werkzame stof niet tot een specifieke chemische groep behoort of als de chemische groep nog niet bekend is, valt deze onder de groep "diversen".

- Bestrijdingsmiddelengroep
  De bestrijdingsmiddelengroep (bijvoorbeeld insecticiden) geeft het werkingsspectrum van de stof aan, dus welke aantaster(groep) of teeltprobleem wordt bestreden. Een overzicht van de chemische/ biologische of bestrijdingsmiddelengroepen waartoe een werkzame stof behoort, kunt u ook vinden in hoofdstuk 1.4.

- Werkingsmechanisme
  Het werkingsmechanisme geeft aan volgens welk biologisch of biochemisch mechanisme de werkzame stof zijn werking uitoefent op het doelorganisme.

- Merknamen
  Hier worden de merknamen van alle toegelaten gewasbeschermingsmiddelen genoemd die de betreffende werkzame stof(fen) bevatten, in alfabetische volgorde

- Toelating in/voor
  Vermeld wordt het *cumulatieve* toelatingsgebied van teeltgroepen, teelten, producten en/of objecten waarin de middelen met de betreffende werkzame stof (of combinatie van werkzame stoffen) mogen worden toegepast. Het cumulatieve toepassingsgebied is een optelling van de toelatingsgebieden (volgens het Wettelijk Gebruiksvoorschrift) van alle toegelaten middelen met dezelfde werkzame stof. Raadpleeg de meest recente toelatingsbeschikking voor een volledige en gedetailleerde omschrijving van het toelatingsgebied *per middel*.
  De teeltgroepen en gewasgroepen (bijvoorbeeld GRANEN) staan in kapitaal vermeld en de gewassen (bijvoorbeeld wintertarwe) in kleine letters. Omdat het toelatingsgebied een optelling is, kan het voorkomen dat er een overlap is.

1.3.1 Gegevens per werkzame stof

(Z)-11-tetradecenyl-acetaat
Chemische groep: feromonen
Bestrijdingsmiddelengroep: insecticide
Werkingsmechanisme: verstoring van de paring
Merken: Rak 4
Toelating in/voor: appel, peer

(Z)-11-tetradecenyl-acetaat / (Z)-tetradec-9enylacetaat / codlemon / dodecan-1-ol / tetrade-canol
Chemische groep: feromonen
Bestrijdingsmiddelengroep: insecticide
Werkingsmechanisme: bladroller sexferomoon, dampwerking
Merken: Isomate CLR
Toelating in/voor: appel, peer

(Z)-11-tetradecenyl-acetaat / codlemon
Chemische groep: groep (nog) niet vastgesteld
Bestrijdingsmiddelengroep: insecticide
Werkingsmechanisme: bladroller sexferomoon, dampwerking, verstoring van de paring
Merken: RAK 3+4
Toelating in/voor: appel, peer

1-methylcyclopropeen
Chemische groep: synthetische auxinen
Bestrijdingsmiddelengroep: groeiregulator
Werkingsmechanisme: blokkering ethyleenreceptoren
Merken: Ethybloc TM Tabs, Ethylene Buster, Freshstart, Freshstart Singles, Freshstart TM Tabs, Smartfresh
Toelating in/voor: SNIJBLOEMEN BLOEM EINDPRODUCT, appel, peer, tulp soorten

1-naftylazijnzuur
Chemische groep: fenoxycarboxyliczuren
Bestrijdingsmiddelengroep: groeiregulator
Werkingsmechanisme: beïnvloeding groeistofbalans
Merken: Late-Val Vloeibaar, Obsthormon 24A, Rhizopon B Poeder, Rhizopon B Tabletten
Toelating in/voor: PLANTGOED VAN SIERGEWASSEN BEDEKT, PLANTGOED VAN SIERGEWASSEN ONBEDEKT, appel, peer

2,4-D
Chemische groep: benzoezuren, fenoxycarboxyliczuren
Bestrijdingsmiddelengroep: herbicide
Werkingsmechanisme: verstoring groeistofbalans, bladwerking, systemisch
Merken: Damine 500, U 46 D-Fluid
Toelating in/voor: BRAAKLIGGEND BOLLENLAND, RAND VAN AKKER, RAND VAN WEILAND, TIJDELIJK ONBETEELD LAND, VOEDER EN GROENBEMESTINGGEWASSEN, WINDSCHERMEN, appel, peer

2,4-D / dicamba
Chemische groep: benzoezuren, fenoxycarboxyliczuren
Bestrijdingsmiddelengroep: herbicide
Werkingsmechanisme: verstoring groeistofbalans, blad- en bodemwerking, systemisch
Merken: Brabant 2,4-D/Dicamba, Evergreen Anti-Onkruid + Gazonmest, Evergreen Greenkeeper, Gazonfloranid met Onkruidverdelger, Greenmaster Fine Turf Extra, Intratuin gazonmest + Anti-onkruid, Intratuin Onkruidbestrijder met Gazonmeststof, Jepolinex, Langwerkende Gazonmest met Onkruidbestrijder, Naturado Gazonmest met onkruidbestrijder, Park Gazonmest met Onkruidbestrijder, Pokon Onkruid Weg !, Pokon Onkruid Weg!, Scotts Onkruidbestrijder met Gazonmest
Toelating in/voor: GRASZAAD, grassen

2,4-D / dicamba / MCPA
Chemische groep: fenoxycarboxyliczuren, pyridinecarboxylic zuur
Bestrijdingsmiddelengroep: herbicide

Werkingsmechanisme: verstoring groeistofbalans, blad- en bodemwerking, systemisch
Merken: AAmix, Brabant Mixture, Dicamix-G Vloeibaar, Gazon-Net N, Onkruid Stop
Toelating in/voor: GRASZAAD, appel, grassen

2,4-D / triclopyr
Chemische groep: fenoxycarboxyliczuren
Bestrijdingsmiddelengroep: herbicide
Werkingsmechanisme: verstoring groeistofbalans, bladwerking, systemisch
Merken: Genoxone ZX
Toelating in/voor: BOSBOUW, PERMANENT ONBETEELD LAND, TIJDELIJK ONBETEELD LAND

2,4-DB
Chemische groep: diversen, pyrethroiden en pyrethrinen, quaternaire ammonium
Bestrijdingsmiddelengroep: herbicide
Werkingsmechanisme: verstoring groeistofbalans, bladwerking, systemisch
Merken: Buttress
Toelating in/voor: HOOI EN MAAIGRASLAND, TE BEWEIDEN GRASLAND, luzerne, rode klaver, witte klaver

2-propanol / didecyldimethylammoniumchloride / glutaaraldehyde / quaternaire ammonium verbindingen, benzyl-c8-18-al
Chemische groep: cytokininen, diversen
Bestrijdingsmiddelengroep: desinfectantia
Werkingsmechanisme: bactericide werking, neurotoxine, verstoring neuronen functie, oppervlakte actieve stof, werking op celwanden
Merken: Agri Des
Toelating in/voor: HANDGEREEDSCHAP, LEGE BEWAARPLAATS, LEGE KOELRUIMTE, LEGE TEELTRUIMTE, MUUR, NET, NEVENRUIMTE, STELLING, VLOER VAN CHAMPIGNONCEL, WERKGANG

6-benzyladenine / benzyladenine
Chemische groep: cytokininen, diversen, gibberellinen
Bestrijdingsmiddelengroep: groeiregulator
Werkingsmechanisme: beïnvloeding groeistofbalans
Merken: Maxcel
Toelating in/voor: appel

6-benzyladenine / benzyladenine / gibberelline A4 + A7
Chemische groep: avermectinen
Bestrijdingsmiddelengroep: groeiregulator
Werkingsmechanisme: beïnvloeding groeistofbalans
Merken: Chrysal BVB, VBC-476
Toelating in/voor: SNIJBLOEMEN BLOEM EINDPRODUCT

abamectin
Chemische groep: groep (nog) niet vastgesteld
Bestrijdingsmiddelengroep: acaricide, insecticide
Werkingsmechanisme: stimulering GABA-neurotransmitter, contact- en maagwerking, beperkt systemisch
Merken: Abamectine HF-G, Budget Abamectine 18 EC, Imex-Abamectine 2, Parimco Abamectine, Parimco Abamectine Nieuw, Protex-Abamectine, Vectine Plus, Vertimec Gold, Wopro Abamectin
Toelating in/voor: AROMATISCHE KRUIDGEWASSEN BEDEKT, BLOEMISTERIJGEWASSEN BEDEKT, BLOEMISTERIJGEWASSEN ONBEDEKT, BOLBLOEMEN EN KNOLBLOEMEN BEDEKT, BOOMKWEKERIJGEWASSEN BEDEKT, BOOMKWEKERIJGEWASSEN ONBEDEKT, KRUIDEN BEDEKT, VASTE PLANTEN BEDEKT, VASTE PLANTEN ONBEDEKT, VEREDELINGS-EN ZAADTEELTEN BEDEKT, aardbei, amsoi, andijvie, appel, aubergine, augurk, bindsla, braam, cayenne peper, chinese kool, choisum, courgette, dahlia soorten, framboos, gladiool soorten, ijsbergsla, japanse wijnbes, komatsuna, komkommer, kouseband, kropsla, kruisbes, krulsla, loganbes, meloen, paksoi, paprika, patisson,

peer, pompoen, prei, pronkboon, pruim, radijs, rode of witte bes, snijboon, spaanse peper, sperzieboon, taybes, tomaat, veldsla, watermeloen, zoete kers, zure kers, zwarte bes

acequinocyl
Chemische groep: neonicotinoiden
Bestrijdingsmiddelengroep: acaricide
Werkingsmechanisme: contactwerking, soms orale inname
Merken: Cantack
Toelating in/voor: BLOEMISTERIJGEWASSEN BEDEKT, BLOEMISTERIJGEWASSEN ONBEDEKT, BOOMKWEKERIJGEWASSEN BEDEKT, BOOMKWEKERIJGEWASSEN ONBEDEKT, OPENBAAR GROEN, VASTE PLANTEN BEDEKT, VASTE PLANTEN ONBEDEKT, aardbei

acetamiprid
Chemische groep: difenylethers
Bestrijdingsmiddelengroep: insecticide
Werkingsmechanisme: contact- en maagwerking met translaminaire activiteit, systemisch
Merken: Gazelle
Toelating in/voor: BLOEMBOL- EN BLOEMKNOLGEWASSEN BEDEKT, BLOEMBOL- EN BLOEMKNOLGEWASSEN ONBEDEKT, BLOEMISTERIJGEWASSEN BEDEKT, BLOEMISTERIJGEWASSEN ONBEDEKT, BOLBLOEMEN EN KNOLBLOEMEN BEDEKT, BOLBLOEMEN EN KNOLBLOEMEN ONBEDEKT, BOOMKWEKERIJGEWASSEN BEDEKT, BOOMKWEKERIJGEWASSEN ONBEDEKT, HOUTIGE BEPLANTING, KRUIDACHTIGE BEPLANTING, VASTE PLANTEN BEDEKT, VASTE PLANTEN ONBEDEKT, VEREDELINGS- EN ZAADTEELTEN BEDEKT, aardappel, appel, aubergine, augurk, courgette, komkommer, paprika, peer, spaanse peper, tomaat, zoete kers, zure kers

aclonifen
Chemische groep: diversen, glycine verbindingen, groep (nog) niet vastgesteld
Bestrijdingsmiddelengroep: herbicide
Werkingsmechanisme: bodemwerking, remming pigmentsynthese
Merken: Challenge
Toelating in/voor: AARDAPPELEN, doperwt, droge erwt, mais, tuinboon/veldboon, wintertarwe

alkylamine ethoxylaat / formaldehyde / glyfosaat
Chemische groep: fosforwaterstof genererende verbindingen
Bestrijdingsmiddelengroep: herbicide
Werkingsmechanisme: fumigantia met fungicide en bactericide werking, remming aminozuursynthese (EPSP), bladwerking, systemisch
Merken: GREENFIX NW READY TO USE
Toelating in/voor: MOESTUIN ONBEDEKT, ONDER HEKWERK EN AFRASTERING EN HAGEN, SIERTUIN ONBEDEKT, TIJDELIJK ONBETEELD LAND

aluminiumfosfide
Chemische groep: diversen
Bestrijdingsmiddelengroep: molluscicide, rodenticide
Werkingsmechanisme: blokkering zuurstoftransport
Merken: Luxan Mollentabletten
Toelating in/voor: AARDBEI ONBEDEKT, AKKERBOUWGEWASSEN, BESSEN ONBEDEKT, CULTUURGRASLAND, GRASZODENTEELT, GROENTEN ONBEDEKT, KRUIDEN ONBEDEKT, NOTEN, PITVRUCHTEN, SIERTEELTGEWASSEN ONBEDEKT, STEENVRUCHTEN ONBEDEKT, VRUCHTBOMEN EN -STRUIKEN ONBEDEKT, grassen

aluminiumsulfaat
Chemische groep: cinnamic zuur amiden, groep (nog) niet vastgesteld
Bestrijdingsmiddelengroep: bactericide
Werkingsmechanisme:
Merken: Chrysal RVB, Florissant 600, Rosaflor
Toelating in/voor: bouvardia soorten, chrysant soorten, roos soorten

ametoctradin / dimethomorf
Chemische groep: dithiocarbamaten en verwante verbindingen, groep (nog) niet vastgesteld
Bestrijdingsmiddelengroep: fungicide
Werkingsmechanisme: remming sporulatie, systemisch
Merken: Orvego
Toelating in/voor: aardappel

ametoctradin / mancozeb
Chemische groep: sulfonylureum verbindingen
Bestrijdingsmiddelengroep: fungicide
Werkingsmechanisme: blokkering stofwisseling
Merken: Orvego MZ
Toelating in/voor: aardappel

amidosulfuron
Chemische groep: sulfonylureum verbindingen
Bestrijdingsmiddelengroep: herbicide
Werkingsmechanisme: remming aminozuursynthese (acetolactaat synthase ALS)
Merken: Eagle, Gratil
Toelating in/voor: CULTUURGRASLAND, haver, triticale soorten, wintergerst, winterrogge, wintertarwe, zomergerst, zomerrogge, zomertarwe

amidosulfuron / iodosulfuron-methyl-natrium
Chemische groep: groep (nog) niet vastgesteld, pyridinecarboxylic zuur
Bestrijdingsmiddelengroep: herbicide
Werkingsmechanisme: remming aminozuursynthese (acetolactaat synthase ALS), stopt celdeling en plantgroei
Merken: Chekker
Toelating in/voor: spelt, triticale soorten, wintergerst, winterrogge, wintertarwe, zomergerst, zomertarwe

aminopyralid / fluroxypyr-meptyl
Chemische groep: groep (nog) niet vastgesteld
Bestrijdingsmiddelengroep: herbicide
Werkingsmechanisme: verstoring groeistofbalans, bladwerking, systemisch
Merken: Bofort
Toelating in/voor: TE BEWEIDEN GRASLAND

amisulbrom
Chemische groep: triazolen
Bestrijdingsmiddelengroep: fungicide
Werkingsmechanisme: contactwerking
Merken: Canvas
Toelating in/voor: ardappel

amitrol
Chemische groep: groep (nog) niet vastgesteld
Bestrijdingsmiddelengroep: herbicide
Werkingsmechanisme: remming caroteenbiosynthese, bladwerking, systemisch
Merken: Brabant Amitrol Vloeibaar
Toelating in/voor: HOUTIGE BEPLANTING, SPOORBAAN, WINDSCHERMEN, appel, kruisbes, peer, pruim, rode of witte bes, zoete kers, zure kers, zwarte bes

ascorbinezuur
Chemische groep: carbamaten
Bestrijdingsmiddelengroep: fungicide
Werkingsmechanisme:
Merken: Dipper, Protect Pro
Toelating in/voor: BLOEMBOL- EN BLOEMKNOLGEWASSEN BEDEKT, BLOEMBOL- EN BLOEMKNOLGEWASSEN ONBEDEKT

asulam
Chemische groep: plantaardige extracten
Bestrijdingsmiddelengroep: herbicide
Werkingsmechanisme: remming vitamine synthese (DHP), blad- en bodemwerking
Merken: Agrichem Asulam 2, Asulam HF, Asulox, Imex-Asulam
Toelating in/voor: BLOEMENZAADTEELT ONBEDEKT, BOOMKWEKERIJGEWASSEN ONBEDEKT, DROOGBLOEMEN, KRUIDEN ONBEDEKT, SNIJBLOEMEN BLOEM ONBEDEKT, augurk, blauwmaanzaad, cichoreiwortel, hyacint, lelie soorten, spinazie, tulp soorten, witlof

azadirachtin
Chemische groep: strobilurinen
Bestrijdingsmiddelengroep: acaricide, insecticide

Werkingsmechanisme: contact- en maagwerking, werkt als repellant, antifeedant en verstoort de vervelling
Merken: Neemazal-T/S
Toelating in/voor: BLOEMISTERIJGEWASSEN BEDEKT, BLOEMISTERIJGEWASSEN ONBEDEKT, BOOMKWEKERIJGEWASSEN BEDEKT, BOOMKWEKERIJGEWASSEN ONBEDEKT, OPENBAAR GROEN, VASTE PLANTEN BEDEKT, VASTE PLANTEN ONBEDEKT, aardappel, appel

azoxystrobin
Chemische groep: chloornitrilen, strobilurinen
Bestrijdingsmiddelengroep: fungicide
Werkingsmechanisme: blokkering electronentransport in mitochondriën, translaminaire, systemisch
Merken: Amistar, Azoxy HF, Budget Azoxystrobin 250 SC, Heritage, Ortiva, Ortiva Garden
Toelating in/voor: BLOEMBOLLEN EN BLOEMKNOLLEN BEDEKT, BLOEMBOLLEN EN BLOEMKNOLLEN ONBEDEKT, SIERTEELTGEWASSEN BEDEKT, SIERTEELTGEWASSEN ONBEDEKT, SIERTUIN, SIERTUIN ONBEDEKT, aardappel, aubergine, augurk, bindsla, bloemkool, boerenkool, broccoli, courgette, gladiool soorten, grassen, ijsbergsla, kalebas, komkommer, kropsla, krulsla, lelie soorten, meloen, paprika, peen, pompoen, prei, rode kool, savooiekool, spaanse peper, spitskool, spruitkool, squash, tomaat, ui, wintergerst, wintertarwe, witte kool, zomergerst, zomertarwe

azoxystrobin / chloorthalonil
Chemische groep: strobilurinen, triazolen
Bestrijdingsmiddelengroep: fungicide
Werkingsmechanisme: aspecifieke remming ademhaling, blokkering electronentransport in mitochondriën, translaminaire, systemisch
Merken: Olympus
Toelating in/voor: wintertarwe, zomertarwe

azoxystrobin / cyproconazool
Chemische groep: strobilurinen, triazolen
Bestrijdingsmiddelengroep: fungicide
Werkingsmechanisme: blokkering electronentransport in mitochondriën, translaminaire, systemisch, remming ergosterol biosynthese
Merken: Priori Xtra
Toelating in/voor: triticale soorten, wintergerst, winterrogge, wintertarwe, zomergerst, zomerrogge, zomertarwe

azoxystrobin / difenoconazool
Chemische groep: bacterie
Bestrijdingsmiddelengroep: fungicide
Werkingsmechanisme: blokkering electronentransport in mitochondriën, translaminaire, systemisch, remming steroid demethylering (ergosterol biosynthese)
Merken: Amistar TIP
Toelating in/voor: bloemkool, boerenkool, broccoli, chinese kool, peen, prei, rode kool, savooiekool, spitskool, spruitkool, witte kool

Bacillus thuringiensis subsp. *aizawai*
Chemische groep: bacterie
Bestrijdingsmiddelengroep: insecticide
Werkingsmechanisme: biologisch insecticide, maagwerking, werkend op darmepitheel van insecten
Merken: Turex Spuitpoeder, Xen Tari WG
Toelating in/voor: BLOEMISTERIJGEWASSEN BEDEKT, BLOEMISTERIJGEWASSEN ONBEDEKT, BOOMKWEKERIJGEWASSEN BEDEKT, BOOMKWEKERIJGEWASSEN ONBEDEKT, KRUIDEN, LOOFHOUT, NAALDHOUT, OPENBAAR GROEN, VASTE PLANTEN BEDEKT, VASTE PLANTEN ONBEDEKT, aardbei, amsoi, andijvie, andijvie krulandijvie, appel, aubergine, augurk, bindsla, bladselderij, blauwe bes, bleekselderij, bloemkool, boerenkool, braam, broccoli, chinese kool, cichoreiwortel, courgette, druif soorten, framboos, ijsbergsla, knoflook, knolselderij, komkommer, koolraap, koolrabi, kouseband, kroot, kropsla, kruisbes, krulsla, meloen, paksoi, paprika, patisson, peen, peer, peterselie soorten, prei, pruim, radijs, rammenas, rode kool, rode of witte bes, savooiekool, sjalot, snijboon, spaanse peper, sperzieboon, spinazie, spitskool, spruitkool, tomaat, ui, veldsla, witlof, witte kool, zoete kers, zure kers, zwarte bes

Bacillus thuringiensis subsp. *kurstaki*
Chemische groep: schimmel
Bestrijdingsmiddelengroep: insecticide
Werkingsmechanisme: biologisch insecticide, maagwerking, werkend op darmepitheel van insecten
Merken: Delfin, Dipel, Dipel ES, Scutello, Scutello L
Toelating in/voor: BLOEMISTERIJGEWASSEN BEDEKT, BOSBOUW, OPENBAAR GROEN, appel, aubergine, augurk, bloemkool, boerenkool, broccoli, chinese kool, courgette, komkommer, meloen, paprika, peer, rode kool, savooiekool, spitskool, spruitkool, tomaat, witte kool

Beauveria bassiana stam gha
Chemische groep: benzothiadiazinonen
Bestrijdingsmiddelengroep: insecticide
Werkingsmechanisme: biologisch insecticide, contactwerking, doding door schimmelgroei
Merken: Botanigard Vloeibaar, Botanigard WP
Toelating in/voor: BLOEMISTERIJGEWASSEN BEDEKT, BOOMKWEKERIJGEWASSEN BEDEKT, VASTE PLANTEN BEDEKT, aardbei, aubergine, courgette, komkommer, meloen, paprika, tomaat

bentazon
Chemische groep: benzothiadiazinonen, triazinen
Bestrijdingsmiddelengroep: herbicide
Werkingsmechanisme: remming fotosynthese b, bladcontactwerking
Merken: Agrichem Bentazon Vloeibaar, Basagran, Basagran SG, Bentazon-Imex, Troy 480
Toelating in/voor: BLOEMENZAADTEELT ONBEDEKT, DROOG TE OOGSTEN BONEN, DROOG TE OOGSTEN ERWTEN, GRASZAAD, GRASZODENTEELT, LANDBOUWSTAMBONEN, TE BEWEIDEN GRASLAND, VELDBONEN, aardappel, bieslook, blauwmaanzaad, doperwt, droge erwt, grassen, haver, mais, peul, sjalot, snijboon, sperzieboon, triticale soorten, tuinboon/veldboon, ui, vlas, wintergerst, winterrogge, wintertarwe, wollig vingerhoedskruid, zomergerst, zomertarwe

bentazon / terbuthylazine
Chemische groep: aminozuur amide carbomaten, dithiocarbamaten en verwante verbindingen
Bestrijdingsmiddelengroep: herbicide
Werkingsmechanisme: remming fotosynthese a, remming fotosynthese b, bladcontactwerking
Merken: Laddok N
Toelating in/voor: mais

benthiavalicarb-isopropyl / mancozeb
Chemische groep: groep (nog) niet vastgesteld
Bestrijdingsmiddelengroep: fungicide
Werkingsmechanisme: blokkering stofwisseling, remming celwandsynthese
Merken: Valbon
Toelating in/voor: aardappel

benzoezuur
Chemische groep: neonicotinoiden, pyrethroiden en pyrethrinen
Bestrijdingsmiddelengroep: desinfectantia
Werkingsmechanisme:
Merken: Menno Clean
Toelating in/voor: BETONVLOER, BEVLOEIINGSMAT, DRUPPELSYSTEEM, HANDGEREEDSCHAP, HANDSCHOEN, KAS EN WARENHUIS, KWEEKTAFEL, PLANTCONTAINER, PLANTENKWEKERSKIST, STEKBAK

beta-cyfluthrin / clothianidine
Chemische groep: carbamaten
Bestrijdingsmiddelengroep: insecticide
Werkingsmechanisme: neurotoxine, contact- en maagwerking, niet-systemisch, translaminair, wortel systemisch
Merken: Poncho Beta
Toelating in/voor: suikerbiet

bifenazaat

Chemische groep: difenylethers, fenoxycarboxyliczuren
Bestrijdingsmiddelengroep: acaricide
Werkingsmechanisme: contactwerking, niet systemisch
Merken: Floramite 240 SC, Wopro Bifenazate
Toelating in/voor: AARDBEI, BLOEMISTERIJGEWASSEN BEDEKT, BLOEMISTERIJGE-WASSEN NIET GRONDGEBONDEN BEDEKT, BLOEMISTERIJGEWASSEN NIET GRONDGE-BONDEN ONBEDEKT, BLOEMISTERIJGEWASSEN ONBEDEKT, BOOMKWEKERIJGEWASSEN BEDEKT, BOOMKWEKERIJGEWASSEN ONBEDEKT, VASTE PLANTEN BEDEKT, VASTE PLANTEN NIET GRONDGEBONDEN BEDEKT, VASTE PLANTEN NIET GRONDGEBONDEN ONBEDEKT, VASTE PLANTEN ONBEDEKT, aubergine, augurk, courgette, komkommer, paprika, spaanse peper, tomaat

bifenox / mecoprop-P

Chemische groep: triazolen
Bestrijdingsmiddelengroep: herbicide
Werkingsmechanisme: remming pigmentsynthese, blad- en enigszins bodembewerking, verstoring groeistofbalans, bladwerking, systemisch
Merken: Verigal D, Verigal Kleinverpakking
Toelating in/voor: CULTUURGRASLAND, GRANEN, GRASZAAD, SPORTVELD GEEN GRAS, grassen

bitertanol

Chemische groep: fenylamide: acylalaninen, triazolen
Bestrijdingsmiddelengroep: fungicide
Werkingsmechanisme: remming steroid demethylering (ergos-terol biosynthese)
Merken: Baycor Flow
Toelating in/voor: BLOEMISTERIJGEWASSEN BEDEKT, BOOMKWEKERIJGEWASSEN BEDEKT, VASTE PLANTEN BEDEKT, courgette, komkommer, tomaat

bixafen / prothioconazool

Chemische groep: fenylamide: acylalaninen, triazolen
Bestrijdingsmiddelengroep: fungicide
Werkingsmechanisme: remming steroid demethylering (ergos-terol biosynthese), systemisch, preventief en curatief
Merken: Aviator Xpro
Toelating in/voor: haver, spelt, triticale soorten, wintergerst, winterrogge, wintertarwe, zomergerst, zomertarwe

bixafen / prothioconazool / tebuconazool

Chemische groep: pyridinecarboxamiden, triazolen
Bestrijdingsmiddelengroep: fungicide
Werkingsmechanisme: remming ergosterol biosynthese, remming steroid demethylering (ergosterol biosynthese), syste-misch, preventief en curatief
Merken: Skyway Xpro
Toelating in/voor: haver, spelt, triticale soorten, wintergerst, winterrogge, wintertarwe, zomergerst, zomertarwe

boscalid / epoxiconazool

Chemische groep: pyridinecarboxamiden, strobilurinen oximi-noacetaten
Bestrijdingsmiddelengroep: fungicide
Werkingsmechanisme: blokkering complex II mitochondriale electronvervoer, bladwerking, remming steroid demethylering (ergosterol biosynthese)
Merken: Venture
Toelating in/voor: haver, triticale soorten, wintergerst, winter-rogge, wintertarwe, zomergerst, zomertarwe

boscalid / kresoxim-methyl

Chemische groep: pyridinecarboxamiden, strobilurinen methoxycarbamaten
Bestrijdingsmiddelengroep: fungicide
Werkingsmechanisme: blokkering complex II mitochondriale electronvervoer, bladwerking, remming ademhaling mitochon-driën
Merken: Collis
Toelating in/voor: BLOEMBOLLEN BOL/KNOL/WORTELSTOK UITGANGSMATERIAAL, SNIJBLOEMEN BEDEKT, SNIJBLOEMEN ONBEDEKT, augurk, courgette, druif soorten, fleskalebas, kalebas, komkommer, meloen, pompoen, slangkalebas soorten, squash

boscalid / pyraclostrobin

Chemische groep: coumarine verbindingen
Bestrijdingsmiddelengroep: fungicide
Werkingsmechanisme: blokkering complex II mitochondriale electronvervoer, bladwerking, blokkering mitochondriale ademhaling
Merken: Bellis, Signum, Signum S
Toelating in/voor: ANDIJVIE-ACHTIGEN BEDEKT, GRASZODENTEELT, KRUIDEN BEDEKT, VEREDELINGS- EN ZAADTEELTEN BEDEKT, aardappel, aardbei, appel, asperge, aubergine, bindsla, bloemkool, braam, broc-coli, chinese broccoli, crambe, daikon, echte karwij, framboos, grassen, ijsbergsla, kropsla, krulsla, paprika, peen, peer, prei, pruim, radijs, rammenas, rode kool, rode of witte bes, rucola, savooiekool, sjalot, spinazie, spitskool, spruitkool, tomaat, ui, veldsla, witte kool, zoete kers, zure kers

bromadiolon

Chemische groep: hydroxybenzonitrilen
Bestrijdingsmiddelengroep: rodenticide
Werkingsmechanisme: anti-coagulant
Merken: Arvicolex
Toelating in/voor: LAND- EN TUINBOUWGEWASSEN

bromoxynil

Chemische groep: groep (nog) niet vastgesteld
Bestrijdingsmiddelengroep: herbicide
Werkingsmechanisme: remming fotosynthese b, ontkoppeling ademhaling, blad- en contactwerking
Merken: Emblem
Toelating in/voor: mais

bronopol

Chemische groep: pyrimidinolen
Bestrijdingsmiddelengroep: desinfectantia
Werkingsmechanisme: remming van dehydrogenase-activiteit leidt tot onmkeerbare membraamschade
Merken: Protectol BN 18
Toelating in/voor: GRASZAAD, haver, triticale soorten, wintergerst, winterkoolzaad, winterrogge, wintertarwe, zomergerst, zomer-tarwe

bupirimaat

Chemische groep: ftalimiden
Bestrijdingsmiddelengroep: fungicide
Werkingsmechanisme: remming sporulatie
Merken: Nimrod Vloeibaar
Toelating in/voor: BOOMKWEKERIJGEWASSEN BEDEKT, BOOMKWEKERIJGEWASSEN ONBEDEKT, OPENBAAR GROEN, VASTE PLANTEN BEDEKT, VASTE PLANTEN ONBEDEKT, aardbei, appel, augurk, courgette, gerbera, komkommer, roos soorten, tomaat

captan

Chemische groep: carbamaten
Bestrijdingsmiddelengroep: fungicide
Werkingsmechanisme: remming enzymen ('multi-site'), preven-tief en curatief
Merken: Brabant Captan Flowable, Captan 480 SC, Captan 80 WG, Captan 83% Spuitpoeder, Captosan 500 SC, Captosan Spuitkorrel 80 WG, Malvin WG, Merpan Basic WP, Merpan Flowable, Merpan Spuitkorrel
Toelating in/voor: AARDBEI, BLOEMBOL- EN BLOEMKNOLGEWASSEN BEDEKT, BLOEMBOL- EN BLOEMKNOLGEWASSEN ONBEDEKT, BLOEMBOLLEN BOL/KNOL/WORTEL-STOK UITGANGSMATERIAAL, BLOEMISTERIJGEWASSEN BEDEKT, BLOEMISTERIJGEWASSEN ONBEDEKT, BOLBLOEMEN EN KNOLBLOEMEN BEDEKT, BOLBLOEMEN EN KNOLBLOEMEN ONBEDEKT, BOOMKWEKERIJGEWASSEN BEDEKT, BOOMKWEKERIJGEWASSEN ONBEDEKT, VASTE PLANTEN BEDEKT, VASTE PLANTEN ONBEDEKT, andijvie, appel, braam, framboos, kruisbes, peer, prei, rode of witte bes, zwarte bes

carbetamide

Chemische groep: triazolinonen
Bestrijdingsmiddelengroep: herbicide
Werkingsmechanisme: remming celdeling en -kieming, bodem-werking
Merken: Legurame Vloeibaar

Toelating in/voor: BLOEMENZAADTEELT ONBEDEKT, BOLBLOEMEN EN KNOL-BLOEMEN ONBEDEKT, SNIJBLOEMEN BLOEM ONBEDEKT, andijvie, cichoreiwortel, dragon, echte karwij, grote schorseneer, ijsbergsla, klaver soorten, kropsla, luzerne, mariadistel, ui, winterkoolzaad, witlof, witte honingklaver

carfentrazone-ethyl
Chemische groep: sulfonylureum verbindingen, triazolinonen
Bestrijdingsmiddelengroep: doodspuitmiddel, herbicide
Werkingsmechanisme: remming protoporphyrinogeen oxidase (PPO)
Merken: Aurora, Spotlight Plus
Toelating in/voor: aardappel, wintergerst, wintertarwe, zomergerst, zomertarwe

carfentrazone-ethyl / metsulfuron-methyl
Chemische groep: quaternaire ammonium
Bestrijdingsmiddelengroep: herbicide
Werkingsmechanisme: remming acetolactaatsynthase (ALS), bladwerking, remming protoporphyrinogeen oxidase (PPO)
Merken: Artus
Toelating in/voor: HAVER, ROGGE, triticale soorten, wintergerst, wintertarwe, zomergerst, zomertarwe

chloormequat
Chemische groep: carbamaten
Bestrijdingsmiddelengroep: groeiregulator
Werkingsmechanisme: verstoring groeistofbalans
Merken: Agrichem CCC 750, CeCeCe, Stabilan
Toelating in/voor: TARWE, azalea, chinese roos soorten, kerstster, lelie soorten, pelargonium zonale

chloorprofam
Chemische groep: organische fosfor verbindingen
Bestrijdingsmiddelengroep: herbicide, kiemremmingsmiddel voor aardappelen
Werkingsmechanisme: remming celdeling, blad- en bodemwerking (he); o.a. remming celdeling (fu)
Merken: Agrichem Kiemremmer 1%, Agrichem Kiemremmer HN, Brabant Chloor-IPC VL, Certis Chloor-IPC 40% Vloeibaar, Chlorisyl, CIPC 400 EC, Gro-Stop Basis, GRO-STOP ELECTRO, Gro-Stop Fog, Gro-Stop Innovator, Gro-Stop Poeder, Gro-Stop Ready, Gro-Stop Rood, Isopan, Neonet 500 HN, Neonet Dust, Neonet Start, Nogerma Aardappel-Kiemremmer, Nogerma RTU, Nogerma Starter, Nogerma Vloeibaar 500, Polder 1%, Polder 300 HN, Tuberprop Basic, Tuberprop Easy, Tuberprop Ultra
Toelating in/voor: BLOEMBOL- EN BLOEMKNOLGEWASSEN ONBEDEKT, BLOEMENZAADTEELT ONBEDEKT, BLOEMISTERIJGEWASSEN ONBEDEKT, BOOMKWEKERIJGEWASSEN ONBEDEKT, GRASZAAD, HOUTIGE BEPLANTING, SNIJBLOEMEN BLOEM ONBEDEKT, VASTE PLANTEN ONBEDEKT, aardappel, andijvie, bindsla, cichoreiwortel, echte karwij, grote schorseneer, ijsbergsla, kroot, kropsla, krulsla, luzerne, prei, roodlof, sjalot, ui, witlof

chloorpyrifos
Chemische groep: chloornitrilen
Bestrijdingsmiddelengroep: insecticide
Werkingsmechanisme: remming cholinesterase, contact-, maag- en dampwerking, niet-systemisch
Merken: Pyristar 250 CF
Toelating in/voor: land- en tuinbouwgewassen

chloorthalonil
Chemische groep: chloornitrilen, fenylamide: acylalaninen
Bestrijdingsmiddelengroep: fungicide
Werkingsmechanisme: aspecifieke remming ademhaling
Merken: Budget Chloorthalonil 500 SC, Daconil 500 Vloeibaar, Finesse Vloeibaar
Toelating in/voor: BLOEMBOL- EN BLOEMKNOLGEWASSEN BEDEKT, BLOEMBOL- EN BLOEMKNOLGEWASSEN ONBEDEKT, BLOEMISTERIJGEWASSEN BEDEKT, BLOEMISTERIJGEWASSEN ONBEDEKT, BOLBLOEMEN EN KNOLBLOEMEN BEDEKT, BOLBLOEMEN EN KNOLBLOEMEN ONBEDEKT, BOOMKWEKERIJGEWASSEN BEDEKT, BOOMKWEKERIJGEWASSEN ONBEDEKT, SIERTUIN BEDEKT, SIERTUIN ONBEDEKT, VASTE PLANTEN BEDEKT, VASTE PLANTEN ONBEDEKT, aardappel, augurk, bladselderij, bleekselderij,

knolselderij, komkommer, meloen, peterselie soorten, prei, sjalot, spruitkool, tomaat, ui, wintertarwe, zomertarwe

chloorthalonil / metalaxyl-M
Chemische groep: chloornitrilen, imidazolen
Bestrijdingsmiddelengroep: fungicide
Werkingsmechanisme: aspecifieke remming ademhaling, remming eiwitsynthese (RNA polymeraseremmer), systemisch
Merken: Folio Gold
Toelating in/voor: aardappel, bloemkool, broccoli, prei, rode kool, savooiekool, sjalot, spitskool, spruitkool, ui, witte kool

chloorthalonil / prochloraz
Chemische groep: chloornitrilen, triazolen
Bestrijdingsmiddelengroep: fungicide
Werkingsmechanisme: aspecifieke remming ademhaling, remming ergosterol biosynthese
Merken: Allure Vloeibaar
Toelating in/voor: BLOEMBOL- EN BLOEMKNOLGEWASSEN BEDEKT, BLOEMBOL- EN BLOEMKNOLGEWASSEN ONBEDEKT, sjalot, ui

chloorthalonil / propiconazool
Chemische groep: pyridazinonen
Bestrijdingsmiddelengroep: fungicide
Werkingsmechanisme: aspecifieke remming ademhaling, remming ergosterol biosynthese
Merken: Bravo Premium
Toelating in/voor: wintergerst, wintertarwe, zomergerst, zomertarwe

chloridazon
Chemische groep: chinoline carbonzuren, pyridazinonen
Bestrijdingsmiddelengroep: herbicide
Werkingsmechanisme: remming fotosynthese b, blad- en bodemwerking
Merken: Better DF, Pyramin DF, Pyramin FL
Toelating in/voor: BLOEMBOL- EN BLOEMKNOLGEWASSEN ONBEDEKT, BOOMKWEKERIJGEWASSEN ONBEDEKT, kroot, sjalot, suikerbiet, ui

chloridazon / quinmerac
Chemische groep: N-fenylftalimiden
Bestrijdingsmiddelengroep: herbicide
Werkingsmechanisme: remming fotosynthese b, blad- en bodemwerking, verstoring groeistofbalans
Merken: Fiesta
Toelating in/voor: suikerbiet

cinidon-ethyl
Chemische groep: aryloxyfenoxypropionaten, fenylpyrazolinen
Bestrijdingsmiddelengroep: herbicide
Werkingsmechanisme: remming protoporphyrinogeen oxidase (PPO)
Merken: Vega EC
Toelating in/voor: haver, triticale soorten, wintergerst, winterrogge, wintertarwe, zomergerst, zomertarwe

clodinafop-propargyl / pinoxaden
Chemische groep: blokkering groei mijten
Bestrijdingsmiddelengroep: herbicide
Werkingsmechanisme: remming vetzuursynthese (ACCase), contactwerking, systemisch, stopt weefselgroei
Merken: Traxos 50
Toelating in/voor: triticale soorten, wintertarwe

clofentezin
Chemische groep: isoxazolidinone verbindingen
Bestrijdingsmiddelengroep: acaricide
Werkingsmechanisme: blokkering embryo-ontwikkeling, contactwerking
Merken: Apollo, Apollo 500 SC
Toelating in/voor: BLOEMISTERIJGEWASSEN BEDEKT, BLOEMISTERIJGEWASSEN ONBEDEKT, BOOMKWEKERIJGEWASSEN BEDEKT, BOOMKWEKERIJGEWASSEN ONBEDEKT, VASTE PLANTEN BEDEKT, VASTE PLANTEN ONBEDEKT, aardbei, appel, peer, pruim, tomaat, zoete kers, zure kers

clomazone
Chemische groep: pyridinecarboxylic zuur
Bestrijdingsmiddelengroep: herbicide
Werkingsmechanisme: remming pigmentsynthese
Merken: Centium 360 CS
Toelating in/voor: DROOG TE OOGSTEN ERWTEN, LANDBOUWSTAMBONEN, VELDBONEN, aardappel, asperge, blauwmaanzaad, bleekselderij, bloemkool, boerenkool, broccoli, doperwt, knolselderij, knolvenkel, koolraap, peen, pronkboon, rabarber, raketblad, rode kool, savooiekool, snijboon, sperzieboon, spinazie, spitskool, spruitkool, suikerbiet, winterkoolzaad, witte kool, witte lupine, zomerkoolzaad

clopyralid
Chemische groep: neonicotinoiden
Bestrijdingsmiddelengroep: herbicide
Werkingsmechanisme: verstoring groeistofbalans, bladwerking, systemisch
Merken: Cliophar 100 SL, Lontrel 100
Toelating in/voor: BLOEMENZAADTEELT ONBEDEKT, aardbei, bloemkool, broccoli, grote brandnetel, mais, meekrap, rode kool, savooiekool, spitskool, spruitkool, suikerbiet, vlas, winterkoolzaad, witte kool, zomerkoolzaad

clothianidine
Chemische groep: feromonen
Bestrijdingsmiddelengroep: insecticide
Werkingsmechanisme: translaminair, wortel systemisch
Merken: Poncho Rood
Toelating in/voor: mais

codlemon
Chemische groep: schimmel
Bestrijdingsmiddelengroep: insecticide
Werkingsmechanisme: bladroller sexferomoon, dampwerking
Merken: Exomone C, Rak 3
Toelating in/voor: appel, peer

Coniothyrium minitans stam con/m/91-8
Chemische groep: cyanoimidazolen
Bestrijdingsmiddelengroep: fungicide
Werkingsmechanisme: biologisch fungicide, voornamelijk een parasitaire werking op de sclerotien van sclerotienvormende schimmels in de grond
Merken: Contans WG
Toelating in/voor: AKKERBOUWGEWASSEN, GROENTEN BEDEKT, GROENTEN ONBEDEKT, SIERTEELTGEWASSEN BEDEKT, SIERTEELTGEWASSEN ONBEDEKT

cyazofamide
Chemische groep: cyclohexanedione oximen
Bestrijdingsmiddelengroep: fungicide
Werkingsmechanisme: verstoring ademhalingsproces, voorkomen kieming en infectie, niet-systemisch
Merken: Ranman, Ranman Top
Toelating in/voor: aardappel

cycloxydim
Chemische groep: virus
Bestrijdingsmiddelengroep: herbicide
Werkingsmechanisme: remming vetzuursynthese (ACCase), bladwerking
Merken: Focus Plus
Toelating in/voor: BLOEMBOL- EN BLOEMKNOLGEWASSEN ONBEDEKT, BLOEMENZAADTEELT ONBEDEKT, BOOMKWEKERIJGEWASSEN ONBEDEKT, DROOG TE OOGSTEN ERWTEN, HOUTIGE BEPLANTING, LANDBOUWSTAMBONEN, SNIJBLOEMEN BLOEM ONBEDEKT, aardappel, hardzwenkgras, peen, prei, roodzwenkgras, suikerbiet, tuinboon/veldboon, ui, winterkoolzaad

Cydia pomonella granulose virus
Chemische groep: groep (nog) niet vastgesteld
Bestrijdingsmiddelengroep: insecticide
Werkingsmechanisme: biologisch insecticide, maagwerking
Merken: Carpovirusine Plus, Cyd-X, Cyd-X Xtra, Madex, Madex Plus, Pomonellix

Toelating in/voor: appel, peer

cyflumetofen
Chemische groep: cyanoacetamideoximen
Bestrijdingsmiddelengroep: acaricide
Werkingsmechanisme: contactwerking, niet-systemisch; ook (gedeeltelijk) werking op het ei
Merken: Danisaraba 20SC, Scelta
Toelating in/voor: BLOEMISTERIJGEWASSEN BEDEKT, BLOEMISTERIJGEWASSEN ONBEDEKT, BOOMKWEKERIJGEWASSEN BEDEKT, BOOMKWEKERIJGEWASSEN ONBEDEKT, OPENBAAR GROEN, VASTE PLANTEN BEDEKT, VASTE PLANTEN ONBEDEKT

cymoxanil
Chemische groep: cyanoacetamideoximen, strobilurinen oxazolidinedione
Bestrijdingsmiddelengroep: fungicide
Werkingsmechanisme: o.a. remming sporulatie
Merken: Curzate 60DF, Zetanil Solo
Toelating in/voor: aardappel

cymoxanil / famoxadone
Chemische groep: cyanoacetamideoximen, fenylamide: acylalaninen, fenylpyrrolen
Bestrijdingsmiddelengroep: fungicide
Werkingsmechanisme: o.a. remming sporulatie, remming mitochondriale electronentransport, contactwerking, preventief
Merken: Tanos
Toelating in/voor: aardappel

cymoxanil / fludioxonil / metalaxyl-M
Chemische groep: cyanoacetamideoximen, dithiocarbamaten en verwante verbindingen
Bestrijdingsmiddelengroep: fungicide
Werkingsmechanisme: o.a. remming sporulatie, remming eiwitsynthese (RNA polymeraseremmer), systemisch, remming groei mucelium, niet systemisch
Merken: Wakil XL
Toelating in/voor: DROOG TE OOGSTEN ERWTEN (DTG), asperge-erwt, doperwt, droge erwt, land- en tuinbouwgewassen, peul

cymoxanil / mancozeb
Chemische groep: cyanoacetamideoximen, dithiocarbamaten en verwante verbindingen
Bestrijdingsmiddelengroep: fungicide
Werkingsmechanisme: blokkering stofwisseling, o.a. remming sporulatie
Merken: Curzate M, Cymoxanil-M, Turbat, Viridal, ZandalL WG, Zetanil
Toelating in/voor: aardappel

cymoxanil / metiram
Chemische groep: carbamaten, cyanoacetamideoximen
Bestrijdingsmiddelengroep: fungicide
Werkingsmechanisme: inactivering eiwitten, o.a. remming sporulatie
Merken: Aviso DF
Toelating in/voor: aardappel

cymoxanil / propamocarb-hydrochloride
Chemische groep: pyrethroiden en pyrethrinen
Bestrijdingsmiddelengroep: fungicide
Werkingsmechanisme: o.a. remming sporulatie, opname via blad en wortel, systemisch
Merken: Proxanil
Toelating in/voor: aardappel

cypermethrin
Chemische groep: strobilurinen, triazolen
Bestrijdingsmiddelengroep: insecticide
Werkingsmechanisme: neurotoxine, contact- en maagwerking, niet-systemisch
Merken: Cyperkill 250 EC
Toelating in/voor: GRANEN, winterkoolzaad, zomerkoolzaad

cyproconazool / trifloxystrobin

Chemische groep: anilinopyrimidinen
Bestrijdingsmiddelengroep: fungicide
Werkingsmechanisme: beïnvloeding mitochondriale ademhaling, remming myceliumgroei en sporulatie, remming ergosterol biosynthese
Merken: Sphere
Toelating in/voor: engels raaigras, roodzwenkgras, suikerbiet, triticale soorten, veldbeemdgras, wintertarwe, zomertarwe

cyprodinil

Chemische groep: anilinopyrimidinen, fenylpyrrolen
Bestrijdingsmiddelengroep: fungicide
Werkingsmechanisme: remming myceliumgroei, bladwerking, systemisch
Merken: Chorus 50 WG
Toelating in/voor: appel, peer

cyprodinil / fludioxonil

Chemische groep: triazinen
Bestrijdingsmiddelengroep: fungicide
Werkingsmechanisme: remming myceliumgroei, bladwerking, systemisch, niet systemisch
Merken: Switch
Toelating in/voor: BLOEMISTERIJGEWASSEN NIET GRONDGEBONDEN BEDEKT, BOOMKWEKERIJGEWASSEN BEDEKT, BOOMKWEKERIJGEWASSEN ONBEDEKT, PEULGROENTEN ONBEDEKT, VASTE PLANTEN BEDEKT, VASTE PLANTEN ONBEDEKT, aardbei, andijvie, andijvie krulandijvie, appel, bindsla, blauwe bes, braam, druif soorten, framboos, ijsbergsla, kropsla, kruisbes, krulsla, peer, pruim, rode of witte bes, tomaat, zoete kers, zure kers, zwarte bes

cyromazin

Chemische groep: hydraziden
Bestrijdingsmiddelengroep: insecticide
Werkingsmechanisme: insect groeiregulator, contactwerking, systemisch, translaminair
Merken: Trigard 100 SL
Toelating in/voor: BLOEMISTERIJGEWASSEN BEDEKT, KRUIDEN BEDEKT, andijvie, andijvie krulandijvie, aubergine, bindsla, bleekselderij, ijsbergsla, kouseband, kropsla, krulsla, paprika, pronkboon, snijboon, spaanse peper, sperzieboon, tomaat, veldsla

daminozide

Chemische groep: groep (nog) niet vastgesteld
Bestrijdingsmiddelengroep: groeiregulator
Werkingsmechanisme: beïnvloeding groeistofbalans
Merken: Alar 64 SP, Alar 85 SG, Dazide Enhance, Holland Fytozide, Imex-Daminozide SG
Toelating in/voor: BLOEMISTERIJGEWASSEN BEDEKT, BLOEMISTERIJGEWASSEN ONBEDEKT, BOOMKWEKERIJGEWASSEN BEDEKT, BOOMKWEKERIJGEWASSEN ONBEDEKT

decaanzuur / nonaanzuur

Chemische groep: groep (nog) niet vastgesteld
Bestrijdingsmiddelengroep: herbicide
Werkingsmechanisme:
Merken: Flitser concentraat, Flitser spray, Herbiclean Concentraat, Herbiclean Spray, Onkruidbestrijder, Topgun Concentraat 18%, Topgun Gebruiksklaar
Toelating in/voor: BESTRATING, MOESTUIN ONBEDEKT, ONDER HEKWERK EN AFRASTERING EN HAGEN, PAD, SIERTUIN ONBEDEKT, TERRAS, TIJDELIJK ONBETEELD LAND

decaanzuur / octaanzuur

Chemische groep: pyrethroiden en pyrethrinen
Bestrijdingsmiddelengroep: herbicide
Werkingsmechanisme:
Merken: Bayer mos en groene aanslag spray, Bayer onkruid en mos spray, HG Onkruidweg
Toelating in/voor: MOESTUIN ONBEDEKT, SIERTUIN ONBEDEKT, grassen

deltamethrin

Chemische groep: benzofuranen, fenylcarbamaten
Bestrijdingsmiddelengroep: insecticide

Werkingsmechanisme: neurotoxine, contact- en maagwerking, niet-systemisch
Merken: Agrichem Deltamethrin, Decis Micro, Deltamethrin E.C. 25, K-OBIOL ULV 6, Splendid, Wopro Deltamethrin
Toelating in/voor: AARDBEI, BLOEMBOL- EN BLOEMKNOLGEWASSEN BEDEKT, BLOEMBOL- EN BLOEMKNOLGEWASSEN ONBEDEKT, BLOEMISTERIJGEWASSEN BEDEKT, BLOEMISTERIJGEWASSEN ONBEDEKT, BOLBLOEMEN EN KNOLBLOEMEN BEDEKT, BOLBLOEMEN EN KNOLBLOEMEN ONBEDEKT, BOOMKWEKERIJGEWASSEN BEDEKT, BOOMKWEKERIJGEWASSEN ONBEDEKT, CULTUURGRASLAND, EETBARE PADDESTOELEN, GRANEN, GRANEN ZAAD EINDPRODUCT, GRASZAAD, GRASZODENTEELT, LANDBOUWSTAMBONEN, VASTE PLANTEN BEDEKT, VASTE PLANTEN ONBEDEKT, aardappel, andijvie, appel, asperge, aubergine, augurk, bindsla, bladkool, bladrammenas, blauwmaanzaad, bloemkool, boerenkool, braam, broccoli, champignon, courgette, doperwt, droge boon, droge erwt, druif soorten, echte karwij, framboos, grassen, ijsbergsla, knolraap, knolvenkel, komkommer, koolraap, koolrabi, kropsla, kruisbes, krulsla, meloen, paprika, peer, peul, prei, pruim, radijs, rammenas, rode kool, rode of witte bes, savooiekool, sjalot, spitskool, spruitkool, stoppelknol, suikerbiet, tomaat, tuinboon/veldboon, ui, vlas, winterkoolzaad, witte kool, zoete kers, zomerkoolzaad, zure kers, zwarte bes

desmedifam / ethofumesaat / fenmedifam

Chemische groep: benzofuranen, fenylcarbamaten, triazinonen
Bestrijdingsmiddelengroep: herbicide
Werkingsmechanisme: remming fotosynthese b, blad- en bodemwerking, remming vetzuursynthese, systemisch
Merken: Betanal Expert, Beta-Team EC, Conqueror, Pantopur
Toelating in/voor: suikerbiet

desmedifam / ethofumesaat / fenmedifam / metamitron

Chemische groep: benzoezuren
Bestrijdingsmiddelengroep: herbicide
Werkingsmechanisme: blad- en bodemwerking, remming fotosynthese a, remming fotosynthese b, remming vetzuursynthese, systemisch
Merken: Betanal Quattro
Toelating in/voor: suikerbiet

dicamba

Chemische groep: organische fosfor verbindingen
Bestrijdingsmiddelengroep: herbicide
Werkingsmechanisme: verstoring groeistofbalans, blad- en bodemwerking, systemisch
Merken: Banvel 4S, Cambatec, Protex-Dicamba-I 480 SL
Toelating in/voor: mais

dichloorvos

Chemische groep: quaternaire ammonium
Bestrijdingsmiddelengroep: insecticide
Werkingsmechanisme: remming cholinesterase, contact-, maag- en dampwerking
Merken: Lurectron Nevelautomaat, Lurectron Nevelautomaat Extra
Toelating in/voor: BEWAARPLAATS

didecyldimethylammoniumchloride

Chemische groep: diversen, quaternaire ammonium
Bestrijdingsmiddelengroep: algicide, desinfectans
Werkingsmechanisme: oppervlakte actieve stof, werking op celwanden
Merken: Algclean, Algeen, Algenkiller, Algenprotector, Algenreiniger, Algenverwijderaar, Algisept, Algvrij, AntiGroen-en Alg, Bardac 22, Bardac 22-200, Bardac 22-90, Bio Alg Forte, Bio Groen, Bio Mos, Biosoft-S, Cetabever Houtreiniger 2-in-1, Chemtec Algendoder Concentraat, Citin Groene Aanslag Verwijderaar, Compo Groenreiniger Concentrate, Deptil Steriquat, Desbest 710, Desfix-Bam, Desquat L, Dimanin Spray, E.P. Algex, Eco Steryl, Eco-D, Fervent Groen Weg, Foodclean Des 30, Gamma Groene Aanslag Verwijderaar, Green Clean 3, Green Kill, Greendelete, Greenstop Pro, Groen aanslagverwijderaar & desinfectie, Groene Aanslag Reiniger, Groenreiniger, HBV Algen en Groenverwijderaar, HC-Fix, HG Groene Aanslag

Reiniger, HG groene aanslag reiniger kant & klaar, Kruidvat Groene Aanslag Verwijderaar, Landgoed Groene Aanslag Verwijderaar, Luxan Algencleaner, Megasept, Mellerud Groene Aanslag Verwijderaar 1,0 L / 2,5 L, Menno Ter Forte, Micro-Clean, Microsan, Microsol, Mos-10, Mucosin-AT, Muscodel, Oriënza Quat, Pearl Paint Groene Aanslag Verwijderaar, Plushine Groene Aanslag Verwijderaar, Pokon Groene Aanslag, POKON groene aanslag STOP, Progold Algvrij, Quatril, Result 10, Sanosept 80 H, Septi-Bac 250, Septiquad, Tensiodes Quat, Trekpleister Groene Aanslag Verwijderaar, TTH Desinfectant, Unisept, Wam, Zeptreet 100
Toelating in/voor: BETONVLOER, BEVLOEIINGSMAT, DRUPPELSYSTEEM, FUST VOOR FRUIT, FUST VOOR POOTAARDAPPELEN, KWEEKTAFEL, LEGE BEWAARPLAATS, LEGE KAS EN WARENHUIS, MATERIAAL IN LEGE KASSEN EN WARENHUIZEN, PLANTCONTAINER, PLANTENKWEKERSKIST, RAMEN IN LEGE KASSEN EN WARENHUIZEN, ROOI-APPARATUUR VOOR POOTAARDAPPELEN, STEKBAK, TRANSPORTAPPARATUUR VOOR POOTAARDAPPELEN, VERWERKINGSAPPARATUUR VOOR POOTAARDAPPELEN

didecyldimethylammoniumchloride / glutaaraldehyde / quaternaire ammonium verbindingen, benzyl-c8-18-al
Chemische groep: triazolen
Bestrijdingsmiddelengroep: desinfectantia
Werkingsmechanisme: bactericide werking, oppervlakte actieve stof, werking op celwanden
Merken: Viro Cid
Toelating in/voor: HANDGEREEDSCHAP, LEGE BEWAARPLAATS, LEGE KOELRUIMTE, LEGE TEELTRUIMTE, MUUR, NET, NEVENRUIMTE, STELLING, VLOER VAN CHAMPIGNONCEL, WERKGANG

difenoconazool
Chemische groep: morfolinen, triazolen
Bestrijdingsmiddelengroep: fungicide
Werkingsmechanisme: remming steroid demethylering (ergosterol biosynthese)
Merken: Score 10 WG, Score 250 EC
Toelating in/voor: amsoi, appel, asperge, bladselderij, bleekselderij, bloemkool, boerenkool, broccoli, chinese broccoli, chinese kool, choisum, knolselderij, komatsuna, kroot, mizuna, paksoi, pastinaak, peen, peer, peterselie soorten, rode kool, savooiekool, spitskool, spruitkool, suikerbiet, tatsoi, vlas, winterkoolzaad, witte kool

difenoconazool / fenpropidin
Chemische groep: benzoylureum verbindingen
Bestrijdingsmiddelengroep: fungicide
Werkingsmechanisme: remming ergosterol biosynthese, remming steroid demethylering (ergosterol biosynthese)
Merken: Spyrale
Toelating in/voor: suikerbiet

diflubenzuron
Chemische groep: pyridinecarboxamiden
Bestrijdingsmiddelengroep: acaricide, insecticide
Werkingsmechanisme: remming chitinesynthese, contact- en maagwerking, niet-systemisch
Merken: Dimilin Spuitpoeder 25%, Dimilin Vloeibaar
Toelating in/voor: BLOEMISTERIJGEWASSEN BEDEKT, BOOMKWEKERIJGEWASSEN BEDEKT, BOOMKWEKERIJGEWASSEN ONBEDEKT, HOUTIGE BEPLANTING, appel, champignon, peer

diflufenican
Chemische groep: hydroxybenzonitrilen, pyridinecarboxamiden, ureum verbindingen
Bestrijdingsmiddelengroep: herbicide
Werkingsmechanisme: remming caroteenbiosynthese, bodemwerking
Merken: Legacy 500 SC
Toelating in/voor: haver, spelt, triticale soorten, wintergerst, winterrogge, wintertarwe, zomergerst, zomerrogge, zomertarwe

diflufenican / ioxynil / isoproturon
Chemische groep: pyridinecarboxamiden, ureum verbindingen
Bestrijdingsmiddelengroep: herbicide

Werkingsmechanisme: blad-, bodem- en contactwerking, remming fotosynthese b, ontkoppeling ademhaling, remming caroteenbiosynthese
Merken: Azur
Toelating in/voor: wintergerst, wintertarwe

diflufenican / isoproturon
Chemische groep: chlooracetamiden
Bestrijdingsmiddelengroep: herbicide
Werkingsmechanisme: blad- en bodemwerking, remming caroteenbiosynthese, remming fotosynthese b
Merken: Javelin
Toelating in/voor: wintergerst, wintertarwe

dimethenamide / dimethenamide-P
Chemische groep: chlooracetamiden
Bestrijdingsmiddelengroep: herbicide
Werkingsmechanisme: remming celdeling en weefseldifferentiatie
Merken: SPECTRUM
Toelating in/voor: tulp soorten

dimethenamide-P
Chemische groep: organische fosfor verbindingen
Bestrijdingsmiddelengroep: herbicide
Werkingsmechanisme: remming celdeling en weefseldifferentiatie
Merken: Frontier Optima
Toelating in/voor: mais, suikerbiet

dimethoaat
Chemische groep: cinnamic zuur amiden
Bestrijdingsmiddelengroep: acaricide, insecticide
Werkingsmechanisme: remming cholinesterase, contact- en maagwerking, systemisch
Merken: Danadim 40, Danadim Progress, Dimistar Progress, Perfekthion
Toelating in/voor: BLOEMBOL- EN BLOEMKNOLGEWASSEN BEDEKT, BLOEMBOL- EN BLOEMKNOLGEWASSEN ONBEDEKT, BLOEMISTERIJGEWASSEN BEDEKT, BLOEMISTERIJGEWASSEN ONBEDEKT, BOOMKWEKERIJGEWASSEN BEDEKT, BOOMKWEKERIJGEWASSEN ONBEDEKT, POTPLANTEN BEDEKT, POTPLANTEN ONBEDEKT, VASTE PLANTEN BEDEKT, VASTE PLANTEN ONBEDEKT, aardappel, bindsla, bloemkool, cichoreiwortel, ijsbergsla, kropsla, krulsla, mais, peen, rode kool, savooiekool, sjalot, spitskool, spruitkool, suikerbiet, triticale soorten, ui, winterrogge, wintertarwe, witlof, witte kool, zomerrogge, zomertarwe

dimethomorf
Chemische groep: cinnamic zuur amiden, dithiocarbamaten en verwante verbindingen
Bestrijdingsmiddelengroep: fungicide
Werkingsmechanisme: remming sporulatie, systemisch
Merken: Paraat
Toelating in/voor: AARDBEI, KRUIDEN BEDEKT, POTPLANTEN BEDEKT, SNIJBLOEMEN BEDEKT OP KUNSTMATIG SUBSTRAAT, bindsla, bloemkool, braam, broccoli, chinese broccoli, chinese kool, druif soorten, eustoma soorten, framboos, ijsbergsla, knolvenkel, kogeldistel soorten, koolrabi, kropsla, krulsla, lelie soorten, peterselie soorten, ridderspoor, rode kool, rucola, savooiekool, spinazie, spitskool, spruitkool, veldsla, witlof, witte kool, zonnebloem soorten

dimethomorf / mancozeb
Chemische groep: bipyridylium verbindingen
Bestrijdingsmiddelengroep: fungicide
Werkingsmechanisme: blokkering stofwisseling, remming sporulatie, systemisch
Merken: Acrobat DF
Toelating in/voor: aardappel, bindsla, ijsbergsla, kropsla, krulsla, sjalot, ui

diquat-dibromide
Chemische groep: chinon verbindingen
Bestrijdingsmiddelengroep: doodspuitmiddel, herbicide

1.3 werkzame stoffen

Werkingsmechanisme: niet selectief, schade aan celmembraan en cytoplasma tijdens fotosynthese, bladcontactwerking
Merken: Agrichem Diquat, Imex-Diquat, Reglone
Toelating in/voor: AARDAPPELEN, BLOEMBOL- EN BLOEMKNOLGEWASSEN ONBEDEKT

dithianon
Chemische groep: groep (nog) niet vastgesteld, plantaardige extracten
Bestrijdingsmiddelengroep: fungicide
Werkingsmechanisme: 'multi-site' werking
Merken: Delan DF
Toelating in/voor: BESSEN ONBEDEKT, appel, peer, roos soorten, tulp soorten

d-karvon
Chemische groep: triazolen
Bestrijdingsmiddelengroep: kiemremmingsmiddel voor aardappelen
Werkingsmechanisme:
Merken: Talent
Toelating in/voor: aardappel

dodecylbenzeensulfonzuur, triethanolamine zout / triadimenol
Chemische groep: morfolinen
Bestrijdingsmiddelengroep: fungicide
Werkingsmechanisme: remming ergosterol biosynthese
Merken: Exact
Toelating in/voor: BOOMKWEKERIJGEWASSEN ONBEDEKT, appel, blauwe bes, kruisbes, rode of witte bes, roos soorten, zwarte bes

dodemorf
Chemische groep: guanidinen
Bestrijdingsmiddelengroep: fungicide
Werkingsmechanisme: remming ergosterol biosynthese
Merken: Meltatox
Toelating in/voor: roos soorten

dodine
Chemische groep: avermectinen
Bestrijdingsmiddelengroep: fungicide
Werkingsmechanisme: verhoging permeabiliteit membraan, preventieve en enige curatief
Merken: Syllit Flow 450 SC
Toelating in/voor: VRUCHTBOMEN EN -STRUIKEN BEDEKT, VRUCHTBOMEN EN -STRUIKEN ONBEDEKT, appel, peer, sierprunus soorten, zoete kers, zure kers

emamectin benzoaat
Chemische groep: triazolen
Bestrijdingsmiddelengroep: insecticide
Werkingsmechanisme: penetreert bladweefsel, translaminair, niet-systemisch
Merken: Affirm, Proclaim
Toelating in/voor: BLOEMISTERIJGEWASSEN BEDEKT, BOOMKWEKERIJGEWASSEN BEDEKT, VASTE PLANTEN BEDEKT, appel, peer

epoxiconazool
Chemische groep: morfolinen, triazolen
Bestrijdingsmiddelengroep: fungicide
Werkingsmechanisme: remming steroid demethylering (ergosterol biosynthese)
Merken: Opus
Toelating in/voor: triticale soorten, wintergerst, winterrogge, wintertarwe, zomertarwe

epoxiconazool / fenpropimorf
Chemische groep: morfolinen, strobilurinen oximinoacetaten, triazolen
Bestrijdingsmiddelengroep: fungicide
Werkingsmechanisme: remming ergosterol biosynthese, remming steroid demethylering (ergosterol biosynthese)
Merken: Opus Team

Toelating in/voor: kroot, suikerbiet, wintergerst, winterrogge, wintertarwe, zomergerst, zomertarwe

epoxiconazool / fenpropimorf / kresoxim-methyl
Chemische groep: strobilurinen oximinoacetaten, triazolen
Bestrijdingsmiddelengroep: fungicide
Werkingsmechanisme: remming ademhaling mitochondriën, remming ergosterol biosynthese, remming steroid demethylering (ergosterol biosynthese)
Merken: Allegro Plus
Toelating in/voor: wintergerst, winterrogge, wintertarwe, zomergerst, zomertarwe

epoxiconazool / kresoxim-methyl
Chemische groep: strobilurinen methoxycarbamaten, triazolen
Bestrijdingsmiddelengroep: fungicide
Werkingsmechanisme: remming ademhaling mitochondriën, remming steroid demethylering (ergosterol biosynthese)
Merken: Allegro
Toelating in/voor: GRASZAAD, kroot, suikerbiet, wintergerst, winterrogge, wintertarwe, zomergerst, zomertarwe

epoxiconazool / pyraclostrobin
Chemische groep: pyrethroiden en pyrethrinen
Bestrijdingsmiddelengroep: fungicide
Werkingsmechanisme: blokkering mitochondriale ademhaling, remming steroid demethylering (ergosterol biosynthese)
Merken: Comet Duo, Opera
Toelating in/voor: triticale soorten, wintergerst, winterrogge, wintertarwe, zomergerst, zomertarwe

esfenvaleraat
Chemische groep: ethyleen producent
Bestrijdingsmiddelengroep: insecticide
Werkingsmechanisme: neurotoxine, contact- en maagwerking, niet-systemisch
Merken: Sumicidin Super
Toelating in/voor: BLOEMBOL- EN BLOEMKNOLGEWASSEN BEDEKT, BLOEMBOL- EN BLOEMKNOLGEWASSEN ONBEDEKT, BLOEMISTERIJGEWASSEN BEDEKT, GRANEN, GRASZAAD, GRASZODENTEELT, HOOI EN MAAIGRASLAND, TE BEWEIDEN GRASLAND, VELDBONEN, aardappel, bloemkool, broccoli, doperwt, droge erwt, grassen, koolrabi, rode kool, savooiekool, sperzieboon, spitskool, spruitkool, suikerbiet, witte kool

ethefon
Chemische groep: benzofuranen
Bestrijdingsmiddelengroep: groeiregulator
Werkingsmechanisme: beïnvloeding groeistofbalans
Merken: Chrysal Plus, Ethrel-A
Toelating in/voor: appel, bromelia soorten, chinees klokje soorten, gladiool soorten, knolbegonia, roos soorten, tomaat, tulp soorten

ethofumesaat
Chemische groep: benzofuranen, fenylcarbamaten
Bestrijdingsmiddelengroep: herbicide
Werkingsmechanisme: remming vetzuursynthese, blad- en bodemwerking, systemisch
Merken: Agrichem Ethofumesaat (2), Agrichem Ethofumesaat Flowable, Effect, Ethosat 500 SC, Galipur, Oblix 200 EC, Tramat 200 EC, Tramat 500
Toelating in/voor: GRASZAAD, GRASZODENTEELT, engels raaigras, italiaans raaigras, suikerbiet

ethofumesaat / fenmedifam
Chemische groep: benzofuranen, triazinonen
Bestrijdingsmiddelengroep: herbicide
Werkingsmechanisme: remming fotosynthese b, bladwerking, remming vetzuursynthese, blad- en bodemwerking, systemisch
Merken: Agrichem Ethofumesaat/Fenmedifam, Keropur, Powertwinn, Wizard
Toelating in/voor: suikerbiet

ethofumesaat / metamitron
Chemische groep: organische fosfor verbindingen
Bestrijdingsmiddelengroep: herbicide
Werkingsmechanisme: remming fotosynthese a, blad- en bodemwerking, remming vetzuursynthese, systemisch
Merken: Goltix Super
Toelating in/voor: suikerbiet

ethoprofos
Chemische groep: groep (nog) niet vastgesteld
Bestrijdingsmiddelengroep: insecticide, nematicide
Werkingsmechanisme: remming cholinesterase, contactwerking, niet-systemisch
Merken: Mocap 15G, Mocap 20 GS
Toelating in/voor: aardappel, gladiool soorten, lelie soorten

ethyleen
Chemische groep: blokkering groei mijten
Bestrijdingsmiddelengroep: kiemremmingsmiddel voor aardappelen
Werkingsmechanisme:
Merken: Restrain
Toelating in/voor: aardappel, knoflook, sjalot, ui

etoxazool
Chemische groep: aromatische koolwaterstoffen
Bestrijdingsmiddelengroep: acaricide
Werkingsmechanisme: remt vervelling, contactwerking
Merken: Borneo
Toelating in/voor: SNIJBLOEMEN BEDEKT, SNIJBLOEMEN BEDEKT OP KUNSTMATIG SUBSTRAAT, SNIJBLOEMEN BLOEM BEDEKT, aubergine, tomaat

etridiazool
Chemische groep: fosfonaten, strobilurinen imidazolinonen
Bestrijdingsmiddelengroep: fungicide
Werkingsmechanisme: remming energieproduktie, preventief en curatief
Merken: AAterra ME
Toelating in/voor: BLOEMISTERIJGEWASSEN BEDEKT, BLOEMISTERIJGEWASSEN ONBEDEKT, BOLBLOEMEN EN KNOLBLOEMEN BEDEKT, BOLBLOEMEN EN KNOLBLOEMEN ONBEDEKT, BOOMKWEKERIJGEWASSEN BEDEKT, BOOMKWEKERIJGEWASSEN ONBEDEKT, aubergine, augurk, courgette, komkommer, meloen, paprika, tomaat

fenamidone / fosetyl-aluminium
Chemische groep: carbamaten, strobilurinen imidazolinonen
Bestrijdingsmiddelengroep: fungicide
Werkingsmechanisme: blokkering mitochondriale ademhaling, opname via blad of wortel, systemisch
Merken: Fenomenal
Toelating in/voor: BLOEMISTERIJGEWASSEN BEDEKT, BLOEMISTERIJGEWASSEN ONBEDEKT, BOLBLOEMEN NIET GRONDGEBONDEN BEDEKT, BOOMKWEKERIJGEWASSEN BEDEKT, BOOMKWEKERIJGEWASSEN ONBEDEKT, VASTE PLANTEN BEDEKT, VASTE PLANTEN ONBEDEKT, aardbei, aronskelk soorten, witlof

fenamidone / propamocarb / propamocarb-hydrochloride
Chemische groep: organische tin verbindingen
Bestrijdingsmiddelengroep: fungicide
Werkingsmechanisme: blad- en wortelwerking, systemisch, blokkering mitochondriale ademhaling
Merken: Consento
Toelating in/voor: aardappel

fenbutatinoxide
Chemische groep: hydroxyanilide verbindingen
Bestrijdingsmiddelengroep: acaricide
Werkingsmechanisme: contact- en maagwerking, niet-systemisch
Merken: Torque, Torque-L
Toelating in/voor: BOOMKWEKERIJGEWASSEN BEDEKT, SIERTEELTGEWASSEN BEDEKT, aardbei, aubergine, augurk, courgette, komkommer, paprika, tomaat

fenhexamide
Chemische groep: fenylcarbamaten
Bestrijdingsmiddelengroep: fungicide
Werkingsmechanisme: remming groei kiembuis en mycelium, systemisch
Merken: Teldor, Teldor Spuitkorrels
Toelating in/voor: AARDBEI, BLOEMISTERIJGEWASSEN BEDEKT, BLOEMISTERIJGEWASSEN ONBEDEKT, BOOMKWEKERIJGEWASSEN BEDEKT, BOOMKWEKERIJGEWASSEN ONBEDEKT, SIERTUIN BEDEKT, SIERTUIN ONBEDEKT, VASTE PLANTEN BEDEKT, VASTE PLANTEN ONBEDEKT, aardbei, aubergine, augurk, blauwe bes, braam, courgette, druif soorten, framboos, komkommer, kruisbes, loganbes, paprika, patisson, pruim, rode of witte bes, snijboon, spaanse peper, sperzieboon, tomaat, zoete kers, zure kers, zwarte bes

fenmedifam
Chemische groep: aryloxyfenoxypropionaten
Bestrijdingsmiddelengroep: herbicide
Werkingsmechanisme: remming fotosynthese b, bladwerking
Merken: Agrichem Fenmedifam, Akopham 320 SC, Betasana SC, Corzal, Kontakt 320 SC
Toelating in/voor: BLOEMENZAADTEELT ONBEDEKT, BOOMKWEKERIJ ZAAIBEDDEN ONBEDEKT, aardbei, afrikaantje soorten, iris soorten, kroot, spinazie, suikerbiet

fenoxaprop-P-ethyl
Chemische groep: aryloxyfenoxypropionaten, groep (nog) niet vastgesteld
Bestrijdingsmiddelengroep: herbicide
Werkingsmechanisme: remming vetzuursynthese (ACCase), contactwerking, systemisch
Merken: Imex-Fenoxaprop
Toelating in/voor: engels raaigras, wintertarwe, zomertarwe

fenoxaprop-P-ethyl / mefenpyr-diethyl
Chemische groep: juveniel hormoon mimeticum
Bestrijdingsmiddelengroep: herbicide
Werkingsmechanisme: afbraak methyl isothiocyanaat (fu), 'multi-site' remmer, contactwerking (ne), remming vetzuursynthese (ACCase), systemisch
Merken: Puma S EW
Toelating in/voor: GRASZODENTEELT, engels raaigras, rietzwenkgras, wintertarwe, zomertarwe

fenoxycarb
Chemische groep: morfolinen
Bestrijdingsmiddelengroep: insecticide
Werkingsmechanisme: insect groeiregulator, contact- en maagwerking
Merken: Fenoxycarb 25 W.G., Insegar 25 WG
Toelating in/voor: appel, peer, pruim

fenpropidin
Chemische groep: morfolinen
Bestrijdingsmiddelengroep: fungicide
Werkingsmechanisme: remming ergosterol biosynthese
Merken: Mildin 750 EC
Toelating in/voor: triticale soorten, wintergerst, wintertarwe, zomergerst, zomertarwe

fenpropimorf
Chemische groep: fenylpyrazolen
Bestrijdingsmiddelengroep: fungicide
Werkingsmechanisme: remming ergosterol biosynthese
Merken: Corbel
Toelating in/voor: GERST, GRASZAAD, HAVER, ROGGE, TARWE, duizendschoon, hertshooi soorten, prei, stokroos

fipronil
Chemische groep: groep (nog) niet vastgesteld
Bestrijdingsmiddelengroep: insecticide
Werkingsmechanisme: remming GABA-neurotransmitter, contact- en maagwerking
Merken: Mundial

Toelating in/voor: amsoi, bloemkool, boerenkool, broccoli, chinese broccoli, chinese kool, koolrabi, paksoi, rode kool, savooiekool, sjalot, spitskool, spruitkool, ui, witte kool

flonicamid
Chemische groep: triazolopyrimidinen
Bestrijdingsmiddelengroep: insecticide
Werkingsmechanisme: blokkering voeding, systemisch- en translaminaire werking
Merken: Teppeki
Toelating in/voor: BLOEMENZAADTEELT BEDEKT, BLOEMENZAADTEELT ONBEDEKT, BLOEMISTERIJGEWASSEN BEDEKT, BLOEMISTERIJGEWASSEN ONBEDEKT, BOLBLOEMEN EN KNOLBLOEMEN BEDEKT, BOOMKWEKERIJGEWASSEN BEDEKT, BOOMKWEKERIJGEWASSEN ONBEDEKT, OPENBAAR GROEN, VASTE PLANTEN BEDEKT, VASTE PLANTEN ONBEDEKT, VEREDELINGS- EN ZAADTEELTEN BEDEKT, aardappel, appel, peer, triticale soorten, wintertarwe, zomertarwe

florasulam
Chemische groep: pyridinecarboxylic zuur, triazolopyrimidinen
Bestrijdingsmiddelengroep: herbicide
Werkingsmechanisme: remming aminozuursynthese (acetolactaat synthase ALS), selectief systemisch
Merken: Primus
Toelating in/voor: CULTUURGRASLAND, GRASACHTIGE GROENBEMESTERS, GRASZAAD, HOOI EN MAAIGRASLAND, TE BEWEIDEN GRASLAND, haver, mais, spelt, triticale soorten, wintergerst, winterrogge, wintertarwe, zomergerst, zomerrogge, zomertarwe

florasulam / fluroxypyr / fluroxypyr-meptyl
Chemische groep: pyridinecarboxylic zuur, triazolopyrimidinen
Bestrijdingsmiddelengroep: herbicide
Werkingsmechanisme: verstoring groeistofbalans, bladwerking, remming aminozuursynthese (acetolactaat synthase ALS), selectief systemisch
Merken: Primstar
Toelating in/voor: CULTUURGRASLAND, GRASACHTIGE GROENBEMESTERS, GRASZAAD, GRASZODENTEELT, TE BEWEIDEN GRASLAND, grassen, haver, spelt, triticale soorten, wintergerst, winterrogge, wintertarwe, zomergerst, zomerrogge, zomertarwe

florasulam / fluroxypyr-meptyl
Chemische groep: triazolopyrimidinen
Bestrijdingsmiddelengroep: herbicide
Werkingsmechanisme: verstoring groeistofbalans, bladwerking, remming aminozuursynthese (acetolactaat synthase ALS), selectief systemisch
Merken: Kart
Toelating in/voor: haver, mais, triticale soorten, wintergerst, winterrogge, wintertarwe, zomergerst, zomerrogge, zomertarwe

florasulam / pyroxsulam
Chemische groep: aryloxyfenoxypropionaten
Bestrijdingsmiddelengroep: herbicide
Werkingsmechanisme: opname via blad en wortel, systemisch, remming aminozuursynthese (acetolactaat synthase ALS), selectief systemisch
Merken: Capri Twin
Toelating in/voor: spelt, triticale soorten, winterrogge, wintertarwe

fluazifop-P-butyl
Chemische groep: dinitroanilinen
Bestrijdingsmiddelengroep: herbicide
Werkingsmechanisme: remming vetzuursynthese (ACCase), contactwerking, systemisch
Merken: Fusilade Max
Toelating in/voor: AARDBEI, BLOEMBOLLEN EN BLOEMKNOLLEN ONBEDEKT, BOLBLOEMEN EN KNOLBLOEMEN ONBEDEKT, BOOMKWEKERIJGEWASSEN ONBEDEKT, DROOG TE OOGSTEN ERWTEN, HOUTIGE BEPLANTING, LANDBOUWSTAMBONEN, RAND VAN AKKER, VASTE PLANTEN ONBEDEKT, VELDBOON, aardappel, appel, asperge, blauwmaanzaad, braam, cichoreiwortel, doperwt, droge erwt, echte karwij, framboos, gladiool soorten, grote schorseneer, hardzwenkgras, hyacint, iris soorten, knolselderij, koolraap, krokus soorten, kroot, kruisbes, lelie soorten, narcis

soorten, peen, peer, pruim, rode of witte bes, roodzwenkgras, sjalot, sperzieboon, suikerbiet, tuinboon/veldboon, ui, winterkoolzaad, witlof, zoete kers, zomerkoolzaad, zure kers, zwarte bes

fluazinam
Chemische groep: groep (nog) niet vastgesteld
Bestrijdingsmiddelengroep: fungicide
Werkingsmechanisme: ontkoppeling oxidatieve fosforylatie in mitochondrien
Merken: Fluazinam 500 SC, Fylan Flow, Ohayo, Shirlan
Toelating in/voor: BLOEMBOL- EN BLOEMKNOLGEWASSEN ONBEDEKT, BLOEMBOLLEN BOL/KNOL/WORTELSTOK UITGANGSMATERIAAL, aardappel, ginseng, sjalot, ui

flubendiamide
Chemische groep: fenylpyrrolen
Bestrijdingsmiddelengroep: insecticide
Werkingsmechanisme: via voedselopname
Merken: Fame
Toelating in/voor: BLOEMBOL- EN BLOEMKNOLGEWASSEN BEDEKT, BLOEMISTERIJGEWASSEN NIET GRONDGEBONDEN BEDEKT, BOOMKWEKERIJGEWASSEN NIET GRONDGEBONDEN BEDEKT, VASTE PLANTEN NIET GRONDGEBONDEN BEDEKT, augurk, courgette, kalebas, komkommer, meloen, paprika, patisson, pompoen, spaanse peper, squash, tomaat

fludioxonil
Chemische groep: fenylamide: acylalaninen, fenylpyrrolen
Bestrijdingsmiddelengroep: fungicide
Werkingsmechanisme: remming groei mucelium, niet systemisch
Merken: Beret Gold 025 FS, Beret Gold 025 FS EXC, Maxim 100 FS
Toelating in/voor: aardappel, haver, triticale soorten, wintergerst, winterrogge, wintertarwe, zomergerst, zomerrogge, zomertarwe

fludioxonil / metalaxyl-M
Chemische groep: N-fenylftalimiden
Bestrijdingsmiddelengroep: fungicide
Werkingsmechanisme: remming eiwitsynthese (RNA polymeraseremmer), systemisch, remming groei mycelium, niet systemisch
Merken: Maxim XL
Toelating in/voor: land- en tuinbouwgewassen, mais

flumioxazin
Chemische groep: benzamiden, carbamaten
Bestrijdingsmiddelengroep: herbicide
Werkingsmechanisme: opname via blad van kiemend zaad
Merken: Toki
Toelating in/voor: GRENSSTROOK WEGEN/PADEN MET DAARLANGSLIGGENDE BERM, ONDER VANGRAIL EN ROND WEGBEBAKENING, PERMANENT ONBETEELD LAND

fluopicolide / propamocarb / propamocarb-hydrochloride
Chemische groep: fenylureum verbindingen, strobilurinen dihydrodioxazinen
Bestrijdingsmiddelengroep: fungicide
Werkingsmechanisme: blad- en wortelwerking, systemisch, translaminair, xyleem systemisch
Merken: Infinito
Toelating in/voor: aardappel

fluoxastrobin / pencycuron
Chemische groep: strobilurinen dihydrodioxazinen, triazolen
Bestrijdingsmiddelengroep: fungicide
Werkingsmechanisme: blokkering mitochondriale ademhaling, systemisch, preventief, niet-systemisch
Merken: Subliem
Toelating in/voor: aardappel

fluoxastrobin / prothioconazool
Chemische groep: pyridinecarboxylic zuur
Bestrijdingsmiddelengroep: fungicide

Werkingsmechanisme: blokkering mitochondriale ademhaling, systemisch, remming steroid demethylering (ergosterol biosynthese), preventief en curatief
Merken: Bartion, Fandango
Toelating in/voor: triticale soorten, ui, wintergerst, wintertarwe, zomergerst, zomertarwe

fluroxypyr
Chemische groep: carboxamiden
Bestrijdingsmiddelengroep: herbicide
Werkingsmechanisme: verstoring groeistofbalans, bladwerking, systemisch
Merken: Agrichem Fluroxypyr, Budget Fluroxypyr 200 EC, Floxy, Flurostar 200, Fluroxypyr Vloeibaar, Fluxyr 200 EC, Starane 200, Tandus, Tomahawk 200 EC
Toelating in/voor: CULTUURGRASLAND, GRANEN, GRASZAAD, HOOI EN MAAI-GRASLAND, MAIS, RAND VAN AKKER, RAND VAN WEILAND, TE BEWEIDEN GRASLAND, grassen, haver, mais, triticale soorten, wintergerst, winterrogge, wintertarwe, zomergerst, zomerrogge, zomertarwe

flutolanil
Chemische groep: ftalimiden
Bestrijdingsmiddelengroep: fungicide
Werkingsmechanisme: remming aspartaat- en glutamaatsynthese
Merken: Monarch, Symphonie
Toelating in/voor: BLOEMBOLLEN BOL/KNOL/WORTELSTOK UITGANGSMATERIAAL, aardappel

folpet
Chemische groep: ftalimiden, imidazolen
Bestrijdingsmiddelengroep: fungicide
Werkingsmechanisme: remming normale celdeling, preventief, niet-systemisch
Merken: Akofol 80 WP, Folpan 80 WP
Toelating in/voor: AARDBEI, BLOEMISTERIJGEWASSEN BEDEKT, BLOEMISTERIJGE-WASSEN ONBEDEKT, BOOMKWEKERIJGEWASSEN BEDEKT, BOOMKWEKERIJGEWASSEN ONBEDEKT, braam, framboos, kruisbes, rode of witte bes, zoete kers, zure kers, zwarte bes

folpet / prochloraz
Chemische groep: ftalimiden, strobilurinen methoxycarbamaten
Bestrijdingsmiddelengroep: fungicide
Werkingsmechanisme: remming ergosterol biosynthese, remming normale celdeling, preventief, niet-systemisch
Merken: Mirage Plus 570 SC
Toelating in/voor: BLOEMBOL- EN BLOEMKNOLGEWASSEN BEDEKT, BLOEMBOL-EN BLOEMKNOLGEWASSEN ONBEDEKT, BLOEMBOLLEN BOL/KNOL/WORTELSTOK UIT-GANGSMATERIAAL, BOOMKWEKERIJGEWASSEN ONBEDEKT, VASTE PLANTEN ONBEDEKT

folpet / pyraclostrobin
Chemische groep: ftalimiden, triazolen
Bestrijdingsmiddelengroep: fungicide
Werkingsmechanisme: blokkering mitochondriale ademhaling, remming normale celdeling, preventief, niet-systemisch
Merken: Securo
Toelating in/voor: BLOEMBOLLEN BOL/KNOL/WORTELSTOK UITGANGSMATERIAAL, lelie soorten

folpet / tebuconazool
Chemische groep: sulfonylureum verbindingen
Bestrijdingsmiddelengroep: fungicide
Werkingsmechanisme: remming ergosterol biosynthese, remming normale celdeling, preventief, niet-systemisch
Merken: Spirit
Toelating in/voor: BLOEMBOL- EN BLOEMKNOLGEWASSEN BEDEKT, BLOEMBOL-EN BLOEMKNOLGEWASSEN ONBEDEKT, BOLBLOEMEN EN KNOLBLOEMEN BEDEKT, BOLBLOEMEN EN KNOLBLOEMEN ONBEDEKT, BOOMKWEKERIJGEWASSEN NIET GROND-GEBONDEN ONBEDEKT, BOOMKWEKERIJGEWASSEN ONBEDEKT, VASTE PLANTEN NIET GRONDGEBONDEN ONBEDEKT, VASTE PLANTEN ONBEDEKT

foramsulfuron / iodosulfuron-methyl-natrium
Chemische groep: carbamaten, fosfonaten
Bestrijdingsmiddelengroep: herbicide

Werkingsmechanisme: chlorose en necrose van de meristeem en later van het blad, remming aminozuursynthese (ALS), stopt celdeling en plantgroei
Merken: Maister, Maister Vloeibaar
Toelating in/voor: mais

fosetyl / fosetyl-aluminium / propamocarb
Chemische groep: fosfonaten
Bestrijdingsmiddelengroep: fungicide
Werkingsmechanisme: opname via blad of wortel, systemisch
Merken: Previcur Energy
Toelating in/voor: BLOEMEN ZAAD UITGANGSMATERIAAL, KRUIDEN BEDEKT, VEREDELINGS- EN ZAADTEELTEN BEDEKT, andijvie, anemoon soorten, aubergine, bindsla, courgette, druif soorten, ereprijs soorten, euphorbia fulgens, galium soorten, ijsbergsla, kogeldistel soorten, kokardebloem soorten, komkommer, kropsla, krulsla, lelie soorten, lijsterbes soorten, ooievaarsbek soorten, paprika, patisson, radijs, ridderspoor, roos soorten, scheefbloem soorten, sierkool, spaanse peper, strobloem soorten, struikveronica soorten, tomaat, viooltje soorten, vlinderstruik soorten, wederik soorten, wingerd, zonnebloem soorten

fosetyl-aluminium
Chemische groep: organische fosfor verbindingen
Bestrijdingsmiddelengroep: fungicide
Werkingsmechanisme: opname via blad of wortel, systemisch
Merken: Aliette WG
Toelating in/voor: aardbei, witlof

fosthiazaat
Chemische groep: gibberellinen
Bestrijdingsmiddelengroep: insecticide, nematicide
Werkingsmechanisme: systemisch, niet-fumigantia
Merken: Nemathorin 10G
Toelating in/voor: aardappel, lelie soorten

gibbereline / gibberellinezuur
Chemische groep: gibberellinen
Bestrijdingsmiddelengroep: groeiregulator
Werkingsmechanisme: beïnvloeding groeistofbalans
Merken: Chrysal SVB, Florissant 200
Toelating in/voor: euphorbia fulgens, incalelie soorten

gibberella zuur A3 / gibberelline A4 + A7 / gibberellinezuur
Chemische groep: gibberellinen
Bestrijdingsmiddelengroep: groeiregulator
Werkingsmechanisme: beïnvloeding groeistofbalans
Merken: Falgro
Toelating in/voor: BLOEMISTERIJGEWASSEN BEDEKT, BLOEMISTERIJGEWASSEN ONBEDEKT, peer, rabarber

gibberella zuur A3 / gibberellinezuur
Chemische groep: gibberellinen
Bestrijdingsmiddelengroep: groeiregulator
Werkingsmechanisme: beïnvloeding groeistofbalans
Merken: Berelex
Toelating in/voor: BLOEMISTERIJGEWASSEN BEDEKT, BLOEMISTERIJGEWASSEN ONBEDEKT, BOOMKWEKERIJGEWASSEN BEDEKT, BOOMKWEKERIJGEWASSEN ONBEDEKT, peer, rabarber

gibberelline A4 + A7
Chemische groep: gibberellinen
Bestrijdingsmiddelengroep: groeiregulator
Werkingsmechanisme: beïnvloeding groeistofbalans
Merken: Berelex GA 4/7, Gibb Plus, Gladjanus GA 4-7, Regulex
Toelating in/voor: appel, peer

gibberelline A4 + A7 / gibberellinezuur
Chemische groep: schimmel
Bestrijdingsmiddelengroep: groeiregulator
Werkingsmechanisme: beïnvloeding groeistofbalans
Merken: Valioso

Toelating in/voor: BLOEMISTERIJGEWASSEN BEDEKT, BLOEMISTERIJGEWASSEN ONBEDEKT, peer, rabarber

gliocladium catenulatum stam j1446
Chemische groep: fosfinzuren
Bestrijdingsmiddelengroep: fungicide
Werkingsmechanisme:
Merken: Prestop, Prestop Mix
Toelating in/voor: BLOEMISTERIJGEWASSEN BEDEKT, GROENTEN BEDEKT, KRUIDEN BEDEKT

glufosinaat-ammonium
Chemische groep: glycine verbindingen
Bestrijdingsmiddelengroep: doodspuitmiddel, herbicide
Werkingsmechanisme: ammoniak vergiftiging; remming gluta-minesynthese, bladwerking
Merken: Basta 200, Clear-Up Spray, Finale SL 14, Greenfix Onkruidruimer, Onkruid Totaal Stop, Radicale 2
Toelating in/voor: AARDAPPELEN, AARDBEI, AKKERBOUWGEWASSEN, BESSEN ONBEDEKT, BESTRATING, BOOMKWEKERIJGEWASSEN BEDEKT, BOOMKWEKERIJGE-WASSEN ONBEDEKT, CULTUURGRASLAND, GRASZAAD, GRASZODENTEELT, GRENS-STROOK WEGEN/PADEN MET DAARLANGSLIGGENDE BERM, GROENTEGEWASSEN, GROENTEN ONBEDEKT, HOUTIGE BEPLANTING, KRUIDEN, KRUIDEN ONBEDEKT, LAND- EN TUINBOUWGEWASSEN, MOESTUIN ONBEDEKT, ONDER HEKWERK EN AFRASTERING EN HAGEN, ONDER TEELTTAFELS IN KASSEN, PAD, PERMANENT ONBETEELD LAND, PITVRUCHTEN, RAND VAN AKKER, SIERGEWASSEN, SIERTEELTGEWASSEN ONBEDEKT, SIERTUIN ONBEDEKT, STEENVRUCHTEN ONBEDEKT, TE BEWEIDEN GRASLAND, TIJ-DELIJK ONBETEELD LAND, VRUCHTBOMEN EN -STRUIKEN BEDEKT, VRUCHTBOMEN EN -STRUIKEN ONBEDEKT, aardappel, braam, echte karwij, framboos, grassen, kruisbes, rode of witte bes, spinazie, zwarte bes

glyfosaat
Chemische groep: glycine verbindingen, groep (nog) niet vast-gesteld
Bestrijdingsmiddelengroep: doodspuitmiddel, herbicide
Werkingsmechanisme: remming aminozuursynthese (EPSP), bladwerking, systemisch
Merken: Acomac, Agrichem Glyfosaat, Agrichem Glyfosaat 2, Agrichem Glyfosaat B, Akosate, Amega, Catamaran, Clean-up, Clear-Up 120, Clear-Up 360 N, Clear-up concentraat, Clear-Up Foam, Clear-Up Spray N, Cliness, Clinic, Envision, Etna, Fleche, Glifonex, GLY-360, GLY-7,2, Glycar, Glyfall, Glyfos, Glyfos Envision 120 g/l, Glyfos Envision 7.2 g/l, Glyper 360 SL, Glyphogan, Greenfix, Greenfix NW, HG Onkruidweg, HG onkruidweg concen-traat, Imex-Glyfosaat, Imex-Glyfosaat 2, Klaverblad-Glyfosaat, Luxan Glyfosaat Vloeibaar, Matos, MON 79632, Onkruid, Onkruid Totaal, Onkruiddoder, Onkruidkiller, Panic, Panic Free, Pokon Onkruid Totaal Stop, Pokon onkruid totaal stop concentraat, Policlean, Resolva, Resolva Spray, Resolva Ultra, Rosate 36, Roundup, Roundup +, Roundup Econ 400, Roundup Energy, Roundup Evolution, Roundup Force, Roundup Huis & Tuin, Roundup Max, Roundup Ready To Use, Sphinx, Taifun 360, Torinka, Touchdown Quattro, Wopro Glyphosate
Toelating in/voor: AARDAPPELEN, AARDBEI ONBEDEKT, AKKERBOUWGEWASSEN, BESSEN ONBEDEKT, BIETEN, BLOEMBOL- EN BLOEMKNOLGEWASSEN ONBEDEKT, BOSBOUW, BRAAM- EN FRAMBOOSACHTIGEN ONBEDEKT, CULTUURGRASLAND, DROOG TE OOGSTEN BONEN, DROOG TE OOGSTEN ERWTEN, DRUIVEN ONBEDEKT, EETBARE PADDESTOELEN, GERST, GRANEN, GRASVEGETATIE OPENBAAR GROEN, GRASZAAD, GRASZODENTEELT, GRENSSTROOK WEGEN/PADEN MET DAARLANGSLIGGENDE BERM, GROENTEN ONBEDEKT, HALF VERHARD PERMANENT ONBETEELD LAND, HAVER, HOOI EN MAAIGRASLAND, HOUTIGE BEPLANTING, KRUIDEN ONBEDEKT, LAND- EN TUIN-BOUWGEWASSEN, LOOFHOUT, MAIS, MOESTUIN, MOESTUIN ONBEDEKT, NAALDHOUT, NIET-PROFESSIONEEL GEBRUIK, NOTEN, OLIE EN VEZELGEWASSEN, ONDER HEKWERK EN AFRASTERING EN HAGEN, ONDER VANGRAIL EN ROND WEGBEBAKENING, ONVERHARD PERMANENT ONBETEELD LAND, OPENBAAR GROEN, OVERIG FRUIT ONBEDEKT, OVERIGE LAND- EN TUINBOUWGEWASSEN, PAD ONVERHARD, PERMANENT ONBETEELD LAND, PITVRUCHTEN, RAND VAN AKKER, SIERTEELTGEWASSEN ONBEDEKT, SIERTUIN, SIERTUIN ONBEDEKT, STEENVRUCHTEN ONBEDEKT, TARWE, TE BEWEIDEN GRASLAND, TIJDELIJK ONBETEELD LAND, UI EN UIACHTIGEN ONBEDEKT, VOEDER EN GROENBEMESTINGGE-WASSEN, VOEDERGEWASSEN, VRUCHTBOMEN EN -STRUIKEN ONBEDEKT, aardappel, abrikoos, appel, asperge, basterdklaver, bladkool, bladram-menas, echte karwij, gewone spar, grassen, hopklaver, inkar-naatklaver, klaver soorten, lupine soorten, narcis soorten, nec-tarine, peer, perzik, phacelia, pruim, raaigras soorten, raketblad,

rode klaver, serradelle, stoppelknol, suikerbiet, triticale soorten, tuinboon/veldboon, ui, wikke soorten, wintergerst, winterkool-zaad, winterrogge, wintertarwe, witlof, witte honingklaver, witte klaver, witte mosterd, zoete kers, zomergerst, zomerkoolzaad, zomerrogge, zomertarwe, zure kers

glyfosaat / uitgedrukt als diquat
Chemische groep: plantaardige extracten
Bestrijdingsmiddelengroep: herbicide
Werkingsmechanisme: remming aminozuursynthese (EPSP), bladwerking, systemisch
Merken: Resolva 24H, Resolva 24H Spray
Toelating in/voor: MOESTUIN ONBEDEKT, SIERTUIN ONBEDEKT, grassen

groenemuntolie
Chemische groep: blokkering groei mijten
Bestrijdingsmiddelengroep: kiemremmingsmiddel voor aardap-pelen
Werkingsmechanisme:
Merken: Biox M
Toelating in/voor: aardappel

hexythiazox
Chemische groep: hetero aroma verbindingen
Bestrijdingsmiddelengroep: acaricide
Werkingsmechanisme: verstoring juveniele ontwikkeling, contact- en maagwerking, niet-systemisch
Merken: Nissorun Spuitpoeder, Nissorun Vloeibaar
Toelating in/voor: AARDBEI, BLOEMISTERIJGEWASSEN BEDEKT, BLOEMISTERIJGE-WASSEN ONBEDEKT, BOOMKWEKERIJGEWASSEN BEDEKT, BOOMKWEKERIJGEWASSEN ONBEDEKT, VASTE PLANTEN BEDEKT, VASTE PLANTEN ONBEDEKT, appel, auber-gine, augurk, courgette, komkommer, meloen, okra, paprika, peer, pompoen, spaanse peper, tomaat

hymexazool
Chemische groep: anorganische verbindingen
Bestrijdingsmiddelengroep: fungicide
Werkingsmechanisme: systemisch
Merken: Tachigaren 70 WP, Tachigaren Vloeibaar
Toelating in/voor: BOLBLOEMEN EN KNOLBLOEMEN BEDEKT, BOLBLOEMEN EN KNOLBLOEMEN ONBEDEKT, suikerbiet

ijzer(II)sulfaat
Chemische groep: anorganische verbindingen
Bestrijdingsmiddelengroep: herbicide
Werkingsmechanisme:
Merken: Anti-Mos, Antimos-R.V.W., Evergreen Anti-Mos + Gazonmest, Gamma Mosbestrijder, Intrakeur Gazonherstelset 1450 GR, Intratuin Mosbestrijder, Luxan Mosdood, Mosbestrijder met Gazonmest, Mosdood, Mosmiddel, Mosskil Plus, Naturado Gazonmest met mosbestrijder, Park Mosbestrijder, Pokon Mos Weg !, Pokon Mos Weg!, Tegen mos in gazons
Toelating in/voor: grassen

ijzer(III)fosfaat
Chemische groep: imidazolen
Bestrijdingsmiddelengroep: mollenbestrijdingsmiddel, slakken-bestrijdingsmiddel
Werkingsmechanisme: verstoring vochthuishouding en slijmvor-ming bij slakken
Merken: Derrex, ECO-SLAK, Escar-Go tegen slakken Ferramol, Ferramol Ecostyle Slakkenkorrels, HGX Natuurvriendelijke Korrels Tegen Slakken, NEU 1181M, Roxasect Slakkenkorrels, Slakkenbestrijder, Slakkerdode3r, Sluxx, Smart Bayt, Smart Bayt Slakkenkorrels
Toelating in/voor: BLOEMISTERIJGEWASSEN BEDEKT, BLOEMISTERIJGEWASSEN ONBEDEKT, LAND- EN TUINBOUWGEWASSEN, MOESTUIN BEDEKT, MOESTUIN ONBE-DEKT, SIERTUIN BEDEKT, SIERTUIN ONBEDEKT, andijvie, andijvie krulandijvie, bindsla, bloemkool, boerenkool, broccoli, ijsbergsla, kropsla, krulsla, rode kool, savooiekool, spitskool, spruitkool, witte kool

imazalil
Chemische groep: anilinopyrimidinen, imidazolen
Bestrijdingsmiddelengroep: fungicide

Werkingsmechanisme: remming steroid demethylering (ergosterol biosynthese)
Merken: Diabolo SL, Fungaflor 100 EC, Fungaflor Rook, Imax 100 SL, Imax 200 EC, Magnate 100 SL, Potazil 100 SL, Scomrid Aerosol
Toelating in/voor: BEWAARPLAATS, SIERTEELTGEWASSEN BEDEKT, aardappel, augurk, begonia soorten, courgette, komkommer, meloen, roos soorten, tomaat

imazalil / pyrimethanil
Chemische groep: benzimidazolen, imidazolen
Bestrijdingsmiddelengroep: fungicide
Werkingsmechanisme: remming afscheiding enzymen, remming steroid demethylering (ergosterol biosynthese)
Merken: Philabuster 400 SC
Toelating in/voor: peer

imazalil / thiabendazool
Chemische groep: neonicotinoiden
Bestrijdingsmiddelengroep: fungicide
Werkingsmechanisme: remming celdeling, preventief en curatief, systemisch, remming steroid demethylering (ergosterol biosynthese)
Merken: Lirotect Super 375 SC
Toelating in/voor: aardappel

imidacloprid
Chemische groep: neonicotinoiden
Bestrijdingsmiddelengroep: insecticide
Werkingsmechanisme: blokkering acetylcholinereceptoren, contact- en maagwerking, systemisch
Merken: Admire, Admire N, Admire O-Teq, Amigo, Gaucho, Gaucho Rood, Gaucho Tuinbouw, Gazon-Insect, Imex-Imidacloprid, Kohinor 70 WG, Merit Turf, MS VB-08, Pokon Plantstick, Provado Garden, Provado Insectenpin, SOMBRERO
Toelating in/voor: BLOEMBOL- EN BLOEMKNOLGEWASSEN BEDEKT, BLOEMBOL- EN BLOEMKNOLGEWASSEN ONBEDEKT, BLOEMBOLLEN BOL/KNOL/WORTELSTOK UITGANGSMATERIAAL, BLOEMISTERIJGEWASSEN BEDEKT, BLOEMISTERIJGEWASSEN ONBEDEKT, BOLBLOEMEN EN KNOLBLOEMEN BEDEKT, BOLBLOEMEN EN KNOLBLOEMEN ONBEDEKT, BOOMKWEKERIJGEWASSEN BEDEKT, BOOMKWEKERIJGEWASSEN ONBEDEKT, GRASVEGETATIE OPENBAAR GROEN, GRASZODENTEELT, KAMER- EN KUIPPLANTEN, SIERTUIN BEDEKT, SIERTUIN ONBEDEKT, VASTE PLANTEN BEDEKT, VASTE PLANTEN ONBEDEKT, aardappel, andijvie, andijvie krulandijvie, appel, aubergine, augurk, bindsla, bloemkool, boerenkool, broccoli, chinese kool, chrysant soorten, courgette, gerbera, grassen, groenlof, hop, ijsbergsla, komkommer, kropsla, krulsla, land- en tuinbouwgewassen, lelie soorten, mais, paprika, peer, prei, rode kool, roodlof, savooiekool, spaanse peper, spitskool, spruitkool, suikerbiet, tomaat, witlof, witte kool

imidacloprid / natriumlignosulfonaat
Chemische groep: fenylureum verbindingen, neonicotinoiden
Bestrijdingsmiddelengroep: insecticide
Werkingsmechanisme: blokkering acetylcholinereceptoren, contact- en maagwerking, systemisch
Merken: Kohinor 70 WG
Toelating in/voor: BLOEMBOL- EN BLOEMKNOLGEWASSEN BEDEKT, BLOEMBOL- EN BLOEMKNOLGEWASSEN ONBEDEKT, BLOEMBOLLEN BOL/KNOL/WORTELSTOK UITGANGSMATERIAAL, BLOEMISTERIJGEWASSEN BEDEKT, BLOEMISTERIJGEWASSEN ONBEDEKT, BOOMKWEKERIJGEWASSEN BEDEKT, BOOMKWEKERIJGEWASSEN ONBEDEKT, VASTE PLANTEN BEDEKT, VASTE PLANTEN ONBEDEKT, appel, aubergine, augurk, courgette, komkommer, paprika, peer, spaanse peper, tomaat

imidacloprid / pencycuron
Chemische groep: auxinen
Bestrijdingsmiddelengroep: fungicide, insecticide
Werkingsmechanisme: blokkering acetylcholinereceptoren, contact- en maagwerking, systemisch, preventief, niet-systemisch
Merken: Monami
Toelating in/voor: aardappel

indolylazijnzuur
Chemische groep: auxinen

Bestrijdingsmiddelengroep: groeiregulator
Werkingsmechanisme: beïnvloeding celdeling en celstrekking
Merken: Rhizopon A Poeder, Rhizopon A Tabletten
Toelating in/voor: PLANTGOED VAN SIERGEWASSEN BEDEKT, PLANTGOED VAN SIERGEWASSEN ONBEDEKT, VRUCHTBOMEN EN -STRUIKEN ONBEDEKT

indolylboterzuur
Chemische groep: oxadiazinen
Bestrijdingsmiddelengroep: groeiregulator
Werkingsmechanisme: beïnvloeding celdeling en celstrekking
Merken: Chryzoplus Grijs, Chryzopon Rose, Chryzosan Wit, Chryzotek Beige, Chryzotop Groen, Rhizopon AA Poeder, Rhizopon AA Tabletten, Stekmiddel, Stekpoeder
Toelating in/voor: SIERGEWASSEN

indoxacarb
Chemische groep: sulfonylureum verbindingen
Bestrijdingsmiddelengroep: insecticide
Werkingsmechanisme: blokkering natriumtransport naar zenuwcellen, contact- en maagwerking
Merken: Steward
Toelating in/voor: BLOEMISTERIJGEWASSEN BEDEKT, BOOMKWEKERIJGEWASSEN BEDEKT, BOOMKWEKERIJGEWASSEN ONBEDEKT, VASTE PLANTEN BEDEKT, appel, aubergine, augurk, bloemkool, broccoli, chinese broccoli, chinese kool, courgette, druif soorten, kalebas, komkommer, koolrabi, meloen, paprika, patisson, peer, pompoen, rode kool, savooiekool, spaanse peper, spitskool, spruitkool, squash, tomaat, winterkoolzaad, witte kool, zomerkoolzaad

iodosulfuron-methyl-natrium
Chemische groep: sulfonylureum verbindingen
Bestrijdingsmiddelengroep: herbicide
Werkingsmechanisme: remming aminozuursynthese (ALS), stopt celdeling en plantgroei
Merken: Hussar, Hussar Vloeibaar
Toelating in/voor: GRASZAAD, teff, triticale soorten, winterrogge, wintertarwe

iodosulfuron-methyl-natrium / mesosulfuron-methyl
Chemische groep: hydroxybenzonitrilen
Bestrijdingsmiddelengroep: herbicide
Werkingsmechanisme: remming aminozuursynthese (ALS), stopt celdeling en plantgroei, remming aminozuursynthese, celdeling en plantgroei
Merken: Atlantis
Toelating in/voor: spelt, triticale soorten, winterrogge, wintertarwe

ioxynil
Chemische groep: dicarboximiden
Bestrijdingsmiddelengroep: herbicide
Werkingsmechanisme: remming fotosynthese b, ontkoppeling ademhaling, blad- en contactwerking
Merken: Totril
Toelating in/voor: knoflook, prei, sjalot, ui, vlas

iprodion
Chemische groep: pyrazool verbindingen
Bestrijdingsmiddelengroep: fungicide
Werkingsmechanisme: remming sporulatie, remming ontwikkeling mycelium
Merken: Imex Iprodion Flo, Rovral Aquaflo
Toelating in/voor: AARDBEI, BLOEMBOL- EN BLOEMKNOLGEWASSEN BEDEKT, BLOEMBOL- EN BLOEMKNOLGEWASSEN ONBEDEKT, BLOEMBOLLEN BOL/KNOL/WORTELSTOK UITGANGSMATERIAAL, BLOEMEN ZAAD UITGANGSMATERIAAL, BLOEMISTERIJGEWASSEN BEDEKT, BLOEMISTERIJGEWASSEN ONBEDEKT, BOLBLOEMEN EN KNOLBLOEMEN BEDEKT, BOLBLOEMEN EN KNOLBLOEMEN ONBEDEKT, BOOMKWEKERIJGEWASSEN BEDEKT, BOOMKWEKERIJGEWASSEN ONBEDEKT, BOOMKWEKERIJGEWASSEN ZAAD UITGANGSMATERIAAL, DROOG TE OOGSTEN BONEN, DROOG TE OOGSTEN ERWTEN, GROENTEZAADTEELT BEDEKT, KRUIDEN, KRUIDEN ONBEDEKT, VASTE PLANTEN BEDEKT, VASTE PLANTEN ONBEDEKT, VELDBONEN, VEREDELINGS- EN ZAADTEELTEN BEDEKT, aardappel, amsoi, andijvie, asperge, asperge-erwt, aubergine, augurk, bindsla, bladselderij, bloemkool, braam, broccoli,

cayenne peper, chinese broccoli, chinese kool, choisum, courgette, doperwt, droge erwt, druif soorten, echium soorten, echte karwij, framboos, ijsbergsla, kalebas, kikkererwt, knolselderij, knolvenkel, komatsuna, komkommer, koolrabi, kroot, kropsla, kruisbes, krulsla, 1and- en tuinbouwgewassen, meloen, paksoi, paprika, patisson, peen, peul, pompoen, prei, pronkboon, radijs, rammenas, rode kool, rode of witte bes, roodlof, rucola, savooiekool, sjalot, snijbiet, snijboon, spaanse peper, sperzieboon, spinazie, spitskool, spruitkool, suikerbiet, tomaat, tuinboon/veldboon, ui, veldsla, venkel, vlas, watermeloen, winterkoolzaad, witlof, witte kool, zoete kers, zomerkoolzaad, zure kers, zwarte bes

isopyrazam
Chemische groep: groep (nog) niet vastgesteld
Bestrijdingsmiddelengroep: fungicide
Werkingsmechanisme:
Merken: Seguris Flexi
Toelating in/voor: spelt, triticale soorten, wintergerst, winterrogge, wintertarwe, zomergerst, zomertarwe

isoxadifen-ethyl / tembotrione
Chemische groep: isoxazolen
Bestrijdingsmiddelengroep: herbicide
Werkingsmechanisme:
Merken: Laudis WG
Toelating in/voor: mais

isoxaflutool
Chemische groep: groep (nog) niet vastgesteld
Bestrijdingsmiddelengroep: herbicide
Werkingsmechanisme: remming pigmentsynthese (4-HPPD)
Merken: Merlin
Toelating in/voor: mais

kaliumjodide / kaliumthiocyanaat
Chemische groep: plantaardige extracten, pyrethroiden en pyrethrinen
Bestrijdingsmiddelengroep: fungicide
Werkingsmechanisme:
Merken: Enzicur, Spore-Stop
Toelating in/voor: BLOEMBOLLEN BOL/KNOL/WORTELSTOK UITGANGSMATERIAAL, aardbei, aubergine, komkommer, paprika, roos soorten, tomaat

koolzaadolie / pyrethrinen
Chemische groep: strobilurinen oximinoacetaten
Bestrijdingsmiddelengroep: insecticide
Werkingsmechanisme: neurotoxine, contactwerking, nietsystemisch
Merken: Promanal-R Concentraat, Promanal-R Gebruiksklaar, Raptol, Spruzit-R concentraat, Spruzit-R gebruiksklaar
Toelating in/voor: BLOEMISTERIJGEWASSEN BEDEKT, BLOEMISTERIJGEWASSEN ONBEDEKT, BOOMKWEKERIJGEWASSEN BEDEKT, BOOMKWEKERIJGEWASSEN ONBEDEKT, KAMER- EN KUIPPLANTEN, SIERTUIN, VASTE PLANTEN BEDEKT, VASTE PLANTEN ONBEDEKT

kresoxim-methyl
Chemische groep: dithiocarbamaten en verwante verbindingen, strobilurinen oximinoacetaten
Bestrijdingsmiddelengroep: fungicide
Werkingsmechanisme: remming ademhaling mitochondriën
Merken: Kenbyo FL, Stroby WG
Toelating in/voor: BLOEMBOL- EN BLOEMKNOLGEWASSEN BEDEKT, BLOEMBOL- EN BLOEMKNOLGEWASSEN ONBEDEKT, BLOEMISTERIJGEWASSEN BEDEKT, BLOEMISTERIJGEWASSEN ONBEDEKT, BOOMKWEKERIJGEWASSEN BEDEKT, BOOMKWEKERIJGEWASSEN ONBEDEKT, VASTE PLANTEN BEDEKT, VASTE PLANTEN ONBEDEKT, aardbei, appel, asperge, kruisbes, peer, prei, rode of witte bes, ui, zwarte bes

kresoxim-methyl / mancozeb
Chemische groep: groep (nog) niet vastgesteld
Bestrijdingsmiddelengroep: fungicide
Werkingsmechanisme: blokkering stofwisseling, remming ademhaling mitochondriën
Merken: Kenbyo MZ

Toelating in/voor: BLOEMBOL- EN BLOEMKNOLGEWASSEN BEDEKT, BLOEMBOL- EN BLOEMKNOLGEWASSEN ONBEDEKT, sjalot, ui

kwartszand
Chemische groep: pyrethroiden en pyrethrinen
Bestrijdingsmiddelengroep: wildafweermiddel
Werkingsmechanisme:
Merken: Wöbra
Toelating in/voor: BOOMKWEKERIJGEWASSEN BEDEKT, BOOMKWEKERIJGEWASSEN ONBEDEKT, FRUITGEWASSEN, LOOFHOUT, MOESTUIN BEDEKT, MOESTUIN ONBEDEKT, NAALDHOUT, SIERTUIN BEDEKT, SIERTUIN ONBEDEKT

lambda-cyhalothrin
Chemische groep: groep (nog) niet vastgesteld
Bestrijdingsmiddelengroep: insecticide
Werkingsmechanisme: neurotoxine, contact- en maagwerking, niet-systemisch
Merken: Karate met Zeon Technologie
Toelating in/voor: BLOEMBOL- EN BLOEMKNOLGEWASSEN BEDEKT, BLOEMBOL- EN BLOEMKNOLGEWASSEN ONBEDEKT, DROOG TE OOGSTEN ERWTEN, GRANEN, aardappel, bloemkool, broccoli, doperwt, droge erwt, rode kool, savooiekool, sjalot, spitskool, spruitkool, suikerbiet, ui, witte kool

laminarin
Chemische groep: schimmel
Bestrijdingsmiddelengroep: bactericide, fungicide
Werkingsmechanisme: stimuleert de natuurlijke weerstand van de plant
Merken: Vacciplant
Toelating in/voor: aardbei, appel, peer

Lecanicillium muscarium stam ve6
Chemische groep: ureum verbindingen
Bestrijdingsmiddelengroep: insecticide
Werkingsmechanisme:
Merken: Mycotal
Toelating in/voor: BLOEMISTERIJGEWASSEN BEDEKT, BOOMKWEKERIJGEWASSEN BEDEKT, aubergine, augurk, courgette, komkommer, meloen, paprika, spaanse peper, tomaat

linuron
Chemische groep: benzoylureum verbindingen
Bestrijdingsmiddelengroep: herbicide
Werkingsmechanisme: remming fotosynthese b, blad- en bodemwerking
Merken: Afalon Flow, Afalon SC, Brabant Linuron Flowable, Budget Linuron 450 SC, Imex Linuron Flow, Linurex 50 SC
Toelating in/voor: BLOEMBOL- EN BLOEMKNOLGEWASSEN ONBEDEKT, BLOEMENZAADTEELT ONBEDEKT, BOLBLOEMEN EN KNOLBLOEMEN ONBEDEKT, BOOMKWEKERIJGEWASSEN ONBEDEKT, DROOG TE OOGSTEN ERWTEN, DROOG TE OOGSTEN ERWTEN (DTG), LANDBOUWSTAMBONEN, ONDER TEELTTAFELS VOOR POTPLANTENTEELT, aardappel, appel, asperge, bladselderij, cymbidium soorten, dille, echte kervel, fresia soorten, gewone zonnebloem, gipskruid soorten, incalelie soorten, knolselderij, maggiplant, pastinaak, peen, peer, peterselie soorten, roos soorten, tuinboon/veldboon, vlas

lufenuron
Chemische groep: fosforwaterstof genererende verbindingen
Bestrijdingsmiddelengroep: insecticide
Werkingsmechanisme: blokkering gedaantewisseling
Merken: Match
Toelating in/voor: BLOEMISTERIJGEWASSEN BEDEKT

magnesiumfosfide
Chemische groep: pyridazinen
Bestrijdingsmiddelengroep: molluscicide, rodenticide
Werkingsmechanisme: blokkering zuurstoftransport
Merken: Magtoxin WM
Toelating in/voor: AARDBEI ONBEDEKT, AKKERBOUWGEWASSEN, BESSEN ONBEDEKT, CULTUURGRASLAND, GRASZODENTEELT, GROENTEN ONBEDEKT, KRUIDEN ONBEDEKT, NOTEN, PITVRUCHTEN, SIERTEELTGEWASSEN ONBEDEKT, STEENVRUCHTEN ONBEDEKT, VRUCHTBOMEN EN -STRUIKEN ONBEDEKT, grassen

maleine hydrazide

Chemische groep: groep (nog) niet vastgesteld, pyridazinen
Bestrijdingsmiddelengroep: groeiregulator, kiemremmings-
middel voor aardappelen
Werkingsmechanisme: groeiremming, remming celdeling
Merken: Budget Maleine Hydrazide SG, Himalaya 60 SG, Itcan,
Lijnfix, Rem, Royal MH-30, Royal MH-Spuitkorrel
Toelating in/voor: aardappel, grassen, knoflook, sjalot, ui

maleine hydrazide / nonaanzuur

Chemische groep: dithiocarbamaten en verwante verbindingen
Bestrijdingsmiddelengroep: herbicide
Werkingsmechanisme: groeiremming, remming celdeling
Merken: Quit, Quit Spray, Ultima, Ultima AF, Ultima zevenblad
concentraat, Ultima zevenblad gebruiksklaar
Toelating in/voor: MOESTUIN ONBEDEKT, ONDER HEKWERK EN AFRASTERING EN
HAGEN, PAD, SIERTUIN ONBEDEKT, TIJDELIJK ONBETEELD LAND

mancozeb

Chemische groep: dithiocarbamaten en verwante verbindingen,
fenylamide: acylalaninen
Bestrijdingsmiddelengroep: fungicide
Werkingsmechanisme: blokkering stofwisseling
Merken: Brabant Mancozeb Flowable, Dithane DG Newtec,
Fythane DG, Manconyl 2, Mastana SC, Penncozeb 80 WP,
Penncozeb DG, Tridex 80 WP, Tridex DG, Vondozeb DG
Toelating in/voor: BLOEMBOL- EN BLOEMKNOLGEWASSEN BEDEKT, BLOEMBOL- EN
BLOEMKNOLGEWASSEN ONBEDEKT, BLOEMISTERIJGEWASSEN BEDEKT, BLOEMISTERIJ-
GEWASSEN ONBEDEKT, BOLBLOEMEN EN KNOLBLOEMEN BEDEKT, BOLBLOEMEN EN
KNOLBLOEMEN ONBEDEKT, aardappel, appel, asperge, peer, sjalot, ui,
wintertarwe, zomertarwe

mancozeb / metalaxyl-M

Chemische groep: benzamiden, dithiocarbamaten en verwante
verbindingen
Bestrijdingsmiddelengroep: fungicide
Werkingsmechanisme: blokkering stofwisseling, remming eiwit-
synthese (RNA polymeraseremmer), systemisch
Merken: Fubol Gold
Toelating in/voor: BOOMKWEKERIJGEWASSEN BEDEKT, BOOMKWEKERIJGEWASSEN
ONBEDEKT, KRUIDEN BEDEKT, aardappel, andijvie, andijvie krulandijvie,
bindsla, ijsbergsla, kropsla, krulsla, sjalot, strobloem soorten, ui

mancozeb / zoxamide

Chemische groep: mandelamiden
Bestrijdingsmiddelengroep: fungicide
Werkingsmechanisme: blokkering stofwisseling
Merken: Unikat Pro
Toelating in/voor: aardappel

mandipropamid

Chemische groep: dithiocarbamaten en verwante verbindingen
Bestrijdingsmiddelengroep: fungicide
Werkingsmechanisme: remming myceliumgroei en sporulatie
Merken: Revus, Revus Gardan
Toelating in/voor: ANDIJVIE-ACHTIGEN BEDEKT, ANDIJVIE-ACHTIGEN ONBEDEKT,
aardappel, bindsla, ijsbergsla, kropsla, krulsla, rucola

maneb

Chemische groep: fenoxycarboxliczuren
Bestrijdingsmiddelengroep: fungicide
Werkingsmechanisme: blokkering stofwisseling
Merken: Trimangol 80 WP, Trimangol DG, Vondac DG
Toelating in/voor: BLOEMISTERIJGEWASSEN BEDEKT, aardappel, sjalot, ui,
wintertarwe, zomertarwe

MCPA

Chemische groep: fenoxycarboxliczuren
Bestrijdingsmiddelengroep: groeiregulator, herbicide
Werkingsmechanisme: verstoring groeistofbalans, bladwerking,
systemisch
Merken: Agrichem MCPA, Agroxone MCPA, Ceridor MCPA, Luxan
MCPA 500 VLB., U 46 M

Toelating in/voor: AARDAPPELEN, DROGE SLOOTBODEM, GRANEN, GRASACHTIGE
GROENBEMESTERS, GRASZAAD, HOOI EN MAAIGRASLAND, HOUTIGE BEPLANTING,
PERMANENT ONBETEELD LAND, RAND VAN AKKER, RAND VAN WEILAND, TALUD VAN
WATERGANG, TIJDELIJK ONBETEELD LAND, VOEDER EN GROENBEMESTINGSGEWASSEN,
WEGBERM, appel, asperge, gladiool soorten, grassen, kruisbes,
peer, riet soorten, rode of witte bes, vlas, wilg soorten, zwarte
bes

mecoprop-P

Chemische groep: anilinopyrimidinen
Bestrijdingsmiddelengroep: herbicide
Werkingsmechanisme: verstoring groeistofbalans, bladwerking,
systemisch
Merken: Duplosan MCPP, Mecop PP-2
Toelating in/voor: ERF, GRANEN, GRASZAAD, RAND VAN AKKER, RAND VAN
WEILAND, WINDSCHERMEN, grassen

mepanipyrim

Chemische groep: groep (nog) niet vastgesteld, quaternaire
ammonium
Bestrijdingsmiddelengroep: fungicide
Werkingsmechanisme: specifieke beïnvloeding van celmem-
braantransport
Merken: Frupica, Frupica SC
Toelating in/voor: AARDBEI, OPENBAAR GROEN, SIERTEELTGEWASSEN BEDEKT,
SIERTEELTGEWASSEN ONBEDEKT, VEREDELINGS- EN ZAADTEELTEN BEDEKT

mepiquatchloride / prohexadione-calcium

Chemische groep: triketone verbindingen
Bestrijdingsmiddelengroep: groeiregulator
Werkingsmechanisme: beïnvloeding groeistofbalans
Merken: Medax TOP
Toelating in/voor: triticale soorten, wintergerst, winterrogge,
wintertarwe

mesotrione

Chemische groep: sulfonylureum verbindingen, triketone ver-
bindingen
Bestrijdingsmiddelengroep: herbicide
Werkingsmechanisme: remming pigmentsynthese (4-HPPD)
Merken: Callisto
Toelating in/voor: mais

mesotrione / nicosulfuron

Chemische groep: triazinen, triketone verbindingen
Bestrijdingsmiddelengroep: herbicide
Werkingsmechanisme: remming aminozuursynthese (acetolac-
taat synthase ALS), selectief systemisch, remming pigmentsyn-
these (4-HPPD)
Merken: Elumis
Toelating in/voor: mais

mesotrione / terbuthylazine

Chemische groep: fenylamide: acylalaninen
Bestrijdingsmiddelengroep: herbicide
Werkingsmechanisme: remming fotosynthese a, remming pig-
mentsynthese (4-HPPD)
Merken: Calaris
Toelating in/voor: mais

metalaxyl-M

Chemische groep: diversen
Bestrijdingsmiddelengroep: fungicide
Werkingsmechanisme: remming eiwitsynthese (RNA polymera-
seremmer), systemisch
Merken: Apron XL, Budget Metlaxyl-M SL, Ridomil Gold
Toelating in/voor: BLOEMBOL- EN BLOEMKNOLGEWASSEN BEDEKT, BLOEMBOL- EN
BLOEMKNOLGEWASSEN ONBEDEKT, BLOEMEN ZAAD UITGANGSMATERIAAL, BLOEMIS-
TERIJGEWASSEN BEDEKT, BOLBLOEMEN EN KNOLBLOEMEN BEDEKT, BOLBLOEMEN
EN KNOLBLOEMEN ONBEDEKT, BOOMKWEKERIJGEWASSEN NIET GRONDGEBONDEN
BEDEKT, BOOMKWEKERIJGEWASSEN NIET GRONDGEBONDEN ONBEDEKT, KRUIDEN
ZAAD UITGANGSMATERIAAL, bloemkool, broccoli, chinese kool,
doperwt, droge boon, droge erwt, koolrabi, kroot, land- en
tuinbouwgewassen, peen, radijs, rode kool, savooiekool, sper-

zieboon, spinazie, spitskool, spruitkool, tuinboon/veldboon, ui, veldsla, witte kool

metaldehyde
Chemische groep: triazinonen
Bestrijdingsmiddelengroep: slakkenbestrijdingsmiddel
Werkingsmechanisme: dehydratatie
Merken: Brabant Slakkendood, Caragoal GR, Finion Slakkenkorrels, KB Slakkendood, Luxan Slakkenkorrels Super, Metald-Slakkenkorrels, Metald-Slakkenkorrels N, Pokon Slakken Stop
Toelating in/voor: BOSBOUW, LAND- EN TUINBOUWGEWASSEN, MOESTUIN, NIET-PROFESSIONEEL GEBRUIK, OPENBAAR GROEN, SIERTUIN

metamitron
Chemische groep: dithiocarbamaten (MIT genererende verbinding)
Bestrijdingsmiddelengroep: herbicide
Werkingsmechanisme: remming fotosynthese a, blad- en bodemwerking
Merken: Agrichem Metamitron, Agrichem Metamitron 700, Budget Metamitron SC, Goltix 70 WG, Goltix 700 SC, Goltix SC, Goltix WG, Metafox 700 WG, Modipur
Toelating in/voor: BLOEMBOL- EN BLOEMKNOLGEWASSEN ONBEDEKT, BLOEMENZAADTEELT ONBEDEKT, BOLBLOEMEN EN KNOLBLOEMEN ONBEDEKT, SNIJBLOEMEN ONBEDEKT, VASTE PLANTEN ONBEDEKT, aardbei, afrikaantje soorten, gewone zonnebloem, guldenroede soorten, klokjesbloem soorten, kroot, lelie soorten, monnikskap soorten, pioenroos soorten, pluimspirea soorten, ridderspoor, suikerbiet, vlambloem soorten, wederik soorten

metam-natrium
Chemische groep: schimmel
Bestrijdingsmiddelengroep: fungicide, herbicide, nematicide
Werkingsmechanisme: afbraak methyl isothiocyanaat (fu), 'multi-site' remmer, contactwerking (ne)
Merken: Monam CleanStart, Monam Geconc., Nemasol
Toelating in/voor: AARDBEI ONBEDEKT, AKKERBOUWGEWASSEN, BESSEN ONBEDEKT, BLOEMBOL- EN BLOEMKNOLGEWASSEN ONBEDEKT, BLOEMISTERIJGEWASSEN ONBEDEKT, BOLBLOEMEN EN KNOLBLOEMEN ONBEDEKT, BOOMKWEKERIJGEWASSEN ONBEDEKT, CULTUURGRASLAND, GRASZODENTEELT, GROENTEN ONBEDEKT, KRUIDEN ONBEDEKT, NOTEN, PITVRUCHTEN, SIERTEELTGEWASSEN ONBEDEKT, STEENVRUCHTEN ONBEDEKT, VASTE PLANTEN ONBEDEKT, VRUCHTBOMEN EN -STRUIKEN ONBEDEKT, aardappel, sjalot, suikerbiet, ui

Metarhizium anisopliae stam fs2
Chemische groep: chloracetamiden
Bestrijdingsmiddelengroep: insecticide
Werkingsmechanisme: biologisch insecticide, contactwerking, doding na vermenigvuldiging in hemolymfe
Merken: BIO 1020, Met52 granulair bioinsecticide
Toelating in/voor: BLOEMISTERIJGEWASSEN BEDEKT, BLOEMISTERIJGEWASSEN ONBEDEKT, BOOMKWEKERIJGEWASSEN BEDEKT, BOOMKWEKERIJGEWASSEN ONBEDEKT, POTPLANTEN ONBEDEKT, VASTE PLANTEN BEDEKT, VASTE PLANTEN ONBEDEKT, aardbei, blauwe bes, braam, druif soorten, framboos, rode of witte bes, zwarte bes

metazachloor
Chemische groep: triazolen
Bestrijdingsmiddelengroep: herbicide
Werkingsmechanisme: remming celdeling, blad- en bodemwerking
Merken: Agrichem Metazachloor, Butisan S, Metazachloor-500, Sultan 500 SC
Toelating in/voor: BOOMKWEKERIJGEWASSEN ONBEDEKT, aardappel, appel, bloemkool, boerenkool, broccoli, peer, prei, rode kool, savooiekool, spitskool, spruitkool, winterkoolzaad, witte kool

metconazool
Chemische groep: carbamaten
Bestrijdingsmiddelengroep: fungicide
Werkingsmechanisme: remming steroid demethylering (ergosterol biosynthese)
Merken: Caramba

Toelating in/voor: TRITICALE, grassen, spelt, winterkoolzaad, wintertarwe, zomerkoolzaad, zomertarwe

methiocarb
Chemische groep: diacylhydrazinen
Bestrijdingsmiddelengroep: insecticide, slakkenbestrijdinsmiddel, vogelafweermiddel
Werkingsmechanisme: beïnvloeding groeistofbalans
Merken: Mesurol 500 SC, Mesurol FS, Mesurol Pro
Toelating in/voor: BEWAARPLAATS, BLOEMBOL- EN BLOEMKNOLGEWASSEN BEDEKT, BLOEMISTERIJGEWASSEN BEDEKT, BLOEMISTERIJGEWASSEN NIET GRONDGEBONDEN BEDEKT, BOLBLOEMEN EN KNOLBLOEMEN BEDEKT, GROENTEN BEDEKT, KAS EN WARENHUIS, SNIJBLOEMEN BEDEKT OP KUNSTMATIG SUBSTRAAT, TEELTBAK, aardbei, komkommer, mais, meloen

methoxyfenozide
Chemische groep: dithiocarbamaten en verwante verbindingen
Bestrijdingsmiddelengroep: insecticide
Werkingsmechanisme: contact- en maagwerking, stopt voeding en veroorzaakt vroege vervelling van de rupsen
Merken: Runner
Toelating in/voor: BLOEMISTERIJGEWASSEN BEDEKT, BLOEMISTERIJGEWASSEN ONBEDEKT, BOOMKWEKERIJGEWASSEN BEDEKT, BOOMKWEKERIJGEWASSEN ONBEDEKT, VASTE PLANTEN BEDEKT, VASTE PLANTEN ONBEDEKT, appel, aubergine, paprika, peer, spaanse peper, tomaat

metiram
Chemische groep: benzofenonen
Bestrijdingsmiddelengroep: fungicide
Werkingsmechanisme: inactivering eiwitten
Merken: Polyram DF
Toelating in/voor: appel, peer

metrafenon
Chemische groep: triazinonen
Bestrijdingsmiddelengroep: fungicide
Werkingsmechanisme: remt sporulering
Merken: Flexity
Toelating in/voor: spelt, triticale soorten, wintergerst, wintertarwe, zomergerst, zomertarwe

metribuzin
Chemische groep: sulfonylureum verbindingen
Bestrijdingsmiddelengroep: herbicide
Werkingsmechanisme: remming fotosynthese a, blad- en bodemwerking
Merken: Imex-Metribuzin, Mistral 70 WG, Sencor WG
Toelating in/voor: aardappel, asperge, engels raaigras, peen

metsulfuron-methyl
Chemische groep: avermectinen
Bestrijdingsmiddelengroep: herbicide
Werkingsmechanisme: remming acetolactaatsynthase (ALS), bladwerking
Merken: Accurate, Ally SX, Finy, Isomexx, Nicanor 20 SX
Toelating in/voor: haver, triticale soorten, wintergerst, winterrogge, wintertarwe, zomergerst, zomerrogge, zomertarwe

milbemectin
Chemische groep: diversen
Bestrijdingsmiddelengroep: acaricide, insecticide
Werkingsmechanisme: stimulering GABA-neurotransmitter, contact- en maagwerking, beperkt systemisch
Merken: Budget Milbectin 1% EC, Milbeknock
Toelating in/voor: BLOEMISTERIJGEWASSEN ONBEDEKT, BOOMKWEKERIJGEWASSEN ONBEDEKT, POTPLANTEN BEDEKT, SNIJBLOEMEN BEDEKT, VASTE PLANTEN ONBEDEKT, aardbei, dahlia soorten

minerale olie
Chemische groep: diversen
Bestrijdingsmiddelengroep: acaricide, insecticide, virucide
Werkingsmechanisme: verstikking door verstopping tracheeën van insecten en mijten

Merken: 11 E Olie, Ovirex VS, Promanal Gebruiksklaar, Sun Ultra Fine Spray Oil, Sunspray 11-E
Toelating in/voor: BLOEMBOL- EN BLOEMKNOLGEWASSEN BEDEKT, BLOEMBOL- EN BLOEMKNOLGEWASSEN ONBEDEKT, KAMER- EN KUIPPLANTEN, aardappel, appel, peer, pruim

minerale olie / paraffine olie
Chemische groep: groep (nog) niet vastgesteld
Bestrijdingsmiddelengroep: insecticide
Werkingsmechanisme: verstikking door verstopping tracheeën van insecten en mijten
Merken: Olie-H
Toelating in/voor: BESSEN ONBEDEKT, BLOEMBOL- EN BLOEMKNOLGEWASSEN BEDEKT, BLOEMBOL- EN BLOEMKNOLGEWASSEN ONBEDEKT, BRAAM- EN FRAMBOOSACHTIGEN ONBEDEKT, DRUIVEN ONBEDEKT, PITVRUCHTEN, STEENVRUCHTEN ONBEDEKT, aardappel

natrium-p-tolueensulfonchloramide
Chemische groep: sulfonylureum verbindingen
Bestrijdingsmiddelengroep: desinfectantia
Werkingsmechanisme: oxydatie celmateriaal
Merken: Halamid-D
Toelating in/voor: APPARATUUR, BEWAARPLAATS, FUST

nicosulfuron
Chemische groep: carbamaten
Bestrijdingsmiddelengroep: herbicide
Werkingsmechanisme: remming aminozuursynthese (acetolactaat synthase ALS), selectief systemisch
Merken: Accent, Budget Nicosulfuron 40 SC, Milagro, Milagro Extra 60D, Samson 4SC, Samson Extra 6% OD
Toelating in/voor: mais

oxamyl
Chemische groep: triazolen
Bestrijdingsmiddelengroep: insecticide, nematicide
Werkingsmechanisme: verstikking door verstopping tracheeën van insecten en mijten
Merken: Vydate 10G
Toelating in/voor: BLOEMENZAADTEELT ONBEDEKT, BLOEMISTERIJGEWASSEN ONBEDEKT, BOOMKWEKERIJGEWASSEN ONBEDEKT, POTPLANTEN NIET GRONDGEBONDEN BEDEKT, POTPLANTEN ONBEDEKT, aardappel, aardbei, lelie soorten, peen, spruitkool, suikerbiet

paclobutrazol
Chemische groep: schimmel
Bestrijdingsmiddelengroep: groeiregulator
Werkingsmechanisme: beïnvloeding groeistofbalans
Merken: Bonzi
Toelating in/voor: POTPLANTEN BEDEKT, POTPLANTEN ONBEDEKT

Paecilomyces fumosoroseus apopka stam 97
Chemische groep: triazolen
Bestrijdingsmiddelengroep: insecticide
Werkingsmechanisme: biologisch insecticide en acaricide, contactwerking, doding na vermenigvuldiging in hemolymfe
Merken: Preferal
Toelating in/voor: SIERTEELTGEWASSEN BEDEKT, komkommer, tomaat

penconazool
Chemische groep: fenylureum verbindingen
Bestrijdingsmiddelengroep: fungicide
Werkingsmechanisme: remming ergosterol biosynthese
Merken: Topaz 100 EC
Toelating in/voor: aardbei, appel, druif soorten, gerbera, peer, roos soorten

pencycuron
Chemische groep: dinitroanilinen
Bestrijdingsmiddelengroep: fungicide
Werkingsmechanisme: preventief, niet-systemisch
Merken: Moncereen Droogontsmetter, Moncereen Vloeibaar
Toelating in/voor: BOOMKWEKERIJGEWASSEN BEDEKT, BOOMKWEKERIJGEWASSEN ONBEDEKT, VASTE PLANTEN BEDEKT, VASTE PLANTEN ONBEDEKT, aardappel

pendimethalin
Chemische groep: diversen, strobilurinen methoxycarbamaten
Bestrijdingsmiddelengroep: herbicide
Werkingsmechanisme: remming celdeling, bodemwerking
Merken: Activus 40 WG, Stomp 400 SC, Stomp SC
Toelating in/voor: BLOEMBOL- EN BLOEMKNOLGEWASSEN ONBEDEKT, DROOG TE OOGSTEN BONEN, DROOG TE OOGSTEN BONEN (DTG), DROOG TE OOGSTEN ERWTEN, DROOG TE OOGSTEN ERWTEN (DTG), GRASZAAD, aardappel, asperge, bieslook, cichoreiwortel, mais, meekrap, meekrap soorten, peen, prei, raketblad, sjalot, teunisbloem soorten, tuinboon/veldboon, ui, wintergerst, winterrogge, wintertarwe

picoxystrobin / waterstofperoxide
Chemische groep: fenylpyrazolinen
Bestrijdingsmiddelengroep: fungicide
Werkingsmechanisme: oxydatie celmateriaal, preventief en enige werking via de dampfase, systemisch en translaminair transport
Merken: Acanto
Toelating in/voor: GRASZAAD, wintergerst, wintertarwe, zomergerst, zomertarwe

pinoxaden
Chemische groep: diversen, pyrethroiden en pyrethrinen
Bestrijdingsmiddelengroep: herbicide
Werkingsmechanisme: stopt weefselgroei, systemisch
Merken: Axial, Axial 50
Toelating in/voor: spelt, triticale soorten, wintergerst, winterrogge, wintertarwe, zomergerst, zomertarwe

piperonylbutoxide / pyrethrinen
Chemische groep: carbamaten
Bestrijdingsmiddelengroep: insecticide
Werkingsmechanisme: neurotoxine, contactwerking, nietsystemisch, synergist door blokkering detoxificatie via mixed function oxidase
Merken: Anti Bladluis, HGX "Spray Tegen Bladluis", Lizetan Plantenspray, Luizendoder, Luxan Pyrethrum Vloeibaar, POKON hardnekkige insecten STOP, Pokon Luizen Stop, Pyrethrum Plantspray, Pyrethrum Spray, Pyrethrum Vloeibaar, Spruzit Gebruiksklaar, Spruzit Vloeibaar, Tegen bladluizen, Vapona Bladluizenspray
Toelating in/voor: AARDBEI, BESSEN, GROENTEGEWASSEN, GROENTEN BEDEKT, GROENTEN ONBEDEKT, KAMER- EN KUIPPLANTEN, MOESTUIN, MOESTUIN BEDEKT, MOESTUIN ONBEDEKT, OVERIG FRUIT, SIERGEWASSEN, SIERTEELTGEWASSEN BEDEKT, SIERTEELTGEWASSEN ONBEDEKT, SIERTUIN, SIERTUIN BEDEKT, SIERTUIN ONBEDEKT

pirimicarb
Chemische groep: organische fosfor verbindingen
Bestrijdingsmiddelengroep: insecticide
Werkingsmechanisme: remming cholinesterase, contact-, maagen dampwerking, systemisch
Merken: Agrichem Pirimicarb, Pirimor, Pirimor Rookontwikkelaar
Toelating in/voor: AARDBEI, BEWAARPLAATS, BLOEMBOL- EN BLOEMKNOLGEWASSEN BEDEKT, BLOEMBOL- EN BLOEMKNOLGEWASSEN ONBEDEKT, BLOEMISTERIJGEWASSEN BEDEKT, BLOEMISTERIJGEWASSEN ONBEDEKT, BOLBLOEMEN EN KNOLBLOEMEN BEDEKT, BOLBLOEMEN EN KNOLBLOEMEN ONBEDEKT, BOOMKWEKERIJGEWASSEN BEDEKT, BOOMKWEKERIJGEWASSEN ONBEDEKT, DROOG TE OOGSTEN ERWTEN, GRASZAAD, KRUIDEN, LANDBOUWGEWASSEN, OPENBAAR GROEN, VASTE PLANTEN BEDEKT, VASTE PLANTEN ONBEDEKT, VELDBONEN, aardappel, aardbei, amsoi, andijvie, appel, aubergine, augurk, bindsla, bladselderij, blauwmaanzaad, bleekselderij, bloemkool, boerenkool, braam, broccoli, cayenne peper, chinese kool, cichoreiwortel, courgette, doperwt, druif soorten, echte karwij, echte kervel, engelwortel soorten, framboos, groenlof, ijsbergsla, knolraap, knolselderij, knolvenkel, komkommer, koolraap, koolrabi, kouseband, kroot, kropsla, kruisbes, krulsla, luzerne, maggiplant, mais, meloen, paksoi, paprika, patisson, peen, peer, perzik, peterselie soorten, peul, prei, pronkboon, pruim, rabarber, radijs, rammenas, rode kool, rode of witte bes, roodlof, savooiekool, snijboon, spaanse peper, sperzieboon, spinazie, spitskool, spruitkool, suikerbiet, tomaat, ui, veldsla, walnoot, wintergerst, wintertarwe, witlof, witte kool, wollig vingerhoedskruid, zoete kers, zomergerst, zomertarwe, zure kers, zwarte bes

pirimifos-methyl
Chemische groep: imidazolen
Bestrijdingsmiddelengroep: acaricide, insecticide
Werkingsmechanisme: remming cholinesterase, contact- en dampwerking, translaminair
Merken: Actellic 50, Wopro Pirimiphos Methyl
Toelating in/voor: BEWAARPLAATS, BLOEMBOLLEN BOL/KNOL/WORTELSTOK UITGANGSMATERIAAL, FUST, GRANEN ZAAD EINDPRODUCT

prochloraz
Chemische groep: groep (nog) niet vastgesteld
Bestrijdingsmiddelengroep: fungicide
Werkingsmechanisme: remming ergosterol biosynthese
Merken: Budget Prochloraz 45 EW, Mirage 45 EC, Mirage Elan, Prelude 20 LF, Sporgon, Sportak EW
Toelating in/voor: BLOEMBOL- EN BLOEMKNOLGEWASSEN BEDEKT, BLOEMBOL-EN BLOEMKNOLGEWASSEN ONBEDEKT, BLOEMBOLLEN BOL/KNOL/WORTELSTOK UITGANGSMATERIAAL, BLOEMISTERIJGEWASSEN BEDEKT, BLOEMISTERIJGEWASSEN ONBEDEKT, BOLBLOEMEN EN KNOLBLOEMEN BEDEKT, BOLBLOEMEN EN KNOLBLOEMEN ONBEDEKT, champignon, vlas, wintergerst, wintertarwe, zomergerst, zomertarwe

prohexadione-calcium
Chemische groep: carbamaten
Bestrijdingsmiddelengroep: groeiregulator
Werkingsmechanisme: beïnvloeding groeistofbalans
Merken: Regalis
Toelating in/voor: appel, peer

propamocarb-hydrochloride
Chemische groep: triazolen
Bestrijdingsmiddelengroep: fungicide
Werkingsmechanisme: blad- en wortelwerking, systemisch, opname via blad en wortel, systemisch
Merken: Imex-Propamocarb, Proplant
Toelating in/voor: BLOEMISTERIJGEWASSEN BEDEKT, BOLBLOEMEN EN KNOL-BLOEMEN BEDEKT, aubergine, augurk, bindsla, bloemkool, broccoli, courgette, ijsbergsla, iris soorten, komkommer, krokus soorten, kropsla, krulsla, meloen, paprika, patisson, prei, radijs, rode kool, savooiekool, spitskool, spruitkool, strobloem soorten, tomaat, witte kool

propiconazool
Chemische groep: benzamiden
Bestrijdingsmiddelengroep: desinfectantia, fungicide
Werkingsmechanisme: remming ergosterol biosynthese
Merken: Tanalith P 6303, Tilt 250 EC
Toelating in/voor: BOOMKWEKERIJGEWASSEN BEDEKT, BOOMKWEKERIJGEWASSEN ONBEDEKT, FUST, GRASZAAD, VASTE PLANTEN BEDEKT, VASTE PLANTEN ONBEDEKT, afrikaantje soorten, anisodontea soorten, anjer soorten, azalea, bosrank soorten, boterbloem soorten, bougainvillea, cassia soorten, cestrum soorten, chrysant soorten, cineraria maritima, euryops soorten, gardenia, gerbera, hanekam, heliotroop soorten, herfstaster, hortensia soorten, kalanchoe blossfeldiana, klimop, klokjesbloem soorten, lantana soorten, madeliefje soorten, osteospermum, pelargonium soorten, petunia, primula, salie soorten, sierkool, solanum soorten, triticale soorten, vingerplant soorten, viooltje soorten, wintergerst, wintertarwe, zomergerst, zomertarwe, zonnebloem soorten

propyzamide
Chemische groep: thiocarbamaten
Bestrijdingsmiddelengroep: herbicide
Werkingsmechanisme: remming eiwitsynthese, bodemwerking, systemisch
Merken: Agrichem Propyzamide 50, Kerb 50 W Spuitpoeder, Kerb Flo, Propyzamide 50% WP
Toelating in/voor: BLOEMENZAADTEELT ONBEDEKT, BLOEMISTERIJGEWASSEN ONBEDEKT, BOOMKWEKERIJGEWASSEN ONBEDEKT, HOUTIGE BEPLANTING, VASTE PLANTEN ONBEDEKT, andijvie, andijvie krulandijvie, appel, bindsla, cichoreiwortel, groenlof, ijsbergsla, kropsla, krulsla, luzerne, peer, roodlof, winterkoolzaad, witlof

prosulfocarb
Chemische groep: triazolen
Bestrijdingsmiddelengroep: herbicide
Werkingsmechanisme: voorkoming ontwikkeling appressoria (fu), remming cholinesterase (in)
Merken: Boxer, Defi, Roxy
Toelating in/voor: GRASZAAD, aardappel, blauwmaanzaad, echte karwij, sjalot, ui, wintergerst, wintertarwe

prothioconazool
Chemische groep: triazolen
Bestrijdingsmiddelengroep: fungicide
Werkingsmechanisme: remming steroid demethylering (ergos-terol biosynthese), systemisch, preventief en curatief
Merken: Proline, Redigo, Rudis
Toelating in/voor: BLOEMBOL- EN BLOEMKNOLGEWASSEN ONBEDEKT, BLOEM-BOLLEN BOL/KNOL/WORTELSTOK UITGANGSMATERIAAL, haver, prei, rode kool, savooiekool, spitskool, spruitkool, triticale soorten, wintergerst, winterrogge, wintertarwe, witte kool, zomergerst, zomerrogge, zomertarwe

prothioconazool / tebuconazool
Chemische groep: strobilurinen, triazolen
Bestrijdingsmiddelengroep: fungicide
Werkingsmechanisme: remming ergosterol biosynthese, remming steroid demethylering (ergosterol biosynthese), syste-misch, preventief en curatief
Merken: Prosaro, Redigo Pro
Toelating in/voor: haver, triticale soorten, wintergerst, winter-rogge, wintertarwe, zomergerst, zomerrogge, zomertarwe

prothioconazool / trifloxystrobin
Chemische groep: bacterie
Bestrijdingsmiddelengroep: fungicide
Werkingsmechanisme: beïnvloeding mitochondriale ademha-ling, remming myceliumgroei en sporulatie, remming steroid demethylering (ergosterol biosynthese), systemisch, preventief en curatief
Merken: Delaro
Toelating in/voor: spelt, triticale soorten, wintergerst, winter-tarwe, zomergerst, zomertarwe

Pseudomonas chlororaphis stam ma342
Chemische groep: bacterie
Bestrijdingsmiddelengroep: fungicide
Werkingsmechanisme: biologisch fungicide, verhoogt natuur-lijke weerstand tegen plantpathogene schimmels en bevordert groei, gezondheid van planten
Merken: Cerall
Toelating in/voor: winterrogge, wintertarwe, zomerrogge, zomertarwe

Pseudomonas sp. stam dsmz 13134
Chemische groep: pymetrozinen
Bestrijdingsmiddelengroep: fungicide
Werkingsmechanisme:
Merken: Prodoradix Agro
Toelating in/voor: aardappel

pymetrozine
Chemische groep: strobilurinen methoxycarbamaten
Bestrijdingsmiddelengroep: insecticide
Werkingsmechanisme: selectief effect op Homoptera, systemisch
Merken: Plenum 50 WG
Toelating in/voor: BLOEMISTERIJGEWASSEN BEDEKT, BLOEMISTERIJGEWASSEN ONBEDEKT, BOOMKWEKERIJGEWASSEN BEDEKT, BOOMKWEKERIJGEWASSEN ONBE-DEKT, KRUIDEN, VASTE PLANTEN BEDEKT, VASTE PLANTEN ONBEDEKT, aardappel, andijvie, aubergine, augurk, bindsla, bloemkool, broccoli, cour-gette, ijsbergsla, komkommer, kropsla, krulsla, lelie soorten, meloen, okra, paprika, patisson, pompoen, rode kool, savooie-kool, spaanse peper, spitskool, tomaat, witte kool

pyraclostrobin
Chemische groep: fenylpyrazolen

Bestrijdingsmiddelengroep: fungicide
Werkingsmechanisme: blokkering mitochondriale ademhaling
Merken: Comet
Toelating in/voor: triticale soorten, wintergerst, winterrogge, wintertarwe, zomergerst, zomertarwe

pyraflufen-ethyl
Chemische groep: fenylpyridazinen
Bestrijdingsmiddelengroep: herbicide
Werkingsmechanisme: contactwerking
Merken: Quickdown
Toelating in/voor: aardappel

pyridaat
Chemische groep: METI acariciden
Bestrijdingsmiddelengroep: herbicide
Werkingsmechanisme: remming fotosynthese b, blad- en contactwerking
Merken: Lentagran WP
Toelating in/voor: asperge, bloemkool, boerenkool, broccoli, prei, rode kool, savooiekool, sjalot, spitskool, spruitkool, ui, witte kool

pyridaben
Chemische groep: groep (nog) niet vastgesteld
Bestrijdingsmiddelengroep: acaricide, insecticide
Werkingsmechanisme: insect groeiregulator, niet-systemisch
Merken: Aseptacarex
Toelating in/voor: BLOEMISTERIJGEWASSEN BEDEKT, BOOMKWEKERIJGEWASSEN BEDEKT, VASTE PLANTEN BEDEKT, amaryllis hybriden, aubergine, augurk, courgette, komkommer, narcis soorten, nerine soorten, paprika, tomaat

pyridalyl
Chemische groep: anilinopyrimidinen
Bestrijdingsmiddelengroep: insecticide
Werkingsmechanisme:
Merken: Nocturn
Toelating in/voor: aubergine, paprika, spaanse peper, tomaat

pyrimethanil
Chemische groep: juveniel hormoon mimeticum
Bestrijdingsmiddelengroep: fungicide
Werkingsmechanisme: remming afscheiding enzymen
Merken: Scala
Toelating in/voor: BLOEMBOLLEN BOL/KNOL/WORTELSTOK UITGANGSMATERIAAL, aardbei, appel, peer, tomaat

pyriproxyfen
Chemische groep: quaternaire ammonium
Bestrijdingsmiddelengroep: insecticide
Werkingsmechanisme: juveniel hormoon mimeticum, onderdrukt embryogenese
Merken: Admiral
Toelating in/voor: BLOEMISTERIJGEWASSEN BEDEKT, BOOMKWEKERIJGEWASSEN BEDEKT, VASTE PLANTEN BEDEKT, aubergine, paprika, tomaat

quaternaire ammonium verbindingen, benzyl-c8-18-al
Chemische groep: chinoline carbonzuren
Bestrijdingsmiddelengroep: algicide, bactericide, fungicide, herbicide
Werkingsmechanisme:
Merken: Algendood, Dimanin, Dimanin-Algendoder, Dimanin-Ultra, Embalit NT, Embalit NTK, Groene Aanslag Reiniger
Toelating in/voor: FUST, FUST VOOR FRUIT, FUST VOOR POOTAARDAPPELEN, LEGE BEWAARPLAATS, LEGE KAS EN WARENHUIS, ROOI-APPARATUUR VOOR POOTAARDAPPELEN, TRANSPORTAPPARATUUR VOOR POOTAARDAPPELEN, VERWERKINGSAPPARATUUR VOOR POOTAARDAPPELEN

quinoclamine
Chemische groep: aryloxyfenoxypropionaten
Bestrijdingsmiddelengroep: algicide
Werkingsmechanisme: opname via wortels
Merken: Mogeton

Toelating in/voor: BLOEMISTERIJGEWASSEN NIET GRONDGEBONDEN BEDEKT, BLOEMISTERIJGEWASSEN NIET GRONDGEBONDEN ONBEDEKT, BOOMKWEKERIJGEWASSEN NIET GRONDGEBONDEN BEDEKT, BOOMKWEKERIJGEWASSEN NIET GRONDGEBONDEN ONBEDEKT, VASTE PLANTEN NIET GRONDGEBONDEN BEDEKT, VASTE PLANTEN NIET GRONDGEBONDEN ONBEDEKT

quizalofop-P-ethyl
Chemische groep: sulfonylureum verbindingen
Bestrijdingsmiddelengroep: herbicide
Werkingsmechanisme: remming vetzuursynthese (ACCase), contactwerking, systemisch
Merken: Pilot, Targa Prestige
Toelating in/voor: AARDBEI, BLOEMBOL- EN BLOEMKNOLGEWASSEN ONBEDEKT, BLOEMBOLLEN EN BLOEMKNOLLEN ONBEDEKT, BOOMKWEKERIJGEWASSEN ONBEDEKT, DROOG TE OOGSTEN ERWTEN, HOUTIGE BEPLANTING, aardappel, aardbei, doperwt, engels raaigras, hardzwenkgras, prei, roodzwenkgras, suikerbiet, veldbeemdgras, winterkoolzaad

rimsulfuron
Chemische groep:
Bestrijdingsmiddelengroep: herbicide
Werkingsmechanisme: remming aminozuursynthese (ALS), bladwerking, systemisch
Merken: Titus
Toelating in/voor: aardappel, mais, raketblad

silthiofam
Chemische groep: chlooracetamiden
Bestrijdingsmiddelengroep: fungicide
Werkingsmechanisme:
Merken: Latitude
Toelating in/voor: wintergerst, wintertarwe, zomertarwe

S-metolachloor
Chemische groep: chlooracetamiden, triazinen
Bestrijdingsmiddelengroep: herbicide
Werkingsmechanisme: remming celdeling, remming VLCFAs
Merken: Dual Gold 960 EC
Toelating in/voor: aardbei, cichoreiwortel, lelie soorten, mais, sjalot, snijboon, sperzieboon, suikerbiet, tulp soorten, ui, witlof

S-metolachloor / terbuthylazine
Chemische groep: spinosynen
Bestrijdingsmiddelengroep: herbicide
Werkingsmechanisme: remming celdeling, remming VLCFAs, remming fotosynthese a
Merken: Gardo Old
Toelating in/voor: mais

spinosad
Chemische groep: tetroniczuren
Bestrijdingsmiddelengroep: insecticide
Werkingsmechanisme: overactivering van acethylcholinereceptoren, contact- en maagwerking
Merken: Conserve, Tracer
Toelating in/voor: ANDIJVIE-ACHTIGEN BEDEKT, BLOEMISTERIJGEWASSEN BEDEKT, KRUIDEN BEDEKT, VASTE PLANTEN BEDEKT, aardbei, amsoi, asperge, aubergine, augurk, bindsla, bloemkool, broccoli, chinese kool, courgette, ijsbergsla, komkommer, koolraap, koolrabi, kropsla, krulsla, meloen, paksoi, paprika, pompoen, prei, rode kool, rucola, savooiekool, sjalot, spaanse peper, spitskool, spruitkool, tomaat, tuinkers, ui, veldsla, watermeloen, witte kool

spirodiclofen
Chemische groep: tetroniczuren
Bestrijdingsmiddelengroep: insecticide
Werkingsmechanisme: niet volledig bekend, beïnvloeding cholesterol biosynthese, verstoring groei
Merken: Envidor
Toelating in/voor: AARDBEI, BLOEMISTERIJGEWASSEN BEDEKT, BLOEMISTERIJGEWASSEN ONBEDEKT, BOOMKWEKERIJGEWASSEN BEDEKT, BOOMKWEKERIJGEWASSEN ONBEDEKT, OPENBAAR GROEN, VASTE PLANTEN BEDEKT, VASTE PLANTEN ONBEDEKT, appel, peer

spiromesifen
Chemische groep: groep (nog) niet vastgesteld
Bestrijdingsmiddelengroep: acaricide, insecticide
Werkingsmechanisme: niet volledig bekend, verstoring lipiden biosyntese, groei en vruchtbaarheid, niet-systemisch
Merken: Oberon
Toelating in/voor: BLOEMISTERIJGEWASSEN BEDEKT, aardbei, aubergine, augurk, courgette, kalebas, komkommer, meloen, paprika, patisson, pompoen, pronkboon, snijboon, spaanse peper, sperzieboon, squash, tomaat

spirotetramat
Chemische groep: bacterie
Bestrijdingsmiddelengroep: insecticide
Werkingsmechanisme: verstoort de biosynthese van vet
Merken: Movento
Toelating in/voor: BOOMKWEKERIJGEWASSEN ONBEDEKT, VASTE PLANTEN ONBEDEKT, amsoi, andijvie, andijvie krulandijvie, appel, bindsla, bloemkool, boerenkool, broccoli, chinese kool, ijsbergsla, koolrabi, kropsla, krulsla, paksoi, peer, pruim, rode kool, savooiekool, spitskool, spruitkool, witte kool, zoete kers, zure kers

Streptomyces griseoviridis k61 isolate
Chemische groep: triketone verbindingen
Bestrijdingsmiddelengroep: fungicide
Werkingsmechanisme: biologisch fungicide, o.a. concurrentie om voedsel en ruimte
Merken: Mycostop
Toelating in/voor: BLOEMEN ZAAD UITGANGSMATERIAAL, GROENTEGEWASSEN ZAAD UITGANGSMATERIAAL, anjer, cyclamen, cyclamen soorten, gerbera, komkommer, paprika, tomaat

sulcotrion
Chemische groep: triazolen
Bestrijdingsmiddelengroep: herbicide
Werkingsmechanisme: remming caroteenbiosynthese, bladwerking
Merken: Mikado
Toelating in/voor: mais

tebuconazool
Chemische groep: dimethyldithiocarbamaten, triazolen
Bestrijdingsmiddelengroep: fungicide
Werkingsmechanisme: remming ergosterol biosynthese
Merken: Folicur, Folicur SC, Horizon, Pokon Schimmel Stop, Rosacur, Rosacur Pro, Rosacur Spray
Toelating in/voor: BLOEMBOL- EN BLOEMKNOLGEWASSEN BEDEKT, BLOEMBOL- EN BLOEMKNOLGEWASSEN ONBEDEKT, BOLBLOEMEN EN KNOLBLOEMEN BEDEKT, BOLBLOEMEN EN KNOLBLOEMEN ONBEDEKT, BOOMKWEKERIJGEWASSEN BEDEKT, BOOMKWEKERIJGEWASSEN GRONDGEBONDEN ONBEDEKT, BOOMKWEKERIJGEWASSEN ONBEDEKT, KAMER- EN KUIPPLANTEN, SIERTUIN, SIERTUIN ONBEDEKT, VASTE PLANTEN BEDEKT, VASTE PLANTEN GRONDGEBONDEN ONBEDEKT, VASTE PLANTEN ONBEDEKT, appel, bloemkool, broccoli, peen, peer, prei, pruim, rode kool, savooiekool, spitskool, spruitkool, winterkoolzaad, witte kool, zoete kers, zomerkoolzaad, zure kers

tebuconazool / thiram
Chemische groep: triazolen
Bestrijdingsmiddelengroep: fungicide
Werkingsmechanisme: multi-site' remmer, preventief, niet-systemisch, remming ergosterol biosynthese
Merken: Raxil T
Toelating in/voor: wintergerst, wintertarwe, zomergerst, zomertarwe

tebuconazool / triadimenol
Chemische groep: strobilurinen, triazolen
Bestrijdingsmiddelengroep: fungicide
Werkingsmechanisme: remming ergosterol biosynthese
Merken: Matador
Toelating in/voor: GRASZAAD, wintertarwe, zomertarwe

tebuconazool / trifloxystrobin
Chemische groep: METI acariciden

Bestrijdingsmiddelengroep: fungicide
Werkingsmechanisme: beïnvloeding mitochondriale ademhaling, remming myceliumgroei en sporulatie, remming ergosterol biosynthese
Merken: Nativo, TWIST PLUS SPRAY
Toelating in/voor: KAMER- EN KUIPPLANTEN, SIERTUIN, SIERTUIN ONBEDEKT, bloemkool, broccoli, peen, prei, rode kool, savooiekool, spitskool, spruitkool, witte kool

tebufenpyrad
Chemische groep: benzoylureum verbindingen
Bestrijdingsmiddelengroep: acaricide
Werkingsmechanisme: blokkering mitochondriale ademhaling, contact- en maagwerking, niet-systemisch
Merken: Masai, Masai 25 WG
Toelating in/voor: BLOEMISTERIJGEWASSEN BEDEKT, BOOMKWEKERIJGEWASSEN BEDEKT, BOOMKWEKERIJGEWASSEN ONBEDEKT, KAMER- EN KUIPPLANTEN, SIERTUIN ONBEDEKT, appel, peer

teflubenzuron
Chemische groep: pyrethroiden en pyrethrinen
Bestrijdingsmiddelengroep: insecticide
Werkingsmechanisme: remming chitinesynthese, systemisch
Merken: Nomolt
Toelating in/voor: BLOEMISTERIJGEWASSEN NIET GRONDGEBONDEN BEDEKT, BOOMKWEKERIJGEWASSEN NIET GRONDGEBONDEN BEDEKT, aubergine, augurk, courgette, komkommer, meloen, tomaat

tefluthrin
Chemische groep: groep (nog) niet vastgesteld
Bestrijdingsmiddelengroep: insecticide
Werkingsmechanisme: neurotoxine, contact- en maagwerking, niet-systemisch
Merken: Force
Toelating in/voor: LAND- EN TUINBOUWGEWASSEN ZAAIZAAD, land- en tuinbouwgewassen, suikerbiet

tembotrione
Chemische groep: cyclohexanedione oximen
Bestrijdingsmiddelengroep: herbicide
Werkingsmechanisme:
Merken: Laudis
Toelating in/voor: mais

tepraloxydim
Chemische groep: benzimidazolen
Bestrijdingsmiddelengroep: herbicide
Werkingsmechanisme: remming vetzuursynthese (ACCase), bladwerking
Merken: Aramo, Gras-Weg
Toelating in/voor: BLOEMISTERIJGEWASSEN ONBEDEKT, BOOMKWEKERIJGEWASSEN ONBEDEKT, DROOG TE OOGSTEN ERWTEN, HOUTIGE BEPLANTING, VASTE PLANTEN ONBEDEKT, VELDBONEN, aardappel, bloemkool, boerenkool, broccoli, doperwt, droge erwt, gladiool soorten, hyacint, narcis soorten, peen, prei, rode kool, savooiekool, sjalot, spitskool, suikerbiet, tulp soorten, ui, vlas, witte kool

thiabendazool
Chemische groep: neonicotinoiden
Bestrijdingsmiddelengroep: fungicide
Werkingsmechanisme: remming celdeling, preventief en curatief, systemisch
Merken: Tecto 500 SC
Toelating in/voor: aardappel, witlof

thiacloprid
Chemische groep: neonicotinoiden
Bestrijdingsmiddelengroep: insecticide
Werkingsmechanisme: contact- en maagwerking (interferentie met nicotinergic acetylcholine receptor)
Merken: Calypso, Calypso Pro, Calypso Spray, Calypso Vloeibaar, Exemptor
Toelating in/voor: BLOEMBOL- EN BLOEMKNOLGEWASSEN BEDEKT, BLOEMBOL- EN BLOEMKNOLGEWASSEN ONBEDEKT, BLOEMISTERIJGEWASSEN BEDEKT, BLOEMIS-

TERIJGEWASSEN NIET GRONDGEBONDEN BEDEKT, BLOEMISTERIJGEWASSEN NIET GRONDGEBONDEN ONBEDEKT, BLOEMISTERIJGEWASSEN ONBEDEKT, BOLBLOEMEN EN KNOLBLOEMEN BEDEKT, BOLBLOEMEN EN KNOLBLOEMEN ONBEDEKT, BOOMKWEKERIJGEWASSEN BEDEKT, BOOMKWEKERIJGEWASSEN NIET GRONDGEBONDEN BEDEKT, BOOMKWEKERIJGEWASSEN NIET GRONDGEBONDEN ONBEDEKT, BOOMKWEKERIJGEWASSEN ONBEDEKT, KAMER- EN KUIPPLANTEN, OPENBAAR GROEN, SIERTUIN, SIERTUIN ONBEDEKT, VASTE PLANTEN BEDEKT, VASTE PLANTEN NIET GRONDGEBONDEN BEDEKT, VASTE PLANTEN NIET GRONDGEBONDEN ONBEDEKT, VASTE PLANTEN ONBEDEKT, aardappel, aardbei, appel, aubergine, augurk, blauwe bes, braam, courgette, framboos, hennep, komkommer, kroot, kruisbes, loganbes, paprika, patisson, peer, pruim, rode of witte bes, spaanse peper, suikerbiet, taybes, tomaat, zoete kers, zure kers, zwarte bes

thiamethoxam
Chemische groep: thiofanaten
Bestrijdingsmiddelengroep: insecticide
Werkingsmechanisme: blokkering acetylcholinereceptoren, contact- en maagwerking, systemisch
Merken: Actara, Axoris Quick-Gran, Axoris Quick-Sticks, Cruiser 350 FS, Cruiser 600 FS, Cruiser 70 WS
Toelating in/voor: BLOEMBOLLEN EN BLOEMKNOLLEN BEDEKT, BLOEMISTERIJGEWASSEN BEDEKT, BLOEMISTERIJGEWASSEN ONBEDEKT, BOLBLOEMEN EN KNOLBLOEMEN BEDEKT, BOOMKWEKERIJGEWASSEN BEDEKT, BOOMKWEKERIJGEWASSEN ONBEDEKT, KAMER- EN KUIPPLANTEN, VASTE PLANTEN BEDEKT, VASTE PLANTEN ONBEDEKT, aardappel, andijvie, asperge-erwt, bindsla, bloemkool, boerenkool, broccoli, chinese kool, doperwt, droge erwt, ijsbergsla, kropsla, krulsla, land- en tuinbouwgewassen, mais, peul, rode kool, savooiekool, spitskool, spruitkool, suikerbiet, witte kool

thiofanaat-methyl
Chemische groep: dimethyldithiocarbamaten
Bestrijdingsmiddelengroep: fungicide
Werkingsmechanisme: remming beta-tubulin synthese, preventief en curatief, systemisch
Merken: Topsin M Vloeibaar
Toelating in/voor: BLOEMBOLLEN BOL/KNOL/WORTELSTOK UITGANGSMATERIAAL, BLOEMISTERIJGEWASSEN BEDEKT, SIERGEWASSEN, bosrank soorten, cyclamen, land- en tuinbouwgewassen, meloen, prei, sjalot, ui, wintertarwe, zomertarwe

thiram
Chemische groep: aromatische koolwaterstoffen
Bestrijdingsmiddelengroep: fungicide
Werkingsmechanisme: 'multi-site' remmer, preventief, niet-systemisch
Merken: Hermosan 80 WG, Proseed, Thiram Granuflo
Toelating in/voor: AARDBEI, BLOEMBOL- EN BLOEMKNOLGEWASSEN BEDEKT, BLOEMBOL- EN BLOEMKNOLGEWASSEN ONBEDEKT, BLOEMEN ZAAD UITGANGSMATERIAAL, BLOEMISTERIJGEWASSEN BEDEKT, BLOEMISTERIJGEWASSEN ONBEDEKT, BOOMKWEKERIJGEWASSEN BEDEKT, BOOMKWEKERIJGEWASSEN ONBEDEKT, LAANBOMEN ONBEDEKT, VASTE PLANTEN BEDEKT, VASTE PLANTEN ONBEDEKT, amsoi, andijvie, andijvie krulandijvie, appel, asperge, aubergine, augurk, bindsla, bladselderij, blauwmaanzaad, bleekselderij, bloemkool, boerenkool, broccoli, chinese broccoli, chinese kool, courgette, doperwt, droge boon, droge erwt, echte karwij, echte kervel, gewone zonnebloem, grassen, grote schorseneer, hennep, ijsbergsla, kanariegras, klaver soorten, knoflook, knolselderij, komkommer, koolraap, koolrabi, kouseband, kroot, kropsla, krulsla, land- en tuinbouwgewassen, lupine soorten, luzerne, mais, meloen, paksoi, paprika, pastinaak, peen, peer, perzik, peterselie soorten, peul, postelein, prei, pronkboon, radijs, rammenas, rode kool, savooiekool, snijbiet, snijboon, spaanse peper, sperzieboon, spinazie, spitskool, spruitkool, stoppelknol, suikerbiet, tomaat, tuinboon/veldboon, ui, ui stengelui, veldsla, venkel, vlas, watermeloen, wikke soorten, winterkoolzaad, winterrogge, witlof, witte kool, zomerkoolzaad, zomerrogge

tolclofos-methyl
Chemische groep: groep (nog) niet vastgesteld
Bestrijdingsmiddelengroep: fungicide
Werkingsmechanisme: remming fosfolipide biosynthese, preventief en curatief, niet-systemisch
Merken: Rizolex Vloeibaar

Toelating in/voor: BLOEMBOL- EN BLOEMKNOLGEWASSEN BEDEKT, BLOEMISTERIJGEWASSEN BEDEKT, bindsla, bloemkool, boerenkool, broccoli, chinese kool, ijsbergsla, koolrabi, kropsla, krulsla, radijs, rode kool, savooiekool, spitskool, spruitkool, witte kool

topramezone
Chemische groep: triazolen
Bestrijdingsmiddelengroep: herbicide
Werkingsmechanisme:
Merken: Clio
Toelating in/voor: mais

triadimenol
Chemische groep: thiocarbamaten
Bestrijdingsmiddelengroep: fungicide
Werkingsmechanisme: remming ergosterol biosynthese
Merken: EXACT SC, Exact-Vloeibaar
Toelating in/voor: SIERTUIN BEDEKT, SIERTUIN ONBEDEKT, appel, druif soorten

tri-allaat
Chemische groep: schimmel
Bestrijdingsmiddelengroep: herbicide
Werkingsmechanisme: remming vetzuursynthese, bodemwerking
Merken: Avadex BW
Toelating in/voor: suikerbiet

Trichoderma harzianum rifai stam t-22
Chemische groep: pyridinecarboxylic zuur
Bestrijdingsmiddelengroep: groeiregulator
Werkingsmechanisme: biologisch fungicide, concureert om voedsel en ruimte, parasiteert hyphen van plantpathogene schimmels
Merken: Trianum-G, Trianum-P
Toelating in/voor: AARDBEI, BESSEN, GRASVEGETATIE OPENBAAR GROEN, GROENTEGEWASSEN, KRUIDEN, OVERIG FRUIT, SIERGEWASSEN, grassen

triclopyr
Chemische groep: strobilurinen
Bestrijdingsmiddelengroep: groeiregulator, herbicide
Werkingsmechanisme: verstoring groeistofbalans
Merken: Garlon 4 E, Topper, Tribel 480 EC
Toelating in/voor: BOSBOUW, HOOI EN MAAIGRASLAND, HOUTIGE BEPLANTING, KRUIDACHTIGE BEPLANTING, WINDSCHERMEN, appel, iep soorten, peer

trifloxystrobin
Chemische groep: imidazolen
Bestrijdingsmiddelengroep: fungicide
Werkingsmechanisme: beïnvloeding mitochondriale ademhaling, remming myceliumgroei en sporulatie
Merken: Flint, Twist
Toelating in/voor: BLOEMBOL- EN BLOEMKNOLGEWASSEN BEDEKT, BLOEMBOL- EN BLOEMKNOLGEWASSEN ONBEDEKT, BLOEMISTERIJGEWASSEN BEDEKT, BLOEMISTERIJGEWASSEN ONBEDEKT, BOLBLOEMEN EN KNOLBLOEMEN BEDEKT, BOLBLOEMEN EN KNOLBLOEMEN ONBEDEKT, BOOMKWEKERIJGEWASSEN BEDEKT, BOOMKWEKERIJGEWASSEN ONBEDEKT, KRUIDEN BEDEKT, KRUIDEN ONBEDEKT, VASTE PLANTEN BEDEKT, VASTE PLANTEN ONBEDEKT, aardbei, andijvie, appel, augurk, bindsla, blauwe bes, bleekselderij, bloemkool, broccoli, cichoreiwortel, courgette, druif soorten, fleskalebas, ijsbergsla, kalebas, knolselderij, komkommer, koolgewassen, korte kouseband, kouseband, kropsla, krulsla, meloen, paprika, patisson, peen, peer, pompoen, prei, pronkboon, rode kool, roos soorten, savooiekool, slangkalebas soorten, snijboon, spaanse peper, sperzieboon, spitskool, spruitkool, squash, tomaat, wintergerst, wintertarwe, witlof, witte kool, zoete kers, zomergerst, zomertarwe, zure kers

triflumizool
Chemische groep: sulfonylureum verbindingen
Bestrijdingsmiddelengroep: fungicide
Werkingsmechanisme: remming ergosterol biosynthese
Merken: Rocket EC

Toelating in/voor: BLOEMISTERIJGEWASSEN NIET GRONDGEBONDEN BEDEKT, courgette, komkommer, tomaat

triflusulfuron-methyl
Chemische groep: cyclohexaancarbonzuren
Bestrijdingsmiddelengroep: herbicide
Werkingsmechanisme: remming aminozuursynthese (ALS), bladwerking
Merken: Safari
Toelating in/voor: cichoreiwortel, suikerbiet, witlof

trinexapac-ethyl
Chemische groep: sulfonylureum verbindingen
Bestrijdingsmiddelengroep: groeiregulator
Werkingsmechanisme: groeiremming, remming enzym bij gibberellinezuur synthese (GA1)
Merken: Moddus 250 EC, Primo Maxx, Scitec
Toelating in/voor: GRASZAAD, grassen, haver, spelt, triticale soorten, wintergerst, winterkoolzaad, winterrogge, wintertarwe, zomergerst, zomertarwe

tritosulfuron
Chemische groep: schimmel
Bestrijdingsmiddelengroep: herbicide
Werkingsmechanisme:
Merken: Biathlon
Toelating in/voor: HAVER, mais, spelt, triticale soorten, wintergerst, winterrogge, wintertarwe, zomergerst, zomertarwe

Verticillium albo-atrum stam wcs850
Chemische groep: anorganische verbindingen
Bestrijdingsmiddelengroep: fungicide
Werkingsmechanisme:
Merken: Dutch Trig
Toelating in/voor: iep soorten

zilverthiosulfaat
Chemische groep: anorganische verbindingen
Bestrijdingsmiddelengroep: groeiregulator
Werkingsmechanisme:
Merken: Chrysal AVB, Florever, Florissant 100
Toelating in/voor: SNIJBLOEMEN BLOEM EINDPRODUCT

zwavel
Chemische groep:
Bestrijdingsmiddelengroep: acaricide, fungicide
Werkingsmechanisme: 'multi-site' remmer, remming ademhaling, preventief, contact- en dampwerking, niet-systemisch
Merken: Brabant Spuitzwavel 2, Kumulus S, Luxan Spuitzwavel, Microsulfo, Sulfus, Thiovit Jet
Toelating in/voor: AARDBEI, BESSEN, BLOEMISTERIJGEWASSEN BEDEKT, BLOEMISTERIJGEWASSEN ONBEDEKT, BOOMKWEKERIJGEWASSEN BEDEKT, BOOMKWEKERIJGEWASSEN ONBEDEKT, SIERGEWASSEN, SIERTUIN, SIERTUIN ONBEDEKT, TARWE, VASTE PLANTEN BEDEKT, VASTE PLANTEN ONBEDEKT, aardbei, appel, braam, druif soorten, grote schorseneer, kruisbes, peer, perzik, pruim, rode of witte bes, zoete kers, zure kers, zwarte bes

1.4 Indeling van werkzame stoffen naar bestrijdings-middelengroep en chemische/biologische eigenschappen

In de volgende paragraaf zijn de werkzame stoffen van de toegelaten gewasbeschermingsmiddelen onderverdeeld naar hun werking, dus naar de groepen van aantasters die ze bestrijden (bijvoorbeeld acariciden ter bestrijding van mijten) of naar andere teeltproblemen (bijvoorbeeld doodspuitmiddelen voor loofdoding).

Niet opgenomen zijn de werkzame stoffen voor niet-landbouwtoepassingen (biociden), zoals huishoud-middelen, desinfectantia en voorraadbescherming. De werkzame stoffen zijn onderverdeeld op basis van hun chemische of biologische kenmerken (bijvoorbeeld fenoxyazijnzuren). Deze groepen staan op alfabetische volgorde gerangschikt. Als een werkzame stof niet tot een specifieke chemische groep behoort, of als de chemische groep nog niet bekend is, valt deze onder het kopje "diversen".

1.4 Chemische en biologische indeling

1.4.1 Werkzame stoffen voor bestrijding van mijten: acariciden

anorganische verbindingen
zwavel

avermectinen
abamectin
milbemectin

benzoylureum verbindingen
diflubenzuron

blokkering groei mijten
clofentezin
etoxazool
hexythiazox

carbamaten
bifenazaat

diversen
minerale olie

groep (nog) niet vastgesteld
acequinocyl
cyflumetofen

METI acariciden
pyridaben
tebufenpyrad

organische fosfor verbindingen
dimethoaat
pirimifos-methyl

organische tin verbindingen
fenbutatinoxide

plantaardige extracten
azadirachtin

tetroniczuren
spiromesifen

1.4.2 Werkzame stoffen voor bestrijding van groene aanslag: algiciden

chinoline carbonzuren
quinoclamine

groep (nog) niet vastgesteld
perazijnzuur

quaternaire ammonium
didecyldimethylammoniumchloride
quaternaire ammonium verbindingen, benzyl-c8-18-al

1.4.3 Werkzame stoffen voor bestrijding van bacteriën: bactericiden

diversen
aluminiumsulfaat

groep (nog) niet vastgesteld
laminarin

quaternaire ammonium
quaternaire ammonium verbindingen, benzyl-c8-18-al

1.4.4 Werkzame stoffen van desinfecterende middelen

diversen
glutaaraldehyde
waterstofperoxide

groep (nog) niet vastgesteld
benzoezuur
bronopol

natrium-p-tolueensulfonchloramide
perazijnzuur

pyrethroiden en pyrethrinen
2-propanol

quaternaire ammonium
didecyldimethylammoniumchloride
quaternaire ammonium verbindingen, benzyl-c8-18-al

triazolen
propiconazool

1.4.5 Werkzame stoffen voor loofdoding: doodspuitmiddelen

bipyridylium verbindingen
diquat-dibromide

fosfinzuren
glufosinaat-ammonium

glycine verbindingen
glyfosaat

triazolinonen
carfentrazone-ethyl

1.4.6 Werkzame stoffen voor bestrijding van schimmels: fungiciden

acylalaninen
metalaxyl-M

aminozuur amide carbomaten
benthiavalicarb-isopropyl

anilinopyrimidinen
cyprodinil
mepanipyrim
pyrimethanil

anorganische verbindingen
zwavel

aromatische koolwaterstoffen
etridiazool
tolclofos-methyl

benzamiden
fluopicolide
zoxamide

benzimidazolen
thiabendazool

benzofenonen
metrafenon

carbamaten
propamocarb-hydrochloride

carboxamiden
flutolanil

chinon verbindingen
dithianon

chloornitrilen
chloorthalonil

cinnamic zuur amiden
dimethomorf

cyanoacetamideoximen
cymoxanil

cyanoimidazolen
cyazofamide

dicarboximiden
iprodion

dimethyldithiocarbamaten
thiram

dinitroanilinen
fluazinam

dithiocarbamaten (MIT genererende verbinding)
metam-natrium

dithiocarbamaten en verwante verbindingen
mancozeb
maneb
metiram

diversen
waterstofperoxide

fenylpyrrolen
fludioxonil

fenylureum verbindingen
pencycuron

fosfonaten
fosetyl
fosetyl-aluminium

ftalimiden
captan
folpet

groep (nog) niet vastgesteld
ametoctradin
amisulbrom
ascorbinezuur
calcium(poly)sulfide
kaliumjodide
kaliumthiocyanaat
laminarin

guanidinen
dodine

hetero aroma verbindingen
hymexazool

hydroxyanilide verbindingen
fenhexamide

imidazolen
imazalil
prochloraz
triflumizool

mandelamiden
mandipropamid

morfolinen
dodemorf
fenpropidin
fenpropimorf

neonicotinoiden
imidacloprid

pyrazool verbindingen
isopyrazam

pyridinecarboxamiden
boscalid

pyrimidinolen
bupirimaat

quaternaire ammonium
quaternaire ammonium verbindingen, benzyl-c8-18-al

strobilurinen
azoxystrobin
trifloxystrobin

strobilurinen dihydrodioxazinen
fluoxastrobin

strobilurinen imidazolinonen
fenamidone

strobilurinen methoxycarbamaten
picoxystrobin
pyraclostrobin

strobilurinen oxazolidinedione
famoxadone

strobilurinen oximinoacetaten
kresoxim-methyl

thiofanaten
thiofanaat-methyl

triazolen
bitertanol
cyproconazool
difenoconazool
epoxiconazool
metconazool
penconazool
propiconazool
prothioconazool
tebuconazool
triadimenol

1.4.7 Werkzame stoffen voor groeiregulatie: groeiregulatoren

anorganische verbindingen
zilverthiosulfaat

auxinen
indolylazijnzuur
indolylboterzuur

cyclohexaancarbonzuren
trinexapac-ethyl

cytokininen
6-benzyladenine

diversen
benzyladenine

ethyleen producent
ethefon

gibberellinen
gibbereline
gibberelline A4 + A7
gibberellinezuur

groep (nog) niet vastgesteld
1-methylcyclopropeen
prohexadione-calcium

hydraziden
daminozide

pyridazinen
maleine hydrazide

pyridinecarboxylic zuur
triclopyr

quaternaire ammonium
chloormequat

synthetische auxinen
1-naftylazijnzuur

triazolen
paclobutrazol

1.4.8 Werkzame stoffen voor bestrijding van onkruiden: herbiciden

anorganische verbindingen
ijzer(II)sulfaat

aryloxyfenoxypropionaten
clodinafop-propargyl
fenoxaprop-P-ethyl
fluazifop-P-butyl
quizalofop-P-ethyl

benzamiden
propyzamide

benzoezuren
dicamba

benzofuranen
ethofumesaat

benzothiadiazinonen
bentazon

bipyridylium verbindingen
diquat-dibromide

carbamaten
asulam
carbetamide
chloorprofam

chinoline carbonzuren
quinmerac

chlooracetamiden
dimethenamide-P
metazachloor
S-metolachloor

cyclohexanedione oximen
cycloxydim
tepraloxydim

difenylethers
aclonifen
bifenox

dinitroanilinen
pendimethalin

dithiocarbamaten (MIT genererende verbinding)
metam-natrium

diversen
formaldehyde

fenoxycarboxyliczuren
2,4-D
2,4-DB
MCPA
mecoprop-P

fenylcarbamaten
desmedifam
fenmedifam

fenylpyrazolen
pyraflufen-ethyl

fenylpyrazolinen
pinoxaden

fenylpyridazinen
pyridaat

fosfinzuren
glufosinaat-ammonium

glycine verbindingen
glyfosaat

groep (nog) niet vastgesteld
alkylamine ethoxylaat
decaanzuur
mefenpyr-diethyl
nonaanzuur
tembotrione
topramezone

hydroxybenzonitrilen
bromoxynil
ioxynil

isoxazolen
isoxaflutool

isoxazolidinone verbindingen
clomazone

N-fenylftalimiden
cinidon-ethyl
flumioxazin

pyridazinen
maleine hydrazide

pyridazinonen
chloridazon

pyridinecarboxamiden
diflufenican

pyridinecarboxylic zuur
clopyralid
fluroxypyr
triclopyr

quaternaire ammonium
quaternaire ammonium verbindingen, benzyl-c8-18-al

sulfonylureum verbindingen
amidosulfuron
foramsulfuron
iodosulfuron-methyl-natrium
mesosulfuron-methyl
metsulfuron-methyl
nicosulfuron
rimsulfuron
triflusulfuron-methyl
tritosulfuron

thiocarbamaten
prosulfocarb
tri-allaat

triazinen
tembotrione

triazinonen
metamitron
metribuzin

triazolen
amitrol

triazolinonen
carfentrazone-ethyl

triazolopyrimidinen
florasulam
pyroxsulam

triketone verbindingen
mesotrione
sulcotrion

ureum verbindingen
isoproturon
linuron

1.4.9 Werkzame stoffen voor bestrijding van insecten: insecticiden

anorganische verbindingen
zwavel

avermectinen
abamectin
emamectin benzoaat
milbemectin

benzoylureum verbindingen
diflubenzuron
lufenuron
teflubenzuron

carbamaten
methiocarb
methomyl
oxamyl
pirimicarb

diacylhydrazinen
methoxyfenozide

dimethyldithiocarbamaten
thiram

diversen
minerale olie
piperonylbutoxide

fenoxycarboxyliczuren
2,4-D

fenylpyrazolen
fipronil

fenylureum verbindingen
pencycuron

feromonen
(Z)-11-tetradecenyl-acetaat
codlemon

fosforwaterstof genererende verbindingen
aluminiumfosfide
magnesiumfosfide

groep (nog) niet vastgesteld
flonicamid
flubendiamide
methylbromide
pyridalyl
spirotetramat

juveniel hormoon mimeticum
fenoxycarb
pyriproxyfen

METI acariciden
pyridaben

neonicotinoiden
acetamiprid
clothianidine
imidacloprid
thiacloprid
thiamethoxam

organische fosfor verbindingen
chloorpyrifos
dichloorvos
dimethoaat
ethoprofos
fosthiazaat
malathion
pirimifos-methyl

oxadiazinen
indoxacarb

plantaardige extracten
azadirachtin
koolzaadolie

pymetrozinen
pymetrozine

pyrethroiden en pyrethrinen
2-propanol
beta-cyfluthrin
cyfluthrin
cypermethrin
deltamethrin
esfenvaleraat
lambda-cyhalothrin
pyrethrinen
tefluthrin

quaternaire ammonium
didecyldimethylammoniumchloride

spinosynen
spinosad

tetroniczuren
spirodiclofen
spiromesifen

thiadiazinen
buprofezin

thiofanaten
thiofanaat-methyl

triazinen
cyromazin

1.4.10 Werkzame stoffen voor kiemremming bij aardappelen

carbamaten
chloorprofam

groep (nog) niet vastgesteld
d-karvon
ethyleen

plantaardige extracten
d-karvon

pyridazinen
maleine hydrazide

1.4.11 Werkzame stoffen voor bestrijding van slakken: mollusciciden

anorganische verbindingen
ijzer(III)fosfaat

carbamaten
methiocarb

diversen
metaldehyde

1.4.12 Werkzame stoffen voor bestrijding van aaltjes: nematiciden

carbamaten
oxamyl

dithiocarbamaten (MIT genererende verbinding)
metam-natrium

organische fosfor verbindingen
ethoprofos
fosthiazaat

1.4.13 Werkzame stoffen voor bestrijding van ratten en muizen: rodenticiden

coumarine verbindingen
bromadiolon

fosforwaterstof genererende verbindingen
aluminiumfosfide
magnesiumfosfide

1.4.14 Werkzame stoffen voor bestrijding van mollen: talpiciden

anorganische verbindingen
ijzer(III)fosfaat

fosforwaterstof genererende verbindingen
aluminiumfosfide
magnesiumfosfide

1.4.15 Werkzame stoffen voor bestrijding van virussen: viruciden

diversen
minerale olie

1.4.16 Werkzame stoffen voor bestrijding van vogels: vogelafweermiddelen

carbamaten
methiocarb

1.4.17 Werkzame stoffen voor bestrijding van wild: wildafweermiddelen

groep (nog) niet vastgesteld
kwartszand

1.4.18 Werkzame stoffen voor zaaizaadbehandeling

acylalaninen
metalaxyl-M

carbamaten
methiocarb

dicarboximiden
iprodion

dimethyldithiocarbamaten
thiram

fenylpyrazolen
fipronil

fenylpyrrolen
fludioxonil

hetero aroma verbindingen
hymexazool

imidazolen
prochloraz

neonicotinoiden
clothianidine
imidacloprid
thiamethoxam

organische fosfor verbindingen
chloorpyrifos
pirimifos-methyl

pyrethroiden en pyrethrinen
deltamethrin
tefluthrin

thiofanaten
thiofanaat-methyl

triazolen
prothioconazool

1.4.18 Werkzame stoffen voor zaaizaadbehandeling

2. Ziekten, plagen en teeltproblemen voorkomen en bestrijden

2.1 Inleiding

Dit hoofdstuk geeft in de diverse paragrafen een overzicht van de gewasbeschermingsmogelijkheden in de verschillende sectoren van de land- en tuinbouw en het openbaar en particulier groen. Per sector treft u een alfabetische opsomming aan van de gewassen die in Nederland geteeld worden met hun belangrijkste ziekten, plagen en teeltproblemen en de daarbij behorende maatregelen voor gewasbescherming. De maatregelen omvatten zowel cultuurmaatregelen als biologische- en chemische maatregelen. De chemische maatregelen zijn gebaseerd op de gebruiksaanwijzingen van de toelatingsbeschikkingen. Behalve de werkzame stoffen worden ook de namen van de middelen (merknamen) vermeld die voor de specifieke toepassingen zijn toegelaten. De merknamen staan in alfabetische volgorde.
Informatie over de toegelaten werkzame stoffen en merknamen van middelen kunt u vinden in hoofdstuk 1. De overzichten van veiligheidstermijnen voor toegelaten werkzame stoffen zijn per gewas opgenomen in hoofdstuk 4 "Veiligheidstermijnen en wachttijden".

2.2 Akkerbouw en grasland

Deze paragraaf geeft een overzicht van de ziekten, plagen en teeltproblemen die in de akkerbouw en in cultuurgrasland (hooi- en maaigrasland, te beweiden grasland) kunnen voorkomen evenals de preventie en bestrijding ervan.

Allereerst treft u de maatregelen voor de algemeen voorkomende ziekten, plagen en teeltproblemen van deze sector aan. De genoemde bestrijdingsmogelijkheden zijn toepasbaar voor de gehele teeltgroep. Vervolgens vindt u de maatregelen voor de specifieke ziekten, plagen en teeltproblemen gerangschikt per gewas. De bestrijdingsmogelijkheden omvatten cultuurmaatregelen, biologische en chemische maatregelen. Voor de chemische maatregelen staat de toepassingswijze vermeld, gevolgd door de werkzame stof en de merknamen van de daarvoor toegelaten middelen. Voor de exacte toepassing dient u de toelatingsbeschikking van het betreffende middel te raadplegen.

De overzichten van veiligheidstermijnen voor toegelaten werkzame stoffen zijn per gewas opgenomen in hoofdstuk 4.

2.2.1 Algemeen voorkomende ziekten, plagen en teeltproblemen

De hieronder genoemde ziekten en plagen komen voor in de verschillende gewassen van de teeltgroep akkerbouw en in grasland. De bestrijdingsmogelijkheden die toepasbaar zijn in de gehele teeltgroep akkerbouw en grasland worden in de eerste paragraaf genoemd. Raadpleeg voor de bestrijdingsmogelijkheden in specifieke gewassen de daaropvolgende paragraaf.

(AFGEDRAGEN) GEWAS, doodspuiten van
gewasbehandeling door spuiten
glyfosaat
    Panic Free, Roundup Force, Taifun 360
onkruidbehandeling door pleksgewijs spuiten
glyfosaat
    Panic Free, Roundup Force

AALTJES (nematoda)
- gereedschap en andere materialen schoonmaken en ontsmetten.
- grond en/of substraat stomen.
- grond inunderen, minimaal 6 weken bij destructor-, blad- en stengelaaltjes.
- indien beschikbaar, resistente of minder vatbare rassen telen.
- ruime vruchtwisseling toepassen.
signalering:
- grondonderzoek laten uitvoeren.

AALTJES bedrieglijk maiswortelknobbelaaltje *Meloidogyne fallax, maiswortelknobbelaaltje Meloidogyne chitwoodi*
DIT IS EEN QUARANTAINE-ORGANISME

AALTJES graswortelgalaaltje *Subanguina radicicola*
- bestrijding is doorgaans niet van belang.

AALTJES graswortelknobbelaaltje *Meloidogyne naasi*
- maïs als vanggewas telen.
- vruchtwisseling toepassen, niet te vaak granen of grassen telen.
- zwarte braak toepassen.

AALTJES havercysteaaltje *Heterodera avenae*
- grond ontsmetten ten behoeve van de bestrijding van de aardappelmoeheid is ook effectief tegen deze aaltjes.
- vruchtwisseling toepassen, niet te vaak granen telen.
- vruchtwisseling toepassen, niet te vaak grassen of rogge telen.

AALTJES noordelijk wortelknobbelaaltje *Meloidogyne hapla*
- ruime vruchtwisseling toepassen.

- zo laat mogelijk zaaien of planten.
- zwarte braak toepassen in de zomer.

AALTJES ovaal grascysteaaltje *Heterodera bifenestra, raaigrascysteaaltje Heterodera mani, struisgrascysteaaltje Punctodera punctata*
- vruchtwisseling toepassen, niet te vaak grassen telen.

AALTJES vrijlevende wortelaaltjes (trichododidae) *Helicotylenchus sp.*
- grond ontsmetten ten behoeve van de bestrijding van de aardappelmoeheid is ook effectief tegen deze aaltjes.

AARDVLOOIEN phyllotreta soorten *Phyllotreta sp.*
- gewasresten na de oogst onderploegen of verwijderen.
- onkruid bestrijden.
- voor goede groeiomstandigheden zorgen.

BACTERIEVERWELKINGSZIEKTE *Xanthomonas translucens pv. graminis*
- geen specifieke niet-chemische maatregel bekend.

BLADHAANTJES graanhaantje *Lema cyanella*
- stikstofbemesting matig toepassen.
signalering:
- bestrijding toepassen bij 50 procent halm bezetting.
gewasbehandeling door spuiten
cypermethrin
    Cyperkill 250 EC

BLADLUIZEN (Aphididae)
- bladluizen in akkerranden en wegbermen bestrijden.
- bomen en struiken die fungeren als winterwaard voor bladluizen niet in de omgeving van het bedrijf planten of de bladluizen op de winterwaard bestrijden.
- gewasresten na de oogst onderploegen of verwijderen.
- gezond uitgangsmateriaal gebruiken.
- spontane parasitering is mogelijk.
- vruchtwisseling toepassen.
signalering:
- gewasinspecties uitvoeren.
gewasbehandeling door spuiten
cypermethrin

Cyperkill 250 EC
deltamethrin
    Agrichem Deltamethrin, Deltamethrin E.C. 25, Splendid, Wopro Deltamethrin
esfenvaleraat
    Sumicidin Super
lambda-cyhalothrin
    Karate met Zeon Technologie
pirimicarb
    Agrichem Pirimicarb, Pirimor

BLADLUIZEN raaigrasluis *Metopolophium festucae*
- bestrijding is doorgaans niet van belang.

BLADVLEKKENZIEKTE *Drechslera poae, Pyrenophora lolii*
- voorjaarsaantasting beperken door maaien en afvoeren van gras in het najaar.

BLADWESPEN graanhalmwesp *Cephus pygmeus*
- bestrijding is doorgaans niet van belang.

BLINDE-ZADENZIEKTE *Gloeotinia temulenta*
- gezond uitgangsmateriaal gebruiken.
- 2 tot 3 cm diep zaaien, de vorming van peritheciën wordt hierdoor tegengegaan.
- besmet zaaizaad 2 uur in water van 45 graden Celsius dompelen en daarna drogen.

BRUINE-VLEKKENROEST *Puccinia brachypodii var. poae-nemoralis*
- minder vatbare rassen telen.
- na de oogst één of meerdere keren maaien.

DUIZENDPOTEN wortelduizendpoot soorten *Scutigerella sp.*
- grond droog en goed van structuur houden.
- verspreiding voorkomen door machines voor grondbewerking schoon te maken.
- voor voldoende diepe grondbewerking zorgen om bestaande gangen in de grond te verstoren.
signalering:
- door grond in een emmer water te doen komen de wortelduizendpoten boven drijven.

ECHTE MEELDAUW *Blumeria graminis*
- alleen bestrijden bij zwak ontwikkelde rassen die voor de eerste maal geoogst worden.
- bestrijding bij overjarige gewassen niet in het najaar uitvoeren.
- gras kort houden en niet te veel stikstof geven.
- stikstofbemesting matig toepassen, eventueel het gewas maaien.
gewasbehandeling door spuiten
fenpropimorf
    Corbel
propiconazool
    Tilt 250 EC

EMELTEN langpootmuggen (tipulidae), groentelangpootmug *Tipula oleracea*, weidelangpootmug *Tipula paludosa*
- grasland kort de winter in laten gaan, het wordt daardoor minder aantrekkelijk voor de langpootmuggen en de emelten drogen sneller uit.
- grond voor 1 augustus scheuren.
gewasbehandeling door strooien
imidacloprid
    Merit Turf

ENGERLINGEN bladsprietkever (scarabeidae)
gewasbehandeling door strooien
imidacloprid
    Merit Turf

FOSFORGEBREK
- alleen bij een zeer vroegtijdige onderkenning van fosfaatgebrek kan met een aanvullende (rijen)bemesting met mono-ammoniumfosfaat of trippelsuperfosfaat nog iets worden bereikt.
- voor een goede voedingstoestand van de grond zorgen.

FRITVLIEG *Oscinella frit*
- grasmat rollen ter bevordering van het uitstoelen.
- inzaaien in de tweede helft van september.
- meer risico bij gras of graan als voorvrucht.
- niet direct na een grondbewerking zaaien.
- zaaitijd aanpassen.

GELE BLADVLEKKENZIEKTE *Pyrenophora tritici-repentis*
- geen tarwe na tarwe telen.

GRAUWE SCHIMMEL *Botryotinia fuckeliana*
gewasbehandeling door spuiten
iprodion
    Rovral Aquaflo

GROEI, bevorderen van
- hogere fosfaatgift toepassen.
- hogere nachttemperatuur dan dagtemperatuur beperkt strekking.
- meer licht geeft compactere groei.
- veel water geven bevordert de celstrekking.

HALMVLIEGEN gele halmvlieg *Chlorops pumilionis*
- bestrijding is doorgaans niet van belang.

INSEKTEN (insecta)
zaadbehandeling door spuiten
pirimifos-methyl
    Actellic 50, Wopro Pirimiphos Methyl
zaadbehandeling door vernevelen
deltamethrin
    K-OBIOL ULV 6

KALIUMGEBREK
- tot begin juli met kalisulfaat (patentkali) bemesten.
- voor een goede kalitoestand van de grond of van het groeimedium zorgen, gecombineerd met een juiste bemesting.

KEVERS meikever soorten *Melolontha sp.*
gewasbehandeling door strooien
imidacloprid
    Merit Turf

KEVERS mestkever aphodius soorten *Aphodius sp.*
- bestrijding is doorgaans niet van belang.

KEVERS monnikskapkever *Rhyzopertha dominica*
zaadbehandeling door vernevelen
deltamethrin
    K-OBIOL ULV 6

KOPERGEBREK
- grond na de oogst met koperhoudende meststoffen bemesten.
- met een kopersulfaatoplossing spuiten. Bij hoge concentraties en/of vatbare gewassen spuitkalk toevoegen om verbranding te voorkomen.

KORRELMOT *Nemapogon granella*
zaadbehandeling door spuiten
pirimifos-methyl
    Actellic 50, Wopro Pirimiphos Methyl

KROONROEST *Puccinia coronata var. coronata*
- minder vatbare rassen telen.
- na de oogst één of meerdere keren maaien.
- stikstofbemesting evenwichtig verdelen over het seizoen.

LEGERING GEWAS, voorkomen van
gewasbehandeling door spuiten
trinexapac-ethyl
    Moddus 250 EC, Scitec

MAGNESIUMGEBREK
- akkerbouwgewassen en bloembollen op kleigronden niet bemesten, maar een bladbespuiting met meststof uitvoeren zodra zich gebrekverschijnselen voordoen.
- bij donker en groeizaam weer spuiten met magnesiumsulfaat, zo nodig herhalen.
- bladbemesting met een bitterzoutoplossing toepassen.
- bladbemesting toepassen.
- grondverbetering toepassen.
- pH verhogen.
- voor een goede voedingstoestand van de grond zorgen.

MANGAANGEBREK
- grondverbetering toepassen.
- mangaansulfaat spuiten, alleen bij donker en groeizaam weer.
- met een mangaan bevattend gewasbeschermingsmiddel spuiten werkt gunstig.
- pH verlagen.

MIJTEN (acari)
zaadbehandeling door spuiten
pirimifos-methyl
    Actellic 50, Wopro Pirimiphos Methyl

MINEERVLIEGEN graanmineervlieg *Hydrellia griseola*
- bestrijding is doorgaans niet van belang.
- stikstofbemesting matig toepassen.

MOEDERKOREN *Claviceps purpurea*
- gezond uitgangsmateriaal gebruiken.
- veldbeemd niet op besmette percelen telen.

MOLLEN *Talpa europaea*
- klemmen in gangen plaatsen, voornamelijk aan de rand van het perceel.
gangbehandeling met tabletten
aluminiumfosfide
    Luxan Mollentabletten
magnesiumfosfide
    Magtoxin WM

MOLYBDEENGEBREK
- pH verhogen. Indien nodig ook extra met fosfaat bemesten.
- plantbed of pootgrond voldoende bemesten met natrium- of ammoniummolybdaat.

MUIZEN (muridae)
- let op: diverse muizensoorten (onder andere veldmuis) zijn wettelijk beschermd.
- nestkasten voor de torenvalk plaatsen.
- onkruid in en om de kas bestrijden.
- slootkanten onderhouden.

PYTHIUM *pythiumsoorten Pythium sp.*
- hoog stikstofgehalte voorkomen.
- niet te vroeg zaaien.
- niet teveel water geven.

RHIZOCTONIA-ZIEKTE *Thanatephorus cucumeris*
- structuur van de grond verbeteren en voor voldoende bodemtemperatuur zorgen.

RITNAALDEN ritnaalden soorten *Agriotes sp.*
- ritnaalden vormen doorgaans geen probleem in grasland omdat ze in grasland leven van organisch materiaal.

ROUWVLIEGEN (bibionidae)
- grasmat aanrollen.
gewasbehandeling door spuiten
deltamethrin
    Decis Micro
esfenvaleraat
    Sumicidin Super

ROUWVLIEGEN kleine rouwvlieg *Dilophus febrilis*
gewasbehandeling door spuiten
deltamethrin
    Agrichem Deltamethrin, Deltamethrin E.C. 25, Splendid, Wopro Deltamethrin

RUPSEN crambusvlinder *Chrysoteuchia culmella*
- geen specifieke niet-chemische maatregel bekend.

RUPSEN graanmot *Sitotroga cerealella, RUPSEN* **meelmot** *Ephestia cautella*
zaadbehandeling door spuiten
pirimifos-methyl
    Actellic 50, Wopro Pirimiphos Methyl
zaadbehandeling door vernevelen
deltamethrin
    K-OBIOL ULV 6

RUPSEN halmrupsvlinder *Mesapamea secalis*
- grond zwart houden geruime tijd voor het zaaien van wintergranen.

RUPSEN hepialus soorten *Hepialus sp.*
- natuurlijke vijanden inzetten of stimuleren.
- spontane parasitering is mogelijk.

SCHAARDIGHEID complex non-parasitaire factoren
- bestrijding is doorgaans niet van belang.

SCHERPE-OOGVLEKKENZIEKTE *Rhizoctonia cerealis*
- geen specifieke niet-chemische maatregel bekend.

SCHIMMELS
- gezond uitgangsmateriaal gebruiken.
- vruchtwisseling toepassen.
- grond goed ontwateren.
- minder vatbare of resistente rassen telen.
- gewasresten verwijderen.
- aangetaste planten(delen) verwijderen en vernietigen.
- gereedschap en andere materialen schoonmaken en ontsmetten.

SCHIMMELS
gewasbehandeling door spuiten
picoxystrobin / waterstofperoxide
    Acanto

SCLEROTIËNROT *Sclerotinia minor*
grondbehandeling door spuiten en inwerken
Coniothyrium minitans stam con/m/91-8
    Contans WG

SCLEROTIËNROT *Sclerotinia sclerotiorum*
gewasbehandeling door spuiten
iprodion
    Rovral Aquaflo
grondbehandeling door spuiten en inwerken
Coniothyrium minitans stam con/m/91-8

Contans WG

SLAKKEN
- gewas- en stroresten verwijderen of zo snel mogelijk onder-werken.
- grond bij lage temperatuur bewerken waardoor slakken en eieren bevriezen.
- grond regelmatig bewerken. Hierdoor wordt de toplaag van de grond droger en is de kans op het verdrogen van eieren en slakken groter.
- grond zo vlak en fijn mogelijk houden.
- onkruid bestrijden.
- Phasmarhabditis hermaphrodita (parasitair aaltje) inzetten.
- schuilplaatsen verwijderen door het land schoon te houden.
- slootkanten onderhouden.

gewasbehandeling door strooien
ijzer(III)fosfaat
  Derrex, ECO-SLAK, Ferramol Ecostyle Slakkenkorrels, NEU 1181M, Sluxx, Smart Bayt Slakkenkorrels
grondbehandeling door strooien
metaldehyde
  Brabant Slakkendood, Caragoal GR

SNEEUWSCHIMMEL *Monographella nivalis*
gewasbehandeling door spuiten
boscalid / pyraclostrobin
  Signum

SNUITKEVERS bladrandkever *Sitona lineatus*
gewasbehandeling door spuiten
esfenvaleraat
  Sumicidin Super
lambda-cyhalothrin
  Karate met Zeon Technologie

SPRINGSTAARTEN (collembola)
- grond droog en goed van structuur houden.
- voor voldoende diepe grondbewerking zorgen om bestaande gangen in de grond te verstoren.
- verspreiding voorkomen door machines voor grondbewer-king schoon te maken.
- aangetaste planten(delen) verwijderen en afvoeren.

STIKSTOFGEBREK
- stikstofbemesting uitvoeren, vaste stikstofmeststoffen zo nodig inregenen.

TILLETIA INDICA *Tilletia indica*
DIT IS EEN QUARANTAINE-ORGANISME

TRIPSEN erwtentrips *Kakothrips robustus*, TRIPSEN vroege akkertrips *Thrips angusticeps*
gewasbehandeling door spuiten
lambda-cyhalothrin
  Karate met Zeon Technologie

VALSE MEELDAUW peronospora soorten *Peronospora sp.*
- ruime plantafstand aanhouden.
- structuur van de grond verbeteren en voor voldoende bodemtemperatuur zorgen.
- gewas zo droog mogelijk houden.
- hoog stikstofgehalte voorkomen.

VIRUSZIEKTEN vergelingsziekte gerstevergelings-virus *Barley yellow dwarf virus*
- bladluizen bestrijden.

VIRUSZIEKTEN virussen
- aangetaste planten(delen) verwijderen en afvoeren.
- besmettingsbronnen verwijderen en/of bestrijden.
- gezond uitgangsmateriaal gebruiken.
- onkruid bestrijden.

- overbrengers (vectoren) van virus voorkomen en/of bestrijden.
- planten op grond die vrij is van de virusoverbrengende aaltjes Longidorus en Xiphinema. Zonodig de grond ontsmetten.
- resistente of minder vatbare rassen telen.
signalering:
- gewasinspecties uitvoeren.

VOGELS
- afschrikmethoden zoals vogelverschrikkers, knalapparaten of folie toepassen.
- alleen op een vlak zaaibed eggen om te voorkomen dat het zaad bloot komt te liggen.
- geen zaaizaad morsen.
- later zaaien zodat het zaad snel opkomt.
- lokpercelen aanleggen met opslag.
- tijdig oogsten.
- voldoende diep en regelmatig zaaien voor een regelmatige opkomst.
- zoveel mogelijk gelijktijdig inzaaien.

VOORRAADKEVERS getande graankever *Oryzaephilus surinamensis,* meelkevers soorten *Tribolium sp.*
zaadbehandeling door spuiten
pirimifos-methyl
  Actellic 50, Wopro Pirimiphos Methyl
zaadbehandeling door vernevelen
deltamethrin
  K-OBIOL ULV 6

VOORRAADKEVERS getande notenkever *Oryzaephilus mercator*
zaadbehandeling door spuiten
pirimifos-methyl
  Actellic 50, Wopro Pirimiphos Methyl

VUUR botrytis soorten *Botrytis sp.*
- besmette grond inunderen.
- grond ploegen zodat deze aan de oppervlakte vrij is van sporen en sclerotiën.
- opslag en stekers vroeg in het voorjaar verwijderen.
- ruime plantafstand aanhouden.
- vruchtwisseling toepassen (minimaal 1 op 3).
signalering:
- indien mogelijk een waarschuwingssysteem gebruiken.

WILD haas, konijn, hondachtigen
- afrastering plaatsen en/of het gewas afdekken.
- alternatief voedsel aanbieden.
- apparatuur gebruiken om de dieren te verjagen.
- jagen (beperkt toepasbaar in verband met Flora- en Faunawet).
- lokpercelen aanleggen met opslag.
- natuurlijke vijanden inzetten of stimuleren.
- stoffen met repellent werking toepassen.

WOELRAT *Arvicola terrestris*
- let op: de woelrat is wettelijk beschermd.
gangbehandeling met lokaas
bromadiolon
  Arvicolex
gangbehandeling met tabletten
aluminiumfosfide
  Luxan Mollentabletten

WORTELBRAND *Pythium sp.*
- voor een goede bemestingstoestand en een goede structuur van de grond zorgen.

2.2.2 Ziekten, plagen en teeltproblemen per gewas

AARDAPPEL

(AFGEDRAGEN) GEWAS, doodspuiten van
gewasbehandeling door spuiten
carfentrazone-ethyl
    Spotlight Plus
diquat-dibromide
    Agrichem Diquat, Imex-Diquat, Reglone
glufosinaat-ammonium
    Finale SL 14
glyfosaat
    Roundup Force
pyraflufen-ethyl
    Quickdown
rijbehandeling door spuiten
diquat-dibromide
    Agrichem Diquat, Imex-Diquat, Reglone

AALTJES (nematoda)
grondbehandeling door strooien
oxamyl
    Vydate 10G
rijbehandeling door strooien
oxamyl
    Vydate 10G

AALTJES aardappelmoeheid geel aardappelcyste-aaltje *Globodera rostochiensis*
grondbehandeling door injecteren
metam-natrium
    Monam CleanStart, Monam Geconc., Nemasol
grondbehandeling volvelds door strooien
ethoprofos
    Mocap 20 GS
fosthiazaat
    Nemathorin 10G
rijbehandeling door strooien
fosthiazaat
    Nemathorin 10G

AALTJES aardappelmoeheid wit aardappelcyste-aaltje *Globodera pallida*
DIT IS EEN QUARANTAINE-ORGANISME
grondbehandeling door injecteren
metam-natrium
    Monam CleanStart, Monam Geconc., Nemasol
grondbehandeling volvelds door strooien
ethoprofos
    Mocap 20 GS
fosthiazaat
    Nemathorin 10G
rijbehandeling door strooien
ethoprofos
    Mocap 15G, Mocap 20 GS
fosthiazaat
    Nemathorin 10G

AALTJES destructoraaltje *Ditylenchus destructor*
- onkruid bestrijden.
- gezond uitgangsmateriaal gebruiken.
- ruime vruchtwisseling toepassen.

AALTJES gewoon wortellesieaaltje *Pratylenchus penetrans*
- vruchtwisseling toepassen, geen granen, maïs, grassen, aardappel, knolselderij, peen en vlinderbloemigen als voorvrucht telen. Biet en kruisbloemigen zijn goede voorvruchten.
grondbehandeling door injecteren
metam-natrium
    Monam CleanStart, Monam Geconc., Nemasol

AALTJES maiswortelknobbelaaltje *Meloidogyne chitwoodi*
DIT IS EEN QUARANTAINE-ORGANISME

AALTJES noordelijk wortelknobbelaaltje *Meloidogyne hapla*
- minder vatbare rassen telen.
- vruchtwisseling toepassen met grassen of granen (incl. maïs).

AALTJES stengelaaltje *Ditylenchus dipsaci*
DIT IS EEN QUARANTAINE-ORGANISME
grondbehandeling door injecteren
metam-natrium
    Monam CleanStart, Monam Geconc., Nemasol

AALTJES vrijlevende wortelaaltjes (trichododidae)
- natte grondontsmetting ten behoeve van de bestrijding van aardappelmoeheid is ook effectief tegen deze aaltjes.
grondbehandeling door injecteren
metam-natrium
    Monam CleanStart, Monam Geconc., Nemasol

AALTJES vrijlevende wortelaaltjes (trichododidae) *Trichodorus soorten*
grondbehandeling volvelds door strooien
ethoprofos
    Mocap 20 GS
fosthiazaat
    Nemathorin 10G

AALTJES wortelknobbelaaltje *Meloidogyne soorten*
grondbehandeling door injecteren
metam-natrium
    Monam CleanStart, Monam Geconc., Nemasol
grondbehandeling volvelds door strooien
fosthiazaat
    Nemathorin 10G

AALTJES wortellesieaaltje *Pratylenchus soorten*
grondbehandeling volvelds door strooien
fosthiazaat
    Nemathorin 10G

AARDAPPELZIEKTE *Phytophthora infestans f.sp. infestans*
- aardappelopslag vernietigen.
- afvalhopen afdekken.
- afvalhopen voor 15 april verwijderen of afdekken met zwart plastic.
- diverse Beslissings Ondersteunende Systemen (BOS) zijn beschikbaar, waarmee de teler zijn bespuitingen op de ziektedruk en weersomstandigheden kan afstemmen.
- gezond uitgangsmateriaal gebruiken.
- kerende grondbewerking niet direct na de oogst uitvoeren.
- minder vatbare rassen telen.
- rooiverliezen voorkomen.
- stikstofbemesting matig toepassen. Minder zwaar loof en een korter groeiseizoen geven een kleinere kans op infectie.
gewasbehandeling door spuiten
ametoctradin / mancozeb
    Orvego MZ
amisulbrom
    Canvas
benthiavalicarb-isopropyl / mancozeb
    Valbon
chloorthalonil
    Budget Chloorthalonil 500 SC, Daconil 500 Vloeibaar
chloorthalonil / metalaxyl-M
    Folio Gold
cyazofamide
    Ranman, Ranman Top

cymoxanil
    Curzate 60DF, Zetanil Solo
cymoxanil / famoxadone
    Tanos
cymoxanil / mancozeb
    Curzate M, Cymoxanil-M, Turbat, Viridal, ZandalL WG, Zetanil
cymoxanil / metiram
    Aviso DF
cymoxanil / propamocarb-hydrochloride
    Proxanil
dimethomorf / mancozeb
    Acrobat DF
fenamidone / propamocarb / propamocarb-hydrochloride
    Consento
fluazinam
    Fluazinam 500 SC, Fylan Flow, Ohayo, Shirlan
fluopicolide / propamocarb / propamocarb-hydrochloride
    Infinito
mancozeb
    Brabant Mancozeb Flowable, Dithane DG Newtec, Fythane DG, Manconyl 2, Mastana SC, Penncozeb 80 WP, Penncozeb DG, Tridex 80 WP, Tridex DG, Vondozeb DG
mancozeb / metalaxyl-M
    Fubol Gold
mancozeb / zoxamide
    Unikat Pro
mandipropamid
    Revus
maneb
    Trimangol 80 WP, Trimangol DG, Vondac DG

AARDRUPSEN bruine aardrups *Agrotis exclamationis*, gewone aardrups *Agrotis segetum*, zwartbruine aardrups *Agrotis ipsilon*
grond- of gewasbehandeling door strooien
ethoprofos
    Mocap 15G
grondbehandeling volvelds door strooien
ethoprofos
    Mocap 20 GS

ALTERNARIA-ZIEKTE *Alternaria solani*
- bestrijding kan van belang zijn na langere (warme) droge perioden in de tweede helft van het teeltseizoen. Het gebruik van een Beslissings Ondersteunend Systeem (BOS) kan hierbij nuttig zijn.
gewasbehandeling door spuiten
azoxystrobin
    Amistar, Azoxy HF, Budget Azoxystrobin 250 SC
boscalid / pyraclostrobin
    Signum

BLADHAANTJES coloradokever *Leptinotarsa decemlineata*
gewasbehandeling door spuiten
azadirachtin
    Neemazal-T/S
deltamethrin
    Agrichem Deltamethrin, Decis Micro, Deltamethrin E.C. 25, Splendid, Wopro Deltamethrin
esfenvaleraat
    Sumicidin Super
lambda-cyhalothrin
    Karate met Zeon Technologie
thiamethoxam
    Actara

BLADLUIZEN (Aphididae)
- pootaardappelen: vroeg en onder bladluisvrije omstandigheden selecteren in het veld.
gewasbehandeling door spuiten
acetamiprid
    Gazelle

deltamethrin
    Agrichem Deltamethrin, Decis Micro, Deltamethrin E.C. 25, Splendid, Wopro Deltamethrin
esfenvaleraat
    Sumicidin Super
flonicamid
    Teppeki
lambda-cyhalothrin
    Karate met Zeon Technologie
minerale olie
    11 E Olie, Ovirex VS, Sun Ultra Fine Spray Oil, Sunspray 11-E
minerale olie / paraffine olie
    Olie-H
pirimicarb
    Agrichem Pirimicarb, Pirimor
thiacloprid
    Calypso
grondbehandeling (rijenbehandeling) door spuiten
imidacloprid / pencycuron
    Monami

BLADLUIZEN aardappeltopluis *Macrosiphum euphorbiae*
gewasbehandeling door spuiten
acetamiprid
    Gazelle
flonicamid
    Teppeki
lambda-cyhalothrin
    Karate met Zeon Technologie
pirimicarb
    Agrichem Pirimicarb, Pirimor
pymetrozine
    Plenum 50 WG
thiacloprid
    Calypso
thiamethoxam
    Actara
grondbehandeling (rijenbehandeling) door spuiten
thiamethoxam
    Actara

BLADLUIZEN boterbloemluis *Aulacorthum solani*
gewasbehandeling door spuiten
acetamiprid
    Gazelle
thiamethoxam
    Actara
grondbehandeling (rijenbehandeling) door spuiten
thiamethoxam
    Actara

BLADLUIZEN groene perzikluis *Myzus persicae*
- pootaardappelen: vroeg en onder bladluisvrije omstandigheden selecteren in het veld.
gewasbehandeling door spuiten
acetamiprid
    Gazelle
flonicamid
    Teppeki
lambda-cyhalothrin
    Karate met Zeon Technologie
pymetrozine
    Plenum 50 WG
thiacloprid
    Calypso
thiamethoxam
    Actara
grondbehandeling (rijenbehandeling) door spuiten
imidacloprid
    Amigo
imidacloprid / pencycuron
    Monami
thiamethoxam

Actara

BLADLUIZEN katoenluis *Aphis gossypii*
gewasbehandeling door spuiten
pymetrozine
    Plenum 50 WG
thiamethoxam
    Actara
grondbehandeling (rijenbehandeling) door spuiten
thiamethoxam
    Actara

BLADLUIZEN rode luis *Myzus nicotianae*
gewasbehandeling door spuiten
pymetrozine
    Plenum 50 WG

BLADLUIZEN vuilboomluis *Aphis nasturtii*
- pootaardappelen: vroeg en onder bladluisvrije omstandigheden selecteren in het veld.
gewasbehandeling door spuiten
acetamiprid
    Gazelle
flonicamid
    Teppeki
lambda-cyhalothrin
    Karate met Zeon Technologie
pymetrozine
    Plenum 50 WG
thiacloprid
    Calypso
thiamethoxam
    Actara
grondbehandeling (rijenbehandeling) door spuiten
imidacloprid
    Amigo
imidacloprid / pencycuron
    Monami
thiamethoxam
    Actara

BLADLUIZEN wegedoornluis *Aphis frangulae*
gewasbehandeling door spuiten
acetamiprid
    Gazelle
flonicamid
    Teppeki
pymetrozine
    Plenum 50 WG
thiamethoxam
    Actara
grondbehandeling (rijenbehandeling) door spuiten
thiamethoxam
    Actara

BLOEDAARDAPPELEN onbekende non-parasitaire factor
- knollen met grond bedekken.

BRUINROT *Ralstonia solanacearum*
DIT IS EEN QUARANTAINE-ORGANISME
- aardappelteeltverbod voor besmette percelen.
- bedrijfshygiëne stringent doorvoeren.
- oppervlaktewater niet gebruiken in verbodsgebieden volgens de 'Regeling bruin- en ringrot 2000'.

CHLOORBESCHADIGING
- geen grote hoeveelheid chloorhoudende kalimeststoffen in het voorjaar toedienen.
- niet met zout water beregenen.

DOORWAS, voorkomen van
- goede vochtvoorziening voorkomt stilstand in groei.
gewasbehandeling door spuiten

MCPA
    Agrichem MCPA, Ceridor MCPA, Luxan MCPA 500 VLB., U 46 M

DROOGROT *Fusarium coeruleum, Fusarium sulphureum*
- snelle en goede wondheling bewerkstelligen.
knolbehandeling door foggen
imazalil
    Diabolo SL
knolbehandeling door spuiten
imazalil
    Diabolo SL, Magnate 100 SL, Potazil 100 SL
imazalil / thiabendazool
    Lirotect Super 375 SC

ETHYLEEN OVERMAAT
- opslagruimte waar fruit, groenten of bloemen zijn bewaard eerst ventileren vóór opslag van aardappelen.
- pootaardappelen niet bij fruit, groenten en bloemen bewaren.

FOSFAATGEBREK
- alleen bij een zeer vroegtijdige onderkenning van fosfaatgebrek kan met een aanvullende (rijen)bemesting met mono-ammoniumfosfaat of trippelsuperfosfaat nog iets worden bereikt.
- voor een goede voedingstoestand van de grond zorgen.

GANGREEN *Phoma exigua var. Exigua, Phoma exigua var. foveata*
- aangetaste planten(delen) verwijderen en afvoeren.
- beschadiging van de knollen voorkomen.
- bewaring boven 8 graden Celsius verkleint de kans op uitbreiding.
- groen rooien bij pootgoed.
- minder vatbare rassen telen.
- niet onder 10 graden Celsius rooien.
- wondheling van 14 dagen toepassen.
knolbehandeling door foggen
imazalil
    Diabolo SL
knolbehandeling door spuiten
imazalil
    Diabolo SL, Magnate 100 SL, Potazil 100 SL
imazalil / thiabendazool
    Lirotect Super 375 SC
thiabendazool
    Tecto 500 SC

GRAUWE SCHIMMEL *Botryotinia fuckeliana*
- knollen koel en droog bewaren.

GROEISCHEUREN onregelmatige vochtvoorziening
- goede en regelmatige vochtvoorziening en een niet te zware stikstofbemesting.
- minder vatbare rassen telen.

GROENE KNOLLEN lichtovermaat
- bij grof groeiende rassen de rug voldoende groot maken.
- knollen midden in de rug poten.
- knollen niet aan licht blootstellen.

HALSROT *Fusarium soorten*
knolbehandeling door spuiten
thiabendazool
    Tecto 500 SC

HOLHEID ongelijkmatige groei
- meer stengels per m2 telen waardoor het product minder grof wordt.
- minder vatbare rassen telen.
- vochtvoorziening optimaliseren en voor een niet te hoog stikstofaanbod en een regelmatige groei zorgen.

KALIUMGEBREK
- kans op blauw vermindert door verwerking bij een temperatuur tussen de 15 en 20 graden Celsius.
- minder vatbare rassen telen.
- voor een goede kalitoestand van de grond of van het groeimedium zorgen, gecombineerd met een juiste bemesting.

MAGNESIUMGEBREK
- bladbemesting met een bitterzoutoplossing toepassen.
- pH verhogen.
- voor een goede voedingstoestand van de grond zorgen.

MELKZUURSCHIMMEL *Geotrichum candidum*
- grond ontwateren.
- knollen geoogst op natte plekken of percelen apart bewaren.
- partijen snel drogen en afzetten.
- wateroverlast voorkomen.

NATROT *Erwinia carotovora subsp. Carotovora, Erwinia chrysanthemi*
- aangetaste knollen uitsorteren.
- aangetaste planten(delen) verwijderen en afvoeren.
- beschadiging van de knollen voorkomen.
- besmetting via werktuigen voorkomen.
- gezond uitgangsmateriaal gebruiken.
- grond ontwateren.
- knollen voor risicopartijen direct drogen bij inschuren en droog en koel bewaren.
- moederknollen op de rooier verwijderen.
- onder droge omstandigheden rooien.

NETSCHURFT *Streptomyces reticuliscabiei*
- gevoelige rassen niet op netschurftgevoelige (meestal zwaardere) gronden telen.
- niet of zo min mogelijk beregenen.
- niet op gescheurd grasland telen.
- ruime vruchtwisseling toepassen (minimaal 1 op 5).

ONDERZEEËRS non-parasitaire factor1
- goed voorgekiemd pootgoed gebruiken.
- knollen niet te vroeg en te diep poten.
- vatbare rassen niet te warm bewaren.

PINK EYE *Pseudomonas fluorescens*
- geen specifieke niet-chemische maatregel bekend.

POEDERBRAND kiemremmingsmiddelen
- kiemremmingsmiddelen pas toedienen nadat de wonden en ontvellingen geheeld zijn. Overdosering bevordert het optreden van poederbrand..

POEDERSCHURFT *Spongospora subterranea*
- gezond uitgangsmateriaal gebruiken.
- grond ontwateren.
- kan met besmette aardappel worden verspreid.
- niet op gescheurd grasland telen.
- onbesmette drijfmest gebruiken.
- resistente rassen telen.
- ruime vruchtwisseling toepassen.
- terughoudend zijn met beregenen.
- verstuiving van grond voorkomen.

PSEUDO-WRATZIEKTE complex non-parasitaire factoren
- geen specifieke niet-chemische maatregel bekend.

PUKKELSCHURFT *Polyscytalum pustulans*
- droog en koel bewaren.
- minder vatbare rassen telen.
- onder droge omstandigheden rooien.
- ruime vruchtwisseling toepassen.

RHIZOCTONIA-ZIEKTE *Thanatephorus cucumeris*
- blank pootgoed gebruiken.

- looftrekken of groenrooien en 10 dagen na loofvernietiging rooien. Bij sterke toename van lakschurft, binnen 10 dagen rooien.
- snelle opkomst en groei bevorderen door voorkiemen en niet te vroeg in het voorjaar poten.
- snelle opkomst en groei bevorderen.
- vorming van lakschurft op de knol voorkomen door looftrekken of groenrooien en 10 dagen na de loofvernietiging rooien. Bij sterke toename in lakschurft binnen 10 dagen rooien.

signalering:
- er bestaat een adviessysteem gebaseerd op een zogenaamd Rhizoctonia punten systeem. Boven een bepaalde waarde (bezettingsindex) en vitaliteit van de lakschurft, is chemische bestrijding nodig.

gewasbehandeling door spuiten
azoxystrobin
    Amistar, Azoxy HF, Budget Azoxystrobin 250 SC
grondbehandeling (rijenbehandeling) door spuiten
fluoxastrobin / pencycuron
    Subliem
imidacloprid / pencycuron
    Monami
grondbehandeling door spuiten
azoxystrobin
    Amistar, Azoxy HF, Budget Azoxystrobin 250 SC
pencycuron
    Moncereen Vloeibaar
knolbehandeling door bevochtigen
Pseudomonas sp. stam dsmz 13134
    Prodoradix Agro
knolbehandeling door dompelen
pencycuron
    Moncereen Vloeibaar
knolbehandeling door poederen
flutolanil
    Symphonie
pencycuron
    Moncereen Droogontsmetter
knolbehandeling door spuiten
flutolanil
    Monarch
knolbehandeling door spuiten
iprodion
    Imex Iprodion Flo
plantgoedbehandeling door spuiten
fludioxonil
    Maxim 100 FS
rijbehandeling door spuiten
azoxystrobin
    Amistar, Azoxy HF, Budget Azoxystrobin 250 SC
pencycuron
    Moncereen Vloeibaar

RINGROT *Clavibacter michiganensis subsp. sepedonicus*
DIT IS EEN QUARANTAINE-ORGANISME

RITNAALDEN *Agriotes soorten*
- grasachtige onkruiden en graanopslag bestrijden.
- vruchtwisseling toepassen, geen grassen telen binnen vier jaar voor de teelt van aardappel.

grond- of gewasbehandeling door strooien
ethoprofos
    Mocap 15G
grondbehandeling volvelds door strooien
ethoprofos
    Mocap 20 GS
fosthiazaat
    Nemathorin 10G

ROESTVLEKKEN onbekende non-parasitaire factor 1
- er zijn rasverschillen.

ROODROT *Phytophthora erythroseptica var. erythroseptica*
- besmette partij is ongeschikt voor bewaring, percelen of delen hiervan met ernstige aantasting rooien en versneld afzetten.
- drainage en structuur van de grond verbeteren.
- partij met lichte aantasting (maximaal 4 aangetaste planten per are) snel drogen en koel bewaren.

RUPSEN aardappelstengelboorder *Hydraecia micacea*
- begroeiing op slootkanten kort houden in met name augustus en september kan schade gedeeltelijk voorkomen.

SCHURFT *Streptomyces soorten*
- bij droogte tijdens begin knolvorming, de grond in de rug circa 3 weken vochtig houden door beregenen.
- op zand- en dalgronden oppassen voor een te hoge pH.

SCLEROTIËNROT *Sclerotinia sclerotiorum*
- loof van aangetaste planten vernietigen of afvoeren.
- vruchtwisseling toepassen met granen.

SPRUITVORMING, voorkomen van
- bewaring onder de 7 graden Celsius.
- kiemremmingsmiddel in de voorgeschreven dosering en op tijd toedienen.
gewasbehandeling door spuiten
maleine hydrazide
    Itcan, Royal MH-Spuitkorrel
knolbehandeling door nevelen
chloorprofam
    Agrichem Kiemremmer HN, Gro-Stop Basis, GRO-STOP ELECTRO, Gro-Stop Fog, Gro-Stop Innovator, Gro-Stop Ready, Neonet 500 HN, Nogerma RTU, Nogerma Vloeibaar 500, Polder 1%, Polder 300 HN, Tuberprop Easy, Tuberprop Ultra
d-karvon
    Talent
groenemuntolie
    Biox M
knolbehandeling door poederen
chloorprofam
    Agrichem Kiemremmer 1%, Gro-Stop Poeder, Gro-Stop Rood, Neonet Dust, Nogerma Aardappel-Kiemremmer
knolbehandeling door spuiten
chloorprofam
    Neonet Start, Nogerma Starter, Tuberprop Basic
ruimtebehandeling door gassen
ethyleen
    Restrain

STIKSTOFGEBREK
- stikstofbemesting uitvoeren, vaste stikstofmeststoffen zo nodig inregenen.

VERWELKINGSZIEKTE *Verticillium albo-atrum, Verticillium dahliae*
- looftrekken in plaats van doodspuiten.
- minder vatbare rassen telen.
- ruime vruchtwisseling toepassen met niet-waardplanten zoals grasachtigen.
- stress in het gewas voorkomen.

VILTVLEKKENZIEKTE *Mycovellosiella concors*
- bestrijding is doorgaans niet van belang, wordt bij de toepassing van contactfungiciden gelijktijdig met de aardappelziekte bestreden.

VIRUSZIEKTEN abc-ziekte tabaksnecrosevirus, gewoon (grof) mozaïek aardappelvirus A, rolmozaïek aardappelvirus M, tussennervig mozaïek,

zwabbertop aardappelzwabbertopvirus, zwak mozaïek aardappelvirus S
- nieuwe teelten beginnen met virusvrij plantmateriaal in een kas of op een veld vrij van besmettingsbronnen en vectoren.
- opslag en onkruiden die als besmettingsbron van het virus kunnen fungeren bestrijden.
- overbrengers (vectoren) van virus voorkomen en/of bestrijden.
signalering:
- regelmatig op virussymptomen inspecteren en geïnfecteerde planten verwijderen.

VIRUSZIEKTEN bladrol aardappelbladrolvirus
- nieuwe teelten beginnen met virusvrij plantmateriaal in een kas of op een veld vrij van besmettingsbronnen en vectoren.
- opslag en onkruiden die als besmettingsbron van het virus kunnen fungeren bestrijden.
- overbrengers (vectoren) van virus voorkomen en/of bestrijden.
signalering:
- regelmatig op virussymptomen inspecteren en geïnfecteerde planten verwijderen.
gewasbehandeling door spuiten
deltamethrin
    Agrichem Deltamethrin, Deltamethrin E.C. 25, Splendid, Wopro Deltamethrin
pirimicarb
    Agrichem Pirimicarb, Pirimor

VIRUSZIEKTEN bont, stippelstreep en krinkel aardappelvirus y
- nieuwe teelten beginnen met virusvrij plantmateriaal in een kas of op een veld vrij van besmettingsbronnen en vectoren.
- opslag en onkruiden die als besmettingsbron van het virus kunnen fungeren bestrijden.
- overbrengers (vectoren) van virus voorkomen en/of bestrijden.
signalering:
- regelmatig op virussymptomen inspecteren en geïnfecteerde planten verwijderen.
gewasbehandeling door spuiten
deltamethrin
    Deltamethrin E.C. 25, Splendid, Wopro Deltamethrin

VIRUSZIEKTEN kringerigheid tabaksratelvirus
- overbrengers (vectoren) van virus voorkomen en/of bestrijden.

VIRUSZIEKTEN virussen
gewasbehandeling door spuiten
carfentrazone-ethyl
    Spotlight Plus
rijbehandeling door spuiten
carfentrazone-ethyl
    Spotlight Plus

VORST
- boven 2 graden Celsius bewaren.

WRATZIEKTE *Synchytrium endobioticum*
DIT IS EEN QUARANTAINE-ORGANISME

ZILVERSCHURFT *Helminthosporium solani*
- partij snel drogen na inschuren en droog en koel bewaren.
knolbehandeling door foggen
imazalil
    Diabolo SL
knolbehandeling door spuiten
imazalil
    Diabolo SL, Imax 100 SL, Magnate 100 SL, Potazil 100 SL
imazalil / thiabendazool
    Lirotect Super 375 SC
thiabendazool
    Tecto 500 SC

ZWARTBENIGHEID *Erwinia carotovora subsp. atroseptica*
- aangetaste knollen uitsorteren.
- aangetaste planten(delen) verwijderen en afvoeren.
- beschadiging van de knollen voorkomen.
- besmetting via werktuigen voorkomen.
- gezond uitgangsmateriaal gebruiken.
- grond ontwateren.
- knollen voor risicopartijen direct drogen bij inschuren en droog en koel bewaren.
- moederknollen op de rooier verwijderen.
- onder droge omstandigheden rooien.

ZWARTE HARTEN zuurstofgebrek
- knollen niet aan ventilatielucht warmer dan 20 graden Celsius blootstellen.
- voldoende luchtverversing tijdens de bewaring.

ZWARTE SPIKKEL *Colletotrichum coccodes*
- droog en koel bewaren.
- geen bestrijding mogelijk.
- minder vatbare rassen telen.

BIET

AALTJES geel bietencysteaaltje *Heterodera betae*
- crucifere groenbemester met resistentie als vanggewas telen in de braak. Meest geschikt is bladrammenas of gele mosterd. Met een laatbloeiend ras kunnen vergelijkbare effecten worden bereikt als met natte grondbewerking.
- resistente rassen telen.
signalering:
- grondonderzoek laten uitvoeren.
- niet vaker dan éénmaal in de 5 jaar bieten of een ander waardgewas telen. Bij intensieve teelt regelmatig grondonderzoek laten uitvoeren. Kruisbloemige gewassen zoals koolzaad en spruitkool zijn ook goede waardplanten. Erwten en bonen zijn gevoelig voor a
grondbehandeling door injecteren
metam-natrium
    Monam CleanStart, Monam Geconc., Nemasol
zaaivoorbehandeling door strooien
oxamyl
    Vydate 10G

AALTJES graswortelknobbelaaltje *Meloidogyne naasi*
- vruchtwisseling toepassen, niet te vaak granen of grassen telen. Maïs als aaltjesvangend gewas telen.
- zwarte braak toepassen.
signalering:
- grondonderzoek laten uitvoeren.

AALTJES maiswortelknobbelaaltje *Meloidogyne chitwoodi*
DIT IS EEN QUARANTAINE-ORGANISME

AALTJES noordelijk wortelknobbelaaltje *Meloidogyne hapla*
- ruime vruchtwisseling toepassen.
- zwarte braak toepassen in de zomer of bepaalde rassen bladrammenas toepassen als vanggewas.

AALTJES stengelaaltje *Ditylenchus dipsaci*
DIT IS EEN QUARANTAINE-ORGANISME
grondbehandeling door injecteren
metam-natrium
    Monam CleanStart, Monam Geconc., Nemasol

AALTJES vrijlevende wortelaaltjes (trichododidae)
grondbehandeling door injecteren
metam-natrium
    Monam CleanStart, Monam Geconc., Nemasol
zaaivoorbehandeling door strooien

oxamyl
    Vydate 10G

AALTJES wit bietencysteaaltje *Heterodera schachtii*
- crucifere groenbemester met resistentie als vanggewas telen in de braak. Meest geschikt is bladrammenas of gele mosterd. Met een laatbloeiend ras kunnen vergelijkbare effecten worden bereikt als met natte grondbewerking.
- resistente rassen telen.
signalering:
- grondonderzoek laten uitvoeren.
- niet vaker dan éénmaal in de 5 jaar bieten of een ander waardgewas telen. Bij intensieve teelt regelmatig grondonderzoek laten uitvoeren. Kruisbloemige gewassen zoals koolzaad en spruitkool zijn ook goede waardplanten. Erwten en bonen zijn gevoelig voor a
grondbehandeling door injecteren
metam-natrium
    Monam CleanStart, Monam Geconc., Nemasol
zaaivoorbehandeling door strooien
oxamyl
    Vydate 10G

AALTJES wortelknobbelaaltje *Meloidogyne soorten*
grondbehandeling door injecteren
metam-natrium
    Monam CleanStart, Monam Geconc., Nemasol
zaaivoorbehandeling door strooien
oxamyl
    Vydate 10G

AARDVLOOIEN blauwe bietenaardvlo *Chaetocnema concinna*
zaadbehandeling door pilleren
imidacloprid
    Gaucho, SOMBRERO
thiamethoxam
    Cruiser 600 FS

AFDRAAIERS *Aphanomyces cochliodes*
- aantasting neemt af door vroeg te zaaien. De schimmel wordt actief boven 15 graden Celsius.
- gewasrotatie minimaal 1 op 3 bieten.

ALTERNARIA *Alternaria soorten*
zaadbehandeling door mengen
iprodion
    Imex Iprodion Flo, Rovral Aquaflo

BACTERIEVLEKKENZIEKTE *Pseudomonas syringae*
- bestrijding is doorgaans niet van belang.

BIETENVLIEG *Pegomya betae*
- na het zesbladstadium is een bespuiting niet meer nodig.
gewasbehandeling door spuiten
dimethoaat
    Danadim 40, Danadim Progress, Perfekthion
zaadbehandeling door pilleren
beta-cyfluthrin / clothianidine
    Poncho Beta
imidacloprid
    Gaucho, SOMBRERO
thiamethoxam
    Cruiser 600 FS

BLADLUIZEN (Aphididae)
gewasbehandeling door spuiten
dimethoaat
    Dimistar Progress
thiacloprid
    Calypso

BLADLUIZEN groene perzikluis *Myzus persicae*
gewasbehandeling door spuiten

pirimicarb
    Agrichem Pirimicarb, Pirimor
thiacloprid
    Calypso
zaadbehandeling door pilleren
beta-cyfluthrin / clothianidine
    Poncho Beta
imidacloprid
    Gaucho, SOMBRERO
thiamethoxam
    Cruiser 600 FS

BLADLUIZEN sjalottenluis *Myzus ascalonicus*
zaadbehandeling door pilleren
beta-cyfluthrin / clothianidine
    Poncho Beta

BLADLUIZEN zwarte bonenluis *Aphis fabae*
gewasbehandeling door spuiten
pirimicarb
    Agrichem Pirimicarb, Pirimor
zaadbehandeling door pilleren
beta-cyfluthrin / clothianidine
    Poncho Beta
imidacloprid
    Gaucho, SOMBRERO
thiamethoxam
    Cruiser 600 FS

BLADVLEKKENZIEKTE *Cercospora beticola*
- aangetaste en afgevallen bladeren verwijderen.
- ruime vruchtwisseling toepassen.
signalering:
- schadedrempel gebruiken. Zie Bladschimmelwaarschuwingsdienst van onder andere IRS.
gewasbehandeling door spuiten
cyproconazool / trifloxystrobin
    Sphere
difenoconazool
    Score 250 EC
difenoconazool / fenpropidin
    Spyrale
epoxiconazool / fenpropimorf
    Opus Team
epoxiconazool / kresoxim-methyl
    Allegro

BLADVLEKKENZIEKTE *Ramularia beticola*
- aangetaste en afgevallen bladeren verwijderen.
- ruime vruchtwisseling toepassen.
gewasbehandeling door spuiten
cyproconazool / trifloxystrobin
    Sphere
difenoconazool
    Score 250 EC
difenoconazool / fenpropidin
    Spyrale
epoxiconazool / fenpropimorf
    Opus Team
epoxiconazool / kresoxim-methyl
    Allegro

BORIUMGEBREK
- gewasbehandeling uitvoeren door te spuiten met boraat (10 procent). Boraat bij voorkeur preventief toepassen, als het gewas voldoende blad heeft gevormd..

DUIZENDPOTEN wortelduizendpoot *Scutigerella soorten*
zaadbehandeling door pilleren
beta-cyfluthrin / clothianidine
    Poncho Beta

ECHTE MEELDAUW *Erysiphe betae*
gewasbehandeling door spuiten
cyproconazool / trifloxystrobin
    Sphere
difenoconazool
    Score 250 EC
difenoconazool / fenpropidin
    Spyrale
epoxiconazool / fenpropimorf
    Opus Team
epoxiconazool / kresoxim-methyl
    Allegro

EMELTEN groentelangpootmug *Tipula oleracea,* weidelangpootmug *Tipula paludosa*
- niet zaaien bij meer dan 100 emelten per m2 in de herfst.
zaadbehandeling door pilleren
beta-cyfluthrin / clothianidine
    Poncho Beta

FOSFAATGEBREK
- alleen bij een zeer vroegtijdige onderkenning van fosfaatgebrek kan met een aanvullende (rijen)bemesting met mono-ammoniumfosfaat of trippelsuperfosfaat nog iets worden bereikt.
- voor een goede voedingstoestand van de grond zorgen.

GESTREEPTE SCHILDPADTOR *Cassida nobilis*
- bestrijding is doorgaans niet van belang.

GEVLEKTE SCHILDPADTOR *Cassida nebulosa*
- bestrijding is doorgaans niet van belang.

GORDELSCHURFT *Streptomyces scabies, Streptomyces soorten*
- structuur van de grond verbeteren.

GRAUWE SCHIMMEL *Botryotinia fuckeliana*
- beschadiging voorkomen.
- bieten vorstvrij bewaren.

INSEKTEN (insecta)
zaadbehandeling door pilleren
tefluthrin
    Force

KALIUMGEBREK
- tot begin juli met kalisulfaat (patentkali) bemesten.
- voor een goede kalitoestand van de grond of van het groeimedium zorgen, gecombineerd met een juiste bemesting.

MAGNESIUMGEBREK
- akkerbouwgewassen en bloembollen op kleigronden niet bemesten, maar een bladbespuiting met meststof uitvoeren zodra zich gebrekverschijnelen voordoen.
- pH verhogen.
- voor een goede voedingstoestand van de grond zorgen.

MANGAANGEBREK
- goed bemesten, zonodig mangaansulfaat spuiten. Mangaan verplaatst zich niet in de plant dus een herhaalde toepassing kan nodig zijn.

MILJOENPOTEN gespikkelde miljoenpoot *Blaniulus guttulatus,* platte miljoenpoot *Brachydesmus soorten*
zaadbehandeling door pilleren
beta-cyfluthrin / clothianidine
    Poncho Beta

MOLYBDEENGEBREK
- natrium- of ammoniummolybdaat spuiten.
- pH verhogen. Indien nodig ook extra met fosfaat bemesten.

- plantbed of pootgrond voldoende bemesten met natrium- of ammoniummolybdaat.

RHIZOCTONIA-ZIEKTE *Thanatephorus cucumeris*
- resistente rassen telen.
- Rhizoctonia-bieten mogen niet worden geleverd.
- ruime vruchtwisseling toepassen, waardplanten zoals maïs, raaigras, wortelen en schorseneren vermijden.
- structuur van de grond verbeteren.

RITNAALDEN *Agriotes soorten*
zaadbehandeling door pilleren
beta-cyfluthrin / clothianidine
    Poncho Beta

ROEST *Uromyces beticola*
- bestrijding is doorgaans niet van belang.
gewasbehandeling door spuiten
cyproconazool / trifloxystrobin
    Sphere
difenoconazool
    Score 250 EC
difenoconazool / fenpropidin
    Spyrale
epoxiconazool / fenpropimorf
    Opus Team
epoxiconazool / kresoxim-methyl
    Allegro

RUPSEN (lepidoptera)
gewasbehandeling door spuiten
deltamethrin
    Agrichem Deltamethrin, Decis Micro, Deltamethrin E.C. 25, Splendid, Wopro Deltamethrin

RUPSEN aardappelstengelboorder *Hydraecia micacea*
gewasbehandeling door spuiten
esfenvaleraat
    Sumicidin Super

RUPSEN uilen (noctuidae)
- bestrijding is doorgaans niet van belang.

SCHIMMELKEVERS bietenkevertje *Atomaria linearis*
- bieten niet telen op of naast percelen waar het voorgaande jaar bieten of spinazie is geteeld.
- grond ontwateren.
- niet te diep en te vroeg zaaien op een stevige ondergrond en eventueel na zaaien het zaaibed aandrukken.
zaadbehandeling door pilleren
beta-cyfluthrin / clothianidine
    Poncho Beta
imidacloprid
    Gaucho, SOMBRERO
tefluthrin
    Force
thiamethoxam
    Cruiser 600 FS
zaaivoorbehandeling door strooien
oxamyl
    Vydate 10G

SCHIMMELS
zaadbehandeling door mengen
hymexazool
    Tachigaren 70 WP
thiram
    Proseed

SCLEROTIËNROT *Sclerotinia sclerotiorum*
- aangetaste bieten niet inkuilen.
- beschadiging voorkomen.
- koel bewaren.

SNUITKEVERS grijze bolsnuitkever *Philopedon plagiatum*
- geen specifieke niet-chemische maatregel bekend.

SPRINGSTAART *Lepidocyrtus cyaneus*
zaaivoorbehandeling door strooien
oxamyl
    Vydate 10G

SPRINGSTAARTEN bietenspringstaart *Onychiurus armatus*
- mechanische onkruidbestrijding na opkomst uitvoeren.
- niet te diep en te vroeg zaaien op een stevige ondergrond en eventueel na zaaien het zaaibed aandrukken.
- ondiep zaaien.

STAARTROT onbekende non-parasitaire factor 1
- grond ontwateren.

STIKSTOFGEBREK
- stikstofbemesting uitvoeren, vaste stikstofmeststoffen zo nodig inregenen.

TRIPSEN (thysanoptera)
gewasbehandeling door spuiten
deltamethrin
    Agrichem Deltamethrin, Decis Micro, Deltamethrin E.C. 25, Splendid, Wopro Deltamethrin
esfenvaleraat
    Sumicidin Super

TRIPSEN vroege akkertrips *Thrips angusticeps*
gewasbehandeling door spuiten
deltamethrin
    Agrichem Deltamethrin, Deltamethrin E.C. 25, Splendid, Wopro Deltamethrin
lambda-cyhalothrin
    Karate met Zeon Technologie

VALSE MEELDAUW *Peronospora farinosa f.sp. betae*
- erwten niet als voorvrucht telen.
- ruime vruchtwisseling toepassen.

VERWELKINGSZIEKTE *Verticillium albo-atrum, Verticillium dahliae*
- ruime vruchtwisseling toepassen.
- structuur van de grond verbeteren.

VIOLET WORTELROT *Helicobasidium brebissonii*
- structuur van de grond verbeteren.

VIRUSZIEKTEN mozaïek bietenmozaïekvirus *Beet mosaic virus*
- besmetting van stekbietjes voorkomen.
- bestrijding is doorgaans niet van belang.

VIRUSZIEKTEN thizomanie bietenrhizomanie virus *Beet necrotic yellow vein virus*
- bedrijfshygiëne stringent doorvoeren en voorkomen dat percelen via besmette grond, slootbagger of water besmet raken.
- drainage en structuur van de grond verbeteren.
- partieel resistente rassen telen op besmette of verdachte percelen. Het besmettingsniveau wordt hierdoor niet verlaagd.

WORTELBRAND *Pleospora betae*
- bestrijding is doorgaans niet van belang.
- structuur van de grond verbeteren.
zaadbehandeling door mengen
iprodion
    Imex Iprodion Flo, Rovral Aquaflo

WORTELBRAND *Pythium irregulare, Pythium ultimum var. Ultimum*
- structuur van de grond verbeteren.

WORTELKNOBBEL *Agrobacterium tumefaciens*
- aangetaste bieten verwijderen en vernietigen.
- bestrijding is doorgaans niet van belang.

WORTELVERBRUINING *Fusarium soorten*
- ruime vruchtwisseling toepassen.

ZOUTBESCHADIGING zoutovermaat
- niet teveel kunstmest kort voor of na het zaaien toedienen.

BLAUWMAANZAAD

AALTJES gewoon wortellesieaaltje *Pratylenchus penetrans*
- vruchtwisseling toepassen, geen granen, maïs, grassen, aard-appel, knolselderij, peen en vlinderbloemigen als voorvrucht telen. Biet en kruisbloemigen zijn goede voorvruchten.

AALTJES noordelijk wortelknobbelaaltje *Meloidogyne hapla*
- minder vatbare rassen telen.
- vruchtwisseling toepassen met grassen of granen (incl. maïs).

BLADLUIZEN (Aphididae)
gewasbehandeling door spuiten
pirimicarb
    Agrichem Pirimicarb, Pirimor

GALWESPEN blauwmaanzaadgalwesp *Aylax papaveris*
- kort afmaaien en het stro vernietigen, zodat een groot gedeelte van de poppen in de cocons wordt vernietigd.

KALIUMGEBREK
- tot begin juli met kalisulfaat (patentkali) bemesten.
- voor een goede kalitoestand van de grond of van het groei-medium zorgen, gecombineerd met een juiste bemesting.

SCHIMMELS
zaadbehandeling door mengen
thiram
    Proseed
zaadbehandeling door slurry
thiram
    Hermosan 80 WG, Thiram Granuflo

SCLEROTIËNROT *Sclerotinia sclerotiorum*
- ruime vruchtwisseling toepassen, bij voorkeur met grasach-tigen.

SNUITKEVERS blauwmaanzaadsnuitkever *Stenocarus umbrinus*
- geen specifieke niet-chemische maatregel bekend.

VALSE MEELDAUW *Peronospora arborescens*
- ruime vruchtwisseling toepassen.

VERWELKINGSZIEKTE *Verticillium albo-atrum, Verticillium dahliae*
- ruime vruchtwisseling toepassen met grasachtigen.
- stro verwijderen en vernietigen.

CICHOREIWORTEL

BLADLUIZEN (Aphididae)
gewasbehandeling door spuiten
pirimicarb
    Agrichem Pirimicarb, Pirimor

ECHTE MEELDAUW *Erysiphe cichoracearum*
gewasbehandeling door spuiten
trifloxystrobin
    Flint

RUPSEN gamma-uil *Autographa gamma, Plusia soorten*
gewasbehandeling door spuiten
Bacillus thuringiensis subsp. *aizawai*
    Turex Spuitpoeder, Xen Tari WG

DROGE BOON

(Kiem)schimmels
- niet in te koude grond zaaien.
- niet te vroeg zaaien.
- structuur van de grond verbeteren.

AALTJES geel bietencysteaaltje *Heterodera betae*
- niet op besmette gronden telen.
signalering:
- niet vaker dan éénmaal in de 5 jaar bieten of een ander waard-gewas telen. Bij intensieve teelt regelmatig grondonderzoek laten uitvoeren. Kruisbloemige gewassen zoals koolzaad en spruitkool zijn ook goede waardplanten. Erwten en bonen zijn gevoelig voor a

AALTJES stengelaaltje *Ditylenchus dipsaci*
DIT IS EEN QUARANTAINE-ORGANISME

BACTERIEVLEKKENZIEKTE *Xanthomonas axono-podis pv. phaseoli*
- gezond uitgangsmateriaal gebruiken.
- resistente rassen telen.

BLADVLEKKENZIEKTEN spikkelziekte *Phoma exigua var. exigua*
- gezond uitgangsmateriaal gebruiken.

BONENKEVERS stambonenkever *Acanthoscelides obtectus*
- voldoende droge zaadpartijen voorkomt schade.
- zaaizaad 3 dagen koelen bij -20 graden Celsius of 5 uur bij -40 graden Celsius.

BONENVLIEG *Delia platura*
- vruchtwisseling toepassen, niet telen na spinazie, sla of boe-renkool, sluitkool. Bij bonen na spinazie direct na het maaien van de spinazie schoffelen en de grond 10-14 dagen laten liggen.

CHLOROSE zoutovermaat
- chloorarme meststoffen toedienen of chloorhoudende mest-stoffen al in de herfst strooien.
- indien het beregeningswater zout is, voorkomen dat de grond te droog wordt: dus blijven beregenen.
- overvloedig water geven.
- water met een laag chloorgehalte gebruiken.

GRAUWE SCHIMMEL *Botryotinia fuckeliana*
- minder vatbare rassen telen.
- zwaar gewas en dichte stand voorkomen.
gewasbehandeling door spuiten
iprodion
    Imex Iprodion Flo, Rovral Aquaflo

KIEMPLANTENZIEKTE *Pythium soorten*
zaadbehandeling door spuiten
metalaxyl-M
    Apron XL

(Kiem)schimmels
zaadbehandeling door mengen
thiram
    Proseed
zaadbehandeling door slurry
thiram
    Hermosan 80 WG, Thiram Granuflo

ROEST *Uromyces appendiculatus var. appendiculatus*
- dichte stand voorkomen.
- vruchtwisseling toepassen.

SCLEROTIËNROT *Sclerotinia sclerotiorum*
- niet na sla, andijvie, koolzaad, karwij, witlof, aardappel en komkommer als voorvrucht telen.
- niet op besmette gronden telen.

gewasbehandeling door spuiten
iprodion
    Imex Iprodion Flo, Rovral Aquaflo

SNUITKEVERS bladrandkever *Sitona lineatus*
signalering:
- bestrijding toepassen zodra op jonge planten aantasting wordt waargenomen.

signalering:
- bestrijding toepassen zodra op jonge planten aantasting wordt waargenomen.

TRIPSEN (thysanoptera)
gewasbehandeling door spuiten
deltamethrin
    Agrichem Deltamethrin, Decis Micro, Deltamethrin E.C. 25, Splendid, Wopro Deltamethrin

TRIPSEN vroege akkertrips *Thrips angusticeps*
gewasbehandeling door spuiten
deltamethrin
    Agrichem Deltamethrin, Deltamethrin E.C. 25, Splendid, Wopro Deltamethrin

VAATZIEKTE *Fusarium oxysporum f.sp. phaseoli*
- ruime vruchtwisseling toepassen.

VETVLEKKENZIEKTE *Pseudomonas syringae pv. phaseolicola*
- resistente rassen telen.

VIRUSZIEKTEN scherpmozaïek bonenscherpmozaïekvirus
- bonen niet in de omgeving van gladiolen zaaien. Ook geen bonen na gladiolen, Montbretia's of Freesia's telen in verband met opslag hiervan.
- resistente rassen telen.

VIRUSZIEKTEN stippelstreep tabaksnecrosevirus
- vruchtwisseling toepassen, pronkbonen zijn resistent.

VLEKKENZIEKTE *Colletotrichum lindemuthianum*
- gezond uitgangsmateriaal gebruiken.
- resistente rassen telen.

VOETZIEKTE *Fusarium solani f.sp. phaseoli*
- goed pH-KCl getal creëren.
- goede cultuurtoestand creëren.
- ruime vruchtwisseling toepassen met Phaseolus-soorten.

DROGE BOON - DOPERWT

BLADLUIZEN erwtenbladluis *Acyrthosiphon pisum*
zaadbehandeling door bevochtigen
thiamethoxam
    Cruiser 350 FS

SNUITKEVERS bladrandkever *Sitona lineatus*
zaadbehandeling door bevochtigen
thiamethoxam
    Cruiser 350 FS

DROGE BOON - PEUL

BLADLUIZEN erwtenbladluis *Acyrthosiphon pisum*
zaadbehandeling door bevochtigen
thiamethoxam
    Cruiser 350 FS

SNUITKEVERS bladrandkever *Sitona lineatus*
zaadbehandeling door bevochtigen
thiamethoxam
    Cruiser 350 FS

DROGE BOON - PRONKBOON

CHLOROSE zoutovermaat
- chloorarme meststoffen toedienen of chloorhoudende meststoffen al in de herfst strooien.
- indien het beregeningswater zout is, voorkomen dat de grond te droog wordt: dus blijven beregenen.
- overvloedig water geven.
- water met een laag chloorgehalte gebruiken.

GRAUWE SCHIMMEL *Botryotinia fuckeliana*
- afgevallen bloemblaadjes niet op het gewas laten liggen.
- bij een te zwaar gewas blad dunnen.
- minder vatbare rassen telen.
- ruime plantafstand aanhouden.
- zwaar gewas en dichte stand voorkomen.

ROEST *Uromyces appendiculatus var. appendiculatus*
- geen specifieke niet-chemische maatregel bekend.

DROGE BOON - SNIJBOON

GRAUWE SCHIMMEL *Botryotinia fuckeliana*
- afgevallen bloemblaadjes niet op het gewas laten liggen.
- bij een te zwaar gewas blad dunnen.
- minder vatbare rassen telen.
- ruime plantafstand aanhouden.
- voor een niet te weelderige gewas zorgen.
- zwaar gewas en dichte stand voorkomen.

MIJTEN bonenspintmijt *Tetranychus urticae*
- gezond uitgangsmateriaal gebruiken.
- spint in de voorafgaande teelt bestrijden.
- vruchtwisseling toepassen.

TRIPSEN californische trips *Frankliniella occidentalis*
- gezond uitgangsmateriaal gebruiken.
- onkruid bestrijden.
- vruchtwisseling toepassen.

DROGE BOON - SPERZIEBOON

CHLOROSE zoutovermaat
- chloorarme meststoffen toedienen of chloorhoudende meststoffen al in de herfst strooien.
- indien het beregeningswater zout is, voorkomen dat de grond te droog wordt: dus blijven beregenen.
- overvloedig water geven.
- water met een laag chloorgehalte gebruiken.

GRAUWE SCHIMMEL *Botryotinia fuckeliana*
- afgevallen bloemblaadjes niet op het gewas laten liggen.
- bij een te zwaar gewas blad dunnen.
- minder vatbare rassen telen.
- zwaar gewas en dichte stand voorkomen.

ROEST *Uromyces appendiculatus var. appendiculatus*
- geen specifieke niet-chemische maatregel bekend.

TRIPSEN californische trips *Frankliniella occidentalis*
- gezond uitgangsmateriaal gebruiken.
- onkruid bestrijden.
- vruchtwisseling toepassen.

VIRUSZIEKTEN scherpmozaïek bonenscherpmozaïekvirus
- resistente rassen telen.

DROGE ERWT

AALTJES erwtencysteaaltje *Heterodera goettingiana*
- ruime vruchtwisseling toepassen van erwten, wikke, tuin- en veldbonen.

AALTJES geel bietencysteaaltje *Heterodera betae*
- erwten niet op zwaar besmette percelen telen.
signalering:
- grondonderzoek laten uitvoeren.

AALTJES gewoon wortellesieaaltje *Pratylenchus penetrans*
- vruchtwisseling toepassen, geen granen, maïs, grassen, aardappel, knolselderij, peen en vlinderbloemigen als voorvrucht telen. Biet en kruisbloemigen zijn goede voorvruchten.

AALTJES maiswortelknobbelaaltje *Meloidogyne chitwoodi*
DIT IS EEN QUARANTAINE-ORGANISME

AALTJES noordelijk wortelknobbelaaltje *Meloidogyne hapla*
- ruime vruchtwisseling toepassen.
- zwarte braak toepassen in de zomer of bepaalde rassen bladrammenas toepassen als vanggewas.
signalering:
- grondonderzoek laten uitvoeren.

AALTJES stengelaaltje *Ditylenchus dipsaci*
DIT IS EEN QUARANTAINE-ORGANISME

BACTERIEBRAND *Pseudomonas syringae pv. pisi*
- gezond uitgangsmateriaal gebruiken.

BLADLUIZEN erwtenbladluis *Acyrthosiphon pisum*
zaadbehandeling door bevochtigen
thiamethoxam
    Cruiser 350 FS

DONKERE-VLEKKENZIEKTE *Mycosphaerella pinodes*
- gezond uitgangsmateriaal gebruiken.
- opslag verwijderen en vernietigen.
- stro verwijderen en vernietigen.
- voor goede groeiomstandigheden zorgen.
- vruchtwisseling toepassen.
zaadbehandeling door mengen
cymoxanil / fludioxonil / metalaxyl-M
    Wakil XL

ECHTE MEELDAUW *Erysiphe pisi var. pisi*
- vroeg zaaien.
- vroege rassen telen.
signalering:
- bestrijding toepassen bij 50 procent halm bezetting.

FUSARIUM-VOETZIEKTE *Fusarium soorten*
- gewasresten verwijderen.
- gezond uitgangsmateriaal gebruiken.
- minder vatbare rassen telen.
- niet op matig of zwaar besmette percelen telen.
- vruchtwisseling toepassen.

GRAUWE SCHIMMEL *Botryotinia fuckeliana*
- goede rassenkeuze maken.

KALIUMGEBREK
- tot begin juli met kalisulfaat (patentkali) bemesten.
- voor een goede kalitoestand van de grond of van het groeimedium zorgen, gecombineerd met een juiste bemesting.

KIEMPLANTENZIEKTE *Pythium soorten*
zaadbehandeling door mengen
cymoxanil / fludioxonil / metalaxyl-M
    Wakil XL
zaadbehandeling door spuiten
metalaxyl-M
    Apron XL

LICHTE-VLEKKENZIEKTE *Ascochyta pisi*
zaadbehandeling door mengen
cymoxanil / fludioxonil / metalaxyl-M
    Wakil XL

MANGAANGEBREK
- gewas tijdens de bloei met mangaansulfaat bespuiten.
- goed bemesten, zonodig mangaansulfaat spuiten. Mangaan verplaatst zich niet in de plant dus een herhaalde toepassing kan nodig zijn.

RUPSEN erwtenpeulboorder *Cydia nigricana*
gewasbehandeling door spuiten
deltamethrin
    Decis Micro

SCHIMMELS
zaadbehandeling door mengen
thiram
    Proseed
zaadbehandeling door slurry
thiram
    Hermosan 80 WG, Thiram Granuflo

SCLEROTIËNROT *Sclerotinia sclerotiorum*
- geen rassen kiezen die zware gewassen opleveren welke spoedig kunnen gaan legeren.
- vruchtwisseling toepassen met grassen.
- zwaar gewas en dichte stand voorkomen.

SNUITKEVERS bladrandkever *Sitona lineatus*
gewasbehandeling door spuiten
deltamethrin
    Decis Micro
esfenvaleraat
    Sumicidin Super
zaadbehandeling door bevochtigen
thiamethoxam
    Cruiser 350 FS

TRIPSEN (thysanoptera)
gewasbehandeling door spuiten
deltamethrin
    Agrichem Deltamethrin
gewasbehandeling door spuiten
deltamethrin
    Decis Micro, Deltamethrin E.C. 25, Splendid, Wopro Deltamethrin
esfenvaleraat
    Sumicidin Super

VALSE MEELDAUW *Peronospora viciae*
zaadbehandeling door mengen
cymoxanil / fludioxonil / metalaxyl-M
    Wakil XL

VALSE MEELDAUW *Peronospora viciae f.sp. pisi*
zaadbehandeling door spuiten

metalaxyl-M
 Apron XL

VIRUSZIEKTEN enatiemozaïek erwtenenatiemozaïekvirus
- aangetaste planten(delen) verwijderen en afvoeren.
- virusvrij zaaizaad gebruiken.

VIRUSZIEKTEN geelmozaïek bonenscherpmozaïekvirus
- aangetaste planten(delen) verwijderen en afvoeren.
- resistente rassen telen.
- virus overwintert in luzerne.
- virusvrij zaaizaad gebruiken.

VIRUSZIEKTEN topvergeling erwtentopvergelingsvirus
- resistente rassen telen.
- virus overwintert in luzerne.

VIRUSZIEKTEN vroege verbruining vroege-verbruiningsvirus van erwt
- vatbare erwten niet op besmette grond telen.
- virusvrij zaaizaad gebruiken.

WORTELROT *Aphanomyces euteiches*
- grond ontwateren.
- niet op matig of zwaar besmette percelen telen.
- ruime vruchtwisseling toepassen.

DROGE ERWT - DOPERWT

SNUITKEVERS bladrandkever *Sitona lineatus*
signalering:
- als bij 25 procent van de planten vreterij wordt waargenomen een bestrijding uitvoeren.
- gewasinspecties uitvoeren.

DROGE ERWT - KIKKERERWT

GRAUWE SCHIMMEL *Botryotinia fuckeliana*
gewasbehandeling door spuiten
iprodion
 Imex Iprodion Flo, Rovral Aquaflo

SCLEROTIËNROT *Sclerotinia sclerotiorum*
gewasbehandeling door spuiten
iprodion
 Imex Iprodion Flo, Rovral Aquaflo

GINSENG

WORTELROT *Phytophthora cactorum*
- vruchtwisseling toepassen: na een teelt op hetzelfde perceel geen ginseng meer telen.
gewasbehandeling door spuiten
fluazinam
 Ohayo, Shirlan

WORTELROT *Thanatephorus cucumeris, Cylindrocarpon soorten, Fusarium soorten, Pythium soorten*
- vruchtwisseling toepassen: na een teelt op hetzelfde perceel geen ginseng meer telen.

GRANEN - GERST

AALTJES bedrieglijk maiswortelknobbelaaltje *Meloidogyne fallax*
DIT IS EEN QUARANTAINE-ORGANISME

BLADLUIZEN grote graanluis *Sitobion avenae*, roosgrasluis *Metopolophium dirhodum*, vogelkersluis *Rhopalosiphum padi*
gewasbehandeling door spuiten
deltamethrin
 Agrichem Deltamethrin, Deltamethrin E.C. 25, Splendid, Wopro Deltamethrin

BLADVLEKKENZIEKTE *Rhynchosporium secalis*
- laat zaaien.
- minder vatbare rassen telen.
- stoppel tijdig onderwerken.
gewasbehandeling door spuiten
azoxystrobin / cyproconazool
 Priori Xtra
bixafen / prothioconazool
 Aviator Xpro
bixafen / prothioconazool / tebuconazool
 Skyway Xpro
boscalid / epoxiconazool
 Venture
chloorthalonil / propiconazool
 Bravo Premium
epoxiconazool
 Opus
epoxiconazool / fenpropimorf
 Opus Team
epoxiconazool / fenpropimorf / kresoxim-methyl
 Allegro Plus
epoxiconazool / kresoxim-methyl
 Allegro
epoxiconazool / pyraclostrobin
 Comet Duo, Opera
fluoxastrobin / prothioconazool
 Fandango
picoxystrobin / waterstofperoxide
 Acanto
prochloraz
 Budget Prochloraz 45 EW, Mirage Elan, Sportak EW
propiconazool
 Tilt 250 EC
prothioconazool
 Proline
prothioconazool / trifloxystrobin
 Delaro
pyraclostrobin
 Comet

BRUINE-SCLEROTIENZIEKTE *Typhula incarnata*
- voor goede groeiomstandigheden zorgen.

ECHTE MEELDAUW *Blumeria graminis*
- geen zomergerst naast wintergerst telen.
- resistente rassen telen.
- stikstofbemesting matig toepassen.
- zwaar gewas en dichte stand voorkomen.
gewasbehandeling door spuiten
bixafen / prothioconazool
 Aviator Xpro
bixafen / prothioconazool / tebuconazool
 Skyway Xpro
fenpropidin
 Mildin 750 EC
fenpropimorf
 Corbel
fluoxastrobin / prothioconazool
 Fandango
metrafenon
 Flexity
picoxystrobin / waterstofperoxide
 Acanto
prochloraz
 Budget Prochloraz 45 EW, Mirage Elan, Sportak EW
propiconazool

Tilt 250 EC
prothioconazool
    Proline
prothioconazool / trifloxystrobin
    Delaro
trifloxystrobin
    Twist

FRITVLIEG *Oscinella frit*
- najaarsgeneratie: niet te snel na het ploegen graan zaaien.
- najaarsgeneratie: vergrassing van de voor wintergranen bestemde percelen voorkomen.
- najaarsgeneratie: wintergranen laat zaaien.
- voorjaarsgeneratie: zomergranen zo vroeg mogelijk zaaien.
- zomergeneratie: geen specifieke niet-chemische maatregel bekend.

FUSARIUM-VOETZIEKTE *Fusarium culmorum, Gibberella avenacea, Gibberella zeae, Monographella nivalis*
- gekeurd uitgangsmateriaal gebruiken.
- stoppel tijdig onderwerken.
- vruchtwisseling toepassen (1 op 4 met granen).

FUSARIUM-VOETZIEKTE *Fusarium culmorum, Monographella nivalis*
zaadbehandeling door bevochtigen
prothioconazool
    Redigo
prothioconazool / tebuconazool
    Redigo Pro
zaadbehandeling door mengen
tebuconazool / thiram
    Raxil T

GALMUGGEN tarwestengelgalmug *Haplodiplosis marginata*
- kweek bestrijden.
- onder droge omstandigheden rooien.
- ruime vruchtwisseling toepassen.

HALMDODER *Gaeumannomyces graminis var. Avenae, Gaeumannomyces graminis var. Tritici*
- geen tarwe na tarwe, gerst of rogge telen.
- goede cultuurtoestand creëren.
- niet te diep zaaien.

HALMDODER *Gaeumannomyces graminis var. tritici*
zaadbehandeling door mengen
silthiofam
    Latitude

KIEM- EN BODEMSCHIMMEL *Fusarium soorten*
zaadbehandeling door bevochtigen
fludioxonil
    Beret Gold 025 FS, Beret Gold 025 FS EXC
fluoxastrobin / prothioconazool
    Bartion

LEGERING GEWAS, voorkomen van
- zwaar gewas en dichte stand voorkomen.
gewasbehandeling door spuiten
mepiquatchloride / prohexadione-calcium
    Medax TOP
trinexapac-ethyl
    Moddus 250 EC, Scitec

MOEDERKOREN *Claviceps purpurea*
- gekeurd uitgangsmateriaal gebruiken.

NETVLEKKENZIEKTE *Pyrenophora teres*
- gekeurd uitgangsmateriaal gebruiken.
- minder vatbare rassen telen.
- opslag van gerst en oogstresten vernietigen.

- zwaar gewas voorkomen.
gewasbehandeling door spuiten
azoxystrobin
    Amistar, Azoxy HF, Budget Azoxystrobin 250 SC
azoxystrobin / cyproconazool
    Priori Xtra
bixafen / prothioconazool
    Aviator Xpro
bixafen / prothioconazool / tebuconazool
    Skyway Xpro
boscalid / epoxiconazool
    Venture
epoxiconazool / fenpropimorf
    Opus Team
epoxiconazool / fenpropimorf / kresoxim-methyl
    Allegro Plus
epoxiconazool / kresoxim-methyl
    Allegro
epoxiconazool / pyraclostrobin
    Comet Duo, Opera
fluoxastrobin / prothioconazool
    Fandango
isopyrazam
    Seguris Flexi
picoxystrobin / waterstofperoxide
    Acanto
prochloraz
    Budget Prochloraz 45 EW, Mirage Elan, Sportak EW
propiconazool
    Tilt 250 EC
prothioconazool
    Proline
prothioconazool / trifloxystrobin
    Delaro
trifloxystrobin
    Twist

OOGVLEKKENZIEKTE *Pseudocercosporella herpotri-choides*
- kweek bestrijden.
- ondiep zaaien.
gewasbehandeling door spuiten
boscalid / epoxiconazool
    Venture

ROEST dwergroest *Puccinia hordei*
- graanopslag en tussenwaardplanten verwijderen of vernietigen.
- resistente rassen telen.
- wintergranen laat zaaien, zomergranen vroeg zaaien.
- zwaar gewas voorkomen.
gewasbehandeling door spuiten
azoxystrobin
    Amistar, Azoxy HF, Budget Azoxystrobin 250 SC
azoxystrobin / cyproconazool
    Priori Xtra
bixafen / prothioconazool
    Aviator Xpro
bixafen / prothioconazool / tebuconazool
    Skyway Xpro
boscalid / epoxiconazool
    Venture
chloorthalonil / propiconazool
    Bravo Premium
epoxiconazool
    Opus
epoxiconazool / fenpropimorf
    Opus Team
epoxiconazool / pyraclostrobin
    Comet Duo, Opera
fluoxastrobin / prothioconazool
    Fandango
isopyrazam
    Seguris Flexi

picoxystrobin / waterstofperoxide
  Acanto
propiconazool
  Tilt 250 EC
prothioconazool
  Proline

ROEST gele roest *Puccinia striiformis f.sp. tritici*
- graanopslag en tussenwaardplanten verwijderen of vernietigen.
- resistente rassen telen.
- wintergranen laat zaaien, zomergranen vroeg zaaien.
- zwaar gewas voorkomen.
gewasbehandeling door spuiten
epoxiconazool
  Opus
epoxiconazool / fenpropimorf
  Opus Team
fenpropimorf
  Corbel
propiconazool
  Tilt 250 EC

ROEST zwarte roest *Puccinia graminis*
- graanopslag en tussenwaardplanten verwijderen of vernietigen.
- resistente rassen telen.
- wintergranen laat zaaien, zomergranen vroeg zaaien.
- zwaar gewas voorkomen.

STEENBRAND *Tilletia caries*
zaadbehandeling door bevochtigen
fluoxastrobin / prothioconazool
  Bartion

STEENBRAND *Ustilago hordei f.sp. hordei*
- gekeurd uitgangsmateriaal gebruiken.
zaadbehandeling door bevochtigen
fludioxonil
  Beret Gold 025 FS, Beret Gold 025 FS EXC
prothioconazool
  Redigo
prothioconazool / tebuconazool
  Redigo Pro

STREPENZIEKTE *Pyrenophora graminea*
- gekeurd uitgangsmateriaal gebruiken.
zaadbehandeling door bevochtigen
fludioxonil
  Beret Gold 025 FS, Beret Gold 025 FS EXC
prothioconazool
  Redigo
prothioconazool / tebuconazool
  Redigo Pro

STUIFBRAND *Ustilago nuda f.sp. hordei*
- gekeurd uitgangsmateriaal gebruiken.
zaadbehandeling door bevochtigen
fluoxastrobin / prothioconazool
  Bartion
prothioconazool
  Redigo
prothioconazool / tebuconazool
  Redigo Pro

VIRUSZIEKTEN gerstegeelmozaïek gerstegeelmozaïekvirus
- besmetting via besmette grond voorkomen.
- resistente rassen telen.

VIRUSZIEKTEN vergelingsziekte gerstevergelingsvirus
- zomergerst zo vroeg mogelijk zaaien.

VLEKKENZIEKTE *Cochliobolus sativus*
- geen specifieke niet-chemische maatregel bekend.

VLIEGEN smalle graanvlieg *Delia coarctata*
- veronkruiding van de stoppel voorkomen of bestrijden wanneer wintergraan moet worden gezaaid.

GRANEN - HAVER

AALTJES bedrieglijk maiswortelknobbelaaltje *Meloidogyne fallax*
DIT IS EEN QUARANTAINE-ORGANISME

AALTJES havercysteaaltje *Heterodera avenae*
- grond ontsmetten ten behoeve van de bestrijding van de aardappelmoeheid is ook effectief tegen deze aaltjes.
- vruchtwisseling toepassen, niet te vaak granen telen.

BLADLUIZEN grote graanluis *Sitobion avenae*, roosgrasluis *Metopolophium dirhodum*, vogelkersluis *Rhopalosiphum padi*
gewasbehandeling door spuiten
deltamethrin
  Agrichem Deltamethrin, Deltamethrin E.C. 25, Splendid, Wopro Deltamethrin

ECHTE MEELDAUW *Blumeria graminis*
- resistente rassen telen.
- stikstofbemesting matig toepassen.
- zwaar gewas en dichte stand voorkomen.
gewasbehandeling door spuiten
bixafen / prothioconazool
  Aviator Xpro
bixafen / prothioconazool / tebuconazool
  Skyway Xpro
fenpropimorf
  Corbel

FRITVLIEG *Oscinella frit*
- najaarsgeneratie: niet te snel na het ploegen graan zaaien.
- najaarsgeneratie: vergrassing van de voor wintergranen bestemde percelen voorkomen.
- najaarsgeneratie: wintergranen laat zaaien.
- voorjaarsgeneratie: zomergranen zo vroeg mogelijk zaaien.
- zomergeneratie: geen specifieke niet-chemische maatregel bekend.

FUSARIUM-VOETZIEKTE *Fusarium culmorum*, *Gibberella avenacea*, *Gibberella zeae*, *Monographella nivalis*
- gekeurd uitgangsmateriaal gebruiken.
- stoppel tijdig onderwerken.
- vruchtwisseling toepassen (1 op 4 met granen).

FUSARIUM-VOETZIEKTE *Fusarium culmorum*, *Monographella nivalis*
zaadbehandeling door bevochtigen
prothioconazool
  Redigo
prothioconazool / tebuconazool
  Redigo Pro

KIEM- EN BODEMSCHIMMEL *Fusarium soorten*
zaadbehandeling door bevochtigen
fludioxonil
  Beret Gold 025 FS, Beret Gold 025 FS EXC

KROONROEST *Puccinia coronata*
- graanopslag en tussenwaardplanten verwijderen of vernietigen.
- resistente rassen telen.
- wintergranen laat zaaien, zomergranen vroeg zaaien.
- zwaar gewas voorkomen.
gewasbehandeling door spuiten

bixafen / prothioconazool
  Aviator Xpro
bixafen / prothioconazool / tebuconazool
  Skyway Xpro
boscalid / epoxiconazool
  Venture

LEGERING GEWAS, voorkomen van
gewasbehandeling door spuiten
trinexapac-ethyl
  Moddus 250 EC, Scitec

MANGAANGEBREK
- goed bemesten, zonodig mangaansulfaat spuiten. Mangaan verplaatst zich niet in de plant dus een herhaalde toepassing kan nodig zijn.

MIJTEN havermijt *Steneotarsonemus spirifex*
- bestrijding is doorgaans niet van belang.

ROEST zwarte roest *Puccinia graminis*
- graanopslag en tussenwaardplanten verwijderen of vernietigen.
- resistente rassen telen.
- stikstofbemesting matig toepassen.
- wintergranen laat zaaien, zomergranen vroeg zaaien.
- zwaar gewas voorkomen.

STREPENZIEKTE *Pyrenophora avenae*
- gekeurd uitgangsmateriaal gebruiken.

STUIFBRAND *Ustilago avenae f.sp. avenae*
- gekeurd uitgangsmateriaal gebruiken.
zaadbehandeling door bevochtigen
prothioconazool
  Redigo
prothioconazool / tebuconazool
  Redigo Pro

VIRUSZIEKTEN roodbladigheid gerstevergelings-virus
- zomergerst zo vroeg mogelijk zaaien.

GRANEN - ROGGE

AALTJES bedrieglijk maiswortelknobbelaaltje *Meloidogyne fallax*
DIT IS EEN QUARANTAINE-ORGANISME

AALTJES stengelaaltje *Ditylenchus dipsaci*
DIT IS EEN QUARANTAINE-ORGANISME

BLADLUIZEN grote graanluis *Sitobion avenae*, roosgrasluis *Metopolophium dirhodum*, vogelkersluis *Rhopalosiphum padi*
gewasbehandeling door spuiten
deltamethrin
  Agrichem Deltamethrin, Deltamethrin E.C. 25, Splendid, Wopro Deltamethrin

BLADVLEKKENZIEKTE *Rhynchosporium secalis*
- laat zaaien.
- minder vatbare rassen telen.
- stoppel tijdig onderwerken.
gewasbehandeling door spuiten
azoxystrobin / cyproconazool
  Priori Xtra
boscalid / epoxiconazool
  Venture
epoxiconazool
  Opus
epoxiconazool / fenpropimorf
  Opus Team
epoxiconazool / fenpropimorf / kresoxim-methyl

  Allegro Plus
epoxiconazool / kresoxim-methyl
  Allegro
prothioconazool
  Proline

BRUINE-SCLEROTIENZIEKTE *Typhula incarnata*
- voor goede groeiomstandigheden zorgen.

ECHTE MEELDAUW *Blumeria graminis*
- resistente rassen telen.
- stikstofbemesting matig toepassen.
- zwaar gewas en dichte stand voorkomen.
gewasbehandeling door spuiten
prothioconazool
  Proline

FRITVLIEG *Oscinella frit*
- najaarsgeneratie: niet te snel na het ploegen graan zaaien.
- najaarsgeneratie: vergrassing van de voor wintergranen bestemde percelen voorkomen.
- najaarsgeneratie: wintergranen laat zaaien.
- voorjaarsgeneratie: zomergranen zo vroeg mogelijk zaaien.
- zomergeneratie: geen specifieke niet-chemische maatregel bekend.

FUSARIUM-VOETZIEKTE *Fusarium culmorum, Gibberella avenacea, Gibberella zeae, Monographella nivalis*
- gekeurd uitgangsmateriaal gebruiken.
- stoppel tijdig onderwerken.
- vruchtwisseling toepassen (1 op 4 met granen).

FUSARIUM-VOETZIEKTE *Fusarium culmorum*
zaadbehandeling door bevochtigen
prothioconazool
  Redigo
prothioconazool / tebuconazool
  Redigo Pro

FUSARIUM-VOETZIEKTE *Monographella nivalis*
zaadbehandeling door bevochtigen
prothioconazool
  Redigo
prothioconazool / tebuconazool
  Redigo Pro
Pseudomonas chlororaphis stam ma342
  Cerall

HALMDODER *Gaeumannomyces graminis var. tritici*
- geen tarwe na tarwe, gerst of rogge telen.
- goede cultuurtoestand creëren.
- niet te diep zaaien.

HALSROT *Fusarium soorten*
zaadbehandeling door bevochtigen
fludioxonil
  Beret Gold 025 FS
fludioxonil
  Beret Gold 025 FS EXC

KAFJESBRUIN *Leptosphaeria nodorum*
- gekeurd uitgangsmateriaal gebruiken.
- minder vatbare rassen telen.
gewasbehandeling door spuiten
prothioconazool
  Proline

KIEM- EN BODEMSCHIMMEL *Fusarium soorten*
zaadbehandeling door bevochtigen
fludioxonil
  Beret Gold 025 FS
fludioxonil
  Beret Gold 025 FS EXC

LEGERING GEWAS, voorkomen van
gewasbehandeling door spuiten
mepiquatchloride / prohexadione-calcium
    Medax TOP
trinexapac-ethyl
    Moddus 250 EC, Scitec

MOEDERKOREN *Claviceps purpurea*
- gekeurd uitgangsmateriaal gebruiken.

OOGVLEKKENZIEKTE *Pseudocercosporella herpotri-choides*
- kweek bestrijden.
- ondiep zaaien.
- winterrogge na half oktober zaaien.
gewasbehandeling door spuiten
boscalid / epoxiconazool
    Venture

ROEST bruine roest *Puccinia hordei*
gewasbehandeling door spuiten
bixafen / prothioconazool
    Aviator Xpro
bixafen / prothioconazool / tebuconazool
    Skyway Xpro
boscalid / epoxiconazool
    Venture
epoxiconazool / fenpropimorf / kresoxim-methyl
    Allegro Plus

ROEST bruine roest *Puccinia recondita*
- graanopslag en tussenwaardplanten verwijderen of vernie-tigen.
- resistente rassen telen.
- wintergranen laat zaaien, zomergranen vroeg zaaien.
- zwaar gewas voorkomen.
gewasbehandeling door spuiten
azoxystrobin / cyproconazool
    Priori Xtra
epoxiconazool / fenpropimorf
    Opus Team
epoxiconazool / fenpropimorf / kresoxim-methyl
    Allegro Plus
epoxiconazool / kresoxim-methyl
    Allegro
epoxiconazool / pyraclostrobin
    Comet Duo, Opera
fenpropimorf
    Corbel
isopyrazam
    Seguris Flexi
prothioconazool
    Proline
pyraclostrobin
    Comet

ROEST zwarte roest *Puccinia graminis*
- graanopslag en tussenwaardplanten verwijderen of vernie-tigen.
- resistente rassen telen.
- wintergranen laat zaaien, zomergranen vroeg zaaien.
- zwaar gewas voorkomen.

SCHIMMELS
zaadbehandeling door mengen
thiram
    Proseed
zaadbehandeling door slurry
thiram
    Hermosan 80 WG, Thiram Granuflo

VLIEGEN smalle graanvlieg *Delia coarctata*
- veronkruiding van de stoppel voorkomen of bestrijden wanneer wintergraan moet worden gezaaid.

BLADVLEKKENZIEKTE *Mycosphaerella graminicola*
gewasbehandeling door spuiten
bixafen / prothioconazool
    Aviator Xpro
bixafen / prothioconazool / tebuconazool
    Skyway Xpro
isopyrazam
    Seguris Flexi
metconazool
    Caramba
prothioconazool / trifloxystrobin
    Delaro

ECHTE MEELDAUW *Blumeria graminis*
gewasbehandeling door spuiten
bixafen / prothioconazool
    Aviator Xpro
bixafen / prothioconazool / tebuconazool
    Skyway Xpro
metrafenon
    Flexity
prothioconazool / trifloxystrobin
    Delaro

FUSARIUMZIEKTEN *Fusarium soorten*
gewasbehandeling door spuiten
bixafen / prothioconazool
    Aviator Xpro
bixafen / prothioconazool / tebuconazool
    Skyway Xpro
metconazool
    Caramba
prothioconazool / trifloxystrobin
    Delaro

GELE BLADVLEKKENZIEKTE *Pyrenophora tritici-repentis*
gewasbehandeling door spuiten
bixafen / prothioconazool
    Aviator Xpro
bixafen / prothioconazool / tebuconazool
    Skyway Xpro
prothioconazool / trifloxystrobin
    Delaro

KAFJESBRUIN *Leptosphaeria nodorum*
gewasbehandeling door spuiten
bixafen / prothioconazool
    Aviator Xpro
bixafen / prothioconazool / tebuconazool
    Skyway Xpro
metconazool
    Caramba
prothioconazool / trifloxystrobin
    Delaro

LEGERING GEWAS, voorkomen van
gewasbehandeling door spuiten
trinexapac-ethyl
    Moddus 250 EC

ROEST bruine roest *Puccinia hordei*
gewasbehandeling door spuiten
isopyrazam
    Seguris Flexi
metconazool
    Caramba
prothioconazool / trifloxystrobin
    Delaro

ROEST gele roest *Puccinia striiformis var. striiformis*
gewasbehandeling door spuiten

prothioconazool / trifloxystrobin
Delaro

GRANEN - TARWE

AALTJES bedrieglijk maiswortelknobbelaaltje
Meloidogyne fallax
DIT IS EEN QUARANTAINE-ORGANISME

AALTJES vrijlevende wortelaaltjes (trichododidae)
- vruchtwisseling toepassen: de teelt van bladrammenas drukt
  de populatie.

BLADLUIZEN (Aphididae)
gewasbehandeling door spuiten
flonicamid
Teppeki

BLADLUIZEN grote graanluis *Sitobion avenae, roos-grasluis Metopolophium dirhodum, vogelkersluis Rhopalosiphum padi*
gewasbehandeling door spuiten
deltamethrin
Agrichem Deltamethrin, Deltamethrin E.C. 25, Splendid,
Wopro Deltamethrin

BLADVLEKKENZIEKTE *Mycosphaerella graminicola*
- minder vatbare rassen telen.
- stoppel tijdig onderwerken.
- wintertarwe laat zaaien.
gewasbehandeling door spuiten
azoxystrobin
Amistar, Azoxy HF, Budget Azoxystrobin 250 SC
azoxystrobin / chloorthalonil
Olympus
azoxystrobin / cyproconazool
Priori Xtra
bixafen / prothioconazool
Aviator Xpro
bixafen / prothioconazool / tebuconazool
Skyway Xpro
boscalid / epoxiconazool
Venture
chloorthalonil
Budget Chloorthalonil 500 SC, Daconil 500 Vloeibaar
chloorthalonil / propiconazool
Bravo Premium
cyproconazool / trifloxystrobin
Sphere
epoxiconazool
Opus
epoxiconazool / fenpropimorf
Opus Team
epoxiconazool / fenpropimorf / kresoxim-methyl
Allegro Plus
epoxiconazool / kresoxim-methyl
Allegro
epoxiconazool / pyraclostrobin
Comet Duo, Opera
fenpropimorf
Corbel
fluoxastrobin / prothioconazool
Fandango
isopyrazam
Seguris Flexi
mancozeb
Brabant Mancozeb Flowable, Dithane DG Newtec, Fythane
DG, Manconyl 2, Mastana SC, Penncozeb 80 WP, Penncozeb
DG, Tridex 80 WP, Tridex DG, Vondozeb DG
maneb
Trimangol 80 WP, Trimangol DG, Vondac DG
metconazool
Caramba
picoxystrobin / waterstofperoxide

Acanto
prochloraz
Budget Prochloraz 45 EW, Mirage 45 EC, Mirage Elan,
Sportak EW
propiconazool
Tilt 250 EC
prothioconazool
Proline
prothioconazool / tebuconazool
Prosaro
prothioconazool / trifloxystrobin
Delaro
pyraclostrobin
Comet
tebuconazool / triadimenol
Matador
thiofanaat-methyl
Topsin M Vloeibaar
trifloxystrobin
Twist

BRUINE-SCLEROTIENZIEKTE *Typhula incarnata*
- voor goede groeiomstandigheden zorgen.

ECHTE MEELDAUW *Blumeria graminis*
- resistente rassen telen.
- stikstofbemesting matig toepassen.
- tarwestoppel tijdig en onderwerken.
- wintergranen laat zaaien, zomergranen vroeg zaaien.
- zwaar gewas en dichte stand voorkomen.
gewasbehandeling door spuiten
azoxystrobin
Amistar, Azoxy HF, Budget Azoxystrobin 250 SC
azoxystrobin / chloorthalonil
Olympus
azoxystrobin / cyproconazool
Priori Xtra
bixafen / prothioconazool
Aviator Xpro
bixafen / prothioconazool / tebuconazool
Skyway Xpro
cyproconazool / trifloxystrobin
Sphere
epoxiconazool / fenpropimorf
Opus Team
epoxiconazool / fenpropimorf / kresoxim-methyl
Allegro Plus
epoxiconazool / kresoxim-methyl
Allegro
epoxiconazool / pyraclostrobin
Comet Duo, Opera
fenpropidin
Mildin 750 EC
fenpropimorf
Corbel
fluoxastrobin / prothioconazool
Fandango
mancozeb
Brabant Mancozeb Flowable, Mastana SC
metrafenon
Flexity
picoxystrobin / waterstofperoxide
Acanto
prochloraz
Budget Prochloraz 45 EW, Mirage Elan, Sportak EW
propiconazool
Tilt 250 EC
prothioconazool
Proline
prothioconazool / tebuconazool
Prosaro
prothioconazool / trifloxystrobin
Delaro
tebuconazool / triadimenol

Matador
thiofanaat-methyl
 Topsin M Vloeibaar
trifloxystrobin
 Twist
zwavel
 Brabant Spuitzwavel 2, Kumulus S, Thiovit Jet

FRITVLIEG *Oscinella frit*
- najaarsgeneratie: niet te snel na het ploegen graan zaaien.
- najaarsgeneratie: vergrassing van de voor wintergranen bestemde percelen voorkomen.
- najaarsgeneratie: wintergranen laat zaaien.
- voorjaarsgeneratie: zomergranen zo vroeg mogelijk zaaien.
- zomergeneratie: geen specifieke niet-chemische maatregel bekend.

FUSARIUM-VOETZIEKTE *Fusarium culmorum*
- gekeurd uitgangsmateriaal gebruiken.
- stoppel tijdig onderwerken.
- vruchtwisseling toepassen (1 op 4 met granen).
gewasbehandeling door spuiten
fluoxastrobin / prothioconazool
 Fandango
mancozeb
 Brabant Mancozeb Flowable, Mastana SC

FUSARIUM-VOETZIEKTE *Gibberella avenacea, Gibberella zeae, Monographella nivalis*
- gekeurd uitgangsmateriaal gebruiken.
- stoppel tijdig onderwerken.
- vruchtwisseling toepassen (1 op 4 met granen).
gewasbehandeling door spuiten
mancozeb
 Brabant Mancozeb Flowable, Mastana SC

FUSARIUM-VOETZIEKTE *Fusarium culmorum*
- gekeurd uitgangsmateriaal gebruiken.
- stoppel tijdig onderwerken.
- vruchtwisseling toepassen (1 op 4 met granen).
gewasbehandeling door spuiten
fluoxastrobin / prothioconazool
 Fandango
mancozeb
 Brabant Mancozeb Flowable, Mastana SC
zaadbehandeling door bevochtigen
prothioconazool
 Redigo
prothioconazool / tebuconazool
 Redigo Pro
zaadbehandeling door mengen
tebuconazool / thiram
 Raxil T
Pseudomonas chlororaphis stam ma342
 Cerall
tebuconazool / thiram
 Raxil T

FUSARIUMZIEKTEN *Fusarium soorten*
gewasbehandeling door spuiten
bixafen / prothioconazool
 Aviator Xpro
bixafen / prothioconazool / tebuconazool
 Skyway Xpro
metconazool
 Caramba
prothioconazool
 Proline
prothioconazool / tebuconazool
 Prosaro
prothioconazool / trifloxystrobin
 Delaro
zaadbehandeling door bevochtigen
fludioxonil

 Beret Gold 025 FS, Beret Gold 025 FS EXC
fluoxastrobin / prothioconazool
 Bartion

GALMUGGEN gele tarwegalmug *Contarinia tritici,* oranje tarwegalmug *Sitodiplosis mosellana*
- bestrijding is doorgaans niet van belang.

GALMUGGEN tarwestengelgalmug *Haplodiplosis marginata*
- kweek bestrijden.
- onder droge omstandigheden rooien.
- ruime vruchtwisseling toepassen.

GELE BLADVLEKKENZIEKTE *Pyrenophora tritici-repentis*
gewasbehandeling door spuiten
bixafen / prothioconazool
 Aviator Xpro
bixafen / prothioconazool / tebuconazool
 Skyway Xpro
boscalid / epoxiconazool
 Venture
epoxiconazool / pyraclostrobin
 Comet Duo, Opera
fluoxastrobin / prothioconazool
 Fandango
picoxystrobin / waterstofperoxide
 Acanto
prothioconazool
 Proline
prothioconazool / tebuconazool
 Prosaro
prothioconazool / trifloxystrobin
 Delaro

HALMDODER *Gaeumannomyces graminis var. Avenae, Gaeumannomyces graminis var. tritici*
- geen tarwe na tarwe, gerst of rogge telen.
- goede cultuurtoestand creëren.
- niet te diep zaaien.
zaadbehandeling door mengen
silthiofam
 Latitude

KAFJESBRUIN *Leptosphaeria nodorum*
- gekeurd uitgangsmateriaal gebruiken.
- minder vatbare rassen telen.
gewasbehandeling door spuiten
azoxystrobin
 Amistar, Azoxy HF, Budget Azoxystrobin 250 SC
azoxystrobin / chloorthalonil
 Olympus
azoxystrobin / cyproconazool
 Priori Xtra
bixafen / prothioconazool
 Aviator Xpro
bixafen / prothioconazool / tebuconazool
 Skyway Xpro
chloorthalonil
 Budget Chloorthalonil 500 SC, Daconil 500 Vloeibaar
chloorthalonil / propiconazool
 Bravo Premium
cyproconazool / trifloxystrobin
 Sphere
epoxiconazool
 Opus
epoxiconazool / fenpropimorf
 Opus Team
epoxiconazool / fenpropimorf / kresoxim-methyl
 Allegro Plus
epoxiconazool / kresoxim-methyl
 Allegro
epoxiconazool / pyraclostrobin

Comet Duo, Opera
fluoxastrobin / prothioconazool
Fandango
mancozeb
Brabant Mancozeb Flowable, Mastana SC
metconazool
Caramba
picoxystrobin / waterstofperoxide
Acanto
prochloraz
Budget Prochloraz 45 EW, Mirage 45 EC, Mirage Elan, Sportak EW
propiconazool
Tilt 250 EC
prothioconazool
Proline
prothioconazool / trifloxystrobin
Delaro
pyraclostrobin
Comet
thiofanaat-methyl
Topsin M Vloeibaar
trifloxystrobin
Twist
zaadbehandeling door bevochtigen
Pseudomonas chlororaphis stam ma342
Cerall

LEGERING GEWAS, voorkomen van
gewasbehandeling door spuiten
chloormequat
Agrichem CCC 750, CeCeCe, Stabilan
mepiquatchloride / prohexadione-calcium
Medax TOP
trinexapac-ethyl
Moddus 250 EC, Scitec

MANGAANGEBREK
- goed bemesten, zonodig mangaansulfaat spuiten. Mangaan verplaatst zich niet in de plant dus een herhaalde toepassing kan nodig zijn.

MOEDERKOREN *Claviceps purpurea*
- gekeurd uitgangsmateriaal gebruiken.

MUGGEN hessische mug *Mayetiola destructor*
- bestrijding is doorgaans niet van belang.

OOGVLEKKENZIEKTE *Pseudocercosporella herpotri-choides*
- kweek bestrijden.
- ondiep zaaien.
- wintertarwe na half oktober zaaien.
gewasbehandeling door spuiten
bixafen / prothioconazool
Aviator Xpro
bixafen / prothioconazool / tebuconazool
Skyway Xpro
boscalid / epoxiconazool
Venture
fluoxastrobin / prothioconazool
Fandango
metrafenon
Flexity
prothioconazool
Proline
thiofanaat-methyl
Topsin M Vloeibaar

ROEST bruine roest *Puccinia hordei*
- graanopslag en tussenwaardplanten verwijderen of vernietigen.
- resistente rassen telen.
- wintergranen laat zaaien, zomergranen vroeg zaaien.

- zwaar gewas voorkomen.
gewasbehandeling door spuiten
azoxystrobin
Azoxy HF, Budget Azoxystrobin 250 SC
azoxystrobin / chloorthalonil
Olympus
azoxystrobin / cyproconazool
Priori Xtra
boscalid / epoxiconazool
Venture
cyproconazool / trifloxystrobin
Sphere
epoxiconazool
Opus
epoxiconazool / fenpropimorf
Opus Team
epoxiconazool / fenpropimorf / kresoxim-methyl
Allegro Plus
epoxiconazool / kresoxim-methyl
Allegro
epoxiconazool / pyraclostrobin
Comet Duo, Opera
fenpropimorf
Corbel
fluoxastrobin / prothioconazool
Fandango
mancozeb
Brabant Mancozeb Flowable
mancozeb
Mastana SC
picoxystrobin / waterstofperoxide
Acanto
propiconazool
Tilt 250 EC
prothioconazool / tebuconazool
Prosaro
prothioconazool / trifloxystrobin
Delaro
pyraclostrobin
Comet
tebuconazool / triadimenol
Matador
thiofanaat-methyl
Topsin M Vloeibaar
trifloxystrobin
Twist

ROEST bruine roest *Puccinia recondita*
gewasbehandeling door spuiten
azoxystrobin
Amistar
bixafen / prothioconazool
Aviator Xpro
bixafen / prothioconazool / tebuconazool
Skyway Xpro
chloorthalonil / propiconazool
Bravo Premium
isopyrazam
Seguris Flexi
mancozeb
Dithane DG Newtec, Fythane DG
prothioconazool
Proline

ROEST bruine roest *Puccinia recondita f.sp. tritici*
gewasbehandeling door spuiten
bixafen / prothioconazool
Aviator Xpro
bixafen / prothioconazool / tebuconazool
Skyway Xpro
isopyrazam
Seguris Flexi
metconazool
Caramba

pyraclostrobin
Comet

ROEST gele roest *Puccinia striiformis f.sp. tritici*
- graanopslag en tussenwaardplanten verwijderen of vernietigen.
- resistente rassen telen.
- wintergranen laat zaaien, zomergranen vroeg zaaien.
- zwaar gewas voorkomen.
gewasbehandeling door spuiten
azoxystrobin
Amistar, Azoxy HF, Budget Azoxystrobin 250 SC
epoxiconazool
Opus
epoxiconazool / pyraclostrobin
Comet Duo
epoxiconazool / pyraclostrobin
Opera
fenpropimorf
Corbel
propiconazool
Tilt 250 EC
thiofanaat-methyl
Topsin M Vloeibaar

ROEST gele roest *Puccinia striiformis var. striiformis*
gewasbehandeling door spuiten
azoxystrobin / chloorthalonil
Olympus
azoxystrobin / cyproconazool
Priori Xtra
chloorthalonil / propiconazool
Bravo Premium
epoxiconazool / fenpropimorf / kresoxim-methyl
Allegro Plus
epoxiconazool / pyraclostrobin
Comet Duo, Opera
fluoxastrobin / prothioconazool
Fandango
picoxystrobin / waterstofperoxide
Acanto
prothioconazool
Proline
prothioconazool / tebuconazool
Prosaro
prothioconazool / trifloxystrobin
Delaro

ROEST zwarte roest *Puccinia graminis*
- graanopslag en tussenwaardplanten verwijderen of vernietigen.
- resistente rassen telen.
- wintergranen laat zaaien, zomergranen vroeg zaaien.
- zwaar gewas voorkomen.

STEENBRAND *Tilletia caries*
zaadbehandeling door bevochtigen
fludioxonil
Beret Gold 025 FS, Beret Gold 025 FS EXC
fluoxastrobin / prothioconazool
Bartion
prothioconazool
Redigo
prothioconazool / tebuconazool
Redigo Pro
Pseudomonas chlororaphis stam ma342
Cerall

STEENBRAND *Tilletia caries*
zaadbehandeling door bevochtigen
fludioxonil
Beret Gold 025 FS, Beret Gold 025 FS EXC
fluoxastrobin / prothioconazool
Bartion

prothioconazool
Redigo
prothioconazool / tebuconazool
Redigo Pro
Pseudomonas chlororaphis stam ma342
Cerall

STUIFBRAND *Ustilago nuda f.sp. tritici, Ustilago nuda f.sp. tritici*
- gekeurd uitgangsmateriaal gebruiken.
zaadbehandeling door bevochtigen
fluoxastrobin / prothioconazool
Bartion
prothioconazool
Redigo
prothioconazool / tebuconazool
Redigo Pro

VLEKKENZIEKTE *Cochliobolus sativus*
- geen specifieke niet-chemische maatregel bekend.

VLIEGEN smalle graanvlieg *Delia coarctata*
- veronkruiding van de stoppel voorkomen of bestrijden wanneer wintergraan moet worden gezaaid.

ZWART zwartschimmels *Dematiaceae*
- legering trachten te voorkomen.
gewasbehandeling door spuiten
azoxystrobin
Amistar, Azoxy HF, Budget Azoxystrobin 250 SC
azoxystrobin / chloorthalonil
Olympus
mancozeb
Brabant Mancozeb Flowable, Mastana SC
picoxystrobin / waterstofperoxide
Acanto
tebuconazool / triadimenol
Matador

GRANEN - TRITICALE

AALTJES bedrieglijk maiswortelknobbelaaltje *Meloidogyne fallax*
DIT IS EEN QUARANTAINE-ORGANISME

BLADLUIZEN (Aphididae)
gewasbehandeling door spuiten
flonicamid
Teppeki

BLADLUIZEN grote graanluis *Sitobion avenae,* **roosgrasluis** *Metopolophium dirhodum,* **vogelkersluis** *Rhopalosiphum padi*
gewasbehandeling door spuiten
deltamethrin
Agrichem Deltamethrin, Deltamethrin E.C. 25, Splendid, Wopro Deltamethrin

BLADVLEKKENZIEKTE *Mycosphaerella graminicola*
- minder vatbare rassen telen.
- stoppel tijdig onderwerken.
gewasbehandeling door spuiten
bixafen / prothioconazool
Aviator Xpro
bixafen / prothioconazool / tebuconazool
Skyway Xpro
boscalid / epoxiconazool
Venture
cyproconazool / trifloxystrobin
Sphere
epoxiconazool
Opus
epoxiconazool / pyraclostrobin
Comet Duo

fluoxastrobin / prothioconazool
 Fandango
isopyrazam
 Seguris Flexi
metconazool
 Caramba
propiconazool
 Tilt 250 EC
prothioconazool
 Proline
prothioconazool / tebuconazool
 Prosaro
prothioconazool / trifloxystrobin
 Delaro
pyraclostrobin
 Comet

ECHTE MEELDAUW *Blumeria graminis*
- resistente rassen telen.
- stikstofbemesting matig toepassen.
- zwaar gewas en dichte stand voorkomen.
gewasbehandeling door spuiten
bixafen / prothioconazool
 Aviator Xpro
bixafen / prothioconazool / tebuconazool
 Skyway Xpro
cyproconazool / trifloxystrobin
 Sphere
epoxiconazool / pyraclostrobin
 Comet Duo
fenpropidin
 Mildin 750 EC
fluoxastrobin / prothioconazool
 Fandango
metrafenon
 Flexity
propiconazool
 Tilt 250 EC
prothioconazool
 Proline
prothioconazool / tebuconazool
 Prosaro
prothioconazool / trifloxystrobin
 Delaro

FRITVLIEG *Oscinella frit*
- najaarsgeneratie: niet te snel na het ploegen graan zaaien.
- najaarsgeneratie: vergrassing van de voor wintergranen bestemde percelen voorkomen.
- najaarsgeneratie: wintergranen laat zaaien.
- voorjaarsgeneratie: zomergranen zo vroeg mogelijk zaaien.
- zomergeneratie: geen specifieke niet-chemische maatregel bekend.

FUSARIUM-VOETZIEKTE *Gibberella avenacea, Gibberella zeae, Fusarium culmorum, Monographella nivalis*
- gekeurd uitgangsmateriaal gebruiken.
- stoppel tijdig onderwerken.
- vruchtwisseling toepassen (1 op 4 met granen).

FUSARIUM-VOETZIEKTE *Fusarium culmorum, Monographella nivalis*
gewasbehandeling door spuiten
fluoxastrobin / prothioconazool
 Fandango
zaadbehandeling door bevochtigen
prothioconazool
 Redigo
prothioconazool / tebuconazool
 Redigo Pro

FUSARIUMZIEKTEN *Fusarium soorten*
gewasbehandeling door spuiten

bixafen / prothioconazool
 Aviator Xpro
bixafen / prothioconazool / tebuconazool
 Skyway Xpro
metconazool
 Caramba
prothioconazool
 Proline
prothioconazool / tebuconazool
 Prosaro
prothioconazool / trifloxystrobin
 Delaro
zaadbehandeling door bevochtigen
fludioxonil
 Beret Gold 025 FS, Beret Gold 025 FS EXC

GELE BLADVLEKKENZIEKTE *Pyrenophora tritici-repentis*
gewasbehandeling door spuiten
bixafen / prothioconazool
 Aviator Xpro
bixafen / prothioconazool / tebuconazool
 Skyway Xpro
boscalid / epoxiconazool
 Venture
epoxiconazool / pyraclostrobin
 Comet Duo
fluoxastrobin / prothioconazool
 Fandango
prothioconazool
 Proline
prothioconazool / tebuconazool
 Prosaro
prothioconazool / trifloxystrobin
 Delaro

KAFJESBRUIN *Leptosphaeria nodorum*
- gekeurd uitgangsmateriaal gebruiken.
- minder vatbare rassen telen.
gewasbehandeling door spuiten
bixafen / prothioconazool
 Aviator Xpro
bixafen / prothioconazool / tebuconazool
 Skyway Xpro
cyproconazool / trifloxystrobin
 Sphere
epoxiconazool
 Opus
epoxiconazool / pyraclostrobin
 Comet Duo
fluoxastrobin / prothioconazool
 Fandango
metconazool
 Caramba
propiconazool
 Tilt 250 EC
prothioconazool
 Proline
prothioconazool / trifloxystrobin
 Delaro
pyraclostrobin
 Comet

LEGERING GEWAS, voorkomen van
gewasbehandeling door spuiten
mepiquatchloride / prohexadione-calcium
 Medax TOP
trinexapac-ethyl
 Moddus 250 EC, Scitec

OOGVLEKKENZIEKTE *Pseudocercosporella herpotri-choides*
gewasbehandeling door spuiten
bixafen / prothioconazool

Aviator Xpro
bixafen / prothioconazool / tebuconazool
Skyway Xpro
boscalid / epoxiconazool
Venture
fluoxastrobin / prothioconazool
Fandango
prothioconazool
Proline

ROEST bruine roest *Puccinia hordei*
- graanopslag en tussenwaardplanten verwijderen of vernietigen.
- resistente rassen telen.
- wintergranen laat zaaien, zomergranen vroeg zaaien.
- zwaar gewas voorkomen.
gewasbehandeling door spuiten
azoxystrobin / cyproconazool
Priori Xtra
boscalid / epoxiconazool
Venture
cyproconazool / trifloxystrobin
Sphere
epoxiconazool
Opus
epoxiconazool / pyraclostrobin
Comet Duo
fluoxastrobin / prothioconazool
Fandango
metconazool
Caramba
propiconazool
Tilt 250 EC
prothioconazool / tebuconazool
Prosaro
prothioconazool / trifloxystrobin
Delaro
pyraclostrobin
Comet

ROEST bruine roest *Puccinia recondita*
gewasbehandeling door spuiten
bixafen / prothioconazool
Aviator Xpro
bixafen / prothioconazool / tebuconazool
Skyway Xpro
isopyrazam
Seguris Flexi
prothioconazool
Proline

ROEST gele roest *Puccinia striiformis f.sp. tritici*
gewasbehandeling door spuiten
epoxiconazool / pyraclostrobin
Comet Duo

ROEST gele roest *Puccinia striiformis var. striiformis*
- graanopslag en tussenwaardplanten verwijderen of vernietigen.
- resistente rassen telen.
- wintergranen laat zaaien, zomergranen vroeg zaaien.
- zwaar gewas voorkomen.
gewasbehandeling door spuiten
epoxiconazool
Opus
epoxiconazool / pyraclostrobin
Comet Duo
fluoxastrobin / prothioconazool
Fandango
propiconazool
Tilt 250 EC
prothioconazool
Proline
prothioconazool / tebuconazool

Prosaro
prothioconazool / trifloxystrobin
Delaro

GRASZAAD - ENGELS RAAIGRAS

BRUINE-VLEKKENROEST *Puccinia brachypodii var. poae-nemoralis*
gewasbehandeling door spuiten
epoxiconazool / kresoxim-methyl
Allegro

ECHTE MEELDAUW *Blumeria graminis*
gewasbehandeling door spuiten
tebuconazool / triadimenol
Matador

KROONROEST *Puccinia coronata*
gewasbehandeling door spuiten
epoxiconazool / kresoxim-methyl
Allegro

KROONROEST *Puccinia coronata var. coronata*
gewasbehandeling door spuiten
tebuconazool / triadimenol
Matador

LEGERING GEWAS, voorkomen van
gewasbehandeling door spuiten
trinexapac-ethyl
Moddus 250 EC, Scitec

ROEST *Puccinia soorten*
gewasbehandeling door spuiten
cyproconazool / trifloxystrobin
Sphere

ROEST oranje-strepenroest *Puccinia poarum*
gewasbehandeling door spuiten
epoxiconazool / kresoxim-methyl
Allegro

ROEST zwarte roest *Puccinia graminis subsp. graminicola*
gewasbehandeling door spuiten
epoxiconazool / kresoxim-methyl
Allegro
tebuconazool / triadimenol
Matador

ZWART zwartschimmels *Dematiaceae*
gewasbehandeling door spuiten
epoxiconazool / kresoxim-methyl
Allegro

GRASZAAD - GRASSEN

SCHIMMELS
zaadbehandeling door mengen
thiram
Proseed
zaadbehandeling door slurry
thiram
Hermosan 80 WG, Thiram Granuflo

WEERBAARHEID, bevorderen van
zaadbehandeling door mengen
Trichoderma harzianum rifai stam t-22
Trianum-P

GRASZAAD - RAAIGRAS SOORTEN

LEGERING GEWAS, voorkomen van
gewasbehandeling door spuiten

trinexapac-ethyl
Moddus 250 EC, Scitec

GRASZAAD - RIETZWENKGRAS

LEGERING GEWAS, voorkomen van
gewasbehandeling door spuiten
trinexapac-ethyl
Moddus 250 EC, Scitec

GRASZAAD - ROODZWENKGRAS

BRUINE-VLEKKENROEST *Puccinia brachypodii var. poae-nemoralis*
gewasbehandeling door spuiten
epoxiconazool / kresoxim-methyl
Allegro

KROONROEST *Puccinia coronata*
gewasbehandeling door spuiten
epoxiconazool / kresoxim-methyl
Allegro
gewasbehandeling door spuiten
tebuconazool / triadimenol
Matador

LEGERING GEWAS, voorkomen van
gewasbehandeling door spuiten
trinexapac-ethyl
Moddus 250 EC, Scitec

ROEST oranje-strepenroest *Puccinia poarum, zwarte roest* **Puccinia graminis subsp.** *graminicola*
gewasbehandeling door spuiten
epoxiconazool / kresoxim-methyl
Allegro

ROEST *Puccinia soorten*
gewasbehandeling door spuiten
cyproconazool / trifloxystrobin
Sphere

ZWART zwartschimmels *Dematiaceae*
gewasbehandeling door spuiten
epoxiconazool / kresoxim-methyl
Allegro
gewasbehandeling door spuiten
tebuconazool / triadimenol
Matador

GRASZAAD - VELDBEEMDGRAS

BLADVLEKKENZIEKTE *Ascochyta soorten*
gewasbehandeling door spuiten
tebuconazool / triadimenol
Matador

BRUINE-VLEKKENROEST *Puccinia brachypodii var. poae-nemoralis*
gewasbehandeling door spuiten
epoxiconazool / kresoxim-methyl
Allegro
tebuconazool / triadimenol
Matador

ECHTE MEELDAUW *Blumeria graminis*
gewasbehandeling door spuiten
tebuconazool / triadimenol
Matador

GALMUGGEN graszaadstengelgalmug *Mayetiola schoberi*
gewasbehandeling door spuiten
deltamethrin

Agrichem Deltamethrin, Decis Micro, Deltamethrin E.C. 25, Splendid, Wopro Deltamethrin

KROONROEST *Puccinia coronata*
gewasbehandeling door spuiten
epoxiconazool / kresoxim-methyl
Allegro

ROEST oranje-strepenroest *Puccinia poarum*
gewasbehandeling door spuiten
epoxiconazool / kresoxim-methyl
Allegro
gewasbehandeling door spuiten
tebuconazool / triadimenol
Matador

ROEST *Puccinia soorten*
gewasbehandeling door spuiten
cyproconazool / trifloxystrobin
Sphere

ROEST zwarte roest *Puccinia graminis subsp. graminicola*
gewasbehandeling door spuiten
epoxiconazool / kresoxim-methyl
Allegro

ZWART zwartschimmels *Dematiaceae*
gewasbehandeling door spuiten
epoxiconazool / kresoxim-methyl
Allegro
gewasbehandeling door spuiten
tebuconazool / triadimenol
Matador

HOP

BLADLUIZEN hopluis *Phorodon humuli*
stengelbehandeling door aanstrijken
imidacloprid
Admire O-Teq

MAIS

AALTJES bedrieglijk maiswortelknobbelaaltje *Meloidogyne fallax*
DIT IS EEN QUARANTAINE-ORGANISME

AALTJES havercysteaaltje *Heterodera avenae*
- vruchtwisseling toepassen, niet te vaak granen telen.
signalering:
- grondonderzoek laten uitvoeren.

AALTJES maiswortelknobbelaaltje *Meloidogyne chitwoodi, stengelaaltje Ditylenchus dipsaci*
DIT IS EEN QUARANTAINE-ORGANISME

BLADHAANTJES maiswortelkever *Diabrotica virgifera virgifera*
DIT IS EEN QUARANTAINE-ORGANISME

BLADLUIZEN grote graanluis *Sitobion avenae, roos-grasluis Metopolophium dirhodum, vogelkersluis Rhopalosiphum padi*
zaadbehandeling door bevochtigen
clothianidine
Poncho Rood
zaadbehandeling door slurry
imidacloprid
Gaucho Rood

BORIUMOVERMAAT
- basisch werkende meststoffen gebruiken.
- pH door bekalking verhogen.

- veel water geven.

BUILENBRAND *Ustilago maydis*
- bedrijfshygiëne stringent doorvoeren en builen zoveel mogelijk verwijderen.
- minder vatbare rassen telen.
- voor goede groeiomstandigheden zorgen.

CICADE *Zyginidia scutellaris*
zaadbehandeling door slurry
imidacloprid
    Gaucho Rood

FOSFORGEBREK
- alleen bij een zeer vroegtijdige onderkenning van fosfaatgebrek kan met een aanvullende (rijen)bemesting met mono-ammoniumfosfaat of trippelsuperfosfaat nog iets worden bereikt.
- voor een goede voedingstoestand van de grond zorgen.

FRITVLIEG *Oscinella frit*
zaadbehandeling door bevochtigen
clothianidine
    Poncho Rood
methiocarb
    Mesurol FS
thiamethoxam
    Cruiser 350 FS

HALSROT *Fusarium soorten*
- tijdig oogsten.
- vocht- en kalivoorziening optimaliseren.

KALIUMGEBREK
- tot begin juli met kalisulfaat (patentkali) bemesten.
- voor een goede kalitoestand van de grond of van het groeimedium zorgen, gecombineerd met een juiste bemesting.

KIEMPLANTENZIEKTE *Pythium soorten*
- niet te vroeg zaaien.
- regelmatige zaaidiepte van 4-5 cm hanteren.
- structuur van de grond verbeteren.
zaadbehandeling door spuiten
fludioxonil / metalaxyl-M
    Maxim XL

KOLFSCHIMMEL *Gibberella zeae*
- aangetaste kolven zo vlug mogelijk drogen.
- korrels van aangetaste kolven niet voor zaaizaad gebruiken.

KOLFSCHIMMEL (kolfschimmel mais) *Fusarium 'kolfschimmel mais'*
- aangetaste kolven zo vlug mogelijk drogen.
- korrels van aangetaste kolven niet voor zaaizaad gebruiken.
- minder vatbare en stevige rassen telen.
- zwaar gewas en dichte stand voorkomen.

KOLFSTEELROT (kolfsteelrot mais) *Fusarium 'kolfsteelrot mais'*
- minder vatbare en stevige rassen telen.
- tijdig oogsten.
- vocht- en kalivoorziening optimaliseren.
- zwaar gewas en dichte stand voorkomen.

MAGNESIUMGEBREK
- akkerbouwgewassen en bloembollen op kleigronden niet bemesten, maar een bladbespuiting met meststof uitvoeren zodra zich gebrekverschijnselen voordoen.
- bladbemesting toepassen.
- pH verhogen.
- voor een goede voedingstoestand van de grond zorgen.

MANGAANGEBREK
- goed bemesten, zonodig mangaansulfaat spuiten. Mangaan verplaatst zich niet in de plant dus een herhaalde toepassing kan nodig zijn.

PAARSE-VLEKKENZIEKTE onbekende non-parasitaire factor 1
- geen specifieke niet-chemische maatregel bekend.

RITNAALDEN *Agriotes soorten*
zaadbehandeling door bevochtigen
clothianidine
    Poncho Rood
thiamethoxam
    Cruiser 350 FS
zaadbehandeling door slurry
imidacloprid
    Gaucho Rood

RUPSEN aardappelstengelboorder *Hydraecia micacea*
- bedrijfshygiëne stringent doorvoeren en builen zoveel mogelijk verwijderen.
- minder vatbare rassen telen.
- voor goede groeiomstandigheden zorgen.

SCHIMMELS
zaadbehandeling door mengen
thiram
    Proseed
zaadbehandeling door slurry
thiram
    Hermosan 80 WG
zaadbehandeling door slurry
thiram
    Thiram Granuflo

STENGELNATROT *Erwinia carotovora subsp. Carotovora, Pseudomonas soorten*
- geen specifieke niet-chemische maatregel bekend.

STIKSTOFGEBREK
- stikstofbemesting uitvoeren, vaste stikstofmeststoffen zo nodig inregenen.

VOGELS duiven (columbidae), fazant *Phasianus colchicus*, kraaien (corvidae)
zaadbehandeling door bevochtigen
methiocarb
    Mesurol FS

WORTELVERBRUINING (wortelverbruining mais) *Fusarium 'wortelverbruining mais'*
- minder vatbare rassen telen.
- ruime vruchtwisseling toepassen.
- structuur van de grond verbeteren.
zaadbehandeling door spuiten
fludioxonil / metalaxyl-M
    Maxim XL

OLIE- EN VEZELGEWASSEN - CRAMBE

BLADVLEKKENZIEKTE *Alternaria brassicae*
gewasbehandeling door spuiten
boscalid / pyraclostrobin
    Signum

OLIE- EN VEZELGEWASSEN - ECHIUM SOORTEN

SCLEROTIËNROT *Sclerotinia sclerotiorum*
gewasbehandeling door spuiten
iprodion
    Rovral Aquaflo

OLIE- EN VEZELGEWASSEN - ECHTE KARWIJ

AALTJES gewoon wortellesieaaltje *Pratylenchus penetrans*
- vruchtwisseling toepassen, geen granen, maïs, grassen, aardappel, knolselderij, peen en vlinderbloemigen als voorvrucht telen. Biet en kruisbloemigen zijn goede voorvruchten.

BLADLUIZEN (Aphididae)
gewasbehandeling door spuiten
pirimicarb
 Pirimor

BLADLUIZEN wollige karwijluis *Pemphigus passeki*
- karwij niet in de nabijheid van Italiaanse of zwarte populieren telen.
- overbemesting met een snelwerkende stikstofmeststof bevordert dikwijls het herstel.

KALIUMGEBREK
- tot begin juli met kalisulfaat (patentkali) bemesten.
- voor een goede kalitoestand van de grond of van het groeimedium zorgen, gecombineerd met een juiste bemesting.

RUPSEN karwijmot *Depressaria daucella*
gewasbehandeling door spuiten
deltamethrin
 Agrichem Deltamethrin, Decis Micro, Deltamethrin E.C. 25, Splendid, Wopro Deltamethrin

SCHIMMELS
zaadbehandeling door mengen
thiram
 Proseed

SCLEROTIËNROT *Sclerotinia sclerotiorum*
- ruime vruchtwisseling toepassen.
gewasbehandeling door spuiten
iprodion
 Imex Iprodion Flo, Rovral Aquaflo

VERBRUINEN *Septoria carvi*
- geen specifieke niet-chemische maatregel bekend.

VERBRUINING *Mycocentrospora acerina*
gewasbehandeling door spuiten
boscalid / pyraclostrobin
 Signum

WORTELVLIEG *Psila rosae*
- bestrijding is doorgaans niet van belang.

OLIE- EN VEZELGEWASSEN - GEWONE ZONNEBLOEM

KIEMSCHIMMEL *Pythium soorten*
zaadbehandeling door spuiten
metalaxyl-M
 Apron XL

SCHIMMELS
zaadbehandeling door mengen
thiram
 Proseed

VALSE MEELDAUW *Plasmopara halstedii*
zaadbehandeling door spuiten
metalaxyl-M
 Apron XL

OLIE- EN VEZELGEWASSEN - HENNEP

BLADLUIZEN groene perzikluis *Myzus persicae*
gewasbehandeling door spuiten

thiacloprid
 Calypso

SCHIMMELS
zaadbehandeling door mengen
thiram
 Proseed

WITTEVLIEGEN kaswittevlieg *Trialeurodes vaporariorum*
gewasbehandeling door spuiten
thiacloprid
 Calypso

OLIE- EN VEZELGEWASSEN - KOOLZAAD

AALTJES graswortelknobbelaaltje *Meloidogyne naasi*, koolcysteaaltje *Heterodera cruciferae*
- vruchtwisseling toepassen, niet te vaak kruisbloemigen telen.

AALTJES maiswortelknobbelaaltje *Meloidogyne chitwoodi*
DIT IS EEN QUARANTAINE-ORGANISME

AALTJES noordelijk wortelknobbelaaltje *Meloidogyne hapla*
- zwarte braak toepassen in de zomer of bepaalde rassen bladrammenas toepassen als vanggewas.
- ruime vruchtwisseling toepassen.

AALTJES vrijlevende wortelaaltjes (trichododidae)
- natte grondontsmetting ten behoeve van de bestrijding van aardappelmoeheid is ook effectief tegen deze aaltjes.

AALTJES wit bietencysteaaltje *Heterodera schachtii*
- crucifere groenbemester met resistentie als vanggewas telen in de braak. Meest geschikt is bladrammenas of gele mosterd. Met een laatbloeiend ras kunnen vergelijkbare effecten worden bereikt als met natte grondbewerking.
- resistente rassen telen.
- vruchtwisseling toepassen.
signalering:
- grondonderzoek laten uitvoeren.
- niet vaker dan éénmaal in de 5 jaar bieten of een ander waardgewas telen. Bij intensieve teelt regelmatig grondonderzoek laten uitvoeren. Kruisbloemige gewassen zoals koolzaad en spruitkool zijn ook goede waardplanten. Erwten en bonen zijn gevoelig voor a

AARDVLOOIEN koolzaadaardvlo *Psylliodes chrysocephala*
gewasbehandeling door spuiten
cypermethrin
 Cyperkill 250 EC

BLADVLEKKENZIEKTE spikkelziekte *Alternaria soorten*
- bij laat en ernstig optreden, zaadverlies voorkomen door het gewas zo spoedig mogelijk te maaien en te laten narijpen.

BLADVLEKKENZIEKTEN spikkelziekte *Alternaria brassicae*, *Alternaria brassicicola*
- bij laat en ernstig optreden, zaadverlies voorkomen door het gewas zo spoedig mogelijk te maaien en te laten narijpen.
gewasbehandeling door spuiten
iprodion
 Imex Iprodion Flo, Rovral Aquaflo
gewasbehandeling door spuiten
tebuconazool
 Folicur SC

GALMUGGEN koolzaadhauwgalmug *Dasineura brassicae*
- bestrijding van de koolzaadsnuitkever voorkomt aantasting door de koolzaadhauwgalmug.

KALIUMGEBREK
- voor een goede kalitoestand van de grond of van het groeimedium zorgen, gecombineerd met een juiste bemesting.
- tot begin juli met kalisulfaat (patentkali) bemesten.

KANKERSTRONKEN *Leptosphaeria maculans*
- resistente rassen telen.
- ruime vruchtwisseling toepassen.
- stro verwijderen en vernietigen.
- zwaar gewas voorkomen.
gewasbehandeling door spuiten
difenoconazool
    Score 250 EC
metconazool
    Caramba

LEGERING GEWAS, voorkomen van
gewasbehandeling door spuiten
metconazool
    Caramba
trinexapac-ethyl
    Moddus 250 EC, Scitec

MINEERVLIEGEN koolmineervlieg *Phytomyza rufipes*, **tuinmineervlieg** *Chromatomyia horticola*
- bestrijden van de koolzaadaardvlo heeft een nevenwerking tegen mineervlieg.

SAPKEVERS koolzaadglanskever *Meligethes aeneus*
gewasbehandeling door spuiten
cypermethrin
    Cyperkill 250 EC
deltamethrin
    Agrichem Deltamethrin, Decis Micro, Deltamethrin E.C. 25, Splendid, Wopro Deltamethrin
indoxacarb
    Steward

SCHIMMELS
zaadbehandeling door mengen
thiram
    Proseed
zaadbehandeling door slurry
thiram
    Hermosan 80 WG, Thiram Granuflo

SCLEROTIËNROT *Sclerotinia sclerotiorum*
- ruime vruchtwisseling toepassen.
- stro verwijderen en vernietigen.
- zwaar gewas voorkomen.

SNUITKEVERS galboorsnuitkever *Ceutorhynchus pleurostigma*
- niet te vaak kruisbloemige gewassen telen.
- vruchtwisseling toepassen.

SNUITKEVERS koolzaadsnuitkever *Ceutorhynchus assimilis*
gewasbehandeling door spuiten
cypermethrin
    Cyperkill 250 EC
deltamethrin
    Agrichem Deltamethrin, Decis Micro, Deltamethrin E.C. 25, Splendid, Wopro Deltamethrin

VALSE MEELDAUW *Peronospora parasitica*
- bestrijding is doorgaans niet van belang.

VLEKKENZIEKTE *Pyrenopeziza brassicae*
- minder vatbare rassen telen.

OLIE- EN VEZELGEWASSEN - VLAS

AALTJES gewoon wortellesieaaltje *Pratylenchus penetrans*
- vruchtwisseling toepassen, geen granen, maïs, grassen, aardappel, knolselderij, peen en vlinderbloemigen als voorvrucht telen. Biet en kruisbloemigen zijn goede voorvruchten.

AALTJES noordelijk wortelknobbelaaltje *Meloidogyne hapla*
- ruime vruchtwisseling toepassen.
- zwarte braak toepassen in de zomer of bepaalde rassen bladrammenas toepassen als vanggewas.
signalering:
- grondonderzoek laten uitvoeren.

AALTJES stengelaaltje *Ditylenchus dipsaci*
DIT IS EEN QUARANTAINE-ORGANISME

AARDVLOOIEN kleine vlasaardvlo *Longitarsus parvulus*
- vruchtwisseling toepassen.

AARDVLOOIEN vlasaardvlo *Aphthona euphorbiae*
- vruchtwisseling toepassen.

DODE HARREL *Phoma exigua var. linicola*
- gezond uitgangsmateriaal gebruiken.
zaadbehandeling door bevochtigen
prochloraz
    Prelude 20 LF

ECHTE MEELDAUW *Oidium lini*
- bestrijding is doorgaans niet van belang.
gewasbehandeling door spuiten
difenoconazool
    Score 250 EC

FUSARIUM-VERWELKINGSZIEKTE *Fusarium oxysporum f.sp. lini*
- vlas niet op besmette grond telen.

GRAUWE SCHIMMEL *Botryotinia fuckeliana*
- aangetast gewas zo snel mogelijk oogsten.
- zwaar gewas en dichte stand voorkomen.
zaadbehandeling door mengen
iprodion
    Imex Iprodion Flo, Rovral Aquaflo

KALIUMGEBREK
- tot begin juli met kalisulfaat (patentkali) bemesten.
- voor een goede kalitoestand van de grond of van het groeimedium zorgen, gecombineerd met een juiste bemesting.

KANKER *Colletotrichum lini*
- aangetast gewas zo snel mogelijk oogsten.

KNIKZIEKTE calciumgebrek
- kalkgebrek voorkomen.

LEGERING GEWAS, voorkomen van
- bij een stikstofvoorraad hoger dan 100 kg per hectare is de teelt van vlas af te raden.
- stikstofgift afstemmen op de bodemvoorraad stikstof-mineraal.
- vroeg zaaien.

MANGAANGEBREK
- goed bemesten, zonodig mangaansulfaat spuiten. Mangaan verplaatst zich niet in de plant dus een herhaalde toepassing kan nodig zijn.

MELKZIEKTE complex non-parasitaire factoren
- voor een goed bezakt en vast zaaibed zorgen.

ROEST *Melampsora lini var. liniperda*
- dichte stand voorkomen.
- minder vatbare rassen telen.

RUPSEN topbladroller erwtetopbladroller
Cnephasia communana
- bestrijding is doorgaans niet van belang.

SCHIMMELS
zaadbehandeling door mengen
thiram
    Proseed
zaadbehandeling door slurry
thiram
    Hermosan 80 WG, Thiram Granuflo

SCLEROTIËNROT *Sclerotinia sclerotiorum*
- bestrijding is doorgaans niet van belang.
- niet na stikstofrijke voorvrucht telen.

STIKSTOFGEBREK
- stikstofbemesting uitvoeren, vaste stikstofmeststoffen zo nodig inregenen.

TRIPSEN (thysanoptera)
gewasbehandeling door spuiten
deltamethrin
    Agrichem Deltamethrin, Decis Micro, Deltamethrin E.C. 25, Splendid, Wopro Deltamethrin

TRIPSEN vlastrips *Thrips linarius*
- geen vlas na vlas, erwten of wintergranen telen.
gewasbehandeling door spuiten
deltamethrin
    Agrichem Deltamethrin, Deltamethrin E.C. 25, Splendid, Wopro Deltamethrin

TRIPSEN vroege akkertrips *Thrips angusticeps*
- geen vlas na vlas, erwten of wintergranen telen.
gewasbehandeling door spuiten
deltamethrin
    Agrichem Deltamethrin, Deltamethrin E.C. 25, Splendid, Wopro Deltamethrin

VERBRUINEN *Alternaria linicola, Guignardia fulvida*
- aangetast gewas zo snel mogelijk oogsten.

VLASBRAND *Pythium megalacanthum*
- resistente rassen telen.
- structuur van de grond verbeteren.
- vruchtwisseling toepassen.

AALTJES gewoon wortellesieaaltje *Pratylenchus penetrans*
- vruchtwisseling toepassen, geen granen, maïs, grassen, aardappel, knolselderij, peen en vlinderbloemigen als voorvrucht telen. Biet en kruisbloemigen zijn goede voorvruchten.

AALTJES maiswortelknobbelaaltje *Meloidogyne chitwoodi,* **stengelaaltje** *Ditylenchus dipsaci*
DIT IS EEN QUARANTAINE-ORGANISME

BLADLUIZEN erwtenbladluis *Acyrthosiphon pisum,* **zwarte bonenluis** *Aphis fabae*
- vroeg zaaien en tijdig toppen (tuinboon).

BLADVLEKKENZIEKTE *Ascochyta fabae, Cercospora fabae*
- gezond uitgangsmateriaal gebruiken.

BONENKEVERS tuinbonenkever *Bruchus rufimanus*
- besmet zaad vernietigen.

SNUITKEVERS bladrandkever *Sitona lineatus*
gewasbehandeling door spuiten
deltamethrin
    Agrichem Deltamethrin, Decis Micro, Deltamethrin E.C. 25, Splendid, Wopro Deltamethrin

SNUITKEVERS kleine klaversnuitkever *Apion assimile*
- geen specifieke niet-chemische maatregel bekend.

VALSE MEELDAUW *Peronospora viciae*
- minder vatbare rassen telen.
- zwaar gewas en dichte stand voorkomen.

VIRUSZIEKTEN enatiemozaïek erwtenenatiemoza-iekviru
- aangetaste planten(delen) verwijderen en afvoeren.
- virusvrij zaaizaad gebruiken.

VIRUSZIEKTEN mozaïek bonenscherpmozaïekvirus
- aangetaste planten(delen) verwijderen en afvoeren.
- bonen niet in de omgeving van gladiolen zaaien. Ook geen bonen na gladiolen, Montbretia's of Freesia's telen in verband met opslag hiervan.
- vroeg zaaien.

VIRUSZIEKTEN topvergeling erwtentopvergelings-virus
- bladluizen bestrijden.
- minder vatbare rassen telen.
- nabijheid van luzerne voorkomen en zo vroeg mogelijk zaaien.

VOETZIEKTE *Fusarium solani f.sp. Fabae, Fusarium solani f.sp. Phaseoli, Fusarium sp.*
- minder vatbare rassen telen.
- niet op matig of zwaar besmette percelen telen.
- vruchtwisseling toepassen.

VOETZIEKTE *Phoma pinodella*
- gekeurd uitgangsmateriaal gebruiken.

WORTELROT *Aphanomyces euteiches*
- grond ontwateren.
- niet op matig of zwaar besmette percelen telen.
- ruime vruchtwisseling toepassen.

(AFGEDRAGEN) GEWAS, doodspuiten van
gewasbehandeling door spuiten
glyfosaat
    Acomac, Agrichem Glyfosaat, Akosate, Amega, Catamaran, Clinic, Envision, Etna, Glifonex, Glycar, Glyfall, Glyfos, Glyper 360 SL, Glyphogan, Imex-Glyfosaat, Imex-Glyfosaat 2, Klaverblad-Glyfosaat, Luxan Glyfosaat Vloeibaar, Matos, MON 79632, Panic, Panic Free, Policlean, Roundup, Roundup +, Roundup Econ 400, Roundup Energy, Roundup Evolution, Roundup Force, Roundup Max, Sphinx, Torinka, Touchdown Quattro

(AFGEDRAGEN) GEWAS, doodspuiten van
gewasbehandeling door spuiten
glyfosaat
    Agrichem Glyfosaat, Agrichem Glyfosaat 2, Agrichem Glyfosaat B, Akosate, Amega, Catamaran, Clinic, Envision, Etna, Glifonex, Glycar, Glyfall, Glyfos, Glyper 360 SL,

Glyphogan, Imex-Glyfosaat, Imex-Glyfosaat 2, Klaverblad-Glyfosaat, Luxan Glyfosaat Vloeibaar, Matos, MON 79632, Panic, Panic Free, Policlean, Roundup, Roundup +, Roundup Econ 400, Roundup Energy, Roundup Evolution, Roundup Force, Roundup Max, Sphinx, Torinka, Touchdown Quattro, Wopro Glyphosate

RUPSEN (lepidoptera)
gewasbehandeling door spuiten
deltamethrin
Agrichem Deltamethrin, Decis Micro, Deltamethrin E.C. 25, Splendid, Wopro Deltamethrin

VOEDER EN GROENBEMESTINGGEWASSEN - BLADRAMMENAS

(AFGEDRAGEN) GEWAS, doodspuiten van
gewasbehandeling door spuiten
glyfosaat
Acomac, Agrichem Glyfosaat, Agrichem Glyfosaat 2, Agrichem Glyfosaat B, Akosate, Amega, Catamaran, Clinic, Envision, Etna, Glifonex, Glycar, Glyfall, Glyfos, Glyper 360 SL, Glyphogan, Imex-Glyfosaat, Imex-Glyfosaat 2, Klaverblad-Glyfosaat, Luxan Glyfosaat Vloeibaar, Matos, MON 79632, Panic, Panic Free, Policlean, Roundup, Roundup +, Roundup Econ 400, Roundup Energy, Roundup Evolution, Roundup Force, Roundup Max, Sphinx, Torinka, Touchdown Quattro, Wopro Glyphosate

RUPSEN (lepidoptera)
gewasbehandeling door spuiten
deltamethrin
Agrichem Deltamethrin, Decis Micro, Deltamethrin E.C. 25, Splendid, Wopro Deltamethrin

VOEDER EN GROENBEMESTINGGEWASSEN - BIET

AALTJES geel bietencysteaaltje *Heterodera betae*
- crucifere groenbemester met resistentie als vanggewas telen in de braak. Meest geschikt is bladrammenas of gele mosterd. Met een laatbloeiend ras kunnen vergelijkbare effecten worden bereikt als met natte grondbewerking.
- resistente rassen telen.
signalering:
- niet vaker dan éénmaal in de 5 jaar bieten of een ander waardgewas telen. Bij intensieve teelt regelmatig grondonderzoek laten uitvoeren. Kruisbloemige gewassen zoals koolzaad en spruitkool zijn ook goede waardplanten. Erwten en bonen zijn gevoelig voor a
- grondonderzoek laten uitvoeren.
grondbehandeling door injecteren
metam-natrium
Monam CleanStart, Monam Geconc., Nemasol
zaaivoorbehandeling door strooien
oxamyl
Vydate 10G

AALTJES graswortelknobbelaaltje *Meloidogyne naasi*
- vruchtwisseling toepassen, niet te vaak granen of grassen telen. Maïs als aaltjesvangend gewas telen.
- zwarte braak toepassen.
signalering:
- grondonderzoek laten uitvoeren.

AALTJES noordelijk wortelknobbelaaltje *Meloidogyne hapla*
- ruime vruchtwisseling toepassen.
- zwarte braak toepassen in de zomer of bepaalde rassen bladrammenas toepassen als vanggewas.

AALTJES stengelaaltje *Ditylenchus dipsaci*
DIT IS EEN QUARANTAINE-ORGANISME
grondbehandeling door injecteren

metam-natrium
Monam CleanStart, Monam Geconc., Nemasol

AALTJES vrijlevende wortelaaltjes (trichododidae)
grondbehandeling door injecteren
metam-natrium
Monam CleanStart, Monam Geconc., Nemasol

AALTJES vrijlevende wortelaaltjes (trichododidae) *Trichodorus soorten*
zaaivoorbehandeling door strooien
oxamyl
Vydate 10G

AALTJES wit bietencysteaaltje *Heterodera schachtii*
- crucifere groenbemester met resistentie als vanggewas telen in de braak. Meest geschikt is bladrammenas of gele mosterd. Met een laatbloeiend ras kunnen vergelijkbare effecten worden bereikt als met natte grondbewerking.
- resistente rassen telen.
signalering:
- grondonderzoek laten uitvoeren.
- niet vaker dan éénmaal in de 5 jaar bieten of een ander waardgewas telen. Bij intensieve teelt regelmatig grondonderzoek laten uitvoeren. Kruisbloemige gewassen zoals koolzaad en spruitkool zijn ook goede waardplanten. Erwten en bonen zijn gevoelig voor a
grondbehandeling door injecteren
metam-natrium
Monam CleanStart, Monam Geconc., Nemasol
zaaivoorbehandeling door strooien
oxamyl
Vydate 10G

AALTJES wortelknobbelaaltje *Meloidogyne soorten*
grondbehandeling door injecteren
metam-natrium
Monam CleanStart, Monam Geconc., Nemasol
zaaivoorbehandeling door strooien
oxamyl
Vydate 10G

BACTERIEVLEKKENZIEKTE *Pseudomonas syringae*
- bestrijding is doorgaans niet van belang.

BIETENVLIEG *Pegomya betae*
gewasbehandeling door spuiten
dimethoaat
Danadim 40, Dimistar Progress, Perfekthion

BLADLUIZEN (Aphididae)
gewasbehandeling door spuiten
dimethoaat
Dimistar Progress
thiacloprid
Calypso

BLADLUIZEN groene perzikluis *Myzus persicae*
gewasbehandeling door spuiten
pirimicarb
Agrichem Pirimicarb, Pirimor
thiacloprid
Calypso

BLADLUIZEN zwarte bonenluis *Aphis fabae*
gewasbehandeling door spuiten
pirimicarb
Agrichem Pirimicarb, Pirimor

BLADVLEKKENZIEKTE *Cercospora beticola*
signalering:
- schadedrempel gebruiken. Zie Bladschimmelwaarschuwingsdienst van onder andere IRS.
gewasbehandeling door spuiten

cyproconazool / trifloxystrobin
 Sphere
difenoconazool / fenpropidin
 Spyrale
epoxiconazool / kresoxim-methyl
 Allegro

BLADVLEKKENZIEKTE *Ramularia beticola*
- ruime vruchtwisseling toepassen.
gewasbehandeling door spuiten
cyproconazool / trifloxystrobin
 Sphere
difenoconazool / fenpropidin
 Spyrale
epoxiconazool / kresoxim-methyl
 Allegro

BORIUMGEBREK
- gewasbehandeling uitvoeren door te spuiten met boraat (10 procent). Boraat bij voorkeur preventief toepassen, als het gewas voldoende blad heeft gevormd..

ECHTE MEELDAUW *Erysiphe betae*
gewasbehandeling door spuiten
cyproconazool / trifloxystrobin
 Sphere
difenoconazool / fenpropidin
 Spyrale
epoxiconazool / kresoxim-methyl
 Allegro

EMELTEN groentelangpootmug *Tipula oleracea,* weidelangpootmug *Tipula paludosa*
- niet zaaien bij meer dan 100 emelten per m2 in de herfst.

FOSFORGEBREK
- alleen bij een zeer vroegtijdige onderkenning van fosfaatgebrek kan met een aanvullende (rijen)bemesting met mono-ammoniumfosfaat of trippelsuperfosfaat nog iets worden bereikt.
- voor een goede voedingstoestand van de grond zorgen.

GESTREEPTE SCHILDPADTOR *Cassida nobilis*
- bestrijding is doorgaans niet van belang.

GEVLEKTE SCHILDPADTOR *Cassida nebulosa*
- bestrijding is doorgaans niet van belang.

GORDELSCHURFT *Streptomyces scabies, Streptomyces sp.*
- structuur van de grond verbeteren.

GRAUWE SCHIMMEL *Botryotinia fuckeliana*
- beschadiging voorkomen.
- bieten vorstvrij bewaren.

KALIUMGEBREK
- tot begin juli met kalisulfaat (patentkali) bemesten.
- voor een goede kalitoestand van de grond of van het groeimedium zorgen, gecombineerd met een juiste bemesting.

MAGNESIUMGEBREK
- akkerbouwgewassen en bloembollen op kleigronden niet bemesten, maar een bladbespuiting met meststof uitvoeren zodra zich gebrekverschijnselen voordoen.
- pH verhogen.
- voor een goede voedingstoestand van de grond zorgen.

MANGAANGEBREK
- goed bemesten, zonodig mangaansulfaat spuiten. Mangaan verplaatst zich niet in de plant dus een herhaalde toepassing kan nodig zijn.

MOLYBDEENGEBREK
- natrium- of ammoniummolybdaat spuiten.
- pH verhogen. Indien nodig ook extra met fosfaat bemesten.
- plantbed of pootgrond voldoende bemesten met natrium- of ammoniummolybdaat.

RHIZOCTONIA-ZIEKTE *Thanatephorus cucumeris*
- resistente rassen telen.
- Rhizoctonia-bieten mogen niet worden geleverd.
- ruime vruchtwisseling toepassen, waardplanten zoals maïs, raaigras, wortelen en schorseneren vermijden.
- structuur van de grond verbeteren.

ROEST *Uromyces beticola*
- bestrijding is doorgaans niet van belang.
gewasbehandeling door spuiten
cyproconazool / trifloxystrobin
 Sphere
difenoconazool / fenpropidin
 Spyrale
epoxiconazool / kresoxim-methyl
 Allegro

RUPSEN (lepidoptera)
gewasbehandeling door spuiten
deltamethrin
 Agrichem Deltamethrin, Decis Micro, Deltamethrin E.C. 25, Splendid, Wopro Deltamethrin

RUPSEN aardappelstengelboorder *Hydraecia micacea*
- begroeiing op slootkanten kort houden in met name augustus en september kan schade gedeeltelijk voorkomen.
gewasbehandeling door spuiten
esfenvaleraat
 Sumicidin Super

RUPSEN uilen (noctuidae)
- bestrijding is doorgaans niet van belang.

SCHIMMELKEVERS bietenkevertje *Atomaria linearis*
- bieten niet telen op of naast percelen waar het voorgaande jaar bieten of spinazie is geteeld.
- grond ontwateren.
- niet te diep en te vroeg zaaien op een stevige ondergrond en eventueel na zaaien het zaaibed aandrukken.
zaaivoorbehandeling door strooien
oxamyl
 Vydate 10G

SCLEROTIËNROT *Sclerotinia sclerotiorum*
- aangetaste bieten niet inkuilen.
- beschadiging voorkomen.
- koel bewaren.

SNUITKEVERS grijze bolsnuitkever *Philopedon plagiatum*
- geen specifieke niet-chemische maatregel bekend.

SPRINGSTAART *Lepidocyrtus cyaneus*
zaaivoorbehandeling door strooien
oxamyl
 Vydate 10G

SPRINGSTAARTEN bietenspringstaart *Onychiurus armatus*
- mechanische onkruidbestrijding na opkomst uitvoeren.
- niet te diep en te vroeg zaaien op een stevige ondergrond en eventueel na zaaien het zaaibed aandrukken.
- ondiep zaaien.

STAARTROT onbekende non-parasitaire factor 1
- grond ontwateren.

STIKSTOFGEBREK
- stikstofbemesting uitvoeren, vaste stikstofmeststoffen zo nodig inregenen.

TRIPSEN (thysanoptera)
gewasbehandeling door spuiten
deltamethrin
    Agrichem Deltamethrin, Decis Micro, Deltamethrin E.C. 25, Splendid, Wopro Deltamethrin
esfenvaleraat
    Sumicidin Super

TRIPSEN vroege akkertrips *Thrips angusticeps*
gewasbehandeling door spuiten
deltamethrin
    Agrichem Deltamethrin, Deltamethrin E.C. 25, Splendid, Wopro Deltamethrin
lambda-cyhalothrin
    Karate met Zeon Technologie

VALSE MEELDAUW *Peronospora farinosa f.sp. betae*
- erwten niet als voorvrucht telen.
- ruime vruchtwisseling toepassen.

VERWELKINGSZIEKTE *Verticillium albo-atrum, Verticillium dahliae*
- ruime vruchtwisseling toepassen.
- structuur van de grond verbeteren.

VIOLET WORTELROT *Helicobasidium brebissonii*
- structuur van de grond verbeteren.

VIRUSZIEKTEN mozaïek bietenmozaïekvirus *Beet mosaic virus*
- besmetting van stekbietjes voorkomen.
- bestrijding is doorgaans niet van belang.

VIRUSZIEKTEN thizomanie bietenrhizomanie virus *Beet necrotic yellow vein virus*
- bedrijfshygiëne stringent doorvoeren en voorkomen dat percelen via besmette grond, slootbagger of water besmet raken.
- drainage en structuur van de grond verbeteren.
- partieel resistente rassen telen op besmette of verdachte percelen. Het besmettingsniveau wordt hierdoor niet verlaagd.

WORTELBRAND *Pythium irregulare, Pythium ultimum var. Ultimum*
- structuur van de grond verbeteren.

WORTELKNOBBEL *Agrobacterium tumefaciens*
- aangetaste bieten verwijderen en vernietigen.
- bestrijding is doorgaans niet van belang.

WORTELVERBRUINING *Fusarium soorten*
- ruime vruchtwisseling toepassen.

ZOUTBESCHADIGING zoutovermaat
- niet teveel kunstmest kort voor of na het zaaien toedienen.

VOEDER EN GROENBEMESTINGGEWASSEN - ECHTE KARWIJ

(AFGEDRAGEN) GEWAS, doodspuiten van
gewasbehandeling door spuiten
glyfosaat
    Imex-Glyfosaat, Matos, Panic, Panic Free, Policlean, Roundup Energy, Roundup Evolution, Roundup Force, Roundup Max

VOEDER EN GROENBEMESTINGGEWASSEN - GERST

(AFGEDRAGEN) GEWAS, doodspuiten van
gewasbehandeling door spuiten
glyfosaat
    Acomac, Agrichem Glyfosaat 2, Agrichem Glyfosaat B, Akosate, Amega, Catamaran, Clinic, Envision, Etna, Glifonex, Glycar, Glyfall, Glyfos, Glyper 360 SL, Glyphogan, Imex-Glyfosaat, Imex-Glyfosaat 2, Klaverblad-Glyfosaat, Luxan Glyfosaat Vloeibaar, Matos, MON 79632, Panic, Panic Free, Policlean, Roundup, Roundup +, Roundup Econ 400, Roundup Energy, Roundup Evolution, Roundup Force, Roundup Max, Sphinx, Torinka, Touchdown Quattro, Wopro Glyphosate

AALTJES bedrieglijk maiswortelknobbelaaltje *Meloidogyne fallax*
DIT IS EEN QUARANTAINE-ORGANISME

BLADLUIZEN grote graanluis *Sitobion avenae*, roosgrasluis *Metopolophium dirhodum*, vogelkersluis *Rhopalosiphum padi*
gewasbehandeling door spuiten
deltamethrin
    Agrichem Deltamethrin, Deltamethrin E.C. 25, Splendid, Wopro Deltamethrin

BLADVLEKKENZIEKTE *Rhynchosporium secalis*
- laat zaaien.
- minder vatbare rassen telen.
- stoppel tijdig onderwerken.
gewasbehandeling door spuiten
fluoxastrobin / prothioconazool
    Fandango

BRUINE-SCLEROTIENZIEKTE *Typhula incarnata*
- voor goede groeiomstandigheden zorgen.

ECHTE MEELDAUW *Blumeria graminis*
- geen zomergerst naast wintergerst telen.
- resistente rassen telen.
- stikstofbemesting matig toepassen.
- zwaar gewas en dichte stand voorkomen.
gewasbehandeling door spuiten
fluoxastrobin / prothioconazool
    Fandango

FRITVLIEG *Oscinella frit*
- najaarsgeneratie: niet te snel na het ploegen graan zaaien.
- najaarsgeneratie: vergrassing van de voor wintergranen bestemde percelen voorkomen.
- najaarsgeneratie: wintergranen laat zaaien.
- voorjaarsgeneratie: zomergranen zo vroeg mogelijk zaaien.
- zomergeneratie: geen specifieke niet-chemische maatregel bekend.

GALMUGGEN tarwestengelgalmug *Haplodiplosis marginata*
- kweek bestrijden.
- onder droge omstandigheden rooien.
- ruime vruchtwisseling toepassen.

HALMDODER *Gaeumannomyces graminis var. Avenae, Gaeumannomyces graminis var. Tritici*
- geen tarwe na tarwe, gerst of rogge telen.
- goede cultuurtoestand creëren.
- niet te diep zaaien.

LEGERING GEWAS, voorkomen van
- zwaar gewas en dichte stand voorkomen.

MOEDERKOREN *Claviceps purpurea*
- gekeurd uitgangsmateriaal gebruiken.

NETVLEKKENZIEKTE *Pyrenophora teres*
- gekeurd uitgangsmateriaal gebruiken.
- minder vatbare rassen telen.
- opslag van gerst en oogstresanten vernietigen.
- zwaar gewas voorkomen.

gewasbehandeling door spuiten
fluoxastrobin / prothioconazool
    Fandango

OOGVLEKKENZIEKTE *Pseudocercosporella herpotrichoides*
- kweek bestrijden.
- ondiep zaaien.

ROEST dwergroest *Puccinia hordei*
- graanopslag en tussenwaardplanten verwijderen of vernietigen.
- resistente rassen telen.
- wintergranen laat zaaien, zomergranen vroeg zaaien.
- zwaar gewas voorkomen.

gewasbehandeling door spuiten
fluoxastrobin / prothioconazool
    Fandango

ROEST gele roest *Puccinia striiformis f.sp. tritici*, zwarte roest *Puccinia graminis*
- graanopslag en tussenwaardplanten verwijderen of vernietigen.
- resistente rassen telen.
- wintergranen laat zaaien, zomergranen vroeg zaaien.
- zwaar gewas voorkomen.

VIRUSZIEKTEN gerstegeelmozaïek gerstegeelmozaïekvirus
- resistente rassen telen.

VIRUSZIEKTEN vergelingsziekte gerstevergelingsvirus
- zomergerst zo vroeg mogelijk zaaien.

VLEKKENZIEKTE *Cochliobolus sativus*
- geen specifieke niet-chemische maatregel bekend.

VOEDER EN GROENBEMESTINGGEWASSEN - GRASSEN

(AFGEDRAGEN) GEWAS, doodspuiten van
gewasbehandeling door spuiten
glufosinaat-ammonium
    Finale SL 14
glyfosaat
    Acomac, Agrichem Glyfosaat, Agrichem Glyfosaat 2, Agrichem Glyfosaat B, Akosate, Amega, Catamaran, Clinic, Envision, Etna, Glifonex, Glycar, Glyfall, Glyfos, Glyper 360 SL, Glyphogan, Imex-Glyfosaat, Imex-Glyfosaat 2, Klaverblad-Glyfosaat, Luxan Glyfosaat Vloeibaar, Matos, MON 79632, Panic, Panic Free, Policlean, Roundup, Roundup +, Roundup Econ 400, Roundup Energy, Roundup Evolution, Roundup Force, Roundup Max, Sphinx, Torinka, Touchdown Quattro, Wopro Glyphosate

GEWASGROEI, afremmen van
gewasbehandeling door spuiten
glufosinaat-ammonium
    Basta 200, Radicale 2

VOEDER EN GROENBEMESTINGGEWASSEN - HOPKLAVER

(AFGEDRAGEN) GEWAS, doodspuiten van
gewasbehandeling door spuiten
glyfosaat
    Acomac, Agrichem Glyfosaat, Agrichem Glyfosaat 2, Agrichem Glyfosaat B, Akosate, Amega, Catamaran, Clinic, Envision, Etna, Glifonex, Glycar, Glyfall, Glyfos, Glyper 360 SL, Glyphogan, Imex-Glyfosaat, Imex-Glyfosaat 2, Klaverblad-Glyfosaat, Luxan Glyfosaat Vloeibaar, Matos, MON 79632, Panic, Panic Free, Policlean, Roundup, Roundup +, Roundup Econ 400, Roundup Energy, Roundup

Evolution, Roundup Force, Roundup Max, Sphinx, Torinka, Touchdown Quattro, Wopro Glyphosate

VOEDER EN GROENBEMESTINGGEWASSEN - INKARNAATKLAVER

(AFGEDRAGEN) GEWAS, doodspuiten van
gewasbehandeling door spuiten
glyfosaat
    Acomac, Agrichem Glyfosaat, Agrichem Glyfosaat 2, Agrichem Glyfosaat B, Akosate, Amega, Catamaran, Clinic, Envision, Etna, Glifonex, Glycar, Glyfall, Glyfos, Glyper 360 SL, Glyphogan, Imex-Glyfosaat, Imex-Glyfosaat 2, Klaverblad-Glyfosaat, Luxan Glyfosaat Vloeibaar, Matos, MON 79632, Panic, Panic Free, Policlean, Roundup, Roundup +, Roundup Econ 400, Roundup Energy, Roundup Evolution, Roundup Force, Roundup Max, Sphinx, Torinka, Touchdown Quattro, Wopro Glyphosate

VOEDER EN GROENBEMESTINGGEWASSEN - KLAVER SOORTEN

(AFGEDRAGEN) GEWAS, doodspuiten van
gewasbehandeling door spuiten
glyfosaat
    Acomac, Agrichem Glyfosaat, Agrichem Glyfosaat 2, Agrichem Glyfosaat B, Akosate, Amega, Catamaran, Clinic, Envision, Etna, Glifonex, Glycar, Glyfall, Glyfos, Glyper 360 SL, Glyphogan, Imex-Glyfosaat, Imex-Glyfosaat 2, Klaverblad-Glyfosaat, Luxan Glyfosaat Vloeibaar, Matos, MON 79632, Panic, Panic Free, Policlean, Roundup, Roundup +, Roundup Econ 400, Roundup Energy, Roundup Evolution, Roundup Force, Roundup Max, Sphinx, Torinka, Touchdown Quattro, Wopro Glyphosate

AALTJES gewoon wortellesieaaltje *Pratylenchus penetrans*
- vruchtwisseling toepassen, geen granen, maïs, grassen, aardappel, knolselderij, peen en vlinderbloemigen als voorvrucht telen. Biet en kruisbloemigen zijn goede voorvruchten.

AALTJES klavercysteaaltje *Heterodera trifolii*
- niet te vaak rode of witte klaver telen.
- ruime vruchtwisseling toepassen.

AALTJES noordelijk wortelknobbelaaltje *Meloidogyne hapla*
- ruime vruchtwisseling toepassen.
- zwarte braak toepassen in de zomer of bepaalde rassen bladrammenas toepassen als vanggewas.

AALTJES stengelaaltje *Ditylenchus dipsaci*
DIT IS EEN QUARANTAINE-ORGANISME

ECHTE MEELDAUW *Erysiphe trifolii*
- vroegtijdig maaien om uitbreiding van de ziekte tegen te gaan.

KALIUMGEBREK
- tot begin juli met kalisulfaat (patentkali) bemesten.
- voor een goede kalitoestand van de grond of van het groeimedium zorgen, gecombineerd met een juiste bemesting.

KLAVERKANKER *Sclerotinia trifoliorum*
- grond aandrukken in de herfst.
- ruime vruchtwisseling toepassen (minimaal 1 op 6).
- zaaizaad gebruiken dat vrij is van sclerotiën.

MANGAANGEBREK
- goed bemesten, zonodig mangaansulfaat spuiten. Mangaan verplaatst zich niet in de plant dus een herhaalde toepassing kan nodig zijn.

SCHIMMELS
zaadbehandeling door mengen
thiram
    Proseed
zaadbehandeling door slurry
thiram
    Hermosan 80 WG, Thiram Granuflo

VALSE MEELDAUW *Peronospora trifoliorum*
- vroegtijdig maaien om uitbreiding van de ziekte tegen te gaan.

VIRUSZIEKTEN mozaïek bonenscherpmozaïekvirus

nerfmozaïek rode-klavernerfmozaïekvirus *Red clover vein mosaic virus*
- nieuwe teelten beginnen met virusvrij plantmateriaal in een kas of op een veld vrij van besmettingsbronnen en vectoren.

VOEDER EN GROENBEMESTINGGEWASSEN - KOOLZAAD

(AFGEDRAGEN) GEWAS, doodspuiten van
gewasbehandeling door spuiten
glyfosaat
    Acomac, Agrichem Glyfosaat, Agrichem Glyfosaat 2, Agrichem Glyfosaat B, Akosate, Amega, Catamaran, Clinic, Envision, Etna, Glifonex, Glycar, Glyfall, Glyfos, Glyper 360 SL, Glyphogan, Imex-Glyfosaat, Imex-Glyfosaat 2, Klaverblad-Glyfosaat, Luxan Glyfosaat Vloeibaar, Matos, MON 79632, Panic, Panic Free, Policlean, Roundup, Roundup +, Roundup Econ 400, Roundup Energy, Roundup Evolution, Roundup Force, Roundup Max, Sphinx, Torinka, Touchdown Quattro, Wopro Glyphosate

AALTJES graswortelknobbelaaltje *Meloidogyne naasi, koolcysteaaltje Heterodera cruciferae*
- vruchtwisseling toepassen, niet te vaak kruisbloemigen telen.

AALTJES maiswortelknobbelaaltje *Meloidogyne chitwoodi*
DIT IS EEN QUARANTAINE-ORGANISME

AALTJES noordelijk wortelknobbelaaltje *Meloidogyne hapla*
- zwarte braak toepassen in de zomer of bepaalde rassen bladrammenas toepassen als vanggewas.
- ruime vruchtwisseling toepassen.

AALTJES vrijlevende wortelaaltjes (trichododidae)
- natte grondontsmetting ten behoeve van de bestrijding van aardappelmoeheid is ook effectief tegen deze aaltjes.

AALTJES wit bietencysteaaltje *Heterodera schachtii*
- crucifere groenbemester met resistentie als vanggewas telen in de braak. Meest geschikt is bladrammenas of gele mosterd. Met een laatbloeiend ras kunnen vergelijkbare effecten worden bereikt als met natte grondbewerking.
- resistente rassen telen.
- vruchtwisseling toepassen.
signalering:
- grondonderzoek laten uitvoeren.
- niet vaker dan éénmaal in de 5 jaar bieten of een ander waardgewas telen. Bij intensieve teelt regelmatig grondonderzoek laten uitvoeren. Kruisbloemige gewassen zoals koolzaad en spruitkool zijn ook goede waardplanten. Erwten en bonen zijn gevoelig voor a

AARDVLOOIEN koolzaadaardvlo *Psylliodes chrysocephala*
gewasbehandeling door spuiten
cypermethrin
    Cyperkill 250 EC

BLADVLEKKENZIEKTE spikkelziekte *Alternaria soorten, Alternaria brassicae, Alternaria brassicicola*
- bij laat en ernstig optreden, zaadverlies voorkomen door het gewas zo spoedig mogelijk te maaien en te laten narijpen.

GALMUGGEN koolzaadhauwgalmug *Dasineura brassicae*
- bestrijding van de koolzaadsnuitkever voorkomt aantasting door de koolzaadhauwgalmug.

KALIUMGEBREK
- tot begin juli met kalisulfaat (patentkali) bemesten.
- voor een goede kalitoestand van de grond of van het groeimedium zorgen, gecombineerd met een juiste bemesting.

KANKERSTRONKEN *Leptosphaeria maculans*
- resistente rassen telen.
- ruime vruchtwisseling toepassen.
- stro verwijderen en vernietigen.
- zwaar gewas voorkomen.
gewasbehandeling door spuiten
difenoconazool
    Score 250 EC
gewasbehandeling door spuiten
metconazool
    Caramba

LEGERING GEWAS, voorkomen van
gewasbehandeling door spuiten
metconazool
    Caramba

MINEERVLIEGEN koolmineervlieg *Phytomyza rufipes, tuinmineervlieg Chromatomyia horticola*
- bestrijden van de koolzaadaardvlo heeft een nevenwerking tegen mineervlieg.

SAPKEVERS koolzaadglanskever *Meligethes aeneus*
gewasbehandeling door spuiten
cypermethrin
    Cyperkill 250 EC
indoxacarb
    Steward

SCLEROTIËNROT *Sclerotinia sclerotiorum*
- ruime vruchtwisseling toepassen.
- stro verwijderen en vernietigen.
- zwaar gewas voorkomen.

SNUITKEVERS galboorsnuitkever *Ceutorhynchus pleurostigma*
- niet te vaak kruisbloemige gewassen telen.
- vruchtwisseling toepassen.

SNUITKEVERS koolzaadsnuitkever *Ceutorhynchus assimilis*
gewasbehandeling door spuiten
cypermethrin
    Cyperkill 250 EC

VALSE MEELDAUW *Peronospora parasitica*
- bestrijding is doorgaans niet van belang.

VLEKKENZIEKTE *Pyrenopeziza brassicae*
- minder vatbare rassen telen.

VOEDER EN GROENBEMESTINGGEWASSEN - LUPINE

(AFGEDRAGEN) GEWAS, doodspuiten van
gewasbehandeling door spuiten
glyfosaat
    Acomac, Agrichem Glyfosaat, Agrichem Glyfosaat 2, Agrichem Glyfosaat B, Akosate, Amega, Catamaran, Clinic,

Envision, Etna, Glifonex, Glycar, Glyfall, Glyfos, Glyper 360 SL, Glyphogan, Imex-Glyfosaat, Imex-Glyfosaat 2, Klaverblad-Glyfosaat, Luxan Glyfosaat Vloeibaar, Matos, MON 79632, Panic, Panic Free, Policlean, Roundup, Roundup +, Roundup Econ 400, Roundup Energy, Roundup Evolution, Roundup Force, Roundup Max, Sphinx, Torinka, Touchdown Quattro, Wopro Glyphosate

AALTJES erwtencysteaaltje *Heterodera goettingiana*
- ruime vruchtwisseling toepassen (1 op 7), niet te vaak lupine, wikke, erwt en tuinbonen telen.

AALTJES gewoon wortellesieaaltje *Pratylenchus penetrans*
- vruchtwisseling toepassen, geen granen, maïs, grassen, aardappel, knolselderij, peen en vlinderbloemigen als voorvrucht telen. Biet en kruisbloemigen zijn goede voorvruchten.

AALTJES noordelijk wortelknobbelaaltje *Meloidogyne hapla*
- ruime vruchtwisseling toepassen.
- zwarte braak toepassen in de zomer of bepaalde rassen bladrammenas toepassen als vanggewas.

AALTJES wortellesieaaltje *Pratylenchus soorten*
- vruchtwisseling toepassen, geen granen, maïs, grassen, aardappel, knolselderij, peen en vlinderbloemigen als voorvrucht telen. Biet en kruisbloemigen zijn goede voorvruchten.

BONENVLIEG *Delia platura*
- vroeg zaaien.

FUSARIUM-VERWELKINGSZIEKTE *Fusarium oxysporum f.sp. lupini*
- ruime vruchtwisseling toepassen.

KALIUMGEBREK
- tot begin juli met kalisulfaat (patentkali) bemesten.
- voor een goede kalitoestand van de grond of van het groeimedium zorgen, gecombineerd met een juiste bemesting.

SCHIMMELS
zaadbehandeling door mengen
thiram
    Proseed
zaadbehandeling door slurry
thiram
    Hermosan 80 WG, Thiram Granuflo

STIKSTOFGEBREK
- goede ontwikkeling van wortelknolletjes (pH) bewerkstelligen.
- stikstofbemesting uitvoeren, vaste stikstofmeststoffen zo nodig inregenen.

VIRUSZIEKTEN mozaïek bonenscherpmozaïekvirus
- bij zaaizaadteelt zieke planten verwijderen.
- gezond uitgangsmateriaal gebruiken.

VOEDER EN GROENBEMESTINGGEWASSEN - LUZERNE

AALTJES bedrieglijk maiswortelknobbelaaltje *Meloidogyne fallax*
DIT IS EEN QUARANTAINE-ORGANISME

AALTJES gewoon wortellesieaaltje *Pratylenchus penetrans*
- vruchtwisseling toepassen, geen granen, maïs, grassen, aardappel, knolselderij, peen en vlinderbloemigen als voorvrucht telen. Biet en kruisbloemigen zijn goede voorvruchten.

AALTJES noordelijk wortelknobbelaaltje *Meloidogyne hapla*
- ruime vruchtwisseling toepassen.
- zwarte braak toepassen in de zomer of bepaalde rassen bladrammenas toepassen als vanggewas.

AALTJES stengelaaltje *Ditylenchus dipsaci*
DIT IS EEN QUARANTAINE-ORGANISME

BLADLUIZEN (Aphididae)
gewasbehandeling door spuiten
pirimicarb
    Agrichem Pirimicarb, Pirimor

BLADVLEKKENZIEKTE *Pseudopeziza trifolii f.sp. medicaginis-sativae*
- tijdig maaien om infectie van de volgende snede tegen te gaan.

ECHTE MEELDAUW *Erysiphe pisi var. pisi*
- vroegtijdig maaien om uitbreiding van de ziekte tegen te gaan.

KALIUMGEBREK
- tot begin juli met kalisulfaat (patentkali) bemesten.
- voor een goede kalitoestand van de grond of van het groeimedium zorgen, gecombineerd met een juiste bemesting.

KLAVERKANKER *Sclerotinia trifoliorum*
- grond aandrukken in de herfst.
- ruime vruchtwisseling toepassen.
- zaaizaad gebruiken dat vrij is van sclerotiën.

MANGAANGEBREK
- goed bemesten, zonodig mangaansulfaat spuiten. Mangaan verplaatst zich niet in de plant dus een herhaalde toepassing kan nodig zijn.

SCHIMMELS
zaadbehandeling door mengen
thiram
    Proseed
zaadbehandeling door slurry
thiram
    Hermosan 80 WG, Thiram Granuflo

SNUITKEVERS gewone luzernekever *Hypera postica*
- aangetast gewas vroegtijdig maaien.

VALSE MEELDAUW *Peronospora trifoliorum f.sp. medicaginis-sativae*
- vroegtijdig maaien om uitbreiding van de ziekte tegen te gaan.

VERWELKINGSZIEKTE *Verticillium albo-atrum*
- grond ontwateren.
- niet bij ongunstig weer maaien.
- rassenkeuze aanpassen.
- ruime vruchtwisseling toepassen en niet vlak voor of na aardappelen telen.

VIRUSZIEKTEN geelnervigheid erwtentopvergelingsvirus
- bladluizen bestrijden.

VOEDER EN GROENBEMESTINGGEWASSEN - PHACELIA

(AFGEDRAGEN) GEWAS, doodspuiten van
gewasbehandeling door spuiten
glyfosaat
    Acomac, Agrichem Glyfosaat, Agrichem Glyfosaat 2, Agrichem Glyfosaat B, Akosate, Amega, Catamaran, Clinic, Envision, Etna, Glifonex, Glycar, Glyfall, Glyfos, Glyper

360 SL, Glyphogan, Imex-Glyfosaat, Imex-Glyfosaat 2, Klaverblad-Glyfosaat, Luxan Glyfosaat Vloeibaar, Matos, MON 79632, Panic, Panic Free, Policlean, Roundup, Roundup +, Roundup Econ 400, Roundup Energy, Roundup Evolution, Roundup Force, Roundup Max, Sphinx, Torinka, Touchdown Quattro, Wopro Glyphosate

VOEDER EN GROENBEMESTINGGEWASSEN - RAAIGRAS SOORTEN

(AFGEDRAGEN) GEWAS, doodspuiten van
gewasbehandeling door spuiten
glyfosaat
> Acomac, Agrichem Glyfosaat, Agrichem Glyfosaat 2, Agrichem Glyfosaat B, Akosate, Amega, Catamaran, Clinic, Envision, Etna, Glifonex, Glycar, Glyfall, Glyfos, Glyper 360 SL, Glyphogan, Imex-Glyfosaat, Imex-Glyfosaat 2, Klaverblad-Glyfosaat, Luxan Glyfosaat Vloeibaar, Matos, MON 79632, Panic, Panic Free, Policlean, Roundup, Roundup +, Roundup Econ 400, Roundup Energy, Roundup Evolution, Roundup Force, Roundup Max, Sphinx, Torinka, Touchdown Quattro, Wopro Glyphosate

VOEDER EN GROENBEMESTINGGEWASSEN - RAKETBLAD

(AFGEDRAGEN) GEWAS, doodspuiten van
gewasbehandeling door spuiten
glyfosaat
> Acomac, Agrichem Glyfosaat, Agrichem Glyfosaat 2, Agrichem Glyfosaat B, Akosate, Amega, Catamaran, Clinic, Envision, Etna, Glifonex, Glycar, Glyfall, Glyfos, Glyper 360 SL, Glyphogan, Imex-Glyfosaat, Imex-Glyfosaat 2, Klaverblad-Glyfosaat, Luxan Glyfosaat Vloeibaar, Matos, MON 79632, Panic, Panic Free, Policlean, Roundup, Roundup +, Roundup Econ 400, Roundup Energy, Roundup Evolution, Roundup Force, Roundup Max, Sphinx, Torinka, Touchdown Quattro, Wopro Glyphosate

VOEDER EN GROENBEMESTINGGEWASSEN - RODE KLAVER

(AFGEDRAGEN) GEWAS, doodspuiten van
gewasbehandeling door spuiten
glyfosaat
> Acomac, Agrichem Glyfosaat, Agrichem Glyfosaat 2, Agrichem Glyfosaat B, Akosate, Amega, Catamaran, Clinic, Envision, Etna, Glifonex, Glycar, Glyfall, Glyfos, Glyper 360 SL, Glyphogan, Imex-Glyfosaat, Imex-Glyfosaat 2, Klaverblad-Glyfosaat, Luxan Glyfosaat Vloeibaar, Matos, MON 79632, Panic, Panic Free, Policlean, Roundup, Roundup +, Roundup Econ 400, Roundup Energy, Roundup Evolution, Roundup Force, Roundup Max, Sphinx, Torinka, Touchdown Quattro, Wopro Glyphosate

VOEDER EN GROENBEMESTINGGEWASSEN - ROGGE

(AFGEDRAGEN) GEWAS, doodspuiten van
gewasbehandeling door spuiten
cycloxydim
> Focus Plus
glyfosaat
> Acomac, Agrichem Glyfosaat, Agrichem Glyfosaat 2, Agrichem Glyfosaat B, Akosate, Amega, Catamaran, Clinic, Envision, Etna, Glifonex, Glycar, Glyfall, Glyfos, Glyper 360 SL, Glyphogan, Imex-Glyfosaat, Imex-Glyfosaat 2, Klaverblad-Glyfosaat, Luxan Glyfosaat Vloeibaar, Matos, MON 79632, Panic, Panic Free, Policlean, Roundup, Roundup +, Roundup Econ 400, Roundup Energy, Roundup Evolution, Roundup Force, Roundup Max, Sphinx, Torinka, Touchdown Quattro, Wopro Glyphosate

AALTJES bedrieglijk maiswortelknobbelaaltje *Meloidogyne fallax*, **stengelaaltje** *Ditylenchus dipsaci*
DIT IS EEN QUARANTAINE-ORGANISME

BLADLUIZEN grote graanluis *Sitobion avenae,* **roosgrasluis** *Metopolophium dirhodum,* **vogelkersluis** *Rhopalosiphum padi*
gewasbehandeling door spuiten
deltamethrin
> Agrichem Deltamethrin, Deltamethrin E.C. 25, Splendid, Wopro Deltamethrin

BLADVLEKKENZIEKTE *Rhynchosporium secalis*
- laat zaaien.
- minder vatbare rassen telen.
- stoppel tijdig onderwerken.

BRUINE-SCLEROTIENZIEKTE *Typhula incarnata*
- voor goede groeiomstandigheden zorgen.

ECHTE MEELDAUW *Blumeria graminis*
- resistente rassen telen.
- stikstofbemesting matig toepassen.
- zwaar gewas en dichte stand voorkomen.

FRITVLIEG *Oscinella frit*
- najaarsgeneratie: niet te snel na het ploegen graan zaaien.
- najaarsgeneratie: vergrassing van de voor wintergranen bestemde percelen voorkomen.
- najaarsgeneratie: wintergranen laat zaaien.
- voorjaarsgeneratie: zomergranen zo vroeg mogelijk zaaien.
- zomergeneratie: geen specifieke niet-chemische maatregel bekend.

HALMDODER *Gaeumannomyces graminis var. tritici*
- geen tarwe na tarwe, gerst of rogge telen.
- goede cultuurtoestand creëren.
- niet te diep zaaien.

KAFJESBRUIN *Leptosphaeria nodorum*
- gekeurd uitgangsmateriaal gebruiken.

MOEDERKOREN *Claviceps purpurea*
- gekeurd uitgangsmateriaal gebruiken.

OOGVLEKKENZIEKTE *Pseudocercosporella herpotri-choides*
- kweek bestrijden.
- ondiep zaaien.
- winterrogge na half oktober zaaien.

ROEST bruine roest *Puccinia recondita,* **zwarte roest** *Puccinia graminis*
- graanopslag en tussenwaardplanten verwijderen of vernietigen.
- resistente rassen telen.
- wintergranen laat zaaien, zomergranen vroeg zaaien.
- zwaar gewas voorkomen.

VOEDER EN GROENBEMESTINGGEWASSEN - SERRADELLE

(AFGEDRAGEN) GEWAS, doodspuiten van
gewasbehandeling door spuiten
glyfosaat
> Acomac, Agrichem Glyfosaat, Agrichem Glyfosaat 2, Agrichem Glyfosaat B, Akosate, Amega, Catamaran, Clinic, Envision, Etna, Glifonex, Glycar, Glyfall, Glyfos, Glyper 360 SL, Glyphogan, Imex-Glyfosaat, Imex-Glyfosaat 2, Klaverblad-Glyfosaat, Luxan Glyfosaat Vloeibaar, Matos, MON 79632, Panic, Panic Free, Policlean, Roundup, Roundup +, Roundup Econ 400, Roundup Energy, Roundup

Evolution, Roundup Force, Roundup Max, Sphinx, Torinka, Touchdown Quattro, Wopro Glyphosate

VOEDER EN GROENBEMESTINGGEWASSEN - STOPPELKNOL

(AFGEDRAGEN) GEWAS, doodspuiten van
gewasbehandeling door spuiten
glyfosaat
Acomac, Agrichem Glyfosaat, Agrichem Glyfosaat 2, Agrichem Glyfosaat B, Akosate, Amega, Catamaran, Clinic, Envision, Etna, Glifonex, Glycar, Glyfall, Glyfos, Glyper 360 SL, Glyphogan, Imex-Glyfosaat, Imex-Glyfosaat 2, Klaverblad-Glyfosaat, Luxan Glyfosaat Vloeibaar, Matos, MON 79632, Panic, Panic Free, Policlean, Roundup, Roundup +, Roundup Econ 400, Roundup Energy, Roundup Evolution, Roundup Force, Roundup Max, Sphinx, Torinka, Touchdown Quattro, Wopro Glyphosate

RUPSEN (lepidoptera)
gewasbehandeling door spuiten
deltamethrin
Agrichem Deltamethrin, Decis Micro, Deltamethrin E.C. 25, Splendid, Wopro Deltamethrin

SCHIMMELS
zaadbehandeling door mengen
thiram
Proseed

VOEDER EN GROENBEMESTINGGEWASSEN - TARWE

(AFGEDRAGEN) GEWAS, doodspuiten van
gewasbehandeling door spuiten
glyfosaat
Imex-Glyfosaat, Matos, Panic, Panic Free, Policlean, Roundup Energy, Roundup Evolution, Roundup Force, Roundup Max

VOEDER EN GROENBEMESTINGGEWASSEN - TRITICALE

(AFGEDRAGEN) GEWAS, doodspuiten van
gewasbehandeling door spuiten
glyfosaat
Imex-Glyfosaat, Matos, Panic, Panic Free, Policlean, Roundup Energy, Roundup Evolution, Roundup Force, Roundup Max

ECHTE MEELDAUW *Blumeria graminis*
gewasbehandeling door spuiten
fluoxastrobin / prothioconazool
Fandango

FUSARIUM-VOETZIEKTE *Fusarium culmorum*
gewasbehandeling door spuiten
fluoxastrobin / prothioconazool
Fandango

KAFJESBRUIN *Leptosphaeria nodorum*
gewasbehandeling door spuiten
fluoxastrobin / prothioconazool
Fandango

OOGVLEKKENZIEKTE *Pseudocercosporella herpotrichoides*
gewasbehandeling door spuiten
fluoxastrobin / prothioconazool
Fandango

(AFGEDRAGEN) GEWAS, doodspuiten van
gewasbehandeling door spuiten
glyfosaat

Acomac, Agrichem Glyfosaat, Agrichem Glyfosaat 2, Agrichem Glyfosaat B, Akosate, Amega, Catamaran, Clinic, Envision, Etna, Glifonex, Glycar, Glyfall, Glyfos, Glyper 360 SL, Glyphogan, Imex-Glyfosaat, Imex-Glyfosaat 2, Klaverblad-Glyfosaat, Luxan Glyfosaat Vloeibaar, Matos, MON 79632, Panic, Panic Free, Policlean, Roundup, Roundup +, Roundup Econ 400, Roundup Energy, Roundup Evolution, Roundup Force, Roundup Max, Sphinx, Torinka, Touchdown Quattro, Wopro Glyphosate

AALTJES gewoon wortellesieaaltje *Pratylenchus penetrans*
- vruchtwisseling toepassen, geen granen, maïs, grassen, aardappel, knolselderij, peen en vlinderbloemigen als voorvrucht telen. Biet en kruisbloemigen zijn goede voorvruchten.

AALTJES maiswortelknobbelaaltje *Meloidogyne chitwoodi*, stengelaaltje *Ditylenchus dipsaci*
DIT IS EEN QUARANTAINE-ORGANISME

BLADLUIZEN erwtenbladluis *Acyrthosiphon pisum*, zwarte bonenluis *Aphis fabae*
- vroeg zaaien en tijdig toppen (tuinboon).

BLADVLEKKENZIEKTE *Ascochyta fabae*
- gezond uitgangsmateriaal gebruiken.

BLADVLEKKENZIEKTE *Cercospora fabae*
- gezond uitgangsmateriaal gebruiken.

BONENKEVERS tuinbonenkever *Bruchus rufimanus*
- besmet zaad vernietigen.

SNUITKEVERS bladrandkever *Sitona lineatus*
gewasbehandeling door spuiten
deltamethrin
Agrichem Deltamethrin, Decis Micro, Deltamethrin E.C. 25, Splendid, Wopro Deltamethrin

SNUITKEVERS kleine klaversnuitkever *Apion assimile*
- geen specifieke niet-chemische maatregel bekend.

VALSE MEELDAUW *Peronospora viciae*
- minder vatbare rassen telen.
- zwaar gewas en dichte stand voorkomen.

VIRUSZIEKTEN enatiemozaïek *erwtenenatiemozaïekviru*
- aangetaste planten(delen) verwijderen en afvoeren.
- virusvrij zaaizaad gebruiken.

VIRUSZIEKTEN mozaïek *bonenscherpmozaïekvirus*
- aangetaste planten(delen) verwijderen en afvoeren.
- bonen niet in de omgeving van gladiolen zaaien. Ook geen bonen na gladiolen, Montbretia's of Freesia's telen in verband met opslag hiervan.
- vroeg zaaien.

VIRUSZIEKTEN topvergeling *erwtentopvergelingsvirus*
- bladluizen bestrijden.
- minder vatbare rassen telen.
- nabijheid van luzerne voorkomen en zo vroeg mogelijk zaaien.

VOETZIEKTE *Fusarium solani f.sp. Fabae, Fusarium solani f.sp. Phaseoli, Fusarium sp.*
- minder vatbare rassen telen.
- niet op matig of zwaar besmette percelen telen.
- vruchtwisseling toepassen.

VOETZIEKTE *Phoma pinodella*
- gekeurd uitgangsmateriaal gebruiken.

WORTELROT *Aphanomyces euteiches*
- grond ontwateren.
- niet op matig of zwaar besmette percelen telen.
- ruime vruchtwisseling toepassen.

VOEDER EN GROENBEMESTINGGEWASSEN - VLAS

ECHTE MEELDAUW *Oidium lini*
gewasbehandeling door spuiten
difenoconazool
    Score 250 EC

VOEDER EN GROENBEMESTINGGEWASSEN - WIKKE SOORTEN

(AFGEDRAGEN) GEWAS, doodspuiten van
gewasbehandeling door spuiten
glyfosaat
    Acomac, Agrichem Glyfosaat, Agrichem Glyfosaat 2, Agrichem Glyfosaat B, Akosate, Amega, Catamaran, Clinic, Envision, Etna, Glifonex, Glycar, Glyfall, Glyfos, Glyper 360 SL, Glyphogan, Imex-Glyfosaat, Imex-Glyfosaat 2, Klaverblad-Glyfosaat, Luxan Glyfosaat Vloeibaar, Matos, MON 79632, Panic, Panic Free, Policlean, Roundup, Roundup +, Roundup Econ 400, Roundup Energy, Roundup Evolution, Roundup Force, Roundup Max, Sphinx, Torinka, Touchdown Quattro, Wopro Glyphosate

SCHIMMELS
zaadbehandeling door mengen
thiram
    Proseed
zaadbehandeling door slurry
thiram
    Hermosan 80 WG, Thiram Granuflo

VOEDER EN GROENBEMESTINGGEWASSEN - WITTE HONINGKLAVER

(AFGEDRAGEN) GEWAS, doodspuiten van
gewasbehandeling door spuiten
glyfosaat
    Acomac, Agrichem Glyfosaat, Agrichem Glyfosaat 2, Agrichem Glyfosaat B, Akosate, Amega, Catamaran, Clinic, Envision, Etna, Glifonex, Glycar, Glyfall, Glyfos, Glyper 360 SL, Glyphogan, Imex-Glyfosaat, Imex-Glyfosaat 2, Klaverblad-Glyfosaat, Luxan Glyfosaat Vloeibaar, Matos, MON 79632, Panic, Panic Free, Policlean, Roundup, Roundup +, Roundup Econ 400, Roundup Energy, Roundup Evolution, Roundup Force, Roundup Max, Sphinx, Torinka, Touchdown Quattro, Wopro Glyphosate

VOEDER EN GROENBEMESTINGGEWASSEN - WITTE KLAVER

(AFGEDRAGEN) GEWAS, doodspuiten van
gewasbehandeling door spuiten
glyfosaat
    Acomac, Agrichem Glyfosaat, Agrichem Glyfosaat 2, Agrichem Glyfosaat B, Akosate, Amega, Catamaran, Clinic, Envision, Etna, Glifonex, Glycar, Glyfall, Glyfos, Glyper 360 SL, Glyphogan, Imex-Glyfosaat, Imex-Glyfosaat 2, Klaverblad-Glyfosaat, Luxan Glyfosaat Vloeibaar, Matos, MON 79632, Panic, Panic Free, Policlean, Roundup, Roundup +, Roundup Econ 400, Roundup Energy, Roundup Evolution, Roundup Force, Roundup Max, Sphinx, Torinka, Touchdown Quattro, Wopro Glyphosate

VOEDER EN GROENBEMESTINGGEWASSEN - WITTE MOSTERD

(AFGEDRAGEN) GEWAS, doodspuiten van
gewasbehandeling door spuiten
glyfosaat
    Acomac, Agrichem Glyfosaat, Agrichem Glyfosaat 2, Agrichem Glyfosaat B, Akosate, Amega, Catamaran, Clinic, Envision, Etna, Glifonex, Glycar, Glyfall, Glyfos, Glyper 360 SL, Glyphogan, Imex-Glyfosaat, Imex-Glyfosaat 2, Klaverblad-Glyfosaat, Luxan Glyfosaat Vloeibaar, Matos, MON 79632, Panic, Panic Free, Policlean, Roundup, Roundup +, Roundup Econ 400, Roundup Energy, Roundup Evolution, Roundup Force, Roundup Max, Sphinx, Torinka, Touchdown Quattro, Wopro Glyphosate

WITLOF - PENNENTEELT

AALTJES gewoon wortellesieaaltje *Pratylenchus penetrans*
- andijvie, sla, augurk, prei en selderij kunnen worden aangetast terwijl ook aardappel, maïs, granen, grassen en vlinderbloemigen een hoge besmetting in de grond kunnen achter laten.
- biet en kruisbloemigen zijn goede voorvruchten.
- grond ontsmetten.
- vruchtwisseling toepassen.
signalering:
- grondonderzoek laten uitvoeren.

AALTJES maiswortelknobbelaaltje *Meloidogyne chitwoodi*
DIT IS EEN QUARANTAINE-ORGANISME

AALTJES noordelijk wortelknobbelaaltje *Meloidogyne hapla*
- graan en gras zijn goede voorvruchten.
- grond ontsmetten.
- witlof en vlinderbloemigen kunnen worden aangetast. Deze gewassen niet telen op besmette grond.
signalering:
- grondonderzoek laten uitvoeren.

AALTJES vrijlevend wortelaaltje *Paratrichodorus teres*
- grond ontsmetten.
- structuur van de grond verbeteren.
signalering:
- grondonderzoek laten uitvoeren.

AALTJES vrijlevende wortelaaltjes (trichododidae)
- structuur van de grond verbeteren.
- grond ontsmetten.
signalering:
- grondonderzoek laten uitvoeren.

BACTERIE-AANTASTING *Pseudomonas cichorii*
- geen specifieke niet-chemische maatregel bekend.

BLADLUIZEN (Aphididae)
gewasbehandeling door spuiten
pirimicarb
    Agrichem Pirimicarb, Pirimor

BLADVUUR *Pseudomonas marginalis*
- hoog stikstofgehalte in de grond en wortel voorkomen.
- onder droge omstandigheden rooien.
- wortels kort ontbladeren.
- zwaar gewas en dichte stand voorkomen.

BRUIN PENROT *Phytophthora erythroseptica var. erythroseptica*
- drainage en structuur van de grond verbeteren.
- na het rooien één week wachten met het opzetten.
- schone wortels opzetten (geen grond- of gewasresten).

ECHTE MEELDAUW *Erysiphe cichoracearum*
gewasbehandeling door spuiten
trifloxystrobin
    Flint

GRAUWE SCHIMMEL *Botryotinia fuckeliana*
- bestrijden van Sclerotinia voorkomt schade door Botryotinia.

MIJTEN bonenspintmijt *Tetranychus urticae*
- geen specifieke niet-chemische maatregel bekend.

RUPSEN gamma-uil *Autographa gamma*
gewasbehandeling door spuiten
Bacillus thuringiensis subsp. *aizawai*
    Turex Spuitpoeder, Xen Tari WG

RUPSEN *Plusia soorten*
gewasbehandeling door spuiten
Bacillus thuringiensis subsp. *aizawai*
    Turex Spuitpoeder, Xen Tari WG

SCHIMMELS
zaadbehandeling door mengen
thiram
    Proseed

SCLEROTIËNROT *Sclerotinia sclerotiorum*
- ruime vruchtwisseling toepassen, grasachtigen zijn ongevoelig.

VERWELKINGSZIEKTE *Verticillium albo-atrum,*
Verticillium dahliae
- grond goed ontwateren.
- vruchtwisseling toepassen.

VIOLET WORTELROT *Helicobasidium brebissonii*
- grond goed ontwateren.

WORTELLUIZEN wollige slawortelluis *Pemphigus*
bursarius
- geen specifieke niet-chemische maatregel bekend.
zaaivoorbehandeling door spuiten
imidacloprid
    Admire O-Teq

ZWART PENROT *Phoma exigua var. exigua*
- aardappelen niet als voorvrucht telen.
- structuur van de grond verbeteren.

2.3 Fruitteelt

Deze paragraaf geeft een overzicht van de ziekten, plagen en teeltproblemen die in de fruitteelt kunnen voorkomen evenals de preventie en bestrijding ervan.

Allereerst treft u de maatregelen voor de algemeen voorkomende ziekten, plagen en teeltproblemen van deze sector aan. De genoemde bestrijdingsmogelijkheden zijn toepasbaar voor de gehele teeltgroep. Vervolgens vindt u de maatregelen voor de specifieke ziekten, plagen en teeltproblemen gerangschikt per gewas. De bestrijdingsmogelijkheden omvatten cultuurmaatregelen, biologische en chemische maatregelen. Voor de chemische maatregelen staat de toepassingswijze vermeld, gevolgd door de werkzame stof en de merknamen van de daarvoor toegelaten middelen. Voor de exacte toepassing dient u de toelatingsbeschikking van het betreffende middel te raadplegen.

De overzichten van veiligheidstermijnen voor toegelaten werkzame stoffen zijn per gewas opgenomen in hoofdstuk 4.

2.3.1 Grootfruit, onbedekte teelt

De hieronder genoemde ziekten en plagen komen voor in de verschillende gewassen van de hier behandelde teeltgroep. Alleen bestrijdingsmogelijkheden die toepasbaar zijn in de gehele teeltgroep worden in de eerste paragraaf genoemd. Raadpleeg daarom ook het betreffende gewas in de daaropvolgende paragraaf.

2.3.1.1 Algemeen voorkomende ziekten, plagen en teeltproblemen

(AFGEDRAGEN) GEWAS, doodspuiten van
gewasbehandeling door spuiten
glyfosaat
    Panic Free, Roundup Force
onkruidbehandeling door pleksgewijs spuiten
glyfosaat
    Panic Free, Roundup Force

BEVER *Castor fiber*
plantbehandeling door smeren
kwartszand
    Wöbra

BLADLUIZEN *Aphididae*
- aangetaste planten(delen) verwijderen en afvoeren.

GEELZUCHT *Verticillium albo-atrum*
- biologische grondontsmetting toepassen.
- eerst teeltwerkzaamheden bij gezonde planten uitvoeren, daarna bij verdachte of aangetaste planten.
- gezond uitgangsmateriaal gebruiken.
- grond stomen met onderdruk.
- organische bemesting toepassen.
- strenge selectie toepassen.
- structuur van de grond verbeteren en voor voldoende bodemtemperatuur zorgen.
- voor optimale cultuuromstandigheden zorgen.
- vruchtwisseling toepassen.
signalering:
- grondonderzoek laten uitvoeren.

GROEI, bevorderen van
- hogere fosfaatgift toepassen.
- hogere nachttemperatuur dan dagtemperatuur beperkt strekking.
- meer licht geeft compactere groei.
- veel water geven bevordert de celstrekking.

KALIUMGEBREK
- tot begin juli met kalisulfaat (patentkali) bemesten.

- voor een goede kalitoestand van de grond of van het groeimedium zorgen, gecombineerd met een juiste bemesting.

MAGNESIUMGEBREK
- grondverbetering toepassen.
- pH verhogen.

MANGAANGEBREK
- grondverbetering toepassen.
- mangaansulfaat spuiten, alleen bij donker en groeizaam weer.
- met een mangaan bevattend gewasbeschermingsmiddel spuiten werkt gunstig.
- pH verlagen.

MIJTEN spintmijten *Tetranychidae*
gewasbehandeling door spuiten
minerale olie / paraffine olie
    Olie-H

MOLLEN *Talpa europaea*
- klemmen in gangen plaatsen, voornamelijk aan de rand van het perceel.
gangbehandeling met tabletten
aluminium-fosfide
    Luxan Mollentabletten
magnesiumfosfide
    Magtoxin WM

SCHIMMELS
- aangetaste planten(delen) verwijderen en vernietigen.
- gereedschap en andere materialen schoonmaken en ontsmetten.
- gewasresten verwijderen.
- gezond uitgangsmateriaal gebruiken.
- minder vatbare of resistente rassen telen.

SLAKKEN
gewasbehandeling door strooien
ijzer(III)fosfaat
    Derrex, Eco-Slak, Ferramol Ecostyle Slakkenkorrels, NEU 1181M, Sluxx, Smart Bayt Slakkenkorrels

grondbehandeling door strooien
metaldehyde
Brabant Slakkendood, Caragoal GR

VIRUSZIEKTEN
- aangetaste planten(delen) verwijderen en afvoeren.
- besmettingsbronnen verwijderen en/of bestrijden.
- gezond uitgangsmateriaal gebruiken.
- onkruid bestrijden.
- overbrengers (vectoren) van virus voorkomen en/of bestrijden.
- planten op grond die vrij is van de virusoverbrengende aaltjes Longidorus en Xiphinema. Zonodig de grond ontsmetten.
- resistente of minder vatbare rassen telen.
signalering:
- gewasinspecties uitvoeren.

VOGELS
- afschrikmethoden zoals vogelverschrikkers, knalapparaten of folie toepassen.
- geen zaaizaad morsen.
- voldoende diep en regelmatig zaaien voor een regelmatige opkomst.
- zoveel mogelijk gelijktijdig inzaaien.

WANTSEN
gewasbehandeling door spuiten
minerale olie / paraffine olie
Olie-H

WILD hazen, konijnen, herten, overige zoogdieren
- afrastering plaatsen en/of het gewas afdekken.
- alternatief voedsel aanbieden.
- apparatuur gebruiken om de dieren te verjagen.
- jagen (beperkt toepasbaar in verband met Flora- en Faunawet).
- lokpercelen aanleggen met opslag.
- natuurlijke vijanden inzetten of stimuleren.
- stoffen met repellent werking toepassen.
plantbehandeling door smeren
kwartszand
Wöbra

WOELRAT *Arvicola terrestris*
- let op: de woelrat is wettelijk beschermd.
- mollenklemmen in en bij de gangen plaatsen.
- vangpotten of vangfuiken plaatsen juist onder het wateroppervlak en in de nabijheid van watergangen.
gangbehandeling met lokaas
bromadiolon
Arvicolex

2.3.1.2 Ziekten, plagen en teeltproblemen per gewas

APPEL

AALTJES gewoon wortellesieaaltje *Pratylenchus penetrans*, AALTJES wortellesieaaltje *pratylenchus* soorten *Pratylenchus sp.*
- aaltjesonderdrukkende voorteelt van *Tagetes*-soorten (afrikaantje) gedurende minimaal 3 maanden toepassen.
- gezond uitgangsmateriaal gebruiken.

BACTERIEVUUR *Erwinia amylovora*
- aangetaste planten(delen) verwijderen minimaal 50 cm beneden de zichtbare verkleuring van het hout.
- bij aantasting op stam of op dikkere takken bomen rooien en afvoeren. Wordt aantasting slechts in enkele bomen gevonden, dan deze besmettingsbron zo radicaal mogelijk verwijderen.
- gereedschap en andere materialen schoonmaken en ontsmetten.
- groei beheersen.
- nabloei en wortelopslag uit voorzorg verwijderen, ook in percelen waarin geen aantasting wordt gevonden.
- nabloei en wortelopslag verwijderen.
gewasbehandeling door spuiten
laminarin
Vacciplant
signalering:
- gewasinspecties uitvoeren.

BASTKEVERS kleine vruchtboomspintkever *Scolytus rugulosus*, ongelijke houtkever *Xyleborus dispar*, appelspintkever *Scolytus mali*
- aangetaste planten(delen) verwijderen en afvoeren.
- alcoholvallen (5 vallen per ha) gebruiken.
- haarden verwijderen, waardoor verspreiding van de kevers wordt tegengegaan.

BEWAARROT penicillium soorten *Penicillium sp.*
gewasbehandeling door spuiten
boscalid / pyraclostrobin
Bellis

BLADLUIZEN *Aphididae*
gewasbehandeling door spuiten
acetamiprid
Gazelle
deltamethrin
Agrichem Deltamethrin, Decis Micro, Deltamethrin E.C. 25, Splendid, Wopro Deltamethrin
flonicamid
Teppeki
imidacloprid
Admire O-Teq
pirimicarb
Agrichem Pirimicarb, Pirimor
spirotetramat
Movento
thiacloprid
Calypso

BLADLUIZEN appelbloedluis *Eriosoma lanigerum*
- drainage en structuur van de grond verbeteren, zodat de aanwezigheid van oorwormen gestimuleerd wordt.
- natuurlijke vijanden inzetten of stimuleren.
- overwinteringsplekken van appelbloedluis beperken door het wegnemen van opslag en kankerplekken.
gewasbehandeling door spuiten
pirimicarb
Agrichem Pirimicarb, Pirimor

BLADLUIZEN appel-grasluis *Rhopalosiphum insertum*, bloedvlekkenluis *Dysaphis devecta*, fluitekruidluis *Dysaphis anthrisci*, groene appeltakluis *Aphis pomi*
gewasbehandeling door spuiten
acetamiprid
Gazelle
imidacloprid
Admire, Admire O-Teq, Imex-Imidacloprid, Kohinor 70 WG

BLADLUIZEN roze appelluis *Dysaphis plantaginea*
gewasbehandeling door spuiten
acetamiprid
Gazelle
azadirachtin
Neemazal-T/S
imidacloprid

Admire, Admire O-Teq, Imex-Imidacloprid, Kohinor 70 WG

BLADVLEKKEN EN BLADVAL complex non-parasitaire factoren
- geen specifieke niet-chemische maatregel bekend.

BLADVLOOIEN appelbladvlo *Psylla mali*
- bestrijding is doorgaans niet van belang.
gewasbehandeling door spuiten
abamectin
Abamectine HF-G, Budget Abamectine 18 EC, Imex-Abamectine 2, Parimco Abamectine Nieuw, Vectine Plus, Vertimec Gold, Wopro Abamectin

BLADWESPEN appelzaagwesp *Hoplocampa testudinea*
- natuurlijke vijanden inzetten of stimuleren.
gewasbehandeling door spuiten
imidacloprid
Admire, Admire O-Teq, Imex-Imidacloprid, Kohinor 70 WG
thiacloprid
Calypso
signalering:
- witte kruisvallen gebruiken. Hiermee wordt de aanwezigheid van de appelzaagwep vastgesteld en kan het goede bestrijdingstijdstip worden vastgesteld.

BLADWESPEN zuringbladwesp *Ametastegia glabrata*
- ondergroei in en om de percelen ook langs greppels en slootkanten kort houden.

BLOEM- EN VRUCHTAFSTOTING, bevorderen van / CHEMISCHE BLOEMDUNNING
gewasbehandeling door spuiten
6-benzyladenine / benzyladenine
Maxcel

BLOEMAFSTOTING, bevorderen van / CHEMISCHE BLOEMDUNNING
gewasbehandeling door spuiten
ethefon
Ethrel-A

BOTRYTIS-NEUSROT *Botryotinia fuckeliana*
- ras 'Golden Delicious' bij voorkeur in de CA-cel bewaren in verband met kans op bruinverkleuring van de vruchtschil.
gewasbehandeling door spuiten
cyprodinil / fludioxonil
Switch

CICADEN appelbladcicade *Edwardsiana crataegi, fuchsiacicade Empoasca vitis*
- geen specifieke niet-chemische maatregel bekend.

COX-ZIEKTE complex non-parasitaire factoren2
- geen specifieke niet-chemische maatregel bekend.

ECHTE MEELDAUW *Podosphaera leucotricha*
- aangetaste planten(delen) verwijderen, zowel bij de wintersnoei als gedurende het groeiseizoen.
gewasbehandeling door spuiten
boscalid / pyraclostrobin
Bellis
bupirimaat
Nimrod Vloeibaar
dodecylbenzeensulfonzuur, triethanolamine zout / triadimenol
Exact
kresoxim-methyl
Stroby WG
penconazool
Topaz 100 EC
triadimenol
EXACT SC

trifloxystrobin
Flint
zwavel
Brabant Spuitzwavel 2, Kumulus S, Thiovit Jet

ETHYLEENSCHADE, voorkomen van
vruchtbehandeling door verdampen
1-methylcyclopropeen
Smartfresh

GEWASGROEI, afremmen van
gewasbehandeling door spuiten
prohexadione-calcium
Regalis

GLAZIGHEID non-parasitaire factor1
- geen specifieke niet-chemische maatregel bekend.

GLOEOSPORIUM-ROT *Pezicula alba*
- ras 'Golden Delicious' bij voorkeur in de CA-cel bewaren in verband met kans op bruinverkleuring van de vruchtschil.
gewasbehandeling door spuiten
thiram
Hermosan 80 WG, Thiram Granuflo

GLOEOSPORIUM-ROT *Pezicula malicorticis*
- ras 'Golden Delicious' bij voorkeur in de CA-cel bewaren in verband met kans op bruinverkleuring van de vruchtschil.
gewasbehandeling door spuiten
captan
Brabant Captan Flowable, Captan 480 SC, Captan 80 WG, Captan 83% Spuitpoeder, Captosan 500 SC, Captosan Spuitkorrel 80 WG, Malvin WG, Merpan Basic WP, Merpan Flowable, Merpan Spuitkorrel, Hermosan 80 WG, Thiram Granuflo

HERINPLANTINGSZIEKTE *pythium* soorten *Pythium sp.*
- planten in potgrond, 20 l per plantgat, waar beregenen of bijdruppelen kan worden toegepast.

HONINGZWAM echte honingzwam *Armillaria mellea*
- aangetaste bomen geheel en daarbij de in de grond aanwezige rhizomorfen verwijderen.

KANKER *Nectria galligena*
- aangetaste plekken tot op het gezonde hout uitsnijden.
- drainage en structuur van de grond verbeteren.
gewasbehandeling door spuiten
captan
Brabant Captan Flowable, Captan 480 SC, Captan 80 WG, Captosan 500 SC, Captosan Spuitkorrel 80 WG, Malvin WG, Merpan Flowable, Merpan Spuitkorrel

LATE VAL, voorkomen van
gewasbehandeling door spuiten
1-naftylazijnzuur
Obsthormon 24A, Late-Val Vloeibaar

LOODGLANS *Chondrostereum purpureum*
- dode takken, in het bijzonder takken met vruchtlichamen, uitzagen en direct afvoeren. Bij windschermen (wilg, populier en els) dient dit ook te gebeuren.
- voor een goede ijzer- en mangaanvoorziening zorgen.

MIJTEN appelroestmijt *Aculus schlechtendali*
- natuurlijke vijanden inzetten of stimuleren.
gewasbehandeling door spuiten
diflubenzuron
Dimilin Vloeibaar, Dimilin Spuitpoeder 25%

MIJTEN bonenspintmijt *Tetranychus urticae*
gewasbehandeling door spuiten

abamectin
    Abamectine HF-G, Budget Abamectine 18 EC, Imex-Abamactine 2, Parimco Abamectine Nieuw, Vectine Plus, Vertimec Gold, Wopro Abamectin
hexythiazox
    Nissorun Spuitpoeder
spirodiclofen
    Envidor

MIJTEN fruitspintmijt *Panonychus ulmi*
- natuurlijke vijanden inzetten of stimuleren.
gewasbehandeling door spuiten
abamectin
    Abamectine HF-G, Budget Abamectine 18 EC, Imex-Abamactine 2, Parimco Abamectine Nieuw, Vectine Plus, Vertimec Gold, Wopro Abamectin
clofentezin
    Apollo
hexythiazox
    Nissorun Spuitpoeder
spirodiclofen
    Envidor
tebufenpyrad
    Masai 25 WG

RODE LENTICEL PLEKKEN onbekende non-parasitaire factor 1
- verantwoorde bemesting op vatbare rassen uitvoeren.

ROETDAUW zwartschimmels *Dematiaceae*
- honingdauw producerende insecten bestrijden.

RUPSEN *Lepidoptera*
gewasbehandeling door spuiten
deltamethrin
    Agrichem Deltamethrin, Deltamethrin E.C. 25, Splendid, Wopro Deltamethrin
methoxyfenozide
    Runner

RUPSEN appelbladmineermot *Stigmella malella*
gewasbehandeling door spuiten
deltamethrin
    Agrichem Deltamethrin, Decis Micro, Deltamethrin E.C. 25, Splendid, Wopro Deltamethrin
diflubenzuron
    Dimilin Spuitpoeder 25%, Dimilin Vloeibaar
fenoxycarb
    Fenoxycarb 25 W.G., Insegar 25 WG

RUPSEN appelglasvlinder *Synanthedon myopaeformis*
signalering:
- vlinders met sapvallen (10 vallen per ha) wegvangen. Het sapmengsel bestaat uit 1 liter rode wijn, 8,5 liter water, 500 gram bruine suiker en 10 druppels terpenyl-acetaat.
gewasbehandeling door spuiten
deltamethrin
    Agrichem Deltamethrin, Decis Micro, Deltamethrin E.C. 25, Splendid, Wopro Deltamethrin

RUPSEN appelhoekmijnmot *Stigmella incognitella, damschijfmineermot Leucoptera malifoliella, kersenmineermot Lyonetia clerkella*
gewasbehandeling door spuiten
deltamethrin
    Agrichem Deltamethrin, Decis Micro, Deltamethrin E.C. 25, Splendid, Wopro Deltamethrin

RUPSEN appelstippelmot *Yponomeuta malinella*
- indien mogelijk nesten wegknippen.
gewasbehandeling door spuiten
Bacillus thuringiensis subsp. *aizawai*
    Xen Tari WG

Bacillus thuringiensis subsp. *kurstaki*
    Delfin, Dipel, Dipel ES, Scutello, Scutello L
deltamethrin
    Agrichem Deltamethrin, Decis Micro, Deltamethrin E.C. 25, Splendid, Wopro Deltamethrin

RUPSEN appeltakrups *Campaea margaritata*
- bestrijding is doorgaans niet van belang.

RUPSEN appelvouwmijnmot *Phyllonorycter blancardella*
gewasbehandeling door spuiten
deltamethrin
    Agrichem Deltamethrin, Decis Micro, Deltamethrin E.C. 25, Splendid, Wopro Deltamethrin
diflubenzuron
    Dimilin Spuitpoeder 25%, Dimilin Vloeibaar

RUPSEN bastaardsatijnvlinder *Euproctis chrysorrhoea*
- nesten in de winter uitknippen en afvoeren.

RUPSEN bladrollers *Tortricidae*
behandeling door lokstof
(Z)-11-tetradecenyl-acetaat / codlemon
    RAK 3+4
gewasbehandeling door spuiten
indoxacarb
    Steward

RUPSEN fruitmot *Cydia pomonella*
- aangetaste vruchten verwijderen.
behandeling door lokstof
(Z)-11-tetradecenyl-acetaat / (Z)-tetradec-9enylacetaat / codlemon / dodecan-1-ol / tetradecanol
    Isomate CLR
(Z)-11-tetradecenyl-acetaat / codlemon
    RAK 3+4
gewasbehandeling door spuiten
Bacillus thuringiensis subsp. *aizawai*
    Xen Tari WG
Bacillus thuringiensis subsp. *kurstaki*
    Delfin, Dipel, Dipel ES, Scutello, Scutello L
Cydia pomonella granulose virus
    Carpovirusine Plus, Cyd-X, Cyd-X Xtra, Madex, Madex Plus, Pomonellix
deltamethrin
    Agrichem Deltamethrin, Decis Micro, Deltamethrin E.C. 25, Splendid, Wopro Deltamethrin
diflubenzuron
    Dimilin Spuitpoeder 25%, Dimilin Vloeibaar
emamectin benzoaat
    Affirm
fenoxycarb
    Fenoxycarb 25 W.G., Insegar 25 WG
indoxacarb
    Steward
gewasbehandeling door verdampen
codlemon
    Exomone C, Rak 3
signalering:
- vangplaten of vanglampen ophangen, waardoor het goede bestrijdingsmoment vastgesteld kan worden.

RUPSEN gestippelde houtvlinder *Zeuzera pyrina, wilgenhoutvlinder Cossus cossus*
- aangetaste planten(delen) verwijderen en afvoeren.

RUPSEN groene knopbladroller *Hedya nubiferana, koolbladroller Clepsis spectrana, rode knopbladroller Spilonota ocellana*
gewasbehandeling door spuiten
indoxacarb
    Steward

RUPSEN grote appelbladroller *Archips podana,*
leverkleurige bladroller *Pandemis heparana*
behandeling door lokstof
(Z)-11-tetradecenyl-acetaat
    Rak 4
(Z)-11-tetradecenyl-acetaat / (Z)-tetradec-9enylacetaat / codlemon / dodecan-1-ol / tetradecanol
    Isomate CLR
gewasbehandeling door spuiten
indoxacarb
    Steward

RUPSEN grote wintervlinder *Erannis defoliaria*
gewasbehandeling door spuiten
Bacillus thuringiensis subsp. *aizawai*
    Xen Tari WG
Bacillus thuringiensis subsp. *kurstaki*
    Delfin, Dipel, Dipel ES, Scutello, Scutello L
deltamethrin
    Agrichem Deltamethrin, Decis Micro, Deltamethrin E.C. 25,
    Splendid, Wopro Deltamethrin

RUPSEN heggenbladroller *Archips rosana*
behandeling door lokstof
(Z)-11-tetradecenyl-acetaat
    Rak 4
(Z)-11-tetradecenyl-acetaat / (Z)-tetradec-9enylacetaat / codlemon / dodecan-1-ol / tetradecanol
    Isomate CLR
gewasbehandeling door spuiten
deltamethrin
    Agrichem Deltamethrin, Decis Micro, Deltamethrin E.C. 25,
    Splendid, Wopro Deltamethrin
indoxacarb
    Steward

RUPSEN kleine wintervlinder *Operophtera brumata*
- bij een klein oppervlak lijmbanden aanbrengen rond de stam.
gewasbehandeling door spuiten
Bacillus thuringiensis subsp. *aizawai*
    Xen Tari WG
Bacillus thuringiensis subsp. *kurstaki*
    Delfin, Dipel, Dipel ES, Scutello, Scutello L
deltamethrin
    Agrichem Deltamethrin, Decis Micro, Deltamethrin E.C. 25,
    Splendid, Wopro Deltamethrin
diflubenzuron
    Dimilin Spuitpoeder 25%, Dimilin Vloeibaar
indoxacarb
    Steward
methoxyfenozide
    Runner

RUPSEN mineervlinders
gewasbehandeling door spuiten
deltamethrin
    Agrichem Deltamethrin, Deltamethrin E.C. 25, Splendid,
    Wopro Deltamethrin

RUPSEN ringelrupsvlinder *Malacosoma neustria*
gewasbehandeling door spuiten
Bacillus thuringiensis subsp. *aizawai*
    Xen Tari WG
Bacillus thuringiensis subsp. *kurstaki*
    Delfin, Dipel, Dipel ES, Scutello, Scutello L

RUPSEN stippelmotten *Yponomeutidae*
gewasbehandeling door spuiten
Bacillus thuringiensis subsp. *aizawai*
    Xen Tari WG
Bacillus thuringiensis subsp. *kurstaki*
    Delfin, Dipel, Dipel ES, Scutello, Scutello L
deltamethrin

    Agrichem Deltamethrin, Decis Micro, Deltamethrin E.C. 25,
    Splendid, Wopro Deltamethrin

RUPSEN voorjaarsuilen soorten *Orthosia sp.*
gewasbehandeling door spuiten
Bacillus thuringiensis subsp. *aizawai*
    Xen Tari WG
Bacillus thuringiensis subsp. *kurstaki*
    Delfin, Dipel, Dipel ES, Scutello, Scutello L
deltamethrin
    Agrichem Deltamethrin, Decis Micro, Deltamethrin E.C. 25,
    Splendid, Wopro Deltamethrin
diflubenzuron
    Dimilin Spuitpoeder 25%, Dimilin Vloeibaar
indoxacarb
    Steward

RUPSEN vruchtbladroller *Adoxophyes orana*
behandeling door lokstof
(Z)-11-tetradecenyl-acetaat
    Rak 4
(Z)-11-tetradecenyl-acetaat / (Z)-tetradec-9enylacetaat / codlemon / dodecan-1-ol / tetradecanol
    Isomate CLR
gewasbehandeling door spuiten
deltamethrin
    Agrichem Deltamethrin, Decis Micro, Deltamethrin E.C. 25,
    Splendid, Wopro Deltamethrin
fenoxycarb
    Fenoxycarb 25 W.G., Insegar 25 WG
indoxacarb
    Steward
methoxyfenozide
    Runner

SCALD ongewenste scald
vruchtbehandeling door verdampen
1-methylcyclopropeen
    Smartfresh

SCHILKWALITEIT, bevorderen van
gewasbehandeling door spuiten
gibberelline A4 + A7
    Gibb Plus, Berelex GA 4/7

SCHURFT *Venturia inaequalis*
- bodemleven bevorderen door een begroeiing van de bodem
  met kruidachtige planten.
- bodemleven bevorderen door het toepassen van organische
  mest.
- compostthee spuiten.
- resistente rassen telen.
signalering:
- beslissingsondersteunende systemen gebruiken.
gewasbehandeling door spuiten
boscalid / pyraclostrobin
    Bellis
captan
    Brabant Captan Flowable, Captan 480 SC, Captan 80 WG,
    Captan 83% Spuitpoeder, Captosan 500 SC, Captosan
    Spuitkorrel 80 WG, Malvin WG, Merpan Basic WP, Merpan
    Flowable, Merpan Spuitkorrel
cyprodinil
    Chorus 50 WG
difenoconazool
    Score 10 WG, Score 250 EC
dithianon
    Delan DF
dodine
    Syllit Flow 450 SC
kresoxim-methyl
    Stroby WG
mancozeb

Brabant Mancozeb Flowable, Dithane DG Newtec, Fythane DG, Manconyl 2, Mastana SC, Penncozeb 80 WP, Penncozeb DG, Tridex 80 WP, Tridex DG, Vondozeb DG

metiram
Polyram DF
pyrimethanil
Scala
tebuconazool
Folicur SC
thiram
Hermosan 80 WG, Thiram Granuflo
trifloxystrobin
Flint
zwavel
Brabant Spuitzwavel 2, Kumulus S, Thiovit Jet

SCHURFT *Venturia pyrina*
gewasbehandeling door spuiten
boscalid / pyraclostrobin
Bellis
difenoconazool
Score 250 EC
kresoxim-methyl
Stroby WG

SNUITKEVERS appelbloesemkever *Anthonomus pomorum*, behaarde bladsnuitkever *Phyllobius oblongus*, gestreepte bladsnuitkever *Phyllobius pyri*, groene bladrandkever *Polydrusus pterygomalis*, groene bladsnuitkever *Phyllobius pomaceus*
- geen specifieke niet-chemische maatregel bekend.
- natuurlijke vijanden inzetten of stimuleren.

SNUITKEVERS gevlekte lapsnuitkever *Otiorhynchus singularis*
gewasbehandeling door spuiten
deltamethrin
Agrichem Deltamethrin, Decis Micro, Deltamethrin E.C. 25, Splendid, Wopro Deltamethrin

STAMBASISROT *Phytophthora cactorum, Phytophthora syringae*
- tussenstam gebruiken van een niet-vatbaar ras, bijvoorbeeld 'Dubbele Zoete Aagt'.

STIP onbekende non-parasitaire factor 3
- met calciumbevattende middelen spuiten. Spuiten vanaf half juli. Bij stipgevoelige rassen wekelijks. Naarmate het seizoen vordert dosering opvoeren.
- niet te vroeg plukken.
- te sterke gewasgroei voorkomen. Zorg voor een regelmatige vochtvoorziening en voor een zo goed mogelijk evenwicht in kalium-calciumverhouding. In de praktijk betekent dit oppassen voor een te hoge kaliumbemesting.

TOPSTERFTE kopergebrek
- grond na de oogst met koperhoudende meststoffen bemesten.

VIRUSZIEKTEN appelmozaïekvirus, kleinvruchtigheid appelkleinvruchtigheids'virus, kringerigheid chlorotische-bladvlekkenvirus van appel
- nieuwe teelten beginnen met virusvrij plantmateriaal in een kas of op een veld vrij van besmettingsbronnen en vectoren.
- overbrengers (vectoren) van virus voorkomen en/of bestrijden.
signalering:
- regelmatig op virussymptomen inspecteren en geïnfecteerde planten verwijderen.

VORST
- beregenen en gras op rijbanen kort houden. Zwart te houden grond moet gesloten blijven in de perioden waarin nachtvorst dreigt.

VRUCHTBOOMKANKER *Eutypa lata*
- aangetaste bomen of takken verwijderen.

VRUCHTKLEURING, bevorderen van
gewasbehandeling door spuiten
ethefon
Ethrel-A

VRUCHTROT gloeosporium soorten *Gloeosporium sp.*
gewasbehandeling door spuiten
boscalid / pyraclostrobin
Bellis

VRUCHTRUI, voorkomen van
gewasbehandeling door spuiten
triclopyr
Topper

VRUCHTVERRUWING, voorkomen van
gewasbehandeling door spuiten
gibberelline A4 + A7
Gladjanus GA 4-7, Regulex

WANTSEN groene appelwants *Lygocoris pabulinus*
- onkruid bestrijden.
- wortelopslag verwijderen.
gewasbehandeling door spuiten
deltamethrin
Agrichem Deltamethrin, Decis Micro, Deltamethrin E.C. 25, Splendid, Wopro Deltamethrin
imidacloprid
Admire, Admire O-Teq, Imex-Imidacloprid, Kohinor 70 WG
minerale olie
11 E Olie, Ovirex VS, Sun Ultra Fine Spray Oil, Sunspray 11-E
thiacloprid
Calypso

WORTELKNOBBEL *Agrobacterium tumefaciens*
- geen specifieke niet-chemische maatregel bekend.

WORTELOPSLAG, verbreken van
- wortelopslag verwijderen.

ZONNEBRAND
- kort beregenen bij hoge 'klimaatstress'.
- ondergroei in en om de percelen ook langs greppels en slootkanten kort houden.

GEWONE HAZELAAR

AALTJES gewoon wortellesieaaltje *Pratylenchus penetrans*
- aaltjesonderdrukkende voorteelt van *Tagetes*-soorten (afrikaantje) gedurende minimaal 3 maanden toepassen.
- gezond uitgangsmateriaal gebruiken.

DOPLUIZEN hazeldopluis *Eulecanium tiliae*
- geen specifieke niet-chemische maatregel bekend.

ECHTE MEELDAUW *Phyllactinia guttata*
- bestrijding is doorgaans niet van belang.

GRAUWE SCHIMMEL *Botryotinia fuckeliana*
- minder vatbare rassen telen.
- schade door hazelnootboorder voorkomen.
- vruchten niet te lang in de huls bewaren.

MIJTEN hazelaarrondknopmijt *Phytoptus avellanae*
- aangetaste planten(delen) verwijderen.
- minder vatbare rassen telen.
- natuurlijke vijanden inzetten of stimuleren.

SNUITKEVERS hazelnootboorder *Curculio nucum*
- minder vatbare rassen telen.
- natuurlijke vijanden inzetten of stimuleren.

TAKBREUK *Xanthomonas arboricola pv. corylina*
- aangetaste planten(delen) verwijderen en afvoeren.
- minder vatbare rassen telen.

VRUCHTROT *Monilinia fructigena*
- schade door insecten voorkomen.

KERS

AALTJES gewoon wortellesieaaltje *Pratylenchus penetrans*
- aaltjesonderdrukkende voorteelt van *Tagetes*-soorten (afri-kaantje) gedurende minimaal 3 maanden toepassen.
- gezond uitgangsmateriaal gebruiken.

BACTERIEKANKER *Pseudomonas syringae pv. morsprunorum*
- aangetaste scheuten/takken tot op het gezonde hout afzagen/-knippen en afvoeren.
- afwatering en structuur van de grond bij (her)inplant verbe-teren.
- beschadiging voorkomen, behandelen indien beschadigd.
- stikstofbemesting matig toepassen.
- voor goede groeiomstandigheden zorgen.

BITTERROT *Glomerella cingulata*
- geen specifieke niet-chemische maatregel bekend.

BLADLUIZEN *Aphididae*
- natuurlijke vijanden inzetten of stimuleren.
gewasbehandeling door spuiten
pirimicarb
    Agrichem Pirimicarb, Pirimor
spirotetramat
    Movento
thiacloprid
    Calypso

BLADVALZIEKTE *Blumeriella jaapii*
gewasbehandeling door spuiten
dodine
    Syllit Flow 450 SC

BODEMMOEHEID *Chalara elegans*
- geen kers na kers planten.

BOORVLIEGEN kersenvlieg *Rhagoletis cerasi*
- aangetaste vruchten verwijderen.
- gezond uitgangsmateriaal gebruiken.
- vroeg plukken en bomen schoonplukken en aangetaste vruchten vernietigen.
- vroegrijpende rassen telen. Bij deze rassen is de kans op schade kleiner.
signalering:
- vallen gebruiken.
gewasbehandeling door spuiten
acetamiprid
    Gazelle

BOORVLIEGEN westerse kersenvlieg *Rhagoletis indifferens*
gewasbehandeling door spuiten
acetamiprid
    Gazelle

CHLOROSE zoutovermaat
- chloorarme meststoffen toedienen of chloorhoudende mest-stoffen al in de herfst strooien.
- indien het beregeningswater zout is, voorkomen dat de grond te droog wordt: dus blijven beregenen.

- kasgrond vóór de teelt uitspoelen, gedeelde giften geven.
- overvloedig water geven.
- water met een laag chloorgehalte gebruiken.

GRAUWE SCHIMMEL *Botryotinia fuckeliana*
gewasbehandeling door spuiten
cyprodinil / fludioxonil
    Switch
fenhexamide
    Teldor
folpet
    Akofol 80 WP, Folpan 80 WP

HAGELSCHOTZIEKTE *Stigmina carpophila*
- aangetaste planten(delen) en gewasresten verwijderen.
- eventueel magnesiumgebrek opheffen.
- voor goede groeiomstandigheden zorgen.
gewasbehandeling door spuiten
zwavel
    Brabant Spuitzwavel 2, Kumulus S, Thiovit Jet

HEKSENBEZEM *Taphrina wiesneri*
- aangetaste planten(delen) verwijderen.

LOODGLANS *Chondrostereum purpureum*
- dode takken, in het bijzonder takken met vruchtlichamen, uitzagen en direct afvoeren. Bij windschermen (wilg, populier en els) dient dit ook te gebeuren.
- in de zomer snoeien en (snoei)wonden met een wondafdek-middel behandelen.
- voor een goede ijzer- en mangaanvoorziening zorgen.

MIJTEN bonenspintmijt *Tetranychus urticae*
gewasbehandeling door spuiten
abamectin
    Vertimec Gold

MIJTEN fruitspintmijt *Panonychus ulmi*
gewasbehandeling door spuiten
abamectin
    Vertimec Gold
clofentezin
    Apollo

RUPSEN *Lepidoptera*
gewasbehandeling door spuiten
deltamethrin
    Agrichem Deltamethrin, Decis Micro, Deltamethrin E.C. 25, Splendid, Wopro Deltamethrin

RUPSEN fruitmot *Cydia pomonella*
- aangetaste vruchten uit de boom en van de grond verwij-deren.
- stammen schoon borstelen.
signalering:
- vangplaten of vanglampen ophangen, waardoor het goede bestrijdingsmoment vastgesteld kan worden.

RUPSEN kleine wintervlinder *Operophtera brumata*
gewasbehandeling door spuiten
Bacillus thuringiensis subsp. *aizawai*
    Xen Tari WG

RUPSEN mineervlinders
gewasbehandeling door spuiten
deltamethrin
    Agrichem Deltamethrin, Deltamethrin E.C. 25, Splendid, Wopro Deltamethrin

SCHURFT *Venturia cerasi*
- bestrijding is doorgaans niet van belang.
gewasbehandeling door spuiten
trifloxystrobin
    Flint

SCHURFT *Venturia carpophila*
gewasbehandeling door spuiten
trifloxystrobin
Flint

TAK- EN BLOESEMSTERFTE *Monilinia laxa*
- aangetaste vruchten verwijderen.
- gewas open houden door snoei.
- gewas overkappen.
- minder vatbare rassen telen.
- op peil houden van het vochtgehalte van de bodem.
gewasbehandeling door spuiten
boscalid / pyraclostrobin
Signum
fenhexamide
Teldor
iprodion
Rovral Aquaflo
tebuconazool
Folicur SC

VERWELKINGSZIEKTE *Verticillium albo-atrum,*
Verticillium dahliae
- aangetaste planten(delen) verwijderen en afvoeren.
- drainage en structuur van de grond verbeteren, onder andere door het opheffen van storende lagen.
- niet planten op land waar aardappelen of dahlia's zijn geteeld.
- vruchtwisseling toepassen.

VIRUSZIEKTEN figuurbont, necrotische-kringvlek-
kenziekte van prunus, pruimensmalbladigheids-
virus
- nieuwe teelten beginnen met virusvrij plantmateriaal in een kas of op een veld vrij van besmettingsbronnen en vectoren.
- overbrengers (vectoren) van virus voorkomen en/of bestrijden.
signalering:
- regelmatig op virussymptomen inspecteren en geïnfecteerde planten verwijderen.

VRUCHTRIJPING, bevorderen van gelijkmatige
- eigen oogstmachine aanschaffen.
- handmatig oogsten.
- zogenaamde volgers verwijderen.

VRUCHTROT *Monilinia fructigena*
- aangetaste vruchten verwijderen.
- gewas open houden door snoei.
- gewas overkappen.
- minder vatbare rassen telen.
- op peil houden van het vochtgehalte van de bodem.
gewasbehandeling door spuiten
boscalid / pyraclostrobin
Signum
fenhexamide
Teldor
tebuconazool
Folicur SC

WANTEN groene appelwants *Lygocoris pabulinus*
gewasbehandeling door spuiten
thiacloprid
Calypso

PEER

AALTJES gewoon wortellesieaaltje *Pratylenchus*
penetrans
- aaltjesonderdrukkende voorteelt van *Tagetes*-soorten (afri-kaantje) gedurende minimaal 3 maanden toepassen.
- gezond uitgangsmateriaal gebruiken.

BACTERIEVUUR *Erwinia amylovora*
- aangetaste planten(delen) verwijderen minimaal 50 cm beneden de zichtbare verkleuring van het hout.
- bij aantasting op stam of op dikkere takken bomen rooien en afvoeren. Wordt aantasting slechts in enkele bomen gevonden, dan deze besmettingsbron zo radicaal mogelijk verwijderen.
- gereedschap en andere materialen schoonmaken en ont-smetten.
- gewas 'rustig' opkweken.
- groei beheersen.
- nabloei en wortelopslag uit voorzorg verwijderen, ook in percelen waarin geen aantasting wordt gevonden.
- nabloei en wortelopslag verwijderen.
signalering:
- gewasinspecties uitvoeren.
gewasbehandeling door spuiten
laminarin
Vacciplant

BASTKEVERS ongelijke houtkever *Xyleborus dispar*
- aangetaste bomen geheel verwijderen.
- alcoholvallen plaatsen.

BEWAARROT Penicillium soorten
gewasbehandeling door spuiten
boscalid / pyraclostrobin
Bellis
vruchtbehandeling door dompelen douchen
imazalil / pyrimethanil
Philabuster 400 SC

BLADLUIZEN *Aphididae*
gewasbehandeling door spuiten
acetamiprid
Gazelle
deltamethrin
Agrichem Deltamethrin, Decis Micro, Deltamethrin E.C. 25, Splendid, Wopro Deltamethrin
flonicamid
Teppeki
imidacloprid
Admire O-Teq
pirimicarb
Agrichem Pirimicarb, Pirimor
spirotetramat
Movento
thiacloprid
Calypso

BLADLUIZEN appelbloedluis *Eriosoma lanigerum*
- drainage en structuur van de grond verbeteren, zodat de aanwezigheid van oorwormen gestimuleerd wordt.
- natuurlijke vijanden inzetten of stimuleren.
- overwinteringsplekken van appelbloedluis beperken door het wegnemen van opslag en kankerplekken.

BLADLUIZEN roze perenluis *Dysaphis pyri, zwarte*
bonenluis Aphis fabae, zwarte perenluis Melanaphis
pyraria, vouwgalluis Anuraphis farfarae
gewasbehandeling door spuiten
acetamiprid
Gazelle
imidacloprid
Admire, Admire O-Teq, Imex-Imidacloprid, Kohinor 70 WG

BLADVLEKKENZIEKTE *Mycosphaerella pyri*
- bestrijding is doorgaans niet van belang.

BLADVLOOIEN kleine perenbladvlo *Cacopsylla*
pyricola
- gewas beregenen waardoor roetdauw gedeeltelijk wordt verwijderd en de larven door het wegspoelen van de honing-dauwdruppels uitdrogen.

- natuurlijke vijanden inzetten of stimuleren.
signalering:
- schadedrempel. Maatregelen nemen als 25 tot 30 % van de scheuten bezet is met larven.
gewasbehandeling door spuiten
diflubenzuron
Dimilin Spuitpoeder 25%, Dimilin Vloeibaar

BLADVLOOIEN perenbladvlo *Cacopsylla pyri*
- gewas beregenen waardoor roetdauw gedeeltelijk wordt verwijderd en de larven door het wegspoelen van de honing-dauwdruppels uitdrogen.
- natuurlijke vijanden inzetten of stimuleren.
signalering:
- schadedrempel. Maatregelen nemen als 25 tot 30 % van de scheuten bezet is met larven.
gewasbehandeling door spuiten
abamectin
Abamectine HF-G, Budget Abamectine 18 EC, Imex-Abamactine 2, Parimco Abamectine Nieuw, Vectine Plus, Vertimec Gold, Wopro Abamectin
deltamethrin
Agrichem Deltamethrin, Decis Micro, Deltamethrin E.C. 25, Splendid, Wopro Deltamethrin
diflubenzuron
Dimilin Spuitpoeder 25%, Dimilin Vloeibaar
spirodiclofen
Envidor

BLOEI, bevorderen van gelijkmatige
gewasbehandeling door spuiten
gibberelline A4 + A7
Gibb Plus, Regulex

ECHTE MEELDAUW *Podosphaera leucotricha*
- bestrijding is doorgaans niet van belang.
gewasbehandeling door spuiten
boscalid / pyraclostrobin
Bellis
penconazool
Topaz 100 EC
trifloxystrobin
Flint
zwavel
Kumulus S, Thiovit Jet

ETHYLEENSCHADE, voorkomen van
vruchtbehandeling door verdampen
1-methylcyclopropeen
Smartfresh

GALMUGGEN perengalmug *Contarinia pyrivora*
- gewas open houden door snoei.

GEWASGROEI, afremmen van
gewasbehandeling door spuiten
prohexadione-calcium
Regalis

GLOEOSPORIUM-ROT *Pezicula alba*
gewasbehandeling door spuiten
thiram
Hermosan 80 WG, Thiram Granuflo

GLOEOSPORIUM-ROT *Pezicula malicorticis*
gewasbehandeling door spuiten
captan
Brabant Captan Flowable, Captan 480 SC, Captan 80 WG, Captan 83% Spuitpoeder, Captan 83% Spuitpoeder, Captosan 500 SC, Captosan Spuitkorrel 80 WG, Malvin WG, Merpan Basic WP, Merpan Flowable, Merpan Spuitkorrel
thiram
Hermosan 80 WG, Thiram Granuflo

GRAUWE SCHIMMEL *Botryotinia fuckeliana*
gewasbehandeling door spuiten
cyprodinil / fludioxonil
Switch
vruchtbehandeling door dompelen douchen
imazalil / pyrimethanil
Philabuster 400 SC

HONINGZWAM echte honingzwam *Armillaria mellea*
- aangetaste bomen geheel en daarbij de in de grond aanwe-zige rhizomorfen verwijderen.

KANKER *Nectria galligena*
- aangetaste plekken tot op het gezonde hout uitsnijden.
- drainage en structuur van de grond verbeteren.
gewasbehandeling door spuiten
captan
Brabant Captan Flowable, Captan 480 SC, Captan 80 WG, Captosan 500 SC, Captosan Spuitkorrel 80 WG, Malvin WG, Merpan Flowable, Merpan Spuitkorrel

KNOP- EN BLOESEMSTERFTE *Pseudomonas syringae*
- grond goed ontwateren.
- voor gezonde rustig groeiende bomen zorgen die afgehard de winter in gaan.

KOPERGEBREK
- grond na de oogst met koperhoudende meststoffen bemesten.

LATE VAL, voorkomen van
gewasbehandeling door spuiten
1-naftylazijnzuur
Obsthormon 24A, Late-Val Vloeibaar

LOODGLANS *Chondrostereum purpureum*
- dode takken, in het bijzonder takken met vruchtlichamen, uitzagen en direct afvoeren. Bij windschermen (wilg, populier en els) dient dit ook te gebeuren.
- voor een goede ijzer- en mangaanvoorziening zorgen.

MIJTEN bonenspintmijt *Tetranychus urticae*
gewasbehandeling door spuiten
abamectin
Abamectine HF-G, Budget Abamectine 18 EC, Imex-Abamactine 2, Parimco Abamectine Nieuw, Vectine Plus, Vertimec Gold, Wopro Abamectin
hexythiazox
Nissorun Spuitpoeder
spirodiclofen
Envidor

MIJTEN fruitspintmijt *Panonychus ulmi*
gewasbehandeling door spuiten
abamectin
Abamectine HF-G, Budget Abamectine 18 EC, Imex-Abamactine 2, Parimco Abamectine Nieuw, Vectine Plus, Vertimec Gold, Wopro Abamectin
clofentezin
Apollo
hexythiazox
Nissorun Spuitpoeder
spirodiclofen
Envidor
tebufenpyrad
Masai 25 WG

MIJTEN perengalmijt *Phytoptus piri*
- aangetaste planten(delen) verwijderen.
- gezond uitgangsmateriaal gebruiken.
- natuurlijke vijanden inzetten of stimuleren.
gewasbehandeling door spuiten
zwavel

Kumulus S, Thiovit Jet

MIJTEN perenroestmijt *Epitrimerus piri*
- gezond uitgangsmateriaal gebruiken.
gewasbehandeling door spuiten
zwavel
Kumulus S, Thiovit Jet

PRACHTKEVERS perenprachtkever *Agrilus sinuatus*
- aangetaste planten(delen) verwijderen voordat de kevers uitvliegen.
- gezond uitgangsmateriaal gebruiken.
- meidoorn verwijderen. Dit is een waardplant van deze kever.

ROEST *Gymnosporangium clavariiforme, Gymnosporangium fuscum*
- Juniperus in de omgeving verwijderen.

ROETDAUW zwartschimmels *Dematiaceae*
- honingdauw producerende insecten bestrijden.

RUPSEN *Lepidoptera*
gewasbehandeling door spuiten
deltamethrin
Agrichem Deltamethrin, Deltamethrin E.C. 25, Splendid, Wopro Deltamethrin
methoxyfenozide
Runner

RUPSEN bastaardsatijnvlinder *Euproctis chrysorrhoea*
- nesten in de winter uitknippen en afvoeren.

RUPSEN bladrollers *Tortricidae*
behandeling door lokstof
(Z)-11-tetradecenyl-acetaat / codlemon
RAK 3+4

RUPSEN fruitmot *Cydia pomonella*
- aangetaste vruchten verwijderen.
behandeling door lokstof
(Z)-11-tetradecenyl-acetaat / (Z)-tetradec-9enylacetaat / codlemon / dodecan-1-ol / tetradecanol
Isomate CLR
(Z)-11-tetradecenyl-acetaat / codlemon
RAK 3+4
gewasbehandeling door spuiten
Bacillus thuringiensis subsp. *aizawai*
Xen Tari WG
Bacillus thuringiensis subsp. *kurstaki*
Delfin, Dipel, Dipel ES, Scutello, Scutello L
Cydia pomonella granulose virus
Carpovirusine Plus, Cyd-X, Cyd-X Xtra, Madex, Madex Plus, Pomonellix
deltamethrin
Agrichem Deltamethrin, Decis Micro, Deltamethrin E.C. 25, Splendid, Wopro Deltamethrin
diflubenzuron
Dimilin Spuitpoeder 25%, Dimilin Vloeibaar
emamectin benzoaat
Affirm
fenoxycarb
Fenoxycarb 25 W.G., Insegar 25 WG
indoxacarb
Steward
gewasbehandeling door verdampen
codlemon
Exomone C, Rak 3
signalering:
- vangplaten of vanglampen ophangen, waardoor het goede bestrijdingsmoment vastgesteld kan worden.

RUPSEN groene knopbladroller *Hedya nubiferana,* **koolbladroller** *Clepsis spectrana,* **rode knopbladroller** *Spilonota ocellana*
gewasbehandeling door spuiten
indoxacarb
Steward

RUPSEN grote appelbladroller *Archips podana,* **leverkleurige bladroller** *Pandemis heparana*
behandeling door lokstof
(Z)-11-tetradecenyl-acetaat
Rak 4
(Z)-11-tetradecenyl-acetaat / (Z)-tetradec-9enylacetaat / codlemon / dodecan-1-ol / tetradecanol
Isomate CLR
gewasbehandeling door spuiten
indoxacarb
Steward

RUPSEN grote wintervlinder *Erannis defoliaria*
gewasbehandeling door spuiten
Bacillus thuringiensis subsp. *aizawai*
Xen Tari WG
Bacillus thuringiensis subsp. *kurstaki*
Delfin, Dipel, Dipel ES, Scutello, Scutello L
deltamethrin
Agrichem Deltamethrin, Decis Micro, Deltamethrin E.C. 25, Splendid, Wopro Deltamethrin

RUPSEN heggenbladroller *Archips rosana*
behandeling door lokstof
(Z)-11-tetradecenyl-acetaat
Rak 4
(Z)-11-tetradecenyl-acetaat / (Z)-tetradec-9enylacetaat / codlemon / dodecan-1-ol / tetradecanol
Isomate CLR
gewasbehandeling door spuiten
deltamethrin
Agrichem Deltamethrin, Decis Micro, Deltamethrin E.C. 25, Splendid, Wopro Deltamethrin
indoxacarb
Steward

RUPSEN kleine wintervlinder *Operophtera brumata*
- bij een klein oppervlak lijmbanden aanbrengen rond de stam.
gewasbehandeling door spuiten
Bacillus thuringiensis subsp. *aizawai*
Xen Tari WG
Bacillus thuringiensis subsp. *kurstaki*
Delfin, Dipel, Dipel ES, Scutello, Scutello L
deltamethrin
Agrichem Deltamethrin, Decis Micro, Deltamethrin E.C. 25, Splendid, Wopro Deltamethrin
diflubenzuron
Dimilin Spuitpoeder 25%, Dimilin Vloeibaar
indoxacarb
Steward
methoxyfenozide
Runner

RUPSEN mineervlinders
gewasbehandeling door spuiten
deltamethrin
Agrichem Deltamethrin, Deltamethrin E.C. 25, Splendid, Wopro Deltamethrin

RUPSEN ringelrupsvlinder *Malacosoma neustria*
gewasbehandeling door spuiten
Bacillus thuringiensis subsp. *aizawai*
Xen Tari WG
Bacillus thuringiensis subsp. *kurstaki*
Delfin, Dipel, Dipel ES, Scutello, Scutello L

RUPSEN stippelmotten *Yponomeutidae*
gewasbehandeling door spuiten
Bacillus thuringiensis subsp. *aizawai*
    Xen Tari WG
Bacillus thuringiensis subsp. *kurstaki*
    Delfin, Dipel, Dipel ES, Scutello, Scutello L
deltamethrin
    Agrichem Deltamethrin, Decis Micro, Deltamethrin E.C. 25, Splendid, Wopro Deltamethrin

RUPSEN voorjaarsuilen *Orthosia spp.*
gewasbehandeling door spuiten
Bacillus thuringiensis subsp. *aizawai*
    Xen Tari WG
Bacillus thuringiensis subsp. *kurstaki*
    Delfin, Dipel, Dipel ES, Scutello, Scutello L
deltamethrin
    Agrichem Deltamethrin, Decis Micro, Deltamethrin E.C. 25, Splendid, Wopro Deltamethrin
diflubenzuron
    Dimilin Spuitpoeder 25%, Dimilin Vloeibaar
indoxacarb
    Steward

RUPSEN vruchtbladroller *Adoxophyes orana*
behandeling door lokstof
(Z)-11-tetradecenyl-acetaat
    Rak 4
(Z)-11-tetradecenyl-acetaat / (Z)-tetradec-9enylacetaat / cod-lemon / dodecan-1-ol / tetradecanol
    Isomate CLR
gewasbehandeling door spuiten
deltamethrin
    Agrichem Deltamethrin, Decis Micro, Deltamethrin E.C. 25, Splendid, Wopro Deltamethrin
fenoxycarb
    Fenoxycarb 25 W.G., Insegar 25 WG
indoxacarb
    Steward
methoxyfenozide
    Runner

SCALD, voorkomen van
vruchtbehandeling door verdampen
1-methylcyclopropeen
    Smartfresh

SCHILKWALITEIT, bevorderen van
gewasbehandeling door spuiten
gibberelline A4 + A7
    Berelex GA 4/7, Gibb Plus, Regulex

SCHURFT *Venturia inaequalis*
gewasbehandeling door spuiten
boscalid / pyraclostrobin
    Bellis
difenoconazool
    Score 250 EC
kresoxim-methyl
    Stroby WG
mancozeb
    Dithane DG Newtec, Fythane DG
signalering:
- beslissingsondersteunende systemen gebruiken.

SCHURFT *Venturia pyrina*
gewasbehandeling door spuiten
boscalid / pyraclostrobin
    Bellis
captan
    Brabant Captan Flowable, Captan 480 SC, Captan 80 WG, Captan 83% Spuitpoeder, Captosan 500 SC, Captosan Spuitkorrel 80 WG, Malvin WG, Merpan Basic WP, Merpan Flowable, Merpan Spuitkorrel

cyprodinil
    Chorus 50 WG
difenoconazool
    Score 10 WG, Score 250 EC
dithianon
    Delan DF
dodine
    Syllit Flow 450 SC
kresoxim-methyl
    Stroby WG
mancozeb
    Brabant Mancozeb Flowable, Dithane DG Newtec, Fythane DG, Manconyl 2, Mastana SC, Penncozeb 80 WP, Penncozeb DG, Tridex 80 WP, Tridex DG, Vondozeb DG
metiram
    Polyram DF
pyrimethanil
    Scala
tebuconazool
    Folicur SC
thiram
    Hermosan 80 WG, Thiram Granuflo
trifloxystrobin
    Flint
zwavel
    Kumulus S, Thiovit Jet

SNUITKEVERS gevlekte lapsnuitkever *Otiorhynchus singularis*
gewasbehandeling door spuiten
deltamethrin
    Agrichem Deltamethrin, Decis Micro, Deltamethrin E.C. 25, Splendid, Wopro Deltamethrin

VIRUSZIEKTEN kringvlekkenmozaïek, chlorotische-bladvlekkenvirus van appel, nerfmozaïek, perennerfmozaïekvirus, stenigheid, perenstenig-heidsvirus
- nieuwe teelten beginnen met virusvrij plantmateriaal in een kas of op een veld vrij van besmettingsbronnen en vectoren.
- overbrengers (vectoren) van virus voorkomen en/of bestrijden.
signalering:
- regelmatig op virussymptomen inspecteren en geïnfecteerde planten verwijderen.

VIRUSZIEKTEN peren-aftakelingsziekte, perenafta-kelingsfytoplasma
- geïnfecteerde bomen met weinig kans op herstel opruimen.
- gezond uitgangsmateriaal gebruiken.
- nieuwe teelten beginnen met virusvrij plantmateriaal in een kas of op een veld vrij van besmettingsbronnen en vectoren.
- overbrengers (vectoren) van virus voorkomen en/of bestrijden.
- populatie perenbladvlooien op een aanvaardbaar niveau houden.
signalering:
- regelmatig op virussymptomen inspecteren en geïnfecteerde planten verwijderen.

VORST
- beregenen en gras op rijbanen kort houden. Zwart te houden grond moet gesloten blijven in de perioden waarin nachtvorst dreigt.
- geen specifieke niet-chemische maatregel bekend.

VRUCHTROT Gloeosporium soorten
gewasbehandeling door spuiten
boscalid / pyraclostrobin
    Bellis
vruchtbehandeling door dompelen douchen
imazalil / pyrimethanil
    Philabuster 400 SC

VRUCHTRUI, voorkomen van
gewasbehandeling door spuiten
triclopyr
    Topper

VRUCHTVORM, bevorderen van de
gewasbehandeling door spuiten
gibberella zuur A3 / gibberelline A4 + A7 / gibberellinezuur
    Falgro
gibberelline A4 + A7
    Berelex GA 4/7, Gibb Plus, Regulex
gibberelline A4 + A7 / gibberellinezuur
    Valioso

VRUCHTZETTING, bevorderen van
gewasbehandeling door spuiten
gibberella zuur A3 / gibberelline A4 + A7 / gibberellinezuur
    Falgro
gibberella zuur A3 / gibberellinezuur
    Berelex
gibberelline A4 + A7
    Gladjanus GA 4-7
gibberelline A4 + A7 / gibberellinezuur
    Valioso

VUUR meniezwammetje *Nectria cinnabarina*
- dode takken wegsnoeien en afvoeren.

WANTSEN
gewasbehandeling door spuiten
deltamethrin
    Agrichem Deltamethrin, Decis Micro, Deltamethrin E.C. 25, Splendid, Wopro Deltamethrin
minerale olie
    11 E Olie, Ovirex VS, Sun Ultra Fine Spray Oil, Sunspray 11-E

WANTSEN groene appelwants *Lygocoris pabulinus*
gewasbehandeling door spuiten
imidacloprid
    Admire, Admire O-Teq, Imex-Imidacloprid, Kohinor 70 WG
thiacloprid
    Calypso

WORTELKNOBBEL *Agrobacterium tumefaciens*
- geen specifieke niet-chemische maatregel bekend.

WORTELOPSLAG, verbreken van
- wortelopslag verwijderen.

WORTELROT *Sclerophora pallida*
- bij de combinatie 'Conférence'/'Kwee' MC bij voorkeur bomen met een tussenstam gebruiken.
- bij herinplant oude wortelresten grondig verwijderen.
- gecertificeerd uitgangsmateriaal gebruiken en zorgen voor optimale groeiomstandigheden.
- terughoudend zijn met beregening in de zomer.
signalering:
- planten van bomen in potgrond voorkomt directe aantasting. Inspecteer de bomen bij aflevering op aantasting en zorg voor een goede ontwatering.

ZAAGWESPEN perenzaagwesp *Hoplocampa brevis*
gewasbehandeling door spuiten
imidacloprid
    Admire, Admire O-Teq, Kohinor 70 WG

ZWARTBLADIGHEID hoge temperatuur
- geen specifieke niet-chemische maatregel bekend.

ZWARTROT *Alternaria alternata*
- gewasversterkende meststoffen gebruiken.
- goede drainage toepassen.
- sparend snoeien waardoor aangetaste knoppen worden weggesnoeid.

ZWARTVRUCHTROT *Stemphylium vesicarium*
- afgevallen bladeren verwijderen.
- afrastering plaatsen.
- ureum spuiten.
- voor een goede bladvertering zorgen.
- zwartstroken schoon houden.
gewasbehandeling door spuiten
cyprodinil / fludioxonil
    Switch

PRUIM

AALTJES gewoon wortellesieaaltje *Pratylenchus penetrans*, wortellesieaaltje houtwortellesieaaltje *Pratylenchus vulnus*
- aaltjesonderdrukkende voorteelt van *Tagetes*-soorten (afrikaantje) gedurende minimaal 3 maanden toepassen.
- gezond uitgangsmateriaal gebruiken.

BACTERIEKANKER *Pseudomonas syringae pv. morsprunorum*
- aangetaste scheuten/takken tot op het gezonde hout afzagen/-knippen en afvoeren.
- afwatering en structuur van de grond bij (her)inplant verbeteren.
- beschadiging voorkomen, behandelen indien beschadigd.
- stikstofbemesting matig toepassen.
- voor goede groeiomstandigheden zorgen.

BLADLUIZEN *Aphididae*
gewasbehandeling door spuiten
pirimicarb
    Agrichem Pirimicarb, Pirimor
spirotetramat
    Movento
thiacloprid
    Calypso

GOMZIEKTE non-parasitaire factor1
- bepaalde bomen gommen elk jaar zonder aanwijsbare oorzaak. Deze exemplaren rooien.
- structuur van de grond bij (her)inplant verbeteren.
signalering:
- grondonderzoek laten uitvoeren, grond bekalken indien nodig.

GRAUWE SCHIMMEL *Botryotinia fuckeliana*
- gebarsten en aangevreten vruchten tijdig uitknippen om de aantasting door de grauwe schimmel te voorkomen.
gewasbehandeling door spuiten
cyprodinil / fludioxonil
    Switch
fenhexamide
    Teldor

HAGELSCHOTZIEKTE *Stigmina carpophila*
- aangetaste planten(delen) en gewasresten verwijderen.
- eventueel magnesiumgebrek opheffen.
- voor goede groeiomstandigheden zorgen.
gewasbehandeling door spuiten
zwavel
    Brabant Spuitzwavel 2, Kumulus S, Thiovit Jet

LOODGLANS *Chondrostereum purpureum*
- dode takken, in het bijzonder takken met vruchtlichamen, uitzagen en direct afvoeren. Bij windschermen (wilg, populier en els) dient dit ook te gebeuren.
- in de zomer snoeien en (snoei)wonden met een wondafdekmiddel behandelen.
- snoeien vlak voor de bloei of direct na de pluk.
- voor een goede ijzer- en mangaanvoorziening zorgen.

MIJTEN bonenspintmijt *Tetranychus urticae*
gewasbehandeling door spuiten

abamectin
Vertimec Gold

MIJTEN fruitspintmijt *Panonychus ulmi*
gewasbehandeling door spuiten
abamectin
Vertimec Gold
clofentezin
Apollo

MIJTEN pruimengalmijt *Vasates fockeui*
- geen specifieke niet-chemische maatregel bekend.
gewasbehandeling door spuiten
abamectin
Vertimec Gold

ROEST *Tranzschelia pruni-spinosae var. discolor*
- minder vatbare rassen telen, late rassen ondervinden meer last van roest.

ROETDAUW zwartschimmels *Dematiaceae*
- honingdauw producerende insecten bestrijden.

RUPSEN *Lepidoptera*
gewasbehandeling door spuiten
deltamethrin
Agrichem Deltamethrin, Decis Micro, Deltamethrin E.C. 25, Splendid, Wopro Deltamethrin

RUPSEN grote wintervlinder *Erannis defoliaria*
- bij een klein oppervlak lijmbanden aanbrengen rond de stam.

RUPSEN kleine wintervlinder *Operophtera brumata*
- bij een klein oppervlak lijmbanden aanbrengen rond de stam.
gewasbehandeling door spuiten
Bacillus thuringiensis subsp. *aizawai*
Xen Tari WG

RUPSEN mineervlinders
gewasbehandeling door spuiten
deltamethrin
Agrichem Deltamethrin, Deltamethrin E.C. 25, Splendid, Wopro Deltamethrin

RUPSEN pruimenmot *Cydia funebrana*
- aangetaste vruchten uit de boom en van de grond verwijderen.
- apart van aangetaste vruchten houden.
gewasbehandeling door spuiten
fenoxycarb
Insegar 25 WG
signalering:
- vangplaten of vanglampen ophangen, waardoor het goede bestrijdingsmoment vastgesteld kan worden.

RUPSEN vruchtbladroller *Adoxophyes orana*
gewasbehandeling door spuiten
fenoxycarb
Insegar 25 WG

SCHURFT *Venturia carpophila*
- geen specifieke niet-chemische maatregel bekend.

TAK- EN BLOESEMSTERFTE *Monilinia laxa*
- aangetaste vruchten verwijderen.
- gewas open houden door snoei.
- gewas overkappen.
- minder vatbare rassen telen.
- op peil houden van het vochtgehalte van de bodem.
gewasbehandeling door spuiten
boscalid / pyraclostrobin
Signum
tebuconazool
Folicur, Folicur SC

VERWELKINGSZIEKTE *Verticillium albo-atrum, Verticillium dahliae*
- aangetaste planten(delen) verwijderen en afvoeren.
- drainage en structuur van de grond verbeteren, onder andere door het opheffen van storende lagen.
- niet planten op land waar aardappelen of dahlia's zijn geteeld.
- vruchtwisseling toepassen.

VIRUSZIEKTEN figuurbont, necrotische-kringvlekkenziekte van Prunus, pruimensmalbladigheidsvirus
- nieuwe teelten beginnen met virusvrij plantmateriaal in een kas of op een veld vrij van besmettingsbronnen en vectoren.
- overbrengers (vectoren) van virus voorkomen en/of bestrijden.
signalering:
- regelmatig op virussymptomen inspecteren en geïnfecteerde planten verwijderen.

VRUCHTROT *Monilinia fructigena*
- aangetaste vruchten verwijderen.
- gewas open houden door snoei.
- gewas overkappen.
- minder vatbare rassen telen.
- op peil houden van het vochtgehalte van de bodem.
gewasbehandeling door spuiten
boscalid / pyraclostrobin
Signum
tebuconazool
Folicur, Folicur SC

WANTSEN
gewasbehandeling door spuiten
minerale olie
11 E Olie, Ovirex VS, Sun Ultra Fine Spray Oil, Sunspray 11-E

WANTSEN groene appelwants *Lygocoris pabulinus*
gewasbehandeling door spuiten
thiacloprid
Calypso

WALNOOT

AALTJES wortellesieaaltje houtwortellesieaaltje *Pratylenchus vulnus*
- aaltjesonderdrukkende voorteelt van *Tagetes*-soorten (afrikaantje) gedurende minimaal 3 maanden toepassen.
- gezond uitgangsmateriaal gebruiken.

BACTERIEBRAND *Xanthomonas arboricola pv. juglandis*
- geen specifieke niet-chemische maatregel bekend.

BLADLUIZEN *Aphididae*
gewasbehandeling door spuiten
pirimicarb
Agrichem Pirimicarb, Pirimor

BLADVLEKKENZIEKTE EN VRUCHTROT *Gnomonia leptostyla*
- afgevallen bladeren en bolster in de winter verzamelen en afvoeren.
- geen specifieke niet-chemische maatregel bekend.

DUNSCHALIGHEID waterovermaat
- drainage en structuur van de grond verbeteren.

MIJTEN okkernootviltmijt *Aceria erinea*
- bestrijding is doorgaans niet van belang.

RUPSEN okkernootmot *Laspeyresia splendana*
- geen specifieke niet-chemische maatregel bekend.

2.3.2 Grootfruit, bedekte teelt

2.3.2.1 Algemeen voorkomende ziekten, plagen en teeltproblemen

De hieronder genoemde ziekten en plagen komen voor in de verschillende gewassen van de hier behandelde teeltgroep. Alleen bestrijdingsmogelijkheden die toepasbaar zijn in de gehele teeltgroep worden in de eerste paragraaf genoemd. Raadpleeg daarom ook het betreffende gewas in de daaropvolgende paragraaf.

(AFGEDRAGEN) GEWAS, doodspuiten van
gewasbehandeling door spuiten
glyfosaat
    Panic Free, Roundup Force
onkruidbehandeling door pleksgewijs spuiten
glyfosaat
    Panic Free, Roundup Force

BEVER *Castor fiber*
plantbehandeling door smeren
kwartszand
    Wöbra

BLADLUIZEN *Aphididae*
- aangetaste planten(delen) verwijderen en afvoeren.

GEELZUCHT *Verticillium albo-atrum*
- biologische grondontsmetting toepassen.
- eerst teeltwerkzaamheden bij gezonde planten uitvoeren, daarna bij verdachte of aangetaste planten.
- gezond uitgangsmateriaal gebruiken.
- grond stomen met onderdruk.
- organische bemesting toepassen.
- strenge selectie toepassen.
- structuur van de grond verbeteren en voor voldoende bodemtemperatuur zorgen.
- voor optimale cultuuromstandigheden zorgen.
- vruchtwisseling toepassen.
signalering:
- grondonderzoek laten uitvoeren.

GROEI, bevorderen van
- hogere fosfaatgift toepassen.
- hogere nachttemperatuur dan dagtemperatuur beperkt strekking.
- meer licht geeft compactere groei.
- veel water geven bevordert de celstrekking.

KALIUMGEBREK
- tot begin juli met kalisulfaat (patentkali) bemesten.
- voor een goede kalitoestand van de grond of van het groei-medium zorgen, gecombineerd met een juiste bemesting.

MAGNESIUMGEBREK
- grondverbetering toepassen.
- pH verhogen.

MANGAANGEBREK
- grondverbetering toepassen.
- mangaansulfaat spuiten, alleen bij donker en groeizaam weer.
- met een mangaan bevattend gewasbeschermingsmiddel spuiten werkt gunstig.
- pH verlagen.

SCHIMMELS
- aangetaste planten(delen) verwijderen en vernietigen.
- gereedschap en andere materialen schoonmaken en ont-smetten.

- gewasresten verwijderen.
- gezond uitgangsmateriaal gebruiken.
- minder vatbare of resistente rassen telen.

SLAKKEN *Gastropoda*
gewasbehandeling door strooien
metaldehyde
    Brabant Slakkendood, Caragoal GR

SLAKKEN naaktslakken *Agriolimacidae, Arionidae*
grondbehandeling door strooien
ijzer(III)fosfaat
    Derrex, ECO-SLAK, Ferramol Ecostyle Slakkenkorrels, NEU 1181M, Sluxx, Smart Bayt Slakkenkorrels

VIRUSZIEKTEN
- aangetaste planten(delen) verwijderen en afvoeren.
- besmettingsbronnen verwijderen en/of bestrijden.
- gezond uitgangsmateriaal gebruiken.
- onkruid bestrijden.
- overbrengers (vectoren) van virus voorkomen en/of bestrijden.
- planten op grond die vrij is van de virusoverbrengende aaltjes Longidorus en Xiphinema. Zonodig de grond ontsmetten.
- resistente of minder vatbare rassen telen.
signalering:
- gewasinspecties uitvoeren.

VOGELS
- afschrikmethoden zoals vogelverschrikkers, knalapparaten of folie toepassen.
- geen zaaizaad morsen.
- voldoende diep en regelmatig zaaien voor een regelmatige opkomst.

WILD hazen, konijnen, overige zoogdieren
- afrastering plaatsen en/of het gewas afdekken.
- alternatief voedsel aanbieden.
- apparatuur gebruiken om de dieren te verjagen.
- jagen (beperkt toepasbaar in verband met Flora- en Faunawet).
- lokpercelen aanleggen met opslag.
- natuurlijke vijanden inzetten of stimuleren.
- stoffen met repellent werking toepassen.
plantbehandeling door smeren
kwartszand
    Wöbra

WOELRAT *Arvicola terrestris*
- let op: de woelrat is wettelijk beschermd.
- mollenklemmen in en bij de gangen plaatsen.
- vangpotten of vangfuiken plaatsen juist onder het waterop-pervlak en in de nabijheid van watergangen.
gangbehandeling met lokaas
bromadiolon
    Arvicolex

2.3.2.2 Ziekten, plagen en teeltproblemen per gewas

KERS

BACTERIEKANKER *Pseudomonas syringae pv. morsprunorum*
- afwatering en structuur van de grond bij (her)inplant verbeteren.
- stikstofbemesting matig toepassen.

BLADLUIZEN *Aphididae*
- natuurlijke vijanden inzetten of stimuleren.
gewasbehandeling door spuiten
thiacloprid
    Calypso

BOORVLIEGEN kersenvlieg *Rhagoletis cerasi*
- aangetaste vruchten verwijderen.
- gezond uitgangsmateriaal gebruiken.
- vroegrijpende rassen telen. Bij deze rassen is de kans op schade kleiner.
gewasbehandeling door spuiten
acetamiprid
    Gazelle
signalering:
- vallen gebruiken.

BOORVLIEGEN westerse kersenvlieg *Rhagoletis indifferens*
gewasbehandeling door spuiten
acetamiprid
    Gazelle

GRAUWE SCHIMMEL *Botryotinia fuckeliana*
gewasbehandeling door spuiten
cyprodinil / fludioxonil
    Switch
folpet
    Akofol 80 WP

LOODGLANS *Chondrostereum purpureum*
- dode takken, in het bijzonder takken met vruchtlichamen, uitzagen en direct afvoeren. Bij windschermen (wilg, populier en els) dient dit ook te gebeuren.
- voor een goede ijzer- en mangaanvoorziening zorgen.

MIJTEN bonenspintmijt *Tetranychus urticae*
gewasbehandeling door spuiten
abamectin
    Vertimec Gold

MIJTEN fruitspintmijt *Panonychus ulmi*
gewasbehandeling door spuiten
abamectin
    Vertimec Gold
clofentezin
    Apollo

RUPSEN fruitmot *Cydia pomonella*
- aangetaste vruchten uit de boom en van de grond verwijderen.
- stammen schoon borstelen.
signalering:
- vangplaten of vanglampen ophangen, waardoor het goede bestrijdingsmoment vastgesteld kan worden.

SCHURFT *Venturia carpophila, Venturia cerasi*
gewasbehandeling door spuiten
trifloxystrobin
    Flint

TAK- EN BLOESEMSTERFTE *Monilinia laxa*
gewasbehandeling door spuiten

boscalid / pyraclostrobin
    Signum
iprodion
    Rovral Aquaflo

VRUCHTRIJPING, bevorderen van gelijkmatige
- eigen oogstmachine aanschaffen.
- handmatig oogsten.
- zogenaamde volgers verwijderen.

VRUCHTROT *Monilinia fructigena*
gewasbehandeling door spuiten
boscalid / pyraclostrobin
    Signum

WANTSEN groene appelwants *Lygocoris pabulinus*
gewasbehandeling door spuiten
thiacloprid
    Calypso

PERZIK

AALTJES gewoon wortellesieaaltje *Pratylenchus penetrans*
- aaltjesonderdrukkende voorteelt van *Tagetes*-soorten (afrikaantje) gedurende minimaal 3 maanden toepassen.
- gezond uitgangsmateriaal gebruiken.
signalering:
- grondonderzoek laten uitvoeren.

AALTJES houtwortellesieaaltje houtwortellesieaaltje *Pratylenchus vulnus*
- gezond uitgangsmateriaal gebruiken.
signalering:
- grondonderzoek laten uitvoeren.

AALTJES warmteminnend wortelknobbelaaltje *Meloidogyne incognita*
signalering:
- grondonderzoek laten uitvoeren.

AFSTERVING complex non-parasitaire factoren
- afwatering en structuur van de grond bij (her)inplant verbeteren.

BACTERIEKANKER *Pseudomonas syringae pv. morsprunorum*
- aangetaste scheuten/takken tot op het gezonde hout afzagen/-knippen en afvoeren.
- afwatering en structuur van de grond bij (her)inplant verbeteren.
- stikstofbemesting matig toepassen.

BLADLUIZEN *Aphididae*
gewasbehandeling door spuiten
pirimicarb
    Agrichem Pirimicarb, Pirimor

DOPLUIZEN hazeldopluis *Eulecanium tiliae, wollige dopluis Pulvinaria vitis*
- geen specifieke niet-chemische maatregel bekend.

GOMZIEKTE non-parasitaire factor1
- bepaalde bomen gommen elk jaar zonder aanwijsbare oorzaak. Deze exemplaren rooien.
- structuur van de grond bij (her)inplant verbeteren.
signalering:
- grondonderzoek laten uitvoeren, grond bekalken indien nodig.

GRAUWE SCHIMMEL *Botryotinia fuckeliana*
- gebarsten en aangevreten vruchten tijdig uitknippen om de aantasting door de grauwe schimmel te voorkomen.

HAGELSCHOTZIEKTE *Stigmina carpophila*
- aangetaste planten(delen) en gewasresten verwijderen.
- voor goede groeiomstandigheden zorgen.
gewasbehandeling door spuiten
zwavel
     Brabant Spuitzwavel 2, Kumulus S, Thiovit Jet

KNOPVAL onbekende factor1
- niet te laat met stikstof mesten, tijdig scheut dunnen. Zorgen dat in de rustperiode de grond niet uitdroogt en de vochtigheid van de lucht niet te laag wordt.

KRULZIEKTE *Taphrina deformans*
gewasbehandeling door spuiten
thiram
     Hermosan 80 WG, Thiram Granuflo

LOODGLANS *Chondrostereum purpureum*
- dode takken, in het bijzonder takken met vruchtlichamen, uitzagen en direct afvoeren. Bij windschermen (wilg, populier en els) dient dit ook te gebeuren.
- in de zomer snoeien en (snoei)wonden met een wondafdekmiddel behandelen.
- voor een goede ijzer- en mangaanvoorziening zorgen.

MIJTEN fruitspintmijt *Panonychus ulmi*
- natuurlijke vijanden inzetten of stimuleren.

MIJTEN harlekijnmijt *Bryobia rubrioculus*
- geen specifieke niet-chemische maatregel bekend.

OORWORMEN *Forficula auricularia*
- oorwormzakjes ophangen bij schuilplaatsen.

ROETDAUW zwartschimmels *Dematiaceae*
- honingdauw producerende insecten bestrijden.

RUPSEN fruitmot *Cydia pomonella*
- aangetaste vruchten uit de boom en van de grond verwijderen.
- stammen schoon borstelen.
signalering:
- vangplaten of vanglampen ophangen, waardoor het goede bestrijdingsmoment vastgesteld kan worden.

RUPSEN heggenbladroller *Archips rosana*
- geen specifieke niet-chemische maatregel bekend.

VIRUSZIEKTEN figuurbont, pruimensmalbladigheidsvirus
- nieuwe teelten beginnen met virusvrij plantmateriaal in een kas of op een veld vrij van besmettingsbronnen en vectoren.
- overbrengers (vectoren) van virus voorkomen en/of bestrijden.
signalering:
- regelmatig op virussymptomen inspecteren en geïnfecteerde planten verwijderen.

WATERKANKER complex non-parasitaire factoren3
- aangetaste planten(delen) verwijderen en afvoeren.
- bemesting aanpassen en niet te laat in de zomer bemesten.

WESPEN europese of duitse wesp, gewone wesp *Paravespula germanica*
- wespennesten voorkomen of vernietigen.

PRUIM

GRAUWE SCHIMMEL *Botryotinia fuckeliana*
gewasbehandeling door spuiten
cyprodinil / fludioxonil
     Switch

MIJTEN bonenspintmijt *Tetranychus urticae,* **fruitspintmijt** *Panonychus ulmi,* **pruimengalmijt** *Vasates fockeui*
gewasbehandeling door spuiten
abamectin
     Vertimec Gold

2.3.3 Kleinfruit, onbedekte teelt

2.3.3.1 Algemeen voorkomende ziekten, plagen en teeltproblemen

De hieronder genoemde ziekten en plagen komen voor in de verschillende gewassen van de hier behandelde teeltgroep. Alleen bestrijdingsmogelijkheden die toepasbaar zijn in de gehele teeltgroep worden in de eerste paragraaf genoemd. Raadpleeg daarom ook het betreffende gewas in de daaropvolgende paragraaf.

(AFGEDRAGEN) GEWAS, doodspuiten van
gewasbehandeling door spuiten
glyfosaat
Panic Free, Roundup Force
onkruidbehandeling door pleksgewijs spuiten
glyfosaat
Panic Free, Roundup Force

BEVER *Castor fiber*
plantbehandeling door smeren
kwartszand
Wöbra

BLADLUIZEN *Aphididae*
- aangetaste planten(delen) verwijderen en afvoeren.
plantbehandeling door spuiten
piperonylbutoxide / pyrethrinen
Spruzit Vloeibaar

BLADVALZIEKTE *Drepanopeziza ribis*
gewasbehandeling door spuiten
dithianon
Delan DF

GEELZUCHT *Verticillium albo-atrum*
- biologische grondontsmetting toepassen.
- eerst teeltwerkzaamheden bij gezonde planten uitvoeren, daarna bij verdachte of aangetaste planten.
- gezond uitgangsmateriaal gebruiken.
- grond stomen met onderdruk.
- organische bemesting toepassen.
- strenge selectie toepassen.
- structuur van de grond verbeteren en voor voldoende bodemtemperatuur zorgen.
- voor optimale cultuuromstandigheden zorgen.
- vruchtwisseling toepassen.
signalering:
- grondonderzoek laten uitvoeren.

GROEI, bevorderen van
- hogere fosfaatgift toepassen.
- hogere nachttemperatuur dan dagtemperatuur beperkt strekking.
- meer licht geeft compactere groei.
- veel water geven bevordert de celstrekking.

KALIUMGEBREK
- tot begin juli met kalisulfaat (patentkali) bemesten.
- voor een goede kalitoestand van de grond of van het groeimedium zorgen, gecombineerd met een juiste bemesting.

KEVERS *Coleoptera*
plantbehandeling door spuiten
piperonylbutoxide / pyrethrinen
Spruzit Vloeibaar

MAGNESIUMGEBREK
- grondverbetering toepassen.
- pH verhogen.

MANGAANGEBREK
- grondverbetering toepassen.
- mangaansulfaat spuiten, alleen bij donker en groeizaam weer.
- met een mangaan bevattend gewasbeschermingsmiddel spuiten werkt gunstig.
- pH verlagen.

MIJTEN spintmijten *Tetranychidae*
gewasbehandeling door spuiten
minerale olie / paraffine olie
Olie-H

MOLLEN *Talpa europaea*
- klemmen in gangen plaatsen, voornamelijk aan de rand van het perceel.
gangbehandeling met tabletten
aluminium-fosfide
Luxan Mollentabletten
magnesiumfosfide
Magtoxin WM

RUPSEN *Lepidoptera*
plantbehandeling door spuiten
piperonylbutoxide / pyrethrinen
Spruzit Vloeibaar

SCHIMMELS
- aangetaste planten(delen) verwijderen en vernietigen.
- gereedschap en andere materialen schoonmaken en ontsmetten.
- gewasresten verwijderen.
- gezond uitgangsmateriaal gebruiken.
- minder vatbare of resistente rassen telen.

SLAKKEN
gewasbehandeling door strooien
ijzer(III)fosfaat
Derrex, Eco-Slak, Ferramol Ecostyle Slakkenkorrels, NEU 1181M, Sluxx, Smart Bayt Slakkenkorrels
grondbehandeling door strooien
metaldehyde
Brabant Slakkendood, Caragoal GR

SNUITKEVERS gegroefde lapsnuitkever *Otiorhynchus sulcatus*
- *Metarhizium anisopliae* toepassen.
- natuurlijke vijanden inzetten of stimuleren.
- periode tussen opruimen van oude bomen/planten en herinplant zo lang mogelijk maken door het perceel braak te laten liggen of een tussenteelt uitvoeren.
- schone containers en potgrond gebruiken.

TRIPSEN *Thysanoptera*
plantbehandeling door spuiten
piperonylbutoxide / pyrethrinen
Spruzit Vloeibaar

VIRUSZIEKTEN
- aangetaste planten(delen) verwijderen en afvoeren.
- besmettingsbronnen verwijderen en/of bestrijden.
- gezond uitgangsmateriaal gebruiken.

- onkruid bestrijden.
- overbrengers (vectoren) van virus voorkomen en/of bestrijden.
- planten op grond die vrij is van de virusoverbrengende aaltjes Longidorus en Xiphinema. Zonodig de grond ontsmetten.
- resistente of minder vatbare rassen telen.

signalering:
- gewasinspecties uitvoeren.

VOGELS
- afschrikmethoden zoals vogelverschrikkers, knalapparaten of folie toepassen.
- geen zaaizaad morsen.
- voldoende diep en regelmatig zaaien voor een regelmatige opkomst.
- zoveel mogelijk gelijktijdig inzaaien.

WANTSEN
gewasbehandeling door spuiten
minerale olie / paraffine olie
    Olie-H
plantbehandeling door spuiten
piperonylbutoxide / pyrethrinen
    Spruzit Vloeibaar

WEERBAARHEID, bevorderen van
plantbehandeling door gieten
Trichoderma harzianum rifai stam t-22
    Trianum-P
plantbehandeling via druppelirrigatiesysteem
Trichoderma harzianum rifai stam t-22
    Trianum-P
teeltmediumbehandeling door mengen

Trichoderma harzianum rifai stam t-22
    Trianum-G

WILD hazen, konijnen, overige zoogdieren
- afrastering plaatsen en/of het gewas afdekken.
- alternatief voedsel aanbieden.
- apparatuur gebruiken om de dieren te verjagen.
- jagen (beperkt toepasbaar in verband met Flora- en Faunawet).
- lokpercelen aanleggen met opslag.
- natuurlijke vijanden inzetten of stimuleren.
- stoffen met repellent werking toepassen.
plantbehandeling door smeren
kwartszand
    Wöbra

WITTEVLIEGEN *Aleurodidae*
plantbehandeling door spuiten
piperonylbutoxide / pyrethrinen
    Spruzit Vloeibaar

WOELRAT *Arvicola terrestris*
- let op: de woelrat is wettelijk beschermd.
- mollenklemmen in en bij de gangen plaatsen.
- vangpotten of vangfuiken plaatsen juist onder het wateroppervlak en in de nabijheid van watergangen.
gangbehandeling met lokaas
bromadiolon
    Arvicolex
gangbehandeling met tabletten
aluminium-fosfide
    Luxan Mollentabletten

2.3.3.2 Ziekten, plagen en teeltproblemen per gewas

AARDBEI

AALTJES
grondbehandeling door strooien
oxamyl
    Vydate 10G

AALTJES aardbeibladaaltje *Aphelenchoides fragariae*, chrysantenbladaaltje *Aphelenchoides ritzemabosi*
- gezond uitgangsmateriaal gebruiken.
- selectie toepassen en aangetaste planten vernietigen.

AALTJES gewoon wortellesieaaltje *Pratylenchus penetrans*
- aaltjesonderdrukkende voorteelt van *Tagetes*-soorten (afrikaantje) gedurende minimaal 3 maanden toepassen.
- gezond uitgangsmateriaal gebruiken.
grondbehandeling door injecteren
metam-natrium
    Monam CleanStart, Monam Geconc., Nemasol

AALTJES noordelijk wortelknobbelaaltje *Meloidogyne hapla*
- structuur en voedingstoestand van de grond verbeteren.
signalering:
- niet op gronden planten die met stengelaaltjes zijn besmet. Grondonderzoek kan aanwijzing geven over de mate van besmetting van de grond met stengelaaltjes.

AALTJES stengelaaltje *Ditylenchus dipsaci*
DIT IS EEN QUARANTAINE-ORGANISME

AALTJES vrijlevende wortelaaltjes *Trichododidae*
grondbehandeling door injecteren
metam-natrium

    Monam CleanStart, Monam Geconc., Nemasol

AARDBEISTENGELSTEKER *Caenorhinus germanicus*
- geen specifieke niet-chemische maatregel bekend.

ALBINISME complex non-parasitaire factoren
- voor goede groeiomstandigheden zorgen.

BACTERIEVLEKKENZIEKTE *Xanthomonas fragariae*
- aangetaste planten doodspuiten en bij voorkeur afvoeren, of hakselen en onderwerken.
- aanwezigheid van Xanthomanas melden bij de divisie Plant van de Nederlandse Voedsel en Waren Autoriteit (nVWA) en de instructies van de divisie Plant van de Nederlandse Voedsel en Waren Autoriteit (nVWA) volgen.
- schoenen en materialen ontsmetten.
- vermeerderingsteelten en productieteelten gescheiden houden.
- werkzaamheden op besmette percelen het laatste uitvoeren.

BLADLUIZEN *Aphididae*
gewasbehandeling door spuiten
pirimicarb
    Agrichem Pirimicarb, Pirimor
thiacloprid
    Calypso

ECHTE MEELDAUW *Sphaerotheca aphanis*
- voor goede groeiomstandigheden zorgen.
gewasbehandeling door spuiten
bupirimaat
    Nimrod Vloeibaar
kresoxim-methyl
    Stroby WG
mepanipyrim
    Frupica SC

penconazool
　Topaz 100 EC
zwavel
　Brabant Spuitzwavel 2, Kumulus S, Thiovit Jet

ECHTE MEELDAUW Oidium soorten
gewasbehandeling door spuiten
laminarin
　Vacciplant

ECHTE MEELDAUW Sphaerotheca soorten
gewasbehandeling door spuiten
trifloxystrobin
　Flint

EMELTEN weidelangpootmug *Tipula paludosa*
- perceel tijdens en na de teelt onkruidvrij houden.

GRAUWE SCHIMMEL *Botryotinia fuckeliana*
- niet te diep planten.
gewasbehandeling door spuiten
boscalid / pyraclostrobin
　Signum
captan
　Brabant Captan Flowable, Captan 480 SC, Captan 80 WG,
　Captan 83% Spuitpoeder, Captosan 500 SC, Captosan
　Spuitkorrel 80 WG, Malvin WG, Merpan Basic WP, Merpan
　Flowable, Merpan Spuitkorrel
fenhexamide
　Teldor
folpet
　Akofol 80 WP, Folpan 80 WP
iprodion
　Imex Iprodion Flo, Rovral Aquaflo
mepanipyrim
　Frupica, Frupica SC
pyrimethanil
　Scala
thiram
　Hermosan 80 WG, Thiram Granuflo

KELK- EN STEELROT *Gnomonia comari*
- aardbeien telen op plastic.
- bij voorkeur in de ochtend beregenen.
- niet op warme dagen beregenen.
- vroeg en voldoende stro leggen.

KRULBLADZIEKTE *Colletotrichum acutatum*
- druppelbevloeiing toepassen.
- gezond uitgangsmateriaal gebruiken.
- grond voor de bloei bedekken met stro om eventuele verspreiding via opspattend (beregenings)water te voorkomen.

MIJTEN aardbeimijt *Phytonemus pallidus fragariae*
- aangetaste planten(delen) verwijderen.
- gezond uitgangsmateriaal gebruiken.

MIJTEN bonenspintmijt *Tetranychus urticae*
- gezond uitgangsmateriaal gebruiken.
gewasbehandeling door spuiten
abamectin
　Abamectine HF-G, Budget Abamectine 18 EC, Imex-
　Abamactine 2, Parimco Abamectine Nieuw, Vectine Plus,
　Vertimec Gold, Wopro Abamectin
bifenazaat
　Floramite 240 SC, Wopro Bifenazate
clofentezin
　Apollo, Apollo 500 SC
hexythiazox
　Nissorun Spuitpoeder
spirodiclofen
　Envidor

MIJTEN spintmijt Tetranychus soorten
gewasbehandeling door spuiten
acequinocyl
　Cantack
milbemectin
　Budget Milbectin 1% EC, Milbeknock

PAARSE-VLEKKENZIEKTE *Alternaria alternata*
- gezond uitgangsmateriaal gebruiken.
- minder vatbare rassen telen.

RODE-VLEKKENZIEKTE *Diplocarpon earlianum*
- op productievelden wordt deze ziekte voldoende bestreden
  met bespuitingen tegen vruchtrot.

ROOD WORTELROT *Phytophthora fragariae*
- aangetaste planten(delen) verwijderen.
- gewas in potten telen.
- gewas overkappen.
- gewas tijdig opbinden.
- gewas zo min mogelijk afdekken met plastic.
- gewas(resten) direct na afloop van de teelt verwijderen.
- gezond uitgangsmateriaal gebruiken.
- grond goed ontwateren.
- grond ontwateren.
- niet te diep planten.
- onkruid bestrijden.
- op ruggen telen.
- resistente rassen telen.
plantbehandeling door dompelen
fenamidone / fosetyl-aluminium
　Fenomenal
plantbehandeling door gieten
fenamidone / fosetyl-aluminium
　Fenomenal
rijbehandeling door spuiten
fosetyl-aluminium
　Aliette WG

RUPSEN *Lepidoptera*
gewasbehandeling door spuiten
deltamethrin
　Agrichem Deltamethrin, Decis Micro, Deltamethrin E.C. 25,
　Splendid, Wopro Deltamethrin

RUPSEN aardbeibladroller *Sparganothis pilleriana*, anjerbladroller *Cacoecimorpha pronubana*
- gezond uitgangsmateriaal gebruiken.

RUPSEN gamma-uil *Autographa gamma*, koolmot *Plutella xylostella*, plusia soorten *Plusia sp.*
gewasbehandeling door spuiten
Bacillus thuringiensis subsp. *aizawai*
　Turex Spuitpoeder, Xen Tari WG

SNUITKEVERS aardbeibloesemkever *Anthonomus rubi*
- hagen en struikgewas langs het perceel verwijderen of niet
  aanplanten.
gewasbehandeling door spuiten
deltamethrin
　Agrichem Deltamethrin, Decis Micro, Deltamethrin E.C. 25,
　Splendid, Wopro Deltamethrin

SNUITKEVERS gegroefde lapsnuitkever *Otiorhynchus sulcatus*
grondbehandeling door mengen
Metarhizium anisopliae stam fs2
　BIO 1020, Met52 granulair bioinsecticide

SNUITKEVERS groene bladsnuitkever *Phyllobius pomaceus*
- geen specifieke niet-chemische maatregel bekend.

STENGELBASISROT *Phytophthora cactorum*
- aardbeien telen op plastic.
- bij voorkeur in de ochtend beregenen.
- gezond uitgangsmateriaal gebruiken.
- niet op warme dagen beregenen.
- niet te diep planten.
- vroeg en voldoende stro leggen.

gewasbehandeling door spuiten
dimethomorf
    Paraat
plantbehandeling door dompelen
fenamidone / fosetyl-aluminium
    Fenomenal
plantbehandeling door gieten
fenamidone / fosetyl-aluminium
    Fenomenal
plantgoedbehandeling door dompelen
fosetyl-aluminium
    Aliette WG

STENGELROT *Rhizoctonia fragariae*
- niet te diep planten.

STENGELROT *Thanatephorus cucumeris*
- niet te diep planten.
gewasbehandeling door spuiten
iprodion
    Imex Iprodion Flo, Rovral Aquaflo

TRIPSEN *Thysanoptera*
gewasbehandeling door spuiten
deltamethrin
    Agrichem Deltamethrin, Deltamethrin E.C. 25, Splendid, Wopro Deltamethrin

TRIPSEN californische trips *Frankliniella occidentalis, tabakstrips Thrips tabaci*
gewasbehandeling door spuiten
abamectin
    Abamectine HF-G, Budget Abamectine 18 EC, Imex-Abamactine 2, Parimco Abamectine Nieuw, Vectine Plus, Vertimec Gold, Wopro Abamectin

TRIPSEN rozentrips *Thrips fuscipennis*
gewasbehandeling door spuiten
deltamethrin
    Agrichem Deltamethrin, Decis Micro, Deltamethrin E.C. 25, Splendid, Wopro Deltamethrin

VERWELKINGSZIEKTE *Verticillium albo-atrum, Verticillium dahliae*
- biologische grondontsmetting toepassen.
- drainage en structuur van de grond verbeteren.
- gezond uitgangsmateriaal gebruiken.
- minder vatbare rassen telen.
- strenge selectie toepassen.
- vruchtwisseling toepassen.
signalering:
- grondonderzoek laten uitvoeren.

VIRUSZIEKTEN geelrand aardbeizwakgeelrandvirus, krinkel aardbeikrinkelvirus, nerfbandmozaïek aardbeinerfbandmozaïekvirus, vlekkenziekte aardbeivlekkenvirus
- bestrijden van door luizen overgebrachte virussen bestaat uit strenge selectie en intensieve bladluisbestrijding.
- nieuwe teelten beginnen met virusvrij plantmateriaal in een kas of op een veld vrij van besmettingsbronnen en vectoren.
- overbrengers (vectoren) van virus voorkomen en/of bestrijden.
signalering:
- regelmatig op virussymptomen inspecteren en geïnfecteerde planten verwijderen.

VOORJAARSBONT onbekende factor
- aangetaste planten tijdens de vermeerderingsfase vernietigen.

VRUCHTBESCHADIGING ijzerhoudend gietwater
- ijzerhoudend gietwater niet gebruiken.

WITTE-VLEKKENZIEKTE *Mycosphaerella fragariae*
- op productievelden wordt deze ziekte voldoende bestreden met bespuitingen tegen vruchtrot.

WITTEVLIEGEN kaswittevlieg *Trialeurodes vaporariorum*
gewasbehandeling door spuiten
thiacloprid
    Calypso

ZWART WORTELROT complex non-parasitaire factoren
- aaltjesonderdrukkende voorteelt van *Tagetes*-soorten (afrikaantje) gedurende minimaal 3 maanden toepassen.
- drainage en structuur van de grond verbeteren en een optimale pH nastreven.
- gezond uitgangsmateriaal gebruiken.
- vruchtwisseling toepassen.

BLAUWE BES

AMERIKAANSE KRUISBESSENMEELDAUW *Sphaerotheca mors-uvae*
- aangetaste planten(delen) verwijderen.
- zo open mogelijk gewas realiseren door wijze van planten en snoeien.
gewasbehandeling door spuiten
dodecylbenzeensulfonzuur, triethanolamine zout / triadimenol
    Exact

ANTHRACNOSE vruchtrot *Colletotrichum acutatum*
- bedrijfshygiëne stringent doorvoeren om tijdens de oogst secundaire infectie te voorkomen.
- druppelirrigatie toepassen in plaats van over de kop beregenen van het gewas.
gewasbehandeling door spuiten
trifloxystrobin
    Flint

BLADLUIZEN *Aphididae*
gewasbehandeling door spuiten
thiacloprid
    Calypso

GALMUGGEN blauwebessentopgalmug *Prodiplosis vaccinii*
- aangetaste planten(delen) verwijderen.

GRAUWE SCHIMMEL *Botryotinia fuckeliana*
gewasbehandeling door spuiten
cyprodinil / fludioxonil
    Switch
fenhexamide
    Teldor
iprodion
    Imex Iprodion Flo, Rovral Aquaflo
trifloxystrobin
    Flint

MIJTEN spintmijten
gewasbehandeling door spuiten
minerale olie / paraffine olie
    Olie-H

RUPSEN kleine wintervlinder *Operophtera brumata*
gewasbehandeling door spuiten
Bacillus thuringiensis subsp. *aizawai*

Turex Spuitpoeder, Xen Tari WG

SNUITKEVERS gegroefde lapsnuitkever *Otiorhynchus sulcatus*
grondbehandeling door mengen
Metarhizium anisopliae stam fs2
    BIO 1020, Met52 granulair bioinsecticide

TAKSTERFTE *Godronia cassandrae*
- aangetaste planten(delen) verwijderen en afvoeren.

VRUCHTROT *Glomerella cingulata*
- aangetaste planten(delen) verwijderen.
- bedrijfshygiëne stringent doorvoeren om tijdens de oogst secundaire infectie te voorkomen.
- druppelirrigatie toepassen in plaats van over de kop beregenen van het gewas.
- minder vatbare rassen telen.

WANTSEN
gewasbehandeling door spuiten
minerale olie / paraffine olie
    Olie-H

WANTSEN groene appelwants *Lygocoris pabulinus*
gewasbehandeling door spuiten
thiacloprid
    Calypso

BRAAM

AALTJES gewoon wortellesieaaltje *Pratylenchus penetrans*
- gezond uitgangsmateriaal gebruiken.

BLAD- EN STENGELVLEKKENZIEKTE *Septoria rubi*
- aangetaste planten(delen) verwijderen en afvoeren.

BLADLUIZEN *Aphididae*
gewasbehandeling door spuiten
pirimicarb
    Agrichem Pirimicarb, Pirimor
thiacloprid
    Calypso

BRUINE-STENGELVLEKKENZIEKTE *Septocyta ruborum*
- aangetaste planten(delen) verwijderen en afvoeren.

GRAUWE SCHIMMEL *Botryotinia fuckeliana*
- dicht gewas uitdunnen.
gewasbehandeling door spuiten
boscalid / pyraclostrobin
    Signum
captan
    Brabant Captan Flowable, Captan 480 SC, Captan 80 WG, Captan 83% Spuitpoeder, Captosan 500 SC, Captosan Spuitkorrel 80 WG, Malvin WG, Merpan Basic WP, Merpan Flowable, Merpan Spuitkorrel
cyprodinil / fludioxonil
    Switch
fenhexamide
    Teldor
folpet
    Akofol 80 WP, Folpan 80 WP
iprodion
    Imex Iprodion Flo, Rovral Aquaflo

MIJTEN bonenspintmijt *Tetranychus urticae*
gewasbehandeling door spuiten
abamectin
    Vertimec Gold

MIJTEN fruitspintmijt *Panonychus ulmi*
gewasbehandeling door spuiten
abamectin
    Vertimec Gold

RODE-VRUCHTZIEKTE bramengalmijt *Aceria essigi*
- snoeien en het oude hout in de herfst uit het perceel verwijderen.
gewasbehandeling door spuiten
abamectin
    Vertimec Gold
zwavel
    Brabant Spuitzwavel 2, Kumulus S, Thiovit Jet

RUPSEN *Lepidoptera*
gewasbehandeling door spuiten
deltamethrin
    Agrichem Deltamethrin, Decis Micro, Deltamethrin E.C. 25, Splendid, Wopro Deltamethrin

RUPSEN bladrollers *Tortricidae*
gewasbehandeling door spuiten
deltamethrin
    Agrichem Deltamethrin, Deltamethrin E.C. 25, Splendid, Wopro Deltamethrin

RUPSEN bramenbladroller *Epiblema uddmanniana*
- bij de wintersnoei afgeknipte grondscheuten afvoeren.
- handmatig de rupsen en poppen in de bladnesten dooddrukken.

RUPSEN kleine wintervlinder *Operophtera brumata*
gewasbehandeling door spuiten
Bacillus thuringiensis subsp. *aizawai*
    Turex Spuitpoeder, Xen Tari WG

SNUITKEVERS aardbeibloesemkever *Anthonomus rubi*
gewasbehandeling door spuiten
deltamethrin
    Agrichem Deltamethrin, Decis Micro, Deltamethrin E.C. 25, Splendid, Wopro Deltamethrin

SNUITKEVERS gegroefde lapsnuitkever *Otiorhynchus sulcatus*
grondbehandeling door mengen
Metarhizium anisopliae stam fs2
    BIO 1020, Met52 granulair bioinsecticide

STENGELBASISROT *Phytophthora fragariae rubi*
- aangetaste planten(delen) verwijderen en vernietigen.
- gewas in potten telen.
- gewas overkappen.
- gewas tijdig opbinden.
- gewas(resten) direct na afloop van de teelt verwijderen.
- onkruid bestrijden.
plantbehandeling via druppelirrigatiesysteem
dimethomorf
    Paraat

STENGELKNOBBEL *Agrobacterium rubi*
- aangetaste planten(delen) verwijderen en afvoeren.

STENGELSTERFTE *Leptosphaeria coniothyrium*
- aangetaste planten(delen) verwijderen en afvoeren.

VIRUSZIEKTEN mozaïek
- nieuwe teelten beginnen met virusvrij plantmateriaal in een kas of op een veld vrij van besmettingsbronnen en vectoren.
- overbrengers (vectoren) van virus voorkomen en/of bestrijden.
signalering:
- regelmatig op virussymptomen inspecteren en geïnfecteerde planten verwijderen.

VRUCHTKEVERS frambozenkever *Byturus fumatus*
gewasbehandeling door spuiten
deltamethrin
    Agrichem Deltamethrin, Decis Micro, Deltamethrin E.C. 25,
    Splendid, Wopro Deltamethrin

WANTSEN
gewasbehandeling door spuiten
deltamethrin
    Agrichem Deltamethrin, Decis Micro, Deltamethrin E.C. 25,
    Splendid, Wopro Deltamethrin

WORTELROT onbekende factor
- geen specifieke niet-chemische maatregel bekend.
- gezond uitgangsmateriaal gebruiken.

DRUIF

BESSENROT EN MEIZIEKTE *Botryotinia fuckeliana*
- geen specifieke niet-chemische maatregel bekend.
gewasbehandeling door spuiten
cyprodinil / fludioxonil
    Switch
fenhexamide
    Teldor
iprodion
    Rovral Aquaflo

ECHTE MEELDAUW *Uncinula necator*
gewasbehandeling door spuiten
boscalid / kresoxim-methyl
    Collis
penconazool
    Topaz 100 EC
zwavel
    Brabant Spuitzwavel 2, Kumulus S, Thiovit Jet

RUPSEN *Lepidoptera*
gewasbehandeling door spuiten
deltamethrin
    Splendid

RUPSEN druivenbladroller *Eupoecilia ambiguella,*
RUPSEN trosrups *Lobesia botrana*
gewasbehandeling door spuiten
indoxacarb
    Steward

RUPSEN mineervlinders
gewasbehandeling door spuiten
deltamethrin
    Splendid

VALSE MEELDAUW *Plasmopara viticola*
gewasbehandeling door spuiten
dimethomorf
    Paraat
fosetyl / fosetyl-aluminium / propamocarb
    Previcur Energy
trifloxystrobin
    Flint

FRAMBOOS

AALTJES gewoon wortellesieaaltje *Pratylenchus penetrans*
- gezond uitgangsmateriaal gebruiken.

BLADLUIZEN *Aphididae*
gewasbehandeling door spuiten
pirimicarb
    Agrichem Pirimicarb, Pirimor
thiacloprid
    Calypso

GALMUGGEN frambozenschorsgalmug *Resseliella theobaldi*
- grondscheuten tot begin mei verwijderen, beschadiging van
  scheuten zo veel mogelijk voorkomen.

GRAUWE SCHIMMEL *Botryotinia fuckeliana*
- dicht gewas uitdunnen.
gewasbehandeling door spuiten
boscalid / pyraclostrobin
    Signum
captan
    Brabant Captan Flowable, Captan 480 SC, Captan 80 WG,
    Captan 83% Spuitpoeder, Captosan 500 SC, Captosan
    Spuitkorrel 80 WG, Malvin WG, Merpan Basic WP, Merpan
    Flowable, Merpan Spuitkorrel
cyprodinil / fludioxonil
    Switch
fenhexamide
    Teldor
folpet
    Akofol 80 WP, Folpan 80 WP
iprodion
    Imex Iprodion Flo, Rovral Aquaflo

MIJTEN bonenspintmijt *Tetranychus urticae,* **MIJTEN fruitspintmijt** *Panonychus ulmi*
gewasbehandeling door spuiten
abamectin
    Vertimec Gold

RUPSEN *Lepidoptera*
gewasbehandeling door spuiten
deltamethrin
    Agrichem Deltamethrin, Decis Micro, Deltamethrin E.C. 25,
    Splendid, Wopro Deltamethrin

RUPSEN bladrollers *Tortricidae*
gewasbehandeling door spuiten
deltamethrin
    Agrichem Deltamethrin, Deltamethrin E.C. 25, Splendid,
    Wopro Deltamethrin

RUPSEN kleine wintervlinder *Operophtera brumata*
gewasbehandeling door spuiten
Bacillus thuringiensis subsp. *aizawai*
    Turex Spuitpoeder, Xen Tari WG

SNUITKEVERS aardbeibloesemkever *Anthonomus rubi*
gewasbehandeling door spuiten
deltamethrin
    Agrichem Deltamethrin, Decis Micro, Deltamethrin E.C. 25,
    Splendid, Wopro Deltamethrin

SNUITKEVERS gegroefde lapsnuitkever *Otiorhynchus sulcatus*
grondbehandeling door mengen
Metarhizium anisopliae stam fs2
    BIO 1020, Met52 granulair bioinsecticide

STENGELBASISROT *Phytophthora fragariae rubi*
- aangetaste planten(delen) verwijderen en vernietigen.
- aangetaste planten(delen) verwijderen.
- gewas in potten telen.
- gewas overkappen.
- gewas tijdig opbinden.
- gewas(resten) direct na afloop van de teelt verwijderen.
- gezond uitgangsmateriaal gebruiken.
- natte groeiomstandigheden voorkomen.
- onkruid bestrijden.
- ruime vruchtwisseling toepassen op besmette grond.
plantbehandeling via druppelirrigatiesysteem
dimethomorf
    Paraat

STENGELSTERFTE *Leptosphaeria coniothyrium*
- aangetaste planten(delen) verwijderen.
- frambozenschorsgalmug bestrijden.

STENGELVLEKKENZIEKTE *Elsinoe veneta*
- aangetaste planten(delen) verwijderen.
- frambozenschorsgalmug bestrijden.

TWIJGSTERFTE *Didymella applanata*
- aangetaste planten(delen) verwijderen.
- frambozenschorsgalmug bestrijden.

VERWELKINGSZIEKTE *Verticillium albo-atrum,*
VERWELKINGSZIEKTE *Verticillium dahliae*
- aangetaste planten(delen) met grond verwijderen.

VIRUSZIEKTEN mozaïek
- aaltjes/bladluizen bestrijden.
- gezond uitgangsmateriaal gebruiken.
- strenge selectie toepassen.
- virusvrij plantmateriaal buiten de teeltgebieden opkweken.
signalering:
- regelmatig op virussymptomen inspecteren en geïnfecteerde planten verwijderen.

VRUCHTKEVERS frambozenkever *Byturus fumatus*
gewasbehandeling door spuiten
deltamethrin
    Agrichem Deltamethrin, Decis Micro, Deltamethrin E.C. 25, Splendid, Wopro Deltamethrin

WANTSEN
gewasbehandeling door spuiten
deltamethrin
    Agrichem Deltamethrin, Decis Micro, Deltamethrin E.C. 25, Splendid, Wopro Deltamethrin

WORTELKNOBBEL *Agrobacterium tumefaciens*
- aangetaste planten niet uitplanten.

JAPANSE WIJNBES

WORTELSTERFTE *Phytophthora fragariae rubi*
- aangetaste planten(delen) verwijderen en vernietigen.
- gewas in potten telen.
- gewas overkappen.
- gewas tijdig opbinden.
- gewas(resten) direct na afloop van de teelt verwijderen.
- onkruid bestrijden.

KRUISBES

AALTJES gewoon wortellesieaaltje *Pratylenchus penetrans*
- gezond uitgangsmateriaal gebruiken.

AFSTERVING watervermaat
- drainage verbeteren en grond losmaken.

AMERIKAANSE KRUISBESSENMEELDAUW
Sphaerotheca mors-uvae
- aangetaste planten(delen) verwijderen.
- bij geringe aantasting toppen van de scheuten verwijderen en afvoeren.
- zo open mogelijk gewas realiseren door wijze van planten en snoeien.
gewasbehandeling door spuiten
dodecylbenzeensulfonzuur, triethanolamine zout / triadimenol
    Exact
kresoxim-methyl
    Stroby WG
zwavel
    Kumulus S, Thiovit Jet

BEKERROEST *Puccinia caricina var. pringsheimiana*
- waardplanten verwijderen.

BLADLUIZEN *Aphididae*
gewasbehandeling door spuiten
pirimicarb
    Agrichem Pirimicarb, Pirimor
thiacloprid
    Calypso

BLADVALZIEKTE *Drepanopeziza ribis*
gewasbehandeling door spuiten
folpet
    Akofol 80 WP, Folpan 80 WP

BLADWESPEN bessenbladwesp *Nematus ribesii*
gewasbehandeling door spuiten
deltamethrin
    Agrichem Deltamethrin, Decis Micro, Deltamethrin E.C. 25, Splendid, Wopro Deltamethrin

ECHTE MEELDAUW Sphaerotheca soorten
gewasbehandeling door spuiten
kresoxim-methyl
    Stroby WG

GRAUWE SCHIMMEL *Botryotinia fuckeliana*
- gewas overkappen.
- ruim luchten.
gewasbehandeling door spuiten
captan
    Brabant Captan Flowable, Captan 480 SC, Captan 80 WG, Captan 83% Spuitpoeder, Captosan 500 SC, Captosan Spuitkorrel 80 WG, Malvin WG, Merpan Basic WP, Merpan Flowable, Merpan Spuitkorrel
cyprodinil / fludioxonil
    Switch
fenhexamide
    Teldor
folpet
    Akofol 80 WP, Folpan 80 WP
iprodion
    Imex Iprodion Flo, Rovral Aquaflo

KRAAGROT *Phellinus ribis*
- aangetaste planten(delen) verwijderen.

MIJTEN bessenrondknopmijt *Cecidophyopsis ribis*
- natuurlijke vijanden inzetten of stimuleren.
- scheuten met gezwollen knoppen verwijderen in najaar/ winter.

MIJTEN bonenspintmijt *Tetranychus urticae*
- natuurlijke vijanden inzetten of stimuleren.
gewasbehandeling door spuiten
abamectin
    Vertimec Gold

MIJTEN fruitspintmijt *Panonychus ulmi*
- natuurlijke vijanden inzetten of stimuleren.
gewasbehandeling door spuiten
abamectin
    Vertimec Gold

MIJTEN spintmijten *Tetranychidae*
gewasbehandeling door spuiten
minerale olie / paraffine olie
    Olie-H

ROEST *Melampsora ribesii-viminalis*
- waardplanten verwijderen.

RUPSEN aardbeibladroller *Sparganothis pilleriana*
- gezond uitgangsmateriaal gebruiken.

gewasbehandeling door spuiten
deltamethrin
    Agrichem Deltamethrin, Decis Micro, Deltamethrin E.C. 25,
    Splendid, Wopro Deltamethrin

RUPSEN anjerbladroller *Cacoecimorpha pronubana*
- gezond uitgangsmateriaal gebruiken.

RUPSEN bessenglasvlinder *Synanthedon tipuliformis*
- aangetaste planten(delen) verwijderen en afvoeren.

RUPSEN bladrollers *Tortricidae*, RUPSEN bonte bessenvlinder *Abraxas grossulariata*
gewasbehandeling door spuiten
deltamethrin
    Agrichem Deltamethrin, Decis Micro, Deltamethrin E.C. 25,
    Splendid, Wopro Deltamethrin

RUPSEN kleine wintervlinder *Operophtera brumata*
gewasbehandeling door spuiten
Bacillus thuringiensis subsp. *aizawai*
    Turex Spuitpoeder, Xen Tari WG

SNUITKEVERS gegroefde lapsnuitkever *Otiorhynchus sulcatus*
grondbehandeling door mengen
Metarhizium anisopliae stam fs2
    BIO 1020, Met52 granulair bioinsecticide

VERWELKINGSZIEKTE *Verticillium albo-atrum*, VERWELKINGSZIEKTE *Verticillium dahliae*
- eerst gezonde, daarna verdachte, zieke struiken snoeien. Snoeigereedschap ontsmetten.
- organische bemesting toepassen, structuur van de grond verbeteren en voor goede waterhuishouding zorgen.

VIRUSZIEKTEN lepelblad frambozenkringvlekkenvirus, nerfbandmozaïek kruisbessennerfbandmozaïekvirus, figuurbont komkommermozaïkvirus
- bij herinplant van percelen met lepelblad, de plantgaten ontsmetten met een aaltjesdodend middel.
- bladluizen bestrijden.

VIRUSZIEKTEN nerfbandmozaïek rode-bessennerfbandmozaïekvirus
- bij herinplant van percelen met lepelblad, de plantgaten ontsmetten met een aaltjesdodend middel.

VUUR *Nectria cinnabarina*
- dode takken wegsnoeien en afvoeren.
- laat snoeien en lange snoei toepassen.
- voor een goede conditie van de planten zorgen.

WANTSEN
gewasbehandeling door spuiten
deltamethrin
    Agrichem Deltamethrin, Decis Micro, Deltamethrin E.C. 25,
    Splendid, Wopro Deltamethrin
minerale olie / paraffine olie
    Olie-H

WANTSEN groene appelwants *Lygocoris pabulinus*
gewasbehandeling door spuiten
thiacloprid
    Calypso

WORTELSTERFTE *Phytophthora fragariae rubi*
- aangetaste planten(delen) verwijderen en vernietigen.
- gewas in potten telen.
- gewas overkappen.
- gewas tijdig opbinden.
- gewas(resten) direct na afloop van de teelt verwijderen.
- onkruid bestrijden.

ZWARTE BESSENROEST *Cronartium ribicola*
- waardplanten verwijderen.

LOGANBES

BLADLUIZEN *Aphididae*
gewasbehandeling door spuiten
thiacloprid
    Calypso

GRAUWE SCHIMMEL *Botryotinia fuckeliana*
gewasbehandeling door spuiten
fenhexamide
    Teldor

WORTELSTERFTE *Phytophthora fragariae rubi*
- onkruid bestrijden.
- gewas overkappen.
- gewas in potten telen.
- gewas tijdig opbinden.
- gewas(resten) direct na afloop van de teelt verwijderen.
- aangetaste planten(delen) verwijderen en vernietigen.

RODE OF WITTE BES

AALTJES gewoon wortellesieaaltje *Pratylenchus penetrans*
- gezond uitgangsmateriaal gebruiken.

AFSTERVING waterovermaat
- drainage verbeteren en grond losmaken.

AMERIKAANSE KRUISBESSENMEELDAUW *Sphaerotheca mors-uvae*
- aangetaste planten(delen) verwijderen.
- bij geringe aantasting toppen van de scheuten verwijderen en afvoeren.
- zo open mogelijk gewas realiseren door wijze van planten en snoeien.
gewasbehandeling door spuiten
dodecylbenzeensulfonzuur, triethanolamine zout / triadimenol
    Exact
kresoxim-methyl
    Stroby WG
zwavel
    Kumulus S, Thiovit Jet

BEKERROEST *Puccinia caricina var. pringsheimiana*
- waardplanten verwijderen.

BLADLUIZEN *Aphididae*
gewasbehandeling door spuiten
pirimicarb
    Agrichem Pirimicarb, Pirimor
thiacloprid
    Calypso

BLADVALZIEKTE *Drepanopeziza ribis*
gewasbehandeling door spuiten
folpet
    Akofol 80 WP, Folpan 80 WP

BLADWESPEN bessenbladwesp *Nematus ribesii*
gewasbehandeling door spuiten
deltamethrin
    Agrichem Deltamethrin, Decis Micro, Deltamethrin E.C. 25,
    Splendid, Wopro Deltamethrin

ECHTE MEELDAUW sphaerotheca soorten *Sphaerotheca sp.*
gewasbehandeling door spuiten
kresoxim-methyl
    Stroby WG

GRAUWE SCHIMMEL *Botryotinia fuckeliana*
- gewas overkappen.
- ruim luchten.
gewasbehandeling door spuiten
boscalid / pyraclostrobin
    Signum
captan
    Brabant Captan Flowable, Captan 480 SC, Captan 80 WG,
    Captan 83% Spuitpoeder, Captosan 500 SC, Captosan
    Spuitkorrel 80 WG, Malvin WG, Merpan Basic WP, Merpan
    Flowable, Merpan Spuitkorrel
cyprodinil / fludioxonil
    Switch
fenhexamide
    Teldor
folpet
    Akofol 80 WP, Folpan 80 WP
iprodion
    Imex Iprodion Flo, Rovral Aquaflo

KRAAGROT *Phellinus ribis*
- aangetaste planten(delen) verwijderen.

MIJTEN bessenrondknopmijt *Cecidophyopsis ribis*
- natuurlijke vijanden inzetten of stimuleren.
- scheuten met gezwollen knoppen verwijderen in najaar/winter.

MIJTEN bonenspintmijt *Tetranychus urticae*
- natuurlijke vijanden inzetten of stimuleren.
gewasbehandeling door spuiten
abamectin
    Vertimec Gold

MIJTEN fruitspintmijt *Panonychus ulmi*
- natuurlijke vijanden inzetten of stimuleren.
gewasbehandeling door spuiten
abamectin
    Vertimec Gold

MIJTEN spintmijten *Tetranychidae*
gewasbehandeling door spuiten
minerale olie / paraffine olie
    Olie-H

ROEST *Melampsora ribesii-viminalis*
- waardplanten verwijderen.

RUPSEN aardbeibladroller *Sparganothis pilleriana*
- gezond uitgangsmateriaal gebruiken.
gewasbehandeling door spuiten
deltamethrin
    Agrichem Deltamethrin, Decis Micro, Deltamethrin E.C. 25,
    Splendid, Wopro Deltamethrin

RUPSEN anjerbladroller *Cacoecimorpha pronubana*
- gezond uitgangsmateriaal gebruiken.

RUPSEN bessenglasvlinder *Synanthedon tipuliformis*
- aangetaste planten(delen) verwijderen en afvoeren.

RUPSEN bladrollers *Tortricidae, bonte bessenvlinder Abraxas grossulariata*
gewasbehandeling door spuiten
deltamethrin
    Agrichem Deltamethrin, Decis Micro, Deltamethrin E.C. 25,
    Splendid, Wopro Deltamethrin

RUPSEN kleine wintervlinder *Operophtera brumata*
gewasbehandeling door spuiten
Bacillus thuringiensis subsp. *aizawai*
    Turex Spuitpoeder, Xen Tari WG

SNUITKEVERS gegroefde lapsnuitkever *Otiorhynchus sulcatus*
grondbehandeling door mengen
Metarhizium anisopliae stam fs2
    BIO 1020, Met52 granulair bioinsecticide

VERWELKINGSZIEKTE *Verticillium albo-atrum, Verticillium dahliae*
- eerst gezonde, daarna verdachte, zieke struiken snoeien. Snoeigereedschap ontsmetten.
- organische bemesting toepassen, structuur van de grond verbeteren en voor goede waterhuishouding zorgen.

VIRUSZIEKTEN lepelblad frambozenkringvlekkenvirus, nerfbandmozaïek kruisbessennerfbandmozaïekvirus
- bij herinplant van percelen met lepelblad, de plantgaten ontsmetten met een aaltjesdodend middel.

VIRUSZIEKTEN figuurbont komkommermozaïkvirus
- bladluizen bestrijden.

VIRUSZIEKTEN nerfbandmozaïek rode-bessennerfbandmozaïekvirus
- bij herinplant van percelen met lepelblad, de plantgaten ontsmetten met een aaltjesdodend middel.

VUUR *Nectria cinnabarina*
- dode takken wegsnoeien en afvoeren.
- laat snoeien en lange snoei toepassen.
- voor een goede conditie van de planten zorgen.

WANTSEN
gewasbehandeling door spuiten
deltamethrin
    Agrichem Deltamethrin, Decis Micro, Deltamethrin E.C. 25,
    Splendid, Wopro Deltamethrin
minerale olie / paraffine olie
    Olie-H

WANTSEN groene appelwants *Lygocoris pabulinus*
gewasbehandeling door spuiten
thiacloprid
    Calypso

ZWARTE BESSENROEST *Cronartium ribicola*
- waardplanten verwijderen.

ROZEBOTTEL

LOODGLANS *Chondrostereum purpureum*
- verdeel het bedrijf in werkeenheden en gebruik per eenheid een aparte schaar.

ROEST *Phragmidium mucronatum, ROEST Phragmidium tuberculatum*
- aangetaste planten(delen) in gesloten plastic zak verwijderen.

VOETROT *Cylindrocladium candelabrum*
- bij grondteelt voor een minder natte grond zorgen.

WORTELKNOBBEL *Agrobacterium tumefaciens*
- indruk bestaat in de praktijk dat deze ziekte kan worden overgebracht met scharen. Verdeel het bedrijf in werkeenheden en gebruik per eenheid een aparte schaar.

WORTELROT *Phytophthora soorten*
- bij grondteelt voor een minder natte grond zorgen.

TAYBES

BLADLUIZEN *Aphididae*
gewasbehandeling door spuiten

thiacloprid
  Calypso

ZWARTE BES

AALTJES gewoon wortellesieaaltje *Pratylenchus penetrans*
- gezond uitgangsmateriaal gebruiken.

AFSTERVING waterovermaat
- drainage verbeteren en grond losmaken.

AMERIKAANSE KRUISBESSENMEELDAUW *Sphaerotheca mors-uvae*
- aangetaste planten(delen) verwijderen.
- bij geringe aantasting toppen van de scheuten verwijderen en afvoeren.
- zo open mogelijk gewas realiseren door wijze van planten en snoeien.
gewasbehandeling door spuiten
dodecylbenzeensulfonzuur, triethanolamine zout / triadimenol
  Exact
kresoxim-methyl
  Stroby WG
zwavel
  Kumulus S, Thiovit Jet

BEKERROEST *Puccinia caricina var. pringsheimiana*
- waardplanten verwijderen.

BLADLUIZEN *Aphididae*
gewasbehandeling door spuiten
pirimicarb
  Agrichem Pirimicarb, Pirimor
thiacloprid
  Calypso

BLADVALZIEKTE *Drepanopeziza ribis*
gewasbehandeling door spuiten
folpet
  Akofol 80 WP, Folpan 80 WP

BLADWESPEN bessenbladwesp *Nematus ribesii*
gewasbehandeling door spuiten
deltamethrin
  Agrichem Deltamethrin, Decis Micro, Deltamethrin E.C. 25, Splendid, Wopro Deltamethrin

ECHTE MEELDAUW Sphaerotheca soorten
gewasbehandeling door spuiten
kresoxim-methyl
  Stroby WG

GRAUWE SCHIMMEL *Botryotinia fuckeliana*
- gewas overkappen.
- ruim luchten.
gewasbehandeling door spuiten
captan
  Brabant Captan Flowable, Captan 480 SC, Captan 80 WG, Captan 83% Spuitpoeder, Captosan 500 SC, Captosan Spuitkorrel 80 WG, Malvin WG, Merpan Basic WP, Merpan Flowable, Merpan Spuitkorrel
cyprodinil / fludioxonil
  Switch
fenhexamide
  Teldor
folpet
  Akofol 80 WP, Folpan 80 WP
iprodion
  Imex Iprodion Flo, Rovral Aquaflo

KRAAGROT *Phellinus ribis*
- aangetaste planten(delen) verwijderen.

MIJTEN bessenrondknopmijt *Cecidophyopsis ribis*
- natuurlijke vijanden inzetten of stimuleren.
- scheuten met gezwollen knoppen verwijderen in najaar/ winter.
gewasbehandeling door spuiten
abamectin
  Vertimec Gold

MIJTEN bonenspintmijt *Tetranychus urticae*
- natuurlijke vijanden inzetten of stimuleren.
gewasbehandeling door spuiten
abamectin
  Vertimec Gold

MIJTEN fruitspintmijt *Panonychus ulmi*
- natuurlijke vijanden inzetten of stimuleren.
gewasbehandeling door spuiten
abamectin
  Vertimec Gold

MIJTEN spintmijten *Tetranychidae*
gewasbehandeling door spuiten
minerale olie / paraffine olie
  Olie-H

ROEST *Melampsora ribesii-viminalis*
- waardplanten verwijderen.

RUPSEN aardbeibladroller *Sparganothis pilleriana*
- gezond uitgangsmateriaal gebruiken.
gewasbehandeling door spuiten
deltamethrin
  Agrichem Deltamethrin, Decis Micro, Deltamethrin E.C. 25, Splendid, Wopro Deltamethrin

RUPSEN anjerbladroller *Cacoecimorpha pronubana*
- gezond uitgangsmateriaal gebruiken.

RUPSEN bessenglasvlinder *Synanthedon tipuliformis*
- aangetaste planten(delen) verwijderen en afvoeren.

RUPSEN bladrollers *Tortricidae,* **bonte bessenvlinder** *Abraxas grossulariata*
gewasbehandeling door spuiten
deltamethrin
  Agrichem Deltamethrin, Decis Micro, Deltamethrin E.C. 25, Splendid, Wopro Deltamethrin

RUPSEN kleine wintervlinder *Operophtera brumata*
gewasbehandeling door spuiten
Bacillus thuringiensis subsp. *aizawai*
  Turex Spuitpoeder, Xen Tari WG

SNUITKEVERS gegroefde lapsnuitkever *Otiorhynchus sulcatus*
grondbehandeling door mengen
Metarhizium anisopliae stam fs2
  BIO 1020, Met52 granulair bioinsecticide

VERWELKINGSZIEKTE *Verticillium albo-atrum, Verticillium dahliae*
- eerst gezonde, daarna verdachte, zieke struiken snoeien. Snoeigereedschap ontsmetten.
- organische bemesting toepassen, structuur van de grond verbeteren en voor goede waterhuishouding zorgen.

VIRUSZIEKTEN brandnetelblad zwarte-bessen-brandnetelbladvirus, figuurbont komkommermozaïkvirus, lepelblad frambozenkringvlekkenvirus
- bij herinplant van percelen met lepelblad, de plantgaten ontsmetten met een aaltjesdodend middel.
- bladluizen bestrijden.
- brandnetelblad zieke struiken direct rooien.

- zwarte bessen niet planten in de onmiddellijke omgeving van oudere aanplantingen, waarin rondknopmijt en brandnetelblad voorkomt.

VIRUSZIEKTEN nerfbandmozaïek rode-bessennerfbandmozaïekvirus
- bij herinplant van percelen met lepelblad, de plantgaten ontsmetten met een aaltjesdodend middel.

VUUR *Nectria cinnabarina*
- dode takken wegsnoeien en afvoeren.
- laat snoeien en lange snoei toepassen.
- voor een goede conditie van de planten zorgen.

WANTSEN
gewasbehandeling door spuiten
deltamethrin
    Agrichem Deltamethrin, Decis Micro, Deltamethrin E.C. 25, Splendid, Wopro Deltamethrin
minerale olie / paraffine olie
    Olie-H

WANTSEN groene appelwants *Lygocoris pabulinus*
gewasbehandeling door spuiten
thiacloprid
    Calypso

ZWARTE BESSENROEST *Cronartium ribicola*
- waardplanten verwijderen.

2.3.4 Kleinfruit, bedekte teelt

2.3.4.1 Algemeen voorkomende ziekten, plagen en teeltproblemen

De hieronder genoemde ziekten en plagen komen voor in de verschillende gewassen van de hier behandelde teeltgroep. Alleen bestrijdingsmogelijkheden die toepasbaar zijn in de gehele teeltgroep worden in de eerste paragraaf genoemd. Raadpleeg daarom ook het betreffende gewas in de daaropvolgende paragraaf.

(AFGEDRAGEN) GEWAS, doodspuiten van
gewasbehandeling door spuiten
glyfosaat
    Panic Free, Roundup Force
onkruidbehandeling door pleksgewijs spuiten
glyfosaat
    Panic Free, Roundup Force

BEVER *Castor fiber*
plantbehandeling door smeren
kwartszand
    Wöbra

BLADLUIZEN *Aphididae*
- aangetaste planten(delen) verwijderen en afvoeren.
plantbehandeling door spuiten
piperonylbutoxide / pyrethrinen
    Spruzit Vloeibaar

GEELZUCHT *Verticillium albo-atrum*
- biologische grondontsmetting toepassen.
- eerst teeltwerkzaamheden bij gezonde planten uitvoeren, daarna bij verdachte of aangetaste planten.
- gezond uitgangsmateriaal gebruiken.
- grond stomen met onderdruk.
- organische bemesting toepassen.
- strenge selectie toepassen.
- structuur van de grond verbeteren en voor voldoende bodemtemperatuur zorgen.
- voor optimale cultuuromstandigheden zorgen.
- vruchtwisseling toepassen.
signalering:
- grondonderzoek laten uitvoeren.

GROEI, bevorderen van
- hogere fosfaatgift toepassen.
- hogere nachttemperatuur dan dagtemperatuur beperkt strekking.
- meer licht geeft compactere groei.
- veel water geven bevordert de celstrekking.

KALIUMGEBREK
- tot begin juli met kalisulfaat (patentkali) bemesten.
- voor een goede kalitoestand van de grond of van het groeimedium zorgen, gecombineerd met een juiste bemesting.

KEVERS *Coleoptera*
plantbehandeling door spuiten
piperonylbutoxide / pyrethrinen
    Spruzit Vloeibaar

SNUITKEVERS gegroefde lapsnuitkever
Otiorhynchus sulcatus
- *Metarhizium anisopliae* toepassen.
- natuurlijke vijanden inzetten of stimuleren.
- periode tussen opruimen van oude bomen/planten en herinplant zo lang mogelijk maken door het perceel braak te laten liggen of een tussenteelt uitvoeren.
- schone containers en potgrond gebruiken.

MAGNESIUMGEBREK
- grondverbetering toepassen.
- pH verhogen.

MANGAANGEBREK
- grondverbetering toepassen.
- mangaansulfaat spuiten, alleen bij donker en groeizaam weer.
- met een mangaan bevattend gewasbeschermingsmiddel spuiten werkt gunstig.
- pH verlagen.

RUPSEN *Lepidoptera*
plantbehandeling door spuiten
piperonylbutoxide / pyrethrinen
    Spruzit Vloeibaar

SCHIMMELS
- aangetaste planten(delen) verwijderen en vernietigen.
- gereedschap en andere materialen schoonmaken en ontsmetten.
- gewasresten verwijderen.
- gezond uitgangsmateriaal gebruiken.
- minder vatbare of resistente rassen telen.

SLAKKEN
gewasbehandeling door strooien
ijzer(III)fosfaat
    Derrex, ECO-SLAK, Ferramol Ecostyle Slakkenkorrels, NEU 1181M, Sluxx, Smart Bayt Slakkenkorrels
grondbehandeling door strooien
metaldehyde
    Brabant Slakkendood, Caragoal GR

SNUITKEVERS gegroefde lapsnuitkever
Otiorhynchus sulcatus
- *Metarhizium anisopliae* toepassen.
- natuurlijke vijanden inzetten of stimuleren.
- periode tussen opruimen van oude bomen/planten en herinplant zo lang mogelijk maken door het perceel braak te laten liggen of een tussenteelt uitvoeren.
- schone containers en potgrond gebruiken.

TRIPSEN *Thysanoptera*
plantbehandeling door spuiten
piperonylbutoxide / pyrethrinen
    Spruzit Vloeibaar

VIRUSZIEKTEN
- aangetaste planten(delen) verwijderen en afvoeren.
- besmettingsbronnen verwijderen en/of bestrijden.
- gezond uitgangsmateriaal gebruiken.
- onkruid bestrijden.
- overbrengers (vectoren) van virus voorkomen en/of bestrijden.
- planten op grond die vrij is van de virusoverbrengende aaltjes Longidorus en Xiphinema. Zonodig de grond ontsmetten.
- resistente of minder vatbare rassen telen.
signalering:
- gewasinspecties uitvoeren.

VOGELS
- afschrikmethoden zoals vogelverschrikkers, knalapparaten of folie toepassen.
- geen zaaizaad morsen.
- voldoende diep en regelmatig zaaien voor een regelmatige opkomst.

WANTSEN
plantbehandeling door spuiten
piperonylbutoxide / pyrethrinen
    Spruzit Vloeibaar

WEERBAARHEID, bevorderen van
plantbehandeling door gieten
Trichoderma harzianum rifai stam t-22
    Trianum-P
plantbehandeling via druppelirrigatiesysteem
Trichoderma harzianum rifai stam t-22
    Trianum-P
teeltmediumbehandeling door mengen
Trichoderma harzianum rifai stam t-22
    Trianum-G

WILD hazen, konijnen, overige zoogdieren
- afrastering plaatsen en/of het gewas afdekken.

- alternatief voedsel aanbieden.
- apparatuur gebruiken om de dieren te verjagen.
- jagen (beperkt toepasbaar in verband met Flora- en Faunawet).
- lokpercelen aanleggen met opslag.
- natuurlijke vijanden inzetten of stimuleren.
- stoffen met repellent werking toepassen.
plantbehandeling door smeren
kwartszand
    Wöbra

WITTEVLIEGEN Aleurodidae
plantbehandeling door spuiten
piperonylbutoxide / pyrethrinen
    Spruzit Vloeibaar

WOELRAT Arvicola terrestris
- let op: de woelrat is wettelijk beschermd.
- mollenklemmen in en bij de gangen plaatsen.
- vangpotten of vangfuiken plaatsen juist onder het wateroppervlak en in de nabijheid van watergangen.
gangbehandeling met lokaas
bromadiolon
    Arvicolex

2.3.4.2 Ziekten, plagen en teeltproblemen per gewas

AARDBEI

AALTJES stengelaaltje Ditylenchus dipsaci
DIT IS EEN QUARANTAINE-ORGANISME

ALBINISME complex non-parasitaire factoren
- ruime plantafstand aanhouden.
- voor goede groeiomstandigheden zorgen.

BACTERIEVLEKKENZIEKTE Xanthomonas fragariae
- aangetaste planten doodspuiten en bij voorkeur afvoeren, of hakselen en onderwerken.
- aanwezigheid van Xanthomanas melden bij de Divisie Plant van de Nederlandse Voedsel en Waren Autoriteit (nVWA) en de instructies van de Divisie Plant van de Nederlandse Voedsel en Waren Autoriteit (nVWA) volgen.
- schoenen en materialen ontsmetten.
- vermeerderingsteelten en productieteelten gescheiden houden.
- werkzaamheden op besmette percelen het laatste uitvoeren.

BLADLUIZEN Aphididae
gewasbehandeling (ruimtebehandeling) door roken
pirimicarb
    Pirimor Rookontwikkelaar
gewasbehandeling door spuiten
pirimicarb
    Agrichem Pirimicarb, Pirimor
thiacloprid
    Calypso

ECHTE MEELDAUW Sphaerotheca aphanis
- sterke schommelingen in relatieve luchtvochtigheid (RV) en temperatuur voorkomen.
- voor goede groeiomstandigheden zorgen.
gewasbehandeling door spuiten
kresoxim-methyl
    Stroby WG
zwavel
    Brabant Spuitzwavel 2

ECHTE MEELDAUW Leveillula taurica
gewasbehandeling door spuiten
kaliumjodide / kaliumthiocyanaat

    Enzicur

ECHTE MEELDAUW Sphaerotheca aphanis
gewasbehandeling door spuiten
bupirimaat
    Nimrod Vloeibaar
penconazool
    Topaz 100 EC
zwavel
    Kumulus S, Thiovit Jet

ECHTE MEELDAUW Oidium soorten
gewasbehandeling door spuiten
kaliumjodide / kaliumthiocyanaat
    Enzicur
laminarin
    Vacciplant

ECHTE MEELDAUW Sphaerotheca soorten
gewasbehandeling door spuiten
kaliumjodide / kaliumthiocyanaat
    Enzicur
trifloxystrobin
    Flint

GRAUWE SCHIMMEL Botryotinia fuckeliana
- niet te diep planten.
gewasbehandeling door spuiten
boscalid / pyraclostrobin
    Signum
captan
    Brabant Captan Flowable, Captan 480 SC, Captan 80 WG, Captan 83% Spuitpoeder, Captosan 500 SC, Captosan Spuitkorrel 80 WG, Malvin WG, Merpan Basic WP, Merpan Flowable, Merpan Spuitkorrel
cyprodinil / fludioxonil
    Switch
fenhexamide
    Teldor
folpet
    Akofol 80 WP, Folpan 80 WP
iprodion
    Imex Iprodion Flo, Rovral Aquaflo
mepanipyrim

Frupica, Frupica SC
thiram
Hermosan 80 WG, Thiram Granuflo

KNIKTROSSEN niet te specificeren klimatologische oorzaak
- gezond uitgangsmateriaal gebruiken.
- grond goed ontwateren.
- voor voldoende ondersteuning van trossen zorgen.

KRULBLADZIEKTE *Colletotrichum acutatum*
gewasbehandeling door spuiten
cyprodinil / fludioxonil
Switch

LOOPKEVERS aardbeiloopkever *Harpalus rufipes*
gewasbehandeling door strooien
methiocarb
Mesurol Pro

MIJTEN aardbeimijt *Phytonemus pallidus fragariae*
- aangetaste planten(delen) verwijderen.
- gezond uitgangsmateriaal gebruiken.
- natuurlijke vijanden inzetten of stimuleren.

MIJTEN bonenspintmijt *Tetranychus urticae*
- gezond uitgangsmateriaal gebruiken.
- natuurlijke vijanden inzetten of stimuleren.
gewasbehandeling door spuiten
abamectin
Abamectine HF-G, Budget Abamectine 18 EC, Imex-Abamactine 2, Parimco Abamectine Nieuw, Vectine Plus, Vertimec Gold, Wopro Abamectin
bifenazaat
Floramite 240 SC, Wopro Bifenazate
clofentezin
Apollo, Apollo 500 SC
fenbutatinoxide
Torque-L
hexythiazox
Nissorun Spuitpoeder
spirodiclofen
Envidor
spiromesifen
Oberon

MIJTEN spintmijten *Tetranychidae*
gewasbehandeling door spuiten
fenbutatinoxide
Torque-L

ROOD WORTELROT *Phytophthora fragariae*
- grond goed ontwateren.

RUPSEN *Lepidoptera*
gewasbehandeling door spuiten
deltamethrin
Agrichem Deltamethrin, Decis Micro, Deltamethrin E.C. 25, Splendid, Wopro Deltamethrin
spinosad
Tracer

RUPSEN gamma-uil *Autographa gamma,* koolmot *Plutella xylostella,* Plusia soorten
gewasbehandeling door spuiten
Bacillus thuringiensis subsp. *aizawai*
Turex Spuitpoeder, Xen Tari WG

SNUITKEVERS aardbeibloesemkever *Anthonomus rubi*
gewasbehandeling door spuiten
deltamethrin
Agrichem Deltamethrin, Decis Micro, Deltamethrin E.C. 25, Splendid, Wopro Deltamethrin

SNUITKEVERS gegroefde lapsnuitkever *Otiorhynchus sulcatus*
grondbehandeling door mengen
Metarhizium anisopliae stam fs2
BIO 1020, Met52 granulair bioinsecticide

STENGELBASISROT *Phytophthora cactorum*
- gezond uitgangsmateriaal gebruiken.
- niet te diep planten.
plantbehandeling via druppelirrigatiesysteem
dimethomorf
Paraat

STENGELROT *Thanatephorus cucumeris*
gewasbehandeling door spuiten
iprodion
Imex Iprodion Flo

TRIPSEN *Thysanoptera*
gewasbehandeling door spuiten
deltamethrin
Agrichem Deltamethrin, Deltamethrin E.C. 25, Splendid, Wopro Deltamethrin
spinosad
Tracer

TRIPSEN californische trips *Frankliniella occidentalis*
gewasbehandeling door spuiten
abamectin
Abamectine HF-G, Budget Abamectine 18 EC, Imex-Abamactine 2, Parimco Abamectine Nieuw, Vectine Plus, Vertimec Gold, Wopro Abamectin

TRIPSEN rozentrips *Thrips fuscipennis*
- natuurlijke vijanden inzetten of stimuleren.
gewasbehandeling door spuiten
deltamethrin
Agrichem Deltamethrin, Decis Micro, Deltamethrin E.C. 25, Splendid, Wopro Deltamethrin

TRIPSEN tabakstrips *Thrips tabaci*
- natuurlijke vijanden inzetten of stimuleren.
gewasbehandeling door spuiten
abamectin
Abamectine HF-G, Budget Abamectine 18 EC, Imex-Abamactine 2, Parimco Abamectine Nieuw, Vectine Plus, Vertimec Gold, Wopro Abamectin

VRUCHTROT *Mucor mucedo, Mucor racemosus*
- aangetaste vruchten met gehele tros verwijderen.
- hoge relatieve luchtvochtigheid (RV) vanaf de start van de oogst voorkomen.
- muizen bestrijden om verspreiding te voorkomen.
- teeltruimten bij teeltwisseling ontsmetten.
- tijdig oogsten en erg rijpe vruchten voorkomen.
- voor een goede klimaatbeheersing zorgen, een warm en broeierig klimaat voorkomen.

WITTEVLIEGEN kaswittevlieg *Trialeurodes vaporariorum*
gewasbehandeling door spuiten
Beauveria bassiana stam gha
Botanigard Vloeibaar, Botanigard WP
spiromesifen
Oberon
thiacloprid
Calypso

WITTEVLIEGEN tabakswittevlieg *Bemisia tabaci s.l.*
gewasbehandeling door spuiten
Beauveria bassiana stam gha
Botanigard Vloeibaar, Botanigard WP

BLAUWE BES

AMERIKAANSE KRUISBESSENMEELDAUW
Sphaerotheca mors-uvae
- aangetaste planten(delen) verwijderen.
- zo open mogelijk gewas realiseren door wijze van planten en snoeien.

ANTHRACNOSE vruchtrot *Colletotrichum acutatum*
- bedrijfshygiëne stringent doorvoeren om tijdens de oogst secundaire infectie te voorkomen.
- druppelirrigatie toepassen in plaats van over de kop beregenen van het gewas.

ANTHRACNOSE vruchtrot *Glomerella cingulata*
- aangetaste planten(delen) verwijderen.
- bedrijfshygiëne stringent doorvoeren om tijdens de oogst secundaire infectie te voorkomen.
- druppelirrigatie toepassen in plaats van over de kop beregenen van het gewas.
- minder vatbare rassen telen.

GALMUGGEN blauwebessentopgalmug *Prodiplosis vaccinii*
- aangetaste planten(delen) verwijderen.

GRAUWE SCHIMMEL *Botryotinia fuckeliana*
gewasbehandeling door spuiten
cyprodinil / fludioxonil
    Switch
iprodion
    Imex Iprodion Flo

RUPSEN kleine wintervlinder *Operophtera brumata*
gewasbehandeling door spuiten
Bacillus thuringiensis subsp. *aizawai*
    Turex Spuitpoeder, Xen Tari WG

SNUITKEVERS gegroefde lapsnuitkever *Otiorhynchus sulcatus*
grondbehandeling door mengen
Metarhizium anisopliae stam fs2
    BIO 1020, Met52 granulair bioinsecticide

TAKSTERFTE *Godronia cassandrae*
- aangetaste planten(delen) verwijderen en afvoeren.

BRAAM

AALTJES gewoon wortellesieaaltje *Pratylenchus penetrans*
- gezond uitgangsmateriaal gebruiken.

BLAD- EN STENGELVLEKKENZIEKTE *Septoria rubi*
- aangetaste planten(delen) verwijderen en afvoeren.

BLADLUIZEN *Aphididae*
gewasbehandeling (ruimtebehandeling) door roken
pirimicarb
    Pirimor Rookontwikkelaar
gewasbehandeling door spuiten
pirimicarb
    Agrichem Pirimicarb, Pirimor

BRUINE-STENGELVLEKKENZIEKTE *Septocyta ruborum*
- aangetaste planten(delen) verwijderen en afvoeren.

GRAUWE SCHIMMEL *Botryotinia fuckeliana*
- dicht gewas uitdunnen.
gewasbehandeling door spuiten
boscalid / pyraclostrobin
    Signum
captan

    Brabant Captan Flowable, Captan 480 SC, Captan 80 WG, Captan 83% Spuitpoeder, Captosan 500 SC, Captosan Spuitkorrel 80 WG, Malvin WG, Merpan Basic WP, Merpan Flowable, Merpan Spuitkorrel
cyprodinil / fludioxonil
    Switch
folpet
    Akofol 80 WP, Folpan 80 WP
iprodion
    Imex Iprodion Flo

MIJTEN bonenspintmijt *Tetranychus urticae*, fruitspintmijt *Panonychus ulmi*
gewasbehandeling door spuiten
abamectin
    Vertimec Gold

RODE-VRUCHTZIEKTE bramengalmijt *Aceria essigi*
- snoeien en het oude hout in de herfst uit het perceel verwijderen.
gewasbehandeling door spuiten
abamectin
    Vertimec Gold
zwavel
    Brabant Spuitzwavel 2, Kumulus S, Thiovit Jet

RUPSEN *Lepidoptera*
gewasbehandeling door spuiten
deltamethrin
    Agrichem Deltamethrin, Decis Micro, Deltamethrin E.C. 25, Splendid, Wopro Deltamethrin

RUPSEN bladrollers *Tortricidae*
gewasbehandeling door spuiten
deltamethrin
    Agrichem Deltamethrin, Deltamethrin E.C. 25, Splendid, Wopro Deltamethrin

RUPSEN bramenbladroller *Epiblema uddmanniana*
- bij de wintersnoei afgeknipte grondscheuten afvoeren.
- handmatig de rupsen en poppen in de bladnesten dooddrukken.

RUPSEN kleine wintervlinder *Operophtera brumata*
gewasbehandeling door spuiten
Bacillus thuringiensis subsp. *aizawai*
    Turex Spuitpoeder, Xen Tari WG

SNUITKEVERS aardbeibloesemkever *Anthonomus rubi*
gewasbehandeling door spuiten
deltamethrin
    Agrichem Deltamethrin, Decis Micro, Deltamethrin E.C. 25, Splendid, Wopro Deltamethrin

SNUITKEVERS gegroefde lapsnuitkever *Otiorhynchus sulcatus*
grondbehandeling door mengen
Metarhizium anisopliae stam fs2
    BIO 1020, Met52 granulair bioinsecticide

STENGELBASISROT *Phytophthora fragariae rubi*
- aangetaste planten(delen) verwijderen en vernietigen.
- gewas in potten telen.
- gewas overkappen.
- gewas tijdig opbinden.
- gewas(resten) direct na afloop van de teelt verwijderen.
- onkruid bestrijden.
plantbehandeling via druppelirrigatiesysteem
dimethomorf
    Paraat

STENGELKNOBBEL *Agrobacterium rubi*
- aangetaste planten(delen) verwijderen en afvoeren.

STENGELSTERFTE *Leptosphaeria coniothyrium*
- aangetaste planten(delen) verwijderen en afvoeren.

VIRUSZIEKTEN mozaïek
- nieuwe teelten beginnen met virusvrij plantmateriaal in een kas of op een veld vrij van besmettingsbronnen en vectoren.
- overbrengers (vectoren) van virus voorkomen en/of bestrijden.
signalering:
- regelmatig op virussymptomen inspecteren en geïnfecteerde planten verwijderen.

VRUCHTKEVERS frambozenkever *Byturus fumatus*
gewasbehandeling door spuiten
deltamethrin
    Agrichem Deltamethrin, Decis Micro, Deltamethrin E.C. 25, Splendid, Wopro Deltamethrin

WANTSEN
gewasbehandeling door spuiten
deltamethrin
    Agrichem Deltamethrin, Decis Micro, Deltamethrin E.C. 25, Splendid, Wopro Deltamethrin

WORTELROT onbekende factor1
- geen specifieke niet-chemische maatregel bekend.
- gezond uitgangsmateriaal gebruiken.

DRUIF SOORTEN

AALTJES gewoon wortellesieaaltje *Pratylenchus penetrans*
- gezond uitgangsmateriaal gebruiken.

wortelknobbelaaltje vals wortelknobbelaaltje *Meloidogyne arenaria, wortelknobbelaaltje warmteminnend wortelknobbelaaltje Meloidogyne incognita*
signalering:
- grondonderzoek laten uitvoeren.

ALICANTE-ZIEKTE zuurstofgebrek
- 'Black Alicante' op minder vatbare rassen enten zoals 'Forsters White Seeding', 'Colman' en 'Frankenthaler'.
- drainage, afwatering en structuur van de grond verbeteren.

BESSENROT EN MEIZIEKTE *Botryotinia fuckeliana*
- aangetaste planten(delen) verwijderen.
- gebarsten en aangevreten vruchten tijdig uitknippen om de aantasting door de grauwe schimmel te voorkomen.
- geen specifieke niet-chemische maatregel bekend.
- ruim krenten, geregeld scheuten uitbreken en tegen de oogst toppen.
gewasbehandeling door spuiten
cyprodinil / fludioxonil
    Switch
iprodion
    Imex Iprodion Flo

BESVERBRANDING complex non-parasitaire factoren
- kassen met krijtwit bespuiten en planten nat broezen, als na een donkere tijd de zon ineens fel doorkomt.

BLADLUIZEN *Aphididae*
gewasbehandeling (ruimtebehandeling) door roken
pirimicarb
    Pirimor Rookontwikkelaar

DODE-ARMZIEKTE *Cryptosporella viticola*
- alle zieke planten in de winter afzonderlijk snoeien. Tussendoor de snoeischaar ontsmetten.
- ent- of plantgoed uit een besmette kas niet gebruiken.
- tot 1 m in het gezonde hout afzagen.

ECHTE MEELDAUW *Uncinula necator*
- gewas open houden door snoei.
- vroegrijpende rassen telen.
gewasbehandeling door spuiten
penconazool
    Topaz 100 EC

INTUMESCENTIES hoge luchtvochtigheid
- geen specifieke niet-chemische maatregel bekend.

LAMSTELIGHEID watergebrek
- bij scherp, zonnig weer schermen en eventueel de grond natbroezen.
- regelmatig en vroegtijdig scheuten uitbreken.

MIJTEN druivenviltmijt *Colomerus vitis*
- aangetaste takken verwijderen.

ROETDAUW zwartschimmels *Dematiaceae*
- honingdauw producerende insecten bestrijden.

RUPSEN *Lepidoptera*
gewasbehandeling door spuiten
deltamethrin
    Agrichem Deltamethrin, Decis Micro, Deltamethrin E.C. 25, Splendid, Wopro Deltamethrin

RUPSEN kleine wintervlinder *Operophtera brumata*
gewasbehandeling door spuiten
Bacillus thuringiensis subsp. *aizawai*
    Turex Spuitpoeder, Xen Tari WG

RUPSEN mineervlinders
gewasbehandeling door spuiten
deltamethrin
    Agrichem Deltamethrin, Deltamethrin E.C. 25, Splendid, Wopro Deltamethrin

VALSE MEELDAUW *Plasmopara viticola*
- aangetaste planten(delen) verwijderen.
- gewas open houden door snoei.
- partieel resistente rassen telen.
- vroegrijpende rassen telen.
gewasbehandeling door spuiten
dimethomorf
    Paraat

VORST
- geen specifieke niet-chemische maatregel bekend.

WESPEN europese of duitse wesp *Paravespula germanica*
Paravespula vulgaris
- wespennesten voorkomen of vernietigen.

WOLLUIZEN esdoornwolluis *Phenacoccus aceris*
- geen specifieke niet-chemische maatregel bekend.

FRAMBOOS

AALTJES gewoon wortellesieaaltje *Pratylenchus penetrans*
- gezond uitgangsmateriaal gebruiken.

BLADLUIZEN *Aphididae*
gewasbehandeling (ruimtebehandeling) door roken
pirimicarb
    Pirimor Rookontwikkelaar
gewasbehandeling door spuiten
pirimicarb
    Agrichem Pirimicarb, Pirimor

GALMUGGEN frambozenschorsgalmug *Resseliella theobaldi*
- grondscheuten tot begin mei verwijderen, beschadiging van scheuten zo veel mogelijk voorkomen.

GRAUWE SCHIMMEL *Botryotinia fuckeliana*
- dicht gewas uitdunnen.
gewasbehandeling door spuiten
boscalid / pyraclostrobin
    Signum
captan
    Brabant Captan Flowable, Captan 480 SC, Captan 80 WG, Captan 83% Spuitpoeder, Captosan 500 SC, Captosan Spuitkorrel 80 WG, Malvin WG, Merpan Basic WP, Merpan Flowable, Merpan Spuitkorrel
cyprodinil / fludioxonil
    Switch
folpet
    Akofol 80 WP, Folpan 80 WP
iprodion
    Imex Iprodion Flo

MIJTEN bonenspintmijt *Tetranychus urticae, fruitspintmijt Panonychus ulmi*
gewasbehandeling door spuiten
abamectin
    Vertimec Gold

RUPSEN *Lepidoptera*
gewasbehandeling door spuiten
deltamethrin
    Agrichem Deltamethrin, Decis Micro, Deltamethrin E.C. 25, Splendid, Wopro Deltamethrin

RUPSEN bladrollers *Tortricidae*
gewasbehandeling door spuiten
deltamethrin
    Agrichem Deltamethrin, Deltamethrin E.C. 25, Splendid, Wopro Deltamethrin

RUPSEN kleine wintervlinder *Operophtera brumata*
gewasbehandeling door spuiten
Bacillus thuringiensis subsp. aizawai
    Turex Spuitpoeder, Xen Tari WG

SNUITKEVERS aardbeibloesemkever *Anthonomus rubi*
gewasbehandeling door spuiten
deltamethrin
    Agrichem Deltamethrin, Decis Micro, Deltamethrin E.C. 25, Splendid, Wopro Deltamethrin

SNUITKEVERS gegroefde lapsnuitkever *Otiorhynchus sulcatus*
grondbehandeling door mengen
Metarhizium anisopliae stam fs2
    BIO 1020, Met52 granulair bioinsecticide

STENGELBASISROT *Phytophthora fragariae rubi*
- aangetaste planten(delen) verwijderen en vernietigen.
- aangetaste planten(delen) verwijderen.
- gewas in potten telen.
- gewas overkappen.
- gewas tijdig opbinden.
- gewas(resten) direct na afloop van de teelt verwijderen.
- gezond uitgangsmateriaal gebruiken.
- natte groeiomstandigheden voorkomen.
- onkruid bestrijden.
- ruime vruchtwisseling toepassen op besmette grond.
plantbehandeling via druppelirrigatiesysteem
dimethomorf
    Paraat

STENGELSTERFTE *Leptosphaeria coniothyrium*
- aangetaste planten(delen) verwijderen.
- frambozenschorsgalmug bestrijden.

STENGELVLEKKENZIEKTE *Elsinoe veneta*
- aangetaste planten(delen) verwijderen.
- frambozenschorsgalmug bestrijden.

TWIJGSTERFTE *Didymella applanata*
- aangetaste planten(delen) verwijderen.
- frambozenschorsgalmug bestrijden.

VERWELKINGSZIEKTE *Verticillium albo-atrum, Verticillium dahliae*
- aangetaste planten(delen) met grond verwijderen.

VIRUSZIEKTEN mozaïek
- aaltjes/bladluizen bestrijden.
- gezond uitgangsmateriaal gebruiken.
- strenge selectie toepassen.
- virusvrij plantmateriaal buiten de teeltgebieden opkweken.
signalering:
- regelmatig op virussymptomen inspecteren en geïnfecteerde planten verwijderen.

VRUCHTKEVERS frambozenkever *Byturus fumatus*
gewasbehandeling door spuiten
deltamethrin
    Agrichem Deltamethrin, Decis Micro, Deltamethrin E.C. 25, Splendid, Wopro Deltamethrin

WANTSEN
gewasbehandeling door spuiten
deltamethrin
    Agrichem Deltamethrin, Decis Micro, Deltamethrin E.C. 25, Splendid, Wopro Deltamethrin

WORTELKNOBBEL *Agrobacterium tumefaciens*
- aangetaste planten niet uitplanten.

JAPANSE WIJNBES

WORTELSTERFTE *Phytophthora fragariae rubi*
- aangetaste planten(delen) verwijderen en vernietigen.
- gewas in potten telen.
- gewas overkappen.
- gewas tijdig opbinden.
- gewas(resten) direct na afloop van de teelt verwijderen.
- onkruid bestrijden.

KRUISBES

BLADLUIZEN *Aphididae*
gewasbehandeling (ruimtebehandeling) door roken
pirimicarb
    Pirimor Rookontwikkelaar

GRAUWE SCHIMMEL *Botryotinia fuckeliana*
gewasbehandeling door spuiten
cyprodinil / fludioxonil
    Switch

MIJTEN bonenspintmijt *Tetranychus urticae, fruitspintmijt Panonychus ulmi*
gewasbehandeling door spuiten
abamectin
    Vertimec Gold

SNUITKEVERS gegroefde lapsnuitkever *Otiorhynchus sulcatus*
grondbehandeling door mengen
Metarhizium anisopliae stam fs2
    BIO 1020, Met52 granulair bioinsecticide

2.3 Ziekten en plagen fruitteelt

2.3 Ziekten en plagen fruitteelt

LOGANBES

WORTELSTERFTE *Phytophthora fragariae rubi*
- aangetaste planten(delen) verwijderen en vernietigen.
- gewas in potten telen.
- gewas overkappen.
- gewas tijdig opbinden.
- gewas(resten) direct na afloop van de teelt verwijderen.
- onkruid bestrijden.

RODE OF WITTE BES

AALTJES gewoon wortellesieaaltje *Pratylenchus penetrans*
- gezond uitgangsmateriaal gebruiken.

AFSTERVING watervermaat
- drainage verbeteren en grond losmaken.

AMERIKAANSE KRUISBESSENMEELDAUW *Sphaerotheca mors-uvae*
- aangetaste planten(delen) verwijderen.
- bij geringe aantasting toppen van de scheuten verwijderen en afvoeren.
- zo open mogelijk gewas realiseren door wijze van planten en snoeien.
gewasbehandeling door spuiten
kresoxim-methyl
    Stroby WG
zwavel
    Kumulus S, Thiovit Jet

BEKERROEST *Puccinia caricina var. pringsheimiana*
- waardplanten verwijderen.

BLADLUIZEN *Aphididae*
gewasbehandeling (ruimtebehandeling) door roken
pirimicarb
    Pirimor Rookontwikkelaar
gewasbehandeling door spuiten
pirimicarb
    Agrichem Pirimicarb, Pirimor

BLADVALZIEKTE *Drepanopeziza ribis*
gewasbehandeling door spuiten
folpet
    Folpan 80 WP, Akofol 80 WP

BLADWESPEN bessenbladwesp *Nematus ribesii*
gewasbehandeling door spuiten
deltamethrin
    Agrichem Deltamethrin, Decis Micro, Deltamethrin E.C. 25, Splendid, Wopro Deltamethrin

ECHTE MEELDAUW sphaerotheca soorten *Sphaerotheca sp.*
gewasbehandeling door spuiten
kresoxim-methyl
    Stroby WG

GRAUWE SCHIMMEL *Botryotinia fuckeliana*
- ruim luchten.
gewasbehandeling door spuiten
boscalid / pyraclostrobin
    Signum
captan
    Brabant Captan Flowable, Captan 480 SC, Captan 80 WG, Captan 83% Spuitpoeder, Captosan 500 SC, Captosan Spuitkorrel 80 WG, Malvin WG, Merpan Basic WP, Merpan Flowable, Merpan Spuitkorrel
cyprodinil / fludioxonil
    Switch
folpet
    Akofol 80 WP, Folpan 80 WP

iprodion
    Imex Iprodion Flo

KRAAGROT *Phellinus ribis*
- aangetaste planten(delen) verwijderen.

MIJTEN bessenrondknopmijt *Cecidophyopsis ribis*
- natuurlijke vijanden inzetten of stimuleren.
- scheuten met gezwollen knoppen verwijderen in najaar/winter.

MIJTEN bonenspintmijt *Tetranychus urticae, fruitspintmijt Panonychus ulmi*
- natuurlijke vijanden inzetten of stimuleren.
gewasbehandeling door spuiten
abamectin
    Vertimec Gold

RUPSEN aardbeibladroller *Sparganothis pilleriana*
gewasbehandeling door spuiten
deltamethrin
    Agrichem Deltamethrin, Decis Micro, Deltamethrin E.C. 25, Splendid, Wopro Deltamethrin

RUPSEN bessenglasvlinder *Synanthedon tipuliformis, bladrollers Tortricidae, bonte bessenvlinder Abraxas grossulariata*
- aangetaste planten(delen) verwijderen en afvoeren.
gewasbehandeling door spuiten
deltamethrin
    Agrichem Deltamethrin, Decis Micro, Deltamethrin E.C. 25, Splendid, Wopro Deltamethrin

RUPSEN kleine wintervlinder *Operophtera brumata*
gewasbehandeling door spuiten
Bacillus thuringiensis subsp. *aizawai*
    Turex Spuitpoeder, Xen Tari WG

SNUITKEVERS gegroefde lapsnuitkever *Otiorhynchus sulcatus*
grondbehandeling door mengen
Metarhizium anisopliae stam fs2
    BIO 1020, Met52 granulair bioinsecticide

VERWELKINGSZIEKTE *Verticillium albo-atrum, Verticillium dahliae*
- eerst gezonde, daarna verdachte, zieke struiken snoeien. Snoeigereedschap ontsmetten.
- organische bemesting toepassen, structuur van de grond verbeteren en voor goede waterhuishouding zorgen.

VIRUSZIEKTEN lepelblad frambozenkringvlekenvirus, figuurbont komkommermozaïkvirus, nerfbandmozaïek kruisbessennerfbandmozaïekvirus
- bij herinplant van percelen met lepelblad, de plantgaten ontsmetten met een aaltjesdodend middel.
- bladluizen bestrijden.

VIRUSZIEKTEN nerfbandmozaïek rode-bessennerfbandmozaïekvirus
- bij herinplant van percelen met lepelblad, de plantgaten ontsmetten met een aaltjesdodend middel.

VUUR *Nectria cinnabarina*
- dode takken wegsnoeien en afvoeren.
- laat snoeien en lange snoei toepassen.
- voor een goede conditie van de planten zorgen.

WANTSEN
gewasbehandeling door spuiten
deltamethrin
    Agrichem Deltamethrin, Decis Micro, Deltamethrin E.C. 25, Splendid, Wopro Deltamethrin

ZWARTE BESSENROEST *Cronartium ribicola*
- waardplanten verwijderen.

ZWARTE BES

BLADLUIZEN *Aphididae*
gewasbehandeling (ruimtebehandeling) door roken
pirimicarb
    Pirimor Rookontwikkelaar

GRAUWE SCHIMMEL *Botryotinia fuckeliana*
gewasbehandeling door spuiten
cyprodinil / fludioxonil
    Switch

MIJTEN bessenrondknopmijt *Cecidophyopsis ribis,*
bonenspintmijt Tetranychus urticae, fruitspintmijt
Panonychus ulmi
gewasbehandeling door spuiten
abamectin
    Vertimec Gold

SNUITKEVERS gegroefde lapsnuitkever
Otiorhynchus sulcatus
grondbehandeling door mengen
Metarhizium anisopliae stam fs2
    BIO 1020, Met52 granulair bioinsecticide

2.3 Ziekten en plagen fruitteelt

2.4 Groenteteelt

Deze paragraaf geeft een overzicht van de ziekten, plagen en teeltproblemen die in de groenteteelt kunnen voorkomen evenals de preventie en bestrijding ervan. Hierbij is onderscheid gemaakt tussen de bedekte en onbedekte teelten.

Allereerst treft u per paragraaf de maatregelen voor de algemeen voorkomende ziekten, plagen en teeltproblemen van deze sector aan. De maatregelen voor bewaarplaatsen worden apart genomed. De genomede bestrijdingsmogelijkheden zijn toepasbaar voor de behanndelde teeltgroep. Vervolgens vindt u de maatregelen voor de specifieke ziekten, plagen en teeltproblemen gerangschikt per gewas. De bestrijdingsmogelijheden omvatten cultuurmaatregelen, biologische en chemische maatregelen. Voor de chemische maatregelen staat de toepassingswijze vermeld, gevolgd door de werkzame stof en de merknamen van de daarvoor toegelaten middelen. Voor de exacte toepassing dient u de toelatings-beschikking van het betreffende middel te raadplegen.

De overzichten van veiligheidstermijnen voor toegelaten werkzame stoffen zijn per gewas opgenomen in hoofdstuk 4.

2.4.1 Groenteteelt, onbedekt

2.4.1.1 Algemeen voorkomende ziekten, plagen en teeltproblemen

De hieronder genoemde ziekten en plagen komen voor in verschillende gewassen van de hier behan-delde teeltgroep. Alleen bestrijdingsmogelijkheden die toepasbaar zijn in de gehele teeltgroep worden in deze eerste paragraaf genomed. Raadpleeg voor de bestrijdingsmogelijkheden in specifieke gewassen de daaropvolgende paragraaf.

AALTJES
- gereedschap en andere materialen schoonmaken en ont-smetten.
- gezond uitgangsmateriaal gebruiken.
- grond en/of substraat stomen.
- grond inunderen, minimaal 6 weken bij destructor-, blad- en stengelaaltjes.
- indien beschikbaar, resistente of minder vatbare rassen telen.
- ruime vruchtwisseling toepassen.
signalering:
- grondonderzoek laten uitvoeren.

AALTJES bedrieglijk maiswortelknobbelaaltje *Meloidogyne fallax*
DIT IS EEN QUARANTAINE-ORGANISME

AALTJES gewoon wortellesieaaltje *Pratylenchus penetrans*
- aaltjesonderdrukkende voorteelt van *Tagetes*-soorten (afri-kaantje) gedurende minimaal 3 maanden toepassen.
- andijvie, sla, augurk, prei en selderij kunnen worden aangetast terwijl ook aardappel, maïs, granen, grassen en vlinderbloe-migen een hoge besmetting in de grond kunnen achter laten.
- biet en kruisbloemigen zijn goede voorvruchten.
- vruchtwisseling toepassen.
grondbehandeling door injecteren
metam-natrium
    Monam CleanStart, Monam Geconc., Nemasol
signalering:
- grondonderzoek laten uitvoeren.

AALTJES klavercysteaaltje *Heterodera trifolii,* **koolcysteaaltje** *Heterodera cruciferae*
- boerenkool, sluitkool, koolraap of andere kruisbloemigen niet op besmette grond telen.

AALTJES maiswortelknobbelaaltje *Meloidogyne chitwoodi*
DIT IS EEN QUARANTAINE-ORGANISME

AALTJES noordelijk wortelknobbelaaltje *Meloidogyne hapla*
- andijvie, sla, augurk, koolsoorten, knol- en snijselderij, prei, wortel kunnen worden aangetast, evenals aardappel, biet, schorseneren, ui, witlof en vlinderbloemigen. Deze gewassen niet telen op besmette grond.
- graan en gras zijn nauwelijks vatbaar voor dit aaltje en zijn daarom goede voorvruchten.
- ruime vruchtwisseling toepassen.
- zo laat mogelijk zaaien of planten.
- zwarte braak toepassen in de zomer.

AALTJES stengelaaltje *Ditylenchus dipsaci*
DIT IS EEN QUARANTAINE-ORGANISME

AALTJES vrijlevende wortelaaltjes *Trichododidae,* **wortelknobbelaaltje** *Meloidogyne* **soorten**
grondbehandeling door injecteren
metam-natrium
    Monam CleanStart, Monam Geconc., Nemasol

AARDRUPSEN aardrups *Euxoa nigricans,* **bruine aardrups** *Agrotis exclamationis,* **gewone aardrups** *Agrotis segetum,* **zwartbruine aardrups** *Agrotis ipsilon*
- natuurlijke vijanden inzetten of stimuleren.
- perceel tijdens en na de teelt onkruidvrij houden.
- percelen regelmatig beregenen.
- *Steinernema feltiae* (insectparasitair aaltje) inzetten. De bodemtemperatuur dient daarbij minimaal 12 °C te zijn.
- zwarte braak toepassen gedurende een jaar.

AARDVLOOIEN *Phyllotreta* **soorten**
- gewasresten na de oogst onderploegen of verwijderen.

- onkruid bestrijden.
- voor goede groeiomstandigheden zorgen.

ALTERNARIA-ZIEKTE *Alternaria solani*
- natslaan van gewas en guttatie voorkomen.

(AFGEDRAGEN) GEWAS, doodspuiten van
gewasbehandeling door spuiten
glyfosaat
>   Panic Free, Roundup Force
onkruidbehandeling door pleksgewijs spuiten
glyfosaat
>   Panic Free, Roundup Force

BACTERIËN
- natslaan van gewas en guttatie voorkomen.

BLADLUIZEN *Aphididae*
- bladluizen in akkerranden en wegbermen bestrijden.
- gewas jong oogsten.
- gewasresten na de oogst onderploegen of verwijderen.
- gezond uitgangsmateriaal gebruiken.
- natuurlijke vijanden inzetten of stimuleren.
- rassen kiezen die minder bevlogen worden.
- spontane parasitering is mogelijk.
- vruchtwisseling toepassen.
signalering:
- gele of blauwe vangplaten ophangen.
- gewasinspecties uitvoeren.
plantbehandeling door spuiten
piperonylbutoxide / pyrethrinen
>   Spruzit Vloeibaar

BOTRYTIS *Botrytis* soorten
- beschadiging voorkomen, behandelen indien beschadigd.
- besmette grond inunderen.
- gewasresten na de oogst onderploegen of verwijderen.
- grond ploegen zodat deze aan de oppervlakte vrij is van sporen en sclerotiën.
- natslaan van gewas en guttatie voorkomen.
- onderdoor water geven.
- onkruid bestrijden.
- opslag en stekers vroeg in het voorjaar verwijderen.
- ruime plantafstand aanhouden.
- stikstofbemesting matig toepassen.
- voor een afgehard gewas zorgen.
- vruchtwisseling toepassen (minimaal 1 op 3).
- zoutconcentratie (EC) zo hoog mogelijk houden.
signalering:
- indien mogelijk een waarschuwingssysteem gebruiken.

EMELTEN groentelangpootmug *Tipula oleracea*
- uitvoeren van mechanische onkruidbestrijding in augustus en september. Hierdoor zal minder eiafzetting plaatsvinden en is de kans groter dat eieren en jonge larven verdrogen.
- zwarte braak toepassen gedurende een jaar.

EMELTEN weidelangpootmug *Tipula paludosa*
- besmette grond stomen of inunderen.
- perceel tijdens en na de teelt onkruidvrij houden.
- uitvoeren van mechanische onkruidbestrijding in augustus en september. Hierdoor zal minder eiafzetting plaatsvinden en is de kans groter dat eieren en jonge larven verdrogen.
- zwarte braak toepassen gedurende een jaar.

FUSARIUMZIEKTE *Fusarium bulbicola*
- zaad een warmwaterbehandeling geven.

GRAUWE SCHIMMEL *Botryotinia fuckeliana*
- verse grond gebruiken en zaaibakjes en houtwerk met kunstfolie bekleden. Grond met vers rivierzand afdekken.
gewasbehandeling door spuiten
cyprodinil / fludioxonil
>   Switch

GROEI, bevorderen van
- hogere fosfaatgift toepassen.
- hogere nachttemperatuur dan dagtemperatuur beperkt strekking.
- meer licht geeft compactere groei.
- veel water geven bevordert de celstrekking.

KALIUMGEBREK
- tot begin juli met kalisulfaat (patentkali) bemesten.
- voor een goede kalitoestand van de grond of van het groeimedium zorgen, gecombineerd met een juiste bemesting.

KEVERS *Coleoptera*
plantbehandeling door spuiten
piperonylbutoxide / pyrethrinen
>   Spruzit Vloeibaar

KIEMPLANTENZIEKTE *Thanatephorus cucumeris*
Fusarium soorten
- verse grond gebruiken en zaaibakjes en houtwerk met kunstfolie bekleden. Grond met vers rivierzand afdekken.

KIEMPLANTENZIEKTE *Pythium* soorten
- cultivars gebruiken die weinig *Pythium* gevoelig zijn.
- dichte stand voorkomen.
- gereedschap en andere materialen schoonmaken en ontsmetten.
- gewasresten verwijderen.
- grond en/of substraat stomen.
- grond goed ontwateren.
- hoog stikstofgehalte voorkomen.
- niet in te koude of te natte grond planten.
- niet te dicht planten.
- niet te vroeg zaaien.
- niet teveel water geven.
- structuur van de grond verbeteren en voor voldoende bodemtemperatuur zorgen.
- verse grond gebruiken en zaaibakjes en houtwerk met kunstfolie bekleden. Grond met vers rivierzand afdekken.

MAGNESIUMGEBREK
- bij donker en groeizaam weer spuiten met magnesiumsulfaat, zo nodig herhalen.
- grondverbetering toepassen.
- pH verhogen.

MANGAANGEBREK
- grondverbetering toepassen.
- mangaansulfaat spuiten, alleen bij donker en groeizaam weer.
- met een mangaan bevattend gewasbeschermingsmiddel spuiten werkt gunstig.
- pH verlagen.

MIJTEN spintmijten *Tetranychidae*
- gezond uitgangsmateriaal gebruiken.
- onkruid en resten van de voorteelt verwijderen.
- spint in de voorafgaande teelt bestrijden.
signalering:
- gewasinspecties uitvoeren.

MINEERVLIEGEN *Agromyzidae*
- gewasresten na de oogst onderploegen of verwijderen.
- gezond uitgangsmateriaal gebruiken.
- grond afbranden om poppen te doden.
- kans op spontane parasitering in buitenteelt.
- onkruid bestrijden.
- vruchtwisseling toepassen.
signalering:
- gewasinspecties uitvoeren.
- vangplaten neerleggen op de grond voor de paden. Mineervliegen die net uitkomen worden hiermee weggevangen.
- vast laten stellen welke mineervlieg in het spel is.

MINEERVLIEGEN nerfmineervlieg *Liriomyza huidobrensis*
- aangetast gewas aan het eind van de teelt doodspuiten.
- onkruid rondom perceel kort houden.

MOLLEN *Talpa europaea*
- klemmen in gangen plaatsen, voornamelijk aan de rand van het perceel.

gangbehandeling met tabletten
aluminium-fosfide
    Luxan Mollentabletten
magnesiumfosfide
    Magtoxin WM

MUIZEN
- let op: diverse muizensoorten (onder andere veldmuis) zijn wettelijk beschermd.
- nestkasten voor de torenvalk plaatsen.
- onkruid in en om de kas bestrijden.
- slootkanten onderhouden.

PISSEBEDDEN *Oniscus asellus*
- bedrijfshygiëne stringent doorvoeren.
- schuilplaatsen zoals afval- en mesthopen verwijderen.

RHIZOCTONIA-ZIEKTE *Thanatephorus cucumeris*
- structuur van de grond verbeteren en voor voldoende bodemtemperatuur zorgen.

RHIZOCTONIA-ZIEKTE *Rhizoctonia* soorten
- dichte stand voorkomen.
- grond en/of substraat stomen.

ROETDAUW *Alternaria* soorten
- onderdoor water geven.

RUPSEN *Lepidoptera*
- vruchtwisseling toepassen.

plantbehandeling door spuiten
piperonylbutoxide / pyrethrinen
    Spruzit Vloeibaar

RUPSEN *Hepialus* soorten
- natuurlijke vijanden inzetten of stimuleren.

SCHIMMELS
- aangetaste planten(delen) verwijderen en vernietigen.
- gereedschap en andere materialen schoonmaken en ontsmetten.
- gewasresten verwijderen.
- gezond uitgangsmateriaal gebruiken.
- grond goed ontwateren.
- minder vatbare of resistente rassen telen.
- vruchtwisseling toepassen.

SCLEROTIËNROT *Sclerotinia minor*
grondbehandeling door spuiten en inwerken
Coniothyrium minitans stam con/m/91-8
    Contans WG

SCLEROTIËNROT *Sclerotinia sclerotiorum*
- grond en/of substraat stomen.
- mechanische beschadiging, bevriezen en uitdrogen voorkomen.
- met van besmetting verdachte partijen geen meerjarige teelt bedrijven.
- onkruid bestrijden.

gewasbehandeling door spuiten
cyprodinil / fludioxonil
    Switch
Coniothyrium minitans stam con/m/91-8
    Contans WG

SLAKKEN
- gewas- en stroresten verwijderen of zo snel mogelijk onderwerken.
- grond bij lage temperatuur bewerken waardoor slakken en eieren bevriezen.
- grond regelmatig bewerken. Hierdoor wordt de toplaag van de grond droger en is de kans op het verdrogen van eieren en slakken groter.
- grond zo vlak en fijn mogelijk houden.
- onkruid bestrijden.
- Phasmarhabditis hermaphrodita (parasitair aaltje) inzetten.
- schuilplaatsen verwijderen door het land schoon te houden.
- slootkanten onderhouden.

grondbehandeling door strooien
metaldehyde
    Brabant Slakkendood, Caragoal GR

SLAKKEN naaktslakken *Agriolimacidae, Arionidae*
gewasbehandeling door strooien
ijzer(III)fosfaat
    Derrex, ECO-SLAK, Ferramol Ecostyle Slakkenkorrels, NEU 1181M, Sluxx, Smart Bayt Slakkenkorrels

SPRINGSTAARTEN *Collembola*
- grond droog en goed van structuur houden.
- verspreiding voorkomen door machines voor grondbewerking schoon te maken.
- voor voldoende diepe grondbewerking zorgen om bestaande gangen in de grond te verstoren.
- vruchtwisseling toepassen.

STIKSTOFGEBREK
- stikstofbemesting uitvoeren, vaste stikstofmeststoffen zo nodig inregenen.

TRIPSEN *Thysanoptera*
- akkerranden kort houden.
- gewasresten na de oogst onderploegen of verwijderen.
- gezond uitgangsmateriaal gebruiken.
- grond en/of substraat stomen.
- onkruid bestrijden.
- vruchtwisseling toepassen.

plantbehandeling door spuiten
piperonylbutoxide / pyrethrinen
    Spruzit Vloeibaar
signalering:
- gewasinspecties uitvoeren.

VALSE MEELDAUW *Bremia lactucae*
gewasbehandeling door spuiten
mandipropamid
    Revus

VALSE MEELDAUW *Peronospora* soorten
- gewas zo droog mogelijk houden.
- hoog stikstofgehalte voorkomen.
- onderdoor water geven.
- ruime plantafstand aanhouden.
- structuur van de grond verbeteren en voor voldoende bodemtemperatuur zorgen.

VIRUSZIEKTEN
- aangetaste planten(delen) verwijderen en afvoeren.
- besmettingsbronnen verwijderen en/of bestrijden.
- bestrijden van onkruiden die als besmettingsbron van het virus kunnen fungeren.
- gezond uitgangsmateriaal gebruiken.
- nieuwe teelten beginnen met virusvrij plantmateriaal in een kas of op een veld vrij van besmettingsbronnen en vectoren.
- onkruid bestrijden.
- overbrengers (vectoren) van virus voorkomen en/of bestrijden.
- planten op grond die vrij is van de virusoverbrengende aaltjes Longidorus en Xiphinema. Zonodig de grond ontsmetten.

- resistente of minder vatbare rassen telen.
signalering:
- gewasinspecties uitvoeren.
- regelmatig op virussymptomen inspecteren en geïnfecteerde planten verwijderen.

VIRUSZIEKTEN bont komkommerbontvirus
- aangetaste planten onmiddellijk verwijderen. Zijn er teveel, dan gezonde en zieke planten afzonderlijk snoeien en oogsten.
- bij de opkweek leidingwater, bronwater of bassinwater gebruiken, indien mogelijk gedurende de gehele teelt.
- gezond uitgangsmateriaal gebruiken.
- grond stomen.
- handen tijdens de werkzaamheden in het gewas nat houden met onverdunde magere melk.
- zaad gebruiken dat een temperatuurbehandeling heeft gehad.

VIRUSZIEKTEN mozaïek komkommermozaïekvirus
- aangetaste planten onmiddellijk verwijderen. Zijn er teveel, dan gezonde en zieke planten afzonderlijk snoeien en oogsten.
- temperatuur boven 20 °C houden.

VOGELS
- afschrikmethoden zoals vogelverschrikkers, knalapparaten of folie toepassen.
- geen zaaizaad morsen.
- later zaaien zodat het zaad snel opkomt.
- tijdig oogsten.
- voldoende diep en regelmatig zaaien voor een regelmatige opkomst.
- zoveel mogelijk gelijktijdig inzaaien.

WANTSEN
plantbehandeling door spuiten
piperonylbutoxide / pyrethrinen
    Spruzit Vloeibaar

WEERBAARHEID, bevorderen van
Trichoderma harzianum rifai stam t-22
    Trianum-P
plantbehandeling via druppelirrigatiesysteem

Trichoderma harzianum rifai stam t-22
    Trianum-P
teeltmediumbehandeling door mengen
Trichoderma harzianum rifai stam t-22
    Trianum-G

WILD haas, konijn, overige zoogdieren
- afrastering plaatsen en/of het gewas afdekken.
- afrastering plaatsen.
- alternatief voedsel aanbieden.
- apparatuur gebruiken om de dieren te verjagen.
- jagen (beperkt toepasbaar in verband met Flora- en Faunawet).
- lokpercelen aanleggen met opslag.
- natuurlijke vijanden inzetten of stimuleren.
- stoffen met repellent werking toepassen.

WITTEVLIEGEN *Aleurodidae*
- gewas afdekken met vliesdoek.
- gezond uitgangsmateriaal gebruiken.
- perceel tijdens en na de teelt onkruidvrij houden.
- zaaien en opkweken in onkruidvrije ruimten.
plantbehandeling door spuiten
piperonylbutoxide / pyrethrinen
    Spruzit Vloeibaar

WOELRATTEN *Arvicola terrestris*
- let op: de woelrat is wettelijk beschermd.
- mollenklemmen in en bij de gangen plaatsen.
- vangpotten of vangfuiken plaatsen juist onder het wateroppervlak en in de nabijheid van watergangen.
gangbehandeling met lokaas
bromadiolon
    Arvicolex

WORTELDUIZENDPOTEN *Scutigerella* soorten
- grond droog en goed van structuur houden.
- verspreiding voorkomen door machines voor grondbewerking schoon te maken.
- voor voldoende diepe grondbewerking zorgen om bestaande gangen in de grond te verstoren.
signalering:
- door grond in een emmer water te doen komen de wortelduizendpoten boven drijven.

2.4.1.2 Ziekten plagen en teeltproblemen per gewas

AMSOI EN PAKSOI

ALTERNARIA *Alternaria* soorten
gewasbehandeling door spuiten
difenoconazool
    Score 250 EC

BLADLUIZEN *Aphididae*
gewasbehandeling door spuiten
pirimicarb
    Agrichem Pirimicarb, Pirimor
spirotetramat
    Movento

BLADVLEKKENZIEKTEN spikkelziekte *Alternaria brassicae, Alternaria brassicicola*
gewasbehandeling door spuiten
iprodion
    Rovral Aquaflo

GALMUGGEN koolgalmug *Contarinia nasturtii*
- gewas bij eerste planting afdekken met vliesdoek.
- gewasresten na de oogst onderploegen of verwijderen.
- gezond uitgangsmateriaal gebruiken.
- ruime vruchtwisseling toepassen.

signalering:
- vangplaten ophangen om de eerste vlucht te kunnen voorspellen, waardoor het goede bestrijdingsmoment vastgesteld kan worden.

GRAUWE SCHIMMEL *Botryotinia fuckeliana*
gewasbehandeling door spuiten
iprodion
    Rovral Aquaflo

LEPTOSPHEARIA MACULANS *Leptosphaeria maculans*
- geen specifieke niet-chemische maatregel bekend.

MINEERVLIEGEN nerfmineervlieg *Liriomyza huidobrensis*
gewasbehandeling door spuiten
abamectin
    Vertimec Gold

NATROT *Erwinia carotovora subsp. carotovora*
- 7 tot 10 dagen voor de oogst geen water meer geven.
- beregenen alleen bij drogende omstandigheden.
- voor een voldoende grote watervoorraad in de grond zorgen.

RHIZOCTONIA-ZIEKTE *Thanatephorus cucumeris*
gewasbehandeling door spuiten
iprodion
  Rovral Aquaflo

RINGVLEKKENZIEKTE *Mycosphaerella brassicicola*
gewasbehandeling door spuiten
difenoconazool
  Score 250 EC

RUPSEN gamma-uil *Autographa gamma,* koolmot *Plutella xylostella, Pieris* soorten, late koolmot *Evergestis forficalis*
gewasbehandeling door spuiten
Bacillus thuringiensis subsp. *aizawai*
  Turex Spuitpoeder, Xen Tari WG

RUPSEN kooluil *Mamestra brassicae*
gewasbehandeling door spuiten
Bacillus thuringiensis subsp. *aizawai*
  Turex Spuitpoeder

SCHIMMELS
zaadbehandeling door mengen
thiram
  Proseed

VLIEGEN koolvlieg *Delia radicum*
- gewas bij eerste planting afdekken met vliesdoek.
- gewasresten na de oogst onderploegen of verwijderen.
- gezond uitgangsmateriaal gebruiken.
- insectengaas 0,8 x 0,8 mm aanbrengen.
- vruchtwisseling toepassen.
traybehandeling door spuiten
spinosad
  Tracer
zaadbehandeling door coaten
fipronil
  Mundial
signalering:
- vallen ophangen om de eerste vlucht te kunnen voorspellen, waardoor het goede bestrijdingsmoment vastgesteld kan worden.

WITTEVLIEGEN koolwittevlieg *Aleyrodes proletella*
gewasbehandeling door spuiten
spirotetramat
  Movento

ANDIJVIE

BLADLUIZEN *Aphididae*
gewasbehandeling door spuiten
pirimicarb
  Agrichem Pirimicarb, Pirimor
zaadbehandeling door coaten
thiamethoxam
  Cruiser 70 WS
zaadbehandeling door dummy-pil methode
imidacloprid
  Gaucho Tuinbouw
thiamethoxam
  Cruiser 70 WS
zaadbehandeling door phytodrip methode
imidacloprid
  Gaucho Tuinbouw
thiamethoxam
  Cruiser 70 WS

BLADLUIZEN aardappeltopluis *Macrosiphum euphorbiae,* groene perzikluis *Myzus persicae,* groene slaluis *Nasonovia ribisnigri*
gewasbehandeling door spuiten
pymetrozine
  Plenum 50 WG
zaadbehandeling door coaten
thiamethoxam
  Cruiser 70 WS
zaadbehandeling door dummy-pil methode
thiamethoxam
  Cruiser 70 WS
zaadbehandeling door phytodrip methode
thiamethoxam
  Cruiser 70 WS

BLADLUIZEN boterbloemluis *Aulacorthum solani*
gewasbehandeling door spuiten
pymetrozine
  Plenum 50 WG

GRAUWE SCHIMMEL *Botryotinia fuckeliana*
gewasbehandeling door spuiten
cyprodinil / fludioxonil
  Switch
iprodion
  Imex Iprodion Flo, Rovral Aquaflo
thiram
  Hermosan 80 WG, Thiram Granuflo
trifloxystrobin
  Flint

KIEMPLANTENZIEKTE smet *Pythium ultimum var. ultimum*
- gezond uitgangsmateriaal gebruiken.
- grond stomen.
- niet in te koude of te natte grond planten.
- niet teveel water geven.
- structuur van de grond verbeteren, zodat de planten goed aanslaan en groeien.

KIEMSCHIMMELS
zaadbehandeling door mengen
thiram
  Proseed

MINEERVLIEGEN nerfmineervlieg *Liriomyza huidobrensis*
- gewasresten na de oogst onderploegen of verwijderen.
- onkruid bestrijden.

RAND hoge luchtvochtigheid
- vanaf 3 weken na het planten wekelijks spuiten met 10 kg kalksalpeter in 500 l water.
- voor een regelmatige groei en een goede vochtvoorziening zorgen.

RUPSEN *Lepidoptera*
gewasbehandeling door spuiten
deltamethrin
  Agrichem Deltamethrin, Decis Micro, Deltamethrin E.C. 25, Splendid, Wopro Deltamethrin

RUPSEN gamma-uil *Autographa gamma,* groente-uil *Lacanobia oleracea,* koolmot *Plutella xylostella, Pieris* soorten
gewasbehandeling door spuiten
Bacillus thuringiensis subsp. *aizawai*
  Turex Spuitpoeder, Xen Tari WG

SCLEROTIËNROT *Sclerotinia sclerotiorum*
gewasbehandeling door spuiten
trifloxystrobin
  Flint

SLAKKEN bruine wegslak *Arion subfuscus,* gewone wegslak *Arion rufus,* grauwe wegslak *Arion circumscriptus,* zwarte wegslak *Arion hortensis*
gewasbehandeling door strooien

ijzer(III)fosfaat
    Roxasect Slakkenkorrels

VIRUSZIEKTEN vergelingsziekte slavergelingsvirus
- onkruid en bladluizen bestrijden.

VOETROT onbekende factor
- gezond uitgangsmateriaal gebruiken.
- sla niet als voorvrucht telen.
- structuur van de grond verbeteren.

VUUR *Microdochium panattonianum*
gewasbehandeling door spuiten
captan
    Brabant Captan Flowable, Captan 480 SC, Captan 80 WG, Captan 83% Spuitpoeder, Captosan 500 SC, Captosan Spuitkorrel 80 WG, Malvin WG, Merpan Basic WP, Merpan Flowable, Merpan Spuitkorrel

WORTELLUIZEN neotrama *Neotrama caudata*
- mieren bestrijden, luizen leven namelijk samen met mieren.
- percelen die beregend worden hebben weinig problemen.

WORTELLUIZEN wollige slawortelluis *Pemphigus bursarius*
zaadbehandeling door coaten
thiamethoxam
    Cruiser 70 WS
zaadbehandeling door dummy-pil methode
thiamethoxam
    Cruiser 70 WS
zaadbehandeling door phytodrip methode
thiamethoxam
    Cruiser 70 WS

ZWARTROT *Thanatephorus cucumeris*
gewasbehandeling door spuiten
iprodion
    Imex Iprodion Flo, Rovral Aquaflo

ASPERGE

ASPERGEVLIEG *Platyparea poeciloptera*
- loof van aangetaste percelen 10 cm boven de kop van de plant afsteken en afvoeren.
gewasbehandeling door spuiten
deltamethrin
    Deltamethrin E.C. 25, Agrichem Deltamethrin, Wopro Deltamethrin, Splendid, Decis Micro
signalering:
- lijmstokken gebruiken.

BLADHAANTJES blauwe aspergekever *Crioceris asparagi*, rode aspergekever *Crioceris duodecim-punctata*
gewasbehandeling door spuiten
deltamethrin
    Agrichem Deltamethrin, Decis Micro, Deltamethrin E.C. 25, Splendid, Wopro Deltamethrin

GRAUWE SCHIMMEL *Botryotinia fuckeliana*
gewasbehandeling door spuiten
boscalid / pyraclostrobin
    Signum
difenoconazool
    Score 250 EC
iprodion
    Imex Iprodion Flo, Rovral Aquaflo
kresoxim-methyl
    Kenbyo FL
mancozeb
    Brabant Mancozeb Flowable, Mastana SC
thiram
    Hermosan 80 WG, Thiram Granuflo

MINEERVLIEGEN aspergemineervlieg *Ophiomyia simplex*
- bestrijding is doorgaans niet van belang.

STENGELBASISROT *Phytophthora megasperma var. sojae*
- geen specifieke niet-chemische maatregel bekend.

STENGELSTERFTE fusarium-stengelsterfte *Fusarium culmorum*
- geen specifieke niet-chemische maatregel bekend.

STENGELSTERFTE *Pleospora herbarum var. herbarum*
gewasbehandeling door spuiten
difenoconazool
    Score 250 EC
iprodion
    Imex Iprodion Flo, Rovral Aquaflo

STENGELSTERFTE *Stemphylium vesicarium*
- gewasresten na de oogst onderploegen of verwijderen.
gewasbehandeling door spuiten
iprodion
    Imex Iprodion Flo, Rovral Aquaflo
kresoxim-methyl
    Kenbyo FL

TOPVERWELKING watergebrek
- tijdig beregenen.

VLIEGEN bonenvlieg *Delia platura*
- grove, kluiterige grond voorkomen.
- onkruid bestrijden.

VOETZIEKTE *Fusarium oxysporum f.sp. asparagi*
- beschadiging van de wortels voorkomen bij grondbewerking.
- biologische grondontsmetting toepassen.
- gezond uitgangsmateriaal gebruiken.
- grondwaterpeil dient beneden één meter te zijn.
- hoge plantdichtheid toepassen.
- sterk groeiende rassen telen.
- storende lagen in de grond door een grondbewerking vóór het planten breken.
signalering:
- grondonderzoek laten uitvoeren.
wortelstokbehandeling door dompelen
thiram
    Hermosan 80 WG, Thiram Granuflo

ASPERGE-ERWT

BLADLUIZEN erwtenbladluis *Acyrthosiphon pisum*
zaadbehandeling door bevochtigen
thiamethoxam
    Cruiser 350 FS

DONKERE-VLEKKENZIEKTE *Mycosphaerella pinodes*
zaadbehandeling door mengen
cymoxanil / fludioxonil / metalaxyl-M
    Wakil XL

GRAUWE SCHIMMEL *Botryotinia fuckeliana*
gewasbehandeling door spuiten
iprodion
    Imex Iprodion Flo, Rovral Aquaflo

SNUITKEVERS bladrandkever *Sitona lineatus*
zaadbehandeling door bevochtigen
thiamethoxam
    Cruiser 350 FS

KIEMPLANTENZIEKTE *Pythium* soorten
zaadbehandeling door mengen

cymoxanil / fludioxonil / metalaxyl-M
   Wakil XL

LICHTE-VLEKKENZIEKTE *Ascochyta pisi*
zaadbehandeling door mengen
cymoxanil / fludioxonil / metalaxyl-M
   Wakil XL

SCLEROTIËNROT *Sclerotinia sclerotiorum*
gewasbehandeling door spuiten
iprodion
   Imex Iprodion Flo, Rovral Aquaflo

VALSE MEELDAUW *Peronospora viciae*
zaadbehandeling door mengen
cymoxanil / fludioxonil / metalaxyl-M
   Wakil XL

AUBERGINE

KIEMSCHIMMELS
zaadbehandeling door mengen
thiram
   Proseed

AUGURK

BACTERIEVLEKKENZIEKTE *Pseudomonas syringae pv. lachrymans*
- gewasresten verwijderen.
- gezond uitgangsmateriaal gebruiken.
- snelle vertering van plantenresten door bemesting met ammoniak bevorderen.
- vruchtwisseling toepassen.

BLADLUIZEN *Aphididae*
gewasbehandeling door spuiten
pirimicarb
   Agrichem Pirimicarb, Pirimor

BLADVLEKKENZIEKTE *Didymella bryoniae*
- gewasresten na de oogst onderploegen of verwijderen.
- gezond uitgangsmateriaal gebruiken.
- vruchtwisseling toepassen.

BLADVUUR *Corynespora cassiicola*
- resistente rassen telen.

ECHTE MEELDAUW *Erysiphe cichoracearum, Golovinomyces orontii*
- gewas aan de groei houden.
- resistente rassen telen.

ECHTE MEELDAUW *Sphaerotheca fusca*
- gewas aan de groei houden.
- resistente rassen telen.
gewasbehandeling door spuiten
trifloxystrobin
   Flint

ECHTE MEELDAUW *Golovinomyces orontii*
gewasbehandeling door spuiten
bupirimaat
   Nimrod Vloeibaar

GRAUWE SCHIMMEL *Botryotinia fuckeliana*
- dichte stand voorkomen.
- direct na opkomst luchten.
- lage temperatuur tijdens de opkweek voorkomen.
- vanaf twee dagen na opkomst planten afharden.
- verse grond gebruiken en zaaibakjes en houtwerk met kunstfolie bekleden. Grond met vers rivierzand afdekken.
gewasbehandeling door spuiten
iprodion

Imex Iprodion Flo

KIEMPLANTENZIEKTE *Pythium ultimum var. ultimum*
- direct na opkomst luchten.
- gezond uitgangsmateriaal gebruiken.
- grond stomen.
- niet in te koude of te natte grond planten.
- structuur van de grond verbeteren.
- vruchtwisseling toepassen.
- wateroverlast voorkomen.

KIEMPLANTENZIEKTE *Fusarium* soorten
Pythium soorten
- dichte stand voorkomen.
- direct na opkomst luchten.
- lage temperatuur tijdens de opkweek voorkomen.
- vanaf twee dagen na opkomst planten afharden.

KIEMSCHIMMELS
zaadbehandeling door mengen
thiram
   Proseed

MAGNESIUMGEBREK
- vanaf één maand na het planten, om de 14 dagen met magnesiumsulfaat spuiten. Te dikwijls spuiten verhardt het blad zodanig dat groeistagnatie optreedt.
- zware belasting door het gewas voorkomen.

MANGAANGEBREK
- te hoge pH voorkomen.
- voor voldoende mangaan zorgen.
- zware belasting door het gewas voorkomen.

MIJTEN bonenspintmijt *Tetranychus urticae*
- natuurlijke vijanden inzetten of stimuleren.
gewasbehandeling door spuiten
bifenazaat
   Floramite 240 SC, Wopro Bifenazate
hexythiazox
   Nissorun Spuitpoeder

MINEERVLIEGEN *Agromyzidae*
gewasbehandeling door spuiten
deltamethrin
   Agrichem Deltamethrin, Decis Micro, Deltamethrin E.C. 25, Splendid, Wopro Deltamethrin

MINEERVLIEGEN chrysantenmineervliegen *Chromatomyia syngenesiae, floridamineervlieg Liriomyza trifolii, koolmineervlieg Phytomyza rufipes, tomatenmineervlieg Liriomyza bryoniae*
gewasbehandeling door spuiten
deltamethrin
   Agrichem Deltamethrin, Deltamethrin E.C. 25, Splendid, Wopro Deltamethrin

MINEERVLIEGEN nerfmineervlieg *Liriomyza huidobrensis*
- aangetast gewas aan het eind van de teelt doodspuiten.
- insectengaas 0,8 x 0,8 mm aanbrengen.
- onkruid rondom perceel kort houden.
gewasbehandeling door spuiten
deltamethrin
   Agrichem Deltamethrin, Deltamethrin E.C. 25, Splendid, Wopro Deltamethrin

RHIZOCTONIA-ZIEKTE *Thanatephorus cucumeris*
- dichte stand voorkomen.
- direct na opkomst luchten.
- lage temperatuur tijdens de opkweek voorkomen.
- vanaf twee dagen na opkomst planten afharden.
gewasbehandeling door spuiten

iprodion
    Imex Iprodion Flo

RUPSEN *Lepidoptera,* RUPSEN bladrollers *Tortricidae*
gewasbehandeling door spuiten
deltamethrin
    Agrichem Deltamethrin, Decis Micro, Deltamethrin E.C. 25,
    Splendid, Wopro Deltamethrin

RUPSEN gamma-uil *Autographa gamma, groente-uil Lacanobia oleracea, Turkse mot Chrysodeixis chalcites*
gewasbehandeling door spuiten
Bacillus thuringiensis subsp. *aizawai*
    Turex Spuitpoeder, Xen Tari WG

SCLEROTIËNROT *Sclerotinia sclerotiorum*
gewasbehandeling door spuiten
iprodion
    Imex Iprodion Flo

TRIPSEN *Thysanoptera*
gewasbehandeling door spuiten
deltamethrin
    Agrichem Deltamethrin, Decis Micro, Deltamethrin E.C. 25,
    Splendid, Wopro Deltamethrin

TRIPSEN tabakstrips *Thrips tabaci*
gewasbehandeling door spuiten
deltamethrin
    Agrichem Deltamethrin, Deltamethrin E.C. 25, Splendid,
    Wopro Deltamethrin

VERWELKINGSZIEKTE *Verticillium albo-atrum, Verticillium dahliae*
- ruime vruchtwisseling toepassen (minimaal 1 op 4).
- structuur van de grond verbeteren.

VIRUSZIEKTEN arabis-mozaïek arabis-mozaïekvirus
signalering:
- grond(substraat)onderzoek laten uitvoeren op aaltjes.

VIRUSZIEKTEN bont komkommerbontvirus
- aangetaste planten onmiddellijk verwijderen. Zijn er teveel, dan gezonde en zieke planten afzonderlijk snoeien en oogsten.
- bedrijfshygiëne stringent doorvoeren.
- bij de opkweek leidingwater, bronwater of bassinwater gebruiken, indien mogelijk gedurende de gehele teelt.
- gezond uitgangsmateriaal gebruiken.
- grond zwaar stomen.
- handen tijdens de werkzaamheden in het gewas nat houden met onverdunde magere melk.
- zaad gebruiken dat een temperatuurbehandeling heeft gehad.

VIRUSZIEKTEN mozaïek komkommermozaïekvirus
- aangetaste planten onmiddellijk verwijderen. Zijn er teveel, dan gezonde en zieke planten afzonderlijk snoeien en oogsten.
- gezond uitgangsmateriaal gebruiken.
- overbrengers (vectoren) van virus voorkomen en/of bestrijden.
- tolerante rassen telen.

WITTEVLIEGEN *Aleurodidae*
gewasbehandeling door spuiten
deltamethrin
    Agrichem Deltamethrin, Decis Micro, Deltamethrin E.C. 25,
    Splendid, Wopro Deltamethrin

WITTEVLIEGEN kaswittevlieg *Trialeurodes vaporariorum,* tabakswittevlieg *Bemisia tabaci s.l.*
gewasbehandeling door spuiten
deltamethrin
    Agrichem Deltamethrin, Deltamethrin E.C. 25, Splendid,
    Wopro Deltamethrin

ZWART WORTELROT *Phomopsis sclerotioides*
- niet op besmette gronden telen.
- vruchtwisseling toepassen (1 op 4).

BLEEKSELDERIJ

BLADLUIZEN *Aphididae*
gewasbehandeling door spuiten
pirimicarb
    Agrichem Pirimicarb, Pirimor

BLADVLEKKENZIEKTE *Septoria apiicola*
- gewasresten na de oogst onderploegen of verwijderen.
- gezond uitgangsmateriaal gebruiken.
- ruime plantafstand aanhouden.
gewasbehandeling door spuiten
chloorthalonil
    Budget Chloorthalonil 500 SC, Daconil 500 Vloeibaar
difenoconazool
    Score 250 EC
trifloxystrobin
    Flint
signalering:
- adviessystemen gebruiken.

BORIUMGEBREK
- indien boriumgebrek wordt geconstateerd, met een oplossing van boraat spuiten.
signalering:
- grondonderzoek laten uitvoeren.

BRUINE HARTEN onbekende non-parasitaire factor
- voor een regelmatige vochtvoorziening zorgen.
- wantsen bestrijden.
signalering:
- grondonderzoek laten uitvoeren, bijmesten indien nodig.

KIEMSCHIMMELS
zaadbehandeling door mengen
thiram
    Proseed
zaadbehandeling door slurry
thiram
    Hermosan 80 WG, Thiram Granuflo

RUPSEN koolmot *Plutella xylostella*
gewasbehandeling door spuiten
Bacillus thuringiensis subsp. *aizawai*
    Turex Spuitpoeder, Xen Tari WG

VIRUSZIEKTEN figuurbont, mozaïek selderijmozaïekvirus
- bladluizen bestrijden.

BLOEMKOOL

AALTJES geel bietencysteaaltje *Heterodera betae,* koolcysteaaltje *Heterodera cruciferae,* wit bietencysteaaltje *Heterodera schachtii*
- ruime vruchtwisseling toepassen.
signalering:
- grondonderzoek laten uitvoeren.

BACTERIEVLEKKENZIEKTE *Pseudomonas syringae pv. maculicola*
- gezond uitgangsmateriaal gebruiken.
- vruchtwisseling toepassen.

BLADLUIZEN *Aphididae*
gewasbehandeling door spuiten
pirimicarb
    Agrichem Pirimicarb, Pirimor
spirotetramat
    Movento

BLADLUIZEN aardappeltopluis *Macrosiphum euphorbiae*
gewasbehandeling door spuiten
pymetrozine
    Plenum 50 WG

BLADLUIZEN groene perzikluis *Myzus persicae, melige koolluis Brevicoryne brassicae*
gewasbehandeling door spuiten
pymetrozine
    Plenum 50 WG
zaadbehandeling door coaten
thiamethoxam
    Cruiser 70 WS
zaadbehandeling door dummy-pil methode
thiamethoxam
    Cruiser 70 WS
zaadbehandeling door phytodrip methode
thiamethoxam
    Cruiser 70 WS

BLADVLEKKENZIEKTE *Alternaria* soorten
gewasbehandeling door spuiten
difenoconazool
    Score 250 EC

BLADVLEKKENZIEKTE spikkelziekte *Alternaria brassicae*
 Alternaria brassicicola
gewasbehandeling door spuiten
azoxystrobin
    Amistar, Azoxy HF, Budget Azoxystrobin 250 SC, Ortiva
azoxystrobin / difenoconazool
    Amistar TIP
boscalid / pyraclostrobin
    Signum
iprodion
    Imex Iprodion Flo, Rovral Aquaflo
zaadbehandeling door mengen
iprodion
    Imex Iprodion Flo, Rovral Aquaflo

BOREN non-parasitaire factor
- groei stimuleren.
- stikstof niet te vroeg toedienen.

ECHTE MEELDAUW *Erysiphe cruciferarum*
gewasbehandeling door spuiten
azoxystrobin
    Ortiva
tebuconazool / trifloxystrobin
    Nativo

GALMUGGEN koolgalmug *Contarinia nasturtii*
- gewas bij eerste planting afdekken met vliesdoek.
- gewasresten na de oogst onderploegen of verwijderen.
- gezond uitgangsmateriaal gebruiken.
- ruime vruchtwisseling toepassen.
gewasbehandeling door spuiten
deltamethrin
    Agrichem Deltamethrin, Decis Micro, Deltamethrin E.C. 25, Splendid, Wopro Deltamethrin
lambda-cyhalothrin
    Karate met Zeon Technologie
signalering:
- signaleringssysteem gebruiken waarbij het tijdstip van de vlucht wordt vastgesteld.

HARTLOOSHEID beschadiging
- temperatuur boven 8 °C houden bij het doorkomen van de eerste hartblaadjes.

KANKERSTRONKEN *Leptosphaeria maculans*
- gewasresten na de oogst onderploegen of verwijderen.
- vruchtwisseling toepassen.

KIEMPLANTENZIEKTE zwartpoten *Thanatephorus cucumeris*
grondbehandeling in plantenbed door spuiten
iprodion
    Imex Iprodion Flo, Rovral Aquaflo

KIEMSCHIMMEL *Pythium* soorten
zaadbehandeling door spuiten
metalaxyl-M
    Apron XL

KIEMSCHIMMELS
zaadbehandeling door mengen
thiram
    Proseed

KLEMHART molybdeengebrek
- bij het planten niet teveel stikstof ineens geven, wel voldoende fosfor en kali geven.
- bloemkool niet op zure gronden telen.
- groeistoornissen door te lage temperatuur of droogte voorkomen.
- natrium-molybdaat, 20 gram per m3, door de opkweekgrond werken.
- tijdens de opkweek niet te veel stikstof geven.
- zaaibed één dag voor het zaaien bespuiten met 1 gram natrium-molybdaat per m2.

KNOLVOET *Plasmodiophora brassicae*
- als groenbemester geen kruisbloemigen gebruiken.
- gezond uitgangsmateriaal gebruiken.
- kruisbloemige onkruiden bestrijden.
- op gronden met hoge pH komt minder aantasting voor.
- ruime vruchtwisseling toepassen.
signalering:
- potgrond (groeimedium) voorafgaand aan de opkweek van plantmateriaal laten onderzoeken op knolvoet door middel van een biotoets (NAK-G).

NATROT *Erwinia carotovora subsp. carotovora*
- geen specifieke niet-chemische maatregel bekend.

RINGVLEKKENZIEKTE *Mycosphaerella brassicicola*
- gewasresten na de oogst onderploegen of verwijderen.
gewasbehandeling door spuiten
azoxystrobin
    Amistar, Azoxy HF, Budget Azoxystrobin 250 SC, Ortiva
azoxystrobin / difenoconazool
    Amistar TIP
boscalid / pyraclostrobin
    Signum
difenoconazool
    Score 250 EC
tebuconazool
    Folicur SC, Horizon
tebuconazool / trifloxystrobin
    Nativo
signalering:
- indien mogelijk een waarschuwingssysteem gebruiken waarbij het tijdstip van een infectieperiode wordt vastgesteld.

RUPSEN *Lepidoptera*
gewasbehandeling door spuiten
deltamethrin
    Agrichem Deltamethrin, Deltamethrin E.C. 25, Splendid, Wopro Deltamethrin

RUPSEN bladrollers *Tortricidae*
gewasbehandeling door spuiten
deltamethrin
    Agrichem Deltamethrin, Decis Micro, Deltamethrin E.C. 25, Splendid, Wopro Deltamethrin
esfenvaleraat
    Sumicidin Super

RUPSEN gamma-uil *Autographa gamma*
gewasbehandeling door spuiten
Bacillus thuringiensis subsp. *aizawai*
    Turex Spuitpoeder, Xen Tari WG
Bacillus thuringiensis subsp. *kurstaki*
    Delfin, Dipel, Dipel ES, Scutello, Scutello L

RUPSEN groot koolwitje *Pieris brassicae*
gewasbehandeling door spuiten
Bacillus thuringiensis subsp. *kurstaki*
    Delfin, Dipel, Scutello L
deltamethrin
    Agrichem Deltamethrin, Deltamethrin E.C. 25, Splendid, Wopro Deltamethrin
lambda-cyhalothrin
    Karate met Zeon Technologie

RUPSEN klein koolwitje *Pieris rapae*
gewasbehandeling door spuiten
Bacillus thuringiensis subsp. *kurstaki*
    Delfin, Dipel, Scutello L
deltamethrin
    Agrichem Deltamethrin, Deltamethrin E.C. 25, Splendid, Wopro Deltamethrin
lambda-cyhalothrin
    Karate met Zeon Technologie
spinosad
    Tracer

RUPSEN koolbladroller *Clepsis spectrana*
gewasbehandeling door spuiten
deltamethrin
    Agrichem Deltamethrin, Decis Micro, Deltamethrin E.C. 25, Splendid, Wopro Deltamethrin
esfenvaleraat
    Sumicidin Super
indoxacarb
    Steward
lambda-cyhalothrin
    Karate met Zeon Technologie

RUPSEN koolmot *Plutella xylostella*
gewasbehandeling door spuiten
Bacillus thuringiensis subsp. *aizawai*
    Turex Spuitpoeder, Xen Tari WG
deltamethrin
    Agrichem Deltamethrin, Decis Micro, Deltamethrin E.C. 25, Splendid, Wopro Deltamethrin
esfenvaleraat
    Sumicidin Super
indoxacarb
    Steward
lambda-cyhalothrin
    Karate met Zeon Technologie
spinosad
    Tracer

RUPSEN kooluil *Mamestra brassicae*
gewasbehandeling door spuiten
Bacillus thuringiensis subsp. *aizawai*
    Turex Spuitpoeder
deltamethrin
    Agrichem Deltamethrin, Decis Micro, Deltamethrin E.C. 25, Splendid, Wopro Deltamethrin
indoxacarb
    Steward

spinosad
    Tracer

RUPSEN late koolmot *Evergestis forficalis*
gewasbehandeling door spuiten
Bacillus thuringiensis subsp. *aizawai*
    Turex Spuitpoeder, Xen Tari WG
deltamethrin
    Agrichem Deltamethrin, Decis Micro, Deltamethrin E.C. 25, Splendid, Wopro Deltamethrin
indoxacarb
    Steward

RUPSEN *Pieris* soorten
gewasbehandeling door spuiten
Bacillus thuringiensis subsp. *aizawai*
    Turex Spuitpoeder, Xen Tari WG
Bacillus thuringiensis subsp. *kurstaki*
    Dipel ES, Scutello
deltamethrin
    Decis Micro
esfenvaleraat
    Sumicidin Super
indoxacarb
    Steward

RUPSEN
gewasbehandeling door spuiten
Bacillus thuringiensis subsp. *aizawai*
    Turex Spuitpoeder, Xen Tari WG

SCHIFT onbekende factor
- minder vatbare rassen telen.
- voor matige stikstof- en watervoorziening zorgen.

SLAKKEN bruine wegslak *Arion subfuscus*, gewone wegslak *Arion rufus*, grauwe wegslak *Arion circumscriptus*, zwarte wegslak *Arion hortensis*
gewasbehandeling door strooien
ijzer(III)fosfaat
    Roxasect Slakkenkorrels

TRIPSEN tabakstrips *Thrips tabaci*
gewasbehandeling door spuiten
lambda-cyhalothrin
    Karate met Zeon Technologie
zaadbehandeling door dummy-pil methode
imidacloprid
    Gaucho Tuinbouw
zaadbehandeling door phytodrip methode
imidacloprid
    Gaucho Tuinbouw

VALSE MEELDAUW *Peronospora parasitica*
- aangetast plantmateriaal verwijderen.
- langdurig nat blijven van het gewas voorkomen.
- zwaar gewas, dichte stand en te hoge relatieve luchtvochtigheid (RV) voorkomen.
gewasbehandeling door spuiten
propamocarb-hydrochloride
    Imex-Propamocarb

VERWELKINGSZIEKTE *Verticillium albo-atrum*, *Verticillium dahliae*
- geen specifieke niet-chemische maatregel bekend.

VIRUSZIEKTEN mozaïek bloemkoolmozaïekvirus, zwarte-kringvlekkenziekte knollenmozaïekvirus
- opslag van onder andere koolzaad verwijderen.

VLIEGEN koolvlieg *Delia radicum*
- gewas bij eerste planting afdekken met vliesdoek.
- gewasresten na de oogst onderploegen of verwijderen.
- gezond uitgangsmateriaal gebruiken.

- insectengaas 0,8 x 0,8 mm aanbrengen.
- vruchtwisseling toepassen.

signalering:
- vallen ophangen om de eerste vlucht te kunnen voorspellen, waardoor het goede bestrijdingsmoment vastgesteld kan worden.

traybehandeling door spuiten
spinosad
  Tracer
zaadbehandeling door coaten
fipronil
  Mundial

WITTE ROEST *Albugo candida*
- bemesting zo laag mogelijk houden.
- dichte stand voorkomen.
- gezond uitgangsmateriaal gebruiken.
- minder vatbare rassen telen.
- natuurlijke waslaag intact houden door zo min mogelijk uitvloeiers te gebruiken.
- voor een beheerste en regelmatige groei zorgen.

gewasbehandeling door spuiten
azoxystrobin
  Amistar, Azoxy HF, Budget Azoxystrobin 250 SC, Ortiva
azoxystrobin / difenoconazool
  Amistar TIP
boscalid / pyraclostrobin
  Signum
chloorthalonil / metalaxyl-M
  Folio Gold
tebuconazool / trifloxystrobin
  Nativo
trifloxystrobin
  Flint

WITTEVLIEGEN koolwittevlieg *Aleyrodes proletella*
gewasbehandeling door spuiten
spirotetramat
  Movento

ZWARTNERVIGHEID *Xanthomonas campestris pv. campestris*
- aangetaste schorsresten en stronken afvoeren.
- boerenkool, sluitkool, rammenas en radijs niet verbouwen op gronden waar deze ziekte veel voorkomt.
- gezond uitgangsmateriaal gebruiken.
- vruchtwisseling toepassen.
- zo weinig mogelijk door een besmet perceel lopen en rijden. Hiermee wordt uitbreiding van de ziekte voorkomen.

BOERENKOOL

AALTJES geel bietencysteaaltje *Heterodera betae*, graswortelknobbelaaltje *Meloidogyne naasi*
- vruchtwisseling toepassen, geen granen of grassen telen.

AALTJES koolcysteaaltje *Heterodera cruciferae, wit bietencysteaaltje Heterodera schachtii*
- ruime vruchtwisseling toepassen.

BLADLUIZEN *Aphididae*
gewasbehandeling door spuiten
pirimicarb
  Agrichem Pirimicarb, Pirimor
spirotetramat
  Movento

BLADLUIZEN groene perzikluis *Myzus persicae*, melige koolluis *Brevicoryne brassicae*
zaadbehandeling door coaten
thiamethoxam
  Cruiser 70 WS
zaadbehandeling door dummy-pil methode
thiamethoxam
  Cruiser 70 WS
zaadbehandeling door phytodrip methode
thiamethoxam
  Cruiser 70 WS

BLADVLEKKENZIEKTE *Alternaria* soorten
gewasbehandeling door spuiten
difenoconazool
  Score 250 EC

BLADVLEKKENZIEKTE spikkelziekte *Alternaria brassicae, Alternaria brassicicola*
gewasbehandeling door spuiten
azoxystrobin
  Amistar, Azoxy HF, Budget Azoxystrobin 250 SC, Ortiva
azoxystrobin / difenoconazool
  Amistar TIP

ECHTE MEELDAUW *Erysiphe cruciferarum*
gewasbehandeling door spuiten
azoxystrobin
  Ortiva

GALMUGGEN koolgalmug *Contarinia nasturtii*
- gewasresten na de oogst onderploegen of verwijderen.
- gezond uitgangsmateriaal gebruiken.
- ruime vruchtwisseling toepassen.

signalering:
- vangplaten ophangen om de eerste vlucht te kunnen voorspellen, waardoor het goede bestrijdingsmoment vastgesteld kan worden.

KALIUMGEBREK
- tot begin juli met kalisulfaat (patentkali) bemesten.
- voor een goede kalitoestand van de grond of van het groeimedium zorgen, gecombineerd met een juiste bemesting.

KANKERSTRONKEN *Leptosphaeria maculans*
- gezond uitgangsmateriaal gebruiken.
- structuur van de grond verbeteren.
- vruchtwisseling toepassen.

KIEMSCHIMMELS
zaadbehandeling door mengen
thiram
  Proseed

KNOLVOET *Plasmodiophora brassicae*
- gezond uitgangsmateriaal gebruiken.
- kruisbloemige onkruiden bestrijden.
- pH verhogen met schuimaarde of gebluste kalk.
- vroege teelten hebben minder last.
- zeer ruime vruchtwisseling toepassen, geen kruisbloemigen als groenbemester gebruiken.

signalering:
- potgrond (groeimedium) voorafgaand aan de opkweek van plantmateriaal laten onderzoeken op knolvoet door middel van een biotoets (NAK-G).

MANGAANGEBREK
- goed bemesten, zonodig mangaansulfaat spuiten. Mangaan verplaatst zich niet in de plant dus een herhaalde toepassing kan nodig zijn.

NATROT *Erwinia carotovora subsp. carotovora*
- tijdens droog weer oogsten.

RINGVLEKKENZIEKTE *Mycosphaerella brassicicola*
- bemesting aanpassen zodat de groei rustig verloopt.
- gewasresten na de oogst onderploegen of verwijderen.
- gezond uitgangsmateriaal gebruiken.
- minder vatbare rassen telen.
- vruchtwisseling toepassen.
- werkzaamheden op besmette percelen het laatste uitvoeren.

gewasbehandeling door spuiten
azoxystrobin
    Amistar, Azoxy HF, Budget Azoxystrobin 250 SC, Ortiva
azoxystrobin / difenoconazool
    Amistar TIP
difenoconazool
    Score 250 EC
signalering:
- adviessystemen gebruiken.

RUPSEN *Lepidoptera*
gewasbehandeling door spuiten
deltamethrin
    Agrichem Deltamethrin, Decis Micro, Deltamethrin E.C. 25, Splendid, Wopro Deltamethrin

RUPSEN bladrollers *Tortricidae*
signalering:
- vangplaten of vanglampen ophangen, waardoor het goede bestrijdingsmoment vastgesteld kan worden.
gewasbehandeling door spuiten
deltamethrin
    Agrichem Deltamethrin, Deltamethrin E.C. 25, Splendid, Wopro Deltamethrin

RUPSEN gamma-uil *Autographa gamma*
gewasbehandeling door spuiten
Bacillus thuringiensis subsp. *aizawai*
    Turex Spuitpoeder, Xen Tari WG
Bacillus thuringiensis subsp. *kurstaki*
    Delfin, Dipel, Dipel ES, Scutello, Scutello L

RUPSEN groot koolwitje *Pieris brassicae*, klein koolwitje *Pieris rapae*
gewasbehandeling door spuiten
Bacillus thuringiensis subsp. *kurstaki*
    Delfin, Dipel, Scutello L

RUPSEN koolbladroller *Clepsis spectrana*
- natuurlijke vijanden inzetten of stimuleren.

RUPSEN koolmot *Plutella xylostella*
- natuurlijke vijanden inzetten of stimuleren.
gewasbehandeling door spuiten
Bacillus thuringiensis subsp. *aizawai*
    Turex Spuitpoeder, Xen Tari WG
deltamethrin
    Agrichem Deltamethrin, Deltamethrin E.C. 25, Splendid, Wopro Deltamethrin
signalering:
- bestrijdingsdrempel hanteren voordat een bestrijding wordt uitgevoerd.

RUPSEN kooluil *Mamestra brassicae*
gewasbehandeling door spuiten
Bacillus thuringiensis subsp. *aizawai*
    Turex Spuitpoeder

RUPSEN late koolmot *Evergestis forficalis*
gewasbehandeling door spuiten
Bacillus thuringiensis subsp. *aizawai*
    Turex Spuitpoeder, Xen Tari WG

RUPSEN *Pieris* soorten
gewasbehandeling door spuiten
Bacillus thuringiensis subsp. *aizawai*
    Turex Spuitpoeder, Xen Tari WG
Bacillus thuringiensis subsp. *kurstaki*
    Dipel ES, Scutello

RUPSEN
gewasbehandeling door spuiten
Bacillus thuringiensis subsp. *aizawai*
    Turex Spuitpoeder, Xen Tari WG

SLAKKEN bruine wegslak *Arion subfuscus*, gewone wegslak *Arion rufus*, grauwe wegslak *Arion circumscriptus*, zwarte wegslak *Arion hortensis*
gewasbehandeling door strooien
ijzer(III)fosfaat
    Roxasect Slakkenkorrels

TRIPSEN tabakstrips *Thrips tabaci*
zaadbehandeling door dummy-pil methode
imidacloprid
    Gaucho Tuinbouw
zaadbehandeling door phytodrip methode
imidacloprid
    Gaucho Tuinbouw

VLIEGEN koolvlieg *Delia radicum*
- gewasresten na de oogst onderploegen of verwijderen.
- gezond uitgangsmateriaal gebruiken.
- insectengaas 0,8 x 0,8 mm aanbrengen.
- vruchtwisseling toepassen.
zaadbehandeling door coaten
fipronil
    Mundial
signalering:
- vallen ophangen om de eerste vlucht te kunnen voorspellen, waardoor het goede bestrijdingsmoment vastgesteld kan worden.

WITTE ROEST *Albugo candida*
- bemesting zo laag mogelijk houden.
- dichte stand voorkomen.
- gewasresten na de oogst onderploegen of verwijderen.
- gezond uitgangsmateriaal gebruiken.
- minder vatbare rassen telen.
- natuurlijke waslaag intact houden door zo min mogelijk uit- vloeiers te gebruiken.
- structuur van de grond verbeteren.
- vochtvoorziening optimaliseren.
- voor een beheerste en regelmatige groei zorgen.
gewasbehandeling door spuiten
azoxystrobin
    Amistar, Azoxy HF, Budget Azoxystrobin 250 SC, Ortiva
azoxystrobin / difenoconazool
    Amistar TIP

WITTEVLIEGEN koolwittevlieg *Aleyrodes proletella*
- gewas afdekken met vliesdoek.
- gewasresten na de oogst onderploegen of verwijderen.
- ruime vruchtwisseling toepassen.
gewasbehandeling door spuiten
spirotetramat
    Movento

ZWARTNERVIGHEID *Xanthomonas campestris* pv. *campestris*
- boerenkool, sluitkool, rammenas en radijs niet verbouwen op gronden waar deze ziekte veel voorkomt.
- gezond uitgangsmateriaal gebruiken.
- koolrestanten eerst versnipperen en dan onderploegen.
- vruchtwisseling toepassen.
- zo weinig mogelijk door een besmet perceel lopen en rijden. Hiermee wordt uitbreiding van de ziekte voorkomen.

BROCCOLI

AALTJES geel bietencysteaaltje *Heterodera betae*, koolcysteaaltje *Heterodera cruciferae*, wit bietencys- teaaltje *Heterodera schachtii*
- ruime vruchtwisseling toepassen.
signalering:
- grondonderzoek laten uitvoeren.

2.4 Ziekten en plagen groenteteelt

2.4 Ziekten en plagen groenteteelt

BACTERIEVLEKKENZIEKTE *Pseudomonas syringae pv. maculicola*
- gezond uitgangsmateriaal gebruiken.
- vruchtwisseling toepassen.

BLADLUIZEN *Aphididae*
gewasbehandeling door spuiten
pirimicarb
   Agrichem Pirimicarb, Pirimor
spirotetramat
   Movento

BLADLUIZEN aardappeltopluis *Macrosiphum euphorbiae*
gewasbehandeling door spuiten
pymetrozine
   Plenum 50 WG

BLADLUIZEN groene perzikluis *Myzus persicae, melige koolluis Brevicoryne brassicae*
gewasbehandeling door spuiten
pymetrozine
   Plenum 50 WG
zaadbehandeling door coaten
thiamethoxam
   Cruiser 70 WS
zaadbehandeling door dummy-pil methode
thiamethoxam
   Cruiser 70 WS
zaadbehandeling door phytodrip methode
thiamethoxam
   Cruiser 70 WS

BLADVLEKKENZIEKTE *Alternaria* soorten
gewasbehandeling door spuiten
difenoconazool
   Score 250 EC

BLADVLEKKENZIEKTE spikkelziekte *Alternaria brassicae, Alternaria brassicicola*
gewasbehandeling door spuiten
azoxystrobin
   Amistar, Azoxy HF, Budget Azoxystrobin 250 SC, Ortiva
azoxystrobin / difenoconazool
   Amistar TIP
boscalid / pyraclostrobin
   Signum
iprodion
   Imex Iprodion Flo, Rovral Aquaflo
zaadbehandeling door mengen
iprodion
   Imex Iprodion Flo, Rovral Aquaflo

BOREN non-parasitaire factor
- groei stimuleren.
- stikstof niet te vroeg toedienen.

ECHTE MEELDAUW *Erysiphe cruciferarum*
gewasbehandeling door spuiten
azoxystrobin
   Ortiva
tebuconazool / trifloxystrobin
   Nativo

GALMUGGEN koolgalmug *Contarinia nasturtii*
- gewas bij eerste planting afdekken met vliesdoek.
- gewasresten na de oogst onderploegen of verwijderen.
- gezond uitgangsmateriaal gebruiken.
- ruime vruchtwisseling toepassen.
signalering:
- signaleringssysteem gebruiken waarbij het tijdstip van de vlucht wordt vastgesteld.
gewasbehandeling door spuiten
deltamethrin

   Agrichem Deltamethrin, Decis Micro, Deltamethrin E.C. 25, Splendid, Wopro Deltamethrin
lambda-cyhalothrin
   Karate met Zeon Technologie

HARTLOOSHEID beschadiging
- temperatuur boven 8 °C houden bij het doorkomen van de eerste hartblaadjes.

KANKERSTRONKEN *Leptosphaeria maculans*
- gewasresten na de oogst onderploegen of verwijderen.
- vruchtwisseling toepassen.

KIEMPLANTENZIEKTE *Thanatephorus cucumeris*
grondbehandeling in plantenbed door spuiten
iprodion
   Imex Iprodion Flo, Rovral Aquaflo

KIEMSCHIMMEL *Pythium* soorten
zaadbehandeling door spuiten
metalaxyl-M
   Apron XL

KIEMSCHIMMELS
zaadbehandeling door mengen
thiram
   Proseed

KLEMHART molybdeengebrek
- bij het planten niet teveel stikstof ineens geven, wel voldoende fosfor en kali geven.
- bloemkool niet op zure gronden telen.
- groeistoornissen door te lage temperatuur of droogte voorkomen.
- natrium-molybdaat, 20 gram per m3, door de opkweekgrond werken.
- tijdens de opkweek niet te veel stikstof geven.
- zaaibed één dag voor het zaaien bespuiten met 1 gram natrium-molybdaat per m2.

KNOLVOET *Plasmodiophora brassicae*
- als groenbemester geen kruisbloemigen gebruiken.
- gezond uitgangsmateriaal gebruiken.
- kruisbloemige onkruiden bestrijden.
- op gronden met hoge pH komt minder aantasting voor.
- ruime vruchtwisseling toepassen.
signalering:
- potgrond (groeimedium) voorafgaand aan de opkweek van plantmateriaal laten onderzoeken op knolvoet door middel van een biotoets (NAK-G).

NATROT *Erwinia carotovora subsp. carotovora*
- geen specifieke niet-chemische maatregel bekend.

RINGVLEKKENZIEKTE *Mycosphaerella brassicicola*
- gewasresten na de oogst onderploegen of verwijderen.
signalering:
- indien mogelijk een waarschuwingssysteem gebruiken waarbij het tijdstip van een infectieperiode wordt vastgesteld.
gewasbehandeling door spuiten
azoxystrobin
   Amistar, Azoxy HF, Budget Azoxystrobin 250 SC, Ortiva
azoxystrobin / difenoconazool
   Amistar TIP
boscalid / pyraclostrobin
   Signum
difenoconazool
   Score 250 EC
tebuconazool
   Folicur SC, Horizon
tebuconazool / trifloxystrobin
   Nativo

RUPSEN *Lepidoptera*
gewasbehandeling door spuiten
deltamethrin
    Agrichem Deltamethrin, Deltamethrin E.C. 25, Splendid, Wopro Deltamethrin

RUPSEN bladrollers *Tortricidae*
gewasbehandeling door spuiten
deltamethrin
    Agrichem Deltamethrin, Decis Micro, Deltamethrin E.C. 25, Splendid, Wopro Deltamethrin
esfenvaleraat
    Sumicidin Super

RUPSEN gamma-uil *Autographa gamma*
gewasbehandeling door spuiten
Bacillus thuringiensis subsp. *aizawai*
    Turex Spuitpoeder, Xen Tari WG
Bacillus thuringiensis subsp. *kurstaki*
    Delfin, Dipel, Dipel ES, Scutello, Scutello L

RUPSEN groot koolwitje *Pieris brassicae, klein koolwitje Pieris rapae*
gewasbehandeling door spuiten
Bacillus thuringiensis subsp. *kurstaki*
    Delfin, Dipel, Scutello L
deltamethrin
    Agrichem Deltamethrin, Deltamethrin E.C. 25, Splendid, Wopro Deltamethrin
lambda-cyhalothrin
    Karate met Zeon Technologie

RUPSEN koolbladroller *Clepsis spectrana*
gewasbehandeling door spuiten
deltamethrin
    Deltamethrin E.C. 25
esfenvaleraat
    Sumicidin Super
deltamethrin
    Agrichem Deltamethrin
indoxacarb
    Steward
lambda-cyhalothrin
    Karate met Zeon Technologie
deltamethrin
    Wopro Deltamethrin, Splendid, Decis Micro

RUPSEN koolmot *Plutella xylostella*
gewasbehandeling door spuiten
Bacillus thuringiensis subsp. *aizawai*
    Turex Spuitpoeder, Xen Tari WG
deltamethrin
    Agrichem Deltamethrin, Decis Micro, Deltamethrin E.C. 25, Splendid, Wopro Deltamethrin
esfenvaleraat
    Sumicidin Super
indoxacarb
    Steward
lambda-cyhalothrin
    Karate met Zeon Technologie

RUPSEN kooluil *Mamestra brassicae*
gewasbehandeling door spuiten
Bacillus thuringiensis subsp. *aizawai*
    Turex Spuitpoeder
deltamethrin
    Agrichem Deltamethrin, Decis Micro, Deltamethrin E.C. 25, Splendid, Wopro Deltamethrin
indoxacarb
    Steward

RUPSEN late koolmot *Evergestis forficalis*
gewasbehandeling door spuiten
Bacillus thuringiensis subsp. *aizawai*

    Turex Spuitpoeder, Xen Tari WG
deltamethrin
    Agrichem Deltamethrin, Decis Micro, Deltamethrin E.C. 25, Splendid, Wopro Deltamethrin
indoxacarb
    Steward

RUPSEN *Pieris* **soorten**
gewasbehandeling door spuiten
Bacillus thuringiensis subsp. *aizawai*
    Turex Spuitpoeder, Xen Tari WG
Bacillus thuringiensis subsp. *kurstaki*
    Dipel ES, Scutello
deltamethrin
    Decis Micro
esfenvaleraat
    Sumicidin Super
indoxacarb
    Steward

RUPSEN
gewasbehandeling door spuiten
Bacillus thuringiensis subsp. *aizawai*
    Turex Spuitpoeder, Xen Tari WG

SCHIFT onbekende factor
- minder vatbare rassen telen.
- voor matige stikstof- en watervoorziening zorgen.

SLAKKEN bruine wegslak *Arion subfuscus, gewone wegslak Arion rufus, grauwe wegslak Arion circumscriptus, zwarte wegslak Arion hortensis*
gewasbehandeling door strooien
ijzer(III)fosfaat
    Roxasect Slakkenkorrels

TRIPSEN tabakstrips *Thrips tabaci*
gewasbehandeling door spuiten
lambda-cyhalothrin
    Karate met Zeon Technologie
zaadbehandeling door dummy-pil methode
imidacloprid
    Gaucho Tuinbouw
zaadbehandeling door phytodrip methode
imidacloprid
    Gaucho Tuinbouw

VALSE MEELDAUW *Peronospora parasitica*
- aangetast plantmateriaal verwijderen.
- langdurig nat blijven van het gewas voorkomen.
- zwaar gewas, dichte stand en te hoge relatieve luchtvochtigheid (RV) voorkomen.
gewasbehandeling door spuiten
propamocarb-hydrochloride
    Imex-Propamocarb

VERWELKINGSZIEKTE *Verticillium albo-atrum, Verticillium dahliae*
- geen specifieke niet-chemische maatregel bekend.

VIRUSZIEKTEN mozaïek bloemkoolmozaïekvirus
- opslag van onder andere koolzaad verwijderen.

VIRUSZIEKTEN zwarte-kringvlekkenziekte knollenmozaïekvirus
- opslag van onder andere koolzaad verwijderen.

VLIEGEN koolvlieg *Delia radicum*
- insectengaas 0,8 x 0,8 mm aanbrengen.
traybehandeling door spuiten
spinosad
    Tracer
zaadbehandeling door coaten
fipronil

2.4 Ziekten en plagen groenteteelt

Mundial

WITTE ROEST *Albugo candida*
gewasbehandeling door spuiten
azoxystrobin
    Amistar, Azoxy HF, Budget Azoxystrobin 250 SC, Ortiva
azoxystrobin / difenoconazool
    Amistar TIP
boscalid / pyraclostrobin
    Signum
chloorthalonil / metalaxyl-M
    Folio Gold
tebuconazool / trifloxystrobin
    Nativo

WITTEVLIEGEN koolwittevlieg *Aleyrodes proletella*
gewasbehandeling door spuiten
spirotetramat
    Movento

ZWARTNERVIGHEID *Xanthomonas campestris pv. campestris*
- aangetaste schorsresten en stronken afvoeren.
- boerenkool, sluitkool, rammenas en radijs niet verbouwen op gronden waar deze ziekte veel voorkomt.
- gezond uitgangsmateriaal gebruiken.
- vruchtwisseling toepassen.
- zo weinig mogelijk door een besmet perceel lopen en rijden. Hiermee wordt uitbreiding van de ziekte voorkomen.

CHINESE BROCCOLI

BLADVLEKKENZIEKTE *Mycosphaerella brassicicola*
gewasbehandeling door spuiten
difenoconazool
    Score 250 EC

BLADVLEKKENZIEKTE *Alternaria* soorten
gewasbehandeling door spuiten
difenoconazool
    Score 250 EC

BLADVLEKKENZIEKTE spikkelziekte *Alternaria brassicae*
 Alternaria brassicicola
gewasbehandeling door spuiten
boscalid / pyraclostrobin
    Signum
zaadbehandeling door mengen
iprodion
    Imex Iprodion Flo, Rovral Aquaflo

VLIEGEN koolvlieg *Delia radicum*
zaadbehandeling door coaten
fipronil
    Mundial

WITTE ROEST *Albugo candida*
gewasbehandeling door spuiten
boscalid / pyraclostrobin
    Signum

ZWARTPOTEN *Thanatephorus cucumeris*
grondbehandeling in plantenbed door spuiten
iprodion
    Rovral Aquaflo

CHINESE KOOL

BLADLUIZEN *Aphididae*
gewasbehandeling door spuiten
pirimicarb
    Agrichem Pirimicarb, Pirimor
spirotetramat

Movento

BLADLUIZEN groene perzikluis *Myzus persicae, melige koolluis Brevicoryne brassicae*
zaadbehandeling door coaten
thiamethoxam
    Cruiser 70 WS
zaadbehandeling door dummy-pil methode
thiamethoxam
    Cruiser 70 WS
zaadbehandeling door phytodrip methode
thiamethoxam
    Cruiser 70 WS

BLADVLEKKENZIEKTE *Alternaria* soorten
gewasbehandeling door spuiten
difenoconazool
    Score 250 EC

BLADVLEKKENZIEKTE *Leptosphaeria maculans*
- beschadiging voorkomen.

BLADVLEKKENZIEKTE spikkelziekte *Alternaria brassicae*
 Alternaria brassicicola
gewasbehandeling door spuiten
azoxystrobin / difenoconazool
    Amistar TIP
iprodion
    Imex Iprodion Flo, Rovral Aquaflo
zaadbehandeling door mengen
iprodion
    Rovral Aquaflo
- gewasresten na de oogst onderploegen of verwijderen.

BLADWESPEN knollenbladwesp *Athalia rosae*
- geen specifieke niet-chemische maatregel bekend.

GALMUGGEN koolgalmug *Contarinia nasturtii*
- vruchtwisseling toepassen.
signalering:
- vangplaten ophangen om de eerste vlucht te kunnen voorspellen, waardoor het goede bestrijdingsmoment vastgesteld kan worden.

GRAUWE SCHIMMEL *Botryotinia fuckeliana*
gewasbehandeling door spuiten
iprodion
    Imex Iprodion Flo, Rovral Aquaflo

KIEMSCHIMMELS
zaadbehandeling door mengen
thiram
    Proseed

KNOLVOET *Plasmodiophora brassicae*
- als groenbemester geen kruisbloemigen gebruiken.
- gezond uitgangsmateriaal gebruiken.
- kruisbloemige onkruiden bestrijden.
- op gronden met hoge pH komt minder aantasting voor.
- zeer ruime vruchtwisseling toepassen, geen kruisbloemigen als groenbemester gebruiken.
signalering:
- potgrond (groeimedium) voorafgaand aan de opkweek van plantmateriaal laten onderzoeken op knolvoet door middel van een biotoets (NAK-G).

MINEERVLIEGEN nerfmineervlieg *Liriomyza huidobrensis*
gewasbehandeling door spuiten
abamectin
    Vertimec Gold

NATROT *Erwinia carotovora subsp. carotovora*
- aangetaste planten(delen) verwijderen en afvoeren.
- gezond uitgangsmateriaal gebruiken.
- grond en/of substraat stomen.
- onderdoor water geven.
- ruime plantafstand aanhouden.
- voor goede groeiomstandigheden zorgen.
- weelderige groei voorkomen.

RHIZOCTONIA-ZIEKTE *Thanatephorus cucumeris*
gewasbehandeling door spuiten
iprodion
    Imex Iprodion Flo, Rovral Aquaflo
grondbehandeling in plantenbed door spuiten
iprodion
    Rovral Aquaflo

RINGVLEKKENZIEKTE *Mycosphaerella brassicicola*
- gewasresten na de oogst onderploegen of verwijderen.
gewasbehandeling door spuiten
difenoconazool
    Score 250 EC
azoxystrobin / difenoconazool
    Amistar TIP

RUPSEN bladrollers *Tortricidae*
- natuurlijke vijanden inzetten of stimuleren.
signalering:
- vangplaten of vanglampen ophangen, waardoor het goede bestrijdingsmoment vastgesteld kan worden.

RUPSEN gamma-uil *Autographa gamma*
gewasbehandeling door spuiten
Bacillus thuringiensis subsp. *aizawai*
    Turex Spuitpoeder, Xen Tari WG
Bacillus thuringiensis subsp. *kurstaki*
    Delfin, Dipel, Dipel ES, Scutello, Scutello L

RUPSEN groot koolwitje *Pieris brassicae, klein koolwitje Pieris rapae*
- natuurlijke vijanden inzetten of stimuleren.
signalering:
- bestrijdingsdrempel hanteren voordat een bestrijding wordt uitgevoerd.
gewasbehandeling door spuiten
Bacillus thuringiensis subsp. *kurstaki*
    Delfin, Dipel, Scutello L

RUPSEN koolmot *Plutella xylostella*
- natuurlijke vijanden inzetten of stimuleren.
gewasbehandeling door spuiten
Bacillus thuringiensis subsp. *aizawai*
    Turex Spuitpoeder, Xen Tari WG

RUPSEN kooluil *Mamestra brassicae*
- natuurlijke vijanden inzetten of stimuleren.
gewasbehandeling door spuiten
Bacillus thuringiensis subsp. *aizawai*
    Turex Spuitpoeder

RUPSEN late koolmot *Evergestis forficalis*
- natuurlijke vijanden inzetten of stimuleren.
gewasbehandeling door spuiten
Bacillus thuringiensis subsp. *aizawai*
    Turex Spuitpoeder, Xen Tari WG

RUPSEN *Pieris* **soorten**
- natuurlijke vijanden inzetten of stimuleren.
gewasbehandeling door spuiten
Bacillus thuringiensis subsp. *aizawai*
    Turex Spuitpoeder, Xen Tari WG
Bacillus thuringiensis subsp. *kurstaki*
    Dipel ES, Scutello

RUPSEN
gewasbehandeling door spuiten
Bacillus thuringiensis subsp. *aizawai*
    Turex Spuitpoeder, Xen Tari WG

SMET *Pythium* **soorten**
zaadbehandeling door spuiten
metalaxyl-M
    Apron XL

TRIPSEN tabakstrips *Thrips tabaci*
zaadbehandeling door dummy-pil methode
imidacloprid
    Gaucho Tuinbouw
zaadbehandeling door phytodrip methode
imidacloprid
    Gaucho Tuinbouw

VLIEGEN koolvlieg *Delia radicum*
- gewas bij eerste planting afdekken met vliesdoek.
- gewasresten na de oogst onderploegen of verwijderen.
- gezond uitgangsmateriaal gebruiken.
- insectengaas 0,8 x 0,8 mm aanbrengen.
- natuurlijke vijanden inzetten of stimuleren.
- vruchtwisseling toepassen.
traybehandeling door spuiten
spinosad
    Tracer
zaadbehandeling door coaten
fipronil
    Mundial
signalering:
- vallen ophangen om de eerste vlucht te kunnen voorspellen, waardoor het goede bestrijdingsmoment vastgesteld kan worden.

WITTE ROEST *Albugo candida*
gewasbehandeling door spuiten
azoxystrobin / difenoconazool
    Amistar TIP

WITTEVLIEGEN koolwittevlieg *Aleyrodes proletella*
gewasbehandeling door spuiten
spirotetramat
    Movento

CHOISUM

BLADVLEKKENZIEKTE *Alternaria* **soorten**
gewasbehandeling door spuiten
difenoconazool
    Score 250 EC

BLADVLEKKENZIEKTE *Mycosphaerella brassicicola*
gewasbehandeling door spuiten
difenoconazool
    Score 250 EC

COURGETTE

BLADLUIZEN *Aphididae*
gewasbehandeling door spuiten
pirimicarb
    Agrichem Pirimicarb, Pirimor

BLADVLEKKENZIEKTE *Didymella bryoniae*
- langdurig nat blijven van het gewas voorkomen.
- natslaan van gewas en guttatie voorkomen.

ECHTE MEELDAUW *Erysiphe cichoracearum*
Golovinomyces orontii
- gewas aan de groei houden.
- resistente rassen telen.
- voor een regelmatige groei zorgen.

gewasbehandeling door spuiten
bupirimaat
    Nimrod Vloeibaar
trifloxystrobin
    Flint

ECHTE MEELDAUW *Sphaerotheca fusca*
- gewas aan de groei houden.
- resistente rassen telen.
- voor een regelmatige groei zorgen.

gewasbehandeling door spuiten
trifloxystrobin
    Flint

GRAUWE SCHIMMEL *Botryotinia fuckeliana*
gewasbehandeling door spuiten
iprodion
    Imex Iprodion Flo

KIEMSCHIMMELS
zaadbehandeling door mengen
thiram
    Proseed

MIJTEN bonenspintmijt *Tetranychus urticae*
- natuurlijke vijanden inzetten of stimuleren.

gewasbehandeling door spuiten
bifenazaat
    Floramite 240 SC, Wopro Bifenazate
hexythiazox
    Nissorun Spuitpoeder

MINEERVLIEGEN *Agromyzidae*
gewasbehandeling door spuiten
deltamethrin
    Agrichem Deltamethrin, Decis Micro, Deltamethrin E.C. 25, Splendid, Wopro Deltamethrin

MINEERVLIEGEN chrysantenmineervliegen *Chromatomyia syngenesiae, floridamineervlieg Liriomyza trifolii, koolmineervlieg Phytomyza rufipes, nerfmineervlieg Liriomyza huidobrensis, tomatenmineervlieg Liriomyza bryoniae*
gewasbehandeling door spuiten
deltamethrin
    Agrichem Deltamethrin, Deltamethrin E.C. 25, Splendid, Wopro Deltamethrin

RHIZOCTONIA-ZIEKTE *Thanatephorus cucumeris*
gewasbehandeling door spuiten
iprodion
    Imex Iprodion Flo

RUPSEN *Lepidoptera*
gewasbehandeling door spuiten
deltamethrin
    Agrichem Deltamethrin, Decis Micro, Deltamethrin E.C. 25, Splendid, Wopro Deltamethrin

RUPSEN bladrollers *Tortricidae*
gewasbehandeling door spuiten
deltamethrin
    Agrichem Deltamethrin, Decis Micro, Deltamethrin E.C. 25, Splendid, Wopro Deltamethrin

RUPSEN gamma-uil *Autographa gamma, groente-uil Lacanobia oleracea, Turkse mot Chrysodeixis chalcites*
gewasbehandeling door spuiten
Bacillus thuringiensis subsp. *aizawai*
    Turex Spuitpoeder, Xen Tari WG

SCLEROTIËNROT *Sclerotinia sclerotiorum*
gewasbehandeling door spuiten

iprodion
    Imex Iprodion Flo

TRIPSEN *Thysanoptera*
gewasbehandeling door spuiten
deltamethrin
    Agrichem Deltamethrin, Decis Micro, Deltamethrin E.C. 25, Splendid, Wopro Deltamethrin

TRIPSEN tabakstrips *Thrips tabaci*
gewasbehandeling door spuiten
deltamethrin
    Agrichem Deltamethrin, Deltamethrin E.C. 25, Splendid, Wopro Deltamethrin

VIRUSZIEKTEN geelmozaïek bonenscherpmozaïek-virus, mozaïek komkommermozaïekvirus
- aangetaste planten onmiddellijk verwijderen. Zijn er teveel, dan gezonde en zieke planten afzonderlijk snoeien en oogsten.
- gezond uitgangsmateriaal gebruiken.
- tolerante rassen telen.

VIRUSZIEKTEN mozaïek watermeloenmozaïekvirus
- aangetaste planten onmiddellijk verwijderen. Zijn er teveel, dan gezonde en zieke planten afzonderlijk snoeien en oogsten.

VRUCHTVUUR *Cladosporium cucumerinum*
- geen specifieke niet-chemische maatregel bekend.

WITTEVLIEGEN *Aleurodidae*
gewasbehandeling door spuiten
deltamethrin
    Agrichem Deltamethrin, Decis Micro, Deltamethrin E.C. 25, Splendid, Wopro Deltamethrin

WITTEVLIEGEN kaswittevlieg *Trialeurodes vaporariorum, tabakswittevlieg Bemisia tabaci s.l.*
gewasbehandeling door spuiten
deltamethrin
    Agrichem Deltamethrin, Deltamethrin E.C. 25, Splendid, Wopro Deltamethrin

ZWART WORTELROT *Phomopsis sclerotioides*
- voor een voldoende hoge bodemtemperatuur en voor een goede structuur van de grond zorgen. Bij een beginnende aantasting kan herstel optreden na aanaarden.

DOPERWT

BLADLUIZEN *Aphididae*
gewasbehandeling door spuiten
pirimicarb
    Agrichem Pirimicarb, Pirimor

DONKERE-VLEKKENZIEKTE *Mycosphaerella pinodes*
zaadbehandeling door mengen
cymoxanil / fludioxonil / metalaxyl-M
    Wakil XL

GRAUWE SCHIMMEL *Botryotinia fuckeliana*
gewasbehandeling door spuiten
iprodion
    Imex Iprodion Flo, Rovral Aquaflo

SNUITKEVERS bladrandkever *Sitona lineatus*
gewasbehandeling door spuiten
deltamethrin
    Agrichem Deltamethrin, Decis Micro, Deltamethrin E.C. 25, Splendid, Wopro Deltamethrin
esfenvaleraat
    Sumicidin Super
lambda-cyhalothrin

Karate met Zeon Technologie

signalering:
- als bij 25 % van de planten vreterij wordt waargenomen een bestrijding uitvoeren.
- gewasinspecties uitvoeren.

KIEMPLANTENZIEKTE *Pythium* soorten
zaadbehandeling door mengen
cymoxanil / fludioxonil / metalaxyl-M
  Wakil XL
zaadbehandeling door spuiten
metalaxyl-M
  Apron XL

KIEMSCHIMMELS
zaadbehandeling door mengen
thiram
  Proseed
zaadbehandeling door slurry
thiram
  Hermosan 80 WG, Thiram Granuflo

LICHTE-VLEKKENZIEKTE *Ascochyta pisi*
zaadbehandeling door mengen
cymoxanil / fludioxonil / metalaxyl-M
  Wakil XL

RUPSEN erwtenpeulboorder *Cydia nigricana*
gewasbehandeling door spuiten
deltamethrin
  Agrichem Deltamethrin, Decis Micro, Deltamethrin E.C. 25, Splendid, Wopro Deltamethrin

SCLEROTIËNROT *Sclerotinia sclerotiorum*
gewasbehandeling door spuiten
iprodion
  Imex Iprodion Flo, Rovral Aquaflo

TRIPSEN *Thysanoptera*
gewasbehandeling door spuiten
deltamethrin
  Agrichem Deltamethrin, Decis Micro, Deltamethrin E.C. 25, Splendid, Wopro Deltamethrin
esfenvaleraat
  Sumicidin Super

TRIPSEN erwtentrips *Kakothrips robustus, vroege akkertrips Thrips angusticeps*
gewasbehandeling door spuiten
deltamethrin
  Agrichem Deltamethrin, Deltamethrin E.C. 25, Splendid, Wopro Deltamethrin
lambda-cyhalothrin
  Karate met Zeon Technologie

VALSE MEELDAUW *Peronospora viciae f.sp. pisi*
zaadbehandeling door spuiten
metalaxyl-M
  Apron XL

VALSE MEELDAUW *Peronospora viciae*
zaadbehandeling door mengen
cymoxanil / fludioxonil / metalaxyl-M
  Wakil XL

DROGE ERWT

AALTJES erwtencysteaaltje *Heterodera goettingiana*
- ruime vruchtwisseling toepassen van erwten, wikke, tuin- en veldbonen.

AALTJES geel bietencysteaaltje *Heterodera betae*
- erwten niet op zwaar besmette percelen telen.
signalering:

- grondonderzoek laten uitvoeren.

AALTJES gewoon wortellesieaaltje *Pratylenchus penetrans*
- vruchtwisseling toepassen, geen granen, maïs, grassen, aardappel, knolselderij, peen en vlinderbloemigen als voorvrucht telen. Biet en kruisbloemigen zijn goede voorvruchten.

AALTJES maiswortelknobbelaaltje *Meloidogyne chitwoodi*
DIT IS EEN QUARANTAINE-ORGANISME

AALTJES noordelijk wortelknobbelaaltje *Meloidogyne hapla*
- ruime vruchtwisseling toepassen.
- zwarte braak toepassen in de zomer of bepaalde rassen bladrammenas toepassen als vanggewas.
signalering:
- grondonderzoek laten uitvoeren.

AALTJES stengelaaltje *Ditylenchus dipsaci*
DIT IS EEN QUARANTAINE-ORGANISME

BACTERIEBRAND *Pseudomonas syringae pv. pisi*
- gezond uitgangsmateriaal gebruiken.

DONKERE-VLEKKENZIEKTE *Mycosphaerella pinodes*
- gezond uitgangsmateriaal gebruiken.
- opslag verwijderen en vernietigen.
- stro verwijderen en vernietigen.
- voor goede groeiomstandigheden zorgen.
- vruchtwisseling toepassen.

ECHTE MEELDAUW *Erysiphe pisi var. pisi*
- vroeg zaaien.
- vroege rassen telen.
signalering:
- bestrijding toepassen bij 50 % halm bezetting.

FUSARIUM-VOETZIEKTE *Fusarium* soorten
- gewasresten verwijderen.
- gezond uitgangsmateriaal gebruiken.
- minder vatbare rassen telen.
- niet op matig of zwaar besmette percelen telen.
- vruchtwisseling toepassen.

GRAUWE SCHIMMEL *Botryotinia fuckeliana*
- goede rassenkeuze maken.
gewasbehandeling door spuiten
iprodion
  Imex Iprodion Flo, Rovral Aquaflo

KALIUMGEBREK
- tot begin juli met kalisulfaat (patentkali) bemesten.
- voor een goede kalitoestand van de grond of van het groeimedium zorgen, gecombineerd met een juiste bemesting.

MANGAANGEBREK
- gewas tijdens de bloei met mangaansulfaat bespuiten.
- goed bemesten, zonodig mangaansulfaat spuiten. Mangaan verplaatst zich niet in de plant dus een herhaalde toepassing kan nodig zijn.

RUPSEN erwtenpeulboorder *Cydia nigricana*
gewasbehandeling door spuiten
deltamethrin
  Agrichem Deltamethrin, Decis Micro, Deltamethrin E.C. 25, Splendid, Wopro Deltamethrin

SCLEROTIËNROT *Sclerotinia sclerotiorum*
- geen rassen kiezen die zware gewassen opleveren welke spoedig kunnen gaan legeren.
- vruchtwisseling toepassen met grassen.
- zwaar gewas en dichte stand voorkomen.

gewasbehandeling door spuiten
iprodion
 Imex Iprodion Flo, Rovral Aquaflo

SNUITKEVERS bladrandkever *Sitona lineatus*
gewasbehandeling door spuiten
deltamethrin
 Agrichem Deltamethrin, Decis Micro, Deltamethrin E.C. 25,
 Splendid, Wopro Deltamethrin
esfenvaleraat
 Sumicidin Super
lambda-cyhalothrin
 Karate met Zeon Technologie

TRIPSEN *Thysanoptera*
gewasbehandeling door spuiten
deltamethrin
 Decis Micro
esfenvaleraat
 Sumicidin Super

TRIPSEN erwtentrips *Kakothrips robustus, vroege akkertrips Thrips angusticeps*
gewasbehandeling door spuiten
deltamethrin
 Agrichem Deltamethrin, Deltamethrin E.C. 25, Splendid,
 Wopro Deltamethrin
lambda-cyhalothrin
 Karate met Zeon Technologie

VIRUSZIEKTEN enatiemozaïek erwtenenatiemoza-iekviru
- aangetaste planten(delen) verwijderen en afvoeren.
- virusvrij zaaizaad gebruiken.

VIRUSZIEKTEN geelmozaïek bonenscherpmozaïek-virus
- aangetaste planten(delen) verwijderen en afvoeren.
- resistente rassen telen.
- virus overwintert in luzerne.
- virusvrij zaaizaad gebruiken.

VIRUSZIEKTEN topvergeling erwtentopvergelings-virus
- resistente rassen telen.
- virus overwintert in luzerne.

VIRUSZIEKTEN vroege verbruining vroege-verbrui-ningsvirus van erwt
- vatbare erwten niet op besmette grond telen.
- virusvrij zaaizaad gebruiken.

WORTELROT *Aphanomyces euteiches*
- grond ontwateren.
- niet op matig of zwaar besmette percelen telen.
- ruime vruchtwisseling toepassen.

GROENLOF

BLADLUIZEN *Aphididae*
gewasbehandeling door spuiten
pirimicarb
 Agrichem Pirimicarb, Pirimor
zaadbehandeling door dummy-pil methode
imidacloprid
 Gaucho Tuinbouw
zaadbehandeling door phytodrip methode
imidacloprid
 Gaucho Tuinbouw

HOP

BLADLUIZEN hopluis *Phorodon humuli*
stengelbehandeling door aanstrijken

imidacloprid
 Admire O-Teq

KNOFLOOK

KIEMSCHIMMELS
zaadbehandeling door mengen
thiram
 Proseed

RUPSEN preimot *Acrolepiopsis assectella*
gewasbehandeling door spuiten
Bacillus thuringiensis subsp. *aizawai*
 Turex Spuitpoeder

SPRUITVORMING, voorkomen van
gewasbehandeling door spuiten
maleine hydrazide
 Royal MH-Spuitkorrel
ruimtebehandeling door gassen
ethyleen
 Restrain

KNOLRAAP

RUPSEN *Lepidoptera*
gewasbehandeling door spuiten
deltamethrin
 Agrichem Deltamethrin, Decis Micro, Deltamethrin E.C. 25,
 Splendid, Wopro Deltamethrin

TRIPSEN *Thysanoptera*
gewasbehandeling door spuiten
deltamethrin
 Agrichem Deltamethrin, Decis Micro, Deltamethrin E.C. 25,
 Splendid, Wopro Deltamethrin

TRIPSEN tabakstrips *Thrips tabaci*
- minder vatbare rassen telen.
- natuurlijke vijanden inzetten of stimuleren.
gewasbehandeling door spuiten
deltamethrin
 Agrichem Deltamethrin, Deltamethrin E.C. 25, Splendid,
 Wopro Deltamethrin

VLIEGEN koolvlieg *Delia radicum*
- gewas bij eerste planting afdekken met vliesdoek.
- gewasresten na de oogst onderploegen of verwijderen.
- gezond uitgangsmateriaal gebruiken.
- insectengaas 0,8 x 0,8 mm aanbrengen.
- vruchtwisseling toepassen.
signalering:
- vallen ophangen om de eerste vlucht te kunnen voorspellen,
 waardoor het goede bestrijdingsmoment vastgesteld kan
 worden.

KNOLSELDERIJ

AALTJES stengelaaltje *Ditylenchus dipsaci*
DIT IS EEN QUARANTAINE-ORGANISME

BLADLUIZEN *Aphididae*
gewasbehandeling door spuiten
pirimicarb
 Agrichem Pirimicarb, Pirimor

BLADVLEKKEN *Alternaria radicina*
zaadbehandeling door mengen
iprodion
 Imex Iprodion Flo, Rovral Aquaflo

BLADVLEKKENZIEKTE *Septoria apiicola*
- gewasresten na de oogst onderploegen of verwijderen.
- gezond uitgangsmateriaal gebruiken.

- ruime plantafstand aanhouden.
signalering:
- adviessystemen gebruiken.
gewasbehandeling door spuiten
chloorthalonil
    Budget Chloorthalonil 500 SC, Daconil 500 Vloeibaar
difenoconazool
    Score 250 EC
trifloxystrobin
    Flint

BRUINKLEURING boriumgebrek
- boraat toepassen, voor goede opname dient het gewas voldoende blad te bezitten.

HARTROT *Erwinia carotovora* subsp. *carotovora*
- wantsen bestrijden.

KIEMSCHIMMELS
zaadbehandeling door mengen
thiram
    Proseed
zaadbehandeling door slurry
thiram
    Hermosan 80 WG, Thiram Granuflo

LOOFVERBRUINING *Alternaria dauci*
zaadbehandeling door mengen
iprodion
    Imex Iprodion Flo, Rovral Aquaflo

RUPSEN koolmot *Plutella xylostella*
gewasbehandeling door spuiten
Bacillus thuringiensis subsp. *aizawai*
    Turex Spuitpoeder, Xen Tari WG

SCLEROTIËNROT *Sclerotinia sclerotiorum*
- kalkstikstof heeft nevenwerking.
- plantbed stomen.
- vruchtwisseling toepassen.

VIRUSZIEKTEN mozaïek selderijmozaïekvirus, figuurbont komkommermozaiekvirus
- bladluizen bestrijden.

WORTELVLIEG *Psila rosae*
signalering:
- plakvallen gebruiken.

KNOLVENKEL

BLADLUIZEN *Aphididae*
gewasbehandeling door spuiten
pirimicarb
    Agrichem Pirimicarb, Pirimor

KIEMPLANTENZIEKTE *Pythium* soorten
- gezond uitgangsmateriaal gebruiken.
- grond stomen.
- niet in te koude of te natte grond planten.
- structuur van de grond verbeteren.
- vruchtwisseling toepassen.

LOOFVERBRUINING *Alternaria dauci*
zaadbehandeling door mengen
iprodion
    Imex Iprodion Flo, Rovral Aquaflo

MINEERVLIEGEN *Agromyzidae*
gewasbehandeling door spuiten
deltamethrin
    Agrichem Deltamethrin, Decis Micro, Deltamethrin E.C. 25, Splendid, Wopro Deltamethrin

NATROT *Erwinia carotovora* subsp. *carotovora*
- beregenen alleen bij drogende omstandigheden.
- voor een voldoende grote watervoorraad in de grond zorgen.

RUPSEN *Lepidoptera*
gewasbehandeling door spuiten
deltamethrin
    Agrichem Deltamethrin, Decis Micro, Deltamethrin E.C. 25, Splendid, Wopro Deltamethrin

VIOLET WORTELROT *Helicobasidium brebissonii*
- grond goed ontwateren.

ZWARTE-PLEKKENZIEKTE *Alternaria radicina*
zaadbehandeling door mengen
iprodion
    Imex Iprodion Flo, Rovral Aquaflo

KOMATSUNA

ALTERNARIA *Alternaria* soorten
gewasbehandeling door spuiten
difenoconazool
    Score 250 EC

BLADVLEKKENZIEKTE *Mycosphaerella brassicicola*
gewasbehandeling door spuiten
difenoconazool
    Score 250 EC

BLADVLEKKENZIEKTEN spikkelziekte *Alternaria brassicae, Alternaria brassicicola*
gewasbehandeling door spuiten
iprodion
    Rovral Aquaflo

GRAUWE SCHIMMEL *Botryotinia fuckeliana*
gewasbehandeling door spuiten
iprodion
    Rovral Aquaflo

KIEMPLANTENZIEKTE *Thanatephorus cucumeris*
gewasbehandeling door spuiten
iprodion
    Rovral Aquaflo

KOMKOMMER

KIEMSCHIMMELS
zaadbehandeling door mengen
thiram
    Proseed

KOOLRAAP

BLADLUIZEN *Aphididae*
gewasbehandeling door spuiten
pirimicarb
    Agrichem Pirimicarb, Pirimor

GALMUGGEN koolgalmug *Contarinia nasturtii*
- gewas bij eerste planting afdekken met vliesdoek.
- gewasresten na de oogst onderploegen of verwijderen.
- gezond uitgangsmateriaal gebruiken.
- ruime vruchtwisseling toepassen.
signalering:
- vangplaten ophangen om de eerste vlucht te kunnen voorspellen, waardoor het goede bestrijdingsmoment vastgesteld kan worden.

HET BRUIN boriumgebrek
- indien boriumgebrek wordt verwacht, preventieve gewasbehandeling uitvoeren door te spuiten met 2 kg/ha boraat (10

2.4 Ziekten en plagen groenteteelt

%), het gewas dient voor een goede opname, voldoende blad te bezitten.
signalering:
- grondonderzoek laten uitvoeren.

KIEMSCHIMMELS
zaadbehandeling door mengen
thiram
    Proseed

KNOLVOET *Plasmodiophora brassicae*
- gezond uitgangsmateriaal gebruiken.
- kruisbloemige onkruiden bestrijden.
- pH verhogen met schuimaarde of gebluste kalk.
- vroege teelten hebben minder last.
- zeer ruime vruchtwisseling toepassen, geen kruisbloemigen als groenbemester gebruiken.
signalering:
- potgrond (groeimedium) voorafgaand aan de opkweek van plantmateriaal laten onderzoeken op knolvoet door middel van een biotoets (NAK-G).

NATROT *Erwinia carotovora subsp. carotovora*
- draaihartigheid voorkomen.

RUPSEN *Lepidoptera*
gewasbehandeling door spuiten
deltamethrin
    Agrichem Deltamethrin, Decis Micro, Deltamethrin E.C. 25, Splendid, Wopro Deltamethrin

RUPSEN koolmot *Plutella xylostella*
gewasbehandeling door spuiten
Bacillus thuringiensis subsp. *aizawai*
    Turex Spuitpoeder, Xen Tari WG

SNUITKEVERS galboorsnuitkever *Ceutorhynchus pleurostigma*
- geen specifieke niet-chemische maatregel bekend.

TRIPSEN *Thysanoptera*
gewasbehandeling door spuiten
deltamethrin
    Agrichem Deltamethrin, Decis Micro, Deltamethrin E.C. 25, Splendid, Wopro Deltamethrin

TRIPSEN tabakstrips *Thrips tabaci*
gewasbehandeling door spuiten
deltamethrin
    Agrichem Deltamethrin, Deltamethrin E.C. 25, Splendid, Wopro Deltamethrin

VLIEGEN koolvlieg *Delia radicum*
- gewas bij eerste planting afdekken met vliesdoek.
- gewasresten na de oogst onderploegen of verwijderen.
- gezond uitgangsmateriaal gebruiken.
- insectengaas 0,8 x 0,8 mm aanbrengen.
- vruchtwisseling toepassen.
traybehandeling door spuiten
spinosad
    Tracer
signalering:
- vallen ophangen om de eerste vlucht te kunnen voorspellen, waardoor het goede bestrijdingsmoment vastgesteld kan worden.

KOOLRABI

BLADLUIZEN *Aphididae*
gewasbehandeling door spuiten
pirimicarb
    Pirimor
spirotetramat
    Movento

BLADVLEKKENZIEKTEN spikkelziekte *Alternaria brassicae, Alternaria brassicicola*
zaadbehandeling door mengen
iprodion
    Rovral Aquaflo

GALMUGGEN koolgalmug *Contarinia nasturtii*
- gewas bij eerste planting afdekken met vliesdoek.
- gewasresten na de oogst onderploegen of verwijderen.
- gezond uitgangsmateriaal gebruiken.
- ruime vruchtwisseling toepassen.
gewasbehandeling door spuiten
deltamethrin
    Agrichem Deltamethrin, Decis Micro, Deltamethrin E.C. 25, Splendid, Wopro Deltamethrin
signalering:
- signaleringssysteem gebruiken waarbij het tijdstip van de vlucht wordt vastgesteld.
signalering:
- vangplaten ophangen om de eerste vlucht te kunnen voorspellen, waardoor het goede bestrijdingsmoment vastgesteld kan worden.

KIEMPLANTENZIEKTE *Thanatephorus cucumeris*
grondbehandeling in plantenbed door spuiten
iprodion
    Rovral Aquaflo

KIEMSCHIMMEL *Pythium* soorten
zaadbehandeling door spuiten
metalaxyl-M
    Apron XL

KIEMSCHIMMELS
zaadbehandeling door mengen
thiram
    Proseed

KNOLVOET *Plasmodiophora brassicae*
- gezond uitgangsmateriaal gebruiken.
- kruisbloemige onkruiden bestrijden.
- zeer ruime vruchtwisseling toepassen, geen kruisbloemigen als groenbemester gebruiken.
signalering:
- potgrond (groeimedium) voorafgaand aan de opkweek van plantmateriaal laten onderzoeken op knolvoet door middel van een biotoets (NAK-G).

RUPSEN *Lepidoptera*
gewasbehandeling door spuiten
deltamethrin
    Agrichem Deltamethrin, Deltamethrin E.C. 25, Splendid, Wopro Deltamethrin

RUPSEN bladrollers *Tortricidae*
gewasbehandeling door spuiten
deltamethrin
    Agrichem Deltamethrin, Decis Micro, Deltamethrin E.C. 25, Splendid, Wopro Deltamethrin

RUPSEN gamma-uil *Autographa gamma*
gewasbehandeling door spuiten
Bacillus thuringiensis subsp. *aizawai*
    Turex Spuitpoeder, Xen Tari WG

RUPSEN koolbladroller *Clepsis spectrana*
gewasbehandeling door spuiten
deltamethrin
    Agrichem Deltamethrin, Decis Micro, Deltamethrin E.C. 25, Splendid, Wopro Deltamethrin
esfenvaleraat
    Sumicidin Super

RUPSEN koolmot *Plutella xylostella*
gewasbehandeling door spuiten
Bacillus thuringiensis subsp. *aizawai*
> Turex Spuitpoeder, Xen Tari WG
deltamethrin
> Agrichem Deltamethrin, Decis Micro, Deltamethrin E.C. 25,
> Splendid, Wopro Deltamethrin
esfenvaleraat
> Sumicidin Super

RUPSEN kooluil *Mamestra brassicae*
gewasbehandeling door spuiten
Bacillus thuringiensis subsp. *aizawai*
> Turex Spuitpoeder
deltamethrin
> Agrichem Deltamethrin, Decis Micro, Deltamethrin E.C. 25,
> Splendid, Wopro Deltamethrin

RUPSEN *Pieris* soorten
gewasbehandeling door spuiten
Bacillus thuringiensis subsp. *aizawai*
> Turex Spuitpoeder, Xen Tari WG
deltamethrin
> Decis Micro
esfenvaleraat
> Sumicidin Super

RUPSEN late koolmot *Evergestis forficalis*
gewasbehandeling door spuiten
Bacillus thuringiensis subsp. *aizawai*
> Turex Spuitpoeder, Xen Tari WG
deltamethrin
> Agrichem Deltamethrin, Decis Micro, Deltamethrin E.C. 25,
> Splendid, Wopro Deltamethrin

RUPSEN
gewasbehandeling door spuiten
Bacillus thuringiensis subsp. *aizawai*
> Turex Spuitpoeder, Xen Tari WG

VLIEGEN koolvlieg *Delia radicum*
- gewas bij eerste planting afdekken met vliesdoek.
- gewasresten na de oogst onderploegen of verwijderen.
- gezond uitgangsmateriaal gebruiken.
- insectengaas 0,8 x 0,8 mm aanbrengen.
- vruchtwisseling toepassen.
traybehandeling door spuiten
spinosad
> Tracer
zaadbehandeling door coaten
fipronil
> Mundial
signalering:
- vallen ophangen om de eerste vlucht te kunnen voorspellen,
  waardoor het goede bestrijdingsmoment vastgesteld kan
  worden.

WITTEVLIEGEN koolwittevlieg *Aleyrodes proletella*
gewasbehandeling door spuiten
spirotetramat
> Movento

KOUSEBAND

KIEMSCHIMMELS
zaadbehandeling door mengen
thiram
> Proseed
zaadbehandeling door slurry
thiram
> Hermosan 80 WG, Thiram Granuflo

KROOT

BLADLUIZEN *Aphididae*
gewasbehandeling (ruimtebehandeling) door roken
pirimicarb
> Pirimor Rookontwikkelaar
gewasbehandeling door spuiten
pirimicarb
> Agrichem Pirimicarb, Pirimor

BLADVLEKKENZIEKTE *Cercospora beticola, Ramularia beticola*
gewasbehandeling door spuiten
epoxiconazool / fenpropimorf
> Opus Team
epoxiconazool / kresoxim-methyl
> Allegro
difenoconazool
> Score 250 EC

BLADVLEKKENZIEKTE spikkelziekte *Alternaria* soorten
zaadbehandeling door mengen
iprodion
> Imex Iprodion Flo, Rovral Aquaflo

ECHTE MEELDAUW *Erysiphe betae*
gewasbehandeling door spuiten
epoxiconazool / fenpropimorf
> Opus Team
epoxiconazool / kresoxim-methyl
> Allegro

GORDELSCHURFT *Streptomyces scabies, Streptomyces sp.*
- regelmatig beregenen in het stadium dat de knolvorming
  begint.

HARTROT boriumgebrek
signalering:
- grondonderzoek laten uitvoeren.

KALIUMGEBREK
- tot begin juli met kalisulfaat (patentkali) bemesten.
- voor een goede kalitoestand van de grond of van het groeimedium zorgen, gecombineerd met een juiste bemesting.

KIEMSCHIMMELS
zaadbehandeling door mengen
thiram
> Proseed

MANGAANGEBREK
- goed bemesten, zonodig mangaansulfaat spuiten. Mangaan
  verplaatst zich niet in de plant dus een herhaalde toepassing
  kan nodig zijn.

ROEST *Uromyces beticola*
gewasbehandeling door spuiten
epoxiconazool / fenpropimorf
> Opus Team
epoxiconazool / kresoxim-methyl
> Allegro

RUPSEN koolmot *Plutella xylostella*
gewasbehandeling door spuiten
Bacillus thuringiensis subsp. *aizawai*
> Turex Spuitpoeder, Xen Tari WG

VALSE MEELDAUW *Peronospora farinosa f.sp. betae*
zaadbehandeling door spuiten
metalaxyl-M
> Apron XL

2.4 Ziekten en plagen groenteteelt

VIRUSZIEKTEN mozaïek bietenmozaïekvirus
- aangetaste planten(delen) verwijderen.
- bladluizen bestrijden.

VIRUSZIEKTEN vergelingsziekte bietenvergelings-virus, vergelingsziekte zwakke-vergelingsvirus van biet
- bladluizen bestrijden.
- kroten voor zaad niet in de omgeving telen.

WORTELBRAND *Pleospora betae*
zaadbehandeling door mengen
iprodion
    Imex Iprodion Flo, Rovral Aquaflo

MAIS

BLADHAANTJES maiswortelkever *Diabrotica virgifera virgifera*
DIT IS EEN QUARANTAINE-ORGANISME

BLADLUIZEN *Aphididae*
gewasbehandeling door spuiten
pirimicarb
    Agrichem Pirimicarb, Pirimor

BORIUMOVERMAAT
- basisch werkende meststoffen gebruiken.
- pH door bekalking verhogen.
- veel water geven.

KOLFSCHIMMEL *Gibberella zeae*
- aangetaste kolven zo vlug mogelijk drogen.
- korrels van aangetaste kolven niet voor zaaizaad gebruiken.
- minder vatbare en stevige rassen telen.
- tijdig oogsten.
- vocht- en kalivoorziening optimaliseren.
- zwaar gewas en dichte stand voorkomen.

RUPSEN maisboorder *Ostrinia nubilalis*
- Trichogramma uitzetten.
signalering:
- vangplaten of vanglampen ophangen, waardoor het goede bestrijdingsmoment vastgesteld kan worden.

MELOEN

KIEMSCHIMMELS
zaadbehandeling door mengen
thiram
    Proseed

MIZUNA

ALTERNARIA *Alternaria* soorten
gewasbehandeling door spuiten
difenoconazool
    Score 250 EC

BLADVLEKKENZIEKTE *Mycosphaerella brassicicola*
gewasbehandeling door spuiten
difenoconazool
    Score 250 EC

PAPRIKA

KIEMSCHIMMELS
zaadbehandeling door mengen
thiram
    Proseed

PASTINAAK

KIEMSCHIMMELS
zaadbehandeling door mengen
thiram
    Proseed

LOOFVERBRUINING *Alternaria dauci*
gewasbehandeling door spuiten
difenoconazool
    Score 250 EC

PATISSON

BLADLUIZEN *Aphididae*
gewasbehandeling door spuiten
pirimicarb
    Agrichem Pirimicarb, Pirimor

ECHTE MEELDAUW *Sphaerotheca fusca*
- resistente rassen telen.
- voor een regelmatige groei zorgen.
gewasbehandeling door spuiten
trifloxystrobin
    Flint

GRAUWE SCHIMMEL *Botryotinia fuckeliana*
- beschadiging van de stengel voorkomen.
- dichte stand voorkomen.
- lage temperatuur tijdens de opkweek voorkomen.
- verse grond gebruiken en zaaibakjes en houtwerk met kunst-folie bekleden. Grond met vers rivierzand afdekken.
gewasbehandeling door spuiten
iprodion
    Imex Iprodion Flo

MIJTEN bonenspintmijt *Tetranychus urticae*
- natuurlijke vijanden inzetten of stimuleren.

RHIZOCTONIA-ZIEKTE *Thanatephorus cucumeris*
- aanaarden, bij voorkeur met potgrond of tuinturf.
- grondoppervlak rondom de stengel zo droog mogelijk houden.
gewasbehandeling door spuiten
iprodion
    Imex Iprodion Flo

RUPSEN gamma-uil *Autographa gamma*, groente-uil *Lacanobia oleracea*, Turkse mot *Chrysodeixis chalcites*
gewasbehandeling door spuiten
Bacillus thuringiensis subsp. *aizawai*
    Turex Spuitpoeder, Xen Tari WG

SCLEROTIËNROT *Sclerotinia sclerotiorum*
- dichte stand voorkomen.
- gewas open houden door snoei, aangetaste planten(delen) verwijderen en afvoeren.
- grond en/of substraat stomen.
- lage temperatuur tijdens de opkweek voorkomen.
- verse grond gebruiken en zaaibakjes en houtwerk met kunst-folie bekleden. Grond met vers rivierzand afdekken.
gewasbehandeling door spuiten
iprodion
    Imex Iprodion Flo

VIRUSZIEKTEN geelmozaïek bonenscherpmozaïek-virus
- aangetaste planten onmiddellijk verwijderen. Zijn er teveel, dan gezonde en zieke planten afzonderlijk snoeien en oogsten.
- alleen zaad gebruiken dat een warmtebehandeling heeft ondergaan.
- gezond uitgangsmateriaal gebruiken.

- overbrengers (vectoren) van virus voorkomen en/of bestrijden.

VIRUSZIEKTEN mozaïek komkommermozaïekvirus
- aangetaste planten onmiddellijk verwijderen. Zijn er teveel, dan gezonde en zieke planten afzonderlijk snoeien en oogsten.
- gezond uitgangsmateriaal gebruiken.
- tolerante rassen telen.

VIRUSZIEKTEN mozaïek watermeloenmozaïekvirus
- aangetaste planten onmiddellijk verwijderen. Zijn er teveel, dan gezonde en zieke planten afzonderlijk snoeien en oogsten.

VRUCHTVUUR *Cladosporium cucumerinum*
- geen specifieke niet-chemische maatregel bekend.

PEEN

AALTJES
grondbehandeling door strooien
oxamyl
    Vydate 10G
rijbehandeling door strooien
oxamyl
    Vydate 10G

AALTJES noordelijk wortelknobbelaaltje *Meloidogyne hapla*
- ruime vruchtwisseling toepassen (minimaal 1 op 5).

AALTJES peencysteaaltje *Heterodera carotae*
- niet in besmette grond telen.
- ruime vruchtwisseling toepassen (1 op 6) om schade te voorkomen.

ASTER YELLOWS fytoplasma *Phytoplasma*
- gewasresten na de oogst onderploegen of verwijderen.
- onkruid bestrijden.
- vatbare groentengewassen niet op aangrenzend perceel telen.

BACTERIEVLEKKENZIEKTE *Xanthomonas campestris pv. carotae*
- ruime vruchtwisseling toepassen.

BLADLUIZEN *Aphididae*
gewasbehandeling door spuiten
pirimicarb
    Agrichem Pirimicarb, Pirimor

BLADVLEKKENZIEKTE *Cercospora carotae*
- bladbemesting toepassen.
- gewasresten verwijderen.
- voor goede groeiomstandigheden zorgen.

BLADVLOOIEN peenbladvlo *Trioza apicalis*
- geen specifieke niet-chemische maatregel bekend.

BORIUMGEBREK
- indien boriumgebrek wordt geconstateerd, met een oplossing van boraat spuiten.
signalering:
- grondonderzoek laten uitvoeren.

CAVITY SPOT *Pythium* soorten
Pythium violae
- grond goed ontwateren.
- voor goede groeiomstandigheden zorgen.
zaadbehandeling door spuiten
metalaxyl-M
    Apron XL

ECHTE MEELDAUW *Erysiphe heraclei*
- bladbemesting toepassen.
- voor goede groeiomstandigheden zorgen.
gewasbehandeling door spuiten
azoxystrobin / difenoconazool
    Amistar TIP
tebuconazool / trifloxystrobin
    Nativo

KIEMSCHIMMELS
zaadbehandeling door mengen
thiram
    Proseed

LOOFVERBRUINING *Alternaria dauci*
- bladbemesting toepassen.
- gewasresten na de oogst onderploegen of verwijderen.
- ruime vruchtwisseling toepassen.
gewasbehandeling door spuiten
azoxystrobin
    Amistar, Azoxy HF, Budget Azoxystrobin 250 SC, Ortiva
azoxystrobin / difenoconazool
    Amistar TIP
boscalid / pyraclostrobin
    Signum
difenoconazool
    Score 250 EC
iprodion
    Imex Iprodion Flo, Rovral Aquaflo
tebuconazool
    Folicur SC, Horizon
tebuconazool / trifloxystrobin
    Nativo
trifloxystrobin
    Flint
zaadbehandeling door mengen
iprodion
    Imex Iprodion Flo, Rovral Aquaflo

MINEERVLIEGEN wortelmineervlieg *Napomyza carotae*
- aanaarden, zodat de kop van de wortel bedekt blijft.
signalering:
- blad regelmatig op mineergangen inspecteren.

PHYTOPHTHORA-ROT *Phytophthora cactorum, Phytophthora megasperma, Phytophthora porri*
- hoge vochtbelasting door beregening of irrigatie voorkomen.

RHIZOCTONIA *Thanatephorus cucumeris*
- grond goed ontwateren.
- niet op percelen zaaien waar recent plantaardig materiaal (groenbemester) is ondergewerkt.

RHIZOCTONIA KRATERROT *Rhizoctonia carotae*
- kisten voor bewaring ontsmetten.

RUPSEN koolmot *Plutella xylostella*
gewasbehandeling door spuiten
Bacillus thuringiensis subsp. *aizawai*
    Turex Spuitpoeder

SCHURFT *Streptomyces scabies*
- kort voor aanvang van de teelt niet bekalken.
- ruime vruchtwisseling toepassen.
- vroegtijdig beregenen tijdens de eerste verdikking.

SCLEROTIËNROT *Sclerotinia sclerotiorum*
- niet in besmette grond telen.
- onkruid bestrijden.
- vruchtwisseling toepassen.
gewasbehandeling door spuiten
tebuconazool / trifloxystrobin
    Nativo

2.4 Ziekten en plagen groenteteelt

STAARTWORTEL complex non-parasitaire factoren
- drainage en structuur van de grond verbeteren.

VIOLET WORTELROT *Helicobasidium brebissonii*
- aangetaste wortels verwijderen en vernietigen.
- geen peen telen op gronden waar deze schimmel voorkomt.
- grond goed ontwateren.
- onkruid bestrijden.
- ruime vruchtwisseling toepassen.
- voor goede groeiomstandigheden zorgen.

VIRUSZIEKTEN roodbladziekte peenroodbladvirus
- bladluizen bestrijden.
- consumptieteelt in de buurt van zaadwortelen voorkomen.

VIRUSZIEKTEN virusinsterving pastinakengeelvlek-virus
- bladluizen bestrijden.
- dichte stand voorkomen.

WOLLIGE PEENLUIS *Pemphigus phenax*
- geen specifieke niet-chemische maatregel bekend.

WORTELROT *Mycocentrospora acerina*
- bladbemesting toepassen.
- loofgroei door goede stikstofbemesting beperken.
- vruchtwisseling toepassen.

WORTELVLIEG *Psila rosae*
- gewasresten verwijderen.
- op tijd oogsten.
- schuilplaatsen langs het perceel (heggen, struiken) voorkomen de berm kort houden.
- zo weinig mogelijk beregenen.
signalering:
- geleidebestrijdingssysteem gebruiken waarbij pas tot bestrijding wordt overgegaan als een drempelwaarde van een bepaald aantal vliegen (signalering door middel van plakvallen) wordt overschreden. Het systeem dient per perceel toegepast te worden, omdat het tijdstip en aantal vliegen voor elk perceel zeer sterk kunnen variëren.

ZWARTE-PLEKKENZIEKTE *Alternaria radicina*
- aangetaste wortels verwijderen voordat de wortels in bewaring gaan.
- gewasresten na de oogst onderploegen of verwijderen.
- ruime vruchtwisseling toepassen.
gewasbehandeling door spuiten
iprodion
> Imex Iprodion Flo, Rovral Aquaflo
zaadbehandeling door mengen
iprodion
> Imex Iprodion Flo, Rovral Aquaflo

PEUL

DONKERE-VLEKKENZIEKTE *Mycosphaerella pinodes*
- resistente rassen telen.
zaadbehandeling door mengen
cymoxanil / fludioxonil / metalaxyl-M
> Wakil XL

DONKERE-VLEKKENZIEKTE *Phoma pinodella*
- gezond uitgangsmateriaal gebruiken.
- vruchtwisseling toepassen.

FUSARIUM-VOETZIEKTE *Fusarium* soorten
- vruchtwisseling toepassen.

GRAUWE SCHIMMEL *Botryotinia fuckeliana*
gewasbehandeling door spuiten
iprodion
> Imex Iprodion Flo, Rovral Aquaflo

KIEMPLANTENZIEKTE *Pythium* soorten
zaadbehandeling door mengen
cymoxanil / fludioxonil / metalaxyl-M
> Wakil XL

KIEMSCHIMMELS
zaadbehandeling door mengen
thiram
> Proseed

LICHTE-VLEKKENZIEKTE *Ascochyta pisi*
- resistente rassen telen.
zaadbehandeling door mengen
cymoxanil / fludioxonil / metalaxyl-M
> Wakil XL

SCLEROTIËNROT *Sclerotinia sclerotiorum*
- dichte stand voorkomen.
- vruchtwisseling toepassen met granen. Niet telen na aardappelen, andijvie, sla, bonen, witlof en augurken.
gewasbehandeling door spuiten
iprodion
> Imex Iprodion Flo, Rovral Aquaflo

VALSE MEELDAUW *Peronospora viciae f.sp. pisi*
- resistente rassen telen.

VALSE MEELDAUW *Peronospora viciae*
zaadbehandeling door mengen
cymoxanil / fludioxonil / metalaxyl-M
> Wakil XL

POMPOEN

ECHTE MEELDAUW *Sphaerotheca fusca*
- gewas aan de groei houden.
- resistente rassen telen.
gewasbehandeling door spuiten
trifloxystrobin
> Flint

GRAUWE SCHIMMEL *Botryotinia fuckeliana*
- beschadiging van de stengel voorkomen.

MIJTEN bonenspintmijt *Tetranychus urticae*
gewasbehandeling door spuiten
hexythiazox
> Nissorun Spuitpoeder

RUPSEN bladrollers *Tortricidae*
gewasbehandeling door spuiten
indoxacarb
> Steward

POSTELEIN

Portulaca oleracea var. Sativa

BLADLUIZEN *Aphididae*
gewasbehandeling door spuiten
pirimicarb
> Agrichem Pirimicarb, Pirimor

KIEMSCHIMMELS
zaadbehandeling door mengen
thiram
> Proseed
zaadbehandeling door slurry
thiram
> Hermosan 80 WG, Thiram Granuflo

PREI

AALTJES graswortelknobbelaaltje *Meloidogyne naasi*
- vruchtwisseling toepassen, geen granen of grassen telen.

BACTERIEVLEKKENZIEKTE *Pseudomonas syringae pv. porri*
- planten niet in de kist bevochtigen.
- planten niet maaien.
- planten van een besmet perceel niet uitplanten.
- prei niet telen op percelen waar eerder aantasting is waargenomen.
- ruime vruchtwisseling toepassen.

BLADLUIZEN *Aphididae*
gewasbehandeling door spuiten
pirimicarb
    Agrichem Pirimicarb, Pirimor

BLADVLEKKENZIEKTEN fluweelvlekkenziekte *Cladosporium allii-porri*
- minder vatbare rassen telen.
- niet diep planten en later aanaarden.
- regelmatige, rustige groei bewerkstelligen.
gewasbehandeling door spuiten
boscalid / pyraclostrobin
    Signum
kresoxim-methyl
    Kenbyo FL

BLADVLEKKENZIEKTEN papiervlekkenziekte *Phytophthora porri*
- gewasresten verwijderen.
- minder vatbare rassen telen.
- niet diep planten en later aanaarden.
- opspatten van de grond voorkomen door afdekken met stro, stro inbrengen of een ondergroei van gras.
- regelmatige, rustige groei bewerkstelligen.
- vruchtwisseling toepassen.
gewasbehandeling door spuiten
azoxystrobin / difenoconazool
    Amistar TIP
boscalid / pyraclostrobin
    Signum
captan
    Brabant Captan Flowable, Captan 480 SC, Captan 80 WG, Captan 83% Spuitpoeder, Captosan 500 SC, Captosan Spuitkorrel 80 WG, Malvin WG, Merpan Basic WP, Merpan Flowable, Merpan Spuitkorrel
chloorthalonil
    Budget Chloorthalonil 500 SC, Daconil 500 Vloeibaar
chloorthalonil / metalaxyl-M
    Folio Gold
kresoxim-methyl
    Kenbyo FL
propamocarb-hydrochloride
    Imex-Propamocarb
tebuconazool / trifloxystrobin
    Nativo

BLADVLEKKENZIEKTEN purpervlekkenziekte *Alternaria porri*
- gewasresten verwijderen.
gewasbehandeling door spuiten
azoxystrobin / difenoconazool
    Amistar TIP
boscalid / pyraclostrobin
    Signum
chloorthalonil
    Budget Chloorthalonil 500 SC, Daconil 500 Vloeibaar
kresoxim-methyl
    Kenbyo FL
prothioconazool

    Rudis
tebuconazool / trifloxystrobin
    Nativo
trifloxystrobin
    Flint
zaadbehandeling door mengen
iprodion
    Rovral Aquaflo

KIEMSCHIMMELS
zaadbehandeling door mengen
thiram
    Proseed

MINEERVLIEGEN *Agromyzidae*
gewasbehandeling door spuiten
deltamethrin
    Agrichem Deltamethrin, Deltamethrin E.C. 25, Splendid, Wopro Deltamethrin

MINEERVLIEGEN uienmineervlieg *Liriomyza cepae*
gewasbehandeling door spuiten
deltamethrin
    Agrichem Deltamethrin, Decis Micro, Deltamethrin E.C. 25, Splendid, Wopro Deltamethrin

ROEST *Puccinia allii*
gewasbehandeling door spuiten
azoxystrobin
    Amistar, Azoxy HF, Budget Azoxystrobin 250 SC, Ortiva
boscalid / pyraclostrobin
    Signum
chloorthalonil
    Budget Chloorthalonil 500 SC, Daconil 500 Vloeibaar
fenpropimorf
    Corbel
kresoxim-methyl
    Kenbyo FL
prothioconazool
    Rudis
tebuconazool
    Folicur, Folicur SC, Horizon
tebuconazool / trifloxystrobin
    Nativo
trifloxystrobin
    Flint

RUPSEN preimot *Acrolepiopsis assectella*
gewasbehandeling door spuiten
Bacillus thuringiensis subsp. *aizawai*
    Turex Spuitpoeder
deltamethrin
    Agrichem Deltamethrin, Decis Micro, Deltamethrin E.C. 25, Splendid, Wopro Deltamethrin
signalering:
- vangplaten of vanglampen ophangen, waardoor het goede bestrijdingsmoment vastgesteld kan worden.

STEMPHYLIUM *Stemphylium vesicarium*
gewasbehandeling door spuiten
kresoxim-methyl
    Kenbyo FL

TRIPSEN *Thysanoptera*
gewasbehandeling door spuiten
deltamethrin
    Agrichem Deltamethrin, Decis Micro, Deltamethrin E.C. 25, Splendid, Wopro Deltamethrin

TRIPSEN californische trips *Frankliniella occidentalis*
gewasbehandeling door spuiten
abamectin

2.4 Ziekten en plagen groenteteelt

Abamectine HF-G, Budget Abamectine 18 EC, Imex-Abamactine 2, Parimco Abamectine Nieuw, Vectine Plus, Vertimec Gold, Wopro Abamectin

TRIPSEN tabakstrips *Thrips tabaci*
gewasbehandeling door spuiten
abamectin
Abamectine HF-G, Budget Abamectine 18 EC, Imex-Abamactine 2, Parimco Abamectine Nieuw, Vectine Plus, Vertimec Gold, Wopro Abamectin
deltamethrin
Agrichem Deltamethrin, Deltamethrin E.C. 25, Splendid, Wopro Deltamethrin
spinosad
Tracer
zaadbehandeling door dummy-pil methode
imidacloprid
Gaucho Tuinbouw

VIRUSZIEKTEN geelstreep preigeelstreepvirus
- bladluizen bestrijden.
- plantenbed niet in de buurt van overwinterende percelen of plantenresten aanleggen.
- zo vroeg mogelijk zieke planten verwijderen.

VLEKKENZIEKTE *Fusarium culmorum*
- beschadiging en groeistagnatie voorkomen.
- ruime vruchtwisseling toepassen.
bol- en/of knolbehandeling door dompelen
thiofanaat-methyl
Topsin M Vloeibaar

VLIEGEN uienvlieg *Delia antiqua*
- ruime vruchtwisseling toepassen.
zaadbehandeling door coaten
fipronil
Mundial
signalering:
- gewasinspecties uitvoeren.
signalering:
- vallen gebruiken.

WITROT *Sclerotium cepivorum*
- ruime vruchtwisseling toepassen.
signalering:
- grondonderzoek laten uitvoeren.

ZWARTE-PLEKKENZIEKTE *Stemphylium* soorten
zaadbehandeling door mengen
iprodion
Rovral Aquaflo

PRONKBOON

BACTERIEVLEKKENZIEKTE *Xanthomonas axonopodis pv. phaseoli*
- gezond uitgangsmateriaal gebruiken.
- resistente rassen telen.

BLADVLEKKENZIEKTEN spikkelziekte *Phoma exigua var. Exigua, Phoma subboltshauseri*
- voor een hoge bodemtemperatuur en niet te natte grond zorgen.

BONENKEVERS stambonenkever *Acanthoscelides obtectus*
- zaaizaad koel bewaren (3 dagen bij -20 °C).

CHLOROSE zoutovermaat
- chloorarme meststoffen toedienen of chloorhoudende meststoffen al in de herfst strooien.

- indien het beregeningswater zout is, voorkomen dat de grond te droog wordt: dus blijven beregenen.

- overvloedig water geven.
- water met een laag chloorgehalte gebruiken.

GRAUWE SCHIMMEL *Botryotinia fuckeliana*
- afgevallen bloemblaadjes niet op het gewas laten liggen.
- bij een te zwaar gewas blad dunnen.
- minder vatbare rassen telen.
- ruime plantafstand aanhouden.
- zwaar gewas en dichte stand voorkomen.
gewasbehandeling door spuiten
iprodion
Imex Iprodion Flo, Rovral Aquaflo

KIEMPLANTENZIEKTE *Phoma* soorten, *Pythium* soorten
- voor een hoge bodemtemperatuur en niet te natte grond zorgen.

KIEMSCHIMMELS
zaadbehandeling door mengen
thiram
Proseed
zaadbehandeling door slurry
thiram
Hermosan 80 WG, Thiram Granuflo

ROEST *Uromyces appendiculatus var. appendiculatus*
- geen middelen toegelaten.
- geen specifieke niet-chemische maatregel bekend.

SCLEROTIËNROT *Sclerotinia sclerotiorum*
- dichte stand voorkomen.
- niet in besmette grond telen.
gewasbehandeling door spuiten
iprodion
Imex Iprodion Flo, Rovral Aquaflo

VAATZIEKTE *Fusarium oxysporum f.sp. phaseoli*
- ruime vruchtwisseling toepassen.

VETVLEKKENZIEKTE *Pseudomonas syringae pv. phaseolicola*
- resistente rassen telen.

VIRUSZIEKTEN rolmozaïek bonenrolmozaïekvirus
- resistente rassen telen.

VIRUSZIEKTEN scherpmozaïek bonenscherpmozaïekvirus
- bladluizen bestrijden.
- bonen niet in de omgeving van gladiolen zaaien. Ook geen bonen na gladiolen, Montbretia's of Freesia's telen in verband met opslag hiervan.

VIRUSZIEKTEN stippelstreep tabaksnecrosevirus
- vruchtwisseling toepassen, pronkbonen zijn resistent.

VLEKKENZIEKTE *Colletotrichum lindemuthianum*
- gezond uitgangsmateriaal gebruiken.
- resistente rassen telen.

VLIEGEN bonenvlieg *Delia platura*
- vruchtwisseling toepassen, niet telen na spinazie, sla of boerenkool, sluitkool. Bij bonen na spinazie direct na het maaien van de spinazie schoffelen en de grond 10-14 dagen laten liggen.

ZWARTE-KNOPENZIEKTE *Phoma exigua var. diversispora*
- voor een hoge bodemtemperatuur en niet te natte grond zorgen.

RABARBER

BLADHAANTJES groen zuringhaantje *Gastrophysa viridula,* **tweekleurig zuringhaantje** *Gastrophysa polygoni*
- bestrijding is doorgaans niet van belang.

BLADLUIZEN *Aphididae*
gewasbehandeling door spuiten
pirimicarb
    Agrichem Pirimicarb, Pirimor

BLADVLEKKENZIEKTE *Ramularia rhei*
- bestrijding is doorgaans niet van belang.

OOGSTTIJDSTIP, vervroegen van
polbehandeling door gieten
gibberella zuur A3 / gibberelline A4 + A7 / gibberellinezuur
    Falgro
gibberella zuur A3 / gibberellinezuur
    Berelex
gibberelline A4 + A7 / gibberellinezuur
    Valioso

ROEST *Puccinia phragmitis*
- rabarber niet in de nabijheid van riet telen.
- riet in en rondom het perceel verwijderen.

VALSE MEELDAUW *Peronospora jaapiana*
- voor een goed groeiend gewas zorgen.

VIRUSZIEKTEN
- aaltjes/bladluizen bestrijden.
- gezond uitgangsmateriaal gebruiken.
- selectie toepassen in het voorjaar.

WINTERRUST, verbreken van
polbehandeling door gieten
gibberella zuur A3 / gibberelline A4 + A7 / gibberellinezuur
    Falgro
gibberella zuur A3 / gibberellinezuur
    Berelex
gibberelline A4 + A7 / gibberellinezuur
    Valioso

RADIJS

ALTERNARIA-KIEMPLANTEZIEKTE *Alternaria brassicae*
zaadbehandeling door mengen
iprodion
    Imex Iprodion Flo, Rovral Aquaflo

BLADVLEKKENZIEKTEN spikkelziekte *Alternaria raphani*
zaadbehandeling door mengen
iprodion
    Imex Iprodion Flo, Rovral Aquaflo

KIEMSCHIMMELS
zaadbehandeling door mengen
thiram
    Proseed

VALSE MEELDAUW *Peronospora parasitica*
zaadbehandeling door spuiten
metalaxyl-M
    Apron XL

VLIEGEN koolvlieg *Delia radicum*
- gewas bij eerste planting afdekken met vliesdoek.
- gewasresten na de oogst onderploegen of verwijderen.
- gezond uitgangsmateriaal gebruiken.
- insectengaas 0,8 x 0,8 mm aanbrengen.

- vruchtwisseling toepassen.
signalering:
- vallen ophangen om de eerste vlucht te kunnen voorspellen, waardoor het goede bestrijdingsmoment vastgesteld kan worden.

RAMMENAS

ALTERNARIA-KIEMPLANTEZIEKTE *Alternaria brassicae*
zaadbehandeling door mengen
iprodion
    Imex Iprodion Flo, Rovral Aquaflo

BLADLUIZEN *Aphididae*
gewasbehandeling door spuiten
pirimicarb
    Agrichem Pirimicarb, Pirimor

BLADVLEKKENZIEKTEN spikkelziekte *Alternaria raphani*
zaadbehandeling door mengen
iprodion
    Imex Iprodion Flo, Rovral Aquaflo

KIEMSCHIMMELS
zaadbehandeling door mengen
thiram
    Proseed

RUPSEN *Lepidoptera*
gewasbehandeling door spuiten
deltamethrin
    Agrichem Deltamethrin, Decis Micro, Deltamethrin E.C. 25, Splendid, Wopro Deltamethrin

RUPSEN koolmot *Plutella xylostella*
gewasbehandeling door spuiten
Bacillus thuringiensis subsp. *aizawai*
    Turex Spuitpoeder, Xen Tari WG

SCHURFT *Streptomyces scabies*
- geen specifieke niet-chemische maatregel bekend.

TRIPSEN *Thysanoptera*
gewasbehandeling door spuiten
deltamethrin
    Agrichem Deltamethrin, Decis Micro, Deltamethrin E.C. 25, Splendid, Wopro Deltamethrin

TRIPSEN tabakstrips *Thrips tabaci*
gewasbehandeling door spuiten
deltamethrin
    Agrichem Deltamethrin, Deltamethrin E.C. 25, Splendid, Wopro Deltamethrin

VALSE MEELDAUW *Peronospora parasitica*
- dichte stand voorkomen.

VLIEGEN koolvlieg *Delia radicum*
- gewas bij eerste planting afdekken met vliesdoek.
- gewasresten na de oogst onderploegen of verwijderen.
- gezond uitgangsmateriaal gebruiken.
- insectengaas 0,8 x 0,8 mm aanbrengen.
- vruchtwisseling toepassen.
- vruchtopvolging met rammenas na waardplant vermijden.
signalering:
- vallen ophangen om de eerste vlucht te kunnen voorspellen, waardoor het goede bestrijdingsmoment vastgesteld kan worden.

2.4 Ziekten en plagen groenteteelt

ROODLOF

BLADLUIZEN *Aphididae*
gewasbehandeling door spuiten
pirimicarb
    Agrichem Pirimicarb, Pirimor
zaadbehandeling door dummy-pil methode
imidacloprid
    Gaucho Tuinbouw
zaadbehandeling door phytodrip methode
imidacloprid
    Gaucho Tuinbouw

RAND complex non-parasitaire factoren
- beregenen indien de kroptemperatuur nog laag is, dus 's nachts of 's morgens.
- bij aanvang van de teelt slechts matig beregenen, zodat het wortelstelsel zich goed ontwikkelt.
- bij de rassenkeuze met de randgevoeligheid rekening houden.
- op tijd oogsten, zware kroppen randen sneller dan lichte.
- stikstofbemesting matig toepassen. Hoge stikstofgiften geven een snelle groei waardoor een zacht en vatbaar gewas ontstaat.
- structuur van de grond verbeteren.
- vanaf begin kropvorming de vochtigheid van de grond op peil houden.
- voor een goede calciumhuishouding zorgen.
- vooral tegen kropvorming niet te zwaar bemesten. Dit geeft in de grond een hogere zoutconcentratie (EC), waardoor de wateropname wordt bemoeilijkt.

RUCOLA

GRAUWE SCHIMMEL *Botryotinia fuckeliana*
gewasbehandeling door spuiten
iprodion
    Imex Iprodion Flo, Rovral Aquaflo

RHIZOCTONIA-ZIEKTE *Thanatephorus cucumeris*
gewasbehandeling door spuiten
iprodion
    Imex Iprodion Flo, Rovral Aquaflo

VALSE MEELDAUW *Bremia lactucae*
gewasbehandeling door spuiten
mandipropamid
    Revus

SCHORSENEER

AALTJES vrijlevend wortelaaltje *Hemicycliophora conida, Hemicycliophora thienemanni, Rotylenchus uniformis*
- ruime vruchtwisseling toepassen.

AALTJES vrijlevende wortelaaltjes (trichododidae)
grondbehandeling door injecteren
metam-natrium
    Monam CleanStart, Monam Geconc., Nemasol

ECHTE MEELDAUW *Erysiphe cichoracearum*
- beregenen.
gewasbehandeling door spuiten
zwavel
    Brabant Spuitzwavel 2, Kumulus S, Thiovit Jet

KIEMSCHIMMELS
zaadbehandeling door mengen
thiram
    Proseed

RHIZOCTONIA-ZIEKTE *Thanatephorus cucumeris*
- ruime vruchtwisseling toepassen.
- structuur van de grond verbeteren.

VERTAKTE WORTELS onbekende factor
- structuur van de grond verbeteren. Geen storende lagen in het bodemprofiel, ploegzool breken en mest voldoende diep inwerken.

SJALOT

AALTJES gewoon wortellesieaaltje *Pratylenchus penetrans*
grondbehandeling door injecteren
metam-natrium
    Monam CleanStart, Monam Geconc., Nemasol

AALTJES stengelaaltje *Ditylenchus dipsaci*
DIT IS EEN QUARANTAINE-ORGANISME
grondbehandeling door injecteren
metam-natrium
    Monam CleanStart, Monam Geconc., Nemasol

AALTJES vrijlevende wortelaaltjes (trichododidae)
grondbehandeling door injecteren
metam-natrium
    Monam CleanStart, Monam Geconc., Nemasol

AALTJES wortelknobbelaaltje *Meloidogyne* soorten
grondbehandeling door injecteren
metam-natrium
    Monam CleanStart, Monam Geconc., Nemasol

BLADVLEKKENZIEKTE *Pleospora herbarum var. herbarum*
gewasbehandeling door spuiten
kresoxim-methyl / mancozeb
    Kenbyo MZ

BLADVLEKKENZIEKTEN botrytis-bladvlekkenziekte *Botryotinia squamosa*
- afschrikmethoden zoals vogelverschrikkers, knalapparaten of folie toepassen.
gewasbehandeling door spuiten
chloorthalonil
    Budget Chloorthalonil 500 SC, Daconil 500 Vloeibaar
chloorthalonil / metalaxyl-M
    Folio Gold
chloorthalonil / prochloraz
    Allure Vloeibaar
fluazinam
    Fluazinam 500 SC, Fylan Flow, Ohayo, Shirlan
iprodion
    Imex Iprodion Flo, Rovral Aquaflo
kresoxim-methyl / mancozeb
    Kenbyo MZ

BLADVLEKKENZIEKTEN papiervlekkenziekte *Phytophthora porri*, purpervlekkenziekte *Alternaria porri*
gewasbehandeling door spuiten
boscalid / pyraclostrobin
    Signum

KIEMSCHIMMELS
zaadbehandeling door mengen
thiram
    Proseed

KOPROT *Botrytis aclada*
- geen overmatige stikstofbemesting geven.
- gewas laten uitrijpen.
- warmwaterbehandeling (2 uur bij 43,5 °C) binnen 10 dagen na het rooien uitvoeren. Onvolgroeide sjalotten kunnen ernstige kookschade oplopen. Direct na de warmwaterbehandeling moet het product met warme lucht worden nagedroogd.
bol- en/of knolbehandeling door dompelen
thiofanaat-methyl

Topsin M Vloeibaar

MANGAANGEBREK
- mangaansulfaat spuiten, alleen bij donker en groeizaam weer.

MINEERVLIEGEN *Agromyzidae*
gewasbehandeling door spuiten
deltamethrin
    Deltamethrin E.C. 25, Splendid, Wopro Deltamethrin

MINEERVLIEGEN uienmineervlieg *Liriomyza cepae*
gewasbehandeling door spuiten
deltamethrin
    Decis Micro, Deltamethrin E.C. 25, Splendid, Wopro Deltamethrin

RUPSEN preimot *Acrolepiopsis assectella*
gewasbehandeling door spuiten
Bacillus thuringiensis subsp. *aizawai*
    Turex Spuitpoeder
deltamethrin
    Decis Micro, Deltamethrin E.C. 25, Splendid, Wopro Deltamethrin
signalering:
- vangplaten of vanglampen ophangen, waardoor het goede bestrijdingsmoment vastgesteld kan worden.

SPRUITVORMING, voorkomen van
gewasbehandeling door spuiten
maleine hydrazide
    Royal MH-Spuitkorrel
ruimtebehandeling door gassen
ethyleen
    Restrain

TRIPSEN *Thysanoptera*
gewasbehandeling door spuiten
deltamethrin
    Decis Micro, Deltamethrin E.C. 25, Splendid, Wopro Deltamethrin
esfenvaleraat
    Sumicidin Super

TRIPSEN tabakstrips *Thrips tabaci*
gewasbehandeling door spuiten
deltamethrin
    Deltamethrin E.C. 25, Splendid, Wopro Deltamethrin
lambda-cyhalothrin
    Karate met Zeon Technologie
spinosad
    Tracer

VALSE MEELDAUW *Peronospora destructor*
- afvalhopen afdekken.
- gewasresten verwijderen.
- gezond uitgangsmateriaal gebruiken.
- ruime plantafstand aanhouden.
signalering:
- indien mogelijk een waarschuwingssysteem gebruiken.
gewasbehandeling door spuiten
chloorthalonil / metalaxyl-M
    Folio Gold
dimethomorf / mancozeb
    Acrobat DF
mancozeb
    Brabant Mancozeb Flowable, Dithane DG Newtec, Fythane DG, Manconyl 2, Mastana SC, Penncozeb 80 WP, Penncozeb DG, Tridex 80 WP, Tridex DG, Vondozeb DG
mancozeb / metalaxyl-M
    Fubol Gold
maneb
    Trimangol 80 WP, Trimangol DG, Vondac DG

VALSE MEELDAUW *Peronospora parasitica*
- afvalhopen afdekken.
- gewasresten verwijderen.
- gezond uitgangsmateriaal gebruiken.
- ruime plantafstand aanhouden.
signalering:
- indien mogelijk een waarschuwingssysteem gebruiken.

VIRUSZIEKTEN krulbosjes uiengeelstreepvirus
- bladluizen bestrijden.
- gekeurd uitgangsmateriaal gebruiken.
- minder vatbare rassen telen.
signalering:
- gewasinspecties uitvoeren.

VLIEGEN uienvlieg *Delia antiqua*
- met voor dit doel gekweekte en in het popstadium door bestraling gesteriliseerde uienvliegen (SIT-methode) uitzetten.
zaadbehandeling door coaten
fipronil
    Mundial

WITROT *Sclerotium cepivorum*
- gewasresten verwijderen.
- gezond uitgangsmateriaal gebruiken.
- ruime plantafstand aanhouden.
- ruime vruchtwisseling toepassen.
signalering:
- grondonderzoek laten uitvoeren.

SLA - BINDSLA

BLADLUIZEN *Aphididae*
gewasbehandeling door spuiten
pirimicarb
    Agrichem Pirimicarb, Pirimor
spirotetramat
    Movento
zaadbehandeling door coaten
thiamethoxam
    Cruiser 70 WS
zaadbehandeling door dummy-pil methode
imidacloprid
    Gaucho Tuinbouw
thiamethoxam
    Cruiser 70 WS
zaadbehandeling door phytodrip methode
imidacloprid
    Gaucho Tuinbouw
thiamethoxam
    Cruiser 70 WS

BLADLUIZEN aardappeltopluis *Macrosiphum euphorbiae*
gewasbehandeling door spuiten
pymetrozine
    Plenum 50 WG
zaadbehandeling door coaten
thiamethoxam
    Cruiser 70 WS
zaadbehandeling door dummy-pil methode
thiamethoxam
    Cruiser 70 WS
zaadbehandeling door phytodrip methode
thiamethoxam
    Cruiser 70 WS

BLADLUIZEN boterbloemluis *Aulacorthum solani*
gewasbehandeling door spuiten
pymetrozine
    Plenum 50 WG

2.4 Ziekten en plagen groenteteelt

BLADLUIZEN groene perzikluis *Myzus persicae,* **groene slaluis** *Nasonovia ribisnigri*
- bij groene slaluis van resistente ijsbergslarassen (beperkt aantal rassen aanwezig) telen.
- gewasresten na de oogst onderploegen of verwijderen.
- gezond uitgangsmateriaal gebruiken.
- natuurlijke vijanden inzetten of stimuleren.
gewasbehandeling door spuiten
pymetrozine
    Plenum 50 WG
zaadbehandeling door coaten
thiamethoxam
    Cruiser 70 WS
zaadbehandeling door dummy-pil methode
thiamethoxam
    Cruiser 70 WS
zaadbehandeling door phytodrip methode
thiamethoxam
    Cruiser 70 WS
signalering:
- gewasinspecties uitvoeren.

BOLROT lage luchtvochtigheid
- bij voorkeur langzaam werkende meststoffen gebruiken.
- matige beregening toepassen in het begin van de groei.
- meststoffen met een laag gehalte aan ballastzouten gebruiken.
- minder vatbare rassen telen.
- op tijd oogsten, dus de kroppen niet te rijp laten worden.
- structuur en de vochtcapaciteit van de grond door organische bemesting verbeteren.
- structuur van de grond verbeteren.
- veelvuldig kleine hoeveelheden water geven in perioden met een grote verdamping.
- vochtvoorziening optimaliseren.
- voor een stevig gewas zorgen, dus niet teveel stikstof gebruiken.
- voor voldoende opneembare kali en magnesium in de grond zorgen.

GRAUWE SCHIMMEL *Botryotinia fuckeliana*
- gewasresten na de oogst onderploegen of verwijderen.
- gezond uitgangsmateriaal gebruiken.
- grond stomen.
- onkruid bestrijden.
- rassenkeuze aanpassen aan de teeltperiode van het jaar.
- ruime plantafstand aanhouden.
gewasbehandeling door spuiten
cyprodinil / fludioxonil
    Switch
iprodion
    Imex Iprodion Flo, Rovral Aquaflo
thiram
    Hermosan 80 WG, Thiram Granuflo

MINEERVLIEGEN floridamineervlieg *Liriomyza trifolii,* nerfmineervlieg *Liriomyza huidobrensis,* tomatenmineervlieg *Liriomyza bryoniae*
- gewasresten na de oogst onderploegen of verwijderen.
- onkruid bestrijden.

RHIZOCTONIA-ZIEKTE *Thanatephorus cucumeris*
gewasbehandeling door spuiten
iprodion
    Imex Iprodion Flo, Rovral Aquaflo

ROEST *Puccinia opizii*
- zegge in de naaste omgeving verwijderen.

RUPSEN *Lepidoptera*
gewasbehandeling (ruimtebehandeling) door spuiten
deltamethrin
    Decis Micro
gewasbehandeling door spuiten
deltamethrin
    Decis Micro, Deltamethrin E.C. 25, Splendid, Wopro Deltamethrin

RUPSEN gamma-uil *Autographa gamma,* **groente-uil** *Lacanobia oleracea,* **koolmot** *Plutella xylostella*
Pieris soorten
gewasbehandeling door spuiten
Bacillus thuringiensis subsp. *aizawai*
    Turex Spuitpoeder, Xen Tari WG

SLAKKEN bruine wegslak *Arion subfuscus,* **gewone wegslak** *Arion rufus,* **grauwe wegslak** *Arion circumscriptus,* **zwarte wegslak** *Arion hortensis*
gewasbehandeling door strooien
ijzer(III)fosfaat
    Roxasect Slakkenkorrels

VALSE MEELDAUW *Bremia lactucae*
- aangetaste planten(delen) en gewasresten verwijderen.
- niet te dicht planten.
- onkruid bestrijden.
- resistente rassen telen.
gewasbehandeling door spuiten
azoxystrobin
    Amistar, Azoxy HF, Budget Azoxystrobin 250 SC, Ortiva
dimethomorf / mancozeb
    Acrobat DF
mancozeb / metalaxyl-M
    Fubol Gold
mandipropamid
    Revus
propamocarb-hydrochloride
    Proplant

VIRUSZIEKTEN bobbelblad slabobbelbladvirus
- geen specifieke niet-chemische maatregel bekend.
- grond stomen.
- ziektevrij gietwater (leiding- of bronwater) of ontsmet drain-, oppervlakte- en regenwater gebruiken.

VIRUSZIEKTEN dwergziekte komkommermozaïekvirus
- bladluizen bestrijden.
- gezond uitgangsmateriaal gebruiken.
- onkruid bestrijden.
- sla niet in de buurt van of na de teelt van komkommers en augurken opkweken.

VIRUSZIEKTEN mozaïek slamozaïekvirus
- overbrengers (vectoren) van virus voorkomen en/of bestrijden.
- tolerante rassen telen.

VIRUSZIEKTEN vergelingsziekte slavergelingsvirus
- onkruid en bladluizen bestrijden.

VOETROT *Pythium tracheiphilum*
- grond stomen.
- niet uitplanten als sterke temperatuurdaling wordt verwacht.
- planten na ontvangst van de plantenkweker voldoende water geven en enkele dagen laten afharden.
- vruchtwisseling toepassen.

VOETROT onbekende factor
- gezond uitgangsmateriaal gebruiken.
- structuur van de grond verbeteren.

WORTELLUIZEN trama *Trama troglodytes*
- beregenen.
- mieren bestrijden, luizen leven namelijk samen met mieren.

WORTELLUIZEN wollige slawortelluis *Pemphigus bursarius*
- mieren bestrijden, luizen leven namelijk samen met mieren.
- resistente rassen telen.

zaadbehandeling door coaten
thiamethoxam
    Cruiser 70 WS
zaadbehandeling door dummy-pil methode
thiamethoxam
    Cruiser 70 WS
zaadbehandeling door phytodrip methode
thiamethoxam
    Cruiser 70 WS

SLA - IJSBERGSLA

BLADLUIZEN *Aphididae*
gewasbehandeling door spuiten
pirimicarb
    Agrichem Pirimicarb, Pirimor
spirotetramat
    Movento
zaadbehandeling door coaten
thiamethoxam
    Cruiser 70 WS
zaadbehandeling door dummy-pil methode
imidacloprid
    Gaucho Tuinbouw
thiamethoxam
    Cruiser 70 WS
zaadbehandeling door phytodrip methode
imidacloprid
    Gaucho Tuinbouw
thiamethoxam
    Cruiser 70 WS

BLADLUIZEN aardappeltopluis *Macrosiphum euphorbiae*
gewasbehandeling door spuiten
pymetrozine
    Plenum 50 WG
zaadbehandeling door coaten
thiamethoxam
    Cruiser 70 WS
zaadbehandeling door dummy-pil methode
thiamethoxam
    Cruiser 70 WS
zaadbehandeling door phytodrip methode
thiamethoxam
    Cruiser 70 WS

BLADLUIZEN boterbloemluis *Aulacorthum solani*
gewasbehandeling door spuiten
pymetrozine
    Plenum 50 WG

BLADLUIZEN groene perzikluis *Myzus persicae,* **groene slaluis** *Nasonovia ribisnigri*
- bij groene slaluis van resistente ijsbergslarassen (beperkt aantal rassen aanwezig) telen.
- gewasresten na de oogst onderploegen of verwijderen.
- gezond uitgangsmateriaal gebruiken.
- natuurlijke vijanden inzetten of stimuleren.

gewasbehandeling door spuiten
pymetrozine
    Plenum 50 WG
zaadbehandeling door coaten
thiamethoxam
    Cruiser 70 WS
zaadbehandeling door dummy-pil methode
thiamethoxam
    Cruiser 70 WS
zaadbehandeling door phytodrip methode
thiamethoxam

    Cruiser 70 WS
signalering:
- gewasinspecties uitvoeren.

BOLROT lage luchtvochtigheid
- bij voorkeur langzaam werkende meststoffen gebruiken.
- matige beregening toepassen in het begin van de groei.
- meststoffen met een laag gehalte aan ballastzouten gebruiken.
- minder vatbare rassen telen.
- op tijd oogsten, dus de kroppen niet te rijp laten worden.
- structuur en de vochtcapaciteit van de grond door organische bemesting verbeteren.
- structuur van de grond verbeteren.
- veelvuldig kleine hoeveelheden water geven in perioden met een grote verdamping.
- vochtvoorziening optimaliseren.
- voor een stevig gewas zorgen, dus niet teveel stikstof gebruiken.
- voor voldoende opneembare kali en magnesium in de grond zorgen.

GRAUWE SCHIMMEL *Botryotinia fuckeliana*
gewasbehandeling door spuiten
boscalid / pyraclostrobin
    Signum
cyprodinil / fludioxonil
    Switch
iprodion
    Imex Iprodion Flo, Rovral Aquaflo
thiram
    Hermosan 80 WG, Thiram Granuflo

KIEMSCHIMMELS
zaadbehandeling door mengen
thiram
    Proseed

RHIZOCTONIA-ZIEKTE *Thanatephorus cucumeris*
gewasbehandeling door spuiten
boscalid / pyraclostrobin
    Signum
iprodion
    Imex Iprodion Flo, Rovral Aquaflo

ROEST *Puccinia opizii*
- zegge in de naaste omgeving verwijderen.

RUPSEN *Lepidoptera*
gewasbehandeling door spuiten
deltamethrin
    Agrichem Deltamethrin, Decis Micro, Deltamethrin E.C. 25, Splendid, Wopro Deltamethrin

RUPSEN gamma-uil *Autographa gamma,* **groente-uil** *Lacanobia oleracea,* **koolmot** *Plutella xylostella* *Pieris* soorten
gewasbehandeling door spuiten
Bacillus thuringiensis subsp. *aizawai*
    Turex Spuitpoeder, Xen Tari WG

SCLEROTIËNROT *Sclerotinia sclerotiorum*
gewasbehandeling door spuiten
boscalid / pyraclostrobin
    Signum

SLAKKEN bruine wegslak *Arion subfuscus,* **gewone wegslak** *Arion rufus,* **grauwe wegslak** *Arion circumscriptus,* **zwarte wegslak** *Arion hortensis*
gewasbehandeling door strooien
ijzer(III)fosfaat
    Roxasect Slakkenkorrels

VALSE MEELDAUW *Bremia lactucae*
- aangetaste planten(delen) en gewasresten verwijderen.
- niet te dicht planten.
- onkruid bestrijden.
- resistente rassen telen.
gewasbehandeling door spuiten
azoxystrobin
    Amistar, Azoxy HF, Budget Azoxystrobin 250 SC, Ortiva
dimethomorf / mancozeb
    Acrobat DF
mancozeb / metalaxyl-M
    Fubol Gold
mandipropamid
    Revus
propamocarb-hydrochloride
    Imex-Propamocarb, Proplant
plantbehandeling op plantenbed door aangieten
propamocarb-hydrochloride
    Imex-Propamocarb

VIRUSZIEKTEN bobbelblad slabobbelbladvirus
- geen specifieke niet-chemische maatregel bekend.
- grond stomen.
- ziektevrij gietwater (leiding- of bronwater) of ontsmet drain-, oppervlakte- en regenwater gebruiken.

VIRUSZIEKTEN dwergziekte komkommermozaïekvirus
- bladluizen bestrijden.
- gezond uitgangsmateriaal gebruiken.
- onkruid bestrijden.
- sla niet in de buurt van of na de teelt van komkommers en augurken opkweken.

VIRUSZIEKTEN mozaïek slamozaïekvirus
- overbrengers (vectoren) van virus voorkomen en/of bestrijden.
- tolerante rassen telen.

VIRUSZIEKTEN vergelingsziekte slavergelingsvirus
- onkruid en bladluizen bestrijden.

VOETROT *Pythium tracheiphilum*
- niet uitplanten als sterke temperatuurdaling wordt verwacht.
- planten na ontvangst van de plantenkweker voldoende water geven en enkele dagen laten afharden.

WORTELLUIZEN trama *Trama troglodytes*
- beregenen.
- mieren bestrijden, luizen leven namelijk samen met mieren.

WORTELLUIZEN wollige slawortelluis *Pemphigus bursarius*
- mieren bestrijden, luizen leven namelijk samen met mieren.
- resistente rassen telen.
zaadbehandeling door coaten
thiamethoxam
    Cruiser 70 WS
zaadbehandeling door dummy-pil methode
thiamethoxam
    Cruiser 70 WS
zaadbehandeling door phytodrip methode
thiamethoxam
    Cruiser 70 WS

SLA - KROPSLA

Lactuca sativa var. capitata

BLADLUIZEN *Aphididae*
gewasbehandeling door spuiten
pirimicarb
    Agrichem Pirimicarb, Pirimor
spirotetramat

    Movento
zaadbehandeling door coaten
thiamethoxam
    Cruiser 70 WS
zaadbehandeling door dummy-pil methode
imidacloprid
    Gaucho Tuinbouw
thiamethoxam
    Cruiser 70 WS
zaadbehandeling door phytodrip methode
imidacloprid
    Gaucho Tuinbouw
thiamethoxam
    Cruiser 70 WS

BLADLUIZEN aardappeltopluis *Macrosiphum euphorbiae*
gewasbehandeling door spuiten
pymetrozine
    Plenum 50 WG
zaadbehandeling door coaten
thiamethoxam
    Cruiser 70 WS
zaadbehandeling door dummy-pil methode
thiamethoxam
    Cruiser 70 WS
zaadbehandeling door phytodrip methode
thiamethoxam
    Cruiser 70 WS

BLADLUIZEN boterbloemluis *Aulacorthum solani*
gewasbehandeling door spuiten
pymetrozine
    Plenum 50 WG

BLADLUIZEN groene perzikluis *Myzus persicae*, groene slaluis *Nasonovia ribisnigri*
- bij groene slaluis van resistente ijsbergslarassen (beperkt aantal rassen aanwezig) telen.
- gewasresten na de oogst onderploegen of verwijderen.
- gezond uitgangsmateriaal gebruiken.
- natuurlijke vijanden inzetten of stimuleren.
gewasbehandeling door spuiten
pymetrozine
    Plenum 50 WG
zaadbehandeling door coaten
thiamethoxam
    Cruiser 70 WS
zaadbehandeling door dummy-pil methode
thiamethoxam
    Cruiser 70 WS
zaadbehandeling door phytodrip methode
thiamethoxam
    Cruiser 70 WS
signalering:
- gewasinspecties uitvoeren.

BOLROT lage luchtvochtigheid
- bij voorkeur langzaam werkende meststoffen gebruiken.
- matige beregening toepassen in het begin van de groei.
- meststoffen met een laag gehalte aan ballastzouten gebruiken.
- minder vatbare rassen telen.
- op tijd oogsten, dus de kroppen niet te rijp laten worden.
- structuur en de vochtcapaciteit van de grond door organische bemesting verbeteren.
- structuur van de grond verbeteren.
- veelvuldig kleine hoeveelheden water geven in perioden met een grote verdamping.
- vochtvoorziening optimaliseren.
- voor een stevig gewas zorgen, dus niet teveel stikstof gebruiken.
- voor voldoende opneembare kali en magnesium in de grond zorgen.

GRAUWE SCHIMMEL *Botryotinia fuckeliana*
gewasbehandeling door spuiten
cyprodinil / fludioxonil
    Switch
iprodion
    Imex Iprodion Flo, Rovral Aquaflo
thiram
    Hermosan 80 WG, Thiram Granuflo

KIEMSCHIMMELS
zaadbehandeling door mengen
thiram
    Proseed, Rovral Aquaflo

ROEST *Puccinia opizii*
- zegge in de naaste omgeving verwijderen.

RUPSEN *Lepidoptera*
gewasbehandeling door spuiten
deltamethrin
    Agrichem Deltamethrin, Decis Micro, Deltamethrin E.C. 25,
    Splendid, Wopro Deltamethrin

RUPSEN gamma-uil *Autographa gamma*
gewasbehandeling door spuiten
Bacillus thuringiensis subsp. *aizawai*
    Turex Spuitpoeder

groente-uil *Lacanobia oleracea*
gewasbehandeling door spuiten
Bacillus thuringiensis subsp. *aizawai*
    Turex Spuitpoeder

koolmot *Plutella xylostella*
gewasbehandeling door spuiten
Bacillus thuringiensis subsp. *aizawai*
    Turex Spuitpoeder
Pieris soorten
gewasbehandeling door spuiten
Bacillus thuringiensis subsp. *aizawai*
    Turex Spuitpoeder
gewasbehandeling door spuiten
Bacillus thuringiensis subsp. *aizawai*
    Turex Spuitpoeder, Xen Tari WG

SLAKKEN bruine wegslak *Arion subfuscus,* gewone wegslak *Arion rufus,* grauwe wegslak *Arion circumscriptus,* zwarte wegslak *Arion hortensis*
gewasbehandeling door strooien
ijzer(III)fosfaat
    Roxasect Slakkenkorrels

VALSE MEELDAUW *Bremia lactucae*
- aangetaste planten(delen) en gewasresten verwijderen.
- niet te dicht planten.
- onkruid bestrijden.
- resistente rassen telen.
gewasbehandeling door spuiten
azoxystrobin
    Amistar, Azoxy HF, Budget Azoxystrobin 250 SC, Ortiva
dimethomorf / mancozeb
    Acrobat DF
mancozeb / metalaxyl-M
    Fubol Gold
mandipropamid
    Revus
propamocarb-hydrochloride
    Imex-Propamocarb, Proplant
plantbehandeling op plantenbed door aangieten
propamocarb-hydrochloride
    Imex-Propamocarb

VIRUSZIEKTEN bobbelblad slabobbelbladvirus
- geen specifieke niet-chemische maatregel bekend.

- grond stomen.
- ziektevrij gietwater (leiding- of bronwater) of ontsmet drain-, oppervlakte- en regenwater gebruiken.

VIRUSZIEKTEN dwergziekte komkommermozaïek-virus
- bladluizen bestrijden.
- gezond uitgangsmateriaal gebruiken.
- onkruid bestrijden.
- sla niet in de buurt van of na de teelt van komkommers en augurken opkweken.

VIRUSZIEKTEN mozaïek slamozaïekvirus
- overbrengers (vectoren) van virus voorkomen en/of bestrijden.
- tolerante rassen telen.

VIRUSZIEKTEN vergelingsziekte slavergelingsvirus
- onkruid en bladluizen bestrijden.

VOETROT *Pythium tracheiphilum*
- niet uitplanten als sterke temperatuurdaling wordt verwacht.
- planten na ontvangst van de plantenkweker voldoende water geven en enkele dagen laten afharden.

WORTELLUIZEN trama *Trama troglodytes*
- beregenen.
- mieren bestrijden, luizen leven namelijk samen met mieren.

WORTELLUIZEN wollige slawortelluis *Pemphigus bursarius*
- mieren bestrijden, luizen leven namelijk samen met mieren.
- resistente rassen telen.
zaadbehandeling door coaten
thiamethoxam
    Cruiser 70 WS
zaadbehandeling door dummy-pil methode
thiamethoxam
    Cruiser 70 WS
zaadbehandeling door phytodrip methode
thiamethoxam
    Cruiser 70 WS

SLA - KRULSLA

BLADLUIZEN *Aphididae*
gewasbehandeling door spuiten
pirimicarb
    Agrichem Pirimicarb, Pirimor
spirotetramat
    Movento
zaadbehandeling door coaten
thiamethoxam
    Cruiser 70 WS
zaadbehandeling door dummy-pil methode
imidacloprid
    Gaucho Tuinbouw
thiamethoxam
    Cruiser 70 WS
zaadbehandeling door phytodrip methode
imidacloprid
    Gaucho Tuinbouw
thiamethoxam
    Cruiser 70 WS

BLADLUIZEN aardappeltopluis *Macrosiphum euphorbiae*
gewasbehandeling door spuiten
pymetrozine
    Plenum 50 WG
zaadbehandeling door coaten
thiamethoxam
    Cruiser 70 WS
zaadbehandeling door dummy-pil methode

thiamethoxam
    Cruiser 70 WS
zaadbehandeling door phytodrip methode
thiamethoxam
    Cruiser 70 WS

BLADLUIZEN boterbloemluis *Aulacorthum solani*
gewasbehandeling door spuiten
pymetrozine
    Plenum 50 WG

BLADLUIZEN groene perzikluis *Myzus persicae*, groene slaluis *Nasonovia ribisnigri*
- bij groene slaluis van resistente ijsbergslarassen (beperkt aantal rassen aanwezig) telen.
- gewasresten na de oogst onderploegen of verwijderen.
- gezond uitgangsmateriaal gebruiken.
- natuurlijke vijanden inzetten of stimuleren.

gewasbehandeling door spuiten
pymetrozine
    Plenum 50 WG
zaadbehandeling door coaten
thiamethoxam
    Cruiser 70 WS
zaadbehandeling door dummy-pil methode
thiamethoxam
    Cruiser 70 WS
zaadbehandeling door phytodrip methode
thiamethoxam
    Cruiser 70 WS
signalering:
- gewasinspecties uitvoeren.

BOLROT lage luchtvochtigheid
- bij voorkeur langzaam werkende meststoffen gebruiken.
- matige beregening toepassen in het begin van de groei.
- meststoffen met een laag gehalte aan ballastzouten gebruiken.
- minder vatbare rassen telen.
- op tijd oogsten, dus de kroppen niet te rijp laten worden.
- structuur en de vochtcapaciteit van de grond door organische bemesting verbeteren.
- structuur van de grond verbeteren.
- veelvuldig kleine hoeveelheden water geven in perioden met een grote verdamping.
- vochtvoorziening optimaliseren.
- voor een stevig gewas zorgen, dus niet teveel stikstof gebruiken.
- voor voldoende opneembare kali en magnesium in de grond zorgen.

GRAUWE SCHIMMEL *Botryotinia fuckeliana*
gewasbehandeling door spuiten
cyprodinil / fludioxonil
    Switch
iprodion
    Imex Iprodion Flo, Rovral Aquaflo
thiram
    Hermosan 80 WG, Thiram Granuflo

RHIZOCTONIA-ZIEKTE *Thanatephorus cucumeris*
gewasbehandeling door spuiten
iprodion
    Imex Iprodion Flo, Rovral Aquaflo

ROEST *Puccinia opizii*
- zegge in de naaste omgeving verwijderen.

RUPSEN *Lepidoptera*
gewasbehandeling (ruimtebehandeling) door spuiten
deltamethrin
    Decis Micro
gewasbehandeling door spuiten
deltamethrin

Decis Micro, Deltamethrin E.C. 25, Splendid, Wopro Deltamethrin

RUPSEN gamma-uil *Autographa gamma*, groente-uil *Lacanobia oleracea*, koolmot *Plutella xylostella*, *Pieris* soorten
gewasbehandeling door spuiten
Bacillus thuringiensis subsp. *aizawai*
    Turex Spuitpoeder, Xen Tari WG

SLAKKEN bruine wegslak *Arion subfuscus*, gewone wegslak *Arion rufus*, grauwe wegslak *Arion circumscriptus*, zwarte wegslak *Arion hortensis*
gewasbehandeling door strooien
ijzer(III)fosfaat
    Roxasect Slakkenkorrels

VALSE MEELDAUW *Bremia lactucae*
- aangetaste planten(delen) en gewasresten verwijderen.
- niet te dicht planten.
- onkruid bestrijden.
- resistente rassen telen.

gewasbehandeling door spuiten
azoxystrobin
    Amistar, Azoxy HF, Budget Azoxystrobin 250 SC, Ortiva
dimethomorf / mancozeb
    Acrobat DF
mancozeb / metalaxyl-M
    Fubol Gold
mandipropamid
    Revus
propamocarb-hydrochloride
    Proplant

VIRUSZIEKTEN bobbelblad slabobbelbladvirus
- geen specifieke niet-chemische maatregel bekend.
- grond stomen.
- ziektevrij gietwater (leiding- of bronwater) of ontsmet drain-, oppervlakte- en regenwater gebruiken.

VIRUSZIEKTEN dwergziekte komkommermozaïek-virus
- bladluizen bestrijden.
- gezond uitgangsmateriaal gebruiken.
- onkruid bestrijden.
- sla niet in de buurt van of na de teelt van komkommers en augurken opkweken.

VIRUSZIEKTEN mozaïek slamozaïekvirus
- overbrengers (vectoren) van virus voorkomen en/of bestrijden.
- tolerante rassen telen.

VIRUSZIEKTEN vergelingsziekte slavergelingsvirus
- onkruid en bladluizen bestrijden.

VOETROT *Pythium tracheiphilum*
- niet uitplanten als sterke temperatuurdaling wordt verwacht.
- planten na ontvangst van de plantenkweker voldoende water geven en enkele dagen laten afharden.

WORTELLUIZEN trama *Trama troglodytes*
- beregenen.
- mieren bestrijden, luizen leven namelijk samen met mieren.

WORTELLUIZEN wollige slawortelluis *Pemphigus bursarius*
- mieren bestrijden, luizen leven namelijk samen met mieren.
- resistente rassen telen.

zaadbehandeling door coaten
thiamethoxam
    Cruiser 70 WS
zaadbehandeling door dummy-pil methode
thiamethoxam

Cruiser 70 WS
zaadbehandeling door phytodrip methode
thiamethoxam
Cruiser 70 WS

SLUITKOLEN - RODE KOOL

AALTJES geel bietencysteaaltje *Heterodera betae, koolcysteaaltje Heterodera cruciferae, wit bietencysteaaltje Heterodera schachtii*
- ruime vruchtwisseling toepassen.

AALTJES graswortelknobbelaaltje *Meloidogyne naasi*
- vruchtwisseling toepassen, geen granen of grassen telen.

BLADLUIZEN *Aphididae*
gewasbehandeling door spuiten
pirimicarb
Agrichem Pirimicarb, Pirimor
spirotetramat
Movento

BLADLUIZEN aardappeltopluis *Macrosiphum euphorbiae*
gewasbehandeling door spuiten
pymetrozine
Plenum 50 WG

BLADLUIZEN groene perzikluis *Myzus persicae*
gewasbehandeling door spuiten
pymetrozine
Plenum 50 WG
zaadbehandeling door coaten
thiamethoxam
Cruiser 70 WS
zaadbehandeling door dummy-pil methode
thiamethoxam
Cruiser 70 WS
zaadbehandeling door phytodrip methode
thiamethoxam
Cruiser 70 WS

BLADLUIZEN melige koolluis *Brevicoryne brassicae*
gewasbehandeling door spuiten
pymetrozine
Plenum 50 WG
zaadbehandeling door coaten
thiamethoxam
Cruiser 70 WS
zaadbehandeling door dummy-pil methode
thiamethoxam
Cruiser 70 WS
zaadbehandeling door phytodrip methode
thiamethoxam
Cruiser 70 WS

BLADVLEKKENZIEKTE *Alternaria* soorten
gewasbehandeling door spuiten
difenoconazool
Score 250 EC

BLADVLEKKENZIEKTEN spikkelziekte *Alternaria brassicae*
gewasbehandeling door spuiten
azoxystrobin
Amistar, Azoxy HF, Budget Azoxystrobin 250 SC, Ortiva
azoxystrobin / difenoconazool
Amistar TIP
boscalid / pyraclostrobin
Signum
iprodion
Imex Iprodion Flo, Rovral Aquaflo
tebuconazool / trifloxystrobin

Nativo
trifloxystrobin
Flint
zaadbehandeling door mengen
iprodion
Imex Iprodion Flo, Rovral Aquaflo

BLADVLEKKENZIEKTEN spikkelziekte *Alternaria brassicicola*
gewasbehandeling door spuiten
azoxystrobin
Amistar, Azoxy HF, Budget Azoxystrobin 250 SC, Ortiva
azoxystrobin / difenoconazool
Amistar TIP
boscalid / pyraclostrobin
Signum
iprodion
Imex Iprodion Flo, Rovral Aquaflo
zaadbehandeling door mengen
iprodion
Imex Iprodion Flo, Rovral Aquaflo

ECHTE MEELDAUW *Erysiphe cruciferarum*
gewasbehandeling door spuiten
azoxystrobin
Ortiva
tebuconazool / trifloxystrobin
Nativo

GALMUGGEN koolgalmug *Contarinia nasturtii*
- gewas bij eerste planting afdekken met vliesdoek.
- gewasresten na de oogst onderploegen of verwijderen.
- gezond uitgangsmateriaal gebruiken.
- ruime vruchtwisseling toepassen.
gewasbehandeling door spuiten
deltamethrin
Agrichem Deltamethrin, Decis Micro, Deltamethrin E.C. 25, Splendid, Wopro Deltamethrin
lambda-cyhalothrin
Karate met Zeon Technologie
signalering:
- signaleringssysteem gebruiken waarbij het tijdstip van de vlucht wordt vastgesteld.

KALIUMGEBREK
- voor een goede kalitoestand van de grond of van het groeimedium zorgen, gecombineerd met een juiste bemesting.

KANKERSTRONKEN *Leptosphaeria maculans*
- vruchtwisseling toepassen.

KIEMSCHIMMEL *Pythium* soorten
zaadbehandeling door spuiten
metalaxyl-M
Apron XL

KIEMSCHIMMELS
zaadbehandeling door mengen
thiram
Proseed

KNOLVOET *Plasmodiophora brassicae*
- gezond uitgangsmateriaal gebruiken.
- kruisbloemige onkruiden bestrijden.
- pH verhogen met schuimaarde of gebluste kalk.
- vroege teelten hebben minder last.
- zeer ruime vruchtwisseling toepassen, geen kruisbloemigen als groenbemester gebruiken.
signalering:
- potgrond (groeimedium) voorafgaand aan de opkweek van plantmateriaal laten onderzoeken op knolvoet door middel van een biotoets (NAK-G).

2.4 Ziekten en plagen groenteteelt

MANGAANGEBREK
- goed bemesten, zonodig mangaansulfaat spuiten. Mangaan verplaatst zich niet in de plant dus een herhaalde toepassing kan nodig zijn.

NATROT *Erwinia carotovora* subsp. *carotovora*
- na de oogst zo snel mogelijk binnen halen.
- tijdens droog weer oogsten.

RINGVLEKKENZIEKTE *Mycosphaerella brassicicola*
- gewasresten na de oogst onderploegen of verwijderen.
gewasbehandeling door spuiten
azoxystrobin
> Amistar, Azoxy HF, Budget Azoxystrobin 250 SC, Ortiva
azoxystrobin / difenoconazool
> Amistar TIP
boscalid / pyraclostrobin
> Signum
difenoconazool
> Score 250 EC
prothioconazool
> Rudis
tebuconazool
> Folicur SC, Horizon
tebuconazool / trifloxystrobin
> Nativo
signalering:
- signaleringssysteem gebruiken waarbij het tijdstip van de vlucht wordt vastgesteld.

ROTSTRUIK *Phytophthora porri*
- beschadiging voorkomen.
- contact met de grond tijdens het oogsten voorkomen.
- oogsten onder natte omstandigheden voorkomen.
- structuur van de grond verbeteren.

RUPSEN *Lepidoptera*
gewasbehandeling door spuiten
deltamethrin
> Agrichem Deltamethrin, Deltamethrin E.C. 25, Splendid, Wopro Deltamethrin

RUPSEN bladrollers *Tortricidae*
gewasbehandeling door spuiten
deltamethrin
> Agrichem Deltamethrin, Decis Micro, Deltamethrin E.C. 25, Splendid, Wopro Deltamethrin
esfenvaleraat
> Sumicidin Super

RUPSEN gamma-uil *Autographa gamma*
gewasbehandeling door spuiten
Bacillus thuringiensis subsp. *aizawai*
> Turex Spuitpoeder, Xen Tari WG
Bacillus thuringiensis subsp. *kurstaki*
> Delfin, Dipel, Dipel ES, Scutello, Scutello L

RUPSEN groot koolwitje *Pieris brassicae*
gewasbehandeling door spuiten
Bacillus thuringiensis subsp. *kurstaki*
> Delfin, Dipel, Scutello L
deltamethrin
> Agrichem Deltamethrin, Deltamethrin E.C. 25, Splendid, Wopro Deltamethrin
lambda-cyhalothrin
> Karate met Zeon Technologie

RUPSEN klein koolwitje *Pieris rapae*
gewasbehandeling door spuiten
Bacillus thuringiensis subsp. *kurstaki*
> Delfin, Dipel, Scutello L
deltamethrin
> Agrichem Deltamethrin, Deltamethrin E.C. 25, Splendid, Wopro Deltamethrin

lambda-cyhalothrin
> Karate met Zeon Technologie
spinosad
> Tracer

RUPSEN koolbladroller *Clepsis spectrana*
gewasbehandeling door spuiten
deltamethrin
> Agrichem Deltamethrin, Decis Micro, Deltamethrin E.C. 25, Splendid, Wopro Deltamethrin
esfenvaleraat
> Sumicidin Super
indoxacarb
> Steward
lambda-cyhalothrin
> Karate met Zeon Technologie

RUPSEN koolmot *Plutella xylostella*
gewasbehandeling door spuiten
Bacillus thuringiensis subsp. *aizawai*
> Turex Spuitpoeder, Xen Tari WG
deltamethrin
> Agrichem Deltamethrin, Decis Micro, Deltamethrin E.C. 25, Splendid, Wopro Deltamethrin
esfenvaleraat
> Sumicidin Super
indoxacarb
> Steward
lambda-cyhalothrin
> Karate met Zeon Technologie
spinosad
> Tracer

RUPSEN kooluil *Mamestra brassicae*
gewasbehandeling door spuiten
Bacillus thuringiensis subsp. *aizawai*
> Turex Spuitpoeder
deltamethrin
> Agrichem Deltamethrin, Decis Micro, Deltamethrin E.C. 25, Splendid, Wopro Deltamethrin
indoxacarb
> Steward
spinosad
> Tracer

RUPSEN *Pieris* soorten
gewasbehandeling door spuiten
Bacillus thuringiensis subsp. *aizawai*
> Turex Spuitpoeder, Xen Tari WG
Bacillus thuringiensis subsp. *kurstaki*
> Dipel ES, Scutello
deltamethrin
> Decis Micro
esfenvaleraat
> Sumicidin Super
indoxacarb
> Steward

RUPSEN late koolmot *Evergestis forficalis*
gewasbehandeling door spuiten
Bacillus thuringiensis subsp. *aizawai*
> Turex Spuitpoeder, Xen Tari WG
deltamethrin
> Agrichem Deltamethrin, Decis Micro, Deltamethrin E.C. 25, Splendid, Wopro Deltamethrin
indoxacarb
> Steward

RUPSEN
gewasbehandeling door spuiten
Bacillus thuringiensis subsp. *aizawai*
> Turex Spuitpoeder, Xen Tari WG

SLAKKEN bruine wegslak *Arion subfuscus, gewone wegslak Arion rufus, grauwe wegslak Arion circumscriptus, zwarte wegslak Arion hortensis*
gewasbehandeling door strooien
ijzer(III)fosfaat
    Roxasect Slakkenkorrels

TRIPSEN tabakstrips *Thrips tabaci*
- minder vatbare rassen telen.
- percelen in de buurt van uien niet gebruiken voor de teelt van kool in verband met invliegen vanuit de uien.
- resistente of minder vatbare rassen telen.
signalering:
- eerste tripsvluchten kunnen gemonitord worden.
gewasbehandeling door spuiten
lambda-cyhalothrin
    Karate met Zeon Technologie
zaadbehandeling door dummy-pil methode
imidacloprid
    Gaucho Tuinbouw
zaadbehandeling door phytodrip methode
imidacloprid
    Gaucho Tuinbouw

VALSE MEELDAUW *Peronospora parasitica*
gewasbehandeling door spuiten
propamocarb-hydrochloride
    Imex-Propamocarb

VIRUSZIEKTEN stip bloemkoolmozaïekvirus, stip knollenmozaïekvirus *Turnip mosaic virus*
- opslag verwijderen.

VLIEGEN koolvlieg *Delia radicum*
- insectengaas 0,8 x 0,8 mm aanbrengen.
traybehandeling door spuiten
spinosad
    Tracer
zaadbehandeling door coaten
fipronil
    Mundial

WITTE ROEST *Albugo candida*
- gewasresten na de oogst onderploegen of verwijderen.
- gezond uitgangsmateriaal gebruiken.
- minder vatbare rassen telen.
- voor een regelmatige groei zorgen.
signalering:
- indien mogelijk een waarschuwingssysteem gebruiken.
gewasbehandeling door spuiten
azoxystrobin
    Amistar, Azoxy HF, Budget Azoxystrobin 250 SC, Ortiva
azoxystrobin / difenoconazool
    Amistar TIP
boscalid / pyraclostrobin
    Signum
chloorthalonil / metalaxyl-M
    Folio Gold
tebuconazool / trifloxystrobin
    Nativo
trifloxystrobin
    Flint

WITTEVLIEGEN koolwittevlieg *Aleyrodes proletella*
gewasbehandeling door spuiten
spirotetramat
    Movento

ZWARTNERVIGHEID *Xanthomonas campestris pv. campestris*
- boerenkool, sluitkool, rammenas en radijs niet verbouwen op gronden waar deze ziekte veel voorkomt.
- gezond uitgangsmateriaal gebruiken.
- koolrestanten eerst versnipperen en dan onderploegen.

- vruchtwisseling toepassen.
- zo weinig mogelijk door een besmet perceel lopen en rijden. Hiermee wordt uitbreiding van de ziekte voorkomen.

ZWARTPOTEN *Thanatephorus cucumeris*
grondbehandeling in plantenbed door spuiten
iprodion
    Imex Iprodion Flo, Rovral Aquaflo

SLUITKOLEN - SAVOOIEKOOL

AALTJES geel bietencysteaaltje *Heterodera betae,* **koolcysteaaltje** *Heterodera cruciferae,* **wit bietencysteaaltje** *Heterodera schachtii*
- ruime vruchtwisseling toepassen.

AALTJES graswortelknobbelaaltje *Meloidogyne naasi*
- vruchtwisseling toepassen, geen granen of grassen telen.

BLADLUIZEN *Aphididae*
gewasbehandeling door spuiten
pirimicarb
    Agrichem Pirimicarb, Pirimor
spirotetramat
    Movento

BLADLUIZEN aardappeltopluis *Macrosiphum euphorbiae*
gewasbehandeling door spuiten
pymetrozine
    Plenum 50 WG

BLADLUIZEN groene perzikluis *Myzus persicae*
gewasbehandeling door spuiten
pymetrozine
    Plenum 50 WG
zaadbehandeling door coaten
thiamethoxam
    Cruiser 70 WS
zaadbehandeling door dummy-pil methode
thiamethoxam
    Cruiser 70 WS
zaadbehandeling door phytodrip methode
thiamethoxam
    Cruiser 70 WS

BLADLUIZEN melige koolluis *Brevicoryne brassicae*
gewasbehandeling door spuiten
pymetrozine
    Plenum 50 WG
zaadbehandeling door coaten
thiamethoxam
    Cruiser 70 WS
zaadbehandeling door dummy-pil methode
thiamethoxam
    Cruiser 70 WS
zaadbehandeling door phytodrip methode
thiamethoxam
    Cruiser 70 WS

BLADVLEKKENZIEKTE *Alternaria* **soorten**
gewasbehandeling door spuiten
difenoconazool
    Score 250 EC

BLADVLEKKENZIEKTEN spikkelziekte *Alternaria brassicae*
gewasbehandeling door spuiten
azoxystrobin
    Amistar, Ortiva, Azoxy HF, Budget Azoxystrobin 250 SC
azoxystrobin / difenoconazool
    Amistar TIP
boscalid / pyraclostrobin

Signum
iprodion
Imex Iprodion Flo, Rovral Aquaflo
tebuconazool / trifloxystrobin
Nativo
trifloxystrobin
Flint
zaadbehandeling door mengen
iprodion
Rovral Aquaflo, Imex Iprodion Flo

BLADVLEKKENZIEKTEN spikkelziekte *Alternaria brassicicola*
gewasbehandeling door spuiten
azoxystrobin
Amistar, Ortiva, Azoxy HF, Budget Azoxystrobin 250 SC
azoxystrobin / difenoconazool
Amistar TIP
boscalid / pyraclostrobin
Signum
iprodion
Imex Iprodion Flo, Rovral Aquaflo
zaadbehandeling door mengen
iprodion
Rovral Aquaflo, Imex Iprodion Flo

ECHTE MEELDAUW *Erysiphe cruciferarum*
gewasbehandeling door spuiten
azoxystrobin
Ortiva
tebuconazool / trifloxystrobin
Nativo

GALMUGGEN koolgalmug *Contarinia nasturtii*
- gewas bij eerste planting afdekken met vliesdoek.
- gewasresten na de oogst onderploegen of verwijderen.
- gezond uitgangsmateriaal gebruiken.
- ruime vruchtwisseling toepassen.
signalering:
- signaleringssysteem gebruiken waarbij het tijdstip van de vlucht wordt vastgesteld.
gewasbehandeling door spuiten
deltamethrin
Agrichem Deltamethrin, Decis Micro, Deltamethrin E.C. 25, Splendid, Wopro Deltamethrin
lambda-cyhalothrin
Karate met Zeon Technologie

KALIUMGEBREK
- voor een goede kalitoestand van de grond of van het groeimedium zorgen, gecombineerd met een juiste bemesting.

KANKERSTRONKEN *Leptosphaeria maculans*
- vruchtwisseling toepassen.

KIEMSCHIMMEL *Pythium* soorten
zaadbehandeling door spuiten
metalaxyl-M
Apron XL

KIEMSCHIMMELS
zaadbehandeling door mengen
thiram
Proseed

KNOLVOET *Plasmodiophora brassicae*
- gezond uitgangsmateriaal gebruiken.
- kruisbloemige onkruiden bestrijden.
- pH verhogen met schuimaarde of gebluste kalk.
- vroege teelten hebben minder last.
- zeer ruime vruchtwisseling toepassen, geen kruisbloemigen als groenbemester gebruiken.
signalering:

- potgrond (groeimedium) voorafgaand aan de opkweek van plantmateriaal laten onderzoeken op knolvoet door middel van een biotoets (NAK-G).

MANGAANGEBREK
- goed bemesten, zonodig mangaansulfaat spuiten. Mangaan verplaatst zich niet in de plant dus een herhaalde toepassing kan nodig zijn.

NATROT *Erwinia carotovora subsp. carotovora*
- na de oogst zo snel mogelijk binnen halen.
- tijdens droog weer oogsten.

RINGVLEKKENZIEKTE *Mycosphaerella brassicicola*
- gewasresten na de oogst onderploegen of verwijderen.
- ruime vruchtwisseling toepassen.
signalering:
- signaleringssysteem gebruiken waarbij het tijdstip van de vlucht wordt vastgesteld.
gewasbehandeling door spuiten
azoxystrobin
Amistar, Azoxy HF, Budget Azoxystrobin 250 SC, Ortiva
azoxystrobin / difenoconazool
Amistar TIP
boscalid / pyraclostrobin
Signum
difenoconazool
Score 250 EC
prothioconazool
Rudis
tebuconazool
Folicur SC, Horizon
tebuconazool / trifloxystrobin
Nativo

ROTSTRUIK *Phytophthora porri*
- beschadiging voorkomen.
- contact met de grond tijdens het oogsten voorkomen.
- oogsten onder natte omstandigheden voorkomen.
- structuur van de grond verbeteren.

RUPSEN *Lepidoptera*
gewasbehandeling door spuiten
deltamethrin
Agrichem Deltamethrin, Deltamethrin E.C. 25, Splendid, Wopro Deltamethrin

RUPSEN bladrollers *Tortricidae*
gewasbehandeling door spuiten
deltamethrin
Agrichem Deltamethrin, Decis Micro, Deltamethrin E.C. 25, Splendid, Wopro Deltamethrin
esfenvaleraat
Sumicidin Super

RUPSEN gamma-uil *Autographa gamma*
gewasbehandeling door spuiten
Bacillus thuringiensis subsp. *aizawai*
Turex Spuitpoeder, Xen Tari WG
Bacillus thuringiensis subsp. *kurstaki*
Delfin, Dipel, Dipel ES, Scutello, Scutello L

RUPSEN groot koolwitje *Pieris brassicae*
gewasbehandeling door spuiten
Bacillus thuringiensis subsp. *kurstaki*
Delfin, Dipel, Scutello L
deltamethrin
Agrichem Deltamethrin, Deltamethrin E.C. 25, Splendid, Wopro Deltamethrin
lambda-cyhalothrin
Karate met Zeon Technologie

RUPSEN klein koolwitje *Pieris rapae*
gewasbehandeling door spuiten

Bacillus thuringiensis subsp. *kurstaki*
> Delfin, Dipel, Scutello L

deltamethrin
> Agrichem Deltamethrin, Deltamethrin E.C. 25, Splendid, Wopro Deltamethrin

lambda-cyhalothrin
> Karate met Zeon Technologie

spinosad
> Tracer

RUPSEN koolbladroller *Clepsis spectrana*
gewasbehandeling door spuiten
deltamethrin
> Agrichem Deltamethrin, Decis Micro, Deltamethrin E.C. 25, Splendid, Wopro Deltamethrin

esfenvaleraat
> Sumicidin Super

indoxacarb
> Steward

lambda-cyhalothrin
> Karate met Zeon Technologie

RUPSEN koolmot *Plutella xylostella*
gewasbehandeling door spuiten
Bacillus thuringiensis subsp. *aizawai*
> Turex Spuitpoeder, Xen Tari WG

deltamethrin
> Agrichem Deltamethrin, Decis Micro, Deltamethrin E.C. 25, Splendid, Wopro Deltamethrin

esfenvaleraat
> Sumicidin Super

indoxacarb
> Steward

lambda-cyhalothrin
> Karate met Zeon Technologie

spinosad
> Tracer

RUPSEN kooluil *Mamestra brassicae*
gewasbehandeling door spuiten
Bacillus thuringiensis subsp. *aizawai*
> Turex Spuitpoeder

deltamethrin
> Agrichem Deltamethrin, Decis Micro, Deltamethrin E.C. 25, Splendid, Wopro Deltamethrin

indoxacarb
> Steward

spinosad
> Tracer

RUPSEN *Pieris* soorten
gewasbehandeling door spuiten
Bacillus thuringiensis subsp. *aizawai*
> Turex Spuitpoeder, Xen Tari WG

Bacillus thuringiensis subsp. *kurstaki*
> Dipel ES, Scutello

deltamethrin
> Decis Micro

esfenvaleraat
> Sumicidin Super

indoxacarb
> Steward

RUPSEN late koolmot *Evergestis forficalis*
gewasbehandeling door spuiten
Bacillus thuringiensis subsp. *aizawai*
> Turex Spuitpoeder, Xen Tari WG

deltamethrin
> Agrichem Deltamethrin, Decis Micro, Deltamethrin E.C. 25, Splendid, Wopro Deltamethrin

indoxacarb
> Steward

RUPSEN
gewasbehandeling door spuiten
Bacillus thuringiensis subsp. *aizawai*
> Turex Spuitpoeder, Xen Tari WG

SLAKKEN bruine wegslak *Arion subfuscus*, gewone wegslak *Arion rufus*, grauwe wegslak *Arion circumscriptus*, zwarte wegslak *Arion hortensis*
gewasbehandeling door strooien
ijzer(III)fosfaat
> Roxasect Slakkenkorrels

TRIPSEN tabakstrips *Thrips tabaci*
- minder vatbare rassen telen.
- percelen in de buurt van uien niet gebruiken voor de teelt van kool in verband met invliegen vanuit de uien.
- resistente of minder vatbare rassen telen.

signalering:
- eerste tripsvluchten kunnen gemonitord worden.

gewasbehandeling door spuiten
lambda-cyhalothrin
> Karate met Zeon Technologie

zaadbehandeling door dummy-pil methode
imidacloprid
> Gaucho Tuinbouw

zaadbehandeling door phytodrip methode
imidacloprid
> Gaucho Tuinbouw

VALSE MEELDAUW *Peronospora parasitica*
gewasbehandeling door spuiten
propamocarb-hydrochloride
> Imex-Propamocarb

VIRUSZIEKTEN stip bloemkoolmozaïekvirus
- opslag verwijderen.

VIRUSZIEKTEN stip knollenmozaïekvirus
- opslag verwijderen.

VLIEGEN koolvlieg *Delia radicum*
- insectengaas 0,8 x 0,8 mm aanbrengen.

traybehandeling door spuiten
spinosad
> Tracer

zaadbehandeling door coaten
fipronil
> Mundial

WITTE ROEST *Albugo candida*
- gewasresten na de oogst onderploegen of verwijderen.
- gezond uitgangsmateriaal gebruiken.
- minder vatbare rassen telen.
- voor een regelmatige groei zorgen.

signalering:
- indien mogelijk een waarschuwingssysteem gebruiken.

gewasbehandeling door spuiten
azoxystrobin
> Amistar, Azoxy HF, Budget Azoxystrobin 250 SC, Ortiva

azoxystrobin / difenoconazool
> Amistar TIP

boscalid / pyraclostrobin
> Signum

chloorthalonil / metalaxyl-M
> Folio Gold

tebuconazool / trifloxystrobin
> Nativo

trifloxystrobin
> Flint

WITTEVLIEGEN koolwittevlieg *Aleyrodes proletella*
- gewas afdekken met vliesdoek.
- gewasresten na de oogst onderploegen of verwijderen.
- gezond uitgangsmateriaal gebruiken.

- ruime vruchtwisseling toepassen.
gewasbehandeling door spuiten
spirotetramat
  Movento

ZWARTNERVIGHEID *Xanthomonas campestris pv. campestris*

- boerenkool, sluitkool, rammenas en radijs niet verbouwen op gronden waar deze ziekte veel voorkomt.
- gezond uitgangsmateriaal gebruiken.
- koolrestanten eerst versnipperen en dan onderploegen.
- vruchtwisseling toepassen.
- zo weinig mogelijk door een besmet perceel lopen en rijden. Hiermee wordt uitbreiding van de ziekte voorkomen.

ZWARTPOTEN *Thanatephorus cucumeris*
grondbehandeling in plantenbed door spuiten
iprodion
  Imex Iprodion Flo, Rovral Aquaflo

SLUITKOLEN - SPITSKOOL

AALTJES geel bietencysteaaltje *Heterodera betae, koolcysteaaltje Heterodera cruciferae, wit bietencysteaaltje Heterodera schachtii*
- ruime vruchtwisseling toepassen.

AALTJES graswortelknobbelaaltje *Meloidogyne naasi*
- vruchtwisseling toepassen, geen granen of grassen telen.

BLADLUIZEN *Aphididae*
gewasbehandeling door spuiten
pirimicarb
  Agrichem Pirimicarb, Pirimor
spirotetramat
  Movento

BLADLUIZEN aardappeltopluis *Macrosiphum euphorbiae*
gewasbehandeling door spuiten
pymetrozine
  Plenum 50 WG

BLADLUIZEN groene perzikluis *Myzus persicae*
gewasbehandeling door spuiten
pymetrozine
  Plenum 50 WG
zaadbehandeling door coaten
thiamethoxam
  Cruiser 70 WS
zaadbehandeling door dummy-pil methode
thiamethoxam
  Cruiser 70 WS
zaadbehandeling door phytodrip methode
thiamethoxam
  Cruiser 70 WS

BLADLUIZEN melige koolluis *Brevicoryne brassicae*
gewasbehandeling door spuiten
pymetrozine
  Plenum 50 WG
zaadbehandeling door coaten
thiamethoxam
  Cruiser 70 WS
zaadbehandeling door dummy-pil methode
thiamethoxam
  Cruiser 70 WS
zaadbehandeling door phytodrip methode
thiamethoxam
  Cruiser 70 WS

BLADVLEKKENZIEKTE *Alternaria* soorten
gewasbehandeling door spuiten

difenoconazool
  Score 250 EC

BLADVLEKKENZIEKTEN spikkelziekte *Alternaria brassicae*
gewasbehandeling door spuiten
azoxystrobin
  Amistar, Azoxy HF, Budget Azoxystrobin 250 SC, Ortiva
azoxystrobin / difenoconazool
  Amistar TIP
boscalid / pyraclostrobin
  Signum
iprodion
  Imex Iprodion Flo, Rovral Aquaflo
tebuconazool / trifloxystrobin
  Nativo
trifloxystrobin
  Flint
zaadbehandeling door mengen
iprodion
  Imex Iprodion Flo, Rovral Aquaflo

BLADVLEKKENZIEKTEN spikkelziekte *Alternaria brassicicola*
gewasbehandeling door spuiten
azoxystrobin
  Amistar, Azoxy HF, Budget Azoxystrobin 250 SC, Ortiva
azoxystrobin / difenoconazool
  Amistar TIP
boscalid / pyraclostrobin
  Signum
iprodion
  Imex Iprodion Flo, Rovral Aquaflo
zaadbehandeling door mengen
iprodion
  Imex Iprodion Flo, Rovral Aquaflo

ECHTE MEELDAUW *Erysiphe cruciferarum*
gewasbehandeling door spuiten
azoxystrobin
  Ortiva
tebuconazool / trifloxystrobin
  Nativo

GALMUGGEN koolgalmug *Contarinia nasturtii*
- gewas bij eerste planting afdekken met vliesdoek.
- gewasresten na de oogst onderploegen of verwijderen.
- gezond uitgangsmateriaal gebruiken.
- ruime vruchtwisseling toepassen.
signalering:
- signaleringssysteem gebruiken waarbij het tijdstip van de vlucht wordt vastgesteld.
gewasbehandeling door spuiten
deltamethrin
  Agrichem Deltamethrin, Decis Micro, Deltamethrin E.C. 25, Splendid, Wopro Deltamethrin
lambda-cyhalothrin
  Karate met Zeon Technologie

KALIUMGEBREK
- voor een goede kalitoestand van de grond of van het groeimedium zorgen, gecombineerd met een juiste bemesting.

KANKERSTRONKEN *Leptosphaeria maculans*
- vruchtwisseling toepassen.

KIEMSCHIMMEL *Pythium* soorten
zaadbehandeling door spuiten
metalaxyl-M
  Apron XL

KIEMSCHIMMELS
zaadbehandeling door mengen
thiram

Proseed

KNOLVOET *Plasmodiophora brassicae*
- gezond uitgangsmateriaal gebruiken.
- kruisbloemige onkruiden bestrijden.
- pH verhogen met schuimaarde of gebluste kalk.
- vroege teelten hebben minder last.
- zeer ruime vruchtwisseling toepassen, geen kruisbloemigen als groenbemester gebruiken.
signalering:
- potgrond (groeimedium) voorafgaand aan de opkweek van plantmateriaal laten onderzoeken op knolvoet door middel van een biotoets (NAK-G).

MANGAANGEBREK
- goed bemesten, zonodig mangaansulfaat spuiten. Mangaan verplaatst zich niet in de plant dus een herhaalde toepassing kan nodig zijn.

NATROT *Erwinia carotovora subsp. carotovora*
- na de oogst zo snel mogelijk binnen halen.
- tijdens droog weer oogsten.

RINGVLEKKENZIEKTE *Mycosphaerella brassicicola*
- gewasresten na de oogst onderploegen of verwijderen.
signalering:
- signaleringssysteem gebruiken waarbij het tijdstip van de vlucht wordt vastgesteld.
gewasbehandeling door spuiten
azoxystrobin
    Amistar, Azoxy HF, Budget Azoxystrobin 250 SC, Ortiva
azoxystrobin / difenoconazool
    Amistar TIP
boscalid / pyraclostrobin
    Signum
difenoconazool
    Score 250 EC
prothioconazool
    Rudis
tebuconazool
    Folicur SC, Horizon
tebuconazool / trifloxystrobin
    Nativo

ROTSTRUIK *Phytophthora porri*
- beschadiging voorkomen.
- contact met de grond tijdens het oogsten voorkomen.
- oogsten onder natte omstandigheden voorkomen.
- structuur van de grond verbeteren.

RUPSEN *Lepidoptera*
gewasbehandeling door spuiten
deltamethrin
    Agrichem Deltamethrin, Deltamethrin E.C. 25, Splendid, Wopro Deltamethrin

RUPSEN bladrollers *Tortricidae*
gewasbehandeling door spuiten
deltamethrin
    Agrichem Deltamethrin, Decis Micro, Deltamethrin E.C. 25, Splendid, Wopro Deltamethrin
esfenvaleraat
    Sumicidin Super

RUPSEN gamma-uil *Autographa gamma*
gewasbehandeling door spuiten
Bacillus thuringiensis subsp. *aizawai*
    Turex Spuitpoeder, Xen Tari WG
Bacillus thuringiensis subsp. *kurstaki*
    Delfin, Dipel, Dipel ES, Scutello, Scutello L

RUPSEN groot koolwitje *Pieris brassicae*
gewasbehandeling door spuiten
Bacillus thuringiensis subsp. *kurstaki*

Delfin, Dipel, Scutello L
deltamethrin
    Agrichem Deltamethrin, Deltamethrin E.C. 25, Splendid, Wopro Deltamethrin
lambda-cyhalothrin
    Karate met Zeon Technologie

RUPSEN klein koolwitje *Pieris rapae*
gewasbehandeling door spuiten
Bacillus thuringiensis subsp. *kurstaki*
    Delfin, Dipel, Scutello L
deltamethrin
    Agrichem Deltamethrin, Deltamethrin E.C. 25, Splendid, Wopro Deltamethrin
lambda-cyhalothrin
    Karate met Zeon Technologie
spinosad
    Tracer

RUPSEN koolbladroller *Clepsis spectrana*
gewasbehandeling door spuiten
deltamethrin
    Agrichem Deltamethrin, Decis Micro, Deltamethrin E.C. 25, Splendid, Wopro Deltamethrin
esfenvaleraat
    Sumicidin Super
indoxacarb
    Steward
lambda-cyhalothrin
    Karate met Zeon Technologie

RUPSEN koolmot *Plutella xylostella*
gewasbehandeling door spuiten
Bacillus thuringiensis subsp. *aizawai*
    Turex Spuitpoeder, Xen Tari WG
deltamethrin
    Agrichem Deltamethrin, Decis Micro, Deltamethrin E.C. 25, Splendid, Wopro Deltamethrin
esfenvaleraat
    Sumicidin Super
indoxacarb
    Steward
lambda-cyhalothrin
    Karate met Zeon Technologie
spinosad
    Tracer

RUPSEN kooluil *Mamestra brassicae*
gewasbehandeling door spuiten
Bacillus thuringiensis subsp. *aizawai*
    Turex Spuitpoeder
deltamethrin
    Agrichem Deltamethrin, Decis Micro, Deltamethrin E.C. 25, Splendid, Wopro Deltamethrin
indoxacarb
    Steward
spinosad
    Tracer

RUPSEN *Pieris* **soorten**
gewasbehandeling door spuiten
Bacillus thuringiensis subsp. *aizawai*
    Turex Spuitpoeder, Xen Tari WG
Bacillus thuringiensis subsp. *kurstaki*
    Dipel ES, Scutello
deltamethrin
    Decis Micro
esfenvaleraat
    Sumicidin Super
indoxacarb
    Steward

RUPSEN late koolmot *Evergestis forficalis*
gewasbehandeling door spuiten

2.4 Ziekten en plagen groenteteelt

2.4 Ziekten en plagen groenteteelt

Bacillus thuringiensis subsp. *aizawai*
    Turex Spuitpoeder, Xen Tari WG
deltamethrin
    Agrichem Deltamethrin, Decis Micro, Deltamethrin E.C. 25,
    Splendid, Wopro Deltamethrin
indoxacarb
    Steward

RUPSEN
gewasbehandeling door spuiten
Bacillus thuringiensis subsp. *aizawai*
    Turex Spuitpoeder, Xen Tari WG

SLAKKEN bruine wegslak *Arion subfuscus*, gewone wegslak *Arion rufus*, grauwe wegslak *Arion circumscriptus*, zwarte wegslak *Arion hortensis*
gewasbehandeling door strooien
ijzer(III)fosfaat
    Roxasect Slakkenkorrels

TRIPSEN tabakstrips *Thrips tabaci*
- minder vatbare rassen telen.
- percelen in de buurt van uien niet gebruiken voor de teelt van kool in verband met invliegen vanuit de uien.
- resistente of minder vatbare rassen telen.
signalering:
- eerste tripsvluchten kunnen gemonitord worden.
gewasbehandeling door spuiten
lambda-cyhalothrin
    Karate met Zeon Technologie
zaadbehandeling door dummy-pil methode
imidacloprid
    Gaucho Tuinbouw
zaadbehandeling door phytodrip methode
imidacloprid
    Gaucho Tuinbouw

VALSE MEELDAUW *Peronospora parasitica*
gewasbehandeling door spuiten
propamocarb-hydrochloride
    Imex-Propamocarb

VIRUSZIEKTEN stip bloemkoolmozaïekvirus *Cauliflower mosaic virus*
- opslag verwijderen.

VIRUSZIEKTEN stip knollenmozaïekvirus *Turnip mosaic virus*
- opslag verwijderen.

VLIEGEN koolvlieg *Delia radicum*
- insectengaas 0,8 x 0,8 mm aanbrengen.
traybehandeling door spuiten
spinosad
    Tracer
zaadbehandeling door coaten
fipronil
    Mundial

WITTE ROEST *Albugo candida*
- gewasresten na de oogst onderploegen of verwijderen.
- gezond uitgangsmateriaal gebruiken.
- minder vatbare rassen telen.
- voor een regelmatige groei zorgen.
signalering:
- indien mogelijk een waarschuwingssysteem gebruiken.
gewasbehandeling door spuiten
azoxystrobin
    Amistar, Azoxy HF, Budget Azoxystrobin 250 SC, Ortiva
azoxystrobin / difenoconazool
    Amistar TIP
boscalid / pyraclostrobin
    Signum
chloorthalonil / metalaxyl-M

Folio Gold
tebuconazool / trifloxystrobin
    Nativo
trifloxystrobin
    Flint

WITTEVLIEGEN koolwittevlieg *Aleyrodes proletella*
gewasbehandeling door spuiten
spirotetramat
    Movento

ZWARTNERVIGHEID *Xanthomonas campestris pv. campestris*
- boerenkool, sluitkool, rammenas en radijs niet verbouwen op gronden waar deze ziekte veel voorkomt.
- gezond uitgangsmateriaal gebruiken.
- koolrestanten eerst versnipperen en dan onderploegen.
- vruchtwisseling toepassen.
- zo weinig mogelijk door een besmet perceel lopen en rijden. Hiermee wordt uitbreiding van de ziekte voorkomen.

ZWARTPOTEN *Thanatephorus cucumeris*
grondbehandeling in plantenbed door spuiten
iprodion
    Imex Iprodion Flo, Rovral Aquaflo

SLUITKOLEN - WITTE KOOL

AALTJES geel bietencysteaaltje *Heterodera betae*, koolcysteaaltje *Heterodera cruciferae*, wit bietencysteaaltje *Heterodera schachtii*
- ruime vruchtwisseling toepassen.

AALTJES graswortelknobbelaaltje *Meloidogyne naasi*
- vruchtwisseling toepassen, geen granen of grassen telen.

BLADLUIZEN *Aphididae*
gewasbehandeling door spuiten
pirimicarb
    Agrichem Pirimicarb, Pirimor
spirotetramat
    Movento

BLADLUIZEN aardappeltopluis *Macrosiphum euphorbiae*
gewasbehandeling door spuiten
pymetrozine
    Plenum 50 WG

BLADLUIZEN groene perzikluis *Myzus persicae*
gewasbehandeling door spuiten
pymetrozine
    Plenum 50 WG
zaadbehandeling door coaten
thiamethoxam
    Cruiser 70 WS
zaadbehandeling door dummy-pil methode
thiamethoxam
    Cruiser 70 WS
zaadbehandeling door phytodrip methode
thiamethoxam
    Cruiser 70 WS

BLADLUIZEN melige koolluis *Brevicoryne brassicae*
gewasbehandeling door spuiten
pymetrozine
    Plenum 50 WG
zaadbehandeling door coaten
thiamethoxam
    Cruiser 70 WS
zaadbehandeling door dummy-pil methode
thiamethoxam
    Cruiser 70 WS

zaadbehandeling door phytodrip methode
thiamethoxam
    Cruiser 70 WS

BLADVLEKKENZIEKTE *Alternaria* soorten
gewasbehandeling door spuiten
difenoconazool
    Score 250 EC

BLADVLEKKENZIEKTEN spikkelziekte *Alternaria brassicae, Alternaria brassicicola*
gewasbehandeling door spuiten
azoxystrobin
    Amistar, Azoxy HF, Budget Azoxystrobin 250 SC, Ortiva
azoxystrobin / difenoconazool
    Amistar TIP
boscalid / pyraclostrobin
    Signum
iprodion
    Imex Iprodion Flo, Rovral Aquaflo
tebuconazool / trifloxystrobin
    Nativo
trifloxystrobin
    Flint
zaadbehandeling door mengen
iprodion
    Imex Iprodion Flo, Rovral Aquaflo

ECHTE MEELDAUW *Erysiphe cruciferarum*
gewasbehandeling door spuiten
azoxystrobin
    Ortiva
tebuconazool / trifloxystrobin
    Nativo

GALMUGGEN koolgalmug *Contarinia nasturtii*
- gewas bij eerste planting afdekken met vliesdoek.
- gewasresten na de oogst onderploegen of verwijderen.
- gezond uitgangsmateriaal gebruiken.
- ruime vruchtwisseling toepassen.
signalering:
- signaleringssysteem gebruiken waarbij het tijdstip van de vlucht wordt vastgesteld.
gewasbehandeling door spuiten
deltamethrin
    Agrichem Deltamethrin, Decis Micro, Deltamethrin E.C. 25, Splendid, Wopro Deltamethrin
lambda-cyhalothrin
    Karate met Zeon Technologie

KALIUMGEBREK
- voor een goede kalitoestand van de grond of van het groei-medium zorgen, gecombineerd met een juiste bemesting.

KANKERSTRONKEN *Leptosphaeria maculans*
- vruchtwisseling toepassen.

KIEMSCHIMMEL *Pythium* soorten
zaadbehandeling door spuiten
metalaxyl-M
    Apron XL

KIEMSCHIMMELS
zaadbehandeling door mengen
thiram
    Proseed

KNOLVOET *Plasmodiophora brassicae*
- gezond uitgangsmateriaal gebruiken.
- kruisbloemige onkruiden bestrijden.
- pH verhogen met schuimaarde of gebluste kalk.
- vroege teelten hebben minder last.
- zeer ruime vruchtwisseling toepassen, geen kruisbloemigen als groenbemester gebruiken.

signalering:
- potgrond (groeimedium) voorafgaand aan de opkweek van plantmateriaal laten onderzoeken op knolvoet door middel van een biotoets (NAK-G).

MANGAANGEBREK
- goed bemesten, zonodig mangaansulfaat spuiten. Mangaan verplaatst zich niet in de plant dus een herhaalde toepassing kan nodig zijn.

NATROT *Erwinia carotovora subsp. carotovora*
- na de oogst zo snel mogelijk binnen halen.
- tijdens droog weer oogsten.

RAND onbekende non-parasitaire factor
- minder vatbare rassen telen.
- nauw plantverband en te weelderige groei voorkomen.

RINGVLEKKENZIEKTE *Mycosphaerella brassicicola*
- gewasresten na de oogst onderploegen of verwijderen.
signalering:
- signaleringssysteem gebruiken waarbij het tijdstip van de vlucht wordt vastgesteld.
gewasbehandeling door spuiten
azoxystrobin
    Amistar, Azoxy HF, Budget Azoxystrobin 250 SC, Ortiva
azoxystrobin / difenoconazool
    Amistar TIP
boscalid / pyraclostrobin
    Signum
difenoconazool
    Score 250 EC
prothioconazool
    Rudis
tebuconazool
    Folicur SC, Horizon
tebuconazool / trifloxystrobin
    Nativo

ROTSTRUIK *Phytophthora porri*
- beschadiging voorkomen.
- contact met de grond tijdens het oogsten voorkomen.
- oogsten onder natte omstandigheden voorkomen.
- structuur van de grond verbeteren.

RUPSEN *Lepidoptera*
gewasbehandeling door spuiten
deltamethrin
    Agrichem Deltamethrin, Deltamethrin E.C. 25, Splendid, Wopro Deltamethrin

RUPSEN bladrollers *Tortricidae*
gewasbehandeling door spuiten
deltamethrin
    Agrichem Deltamethrin, Decis Micro, Deltamethrin E.C. 25, Splendid, Wopro Deltamethrin
esfenvaleraat
    Sumicidin Super

RUPSEN gamma-uil *Autographa gamma*
gewasbehandeling door spuiten
Bacillus thuringiensis subsp. *aizawai*
    Turex Spuitpoeder, Xen Tari WG
Bacillus thuringiensis subsp. *kurstaki*
    Delfin, Dipel, Dipel ES, Scutello, Scutello L

RUPSEN groot koolwitje *Pieris brassicae*
gewasbehandeling door spuiten
Bacillus thuringiensis subsp. *kurstaki*
    Delfin, Dipel, Scutello L
deltamethrin
    Agrichem Deltamethrin, Deltamethrin E.C. 25, Splendid, Wopro Deltamethrin
lambda-cyhalothrin

2.4 Ziekten en plagen groenteteelt

Karate met Zeon Technologie

RUPSEN klein koolwitje *Pieris rapae*
gewasbehandeling door spuiten
Bacillus thuringiensis subsp. *kurstaki*
  Delfin, Dipel, Scutello L
deltamethrin
  Agrichem Deltamethrin, Deltamethrin E.C. 25, Splendid,
  Wopro Deltamethrin
lambda-cyhalothrin
  Karate met Zeon Technologie
spinosad
  Tracer

RUPSEN koolbladroller *Clepsis spectrana*
gewasbehandeling door spuiten
deltamethrin
  Agrichem Deltamethrin, Decis Micro, Deltamethrin E.C. 25,
  Splendid, Wopro Deltamethrin
esfenvaleraat
  Sumicidin Super
indoxacarb
  Steward
lambda-cyhalothrin
  Karate met Zeon Technologie

RUPSEN koolmot *Plutella xylostella*
gewasbehandeling door spuiten
Bacillus thuringiensis subsp. *aizawai*
  Turex Spuitpoeder, Xen Tari WG
deltamethrin
  Agrichem Deltamethrin, Decis Micro, Deltamethrin E.C. 25,
  Splendid, Wopro Deltamethrin
esfenvaleraat
  Sumicidin Super
indoxacarb
  Steward
lambda-cyhalothrin
  Karate met Zeon Technologie
spinosad
  Tracer

RUPSEN kooluil *Mamestra brassicae*
gewasbehandeling door spuiten
Bacillus thuringiensis subsp. *aizawai*
  Turex Spuitpoeder
deltamethrin
  Agrichem Deltamethrin, Decis Micro, Deltamethrin E.C. 25,
  Splendid, Wopro Deltamethrin
indoxacarb
  Steward
spinosad
  Tracer

RUPSEN *Pieris* soorten
gewasbehandeling door spuiten
Bacillus thuringiensis subsp. *aizawai*
  Turex Spuitpoeder, Xen Tari WG
Bacillus thuringiensis subsp. *kurstaki*
  Dipel ES, Scutello
deltamethrin
  Decis Micro
esfenvaleraat
  Sumicidin Super
indoxacarb
  Steward

RUPSEN late koolmot *Evergestis forficalis*
gewasbehandeling door spuiten
Bacillus thuringiensis subsp. *aizawai*
  Turex Spuitpoeder, Xen Tari WG
deltamethrin
  Agrichem Deltamethrin, Decis Micro, Deltamethrin E.C. 25,
  Splendid, Wopro Deltamethrin

indoxacarb
  Steward

RUPSEN
gewasbehandeling door spuiten
Bacillus thuringiensis subsp. *aizawai*
  Turex Spuitpoeder, Xen Tari WG

SLAKKEN bruine wegslak *Arion subfuscus, gewone wegslak Arion rufus, grauwe wegslak Arion circumscriptus, zwarte wegslak Arion hortensis*
gewasbehandeling door strooien
ijzer(III)fosfaat
  Roxasect Slakkenkorrels

TRIPSEN tabakstrips *Thrips tabaci*
- minder vatbare rassen telen.
- percelen in de buurt van uien niet gebruiken voor de teelt van
  kool in verband met invliegen vanuit de uien.
- resistente of minder vatbare rassen telen.
signalering:
- eerste tripsvluchten kunnen gemonitord worden.
gewasbehandeling door spuiten
lambda-cyhalothrin
  Karate met Zeon Technologie
zaadbehandeling door dummy-pil methode
imidacloprid
  Gaucho Tuinbouw
zaadbehandeling door phytodrip methode
imidacloprid
  Gaucho Tuinbouw

VALSE MEELDAUW *Peronospora parasitica*
gewasbehandeling door spuiten
propamocarb-hydrochloride
  Imex-Propamocarb

VIRUSZIEKTEN stip bloemkoolmozaïekvirus
- opslag verwijderen.

VIRUSZIEKTEN stip knollenmozaïekvirus
- opslag verwijderen.

VLIEGEN koolvlieg *Delia radicum*
- insectengaas 0,8 x 0,8 mm aanbrengen.
traybehandeling door spuiten
spinosad
  Tracer
zaadbehandeling door coaten
fipronil
  Mundial

WITTE ROEST *Albugo candida*
- gewasresten na de oogst onderploegen of verwijderen.
- gezond uitgangsmateriaal gebruiken.
- minder vatbare rassen telen.
- voor een regelmatige groei zorgen.
signalering:
- indien mogelijk een waarschuwingssysteem gebruiken.
gewasbehandeling door spuiten
azoxystrobin
  Amistar, Azoxy HF, Budget Azoxystrobin 250 SC, Ortiva
azoxystrobin / difenoconazool
  Amistar TIP
boscalid / pyraclostrobin
  Signum
chloorthalonil / metalaxyl-M
  Folio Gold
tebuconazool / trifloxystrobin
  Nativo
trifloxystrobin
  Flint

WITTEVLIEGEN koolwittevlieg *Aleyrodes proletella*
gewasbehandeling door spuiten
spirotetramat
    Movento

ZWARTNERVIGHEID *Xanthomonas campestris pv. campestris*
- boerenkool, sluitkool, rammenas en radijs niet verbouwen op gronden waar deze ziekte veel voorkomt.
- gezond uitgangsmateriaal gebruiken.
- koolrestanten eerst versnipperen en dan onderploegen.
- vruchtwisseling toepassen.
- zo weinig mogelijk door een besmet perceel lopen en rijden. Hiermee wordt uitbreiding van de ziekte voorkomen.

ZWARTPOTEN *Thanatephorus cucumeris*
grondbehandeling in plantenbed door spuiten
iprodion
    Imex Iprodion Flo, Rovral Aquaflo

SNIJBIET

BLADVLEKKENZIEKTE spikkelziekte *Alternaria* soorten
zaadbehandeling door mengen
iprodion
    Imex Iprodion Flo, Rovral Aquaflo

KIEMSCHIMMELS
zaadbehandeling door mengen
thiram
    Proseed

WORTELBRAND *Pleospora betae*
zaadbehandeling door mengen
iprodion
    Imex Iprodion Flo, Rovral Aquaflo

SNIJBOON

BLADLUIZEN *Aphididae*
gewasbehandeling door spuiten
pirimicarb
    Agrichem Pirimicarb, Pirimor

GRAUWE SCHIMMEL *Botryotinia fuckeliana*
- afgevallen bloemblaadjes niet op het gewas laten liggen.
- bij een te zwaar gewas blad dunnen.
- minder vatbare rassen telen.
- ruime plantafstand aanhouden.
- voor een niet te weelderige gewas zorgen.
- zwaar gewas en dichte stand voorkomen.
gewasbehandeling door spuiten
iprodion
    Imex Iprodion Flo, Rovral Aquaflo

KIEMSCHIMMELS
zaadbehandeling door mengen
thiram
    Proseed
zaadbehandeling door slurry
thiram
    Hermosan 80 WG, Thiram Granuflo

MIJTEN bonenspintmijt *Tetranychus urticae*
- gezond uitgangsmateriaal gebruiken.
- spint in de voorafgaande teelt bestrijden.
- vruchtwisseling toepassen.

RUPSEN gamma-uil *Autographa gamma, groente-uil Lacanobia oleracea*
gewasbehandeling door spuiten
Bacillus thuringiensis subsp. *aizawai*
    Turex Spuitpoeder, Xen Tari WG

SCLEROTIËNROT *Sclerotinia sclerotiorum*
- niet in besmette grond telen.
- vruchtwisseling toepassen, niet telen na sla, andijvie, koolzaad, karwij, witlof, aardappel en komkommer.
gewasbehandeling door spuiten
iprodion
    Imex Iprodion Flo, Rovral Aquaflo

TRIPSEN californische trips *Frankliniella occidentalis*
- gezond uitgangsmateriaal gebruiken.
- onkruid bestrijden.
- vruchtwisseling toepassen.

VIRUSZIEKTEN rolmozaïek bonenrolmozaïekvirus
- overvatbare rolmozaïekresistente rassen niet zaaien voor eind juni.
- resistente rassen telen.

VIRUSZIEKTEN scherpmozaïek bonenscherpmozaïekvirus
- bonen niet in de omgeving van gladiolen zaaien. Ook geen bonen na gladiolen, Montbretia's of Freesia's telen in verband met opslag hiervan.
- resistente rassen telen.

VIRUSZIEKTEN stippelstreep tabaksnecrosevirus
- vruchtwisseling toepassen.

VLEKKENZIEKTE *Colletotrichum lindemuthianum*
- gezond uitgangsmateriaal gebruiken.
- resistente rassen telen.

SPAANSE PEPER

KIEMSCHIMMELS
zaadbehandeling door mengen
thiram
    Proseed

SPERZIEBOON

BACTERIEBRAND *Xanthomonas axonopodis pv. phaseoli*
- gezond uitgangsmateriaal gebruiken.
- resistente rassen telen.

BLADLUIZEN *Aphididae*
gewasbehandeling door spuiten
pirimicarb
    Agrichem Pirimicarb, Pirimor

BONENKEVERS stambonenkever *Acanthoscelides obtectus*
- zaaizaad koel bewaren (3 dagen bij -20 °C).

CHLOROSE zoutovermaat
- chloorarme meststoffen toedienen of chloorhoudende meststoffen al in de herfst strooien.
- indien het beregeningswater zout is, voorkomen dat de grond te droog wordt: dus blijven beregenen.
- overvloedig water geven.
- water met een laag chloorgehalte gebruiken.

GRAUWE SCHIMMEL *Botryotinia fuckeliana*
- afgevallen bloemblaadjes niet op het gewas laten liggen.
- bij een te zwaar gewas blad dunnen.
- minder vatbare rassen telen.
- ruime plantafstand aanhouden.
- zwaar gewas en dichte stand voorkomen.
gewasbehandeling door spuiten
iprodion
    Imex Iprodion Flo, Rovral Aquaflo

KIEMPLANTENZIEKTE *Phoma* **soorten**
Pythium soorten
- voor een hoge bodemtemperatuur en niet te natte grond zorgen.
zaadbehandeling door spuiten
metalaxyl-M
    Apron XL

KIEMSCHIMMELS
zaadbehandeling door mengen
thiram
    Proseed
zaadbehandeling door slurry
thiram
    Hermosan 80 WG, Thiram Granuflo

ROEST *Uromyces appendiculatus var. appendiculatus*
- geen specifieke niet-chemische maatregel bekend.

RUPSEN gamma-uil *Autographa gamma, groente-uil Lacanobia oleracea*
gewasbehandeling door spuiten
Bacillus thuringiensis subsp. *aizawai*
    Turex Spuitpoeder, Xen Tari WG

SCLEROTIËNROT *Sclerotinia sclerotiorum*
- dichte stand voorkomen.
- niet in besmette grond telen.
gewasbehandeling door spuiten
iprodion
    Imex Iprodion Flo, Rovral Aquaflo

TRIPSEN *Thysanoptera*
gewasbehandeling door spuiten
esfenvaleraat
    Sumicidin Super

TRIPSEN californische trips *Frankliniella occidentalis*
- gezond uitgangsmateriaal gebruiken.
- onkruid bestrijden.
- vruchtwisseling toepassen.

VAATZIEKTE *Fusarium oxysporum f.sp. phaseoli*
- ruime vruchtwisseling toepassen.

VETVLEKKENZIEKTE *Pseudomonas syringae pv. phaseolicola*
- resistente rassen telen.

VIRUSZIEKTEN scherpmozaïek bonenscherpmoza-iekvirus
- bladluizen bestrijden.
- bonen niet in de omgeving van gladiolen zaaien. Ook geen bonen na gladiolen, Montbretia's of Freesia's telen in verband met opslag hiervan.
- resistente rassen telen.

VLEKKENZIEKTE *Colletotrichum lindemuthianum*
- gezond uitgangsmateriaal gebruiken.
- resistente rassen telen.

VLIEGEN bonenvlieg *Delia platura*
- vruchtwisseling toepassen, niet telen na spinazie, sla of boerenkool, sluitkool. Bij bonen na spinazie direct na het maaien van de spinazie schoffelen en de grond 10-14 dagen laten liggen.

SPINAZIE

AALTJES geel bietencysteaaltje *Heterodera betae*
- bieten, kroten, spinazie, boerenkool, sluitkool, koolraap en rabarber niet op besmette grond telen.
signalering:

- grondonderzoek laten uitvoeren.

AALTJES stengelaaltje *Ditylenchus dipsaci*
DIT IS EEN QUARANTAINE-ORGANISME

AALTJES wit bietencysteaaltje *Heterodera schachtii*
- bieten, kroten, spinazie, boerenkool, sluitkool, koolraap en rabarber niet op besmette grond telen.
signalering:
- grondonderzoek laten uitvoeren.

BLADLUIZEN *Aphididae*
gewasbehandeling door spuiten
pirimicarb
    Agrichem Pirimicarb, Pirimor

BLADVLEKKENZIEKTE *Heterosporium variabile*
- minder vatbare rassen telen.

BLADVLEKKENZIEKTE spikkelziekte *Alternaria* **soorten**
zaadbehandeling door mengen
iprodion
    Imex Iprodion Flo, Rovral Aquaflo

GEWASRESTANTEN, doodspuiten van
gewasbehandeling door spuiten
glufosinaat-ammonium
    Basta 200, Finale SL 14, Radicale 2

KIEMPLANTENZIEKTE *Pythium ultimum var. ultimum*
- dichte stand voorkomen.
- drainage en structuur van de grond verbeteren en een optimale pH (circa 6) nastreven.

KIEMPLANTENZIEKTE *Pleospora betae*
zaadbehandeling door mengen
iprodion
    Imex Iprodion Flo, Rovral Aquaflo

KIEMPLANTENZIEKTE *Pythium* **soorten**
zaadbehandeling door spuiten
metalaxyl-M
    Apron XL

KIEMSCHIMMELS
zaadbehandeling door mengen
thiram
    Proseed
zaadbehandeling door slurry
thiram
    Hermosan 80 WG, Thiram Granuflo

MIJTEN stromijt radijsmijt *Tyrophagus similis*
- geen specifieke niet-chemische maatregel bekend.

RUPSEN gamma-uil *Autographa gamma, groente-uil Lacanobia oleracea, koolmot Plutella xylostella, Pieris* **soorten**
gewasbehandeling door spuiten
Bacillus thuringiensis subsp. *aizawai*
    Turex Spuitpoeder, Xen Tari WG

VALSE MEELDAUW *Peronospora farinosa f.sp. spinaciae*
- aangetaste planten(delen) verwijderen.
- besmettingsbronnen verwijderen.
- niet te dicht zaaien.
- resistente rassen telen.
- ruime vruchtwisseling toepassen.
- tolerante rassen telen.
gewasbehandeling door spuiten
dimethomorf

Paraat
zaadbehandeling door spuiten
metalaxyl-M
   Apron XL

VIRUSZIEKTEN mozaïek komkommermozaïekvirus, vergelingsziekte bietenvergelingsvirus
- besmettingsbronnen verwijderen.
- bladluizen bestrijden.
- tolerante rassen telen.

WORTELBRAND *Colletotrichum dematium f. spinaciae*
- drainage en structuur van de grond verbeteren en een optimale pH (circa 6) nastreven.
- niet te dicht planten.

gewasbehandeling door spuiten
boscalid / pyraclostrobin
   Signum S

SPRUITKOOL

AALTJES geel bietencysteaaltje *Heterodera betae*, wit bietencysteaaltje *Heterodera schachtii*
- ruime vruchtwisseling toepassen.

grondbehandeling door strooien
oxamyl
   Vydate 10G

BLADLUIZEN *Aphididae*
gewasbehandeling door spuiten
pirimicarb
   Agrichem Pirimicarb, Pirimor
spirotetramat
   Movento

BLADLUIZEN groene perzikluis *Myzus persicae*
zaadbehandeling door coaten
thiamethoxam
   Cruiser 70 WS
zaadbehandeling door dummy-pil methode
thiamethoxam
   Cruiser 70 WS
zaadbehandeling door phytodrip methode
thiamethoxam
   Cruiser 70 WS

BLADLUIZEN melige koolluis *Brevicoryne brassicae*
zaadbehandeling door coaten
thiamethoxam
   Cruiser 70 WS
zaadbehandeling door dummy-pil methode
thiamethoxam
   Cruiser 70 WS
zaadbehandeling door phytodrip methode
thiamethoxam
   Cruiser 70 WS

BLADVLEKKENZIEKTE *Alternaria* soorten
gewasbehandeling door spuiten
difenoconazool
   Score 250 EC

BLADVLEKKENZIEKTEN spikkelziekte *Alternaria brassicae*
gewasbehandeling door spuiten
azoxystrobin
   Amistar, Azoxy HF, Budget Azoxystrobin 250 SC, Ortiva
azoxystrobin / difenoconazool
   Amistar TIP
boscalid / pyraclostrobin
   Signum
iprodion
   Imex Iprodion Flo, Rovral Aquaflo

tebuconazool / trifloxystrobin
   Nativo
trifloxystrobin
   Flint
zaadbehandeling door mengen
iprodion
   Imex Iprodion Flo, Rovral Aquaflo

BLADVLEKKENZIEKTEN spikkelziekte *Alternaria brassicicola*
gewasbehandeling door spuiten
azoxystrobin
   Amistar, Azoxy HF, Budget Azoxystrobin 250 SC, Ortiva
azoxystrobin / difenoconazool
   Amistar TIP
boscalid / pyraclostrobin
   Signum
iprodion
   Imex Iprodion Flo, Rovral Aquaflo
zaadbehandeling door mengen
iprodion
   Imex Iprodion Flo, Rovral Aquaflo

ECHTE MEELDAUW *Erysiphe cruciferarum*
gewasbehandeling door spuiten
azoxystrobin
   Ortiva
tebuconazool / trifloxystrobin
   Nativo

GALMUGGEN koolgalmug *Contarinia nasturtii*
- gewas bij eerste planting afdekken met vliesdoek.
- gewasresten na de oogst onderploegen of verwijderen.
- gezond uitgangsmateriaal gebruiken.
- ruime vruchtwisseling toepassen.

signalering:
- signaleringssysteem gebruiken waarbij het tijdstip van de vlucht wordt vastgesteld.

gewasbehandeling door spuiten
deltamethrin
   Agrichem Deltamethrin, Decis Micro, Deltamethrin E.C. 25, Splendid, Wopro Deltamethrin
lambda-cyhalothrin
   Karate met Zeon Technologie

KALIUMGEBREK
- voor een goede kalitoestand van de grond of van het groeimedium zorgen, gecombineerd met een juiste bemesting.

KIEMPLANTENZIEKTE *Thanatephorus cucumeris*
grondbehandeling in plantenbed door spuiten
iprodion
   Imex Iprodion Flo, Rovral Aquaflo

KIEMSCHIMMEL *Pythium* soorten
zaadbehandeling door spuiten
metalaxyl-M
   Apron XL

KIEMSCHIMMELS
zaadbehandeling door mengen
thiram
   Proseed

RINGVLEKKENZIEKTE *Mycosphaerella brassicicola*
- gewasresten na de oogst onderploegen of verwijderen.
- vruchtwisseling toepassen.

signalering:
- signaleringssysteem gebruiken waarbij het tijdstip van de vlucht wordt vastgesteld.

gewasbehandeling door spuiten
azoxystrobin
   Amistar, Azoxy HF, Budget Azoxystrobin 250 SC, Ortiva
azoxystrobin / difenoconazool

Amistar TIP
boscalid / pyraclostrobin
Signum
difenoconazool
Score 250 EC
prothioconazool
Rudis
tebuconazool
Folicur, Folicur SC
tebuconazool / trifloxystrobin
Nativo

RUPSEN *Lepidoptera*
gewasbehandeling door spuiten
deltamethrin
Agrichem Deltamethrin, Deltamethrin E.C. 25, Splendid, Wopro Deltamethrin

RUPSEN bladrollers *Tortricidae*
gewasbehandeling door spuiten
deltamethrin
Agrichem Deltamethrin, Decis Micro, Deltamethrin E.C. 25, Splendid, Wopro Deltamethrin
esfenvaleraat
Sumicidin Super

RUPSEN gamma-uil *Autographa gamma*
gewasbehandeling door spuiten
Bacillus thuringiensis subsp. *aizawai*
Turex Spuitpoeder, Xen Tari WG
Bacillus thuringiensis subsp. *kurstaki*
Delfin, Dipel, Dipel ES, Scutello, Scutello L

RUPSEN groot koolwitje *Pieris brassicae*
gewasbehandeling door spuiten
Bacillus thuringiensis subsp. *kurstaki*
Delfin, Dipel, Scutello L
deltamethrin
Agrichem Deltamethrin, Deltamethrin E.C. 25, Splendid, Wopro Deltamethrin
lambda-cyhalothrin
Karate met Zeon Technologie

RUPSEN klein koolwitje *Pieris rapae*
gewasbehandeling door spuiten
Bacillus thuringiensis subsp. *kurstaki*
Delfin, Dipel, Scutello L
deltamethrin
Agrichem Deltamethrin, Deltamethrin E.C. 25, Splendid, Wopro Deltamethrin
lambda-cyhalothrin
Karate met Zeon Technologie
spinosad
Tracer

RUPSEN koolbladroller *Clepsis spectrana*
gewasbehandeling door spuiten
deltamethrin
Agrichem Deltamethrin, Decis Micro, Deltamethrin E.C. 25, Splendid, Wopro Deltamethrin
esfenvaleraat
Sumicidin Super
indoxacarb
Steward
lambda-cyhalothrin
Karate met Zeon Technologie

RUPSEN koolmot *Plutella xylostella*
gewasbehandeling door spuiten
Bacillus thuringiensis subsp. *aizawai*
Turex Spuitpoeder, Xen Tari WG
deltamethrin
Agrichem Deltamethrin, Decis Micro, Deltamethrin E.C. 25, Splendid, Wopro Deltamethrin

esfenvaleraat
Sumicidin Super
indoxacarb
Steward
lambda-cyhalothrin
Karate met Zeon Technologie
spinosad
Tracer

RUPSEN kooluil *Mamestra brassicae*
gewasbehandeling door spuiten
Bacillus thuringiensis subsp. *aizawai*
Turex Spuitpoeder
deltamethrin
Agrichem Deltamethrin, Decis Micro, Deltamethrin E.C. 25, Splendid, Wopro Deltamethrin
indoxacarb
Steward
spinosad
Tracer

RUPSEN *Pieris* soorten
gewasbehandeling door spuiten
Bacillus thuringiensis subsp. *aizawai*
Turex Spuitpoeder, Xen Tari WG
Bacillus thuringiensis subsp. *kurstaki*
Dipel ES, Scutello
deltamethrin
Decis Micro
esfenvaleraat
Sumicidin Super
indoxacarb
Steward

RUPSEN late koolmot *Evergestis forficalis*
gewasbehandeling door spuiten
Bacillus thuringiensis subsp. *aizawai*
Turex Spuitpoeder, Xen Tari WG
deltamethrin
Agrichem Deltamethrin, Decis Micro, Deltamethrin E.C. 25, Splendid, Wopro Deltamethrin
esfenvaleraat
Sumicidin Super
indoxacarb
Steward

RUPSEN
gewasbehandeling door spuiten
Bacillus thuringiensis subsp. *aizawai*
Turex Spuitpoeder, Xen Tari WG

SLAKKEN bruine wegslak *Arion subfuscus*, gewone wegslak *Arion rufus*, grauwe wegslak *Arion circumscriptus*, zwarte wegslak *Arion hortensis*
gewasbehandeling door strooien
ijzer(III)fosfaat
Roxasect Slakkenkorrels

TRIPSEN tabakstrips *Thrips tabaci*
- percelen in de buurt van uien niet gebruiken voor de teelt van kool in verband met invliegen vanuit de uien.
gewasbehandeling door spuiten
lambda-cyhalothrin
Karate met Zeon Technologie
zaadbehandeling door dummy-pil methode
imidacloprid
Gaucho Tuinbouw
zaadbehandeling door phytodrip methode
imidacloprid
Gaucho Tuinbouw

VALSE MEELDAUW *Peronospora parasitica*
- zwaar gewas, dichte stand en te hoge relatieve luchtvochtigheid (RV) voorkomen.

gewasbehandeling door spuiten
propamocarb-hydrochloride
    Imex-Propamocarb

VLIEGEN koolvlieg *Delia radicum*
- aantasting vooral bij vroege, ruige rassen.
- bij rassen die na december geoogst worden is geen bestrijding nodig.
gewasbehandeling door spuiten
deltamethrin
    Deltamethrin E.C. 25, Agrichem Deltamethrin
traybehandeling door spuiten
spinosad
    Tracer
zaadbehandeling door coaten
fipronil
    Mundial
gewasbehandeling door spuiten
deltamethrin
    Wopro Deltamethrin, Splendid

WITTE ROEST *Albugo candida*
- bemesting zo laag mogelijk houden.
- dichte stand voorkomen.
- gezond uitgangsmateriaal gebruiken.
- minder vatbare rassen telen.
- natuurlijke waslaag intact houden door zo min mogelijk uitvloeiers te gebruiken.
- voor een beheerste en regelmatige groei zorgen.
signalering:
- signaleringssysteem gebruiken waarbij het tijdstip van de vlucht wordt vastgesteld.
gewasbehandeling door spuiten
azoxystrobin
    Amistar, Azoxy HF, Budget Azoxystrobin 250 SC, Ortiva
azoxystrobin / difenoconazool
    Amistar TIP
boscalid / pyraclostrobin
    Signum
chloorthalonil
    Budget Chloorthalonil 500 SC, Daconil 500 Vloeibaar
chloorthalonil / metalaxyl-M
    Folio Gold
tebuconazool / trifloxystrobin
    Nativo
trifloxystrobin
    Flint

WITTEVLIEGEN koolwittevlieg *Aleyrodes proletella*
- gewasresten na de oogst onderploegen of verwijderen.
- gezond uitgangsmateriaal gebruiken.
- kop uit het gewas halen.
- ruime vruchtwisseling toepassen.
gewasbehandeling door spuiten
spirotetramat
    Movento

ZWARTNERVIGHEID *Xanthomonas campestris pv. campestris*
- aangetaste percelen het laatst bespuiten om verspreiding door de spuitmachine zoveel mogelijk te voorkomen.
- boerenkool, sluitkool, rammenas en radijs niet verbouwen op gronden waar deze ziekte veel voorkomt.
- gezond uitgangsmateriaal gebruiken.
- koolrestanten eerst versnipperen en dan onderploegen.
- vruchtwisseling toepassen.

TATSOI

ALTERNARIA *Alternaria* soorten
gewasbehandeling door spuiten
difenoconazool
    Score 250 EC

BLADVLEKKENZIEKTE *Mycosphaerella brassicicola*
gewasbehandeling door spuiten
difenoconazool
    Score 250 EC

TOMAAT

KIEMSCHIMMELS
zaadbehandeling door mengen
thiram
    Proseed

TUINBOON/VELDBOON

AALTJES gewoon wortellesieaaltje *Pratylenchus penetrans*
- vruchtwisseling toepassen, geen granen, maïs, grassen, aardappel, knolselderij, peen en vlinderbloemigen als voorvrucht telen. Biet en kruisbloemigen zijn goede voorvruchten.

AALTJES maiswortelknobbelaaltje *Meloidogyne chitwoodi*
DIT IS EEN QUARANTAINE-ORGANISME

AALTJES stengelaaltje *Ditylenchus dipsaci*
DIT IS EEN QUARANTAINE-ORGANISME

BLADLUIZEN *Aphididae*
gewasbehandeling door spuiten
pirimicarb
    Agrichem Pirimicarb, Pirimor

BLADLUIZEN erwtenbladluis *Acyrthosiphon pisum, zwarte bonenluis Aphis fabae*
- vroeg zaaien en tijdig toppen (tuinboon).

BLADVLEKKENZIEKTE *Ascochyta* soorten, *Cercospora fabae*
- gezond uitgangsmateriaal gebruiken.

BONENKEVERS tuinbonenkever *Bruchus rufimanus*
- besmet zaad vernietigen.

KIEMSCHIMMELS
zaadbehandeling door mengen
thiram
    Proseed
zaadbehandeling door slurry
thiram
    Hermosan 80 WG, Thiram Granuflo

SNUITKEVERS kleine klaversnuitkever *Apion assimile*
- geen specifieke niet-chemische maatregel bekend.

VALSE MEELDAUW *Peronospora viciae*
- minder vatbare rassen telen.
- zwaar gewas en dichte stand voorkomen.

VALSE MEELDAUW *Peronospora viciae f.sp. pisi*
zaadbehandeling door spuiten
metalaxyl-M
    Apron XL

VIRUSZIEKTEN enatiemozaïek erwtenenatiemozaïekviru
- aangetaste planten(delen) verwijderen en afvoeren.
- virusvrij zaaizaad gebruiken.

VIRUSZIEKTEN mozaïek bonenscherpmozaïekvirus
- aangetaste planten(delen) verwijderen en afvoeren.
- bonen niet in de omgeving van gladiolen zaaien. Ook geen bonen na gladiolen, Montbretia's of Freesia's telen in verband met opslag hiervan.

- vroeg zaaien.

VIRUSZIEKTEN topvergeling erwtentopvergelings-virus
- bladluizen bestrijden.
- minder vatbare rassen telen.
- nabijheid van luzerne voorkomen en zo vroeg mogelijk zaaien.

VOETZIEKTE *Fusarium solani f.sp. Fabae, Fusarium solani f.sp. Phaseoli*
- minder vatbare rassen telen.
- niet op matig of zwaar besmette percelen telen.
- vruchtwisseling toepassen.

VOETZIEKTE *Phoma pinodella*
- gekeurd uitgangsmateriaal gebruiken.

VOETZIEKTE *Fusarium* **soorten**
- minder vatbare rassen telen.
- niet op matig of zwaar besmette percelen telen.
- vruchtwisseling toepassen.

VOETZIEKTE *Pythium* **soorten**
- ruime vruchtwisseling toepassen en zorgen voor een goede cultuurtoestand van de grond.
zaadbehandeling door spuiten
metalaxyl-M
    Apron XL

WORTELROT *Aphanomyces euteiches*
- grond ontwateren.
- niet op matig of zwaar besmette percelen telen.
- ruime vruchtwisseling toepassen.

UI

AALTJES gewoon wortellesieaaltje *Pratylenchus penetrans*
- vruchtwisseling toepassen, granen, maïs, grassen, aardappel, knolselderij, peen en vlinderbloemigen zijn goede voorvruchten.
grondbehandeling door injecteren
metam-natrium
    Monam CleanStart, Monam Geconc., Nemasol

AALTJES graswortelknobbelaaltje *Meloidogyne naasi*
- vruchtwisseling toepassen, niet te vaak granen of grassen telen. Maïs als aaltjesvangend gewas telen.
- zwarte braak toepassen in de zomer.
signalering:
- grondonderzoek laten uitvoeren.

AALTJES noordelijk wortelknobbelaaltje *Meloidogyne hapla*
- ruime vruchtwisseling toepassen.
- zwarte braak toepassen in de zomer.

AALTJES stengelaaltje *Ditylenchus dipsaci*
grondbehandeling door injecteren
metam-natrium
    Monam CleanStart, Monam Geconc., Nemasol

AALTJES vrijlevende wortelaaltjes (trichododidae) *Trichodorus* **soorten**
- vruchtwisseling toepassen, granen, maïs, grassen, aardappel, knolselderij, peen en vlinderbloemigen zijn goede voorvruchten.

AALTJES vrijlevende wortelaaltjes *Trichododidae*, **AALTJES wortelknobbelaaltje** *Meloidogyne* **soorten**
grondbehandeling door injecteren
metam-natrium

    Monam CleanStart, Monam Geconc., Nemasol

BLADVLEKKENZIEKTE *Pleospora herbarum var. herbarum*
gewasbehandeling door spuiten
kresoxim-methyl
    Kenbyo FL

BLADVLEKKENZIEKTEN botrytis-bladvlekkenziekte *Botryotinia squamosa*
- afschrikmethoden zoals vogelverschrikkers, knalapparaten of folie toepassen.
- bedrijfshygiëne stringent doorvoeren.
signalering:
- signaleringssysteem gebruiken waarbij het tijdstip van de vlucht wordt vastgesteld.
gewasbehandeling door spuiten
azoxystrobin
    Amistar, Azoxy HF, Budget Azoxystrobin 250 SC, Ortiva
chloorthalonil
    Budget Chloorthalonil 500 SC, Daconil 500 Vloeibaar
chloorthalonil / metalaxyl-M
    Folio Gold
chloorthalonil / prochloraz
    Allure Vloeibaar
fluazinam
    Fluazinam 500 SC, Fylan Flow, Ohayo, Shirlan
fluoxastrobin / prothioconazool
    Fandango
iprodion
    Imex Iprodion Flo, Rovral Aquaflo
kresoxim-methyl
    Kenbyo FL
kresoxim-methyl / mancozeb
    Kenbyo MZ

BLADVLEKKENZIEKTEN papiervlekkenziekte *Phytophthora porri,* **purpervlekkenziekte** *Alternaria porri*
gewasbehandeling door spuiten
boscalid / pyraclostrobin
    Signum

BOLROT *Fusarium oxysporum f.sp. cepae*
- besmette percelen mijden.
- ruime vruchtwisseling toepassen.

BRAND *Urocystis cepulae*
- ruime vruchtwisseling toepassen.

KIEMSCHIMMEL *Pythium* **soorten**
zaadbehandeling door spuiten
metalaxyl-M
    Apron XL

KIEMSCHIMMELS
zaadbehandeling door mengen
thiram
    Proseed
zaadbehandeling door slurry
thiram
    Hermosan 80 WG, Thiram Granuflo

KOPROT *Botrytis aclada*
- gewas laten uitrijpen.
- gewasresten verwijderen.
- stikstofgift aanpassen.
- vroeg rooien, als het loof voor 50 % is afgestorven. Direct inschuren en drogen bij 30 °C.
bol- en/of knolbehandeling door dompelen
thiofanaat-methyl
    Topsin M Vloeibaar
zaadbehandeling door spuiten
thiofanaat-methyl

Topsin M Vloeibaar

MANGAANGEBREK
- bij voorkeur tegen de avond spuiten met mangaansulfaat of een ander Mn-bevattend product. De bespuiting zo nodig herhalen.

MINEERVLIEGEN *Agromyzidae*
gewasbehandeling door spuiten
deltamethrin
    Agrichem Deltamethrin, Deltamethrin E.C. 25, Splendid, Wopro Deltamethrin

MINEERVLIEGEN uienmineervlieg *Liriomyza cepae*
gewasbehandeling door spuiten
deltamethrin
    Agrichem Deltamethrin, Decis Micro, Deltamethrin E.C. 25, Splendid, Wopro Deltamethrin

ROEST *Puccinia allii*
gewasbehandeling door spuiten
boscalid / pyraclostrobin
    Signum

RUPSEN preimot *Acrolepiopsis assectella*
signalering:
- vangplaten of vanglampen ophangen, waardoor het goede bestrijdingsmoment vastgesteld kan worden.
gewasbehandeling door spuiten
Bacillus thuringiensis subsp. *aizawai*
    Turex Spuitpoeder
deltamethrin
    Agrichem Deltamethrin, Decis Micro, Deltamethrin E.C. 25, Splendid, Wopro Deltamethrin

SPRUITVORMING, voorkomen van
gewasbehandeling door spuiten
maleine hydrazide
    Budget Maleine Hydrazide SG, Himalaya 60 SG, Itcan, Royal MH-30, Royal MH-Spuitkorrel
ruimtebehandeling door gassen
ethyleen
    Restrain

STEMPHYLIUM *Stemphylium vesicarium*
gewasbehandeling door spuiten
kresoxim-methyl / mancozeb
    Kenbyo MZ

TRIPSEN *Thysanoptera*
gewasbehandeling door spuiten
deltamethrin
    Agrichem Deltamethrin, Decis Micro, Deltamethrin E.C. 25, Splendid, Wopro Deltamethrin
esfenvaleraat
    Sumicidin Super

TRIPSEN tabakstrips *Thrips tabaci*
gewasbehandeling door spuiten
deltamethrin
    Agrichem Deltamethrin, Deltamethrin E.C. 25, Splendid, Wopro Deltamethrin
lambda-cyhalothrin
    Karate met Zeon Technologie
spinosad
    Tracer

VALSE MEELDAUW *Peronospora destructor*
- afvalhopen afdekken.
- gewasresten verwijderen.
- gezond uitgangsmateriaal gebruiken.
signalering:
- indien mogelijk een waarschuwingssysteem gebruiken.
gewasbehandeling door spuiten

azoxystrobin
    Amistar, Azoxy HF, Budget Azoxystrobin 250 SC, Ortiva
chloorthalonil / metalaxyl-M
    Folio Gold
dimethomorf / mancozeb
    Acrobat DF
fluoxastrobin / prothioconazool
    Fandango
mancozeb
    Brabant Mancozeb Flowable, Dithane DG Newtec, Fythane DG, Manconyl 2, Mastana SC, Penncozeb 80 WP, Penncozeb DG, Tridex 80 WP, Tridex DG, Vondozeb DG
mancozeb / metalaxyl-M
    Fubol Gold
maneb
    Trimangol 80 WP, Trimangol DG, Vondac DG

VALSE MEELDAUW *Peronospora parasitica*
- afvalhopen afdekken.
- gewasresten verwijderen.
- gezond uitgangsmateriaal gebruiken.
signalering:
- indien mogelijk een waarschuwingssysteem gebruiken.

VIRUSZIEKTEN geelstreep uiengeelstreepvirus
- gezond uitgangsmateriaal gebruiken.
- overbrengers (vectoren) van virus voorkomen en/of bestrijden.
- voor zaadwinning bestemde bollen en plantgoed voor de teelt van consumptie-uien niet telen in gebieden waar de verbouw van uienzaad of sjalotten plaatsvindt.

VLIEGEN uienvlieg *Delia antiqua*
- steriele-insecten techniek toepassen.
zaadbehandeling door coaten
fipronil
    Mundial
signalering:
- gewasinspecties uitvoeren.
- lokvallen gebruiken.

WITROT *Sclerotium cepivorum*
- gezond uitgangsmateriaal gebruiken.
- ruime vruchtwisseling toepassen.
signalering:
- grondonderzoek laten uitvoeren.

UI STENGELUI

KIEMSCHIMMELS
zaadbehandeling door mengen
thiram
    Proseed

VELDSLA

BLADLUIZEN *Aphididae*
gewasbehandeling door spuiten
pirimicarb
    Agrichem Pirimicarb, Pirimor

BLADVLEKKENZIEKTE *Phoma* soorten
zaadbehandeling door mengen
iprodion
    Rovral Aquaflo

ECHTE MEELDAUW *Oidium* soorten
- geen specifieke niet-chemische maatregel bekend.
- tolerante rassen telen.

GRAUWE SCHIMMEL *Botryotinia fuckeliana*
- dichte stand voorkomen.

KIEMPLANTENZIEKTE *Pleospora betae*
zaadbehandeling door mengen
iprodion
> Rovral Aquaflo

KIEMPLANTENZIEKTE *Pythium* **soorten**
- structuur van de grond verbeteren en voor voldoende bodemtemperatuur zorgen.
zaadbehandeling door spuiten
metalaxyl-M
> Apron XL

KIEMSCHIMMELS
zaadbehandeling door slurry
thiram
> Thiram Granuflo
zaadbehandeling door mengen
thiram
> Proseed
zaadbehandeling door slurry
thiram
> Hermosan 80 WG

RHIZOCTONIA-ZIEKTE *Thanatephorus cucumeris*
- dichte stand voorkomen.

RUPSEN gamma-uil *Autographa gamma, groente-uil Lacanobia oleracea, koolmot Plutella xylostella, Pieris* **soorten**
gewasbehandeling door spuiten
Bacillus thuringiensis subsp. *aizawai*
> Turex Spuitpoeder, Xen Tari WG

SCLEROTIËNROT *Sclerotinia sclerotiorum*
- dichte stand voorkomen.

VALSE MEELDAUW *Peronospora valerianellae*
- geen specifieke niet-chemische maatregel bekend.
gewasbehandeling door spuiten
dimethomorf
> Paraat
zaadbehandeling door spuiten
metalaxyl-M
> Apron XL

VORST
- gewas bij vorst afdekken met vliesdoek of plastic.

VENKEL

KIEMSCHIMMELS
zaadbehandeling door mengen
thiram
> Proseed

LOOFVERBRUINING *Alternaria dauci*
zaadbehandeling door mengen
iprodion
> Imex Iprodion Flo, Rovral Aquaflo

ZWARTE-PLEKKENZIEKTE *Alternaria radicina*
zaadbehandeling door mengen
iprodion
> Imex Iprodion Flo, Rovral Aquaflo

WATERMELOEN

KIEMSCHIMMELS
zaadbehandeling door mengen
thiram
> Proseed

2.4.2 Groenteteelt, bedekte teelt

2.4.2.1 Algemeen voorkomende ziekten, plagen en teeltproblemen

De hieronder genoemde ziekten en plagen komen voor in verschillende gewassen van de hier behandelde teeltgroep. Alleen bestrijdingsmogelijkheden die toepasbaar zijn in de gehele teeltgroep worden in deze paragraaf genoemd. Raadpleeg voor de bestrijdingesmogelijkheden in specifieke gewassen de hieropvolgende paragraaf.

AALTJES
- gereedschap en andere materialen schoonmaken en ontsmetten.
- gezond uitgangsmateriaal gebruiken.
- grond en/of substraat stomen.
- grond inunderen, minimaal 6 weken bij destructor-, blad- en stengelaaltjes.
- indien beschikbaar, resistente of minder vatbare rassen telen.
- ruime vruchtwisseling toepassen.
- bedrijfshygiëne stringent doorvoeren.
- gewas bovengronds droog houden (bladaaltjes).
signalering:
- grondonderzoek laten uitvoeren.

AALTJES noordelijk wortelknobbelaaltje
Meloidogyne hapla
- ruime vruchtwisseling toepassen.
- zo laat mogelijk zaaien of planten.

AARDRUPSEN aardrups *Euxoa nigricans, bruine aardrups Agrotis exclamationis, gewone aardrups Agrotis segetum, zwartbruine aardrups Agrotis ipsilon*
- natuurlijke vijanden inzetten of stimuleren.
- perceel tijdens en na de teelt onkruidvrij houden.
- percelen regelmatig beregenen.
- *Steinernema feltiae* (insectparasitair aaltje) inzetten. De bodemtemperatuur dient daarbij minimaal 12 °C te zijn.
- zwarte braak toepassen gedurende een jaar.

ALTERNARIA-ZIEKTE *Alternaria solani*
- natslaan van gewas en guttatie voorkomen.

(AFGEDRAGEN) GEWAS, doodspuiten van
gewasbehandeling door spuiten
glyfosaat
    Panic Free, Roundup Force
onkruidbehandeling door pleksgewijs spuiten
glyfosaat
    Panic Free, Roundup Force

BACTERIEZIEKTEN
- aangetaste planten(delen) verwijderen en afvoeren.
- beschadiging van het gewas voorkomen.
- gezond uitgangsmateriaal gebruiken.
- grond en/of substraat stomen.
- handen en gereedschap regelmatig ontsmetten.
- hoge relatieve luchtvochtigheid (RV) en hoge temperatuur voorkomen.
- huisdieren uit de kas weren.
- natslaan van gewas en guttatie voorkomen.
- onderdoor water geven.
- ruime plantafstand aanhouden.
- schoenen ontsmetten.
- tijdelijk met recirculeren stoppen.
- voor goede groeiomstandigheden zorgen.
- weelderige groei voorkomen.
- wegwerphandschoenen gebruiken en deze zo vaak mogelijk vernieuwen.
- ziektevrij gietwater (leiding- of bronwater) of ontsmet drain-, oppervlakte- en regenwater gebruiken.

- zo min mogelijk bezoekers in de kas en per afdeling aparte jassen gebruiken.
- zo min mogelijk verschillende personen toelaten in de afdeling waar een aantasting is waargenomen.

BLADLUIZEN *Aphididae*
- gewas jong oogsten.
- gewasresten na de oogst onderploegen of verwijderen.
- gezond uitgangsmateriaal gebruiken.
- natuurlijke vijanden inzetten of stimuleren.
- spontane parasitering is mogelijk.
- insectengaas 0,8 x 0,8 mm aanbrengen.
signalering:
- gele of blauwe vangplaten ophangen.
- gewasinspecties uitvoeren.
plantbehandeling door spuiten
piperonylbutoxide / pyrethrinen
    Spruzit Vloeibaar

BOTRYTIS *Botrytis* **soorten**
- beschadiging voorkomen, behandelen indien beschadigd.
- besmette grond inunderen.
- gewasresten na de oogst onderploegen of verwijderen.
- grond ploegen zodat deze aan de oppervlakte vrij is van sporen en sclerotiën.
- natslaan van gewas en guttatie voorkomen.
- onderdoor water geven.
- onkruid bestrijden.
- opslag en stekers vroeg in het voorjaar verwijderen.
- relatieve luchtvochtigheid (RV) laag houden door stoken en/of luchten, beschadigingen voorkomen en niet te dicht planten.
- ruime plantafstand aanhouden.
- stikstofbemesting matig toepassen.
- voor een afgehard gewas zorgen.
- vruchtwisseling toepassen (minimaal 1 op 3).
- zoutconcentratie (EC) zo hoog mogelijk houden.
signalering:
- indien mogelijk een waarschuwingssysteem gebruiken.

ECHTE MEELDAUW *Erysiphe* **soorten**
- schoenen ontsmetten.
- sterke temperatuurschommelingen voorkomen.
- te sterke luchtverplaatsing en tocht bij deuren voorkomen.

EMELTEN weidelangpootmug *Tipula paludosa*
- perceel tijdens en na de teelt onkruidvrij houden.

FUSARIUMZIEKTE *Fusarium bulbicola*
- relatieve luchtvochtigheid (RV) laag houden door stoken en/of luchten, beschadigingen voorkomen en niet te dicht planten.
- schoenen ontsmetten.
- zaad een warmwaterbehandeling geven.

GRAUWE SCHIMMEL *Botryotinia fuckeliana*
- beschadiging voorkomen.
- temperatuur van de kweekgrond moet voldoende hoog zijn.
- temperatuurschommelingen voorkomen door gietwater te gebruiken waarvan de temperatuur gelijk is aan die van het wortelmedium.

- vanaf twee dagen na opkomst planten afharden.
- verse grond gebruiken en zaaibakjes en houtwerk met kunstfolie bekleden. Grond met vers rivierzand afdekken.
gewasbehandeling door spuiten
boscalid / pyraclostrobin
    Signum
plantbehandeling door spuiten
gliocladium catenulatum stam j1446
    Prestop

GROEI, bevorderen van
- hogere fosfaatgift toepassen.
- hogere nachttemperatuur dan dagtemperatuur beperkt
strekking.
- meer licht geeft compactere groei.
- veel water geven bevordert de celstrekking.

HUISKREKEL *Acheta domestica*
- gaten en kieren in muren en de vloer afdichten.
- voerresten regelmatig verwijderen.

KALIUMGEBREK
- tot begin juli met kalisulfaat (patentkali) bemesten.
- voor een goede kalitoestand van de grond of van het groeimedium zorgen, gecombineerd met een juiste bemesting.

KEVERS *Coleoptera*
plantbehandeling door spuiten
piperonylbutoxide / pyrethrinen
    Spruzit Vloeibaar

KIEMPLANTENZIEKTE *Pythium* soorten
- cultivars gebruiken die weinig *Pythium* gevoelig zijn.
- dichte stand voorkomen.
- gereedschap en andere materialen schoonmaken en ontsmetten.
- gewasresten verwijderen.
- grond en/of substraat stomen.
- grond goed ontwateren.
- hoog stikstofgehalte voorkomen.
- niet in te koude of te natte grond planten.
- niet te dicht planten.
- niet teveel water geven.
- structuur van de grond verbeteren en voor voldoende
bodemtemperatuur zorgen.
- bemesten met GFT-compost onderdrukt *Pythium* in de grond.
- beschadiging voorkomen.
- betonvloer schoon branden.
- direct na opkomst luchten.
- geen grond tegen de stengel laten liggen.
- schoenen ontsmetten.
- temperatuur van de kweekgrond moet voldoende hoog zijn.
- temperatuurschommelingen voorkomen door gietwater te
gebruiken waarvan de temperatuur gelijk is aan die van het
wortelmedium.
- vanaf twee dagen na opkomst planten afharden.
- ziektevrij gietwater (leiding- of bronwater) of ontsmet drain-,
oppervlakte- en regenwater gebruiken.
plantbehandeling door druppelen via voedingsoplossing
gliocladium catenulatum stam j1446
    Prestop
plantbehandeling door gieten
gliocladium catenulatum stam j1446
    Prestop
plantbehandeling door spuiten
gliocladium catenulatum stam j1446
    Prestop
substraatbehandeling door mengen
gliocladium catenulatum stam j1446
    Prestop
plantbehandeling door gieten
gliocladium catenulatum stam j1446
    Prestop Mix
substraatbehandeling door mengen

gliocladium catenulatum stam j1446
    Prestop Mix

MAGNESIUMGEBREK
- grondverbetering toepassen.
- pH verhogen.

MANGAANGEBREK
- grondverbetering toepassen.
- mangaansulfaat spuiten, alleen bij donker en groeizaam weer.
- met een mangaan bevattend gewasbeschermingsmiddel
spuiten werkt gunstig.
- pH verlagen.

MIEREN *Formicidae*
- lokdozen gebruiken.
- nesten met kokend water aangieten.

MIJTEN spintmijten *Tetranychidae*
- gezond uitgangsmateriaal gebruiken.
- onkruid en resten van de voorteelt verwijderen.
- spint in de voorafgaande teelt bestrijden.
- insectengaas aanbrengen.
- natuurlijke vijanden inzetten of stimuleren.
- relatieve luchtvochtigheid (RV) in de kas zo hoog mogelijk
houden om spintontwikkeling te remmen.
- vruchtwisseling toepassen.
signalering:
- gewasinspecties uitvoeren.

MINEERVLIEGEN *Agromyzidae*
- gewasresten na de oogst onderploegen of verwijderen.
- gezond uitgangsmateriaal gebruiken.
- grond afbranden om poppen te doden.
- onkruid bestrijden.
- vruchtwisseling toepassen.
- insectengaas 0,8 x 0,8 mm aanbrengen.
- kas ontsmetten.
- kassen 2-3 weken leeg laten voordat nieuwe teelt erin komt.
- natuurlijke vijanden inzetten of stimuleren.
- substraat vervangen of stomen.
signalering:
- gewasinspecties uitvoeren.
- vangplaten neerleggen op de grond voor de paden.
Mineervliegen die net uitkomen worden hiermee weggevangen.
- vast laten stellen welke mineervlieg in het spel is.

MINEERVLIEGEN chrysantenmineervliegen *Chromatomyia syngenesiae, floridamineervlieg Liriomyza trifolii, koolmineervlieg Phytomyza rufipes, nerfmineervlieg Liriomyza huidobrensis, tomatenmineervlieg Liriomyza bryoniae*
- natuurlijke vijanden inzetten of stimuleren.
- spontane parasitering is mogelijk.

MUIZEN
- let op: diverse muizensoorten (onder andere veldmuis) zijn
wettelijk beschermd.
- onkruid in en om de kas bestrijden.

PISSEBEDDEN *Oniscus asellus*
- bedrijfshygiëne stringent doorvoeren.
- schuilplaatsen zoals afval- en mesthopen verwijderen.

RHIZOCTONIA-ZIEKTE *Rhizoctonia* soorten
- dichte stand voorkomen.
- grond en/of substraat stomen.
- aanaarden, bij voorkeur met potgrond of tuinturf.
- beschadiging voorkomen.
- besmette kisten ontsmetten, grondig reinigen.
- geen grond tegen de stengel laten liggen.
- grondoppervlak rondom de stengel zo droog mogelijk
houden.

- schoenen ontsmetten.
- temperatuur van de kweekgrond moet voldoende hoog zijn.
- temperatuurschommelingen voorkomen door gietwater te gebruiken waarvan de temperatuur gelijk is aan die van het wortelmedium.
- vanaf twee dagen na opkomst planten afharden.

RHIZOCTONIA-ZIEKTE *Thanatephorus cucumeris*
- structuur van de grond verbeteren en voor voldoende bodemtemperatuur zorgen.

gewasbehandeling door spuiten
boscalid / pyraclostrobin
    Signum

ROETDAUW *Alternaria* soorten
- onderdoor water geven.

ROETDAUW zwartschimmels *Dematiaceae*
- bladluizen en kaswittevlieg tijdig bestrijden.

RUPSEN *Lepidoptera*
- vruchtwisseling toepassen.
- insectengaas aanbrengen.

gewasbehandeling door spuiten
spinosad
    Tracer
plantbehandeling door spuiten
piperonylbutoxide / pyrethrinen
    Spruzit Vloeibaar

RUPSEN floridamot *Spodoptera exigua, gamma-uil Autographa gamma, groente-uil Lacanobia oleracea, koolbladroller Clepsis spectrana, kooluil Mamestra brassicae, Turkse mot Chrysodeixis chalcites*
- natuurlijke vijanden inzetten of stimuleren.
- spontane parasitering is mogelijk.

RUPSEN *Hepialus* soorten
- natuurlijke vijanden inzetten of stimuleren.

SCHIMMELS
- aangetaste planten(delen) verwijderen en vernietigen.
- gereedschap en andere materialen schoonmaken en ontsmetten.
- gewasresten verwijderen.
- gezond uitgangsmateriaal gebruiken.
- grond goed ontwateren.
- minder vatbare of resistente rassen telen.
- vruchtwisseling toepassen.
- wateroverlast, inregenen of lekken van kassen voorkomen.

SCLEROTIËNROT *Sclerotinia sclerotiorum*
- grond en/of substraat stomen.
- met van besmetting verdachte partijen geen meerjarige teelt bedrijven.
- onkruid bestrijden.
- direct na opkomst luchten.
- gewas zo droog mogelijk houden.
- grondoppervlak zo droog mogelijk houden.
- hoge worteldruk, natslaan van gewas en guttatie voorkomen.
- mechanische beschadiging, bevriezen en uitdrogen voorkomen.
- niet te nat telen in de winter.
- onderdoor water geven.
- relatieve luchtvochtigheid (RV) laag houden door stoken en/of luchten, beschadigingen voorkomen en niet te dicht planten.
- schoenen ontsmetten.
- vanaf twee dagen na opkomst planten afharden.
- verse grond gebruiken en zaaibakjes en houtwerk met kunstfolie bekleden. Grond met vers rivierzand afdekken.

grondbehandeling door spuiten en inwerken
Coniothyrium minitans stam con/m/91-8
    Contans WG

gewasbehandeling door spuiten
boscalid / pyraclostrobin
    Signum

SCLEROTIËNROT *Sclerotinia minor*
grondbehandeling door spuiten en inwerken
Coniothyrium minitans stam con/m/91-8
    Contans WG

SLAKKEN
- gewas- en stroresten verwijderen of zo snel mogelijk onderwerken.
- grond regelmatig bewerken. Hierdoor wordt de toplaag van de grond droger en is de kans op het verdrogen van eieren en slakken groter.
- grond zo vlak en fijn mogelijk houden.
- onkruid bestrijden.
- Phasmarhabditis hermaphrodita (parasitair aaltje) inzetten.
- schuil- en kweekplaatsen buiten de kas voorkomen.
- zoveel mogelijk gelijktijdig inzaaien.

gewasbehandeling door strooien
ijzer(III)fosfaat
    Derrex, ECO-SLAK, Ferramol Ecostyle Slakkenkorrels, NEU 1181M, Sluxx, Smart Bayt Slakkenkorrels
methiocarb
    Mesurol Pro
grond- of gewasbehandeling door strooien
methiocarb
    Mesurol Pro
grondbehandeling door strooien
metaldehyde
    Brabant Slakkendood, Caragoal GR

SPRINGSTAARTEN *Collembola*
- grond droog en goed van structuur houden.
- verspreiding voorkomen door machines voor grondbewerking schoon te maken.
- voor voldoende diepe grondbewerking zorgen om bestaande gangen in de grond te verstoren.
- natuurlijke vijanden inzetten of stimuleren.

STIKSTOFGEBREK
- stikstofbemesting uitvoeren, vaste stikstofmeststoffen zo nodig inregenen.

TRIPSEN *Thysanoptera*
- gewasresten na de oogst onderploegen of verwijderen.
- gezond uitgangsmateriaal gebruiken.
- grond en/of substraat stomen.
- onkruid bestrijden.
- vruchtwisseling toepassen.
- insectengaas 0,8 x 0,8 mm aanbrengen.
- minder vatbare rassen telen.
- natuurlijke vijanden inzetten of stimuleren.

gewasbehandeling door spuiten
spinosad
    Tracer
plantbehandeling door spuiten
piperonylbutoxide / pyrethrinen
    Spruzit Vloeibaar
signalering:
- gewasinspecties uitvoeren.
signalering:
- gele of blauwe vangplaten ophangen.
- zaaibedden met insectengaas afdekken.

TRIPSEN californische trips *Frankliniella occidentalis, tabakstrips Thrips tabaci*
- natuurlijke vijanden inzetten of stimuleren.

VALSE MEELDAUW *Bremia lactucae*
gewasbehandeling door spuiten
mandipropamid
    Revus

VALSE MEELDAUW *Peronospora* **soorten**
- gewas zo droog mogelijk houden.
- hoog stikstofgehalte voorkomen.
- onderdoor water geven.
- ruime plantafstand aanhouden.
- structuur van de grond verbeteren en voor voldoende bodemtemperatuur zorgen.
- relatieve luchtvochtigheid (RV) laag houden door stoken en/of luchten, beschadigingen voorkomen en niet te dicht planten.

VERWELKINGSZIEKTE *Fusarium* **soorten**
- beschadiging voorkomen.
- temperatuur van de kweekgrond moet voldoende hoog zijn.
- temperatuurschommelingen voorkomen door gietwater te gebruiken waarvan de temperatuur gelijk is aan die van het wortelmedium.
- vanaf twee dagen na opkomst planten afharden.

VIRUSZIEKTEN
- aangetaste planten(delen) verwijderen en afvoeren.
- besmettingsbronnen verwijderen en/of bestrijden.
- gezond uitgangsmateriaal gebruiken.
- onkruid bestrijden.
- overbrengers (vectoren) van virus voorkomen en/of bestrijden.
- planten op grond die vrij is van de virusoverbrengende aaltjes Longidorus en Xiphinema. Zonodig de grond ontsmetten.
- resistente of minder vatbare rassen telen.
- bestrijden van onkruiden die als besmettingsbron van het virus kunnen fungeren.
- nieuwe teelten beginnen met virusvrij plantmateriaal in een kas of op een veld vrij van besmettingsbronnen en vectoren.
- overbrengers (vectoren) van virus voorkomen en/of bestrijden.
signalering:
- gewasinspecties uitvoeren.
- regelmatig op virussymptomen inspecteren en geïnfecteerde planten verwijderen.

VIRUSZIEKTEN bont komkommerbontvirus
- aangetaste planten onmiddellijk verwijderen. Zijn er teveel, dan gezonde en zieke planten afzonderlijk snoeien en oogsten.
- bij de opkweek leidingwater, bronwater of bassinwater gebruiken, indien mogelijk gedurende de gehele teelt.
- gezond uitgangsmateriaal gebruiken.
- grond stomen.
- handen tijdens de werkzaamheden in het gewas nat houden met onverdunde magere melk.
- zaad gebruiken dat een temperatuurbehandeling heeft gehad.

VIRUSZIEKTEN mozaïek komkommermozaïekvirus
- aangetaste planten onmiddellijk verwijderen. Zijn er teveel, dan gezonde en zieke planten afzonderlijk snoeien en oogsten.
- temperatuur boven 20 °C houden.

VOGELS
- voldoende diep en regelmatig zaaien voor een regelmatige opkomst.
- grofmazig gaas voor de luchtramen aanbrengen.
- vogels uit de kas weren.

WANTSEN
plantbehandeling door spuiten
piperonylbutoxide / pyrethrinen
    Spruzit Vloeibaar

WEERBAARHEID, bevorderen van
plantbehandeling door gieten
Trichoderma harzianum rifai stam t-22
    Trianum-P
plantbehandeling via druppelirrigatiesysteem
Trichoderma harzianum rifai stam t-22
    Trianum-P
teeltmediumbehandeling door mengen
Trichoderma harzianum rifai stam t-22
    Trianum-G

WITTEVLIEGEN *Aleurodidae*
- gezond uitgangsmateriaal gebruiken.
- perceel tijdens en na de teelt onkruidvrij houden.
- zaaien en opkweken in onkruidvrije ruimten.
- insectengaas aanbrengen.
- natuurlijke vijanden inzetten of stimuleren.
signalering:
- gele vangplaten ophangen.
plantbehandeling door spuiten
piperonylbutoxide / pyrethrinen
    Spruzit Vloeibaar

WITTEVLIEGEN kaswittevlieg *Trialeurodes vaporariorum*
- als voorvrucht geen waardplant (bladgroenten) kiezen.
- grond stomen.

WOELRATTEN *Arvicola terrestris*
- let op: de woelrat is wettelijk beschermd.
- vangpotten of vangfuiken plaatsen juist onder het wateroppervlak en in de nabijheid van watergangen.
gangbehandeling met lokaas
bromadiolon
    Arvicolex

WORTELDUIZENDPOTEN *Scutigerella* **soorten**
- grond droog en goed van structuur houden.
- verspreiding voorkomen door machines voor grondbewerking schoon te maken.
- voor voldoende diepe grondbewerking zorgen om bestaande gangen in de grond te verstoren.
signalering:
- door grond in een emmer water te doen komen de wortelduizendpoten boven drijven.

2.4.2.2 Ziekten, plagen en teeltproblemen per gewas

AMSOI

BLADLUIZEN *Aphididae*
gewasbehandeling door spuiten
pirimicarb
    Agrichem Pirimicarb, Pirimor

gewasbehandeling (ruimtebehandeling) door roken
pirimicarb
    Pirimor Rookontwikkelaar

BLADVLEKKENZIEKTEN spikkelziekte *Alternaria brassicae, Alternaria brassicicola*
gewasbehandeling door spuiten
iprodion
    Rovral Aquaflo

GALMUGGEN koolgalmug *Contarinia nasturtii*
- gewasresten na de oogst onderploegen of verwijderen.

GRAUWE SCHIMMEL *Botryotinia fuckeliana*
- grond stomen.

gewasbehandeling door spuiten
iprodion
Rovral Aquaflo

KIEMSCHIMMELS
zaadbehandeling door mengen
thiram
Proseed

MINEERVLIEGEN nerfmineervlieg *Liriomyza huidobrensis*
gewasbehandeling door spuiten
abamectin
Vertimec Gold

NATROT *Erwinia carotovora subsp. carotovora*
- 7 tot 10 dagen voor de oogst geen water meer geven.
- beregenen alleen bij drogende omstandigheden.
- voor een voldoende grote watervoorraad in de grond zorgen.

RHIZOCTONIA-ZIEKTE *Thanatephorus cucumeris*
- grond stomen.
gewasbehandeling door spuiten
iprodion
Rovral Aquaflo

RUPSEN gamma-uil *Autographa gamma, koolmot Plutella xylostella, Pieris* soorten, late koolmot *Evergestis forficalis, Plusia* soorten
gewasbehandeling door spuiten
Bacillus thuringiensis subsp. *aizawai*
Turex Spuitpoeder, Xen Tari WG

RUPSEN kooluil *Mamestra brassicae*
gewasbehandeling door spuiten
Bacillus thuringiensis subsp. *aizawai*
Turex Spuitpoeder

VLIEGEN koolvlieg *Delia radicum*
- gewasresten na de oogst onderploegen of verwijderen.
- gezond uitgangsmateriaal gebruiken.
- insectengaas 0,8 x 0,8 mm aanbrengen.
- vruchtwisseling toepassen.

ANDIJVIE

BLADLUIZEN *Aphididae*
gewasbehandeling (ruimtebehandeling) door roken
pirimicarb
Pirimor Rookontwikkelaar
gewasbehandeling door spuiten
pirimicarb
Agrichem Pirimicarb, Pirimor
zaadbehandeling door coaten
thiamethoxam
Cruiser 70 WS
zaadbehandeling door dummy-pil methode
imidacloprid
Gaucho Tuinbouw
thiamethoxam
Cruiser 70 WS
zaadbehandeling door phytodrip methode
imidacloprid
Gaucho Tuinbouw
thiamethoxam
Cruiser 70 WS

BLADLUIZEN aardappeltopluis *Macrosiphum euphorbiae, groene slaluis Nasonovia ribisnigri, groene perzikluis Myzus persicae*
gewasbehandeling door spuiten
pymetrozine
Plenum 50 WG
zaadbehandeling door coaten

thiamethoxam
Cruiser 70 WS
zaadbehandeling door dummy-pil methode
thiamethoxam
Cruiser 70 WS
zaadbehandeling door phytodrip methode
thiamethoxam
Cruiser 70 WS

BLADLUIZEN boterbloemluis *Aulacorthum solani*
gewasbehandeling door spuiten
pymetrozine
Plenum 50 WG

ECHTE MEELDAUW *Erysiphe cichoracearum*
- geen specifieke niet-chemische maatregel bekend.

GRAUWE SCHIMMEL *Botryotinia fuckeliana*
gewasbehandeling door spuiten
cyprodinil / fludioxonil
Switch
iprodion
Imex Iprodion Flo, Rovral Aquaflo
thiram
Hermosan 80 WG, Thiram Granuflo
trifloxystrobin
Flint

KIEMPLANTENZIEKTE *Pythium ultimum var. ultimum*
- gezond uitgangsmateriaal gebruiken.
- grond stomen.
- niet in te koude of te natte grond planten.
- niet teveel water geven.
- structuur van de grond verbeteren, zodat de planten goed aanslaan en groeien.

KIEMPLANTENZIEKTE *Pythium* soorten
gewasbehandeling door spuiten
fosetyl / fosetyl-aluminium / propamocarb
Previcur Energy

KIEMSCHIMMELS
zaadbehandeling door mengen
thiram
Proseed

MINEERVLIEGEN *Agromyzidae*
gewasbehandeling door spuiten
cyromazin
Trigard 100 SL

MINEERVLIEGEN chrysantenmineervliegen *Chromatomyia syngenesiae*, MINEERVLIEGEN *floridamineervlieg Liriomyza trifolii, tomatenmineervlieg Liriomyza bryoniae*
gewasbehandeling door spuiten
abamectin
Abamectine HF-G, Budget Abamectine 18 EC, Imex-Abamactine 2, Parimco Abamectine, Parimco Abamectine Nieuw, Protex-Abamectine, Vectine Plus, Vertimec Gold, Wopro Abamectin
cyromazin
Trigard 100 SL

MINEERVLIEGEN nerfmineervlieg *Liriomyza huidobrensis*
- gewasresten na de oogst onderploegen of verwijderen.
- insectengaas aanbrengen.
- onkruid bestrijden.
gewasbehandeling door spuiten
abamectin
Abamectine HF-G, Budget Abamectine 18 EC, Imex-Abamactine 2, Parimco Abamectine, Parimco Abamectine

Nieuw, Protex-Abamectine, Vectine Plus, Vertimec Gold, Wopro Abamectin

cyromazin
    Trigard 100 SL

RAND hoge luchtvochtigheid
- minder vatbare rassen telen.
- vanaf het moment dat de planten elkaar raken regelmatig spuiten met kalksalpeter of bijmesten via de regenleiding met een zoutconcentratie (EC) van 1,0 tot 1,5 (kalksalpeter + gietwater).
- voor een regelmatige klimaatsbeheersing zorgen waardoor schokken in de verdamping voorkomen worden.
- voor een voldoende hard gewas zorgen.

RUPSEN *Lepidoptera*
gewasbehandeling (ruimtebehandeling) door spuiten
deltamethrin
    Decis Micro
gewasbehandeling door spuiten
deltamethrin
    Agrichem Deltamethrin, Decis Micro, Deltamethrin E.C. 25, Splendid, Wopro Deltamethrin

RUPSEN gamma-uil *Autographa gamma, groente-uil Lacanobia oleracea, koolmot Plutella xylostella, Pieris soorten, Plusia soorten*
gewasbehandeling door spuiten
Bacillus thuringiensis subsp. *aizawai*
    Turex Spuitpoeder, Xen Tari WG

SCLEROTIËNROT *Sclerotinia sclerotiorum*
gewasbehandeling door spuiten
trifloxystrobin
    Flint

SLAKKEN bruine wegslak *Arion subfuscus,* gewone wegslak *Arion rufus,* grauwe wegslak *Arion circumscriptus,* zwarte wegslak *Arion hortensis*
gewasbehandeling door strooien
ijzer(III)fosfaat
    Roxasect Slakkenkorrels

VALSE MEELDAUW *Peronosporales*
gewasbehandeling door spuiten
mancozeb / metalaxyl-M
    Fubol Gold

VIRUSZIEKTEN necrose tomatenbronsvlekkenvirus
- gezond uitgangsmateriaal gebruiken.
- trips bestrijden.

VIRUSZIEKTEN vergelingsziekte pseudo-slavergelingsvirus
- kaswittevlieg bestrijden.
- onkruid bestrijden.

VOETROT onbekende factor
- gezond uitgangsmateriaal gebruiken.
- grond stomen.
- niet te grote planten planten.
- structuur van de grond verbeteren.
- voor goede groeiomstandigheden zorgen.
- vruchtwisseling toepassen, geen sla als voorvrucht telen.

WORTELLUIZEN neotrama *Neotrama caudata*
- mieren bestrijden, luizen leven namelijk samen met mieren.

WORTELLUIZEN wollige slawortelluis *Pemphigus bursarius*
zaadbehandeling door coaten
thiamethoxam
    Cruiser 70 WS
zaadbehandeling door dummy-pil methode

thiamethoxam
    Cruiser 70 WS
zaadbehandeling door phytodrip methode
thiamethoxam
    Cruiser 70 WS

ZWARTROT *Thanatephorus cucumeris*
gewasbehandeling door spuiten
iprodion
    Imex Iprodion Flo, Rovral Aquaflo

ANDIJVIE KRULANDIJVIE

BLADLUIZEN *Aphididae*
zaadbehandeling door dummy-pil methode
imidacloprid
    Gaucho Tuinbouw
zaadbehandeling door phytodrip methode
imidacloprid
    Gaucho Tuinbouw

GRAUWE SCHIMMEL *Botryotinia fuckeliana*
gewasbehandeling door spuiten
cyprodinil / fludioxonil
    Switch
thiram
    Hermosan 80 WG, Thiram Granuflo

KIEMSCHIMMELS
zaadbehandeling door mengen
thiram
    Proseed

MINEERVLIEGEN *Agromyzidae*
gewasbehandeling door spuiten
cyromazin
    Trigard 100 SL

RUPSEN gamma-uil *Autographa gamma, groente-uil Lacanobia oleracea, koolmot Plutella xylostella, Pieris soorten, Plusia soorten*
gewasbehandeling door spuiten
Bacillus thuringiensis subsp. *aizawai*
    Turex Spuitpoeder, Xen Tari WG

SLAKKEN bruine wegslak *Arion subfuscus,* gewone wegslak *Arion rufus,* grauwe wegslak *Arion circumscriptus,* zwarte wegslak *Arion hortensis*
gewasbehandeling door strooien
ijzer(III)fosfaat
    Roxasect Slakkenkorrels

VALSE MEELDAUW *Peronosporales*
gewasbehandeling door spuiten
mancozeb / metalaxyl-M
    Fubol Gold

ASPERGE

BLADHAANTJES blauwe aspergekever *Crioceris asparagi,* rode aspergekever *Crioceris duodecim-punctata*
gewasbehandeling door spuiten
deltamethrin
    Agrichem Deltamethrin, Decis Micro, Deltamethrin E.C. 25, Splendid, Wopro Deltamethrin

BOORVLIEGEN aspergevlieg *Platyparea poecilop-tera*
gewasbehandeling door spuiten
deltamethrin
    Agrichem Deltamethrin, Decis Micro, Deltamethrin E.C. 25, Splendid, Wopro Deltamethrin

GRAUWE SCHIMMEL *Botryotinia fuckeliana*
gewasbehandeling door spuiten
boscalid / pyraclostrobin
Signum
difenoconazool
Score 250 EC
iprodion
Imex Iprodion Flo, Rovral Aquaflo
kresoxim-methyl
Kenbyo FL
mancozeb
Brabant Mancozeb Flowable, Mastana SC
thiram
Hermosan 80 WG, Thiram Granuflo

STENGELSTERFTE *Pleospora herbarum var. herbarum*
gewasbehandeling door spuiten
difenoconazool
Score 250 EC
iprodion
Imex Iprodion Flo, Rovral Aquaflo

STENGELSTERFTE *Stemphylium vesicarium*
- gewasresten na de oogst onderploegen of verwijderen.
gewasbehandeling door spuiten
iprodion
Imex Iprodion Flo, Rovral Aquaflo
kresoxim-methyl
Kenbyo FL

TRIPSEN *Thysanoptera*
gewasbehandeling door spuiten
spinosad
Tracer

ASPERGE-ERWT

BLADLUIZEN erwtenbladluis *Acyrthosiphon pisum*
zaadbehandeling door bevochtigen
thiamethoxam
Cruiser 350 FS

DONKERE-VLEKKENZIEKTE *Mycosphaerella pinodes*
zaadbehandeling door mengen
cymoxanil / fludioxonil / metalaxyl-M
Wakil XL

KIEMPLANTENZIEKTE *Pythium* **soorten**
zaadbehandeling door mengen
cymoxanil / fludioxonil / metalaxyl-M
Wakil XL

LICHTE-VLEKKENZIEKTE *Ascochyta pisi*
zaadbehandeling door mengen
cymoxanil / fludioxonil / metalaxyl-M
Wakil XL

SNUITKEVERS bladrandkever *Sitona lineatus*
zaadbehandeling door bevochtigen
thiamethoxam
Cruiser 350 FS

VALSE MEELDAUW *Peronospora viciae*
zaadbehandeling door mengen
cymoxanil / fludioxonil / metalaxyl-M
Wakil XL

AUBERGINE

BLADLUIZEN *Aphididae*
gewasbehandeling (ruimtebehandeling) door roken
pirimicarb
Pirimor Rookontwikkelaar

gewasbehandeling door spuiten
acetamiprid
Gazelle
pirimicarb
Agrichem Pirimicarb, Pirimor
thiacloprid
Calypso

BLADLUIZEN aardappeltopluis *Macrosiphum euphorbiae,* **rode luis** *Myzus nicotianae*
gewasbehandeling door spuiten
pymetrozine
Plenum 50 WG
plantbehandeling via druppelirrigatiesysteem
pymetrozine
Plenum 50 WG

BLADLUIZEN boterbloemluis *Aulacorthum solani,* **zwarte bonenluis** *Aphis fabae*
gewasbehandeling door spuiten
acetamiprid
Gazelle
plantbehandeling door druppelen via voedingsoplossing
imidacloprid
Admire, Admire O-Teq, Imex-Imidacloprid, Kohinor 70 WG

BLADLUIZEN groene perzikluis *Myzus persicae,* **katoenluis** *Aphis gossypii*
gewasbehandeling door spuiten
acetamiprid
Gazelle
pymetrozine
Plenum 50 WG
plantbehandeling door druppelen via voedingsoplossing
imidacloprid
Admire, Admire O-Teq, Imex-Imidacloprid, Kohinor 70 WG
plantbehandeling via druppelirrigatiesysteem
pymetrozine
Plenum 50 WG

BLADVLEKKENZIEKTE *Didymella bryoniae*
- hoge relatieve luchtvochtigheid (RV) voorkomen door doelmatig te luchten en de kastemperatuur drie uur vóór zonsopgang geleidelijk naar de dagtemperatuur te brengen.
- langdurig nat blijven van het gewas voorkomen.
- natslaan van gewas en guttatie voorkomen.

CALCIUMGEBREK
- tijdens de eerste teeltfase een te sterke verdamping voorkomen.
- voor een goede calciumhuishouding zorgen.

ECHTE MEELDAUW *Leveillula taurica*
gewasbehandeling door spuiten
azoxystrobin
Ortiva
boscalid / pyraclostrobin
Signum
kaliumjodide / kaliumthiocyanaat
Enzicur

ECHTE MEELDAUW *Oidium* **soorten,** *Sphaerotheca* **soorten**
gewasbehandeling door spuiten
kaliumjodide / kaliumthiocyanaat
Enzicur

FUSARIUM SOLANII *Fusarium solani*
- bedrijfshygiëne stringent doorvoeren.
- grond en/of substraat stomen.
- kas ontsmetten na beëindiging van de teelt.
- voor een beheerste en regelmatige groei zorgen.

FUSARIUM-VERWELKINGSZIEKTE *Fusarium oxysporum f.sp. melongenae*
- aangetaste planten(delen) in gesloten plastic zak verwijderen.
- bedrijfshygiëne stringent doorvoeren.
- grond en/of substraat stomen.

GRAUWE SCHIMMEL *Botryotinia fuckeliana*
- beschadiging van het gewas voorkomen.
- relatieve luchtvochtigheid (RV) laag houden door stoken en/of luchten.
- voor goede groeiomstandigheden zorgen.

gewasbehandeling door spuiten
boscalid / pyraclostrobin
    Signum
fenhexamide
    Teldor
iprodion
    Imex Iprodion Flo, Rovral Aquaflo

KELKVERDROGING non-parasitaire factor
- minder vatbare rassen telen.
- te sterke verdamping voorkomen en voor goede teeltomstandigheden zorgen. Scherm gedurende de dagperiode. Voorkom een hoge buistemperatuur gedurende de dagperiode.

KIEMPLANTENZIEKTE *Pythium* **soorten**
- grond en/of substraat stomen.

gewasbehandeling door spuiten
propamocarb-hydrochloride
    Imex-Propamocarb
plantbehandeling door gieten
etridiazool
    AAterra ME
plantbehandeling via druppelirrigatiesysteem
etridiazool
    AAterra ME
propamocarb-hydrochloride
    Proplant
plantvoetbehandeling door gieten
propamocarb-hydrochloride
    Imex-Propamocarb
wortelbehandeling door druppelen
fosetyl / fosetyl-aluminium / propamocarb
    Previcur Energy

KIEMSCHIMMELS
zaadbehandeling door mengen
thiram
    Proseed

MIJTEN bonenspintmijt *Tetranychus urticae*
- natuurlijke vijanden inzetten of stimuleren.

gewasbehandeling door spuiten
abamectin
    Abamectine HF-G, Budget Abamectine 18 EC, Imex-Abamactine 2, Parimco Abamectine, Parimco Abamectine Nieuw, Protex-Abamectine, Vectine Plus, Vertimec Gold, Wopro Abamectin
bifenazaat
    Floramite 240 SC, Wopro Bifenazate
etoxazool
    Borneo
hexythiazox
    Nissorun Spuitpoeder, Nissorun Vloeibaar
pyridaben
    Aseptacarex
spiromesifen
    Oberon

MIJTEN spintmijten *Tetranychidae*
gewasbehandeling door spuiten
fenbutatinoxide
    Torque

MINEERVLIEGEN *Agromyzidae*
gewasbehandeling (ruimtebehandeling) door spuiten
deltamethrin
    Decis Micro
gewasbehandeling door spuiten
cyromazin
    Trigard 100 SL
deltamethrin
    Agrichem Deltamethrin, Decis Micro, Deltamethrin E.C. 25, Splendid, Wopro Deltamethrin

MINEERVLIEGEN chrysantenmineervliegen *Chromatomyia syngenesiae*
gewasbehandeling door spuiten
abamectin
    Abamectine HF-G, Budget Abamectine 18 EC, Imex-Abamactine 2, Parimco Abamectine Nieuw, Vectine Plus, Vertimec Gold, Wopro Abamectin
cyromazin
    Trigard 100 SL
deltamethrin
    Agrichem Deltamethrin, Deltamethrin E.C. 25, Splendid, Wopro Deltamethrin

MINEERVLIEGEN floridamineervlieg *Liriomyza trifolii,* **nerfmineervlieg** *Liriomyza huidobrensis,* **tomatenmineervlieg** *Liriomyza bryoniae*
gewasbehandeling door spuiten
abamectin
    Abamectine HF-G, Budget Abamectine 18 EC, Imex-Abamactine 2, Parimco Abamectine, Parimco Abamectine Nieuw, Protex-Abamectine, Vectine Plus, Vertimec Gold, Wopro Abamectin
cyromazin
    Trigard 100 SL
deltamethrin
    Agrichem Deltamethrin, Deltamethrin E.C. 25, Splendid, Wopro Deltamethrin

MINEERVLIEGEN koolmineervlieg *Phytomyza rufipes*
gewasbehandeling door spuiten
deltamethrin
    Agrichem Deltamethrin, Deltamethrin E.C. 25, Splendid, Wopro Deltamethrin

PHYTOPHTHORA-ROT *Phytophthora* **soorten**
gewasbehandeling door spuiten
propamocarb-hydrochloride
    Imex-Propamocarb
plantvoetbehandeling door gieten
propamocarb-hydrochloride
    Imex-Propamocarb

RHIZOCTONIA-ZIEKTE *Thanatephorus cucumeris*
- grondoppervlak zo droog mogelijk houden.
gewasbehandeling door spuiten
iprodion
    Imex Iprodion Flo, Rovral Aquaflo

RUPSEN *Lepidoptera*
gewasbehandeling (ruimtebehandeling) door spuiten
deltamethrin
    Decis Micro
gewasbehandeling door spuiten
deltamethrin
    Agrichem Deltamethrin, Decis Micro, Deltamethrin E.C. 25, Splendid, Wopro Deltamethrin
methoxyfenozide
    Runner
teflubenzuron
    Nomolt

RUPSEN bladrollers *Tortricidae*
gewasbehandeling (ruimtebehandeling) door spuiten
deltamethrin
    Decis Micro
gewasbehandeling door spuiten
deltamethrin
    Agrichem Deltamethrin, Decis Micro, Deltamethrin E.C. 25,
    Splendid, Wopro Deltamethrin
indoxacarb
    Steward

RUPSEN floridamot *Spodoptera exigua*
gewasbehandeling door spuiten
indoxacarb
    Steward
methoxyfenozide
    Runner
pyridalyl
    Nocturn
teflubenzuron
    Nomolt

RUPSEN gamma-uil *Autographa gamma, Plusia* soorten
gewasbehandeling door spuiten
Bacillus thuringiensis subsp. *aizawai*
    Turex Spuitpoeder, Xen Tari WG
indoxacarb
    Steward

RUPSEN groente-uil *Lacanobia oleracea*
gewasbehandeling door spuiten
Bacillus thuringiensis subsp. *aizawai*
    Turex Spuitpoeder, Xen Tari WG
Bacillus thuringiensis subsp. *kurstaki*
    Delfin, Dipel, Dipel ES, Scutello, Scutello L
indoxacarb
    Steward

RUPSEN kooluil *Mamestra brassicae*
gewasbehandeling door spuiten
indoxacarb
    Steward

RUPSEN Turkse mot *Chrysodeixis chalcites*
gewasbehandeling door spuiten
Bacillus thuringiensis subsp. *aizawai*
    Turex Spuitpoeder, Xen Tari WG
indoxacarb
    Steward
methoxyfenozide
    Runner
pyridalyl
    Nocturn

SCLEROTIËNROT *Sclerotinia sclerotiorum*
- aangetaste planten(delen) verwijderen.
- grondoppervlak zo droog mogelijk houden.
gewasbehandeling door spuiten
iprodion
    Imex Iprodion Flo, Rovral Aquaflo

TRIPSEN *Thysanoptera*
gewasbehandeling (ruimtebehandeling) door spuiten
deltamethrin
    Decis Micro
gewasbehandeling door spuiten
deltamethrin
    Agrichem Deltamethrin, Decis Micro, Deltamethrin E.C. 25,
    Splendid, Wopro Deltamethrin

TRIPSEN californische trips *Frankliniella occidentalis*
gewasbehandeling door spuiten
abamectin
    Abamectine HF-G, Budget Abamectine 18 EC, Imex-
    Abamactine 2, Parimco Abamectine Nieuw, Protex-
    Abamectine, Vectine Plus, Vertimec Gold, Wopro Abamectin
spinosad
    Tracer

TRIPSEN tabakstrips *Thrips tabaci*
gewasbehandeling door spuiten
abamectin
    Abamectine HF-G, Budget Abamectine 18 EC, Imex-
    Abamactine 2, Parimco Abamectine Nieuw, Vectine Plus,
    Vertimec Gold, Wopro Abamectin
deltamethrin
    Agrichem Deltamethrin, Deltamethrin E.C. 25, Splendid,
    Wopro Deltamethrin

VERWELKINGSZIEKTE *Verticillium albo-atrum, Verticillium dahliae*
- grond en/of substraat stomen.

VIRUSZIEKTEN mozaïek auberginezwakmozaïek-virus
- aangetaste planten(delen) verwijderen.
- handen tijdens de werkzaamheden in het gewas nat houden
  met onverdunde magere melk.
- nieuwe teelten beginnen met virusvrij plantmateriaal in een
  kas of op een veld vrij van besmettingsbronnen en vectoren.

VIRUSZIEKTEN necrose tomatenbronsvlekkenvirus
- aangetaste planten(delen) verwijderen.
- nieuwe teelten beginnen met virusvrij plantmateriaal in een
  kas of op een veld vrij van besmettingsbronnen en vectoren.
- trips bestrijden.

WITTEVLIEGEN *Aleurodidae*
gewasbehandeling (ruimtebehandeling) door spuiten
deltamethrin
    Decis Micro
gewasbehandeling door spuiten
deltamethrin
    Agrichem Deltamethrin, Decis Micro, Deltamethrin E.C. 25,
    Splendid, Wopro Deltamethrin
teflubenzuron
    Nomolt

WITTEVLIEGEN kaswittevlieg *Trialeurodes vaporariorum*
gewasbehandeling door spuiten
Beauveria bassiana stam gha
    Botanigard Vloeibaar, Botanigard WP
deltamethrin
    Agrichem Deltamethrin, Deltamethrin E.C. 25, Splendid,
    Wopro Deltamethrin
Lecanicillium muscarium stam ve6
    Mycotal
pymetrozine
    Plenum 50 WG
pyridaben
    Aseptacarex
pyriproxyfen
    Admiral
spiromesifen
    Oberon
thiacloprid
    Calypso
plantbehandeling door druppelen via voedingsoplossing
imidacloprid
    Admire, Admire O-Teq, Imex-Imidacloprid, Kohinor 70 WG
plantbehandeling via druppelirrigatiesysteem
pymetrozine
    Plenum 50 WG
thiacloprid
    Calypso

2.4 Ziekten en plagen groenteteelt

WITTEVLIEGEN tabakswittevlieg *Bemisia tabaci s.l.*
gewasbehandeling door spuiten
Beauveria bassiana stam gha
    Botanigard Vloeibaar, Botanigard WP
deltamethrin
    Agrichem Deltamethrin, Deltamethrin E.C. 25, Splendid,
    Wopro Deltamethrin
pyridaben
    Aseptacarex

AUGURK

BACTERIEVLEKKENZIEKTE *Pseudomonas syringae*
pv. *lachrymans*
- aangetaste planten(delen) verwijderen.
- grond stomen.
- kas ontsmetten.

BLADLUIZEN *Aphididae*
gewasbehandeling (ruimtebehandeling) door roken
pirimicarb
    Pirimor Rookontwikkelaar
gewasbehandeling door spuiten
acetamiprid
    Gazelle
pirimicarb
    Agrichem Pirimicarb, Pirimor
thiacloprid
    Calypso

BLADLUIZEN aardappeltopluis *Macrosiphum*
euphorbiae
gewasbehandeling door spuiten
pymetrozine
    Plenum 50 WG

BLADLUIZEN boterbloemluis *Aulacorthum solani,*
zwarte bonenluis *Aphis fabae*
gewasbehandeling door spuiten
acetamiprid
    Gazelle
plantbehandeling door druppelen via voedingsoplossing
imidacloprid
    Admire, Admire O-Teq, Imex-Imidacloprid, Kohinor 70 WG

BLADLUIZEN groene perzikluis *Myzus persicae,*
katoenluis *Aphis gossypii*
gewasbehandeling door spuiten
acetamiprid
    Gazelle
pymetrozine
    Plenum 50 WG
plantbehandeling door druppelen via voedingsoplossing
imidacloprid
    Admire, Admire O-Teq, Imex-Imidacloprid, Kohinor 70 WG

BLADLUIZEN rode luis *Myzus nicotianae*
gewasbehandeling door spuiten
pymetrozine
    Plenum 50 WG

BLADVLEKKENZIEKTE *Didymella bryoniae*
- gewasresten na de oogst onderploegen of verwijderen.
- gezond uitgangsmateriaal gebruiken.
- langdurig nat blijven van het gewas voorkomen.
- regelmatig luchten.
gewasbehandeling door spuiten
chloorthalonil
    Budget Chloorthalonil 500 SC, Daconil 500 Vloeibaar

BLADVUUR *Corynespora cassiicola*
- resistente rassen telen.

BRANDKOPPEN complex non-parasitaire factoren
- relatieve luchtvochtigheid (RV) zo hoog mogelijk houden en
  bij plotseling zonnig weer schermen.

BRANDVLEKKENZIEKTE *Glomerella lagenarium*
- bestrijding is doorgaans niet van belang.

CHLOROSE zoutovermaat
- chloorarme meststoffen toedienen of chloorhoudende meststoffen al in de herfst strooien.
- indien het beregeningswater zout is, voorkomen dat de grond
  te droog wordt: dus blijven beregenen.
- kasgrond vóór de teelt uitspoelen, gedeelde giften geven.
- overvloedig water geven.
- water met een laag chloorgehalte gebruiken.

ECHTE MEELDAUW *Erysiphe cichoracearum*
gewasbehandeling (ruimtebehandeling) door roken
imazalil
    Fungaflor Rook
gewasbehandeling door spuiten
imazalil
    Fungaflor 100 EC

ECHTE MEELDAUW *Golovinomyces orontii*
gewasbehandeling (ruimtebehandeling) door roken
imazalil
    Fungaflor Rook
gewasbehandeling door spuiten
bupirimaat
    Nimrod Vloeibaar
imazalil
    Fungaflor 100 EC

ECHTE MEELDAUW *Sphaerotheca fusca*
- resistente rassen telen.
gewasbehandeling (ruimtebehandeling) door roken
imazalil
    Fungaflor Rook
gewasbehandeling door spuiten
azoxystrobin
    Ortiva
boscalid / kresoxim-methyl
    Collis
imazalil
    Fungaflor 100 EC
trifloxystrobin
    Flint

ENTCHLOROSE complex non-parasitaire factoren
- magnesiumsulfaat spuiten. Indien nodig om de 14 dagen
  herhalen.
- te grote verdamping voorkomen.
- voor een hoge bodemtemperatuur zorgen.
- voor een hoog stikstof- en fosfaatniveau zorgen.

FUSARIUM-VERWELKINGSZIEKTE *Fusarium*
oxysporum f.sp. cucumerinum
- aangetaste planten(delen) verwijderen.
- grond stomen.
- op de minder vatbare onderstam (*Cucurbita ficifolia*) enten en
  eigen wortel doorsnijden.

GRAUWE SCHIMMEL *Botryotinia fuckeliana*
- hoge worteldruk, hoge relatieve luchtvochtigheid (RV) en
  beschadiging van de stengel voorkomen.
gewasbehandeling door spuiten
fenhexamide
    Teldor
iprodion
    Imex Iprodion Flo, Rovral Aquaflo

KIEMPLANTENZIEKTE *Pythium ultimum var. ultimum*
- gezond uitgangsmateriaal gebruiken.
- grond stomen.
- niet in te koude of te natte grond planten.
- structuur van de grond verbeteren.
- vruchtwisseling toepassen.
- wateroverlast voorkomen.

gewasbehandeling door spuiten
propamocarb-hydrochloride
    Imex-Propamocarb
plantvoetbehandeling door gieten
propamocarb-hydrochloride
    Imex-Propamocarb

KIEMPLANTENZIEKTE *Pythium* soorten
- geen grond tegen de stengel laten liggen.
- gezond uitgangsmateriaal gebruiken.
- niet met koud water gieten.

gewasbehandeling door spuiten
propamocarb-hydrochloride
    Imex-Propamocarb
plantbehandeling door gieten
etridiazool
    AAterra ME
plantbehandeling via druppelirrigatiesysteem
etridiazool
    AAterra ME
plantvoetbehandeling door gieten
propamocarb-hydrochloride
    Imex-Propamocarb

KIEMSCHIMMELS
zaadbehandeling door mengen
thiram
    Proseed

MAGNESIUMGEBREK
- vanaf één maand na het planten, om de 14 dagen met magnesiumsulfaat spuiten. Te dikwijls spuiten verhardt het blad zodanig dat groeistagnatie optreedt.
- zware belasting door het gewas voorkomen.

MANGAANGEBREK
- te hoge pH voorkomen.
- voor voldoende mangaan zorgen.
- zware belasting door het gewas voorkomen.

MIJTEN bonenspintmijt *Tetranychus urticae*
- natuurlijke vijanden inzetten of stimuleren.

gewasbehandeling door spuiten
abamectin
    Abamectine HF-G, Budget Abamectine 18 EC, Imex-Abamactine 2, Parimco Abamectine, Parimco Abamectine Nieuw, Protex-Abamectine, Vectine Plus, Vertimec Gold, Wopro Abamectin
bifenazaat
    Floramite 240 SC, Wopro Bifenazate
hexythiazox
    Nissorun Spuitpoeder, Nissorun Vloeibaar
pyridaben
    Aseptacarex
spiromesifen
    Oberon

MIJTEN spintmijten *Tetranychidae*
gewasbehandeling door spuiten
fenbutatinoxide
    Torque

MINEERVLIEGEN *agromyzidae)*
gewasbehandeling (ruimtebehandeling) door spuiten
deltamethrin
    Decis Micro

gewasbehandeling door spuiten
deltamethrin
    Agrichem Deltamethrin, Decis Micro, Deltamethrin E.C. 25, Splendid, Wopro Deltamethrin

MINEERVLIEGEN chrysantenmineervliegen *Chromatomyia syngenesiae, nerfmineervlieg Liriomyza huidobrensis, tomatenmineervlieg Liriomyza bryoniae*
gewasbehandeling door spuiten
abamectin
    Abamectine HF-G, Budget Abamectine 18 EC, Imex-Abamactine 2, Parimco Abamectine, Parimco Abamectine Nieuw, Protex-Abamectine, Vectine Plus, Vertimec Gold, Wopro Abamectin
deltamethrin
    Agrichem Deltamethrin, Deltamethrin E.C. 25, Splendid, Wopro Deltamethrin

MINEERVLIEGEN floridamineervlieg *Liriomyza trifolii*
gewasbehandeling door spuiten
abamectin
    Abamectine HF-G, Budget Abamectine 18 EC, Imex-Abamactine 2, Parimco Abamectine, Parimco Abamectine Nieuw, Protex-Abamectine, Vectine Plus, Vertimec Gold, Wopro Abamectin
deltamethrin
    Agrichem Deltamethrin, Deltamethrin E.C. 25, Splendid, Wopro Deltamethrin

MINEERVLIEGEN koolmineervlieg *Phytomyza rufipes*
gewasbehandeling door spuiten
deltamethrin
    Agrichem Deltamethrin, Deltamethrin E.C. 25, Splendid, Wopro Deltamethrin

PHYTOPHTHORA-ROT *Phytophthora* soorten
gewasbehandeling door spuiten
propamocarb-hydrochloride
    Imex-Propamocarb
plantvoetbehandeling door gieten
propamocarb-hydrochloride
    Imex-Propamocarb

RHIZOCTONIA-ZIEKTE *Thanatephorus cucumeris*
- grondoppervlak zo droog mogelijk houden.

gewasbehandeling door spuiten
iprodion
    Imex Iprodion Flo, Rovral Aquaflo

RUPSEN *Lepidoptera*
gewasbehandeling (ruimtebehandeling) door spuiten
deltamethrin
    Decis Micro
gewasbehandeling door spuiten
deltamethrin
    Agrichem Deltamethrin, Decis Micro, Deltamethrin E.C. 25, Splendid, Wopro Deltamethrin
spinosad
    Tracer
teflubenzuron
    Nomolt

RUPSEN bladrollers *Tortricidae*
gewasbehandeling (ruimtebehandeling) door spuiten
deltamethrin
    Decis Micro
gewasbehandeling door spuiten
deltamethrin
    Agrichem Deltamethrin, Decis Micro, Deltamethrin E.C. 25, Splendid, Wopro Deltamethrin
indoxacarb

2.4 Ziekten en plagen groenteteelt

Steward

RUPSEN floridamot *Spodoptera exigua*
gewasbehandeling door spuiten
flubendiamide
    Fame
indoxacarb
    Steward
teflubenzuron
    Nomolt

RUPSEN gamma-uil *Autographa gamma, Plusia* soorten
gewasbehandeling door spuiten
Bacillus thuringiensis subsp. *aizawai*
    Turex Spuitpoeder, Xen Tari WG
indoxacarb
    Steward

RUPSEN groente-uil *Lacanobia oleracea*
gewasbehandeling door spuiten
Bacillus thuringiensis subsp. *aizawai*
    Turex Spuitpoeder, Xen Tari WG
Bacillus thuringiensis subsp. *kurstaki*
    Delfin, Dipel, Dipel ES, Scutello, Scutello L
indoxacarb
    Steward

RUPSEN kooluil *Mamestra brassicae*
gewasbehandeling door spuiten
indoxacarb
    Steward

RUPSEN Turkse mot *Chrysodeixis chalcites*
gewasbehandeling door spuiten
Bacillus thuringiensis subsp. *aizawai*
    Turex Spuitpoeder, Xen Tari WG
flubendiamide
    Fame
indoxacarb
    Steward

SCLEROTIËNROT *Sclerotinia sclerotiorum*
- gewas open houden, aangetaste planten(delen) verwijderen en afvoeren.
- grond stomen.
- grote vochtigheid voorkomen, vooral van de grondopper-vlakte.

gewasbehandeling door spuiten
iprodion
    Imex Iprodion Flo, Rovral Aquaflo

TRIPSEN *Thysanoptera*
gewasbehandeling (ruimtebehandeling) door spuiten
deltamethrin
    Decis Micro
gewasbehandeling door spuiten
deltamethrin
    Agrichem Deltamethrin, Decis Micro, Deltamethrin E.C. 25, Splendid, Wopro Deltamethrin
spinosad
    Tracer

TRIPSEN californische trips *Frankliniella occidentalis*
gewasbehandeling door spuiten
abamectin
    Abamectine HF-G, Budget Abamectine 18 EC, Imex-Abamactine 2, Parimco Abamectine, Parimco Abamectine Nieuw, Protex-Abamectine, Vectine Plus, Vertimec Gold, Wopro Abamectin

TRIPSEN tabakstrips *Thrips tabaci*
gewasbehandeling door spuiten

abamectin
    Abamectine HF-G, Budget Abamectine 18 EC, Imex-Abamactine 2, Parimco Abamectine Nieuw, Vectine Plus, Vertimec Gold, Wopro Abamectin
deltamethrin
    Agrichem Deltamethrin, Deltamethrin E.C. 25, Splendid, Wopro Deltamethrin

VALSE MEELDAUW *Pseudoperonospora cubensis*
- hoge relatieve luchtvochtigheid (RV) voorkomen door doelmatig te luchten en de kastemperatuur drie uur vóór zonsopgang geleidelijk naar de dagtemperatuur te brengen.
- onderdoor water geven.
- resistente rassen telen.

gewasbehandeling door spuiten
chloorthalonil
    Budget Chloorthalonil 500 SC, Daconil 500 Vloeibaar

VERWELKINGSZIEKTE *Verticillium albo-atrum, Verticillium dahliae*
- grond stomen.
- structuur van de grond verbeteren.
- temperatuur hoog houden, ook 's nachts.

VIRUSZIEKTEN bont komkommerbontvirus
- aangetaste planten onmiddellijk verwijderen. Zijn er teveel, dan gezonde en zieke planten afzonderlijk snoeien en oogsten.
- bedrijfshygiëne stringent doorvoeren.
- bij de opkweek leidingwater, bronwater of bassinwater gebruiken, indien mogelijk gedurende de gehele teelt.
- gezond uitgangsmateriaal gebruiken.
- grond zwaar stomen.
- handen tijdens de werkzaamheden in het gewas nat houden met onverdunde magere melk.
- zaad gebruiken dat een temperatuurbehandeling heeft gehad.

VIRUSZIEKTEN mozaïek komkommermozaïekvirus
- aangetaste planten onmiddellijk verwijderen. Zijn er teveel, dan gezonde en zieke planten afzonderlijk snoeien en oogsten.
- gezond uitgangsmateriaal gebruiken.
- overbrengers (vectoren) van virus voorkomen en/of bestrijden.
- temperatuur boven 20 °C houden.
- tolerante rassen telen.

VIRUSZIEKTEN vergelingsziekte pseudo-slavergelingsvirus
- aangetaste planten(delen) verwijderen.
- kaswittevlieg en onkruiden bestrijden.

VOETZIEKTE *Nectria haematococca var. cucurbitae*
- grond stomen.
- voor goede groeiomstandigheden zorgen.

WITTEVLIEGEN *Aleurodidae*
gewasbehandeling (ruimtebehandeling) door spuiten
deltamethrin
    Decis Micro
gewasbehandeling door spuiten
deltamethrin
    Agrichem Deltamethrin, Decis Micro, Deltamethrin E.C. 25, Splendid, Wopro Deltamethrin
teflubenzuron
    Nomolt

WITTEVLIEGEN kaswittevlieg *Trialeurodes vaporariorum*
gewasbehandeling door spuiten
deltamethrin
    Agrichem Deltamethrin, Deltamethrin E.C. 25, Splendid, Wopro Deltamethrin

Lecanicillium muscarium stam ve6
    Mycotal
pymetrozine
    Plenum 50 WG
pyridaben
    Aseptacarex
spiromesifen
    Oberon
thiacloprid
    Calypso
plantbehandeling door druppelen via voedingsoplossing
imidacloprid
    Admire, Admire O-Teq, Imex-Imidacloprid, Kohinor 70 WG

WITTEVLIEGEN tabakswittevlieg *Bemisia tabaci s.l.*
gewasbehandeling door spuiten
deltamethrin
    Agrichem Deltamethrin, Deltamethrin E.C. 25, Splendid, Wopro Deltamethrin
pyridaben
    Aseptacarex

ZWART WORTELROT *Phomopsis sclerotioides*
- grond stomen.
- op de minder vatbare onderstam (*Cucurbita ficifolia*) enten en eigen wortel doorsnijden.
- voor een voldoende hoge bodemtemperatuur en voor een goede structuur van de grond zorgen. Bij een beginnende aantasting kan herstel optreden na aanaarden.

BLEEKSELDERIJ

BLADLUIZEN *Aphididae*
gewasbehandeling (ruimtebehandeling) door roken
pirimicarb
    Pirimor Rookontwikkelaar
gewasbehandeling door spuiten
pirimicarb
    Agrichem Pirimicarb, Pirimor

BLADVLEKKENZIEKTE *Septoria apiicola*
- gewasresten na de oogst onderploegen of verwijderen.
- gezond uitgangsmateriaal gebruiken.
- onderdoor water geven.
- ruime plantafstand aanhouden.
gewasbehandeling door spuiten
chloorthalonil
    Budget Chloorthalonil 500 SC, Daconil 500 Vloeibaar

BRUINE HARTEN calciumgebrek
- kalksalpeter spuiten.
- verdamping stimuleren.

KIEMSCHIMMELS
zaadbehandeling door mengen
thiram
    Proseed
zaadbehandeling door slurry
thiram
    Hermosan 80 WG, Thiram Granuflo

MINEERVLIEGEN *Agromyzidae*
gewasbehandeling door spuiten
cyromazin
    Trigard 100 SL

RUPSEN koolmot *Plutella xylostella*
gewasbehandeling door spuiten
Bacillus thuringiensis subsp. *aizawai*
    Turex Spuitpoeder, Xen Tari WG

SCLEROTIËNROT *Sclerotinia sclerotiorum*
- aangetaste planten(delen) met grond verwijderen.
- grond stomen.

- niet te nat telen in de winter.
- vruchtwisseling toepassen.

BLOEMKOOL

AALTJES geel bietencysteaaltje *Heterodera betae,* koolcysteaaltje *Heterodera cruciferae,* wit bietencysteaaltje *Heterodera schachtii*
signalering:
- grondonderzoek laten uitvoeren.

BACTERIEVLEKKENZIEKTE *Pseudomonas syringae pv. maculicola*
- gezond uitgangsmateriaal gebruiken.
- vruchtwisseling toepassen en geen zaad telen van zieke planten.

BLADLUIZEN *Aphididae*
gewasbehandeling (ruimtebehandeling) door roken
pirimicarb
    Pirimor Rookontwikkelaar
gewasbehandeling door spuiten
pirimicarb
    Agrichem Pirimicarb, Pirimor

BLADVLEKKENZIEKTEN spikkelziekte *Alternaria brassicae, Alternaria brassicicola*
gewasbehandeling door spuiten
azoxystrobin
    Amistar, Azoxy HF, Budget Azoxystrobin 250 SC, Ortiva
boscalid / pyraclostrobin
    Signum
iprodion
    Imex Iprodion Flo, Rovral Aquaflo
zaadbehandeling door mengen
iprodion
    Imex Iprodion Flo, Rovral Aquaflo

BOREN non-parasitaire factor
- groei stimuleren.
- groeistagnatie voorkomen door tijdig luchten en gieten. Selecties van het Mechelse ras zijn vatbaar.
- stikstof niet te vroeg toedienen.

ECHTE MEELDAUW *Erysiphe cruciferarum*
gewasbehandeling door spuiten
azoxystrobin
    Ortiva

GALMUGGEN koolgalmug *Contarinia nasturtii*
- gewasresten na de oogst onderploegen of verwijderen.
- gezond uitgangsmateriaal gebruiken.
gewasbehandeling door spuiten
deltamethrin
    Agrichem Deltamethrin, Decis Micro, Deltamethrin E.C. 25, Splendid, Wopro Deltamethrin

KIEMPLANTENZIEKTE *Thanatephorus cucumeris*
grondbehandeling door spuiten
tolclofos-methyl
    Rizolex Vloeibaar

KIEMSCHIMMEL *Pythium* soorten
zaadbehandeling door spuiten
metalaxyl-M
    Apron XL

KIEMSCHIMMELS
zaadbehandeling door mengen
thiram
    Proseed

KLEMHART molybdeengebrek
- bij het planten niet teveel stikstof ineens geven, wel vol-doende fosfor en kali geven.
- bloemkool niet op zure gronden telen.
- groeistoornissen door te lage temperatuur of droogte voor-komen.
- kweekgrond niet te rijk aan stikstof maken, bij het planten niet te veel stikstof ineens geven, voldoende fosfor en kali geven.
- natrium-molybdaat door de opkweekgrond werken. Is dit verzuimd, dan de planten in zo jong mogelijk stadium spuiten met natrium-molybdaat.
- natrium-molybdaat, 20 gram per m3, door de opkweekgrond werken.
- tijdens de opkweek niet te veel stikstof geven.
- zaaibed één dag voor het zaaien bespuiten met 1 gram natrium-molybdaat per m2.

KNOLVOET *Plasmodiophora brassicae*
- bestrijding is tijdens de teelt niet mogelijk.
- grond diep stomen.
- kruisbloemige onkruiden bestrijden.
- op gronden met hoge pH komt minder aantasting voor.

RINGVLEKKENZIEKTE *Mycosphaerella brassicicola*
- gewasresten na de oogst onderploegen of verwijderen.
gewasbehandeling door spuiten
azoxystrobin
   Amistar, Azoxy HF, Budget Azoxystrobin 250 SC, Ortiva
boscalid / pyraclostrobin
   Signum

RUPSEN *Lepidoptera*
gewasbehandeling door spuiten
deltamethrin
   Agrichem Deltamethrin, Deltamethrin E.C. 25, Splendid, Wopro Deltamethrin

RUPSEN bladrollers *Tortricidae*
gewasbehandeling door spuiten
deltamethrin
   Agrichem Deltamethrin, Decis Micro, Deltamethrin E.C. 25, Splendid, Wopro Deltamethrin
esfenvaleraat
   Sumicidin Super

RUPSEN floridamot *Spodoptera exigua*, Turkse mot *Chrysodeixis chalcites*
gewasbehandeling door spuiten
indoxacarb
   Steward

RUPSEN gamma-uil *Autographa gamma*
gewasbehandeling door spuiten
Bacillus thuringiensis subsp. *aizawai*
   Turex Spuitpoeder, Xen Tari WG
Bacillus thuringiensis subsp. *kurstaki*
   Delfin, Dipel, Dipel ES, Scutello, Scutello L

RUPSEN groot koolwitje *Pieris brassicae*
gewasbehandeling door spuiten
Bacillus thuringiensis subsp. *kurstaki*
   Delfin, Dipel, Scutello L
deltamethrin
   Agrichem Deltamethrin, Deltamethrin E.C. 25, Splendid, Wopro Deltamethrin

RUPSEN klein koolwitje *Pieris rapae*
gewasbehandeling door spuiten
Bacillus thuringiensis subsp. *kurstaki*
   Delfin, Dipel, Scutello L
deltamethrin
   Agrichem Deltamethrin, Deltamethrin E.C. 25, Splendid, Wopro Deltamethrin
spinosad

   Tracer

RUPSEN koolbladroller *Clepsis spectrana*
gewasbehandeling door spuiten
deltamethrin
   Agrichem Deltamethrin, Decis Micro, Deltamethrin E.C. 25, Splendid, Wopro Deltamethrin
esfenvaleraat
   Sumicidin Super

RUPSEN koolmot *Plutella xylostella*
gewasbehandeling door spuiten
Bacillus thuringiensis subsp. *aizawai*
   Turex Spuitpoeder, Xen Tari WG
deltamethrin
   Agrichem Deltamethrin, Decis Micro, Deltamethrin E.C. 25, Splendid, Wopro Deltamethrin
esfenvaleraat
   Sumicidin Super
spinosad
   Tracer

RUPSEN kooluil *Mamestra brassicae*
gewasbehandeling door spuiten
Bacillus thuringiensis subsp. *aizawai*
   Turex Spuitpoeder
deltamethrin
   Agrichem Deltamethrin, Decis Micro, Deltamethrin E.C. 25, Splendid, Wopro Deltamethrin
indoxacarb
   Steward
spinosad
   Tracer

RUPSEN *Pieris* soorten
gewasbehandeling door spuiten
Bacillus thuringiensis subsp. *aizawai*
   Turex Spuitpoeder, Xen Tari WG
Bacillus thuringiensis subsp. *kurstaki*
   Dipel ES, Scutello
deltamethrin
   Decis Micro
esfenvaleraat
   Sumicidin Super

RUPSEN late koolmot *Evergestis forficalis*
gewasbehandeling door spuiten
Bacillus thuringiensis subsp. *aizawai*
   Turex Spuitpoeder, Xen Tari WG
deltamethrin
   Agrichem Deltamethrin, Decis Micro, Deltamethrin E.C. 25, Splendid, Wopro Deltamethrin

RUPSEN *Plusia* soorten
gewasbehandeling door spuiten
Bacillus thuringiensis subsp. *aizawai*
   Turex Spuitpoeder, Xen Tari WG

SCHIFT onbekende factor
- minder vatbare rassen telen.
- voor matige stikstof- en watervoorziening zorgen.

SLAKKEN bruine wegslak *Arion subfuscus*, gewone wegslak *Arion rufus*, grauwe wegslak *Arion circumscriptus*, zwarte wegslak *Arion hortensis*
gewasbehandeling door strooien
ijzer(III)fosfaat
   Roxasect Slakkenkorrels

TRIPSEN tabakstrips *Thrips tabaci*
zaadbehandeling door dummy-pil methode
imidacloprid
   Gaucho Tuinbouw
zaadbehandeling door phytodrip methode

imidacloprid
    Gaucho Tuinbouw

VALSE MEELDAUW *Peronospora parasitica*
- aangetast plantmateriaal verwijderen.
- langdurig nat blijven van het gewas voorkomen.

gewasbehandeling door spuiten
propamocarb-hydrochloride
    Imex-Propamocarb
dimethomorf
    Paraat

VERWELKINGSZIEKTE *Verticillium albo-atrum, Verticillium dahliae*
- geen specifieke niet-chemische maatregel bekend.

VIRUSZIEKTEN mozaïek bloemkoolmozaïekvirus
- overbrengers (vectoren) van virus voorkomen en/of bestrijden.

VLIEGEN koolvlieg *Delia radicum*
- gewasresten na de oogst onderploegen of verwijderen.
- gezond uitgangsmateriaal gebruiken.
- insectengaas 0,8 x 0,8 mm aanbrengen.
- vruchtwisseling toepassen.

zaadbehandeling door coaten
fipronil
    Mundial
signalering:
- vallen ophangen om de eerste vlucht te kunnen voorspellen, waardoor het goede bestrijdingsmoment vastgesteld kan worden.

WATERZIEK zoutovermaat
- grond voor de teelt draineren en doorspoelen.
- regelmatig gieten.
- stikstofbemesting matig toepassen.

WITTE ROEST *Albugo candida*
- bemesting zo laag mogelijk houden.
- dichte stand voorkomen.
- gezond uitgangsmateriaal gebruiken.
- minder vatbare rassen telen.
- natuurlijke waslaag intact houden door zo min mogelijk uitvloeiers te gebruiken.
- voor een beheerste en regelmatige groei zorgen.

gewasbehandeling door spuiten
azoxystrobin
    Amistar, Ortiva
boscalid / pyraclostrobin
    Signum
azoxystrobin
    Azoxy HF, Budget Azoxystrobin 250 SC

ZWARTNERVIGHEID *Xanthomonas campestris pv. campestris*
- gezond uitgangsmateriaal gebruiken.

BOERENKOOL

GALMUGGEN koolgalmug *Contarinia nasturtii*
- gewasresten na de oogst onderploegen of verwijderen.
- gezond uitgangsmateriaal gebruiken.

KALIUMGEBREK
- voor een goede kalitoestand van de grond of van het groeimedium zorgen, gecombineerd met een juiste bemesting.

KANKERSTRONKEN *Leptosphaeria maculans*
- gezond uitgangsmateriaal gebruiken.

KIEMPLANTENZIEKTE *Thanatephorus cucumeris*
grondbehandeling door spuiten
tolclofos-methyl

Rizolex Vloeibaar

KIEMSCHIMMELS
zaadbehandeling door mengen
thiram
    Proseed

KNOLVOET *Plasmodiophora brassicae*
- gezond uitgangsmateriaal gebruiken.
- kruisbloemige onkruiden bestrijden.
- vroege teelten hebben minder last.

signalering:
- potgrond (groeimedium) voorafgaand aan de opkweek van plantmateriaal laten onderzoeken op knolvoet door middel van een biotoets (NAK-G).

MANGAANGEBREK
- goed bemesten, zonodig mangaansulfaat spuiten. Mangaan verplaatst zich niet in de plant dus een herhaalde toepassing kan nodig zijn.

RINGVLEKKENZIEKTE *Mycosphaerella brassicicola*
- gewasresten na de oogst onderploegen of verwijderen.

RUPSEN bladrollers *Tortricidae*
signalering:
- vangplaten of vanglampen ophangen, waardoor het goede bestrijdingsmoment vastgesteld kan worden.

RUPSEN koolbladroller *Clepsis spectrana*
- natuurlijke vijanden inzetten of stimuleren.

RUPSEN koolmot *Plutella xylostella*
- natuurlijke vijanden inzetten of stimuleren.

signalering:
- bestrijdingsdrempel hanteren voordat een bestrijding wordt uitgevoerd.

TRIPSEN tabakstrips *Thrips tabaci*
zaadbehandeling door dummy-pil methode
imidacloprid
    Gaucho Tuinbouw
zaadbehandeling door phytodrip methode
imidacloprid
    Gaucho Tuinbouw

VLIEGEN koolvlieg *Delia radicum*
- gezond uitgangsmateriaal gebruiken.
- insectengaas 0,8 x 0,8 mm aanbrengen.

zaadbehandeling door coaten
fipronil
    Mundial
signalering:
- vallen ophangen om de eerste vlucht te kunnen voorspellen, waardoor het goede bestrijdingsmoment vastgesteld kan worden.

WITTE ROEST *Albugo candida*
- bemesting zo laag mogelijk houden.
- dichte stand voorkomen.
- gewasresten na de oogst onderploegen of verwijderen.
- gezond uitgangsmateriaal gebruiken.
- minder vatbare rassen telen.
- natuurlijke waslaag intact houden door zo min mogelijk uitvloeiers te gebruiken.
- vochtvoorziening optimaliseren.
- voor een beheerste en regelmatige groei zorgen.

BROCCOLI

AALTJES geel bietencysteaaltje *Heterodera betae*, koolcysteaaltje *Heterodera cruciferae*, wit bietencysteaaltje *Heterodera schachtii*
signalering:

- grondonderzoek laten uitvoeren.

BACTERIEVLEKKENZIEKTE *Pseudomonas syringae pv. maculicola*
- gezond uitgangsmateriaal gebruiken.

BLADLUIZEN *Aphididae*
gewasbehandeling (ruimtebehandeling) door roken
pirimicarb
    Pirimor Rookontwikkelaar
gewasbehandeling door spuiten
pirimicarb
    Agrichem Pirimicarb, Pirimor

BLADVLEKKENZIEKTE spikkelziekte *Alternaria brassicae, Alternaria brassicicola*
gewasbehandeling door spuiten
azoxystrobin
    Amistar, Ortiva
boscalid / pyraclostrobin
    Signum
azoxystrobin
    Azoxy HF, Budget Azoxystrobin 250 SC
zaadbehandeling door mengen
iprodion
    Imex Iprodion Flo, Rovral Aquaflo

BOREN non-parasitaire factor
- groei stimuleren.

ECHTE MEELDAUW *Erysiphe cruciferarum*
gewasbehandeling door spuiten
azoxystrobin
    Ortiva

GALMUGGEN koolgalmug *Contarinia nasturtii*
- gewasresten na de oogst onderploegen of verwijderen.
- gezond uitgangsmateriaal gebruiken.
gewasbehandeling door spuiten
deltamethrin
    Agrichem Deltamethrin, Decis Micro, Deltamethrin E.C. 25, Splendid, Wopro Deltamethrin

KIEMPLANTENZIEKTE *Thanatephorus cucumeris*
grondbehandeling door spuiten
tolclofos-methyl
    Rizolex Vloeibaar

KIEMSCHIMMEL *Pythium* soorten
zaadbehandeling door spuiten
metalaxyl-M
    Apron XL

KIEMSCHIMMELS
zaadbehandeling door mengen
thiram
    Proseed

KLEMHART molybdeengebrek
- bij het planten niet teveel stikstof ineens geven, wel voldoende fosfor en kali geven.
- bloemkool niet op zure gronden telen.
- groeistoornissen door te lage temperatuur of droogte voorkomen.
- natrium-molybdaat, 20 gram per m3, door de opkweekgrond werken.
- tijdens de opkweek niet te veel stikstof geven.
- zaaibed één dag voor het zaaien bespuiten met 1 gram natrium-molybdaat per m2.

KNOLVOET *Plasmodiophora brassicae*
- gezond uitgangsmateriaal gebruiken.
- kruisbloemige onkruiden bestrijden.
- op gronden met hoge pH komt minder aantasting voor.

RINGVLEKKENZIEKTE *Mycosphaerella brassicicola*
- gewasresten na de oogst onderploegen of verwijderen.
gewasbehandeling door spuiten
azoxystrobin
    Amistar, Azoxy HF, Budget Azoxystrobin 250 SC, Ortiva
boscalid / pyraclostrobin
    Signum

RUPSEN *Lepidoptera*
gewasbehandeling door spuiten
deltamethrin
    Agrichem Deltamethrin, Deltamethrin E.C. 25, Splendid, Wopro Deltamethrin

RUPSEN bladrollers *tortricidae)*
gewasbehandeling door spuiten
deltamethrin
    Agrichem Deltamethrin, Decis Micro, Deltamethrin E.C. 25, Splendid, Wopro Deltamethrin
esfenvaleraat
    Sumicidin Super

RUPSEN floridamot *Spodoptera exigua, Turkse mot Chrysodeixis chalcites*
gewasbehandeling door spuiten
indoxacarb
    Steward

RUPSEN gamma-uil *Autographa gamma*
gewasbehandeling door spuiten
Bacillus thuringiensis subsp. *aizawai*
    Turex Spuitpoeder, Xen Tari WG
Bacillus thuringiensis subsp. *kurstaki*
    Delfin, Dipel, Dipel ES, Scutello, Scutello L

RUPSEN groot koolwitje *Pieris brassicae*, RUPSEN klein koolwitje *Pieris rapae*
gewasbehandeling door spuiten
Bacillus thuringiensis subsp. *kurstaki*
    Delfin, Dipel, Scutello L
deltamethrin
    Agrichem Deltamethrin, Deltamethrin E.C. 25, Splendid, Wopro Deltamethrin

RUPSEN koolbladroller *Clepsis spectrana*
gewasbehandeling door spuiten
deltamethrin
    Agrichem Deltamethrin, Decis Micro, Deltamethrin E.C. 25, Splendid, Wopro Deltamethrin
esfenvaleraat
    Sumicidin Super

RUPSEN koolmot *Plutella xylostella*
gewasbehandeling door spuiten
Bacillus thuringiensis subsp. *aizawai*
    Turex Spuitpoeder, Xen Tari WG
deltamethrin
    Agrichem Deltamethrin, Decis Micro, Deltamethrin E.C. 25, Splendid, Wopro Deltamethrin
esfenvaleraat
    Sumicidin Super

RUPSEN kooluil *Mamestra brassicae*
gewasbehandeling door spuiten
Bacillus thuringiensis subsp. *aizawai*
    Turex Spuitpoeder
deltamethrin
    Agrichem Deltamethrin, Decis Micro, Deltamethrin E.C. 25, Splendid, Wopro Deltamethrin
indoxacarb
    Steward

RUPSEN *Pieris* soorten
gewasbehandeling door spuiten

2.4 Ziekten en plagen groenteteelt

Bacillus thuringiensis subsp. *aizawai*
  Turex Spuitpoeder, Xen Tari WG
Bacillus thuringiensis subsp. *kurstaki*
  Dipel ES, Scutello
deltamethrin
  Decis Micro
esfenvaleraat
  Sumicidin Super

RUPSEN late koolmot *Evergestis forficalis*
gewasbehandeling door spuiten
Bacillus thuringiensis subsp. *aizawai*
  Turex Spuitpoeder, Xen Tari WG
deltamethrin
  Agrichem Deltamethrin, Decis Micro, Deltamethrin E.C. 25, Splendid, Wopro Deltamethrin

RUPSEN *Plusia* soorten
gewasbehandeling door spuiten
Bacillus thuringiensis subsp. *aizawai*
  Turex Spuitpoeder, Xen Tari WG

SCHIFT onbekende factor
- minder vatbare rassen telen.
- voor matige stikstof- en watervoorziening zorgen.

SLAKKEN bruine wegslak *Arion subfuscus, gewone wegslak Arion rufus, grauwe wegslak Arion circumscriptus, zwarte wegslak Arion hortensis*
gewasbehandeling door strooien
ijzer(III)fosfaat
  Roxasect Slakkenkorrels

TRIPSEN tabakstrips *Thrips tabaci*
zaadbehandeling door dummy-pil methode
imidacloprid
  Gaucho Tuinbouw
zaadbehandeling door phytodrip methode
imidacloprid
  Gaucho Tuinbouw

VALSE MEELDAUW *Peronospora parasitica*
- aangetast plantmateriaal verwijderen.
- langdurig nat blijven van het gewas voorkomen.
gewasbehandeling door spuiten
propamocarb-hydrochloride
  Imex-Propamocarb
dimethomorf
  Paraat

VERWELKINGSZIEKTE *Verticillium albo-atrum, Verticillium dahliae*
- geen specifieke niet-chemische maatregel bekend.

VLIEGEN koolvlieg *Delia radicum*
- insectengaas 0,8 x 0,8 mm aanbrengen.
zaadbehandeling door coaten
fipronil
  Mundial

WITTE ROEST *Albugo candida*
gewasbehandeling door spuiten
azoxystrobin
  Amistar, Ortiva
boscalid / pyraclostrobin
  Signum
azoxystrobin
  Azoxy HF, Budget Azoxystrobin 250 SC

ZWARTNERVIGHEID *Xanthomonas campestris pv. campestris*
- gezond uitgangsmateriaal gebruiken.

CAYENNE PEPER

GRAUWE SCHIMMEL *Botryotinia fuckeliana*
gewasbehandeling door spuiten
iprodion
  Imex Iprodion Flo, Rovral Aquaflo

MIJTEN bonenspintmijt *Tetranychus urticae*
gewasbehandeling door spuiten
abamectin
  Abamectine HF-G, Budget Abamectine 18 EC, Imex-Abamactine 2, Parimco Abamectine Nieuw, Vectine Plus, Vertimec Gold, Wopro Abamectin

MINEERVLIEGEN chrysantenmineervliegen *Chromatomyia syngenesiae, floridamineervlieg Liriomyza trifolii, nerfmineervlieg Liriomyza huidobrensis, tomatenmineervlieg Liriomyza bryoniae*
gewasbehandeling door spuiten
abamectin
  Abamectine HF-G, Budget Abamectine 18 EC, Imex-Abamactine 2, Parimco Abamectine Nieuw, Vectine Plus, Vertimec Gold, Wopro Abamectin

RHIZOCTONIA-ZIEKTE *Thanatephorus cucumeris*
gewasbehandeling door spuiten
iprodion
  Imex Iprodion Flo, Rovral Aquaflo

SCLEROTIËNROT *Sclerotinia sclerotiorum*
gewasbehandeling door spuiten
iprodion
  Imex Iprodion Flo, Rovral Aquaflo

TRIPSEN californische trips *Frankliniella occidentalis, tabakstrips Thrips tabaci*
gewasbehandeling door spuiten
abamectin
  Abamectine HF-G, Budget Abamectine 18 EC, Imex-Abamactine 2, Parimco Abamectine Nieuw, Vectine Plus, Vertimec Gold, Wopro Abamectin

CHINESE BROCCOLI

BLADVLEKKENZIEKTE spikkelziekte *Alternaria brassicae, Alternaria brassicicola*
gewasbehandeling door spuiten
boscalid / pyraclostrobin
  Signum
zaadbehandeling door mengen
iprodion
  Imex Iprodion Flo, Rovral Aquaflo

RUPSEN floridamot *Spodoptera exigua, kooluil Mamestra brassicae, Turkse mot Chrysodeixis chalcites*
gewasbehandeling door spuiten
indoxacarb
  Steward

VALSE MEELDAUW *Peronospora parasitica*
gewasbehandeling door spuiten
dimethomorf
  Paraat

WITTE ROEST *Albugo candida*
gewasbehandeling door spuiten
boscalid / pyraclostrobin
  Signum

CHINESE KOOL

BLADLUIZEN *Aphididae*
gewasbehandeling (ruimtebehandeling) door roken

pirimicarb
　　Pirimor Rookontwikkelaar
gewasbehandeling door spuiten
pirimicarb
　　Agrichem Pirimicarb, Pirimor

BLADVLEKKENZIEKTE spikkelziekte *Alternaria brassicae, Alternaria brassicicola*
gewasbehandeling door spuiten
iprodion
　　Imex Iprodion Flo
gewasbehandeling door spuiten
iprodion
　　Rovral Aquaflo

GRAUWE SCHIMMEL *Botryotinia fuckeliana*
gewasbehandeling door spuiten
iprodion
　　Imex Iprodion Flo, Rovral Aquaflo

KIEMSCHIMMELS
zaadbehandeling door mengen
thiram
　　Proseed

KNOLVOET *Plasmodiophora brassicae*
- bij lichte aantasting het plantgat bekalken, hierdoor kan de aantasting beperkt worden.
- geen kruisbloemige groenbemesters telen.
- grond diep stomen na beëindiging teelt.
- ruime vruchtwisseling toepassen.
- vanaf 15 mei geen koolachtige planten telen.
- zeer ruime vruchtwisseling toepassen, geen kruisbloemigen als groenbemester gebruiken.

MINEERVLIEGEN nerfmineervlieg *Liriomyza huidobrensis*
gewasbehandeling door spuiten
abamectin
　　Vertimec Gold

NATROT *Erwinia carotovora subsp. carotovora*
- aangetaste planten(delen) verwijderen en afvoeren.
- gezond uitgangsmateriaal gebruiken.
- grond en/of substraat stomen.
- onderdoor water geven.
- ruime plantafstand aanhouden.
- voor goede groeiomstandigheden zorgen.
- weelderige groei voorkomen.

RAND calciumgebrek
- gewas in de randgevoelige periode elke nacht afdekken.
- kalksalpeter spuiten.
- lagere temperatuur aanhouden: 's nachts 10 °C, overdag 15 °C.

RHIZOCTONIA-ZIEKTE *Thanatephorus cucumeris*
gewasbehandeling door spuiten
iprodion
　　Imex Iprodion Flo, Rovral Aquaflo
grondbehandeling door spuiten
tolclofos-methyl
　　Rizolex Vloeibaar

RUPSEN bladrollers *Tortricidae*
- natuurlijke vijanden inzetten of stimuleren.
signalering:
- vangplaten of vanglampen ophangen, waardoor het goede bestrijdingsmoment vastgesteld kan worden.

RUPSEN floridamot *Spodoptera exigua*, Turkse mot *Chrysodeixis chalcites*
gewasbehandeling door spuiten
indoxacarb
　　Steward

RUPSEN gamma-uil *Autographa gamma*
gewasbehandeling door spuiten
Bacillus thuringiensis subsp. *aizawai*
　　Turex Spuitpoeder, Xen Tari WG
Bacillus thuringiensis subsp. *kurstaki*
　　Delfin, Dipel, Dipel ES, Scutello, Scutello L

RUPSEN groot koolwitje *Pieris brassicae*, klein koolwitje *Pieris rapae*
- natuurlijke vijanden inzetten of stimuleren.
signalering:
- bestrijdingsdrempel hanteren voordat een bestrijding wordt uitgevoerd.
gewasbehandeling door spuiten
Bacillus thuringiensis subsp. *kurstaki*
　　Delfin, Dipel, Scutello L

RUPSEN koolmot *Plutella xylostella*, ko'luil *Mamestra brassicae*, late koolmot *Evergestis forficalis, Plusia* soorten
gewasbehandeling door spuiten
Bacillus thuringiensis subsp. *aizawai*
　　Turex Spuitpoeder, Xen Tari WG

RUPSEN *Pieris* soorten
gewasbehandeling door spuiten
Bacillus thuringiensis subsp. *aizawai*
　　Turex Spuitpoeder, Xen Tari WG
Bacillus thuringiensis subsp. *kurstaki*
　　Dipel ES, Scutello

SMET *Pythium* soorten
- grond stomen.
zaadbehandeling door spuiten
metalaxyl-M
　　Apron XL

SMET *Rhizoctonia* soorten, *Sclerotinia* soorten
- grond stomen.

TRIPSEN tabakstrips *Thrips tabaci*
zaadbehandeling door dummy-pil methode
imidacloprid
　　Gaucho Tuinbouw
zaadbehandeling door phytodrip methode
imidacloprid
　　Gaucho Tuinbouw

VALSE MEELDAUW *Peronospora parasitica*
gewasbehandeling door spuiten
dimethomorf
　　Paraat

VLIEGEN koolvlieg *Delia radicum*
- gewasresten na de oogst onderploegen of verwijderen.
- gezond uitgangsmateriaal gebruiken.
- vruchtwisseling toepassen.
signalering:
- vallen ophangen om de eerste vlucht te kunnen voorspellen, waardoor het goede bestrijdingsmoment vastgesteld kan worden.

COURGETTE

BLADLUIZEN *Aphididae*
gewasbehandeling (ruimtebehandeling) door roken
pirimicarb
　　Pirimor Rookontwikkelaar
gewasbehandeling door spuiten
acetamiprid
　　Gazelle
pirimicarb
　　Agrichem Pirimicarb, Pirimor
thiacloprid

Calypso

BLADLUIZEN aardappeltopluis *Macrosiphum euphorbiae, rode luis Myzus nicotianae*
gewasbehandeling door spuiten
pymetrozine
Plenum 50 WG

BLADLUIZEN boterbloemluis *Aulacorthum solani, zwarte bonenluis Aphis fabae*
gewasbehandeling door spuiten
acetamiprid
Gazelle
plantbehandeling door druppelen via voedingsoplossing
imidacloprid
Admire, Admire O-Teq, Imex-Imidacloprid, Kohinor 70 WG

BLADLUIZEN groene perzikluis *Myzus persicae, katoenluis Aphis gossypii*
gewasbehandeling door spuiten
acetamiprid
Gazelle
pymetrozine
Plenum 50 WG
plantbehandeling door druppelen via voedingsoplossing
imidacloprid
Admire, Admire O-Teq, Imex-Imidacloprid, Kohinor 70 WG

BLADVLEKKENZIEKTE *Didymella bryoniae*
- gewas zo droog mogelijk houden.
- goed luchten in de kas.
- hoge relatieve luchtvochtigheid (RV) voorkomen door doelmatig te luchten en de kastemperatuur drie uur vóór zonsopgang geleidelijk naar de dagtemperatuur te brengen.
- langdurig nat blijven van het gewas voorkomen.
- natslaan van gewas en guttatie voorkomen.
gewasbehandeling door spuiten
bitertanol
Baycor Flow

ECHTE MEELDAUW *Erysiphe cichoracearum, Golovinomyces orontii*
- gewas aan de groei houden.
- resistente rassen telen.
gewasbehandeling door spuiten
bupirimaat
Nimrod Vloeibaar

ECHTE MEELDAUW *Sphaerotheca fusca*
- gewas aan de groei houden.
- resistente rassen telen.
gewasbehandeling door spuiten
azoxystrobin
Ortiva
bitertanol
Baycor Flow
boscalid / kresoxim-methyl
Collis
imazalil
Fungaflor 100 EC
trifloxystrobin
Flint

ECHTE MEELDAUW *Sphaerotheca fuliginea f.sp. fuligenea*
gewasbehandeling door spuiten
triflumizool
Rocket EC

GRAUWE SCHIMMEL *Botryotinia fuckeliana*
- hoge worteldruk, hoge relatieve luchtvochtigheid (RV) en beschadiging van de stengel voorkomen.
gewasbehandeling door spuiten
fenhexamide

Teldor
iprodion
Imex Iprodion Flo, Rovral Aquaflo

KIEMSCHIMMELS
zaadbehandeling door mengen
thiram
Proseed

MIJTEN bonenspintmijt *Tetranychus urticae*
- natuurlijke vijanden inzetten of stimuleren.
gewasbehandeling door spuiten
abamectin
Abamectine HF-G, Budget Abamectine 18 EC, Imex-Abamactine 2, Parimco Abamectine, Parimco Abamectine Nieuw, Protex-Abamectine, Vectine Plus, Vertimec Gold, Wopro Abamectin
bifenazaat
Floramite 240 SC, Wopro Bifenazate
hexythiazox
Nissorun Spuitpoeder, Nissorun Vloeibaar
pyridaben
Aseptacarex
spiromesifen
Oberon

MIJTEN spintmijten *Tetranychidae*
gewasbehandeling door spuiten
fenbutatinoxide
Torque

MINEERVLIEGEN *Agromyzidae*
gewasbehandeling (ruimtebehandeling) door spuiten
deltamethrin
Decis Micro
gewasbehandeling door spuiten
deltamethrin
Agrichem Deltamethrin, Decis Micro, Deltamethrin E.C. 25, Splendid, Wopro Deltamethrin

MINEERVLIEGEN chrysantenmineervliegen *Chromatomyia syngenesiae, floridamineervlieg Liriomyza trifolii, nerfmineervlieg Liriomyza huidobrensis, tomatenmineervlieg Liriomyza bryoniae*
gewasbehandeling door spuiten
abamectin
Abamectine HF-G, Budget Abamectine 18 EC, Imex-Abamactine 2, Parimco Abamectine, Parimco Abamectine Nieuw, Protex-Abamectine, Vectine Plus, Vertimec Gold, Wopro Abamectin
deltamethrin
Agrichem Deltamethrin, Deltamethrin E.C. 25, Splendid, Wopro Deltamethrin

MINEERVLIEGEN koolmineervlieg *Phytomyza rufipes*
gewasbehandeling door spuiten
deltamethrin
Agrichem Deltamethrin, Deltamethrin E.C. 25, Splendid, Wopro Deltamethrin

PHYTOPHTHORA-ROT *Phytophthora* **soorten**
gewasbehandeling door spuiten
propamocarb-hydrochloride
Imex-Propamocarb
plantvoetbehandeling door gieten
propamocarb-hydrochloride
Imex-Propamocarb

RHIZOCTONIA-ZIEKTE *Thanatephorus cucumeris*
- aanaarden, bij voorkeur met potgrond of tuinturf.
- grondoppervlak zo droog mogelijk houden.
gewasbehandeling door spuiten
iprodion

Imex Iprodion Flo, Rovral Aquaflo

RUPSEN *Lepidoptera*
gewasbehandeling (ruimtebehandeling) door spuiten
deltamethrin
Decis Micro
gewasbehandeling door spuiten
deltamethrin
Agrichem Deltamethrin, Decis Micro, Deltamethrin E.C. 25, Splendid, Wopro Deltamethrin
spinosad
Tracer
teflubenzuron
Nomolt

RUPSEN bladrollers *Tortricidae*
gewasbehandeling (ruimtebehandeling) door spuiten
deltamethrin
Decis Micro
gewasbehandeling door spuiten
deltamethrin
Agrichem Deltamethrin, Decis Micro, Deltamethrin E.C. 25, Splendid, Wopro Deltamethrin
indoxacarb
Steward

RUPSEN floridamot *Spodoptera exigua*
gewasbehandeling door spuiten
flubendiamide
Fame
indoxacarb
Steward
teflubenzuron
Nomolt

RUPSEN gamma-uil *Autographa gamma*
gewasbehandeling door spuiten
Bacillus thuringiensis subsp. *aizawai*
Turex Spuitpoeder, Xen Tari WG
indoxacarb
Steward

RUPSEN groente-uil *Lacanobia oleracea*
gewasbehandeling door spuiten
Bacillus thuringiensis subsp. *aizawai*
Turex Spuitpoeder, Xen Tari WG
Bacillus thuringiensis subsp. *kurstaki*
Delfin, Dipel, Dipel ES, Scutello, Scutello L
indoxacarb
Steward

RUPSEN kooluil *Mamestra brassicae*
gewasbehandeling door spuiten
indoxacarb
Steward

RUPSEN *Plusia* soorten
gewasbehandeling door spuiten
Bacillus thuringiensis subsp. *aizawai*
Turex Spuitpoeder, Xen Tari WG
indoxacarb
Steward

RUPSEN Turkse mot *Chrysodeixis chalcites*
gewasbehandeling door spuiten
Bacillus thuringiensis subsp. *aizawai*
Turex Spuitpoeder, Xen Tari WG
flubendiamide
Fame
indoxacarb
Steward

SCLEROTIËNROT *Sclerotinia sclerotiorum*
- gewas open houden door snoei, aangetaste planten(delen) verwijderen en afvoeren.
- gewas zo droog mogelijk houden.
- grond stomen.
gewasbehandeling door spuiten
iprodion
Imex Iprodion Flo, Rovral Aquaflo

SLAAPZIEKTE *Verticillium albo-atrum, Verticillium dahliae*
- grond en/of substraat stomen.

TRIPSEN *Thysanoptera*
gewasbehandeling (ruimtebehandeling) door spuiten
deltamethrin
Decis Micro
gewasbehandeling door spuiten
deltamethrin
Agrichem Deltamethrin, Decis Micro, Deltamethrin E.C. 25, Splendid, Wopro Deltamethrin
spinosad
Tracer

TRIPSEN californische trips *Frankliniella occidentalis*
gewasbehandeling door spuiten
abamectin
Abamectine HF-G, Budget Abamectine 18 EC, Imex-Abamactine 2, Parimco Abamectine, Parimco Abamectine Nieuw, Protex-Abamectine, Vectine Plus, Vertimec Gold, Wopro Abamectin

TRIPSEN tabakstrips *Thrips tabaci*
gewasbehandeling door spuiten
abamectin
Abamectine HF-G, Budget Abamectine 18 EC, Imex-Abamactine 2, Parimco Abamectine Nieuw, Vectine Plus, Vertimec Gold, Wopro Abamectin
deltamethrin
Agrichem Deltamethrin, Deltamethrin E.C. 25, Splendid, Wopro Deltamethrin

VIRUSZIEKTEN geelmozaïek bonenscherpmozaïek-virus
- aangetaste planten onmiddellijk verwijderen. Zijn er teveel, dan gezonde en zieke planten afzonderlijk snoeien en oogsten.
- aangetaste planten(delen) verwijderen en vernietigen.
- bedrijfshygiëne stringent doorvoeren.
- gezond uitgangsmateriaal gebruiken.
- overbrengers (vectoren) van virus voorkomen en/of bestrijden.
- temperatuur voldoende hoog houden (boven 20 °C).

VIRUSZIEKTEN mozaïek komkommermozaïekvirus
- aangetaste planten onmiddellijk verwijderen. Zijn er teveel, dan gezonde en zieke planten afzonderlijk snoeien en oogsten.
- gezond uitgangsmateriaal gebruiken.
- overbrengers (vectoren) van virus voorkomen en/of bestrijden.
- temperatuur boven 20 °C houden.
- temperatuur voldoende hoog houden (boven 20 °C).
- tolerante rassen telen.

VIRUSZIEKTEN mozaïek watermeloenmozaïekvirus
- aangetaste planten onmiddellijk verwijderen. Zijn er teveel, dan gezonde en zieke planten afzonderlijk snoeien en oogsten.
- overbrengers (vectoren) van virus voorkomen en/of bestrijden.

VOETZIEKTE *Nectria haematococca var. cucurbitae*
- bedrijfshygiëne stringent doorvoeren.
- grond stomen.
- kas ontsmetten.

VOETZIEKTE *Pythium* **soorten**
- geen grond tegen de stengel laten liggen.
- niet met koud water gieten.
gewasbehandeling door spuiten
propamocarb-hydrochloride
    Imex-Propamocarb
plantbehandeling door gieten
etridiazool
    AAterra ME
plantbehandeling via druppelirrigatiesysteem
etridiazool
    AAterra ME
propamocarb-hydrochloride
    Proplant
plantvoetbehandeling door gieten
propamocarb-hydrochloride
    Imex-Propamocarb
wortelbehandeling door druppelen
fosetyl / fosetyl-aluminium / propamocarb
    Previcur Energy

VOETZIEKTE *Rhizoctonia* **soorten**
- aanaarden, bij voorkeur met potgrond of tuinturf.
- grondoppervlak zo droog mogelijk houden.

WITTEVLIEGEN *Aleurodidae*
gewasbehandeling (ruimtebehandeling) door spuiten
deltamethrin
    Decis Micro
gewasbehandeling door spuiten
deltamethrin
    Agrichem Deltamethrin, Decis Micro, Deltamethrin E.C. 25,
    Splendid, Wopro Deltamethrin
teflubenzuron
    Nomolt

WITTEVLIEGEN kaswittevlieg *Trialeurodes vaporariorum*
gewasbehandeling door spuiten
Beauveria bassiana stam gha
    Botanigard Vloeibaar, Botanigard WP
deltamethrin
    Agrichem Deltamethrin, Deltamethrin E.C. 25, Splendid,
    Wopro Deltamethrin
Lecanicillium muscarium stam ve6
    Mycotal
pymetrozine
    Plenum 50 WG
pyridaben
    Aseptacarex
spiromesifen
    Oberon
thiacloprid
    Calypso
plantbehandeling door druppelen via voedingsoplossing
imidacloprid
    Admire, Admire O-Teq, Imex-Imidacloprid, Kohinor 70 WG

WITTEVLIEGEN tabakswittevlieg *Bemisia tabaci s.l.*
gewasbehandeling door spuiten
Beauveria bassiana stam gha
    Botanigard Vloeibaar, Botanigard WP
deltamethrin
    Agrichem Deltamethrin, Deltamethrin E.C. 25, Splendid,
    Wopro Deltamethrin
pyridaben
    Aseptacarex

ZWART WORTELROT *Phomopsis sclerotioides*
- grond en/of substraat stomen.
- voor een voldoende hoge bodemtemperatuur en voor een goede structuur van de grond zorgen. Bij een beginnende aantasting kan herstel optreden na aanaarden.

DAIKON

Raphanus sativus var. Longipinnatus

GRAUWE SCHIMMEL *Botryotinia fuckeliana*
gewasbehandeling door spuiten
boscalid / pyraclostrobin
    Signum

RHIZOCTONIA-ZIEKTE *Thanatephorus cucumeris*
gewasbehandeling door spuiten
boscalid / pyraclostrobin
    Signum

DOPERWT

KIEMPLANTENZIEKTE *Pythium* **soorten**
zaadbehandeling door spuiten
metalaxyl-M
    Apron XL

KIEMSCHIMMELS
zaadbehandeling door mengen
thiram
    Proseed
zaadbehandeling door slurry
thiram
    Hermosan 80 WG, Thiram Granuflo

VALSE MEELDAUW *Peronospora viciae f.sp. pisi*
zaadbehandeling door spuiten
metalaxyl-M
    Apron XL

FLESKALEBAS

ECHTE MEELDAUW *Sphaerotheca fusca*
gewasbehandeling door spuiten
boscalid / kresoxim-methyl
    Collis
trifloxystrobin
    Flint

GRAUWE SCHIMMEL *Botryotinia fuckeliana*
- hoge worteldruk, hoge relatieve luchtvochtigheid (RV) en beschadiging van de stengel voorkomen.

GROENLOF

BLADLUIZEN *Aphididae*
gewasbehandeling door spuiten
pirimicarb
    Agrichem Pirimicarb, Pirimor
zaadbehandeling door dummy-pil methode
imidacloprid
    Gaucho Tuinbouw
zaadbehandeling door phytodrip methode
imidacloprid
    Gaucho Tuinbouw

GROTE SCHORSENEER

KIEMSCHIMMELS
zaadbehandeling door mengen
thiram
    Proseed

KALEBAS

ECHTE MEELDAUW *Sphaerotheca fusca*
gewasbehandeling door spuiten
azoxystrobin
    Ortiva
boscalid / kresoxim-methyl
    Collis
trifloxystrobin
    Flint

GRAUWE SCHIMMEL *Botryotinia fuckeliana*
- hoge worteldruk, hoge relatieve luchtvochtigheid (RV) en beschadiging van de stengel voorkomen.
gewasbehandeling door spuiten
iprodion
    Imex Iprodion Flo, Rovral Aquaflo

MIJTEN bonenspintmijt *Tetranychus urticae*
gewasbehandeling door spuiten
spiromesifen
    Oberon

RHIZOCTONIA-ZIEKTE *Thanatephorus cucumeris*
gewasbehandeling door spuiten
iprodion
    Imex Iprodion Flo, Rovral Aquaflo

RUPSEN bladrollers *Tortricidae, gamma-uil Autographa gamma,* groente-uil *Lacanobia oleracea,* kooluil *Mamestra brassicae, Plusia* soorten
gewasbehandeling door spuiten
indoxacarb
    Steward

RUPSEN floridamot *Spodoptera exigua,* Turkse mot *Chrysodeixis chalcites*
gewasbehandeling door spuiten
flubendiamide
    Fame
indoxacarb
    Steward

SCLEROTIËNROT *Sclerotinia sclerotiorum*
gewasbehandeling door spuiten
iprodion
    Imex Iprodion Flo, Rovral Aquaflo

WITTEVLIEGEN kaswittevlieg *Trialeurodes vaporariorum*
gewasbehandeling door spuiten
spiromesifen
    Oberon

KNOFLOOK

KIEMSCHIMMELS
zaadbehandeling door mengen
thiram
    Proseed

KNOLRAAP

TRIPSEN tabakstrips *Thrips tabaci*
- minder vatbare rassen telen.
- natuurlijke vijanden inzetten of stimuleren.

VLIEGEN koolvlieg *Delia radicum*
- gewasresten na de oogst onderploegen of verwijderen.
- gezond uitgangsmateriaal gebruiken.
- vruchtwisseling toepassen.
signalering:

- vallen ophangen om de eerste vlucht te kunnen voorspellen, waardoor het goede bestrijdingsmoment vastgesteld kan worden.

KNOLSELDERIJ

AALTJES stengelaaltje *Ditylenchus dipsaci*
DIT IS EEN QUARANTAINE-ORGANISME

BLADLUIZEN *Aphididae*
gewasbehandeling door spuiten
pirimicarb
    Agrichem Pirimicarb, Pirimor

BLADVLEKKEN *Alternaria radicina*
zaadbehandeling door mengen
iprodion
    Imex Iprodion Flo, Rovral Aquaflo

BLADVLEKKENZIEKTE *Septoria apiicola*
- gewasresten na de oogst onderploegen of verwijderen.
- gezond uitgangsmateriaal gebruiken.
- onderdoor water geven.
- ruime plantafstand aanhouden.
gewasbehandeling door spuiten
chloorthalonil
    Budget Chloorthalonil 500 SC, Daconil 500 Vloeibaar

BRUINE HARTEN calciumgebrek
- kalksalpeter spuiten.
- verdamping stimuleren.

KIEMSCHIMMELS
zaadbehandeling door mengen
thiram
    Proseed
zaadbehandeling door slurry
thiram
    Hermosan 80 WG

LOOFVERBRUINING *Alternaria dauci*
zaadbehandeling door mengen
iprodion
    Imex Iprodion Flo, Rovral Aquaflo

RUPSEN koolmot *Plutella xylostella*
gewasbehandeling door spuiten
Bacillus thuringiensis subsp. *aizawai*
    Turex Spuitpoeder, Xen Tari WG, Thiram Granuflo

SCLEROTIËNROT *Sclerotinia sclerotiorum*
- aangetaste planten(delen) met grond verwijderen.
- grond stomen.
- niet te nat telen in de winter.
- vruchtwisseling toepassen.

KNOLVENKEL

BLADLUIZEN *Aphididae*
gewasbehandeling (ruimtebehandeling) door roken
pirimicarb
    Pirimor Rookontwikkelaar
gewasbehandeling door spuiten
pirimicarb
    Agrichem Pirimicarb, Pirimor

KIEMPLANTENZIEKTE *Pythium* soorten
- gezond uitgangsmateriaal gebruiken.
- grond stomen.
- niet in te koude of te natte grond planten.
- structuur van de grond verbeteren.
- vruchtwisseling toepassen.

LOOFVERBRUINING *Alternaria dauci*
zaadbehandeling door mengen
iprodion
 Imex Iprodion Flo, Rovral Aquaflo

MINEERVLIEGEN *Agromyzidae*
gewasbehandeling door spuiten
deltamethrin
 Agrichem Deltamethrin, Decis Micro, Deltamethrin E.C. 25,
 Splendid, Wopro Deltamethrin

NATROT *Erwinia carotovora subsp. carotovora*
- beregenen alleen bij drogende omstandigheden.
- voor een voldoende grote watervoorraad in de grond zorgen.

RUPSEN *Lepidoptera*
gewasbehandeling door spuiten
deltamethrin
 Agrichem Deltamethrin, Decis Micro, Deltamethrin E.C. 25,
 Splendid, Wopro Deltamethrin

VALSE MEELDAUW *Peronospora viciae*
gewasbehandeling door spuiten
dimethomorf
 Paraat

ZWARTE-PLEKKENZIEKTE *Alternaria radicina*
zaadbehandeling door mengen
iprodion
 Imex Iprodion Flo, Rovral Aquaflo

KOMATSUNA

BLADVLEKKENZIEKTEN spikkelziekte *Alternaria brassicae, Alternaria brassicicola*
gewasbehandeling door spuiten
iprodion
 Rovral Aquaflo

GRAUWE SCHIMMEL *Botryotinia fuckeliana*
gewasbehandeling door spuiten
iprodion
 Rovral Aquaflo

KIEMPLANTENZIEKTE *Thanatephorus cucumeris*
gewasbehandeling door spuiten
iprodion
 Rovral Aquaflo

KOMKOMMER

BLADLUIZEN *Aphididae*
gewasbehandeling (ruimtebehandeling) door roken
pirimicarb
 Pirimor Rookontwikkelaar
gewasbehandeling door spuiten
acetamiprid
 Gazelle
pirimicarb
 Agrichem Pirimicarb, Pirimor
thiacloprid
 Calypso

BLADLUIZEN aardappeltopluis *Macrosiphum euphorbiae,* **rode luis** *Myzus nicotianae*
gewasbehandeling door spuiten
pymetrozine
 Plenum 50 WG

BLADLUIZEN boterbloemluis *Aulacorthum solani,* **groene perzikluis** *Myzus persicae*
gewasbehandeling door spuiten
acetamiprid
 Gazelle

pymetrozine
 Plenum 50 WG
plantbehandeling door druppelen via voedingsoplossing
imidacloprid
 Admire, Admire O-Teq, Imex-Imidacloprid, Kohinor 70 WG

BLADLUIZEN katoenluis *Aphis gossypii*
gewasbehandeling door spuiten
acetamiprid
 Gazelle
methiocarb
 Mesurol 500 SC
pymetrozine
 Plenum 50 WG
plantbehandeling door druppelen via voedingsoplossing
imidacloprid
 Admire, Admire O-Teq, Imex-Imidacloprid, Kohinor 70 WG

BLADLUIZEN zwarte bonenluis *Aphis fabae*
gewasbehandeling door spuiten
acetamiprid
 Gazelle
plantbehandeling door druppelen via voedingsoplossing
imidacloprid
 Admire, Admire O-Teq, Imex-Imidacloprid, Kohinor 70 WG

BLADVLEKKENZIEKTE *Didymella bryoniae*
- gewas zo droog mogelijk houden.
- goed luchten in de kas.
- hoge relatieve luchtvochtigheid (RV) voorkomen door doelmatig te luchten en de kastemperatuur drie uur vóór zonsopgang geleidelijk naar de dagtemperatuur te brengen.
- langdurig nat blijven van het gewas voorkomen.
- natslaan van gewas en guttatie voorkomen.
gewasbehandeling door spuiten
bitertanol
 Baycor Flow
chloorthalonil
 Budget Chloorthalonil 500 SC, Daconil 500 Vloeibaar
plantbehandeling door spuiten
gliocladium catenulatum stam j1446
 Prestop

BLADVUUR *Corynespora cassiicola*
- resistente rassen telen.

BRANDKOPPEN complex non-parasitaire factoren
- relatieve luchtvochtigheid (RV) zo hoog mogelijk houden en bij plotseling zonnig weer schermen.

BRANDVLEKKENZIEKTE *Glomerella lagenarium*
- resistente rassen telen.

CALCIUMGEBREK
- relatieve luchtvochtigheid (RV) laag houden door stoken en/of luchten.
- verdamping stimuleren.

CICADEN
- geen specifieke niet-chemische maatregel bekend.

ECHTE MEELDAUW *Erysiphe cichoracearum Erysiphe knautiae*
gewasbehandeling (ruimtebehandeling) door roken
imazalil
 Fungaflor Rook
gewasbehandeling door spuiten
bupirimaat
 Nimrod Vloeibaar
imazalil
 Fungaflor 100 EC

ECHTE MEELDAUW *Leveillula taurica*
gewasbehandeling door spuiten

kaliumjodide / kaliumthiocyanaat
    Enzicur

ECHTE MEELDAUW *Sphaerotheca fuliginea f.sp. fuligenea*
gewasbehandeling door spuiten
triflumizool
    Rocket EC

ECHTE MEELDAUW *Sphaerotheca fusca*
gewasbehandeling (ruimtebehandeling) door roken
imazalil
    Fungaflor Rook
gewasbehandeling door spuiten
azoxystrobin
    Ortiva
bitertanol
    Baycor Flow
boscalid / kresoxim-methyl
    Collis
imazalil
    Fungaflor 100 EC
trifloxystrobin
    Flint
- resistente rassen telen.

ECHTE MEELDAUW *Oidium* soorten, *Sphaerotheca* soorten
gewasbehandeling door spuiten
kaliumjodide / kaliumthiocyanaat
    Enzicur

FUSARIUM-VERWELKINGSZIEKTE *Fusarium oxysporum f.sp. cucumerinum*
- aangetaste planten(delen) verwijderen.
- bedrijfshygiëne stringent doorvoeren.
- grond en/of substraat stomen.
- kas ontsmetten.
- op de minder vatbare onderstam (*Cucurbita ficifolia*) enten en eigen wortel doorsnijden.
plantbehandeling door spuiten
Streptomyces griseoviridis k61 isolate
    Mycostop
plantbehandeling via druppelirrigatiesysteem
Streptomyces griseoviridis k61 isolate
    Mycostop
plantgatbehandeling door gieten
Streptomyces griseoviridis k61 isolate
    Mycostop

GETAILLEERDE VRUCHTEN lichtgebrek
- minder vatbare rassen telen.
- zware belasting van het gewas voorkomen.

GRAUWE SCHIMMEL *Botryotinia fuckeliana*
- beschadiging van de stengel voorkomen.
- natslaan van gewas en guttatie voorkomen.
- te hoge worteldruk voorkomen.
gewasbehandeling door spuiten
fenhexamide
    Teldor
iprodion
    Imex Iprodion Flo, Rovral Aquaflo
plantbehandeling door spuiten
gliocladium catenulatum stam j1446
    Prestop

KIEMPLANTENZIEKTE *Pythium ultimum var. ultimum*
- betonvloer schoon branden.
- gezond uitgangsmateriaal gebruiken.
- grond stomen.
- niet in te koude of te natte grond planten.
- structuur van de grond verbeteren.

- vruchtwisseling toepassen.
- wateroverlast voorkomen.
gewasbehandeling door spuiten
propamocarb-hydrochloride
    Imex-Propamocarb
plantbehandeling door gieten
thiram
    Hermosan 80 WG, Thiram Granuflo
plantbehandeling door spuiten
Streptomyces griseoviridis k61 isolate
    Mycostop
plantbehandeling via druppelirrigatiesysteem
Streptomyces griseoviridis k61 isolate
    Mycostop
plantgatbehandeling door gieten
Streptomyces griseoviridis k61 isolate
    Mycostop
plantvoetbehandeling door gieten
propamocarb-hydrochloride
    Imex-Propamocarb

KIEMSCHIMMELS
zaadbehandeling door mengen
thiram
    Proseed

KNOOPROT *Penicillium oxalicum, Penicillium variabile*
- te hoge worteldruk voorkomen.

KOUSTREPEN temperatuurschommelingen
- temperatuurschommelingen en dauwvorming op de vruchten voorkomen door de kastemperatuur geleidelijk naar de dagtemperatuur te brengen.

MAGNESIUMGEBREK
- vanaf één maand na het planten, om de 14 dagen met magnesiumsulfaat spuiten. Te dikwijls spuiten verhardt het blad zodanig dat groeistagnatie optreedt.
- zware belasting door het gewas voorkomen.

MANGAANGEBREK
- te hoge pH voorkomen.
- zware belasting door het gewas voorkomen.

MIJTEN bonenspintmijt *Tetranychus urticae*
- grond en/of substraat stomen.
gewasbehandeling door spuiten
abamectin
    Abamectine HF-G, Budget Abamectine 18 EC, Imex-Abamactine 2, Parimco Abamectine, Parimco Abamectine Nieuw, Protex-Abamectine, Vectine Plus, Vertimec Gold, Wopro Abamectin
bifenazaat
    Floramite 240 SC, Wopro Bifenazate
hexythiazox
    Nissorun Spuitpoeder, Nissorun Vloeibaar
pyridaben
    Aseptacarex
spiromesifen
    Oberon

MIJTEN spintmijten *tetranychidae*
gewasbehandeling door spuiten
fenbutatinoxide
    Torque

MIJTEN stromijt *Tyrophagus neiswanderi*
- geen specifieke niet-chemische maatregel bekend.

MINEERVLIEGEN *Agromyzidae*
gewasbehandeling (ruimtebehandeling) door spuiten
deltamethrin
    Decis Micro

gewasbehandeling door spuiten
deltamethrin
> Agrichem Deltamethrin, Decis Micro, Deltamethrin E.C. 25, Splendid, Wopro Deltamethrin

MINEERVLIEGEN chrysantenmineervliegen *Chromatomyia syngenesiae*
gewasbehandeling door spuiten
abamectin
> Abamectine HF-G, Budget Abamectine 18 EC, Imex-Abamactine 2, Parimco Abamectine Nieuw, Vectine Plus, Vertimec Gold, Wopro Abamectin

deltamethrin
> Agrichem Deltamethrin, Deltamethrin E.C. 25, Splendid, Wopro Deltamethrin

MINEERVLIEGEN floridamineervlieg *Liriomyza trifolii*, nerfmineervlieg Liriomyza huidobrensis, tomatenmineervlieg Liriomyza bryoniae
gewasbehandeling door spuiten
abamectin
> Abamectine HF-G, Budget Abamectine 18 EC, Imex-Abamactine 2, Parimco Abamectine, Parimco Abamectine Nieuw, Protex-Abamectine, Vectine Plus, Vertimec Gold, Wopro Abamectin

deltamethrin
> Agrichem Deltamethrin, Deltamethrin E.C. 25, Splendid, Wopro Deltamethrin

MINEERVLIEGEN koolmineervlieg *Phytomyza rufipes*
gewasbehandeling door spuiten
deltamethrin
> Agrichem Deltamethrin, Deltamethrin E.C. 25, Splendid, Wopro Deltamethrin

PHYTOPHTHORA-ROT *Phytophthora* soorten
gewasbehandeling door spuiten
propamocarb-hydrochloride
> Imex-Propamocarb

plantvoetbehandeling door gieten
propamocarb-hydrochloride
> Imex-Propamocarb

PSEUDO-BLADVUUR *Ulocladium cucurbitae*
- condensvorming op het gewas voorkomen.

RHIZOCTONIA-ZIEKTE *Thanatephorus cucumeris*
- aanaarden, bij voorkeur met potgrond of tuinturf.
- grond mag de stengel niet raken.
- grondoppervlak rondom de stengel zo droog mogelijk houden.

gewasbehandeling door spuiten
iprodion
> Imex Iprodion Flo, Rovral Aquaflo

RUPSEN *Lepidoptera*
gewasbehandeling (ruimtebehandeling) door spuiten
deltamethrin
> Decis Micro

gewasbehandeling door spuiten
deltamethrin
> Agrichem Deltamethrin, Decis Micro, Deltamethrin E.C. 25, Splendid, Wopro Deltamethrin

teflubenzuron
> Nomolt

RUPSEN bladrollers *Tortricidae*
gewasbehandeling (ruimtebehandeling) door spuiten
deltamethrin
> Decis Micro

gewasbehandeling door spuiten
deltamethrin

Agrichem Deltamethrin, Decis Micro, Deltamethrin E.C. 25, Splendid, Wopro Deltamethrin
indoxacarb
> Steward

RUPSEN floridamot *Spodoptera exigua*
gewasbehandeling door spuiten
flubendiamide
> Fame

indoxacarb
> Steward

teflubenzuron
> Nomolt

RUPSEN gamma-uil *Autographa gamma*
gewasbehandeling door spuiten
Bacillus thuringiensis subsp. *aizawai*
> Turex Spuitpoeder, Xen Tari WG

indoxacarb
> Steward

RUPSEN groente-uil *Lacanobia oleracea*
gewasbehandeling door spuiten
Bacillus thuringiensis subsp. *aizawai*
> Turex Spuitpoeder, Xen Tari WG

Bacillus thuringiensis subsp. *kurstaki*
> Delfin, Dipel, Dipel ES, Scutello, Scutello L

indoxacarb
> Steward

RUPSEN kooluil *Mamestra brassicae*
gewasbehandeling door spuiten
indoxacarb
> Steward

RUPSEN *Plusia* soorten
gewasbehandeling door spuiten
Bacillus thuringiensis subsp. *aizawai*
> Turex Spuitpoeder, Xen Tari WG

indoxacarb
> Steward

RUPSEN Turkse mot *Chrysodeixis chalcites*
gewasbehandeling door spuiten
Bacillus thuringiensis subsp. *aizawai*
> Turex Spuitpoeder, Xen Tari WG

flubendiamide
> Fame

indoxacarb
> Steward

SCLEROTIËNROT *Sclerotinia sclerotiorum*
- gewas open houden door snoei, aangetaste planten(delen) verwijderen en afvoeren.
- grond en/of substraat stomen.
- hoge worteldruk, natslaan van gewas en guttatie voorkomen.

gewasbehandeling door spuiten
iprodion
> Imex Iprodion Flo, Rovral Aquaflo

STEKVRUCHTEN complex non-parasitaire factoren
- te hoge zoutconcentratie (EC) en overmatige vochtigheid van de grond voorkomen.

TRIPSEN *Thysanoptera*
gewasbehandeling (ruimtebehandeling) door spuiten
deltamethrin
> Decis Micro

gewasbehandeling door spuiten
deltamethrin
> Agrichem Deltamethrin, Decis Micro, Deltamethrin E.C. 25, Splendid, Wopro Deltamethrin

2.4 Ziekten en plagen groenteteelt

TRIPSEN californische trips *Frankliniella occidentalis*
gewasbehandeling door spuiten
abamectin
Abamectine HF-G, Budget Abamectine 18 EC, Imex-Abamactine 2, Parimco Abamectine, Parimco Abamectine Nieuw, Protex-Abamectine, Vectine Plus, Vertimec Gold, Wopro Abamectin
methiocarb
Mesurol 500 SC
spinosad
Tracer
teflubenzuron
Nomolt

TRIPSEN tabakstrips *Thrips tabaci*
gewasbehandeling door spuiten
abamectin
Abamectine HF-G, Budget Abamectine 18 EC, Imex-Abamactine 2, Parimco Abamectine Nieuw, Vectine Plus, Vertimec Gold, Wopro Abamectin
deltamethrin
Agrichem Deltamethrin, Deltamethrin E.C. 25, Splendid, Wopro Deltamethrin

VALSE MEELDAUW *Pseudoperonospora cubensis*
- gewasdraden niet onder de goot hangen in verband met druppelen op het gewas.
- voedingsniveau verhogen in de voor valse meeldauw gevoelige periode.
- voor een goede klimaatbeheersing zorgen.
gewasbehandeling door spuiten
chloorthalonil
Budget Chloorthalonil 500 SC, Daconil 500 Vloeibaar
signalering:
- gewasinspecties uitvoeren.

VARKENSSTAARTJES onbekende factor
- geen specifieke niet-chemische maatregel bekend.

VERWELKINGSZIEKTE *Verticillium albo-atrum, Verticillium dahliae*
- grond en/of substraat stomen.
- relatieve luchtvochtigheid (RV) en temperatuur hoog houden, ook 's nachts.
- structuur van de grond verbeteren.

VIRUSZIEKTEN bleke-vruchtenziekte, kommkommerbleke
- aangetaste planten(delen) en gewasresten verwijderen.
- bedrijfshygiëne stringent doorvoeren.
- onkruid bestrijden.

VIRUSZIEKTEN bont komkommerbontvirus
- aangetaste planten onmiddellijk verwijderen. Zijn er teveel, dan gezonde en zieke planten afzonderlijk snoeien en oogsten.
- bedrijfshygiëne stringent doorvoeren.
- gezond uitgangsmateriaal gebruiken.
- grond en/of substraat stomen.
- handen tijdens de werkzaamheden in het gewas nat houden met onverdunde magere melk.
- matten van zieke planten verwijderen.
- opstanden met veel water afspuiten om plantenresten te verwijderen.
- zaad gebruiken dat een temperatuurbehandeling heeft gehad.
- ziektevrij gietwater (leiding- of bronwater) of ontsmet drain-, oppervlakte- en regenwater gebruiken.

VIRUSZIEKTEN geelmozaïek bonenscherpmozaïek-virus
- aangetaste planten onmiddellijk verwijderen. Zijn er teveel, dan gezonde en zieke planten afzonderlijk snoeien en oogsten.
- alleen zaad gebruiken dat een warmtebehandeling heeft ondergaan.
- gezond uitgangsmateriaal gebruiken.
- overbrengers (vectoren) van virus voorkomen en/of bestrijden.
- temperatuur voldoende hoog houden (boven 20 °C).

VIRUSZIEKTEN mozaïek komkommermozaïekvirus
- aangetaste planten onmiddellijk verwijderen. Zijn er teveel, dan gezonde en zieke planten afzonderlijk snoeien en oogsten.
- gezond uitgangsmateriaal gebruiken.
- overbrengers (vectoren) van virus voorkomen en/of bestrijden.
- temperatuur voldoende hoog houden (boven 20 °C).

VIRUSZIEKTEN necrose meloenennecrosevirus
- gezond uitgangsmateriaal gebruiken.
- grond en/of substraat stomen.
- op de minder vatbare onderstam (*Cucurbita ficifolia*) enten en eigen wortel doorsnijden.
- ziektevrij gietwater (leiding- of bronwater) of ontsmet drain-, oppervlakte- en regenwater gebruiken.

VIRUSZIEKTEN necrose tabaksnecrosevirus
- bij teelt op substraat de grond afdekken met plastic.
- gezond uitgangsmateriaal gebruiken.
- grond en/of substraat stomen.
- ziektevrij gietwater (leiding- of bronwater) of ontsmet drain-, oppervlakte- en regenwater gebruiken.

VIRUSZIEKTEN vergelingsziekte pseudo-slavergelingsvirus
- onkruid bestrijden.
- overbrengers (vectoren) van virus voorkomen en/of bestrijden.

VOETROT *Pythium* soorten
- betonvloer schoon branden.
- op betonvloer bij opkweek geen plastic afdekfolie gebruiken.
gewasbehandeling door spuiten
propamocarb-hydrochloride
Imex-Propamocarb
plantbehandeling door gieten
etridiazool
AAterra ME
thiram
Hermosan 80 WG, Thiram Granuflo
plantbehandeling door spuiten
Streptomyces griseoviridis k61 isolate
Mycostop
plantbehandeling via druppelirrigatiesysteem
etridiazool
AAterra ME
propamocarb-hydrochloride
Proplant
plantvoetbehandeling door gieten
propamocarb-hydrochloride
Imex-Propamocarb
wortelbehandeling door druppelen
fosetyl / fosetyl-aluminium / propamocarb
Previcur Energy

VOETZIEKTE *Nectria haematococca var. cucurbitae*
- grond en/of substraat stomen.

VOETZIEKTE *Pythium aphanidermatum*
- druppelaar verwijderen.
- geen grond tegen de stengel laten liggen.

- gezond uitgangsmateriaal gebruiken.
- voor een stevig gewas zorgen (niet te snel opkweken).

VRUCHTVUUR *Cladosporium cucumerinum*
- resistente rassen telen.

WITTEVLIEGEN *Aleurodidae*
gewasbehandeling (ruimtebehandeling) door spuiten
deltamethrin
    Decis Micro
gewasbehandeling door spuiten
deltamethrin
    Agrichem Deltamethrin, Decis Micro, Deltamethrin E.C. 25,
    Splendid, Wopro Deltamethrin
teflubenzuron
    Nomolt

WITTEVLIEGEN kaswittevlieg *Trialeurodes vaporariorum*
gewasbehandeling door spuiten
Beauveria bassiana stam gha
    Botanigard Vloeibaar, Botanigard WP
deltamethrin
    Agrichem Deltamethrin, Deltamethrin E.C. 25, Splendid,
    Wopro Deltamethrin
Lecanicillium muscarium stam ve6
    Mycotal
Paecilomyces fumosoroseus apopka stam 97
    Preferal
pymetrozine
    Plenum 50 WG
pyridaben
    Aseptacarex
spiromesifen
    Oberon
thiacloprid
    Calypso
plantbehandeling door druppelen via voedingsoplossing
imidacloprid
    Admire, Admire O-Teq, Imex-Imidacloprid, Kohinor 70 WG

WITTEVLIEGEN tabakswittevlieg *Bemisia tabaci s.l.*
gewasbehandeling door spuiten
Beauveria bassiana stam gha
    Botanigard Vloeibaar, Botanigard WP
deltamethrin
    Agrichem Deltamethrin, Deltamethrin E.C. 25, Splendid,
    Wopro Deltamethrin
pyridaben
    Aseptacarex

ZWART WORTELROT *Phomopsis sclerotioides*
- grond en/of substraat stomen.
- op de minder vatbare onderstam (*Cucurbita ficifolia*) enten en
  eigen wortel doorsnijden.

KOOLRAAP

GALMUGGEN koolgalmug *Contarinia nasturtii*
- gewasresten na de oogst onderploegen of verwijderen.
- gezond uitgangsmateriaal gebruiken.
- ruime vruchtwisseling toepassen.
signalering:
- vangplaten ophangen om de eerste vlucht te kunnen voorspellen, waardoor het goede bestrijdingsmoment vastgesteld
  kan worden.

KIEMSCHIMMELS
zaadbehandeling door mengen
thiram
    Proseed

VLIEGEN koolvlieg *Delia radicum*
- gewasresten na de oogst onderploegen of verwijderen.

- gezond uitgangsmateriaal gebruiken.
- vruchtwisseling toepassen.
signalering:
- vallen ophangen om de eerste vlucht te kunnen voorspellen,
  waardoor het goede bestrijdingsmoment vastgesteld kan
  worden.

KOOLRABI

BLADLUIZEN *Aphididae*
gewasbehandeling (ruimtebehandeling) door roken
pirimicarb
    Pirimor Rookontwikkelaar
gewasbehandeling door spuiten
pirimicarb
    Pirimor

GALMUGGEN koolgalmug *Contarinia nasturtii*
- gewasresten na de oogst onderploegen of verwijderen.
- gezond uitgangsmateriaal gebruiken.
signalering:
- vangplaten ophangen om de eerste vlucht te kunnen voorspellen, waardoor het goede bestrijdingsmoment vastgesteld
  kan worden.
gewasbehandeling door spuiten
deltamethrin
    Agrichem Deltamethrin, Decis Micro, Deltamethrin E.C. 25,
    Splendid, Wopro Deltamethrin

KIEMPLANTENZIEKTE *Thanatephorus cucumeris*
grondbehandeling door spuiten
tolclofos-methyl
    Rizolex Vloeibaar

KIEMSCHIMMEL *Pythium* soorten
zaadbehandeling door spuiten
metalaxyl-M
    Apron XL

KIEMSCHIMMELS
zaadbehandeling door mengen
thiram
    Proseed

KNOLVOET *Plasmodiophora brassicae*
- gezond uitgangsmateriaal gebruiken.
- kruisbloemige onkruiden bestrijden.
signalering:
- potgrond (groeimedium) voorafgaand aan de opkweek van
  plantmateriaal laten onderzoeken op knolvoet door middel
  van een biotoets (NAK-G).

RUPSEN *Lepidoptera*
gewasbehandeling door spuiten
deltamethrin
    Agrichem Deltamethrin, Deltamethrin E.C. 25, Splendid,
    Wopro Deltamethrin

RUPSEN bladrollers *Tortricidae*
gewasbehandeling door spuiten
deltamethrin
    Agrichem Deltamethrin, Decis Micro, Deltamethrin E.C. 25,
    Splendid, Wopro Deltamethrin

RUPSEN floridamot *Spodoptera exigua*, Turkse mot *Chrysodeixis chalcites*
gewasbehandeling door spuiten
indoxacarb
    Steward

RUPSEN gamma-uil *Autographa gamma*
gewasbehandeling door spuiten
Bacillus thuringiensis subsp. *aizawai*
    Turex Spuitpoeder, Xen Tari WG

2.4 Ziekten en plagen groenteteelt

RUPSEN koolbladroller *Clepsis spectrana*
gewasbehandeling door spuiten
deltamethrin
    Agrichem Deltamethrin, Decis Micro, Deltamethrin E.C. 25,
    Splendid, Wopro Deltamethrin
esfenvaleraat
    Sumicidin Super

RUPSEN koolmot *Plutella xylostella*
gewasbehandeling door spuiten
Bacillus thuringiensis subsp. *aizawai*
    Turex Spuitpoeder, Xen Tari WG
deltamethrin
    Agrichem Deltamethrin, Decis Micro, Deltamethrin E.C. 25,
    Splendid, Wopro Deltamethrin
esfenvaleraat
    Sumicidin Super

RUPSEN kooluil *Mamestra brassicae*
gewasbehandeling door spuiten
Bacillus thuringiensis subsp. *aizawai*
    Turex Spuitpoeder
deltamethrin
    Agrichem Deltamethrin, Decis Micro, Deltamethrin E.C. 25,
    Splendid, Wopro Deltamethrin
indoxacarb
    Steward

RUPSEN *Pieris* **soorten**
gewasbehandeling door spuiten
Bacillus thuringiensis subsp. *aizawai*
    Turex Spuitpoeder, Xen Tari WG
deltamethrin
    Decis Micro
esfenvaleraat
    Sumicidin Super

RUPSEN late koolmot *Evergestis forficalis*
gewasbehandeling door spuiten
Bacillus thuringiensis subsp. *aizawai*
    Turex Spuitpoeder, Xen Tari WG
deltamethrin
    Agrichem Deltamethrin, Decis Micro, Deltamethrin E.C. 25,
    Splendid, Wopro Deltamethrin

RUPSEN *Plusia* **soorten**
gewasbehandeling door spuiten
Bacillus thuringiensis subsp. *aizawai*
    Turex Spuitpoeder, Xen Tari WG

VALSE MEELDAUW *Peronospora parasitica*
gewasbehandeling door spuiten
dimethomorf
    Paraat

VLIEGEN koolvlieg *Delia radicum*
- gewasresten na de oogst onderploegen of verwijderen.
- gezond uitgangsmateriaal gebruiken.
- insectengaas 0,8 x 0,8 mm aanbrengen.
- vruchtwisseling toepassen.
signalering:
- vallen ophangen om de eerste vlucht te kunnen voorspellen,
  waardoor het goede bestrijdingsmoment vastgesteld kan
  worden.

KORTE KOUSEBAND

ECHTE MEELDAUW *Golovinomyces orontii*
gewasbehandeling door spuiten
trifloxystrobin
    Flint

KOUSEBAND

BLADLUIZEN *Aphididae*
gewasbehandeling (ruimtebehandeling) door roken
pirimicarb
    Pirimor Rookontwikkelaar
gewasbehandeling door spuiten
pirimicarb
    Agrichem Pirimicarb, Pirimor

ECHTE MEELDAUW *Golovinomyces orontii*
gewasbehandeling door spuiten
trifloxystrobin
    Flint

GRAUWE SCHIMMEL *Botryotinia fuckeliana*
- ruime plantafstand aanhouden.
- zwaar gewas en dichte stand voorkomen.
- zwaar gewas, dichte stand en te hoge relatieve luchtvochtigheid (RV) voorkomen.

KIEMSCHIMMELS
zaadbehandeling door mengen
thiram
    Proseed
zaadbehandeling door slurry
thiram
    Thiram Granuflo, Hermosan 80 WG

MIJTEN bonenspintmijt *Tetranychus urticae*
- natuurlijke vijanden inzetten of stimuleren.
gewasbehandeling door spuiten
abamectin
    Vertimec Gold

MINEERVLIEGEN *Agromyzidae*
gewasbehandeling door spuiten
cyromazin
    Trigard 100 SL

RUPSEN gamma-uil *Autographa gamma*, **groente-uil** *Lacanobia oleracea*, *Plusia* **soorten**
gewasbehandeling door spuiten
Bacillus thuringiensis subsp. *aizawai*
    Turex Spuitpoeder, Xen Tari WG

SCLEROTIËNROT *Sclerotinia sclerotiorum*
- grond stomen.
- natslaan van gewas en guttatie voorkomen.
- ruime plantafstand aanhouden.

TRIPSEN californische trips *Frankliniella occiden-talis*, **tabakstrips** *Thrips tabaci*
gewasbehandeling door spuiten
abamectin
    Vertimec Gold

KROOT

AALTJES geel bietencysteaaltje *Heterodera betae*, **wit bietencysteaaltje** *Heterodera schachtii*
- grond stomen.
- vruchtwisseling toepassen, geen kool en spinazie als voorvrucht telen.

BLADLUIZEN *Aphididae*
gewasbehandeling (ruimtebehandeling) door roken
pirimicarb
    Pirimor Rookontwikkelaar
gewasbehandeling door spuiten
pirimicarb
    Agrichem Pirimicarb, Pirimor

BLADVLEKKENZIEKTE spikkelziekte *Alternaria* soorten
zaadbehandeling door mengen
iprodion
    Imex Iprodion Flo, Rovral Aquaflo

KIEMSCHIMMELS
zaadbehandeling door mengen
thiram
    Proseed

RUPSEN koolmot *Plutella xylostella*
gewasbehandeling door spuiten
Bacillus thuringiensis subsp. *aizawai*
    Turex Spuitpoeder, Xen Tari WG

VALSE MEELDAUW *Peronospora farinosa f.sp. betae*
zaadbehandeling door spuiten
metalaxyl-M
    Apron XL

WORTELBRAND *Pleospora betae*
- voor gunstige kiemomstandigheden zorgen.
zaadbehandeling door mengen
iprodion
    Imex Iprodion Flo, Rovral Aquaflo

MELOEN

BACTERIEHARTROT *Erwinia carotovora subsp. carotovora*
- bedrijfshygiëne stringent doorvoeren.
- bij drogend weer in de ochtend snoeien.
- kop van de hoofdstengel vroegtijdig verwijderen.
- te hoge worteldruk voorkomen.

BLADLUIZEN *Aphididae*
gewasbehandeling (ruimtebehandeling) door roken
pirimicarb
    Pirimor Rookontwikkelaar
gewasbehandeling door spuiten
pirimicarb
    Agrichem Pirimicarb, Pirimor

BLADLUIZEN aardappeltopluis *Macrosiphum euphorbiae*, groene perzikluis *Myzus persicae*, rode luis *Myzus nicotianae*
gewasbehandeling door spuiten
pymetrozine
    Plenum 50 WG

BLADLUIZEN katoenluis *Aphis gossypii*
gewasbehandeling door spuiten
methiocarb
    Mesurol 500 SC
pymetrozine
    Plenum 50 WG

BLADVLEKKENZIEKTE *Didymella bryoniae*
- hoge relatieve luchtvochtigheid (RV) voorkomen door doelmatig te luchten en de kastemperatuur drie uur vóór zonsopgang geleidelijk naar de dagtemperatuur te brengen.
- langdurig nat blijven van het gewas voorkomen.
- natslaan van gewas en guttatie voorkomen.
gewasbehandeling door spuiten
chloorthalonil
    Budget Chloorthalonil 500 SC, Daconil 500 Vloeibaar

ECHTE MEELDAUW *Erysiphe* soorten, *Sphaerotheca fuliginea f.sp. fuligenea*
gewasbehandeling door spuiten
imazalil
    Imax 200 EC

ECHTE MEELDAUW *Sphaerotheca fusca*
- minder vatbare rassen telen.
gewasbehandeling door spuiten
azoxystrobin
    Ortiva
boscalid / kresoxim-methyl
    Collis
trifloxystrobin
    Flint
gewasbehandeling (ruimtebehandeling) door roken
imazalil
    Fungaflor Rook
gewasbehandeling door spuiten
imazalil
    Fungaflor 100 EC

FUSARIUM-VERWELKINGSZIEKTE *Fusarium oxysporum f.sp. melonis*
- aangetaste planten(delen) verwijderen.
- bedrijfshygiëne stringent doorvoeren.
- grond en/of substraat stomen.
- op Fusarium-resistente onderstam *Benincasa hispida* enten.
- resistente rassen telen.
- zaad ontsmetten door de zaden 4 dagen bij 70 °C te houden.

GRAUWE SCHIMMEL *Botryotinia fuckeliana*
- beschadiging van de stengel voorkomen.
- dode bloempjes van de vruchten wrijven.
- natslaan van gewas en guttatie voorkomen.
- te hoge worteldruk voorkomen.
gewasbehandeling door spuiten
iprodion
    Imex Iprodion Flo, Rovral Aquaflo
thiofanaat-methyl
    Topsin M Vloeibaar

KIEMPLANTENZIEKTE *Pythium ultimum var. ultimum*
gewasbehandeling door spuiten
propamocarb-hydrochloride
    Imex-Propamocarb
plantvoetbehandeling door gieten
propamocarb-hydrochloride
    Imex-Propamocarb

KIEMSCHIMMELS
zaadbehandeling door mengen
thiram
    Proseed

MIJTEN bonenspintmijt *Tetranychus urticae*
- natuurlijke vijanden inzetten of stimuleren.
gewasbehandeling door spuiten
abamectin
    Abamectine HF-G, Budget Abamectine 18 EC, Imex-Abamectine 2, Parimco Abamectine Nieuw, Vectine Plus, Vertimec Gold, Wopro Abamectin
hexythiazox
    Nissorun Spuitpoeder, Nissorun Vloeibaar
spiromesifen
    Oberon

MINEERVLIEGEN *Agromyzidae*
gewasbehandeling (ruimtebehandeling) door spuiten
deltamethrin
    Decis Micro
gewasbehandeling door spuiten
deltamethrin
    Agrichem Deltamethrin, Decis Micro, Deltamethrin E.C. 25, Splendid, Wopro Deltamethrin

MINEERVLIEGEN chrysantenmineervliegen *Chromatomyia syngenesiae*
gewasbehandeling door spuiten

2.4 Ziekten en plagen groenteteelt

abamectin
  Abamectine HF-G, Budget Abamectine 18 EC, Imex-Abamactine 2, Parimco Abamectine Nieuw, Vectine Plus, Vertimec Gold, Wopro Abamectin
deltamethrin
  Agrichem Deltamethrin, Deltamethrin E.C. 25, Splendid, Wopro Deltamethrin

MINEERVLIEGEN floridamineervlieg *Liriomyza trifolii*, nerfmineervlieg *Liriomyza huidobrensis*, tomatenmineervlieg *Liriomyza bryoniae*
gewasbehandeling door spuiten
abamectin
  Abamectine HF-G, Budget Abamectine 18 EC, Imex-Abamactine 2, Parimco Abamectine, Parimco Abamectine Nieuw, Protex-Abamectine, Vectine Plus, Vertimec Gold, Wopro Abamectin
deltamethrin
  Agrichem Deltamethrin, Deltamethrin E.C. 25, Splendid, Wopro Deltamethrin

MINEERVLIEGEN koolmineervlieg *Phytomyza rufipes*
gewasbehandeling door spuiten
deltamethrin
  Agrichem Deltamethrin, Deltamethrin E.C. 25, Splendid, Wopro Deltamethrin

PHYTOPHTHORA-ROT *Phytophthora* soorten
gewasbehandeling door spuiten
propamocarb-hydrochloride
  Imex-Propamocarb
plantvoetbehandeling door gieten
propamocarb-hydrochloride
  Imex-Propamocarb

RHIZOCTONIA-ZIEKTE *Thanatephorus cucumeris*
- aanaarden, bij voorkeur met potgrond of tuinturf.
- grond mag de stengel niet raken.
gewasbehandeling door spuiten
iprodion
  Imex Iprodion Flo, Rovral Aquaflo

RUPSEN *Lepidoptera*
gewasbehandeling (ruimtebehandeling) door spuiten
deltamethrin
  Decis Micro
gewasbehandeling door spuiten
deltamethrin
  Agrichem Deltamethrin, Decis Micro, Deltamethrin E.C. 25, Splendid, Wopro Deltamethrin
spinosad
  Tracer
teflubenzuron
  Nomolt

RUPSEN bladrollers *Tortricidae*
gewasbehandeling (ruimtebehandeling) door spuiten
deltamethrin
  Decis Micro
gewasbehandeling door spuiten
deltamethrin
  Agrichem Deltamethrin, Decis Micro, Deltamethrin E.C. 25, Splendid, Wopro Deltamethrin
indoxacarb
  Steward

RUPSEN floridamot *Spodoptera exigua*
gewasbehandeling door spuiten
flubendiamide
  Fame
indoxacarb
  Steward
teflubenzuron

  Nomolt

RUPSEN gamma-uil *Autographa gamma*
gewasbehandeling door spuiten
Bacillus thuringiensis subsp. *aizawai*
  Turex Spuitpoeder, Xen Tari WG
indoxacarb
  Steward

RUPSEN groente-uil *Lacanobia oleracea*
gewasbehandeling door spuiten
Bacillus thuringiensis subsp. *aizawai*
  Turex Spuitpoeder, Xen Tari WG
Bacillus thuringiensis subsp. *kurstaki*
  Delfin, Dipel, Dipel ES, Scutello, Scutello L
indoxacarb
  Steward

RUPSEN kooluil *Mamestra brassicae*
gewasbehandeling door spuiten
indoxacarb
  Steward

RUPSEN *Plusia* soorten
gewasbehandeling door spuiten
Bacillus thuringiensis subsp. *aizawai*
  Turex Spuitpoeder, Xen Tari WG
indoxacarb
  Steward

RUPSEN Turkse mot *Chrysodeixis chalcites*
gewasbehandeling door spuiten
Bacillus thuringiensis subsp. *aizawai*
  Turex Spuitpoeder, Xen Tari WG
flubendiamide
  Fame
indoxacarb
  Steward

SCHEUREN watervermaat
- verdamping bevorderen.
- water in kleine hoeveelheden geven.
- zoutconcentratie (EC) zo hoog mogelijk houden.

SCLEROTIËNROT *Sclerotinia sclerotiorum*
- gewas open houden door snoei, aangetaste planten(delen) verwijderen en afvoeren.
- grond en/of substraat stomen.
- hoge worteldruk, natslaan van gewas en guttatie voorkomen.
- onderdoor water geven.
- relatieve luchtvochtigheid (RV) laag houden door stoken en/of luchten.
gewasbehandeling door spuiten
iprodion
  Imex Iprodion Flo, Rovral Aquaflo
thiofanaat-methyl
  Topsin M Vloeibaar

TRIPSEN *Thysanoptera*
gewasbehandeling (ruimtebehandeling) door spuiten
deltamethrin
  Decis Micro
gewasbehandeling door spuiten
deltamethrin
  Agrichem Deltamethrin, Decis Micro, Deltamethrin E.C. 25, Splendid, Wopro Deltamethrin
spinosad
  Tracer

TRIPSEN californische trips *Frankliniella occidentalis*
gewasbehandeling door spuiten
abamectin

Abamectine HF-G, Budget Abamectine 18 EC, Imex-Abamactine 2, Parimco Abamectine Nieuw, Vectine Plus, Vertimec Gold, Wopro Abamectin
methiocarb
Mesurol 500 SC

TRIPSEN tabakstrips *Thrips tabaci*
gewasbehandeling door spuiten
abamectin
Abamectine HF-G, Budget Abamectine 18 EC, Imex-Abamactine 2, Parimco Abamectine Nieuw, Vectine Plus, Vertimec Gold, Wopro Abamectin
deltamethrin
Agrichem Deltamethrin, Deltamethrin E.C. 25, Splendid, Wopro Deltamethrin

VALSE MEELDAUW *Pseudoperonospora cubensis*
- grondoppervlak rondom de stengel zo droog mogelijk houden.
- voor een goede klimaatbeheersing zorgen.
gewasbehandeling door spuiten
chloorthalonil
Budget Chloorthalonil 500 SC, Daconil 500 Vloeibaar

VERWELKINGSZIEKTE *Verticillium albo-atrum, Verticillium dahliae*
- grond en/of substraat stomen.
- relatieve luchtvochtigheid (RV) en temperatuur hoog houden, ook 's nachts.
- structuur van de grond verbeteren.

VIRUSZIEKTEN bont komkommerbontvirus
- aangetaste planten onmiddellijk verwijderen. Zijn er teveel, dan gezonde en zieke planten afzonderlijk snoeien en oogsten.
- bedrijfshygiëne stringent doorvoeren.
- gezond uitgangsmateriaal gebruiken.
- grond en/of substraat stomen.
- handen tijdens de werkzaamheden in het gewas nat houden met onverdunde magere melk.
- matten van zieke planten verwijderen.
- opstanden met veel water afspuiten om plantenresten te verwijderen.
- zaad gebruiken dat een temperatuurbehandeling heeft gehad.
- ziektevrij gietwater (leiding- of bronwater) of ontsmet drain-, oppervlakte- en regenwater gebruiken.

VIRUSZIEKTEN mozaïek komkommermozaïekvirus
- aangetaste planten onmiddellijk verwijderen. Zijn er teveel, dan gezonde en zieke planten afzonderlijk snoeien en oogsten.
- gezond uitgangsmateriaal gebruiken.
- overbrengers (vectoren) van virus voorkomen en/of bestrijden.
- temperatuur voldoende hoog houden (boven 20 °C).

VOETROT *Pythium* soorten
- gezond uitgangsmateriaal gebruiken.
- voor een stevig gewas zorgen (niet te snel opkweken).
gewasbehandeling door spuiten
propamocarb-hydrochloride
Imex-Propamocarb
plantbehandeling door gieten
etridiazool
AAterra ME
plantbehandeling via druppelirrigatiesysteem
etridiazool
AAterra ME
propamocarb-hydrochloride
Proplant
plantvoetbehandeling door gieten
propamocarb-hydrochloride
Imex-Propamocarb

WITTEVLIEGEN *Aleurodidae*
gewasbehandeling (ruimtebehandeling) door spuiten
deltamethrin
Decis Micro
gewasbehandeling door spuiten
deltamethrin
Agrichem Deltamethrin, Decis Micro, Deltamethrin E.C. 25, Splendid, Wopro Deltamethrin
teflubenzuron
Nomolt

WITTEVLIEGEN kaswittevlieg *Trialeurodes vaporariorum*
gewasbehandeling door spuiten
Beauveria bassiana stam gha
Botanigard Vloeibaar, Botanigard WP
deltamethrin
Agrichem Deltamethrin, Deltamethrin E.C. 25, Splendid, Wopro Deltamethrin
Lecanicillium muscarium stam ve6
Mycotal
pymetrozine
Plenum 50 WG
spiromesifen
Oberon

WITTEVLIEGEN tabakswittevlieg *Bemisia tabaci s.l.*
gewasbehandeling door spuiten
Beauveria bassiana stam gha
Botanigard Vloeibaar, Botanigard WP
deltamethrin
Agrichem Deltamethrin, Deltamethrin E.C. 25, Splendid, Wopro Deltamethrin

ZONNEBRAND
- tijdig schermen.

ZWART WORTELROT *Phomopsis sclerotioides*
- grond en/of substraat stomen.
- voor een voldoende hoge bodemtemperatuur en voor een goede structuur van de grond zorgen. Bij een beginnende aantasting kan herstel optreden na aanaarden.

OKRA

BLADLUIZEN aardappeltopluis *Macrosiphum euphorbiae*, groene perzikluis *Myzus persicae*, katoenluis *Aphis gossypii*, rode luis *Myzus nicotianae*
gewasbehandeling door spuiten
pymetrozine
Plenum 50 WG
plantbehandeling via druppelirrigatiesysteem
pymetrozine
Plenum 50 WG

MIJTEN bonenspintmijt *Tetranychus urticae*
gewasbehandeling door spuiten
hexythiazox
Nissorun Spuitpoeder, Nissorun Vloeibaar

WITTEVLIEGEN kaswittevlieg *Trialeurodes vaporariorum*
gewasbehandeling door spuiten
pymetrozine
Plenum 50 WG
plantbehandeling via druppelirrigatiesysteem
pymetrozine
Plenum 50 WG

PAKSOI

BLADLUIZEN *Aphididae*
gewasbehandeling (ruimtebehandeling) door roken
pirimicarb

Pirimor Rookontwikkelaar
gewasbehandeling door spuiten
pirimicarb
Agrichem Pirimicarb, Pirimor

BLADVLEKKENZIEKTE spikkelziekte *Alternaria brassicae, Alternaria brassicicola*
gewasbehandeling door spuiten
iprodion
Rovral Aquaflo

GALMUGGEN koolgalmug *Contarinia nasturtii*
- gewasresten na de oogst onderploegen of verwijderen.
- gezond uitgangsmateriaal gebruiken.

GRAUWE SCHIMMEL *Botryotinia fuckeliana*
- grond stomen.
gewasbehandeling door spuiten
iprodion
Rovral Aquaflo

KIEMSCHIMMELS
zaadbehandeling door mengen
thiram
Proseed

LEPTOSPHEARIA MACULANS *Leptosphaeria maculans*
- geen specifieke niet-chemische maatregel bekend.

MINEERVLIEGEN nerfmineervlieg *Liriomyza huidobrensis*
gewasbehandeling door spuiten
abamectin
Vertimec Gold

NATROT *Erwinia carotovora subsp. carotovora*
- 7 tot 10 dagen voor de oogst geen water meer geven.
- beregenen alleen bij drogende omstandigheden.
- voor een voldoende grote watervoorraad in de grond zorgen.

RHIZOCTONIA-ZIEKTE *Thanatephorus cucumeris*
- grond stomen.
gewasbehandeling door spuiten
iprodion
Rovral Aquaflo

RUPSEN gamma-uil *Autographa gamma, koolmot Plutella xylostella, Pieris* soorten*, late koolmot Evergestis forficalis, Plusia* soorten
gewasbehandeling door spuiten
Bacillus thuringiensis subsp. *aizawai*
Turex Spuitpoeder, Xen Tari WG

RUPSEN kooluil *Mamestra brassicae*
gewasbehandeling door spuiten
Bacillus thuringiensis subsp. *aizawai*
Turex Spuitpoeder

VLIEGEN koolvlieg *Delia radicum*
- gewasresten na de oogst onderploegen of verwijderen.
- gezond uitgangsmateriaal gebruiken.
- insectengaas 0,8 x 0,8 mm aanbrengen.
- vruchtwisseling toepassen.
signalering:
- vallen ophangen om de eerste vlucht te kunnen voorspellen, waardoor het goede bestrijdingsmoment vastgesteld kan worden.

PAPRIKA

BLADLUIZEN *Aphididae*
gewasbehandeling (ruimtebehandeling) door roken
pirimicarb

Pirimor Rookontwikkelaar
gewasbehandeling door spuiten
acetamiprid
Gazelle
pirimicarb
Agrichem Pirimicarb, Pirimor
thiacloprid
Calypso

BLADLUIZEN aardappeltopluis *Macrosiphum euphorbiae*, rode luis *Myzus nicotianae*
gewasbehandeling door spuiten
pymetrozine
Plenum 50 WG
plantbehandeling via druppelirrigatiesysteem
pymetrozine
Plenum 50 WG

BLADLUIZEN boterbloemluis *Aulacorthum solani*
gewasbehandeling door spuiten
acetamiprid
Gazelle
plantbehandeling door druppelen via voedingsoplossing
imidacloprid
Admire, Admire O-Teq, Imex-Imidacloprid, Kohinor 70 WG

BLADLUIZEN groene perzikluis *Myzus persicae*
gewasbehandeling door spuiten
acetamiprid
Gazelle
pymetrozine
Plenum 50 WG
plantbehandeling door druppelen via voedingsoplossing
imidacloprid
Admire, Admire O-Teq, Imex-Imidacloprid, Kohinor 70 WG
plantbehandeling via druppelirrigatiesysteem
pymetrozine
Plenum 50 WG

BLADLUIZEN katoenluis *Aphis gossypii*
gewasbehandeling door spuiten
acetamiprid
Gazelle
pymetrozine
Plenum 50 WG
plantbehandeling door druppelen via voedingsoplossing
imidacloprid
Admire, Admire O-Teq, Imex-Imidacloprid, Kohinor 70 WG
plantbehandeling via druppelirrigatiesysteem
pymetrozine
Plenum 50 WG

BLADLUIZEN zwarte bonenluis *Aphis fabae*
gewasbehandeling door spuiten
acetamiprid
Gazelle
plantbehandeling door druppelen via voedingsoplossing
imidacloprid
Admire, Admire O-Teq, Imex-Imidacloprid, Kohinor 70 WG

BLADVLEKKENZIEKTE *Didymella bryoniae*
- hoge relatieve luchtvochtigheid (RV) voorkomen door doelmatig te luchten en de kastemperatuur drie uur vóór zonsopgang geleidelijk naar de dagtemperatuur te brengen.
- langdurig nat blijven van het gewas voorkomen.
- natslaan van gewas en guttatie voorkomen.

CICADEN fuchsiacicade *Empoasca vitis*
- geen specifieke niet-chemische maatregel bekend.

ECHTE MEELDAUW *Leveillula taurica*
gewasbehandeling door spuiten
azoxystrobin
Ortiva

boscalid / pyraclostrobin
> Signum

kaliumjodide / kaliumthiocyanaat
> Enzicur

trifloxystrobin
> Flint

ECHTE MEELDAUW *Oidium* soorten

Sphaerotheca soorten
gewasbehandeling door spuiten
kaliumjodide / kaliumthiocyanaat
> Enzicur

FLESJESSCHIMMEL *Diporotheca rhizophila*
- grond en/of substraat stomen.

FUSARIUM-VERWELKINGSZIEKTE *Nectria haemato-cocca var. haematococca*
- bedrijfshygiëne stringent doorvoeren. Aangetaste planten en vruchten verwijderen en vernietigen.
- grond en/of substraat stomen.
- kas ontsmetten na beëindiging van de teelt.
- voor een beheerste en regelmatige groei zorgen, zonder enige groeistagnatie.

plantbehandeling door spuiten
Streptomyces griseoviridis k61 isolate
> Mycostop

plantbehandeling via druppelirrigatiesysteem
Streptomyces griseoviridis k61 isolate
> Mycostop

plantgatbehandeling door gieten
Streptomyces griseoviridis k61 isolate
> Mycostop

GRAUWE SCHIMMEL *Botryotinia fuckeliana*
- beschadiging van de stengel voorkomen.
- natslaan van gewas en guttatie voorkomen.
- te hoge worteldruk voorkomen.

gewasbehandeling door spuiten
boscalid / pyraclostrobin
> Signum

fenhexamide
> Teldor

iprodion
> Imex Iprodion Flo, Rovral Aquaflo

plantbehandeling door spuiten
gliocladium catenulatum stam j1446
> Prestop

KIEMSCHIMMELS
zaadbehandeling door mengen
thiram
> Proseed

KURKWORTEL *Pyrenochaeta lycopersici*
- grond en/of substraat stomen.
- teeltopvolging niet met tomaat.

MIJTEN bonenspintmijt *Tetranychus urticae*
- natuurlijke vijanden inzetten of stimuleren.

gewasbehandeling door spuiten
abamectin
> Abamectine HF-G, Budget Abamectine 18 EC, Imex-Abamactine 2, Parimco Abamectine, Parimco Abamectine Nieuw, Protex-Abamectine, Vectine Plus, Vertimec Gold, Wopro Abamectin

bifenazaat
> Floramite 240 SC, Wopro Bifenazate

hexythiazox
> Nissorun Spuitpoeder, Nissorun Vloeibaar

pyridaben
> Aseptacarex

spiromesifen
> Oberon

MIJTEN spintmijten *Tetranychidae*
gewasbehandeling door spuiten
fenbutatinoxide
> Torque

MINEERVLIEGEN *Agromyzidae*
gewasbehandeling (ruimtebehandeling) door spuiten
deltamethrin
> Decis Micro

gewasbehandeling door spuiten
cyromazin
> Trigard 100 SL

deltamethrin
> Agrichem Deltamethrin, Decis Micro, Deltamethrin E.C. 25, Splendid, Wopro Deltamethrin

MINEERVLIEGEN chrysantenmineervliegen *Chromatomyia syngenesiae*
gewasbehandeling door spuiten
abamectin
> Abamectine HF-G, Budget Abamectine 18 EC, Imex-Abamactine 2, Parimco Abamectine Nieuw, Vectine Plus, Vertimec Gold, Wopro Abamectin

cyromazin
> Trigard 100 SL

deltamethrin
> Agrichem Deltamethrin, Deltamethrin E.C. 25, Splendid, Wopro Deltamethrin

MINEERVLIEGEN floridamineervlieg *Liriomyza trifolii*, nerfmineervlieg *Liriomyza huidobrensis*, tomatenmineervlieg *Liriomyza bryoniae*
gewasbehandeling door spuiten
abamectin
> Abamectine HF-G, Budget Abamectine 18 EC, Imex-Abamactine 2, Parimco Abamectine, Parimco Abamectine Nieuw, Protex-Abamectine, Vectine Plus, Vertimec Gold, Wopro Abamectin

cyromazin
> Trigard 100 SL

deltamethrin
> Agrichem Deltamethrin, Deltamethrin E.C. 25, Splendid, Wopro Deltamethrin

MINEERVLIEGEN koolmineervlieg *Phytomyza rufipes*
gewasbehandeling door spuiten
deltamethrin
> Agrichem Deltamethrin, Deltamethrin E.C. 25, Splendid, Wopro Deltamethrin

NEUSROT calciumgebrek
- bij bemesting gebruik maken van kalksalpeter.
- zoutconcentratie (EC) laag houden.

signalering:
- grondonderzoek laten uitvoeren.

PHYTOPHTHORA-ROT *Phytophthora* soorten
gewasbehandeling door spuiten
propamocarb-hydrochloride
> Imex-Propamocarb

RHIZOCTONIA-ZIEKTE *Thanatephorus cucumeris*
gewasbehandeling door spuiten
iprodion
> Imex Iprodion Flo, Rovral Aquaflo

RUPSEN *Lepidoptera*
gewasbehandeling (ruimtebehandeling) door spuiten
deltamethrin
> Decis Micro

gewasbehandeling door spuiten
deltamethrin

Agrichem Deltamethrin, Decis Micro, Deltamethrin E.C. 25, Splendid, Wopro Deltamethrin
methoxyfenozide
Runner

RUPSEN bladrollers *Tortricidae*
gewasbehandeling (ruimtebehandeling) door spuiten
deltamethrin
Decis Micro
gewasbehandeling door spuiten
deltamethrin
Agrichem Deltamethrin, Decis Micro, Deltamethrin E.C. 25, Splendid, Wopro Deltamethrin
indoxacarb
Steward

RUPSEN floridamot *Spodoptera exigua*
gewasbehandeling door spuiten
flubendiamide
Fame
indoxacarb
Steward
methoxyfenozide
Runner
pyridalyl
Nocturn

RUPSEN gamma-uil *Autographa gamma*
gewasbehandeling door spuiten
Bacillus thuringiensis subsp. *aizawai*
Turex Spuitpoeder, Xen Tari WG
indoxacarb
Steward

RUPSEN groente-uil *Lacanobia oleracea*
gewasbehandeling door spuiten
Bacillus thuringiensis subsp. *aizawai*
Turex Spuitpoeder, Xen Tari WG
Bacillus thuringiensis subsp. *kurstaki*
Delfin, Dipel, Dipel ES, Scutello, Scutello L
indoxacarb
Steward

RUPSEN kooluil *Mamestra brassicae*
gewasbehandeling door spuiten
indoxacarb
Steward

RUPSEN *Plusia* soorten
gewasbehandeling door spuiten
Bacillus thuringiensis subsp. *aizawai*
Turex Spuitpoeder, Xen Tari WG
indoxacarb
Steward

RUPSEN Turkse mot *Chrysodeixis chalcites*
gewasbehandeling door spuiten
Bacillus thuringiensis subsp. *aizawai*
Turex Spuitpoeder, Xen Tari WG
flubendiamide
Fame
indoxacarb
Steward
methoxyfenozide
Runner
pyridalyl
Nocturn

SCLEROTIËNROT *Sclerotinia sclerotiorum*
- gewas open houden door snoei, aangetaste planten(delen) verwijderen en afvoeren.
- grond en/of substraat stomen.
- hoge worteldruk, natslaan van gewas en guttatie voorkomen.
gewasbehandeling door spuiten

iprodion
Imex Iprodion Flo, Rovral Aquaflo

STIP calciumovermaat
- minder vatbare rassen telen.
- vruchten groen oogsten.

TRIPSEN *Thysanoptera*
gewasbehandeling (ruimtebehandeling) door spuiten
deltamethrin
Decis Micro
gewasbehandeling door spuiten
deltamethrin
Agrichem Deltamethrin, Decis Micro, Deltamethrin E.C. 25, Splendid, Wopro Deltamethrin

TRIPSEN californische trips *Frankliniella occidentalis*
gewasbehandeling door spuiten
abamectin
Abamectine HF-G, Budget Abamectine 18 EC, Imex-Abamactine 2, Parimco Abamectine Nieuw, Protex-Abamectine, Vectine Plus, Vertimec Gold, Wopro Abamectin
spinosad
Tracer

TRIPSEN tabakstrips *Thrips tabaci*
gewasbehandeling door spuiten
abamectin
Abamectine HF-G, Budget Abamectine 18 EC, Imex-Abamactine 2, Parimco Abamectine Nieuw, Vectine Plus, Vertimec Gold, Wopro Abamectin
deltamethrin
Agrichem Deltamethrin, Deltamethrin E.C. 25, Splendid, Wopro Deltamethrin

VERWELKINGSZIEKTE *Verticillium albo-atrum*
- grond en/of substraat stomen.
Verticillium dahliae
- relatieve luchtvochtigheid (RV) en temperatuur hoog houden, ook 's nachts.
- structuur van de grond verbeteren.

VIRUSZIEKTEN bonte-vruchtenziekte komkommermozaïekvirus
- gezond uitgangsmateriaal gebruiken.
- overbrengers (vectoren) van virus voorkomen en/of bestrijden.

VIRUSZIEKTEN bonte-vruchtenziekte tomatenbronsvlekkenvirus
- aangetaste planten(delen) in gesloten plastic zak verwijderen.
- gezond uitgangsmateriaal gebruiken.
- overbrengers (vectoren) van virus voorkomen en/of bestrijden.

VIRUSZIEKTEN geelnervigheid paprikageelnerfvirus
- geen specifieke niet-chemische maatregel bekend.

VIRUSZIEKTEN mozaïek paprikamozaïekvirus
- aangetaste planten(delen) verwijderen.
- besmette substraatmatten verwijderen.
- bespuiting met magere-melkoplossing belemmert overdracht tijdens het verspenen.
- grond en/of substraat stomen.
- gronddeeltjes geen contact met bovengrondse planten(delen) laten maken.
- handen tijdens de werkzaamheden in het gewas nat houden met onverdunde magere melk.
- opstanden met veel water afspuiten om plantenresten te verwijderen.
- resistente rassen telen.

VOET- EN WORTELROT *Phytophthora capsici*
- aangetaste planten(delen) in gesloten plastic zak verwijderen.
- grond en/of substraat stomen.
plantvoetbehandeling door gieten
propamocarb-hydrochloride
    Imex-Propamocarb
plantbehandeling door gieten
etridiazool
    AAterra ME
plantbehandeling via druppelirrigatiesysteem
etridiazool
    AAterra ME

VOET- EN WORTELROT *Pythium* **soorten**
- ziektevrij gietwater (leiding- of bronwater) of ontsmet drain-, oppervlakte- en regenwater gebruiken.
gewasbehandeling door spuiten
propamocarb-hydrochloride
    Imex-Propamocarb
plantbehandeling door gieten
etridiazool
    AAterra ME
plantbehandeling door spuiten
Streptomyces griseoviridis k61 isolate
    Mycostop
plantbehandeling via druppelirrigatiesysteem
etridiazool
    AAterra ME
propamocarb-hydrochloride
    Proplant
Streptomyces griseoviridis k61 isolate
    Mycostop
plantgatbehandeling door gieten
Streptomyces griseoviridis k61 isolate
    Mycostop
plantvoetbehandeling door gieten
propamocarb-hydrochloride
    Imex-Propamocarb
wortelbehandeling door druppelen
fosetyl / fosetyl-aluminium / propamocarb
    Previcur Energy

WITTEVLIEGEN *Aleurodidae*
gewasbehandeling (ruimtebehandeling) door spuiten
deltamethrin
    Decis Micro
gewasbehandeling door spuiten
deltamethrin
    Agrichem Deltamethrin, Decis Micro, Deltamethrin E.C. 25, Splendid, Wopro Deltamethrin

WITTEVLIEGEN kaswittevlieg *Trialeurodes vaporariorum*
gewasbehandeling door spuiten
Beauveria bassiana stam gha
    Botanigard Vloeibaar, Botanigard WP
deltamethrin
    Agrichem Deltamethrin, Deltamethrin E.C. 25, Splendid, Wopro Deltamethrin
Lecanicillium muscarium stam ve6
    Mycotal
pymetrozine
    Plenum 50 WG
pyridaben
    Aseptacarex
pyriproxyfen
    Admiral
spiromesifen
    Oberon
thiacloprid
    Calypso
plantbehandeling door druppelen via voedingsoplossing
imidacloprid
    Admire, Admire O-Teq, Imex-Imidacloprid, Kohinor 70 WG

plantbehandeling via druppelirrigatiesysteem
pymetrozine
    Plenum 50 WG
thiacloprid
    Calypso

WITTEVLIEGEN tabakswittevlieg *Bemisia tabaci s.l.*
gewasbehandeling door spuiten
Beauveria bassiana stam gha
    Botanigard Vloeibaar, Botanigard WP
deltamethrin
    Agrichem Deltamethrin, Deltamethrin E.C. 25, Splendid, Wopro Deltamethrin
pyridaben
    Aseptacarex

WORTELLUIZEN rijstwortelluis *Rhopalosiphum rufiabdominalis*
- geen specifieke niet-chemische maatregel bekend.

ZONNEBRAND
- niet te sterk snoeien.
- zo nodig schermen.

ZWARTE SPIKKEL *Colletotrichum coccodes*
- grond en/of substraat stomen.

PASTINAAK

KIEMSCHIMMELS
zaadbehandeling door mengen
thiram
    Proseed

PATISSON

BLADLUIZEN *Aphididae*
gewasbehandeling door spuiten
pirimicarb
    Agrichem Pirimicarb, Pirimor
thiacloprid
    Calypso

BLADLUIZEN aardappeltopluis *Macrosiphum euphorbiae*, **groene perzikluis** *Myzus persicae*, **katoenluis** *Aphis gossypii*, **rode luis** *Myzus nicotianae*
gewasbehandeling door spuiten
pymetrozine
    Plenum 50 WG

ECHTE MEELDAUW *Sphaerotheca fusca*
- resistente rassen telen.
gewasbehandeling door spuiten
trifloxystrobin
    Flint

GRAUWE SCHIMMEL *Botryotinia fuckeliana*
- beschadiging van de stengel voorkomen.
- dichte stand voorkomen.
- direct na opkomst luchten.
- lage temperatuur tijdens de opkweek voorkomen.
- natslaan van gewas en guttatie voorkomen.
- te hoge worteldruk voorkomen.
- vanaf twee dagen na opkomst planten afharden.
- verse grond gebruiken en zaaibakjes en houtwerk met kunstfolie bekleden. Grond met vers rivierzand afdekken.
gewasbehandeling door spuiten
fenhexamide
    Teldor
iprodion
    Imex Iprodion Flo, Rovral Aquaflo

KIEMPLANTENZIEKTE *Pythium* **soorten**
plantbehandeling via druppelirrigatiesysteem

propamocarb-hydrochloride
    Proplant
wortelbehandeling door druppelen
fosetyl / fosetyl-aluminium / propamocarb
    Previcur Energy

MIJTEN bonenspintmijt *Tetranychus urticae*
gewasbehandeling door spuiten
abamectin
    Abamectine HF-G, Budget Abamectine 18 EC, Imex-Abamactine 2, Parimco Abamectine Nieuw, Vectine Plus, Vertimec Gold, Wopro Abamectin
spiromesifen
    Oberon

MINEERVLIEGEN chrysantenmineervliegen *Chromatomyia syngenesiae, floridamineervlieg Liriomyza trifolii, nerfmineervlieg Liriomyza huidobrensis, tomatenmineervlieg Liriomyza bryoniae*
gewasbehandeling door spuiten
abamectin
    Abamectine HF-G, Budget Abamectine 18 EC, Imex-Abamactine 2, Parimco Abamectine Nieuw, Vectine Plus, Vertimec Gold, Wopro Abamectin

RHIZOCTONIA-ZIEKTE *Thanatephorus cucumeris*
- aanaarden, bij voorkeur met potgrond of tuinturf.
- grond mag de stengel niet raken.
- grondoppervlak rondom de stengel zo droog mogelijk houden.
gewasbehandeling door spuiten
iprodion
    Imex Iprodion Flo, Rovral Aquaflo

RUPSEN bladrollers *Tortricidae, kooluil Mamestra brassicae*
gewasbehandeling door spuiten
indoxacarb
    Steward

RUPSEN floridamot *Spodoptera exigua*
gewasbehandeling door spuiten
indoxacarb
    Steward
flubendiamide
    Fame

RUPSEN gamma-uil *Autographa gamma, groente-uil Lacanobia oleracea, Plusia* soorten
gewasbehandeling door spuiten
Bacillus thuringiensis subsp. *aizawai*
    Turex Spuitpoeder, Xen Tari WG
indoxacarb
    Steward

RUPSEN Turkse mot *Chrysodeixis chalcites*
gewasbehandeling door spuiten
Bacillus thuringiensis subsp. *aizawai*
    Turex Spuitpoeder, Xen Tari WG
flubendiamide
    Fame
indoxacarb
    Steward

SCLEROTIËNROT *Sclerotinia sclerotiorum*
- dichte stand voorkomen.
- direct na opkomst luchten.
- gewas open houden door snoei, aangetaste planten(delen) verwijderen en afvoeren.
- grond en/of substraat stomen.
- hoge worteldruk, natslaan van gewas en guttatie voorkomen.
- lage temperatuur tijdens de opkweek voorkomen.
- vanaf twee dagen na opkomst planten afharden.

- verse grond gebruiken en zaaibakjes en houtwerk met kunstfolie bekleden. Grond met vers rivierzand afdekken.
gewasbehandeling door spuiten
iprodion
    Imex Iprodion Flo, Rovral Aquaflo

TRIPSEN californische trips *Frankliniella occidentalis, tabakstrips Thrips tabaci*
gewasbehandeling door spuiten
abamectin
    Abamectine HF-G, Budget Abamectine 18 EC, Imex-Abamactine 2, Parimco Abamectine Nieuw, Vectine Plus, Vertimec Gold, Wopro Abamectin

VIRUSZIEKTEN geelmozaïek bonenscherpmozaïekvirus
- aangetaste planten onmiddellijk verwijderen. Zijn er teveel, dan gezonde en zieke planten afzonderlijk snoeien en oogsten.
- gezond uitgangsmateriaal gebruiken.
- overbrengers (vectoren) van virus voorkomen en/of bestrijden.
- temperatuur voldoende hoog houden (boven 20 °C).

VIRUSZIEKTEN mozaïek komkommermozaïekvirus
- aangetaste planten onmiddellijk verwijderen. Zijn er teveel, dan gezonde en zieke planten afzonderlijk snoeien en oogsten.
- gezond uitgangsmateriaal gebruiken.
- overbrengers (vectoren) van virus voorkomen en/of bestrijden.
- tolerante rassen telen.

VIRUSZIEKTEN mozaïek watermeloenmozaïekvirus
- aangetaste planten onmiddellijk verwijderen. Zijn er teveel, dan gezonde en zieke planten afzonderlijk snoeien en oogsten.
- overbrengers (vectoren) van virus voorkomen en/of bestrijden.

WITTEVLIEGEN kaswittevlieg *Trialeurodes vaporariorum*
gewasbehandeling door spuiten
pymetrozine
    Plenum 50 WG
spiromesifen
    Oberon
thiacloprid
    Calypso

PEEN

AALTJES
grondbehandeling door strooien
oxamyl
    Vydate 10G
rijbehandeling door strooien
oxamyl
    Vydate 10G

AALTJES noordelijk wortelknobbelaaltje *Meloidogyne hapla*
- ruime vruchtwisseling toepassen (minimaal 1 op 5).

ASTER YELLOWS fytoplasma *Phytoplasma*
- gewasresten na de oogst onderploegen of verwijderen.
- onkruid bestrijden.
- vatbare groentengewassen niet op aangrenzend perceel telen.

BACTERIEVLEKKENZIEKTE *Xanthomonas campestris pv. carotae*
- ruime vruchtwisseling toepassen.

BLADLUIZEN *Aphididae*
gewasbehandeling (ruimtebehandeling) door roken
pirimicarb
    Pirimor Rookontwikkelaar
gewasbehandeling door spuiten
pirimicarb
    Agrichem Pirimicarb, Pirimor

BLADVLEKKENZIEKTE *Cercospora carotae*
- bladbemesting toepassen.
- gewasresten verwijderen.
- voor goede groeiomstandigheden zorgen.

CAVITY SPOT *Pythium* soorten
zaadbehandeling door spuiten
metalaxyl-M
    Apron XL

ECHTE MEELDAUW *Erysiphe heraclei*
- bladbemesting toepassen.

KIEMSCHIMMELS
zaadbehandeling door mengen
thiram
    Proseed

LOOFVERBRUINING *Alternaria dauci*
- bladbemesting toepassen.
- gewasresten na de oogst onderploegen of verwijderen.
gewasbehandeling door spuiten
azoxystrobin
    Amistar, Azoxy HF, Budget Azoxystrobin 250 SC, Ortiva
boscalid / pyraclostrobin
    Signum
iprodion
    Imex Iprodion Flo, Rovral Aquaflo
zaadbehandeling door mengen
iprodion
    Imex Iprodion Flo, Rovral Aquaflo

MINEERVLIEGEN wortelmineervlieg *Napomyza carotae*
signalering:
- blad regelmatig op mineergangen inspecteren.

PHYTOPHTHORA-ROT *Phytophthora cactorum, Phytophthora megasperma, Phytophthora porri*
- hoge vochtbelasting door beregening of irrigatie voorkomen.

RHIZOCTONIA *Thanatephorus cucumeris*
- grond goed ontwateren.
- niet op percelen zaaien waar recent plantaardig materiaal (groenbemester) is ondergewerkt.

RUPSEN koolmot *Plutella xylostella*
gewasbehandeling door spuiten
Bacillus thuringiensis subsp. *aizawai*
    Turex Spuitpoeder

SCHURFT *Streptomyces scabies*
- ruime vruchtwisseling toepassen.

SCLEROTIËNROT *Sclerotinia sclerotiorum*
- onkruid bestrijden.

VIOLET WORTELROT *Helicobasidium brebissonii*
- aangetaste wortels verwijderen en vernietigen.
- voor goede groeiomstandigheden zorgen.

VIRUSZIEKTEN roodbladziekte peenroodbladvirus
- bladluizen bestrijden.

WORTELROT *Mycocentrospora acerina*
- bladbemesting toepassen.

- loofgroei door goede stikstofbemesting beperken.
- vruchtwisseling toepassen.

ZWARTE-PLEKKENZIEKTE *Alternaria radicina*
gewasbehandeling door spuiten
iprodion
    Imex Iprodion Flo, Rovral Aquaflo
zaadbehandeling door mengen
iprodion
    Imex Iprodion Flo, Rovral Aquaflo

PEUL

BLADLUIZEN *Aphididae*
gewasbehandeling (ruimtebehandeling) door roken
pirimicarb
    Pirimor Rookontwikkelaar

GRAUWE SCHIMMEL *Botryotinia fuckeliana*
gewasbehandeling door spuiten
iprodion
    Imex Iprodion Flo, Rovral Aquaflo

KIEMSCHIMMELS
zaadbehandeling door mengen
thiram
    Proseed

SCLEROTIËNROT *Sclerotinia sclerotiorum*
gewasbehandeling door spuiten
iprodion
    Imex Iprodion Flo, Rovral Aquaflo

POMPOEN

BLADLUIZEN aardappeltopluis *Macrosiphum euphorbiae*, **groene perzikluis** *Myzus persicae*, **katoenluis** *Aphis gossypii*, **rode luis** *Myzus nicotianae*
gewasbehandeling door spuiten
pymetrozine
    Plenum 50 WG

ECHTE MEELDAUW *Sphaerotheca fusca*
- gewas aan de groei houden.
- resistente rassen telen.
gewasbehandeling door spuiten
azoxystrobin
    Ortiva
boscalid / kresoxim-methyl
    Collis
trifloxystrobin
    Flint

GRAUWE SCHIMMEL *Botryotinia fuckeliana*
- beschadiging van de stengel voorkomen.
- natslaan van gewas en guttatie voorkomen.
- te hoge worteldruk voorkomen.
gewasbehandeling door spuiten
iprodion
    Imex Iprodion Flo, Rovral Aquaflo

MIJTEN bonenspintmijt *Tetranychus urticae*
- natuurlijke vijanden inzetten of stimuleren.
gewasbehandeling door spuiten
abamectin
    Abamectine HF-G, Budget Abamectine 18 EC, Imex-Abamectine 2, Parimco Abamectine Nieuw, Vectine Plus, Vertimec Gold, Wopro Abamectin
hexythiazox
    Nissorun Spuitpoeder, Nissorun Vloeibaar
spiromesifen
    Oberon

MINEERVLIEGEN chrysantenmineervliegen *Chromatomyia syngenesiae, floridamineervlieg Liriomyza trifolii, nerfmineervlieg Liriomyza huidobrensis, tomatenmineervlieg Liriomyza bryoniae*
gewasbehandeling door spuiten
abamectin
    Abamectine HF-G, Budget Abamectine 18 EC, Imex-Abamactine 2, Parimco Abamectine Nieuw, Vectine Plus, Vertimec Gold, Wopro Abamectin

RHIZOCTONIA-ZIEKTE *Thanatephorus cucumeris*
gewasbehandeling door spuiten
iprodion
    Imex Iprodion Flo, Rovral Aquaflo

RUPSEN *Lepidoptera*
gewasbehandeling door spuiten
spinosad
    Tracer

RUPSEN bladrollers *Tortricidae*
gewasbehandeling door spuiten
indoxacarb
    Steward

RUPSEN floridamot *Spodoptera exigua*
gewasbehandeling door spuiten
indoxacarb
    Steward
flubendiamide
    Fame

RUPSEN gamma-uil *Autographa gamma,* **groente-uil** *Lacanobia oleracea,* **kooluil** *Mamestra brassicae,* **Plusia soorten**
gewasbehandeling door spuiten
indoxacarb
    Steward

RUPSEN Turkse mot *Chrysodeixis chalcites*
gewasbehandeling door spuiten
indoxacarb
    Steward
gewasbehandeling door spuiten
flubendiamide
    Fame

SCLEROTIËNROT *Sclerotinia sclerotiorum*
gewasbehandeling door spuiten
iprodion
    Imex Iprodion Flo, Rovral Aquaflo

TRIPSEN *Thysanoptera*
gewasbehandeling door spuiten
spinosad
    Tracer

TRIPSEN californische trips *Frankliniella occidentalis,* **tabakstrips** *Thrips tabaci*
gewasbehandeling door spuiten
abamectin
    Abamectine HF-G, Budget Abamectine 18 EC, Imex-Abamactine 2, Parimco Abamectine Nieuw, Vectine Plus, Vertimec Gold, Wopro Abamectin

WITTEVLIEGEN kaswittevlieg *Trialeurodes vaporariorum*
gewasbehandeling door spuiten
pymetrozine
    Plenum 50 WG
spiromesifen
    Oberon

POSTELEIN

BLADLUIZEN *Aphididae*
gewasbehandeling (ruimtebehandeling) door roken
pirimicarb
    Pirimor Rookontwikkelaar

KIEMSCHIMMELS
zaadbehandeling door mengen
thiram
    Proseed
zaadbehandeling door slurry
thiram
    Hermosan 80 WG, Thiram Granuflo

PREI

BACTERIEVLEKKENZIEKTE *Pseudomonas syringae pv. porri*
- aangetast plantmateriaal verwijderen.
- gewashandelingen in een droog gewas uitvoeren.
- planten niet in de kist bevochtigen.
- planten niet maaien.
- planten van een besmet perceel niet uitplanten.
- minder vatbare rassen telen.
- voor een rustige en gelijkmatige groei zorgen.

BLADLUIZEN *Aphididae*
gewasbehandeling (ruimtebehandeling) door roken
pirimicarb
    Pirimor Rookontwikkelaar

BLADVLEKKENZIEKTE fluweelvlekkenziekte *Cladosporium allii-porri*
- minder vatbare rassen telen.
- niet diep planten en later aanaarden.
- regelmatige, rustige groei bewerkstelligen.

BLADVLEKKENZIEKTE papiervlekkenziekte *Phytophthora porri*
- gewasresten verwijderen.
- minder vatbare rassen telen.
- niet diep planten en later aanaarden.
- opspatten van de grond voorkomen door afdekken met stro, stro inbrengen of een ondergroei van gras.
- regelmatige, rustige groei bewerkstelligen.
- vruchtwisseling toepassen.

BLADVLEKKENZIEKTE purpervlekkenziekte *Alternaria porri*
- gewasresten verwijderen.

KIEMSCHIMMELS
zaadbehandeling door mengen
thiram
    Proseed

TRIPSEN *Thysanoptera*
- gedurende één jaar geen prei telen.

VIRUSZIEKTEN geelstreep preigeelstreepvirus
- zo vroeg mogelijk zieke planten verwijderen.

VIRUSZIEKTEN geelstreep uiengeelstreepvirus
- bladluizen bestrijden.

VLEKKENZIEKTE *Fusarium culmorum*
- beschadiging en groeistagnatie voorkomen.

VLIEGEN uienvlieg *Delia antiqua*
signalering:
- gewasinspecties uitvoeren.
- vallen gebruiken.

WITROT *Sclerotium cepivorum*
signalering:
- grondonderzoek laten uitvoeren.

PRONKBOON

BLADLUIZEN *Aphididae*
gewasbehandeling (ruimtebehandeling) door roken
pirimicarb
    Pirimor Rookontwikkelaar

ECHTE MEELDAUW *Golovinomyces orontii*
- aangetaste planten(delen) in gesloten plastic zak verwijderen.
- boon of komkommer niet als volgteelt toepassen.
- kas ontsmetten.
- relatieve luchtvochtigheid (RV) laag houden door stoken en/of luchten.
- steenwolmatten stomen of vernieuwen.
gewasbehandeling door spuiten
trifloxystrobin
    Flint

GRAUWE SCHIMMEL *Botryotinia fuckeliana*
- afgevallen bloemblaadjes niet op het gewas laten liggen.
- bij een te zwaar gewas blad dunnen.
- minder vatbare rassen telen.
- relatieve luchtvochtigheid (RV) laag houden door stoken en/of luchten.
- ruime plantafstand aanhouden.
- zwaar gewas en dichte stand voorkomen.
gewasbehandeling door spuiten
iprodion
    Imex Iprodion Flo, Rovral Aquaflo

KIEMPLANTENZIEKTE *Pythium ultimum var. ultimum*
- voor een hoge bodemtemperatuur en niet te natte grond zorgen.

KIEMPLANTENZIEKTE *Pythium* **soorten**
- voor een hoge bodemtemperatuur en niet te natte grond zorgen.

KIEMSCHIMMELS
zaadbehandeling door mengen
thiram
    Proseed
zaadbehandeling door slurry
thiram
    Hermosan 80 WG, Thiram Granuflo

MIJTEN bonenspintmijt *Tetranychus urticae*
gewasbehandeling door spuiten
abamectin
    Vertimec Gold
spiromesifen
    Oberon

MINEERVLIEGEN *Agromyzidae*
gewasbehandeling door spuiten
cyromazin
    Trigard 100 SL

SCLEROTIËNROT *Sclerotinia sclerotiorum*
- grond stomen.
- ruime plantafstand aanhouden.
gewasbehandeling door spuiten
iprodion
    Imex Iprodion Flo, Rovral Aquaflo

TRIPSEN californische trips *Frankliniella occidentalis*, **tabakstrips** *Thrips tabaci*
gewasbehandeling door spuiten
abamectin
    Vertimec Gold

VAATZIEKTE *Fusarium oxysporum f.sp. phaseoli*
- aangetaste planten(delen) verwijderen.
- bedrijfshygiëne stringent doorvoeren.
- grond en/of substraat stomen.

VIRUSZIEKTEN rolmozaïek bonenrolmozaïekvirus
- aangetaste planten verwijderen en géén nieuwe planten op de leeggekomen plaatsen zetten. De buurplanten (circa 15) in de werkrichting als laatste in de kas behandelen.
- bedrijfshygiëne stringent doorvoeren.
- bij rolmozaïek en steengrauw bladluizen bestrijden.
- grond en/of substraat stomen.
- niet met besmette kleding in een gezond gewas lopen.
- ziektevrij gietwater (leiding- of bronwater) of ontsmet drain-, oppervlakte- en regenwater gebruiken.

VIRUSZIEKTEN stippelstreep tabaksnecrosevirus
- aangetaste planten verwijderen en géén nieuwe planten op de leeggekomen plaatsen zetten. De buurplanten (circa 15) in de werkrichting als laatste in de kas behandelen.
- bedrijfshygiëne stringent doorvoeren.
- grond en/of substraat stomen.
- niet met besmette kleding in een gezond gewas lopen.
- ziektevrij gietwater (leiding- of bronwater) of ontsmet drain-, oppervlakte- en regenwater gebruiken.

VLIEGEN bonenvlieg *Delia platura*
- bij voorkeur niet telen na spinazie, sla of kool. Bij de teelt van bonen na spinazie, direct na het snijden van de spinazie schoffelen en de grond 10-14 dagen laten liggen.

VOETROT *Thanatephorus cucumeris*
- grond stomen.

WITTEVLIEGEN kaswittevlieg *Trialeurodes vaporariorum*
gewasbehandeling door spuiten
spiromesifen
    Oberon

WORTELROT *Chalara elegans*
- geen specifieke niet-chemische maatregel bekend.

RABARBER

BLADLUIZEN *Aphididae*
gewasbehandeling door spuiten
pirimicarb
    Agrichem Pirimicarb, Pirimor

OOGSTTIJDSTIP, vervroegen van
polbehandeling door gieten
gibberella zuur A3 / gibberelline A4 + A7 / gibberellinezuur
    Falgro
gibberella zuur A3 / gibberellinezuur
    Berelex
gibberelline A4 + A7 / gibberellinezuur
    Valioso

VALSE MEELDAUW *Peronospora jaapiana*
- voor een goed groeiend gewas zorgen.

WINTERRUST, verbreken van
polbehandeling door gieten
gibberella zuur A3 / gibberelline A4 + A7 / gibberellinezuur
    Falgro
gibberella zuur A3 / gibberellinezuur
    Berelex
gibberelline A4 + A7 / gibberellinezuur
    Valioso

RADIJS

ALTERNARIA-KIEMPLANTEZIEKTE *Alternaria brassicae*
zaadbehandeling door mengen
iprodion
    Imex Iprodion Flo, Rovral Aquaflo

BLADLUIZEN *Aphididae*
gewasbehandeling (ruimtebehandeling) door roken
pirimicarb
    Pirimor Rookontwikkelaar
gewasbehandeling door spuiten
pirimicarb
    Agrichem Pirimicarb, Pirimor

BLADVLEKKENZIEKTE spikkelziekte *Alternaria raphani*
zaadbehandeling door mengen
iprodion
    Imex Iprodion Flo, Rovral Aquaflo

FUSARIUM-VERWELKINGSZIEKTE *Fusarium oxysporum f.sp. conglutinans*
- aangetaste plekken isoleren.
- bedrijfshygiëne stringent doorvoeren.
- grond stomen.
- ruime vruchtwisseling toepassen en in de zomer geen kool-gewassen telen.

GRAUWE SCHIMMEL *Botryotinia fuckeliana*
gewasbehandeling door spuiten
boscalid / pyraclostrobin
    Signum
iprodion
    Imex Iprodion Flo, Rovral Aquaflo

KIEMSCHIMMELS
zaadbehandeling door mengen
thiram
    Proseed

MINEERVLIEGEN chrysantenmineervliegen *Chromatomyia syngenesiae*
gewasbehandeling door spuiten
abamectin
    Abamectine HF-G, Budget Abamectine 18 EC, Imex-Abamactine 2, Parimco Abamectine Nieuw, Vectine Plus, Vertimec Gold, Wopro Abamectin

MINEERVLIEGEN floridamineervlieg *Liriomyza trifolii*, nerfmineervlieg *Liriomyza huidobrensis*, tomatenmineervlieg *Liriomyza bryoniae*
- gewasresten na de oogst onderploegen of verwijderen.
- grond afbranden om poppen te doden.
- grond stomen.
- insectengaas aanbrengen.
- natuurlijke vijanden inzetten of stimuleren.
- onkruid bestrijden.
- verschillende stadia van teelten niet in één kasdeel telen.
signalering:
- gewasinspecties uitvoeren.
- vangplaten ophangen.
gewasbehandeling door spuiten
abamectin
    Abamectine HF-G, Budget Abamectine 18 EC, Imex-Abamactine 2, Parimco Abamectine Nieuw, Vectine Plus, Vertimec Gold, Wopro Abamectin

RHIZOCTONIA-ZIEKTE *Thanatephorus cucumeris*
gewasbehandeling door spuiten
boscalid / pyraclostrobin
    Signum
iprodion
    Imex Iprodion Flo, Rovral Aquaflo
grondbehandeling door spuiten
tolclofos-methyl
    Rizolex Vloeibaar

RUPSEN *Lepidoptera*
gewasbehandeling door spuiten
deltamethrin
    Agrichem Deltamethrin, Decis Micro, Deltamethrin E.C. 25, Splendid, Wopro Deltamethrin

RUPSEN koolmot *Plutella xylostella*
gewasbehandeling door spuiten
Bacillus thuringiensis subsp. *aizawai*
    Turex Spuitpoeder, Xen Tari WG

TRIPSEN *Thysanoptera*
gewasbehandeling door spuiten
deltamethrin
    Agrichem Deltamethrin, Decis Micro, Deltamethrin E.C. 25, Splendid, Wopro Deltamethrin

TRIPSEN tabakstrips *Thrips tabaci*
gewasbehandeling door spuiten
deltamethrin
    Agrichem Deltamethrin, Deltamethrin E.C. 25, Splendid, Wopro Deltamethrin

VALSE MEELDAUW *Peronospora parasitica*
- dichte stand voorkomen.
gewasbehandeling door spuiten
fosetyl / fosetyl-aluminium / propamocarb
    Previcur Energy
propamocarb-hydrochloride
    Imex-Propamocarb
zaadbehandeling door spuiten
metalaxyl-M
    Apron XL

VLIEGEN bonenvlieg *Delia platura*
- vruchtopvolging met radijs na waardplant vermijden.

VLIEGEN koolvlieg *Delia radicum*
- gaas aanbrengen voor (lucht)ramen.
- gewasresten na de oogst onderploegen of verwijderen.
- gezond uitgangsmateriaal gebruiken.
- vruchtwisseling toepassen.
signalering:
- vallen ophangen om de eerste vlucht te kunnen voorspellen, waardoor het goede bestrijdingsmoment vastgesteld kan worden.

VOOSHEID fysiologische ziekte
- aan het einde van de teelt geen hoge grond- en ruimtetemperatuur aanhouden.
- minder vatbare rassen telen.
- tijdig beginnen met de oogst.

WITTE ROEST *Albugo candida*
- relatieve luchtvochtigheid (RV) laag houden door stoken en/of luchten.

ZWART fysiologische ziekte
- tegen het einde van de teelt oppassen met water geven.

RAMMENAS

ALTERNARIA-KIEMPLANTEZIEKTE *Alternaria brassicae*
zaadbehandeling door mengen
iprodion
    Imex Iprodion Flo, Rovral Aquaflo

BLADLUIZEN *Aphididae*
gewasbehandeling (ruimtebehandeling) door roken
pirimicarb
Pirimor Rookontwikkelaar

BLADVLEKKENZIEKTEN spikkelziekte *Alternaria raphani*
zaadbehandeling door mengen
iprodion
Imex Iprodion Flo, Rovral Aquaflo

GRAUWE SCHIMMEL *Botryotinia fuckeliana*
gewasbehandeling door spuiten
boscalid / pyraclostrobin
Signum

KIEMSCHIMMELS
zaadbehandeling door mengen
thiram
Proseed

RHIZOCTONIA-ZIEKTE *Thanatephorus cucumeris*
gewasbehandeling door spuiten
boscalid / pyraclostrobin
Signum

RUPSEN koolmot *Plutella xylostella*
gewasbehandeling door spuiten
Bacillus thuringiensis subsp. *aizawai*
Turex Spuitpoeder, Xen Tari WG

VLIEGEN bonenvlieg *Delia platura*
- vruchtopvolging met rammenas na waardplant vermijden.

VLIEGEN koolvlieg *Delia radicum*
- gewasresten na de oogst onderploegen of verwijderen.
- gezond uitgangsmateriaal gebruiken.
- vruchtwisseling toepassen.
signalering:
- vallen ophangen om de eerste vlucht te kunnen voorspellen, waardoor het goede bestrijdingsmoment vastgesteld kan worden.

ROODLOF

BLADLUIZEN *Aphididae*
gewasbehandeling door spuiten
pirimicarb
Agrichem Pirimicarb, Pirimor
zaadbehandeling door dummy-pil methode
imidacloprid
Gaucho Tuinbouw
zaadbehandeling door phytodrip methode
imidacloprid
Gaucho Tuinbouw

RUCOLA

GRAUWE SCHIMMEL *Botryotinia fuckeliana*
gewasbehandeling door spuiten
boscalid / pyraclostrobin
Signum
iprodion
Imex Iprodion Flo, Rovral Aquaflo

RHIZOCTONIA-ZIEKTE *Thanatephorus cucumeris*
gewasbehandeling door spuiten
boscalid / pyraclostrobin
Signum
iprodion
Imex Iprodion Flo, Rovral Aquaflo

RUPSEN *Lepidoptera*
gewasbehandeling door spuiten

spinosad
Tracer

SCLEROTIËNROT *Sclerotinia sclerotiorum*
gewasbehandeling door spuiten
boscalid / pyraclostrobin
Signum

TRIPSEN *Thysanoptera*
gewasbehandeling door spuiten
spinosad
Tracer

VALSE MEELDAUW *Peronospora parasitica*
gewasbehandeling door spuiten
dimethomorf
Paraat

VALSE MEELDAUW *Bremia lactucae*
gewasbehandeling door spuiten
mandipropamid
Revus

SJALOT

KIEMSCHIMMELS
zaadbehandeling door mengen
thiram
Proseed

SLA - BINDSLA

BACTERIEZIEKTE *Pseudomonas cichorii*
- hoge relatieve luchtvochtigheid (RV) en hoge temperatuur voorkomen.
- stikstofbemesting matig toepassen.

BLADLUIZEN *Aphididae*
gewasbehandeling (ruimtebehandeling) door roken
pirimicarb
Pirimor Rookontwikkelaar
gewasbehandeling door spuiten
pirimicarb
Agrichem Pirimicarb, Pirimor
zaadbehandeling door coaten
thiamethoxam
Cruiser 70 WS
zaadbehandeling door dummy-pil methode
imidacloprid
Gaucho Tuinbouw
thiamethoxam
Cruiser 70 WS
zaadbehandeling door phytodrip methode
imidacloprid
Gaucho Tuinbouw
thiamethoxam
Cruiser 70 WS

BLADLUIZEN aardappeltopluis *Macrosiphum euphorbiae*
gewasbehandeling door spuiten
pymetrozine
Plenum 50 WG
zaadbehandeling door coaten
thiamethoxam
Cruiser 70 WS
zaadbehandeling door dummy-pil methode
thiamethoxam
Cruiser 70 WS
zaadbehandeling door phytodrip methode
thiamethoxam
Cruiser 70 WS

2.4 Ziekten en plagen groenteteelt

BLADLUIZEN boterbloemluis *Aulacorthum solani*
gewasbehandeling door spuiten
pymetrozine
    Plenum 50 WG

BLADLUIZEN groene perzikluis *Myzus persicae*
- gewasresten na de oogst onderploegen of verwijderen.
- gezond uitgangsmateriaal gebruiken.
- natuurlijke vijanden inzetten of stimuleren.
signalering:
- gewasinspecties uitvoeren.
gewasbehandeling door spuiten
pymetrozine
    Plenum 50 WG
zaadbehandeling door coaten
thiamethoxam
    Cruiser 70 WS
zaadbehandeling door dummy-pil methode
thiamethoxam
    Cruiser 70 WS
zaadbehandeling door phytodrip methode
thiamethoxam
    Cruiser 70 WS

BLADLUIZEN groene slaluis *Nasonovia ribisnigri*
- gewasresten na de oogst onderploegen of verwijderen.
- gezond uitgangsmateriaal gebruiken.
- natuurlijke vijanden inzetten of stimuleren.
signalering:
- gewasinspecties uitvoeren.
gewasbehandeling door spuiten
pymetrozine
    Plenum 50 WG
zaadbehandeling door coaten
thiamethoxam
    Cruiser 70 WS
zaadbehandeling door dummy-pil methode
thiamethoxam
    Cruiser 70 WS
zaadbehandeling door phytodrip methode
thiamethoxam
    Cruiser 70 WS

GRAUWE SCHIMMEL *Botryotinia fuckeliana*
- gewasresten na de oogst onderploegen of verwijderen.
- gezond uitgangsmateriaal gebruiken.
- grond stomen.
- onkruid bestrijden.
- rassenkeuze aanpassen aan de teeltperiode van het jaar.
- ruime plantafstand aanhouden.
- voor een goede klimaatbeheersing zorgen.
gewasbehandeling door spuiten
boscalid / pyraclostrobin
    Signum
cyprodinil / fludioxonil
    Switch
iprodion
    Imex Iprodion Flo, Rovral Aquaflo
thiram
    Hermosan 80 WG, Thiram Granuflo
trifloxystrobin
    Flint

MINEERVLIEGEN *Agromyzidae*
gewasbehandeling door spuiten
cyromazin
    Trigard 100 SL

MINEERVLIEGEN chrysantenmineervliegen
Chromatomyia syngenesiae
gewasbehandeling door spuiten
abamectin

    Abamectine HF-G, Budget Abamectine 18 EC, Imex-Abamactine 2, Parimco Abamectine Nieuw, Vectine Plus, Vertimec Gold, Wopro Abamectin
cyromazin
    Trigard 100 SL

MINEERVLIEGEN floridamineervlieg *Liriomyza trifolii,* **nerfmineervlieg** *Liriomyza huidobrensis,* **tomatenmineervlieg** *Liriomyza bryoniae*
- gewasresten na de oogst onderploegen of verwijderen.
- insectengaas aanbrengen.
- onkruid bestrijden.
gewasbehandeling door spuiten
abamectin
    Abamectine HF-G, Budget Abamectine 18 EC, Imex-Abamactine 2, Parimco Abamectine, Parimco Abamectine Nieuw, Protex-Abamectine, Vectine Plus, Vertimec Gold, Wopro Abamectin
cyromazin
    Trigard 100 SL

NERFRAND fysiologische ziekte
- temperatuurschommelingen voorkomen en voor een goed aangedrukte grond zorgen.
- voor een voldoende verdamping zorgen.
- zoutconcentratie (EC) zo hoog mogelijk houden.

RAND fysiologische ziekte
- minder vatbare rassen telen.

RHIZOCTONIA-ZIEKTE *Thanatephorus cucumeris*
gewasbehandeling door spuiten
boscalid / pyraclostrobin
    Signum
iprodion
    Imex Iprodion Flo, Rovral Aquaflo
tolclofos-methyl
    Rizolex Vloeibaar

RUPSEN *Lepidoptera*
gewasbehandeling (ruimtebehandeling) door spuiten
deltamethrin
    Decis Micro
gewasbehandeling door spuiten
deltamethrin
    Decis Micro, Deltamethrin E.C. 25, Splendid, Wopro Deltamethrin
spinosad
    Tracer

RUPSEN gamma-uil *Autographa gamma,* **groente-uil** *Lacanobia oleracea,* **koolmot** *Plutella xylostella,* *Pieris* **soorten,** *Plusia* **soorten**
gewasbehandeling door spuiten
Bacillus thuringiensis subsp. *aizawai*
    Turex Spuitpoeder, Xen Tari WG

SCLEROTIËNROT *Sclerotinia sclerotiorum*
gewasbehandeling door spuiten
trifloxystrobin
    Flint
boscalid / pyraclostrobin
    Signum

SLAKKEN
grond- of gewasbehandeling door strooien
methiocarb
    Mesurol Pro

SLAKKEN bruine wegslak *Arion subfuscus,* **gewone wegslak** *Arion rufus,* **grauwe wegslak** *Arion circumscriptus,* **zwarte wegslak** *Arion hortensis*
gewasbehandeling door strooien
ijzer(III)fosfaat

Roxasect Slakkenkorrels

SLAPPE BLAADJES fysiologische ziekte
- uitdrogen van het gewas voorkomen.

STIPPELRAND fysiologische ziekte
- uitdrogen van het gewas voorkomen.

TRAMA *Trama troglodytes*
- mieren bestrijden, luizen leven namelijk samen met mieren.

TRIPSEN *Thysanoptera*
gewasbehandeling door spuiten
spinosad
    Tracer

VALSE MEELDAUW *Bremia lactucae*
- aangetaste planten(delen) en gewasresten verwijderen.
- gewas zo droog mogelijk houden.
- niet te dicht planten.
- resistente rassen telen.
- voor een goede klimaatbeheersing zorgen.
gewasbehandeling door spuiten
dimethomorf
    Paraat
fosetyl / fosetyl-aluminium / propamocarb
    Previcur Energy
mancozeb / metalaxyl-M
    Fubol Gold
mandipropamid
    Revus
propamocarb-hydrochloride
    Proplant

VIRUSZIEKTEN bobbelblad slabobbelbladvirus
- grond stomen.
- ziektevrij gietwater (leiding- of bronwater) of ontsmet drain-, oppervlakte- en regenwater gebruiken.

VIRUSZIEKTEN dwergziekte komkommermozaïek-virus
- bladluizen bestrijden.
- gezond uitgangsmateriaal gebruiken.
- onkruid bestrijden.
- overbrengers (vectoren) van virus voorkomen en/of bestrijden.
- sla niet in de buurt van of na de teelt van komkommers en augurken opkweken.

VIRUSZIEKTEN kringnecrose sla-kringnecrosevirus
- grond stomen.

VIRUSZIEKTEN mozaïek slamozaïekvirus
- aangetaste planten en de waardplant klein kruiskruid verwijderen.
- gezond uitgangsmateriaal gebruiken.
- overbrengers (vectoren) van virus voorkomen en/of bestrijden.
- virusvrij zaaizaad gebruiken.

VIRUSZIEKTEN vergelingsziekte pseudo-slavergelingsvirus
- kaswittevlieg en onkruiden bestrijden.

VOETROT *Pythium tracheiphilum*
- grond stomen.
- vruchtwisseling toepassen.

VOETROT onbekende factor
- gezond uitgangsmateriaal gebruiken.
- grond stomen.
- structuur van de grond verbeteren.
- vruchtwisseling toepassen, geen andijvie als voorvrucht telen.

WINDRANDJES fysiologische ziekte
- uitdrogen van het gewas voorkomen.

WORTELLUIZEN wollige slawortelluis *Pemphigus bursarius*
- mieren bestrijden, luizen leven namelijk samen met mieren.
zaadbehandeling door coaten
thiamethoxam
    Cruiser 70 WS
zaadbehandeling door dummy-pil methode
thiamethoxam
    Cruiser 70 WS
zaadbehandeling door phytodrip methode
thiamethoxam
    Cruiser 70 WS

SLA - IJSBERGSLA

BLADLUIZEN *Aphididae*
gewasbehandeling (ruimtebehandeling) door roken
pirimicarb
    Pirimor Rookontwikkelaar
gewasbehandeling door spuiten
pirimicarb
    Agrichem Pirimicarb, Pirimor
zaadbehandeling door coaten
thiamethoxam
    Cruiser 70 WS
zaadbehandeling door dummy-pil methode
imidacloprid
    Gaucho Tuinbouw
thiamethoxam
    Cruiser 70 WS
zaadbehandeling door phytodrip methode
imidacloprid
    Gaucho Tuinbouw
thiamethoxam
    Cruiser 70 WS

BLADLUIZEN aardappeltopluis *Macrosiphum euphorbiae*
zaadbehandeling door coaten
thiamethoxam
    Cruiser 70 WS
zaadbehandeling door dummy-pil methode
thiamethoxam
    Cruiser 70 WS
zaadbehandeling door phytodrip methode
thiamethoxam
    Cruiser 70 WS

BLADLUIZEN groene perzikluis *Myzus persicae*, groene slaluis *Nasonovia ribisnigri*
- gewasresten na de oogst onderploegen of verwijderen.
- gezond uitgangsmateriaal gebruiken.
- natuurlijke vijanden inzetten of stimuleren.
signalering:
- gewasinspecties uitvoeren.
zaadbehandeling door coaten
thiamethoxam
    Cruiser 70 WS
zaadbehandeling door dummy-pil methode
thiamethoxam
    Cruiser 70 WS
zaadbehandeling door phytodrip methode
thiamethoxam
    Cruiser 70 WS

BOLROT lage luchtvochtigheid
- vochtvoorziening optimaliseren.

GRAUWE SCHIMMEL *Botryotinia fuckeliana*
gewasbehandeling door spuiten
boscalid / pyraclostrobin

Signum
cyprodinil / fludioxonil
Switch
iprodion
Imex Iprodion Flo, Rovral Aquaflo
thiram
Hermosan 80 WG, Thiram Granuflo
trifloxystrobin
Flint

MINEERVLIEGEN *Agromyzidae*
gewasbehandeling door spuiten
cyromazin
Trigard 100 SL

MINEERVLIEGEN chrysantenmineervliegen *Chromatomyia syngenesiae*
gewasbehandeling door spuiten
abamectin
Abamectine HF-G, Budget Abamectine 18 EC, Imex-Abamactine 2, Parimco Abamectine Nieuw, Vectine Plus, Vertimec Gold, Wopro Abamectin
cyromazin
Trigard 100 SL

MINEERVLIEGEN floridamineervlieg *Liriomyza trifolii*, nerfmineervlieg *Liriomyza huidobrensis*, tomatenmineervlieg *Liriomyza bryoniae*
gewasbehandeling door spuiten
abamectin
Abamectine HF-G, Budget Abamectine 18 EC, Imex-Abamactine 2, Parimco Abamectine, Parimco Abamectine Nieuw, Protex-Abamectine, Vectine Plus, Vertimec Gold, Wopro Abamectin
cyromazin
Trigard 100 SL

RHIZOCTONIA-ZIEKTE *Thanatephorus cucumeris*
gewasbehandeling door spuiten
boscalid / pyraclostrobin
Signum
iprodion
Imex Iprodion Flo, Rovral Aquaflo
tolclofos-methyl
Rizolex Vloeibaar

RUPSEN *Lepidoptera*
gewasbehandeling (ruimtebehandeling) door spuiten
deltamethrin
Decis Micro
gewasbehandeling door spuiten
deltamethrin
Agrichem Deltamethrin, Decis Micro, Deltamethrin E.C. 25, Splendid, Wopro Deltamethrin
spinosad
Tracer

RUPSEN gamma-uil *Autographa gamma*, groente-uil *Lacanobia oleracea*, koolmot *Plutella xylostella*, *Pieris* soorten, *Plusia* soorten
gewasbehandeling door spuiten
Bacillus thuringiensis subsp. *aizawai*
Turex Spuitpoeder, Xen Tari WG

KIEMSCHIMMELS
zaadbehandeling door mengen
thiram
Proseed

SCLEROTIËNROT *Sclerotinia sclerotiorum*
gewasbehandeling door spuiten
trifloxystrobin
Flint
boscalid / pyraclostrobin

Signum

SLAKKEN
grond- of gewasbehandeling door strooien
methiocarb
Mesurol Pro

SLAKKEN bruine wegslak *Arion subfuscus*, gewone wegslak *Arion rufus*, grauwe wegslak *Arion circumscriptus*, zwarte wegslak *Arion hortensis*
gewasbehandeling door strooien
ijzer(III)fosfaat
Roxasect Slakkenkorrels

TRAMA *Trama troglodytes*
- mieren bestrijden, luizen leven namelijk samen met mieren.

TRIPSEN *Thysanoptera*
gewasbehandeling door spuiten
spinosad
Tracer

VALSE MEELDAUW *Bremia lactucae*
- aangetaste planten(delen) en gewasresten verwijderen.
- niet te dicht planten.
- onkruid bestrijden.
- resistente rassen telen.
- voor een goede klimaatbeheersing zorgen.
gewasbehandeling door spuiten
dimethomorf
Paraat
fosetyl / fosetyl-aluminium / propamocarb
Previcur Energy
mancozeb / metalaxyl-M
Fubol Gold
mandipropamid
Revus
propamocarb-hydrochloride
Proplant
plantbehandeling op plantenbed door aangieten
propamocarb-hydrochloride
Imex-Propamocarb

VIRUSZIEKTEN bobbelblad slabobbelbladvirus *Lettuce big vein virus*
- grond stomen.
- ziektevrij gietwater (leiding- of bronwater) of ontsmet drain-, oppervlakte- en regenwater gebruiken.

VIRUSZIEKTEN dwergziekte komkommermozaïek-virus *Cucumber mosaic virus*
- bladluizen bestrijden.
- onkruid bestrijden.

WORTELLUIZEN wollige slawortelluis *Pemphigus bursarius*
- mieren bestrijden, luizen leven namelijk samen met mieren.
zaadbehandeling door coaten
thiamethoxam
Cruiser 70 WS
zaadbehandeling door dummy-pil methode
thiamethoxam
Cruiser 70 WS
zaadbehandeling door phytodrip methode
thiamethoxam
Cruiser 70 WS

SLA - KROPSLA

BACTERIEZIEKTE *Pseudomonas cichorii*
- hoge relatieve luchtvochtigheid (RV) en hoge temperatuur voorkomen.
- stikstofbemesting matig toepassen.

BLADLUIZEN *Aphididae*
gewasbehandeling (ruimtebehandeling) door roken
pirimicarb
    Pirimor Rookontwikkelaar
gewasbehandeling door spuiten
pirimicarb
    Agrichem Pirimicarb, Pirimor
zaadbehandeling door coaten
thiamethoxam
    Cruiser 70 WS
zaadbehandeling door dummy-pil methode
imidacloprid
    Gaucho Tuinbouw
thiamethoxam
    Cruiser 70 WS
zaadbehandeling door phytodrip methode
imidacloprid
    Gaucho Tuinbouw
thiamethoxam
    Cruiser 70 WS

BLADLUIZEN aardappeltopluis *Macrosiphum euphorbiae*
gewasbehandeling door spuiten
pymetrozine
    Plenum 50 WG
zaadbehandeling door coaten
thiamethoxam
    Cruiser 70 WS
zaadbehandeling door dummy-pil methode
thiamethoxam
    Cruiser 70 WS
zaadbehandeling door phytodrip methode
thiamethoxam
    Cruiser 70 WS

BLADLUIZEN boterbloemluis *Aulacorthum solani*
gewasbehandeling door spuiten
pymetrozine
    Plenum 50 WG

BLADLUIZEN groene perzikluis *Myzus persicae,* **groene slaluis** *Nasonovia ribisnigri*
- gewasresten na de oogst onderploegen of verwijderen.
- gezond uitgangsmateriaal gebruiken.
- natuurlijke vijanden inzetten of stimuleren.
signalering:
- gewasinspecties uitvoeren.
gewasbehandeling door spuiten
pymetrozine
    Plenum 50 WG
zaadbehandeling door coaten
thiamethoxam
    Cruiser 70 WS
zaadbehandeling door dummy-pil methode
thiamethoxam
    Cruiser 70 WS
zaadbehandeling door phytodrip methode
thiamethoxam
    Cruiser 70 WS

BOLROT lage luchtvochtigheid
- vochtvoorziening optimaliseren.

GRAUWE SCHIMMEL *Botryotinia fuckeliana*
gewasbehandeling door spuiten
boscalid / pyraclostrobin
    Signum
cyprodinil / fludioxonil
    Switch
iprodion
    Imex Iprodion Flo, Rovral Aquaflo
thiram
    Hermosan 80 WG, Thiram Granuflo

trifloxystrobin
    Flint

KIEMSCHIMMELS
zaadbehandeling door mengen
thiram
    Proseed

MINEERVLIEGEN *Agromyzidae*
gewasbehandeling door spuiten
cyromazin
    Trigard 100 SL

MINEERVLIEGEN chrysantenmineervliegen *Chromatomyia syngenesiae*
gewasbehandeling door spuiten
abamectin
    Abamectine HF-G, Budget Abamectine 18 EC, Imex-Abamactine 2, Parimco Abamectine Nieuw, Vectine Plus, Vertimec Gold, Wopro Abamectin
cyromazin
    Trigard 100 SL

MINEERVLIEGEN floridamineervlieg *Liriomyza trifolii,* **nerfmineervlieg** *Liriomyza huidobrensis,* **tomatenmineervlieg** *Liriomyza bryoniae*
gewasbehandeling door spuiten
abamectin
    Abamectine HF-G, Budget Abamectine 18 EC, Imex-Abamactine 2, Parimco Abamectine, Parimco Abamectine Nieuw, Protex-Abamectine, Vectine Plus, Vertimec Gold, Wopro Abamectin
cyromazin
    Trigard 100 SL

NERFRAND fysiologische ziekte
- temperatuurschommelingen voorkomen en voor een goed aangedrukte grond zorgen.
- voor een voldoende verdamping zorgen.
- zoutconcentratie (EC) zo hoog mogelijk houden.

RAND fysiologische ziekte
- minder vatbare rassen telen.

RHIZOCTONIA-ZIEKTE *Thanatephorus cucumeris*
gewasbehandeling door spuiten
boscalid / pyraclostrobin
    Signum
iprodion
    Imex Iprodion Flo, Rovral Aquaflo
tolclofos-methyl
    Rizolex Vloeibaar

RUPSEN *Lepidoptera*
gewasbehandeling (ruimtebehandeling) door spuiten
deltamethrin
    Decis Micro
gewasbehandeling door spuiten
deltamethrin
    Agrichem Deltamethrin, Decis Micro, Deltamethrin E.C. 25, Splendid, Wopro Deltamethrin
spinosad
    Tracer

RUPSEN gamma-uil *Autographa gamma,* **groente-uil** *Lacanobia oleracea,* **koolmot** *Plutella xylostella,* *Pieris* **soorten,** *Plusia* **soorten**
gewasbehandeling door spuiten
Bacillus thuringiensis subsp. *aizawai*
    Turex Spuitpoeder, Xen Tari WG

SCLEROTIËNROT *Sclerotinia sclerotiorum*
gewasbehandeling door spuiten
trifloxystrobin

2.4 Ziekten en plagen groenteteelt

Flint
boscalid / pyraclostrobin
   Signum

SLAKKEN
grond- of gewasbehandeling door strooien
methiocarb
   Mesurol Pro

SLAKKEN bruine wegslak *Arion subfuscus, gewone wegslak Arion rufus, grauwe wegslak Arion circumscriptus, zwarte wegslak Arion hortensis*
gewasbehandeling door strooien
ijzer(III)fosfaat
   Roxasect Slakkenkorrels

SLAPPE BLAADJES fysiologische ziekte
- uitdrogen van het gewas voorkomen.

STIPPELRAND fysiologische ziekte
- uitdrogen van het gewas voorkomen.

TRIPSEN *Thysanoptera*
gewasbehandeling door spuiten
spinosad
   Tracer

VALSE MEELDAUW *Bremia lactucae*
- aangetaste planten(delen) en gewasresten verwijderen.
- gewas zo droog mogelijk houden.
- niet te dicht planten.
- resistente rassen telen.
- voor een goede klimaatbeheersing zorgen.
gewasbehandeling door spuiten
dimethomorf
   Paraat
fosetyl / fosetyl-aluminium / propamocarb
   Previcur Energy
mancozeb / metalaxyl-M
   Fubol Gold
mandipropamid
   Revus
propamocarb-hydrochloride
   Imex-Propamocarb, Proplant
plantbehandeling op plantenbed door aangieten
propamocarb-hydrochloride
   Imex-Propamocarb

VIRUSZIEKTEN bobbelblad slabobbelbladvirus
- grond stomen.
- ziektevrij gietwater (leiding- of bronwater) of ontsmet drain-, oppervlakte- en regenwater gebruiken.

VIRUSZIEKTEN dwergziekte komkommermozaïekvirus
- bladluizen bestrijden.
- gezond uitgangsmateriaal gebruiken.
- onkruid bestrijden.
- overbrengers (vectoren) van virus voorkomen en/of bestrijden.
- sla niet in de buurt van of na de teelt van komkommers en augurken opkweken.

VIRUSZIEKTEN kringnecrose sla-kringnecrosevirus
- grond stomen.

VIRUSZIEKTEN mozaïek slamozaïekvirus
- aangetaste planten en de waardplant klein kruiskruid verwijderen.
- gezond uitgangsmateriaal gebruiken.
- overbrengers (vectoren) van virus voorkomen en/of bestrijden.
- virusvrij zaaizaad gebruiken.

VIRUSZIEKTEN vergelingsziekte pseudo-slavergelingsvirus
- kaswittevlieg en onkruiden bestrijden.

VOETROT onbekende factor
- grond stomen.
- vruchtwisseling toepassen, geen andijvie als voorvrucht telen.

WINDRANDJES fysiologische ziekte
- uitdrogen van het gewas voorkomen.

WORTELLUIZEN trama *Trama troglodytes*
- mieren bestrijden, luizen leven namelijk samen met mieren.

WORTELLUIZEN wollige slawortelluis *Pemphigus bursarius*
- mieren bestrijden, luizen leven namelijk samen met mieren.
zaadbehandeling door coaten
thiamethoxam
   Cruiser 70 WS
zaadbehandeling door dummy-pil methode
thiamethoxam
   Cruiser 70 WS
zaadbehandeling door phytodrip methode
thiamethoxam
   Cruiser 70 WS

SLA - KRULSLA

BACTERIEZIEKTE *Pseudomonas cichorii*
- hoge relatieve luchtvochtigheid (RV) en hoge temperatuur voorkomen.
- stikstofbemesting matig toepassen.

BLADLUIZEN *Aphididae*
gewasbehandeling (ruimtebehandeling) door roken
pirimicarb
   Pirimor Rookontwikkelaar
gewasbehandeling door spuiten
pirimicarb
   Agrichem Pirimicarb, Pirimor
zaadbehandeling door coaten
thiamethoxam
   Cruiser 70 WS
zaadbehandeling door dummy-pil methode
imidacloprid
   Gaucho Tuinbouw
thiamethoxam
   Cruiser 70 WS
zaadbehandeling door phytodrip methode
imidacloprid
   Gaucho Tuinbouw
thiamethoxam
   Cruiser 70 WS

BLADLUIZEN aardappeltopluis *Macrosiphum euphorbiae*
gewasbehandeling door spuiten
pymetrozine
   Plenum 50 WG
zaadbehandeling door coaten
thiamethoxam
   Cruiser 70 WS
zaadbehandeling door dummy-pil methode
thiamethoxam
   Cruiser 70 WS
zaadbehandeling door phytodrip methode
thiamethoxam
   Cruiser 70 WS

BLADLUIZEN boterbloemluis *Aulacorthum solani*
gewasbehandeling door spuiten
pymetrozine
   Plenum 50 WG

BLADLUIZEN groene perzikluis *Myzus persicae, groene slaluis Nasonovia ribisnigri*
- gewasresten na de oogst onderploegen of verwijderen.
- gezond uitgangsmateriaal gebruiken.
- natuurlijke vijanden inzetten of stimuleren.

gewasbehandeling door spuiten
pymetrozine
    Plenum 50 WG
zaadbehandeling door coaten
thiamethoxam
    Cruiser 70 WS
zaadbehandeling door dummy-pil methode
thiamethoxam
    Cruiser 70 WS
zaadbehandeling door phytodrip methode
thiamethoxam
    Cruiser 70 WS
signalering:
- gewasinspecties uitvoeren.

BOLROT lage luchtvochtigheid
- vochtvoorziening optimaliseren.

GRAUWE SCHIMMEL *Botryotinia fuckeliana*
gewasbehandeling door spuiten
boscalid / pyraclostrobin
    Signum
cyprodinil / fludioxonil
    Switch
iprodion
    Imex Iprodion Flo, Rovral Aquaflo
thiram
    Hermosan 80 WG, Thiram Granuflo
trifloxystrobin
    Flint

MINEERVLIEGEN *Agromyzidae*
gewasbehandeling door spuiten
cyromazin
    Trigard 100 SL

MINEERVLIEGEN chrysantenmineervliegen *Chromatomyia syngenesiae*
gewasbehandeling door spuiten
abamectin
    Abamectine HF-G, Budget Abamectine 18 EC, Imex-Abamactine 2, Parimco Abamectine Nieuw, Vectine Plus, Vertimec Gold, Wopro Abamectin
cyromazin
    Trigard 100 SL

MINEERVLIEGEN floridamineervlieg *Liriomyza trifolii,* nerfmineervlieg *Liriomyza huidobrensis,* tomatenmineervlieg *Liriomyza bryoniae*
gewasbehandeling door spuiten
abamectin
    Abamectine HF-G, Budget Abamectine 18 EC, Imex-Abamactine 2, Parimco Abamectine, Parimco Abamectine Nieuw, Protex-Abamectine, Vectine Plus, Vertimec Gold, Wopro Abamectin
cyromazin
    Trigard 100 SL

NERFRAND fysiologische ziekte
- temperatuurschommelingen voorkomen en voor een goed aangedrukte grond zorgen.
- voor een voldoende verdamping zorgen.
- zoutconcentratie (EC) zo hoog mogelijk houden.

RAND fysiologische ziekte
- minder vatbare rassen telen.

RHIZOCTONIA-ZIEKTE *Thanatephorus cucumeris*
gewasbehandeling door spuiten

boscalid / pyraclostrobin
    Signum
iprodion
    Imex Iprodion Flo, Rovral Aquaflo
tolclofos-methyl
    Rizolex Vloeibaar

RUPSEN *Lepidoptera*
gewasbehandeling (ruimtebehandeling) door spuiten
deltamethrin
    Decis Micro
gewasbehandeling door spuiten
deltamethrin
    Decis Micro, Deltamethrin E.C. 25, Splendid, Wopro Deltamethrin
spinosad
    Tracer

RUPSEN gamma-uil *Autographa gamma,* groente-uil *Lacanobia oleracea,* koolmot *Plutella xylostella, Pieris* soorten, *Plusia* soorten
gewasbehandeling door spuiten
Bacillus thuringiensis subsp. *aizawai*
    Turex Spuitpoeder, Xen Tari WG

SCLEROTIËNROT *Sclerotinia sclerotiorum*
gewasbehandeling door spuiten
trifloxystrobin
    Flint
boscalid / pyraclostrobin
    Signum

SLAKKEN
grond- of gewasbehandeling door strooien
methiocarb
    Mesurol Pro

SLAKKEN bruine wegslak *Arion subfuscus,* gewone wegslak *Arion rufus,* grauwe wegslak *Arion circumscriptus,* zwarte wegslak *Arion hortensis*
gewasbehandeling door strooien
ijzer(III)fosfaat
    Roxasect Slakkenkorrels

SLAPPE BLAADJES fysiologische ziekte
- uitdrogen van het gewas voorkomen.

STIPPELRAND fysiologische ziekte
- uitdrogen van het gewas voorkomen.

TRIPSEN *Thysanoptera*
gewasbehandeling door spuiten
spinosad
    Tracer

VALSE MEELDAUW *Bremia lactucae*
- aangetaste planten(delen) en gewasresten verwijderen.
- gewas zo droog mogelijk houden.
- niet te dicht planten.
- resistente rassen telen.
- voor een goede klimaatbeheersing zorgen.

gewasbehandeling door spuiten
dimethomorf
    Paraat
fosetyl / fosetyl-aluminium / propamocarb
    Previcur Energy
mancozeb / metalaxyl-M
    Fubol Gold
mandipropamid
    Revus
propamocarb-hydrochloride
    Proplant

2.4 Ziekten en plagen groenteteelt

VIRUSZIEKTEN bobbelblad slabobbelbladvirus
- grond stomen.
- ziektevrij gietwater (leiding- of bronwater) of ontsmet drain-, oppervlakte- en regenwater gebruiken.

VIRUSZIEKTEN dwergziekte komkommermozaïek-virus
- bladluizen bestrijden.
- gezond uitgangsmateriaal gebruiken.
- onkruid bestrijden.
- overbrengers (vectoren) van virus voorkomen en/of bestrijden.
- sla niet in de buurt van of na de teelt van komkommers en augurken opkweken.

VIRUSZIEKTEN kringnecrose sla-kringnecrosevirus
- grond stomen.

VIRUSZIEKTEN mozaïek slamozaïekvirus
- aangetaste planten en de waardplant klein kruiskruid verwijderen.
- gezond uitgangsmateriaal gebruiken.
- overbrengers (vectoren) van virus voorkomen en/of bestrijden.
- virusvrij zaaizaad gebruiken.

VIRUSZIEKTEN vergelingsziekte pseudo-slaverge-lingsvirus
- kaswittevlieg en onkruiden bestrijden.

VOETROT onbekende factor
- grond stomen.
- vruchtwisseling toepassen, geen andijvie als voorvrucht telen.

WINDRANDJES fysiologische ziekte
- uitdrogen van het gewas voorkomen.

WORTELLUIZEN trama *Trama troglodytes*
- mieren bestrijden, luizen leven namelijk samen met mieren.

WORTELLUIZEN wollige slawortelluis *Pemphigus bursarius*
- mieren bestrijden, luizen leven namelijk samen met mieren.
zaadbehandeling door coaten
thiamethoxam
    Cruiser 70 WS
zaadbehandeling door dummy-pil methode
thiamethoxam
    Cruiser 70 WS
zaadbehandeling door phytodrip methode
thiamethoxam
    Cruiser 70 WS

SLANGKALEBAS SOORTEN

ECHTE MEELDAUW *Sphaerotheca fusca*
gewasbehandeling door spuiten
trifloxystrobin
    Flint
boscalid / kresoxim-methyl
    Collis

GRAUWE SCHIMMEL *Botryotinia fuckeliana*
- beschadiging van de stengel voorkomen.
- natslaan van gewas en guttatie voorkomen.
- te hoge worteldruk voorkomen.

SLUITKOLEN - RODE KOOL

BLADLUIZEN *Aphididae*
gewasbehandeling door spuiten
pirimicarb
    Agrichem Pirimicarb, Pirimor

BLADVLEKKENZIEKTEN spikkelziekte *Alternaria brassicae, Alternaria brassicicola*
gewasbehandeling door spuiten
azoxystrobin
    Amistar, Azoxy HF, Budget Azoxystrobin 250 SC, Ortiva
boscalid / pyraclostrobin
    Signum
zaadbehandeling door mengen
iprodion
    Imex Iprodion Flo, Rovral Aquaflo

ECHTE MEELDAUW *Erysiphe cruciferarum*
gewasbehandeling door spuiten
azoxystrobin
    Ortiva

GALMUGGEN koolgalmug *Contarinia nasturtii*
- gewasresten na de oogst onderploegen of verwijderen.
- gezond uitgangsmateriaal gebruiken.
gewasbehandeling door spuiten
deltamethrin
    Agrichem Deltamethrin, Decis Micro, Deltamethrin E.C. 25, Splendid, Wopro Deltamethrin

KALIUMGEBREK
- voor een goede kalitoestand van de grond of van het groei-medium zorgen, gecombineerd met een juiste bemesting.

KIEMSCHIMMEL *Pythium* soorten
zaadbehandeling door spuiten
metalaxyl-M
    Apron XL

KIEMSCHIMMELS
zaadbehandeling door mengen
thiram
    Proseed

KNOLVOET *Plasmodiophora brassicae*
- gezond uitgangsmateriaal gebruiken.
- kruisbloemige onkruiden bestrijden.
- pH verhogen met schuimaarde of gebluste kalk.
signalering:
- potgrond (groeimedium) voorafgaand aan de opkweek van plantmateriaal laten onderzoeken op knolvoet door middel van een biotoets (NAK-G).

MANGAANGEBREK
- goed bemesten, zonodig mangaansulfaat spuiten. Mangaan verplaatst zich niet in de plant dus een herhaalde toepassing kan nodig zijn.

RINGVLEKKENZIEKTE *Mycosphaerella brassicicola*
- gewasresten na de oogst onderploegen of verwijderen.
gewasbehandeling door spuiten
azoxystrobin
    Amistar, Azoxy HF, Budget Azoxystrobin 250 SC, Ortiva
boscalid / pyraclostrobin
    Signum

ROTSTRUIK *Phytophthora porri*
- contact met de grond tijdens het oogsten voorkomen.
- structuur van de grond verbeteren.

RUPSEN *Lepidoptera*
gewasbehandeling door spuiten
deltamethrin
    Agrichem Deltamethrin, Deltamethrin E.C. 25, Splendid, Wopro Deltamethrin

RUPSEN bladrollers *Tortricidae*
gewasbehandeling door spuiten
deltamethrin

2.4 Ziekten en plagen groenteteelt

Agrichem Deltamethrin, Decis Micro, Deltamethrin E.C. 25, Splendid, Wopro Deltamethrin
esfenvaleraat
Sumicidin Super

RUPSEN floridamot *Spodoptera exigua*
gewasbehandeling door spuiten
indoxacarb
Steward

RUPSEN groot koolwitje *Pieris brassicae, klein koolwitje Pieris rapae*
gewasbehandeling door spuiten
deltamethrin
Agrichem Deltamethrin, Deltamethrin E.C. 25, Splendid, Wopro Deltamethrin

RUPSEN koolbladroller *Clepsis spectrana*
gewasbehandeling door spuiten
deltamethrin
Agrichem Deltamethrin, Decis Micro, Deltamethrin E.C. 25, Splendid, Wopro Deltamethrin
esfenvaleraat
Sumicidin Super

RUPSEN koolmot *Plutella xylostella*
gewasbehandeling door spuiten
deltamethrin
Agrichem Deltamethrin, Decis Micro, Deltamethrin E.C. 25, Splendid, Wopro Deltamethrin
esfenvaleraat
Sumicidin Super

RUPSEN kooluil *Mamestra brassicae*
gewasbehandeling door spuiten
deltamethrin
Agrichem Deltamethrin, Decis Micro, Deltamethrin E.C. 25, Splendid, Wopro Deltamethrin
indoxacarb
Steward

RUPSEN *Pieris* soorten
gewasbehandeling door spuiten
deltamethrin
Decis Micro
esfenvaleraat
Sumicidin Super

RUPSEN late koolmot *Evergestis forficalis*
gewasbehandeling door spuiten
deltamethrin
Agrichem Deltamethrin, Decis Micro, Deltamethrin E.C. 25, Splendid, Wopro Deltamethrin

RUPSEN Turkse mot *Chrysodeixis chalcites*
gewasbehandeling door spuiten
indoxacarb
Steward

SLAKKEN bruine wegslak *Arion subfuscus, gewone wegslak Arion rufus, grauwe wegslak Arion circumscriptus, zwarte wegslak Arion hortensis*
gewasbehandeling door strooien
ijzer(III)fosfaat
Roxasect Slakkenkorrels

TRIPSEN tabakstrips *Thrips tabaci*
- minder vatbare rassen telen.
zaadbehandeling door dummy-pil methode
imidacloprid
Gaucho Tuinbouw
zaadbehandeling door phytodrip methode
imidacloprid
Gaucho Tuinbouw

VALSE MEELDAUW *Peronospora parasitica*
gewasbehandeling door spuiten
dimethomorf
Paraat
propamocarb-hydrochloride
Imex-Propamocarb

VLIEGEN koolvlieg *Delia radicum*
zaadbehandeling door coaten
fipronil
Mundial

WITTE ROEST *Albugo candida*
gewasbehandeling door spuiten
azoxystrobin
Amistar, Azoxy HF, Budget Azoxystrobin 250 SC, Ortiva
boscalid / pyraclostrobin
Signum

ZWARTNERVIGHEID *Xanthomonas campestris pv. campestris*
- gezond uitgangsmateriaal gebruiken.
- koolrestanten eerst versnipperen en dan onderploegen.

ZWARTPOTEN *Thanatephorus cucumeris*
gewasbehandeling door spuiten
pirimicarb
Agrichem Pirimicarb

SLUITKOLEN - SAVOOIEKOOL

BLADLUIZEN *Aphididae*
gewasbehandeling door spuiten
pirimicarb
Pirimor
grondbehandeling door spuiten
tolclofos-methyl
Rizolex Vloeibaar

BLADVLEKKENZIEKTEN spikkelziekte *Alternaria brassicae, Alternaria brassicicola*
gewasbehandeling door spuiten
azoxystrobin
Amistar, Azoxy HF, Budget Azoxystrobin 250 SC, Ortiva
boscalid / pyraclostrobin
Signum
zaadbehandeling door mengen
iprodion
Imex Iprodion Flo, Rovral Aquaflo

ECHTE MEELDAUW *Erysiphe cruciferarum*
gewasbehandeling door spuiten
azoxystrobin
Ortiva

GALMUGGEN koolgalmug *Contarinia nasturtii*
- gewasresten na de oogst onderploegen of verwijderen.
- gezond uitgangsmateriaal gebruiken.
gewasbehandeling door spuiten
deltamethrin
Agrichem Deltamethrin, Decis Micro, Deltamethrin E.C. 25, Splendid, Wopro Deltamethrin

KALIUMGEBREK
- voor een goede kalitoestand van de grond of van het groeimedium zorgen, gecombineerd met een juiste bemesting.

KIEMSCHIMMEL *Pythium* soorten
zaadbehandeling door spuiten
metalaxyl-M
Apron XL

KIEMSCHIMMELS
zaadbehandeling door mengen

thiram
    Proseed

KNOLVOET *Plasmodiophora brassicae*
- gezond uitgangsmateriaal gebruiken.
- pH verhogen met schuimaarde of gebluste kalk.
- vroege teelten hebben minder last.

MANGAANGEBREK
- goed bemesten, zonodig mangaansulfaat spuiten. Mangaan verplaatst zich niet in de plant dus een herhaalde toepassing kan nodig zijn.

RINGVLEKKENZIEKTE *Mycosphaerella brassicicola*
- gewasresten na de oogst onderploegen of verwijderen.
gewasbehandeling door spuiten
azoxystrobin
    Amistar, Azoxy HF, Budget Azoxystrobin 250 SC, Ortiva
boscalid / pyraclostrobin
    Signum

ROTSTRUIK *Phytophthora porri*
- beschadiging voorkomen.
- structuur van de grond verbeteren.

RUPSEN *Lepidoptera*
gewasbehandeling door spuiten
deltamethrin
    Agrichem Deltamethrin, Deltamethrin E.C. 25, Splendid, Wopro Deltamethrin

RUPSEN bladrollers *Tortricidae*
gewasbehandeling door spuiten
deltamethrin
    Agrichem Deltamethrin, Decis Micro, Deltamethrin E.C. 25, Splendid, Wopro Deltamethrin
esfenvaleraat
    Sumicidin Super

RUPSEN floridamot *Spodoptera exigua*
gewasbehandeling door spuiten
indoxacarb
    Steward

RUPSEN groot koolwitje *Pieris brassicae, klein koolwitje Pieris rapae*
gewasbehandeling door spuiten
deltamethrin
    Agrichem Deltamethrin, Deltamethrin E.C. 25, Splendid, Wopro Deltamethrin

RUPSEN koolbladroller *Clepsis spectrana*
gewasbehandeling door spuiten
deltamethrin
    Agrichem Deltamethrin, Decis Micro, Deltamethrin E.C. 25, Splendid, Wopro Deltamethrin
esfenvaleraat
    Sumicidin Super

RUPSEN koolmot *Plutella xylostella*
gewasbehandeling door spuiten
deltamethrin
    Agrichem Deltamethrin, Decis Micro, Deltamethrin E.C. 25, Splendid, Wopro Deltamethrin
esfenvaleraat
    Sumicidin Super

RUPSEN kooluil *Mamestra brassicae*
gewasbehandeling door spuiten
deltamethrin
    Agrichem Deltamethrin, Decis Micro, Deltamethrin E.C. 25, Splendid, Wopro Deltamethrin
indoxacarb
    Steward

RUPSEN *Pieris* soorten
gewasbehandeling door spuiten
deltamethrin
    Decis Micro
esfenvaleraat
    Sumicidin Super

RUPSEN late koolmot *Evergestis forficalis*
gewasbehandeling door spuiten
deltamethrin
    Agrichem Deltamethrin, Decis Micro, Deltamethrin E.C. 25, Splendid, Wopro Deltamethrin

RUPSEN Turkse mot *Chrysodeixis chalcites*
gewasbehandeling door spuiten
indoxacarb
    Steward

SLAKKEN bruine wegslak *Arion subfuscus, gewone wegslak Arion rufus, grauwe wegslak Arion circumscriptus, zwarte wegslak Arion hortensis*
gewasbehandeling door strooien
ijzer(III)fosfaat
    Roxasect Slakkenkorrels

TRIPSEN tabakstrips *Thrips tabaci*
- minder vatbare rassen telen.
zaadbehandeling door dummy-pil methode
imidacloprid
    Gaucho Tuinbouw
zaadbehandeling door phytodrip methode
imidacloprid
    Gaucho Tuinbouw

VALSE MEELDAUW *Peronospora parasitica*
gewasbehandeling door spuiten
dimethomorf
    Paraat
propamocarb-hydrochloride
    Imex-Propamocarb

VLIEGEN koolvlieg *Delia radicum*
zaadbehandeling door coaten
fipronil
    Mundial

WITTE ROEST *Albugo candida*
gewasbehandeling door spuiten
azoxystrobin
    Amistar, Azoxy HF, Budget Azoxystrobin 250 SC, Ortiva
boscalid / pyraclostrobin
    Signum

ZWARTNERVIGHEID *Xanthomonas campestris pv. campestris*
- gezond uitgangsmateriaal gebruiken.

ZWARTPOTEN *Thanatephorus cucumeris*
grondbehandeling door spuiten
tolclofos-methyl
    Rizolex Vloeibaar

SLUITKOLEN - SPITSKOOL

BLADLUIZEN *Aphididae*
gewasbehandeling (ruimtebehandeling) door roken
pirimicarb
    Pirimor Rookontwikkelaar
gewasbehandeling door spuiten
pirimicarb
    Agrichem Pirimicarb, Pirimor

BLADVLEKKENZIEKTEN spikkelziekte *Alternaria brassicae*
Alternaria brassicicola
gewasbehandeling door spuiten
azoxystrobin
    Amistar, Azoxy HF, Budget Azoxystrobin 250 SC, Ortiva
boscalid / pyraclostrobin
    Signum
iprodion
    Imex Iprodion Flo, Rovral Aquaflo
zaadbehandeling door mengen
iprodion
    Imex Iprodion Flo, Rovral Aquaflo

ECHTE MEELDAUW *Erysiphe cruciferarum*
gewasbehandeling door spuiten
azoxystrobin
    Ortiva

GALMUGGEN koolgalmug *Contarinia nasturtii*
- gewasresten na de oogst onderploegen of verwijderen.
- gezond uitgangsmateriaal gebruiken.
gewasbehandeling door spuiten
deltamethrin
    Agrichem Deltamethrin, Decis Micro, Deltamethrin E.C. 25, Splendid, Wopro Deltamethrin

KIEMSCHIMMEL *Pythium* soorten
zaadbehandeling door spuiten
metalaxyl-M
    Apron XL

KIEMSCHIMMELS
zaadbehandeling door mengen
thiram
    Proseed

KNOLVOET *Plasmodiophora brassicae*
- gezond uitgangsmateriaal gebruiken.
- kruisbloemige onkruiden bestrijden.
- vroege teelten hebben minder last.

RINGVLEKKENZIEKTE *Mycosphaerella brassicicola*
- gewasresten na de oogst onderploegen of verwijderen.
gewasbehandeling door spuiten
azoxystrobin
    Amistar, Azoxy HF, Budget Azoxystrobin 250 SC, Ortiva
boscalid / pyraclostrobin
    Signum

ROTSTRUIK *Phytophthora porri*
- beschadiging voorkomen.

RUPSEN *Lepidoptera*
gewasbehandeling door spuiten
deltamethrin
    Agrichem Deltamethrin, Deltamethrin E.C. 25, Splendid, Wopro Deltamethrin

RUPSEN bladrollers *Tortricidae*
gewasbehandeling door spuiten
deltamethrin
    Agrichem Deltamethrin, Decis Micro, Deltamethrin E.C. 25, Splendid, Wopro Deltamethrin
esfenvaleraat
    Sumicidin Super

RUPSEN floridamot *Spodoptera exigua*
gewasbehandeling door spuiten
indoxacarb
    Steward

RUPSEN groot koolwitje *Pieris brassicae*
gewasbehandeling door spuiten

deltamethrin
    Agrichem Deltamethrin, Deltamethrin E.C. 25, Splendid, Wopro Deltamethrin

RUPSEN klein koolwitje *Pieris rapae*
gewasbehandeling door spuiten
deltamethrin
    Agrichem Deltamethrin, Deltamethrin E.C. 25, Splendid, Wopro Deltamethrin
spinosad
    Tracer

RUPSEN koolbladroller *Clepsis spectrana*
gewasbehandeling door spuiten
deltamethrin
    Agrichem Deltamethrin, Decis Micro, Deltamethrin E.C. 25, Splendid, Wopro Deltamethrin
esfenvaleraat
    Sumicidin Super

RUPSEN koolmot *Plutella xylostella*
gewasbehandeling door spuiten
deltamethrin
    Agrichem Deltamethrin, Decis Micro, Deltamethrin E.C. 25, Splendid, Wopro Deltamethrin
esfenvaleraat
    Sumicidin Super
spinosad
    Tracer

RUPSEN kooluil *Mamestra brassicae*
gewasbehandeling door spuiten
deltamethrin
    Agrichem Deltamethrin, Decis Micro, Deltamethrin E.C. 25, Splendid, Wopro Deltamethrin
indoxacarb
    Steward
spinosad
    Tracer

RUPSEN *Pieris* soorten
gewasbehandeling door spuiten
deltamethrin
    Decis Micro
esfenvaleraat
    Sumicidin Super

RUPSEN late koolmot *Evergestis forficalis*
gewasbehandeling door spuiten
deltamethrin
    Agrichem Deltamethrin, Decis Micro, Deltamethrin E.C. 25, Splendid, Wopro Deltamethrin

RUPSEN Turkse mot *Chrysodeixis chalcites*
gewasbehandeling door spuiten
indoxacarb
    Steward

SLAKKEN bruine wegslak *Arion subfuscus*, gewone wegslak *Arion rufus*, grauwe wegslak *Arion circumscriptus*, zwarte wegslak *Arion hortensis*
gewasbehandeling door strooien
ijzer(III)fosfaat
    Roxasect Slakkenkorrels

TRIPSEN tabakstrips *Thrips tabaci*
- minder vatbare rassen telen.
zaadbehandeling door dummy-pil methode
imidacloprid
    Gaucho Tuinbouw
zaadbehandeling door phytodrip methode
imidacloprid
    Gaucho Tuinbouw

2.4 Ziekten en plagen groenteteelt

VALSE MEELDAUW *Peronospora parasitica*
gewasbehandeling door spuiten
dimethomorf
    Paraat
propamocarb-hydrochloride
    Imex-Propamocarb

VLIEGEN koolvlieg *Delia radicum*
zaadbehandeling door coaten
fipronil
    Mundial

WITTE ROEST *Albugo candida*
gewasbehandeling door spuiten
azoxystrobin
    Amistar, Azoxy HF, Budget Azoxystrobin 250 SC, Ortiva
boscalid / pyraclostrobin
    Signum

ZWARTNERVIGHEID *Xanthomonas campestris pv. campestris*
- gezond uitgangsmateriaal gebruiken.

ZWARTPOTEN *Thanatephorus cucumeris*
grondbehandeling door spuiten
tolclofos-methyl
    Rizolex Vloeibaar

SLUITKOLEN - WITTE KOOL

BLADLUIZEN *Aphididae*
gewasbehandeling door spuiten
pirimicarb
    Agrichem Pirimicarb, Pirimor

BLADVLEKKENZIEKTEN spikkelziekte *Alternaria brassicae, Alternaria brassicicola*
gewasbehandeling door spuiten
azoxystrobin
    Amistar, Azoxy HF, Budget Azoxystrobin 250 SC, Ortiva
boscalid / pyraclostrobin
    Signum
zaadbehandeling door mengen
iprodion
    Imex Iprodion Flo, Rovral Aquaflo

ECHTE MEELDAUW *Erysiphe cruciferarum*
gewasbehandeling door spuiten
azoxystrobin
    Ortiva

GALMUGGEN koolgalmug *Contarinia nasturtii*
- gezond uitgangsmateriaal gebruiken.
gewasbehandeling door spuiten
deltamethrin
    Agrichem Deltamethrin, Decis Micro, Deltamethrin E.C. 25, Splendid, Wopro Deltamethrin

KALIUMGEBREK
- voor een goede kalitoestand van de grond of van het groei-medium zorgen, gecombineerd met een juiste bemesting.

KIEMSCHIMMEL *Pythium* **soorten**
zaadbehandeling door spuiten
metalaxyl-M
    Apron XL

KIEMSCHIMMELS
zaadbehandeling door mengen
thiram
    Proseed

KNOLVOET *Plasmodiophora brassicae*
- gezond uitgangsmateriaal gebruiken.

- kruisbloemige onkruiden bestrijden.
signalering:
- potgrond (groeimedium) voorafgaand aan de opkweek van plantmateriaal laten onderzoeken op knolvoet door middel van een biotoets (NAK-G).

MANGAANGEBREK
- goed bemesten, zonodig mangaansulfaat spuiten. Mangaan verplaatst zich niet in de plant dus een herhaalde toepassing kan nodig zijn.

RAND onbekende non-parasitaire factor
- minder vatbare rassen telen.
- nauw plantverband en te weelderige groei voorkomen.

RINGVLEKKENZIEKTE *Mycosphaerella brassicicola*
- gewasresten na de oogst onderploegen of verwijderen.
gewasbehandeling door spuiten
azoxystrobin
    Amistar, Azoxy HF, Budget Azoxystrobin 250 SC, Ortiva
boscalid / pyraclostrobin
    Signum

ROTSTRUIK *Phytophthora porri*
- beschadiging voorkomen.

RUPSEN *Lepidoptera*
gewasbehandeling door spuiten
deltamethrin
    Agrichem Deltamethrin, Deltamethrin E.C. 25, Splendid, Wopro Deltamethrin

RUPSEN bladrollers *Tortricidae*
gewasbehandeling door spuiten
deltamethrin
    Agrichem Deltamethrin, Decis Micro, Deltamethrin E.C. 25, Splendid, Wopro Deltamethrin
esfenvaleraat
    Sumicidin Super

RUPSEN floridamot *Spodoptera exigua*
gewasbehandeling door spuiten
indoxacarb
    Steward

RUPSEN groot koolwitje *Pieris brassicae*
gewasbehandeling door spuiten
deltamethrin
    Agrichem Deltamethrin, Deltamethrin E.C. 25, Splendid, Wopro Deltamethrin

RUPSEN klein koolwitje *Pieris rapae*
gewasbehandeling door spuiten
deltamethrin
    Agrichem Deltamethrin, Deltamethrin E.C. 25, Splendid, Wopro Deltamethrin

RUPSEN koolbladroller *Clepsis spectrana*
gewasbehandeling door spuiten
deltamethrin
    Agrichem Deltamethrin, Decis Micro, Deltamethrin E.C. 25, Splendid, Wopro Deltamethrin
esfenvaleraat
    Sumicidin Super

RUPSEN koolmot *Plutella xylostella*
gewasbehandeling door spuiten
deltamethrin
    Agrichem Deltamethrin, Decis Micro, Deltamethrin E.C. 25, Splendid, Wopro Deltamethrin
esfenvaleraat
    Sumicidin Super

RUPSEN kooluil *Mamestra brassicae*
gewasbehandeling door spuiten
deltamethrin
Agrichem Deltamethrin, Decis Micro, Deltamethrin E.C. 25,
Splendid, Wopro Deltamethrin
indoxacarb
Steward

RUPSEN *Pieris* **soorten**
gewasbehandeling door spuiten
deltamethrin
Decis Micro
esfenvaleraat
Sumicidin Super

RUPSEN late koolmot *Evergestis forficalis*
gewasbehandeling door spuiten
deltamethrin
Agrichem Deltamethrin, Decis Micro, Deltamethrin E.C. 25,
Splendid, Wopro Deltamethrin

RUPSEN Turkse mot *Chrysodeixis chalcites*
gewasbehandeling door spuiten
indoxacarb
Steward

SLAKKEN bruine wegslak *Arion subfuscus,* **gewone wegslak** *Arion rufus,* **grauwe wegslak** *Arion circumscriptus,* **zwarte wegslak** *Arion hortensis*
gewasbehandeling door strooien
ijzer(III)fosfaat
Roxasect Slakkenkorrels

TRIPSEN tabakstrips *Thrips tabaci*
- minder vatbare rassen telen.
zaadbehandeling door dummy-pil methode
imidacloprid
Gaucho Tuinbouw
zaadbehandeling door phytodrip methode
imidacloprid
Gaucho Tuinbouw

VALSE MEELDAUW *Peronospora parasitica*
gewasbehandeling door spuiten
dimethomorf
Paraat
propamocarb-hydrochloride
Imex-Propamocarb

VLIEGEN koolvlieg *Delia radicum*
zaadbehandeling door coaten
fipronil
Mundial

WITTE ROEST *Albugo candida*
gewasbehandeling door spuiten
azoxystrobin
Amistar, Azoxy HF, Budget Azoxystrobin 250 SC, Ortiva
boscalid / pyraclostrobin
Signum

ZWARTNERVIGHEID *Xanthomonas campestris pv. campestris*
- gezond uitgangsmateriaal gebruiken.

ZWARTPOTEN *Thanatephorus cucumeris*
grondbehandeling door spuiten
tolclofos-methyl
Rizolex Vloeibaar

SNIJBIET

BLADVLEKKENZIEKTE spikkelziekte *Alternaria* **soorten**
zaadbehandeling door mengen
iprodion
Imex Iprodion Flo, Rovral Aquaflo

KIEMSCHIMMELS
zaadbehandeling door mengen
thiram
Proseed

WORTELBRAND *Pleospora betae*
zaadbehandeling door mengen
iprodion
Imex Iprodion Flo, Rovral Aquaflo

SNIJBOON

Phaseolus vulgaris subsp. Nanus **BLADLUIZEN** *Aphididae*
gewasbehandeling (ruimtebehandeling) door roken
pirimicarb
Pirimor Rookontwikkelaar
gewasbehandeling door spuiten
pirimicarb
Agrichem Pirimicarb, Pirimor

ECHTE MEELDAUW *Golovinomyces orontii*
- aangetaste planten(delen) in gesloten plastic zak verwijderen.
- boon of komkommer niet als volgteelt toepassen.
- kas ontsmetten.
- relatieve luchtvochtigheid (RV) laag houden door stoken en/of luchten.
- steenwolmatten stomen of vernieuwen.
gewasbehandeling door spuiten
trifloxystrobin
Flint

GRAUWE SCHIMMEL *Botryotinia fuckeliana*
- afgevallen bloemblaadjes niet op het gewas laten liggen.
- bij een te zwaar gewas blad dunnen.
- minder vatbare rassen telen.
- relatieve luchtvochtigheid (RV) laag houden door stoken en/of luchten.
- ruime plantafstand aanhouden.
- voor een niet te weelderige gewas zorgen.
- zwaar gewas en dichte stand voorkomen.
gewasbehandeling door spuiten
fenhexamide
Teldor
iprodion
Imex Iprodion Flo, Rovral Aquaflo

KIEMPLANTENZIEKTE *Pythium* **soorten**
- voor een hoge bodemtemperatuur en niet te natte grond zorgen.

KIEMSCHIMMELS
zaadbehandeling door mengen
thiram
Proseed
zaadbehandeling door slurry
thiram
Hermosan 80 WG, Thiram Granuflo

MIJTEN bonenspintmijt *Tetranychus urticae*
- gezond uitgangsmateriaal gebruiken.
- natuurlijke vijanden inzetten of stimuleren.
- spint in de voorafgaande teelt bestrijden.
gewasbehandeling door spuiten
abamectin
Vertimec Gold

spiromesifen
    Oberon

MINEERVLIEGEN *Agromyzidae*
gewasbehandeling door spuiten
cyromazin
    Trigard 100 SL

RHIZOCTONIA-ZIEKTE *Thanatephorus cucumeris*
- grond stomen.

RUPSEN gamma-uil *Autographa gamma, groente-uil Lacanobia oleracea, Plusia* soorten
gewasbehandeling door spuiten
Bacillus thuringiensis subsp. aizawai
    Turex Spuitpoeder, Xen Tari WG

SCLEROTIËNROT *Sclerotinia sclerotiorum*
- grond stomen.
- ruime plantafstand aanhouden.
gewasbehandeling door spuiten
iprodion
    Imex Iprodion Flo, Rovral Aquaflo

TRIPSEN californische trips *Frankliniella occidentalis*
- gezond uitgangsmateriaal gebruiken.
- grond stomen.
- insectengaas aanbrengen.
- natuurlijke vijanden inzetten of stimuleren.
- onkruid bestrijden.
signalering:
- gewasinspecties uitvoeren.
- vangplaten ophangen.
gewasbehandeling door spuiten
abamectin
    Vertimec Gold

TRIPSEN tabakstrips *Thrips tabaci*
gewasbehandeling door spuiten
abamectin
    Vertimec Gold

VAATZIEKTE *Fusarium oxysporum f.sp. phaseoli*
- aangetaste planten(delen) verwijderen.
- bedrijfshygiëne stringent doorvoeren.
- grond en/of substraat stomen.

VIRUSZIEKTEN rolmozaïek bonenrolmozaïekvirus, scherpmozaïek steengrauw bonenscherpmozaïekvirus, stippelstreep tabaksnecrosevirus
- aangetaste planten verwijderen en géén nieuwe planten op de leeggekomen plaatsen zetten. De buurplanten (circa 15) in de werkrichting als laatste in de kas behandelen.
- bedrijfshygiëne stringent doorvoeren.
- bij rolmozaïek en steengrauw bladluizen bestrijden.
- grond en/of substraat stomen.
- niet met besmette kleding in een gezond gewas lopen.
- ziektevrij gietwater (leiding- of bronwater) of ontsmet drain-, oppervlakte- en regenwater gebruiken.

VLIEGEN bonenvlieg *Delia platura*
- bij voorkeur niet telen na spinazie, sla of kool. Bij de teelt van bonen na spinazie, direct na het snijden van de spinazie schoffelen en de grond 10-14 dagen laten liggen.

WITTEVLIEGEN kaswittevlieg *Trialeurodes vaporariorum*
gewasbehandeling door spuiten
spiromesifen
    Oberon

WORTELROT *Chalara elegans*
- geen specifieke niet-chemische maatregel bekend.

SPAANSE PEPER

BLADLUIZEN *Aphididae*
gewasbehandeling (ruimtebehandeling) door roken
pirimicarb
    Pirimor Rookontwikkelaar
gewasbehandeling door spuiten
acetamiprid
    Gazelle
pirimicarb
    Agrichem Pirimicarb, Pirimor
thiacloprid
    Calypso

BLADLUIZEN aardappeltopluis *Macrosiphum euphorbiae*
gewasbehandeling door spuiten
pymetrozine
    Plenum 50 WG
plantbehandeling via druppelirrigatiesysteem
pymetrozine
    Plenum 50 WG

BLADLUIZEN boterbloemluis *Aulacorthum solani*
gewasbehandeling door spuiten
acetamiprid
    Gazelle
plantbehandeling door druppelen via voedingsoplossing
imidacloprid
    Admire, Admire O-Teq, Kohinor 70 WG

BLADLUIZEN groene perzikluis *Myzus persicae, katoenluis Aphis gossypii*
gewasbehandeling door spuiten
acetamiprid
    Gazelle
pymetrozine
    Plenum 50 WG
plantbehandeling door druppelen via voedingsoplossing
imidacloprid
    Admire, Admire O-Teq, Kohinor 70 WG
plantbehandeling via druppelirrigatiesysteem
pymetrozine
    Plenum 50 WG

BLADLUIZEN rode luis *Myzus nicotianae*
gewasbehandeling door spuiten
pymetrozine
    Plenum 50 WG
plantbehandeling via druppelirrigatiesysteem
pymetrozine
    Plenum 50 WG

BLADLUIZEN zwarte bonenluis *Aphis fabae*
gewasbehandeling door spuiten
acetamiprid
    Gazelle
plantbehandeling door druppelen via voedingsoplossing
imidacloprid
    Admire, Admire O-Teq, Kohinor 70 WG

BLADVLEKKENZIEKTE *Didymella bryoniae*
- hoge relatieve luchtvochtigheid (RV) voorkomen door doelmatig te luchten en de kastemperatuur drie uur vóór zonsopgang geleidelijk naar de dagtemperatuur te brengen.
- langdurig nat blijven van het gewas voorkomen.
- natslaan van gewas en guttatie voorkomen.

CICADEN fuchsiacicade *Empoasca vitis*
- geen specifieke niet-chemische maatregel bekend.

ECHTE MEELDAUW *Leveillula taurica*
gewasbehandeling door spuiten
azoxystrobin

Ortiva
trifloxystrobin
Flint

FLESJESSCHIMMEL *Diporotheca rhizophila*
- grond en/of substraat stomen.

FUSARIUM-VERWELKINGSZIEKTE *Nectria haemato-cocca var. haematococca*
- bedrijfshygiëne stringent doorvoeren. Aangetaste planten en vruchten verwijderen en vernietigen.
- grond en/of substraat stomen.
- kas ontsmetten na beëindiging van de teelt.
- voor een beheerste en regelmatige groei zorgen, zonder enige groeistagnatie.

GRAUWE SCHIMMEL *Botryotinia fuckeliana*
- beschadiging van de stengel voorkomen.
- natslaan van gewas en guttatie voorkomen.
- te hoge worteldruk voorkomen.
gewasbehandeling door spuiten
fenhexamide
Teldor
iprodion
Imex Iprodion Flo, Rovral Aquaflo

KIEMSCHIMMELS
zaadbehandeling door mengen
thiram
Proseed

KURKWORTEL *Pyrenochaeta lycopersici*
- grond en/of substraat stomen.
- teeltopvolging niet met tomaat.

MIJTEN bonenspintmijt *Tetranychus urticae*
- gezond uitgangsmateriaal gebruiken.
- natuurlijke vijanden inzetten of stimuleren.
- schuilplaatsen voor spintmijt beperken door kieren en naden af te dichten.
signalering:
- gewasinspecties uitvoeren.
gewasbehandeling door spuiten
abamectin
Abamectine HF-G, Budget Abamectine 18 EC, Imex-Abamactine 2, Parimco Abamectine Nieuw, Protex-Abamectine, Vectine Plus, Vertimec Gold, Wopro Abamectin
bifenazaat
Floramite 240 SC, Wopro Bifenazate
hexythiazox
Nissorun Spuitpoeder, Nissorun Vloeibaar
spiromesifen
Oberon

MINEERVLIEGEN *Agromyzidae*
gewasbehandeling door spuiten
cyromazin
Trigard 100 SL

MINEERVLIEGEN chrysantenmineervliegen *Chromatomyia syngenesiae*
gewasbehandeling door spuiten
abamectin
Abamectine HF-G, Budget Abamectine 18 EC, Imex-Abamactine 2, Parimco Abamectine Nieuw, Vectine Plus, Vertimec Gold, Wopro Abamectin
cyromazin
Trigard 100 SL

MINEERVLIEGEN floridamineervlieg *Liriomyza trifolii, nerfmineervlieg Liriomyza huidobrensis, tomatenmineervlieg Liriomyza bryoniae*
gewasbehandeling door spuiten
abamectin
Abamectine HF-G, Budget Abamectine 18 EC, Imex-Abamactine 2, Parimco Abamectine Nieuw, Protex-Abamectine, Vectine Plus, Vertimec Gold, Wopro Abamectin
cyromazin
Trigard 100 SL

NEUSROT calciumgebrek
- bij bemesting gebruik maken van kalksalpeter.
- zoutconcentratie (EC) laag houden.
signalering:
- grondonderzoek laten uitvoeren.

RHIZOCTONIA-ZIEKTE *Thanatephorus cucumeris*
gewasbehandeling door spuiten
iprodion
Imex Iprodion Flo, Rovral Aquaflo

RUPSEN *Lepidoptera*
gewasbehandeling door spuiten
methoxyfenozide
Runner

RUPSEN bladrollers *Tortricidae*
gewasbehandeling door spuiten
indoxacarb
Steward

RUPSEN floridamot *Spodoptera exigua*
gewasbehandeling door spuiten
flubendiamide
Fame
indoxacarb
Steward
methoxyfenozide
Runner
pyridalyl
Nocturn

RUPSEN gamma-uil *Autographa gamma*, groente-uil *Lacanobia oleracea, Plusia* soorten
gewasbehandeling door spuiten
Bacillus thuringiensis subsp. *aizawai*
Turex Spuitpoeder, Xen Tari WG
indoxacarb
Steward

RUPSEN kooluil *Mamestra brassicae*
gewasbehandeling door spuiten
indoxacarb
Steward

RUPSEN Turkse mot *Chrysodeixis chalcites*
gewasbehandeling door spuiten
Bacillus thuringiensis subsp. *aizawai*
Turex Spuitpoeder, Xen Tari WG
flubendiamide
Fame
indoxacarb
Steward
methoxyfenozide
Runner
pyridalyl
Nocturn

SCLEROTIËNROT *Sclerotinia sclerotiorum*
- gewas open houden door snoei, aangetaste planten(delen) verwijderen en afvoeren.
- grond en/of substraat stomen.
- hoge worteldruk, natslaan van gewas en guttatie voorkomen.
gewasbehandeling door spuiten
iprodion
Imex Iprodion Flo, Rovral Aquaflo

2.4 Ziekten en plagen groenteteelt

STIP calciumovermaat
- minder vatbare rassen telen.
- vruchten groen oogsten.

TRIPSEN californische trips *Frankliniella occidentalis*
gewasbehandeling door spuiten
abamectin
    Abamectine HF-G, Budget Abamectine 18 EC, Imex-Abamactine 2, Parimco Abamectine Nieuw, Protex-Abamectine, Vectine Plus, Vertimec Gold, Wopro Abamectin
spinosad
    Tracer

TRIPSEN tabakstrips *Thrips tabaci*
gewasbehandeling door spuiten
abamectin
    Abamectine HF-G, Budget Abamectine 18 EC, Imex-Abamactine 2, Parimco Abamectine Nieuw, Vectine Plus, Vertimec Gold, Wopro Abamectin

VERWELKINGSZIEKTE *Verticillium albo-atrum, Verticillium dahliae*
- grond en/of substraat stomen.
- relatieve luchtvochtigheid (RV) en temperatuur hoog houden, ook 's nachts.
- structuur van de grond verbeteren.

VIRUSZIEKTEN bonte-vruchtenziekte komkommermozaïekvirus
- gezond uitgangsmateriaal gebruiken.
- overbrengers (vectoren) van virus voorkomen en/of bestrijden.

VIRUSZIEKTEN bonte-vruchtenziekte tomatenbronsvlekkenvirus
- aangetaste planten(delen) in gesloten plastic zak verwijderen.
- gezond uitgangsmateriaal gebruiken.
- overbrengers (vectoren) van virus voorkomen en/of bestrijden.

VIRUSZIEKTEN geelnervigheid paprikageelnerfvirus
- geen specifieke niet-chemische maatregel bekend.

VIRUSZIEKTEN mozaïek paprikamozaïekvirus
- aangetaste planten(delen) verwijderen.
- besmette substraatmatten verwijderen.
- bespuiting met magere-melkoplossing belemmert overdracht tijdens het verspenen.
- grond en/of substraat stomen.
- gronddeeltjes geen contact met bovengrondse planten(delen) laten maken.
- handen tijdens de werkzaamheden in het gewas nat houden met onverdunde magere melk.
- opstanden met veel water afspuiten om plantenresten te verwijderen.
- resistente rassen telen.

VOET- EN WORTELROT *Phytophthora capsici*
- aangetaste planten(delen) in gesloten plastic zak verwijderen.
- gezond uitgangsmateriaal gebruiken.
- grond en/of substraat stomen.
- ontsmettingsbakken en gastenjassen gebruiken.
- voor een goede klimaatbeheersing zorgen.

VOET- EN WORTELROT *Pythium* **soorten**
- ziektevrij gietwater (leiding- of bronwater) of ontsmet drain-, oppervlakte- en regenwater gebruiken.

WITTEVLIEGEN kaswittevlieg *Trialeurodes vaporariorum*
gewasbehandeling door spuiten
Lecanicillium muscarium stam ve6

Mycotal
pymetrozine
    Plenum 50 WG
spiromesifen
    Oberon
thiacloprid
    Calypso
plantbehandeling door druppelen via voedingsoplossing
imidacloprid
    Admire, Admire O-Teq, Kohinor 70 WG
plantbehandeling via druppelirrigatiesysteem
pymetrozine
    Plenum 50 WG
thiacloprid
    Calypso

WORTELLUIZEN rijstwortelluis *Rhopalosiphum rufiabdominalis*
- geen specifieke niet-chemische maatregel bekend.

ZONNEBRAND
- niet te sterk snoeien.
- zo nodig schermen.

ZWARTE SPIKKEL *Colletotrichum coccodes*
- grond en/of substraat stomen.

SPERZIEBOON

BLADLUIZEN *Aphididae*
gewasbehandeling (ruimtebehandeling) door roken
pirimicarb
    Pirimor Rookontwikkelaar
gewasbehandeling door spuiten
pirimicarb
    Agrichem Pirimicarb, Pirimor

ECHTE MEELDAUW *Golovinomyces orontii*
- aangetaste planten(delen) in gesloten plastic zak verwijderen.
- boon of komkommer niet als volgteelt toepassen.
- kas ontsmetten.
- relatieve luchtvochtigheid (RV) laag houden door stoken en/of luchten.
- steenwolmatten stomen of vernieuwen.
gewasbehandeling door spuiten
trifloxystrobin
    Flint

GRAUWE SCHIMMEL *Botryotinia fuckeliana*
- afgevallen bloemblaadjes niet op het gewas laten liggen.
- bij een te zwaar gewas blad dunnen.
- minder vatbare rassen telen.
- relatieve luchtvochtigheid (RV) laag houden door stoken en/of luchten.
- zwaar gewas en dichte stand voorkomen.
gewasbehandeling door spuiten
fenhexamide
    Teldor
iprodion
    Imex Iprodion Flo, Rovral Aquaflo

KIEMPLANTENZIEKTE *Pythium* **soorten**
- voor een hoge bodemtemperatuur en niet te natte grond zorgen.

MIJTEN bonenspintmijt *Tetranychus urticae*
gewasbehandeling door spuiten
abamectin
    Vertimec Gold
spiromesifen
    Oberon

MINEERVLIEGEN *Agromyzidae,* **chrysantenmineervliegen** *Chromatomyia syngenesiae,* **floridamineer-**

2.4 Ziekten en plagen groenteteelt

vlieg *Liriomyza trifolii,* nerfmineervlieg *Liriomyza huidobrensis,* tomatenmineervlieg *Liriomyza bryoniae*
gewasbehandeling door spuiten
cyromazin
Trigard 100 SL

RHIZOCTONIA-ZIEKTE *Thanatephorus cucumeris*
- grond stomen.

RUPSEN gamma-uil *Autographa gamma,* groente-uil *Lacanobia oleracea, Plusia* soorten
gewasbehandeling door spuiten
Bacillus thuringiensis subsp. *aizawai*
Turex Spuitpoeder, Xen Tari WG

SCLEROTIËNROT *Sclerotinia sclerotiorum*
- grond stomen.
- ruime plantafstand aanhouden.
gewasbehandeling door spuiten
iprodion
Imex Iprodion Flo, Rovral Aquaflo

TRIPSEN *Thysanoptera*
gewasbehandeling door spuiten
esfenvaleraat
Sumicidin Super

TRIPSEN californische trips *Frankliniella occidentalis*
- gezond uitgangsmateriaal gebruiken.
- grond stomen.
- insectengaas aanbrengen.
- natuurlijke vijanden inzetten of stimuleren.
- onkruid bestrijden.
gewasbehandeling door spuiten
abamectin
Vertimec Gold

TRIPSEN tabakstrips *Thrips tabaci*
gewasbehandeling door spuiten
abamectin
Vertimec Gold

VAATZIEKTE *Fusarium oxysporum f.sp. phaseoli*
- aangetaste planten(delen) verwijderen.
- bedrijfshygiëne stringent doorvoeren.
- grond en/of substraat stomen.

VIRUSZIEKTEN stippelstreep tabaksnecrosevirus
- aangetaste planten verwijderen en géén nieuwe planten op de leeggekomen plaatsen zetten. De buurplanten (circa 15) in de werkrichting als laatste in de kas behandelen.
- bedrijfshygiëne stringent doorvoeren.
- grond en/of substraat stomen.
- niet met besmette kleding in een gezond gewas lopen.
- ziektevrij gietwater (leiding- of bronwater) of ontsmet drain-, oppervlakte- en regenwater gebruiken.

VLIEGEN bonenvlieg *Delia platura*
- bij voorkeur niet telen na spinazie, sla of kool. Bij de teelt van bonen na spinazie, direct na het snijden van de spinazie schoffelen en de grond 10-14 dagen laten liggen.

WITTEVLIEGEN kaswittevlieg *Trialeurodes vaporariorum*
gewasbehandeling door spuiten
spiromesifen
Oberon

WORTELROT *Chalara elegans*
- geen specifieke niet-chemische maatregel bekend.

AALTJES stengelaaltje *Ditylenchus dipsaci*
DIT IS EEN QUARANTAINE-ORGANISME

BLADLUIZEN *Aphididae*
gewasbehandeling (ruimtebehandeling) door roken
pirimicarb
Pirimor Rookontwikkelaar
gewasbehandeling door spuiten
pirimicarb
Agrichem Pirimicarb, Pirimor

BLADVLEKKENZIEKTE spikkelziekte *Alternaria* soorten
zaadbehandeling door mengen
iprodion
Imex Iprodion Flo, Rovral Aquaflo

KIEMPLANTENZIEKTE *Pleospora betae*
- drainage en structuur van de grond verbeteren en een optimale pH (circa 6) nastreven.
- niet te dicht planten.
zaadbehandeling door mengen
iprodion
Imex Iprodion Flo, Rovral Aquaflo

KIEMPLANTENZIEKTE *Pythium* soorten
- dichte stand voorkomen.
- drainage en structuur van de grond verbeteren en een optimale pH (circa 6) nastreven.
- niet te dicht planten.
zaadbehandeling door spuiten
metalaxyl-M
Apron XL

KIEMSCHIMMELS
zaadbehandeling door mengen
thiram
Proseed
zaadbehandeling door slurry
thiram
Hermosan 80 WG, Thiram Granuflo

MIJTEN stromijt radijsmijt *Tyrophagus similis*
- geen specifieke niet-chemische maatregel bekend.

RUPSEN gamma-uil *Autographa gamma,* groente-uil *Lacanobia oleracea,* koolmot *Plutella xylostella, Pieris* soorten, *Plusia* soorten
gewasbehandeling door spuiten
Bacillus thuringiensis subsp. *aizawai*
Turex Spuitpoeder, Xen Tari WG

VALSE MEELDAUW *Peronospora farinosa f.sp. spinaciae*
- hoge relatieve luchtvochtigheid (RV) voorkomen en de grond oppervlakkig droog houden.
- niet te dicht zaaien.
- resistente rassen telen.
- ruime vruchtwisseling toepassen.
zaadbehandeling door spuiten
metalaxyl-M
Apron XL

WORTELBRAND *Colletotrichum dematium f. spinaciae*
- drainage en structuur van de grond verbeteren en een optimale pH (circa 6) nastreven.
- niet te dicht planten.

SPRUITKOOL

BLADLUIZEN *Aphididae*
gewasbehandeling door spuiten
pirimicarb
    Agrichem Pirimicarb, Pirimor

BLADVLEKKENZIEKTEN spikkelziekte *Alternaria brassicae, Alternaria brassicicola*
gewasbehandeling door spuiten
azoxystrobin
    Amistar, Azoxy HF, Budget Azoxystrobin 250 SC, Ortiva
boscalid / pyraclostrobin
    Signum
zaadbehandeling door mengen
iprodion
    Imex Iprodion Flo, Rovral Aquaflo

ECHTE MEELDAUW *Erysiphe cruciferarum*
gewasbehandeling door spuiten
azoxystrobin
    Ortiva

GALMUGGEN koolgalmug *Contarinia nasturtii*
- gezond uitgangsmateriaal gebruiken.
gewasbehandeling door spuiten
deltamethrin
    Agrichem Deltamethrin, Decis Micro, Deltamethrin E.C. 25, Splendid, Wopro Deltamethrin

KALIUMGEBREK
- voor een goede kalitoestand van de grond of van het groei-medium zorgen, gecombineerd met een juiste bemesting.

KIEMPLANTENZIEKTE *Thanatephorus cucumeris*
grondbehandeling door spuiten
tolclofos-methyl
    Rizolex Vloeibaar

KIEMSCHIMMEL *Pythium* **soorten**
zaadbehandeling door spuiten
metalaxyl-M
    Apron XL

KIEMSCHIMMELS
zaadbehandeling door mengen
thiram
    Proseed

RINGVLEKKENZIEKTE *Mycosphaerella brassicicola*
- gewasresten na de oogst onderploegen of verwijderen.
gewasbehandeling door spuiten
azoxystrobin
    Amistar, Azoxy HF, Budget Azoxystrobin 250 SC, Ortiva
boscalid / pyraclostrobin
    Signum

RUPSEN *Lepidoptera*
gewasbehandeling door spuiten
deltamethrin
    Agrichem Deltamethrin, Deltamethrin E.C. 25, Splendid, Wopro Deltamethrin

RUPSEN bladrollers *Tortricidae*
gewasbehandeling door spuiten
deltamethrin
    Agrichem Deltamethrin, Decis Micro, Deltamethrin E.C. 25, Splendid, Wopro Deltamethrin
esfenvaleraat
    Sumicidin Super

RUPSEN floridamot *Spodoptera exigua*
gewasbehandeling door spuiten
indoxacarb
    Steward

RUPSEN groot koolwitje *Pieris brassicae,* **klein koolwitje** *Pieris rapae*
gewasbehandeling door spuiten
deltamethrin
    Agrichem Deltamethrin, Deltamethrin E.C. 25, Splendid, Wopro Deltamethrin

RUPSEN koolbladroller *Clepsis spectrana,* **koolmot** *Plutella xylostella*
gewasbehandeling door spuiten
deltamethrin
    Agrichem Deltamethrin, Decis Micro, Deltamethrin E.C. 25, Splendid, Wopro Deltamethrin
esfenvaleraat
    Sumicidin Super

RUPSEN kooluil *Mamestra brassicae*
gewasbehandeling door spuiten
deltamethrin
    Agrichem Deltamethrin, Decis Micro, Deltamethrin E.C. 25, Splendid, Wopro Deltamethrin
indoxacarb
    Steward

RUPSEN *Pieris* **soorten**
gewasbehandeling door spuiten
deltamethrin
    Decis Micro
esfenvaleraat
    Sumicidin Super

RUPSEN late koolmot *Evergestis forficalis*
gewasbehandeling door spuiten
deltamethrin
    Agrichem Deltamethrin, Decis Micro, Deltamethrin E.C. 25, Splendid, Wopro Deltamethrin
esfenvaleraat
    Sumicidin Super

RUPSEN Turkse mot *Chrysodeixis chalcites*
gewasbehandeling door spuiten
indoxacarb
    Steward

SLAKKEN bruine wegslak *Arion subfuscus,* **gewone wegslak** *Arion rufus,* **grauwe wegslak** *Arion circumscriptus,* **zwarte wegslak** *Arion hortensis*
gewasbehandeling door strooien
ijzer(III)fosfaat
    Roxasect Slakkenkorrels

TRIPSEN tabakstrips *Thrips tabaci*
zaadbehandeling door dummy-pil methode
imidacloprid
    Gaucho Tuinbouw
zaadbehandeling door phytodrip methode
imidacloprid
    Gaucho Tuinbouw

VALSE MEELDAUW *Peronospora parasitica*
gewasbehandeling door spuiten
dimethomorf
    Paraat
propamocarb-hydrochloride
    Imex-Propamocarb

VLIEGEN koolvlieg *Delia radicum*
gewasbehandeling door spuiten
deltamethrin
    Agrichem Deltamethrin, Deltamethrin E.C. 25, Splendid, Wopro Deltamethrin
zaadbehandeling door coaten

fipronil
    Mundial

WITTE ROEST *Albugo candida*
- bemesting zo laag mogelijk houden.
- dichte stand voorkomen.
- gezond uitgangsmateriaal gebruiken.
- minder vatbare rassen telen.
- natuurlijke waslaag intact houden door zo min mogelijk uitvloeiers te gebruiken.
- voor een beheerste en regelmatige groei zorgen.

gewasbehandeling door spuiten
azoxystrobin
    Amistar, Azoxy HF, Budget Azoxystrobin 250 SC, Ortiva
boscalid / pyraclostrobin
    Signum
chloorthalonil
    Budget Chloorthalonil 500 SC, Daconil 500 Vloeibaar

ZWARTNERVIGHEID *Xanthomonas campestris pv. campestris*
- gezond uitgangsmateriaal gebruiken.
- vruchtwisseling toepassen.

SQUASH

ECHTE MEELDAUW *Sphaerotheca fusca*
gewasbehandeling door spuiten
azoxystrobin
    Ortiva
boscalid / kresoxim-methyl
    Collis
trifloxystrobin
    Flint

MIJTEN bonenspintmijt *Tetranychus urticae*
gewasbehandeling door spuiten
spiromesifen
    Oberon

RUPSEN floridamot *Spodoptera exigua*, Turkse mot *Chrysodeixis chalcites*
gewasbehandeling door spuiten
indoxacarb
    Steward
flubendiamide
    Fame

RUPSEN bladrollers *Tortricidae*, gamma-uil *Autographa gamma*, groente-uil *Lacanobia oleracea*, kooluil *Mamestra brassicae*, *Plusia* soorten
gewasbehandeling door spuiten
indoxacarb
    Steward

WITTEVLIEGEN kaswittevlieg *Trialeurodes vaporariorum*
gewasbehandeling door spuiten
spiromesifen
    Oberon

TOMAAT

AARDAPPELZIEKTE *Phytophthora infestans f.sp. infestans*
- aangetaste planten(delen) in gesloten plastic zak verwijderen.
- planten zoveel mogelijk droog houden.

gewasbehandeling door spuiten
chloorthalonil
    Budget Chloorthalonil 500 SC, Daconil 500 Vloeibaar

BACTERIEVERWELKINGSZIEKTE *Clavibacter michiganensis subsp. michiganensis*
- bedrijfshygiëne stringent doorvoeren.

- besmette matten verwijderen.
- grond en/of substraat stomen.
- zaad gebruiken dat is getoetst en zo mogelijk warmtebehandeling heeft gehad (3 dagen 75 °C).

BLADLUIZEN *Aphididae*
gewasbehandeling (ruimtebehandeling) door roken
pirimicarb
    Pirimor Rookontwikkelaar
gewasbehandeling door spuiten
acetamiprid
    Gazelle
pirimicarb
    Agrichem Pirimicarb, Pirimor
thiacloprid
    Calypso

BLADLUIZEN aardappeltopluis *Macrosiphum euphorbiae*
gewasbehandeling door spuiten
pymetrozine
    Plenum 50 WG
plantbehandeling via druppelirrigatiesysteem
pymetrozine
    Plenum 50 WG

BLADLUIZEN boterbloemluis *Aulacorthum solani*
gewasbehandeling door spuiten
acetamiprid
    Gazelle
plantbehandeling door druppelen via voedingsoplossing
imidacloprid
    Admire, Admire O-Teq, Imex-Imidacloprid, Kohinor 70 WG

BLADLUIZEN groene perzikluis *Myzus persicae*, katoenluis *Aphis gossypii*
gewasbehandeling door spuiten
acetamiprid
    Gazelle
pymetrozine
    Plenum 50 WG
plantbehandeling door druppelen via voedingsoplossing
imidacloprid
    Admire, Admire O-Teq, Imex-Imidacloprid, Kohinor 70 WG
plantbehandeling via druppelirrigatiesysteem
pymetrozine
    Plenum 50 WG

BLADLUIZEN rode luis *Myzus nicotianae*
gewasbehandeling door spuiten
pymetrozine
    Plenum 50 WG
plantbehandeling via druppelirrigatiesysteem
pymetrozine
    Plenum 50 WG

BLADLUIZEN zwarte bonenluis *Aphis fabae*
gewasbehandeling door spuiten
acetamiprid
    Gazelle
plantbehandeling door druppelen via voedingsoplossing
imidacloprid
    Admire, Admire O-Teq, Imex-Imidacloprid, Kohinor 70 WG

BLADVLEKKENZIEKTE *Fulvia fulva*
- planten met resistentie tegen een zo groot mogelijk aantal fysio's telen.
- relatieve luchtvochtigheid (RV) laag houden door stoken en/of luchten.

gewasbehandeling door spuiten
chloorthalonil
    Budget Chloorthalonil 500 SC, Daconil 500 Vloeibaar

BLADVLEKKENZIEKTE *Phoma destructiva*
- relatieve luchtvochtigheid (RV) laag houden door stoken en/ of luchten.

gewasbehandeling door spuiten
chloorthalonil
    Budget Chloorthalonil 500 SC, Daconil 500 Vloeibaar

BORIUMGEBREK
- gewasbehandeling uitvoeren door preventief te spuiten met 2gk/ha boraat (10 %), toepassen als gebrek wordt verwacht. Gewas dient voldoende blad te hebben.
- pH hoger dan 6 houden.

BORIUMOVERMAAT
- basisch werkende meststoffen gebruiken.
- pH door bekalking verhogen.
- veel water geven.

CIRKELVORMIGE SCHEUREN hoge temperatuur
- glas schermen en/of vruchten onder het blad houden.
- minder vatbare rassen telen.
- niet teveel blad ineens plukken en niet in één keer veel water geven.
- voor een regelmatige klimaatsbeheersing zorgen waardoor schokken in de verdamping voorkomen worden.

ECHTE MEELDAUW *Oidium neolycopersici*
gewasbehandeling door spuiten
azoxystrobin
    Ortiva
bitertanol
    Baycor Flow

ECHTE MEELDAUW *Leveillula taurica*
gewasbehandeling door spuiten
boscalid / pyraclostrobin
    Signum
kaliumjodide / kaliumthiocyanaat
    Enzicur

ECHTE MEELDAUW *Oidium neolycopersici*
gewasbehandeling door spuiten
imazalil
    Fungaflor 100 EC
triflumizool
    Rocket EC

ECHTE MEELDAUW *Erysiphe* soorten
gewasbehandeling door spuiten
bupirimaat
    Nimrod Vloeibaar

ECHTE MEELDAUW *Oidium* soorten
gewasbehandeling door spuiten
kaliumjodide / kaliumthiocyanaat
    Enzicur
trifloxystrobin
    Flint

ECHTE MEELDAUW *Sphaerotheca* soorten
gewasbehandeling door spuiten
kaliumjodide / kaliumthiocyanaat
    Enzicur

FUSARIUM-STENGELROT *Fusarium semitectum*
plantbehandeling door spuiten
Streptomyces griseoviridis k61 isolate
    Mycostop
plantbehandeling via druppelirrigatiesysteem
Streptomyces griseoviridis k61 isolate
    Mycostop
plantgatbehandeling door gieten
Streptomyces griseoviridis k61 isolate
    Mycostop

FUSARIUM-VERWELKINGSZIEKTE *Fusarium oxysporum f.sp. lycopersici*
- aangetaste planten(delen) in gesloten plastic zak verwijderen.
- afgedragen gewas vernietigen.
- bedrijfshygiëne stringent doorvoeren.
- grond en/of substraat stomen.
- opstanden ontsmetten.
- resistente rassen telen.

plantbehandeling door spuiten
Streptomyces griseoviridis k61 isolate
    Mycostop
plantbehandeling via druppelirrigatiesysteem
Streptomyces griseoviridis k61 isolate
    Mycostop
plantgatbehandeling door gieten
Streptomyces griseoviridis k61 isolate
    Mycostop

FUSARIUM-VOET- EN WORTELROT *Fusarium oxysporum f.sp. radicis-lycopersici*
- aangetaste planten(delen) in gesloten plastic zak verwijderen.
- bedrijfshygiëne stringent doorvoeren.
- grond en/of substraat stomen.
- kas ontsmetten.
- resistente rassen telen.
- sporenvorming van de schimmel moet worden voorkomen, daarom tijdens de teelt verdachte planten onmiddellijk verwijderen.
- ziektevrij gietwater (leiding- of bronwater) of ontsmet drain-, oppervlakte- en regenwater gebruiken.

plantbehandeling door spuiten
Streptomyces griseoviridis k61 isolate
    Mycostop
plantbehandeling via druppelirrigatiesysteem
Streptomyces griseoviridis k61 isolate
    Mycostop
plantgatbehandeling door gieten
Streptomyces griseoviridis k61 isolate
    Mycostop

GRAUWE SCHIMMEL *Botryotinia fuckeliana*
- goed afgeharde planten gebruiken en niet te diep planten.
- hoge relatieve luchtvochtigheid (RV) voorkomen. Regelmatig aangetaste en afgestorven bladeren en vruchten verwijderen. Zorgen dat de afgevallen bloemblaadjes niet op de vrucht blijven liggen. Dieven en blad snijden alleen 's morgens bij sneldrogend weer.

gewasbehandeling door spuiten
boscalid / pyraclostrobin
    Signum
cyprodinil / fludioxonil
    Switch
fenhexamide
    Teldor
imazalil
    Scomrid Aerosol
iprodion
    Imex Iprodion Flo, Rovral Aquaflo
pyrimethanil
    Scala
plantbehandeling door spuiten
gliocladium catenulatum stam j1446
    Prestop

GRILLIGE VLEKKEN
- onderste bladeren afplukken.
- resistente rassen telen.
- voor een regelmatige klimaatsbeheersing zorgen waardoor schokken in de verdamping voorkomen worden.

GROENKRAGEN complex non-parasitaire factoren2
- bleke rassen telen.
- groeistagnatie voorkomen.
- optimale pH en zoutconcentratie (EC) nastreven.

- sterke zonbestraling en een te hoge vruchttemperatuur voorkomen.

HOEKIGE VRUCHTEN groeistoffen
- onderste bladeren afplukken.
- resistente rassen telen.
- voor een regelmatige klimaatsbeheersing zorgen waardoor schokken in de verdamping voorkomen worden.

KANKER *Didymella lycopersici*
- aangetaste planten(delen) in gesloten plastic zak verwijderen.
- besmette matten verwijderen.
- bij tussenteelt de oude potten verwijderen.
- gezond uitgangsmateriaal gebruiken.
- grond en/of substraat stomen.
- grond mag de stengel niet raken.
- hoge relatieve luchtvochtigheid (RV) bij grondteelt voorkomen.
- opstanden ontsmetten.
gewasbehandeling door spuiten
imazalil
    Scomrid Aerosol

KIEMPLANTENZIEKTE *Pythium ultimum var. ultimum*
gewasbehandeling door spuiten
propamocarb-hydrochloride
    Imex-Propamocarb
plantbehandeling door spuiten
Streptomyces griseoviridis k61 isolate
    Mycostop
plantbehandeling via druppelirrigatiesysteem
Streptomyces griseoviridis k61 isolate
    Mycostop
plantgatbehandeling door gieten
Streptomyces griseoviridis k61 isolate
    Mycostop
plantvoetbehandeling door gieten
propamocarb-hydrochloride
    Imex-Propamocarb

KIEMSCHIMMELS
zaadbehandeling door mengen
thiram
    Proseed

KROESKOPPEN onbekende factor
- jonge planten in de winter bij niet te hoge temperatuur opkweken.
- verdachte planten niet uitpoten.

KURKWORTEL *Pyrenochaeta lycopersici*
- grond en/of substraat stomen.
- resistente rassen telen of enten op onderstam met een zo groot mogelijke resistentie tegen kurkwortel.

MAGNESIUMGEBREK
- magnesiumsulfaat spuiten. Te dikwijls spuiten verhardt het blad zodanig dat groeistagnatie optreedt.

MANGAANGEBREK
- te hoge pH voorkomen.
- voor voldoende mangaan in de voedingsoplossing zorgen.

MERGNECROSE *Pseudomonas corrugata*
- aangetaste planten(delen) verwijderen en afvoeren.
- droog houden van grond en gewas.
- weelderige gewasgroei voorkomen.

MIJTEN bonenspintmijt *Tetranychus urticae*
- natuurlijke vijanden inzetten of stimuleren.
gewasbehandeling door spuiten
abamectin

    Abamectine HF-G, Budget Abamectine 18 EC, Imex-Abamactine 2, Parimco Abamectine, Parimco Abamectine Nieuw, Protex-Abamectine, Vectine Plus, Vertimec Gold, Wopro Abamectin
bifenazaat
    Floramite 240 SC, Wopro Bifenazate
clofentezin
    Apollo, Apollo 500 SC
etoxazool
    Borneo
hexythiazox
    Nissorun Spuitpoeder, Nissorun Vloeibaar
pyridaben
    Aseptacarex
spiromesifen
    Oberon

MIJTEN spintmijten *Tetranychidae*
gewasbehandeling door spuiten
fenbutatinoxide
    Torque

MINEERVLIEGEN *Agromyzidae*
gewasbehandeling (ruimtebehandeling) door spuiten
deltamethrin
    Decis Micro
gewasbehandeling door spuiten
cyromazin
    Trigard 100 SL
deltamethrin
    Agrichem Deltamethrin, Decis Micro, Deltamethrin E.C. 25, Splendid, Wopro Deltamethrin

MINEERVLIEGEN chrysantenmineervliegen *Chromatomyia syngenesiae*
gewasbehandeling door spuiten
abamectin
    Abamectine HF-G, Budget Abamectine 18 EC, Imex-Abamactine 2, Parimco Abamectine Nieuw, Vectine Plus, Vertimec Gold, Wopro Abamectin
cyromazin
    Trigard 100 SL
deltamethrin
    Agrichem Deltamethrin, Deltamethrin E.C. 25, Splendid, Wopro Deltamethrin

MINEERVLIEGEN floridamineervlieg *Liriomyza trifolii,* nerfmineervlieg *Liriomyza huidobrensis,* tomatenmineervlieg *Liriomyza bryoniae*
gewasbehandeling door spuiten
abamectin
    Abamectine HF-G, Budget Abamectine 18 EC, Imex-Abamactine 2, Parimco Abamectine, Parimco Abamectine Nieuw, Protex-Abamectine, Vectine Plus, Vertimec Gold, Wopro Abamectin
cyromazin
    Trigard 100 SL
deltamethrin
    Agrichem Deltamethrin, Deltamethrin E.C. 25, Splendid, Wopro Deltamethrin

MINEERVLIEGEN koolmineervlieg *Phytomyza rufipes*
gewasbehandeling door spuiten
deltamethrin
    Agrichem Deltamethrin, Deltamethrin E.C. 25, Splendid, Wopro Deltamethrin

NEUSROT calciumgebrek
- zoutconcentratie (EC) laag houden. Wanneer kalkgebrek de oorzaak is, gebruikmaken van kalksalpeter. Bemestingsanalyse laten uitvoeren.

2.4 Ziekten en plagen groenteteelt

OEDEEM hoge luchtvochtigheid
- verdamping bevorderen door stoken en ventileren.

PHYTOPHTHORA-ROT *Phytophthora nicotianae var. nicotianae*
- aangetaste planten(delen) in gesloten plastic zak verwijderen.
- betonvloer schoon branden.
- gezond uitgangsmateriaal gebruiken.
- grond en/of substraat stomen.
- inboeten naast het oude plantgat.
- na het planten voor een vlotte groei zorgen.
- op betonvloer bij opkweek geen plastic afdekfolie gebruiken.
- planten en vooral wonden zoveel mogelijk droog houden (alleen snoeien in de morgen).

gewasbehandeling door spuiten
propamocarb-hydrochloride
    Imex-Propamocarb
plantbehandeling door gieten
etridiazool
    AAterra ME
plantbehandeling via druppelirrigatiesysteem
etridiazool
    AAterra ME
plantvoetbehandeling door gieten
propamocarb-hydrochloride
    Imex-Propamocarb

PHYTOPHTHORA-ROT *Phytophthora* soorten
gewasbehandeling door spuiten
propamocarb-hydrochloride
    Imex-Propamocarb
plantvoetbehandeling door gieten
propamocarb-hydrochloride
    Imex-Propamocarb

PYTHIUM-VOET- EN WORTELROT *Pythium* soorten
- betonvloer schoon branden.
- op betonvloer bij opkweek geen plastic afdekfolie gebruiken.
gewasbehandeling door spuiten
propamocarb-hydrochloride
    Imex-Propamocarb
plantbehandeling door gieten
etridiazool
    AAterra ME
plantbehandeling door spuiten
Streptomyces griseoviridis k61 isolate
    Mycostop
plantbehandeling via druppelirrigatiesysteem
etridiazool
    AAterra ME
propamocarb-hydrochloride
    Proplant
Streptomyces griseoviridis k61 isolate
    Mycostop
plantgatbehandeling door gieten
Streptomyces griseoviridis k61 isolate
    Mycostop
plantvoetbehandeling door gieten
propamocarb-hydrochloride
    Imex-Propamocarb
wortelbehandeling door druppelen
fosetyl / fosetyl-aluminium / propamocarb
    Previcur Energy

RHIZOCTONIA-VOETZIEKTE *Thanatephorus cucumeris*
- aanaarden, bij voorkeur met potgrond of tuinturf.
- grondoppervlak rondom de stengel zo droog mogelijk houden.
gewasbehandeling door spuiten
iprodion
    Imex Iprodion Flo, Rovral Aquaflo

RUPSEN *Lepidoptera*
gewasbehandeling (ruimtebehandeling) door spuiten
deltamethrin
    Decis Micro
gewasbehandeling door spuiten
deltamethrin
    Agrichem Deltamethrin, Decis Micro, Deltamethrin E.C. 25, Splendid, Wopro Deltamethrin
methoxyfenozide
    Runner
teflubenzuron
    Nomolt

RUPSEN bladrollers *Tortricidae*
gewasbehandeling (ruimtebehandeling) door spuiten
deltamethrin
    Decis Micro
gewasbehandeling door spuiten
deltamethrin
    Agrichem Deltamethrin, Decis Micro, Deltamethrin E.C. 25, Splendid, Wopro Deltamethrin
indoxacarb
    Steward

RUPSEN floridamot *Spodoptera exigua*
gewasbehandeling door spuiten
flubendiamide
    Fame
indoxacarb
    Steward
methoxyfenozide
    Runner
pyridalyl
    Nocturn
teflubenzuron
    Nomolt

RUPSEN gamma-uil *Autographa gamma*
gewasbehandeling door spuiten
Bacillus thuringiensis subsp. *aizawai*
    Turex Spuitpoeder, Xen Tari WG
indoxacarb
    Steward

RUPSEN groente-uil *Lacanobia oleracea*
gewasbehandeling door spuiten
Bacillus thuringiensis subsp. *aizawai*
    Turex Spuitpoeder, Xen Tari WG
Bacillus thuringiensis subsp. *kurstaki*
    Delfin, Dipel, Dipel ES, Scutello, Scutello L
indoxacarb
    Steward

RUPSEN kooluil *Mamestra brassicae*
gewasbehandeling door spuiten
indoxacarb
    Steward

RUPSEN *Plusia* soorten
gewasbehandeling door spuiten
Bacillus thuringiensis subsp. *aizawai*
    Turex Spuitpoeder, Xen Tari WG
indoxacarb
    Steward

RUPSEN Turkse mot *Chrysodeixis chalcites*
gewasbehandeling door spuiten
Bacillus thuringiensis subsp. *aizawai*
    Turex Spuitpoeder, Xen Tari WG
flubendiamide
    Fame
indoxacarb
    Steward
methoxyfenozide

Runner
pyridalyl
Nocturn

SCLEROTIËNROT *Sclerotinia sclerotiorum*
- aangetaste planten(delen) in gesloten plastic zak verwijderen.
- grond en/of substraat stomen.
- grondoppervlak droog houden.
gewasbehandeling door spuiten
iprodion
Imex Iprodion Flo, Rovral Aquaflo

STERVORMIGE SCHEUREN fysiologische ziekte
- glas schermen en/of vruchten onder het blad houden.
- minder vatbare rassen telen.
- niet teveel blad ineens plukken en niet in één keer veel water geven.
- voor een regelmatige klimaatsbeheersing zorgen waardoor schokken in de verdamping voorkomen worden.

TRIPSEN *Thysanoptera*
gewasbehandeling (ruimtebehandeling) door spuiten
deltamethrin
Decis Micro
gewasbehandeling door spuiten
deltamethrin
Agrichem Deltamethrin, Decis Micro, Deltamethrin E.C. 25, Splendid, Wopro Deltamethrin

TRIPSEN californische trips *Frankliniella occidentalis*
gewasbehandeling door spuiten
abamectin
Abamectine HF-G, Budget Abamectine 18 EC, Imex-Abamactine 2, Parimco Abamectine Nieuw, Protex-Abamectine, Vectine Plus, Vertimec Gold, Wopro Abamectin
spinosad
Tracer

TRIPSEN tabakstrips *Thrips tabaci*
gewasbehandeling door spuiten
abamectin
Abamectine HF-G, Budget Abamectine 18 EC, Imex-Abamactine 2, Parimco Abamectine Nieuw, Vectine Plus, Vertimec Gold, Wopro Abamectin
deltamethrin
Agrichem Deltamethrin, Deltamethrin E.C. 25, Splendid, Wopro Deltamethrin

VERWELKINGSZIEKTE *Verticillium albo-atrum, Verticillium dahliae*
- groeistagnatie voorkomen.
- grond en/of substraat stomen.
- ontsmet zaaizaad gebruiken.
- relatieve luchtvochtigheid (RV) en temperatuur hoog houden, ook 's nachts.
- structuur van de grond verbeteren.
- tolerante rassen telen.

VIROÏDE
- aangetaste planten(delen) verwijderen.
- bedrijfshygiëne stringent doorvoeren.

VIRUSZIEKTEN Aardappelvirus X
- aangetaste planten(delen) verwijderen.
- bedrijfshygiëne stringent doorvoeren.
- resistente rassen telen.

VIRUSZIEKTEN Aardappelvirus Y
- overbrengers (vectoren) van virus voorkomen en/of bestrijden.

VIRUSZIEKTEN aucubamozaïeks
- gewasbehandeling uitvoeren door kiemplanten te spuiten met 1 ampul/5 l zwakke stam van TMV, maar niet bij TMV-resistente rassen. Kiemplanten dienen minimaal het eerste echte blad te bezetten.
- resistente rassen telen.

VIRUSZIEKTEN bronsvlekkenziekte tomatenbronsvlekkenvirus
- aangetaste planten onmiddellijk verwijderen.
- onkruid in en om de kas bestrijden.
- overbrengers (vectoren) van virus voorkomen en/of bestrijden.

VIRUSZIEKTEN veterbladziekte komkommermozaiekvirus
- onkruid bestrijden.
- overbrengers (vectoren) van virus voorkomen en/of bestrijden.
- planten niet opkweken in de buurt van komkommers of augurken.

VLEKKENZIEKTE *Myrothecium roridum*
- aangetaste planten(delen) in gesloten plastic zak verwijderen.
- drainwater eerst ontsmetten voordat het hergebruikt wordt.
- gelijkmatige beheerste groei van de plant geeft een plant die sterker is maar ook een plant die vaak minder wondjes heeft (op wortel, stengel en plantvoet).
- voor goede groeiomstandigheden zorgen zodat het gewas regelmatig groeit.

VRUCHTRIJPING, bevorderen van
gewasbehandeling door spuiten
ethefon
Ethrel-A

WATERZIEK temperatuurschommelingen
- onderste bladeren afplukken.
- resistente rassen telen.
- voor een regelmatige klimaatsbeheersing zorgen waardoor schokken in de verdamping voorkomen worden.

WITTEVLIEGEN Aleurodidae
gewasbehandeling (ruimtebehandeling) door spuiten
deltamethrin
Decis Micro
gewasbehandeling door spuiten
deltamethrin
Agrichem Deltamethrin, Decis Micro, Deltamethrin E.C. 25, Splendid, Wopro Deltamethrin
teflubenzuron
Nomolt

WITTEVLIEGEN kaswittevlieg *Trialeurodes vaporariorum*
gewasbehandeling door spuiten
Beauveria bassiana stam gha
Botanigard WP
deltamethrin
Agrichem Deltamethrin, Deltamethrin E.C. 25, Splendid, Wopro Deltamethrin
Lecanicillium muscarium stam ve6
Mycotal
Paecilomyces fumosoroseus apopka stam 97
Preferal
pymetrozine
Plenum 50 WG
pyridaben
Aseptacarex
pyriproxyfen
Admiral
spiromesifen
Oberon
thiacloprid

Calypso
plantbehandeling door druppelen via voedingsoplossing
imidacloprid
Admire, Admire O-Teq, Imex-Imidacloprid, Kohinor 70 WG
plantbehandeling via druppelirrigatiesysteem
pymetrozine
Plenum 50 WG
thiacloprid
Calypso

WITTEVLIEGEN tabakswittevlieg *Bemisia tabaci s.l.*
gewasbehandeling door spuiten
Beauveria bassiana stam gha
Botanigard WP
deltamethrin
Agrichem Deltamethrin, Deltamethrin E.C. 25, Splendid, Wopro Deltamethrin
pyridaben
Aseptacarex

WOLLUIZEN *Pseudococcidae*
- druppelaars na afloop van de teelt reinigen of vernieuwen.

ZONNEBRAND
- zo nodig schermen.

ZWARTE SPIKKEL *Colletotrichum coccodes*
- grond en/of substraat stomen.

TUINBOON/VELDBOON

BLADVLEKKENZIEKTE *Ascochyta fabae, Ascochyta* soorten
- gezond uitgangsmateriaal gebruiken.

KIEMSCHIMMELS
zaadbehandeling door mengen
thiram
Proseed
zaadbehandeling door slurry
thiram
Hermosan 80 WG, Thiram Granuflo

VALSE MEELDAUW *Peronospora viciae f.sp. pisi*
zaadbehandeling door spuiten
metalaxyl-M
Apron XL

VOETZIEKTE *Pythium* soorten
- ruime vruchtwisseling toepassen en zorgen voor een goede cultuurtoestand van de grond.
zaadbehandeling door spuiten
metalaxyl-M
Apron XL

TUINKERS

RUPSEN *Lepidoptera*
gewasbehandeling door spuiten
spinosad
Tracer

TRIPSEN *Thysanoptera*
gewasbehandeling door spuiten
spinosad
Tracer

UI

BLADLUIZEN *Aphididae*
gewasbehandeling (ruimtebehandeling) door roken
pirimicarb
Pirimor Rookontwikkelaar

KIEMSCHIMMEL *Pythium* soorten
zaadbehandeling door spuiten
metalaxyl-M
Apron XL

KIEMSCHIMMELS
zaadbehandeling door mengen
thiram
Proseed
zaadbehandeling door slurry
thiram
Hermosan 80 WG, Thiram Granuflo

KOPROT *Botrytis aclada*
zaadbehandeling door spuiten
thiofanaat-methyl
Topsin M Vloeibaar

UI STENGELUI

KIEMSCHIMMELS
zaadbehandeling door mengen
thiram
Proseed

VELDSLA

BLADLUIZEN *Aphididae*
gewasbehandeling (ruimtebehandeling) door roken
pirimicarb
Pirimor Rookontwikkelaar
gewasbehandeling door spuiten
pirimicarb
Agrichem Pirimicarb, Pirimor

ECHTE MEELDAUW *Oidium* soorten
- tolerante rassen telen.

GRAUWE SCHIMMEL *Botryotinia fuckeliana*
- dichte stand voorkomen.
gewasbehandeling door spuiten
boscalid / pyraclostrobin
Signum

KIEMPLANTENZIEKTE *Pythium* soorten
- structuur van de grond verbeteren en voor voldoende bodemtemperatuur zorgen.
zaadbehandeling door spuiten
metalaxyl-M
Apron XL

KIEMSCHIMMELS
zaadbehandeling door mengen
thiram
Proseed
zaadbehandeling door slurry
thiram
Hermosan 80 WG, Thiram Granuflo

MINEERVLIEGEN *Agromyzidae*
gewasbehandeling door spuiten
cyromazin
Trigard 100 SL

MINEERVLIEGEN chrysantenmineervliegen *Chromatomyia syngenesiae, floridamineervlieg Liriomyza trifolii, nerfmineervlieg Liriomyza huidobrensis, tomatenmineervlieg Liriomyza bryoniae*
gewasbehandeling door spuiten
abamectin
Vertimec Gold
cyromazin
Trigard 100 SL

RHIZOCTONIA-ZIEKTE *Thanatephorus cucumeris*
- dichte stand voorkomen.
gewasbehandeling door spuiten
boscalid / pyraclostrobin
    Signum
tolclofos-methyl
    Rizolex Vloeibaar

RUPSEN *Lepidoptera*
gewasbehandeling door spuiten
spinosad
    Tracer

RUPSEN gamma-uil *Autographa gamma*, groente-uil *Lacanobia oleracea*, koolmot *Plutella xylostella*, *Pieris* soorten, *Plusia* soorten
gewasbehandeling door spuiten
Bacillus thuringiensis subsp. *aizawai*
    Turex Spuitpoeder, Xen Tari WG

SCLEROTIËNROT *Sclerotinia sclerotiorum*
- dichte stand voorkomen.
gewasbehandeling door spuiten
boscalid / pyraclostrobin
    Signum

TRIPSEN *Thysanoptera*
gewasbehandeling door spuiten
spinosad
    Tracer

VALSE MEELDAUW *Peronospora valerianellae*
- gewas zo droog mogelijk houden.
gewasbehandeling door spuiten
dimethomorf
    Paraat
zaadbehandeling door spuiten
metalaxyl-M
    Apron XL

VENKEL

LOOFVERBRUINING *Alternaria dauci*
zaadbehandeling door mengen
iprodion
    Imex Iprodion Flo, Rovral Aquaflo

KIEMSCHIMMELS
zaadbehandeling door mengen
thiram
    Proseed

ZWARTE-PLEKKENZIEKTE *Alternaria radicina*
zaadbehandeling door mengen
iprodion
    Imex Iprodion Flo, Rovral Aquaflo

WATERMELOEN

GRAUWE SCHIMMEL *Botryotinia fuckeliana*
gewasbehandeling door spuiten
iprodion
    Imex Iprodion Flo, Rovral Aquaflo

KIEMSCHIMMELS
zaadbehandeling door mengen
thiram
    Proseed

MIJTEN bonenspintmijt *Tetranychus urticae*
gewasbehandeling door spuiten
abamectin

    Abamectine HF-G, Budget Abamectine 18 EC, Imex-Abamactine 2, Parimco Abamectine Nieuw, Vectine Plus, Vertimec Gold, Wopro Abamectin

MINEERVLIEGEN chrysantenmineervliegen *Chromatomyia syngenesiae*, floridamineervlieg *Liriomyza trifolii*, nerfmineervlieg *Liriomyza huidobrensis*, tomatenmineervlieg *Liriomyza bryoniae*
gewasbehandeling door spuiten
abamectin
    Abamectine HF-G, Budget Abamectine 18 EC, Imex-Abamactine 2, Parimco Abamectine Nieuw, Vectine Plus, Vertimec Gold, Wopro Abamectin

RHIZOCTONIA-ZIEKTE *Thanatephorus cucumeris*
gewasbehandeling door spuiten
iprodion
    Imex Iprodion Flo, Rovral Aquaflo

RUPSEN *Lepidoptera*
gewasbehandeling door spuiten
spinosad
    Tracer

SCLEROTIËNROT *Sclerotinia sclerotiorum*
gewasbehandeling door spuiten
iprodion
    Imex Iprodion Flo, Rovral Aquaflo

TRIPSEN *Thysanoptera*
gewasbehandeling door spuiten
spinosad
    Tracer

TRIPSEN californische trips *Frankliniella occidentalis*, tabakstrips *Thrips tabaci*
gewasbehandeling door spuiten
abamectin
    Abamectine HF-G, Budget Abamectine 18 EC, Imex-Abamactine 2, Parimco Abamectine Nieuw, Vectine Plus, Vertimec Gold, Wopro Abamectin

WITLOF

AALTJES maiswortelknobbelaaltje *Meloidogyne chitwoodi*
DIT IS EEN QUARANTAINE-ORGANISME

BACTERIE-AANTASTING *Pseudomonas cichorii*
- geen specifieke niet-chemische maatregel bekend.

BLADLUIZEN *Aphididae*
gewasbehandeling (ruimtebehandeling) door roken
pirimicarb
    Pirimor Rookontwikkelaar
gewasbehandeling door spuiten
pirimicarb
    Agrichem Pirimicarb, Pirimor

BLADVUUR *Pseudomonas marginalis*
- hoog stikstofgehalte in de grond en wortel voorkomen.
- onder droge omstandigheden rooien.
- wortels kort ontbladeren.

BRUIN PENROT *Phytophthora cryptogea*
penbehandeling door toevoeging aan proceswater
fenamidone / fosetyl-aluminium
    Fenomenal

BRUIN PENROT *Phytophthora erythroseptica var. erythroseptica*
- na het rooien één week wachten met opzetten.
- schone wortels opzetten (geen grond- of gewasresten).
- trekruimte stomen, paden niet vergeten.

- bakken laten drogen.
- leidingen, trekbakken en waterbassin na de trek grondig reinigen met een ontsmettingsmiddel.
- voor een goede zuurstofvoorziening in het bassin zorgen.

GRAUWE SCHIMMEL *Botryotinia fuckeliana*
- bestrijden van Sclerotinia voorkomt schade door Botryotinia.

wortelstokbehandeling door spuiten
iprodion
    Rovral Aquaflo

KIEMPLANTENZIEKTE *Pythium* soorten
penbehandeling door toevoeging aan proceswater
fenamidone / fosetyl-aluminium
    Fenomenal
- minder vatbare rassen telen.

KUILROT *Sclerotinia* soorten
wortelstokbehandeling door spuiten
iprodion
    Rovral Aquaflo

MIJTEN bonenspintmijt *Tetranychus urticae*
- geen specifieke niet-chemische maatregel bekend.

NATROT *Erwinia carotovora* subsp. *atroseptica, Erwinia carotovora* subsp. *carotovora, Pseudomonas* soorten
- aangetaste partijen vernietigen.
- bedrijfshygiëne stringent doorvoeren en aangetaste kroppen niet oogsten.
- luchttemperatuur van 3 °C aanhouden.
- relatieve luchtvochtigheid (RV) niet hoger dan 90 % houden.
- voor voldoende luchtbeweging zorgen.
- wortels niet te strak tegen elkaar opzetten.

NATROT *Erwinia chrysanthemi*
- forceertemperatuur laag houden.
- relatieve luchtvochtigheid (RV) niet hoger dan 85 tot 90 % houden.
- voor een goede luchtcirculatie zorgen.
- voor een laag stikstofgehalte in de wortel zorgen.

POINT NOIR onbekende factor
- geen middelen toegelaten.

ROOSJES complex non-parasitaire factoren
- oppassen bij gebruik van LPG heftruck.
- oude wortels niet gebruiken.
- tocht tegengaan.
- wortels niet bij rijpend fruit bewaren.

SCLEROTIËNROT *Sclerotinia sclerotiorum*
- kuilgrond stomen.
- mechanische beschadiging, bevriezen en uitdrogen voorkomen.
- pennen na het rooien zo snel mogelijk opslaan.
- ruime vruchtwisseling toepassen, grasachtigen zijn ongevoelig.

penbehandeling door spuiten
Coniothyrium minitans stam con/m/91-8
    Contans WG

SCLEROTIËNROT *Sclerotinia minor*
penbehandeling door spuiten
Coniothyrium minitans stam con/m/91-8
    Contans WG

VERWELKINGSZIEKTE *Verticillium albo-atrum, Verticillium dahliae*
- grond goed ontwateren.
- vruchtwisseling toepassen.

VIOLET WORTELROT *Helicobasidium brebissonii*
- grond goed ontwateren.

WORTELROT *Chalara elegans*
- geen specifieke niet-chemische maatregel bekend.

ZWART PENROT *Phoma exigua var. exigua*
- aardappelen niet als voorvrucht telen.
- structuur van de grond verbeteren.

penbehandeling door spuiten
thiabendazool
    Tecto 500 SC

2.5 Kruidenteelt

Deze paragraaf geeft een overzicht van de ziekten, plagen en teeltproblemen die in de kruidenteelt kunnen voorkomen evenals de preventie en bestrijding ervan. Allereerst treft u de maatregelen voor de algemeen voorkomende ziekten, plagen en teeltproblemen van deze sector aan. De genoemde bestrijdingsmogelijkheden zijn toepasbaar voor de behandelde teeltgroep. Vervolgens vindt u de maatregelen voor de specifieke ziekten, plagen en teeltproblemen gerangschikt per gewas. De bestrijdingsmogelijkheden omvatten cultuurmaatregelen, biologische en chemische maatregelen. Voor de chemische maatregelen staat de toepassingswijze vermeld, gevolgd door de werkzame stof en de merknamen van de daarvoor toegelaten middelen. Voor de exacte toepassing dient u de toelatingsbeschikking van het betreffende middel te raadplegen.

De overzichten van veiligheidstermijnen voor toegelaten werkzame stoffen zijn per gewas opgenomen in hoofdstuk 4.

2.5.1 Algemeen voorkomende ziekten, plagen en teeltproblemen

(AFGEDRAGEN) GEWAS, doodspuiten van
gewasbehandeling door spuiten
glyfosaat
    Panic Free, Roundup Force
onkruidbehandeling door pleksgewijs spuiten
glyfosaat
    Panic Free, Roundup Force

AALTJES gewoon wortellesieaaltje *Pratylenchus penetrans*
- aaltjesonderdrukkende voorteelt van *Tagetes*-soorten (afrikaantje) gedurende minimaal 3 maanden toepassen.
- biet en kruisbloemigen zijn goede voorvruchten.
- gezond uitgangsmateriaal gebruiken.

AALTJES noordelijk wortelknobbelaaltje *Meloidogyne hapla*
- gezond uitgangsmateriaal gebruiken.
- grasachtigen zijn goede voorvruchten.
- niet na een aangetast gewas telen.
- ruime vruchtwisseling toepassen.
- zwarte braak toepassen in de zomer of bepaalde rassen bladrammenas als voorgewas.

AARDRUPSEN aardrups *Euxoa nigricans*, bruine aardrups *Agrotis exclamationis*, gewone aardrups *Agrotis segetum*, zwartbruine aardrups *Agrotis ipsilon*
- natuurlijke vijanden inzetten of stimuleren.
- perceel tijdens en na de teelt onkruidvrij houden.
- percelen regelmatig beregenen.
- *Steinernema feltiae* (insectparasitair aaltje) inzetten. De bodemtemperatuur dient daarbij minimaal 12 °C te zijn.
- zwarte braak toepassen gedurende een jaar.

BLADLUIZEN *Aphididae*
gewasbehandeling door spuiten
pirimicarb
    Pirimor

BLADLUIZEN aardappeltopluis *Macrosiphum euphorbiae*, boterbloemluis *Aulacorthum solani*, groene perzikluis *Myzus persicae*, groene slaluis *Nasonovia ribisnigri*
gewasbehandeling door spuiten
pymetrozine
    Plenum 50 WG

ECHTE MEELDAUW Erysiphe soorten
gewasbehandeling door spuiten
trifloxystrobin

    Flint

KALIUMGEBREK
- tot begin juli met kalisulfaat (patentkali) bemesten.
- voor een goede kalitoestand van de grond of van het groeimedium zorgen, gecombineerd met een juiste bemesting.

MIJTEN bonenspintmijt *Tetranychus urticae*
gewasbehandeling door spuiten
abamectin
    Abamectine HF-G, Budget Abamectine 18 EC, Imex-Abamactine 2, Parimco Abamectine Nieuw, Vectine Plus, Vertimec Gold, Wopro Abamectin

MINEERVLIEGEN *Agromyzidae*
gewasbehandeling door spuiten
cyromazin
    Trigard 100 SL

MINEERVLIEGEN chrysantenmineervliegen *Chromatomyia syngenesiae*, floridamineervlieg *Liriomyza trifolii*, nerfmineervlieg *Liriomyza huidobrensis*, tomatenmineervlieg *Liriomyza bryoniae*
gewasbehandeling door spuiten
abamectin
    Abamectine HF-G, Budget Abamectine 18 EC, Imex-Abamactine 2, Parimco Abamectine Nieuw, Vectine Plus, Vertimec Gold, Wopro Abamectin
cyromazin
    Trigard 100 SL

MUIZEN *Muridae*
- let op: diverse muizensoorten (onder andere veldmuis) zijn wettelijk beschermd.
- nestkasten voor de torenvalk plaatsen.
- onkruid in en om de kas bestrijden.
- slootkanten onderhouden.

MOLLEN *Talpa europaea*
gangbehandeling met tabletten
aluminium-fosfide
    Luxan Mollentabletten
magnesiumfosfide
    Magtoxin WM

PISSEBEDDEN *Oniscus asellus*
- bedrijfshygiëne stringent doorvoeren.
- schuilplaatsen zoals afval- en mesthopen verwijderen.

RHIZOCTONIA ZIEKTE *Thanatephorus cucumeris*
gewasbehandeling door spuiten

boscalid / pyraclostrobin
Signum
iprodion
Imex Iprodion Flo, Rovral Aquaflo

RUPSEN koolmot *Plutella xylostella*
gewasbehandeling door spuiten
Bacillus thuringiensis subsp. *aizawai*
Turex Spuitpoeder, Xen Tari WG

SCLEROTIËNROT *Sclerotinia sclerotiorum*
- aangetaste planten(delen) verwijderen en afvoeren.
- grond ontwateren.
- vruchtwisseling toepassen, niet telen na holstengelige gewassen, die ook voor deze ziekte vatbaar zijn.
gewasbehandeling door spuiten
boscalid / pyraclostrobin
Signum

TRIPSEN californische trips *Frankliniella occiden-talis,* tabakstrips *Thrips tabaci*
gewasbehandeling door spuiten
abamectin
Abamectine HF-G, Budget Abamectine 18 EC, Imex-Abamactine 2, Parimco Abamectine Nieuw, Vectine Plus, Vertimec Gold, Wopro Abamectin

VALSE MEELDAUW Peronospora soorten
gewasbehandeling door spuiten
dimethomorf
Paraat
fosetyl / fosetyl-aluminium / propamocarb
Previcur Energy
mancozeb / metalaxyl-M
Fubol Gold
trifloxystrobin
Flint

VALSE MEELDAUW Plasmopara soorten
gewasbehandeling door spuiten
mancozeb / metalaxyl-M
Fubol Gold

VERWELKINGSZIEKTE geelzucht *Verticillium albo-atrum*
- biologische grondontsmetting toepassen.
- eerst teeltwerkzaamheden bij gezonde planten uitvoeren, daarna bij verdachte of aangetaste planten.
- gezond uitgangsmateriaal gebruiken.
- grond stomen met onderdruk.
- organische bemesting toepassen.
- strenge selectie toepassen.
- structuur van de grond verbeteren en voor voldoende bodemtemperatuur zorgen.

- voor optimale cultuuromstandigheden zorgen.
- vruchtwisseling toepassen.
signalering:
- grondonderzoek laten uitvoeren.

VUUR smeul, grauwe schimmel *Botryotinia fuckeliana*
gewasbehandeling door spuiten
boscalid / pyraclostrobin
Signum
iprodion
Imex Iprodion Flo, Rovral Aquaflo

WEERBAARHEID, bevorderen van
plantbehandeling door gieten
Trichoderma harzianum rifai stam t-22
Trianum-P
plantbehandeling via druppelirrigatiesysteem
Trichoderma harzianum rifai stam t-22
Trianum-P
teeltmediumbehandeling door mengen
Trichoderma harzianum rifai stam t-22
Trianum-G

WILD hondachtigen *Canidae*
- jagen (beperkt toepasbaar in verband met flora- en faunawet).

WOELRATTEN *Arvicola terrestris*
- let op: de woelrat is wettelijk beschermd.
gangbehandeling met lokaas
bromadiolon
Arvicolex
gangbehandeling met tabletten
aluminium-fosfide
Luxan Mollentabletten

WORTELROT *Pythium* soorten
gewasbehandeling door spuiten
fosetyl / fosetyl-aluminium / propamocarb
Previcur Energy
plantbehandeling door druppelen via voedingsoplossing
gliocladium catenulatum stam j1446
Prestop
plantbehandeling door gieten
gliocladium catenulatum stam j1446
Prestop, Prestop Mix
plantbehandeling door spuiten
gliocladium catenulatum stam j1446
Prestop
substraatbehandeling door mengen
gliocladium catenulatum stam j1446
Prestop, Prestop Mix

2.5.2 Ziekten, plagen en teeltproblemen per gewas

BIESLOOK

SMEUL smet *Botryotinia fuckeliana*
- geen specifieke niet-chemische maatregel bekend.

BLADSELDERIJ

AALTJES vrijlevend wortelaaltje *Paratylenchus bukowinensis*
- nauwe rotaties met scherm- en kruisbloemigen voorkomen.

BLADLUIZEN *Aphididae*
gewasbehandeling (ruimtebehandeling) door roken
pirimicarb
Pirimor Rookontwikkelaar

gewasbehandeling door spuiten
pirimicarb
Agrichem Pirimicarb, Pirimor

BLADVLEKKENZIEKTE *Septoria apiicola*
gewasbehandeling door spuiten
chloorthalonil
Budget Chloorthalonil 500 SC, Daconil 500 Vloeibaar
difenoconazool
Score 250 EC

LOOFVERBRUINING *Alternaria dauci, Alternaria radicina*
zaadbehandeling door mengen
iprodion

Imex Iprodion Flo, Rovral Aquaflo

RUPSEN koolmot *Plutella xylostella*
gewasbehandeling door spuiten
Bacillus thuringiensis subsp. *aizawai*
 Turex Spuitpoeder, Xen Tari WG

SCHIMMELS
zaadbehandeling door mengen
thiram
 Proseed
zaadbehandeling door slurry
thiram
 Hermosan 80 WG, Thiram Granuflo

WANTSEN
- geen specifieke niet-chemische maatregel bekend.

BLAUWMAANZAAD

AALTJES gewoon wortellesieaaltje *Pratylenchus penetrans*
- vruchtwisseling toepassen, geen granen, maïs, grassen, aardappel, knolselderij, peen en vlinderbloemigen als voorvrucht telen. Biet en kruisbloemigen zijn goede voorvruchten.

AALTJES noordelijk wortelknobbelaaltje *Meloidogyne hapla*
- minder vatbare rassen telen.
- vruchtwisseling toepassen met grassen of granen (incl. maïs).

GALWESPEN blauwmaanzaadgalwesp *Aylax papaveris*
- kort afmaaien en het stro vernietigen, zodat een groot gedeelte van de poppen in de cocons wordt vernietigd.

KALIUMGEBREK
- tot begin juli met kalisulfaat (patentkali) bemesten.
- voor een goede kalitoestand van de grond of van het groeimedium zorgen, gecombineerd met een juiste bemesting.

SCLEROTIËNROT *Sclerotinia sclerotiorum*
- ruime vruchtwisseling toepassen, bij voorkeur met grasachtigen.

SNUITKEVERS blauwmaanzaadsnuitkever *Stenocarus umbrinus*
- geen specifieke niet-chemische maatregel bekend.

TRIPSEN vroege akkertrips *Thrips angusticeps*
gewasbehandeling door spuiten
deltamethrin
 Agrichem Deltamethrin, Deltamethrin E.C. 25, Splendid, Wopro Deltamethrin

VALSE MEELDAUW *Peronospora arborescens*
- ruime vruchtwisseling toepassen.

VERWELKINGSZIEKTE *Verticillium albo-atrum, Verticillium dahliae*
- ruime vruchtwisseling toepassen met grasachtigen.
- stro verwijderen en vernietigen.

DRIEKLEURIG VIOOLTJE

ECHTE MEELDAUW *Sphaerotheca aphanis*
- geen specifieke niet-chemische maatregel bekend.

RHIZOCTONIA-ZIEKTE *Thanatephorus cucumeris*
- vruchtwisseling toepassen.

VALSE MEELDAUW *Peronospora violae*
- dichte stand voorkomen.

ECHTE KERVEL

BACTERIEZIEKTE *pseudomonas* soorten *Pseudomonas sp.*
- geen specifieke niet-chemische maatregel bekend.

KANKER *Itersonilia perplexans*
- grond ontwateren.
- vruchtwisseling toepassen.

ENGELWORTEL

AALTJES stengelaaltje *Ditylenchus dipsaci*
DIT IS EEN QUARANTAINE-ORGANISME

BLADLUIZEN *Aphididae*
gewasbehandeling door spuiten
pirimicarb
 Agrichem Pirimicarb

ROEST *Puccinia angelicae*
- vruchtwisseling toepassen.

MAGGIPLANT

AALTJES stengelaaltje *Ditylenchus dipsaci*
DIT IS EEN QUARANTAINE-ORGANISME

BLADLUIZEN *Aphididae*
gewasbehandeling door spuiten
pirimicarb
 Agrichem Pirimicarb

MUNT

ROEST *Puccinia menthae*
- opgerooide stolonen in herfst of voorjaar gedurende 10 minuten in warm water ontsmetten (42-44 °C), daarna direct planten.

OPGEBLAZEN LOBELIA

BLADVLEKKEN
- wellicht voorkomt een nauw plantverband dit verschijnsel.

GRAUWE SCHIMMEL *Botryotinia fuckeliana*
- geen specifieke niet-chemische maatregel bekend.

PETERSELIE

AALTJES vrijlevend wortelaaltje *Paratylenchus bukowinensis*
- nauwe rotaties met scherm- en kruisbloemigen voorkomen.

BLADLUIZEN *Aphididae*
gewasbehandeling (ruimtebehandeling) door roken
pirimicarb
 Pirimor Rookontwikkelaar
gewasbehandeling door spuiten
pirimicarb
 Agrichem Pirimicarb, Pirimor

BLADVLEKKENZIEKTE *Septoria apiicola*
- gewasresten na de oogst onderploegen of verwijderen.
- gezond uitgangsmateriaal gebruiken.
- ruime plantafstand aanhouden.
signalering:
- indien mogelijk een waarschuwingssysteem gebruiken.
gewasbehandeling door spuiten
chloorthalonil
 Budget Chloorthalonil 500 SC, Daconil 500 Vloeibaar
difenoconazool
 Score 250 EC

RUPSEN koolmot *Plutella xylostella*
gewasbehandeling door spuiten
Bacillus thuringiensis subsp. *aizawai*
    Turex Spuitpoeder, Xen Tari WG

SCHIMMELS
zaadbehandeling door mengen
thiram
    Proseed
zaadbehandeling door slurry
thiram
    Hermosan 80 WG, Thiram Granuflo

VALSE MEELDAUW *Plasmopara petroselini*
- aangetaste planten(delen) verwijderen of onderwerken.
- bedrijfshygiëne stringent doorvoeren.
- bij beregenen er voor zorgen dat het gewas zo kort mogelijk nat blijft.
- voor een rustige en regelmatige groei zorgen door goede bemesting en watergift.
- vruchtwisseling toepassen.
signalering:
- gewasinspecties uitvoeren.
gewasbehandeling door spuiten
dimethomorf
    Paraat

WANTSEN
- geen specifieke niet-chemische maatregel bekend.

VALERIAAN

ECHTE MEELDAUW *Erysiphe valerianae*
- geen specifieke niet-chemische maatregel bekend.

VINGERHOEDSKRUID DIGITALIS SOORTEN

AALTJES stengelaaltje *Ditylenchus dipsaci*
DIT IS EEN QUARANTAINE-ORGANISME

WOLLIG VINGERHOEDSKRUID

BLADLUIZEN *Aphididae*
gewasbehandeling door spuiten
pirimicarb
    Agrichem Pirimicarb

BLADVLEKKENZIEKTE *Colletotrichum fuscum*
- vruchtwisseling toepassen.
- warmwaterontsmetting van het zaad: 4 uur voorweken, daarna 14 minuten bij 55 °C en 1 minuut bij 50 °C.

BLADVLEKKENZIEKTE *Septoria dianthi*
- warmwaterontsmetting van het zaad: 4 uur voorweken, daarna 14 minuten bij 55 °C en 1 minuut bij 50 °C.

GRAUWE SCHIMMEL *Botryotinia fuckeliana*
- geen specifieke niet-chemische maatregel bekend.

VIRUSZIEKTEN komkommermozaïek komkommer-mozaïekvirus
- bladluizen bestrijden.
- vruchtwisseling toepassen.

ZWARTBENIGHEID *Pythium* soorten
- dichte stand voorkomen.
- drainage en structuur van de grond verbeteren.
- vruchtwisseling toepassen.

2.6 Eetbare paddenstoelen

Deze paragraaf geeft een overzicht van de ziekten, plagen en teeltproblemen die in de paddenstoelen-teelt kunnen voorkomen evenals de preventie en de bestrijding ervan. Hieronder vindt u de maatregelen voor specifieke ziekten, plagen en teeltproblemen gerangschikt per gewas. De bestrijdingsmogelijk-heden omvatten cultuurmaatregelen, biologische en chemische maatregelen.

Voor de chemische maatregelen staat de toepassingswijze vermeld, gevolgd door de werkzame stof en de merknamen van de daarvoor toegelaten middelen. Voor de exacte toepassing dient u de toelatings-beschikking van het betreffende middel te raadplegen.

De overzichten van veiligheidstermijnen voor toegelaten werkzame stoffen zijn per gewas opgenomen in hoofdstuk 4.

2.6.1 Ziekten, plagen en teeltproblemen per gewas

CHAMPIGNON

AALTJES champignon(compost)
aaltje *Aphelenchoides composticola,*
champignon(mycelium)aaltje *Ditylenchus myceliophagus*
- aan het einde van de teelt doodstomen, door gedurende 8 uur de composttemperatuur op 70 °C te houden.
- bedden direct na het afdekken ontsmetten. Luchtverversing na behandeling gedurende 8 tot 10 uur stopzetten, daarna ventileren.
- bestrijding is tijdens de teelt niet mogelijk. Sterk besmette teelt doodstomen door gedurende 8 uur de composttempe-ratuur op 70 °C te houden en daarna verwijderen.
- dekgrond die niet gelijk gebruikt wordt, na het storten ont-smetten of afdekken met schoon plasticfolie.
- met een ontsmette ruimte beginnen.
- minimaal een half uur voor aankomst van de dekgrond de compostvloer ontsmetten. Bij vorst of sneeuw de dekgrond op schoon plastic folie storten.
- voor een goede myceliumgroei in de compost zorgen.
- zorgvuldig geënte en doorgroeide compost gebruiken.

BRUINE SCHIMMEL stoomschimmel
Peziza ostracoderma
- dekaarde ontsmetten.
- relatieve luchtvochtigheid (RV) na het afdekken verlagen.

BRUINE-VLEKKENZIEKTE *Pseudomonas agarici,*
Pseudomonas tolaasii
- champignons na het sproeien in de oogstperiode binnen 3 uur laten opdrogen.
- dekgrond na het mechanisch oogsten ontsmetten.
- laatste 2-3 dagen voor de oogst zo weinig mogelijk sproeien op uitgroeiende champignons.
- relatieve luchtvochtigheid (RV) niet hoger dan 85 % houden en de composttemperatuur niet hoger dan 19 °C houden.
- stompen na het plukken verwijderen.
- voor een regelmatige klimaatsbeheersing zorgen waardoor schokken en de verdamping voorkomen worden.

CHAMPIGNONMUGGEN EN -VLIEGEN cham-
pignonmug *Lycoriella auripila*, bochelvliegen
***Phoridae*, rouwmuggen *Sciaridae*, champignonvlieg**
Megaselia halterata
- bedrijfshygiëne stringent doorvoeren en sporenfilters gebruiken.
- bij de bestrijding dient onderscheid te worden gemaakt tussen type compost (entbare of doorgroeide compost) en teeltstadium.
- bij doorgroeide compost gelijktijdig vullen en afdekken.
- na de teelt doodstomen, door gedurende 8 uur de compost-temperatuur op 70 °C te houden, sporenfilters vernieuwen

en de lege cel ontsmetten voordat gevuld wordt voor een nieuwe teelt.
- tijdig beginnen met bestrijding.
- voor een lage infectiedruk zorgen en verricht waarnemingen.
- vullen en afdekken in de vroege ochtenduren om infecties te voorkomen, bij een temperatuur lager dan 15 á 16 °C. Deur direct daarna sluiten.
- zorgvuldig geënte en doorgroeide compost gebruiken.
signalering:
- vanglampen ophangen tijdens de oogstperiode.
- vangplaten ophangen.
compostbehandeling na het enten door nevelen
diflubenzuron
    Dimilin Spuitpoeder 25%, Dimilin Vloeibaar
compostbehandeling na het enten door spuiten
diflubenzuron
    Dimilin Spuitpoeder 25%, Dimilin Vloeibaar
dekaardebehandeling na het afdekken door spuiten
deltamethrin
    Agrichem Deltamethrin, Decis Micro, Deltamethrin E.C. 25, Splendid, Wopro Deltamethrin
diflubenzuron
    Dimilin Spuitpoeder 25%, Dimilin Vloeibaar
gewasbehandeling door spuiten
deltamethrin
    Agrichem Deltamethrin, Decis Micro, Deltamethrin E.C. 25, Splendid, Wopro Deltamethrin
ruimtebehandeling door nevelen of verdampen
deltamethrin
    Agrichem Deltamethrin, Decis Micro, Deltamethrin E.C. 25, Splendid, Wopro Deltamethrin

GALMUGGEN champignongalmug *Heteropeza*
pygmaea, champignongalmug *Mycophila speyri*
- bedrijfshygiëne stringent doorvoeren en sporenfilters gebruiken.
- dekgrond die niet gelijk gebruikt wordt, na het storten ont-smetten of afdekken met schoon plasticfolie.
- sterk besmette teelt doodstomen door gedurende 8 uur de composttemperatuur op 70 °C te houden en daarna verwij-deren.
- zorgvuldig geënte en doorgroeide compost gebruiken.

GROENE SCHIMMEL *Aspergillus* soorten,
***Penicillium* soorten, *Trichoderma* soorten**
- alleen goed doorgroeide compost bijvoeden.
- bedrijfshygiëne stringent doorvoeren en sporenfilters gebruiken.
- bij mechanische oogst: direct na de oogst van de 1e en 2e vlucht de stompjes rooien, vervolgens gewasbehandeling uitvoeren.
- geënte compost niet met plastic folie afdekken als er een Trichoderma-besmetting op het bedrijf is.
- zorgvuldig geënte en doorgroeide compost gebruiken.

- direct na de oogst van de 1e en 2e vlucht de stompjes rooien, vervolgens een gewasbehandeling uitvoeren.

KURKVOET *Pseudomonas fluorescens, Pseudomonas tolaasi*
- dichtslibben van de dekaarde voorkomen.
- geforceerde (te korte) teelten en hoge temperatuur in de bedden na afventileren (>20 °C) voorkomen.
- overvloedige watergiften voorkomen en dekaarde met een normaal vochtpercentage gebruiken.

LIPPENSTIFTSCHIMMEL *Sporendonema purpurascens*
- zorgvuldig geënte en doorgroeide compost gebruiken.

MIJTEN kleine champignonmijt *Pygmephorus sellnicki, Siteroptes mesembrinae, roofmijt Parasitus fimetorum, roze champignonmijt Tyrophagus putrescentiae, witte champignonmijt Tarsonemus myceliophagus*
- alleen goed doorgroeide compost bijvoeden.
- bedrijfshygiëne stringent doorvoeren en sporenfilters gebruiken.
- infecties door vliegen of muggen voorkomen.
- zorgvuldig geënte en doorgroeide compost gebruiken.

MOLLEN droge mollen *Verticillium fungicola var. fungicola, natte mollen Mycogone perniciosa*
- bedden direct na het afdekken ontsmetten. Luchtverversing na behandeling gedurende 8 tot 10 uur stopzetten, daarna ventileren.
- bedrijfshygiëne stringent doorvoeren en sporenfilters gebruiken.
- composttemperatuur tijdens de teelt lager dan 20 °C houden.
- goede vliegen- en muggenbestrijding, zie champignonvliegen en -muggen.

dekaardebehandeling na het afdekken door spuiten
prochloraz
    Sporgon

MUMMIEZIEKTE *Pseudomonas* soorten
- aangetaste plek isoleren door gleuf (10 cm breed) door het bed te graven op 1,5 m afstand van de grens van de aantasting. De bodem en zijkant(en) schoonmaken en ontsmetten en afdekken met plastic.
- relatieve luchtvochtigheid (RV) niet hoger dan 85 % houden.
- wisselen van ras wanneer de ziekte in opeenvolgende teelten telkens bij hetzelfde ras voorkomt.

OLIJFGROENE SCHIMMEL *Chaetomium bostrychodes, Chaetomium globosum*
- zorgvuldig geënte en doorgroeide compost gebruiken.

SPINNENWEBSCHIMMEL *Hypomyces odoratus, Hypomyces rosellus*
- aangetaste plaatsen begieten met handelsformaline en met plastic afdekken.
- bedrijfshygiëne stringent doorvoeren en sporenfilters gebruiken.
- goede vliegen- en muggenbestrijding, zie champignonvliegen en -muggen.
- relatieve luchtvochtigheid (RV) niet hoger dan 85 % houden en voor voldoende verdamping zorgen.
- stompjes en dode knoppen regelmatig verwijderen en afvoeren.
- tijdens de teelt de composttemperatuur onder de 20 °C houden.

dekaardebehandeling na het afdekken door spuiten
prochloraz
    Sporgon

VIRUSZIEKTEN afstervingsziekte champignonvirus
- aangetaste cultures (bij ernstige aantasting) doodstomen door gedurende 8 uur de composttemperatuur op 70 °C te houden en daarna verwijderen.
- bedrijfshygiëne stringent doorvoeren.
- champignons gesloten plukken.
- direct na het vullen van geënte compost een vliegenbestrijdingsmiddel toepassen en de volgende dag de compost bedekken met schoon papier of plastic folie en dit tweemaal ontsmetten.
- eenmalig of correct ontsmet fust gebruiken.
- handen en gereedschap na werkzaamheden in zieke of verdachte cel ontsmetten en van stoplaas of overall wisselen (kleding die in zieke of verdachte cel is gedragen bij een temperatuur van minimaal 60 °C wassen).
- in toegelaten ontsmettingsmiddel gedrenkte matten voor de cellen leggen ter ontsmetting van schoeisel.
- insecten en mijten bestrijden.
- korte teeltduur.
- machines, stellingen, netten en gereedschappen ontsmetten. De ontsmetting dient steeds minimaal een half uur voor (her) gebruik plaats te vinden.
- sporenfilters in luchttoevoer en -afvoeropeningen plaatsen. Paneelfilters na elke teelt vervangen.
- sterk besmette teelt doodstomen door gedurende 8 uur de composttemperatuur op 70 °C te houden en daarna verwijderen.
- stompjes en afval doodstomen.
- tijdelijk overgaan op het ras van Agaricus bitorquis, die onvatbaar is voor champignonvirus, maar een lagere opbrengst hebben.
- tijdens cultuurverzorging en oogst zieke of verdachte cel als laatste, geïsoleerd verzorgen respectievelijk oogsten.
- tweemaal per week de vloer van de werkgang goed schoonmaken met water en zeep en vervolgens ontsmetten. Luchtverversing na behandeling voor de werkgang gedurende 8 tot 10 uur stopzetten, daarna ventileren.

OESTERZWAM

CHAMPIGNONMUGGEN EN -VLIEGEN champignonmug *Lycoriella auripila*
- bedrijfshygiëne stringent doorvoeren en sporenfilters gebruiken.

CHAMPIGNONMUGGEN EN -VLIEGEN champignonvlieg *Megaselia halterata, bochelvliegen Phoridae, rouwmuggen Sciaridae*
- bedrijfshygiëne stringent doorvoeren en sporenfilters gebruiken.
- substraat gedurende 6 uur bij 58 á 60 °C pasteuriseren.

GROENE SCHIMMEL *Aspergillus sp., Penicillium sp., Trichoderma sp.*
- aangetaste exemplaren direct van de aangetaste plekken verwijderen, het mycelium plaatselijk ontsmetten en afdekken met plastic.
- bedrijfshygiëne stringent doorvoeren.
- stompjes en dode knoppen regelmatig verwijderen en afvoeren.
- substraat gedurende 6 uur bij 58 á 60 °C pasteuriseren.

SPINNENWEBSCHIMMEL *Hypomyces odoratus, Hypomyces rosellus*
- bedrijfshygiëne stringent doorvoeren.
- stompjes en dode knoppen regelmatig verwijderen en afvoeren.
- substraat gedurende 6 uur bij 58 á 60 °C pasteuriseren.

2.7 Bloembollen- en bolbloementeelt

Deze paragraaf geeft een overzicht van de ziekten, plagen en teeltproblemen die in de bloembollen- en bolbloementeelt kunnen voorkomen, evenals de verschillende mogelijkheden om ze te voorkomen en te bestrijden. Hierbij is onderscheid gemaakt tussen de volgende vier onderwerpen:
* het ontsmetten van bollen en knollen (2.7.1);
* de bestrijding van aaltjes bij bol- en knolgewassen (2.7.2);
* algemeen voorkomende ziekten, plagen en teeltproblemen (2.7.3);
* de specifieke ziekten, plagen en teeltproblemen per gewas (2.7.4).

Per onderwerp worden de verschillende beschikbare maatregelen vermeld. De bestrijdingsmogelijkheden omvatten cultuurmaatregelen, biologische- en chemische maatregelen. Bij de chemische maatregelen staat tevens de toepassingswijze vermeld, gevolgd door de werkzame stof en de merknamen van de toegelaten middelen. Voor de exacte toepassingswijze dient u de toelatingsbeschikking van het betreffende middel te raadplegen.

2.7.1 Het ontsmetten van bollen en knollen

2.7.1.1 Verschillende manieren van ontsmetten

Het ontsmetten van bollen en knollen kan plaatsvinden door middel van dompelen, douchen, schuimen of spuiten. Voor het veilig ontsmetten van bollen en knollen heeft de Arbeidsinspectie aanbevelingen opgesteld, waarbij het fustloos ontsmetten de voorkeur geniet. Als toch in fust wordt ontsmet, gebruik dan speciaal gemerkt fust dat uitsluitend voor het ontsmetten van bollen is bestemd. Hieronder volgt een beschrijving van de verschillende manieren van ontsmetten.

Dompelen

Lang dompelen (10-15 minuten)
De meest gebruikelijke manier van bol- en knolontsmetting is door middel van lang (10-15 minuten) dompelen. Hierbij kan gebruik gemaakt worden van verschillende soorten dompelbaden. Dompelen is een zeer betrouwbare ontsmettingsmethode, omdat de bollen en knollen in zijn geheel, dus ook onder de huid, met de dompelvloeistof in aanraking komen. Bij lang dompelen neemt 1 hectare tulpenplantgoed gemiddeld circa 600 liter dompelvloeistof op.

Kort dompelen (15-30 seconden of 1 minuut)
Bij kort dompelen kan in een betrekkelijk klein dompelbad in korte tijd een grote hoeveelheid plantmateriaal worden ontsmet. Er zijn speciale machines op de markt waarin de bollen of knollen via een lopende band door een klein bad kunnen worden gevoerd. Dit bad kan langdurig worden gebruikt. Een groot voordeel van deze methode is dat slechts een geringe hoeveelheid restant dompelvloeistof overblijft. Omdat de bollen of knollen bij deze korte dompelduur minder dompelvloeistof (en dus ook minder middel) opnemen, moet de concentratie van de ontsmettingsmiddelen, zoals die staat vermeld onder lang dompelen worden aangepast. Bij een dompeltijd van 15 tot 30 seconden neemt 1 ha tulpenplantgoed gemiddeld circa 450 l dompelvloeistof op. De concentratie moet daarom worden verdubbeld. Bij een dompeltijd van 1 minuut wordt gemiddeld circa 500 l dompelvloeistof opgenomen, zodat 1,5 maal de concentratie van lang dompelen moet worden gebruikt.

Richtlijnen voor dompelbaden
Volgens het Lozingenbesluit en/of WVO-vergunning (Wet verontreiniging oppervlaktewater) moeten bij ontsmettingsplaatsen voor bollen en knollen, de volgende richtlijnen in acht worden genomen:
Dompelbaden, waarin gewerkt wordt met gewasbeschermingsmiddelen, moeten zijn opgesteld op een vloeistofdichte vloer. Deze moet zodanig zijn uitgevoerd dat door morsen of lekkage van het bad geen gewasbeschermingsmiddelen in de bodem of in het oppervlaktewater terecht kunnen komen.

Gedompelde producten waar nog gewasbeschermingsmiddelen uit kunnen lekken, moeten worden bewaard boven het dompelbad of boven een vloeistofdichte vloer, zoals hierboven is omschreven.

Douchen

Bij het ontsmetten door middel van douchen worden gestapelde bakken of kisten met bollen of knollen in zogenaamde douchecabines geplaatst. Hierbij is het van belang dat de bollen of knollen niet alleen vanaf de bovenkant, maar ook vanaf de zijkanten worden bevochtigd. Bij deze methode moet regelmatig, bijvoorbeeld na iedere douchebeurt, 'antischuim' worden toegevoegd om de ontwikkeling van te veel schuim te voorkomen. De douchetijd en de concentratie bepalen uiteindelijk het effect. Een langere douchetijd resulteert in een betere bevochtiging van de bollen en knollen en in een beter resultaat. Douchen is doorgaans minder effectief dan lang of kort dompelen omdat de bollen of knollen niet gelijkmatig kunnen worden bevochtigd. Bij een douchetijd van 15 minuten dient 1,5 maal de concentratie van lang dompelen te worden gebruikt. Bij een douchetijd van 5 minuten moet 2 maal de concentratie van lang dompelen worden gebruikt.

Schuimen

Door middel van een schuimgenerator wordt een mengsel van lucht, water, schuimmiddel en gewasbeschermingsmiddel boven in de kist geperst. Na 2 tot 6 minuten, afhankelijk van de maat van de kist en de bollen of knollen, komt het schuim onder uit de kist en is de behandeling klaar. De voordelen van deze techniek zijn dat het fust alleen aan de binnenkant nat wordt, er nauwelijks restvloeistof overblijft en elke kist een aparte behandeling krijgt. Bij schuimen wordt gemiddeld ongeveer 30 ml ontsmettingsvloeistof per kg bollen of knollen gebruikt. Daarom moet de concentratie 2 maal zo hoog zijn als bij lang dompelen.

Spuiten

Op de plantmachine
Bij ontsmetten op de plantmachine is het van belang een goede verdeling van het ontsmettingsmiddel op de bol of knol te verkrijgen. Om bij 10 ton plantgoed per hectare de bollen of knollen goed te bevochtigen, is ongeveer 250 tot 300 liter spuitvloeistof nodig. Voor het spuiten op de plantmachine kunnen dezelfde middelen worden gebruikt als bij lang dompelen. De te gebruiken concentratie is echter 3 maal zo hoog.

Op de plantlijn
Om de bollen in de broeierij te beschermen tegen *Botrytis cinerea* kunnen de bollen op de plantlijn worden behandeld met ontsmettingsmiddelen. Maak de bollen eerst nat en spuit dan 1,5 liter ontsmettingsvloeistof per m^2 over de opgeplante bollen (4 bakken van 40 x 60 cm). Dek de bollen af met zand en spoel vervolgens het zand in.

2.7.1.2 Vermindering van restanten en verantwoorde verwerking

Vermindering

Door op een verantwoorde manier bollen en knollen te dompelen of te douchen kan men bewerkstelligen dat zo min mogelijk restant wordt overgehouden. De hoeveelheid overgebleven restant kan worden verminderd door tegen het einde van de ontsmetting steeds kleinere hoeveelheden bollen of knollen te ontsmetten en door restanten te gebruiken bij het aanmaken van een nieuw bad.

Verwerking

Restanten kunnen op twee manieren worden verwerkt:

Het restant kan worden meegegeven aan het plantgoed via een vat met kraan op de plantmachine waarbij de vloeistof al rijdende in de voorraadbak wordt gedruppeld;

Het restant kan in de periode tussen planten en opkomst van het gewas of kort voor het planten over het land worden verspreid. Voor het verspuiten van de vloeistof met behulp van de spuitmachine worden ketsdoppen aanbevolen. Het restant moet met water worden verdund om verspreiding over een voldoende groot oppervlak mogelijk te maken.

De hoeveelheden restant die per hectare kunnen worden gebruikt, zonder onaanvaardbaar risico voor uitspoeling, zijn in het onderstaande overzicht weergegeven. Bij kort dompelen wordt met een dubbele concentratie gewerkt waardoor bij verspreiding van de restanten over het land de helft van de in de tabel aangegeven hoeveelheid moeten worden gebruikt.

Tabel 3. Hoeveelheid te verwerken restant per gewas (in l/ha).

Gewas	Restant per gewas l/ha	Opmerkingen
Anemoon	250	
Bijgoed	250	
Krokus	500	
Gladiool	250	kralen: 50 l/ha
Hyacint	250	baden met alleen formaline: 2500 l/ha
Iris	500	
Lelie	250	
Narcis	500	
Tulp	250	

2.7.1.3 Gewasbeschermingsmiddelen voor het ontsmetten

Voor het ontsmetten van bollen en knollen zijn de volgende gewasbeschermingsmiddelen toegelaten:

ascorbinezuur e.a.
boscalid/kresoxim-methyl
captan
chloorthalonil/prochloraz
etridiazool
fluazinam

folpet/prochloraz
formaldehyde[2]
imidacloprid
iprodion
kaliumjodide/kaliumthiocyanaat
perazijnzuur/waterstofperoxide

pirimifos-methyl
prochloraz
prothioconazool
pyraclostrobin/folpet
pyrimethanil
thiofanaat-methyl[1]

[1] thiofanaat-methyl is gevaarlijk voor regenwormen.
[2] formaldehyde alleen via vrijstellingsregeling te gebruiken in hyacint en lelie

2.7.2 Bestrijding van aaltjes bij bol- en knolgewassen

Met een warmwaterbehandeling van bollen of knollen, het zogenaamde 'koken', kunnen aaltjes bij de meeste gewassen effectief worden bestreden. In de onderstaande tabel is voor een aantal bol- en knolgewassen aangegeven tegen welke aaltjes een warmwaterbehandeling kan worden uitgevoerd en bij welke temperatuur dat moet gebeuren. In de meeste gevallen moet een voorbehandeling plaatsvinden. Dat wil zeggen dat de bollen of knollen gedurende een aantal weken bij een vrij hoge of juist een lage ruimtetemperatuur moeten worden bewaard. Met deze voorbehandeling wordt beschadiging van de bollen en knollen als gevolg van een warmwaterbehandeling voorkomen of beperkt. De in de tabel genoemde waarden luisteren nauw. Bij kleine afwijkingen kunnen de bollen of knollen al schade oplopen of is de bestrijding onvoldoende.

Opmerkingen:
- *Ditylenchus dipsaci* besmet het fust. Stort gekookte bollen daarom nooit in besmet fust terug;
- Verscheidene aaltjes, met name *D. dipsaci* en *Aphelenchoides subtenuis* (*Allium*!) kunnen via dompelbaden worden verspreid;

- Zorg steeds voor een goede watercirculatie tussen de bollen en controleer de temperatuur met geijkte thermometers;
- Zorg ervoor dat de gekookte bollen snel kunnen afkoelen en drogen;
- Houdt een ruime vruchtwisseling aan;
- De aaltjes *Pratylenchus penetrans, Ditylenchus dipsaci, Aphelenchoides subtenuis* en *Rotylenchus* worden goed bestreden en *Ditylenchus destructor, Trichodorus en Paratrichodorus spp* worden matig bestreden met inundatie;
- Afrikaantje (*Tagetes*) bestrijdt *Pratylenchus penetrans*;
- Plant (gekookte) bollen niet op besmet land;
- Tijdens de warmwaterbehandeling kunnen sporen van schimmels en bacteriën door het waterbad worden verspreid waardoor de kans op aantasting door deze organismen toeneemt. Het is voor bijna alle gewassen noodzakelijk deze sporen en bacteriën te doden. Dit kan onder andere door de toevoeging van een ontsmettingsmiddel aan het warmwaterbad of door ontsmetting kort na de warmwaterbehandeling. Indien er bij narcis en hyacint, voorafgaande aan de warmwaterbehandeling voorgeweekt wordt, dan moet hierbij ook een ontsmettingsmiddel worden toegevoegd om verspreiding van schimmels of bacteriën te voorkomen.
- Sommige aaltjes tasten niet alleen bloembollen aan, maar leven ook op andere cultuurgewassen en onkruiden. Hieronder wordt voor verschillende aaltjes beschreven op welke waardplanten zij overleven en, indien bekend, wat de overlevingsduur in de grond is bij de afwezigheid van een waardplant:
  - *Ditylenchus dipsaci.* In de bloembollenteelt zijn meerdere soorten bekend, waaronder het hyacinten-, narcissen-, tulpen- en uienstengelaaltje. Elke soort komt voor in een specifieke reeks van vatbare gewassen. Wordt de aanwezigheid van stengelaaltjes vermoed, waarschuw dan de Bloembollenkeuringsdienst. De overlevingsduur in de grond bij afwezigheid van een waardplant is enkele tot vele jaren. *Ditylenchus dipsaci is een quarantaine organisme.*
  - *Ditylenchus destructor* heeft als waardplanten cultivars van tulp met een harde huid, dahlia, camassia, sneeuwroem, liatris, geluksklaver, blauw druifje, tijgerbloem, buishyacint, herfsttijloos, krokus, kleinbloemige gladiolen, hyacint, iris, aardappel, maar ook onkruiden zoals bijvoorbeeld paardebloem, weegbree en klein hoefblad. De overlevingsduur in de grond bij afwezigheid van een waardplant is circa 2 jaar.
  - *Aphelenchoides subtenuis* heeft als waardplanten krokus, *Allium*-soorten, iris, narcis (verschil in groepen en cultivars) en bepaalde cultivars (met harde huid) van tulp. De overlevingsduur bij afwezigheid van waardplanten is circa. 2 jaar.
  - *Meloidogyne chitwoodi/fallax* heeft diverse waardplanten, waaronder gladiool, dahlia, aardappel, biet, maïs, peen, schorseneer en verschillende onkruiden;
  - *Aphelenchoides fragariae* en *Aphelenchoides ritzemabosi* hebben meer dan 600 waardplanten, waaronder lelie, nerine, chrysant, monnikskap, pioenroos, naald van Cleopatra, voorjaarszonnebloem, aardbei en ook verschillende onkruiden zoals herderstasje, hoornbloem, distel, weegbree, kruiskruid, zwarte nachtschade, muur, paardebloem en ereprijs. Bij afwezigheid van waardplanten overleven deze aaltjes niet langer dan 6 weken in de grond;
  - *Pratylenchus scribneri* wordt in Nederland alleen in de warme kas, voornamelijk bij Amaryllis, aangetroffen;
  - *Pratylenchus penetrans,* komt algemeen voor in lichte gronden en heeft talloze waardplanten. Dit aaltje wordt met wortels van bijvoorbeeld lelie overgebracht.
- Partijen bollen met krokusknolaaltjes (*Aphelenchoides subtenuis*) binnen 10 dagen na het rooien een warmwaterbehandeling geven. In proeven bleken krokusknolaaltjes met een warmwaterbehandeling die later dan 10 dagen na het rooien werd uitgevoerd niet meer te bestrijden.

In tabel 4 wordt voor een groot aantal aaltjes beschreven hoe deze het beste door middel van warmwaterbehandeling bestreden kunnen worden.

Tabel 4. Warmwaterbehandelingen ter bestrijding van aaltjes.

Gewas	Aaltjes[1]	Voor-behandeling[2] aantal weken	ruimte-temp. in °C	24 uur voor-weken in schoon water	Warmwater-behandeling[3] uren	water-temp. in °C	Opmerkingen
Aconitum (mon-nikskap)	4,5			-	2	41 (plant-goed) 39 (lever-baar)	De stengels kunnen door de behande-ling wat korter blijven.'Kook' zo snel mogelijk na de oogst.
Allium (*Allium*)	1	1-3	30	+	4	45	De bollen goed terugdrogen.
	1	3	30	-	4	47	Er is alleen ervaring met *Allium giganteum, Allium gladiator* en *Allium aflatunensis*. *Allium 'Lucy Ball'* en *'Allium Macleanii'* (syn. *Allium elatum*) verdragen geen 4 uur 47 °C achtereen.
	3	1	25 - 30	+	4	45	Behandelen binnen 10 dagen na het rooien
Camassia (Camassia)	1,2,3	1-4	30	+	4	45	Proef genomen met *Camassia cusickii* en *Camassia leichtlinii*.
Chionodoxa (sneeuwroem)	1,2	2-4	25-30	+	4	45	De bollen goed terugdrogen. De behandeling uitvoeren binnen 4 weken na de oogst.
	3	1	25-30	+	4	43,5	De bollen goed terugdrogen. Behandelen binnen 10 dagen na rooien.
Colchicum (herfst-tijloos)	2,3,5	1	30	+	4	43,5	Proeven genomen met *Colchicum* 'Giant', 'Lilac Wonder', 'Waterlily'. De behande-ling gaf een lager bloeipercentage. Rooi de bollen met een lichtbruine huid.
Crocus (krokus)	1,2	2	30	+	4	45	Stengelaaltje alleen bekend bij gele krokus.Na de behandeling de bollen voor de droogwand plaatsen.
	3	1	25	+	4	45	Behandelen binnen 12 dagen na rooien
	3	1	30	+	4	45	Behandelen binnen 10 dagen na rooien
Eremurus (Naald van Cleopatra)	5	-	-	-	2	39	Na een warmwaterbehandeling treedt opbrengstderving op. Plant behandeld plantgoed dichter op elkaar dan normaal.
Erythronium dens canis (hondstand)	2,5	1-3	25	+	4	43,5	Bij een aantal cultivars bestaat de kans op schade.
Fritillaria (keizers-kroon)	4,5	2	30	-	2	43,5	
Galanthus (sneeuw-klokje)	1	1	30	+	4	47	
Galtonia candicans	1	3	25	+	4	45	
Gladiolus kl.bl.	2	1-8	23	-	4	43,5	
Gladiolus kralen	8	12	9	-	1	48	
Gladiolus pitten	8	12	25	+	0,5	53	Enige opbrengstreductie
Hippeastrum	6,7	-	-	-	0,5	50	Toepassen zo spoedig mogelijk nadat de bollen geoogst en goed droog zijn. Bij latere toepassing kans op bloembescha-diging.
Hyacinthus (hyacint)	1	2-3	30	+	4	45	Bij plantmaten groter dan12 cm grote kans op schade ,waarbij een tweejarig effect mogelijk is (bosjesplanten).
I. danfordiae / I. reticulata (Iris)	2	1	30	+	4	43,5	
Iris hollandica (Iris)	2	1-4	20-23	-	2	45	Plantgoed
I. hollandica / I. latifolia (Iris)	2,3	1-4	20-23	-	2,5	43,5	Leverbaar
Hymenocallis (Ismene)	1	1-3	25-30	-	4	47	
Liatris (Liatris)	2	1-3	9	-	3	43,5	
Lilium (lelie) zaad	4,5	-	-	48 uur	3	45	Behandeling vlak voor het zaaien.
Lilium (lelie) bollen							
Aziaten	4,5,7	-	-	-	2	41	Plantgoed. De bollen moeten in rust zijn.
Orientals	4,5,7	-	-	-	2	39	Plantgoed. De bollen moeten in rust zijn.
Longiflorums	4,5,7	-	-	-	2	39	Plantgoed. De bollen moeten in rust zijn.
Muscari (blauw druifje)	1,2	1-10	25	+	4	45	

Gewas	Aaltjes[1]	Voor-behandeling[2]		24 uur voorweken in schoon water	Warmwater-behandeling[3]		Opmerkingen
		aantal weken	ruimte-temp. in °C		uren	water-temp. in °C	
Narcissus (narcis)	1	-	20		2	45	Minimale jaarlijkse "kultuurkook": = onderdrukkende behandeling
	1,3	1	30	+	4	47	Kook aangetaste partijen het volgende jaar nogmaals zwaar bij 47°C. Bij fijnwortelige cultivars tenminste 7 dagen voor de warmwaterbehandeling de spanen breken. Bij andere cultivars ten minste 4 dagen voor de behandeling. Bij krokusknolaaltjes koken binnen 10 dagen na rooien en bij stengelaaltjes koken binnen 3 w. na rooien.
Nerine (Nerine)	5	1	20-25	+	2	43,5	Kort voor planten toepassen. Geen blad uit de bol.(bollen in rust)
Ornithogalum (vogelmelk)	1	4	25	+	4	45	Proeven genomen met O. pyramidale, O. nutans en O. umbellatum
Oxalis (geluksklaver)	2,4	-	-	-	2,5	45	
Puschkinia	1	1-3	25-30	+	4	45	Proeven genomen met P. libanotica.
	2	1-6	25-30	-	2	45	
Scilla (sterhyacint)	1,2	1-6	25-30	+	4	45	
Tigridia (tijgerbloem)	2	3	25	-	2,5	43,5	Voorkom uitdroging. Zo snel mogeliijk na rooien behandelen om schade te voorkomen
Tulipa (tulp)	2	1-3	30	+	2,5	43,5	Geldt voor plantmateriaal bestemd voor bollenteelt.

[1] Aaltjes:
  1 = stengelaaltje *Ditylenchus dipsaci*,
  2 = destructoraaltje *Ditylenchus destructor*,
  3 = krokusknolaaltje *Aphelenchoides subtenuis*,
  4 = bladaaltje *Aphelenchoides fragariae*,
  5 = bladaaltje *Aphelenchoides ritzemabosi*,
  6 = wortellesieaaltje *Pratylenchus scribneri*,
  7 = wortellesieaaltje *Pratylenchus penetrans*
  8 = maiswortelknobbelaaltje *Meloidogyne chitwoodi/fallax*

[2] Aaltjeszieke partijen moeten op tijd worden gerooid. Zonder voorbehandeling is vaak ernstige schade te verwachten. De voorbehandeling dient direct na het rooien te beginnen voor herfsttijloos, krokus, iris, tijgerbloem en tulp of binnen twee weken na het rooien voor de overige gewassen.

[3] Tijdens de warmwaterbehandeling kunnen schimmels en bacteriën gemakkelijk worden verspreid. De verspreiding kan voorkomen worden door de toevoeging van een chemisch gewasbeschermingsmiddel aan het warmwaterbad, of door de bollen of knollen kort na de warmwaterbehandeling te ontsmetten. Bij narcis en hyacint ook middel toevoegen tijdens het voorweken.

2.7 Ziekten en plagen bloembollen- en bolbloementeelt

2.7.3 Algemeen voorkomende ziekten, plagen en teeltproblemen

De in deze paragraaf genoemde ziekten en plagen komen algemeen voor in de verschillende gewassen van de bloembollen- en bolbloementeelt. Alleen de bestrijdingsmogelijkheden die toepasbaar zijn in de hele teeltgroep worden in deze paragraaf genoemd. Raadpleeg voor de bestrijdingsmogelijkheden in specifieke gewassen de hieropvolgende paragraaf.

(AFGEDRAGEN) GEWAS, doodspuiten van
gewasbehandeling door spuiten
glyfosaat
    Panic Free, Roundup Force
onkruidbehandeling door pleksgewijs spuiten
glyfosaat
    Panic Free, Roundup Force

AALTJES (nematoda)
- bedrijfshygiëne stringent doorvoeren.
- gereedschap en andere materialen schoonmaken en ontsmetten.
- gewas bovengronds droog houden (bladaaltjes).
- gezond uitgangsmateriaal gebruiken.
- grond en/of substraat stomen.
- grond inunderen, minimaal 6 weken bij destructor-, blad- en stengelaaltjes.
- indien beschikbaar, resistente of minder vatbare rassen telen.
- ruime vruchtwisseling toepassen.
signalering:
- grondonderzoek laten uitvoeren.

AALTJES bedrieglijk maiswortelknobbelaaltje *Meloidogyne fallax*
DIT IS EEN QUARANTAINE-ORGANISME

AALTJES gewoon wortellesieaaltje *Pratylenchus penetrans*
- aaltjesonderdrukkende voorteelt van *Tagetes*-soorten (afrikaantje) gedurende minimaal 3 maanden toepassen.
- besmette grond en/of substraat ontsmetten of inunderen.
- biologische grondontsmetting toepassen.
- gezond uitgangsmateriaal gebruiken, wortels inspecteren en uitspoelen.
- pH door bekalking verhogen.
- vruchtwisseling toepassen. Bij vatbare gewassen granen, maïs, grassen, aardappel, knolselderij, peen en vlinderbloemigen als voorvrucht vermijden. Biet en kruisbloemigen zijn goede voorvruchten.
signalering:
- grondonderzoek laten uitvoeren.
grondbehandeling door injecteren
metam-natrium
    Monam CleanStart, Monam Geconc., Nemasol

AALTJES graswortelknobbelaaltje *Meloidogyne naasi*
- grassen en granen niet als voorvrucht telen.
- grond stomen.
- indien beschikbaar, resistente rassen telen.
- ruime vruchtwisseling toepassen.

AALTJES maiswortelknobbelaaltje *Meloidogyne chitwoodi*
DIT IS EEN QUARANTAINE-ORGANISME

AALTJES noordelijk wortelknobbelaaltje *Meloidogyne hapla*
- ruime vruchtwisseling toepassen.
- zo laat mogelijk zaaien of planten.
- zwarte braak toepassen in de zomer.

AALTJES vrijlevend wortelaaltje *Hemicycliophora conida, Hemicycliophora thienemanni, Rotylenchus uniformis*
- besmette grond in de zomer 6 tot 8 weken inunderen.
- grond stomen.
- indien beschikbaar, resistente rassen telen.
- ruime vruchtwisseling toepassen.
signalering:
- grondonderzoek laten uitvoeren.

AALTJES vrijlevende wortelaaltjes (trichododidae)
- grond stomen.
- indien beschikbaar, resistente rassen telen.
- ruime vruchtwisseling toepassen.
signalering:
- grondonderzoek laten uitvoeren.
grondbehandeling door injecteren
metam-natrium
    Monam CleanStart, Monam Geconc., Nemasol

AARDRUPSEN aardrups *Euxoa nigricans*, bruine aardrups *Agrotis exclamationis*, gewone aardrups *Agrotis segetum*, zwartbruine aardrups *Agrotis ipsilon*
- natuurlijke vijanden inzetten of stimuleren.
- perceel tijdens en na de teelt onkruidvrij houden.
- percelen regelmatig beregenen.
- Steinernema feltiae (insectparasitair aaltje) inzetten. De bodemtemperatuur dient daarbij minimaal 12 graden Celsius te zijn.
- zwarte braak toepassen gedurende een jaar.

AARDVLOOIEN phyllotreta soorten *Phyllotreta sp.*
- gewasresten na de oogst onderploegen of verwijderen.
- onkruid bestrijden.
- voor goede groeiomstandigheden zorgen.

AFWIJKENDE PLANTEN, doodspuiten
plantbehandeling door doseerapparatuur
diquat-dibromide
    Agrichem Diquat, Imex-Diquat, Reglone

ALTERNARIA-ZIEKTE *Alternaria solani*
- aangetaste planten(delen) verwijderen en afvoeren.

BACTERIËN
- aangetaste planten(delen) verwijderen en afvoeren.
- gezond uitgangsmateriaal gebruiken.
- grond en/of substraat stomen.
- natslaan van gewas en guttatie voorkomen.
- onderdoor water geven.
- ruime plantafstand aanhouden.
- voor goede groeiomstandigheden zorgen.
- weelderige groei voorkomen.

BACTERIEZIEKTEN
- beschadiging van het gewas voorkomen.
- gezond uitgangsmateriaal gebruiken.
- hoge relatieve luchtvochtigheid (RV) en hoge temperatuur voorkomen.
- schoenen ontsmetten.
- wegwerphandschoenen gebruiken en deze zo vaak mogelijk vernieuwen.

- ziektevrij gietwater (leiding- of bronwater) of ontsmet drain-, oppervlakte- en regenwater gebruiken.
- zo min mogelijk bezoekers in de kas en per afdeling aparte jassen gebruiken.

BEWAARROT penicillium soorten *Penicillium sp.*
- beschadiging bij de oogst en het verwerken voorkomen.
- bollen binnen 24 uur na rooien winddroog maken.
- bollen op het optimale tijdstip rooien.
- knollen droog bewaren met voldoende ventilatie en circulatie.
- mits de bollen dit verdragen, snel drogen, droog en luchtig bewaren en vroeg planten.
- relatieve luchtvochtigheid (RV) zo laag mogelijk houden (lager dan 80 procent) met een goede luchtcirculatie tussen de bollen bij koele bewaring.
- verwerken van de bollen uitstellen tot vlak voor het planten.
bol- en/of knolbehandeling door dompelen
captan
    Brabant Captan Flowable, Captan 480 SC, Captan 80 WG, Captan 83% Spuitpoeder, Captosan 500 SC, Captosan Spuitkorrel 80 WG, Malvin WG, Merpan Basic WP, Merpan Flowable, Merpan Spuitkorrel

BLADLUIZEN (Aphididae)
- bladluizen in akkerranden en wegbermen bestrijden.
- bomen en struiken die fungeren als winterwaard voor blad-luizen niet in de omgeving van het bedrijf planten of de bladluizen op de winterwaard bestrijden.
- gewas afdekken met vliesdoek.
- gewasresten na de oogst onderploegen of verwijderen.
- gezond uitgangsmateriaal gebruiken.
- insectengaas 0,8 x 0,8 mm aanbrengen.
- natuurlijke vijanden inzetten of stimuleren.
- spontane parasitering is mogelijk.
- vruchtwisseling toepassen.
signalering:
- gele of blauwe vangplaten ophangen.
- gewasinspecties uitvoeren.
- knollen tijdens de bewaring inspecteren op luizen.
- vangplaten of vanglampen ophangen, waardoor het goede bestrijdingsmoment vastgesteld kan worden.
gewasbehandeling (ruimtebehandeling) door roken
pirimicarb
    Pirimor Rookontwikkelaar
gewasbehandeling door spuiten
acetamiprid
    Gazelle
flonicamid
    Teppeki
pirimicarb
    Agrichem Pirimicarb
pirimicarb
    Pirimor
thiacloprid
    Calypso
thiacloprid
    Calypso Pro
plantbehandeling door spuiten
piperonylbutoxide / pyrethrinen
    Spruzit Vloeibaar

BLADLUIZEN aardappeltopluis *Macrosiphum euphorbiae*
- gewasresten na de oogst onderploegen of verwijderen.
- natuurlijke vijanden inzetten of stimuleren.
gewasbehandeling door spuiten
thiamethoxam
    Actara

BLADLUIZEN boterbloemluis *Aulacorthum solani*
gewasbehandeling door spuiten
acetamiprid
    Gazelle
thiamethoxam
    Actara

BLADLUIZEN gewone rozenluis *Macrosiphum rosae*, groene kortstaartluis *Brachycaudus helichrysi*
- gewasresten na de oogst onderploegen of verwijderen.
- natuurlijke vijanden inzetten of stimuleren.

BLADLUIZEN groene perzikluis *Myzus persicae*
- gewasresten na de oogst onderploegen of verwijderen.
- natuurlijke vijanden inzetten of stimuleren.
bol- en/of knolbehandeling door dompelen
imidacloprid
    Admire, Admire O-Teq, Kohinor 70 WG
imidacloprid / natriumlignosulfonaat
    Kohinor 70 WG
gewasbehandeling door spuiten
acetamiprid
    Gazelle
imidacloprid
    Admire, Admire O-Teq, Kohinor 70 WG
imidacloprid / natriumlignosulfonaat
    Kohinor 70 WG
thiamethoxam
    Actara

BLADLUIZEN katoenluis *Aphis gossypii*
- gewasresten na de oogst onderploegen of verwijderen.
- natuurlijke vijanden inzetten of stimuleren.
bol- en/of knolbehandeling door dompelen
imidacloprid
    Admire, Admire O-Teq, Kohinor 70 WG
imidacloprid / natriumlignosulfonaat
    Kohinor 70 WG
gewasbehandeling door spuiten
acetamiprid
    Gazelle
imidacloprid
    Admire, Admire O-Teq, Kohinor 70 WG
imidacloprid / natriumlignosulfonaat
    Kohinor 70 WG
methiocarb
    Mesurol 500 SC
thiamethoxam
    Actara

BLADLUIZEN sjalottenluis *Myzus ascalonicus*
- gewasresten na de oogst onderploegen of verwijderen.
- natuurlijke vijanden inzetten of stimuleren.

BLADLUIZEN zwarte bonenluis *Aphis fabae*
- gewasresten na de oogst onderploegen of verwijderen.
- natuurlijke vijanden inzetten of stimuleren.
bol- en/of knolbehandeling door dompelen
imidacloprid
    Admire, Admire O-Teq, Kohinor 70 WG
imidacloprid / natriumlignosulfonaat
    Kohinor 70 WG
gewasbehandeling door spuiten
acetamiprid
    Gazelle
imidacloprid
    Admire, Admire O-Teq, Kohinor 70 WG
imidacloprid / natriumlignosulfonaat
    Kohinor 70 WG

BLADVLEKKENZIEKTE colletotrichum soorten *Colletotrichum sp.*
bol- en/of knolbehandeling door dompelen
captan
    Brabant Captan Flowable, Captan 480 SC, Captan 80 WG, Captan 83% Spuitpoeder, Captosan 500 SC, Captosan Spuitkorrel 80 WG, Malvin WG, Merpan Basic WP, Merpan Flowable, Merpan Spuitkorrel

2.7 Ziekten en plagen bloembollen- en bolbloementeelt

BLADVLEKKENZIEKTE spikkelziekte alternaria soorten *Alternaria sp.*
gewasbehandeling door spuiten
iprodion
Imex Iprodion Flo, Rovral Aquaflo

BOTRYTIS botrytis soorten *Botrytis sp.*
bol- en/of knolbehandeling door dompelen
iprodion
Imex Iprodion Flo, Rovral Aquaflo

BOTRYTIS SCHIMMELS botrytis soorten *Botrytis sp.*
- relatieve luchtvochtigheid (RV) laag houden door stoken en/of luchten, beschadigingen voorkomen en niet te dicht planten.

CHLOROSE zoutovermaat
- chloorarme meststoffen toedienen of chloorhoudende meststoffen al in de herfst strooien.
- indien het beregeningswater zout is, voorkomen dat de grond te droog wordt: dus blijven beregenen.
- kasgrond vóór de teelt uitspoelen, gedeelde giften geven.
- overvloedig water geven.
- water van goede kwaliteit gebruiken.

CURVULARIA *Curvularia sp.*
bol- en/of knolbehandeling door dompelen
iprodion
Imex Iprodion Flo, Rovral Aquaflo

DOPLUIZEN (Asterolecaniidae, Coccidae)
- aangetaste of afwijkende planten verwijderen en vernietigen.
- bedrijfshygiëne stringent doorvoeren.
- gezond uitgangsmateriaal gebruiken.
- kaspoten schoon branden.
- natuurlijke vijanden inzetten of stimuleren.

DROOGROT sclerotinia soorten *Sclerotinia sp.*
bol- en/of knolbehandeling door dompelen
iprodion
Imex Iprodion Flo, Rovral Aquaflo

DUIZENDPOTEN wortelduizendpoot soorten *Scutigerella sp.*
- grond droog en goed van structuur houden.
- grond stomen, bij voorkeur met onderdruk.
- rassen met een zwaarder wortelgestel kiezen.
- schuur schoonmaken.
- verspreiding voorkomen door machines voor grondbewerking schoon te maken.
- voor voldoende diepe grondbewerking zorgen om bestaande gangen in de grond te verstoren.
- vruchtwisseling toepassen.
signalering:
- door grond in een emmer water te doen komen de wortelduizendpoten boven drijven.
- gewasinspecties uitvoeren.

ECHTE MEELDAUW *Microsphaera sp.*
gewasbehandeling door spuiten
azoxystrobin
Ortiva

ECHTE MEELDAUW erysiphe soorten *Erysiphe sp.*
- sterke temperatuurschommelingen voorkomen.
- te sterke luchtverplaatsing en tocht bij deuren voorkomen.
gewasbehandeling (ruimtebehandeling) door roken
imazalil
Fungaflor Rook

ECHTE MEELDAUW oidium soorten *Oidium sp.*
gewasbehandeling (ruimtebehandeling) door roken
imazalil
Fungaflor Rook

gewasbehandeling door spuiten
azoxystrobin
Ortiva

ECHTE MEELDAUW sphaerotheca soorten *Sphaerotheca sp.*
gewasbehandeling door spuiten
azoxystrobin
Ortiva

EMELTEN groentelangpootmug *Tipula oleracea*, weidelangpootmug *Tipula paludosa*
- besmette grond stomen of inunderen.
- groenbemester onderwerken.
- grond voor 1 augustus scheuren.
- grondbewerking uitvoeren. Door een grondbewerking worden emelten en engerlingen naar boven gespit waar ze uitdrogen of door vogels worden opgepikt.
- niet op gescheurd grasland telen.
- perceel tijdens en na de teelt onkruidvrij houden.
- Steinernema carpocapsaem of Steinernema felbiae (insectparasitaire aaltjes) inzetten.
- uitvoeren van mechanische onkruidbestrijding in augustus en september. Hierdoor zal minder eiafzetting plaatsvinden en is de kans groter dat eieren en jonge larven verdrogen.
- zwarte braak toepassen gedurende een jaar.

FLUOROVERMAAT
- opvoeren van de pH. In ernstige gevallen wordt als fosfaatmeststof gebruik van beendermeel aanbevolen.
- tijdens de teelt ruim water geven en verdamping afremmen.

FUSARIUMZIEKTE *Fusarium bulbicola*
- relatieve luchtvochtigheid (RV) laag houden door stoken en/of luchten, beschadigingen voorkomen en niet te dicht planten.
- ruime plantafstand aanhouden.
- schoenen ontsmetten.
- zo hoog mogelijk planten.

FUSARIUMZIEKTEN *Fusarium oxysporum*
- alleen door stomen met onderdruk wordt een redelijke bestrijding bereikt.
- bij het spoelen vuil en schimmelsporen de gelegenheid geven te bezinken.
- bollen droog en luchtig bewaren met voldoende ventilatie en circulatie.
- bollen of knollen die na de oogst worden gespoeld snel (binnen 24 uur) drogen (geldt niet voor lelies).
- hoge bemesting met stikstof voorkomen.
- minder vatbare rassen telen.
- narcissen niet spoelen.
- ruime vruchtwisseling toepassen (1 op 6).
- schimmelsporen in de bewaarruimte en op fust kunnen worden gedood op de volgende wijze:
  - reinig de ruimte zo goed mogelijk
  - spuit fust, vloer en wanden kletsnat met water
  - verhoog de temperatuur naar 25 graden Celsius en houdt de ruimte vochtig
  - na 1
- zuurgevoelige cultivars tijdig rooien.
bol- en/of knolbehandeling door dompelen
folpet / pyraclostrobin
Securo
kaliumjodide / kaliumthiocyanaat
Spore-Stop
plantgoedbehandeling door dompelen
prothioconazool
Rudis

FUSARIUMZIEKTEN fusarium soorten *Fusarium sp.*
bol- en/of knolbehandeling door dompelen
ascorbinezuur
Dipper, Protect Pro

GEELZUCHT *Verticillium albo-atrum*
- biologische grondontsmetting toepassen.
- eerst teeltwerkzaamheden bij gezonde planten uitvoeren, daarna bij verdachte of aangetaste planten.
- gezond uitgangsmateriaal gebruiken.
- grond stomen met onderdruk.
- organische bemesting toepassen.
- strenge selectie toepassen.
- structuur van de grond verbeteren en voor voldoende bodemtemperatuur zorgen.
- voor optimale cultuuromstandigheden zorgen.
- vruchtwisseling toepassen.

signalering:
- grondonderzoek laten uitvoeren.

GRAUWE SCHIMMEL *Botryotinia fuckeliana*
- aangetaste planten(delen) verwijderen en afvoeren.
- beschadiging voorkomen.
- bladnatperiode door een niet te dichte gewasstand, luchten en droogstoken zo veel mogelijk bekorten.
- bollen volgens richtlijnen ontsmetten.
- gekeurd uitgangsmateriaal gebruiken.
- gereedschap en andere materialen schoonmaken en ontsmetten.
- gewasresten verwijderen.
- inregenen of lekken van kassen voorkomen.
- minder vatbare of resistente rassen telen.
- minder vatbare rassen telen.
- temperatuur van de kweekgrond moet voldoende hoog zijn.
- temperatuurschommelingen voorkomen door gietwater te gebruiken waarvan de temperatuur gelijk is aan die van het wortelmedium.
- vruchtwisseling toepassen.

gewasbehandeling door spuiten
iprodion
    Imex Iprodion Flo, Rovral Aquaflo

GROEI, bevorderen van
- hogere fosfaatgift toepassen.
- hogere nachttemperatuur dan dagtemperatuur beperkt strekking.
- meer licht geeft compactere groei.
- veel water geven bevordert de celstrekking.

HUIDKWALITEIT, bevorderen van
bol- en/of knolbehandeling door dompelen
captan
    Brabant Captan Flowable, Captan 480 SC, Captan 80 WG, Captan 83% Spuitpoeder, Captosan 500 SC, Captosan Spuitkorrel 80 WG, Malvin WG, Merpan Basic WP, Merpan Flowable, Merpan Spuitkorrel

INSEKTEN (insecta)
bol- en/of knolbehandeling (ruimtebeh) door spuiten
pirimifos-methyl
    Actellic 50, Wopro Pirimiphos Methyl
bol- en/of knolbehandeling door spuiten
pirimifos-methyl
    Actellic 50, Wopro Pirimiphos Methyl

KALIUMGEBREK
- tot begin juli met kalisulfaat (patentkali) bemesten.
- voor een goede kalitoestand van de grond of van het groeimedium zorgen, gecombineerd met een juiste bemesting.

KEVERS (coleoptera)
plantbehandeling door spuiten
piperonylbutoxide / pyrethrinen
    Spruzit Vloeibaar

KIEMPLANTENZIEKTE *pythium* soorten *Pythium sp.*
- bemesten met GFT-compost onderdrukt *Pythium* in de grond.
- cultivars gebruiken die weinig *Pythium* gevoelig zijn.

- gereedschap en andere materialen schoonmaken en ontsmetten.
- gewasresten verwijderen.
- grond en/of substraat stomen.
- grond goed ontwateren.
- hoog stikstofgehalte voorkomen.
- niet in te koude of te natte grond planten.
- niet te dicht planten.
- niet teveel water geven.
- structuur van de grond verbeteren en voor voldoende bodemtemperatuur zorgen.
- te hoge zoutconcentratie (EC) en overmatige vochtigheid van de grond voorkomen.
- voor goede en constante groeiomstandigheden zorgen.
- voor voldoende luchtige potgrond zorgen.
- ziektevrij gietwater (leiding- of bronwater) of ontsmet drain-, oppervlakte- en regenwater gebruiken.

bol- en/of knolbehandeling door dompelen
captan
    Brabant Captan Flowable, Captan 480 SC, Captan 80 WG, Captan 83% Spuitpoeder, Captosan 500 SC, Captosan Spuitkorrel 80 WG, Malvin WG, Merpan Basic WP, Merpan Flowable, Merpan Spuitkorrel

KWADEGROND *Rhizoctonia tuliparum*
- aangetaste planten en hun buurplanten verwijderen en de plek markeren.
- plantmateriaal schonen en het afval vernietigen of composteren.

grondbehandeling door spuiten en inwerken
tolclofos-methyl
    Rizolex Vloeibaar

MAGNESIUMGEBREK
- akkerbouwgewassen en bloembollen op kleigronden niet bemesten, maar een bladbespuiting met meststof uitvoeren zodra zich gebrekverschijnselen voordoen.
- bij donker en groeizaam weer spuiten met magnesiumsulfaat, zo nodig herhalen.
- grondverbetering toepassen.
- pH verhogen.

MANGAANGEBREK
- grondverbetering toepassen.
- mangaansulfaat spuiten, alleen bij donker en groeizaam weer.
- pH verlagen.

MIEREN (formicidae)
- lokdozen gebruiken.
- nesten met kokend water aangieten.

MIJTEN spintmijten (tetranychidae)
- gezond uitgangsmateriaal gebruiken.
- insectengaas aanbrengen.
- natuurlijke vijanden inzetten of stimuleren.
- onkruid en resten van de voorteelt verwijderen.
- relatieve luchtvochtigheid (RV) in de kas zo hoog mogelijk houden om spintontwikkeling te remmen.
- spint in de voorafgaande teelt bestrijden.
- vruchtwisseling toepassen.

signalering:
- gewasinspecties uitvoeren.

gewasbehandeling door spuiten
fenbutatinoxide
    Torque

MINEERVLIEGEN (agromyzidae)
- gewasresten na de oogst onderploegen of verwijderen.
- gezond uitgangsmateriaal gebruiken.
- grond afbranden om poppen te doden.
- insectengaas 0,8 x 0,8 mm aanbrengen.
- kans op spontane parasitering in buitenteelt.
- kas ontsmetten.
- kassen 2-3 weken leeg laten voordat nieuwe teelt erin komt.

- natuurlijke vijanden inzetten of stimuleren.
- onkruid bestrijden.
- plastic bij teeltwisseling vervangen.
- substraat vervangen of stomen.
- vruchtwisseling toepassen.

signalering:
- gele vangplaten ophangen.
- gewasinspecties uitvoeren.
- vangplaten neerleggen op de grond voor de paden. Mineervliegen die net uitkomen worden hiermee weggevangen.
- vast laten stellen welke mineervlieg in het spel is.

MOLLEN (talpidae)
- klemmen in gangen plaatsen, voornamelijk aan de rand van het perceel.
- met een schop vangen.

gangbehandeling met tabletten
aluminiumfosfide
      Luxan Mollentabletten
magnesiumfosfide
      Magtoxin WM

MUIZEN (muridae)
- let op: diverse muizensoorten (onder andere veldmuis) zijn wettelijk beschermd.
- nestkasten voor de torenvalk plaatsen.
- onkruid in en om de kas bestrijden.
- slootkanten onderhouden.

MUIZEN veldmuis *Microtus arvalis*
- nestkasten voor de torenvalk plaatsen.

PHYTOPHTHORA phytophthora soorten *Phytophthora sp.*
- te hoge zoutconcentratie (EC) voorkomen.
- voor goede en constante groeiomstandigheden zorgen.
- ziektevrij gietwater (leiding- of bronwater) of ontsmet drain-, oppervlakte- en regenwater gebruiken.

PISSEBED *Oniscus asellus*
- bedrijfshygiëne stringent doorvoeren.
- schuilplaatsen zoals afval- en mesthopen verwijderen.

PYTHIUM SCHIMMELS pythium soorten *Pythium sp.*
- bemesten met GFT-compost onderdrukt *Pythium* in de grond.
- beschadiging voorkomen.
- betonvloer schoon branden.
- geen grond tegen de stengel laten liggen.
- grond en/of substraat stomen.
- schoenen ontsmetten.
- schommelingen in de zoutconcentratie (EC) en in temperatuur voorkomen.
- temperatuur van de kweekgrond moet voldoende hoog zijn.
- temperatuurschommelingen voorkomen door gietwater te gebruiken waarvan de temperatuur gelijk is aan die van het wortelmedium.
- ziektevrij gietwater (leiding- of bronwater) of ontsmet drain-, oppervlakte- en regenwater gebruiken.

RHIZOCTONIA *Thanatephorus cucumeris*
grondbehandeling door spuiten
azoxystrobin
      Amistar
grondbehandeling door spuiten en inwerken
tolclofos-methyl
      Rizolex Vloeibaar

RHIZOCTONIA-ZIEKTE *Thanatephorus cucumeris*
- structuur van de grond verbeteren en voor voldoende bodemtemperatuur zorgen.

RHIZOCTONIA-ZIEKTE rhizoctonia soorten *Rhizoctonia sp.*
- beschadiging voorkomen.
- besmette kisten ontsmetten, grondig reinigen.
- bij het opleggen de kragen van de knollen boven de grond laten uitsteken.
- bollen met de neus boven de grond planten zodat de spruit niet met de dekgrond in aanraking komt.
- bollen planten voordat er sprake is van enige spruitvorming.
- dichte stand voorkomen.
- geen grond tegen de stengel laten liggen.
- grond en/of substraat stomen.
- schoenen ontsmetten.
- temperatuur van de kweekgrond moet voldoende hoog zijn.
- temperatuurschommelingen voorkomen door gietwater te gebruiken waarvan de temperatuur gelijk is aan die van het wortelmedium.
- verse potgrond gebruiken.

RITNAALDEN ritnaalden soorten *Agriotes sp.*
- besmette grond stomen of inunderen.
- uitvoeren van mechanische onkruidbestrijding in augustus en september. Hierdoor zal minder eiafzetting plaatsvinden en is de kans groter dat eieren en jonge larven verdrogen.
- zwarte braak toepassen gedurende een jaar.

ROETDAUW alternaria soorten *Alternaria sp.*
- onderdoor water geven.

ROETDAUW zwartschimmels *Dematiaceae*
- aantasting door honingdauw producerende insecten voorkomen.
- blad-, schild- en dopluizen en wittevlieg bestrijden.
- relatieve luchtvochtigheid (RV) verlagen indien roetdauw ontstaat op suikerafscheiding van de plant zelf.

RUPSEN (lepidoptera)
- insectengaas aanbrengen.
- vruchtwisseling toepassen.

plantbehandeling door spuiten
piperonylbutoxide / pyrethrinen
      Spruzit Vloeibaar

RUPSEN floridamot *Spodoptera exigua*
gewasbehandeling door spuiten
flubendiamide
      Fame

RUPSEN hepialus soorten *Hepialus sp.*
- natuurlijke vijanden inzetten of stimuleren.
- spontane parasitering is mogelijk.

RUPSEN Turkse mot *Chrysodeixis chalcites*
gewasbehandeling door spuiten
flubendiamide
      Fame

SCHILDLUIZEN
- aangetaste of afwijkende planten verwijderen en vernietigen.
- bedrijfshygiëne stringent doorvoeren.
- gezond uitgangsmateriaal gebruiken.
- kaspoten schoon branden.
- natuurlijke vijanden inzetten of stimuleren.

SCHIMMELS
- aangetaste planten(delen) verwijderen en vernietigen.
- gereedschap en andere materialen schoonmaken en ontsmetten.
- gewasresten verwijderen.
- gezond uitgangsmateriaal gebruiken.
- grond goed ontwateren.
- minder vatbare of resistente rassen telen.
- vruchtwisseling toepassen.
- wateroverlast, inregenen of lekken van kassen voorkomen.

bol- en/of knolbehandeling door dompelen
captan
>Brabant Captan Flowable, Captan 480 SC, Captan 80 WG, Captan 83% Spuitpoeder, Captosan 500 SC, Captosan Spuitkorrel 80 WG, Malvin WG, Merpan Basic WP, Merpan Flowable, Merpan Spuitkorrel

iprodion
>Imex Iprodion Flo, Rovral Aquaflo

kaliumjodide / kaliumthiocyanaat
>Spore-Stop

thiofanaat-methyl
>Topsin M Vloeibaar

grondbehandeling door injecteren
metam-natrium
>Monam CleanStart, Monam Geconc., Nemasol

SCHIMMELS *Pythium sp.*
- niet te vroeg zaaien.

SCLEROTIËNROT *Dumontinia tuberosa*
- aangetaste partijen tijdig oogsten, van grond ontdoen en snel drogen.

SCLEROTIËNROT *Sclerotinia minor*
grondbehandeling door spuiten en inwerken
Coniothyrium minitans stam con/m/91-8
>Contans WG

SCLEROTIËNROT *Sclerotinia sclerotiorum*
- aangetast plantmateriaal verwijderen.
- aangetaste scheuten verwijderen voor de rupsen zich verpoppen.
- besmette bovenlaag zo diep mogelijk ploegen.
- besmette grond stomen of inunderen.
- grond en/of substraat stomen.
- hoge relatieve luchtvochtigheid (RV) voorkomen en de bollen ruim planten.
- hoge worteldruk, natslaan van gewas en guttatie voorkomen.
- knollen na het rooien drogen en bewaren in droog zand.
- met van besmetting verdachte partijen geen meerjarige teelt bedrijven.
- onderdoor water geven.
- onkruid bestrijden.
- ruime plantafstand aanhouden.
- ruime vruchtwisseling toepassen.
- schoenen ontsmetten.
- voor bedekte teelten eenjarige knollen gebruiken.

gewasbehandeling door spuiten
iprodion
>Imex Iprodion Flo, Rovral Aquaflo

grondbehandeling door spuiten en inwerken
Coniothyrium minitans stam con/m/91-8
>Contans WG

SLAKKEN (Gastropoda)
- gewas- en strooresten verwijderen of zo snel mogelijk onderwerken.
- grond regelmatig bewerken. Hierdoor wordt de toplaag van de grond droger en is de kans op het verdrogen van eieren en slakken groter.
- grond zo vlak en fijn mogelijk houden.
- onkruid bestrijden.
- Phasmarhabditis hermaphrodita (parasitair aaltje) inzetten.
- schuil- en kweekplaatsen buiten de kas voorkomen.
- schuilplaatsen verwijderen door het land schoon te houden.
- slootkanten onderhouden.

gewasbehandeling door strooien
methiocarb
>Mesurol Pro

grondbehandeling door strooien
metaldehyde
>Brabant Slakkendood, Caragoal GR

SLAKKEN naaktslakken (agriolimacidae, arionidae)
gewasbehandeling door strooien
ijzer(III)fosfaat
>Derrex, ECO-SLAK, Ferramol Ecostyle Slakkenkorrels, NEU 1181M, Sluxx, Smart Bayt Slakkenkorrels

SPRINGSTAARTEN (collembola)
- grond droog en goed van structuur houden.
- natuurlijke vijanden inzetten of stimuleren.
- verspreiding voorkomen door machines voor grondbewerking schoon te maken.
- voor voldoende diepe grondbewerking zorgen om bestaande gangen in de grond te verstoren.
- vruchtwisseling toepassen.

STIKSTOFGEBREK
- stikstofbemesting uitvoeren, vaste stikstofmeststoffen zo nodig inregenen.

TRIPSEN (thysanoptera)
- akkerranden kort houden.
- bewaring gedurende minimaal 6 weken bij 2 graden Celsius of 8 weken bij 5 graden Celsius.
- gewasresten na de oogst onderploegen of verwijderen.
- gezond uitgangsmateriaal gebruiken.
- grond en/of substraat stomen.
- insectengaas 0,8 x 0,8 mm aanbrengen.
- minder vatbare rassen telen.
- natuurlijke vijanden inzetten of stimuleren.
- onkruid bestrijden.
- plastic bij teeltwisseling vervangen.
- vruchtwisseling toepassen.
- warmwaterbehandeling toepassen.
signalering:
- gewasinspecties uitvoeren.
plantbehandeling door spuiten
piperonylbutoxide / pyrethrinen
>Spruzit Vloeibaar

TRIPSEN californische trips *Frankliniella occidentalis*
gewasbehandeling door spuiten
abamectin
>Abamectine HF-G, Budget Abamectine 18 EC, Imex-Abamectine 2, Parimco Abamectine Nieuw, Vectine Plus, Vertimec Gold, Wopro Abamectin

methiocarb
>Mesurol 500 SC

TRIPSEN gladiolentrips *Thrips simplex*
bol- en/of knolbehandeling (ruimtebeh) door spuiten
pirimifos-methyl
>Actellic 50, Wopro Pirimiphos Methyl

bol- en/of knolbehandeling door spuiten
pirimifos-methyl
>Actellic 50, Wopro Pirimiphos Methyl

gewasbehandeling door spuiten
abamectin
>Abamectine HF-G, Budget Abamectine 18 EC, Imex-Abamectine 2, Parimco Abamectine Nieuw, Vectine Plus, Vertimec Gold, Wopro Abamectin

methiocarb
>Mesurol 500 SC

TRIPSEN katoenknoppentrips *Frankliniella schultzei*
bol- en/of knolbehandeling (ruimtebeh) door spuiten
pirimifos-methyl
>Actellic 50, Wopro Pirimiphos Methyl

bol- en/of knolbehandeling door spuiten
pirimifos-methyl
>Actellic 50, Wopro Pirimiphos Methyl

TRIPSEN tabakstrips *Thrips tabaci*
bol- en/of knolbehandeling (ruimtebeh) door spuiten

pirimifos-methyl
Actellic 50, Wopro Pirimiphos Methyl
bol- en/of knolbehandeling door spuiten
pirimifos-methyl
Actellic 50, Wopro Pirimiphos Methyl
gewasbehandeling door spuiten
abamectin
Abamectine HF-G, Budget Abamectine 18 EC, Imex-Abamactine 2, Parimco Abamectine Nieuw, Vectine Plus, Vertimec Gold, Wopro Abamectin

VALSE MEELDAUW peronospora soorten
Peronospora sp.
- gewas zo droog mogelijk houden.
- hoog stikstofgehalte voorkomen.
- onderdoor water geven.
- relatieve luchtvochtigheid (RV) laag houden door stoken en/of luchten, beschadigingen voorkomen en niet te dicht planten.
- ruime plantafstand aanhouden.
- structuur van de grond verbeteren en voor voldoende bodemtemperatuur zorgen.

VALSE MEELDAUW PERONOSPORALES
- condensvorming op het gewas voorkomen.

VERWELKINGSZIEKTE *Fusarium sp.*
- temperatuur van de kweekgrond moet voldoende hoog zijn.
- temperatuurschommelingen voorkomen door gietwater te gebruiken waarvan de temperatuur gelijk is aan die van het wortelmedium.

VIRUSZIEKTEN
- aangetaste planten(delen) verwijderen en afvoeren.
- besmettingsbronnen verwijderen en/of bestrijden.
- gezond uitgangsmateriaal gebruiken.
- onkruid bestrijden.
- overbrengers (vectoren) van virus voorkomen en/of bestrijden.
- planten op grond die vrij is van de virusoverbrengende aaltjes Longidorus en Xiphinema. Zonodig de grond ontsmetten.
- resistente of minder vatbare rassen telen.
signalering:
- gewasinspecties uitvoeren.

VIRUSZIEKTEN bont komkommerbontvirus
- aangetaste planten onmiddellijk verwijderen. Zijn er teveel, dan gezonde en zieke planten afzonderlijk snoeien en oogsten.
- bij de opkweek leidingwater, bronwater of bassinwater gebruiken, indien mogelijk gedurende de gehele teelt.
- gezond uitgangsmateriaal gebruiken.
- grond stomen.
- handen tijdens de werkzaamheden in het gewas nat houden met onverdunde magere melk.
- zaad gebruiken dat een temperatuurbehandeling heeft gehad.

VIRUSZIEKTEN mozaïek komkommermozaïekvirus
- aangetaste planten onmiddellijk verwijderen. Zijn er teveel, dan gezonde en zieke planten afzonderlijk snoeien en oogsten.
- temperatuur boven 20 graden Celsius houden.

VOGELS
- afschrikmethoden zoals vogelverschrikkers, knalapparaten of folie toepassen.
- geen zaaizaad morsen.
- grofmazig gaas voor de luchtramen aanbrengen.
- later zaaien zodat het zaad snel opkomt.
- tijdig oogsten.
- vogels uit de kas weren.
- voldoende diep en regelmatig zaaien voor een regelmatige opkomst.

- zoveel mogelijk gelijktijdig inzaaien.

VUUR *Botryotinia polyblastis*
- bloemknoppen uit het gewas en van percelen verwijderen.
- grond ploegen zodat deze aan de oppervlakte vrij is van sporen en sclerotiën.
- opslag en stekers vroeg in het voorjaar verwijderen.
- ruime plantafstand aanhouden.
- vruchtwisseling toepassen (minimaal 1 op 3).
signalering:
- indien mogelijk een waarschuwingssysteem gebruiken.
gewasbehandeling door spuiten
mancozeb
Brabant Mancozeb Flowable, Dithane DG Newtec, Fythane DG, Manconyl 2, Mastana SC, Penncozeb 80 WP, Penncozeb DG, Tridex 80 WP, Tridex DG, Vondozeb DG

VUUR *Stagonosporopsis curtisii*
- onderdoor water geven.
- plantmateriaal na rooien zo snel mogelijk drogen, droog bewaren en vroeg planten.
- ruime vruchtwisseling toepassen.

VUUR botrytis soorten *Botrytis sp.*
- besmette grond inunderen.
- bloemknoppen uit het gewas en van percelen verwijderen.
- bollen, knollen en dergelijke tijdens de bewaring droog en koel houden en het eventuele invriezen snel laten verlopen.
- gewasresten na de oogst onderploegen of verwijderen.
- grond ploegen zodat deze aan de oppervlakte vrij is van sporen en sclerotiën.
- natslaan van gewas en guttatie voorkomen.
- onderdoor water geven.
- onkruid bestrijden.
- opslag en stekers vroeg in het voorjaar verwijderen.
- ruime plantafstand aanhouden.
- stikstofbemesting matig toepassen.
- voor een afgehard gewas zorgen.
- vruchtwisseling toepassen (minimaal 1 op 3).
- zoutconcentratie (EC) zo hoog mogelijk houden.
signalering:
- indicatorveldje van een vatbare cultivar in het perceel aanleggen.
- indien mogelijk een waarschuwingssysteem gebruiken.
gewasbehandeling door nevelen
thiram
Hermosan 80 WG, Thiram Granuflo
gewasbehandeling door spuiten
fluazinam
Fluazinam 500 SC, Fylan Flow, Ohayo, Shirlan
iprodion
Imex Iprodion Flo, Rovral Aquaflo
mancozeb
Brabant Mancozeb Flowable, Dithane DG Newtec, Fythane DG, Manconyl 2, Mastana SC, Penncozeb 80 WP, Penncozeb DG, Tridex 80 WP, Tridex DG, Vondozeb DG
mepanipyrim
Frupica SC
prothioconazool
Rudis
tebuconazool
Folicur SC

WANTSEN
plantbehandeling door spuiten
piperonylbutoxide / pyrethrinen
Spruzit Vloeibaar

WEERBAARHEID, bevorderen van
plantbehandeling door gieten
Trichoderma harzianum rifai stam t-22
Trianum-P
plantbehandeling via druppelirrigatiesysteem
Trichoderma harzianum rifai stam t-22

Trianum-P
teeltmediumbehandeling door mengen
Trichoderma harzianum rifai stam t-22
Trianum-G

WILD haas, konijn
- alternatief voedsel aanbieden.

WILD hondachtigen (canidae)
- afrastering plaatsen en/of het gewas afdekken.
- alternatief voedsel aanbieden.
- apparatuur gebruiken om de dieren te verjagen.
- jagen (beperkt toepasbaar in verband met Flora- en Faunawet).
- lokpercelen aanleggen met opslag.
- natuurlijke vijanden inzetten of stimuleren.
- stoffen met repellent werking toepassen.

WITTEVLIEGEN (aleurodidae)
- gewas afdekken met vliesdoek.
- gewasresten na de oogst onderploegen of verwijderen.
- gezond uitgangsmateriaal gebruiken.
- insectengaas aanbrengen.
- natuurlijke vijanden inzetten of stimuleren.
- onkruid in en om de kas bestrijden.
- perceel tijdens en na de teelt onkruidvrij houden.
- ruime vruchtwisseling toepassen.
- zaaien en opkweken in onkruidvrije ruimten.
signalering:
- gele vangplaten ophangen.
plantbehandeling door spuiten
piperonylbutoxide / pyrethrinen
Spruzit Vloeibaar

WITTEVLIEGEN kaswittevlieg *Trialeurodes vaporariorum*
gewasbehandeling door spuiten
Paecilomyces fumosoroseus apopka stam 97
Preferal

WOELRAT *Arvicola terrestris*
- let op: de woelrat is wettelijk beschermd.

- mollenklemmen in en bij de gangen plaatsen.
- vangpotten of vangfuiken plaatsen juist onder het wateroppervlak en in de nabijheid van watergangen.
gangbehandeling met lokaas
bromadiolon
Arvicolex
gangbehandeling met tabletten
aluminiumfosfide
Luxan Mollentabletten

WOLLUIZEN (pseudococcidae)
- aangetaste planten(delen) verwijderen.
- druppelaars na afloop van de teelt reinigen of vernieuwen.
- natuurlijke vijanden inzetten of stimuleren.
- ruime plantafstand aanhouden.
- teeltoppervlakken schoonmaken.
signalering:
- vangplaten of vanglampen ophangen, waardoor het goede bestrijdingsmoment vastgesteld kan worden.

WOLLUIZEN phenacoccus soorten *Phenacoccus sp.*
bol- en/of knolbehandeling (ruimtebeh) door spuiten
pirimifos-methyl
Actellic 50, Wopro Pirimiphos Methyl
bol- en/of knolbehandeling door spuiten
pirimifos-methyl
Actellic 50, Wopro Pirimiphos Methyl

WORTELROT pythium soorten *Pythium sp.*
- bemesten met GFT-compost onderdrukt *Pythium* in de grond.
- betonvloer schoon branden.
- cultivars gebruiken die weinig *Pythium* gevoelig zijn.
- grond en/of substraat stomen.
- grond goed ontwateren.
- niet in te koude of te natte grond planten.
- ruime vruchtwisseling toepassen.
- schommelingen in de zoutconcentratie (EC) voorkomen.
- te hoge zoutconcentratie (EC) en overmatige vochtigheid van de grond voorkomen.
- temperatuurschommelingen voorkomen.
- voorjaarsbloeiers niet te vroeg planten.

2.7.4 Ziekten, plagen en teeltproblemen per gewas

Allium soorten SIERUI

AALTJES gewoon wortellesieaaltje *Pratylenchus penetrans*
- aaltjesonderdrukkende voorteelt van *Tagetes*-soorten (afrikaantje) gedurende minimaal 3 maanden toepassen.
- besmette grond en/of substraat ontsmetten of inunderen.
- biologische grondontsmetting toepassen.
- gezond uitgangsmateriaal gebruiken, wortels inspecteren en uitspoelen.
- pH door bekalking verhogen.
- vruchtwisseling toepassen. Bij vatbare gewassen granen, maïs, grassen, aardappel, knolselderij, peen en vlinderbloemigen als voorvrucht vermijden. Biet en kruisbloemigen zijn goede voorvruchten.
signalering:
- grondonderzoek laten uitvoeren.

AALTJES graswortelknobbelaaltje *Meloidogyne naasi*
- gezond uitgangsmateriaal gebruiken.
- grassen en granen niet als voorvrucht telen.
- grond en/of substraat ontsmetten.
- ruime vruchtwisseling toepassen.

AALTJES krokusknolaaltje *Aphelenchoides subtenuis*
- warmwaterbehandeling toepassen. Daarna de bollen snel terugdrogen in verband met toegenomen kans op bolrot.

AALTJES noordelijk wortelknobbelaaltje *Meloidogyne hapla*
- ruime vruchtwisseling toepassen.
- zo laat mogelijk zaaien of planten.
- zwarte braak toepassen in de zomer.

AALTJES stengelaaltje *Ditylenchus dipsaci*
DIT IS EEN QUARANTAINE-ORGANISME

BEWAARROT *Penicillium* soorten
- beschadiging bij de oogst en het verwerken voorkomen.
- bollen op het optimale tijdstip rooien.
- mits de bollen dit verdragen, snel drogen, droog en luchtig bewaren en vroeg planten.
- relatieve luchtvochtigheid (RV) zo laag mogelijk houden (lager dan 80 %) met een goede luchtcirculatie tussen de bollen bij koele bewaring.
- verwerken van de bollen uitstellen tot vlak voor het planten.

MIJTEN tulpengalmijt *Aceria tulipae*
- bewaarruimten grondig reinigen.

- fust preventief stoomcleanen of 10 minuten dompelen in water van 60 °C wanneer fust wordt gebruikt waarin consumptie- of plantuien dan wel aangetaste partijen tulpenbollen zijn bewaard.

NATROT
- geen specifieke niet-chemische maatregel bekend.

VIRUSZIEKTEN geelstreep latent sjalottenvirus
- aangetaste planten(delen) verwijderen.
- vermeerdering door zaad verdient aanbeveling voor die cultivars waarbij dit mogelijk is. Niet naast *Allium* soorten zaaien.

VIRUSZIEKTEN ratel tabaksratelvirus
- aangetaste planten(delen) verwijderen.
- laat planten (na 15 november).
- onkruid, met name wortelonkruiden, bestrijden.

VLIEGEN uienvlieg *Delia antiqua*
- tijdig rooien en snel drogen.

WITROT *Sclerotium perniciosum*
- aangetaste planten met omringende grond verwijderen en vernietigen. Aangetaste partijen vroeg oogsten, van grond ontdoen en snel drogen.
- aangetaste plekken en uitgezeefde grond stomen.
- besmet land pas opnieuw met *Allium* betelen nadat de besmette bovenlaag diep (70 cm) is ondergeploegd.
- bollenvuil verzamelen en afvoeren of composteren.
- verkalkte en verdroogde bollen voor het planten verwijderen.
signalering:
- grondonderzoek laten uitvoeren.

Anemone soorten ANEMOON

AALTJES gewoon wortellesieaaltje *Pratylenchus penetrans*
- aaltjesonderdrukkende voorteelt van *Tagetes*-soorten (afrikaantje) gedurende minimaal 3 maanden toepassen.
- besmette grond en/of substraat ontsmetten of inunderen.
- biologische grondontsmetting toepassen.
- gezond uitgangsmateriaal gebruiken, wortels inspecteren en uitspoelen.
- pH door bekalking verhogen.
- vruchtwisseling toepassen. Bij vatbare gewassen granen, maïs, grassen, aardappel, knolselderij, peen en vlinderbloemigen als voorvrucht vermijden. Biet en kruisbloemigen zijn goede voorvruchten.
signalering:
- grondonderzoek laten uitvoeren.

AALTJES noordelijk wortelknobbelaaltje *Meloidogyne hapla*
- ruime vruchtwisseling toepassen.
- zo laat mogelijk zaaien of planten.
- zwarte braak toepassen in de zomer.

AALTJES vrijlevend wortelaaltje *Hemicycliophora conida*, vrijlevend wortelaaltje *Hemicycliophora thienemanni*, vrijlevend wortelaaltje *Rotylenchus robustus*, vrijlevend wortelaaltje *Rotylenchus uniformis*, wortelknobbelaaltje *Meloidogyne* soorten
- grond stomen.
- indien beschikbaar, resistente rassen telen.
- ruime vruchtwisseling toepassen.

BEWAARROT *Penicillium* soorten
- beschadiging bij de oogst en het verwerken voorkomen.
- bollen binnen 24 uur na rooien winddroog maken.
- knollen droog bewaren met voldoende ventilatie en circulatie.
bol- en/of knolbehandeling door dompelen
captan
    Captosan 500 SC, Brabant Captan Flowable, Captan 480 SC, Captan 83% Spuitpoeder, Merpan Basic WP, Merpan

Spuitkorrel, Captosan Spuitkorrel 80 WG, Captan 80 WG, Merpan Flowable, Malvin WG, Captan 83% Spuitpoeder

GRAUWE SCHIMMEL *Botryotinia fuckeliana*
- beschadiging van het gewas voorkomen.
- bladnatperiode door een niet te dichte gewasstand, luchten en droogstoken zo veel mogelijk bekorten.
- onderdoor water geven.
- stikstofbemesting matig toepassen.

KIEMPLANTENZIEKTE *Pythium* soorten
bol- en/of knolbehandeling door dompelen
captan
    Captosan 500 SC, Brabant Captan Flowable, Captan 480 SC, Captan 83% Spuitpoeder, Merpan Basic WP, Merpan Spuitkorrel, Captosan Spuitkorrel 80 WG, Captan 80 WG, Merpan Flowable, Malvin WG, Captan 83% Spuitpoeder

KNOLROT *Erwinia chrysanthemi*
- Anemone blanda niet bij een bodemtemperatuur hoger dan 9 °C planten.
- bij buiten uitplanten in de herfst dichtslaan van de grond voorkomen.
- grond na het planten niet te nat maken.
- pitten bestemd voor het planten niet langer voorweken dan nodig is om ze te laten opzwellen. Niet bij een temperatuur hoger dan 13 °C weken.
- planten en opkuilen bij een bodemtemperatuur < 13 °C door de grond te bedekken met bijvoorbeeld turfmolm.
- voor de broei koelen bij 5 °C.

KRULBLADZIEKTE *Colletotrichum acutatum*
- direct na opkomst de aangetaste planten zo veel mogelijk verwijderen.
- knollen, pitten, knopen en wol in de tweede helft van maart een warmwaterbehandeling geven en vervolgens met een daartoe toegelaten middel ontsmetten.
- overjarige pitten voor de zaadproductie gebruiken.
bol- en/of knolbehandeling door dompelen
captan
    Brabant Captan Flowable, Captan 480 SC, Captan 80 WG, Captan 83% Spuitpoeder, Captan 83% Spuitpoeder, Captosan 500 SC, Captosan Spuitkorrel 80 WG, Malvin WG, Merpan Basic WP, Merpan Flowable, Merpan Spuitkorrel
gewasbehandeling door spuiten
captan
    Brabant Captan Flowable, Captan 480 SC, Captan 80 WG, Captan 83% Spuitpoeder, Captan 83% Spuitpoeder, Captosan 500 SC, Captosan Spuitkorrel 80 WG, Malvin WG, Merpan Basic WP, Merpan Flowable, Merpan Spuitkorrel

KWADEGROND *Rhizoctonia tuliparum*
- bollen, buurplanten en de grond tot iets onder de bol verwijderen en de plek markeren wanneer de ziekte voor de eerste maal op een perceel voorkomt.

PHYTOPHTHORA-ROT *Phytophthora cactorum*
- geen anemonen op slempgevoelige grond telen.
- te natte grond voorkomen.
- zo weinig mogelijk beregenen.

SCLEROTIËNROT *Dumontinia tuberosa*
- aangetaste partijen tijdig oogsten, van grond ontdoen en snel drogen.
- aangetaste planten met omringende grond verwijderen en vernietigen.
- besmette grond stomen of inunderen.
- geen anemonen naast besmet land telen of dit besmette land eerst diep omploegen.
- knollen na het rooien drogen en bewaren in droog zand.
- met van besmetting verdachte partijen geen meerjarige teelt bedrijven.
- ruime vruchtwisseling toepassen en besmette gronden pas opnieuw met vatbare anemonen betelen nadat de besmette

bovenlaag (0-30 cm diep) circa 70 cm is ondergeploegd of nadat de grond is geïnundeerd.
- verkalkte knollen en sclerotiën voor het planten verwijderen.

SLECHTE KIEMING complex non-parasitaire factoren
- beschadiging bij de oogst en het spoelen voorkomen.
- langzaam drogen (slechts enkele graden boven de buiten- temperatuur).
- op het goede tijdstip rooien.

VALSE MEELDAUW *Peronospora antirrhini*
- bedekte teelt: condensvorming op het gewas voorkomen door het laag houden van de relatieve luchtvochtigheid (RV) door stoken en luchten.
- gewas zo droog mogelijk houden.
- gewasresten na de oogst onderploegen of verwijderen.
- indien beschikbaar, resistente rassen telen.
- onderdoor water geven.
- ruimer zaaien of planten.
- stikstofniveau laag houden.
- structuur van de grond verbeteren.
gewasbehandeling door spuiten
fosetyl / fosetyl-aluminium / propamocarb
    Previcur Energy

VALSE MEELDAUW *Plasmopara pygmaea*
- bedekte teelt: condensvorming op het gewas voorkomen door het laag houden van de relatieve luchtvochtigheid (RV) door stoken en luchten.
- gewas zo droog mogelijk houden.
- gewasresten na de oogst onderploegen of verwijderen.
- indien beschikbaar, resistente rassen telen.
- onderdoor water geven.
- ruimer zaaien of planten.
- stikstofniveau laag houden.
- structuur van de grond verbeteren.

VIRUSZIEKTEN bladrandnecrose tabaksnecrose- virus
- grond in kassen stomen.

VIRUSZIEKTEN geelvlekkigheid komkommermoza- iekvirus
- aangetaste planten en knollen zo spoedig mogelijk verwij- deren en vernietigen.
- nieuwe partijen niet in de buurt van oudere partijen en ranon- kels uitzaaien.
- overbrengers (vectoren) van virus voorkomen en/of bestrijden.

VIRUSZIEKTEN mozaïek knollenmozaïekvirus
- aangetaste planten en knollen zo spoedig mogelijk verwij- deren en vernietigen.
- nieuwe partijen niet in de buurt van oudere partijen en ranon- kels uitzaaien.
- overbrengers (vectoren) van virus voorkomen en/of bestrijden.

VIRUSZIEKTEN peterselieblad knollenmozaïekvirus met komkommermozaïekvi
- aangetast plantmateriaal verwijderen.
- jonge, uit zaad gewonnen partijen op afstand van oudere partijen anemonen of ranonkels telen.

VIRUSZIEKTEN ratel tabaksratelvirus
- aangetast plantmateriaal verwijderen.
- grond ontsmetten.
- onkruid bestrijden.

ZWARTROT *Sclerotinia bulborum*
- aangetaste knollen met omringende grond verwijderen.
- besmette grond in de zomer 6 tot 8 weken inunderen.
- versteende knollen en sclerotiën verwijderen.

Arum soorten ARUM

STINKEND ZACHTROT *Erwinia carotovora subsp. carotovora*
- aangetast plantmateriaal verwijderen.
- bollen binnen 24 uur na rooien winddroog maken.
- gezond uitgangsmateriaal gebruiken.
- grond ontwateren.
- knollen na het rooien drogen.
- knollen niet beschadigen.
- ruime plantafstand aanhouden.

Begonia hybriden KNOLBEGONIA

AALTJES gewoon wortellesieaaltje *Pratylenchus penetrans*
- aaltjesonderdrukkende voorteelt van *Tagetes*-soorten (afri- kaantje) gedurende minimaal 3 maanden toepassen.
- besmette grond en/of substraat ontsmetten of inunderen.
- biologische grondontsmetting toepassen.
- gezond uitgangsmateriaal gebruiken, wortels inspecteren en uitspoelen.
- pH door bekalking verhogen.
- vruchtwisseling toepassen. Bij vatbare gewassen granen, maïs, grassen, aardappel, knolselderij, peen en vlinderbloe- migen als voorvrucht vermijden. Biet en kruisbloemigen zijn goede voorvruchten.
signalering:
- grondonderzoek laten uitvoeren.

AALTJES noordelijk wortelknobbelaaltje *Meloidogyne hapla*
- ruime vruchtwisseling toepassen.
- zo laat mogelijk zaaien of planten.
- zwarte braak toepassen in de zomer.

AALTJES wortelknobbelaaltje *Meloidogyne* soorten
- gezond uitgangsmateriaal gebruiken.
- grond en/of substraat ontsmetten.

BACTERIEVERWELKINGSZIEKTE *Erwinia chrysan- themi*
- aangetaste planten(delen) verwijderen.
- bij het rooien de stengelselectiemethode toepassen. Planten waarvan de stengel op de dwarsdoorsnede bruine stippen of een bruine ring vertonen niet voor de vermeerdering gebruiken.
- mes ontsmetten in de stekkas en bij het snijden van de knollen voor vegetatieve vermeerdering.

BLADLUIZEN boterbloemluis *Aulacorthum solani*
- gewasresten na de oogst onderploegen of verwijderen.
- natuurlijke vijanden inzetten of stimuleren.

ECHTE MEELDAUW *Microsphaera begoniae*
- relatieve luchtvochtigheid (RV) laag houden door stoken en/ of luchten.

GRAUWE SCHIMMEL *Botryotinia fuckeliana*
- aangetaste planten(delen) en gewasresten verwijderen.
- beschadiging voorkomen.
- gekeurd uitgangsmateriaal gebruiken.
- gereedschap en andere materialen schoonmaken en ont- smetten.
- inregenen of lekken van kassen voorkomen.
- minder vatbare of resistente rassen telen.
- relatieve luchtvochtigheid (RV) laag houden door stoken en/ of luchten.
- vruchtwisseling toepassen.

KNOLROT *Chalara elegans*
- beschadiging van de stengel en de knol voorkomen.
- bladziekten bestrijden.
- geen overmatige stikstofbemesting geven.

- grond goed ontwateren.
- knollen spoelen, snel drogen bij een gematigde temperatuur en droog en koel bewaren.
- op het goede tijdstip rooien (niet te vroeg).

MIJTEN begoniamijt *Polyphagotarsonemus latus*
- gezond uitgangsmateriaal gebruiken.
- natuurlijke vijanden inzetten of stimuleren.

MIJTEN cyclamenmijt *Phytonemus pallidus*
- gezond uitgangsmateriaal gebruiken.
- natuurlijke vijanden inzetten of stimuleren.

OLIEVLEKKENZIEKTE *Xanthomonas axonopodis pv. begoniae*
- aangetaste planten(delen) verwijderen en vernietigen.
- bij het stekken het mes regelmatig ontsmetten of steeds schone mesjes gebruiken.
- hoge relatieve luchtvochtigheid (RV) en hoge temperatuur voorkomen.
- onbesmet gietwater gebruiken.
- onderdoor water geven.

VERWELKINGSZIEKTE *Verticillium dahliae*
- aangetaste planten(delen) verwijderen.

VIRUSZIEKTEN tomatenbronsvlekkenvirus
- gezond uitgangsmateriaal gebruiken.
- stekkassen luis- en tripsdicht maken.

VLEKKENZIEKTE *Myrothecium roridum*
- aangetaste planten(delen) verwijderen en afvoeren.
- gereedschap en andere materialen schoonmaken en ontsmetten.
- gewasresten verwijderen.
- minder vatbare of resistente rassen telen.
- vruchtwisseling toepassen.

VOETROT *Thanatephorus cucumeris*
- grond goed ontwateren.
- relatieve luchtvochtigheid (RV) rondom de voet van de plant laag houden door ruim te planten.

WORTELBRAND *Pythium ultimum var. ultimum*
- bemesten met GFT-compost onderdrukt *Pythium* in de grond.
- cultivars gebruiken die weinig *Pythium* gevoelig zijn.
- grond en/of substraat stomen.
- grond goed ontwateren.
- hoog stikstofgehalte voorkomen.
- niet in te koude of te natte grond planten.
- te hoge zoutconcentratie (EC) en overmatige vochtigheid van de grond voorkomen.
- ziektevrij gietwater (leiding- of bronwater) of ontsmet drain-, oppervlakte- en regenwater gebruiken.

Brodiaea soorten BRODIAEA

KWADEGROND *Rhizoctonia tuliparum*
- aangetaste planten en hun buurplanten verwijderen en de plek markeren.
- bollen, buurplanten en de grond tot iets onder de bol verwijderen en de plek markeren wanneer de ziekte voor de eerste maal op een perceel voorkomt.
- grond waarop besmetting wordt verwacht tot in het grondwater onderploegen.
- plantgoed afkomstig van besmette percelen zo goed mogelijk schonen. Het hiervan afkomstige vuil vernietigen of composteren.

WOEKERZIEKTE *Corynebacterium fascians*
- afwijkende bollen uitsorteren en vernietigen.
- houd rekening met waardplanten zoals lelie en blauw druifje.
- knollen diep (10-15 cm) planten.
- opslag vernietigen, bijvoorbeeld door inundatie.

- ruime vruchtwisseling toepassen en in vruchtwisselingschema rekening houden met onder andere lelie en Muscari.

ZWARTSNOT *Sclerotinia bulborum*
- aangetaste knollen met omringende grond verwijderen.
- besmette grond in de zomer 6 tot 8 weken inunderen.
- dode knollen verwijderen en vernietigen.
- houd rekening met waardplanten zoals lelie en blauw druifje.
- versteende knollen en sclerotiën verwijderen.

Camassia soorten CAMASSIA

AALTJES destructoraaltje *Ditylenchus destructor, krokusknolaaltje Aphelenchoides subtenuis*
- opslag verwijderen of voorkomen.
- ruime vruchtwisseling toepassen.
- warmwaterbehandeling toepassen. Daarna de bollen snel terugdrogen in verband met toegenomen kans op bolrot.

AALTJES stengelaaltje *Ditylenchus dipsaci*
DIT IS EEN QUARANTAINE-ORGANISME

KWADEGROND *Rhizoctonia tuliparum*
- aangetaste planten en hun buurplanten verwijderen en de plek markeren.
- bollen, buurplanten en de grond tot iets onder de bol verwijderen en de plek markeren wanneer de ziekte voor de eerste maal op een perceel voorkomt.
- grond waarop besmetting wordt verwacht tot in het grondwater onderploegen.
- plantgoed afkomstig van besmette percelen zo goed mogelijk schonen. Het hiervan afkomstige vuil vernietigen of composteren.

Chionodoxa soorten SNEEUWROEM

AALTJES destructoraaltje *Ditylenchus destructor*
- besmette grond in de zomer 6 tot 8 weken inunderen.
- grond stomen.
- indien beschikbaar, resistente rassen telen.
- ruime vruchtwisseling toepassen.
- warmwaterbehandeling toepassen. Daarna de bollen snel terugdrogen in verband met toegenomen kans op bolrot.

AALTJES noordelijk wortelknobbelaaltje *Meloidogyne hapla*
- ruime vruchtwisseling toepassen.
- zo laat mogelijk zaaien of planten.
- zwarte braak toepassen in de zomer.

AALTJES stengelaaltje *Ditylenchus dipsaci*
DIT IS EEN QUARANTAINE-ORGANISME

GEELZIEK *Xanthomonas hyacinthi*
- besmette partijen niet voor kistenbroei gebruiken of bollen ontsmetten.
- bollen in speciale bewaarruimten gedurende 4 weken bij 30 °C opslaan en daarna een heetstookbehandeling uitvoeren.
- bollen na de oogst snel drogen of enige dagen bij goed drogend weer buiten laten staan.
- bollen van zieke plekken apart rooien, bollen vernietigen of snel drogen, afbroeien.
- direct na het verwijderen van het winterdek met ziekzoeken beginnen en dit regelmatig herhalen tot aan het rooien.
- niet in het gewas komen als het nog nat is.
- plantgoed voor het planten uitzoeken.
- rooi-, sorteer- en andere machines en fust na het rooien en het verwerken van besmette partij volgens advies ontsmetten.
- voor het rooien het loof van zieke partijen niet maaien maar aftrekken.
- vroeg in het voorjaar opslag verwijderen (ook in belendende percelen).

KWADEGROND *Rhizoctonia tuliparum*
- aangetaste planten en hun buurplanten verwijderen en de plek markeren.
- bollen, buurplanten en de grond tot iets onder de bol verwijderen en de plek markeren wanneer de ziekte voor de eerste maal op een perceel voorkomt.
- grond waarop besmetting wordt verwacht tot in het grondwater onderploegen.
- plantgoed afkomstig van besmette percelen zo goed mogelijk schonen. Het hiervan afkomstige vuil vernietigen of composteren.
- plantgoed ontsmetten.

ZWARTSNOT *Sclerotinia bulborum*
- besmette grond in de zomer 6 tot 8 weken inunderen.
- besmette partijen niet voor kistenbroei gebruiken of bollen ontsmetten.
- bollen van zieke planten en enkele buurplanten met omringende grond direct na aantreffen verwijderen.
- plantgoed uitzoeken.

Colchicum soorten HERFSTTIJLOOS

AALTJES chrysantenbladaaltje *Aphelenchoides ritzemabosi*
- aaltjesvrije trays, potten, grond en gietwater gebruiken.
- afwijkende planten direct verwijderen.
- bassin vrijhouden van waterplanten.
- gewasresten na de oogst onderploegen of verwijderen.
- grond braak laten liggen.
- handen en gereedschap regelmatig ontsmetten.
- niet naast andere waardplanten telen.
- onderdoor water geven.
- onkruid bestrijden.
- teeltsysteem met aaltjesbesmetting ontsmetten.
- vruchtwisseling toepassen van 3 maanden, chemische grondontsmetting is dan overbodig.

AALTJES destructoraaltje *Ditylenchus destructor, krokusknolaaltje Aphelenchoides subtenuis*
- besmette grond in de zomer 6 tot 8 weken inunderen.
- grond stomen.
- indien beschikbaar, resistente rassen telen.
- opslag verwijderen of voorkomen.
- ruime vruchtwisseling toepassen.
- warmwaterbehandeling toepassen. Daarna de bollen snel terugdrogen in verband met toegenomen kans op bolrot.

AALTJES scabiosabladaaltje *Aphelenchoides blastophorus*
- aaltjesvrije trays, potten, grond en gietwater gebruiken.
- afwijkende planten direct verwijderen.
- bassin vrijhouden van waterplanten.
- gewasresten na de oogst onderploegen of verwijderen.
- grond braak laten liggen.
- handen en gereedschap regelmatig ontsmetten.
- onderdoor water geven.
- onkruid bestrijden.
- teeltsysteem met aaltjesbesmetting ontsmetten.

BEWAARROT *Penicillium* soorten
- aangetaste planten(delen) verwijderen en afvoeren.
- beschadiging van het gewas voorkomen.
- besmetting van gietwater voorkomen.
- gezond uitgangsmateriaal gebruiken.
- grond en/of substraat stomen.
- handen en gereedschap regelmatig ontsmetten.
- natslaan van gewas en guttatie voorkomen.
- onderdoor water geven.
- ruime plantafstand aanhouden.
- schoenen ontsmetten.
- voor goede groeiomstandigheden zorgen.
- weelderige groei voorkomen.

- wegwerphandschoenen gebruiken en deze zo vaak mogelijk vernieuwen.

BOTRYTIS-ZIEKTE *Botrytis* soorten
- besmette grond in de zomer 6 tot 8 weken inunderen.
- bloemknoppen uit het gewas en van percelen verwijderen.
- grond ploegen zodat deze aan de oppervlakte vrij is van sporen en sclerotiën.
- opslag en stekers vroeg in het voorjaar verwijderen.
- ruime plantafstand aanhouden.
- vruchtwisseling toepassen (minimaal 1 op 3).

signalering:
- indien mogelijk een waarschuwingssysteem gebruiken.

BRAND *Urocystis colchici*
- aangetaste planten(delen) verwijderen en vernietigen.
- ruime vruchtwisseling toepassen.

KWADEGROND *Rhizoctonia tuliparum*
- aangetaste planten en hun buurplanten verwijderen en de plek markeren.
- plantmateriaal schonen en het afval vernietigen of composteren.

ROEST *Uromyces colchici*
- aangetaste planten(delen) verwijderen en afvoeren.
- gereedschap en andere materialen schoonmaken en ontsmetten.
- gewasresten verwijderen.
- minder vatbare of resistente rassen telen.
- vruchtwisseling toepassen.

VIRUSZIEKTEN tabaksratelvirus
- aangetaste planten(delen) verwijderen.

Crocosmia soorten MONTBRETIA

AALTJES gewoon wortellesieaaltje *Pratylenchus penetrans*
- aaltjesonderdrukkende voorteelt van *Tagetes*-soorten (afrikaantje) gedurende minimaal 3 maanden toepassen.
- besmette grond en/of substraat ontsmetten of inunderen.
- biologische grondontsmetting toepassen.
- gezond uitgangsmateriaal gebruiken, wortels inspecteren en uitspoelen.
- pH door bekalking verhogen.
- vruchtwisseling toepassen. Bij vatbare gewassen granen, maïs, grassen, aardappel, knolselderij, peen en vlinderbloemigen als voorvrucht vermijden. Biet en kruisbloemigen zijn goede voorvruchten.

signalering:
- grondonderzoek laten uitvoeren.

AALTJES vrijlevende wortelaaltjes *Trichodorus* soorten
- grond en/of substraat ontsmetten.

DROOGROT *Stromatinia gladioli*
- aangetaste planten en omstanders met knol verwijderen en vernietigen.
- Montbretia niet op besmette gronden telen.
- op verse grond planten.
- vroeg en apart rooien om het uitzoeken van zieke knollen te vergemakkelijken.

KNOLROT *Fusarium oxysporum f.sp. gladioli*
- aangetaste planten en knollen zo spoedig mogelijk verwijderen en vernietigen.
- kralen niet voorkiemen.
- minder vatbare rassen telen.
- ruime vruchtwisseling toepassen (1 op 6) om schade te voorkomen. Geen vruchtopvolging met gewassen als krokus, freesia, iris en ixia toepassen.
- vroeg planten.

- vroeg rooien.
- zwaar aangetaste partijen van knollen en pitten vernietigen.

TRIPSEN californische trips *Frankliniella occidentalis*
- grond en/of substraat stomen.
- minder vatbare rassen telen.
- natuurlijke vijanden inzetten of stimuleren.
- onkruid bestrijden.
- plastic bij teeltwisseling vervangen.

VUUR *Botryotinia draytonii*
- aangetaste planten(delen) verwijderen.
- besmette grond in de zomer 6 tot 8 weken inunderen.
- duidelijk aangetaste planten vroegtijdig verwijderen.
- gewasresten en bloemen verwijderen.
- grond ploegen zodat deze aan de oppervlakte vrij is van sporen en sclerotiën.
- kralen en pitten een warmwaterbehandeling geven.
- loof aftrekken of afslaan in plaats van knippen.
- na het rooien snel drogen (op de droogwand), enkele weken nadrogen en droog bewaren.
- na verwerking enkele dagen drogen om eventuele mechanische beschadiging te laten opdrogen.
- partijen waarin vuur voorkomt tijdig rooien.
- relatieve luchtvochtigheid (RV) laag houden door stoken en/ of luchten.
- ruime plantafstand aanhouden.
- vruchtwisseling toepassen (1 op 4) en opslag verwijderen.

gewasbehandeling door spuiten
chloorthalonil
    Budget Chloorthalonil 500 SC, Daconil 500 Vloeibaar

Crocus soorten KROKUS

AALTJES destructoraaltje *Ditylenchus destructor*
- besmette grond in de zomer 6 tot 8 weken inunderen.
- grond stomen.
- indien beschikbaar, resistente rassen telen.
- opslag verwijderen of voorkomen.
- ruime vruchtwisseling toepassen.
- warmwaterbehandeling toepassen. Daarna de bollen snel terugdrogen in verband met toegenomen kans op bolrot.

AALTJES gewoon wortellesieaaltje *Pratylenchus penetrans*
- aaltjesonderdrukkende voorteelt van *Tagetes*-soorten (afrikaantje) gedurende minimaal 3 maanden toepassen.
- besmette grond en/of substraat ontsmetten of inunderen.
- biologische grondontsmetting toepassen.
- gezond uitgangsmateriaal gebruiken, wortels inspecteren en uitspoelen.
- pH door bekalking verhogen.
- vruchtwisseling toepassen. Bij vatbare gewassen granen, maïs, grassen, aardappel, knolselderij, peen en vlinderbloemigen als voorvrucht vermijden. Biet en kruisbloemigen zijn goede voorvruchten.

signalering:
- grondonderzoek laten uitvoeren.

grondbehandeling door injecteren
metam-natrium
    Monam CleanStart, Monam Geconc., Nemasol

AALTJES krokusknolaaltje *Aphelenchoides subtenuis*
- opslag verwijderen of voorkomen.
- ruime vruchtwisseling toepassen.
- warmwaterbehandeling toepassen. Daarna de bollen snel terugdrogen in verband met toegenomen kans op bolrot.

AALTJES noordelijk wortelknobbelaaltje *Meloidogyne hapla*
- ruime vruchtwisseling toepassen.
- zo laat mogelijk zaaien of planten.

- zwarte braak toepassen in de zomer.

AALTJES stengelaaltje *Ditylenchus dipsaci*
DIT IS EEN QUARANTAINE-ORGANISME

AALTJES vrijlevend wortelaaltje *Hemicycliophora conida, vrijlevende wortelaaltjes Trichodorus* soorten
- grond en/of substraat ontsmetten.

AALTJES wortellesieaaltje *Pratylenchus* soorten
- aaltjesonderdrukkende voorteelt van *Tagetes*-soorten (afrikaantje) gedurende minimaal 3 maanden toepassen.
- besmette grond en/of substraat ontsmetten of inunderen.
- biologische grondontsmetting toepassen.
- gezond uitgangsmateriaal gebruiken, wortels inspecteren en uitspoelen.
- pH door bekalking verhogen.
- vruchtwisseling toepassen. Bij vatbare gewassen granen, maïs, grassen, aardappel, knolselderij, peen en vlinderbloemigen als voorvrucht vermijden. Biet en kruisbloemigen zijn goede voorvruchten.

signalering:
- grondonderzoek laten uitvoeren.

BEWAARROT *Penicillium hirsutum*
- beschadiging bij de oogst en het verwerken voorkomen.
- bollen droog en luchtig bewaren met voldoende ventilatie en circulatie.
- bollen snel drogen.

bol- en/of knolbehandeling door dompelen
captan
    Brabant Captan Flowable, Captan 480 SC, Captan 80 WG, Captan 83% Spuitpoeder, Captan 83% Spuitpoeder, Captosan 500 SC, Captosan Spuitkorrel 80 WG, Malvin WG, Merpan Basic WP, Merpan Flowable, Merpan Spuitkorrel

BEWAARROT *Penicillium* soorten
- beschadiging bij de oogst en het verwerken voorkomen.
- bollen droog en luchtig bewaren met voldoende ventilatie en circulatie.
- bollen snel drogen.

bol- en/of knolbehandeling door dompelen
captan
    Brabant Captan Flowable, Captan 480 SC, Captan 80 WG, Captan 83% Spuitpoeder, Captan 83% Spuitpoeder, Captosan 500 SC, Captosan Spuitkorrel 80 WG, Malvin WG, Merpan Basic WP, Merpan Flowable, Merpan Spuitkorrel

BLADVLEKKENZIEKTE *Colletotrichum* soorten
bol- en/of knolbehandeling door dompelen
captan
    Brabant Captan Flowable, Captan 480 SC, Captan 80 WG, Captan 83% Spuitpoeder, Captan 83% Spuitpoeder, Captosan 500 SC, Captosan Spuitkorrel 80 WG, Malvin WG, Merpan Basic WP, Merpan Flowable, Merpan Spuitkorrel

BOTRYTIS-ZIEKTE *Botrytis croci, Botrytis* soorten
- besmette grond in de zomer 6 tot 8 weken inunderen.
- bloemen koppen en verwijderen.
- grond ploegen zodat deze aan de oppervlakte vrij is van sporen en sclerotiën.
- opslag en stekers vroeg in het voorjaar verwijderen.
- plantgoed ontsmetten.
- vatbare soorten bij elkaar planten zodat deze eventueel apart een extra bespuiting kunnen krijgen.
- vruchtwisseling toepassen van minimaal 1 op 3.
- zwaar gewas, dichte stand en te hoge relatieve luchtvochtigheid (RV) voorkomen.

signalering:
- indicatorveldje van een vatbare cultivar in het perceel aanleggen.
- indien mogelijk een waarschuwingssysteem gebruiken.

DROOGROT *Stromatinia gladioli*
- op onbesmette grond planten.

HALSROT *Fusarium* **soorten**
bol- en/of knolbehandeling door dompelen
ascorbinezuur
    Dipper, Protect Pro

KNOLROT *Fusarium oxysporum f.sp. gladioli*
- aangetaste knollen uitsorteren. Let hierbij op knollen waarvan de ontwikkeling van de pen achterblijft.
- besmette partijen vroeg rooien en snel drogen.
- geen overmatige stikstofbemesting geven.
- indien mogelijk laat planten.
- ruime vruchtwisseling toepassen.

KWADEGROND *Rhizoctonia tuliparum*
- aangetaste planten en hun buurplanten verwijderen en de plek markeren.
- besmette grond in de zomer 6 tot 8 weken inunderen.
- bollen, buurplanten en de grond tot iets onder de bol verwijderen en de plek markeren wanneer de ziekte voor de eerste maal op een perceel voorkomt.
- grond waarop besmetting wordt verwacht tot in het grondwater onderploegen.
- plantgoed afkomstig van besmette percelen zo goed mogelijk schonen. Het hiervan afkomstige vuil vernietigen of composteren.

ROEST *Uromyces croci*
- alle knollen met vlekken en/of slecht ontwikkelde pennen uit het plantgoed verwijderen.
- ruime vruchtwisseling toepassen.
- warmwaterbehandeling van 2,5 uur bij 43,5 °C toepassen.

ROEST pseudo-roest *Fusarium oxysporum*
- alle in groei achterblijvende planten in het veld verwijderen, zieke partijen tijdig oogsten en laat planten.
- geen overmatige stikstofbemesting geven.
- matig tot zwaar aangetaste partijen vernietigen.

VERFIJNING TYPE I onbekende factor
- selectiepartij uit topmaat telen.

VERFIJNING TYPE II onbekende factor
- geen specifieke niet-chemische maatregel bekend.

VERKALKING OF VERSTENING mechanische schade
- beschadiging voorkomen.
- op het goede tijdstip oogsten om een goede huidkwaliteit te verkrijgen.

VIRUSZIEKTEN grijs irisgrijsvirus
- bladluizen bestrijden tijdens de bewaring in de schuur.
- selectie toepassen, niet planten naast gewassen welke smetstofdrager zijn, zoals Iris (bol en rhizoom).

VIRUSZIEKTEN mozaïek bonenrolmozaïekvirus
- bij weinig aangetaste planten de zieke planten verwijderen en vernietigen. Bij veel aangetaste planten de hele partij vervangen.

VIRUSZIEKTEN mozaïek bonenscherpmozaïekvirus, mozaïek komkommermozaïekvirus
- viruszieke planten zo vroeg mogelijk verwijderen.

VIRUSZIEKTEN ratel tabaksratelvirus
- aangetaste planten(delen) verwijderen.
- laat planten (na 15 november).
- onkruid, met name wortelonkruiden, bestrijden.

VIRUSZIEKTEN waaierbont arabis-mozaïekvirus
- selectie toepassen tijdens de bloei.

VUUR *Botryotinia draytonii*
gewasbehandeling door spuiten
chloorthalonil
    Budget Chloorthalonil 500 SC, Daconil 500 Vloeibaar
signalering:
- indicatorveldje van een vatbare cultivar in het perceel aanleggen.
- indien mogelijk een waarschuwingssysteem gebruiken.

WORTELROT *Pythium ultimum var. ultimum*
- knollen voor het planten schonen.
- na inundatie eerst een niet-*Pythium*-vatbaar gewas telen.
- niet in besmette grond telen.
- ruime vruchtwisseling toepassen (1 op 4).
grondbehandeling door spuiten en inwerken
propamocarb-hydrochloride
    Imex-Propamocarb
veurbehandeling door spuiten
metalaxyl-M
    Budget Metlaxyl-M SL, Ridomil Gold

WORTELROT *Pythium* **soorten**
- bemesten met GFT-compost onderdrukt *Pythium* in de grond.
- cultivars gebruiken die weinig *Pythium* gevoelig zijn.
- grond en/of substraat stomen.
- grond goed ontwateren.
- hoog stikstofgehalte voorkomen.
- knollen voor het planten schonen.
- na inundatie eerst een niet-*Pythium*-vatbaar gewas telen.
- niet in besmette grond telen.
- niet in te koude of te natte grond planten.
- ruime vruchtwisseling toepassen (1 op 4).
- te hoge zoutconcentratie (EC) en overmatige vochtigheid van de grond voorkomen.
- ziektevrij gietwater (leiding- of bronwater) of ontsmet drain-, oppervlakte- en regenwater gebruiken.
bol- en/of knolbehandeling door dompelen
captan
    Brabant Captan Flowable, Captan 480 SC, Captan 80 WG, Captan 83% Spuitpoeder, Captan 83% Spuitpoeder, Captosan 500 SC, Captosan Spuitkorrel 80 WG, Malvin WG, Merpan Basic WP, Merpan Flowable, Merpan Spuitkorrel

Cyclamen persicum CYCLAMEN

GLOEOSPORIUM-ROT *Gloeosporium cyclaminis*
- aangetaste planten(delen) verwijderen.

NECTRIA RADICICOLA *Nectria radicicola*
- droog telen.
- nieuwe of ontsmette potten gebruiken.
- pot- en kuilgrond ontsmetten.

Dahlia soorten DAHLIA

AALTJES destructoraaltje *Ditylenchus destructor*
- knollen van gezonde partijen voor het stekken gebruiken.
- rabatten schoonmaken en de stekbakjes ontsmetten in een houtconserveringsmiddel.
- vruchtwisseling toepassen bij vatbare gewassen (1 op 3). Houd rekening met waardplanten. Dit maakt een chemische grondontsmetting overbodig.
- warmwaterbehandeling toepassen. Daarna de bollen snel terugdrogen in verband met toegenomen kans op bolrot.

AALTJES gewoon wortellesieaaltje *Pratylenchus penetrans*
- aaltjesonderdrukkende voorteelt van *Tagetes*-soorten (afrikaantje) gedurende minimaal 3 maanden toepassen.
- besmette grond en/of substraat ontsmetten of inunderen.
- biologische grondontsmetting toepassen.
- gezond uitgangsmateriaal gebruiken, wortels inspecteren en uitspoelen.
- pH door bekalking verhogen.

- vruchtwisseling toepassen. Bij vatbare gewassen granen, maïs, grassen, aardappel, knolselderij, peen en vlinderbloemigen als voorvrucht vermijden. Biet en kruisbloemigen zijn goede voorvruchten.

signalering:
- grondonderzoek laten uitvoeren.

AALTJES maiswortelknobbelaaltje *Meloidogyne chitwoodi*
DIT IS EEN QUARANTAINE-ORGANISME

AALTJES noordelijk wortelknobbelaaltje *Meloidogyne hapla*
- ruime vruchtwisseling toepassen.
- zo laat mogelijk zaaien of planten.
- zwarte braak toepassen in de zomer.

AALTJES vrijlevend wortelaaltje *Hemicycliophora conida*
- besmette grond in de zomer 6 tot 8 weken inunderen.
- grond stomen.
- indien beschikbaar, resistente rassen telen.
- ruime vruchtwisseling toepassen.

BACTERIEVERWELKINGSZIEKTE *Erwinia chrysanthemi*
- aangetaste planten(delen) verwijderen.
- bij het rooien de stengelselectiemethode toepassen. Planten waarvan de stengel op de dwarsdoorsnede bruine stippen of een bruine ring vertonen niet voor de vermeerdering gebruiken.
- donkergekleurde stekken vernietigen.
- stekken niet in stilstaand water afspoelen maar besproeien met een gieter of tuinslang.
- te hoge temperatuur in de kas voorkomen en niet te veel water geven.
- verwelkende planten op het veld en op het stekbed verwijderen.
- voor het stekbed uitsluitend verse grond gebruiken.
- vruchtwisseling toepassen.

BLADLUIZEN zwarte bonenluis *Aphis fabae*
- gewasresten na de oogst onderploegen of verwijderen.
- natuurlijke vijanden inzetten of stimuleren.

BLADVLEKKENZIEKTE *Entyloma calendulae f.sp. dahliae*
- afvalhopen tijdig verwijderen of composteren.
- bestrijding bij knollenteelt doorgaans niet van belang.
- bij ernstige aantasting het gewas niet diep afmaaien.
- grond waarop Dahlia werd geteeld ploegen. Niet spitten, opdat besmette grond niet aan de lucht wordt blootgesteld.

BRUINROT complex non-parasitaire factoren
- geoogste knollen zo snel mogelijk in een bewaarruimte opslaan bij 9 °C en zonder merkbare luchtbeweging.
- niet overmatig bemesten.
- relatieve luchtvochtigheid (RV) van 95 % aanhouden in de bewaarruimte.

GRAUWE SCHIMMEL *Botryotinia fuckeliana*
- aangetaste planten(delen) verwijderen en afvoeren.
- beschadiging voorkomen.
- bladnatperiode door een niet te dichte gewasstand, luchten en droogstoken zo veel mogelijk bekorten.
- gereedschap en andere materialen schoonmaken en ontsmetten.
- gewasresten verwijderen.
- minder vatbare of resistente rassen telen.
- vruchtwisseling toepassen.

MIJTEN bonenspintmijt *Tetranychus urticae*
gewasbehandeling door spuiten
abamectin

Abamectine HF-G, Budget Abamectine 18 EC, Imex-Abamectine 2, Parimco Abamectine Nieuw, Vectine Plus, Vertimec Gold, Wopro Abamectin

RHIZOCTONIA-ZIEKTE *Thanatephorus cucumeris*
- bij het opleggen de kragen van de knollen boven de grond laten uitsteken.
- verse potgrond gebruiken.

RUWE STEK waterovermaat
- bij waarnemen van de eerste symptomen de kas luchten en droogstoken, de watergift aanpassen.

SCLEROTIËNROT *Sclerotinia sclerotiorum*
- aangetaste planten en hun buurplanten verwijderen en vernietigen.
- besmette bovenlaag zo diep mogelijk ploegen.
- besmette grond in de zomer 6 tot 8 weken inunderen.
- grond ontsmetten of enkele jaren niet gebruiken voor vatbare rassen.

TRIPSEN tabakstrips *Thrips tabaci*
- akkerranden kort houden.
- grond en/of substraat stomen.
- minder vatbare rassen telen.
- natuurlijke vijanden inzetten of stimuleren.
- onkruid bestrijden.
- plastic bij teeltwisseling vervangen.
- vruchtwisseling toepassen.

VIRUSZIEKTEN kringvlekkenziekte tomatenbronsvlekkenvirus
- bij voorkeur uitgaan van virusvrij oplegmateriaal. Het virus komt in vele cultivars latent voor.
- overbrengers (vectoren) van virus voorkomen en/of bestrijden.
- strenge selectie toepassen in stekkas, stekbak en op het veld.
- virusvrije en viruszieke knollen niet in hetzelfde kascompartiment leggen.

VIRUSZIEKTEN mozaïek dahliamozaïekvirus
- aangetast plantmateriaal verwijderen.
- besmettingsbronnen verwijderen en/of bestrijden.
- gezond uitgangsmateriaal gebruiken.
- indien beschikbaar, resistente of minder vatbare rassen telen.
- onkruid bestrijden.
- overbrengers (vectoren) van virus voorkomen en/of bestrijden.
- planten op grond die vrij is van de virusoverbrengende aaltjes Longidorus en Xiphinema. Zonodig de grond ontsmetten.
- strenge selectie toepassen in stekkas, stekbak en op het veld.

VIRUSZIEKTEN mozaïek komkommermozaïekvirus
- aangetast plantmateriaal verwijderen.
- besmettingsbronnen verwijderen en/of bestrijden.
- gezond uitgangsmateriaal gebruiken.
- indien beschikbaar, resistente of minder vatbare rassen telen.
- onkruid bestrijden.
- overbrengers (vectoren) van virus voorkomen en/of bestrijden.
- planten op grond die vrij is van de virusoverbrengende aaltjes Longidorus en Xiphinema. Zonodig de grond ontsmetten.
- strenge selectie toepassen in stekkas, stekbak en op het veld.

VIRUSZIEKTEN tabaksstrepenvirus
- selectie toepassen in de stekken.

WANTSEN tweestippelige groene wants *Closterotomus norwegicus*
- insectengaas aanbrengen.
- natuurlijke vijanden inzetten of stimuleren.
- vruchtwisseling toepassen.

WOEKERZIEKTE *Corynebacterium fascians*
- aangetaste knollen vernietigen en alleen gezonde knollen opzetten voor stek.
- bij oplegknollen onderdoor water geven waardoor verspreiding wordt voorkomen.
- hoge relatieve luchtvochtigheid (RV) en hoge temperatuur voorkomen.
- verse grond voor stekbed gebruiken.

WORTELKNOBBEL *Agrobacterium tumefaciens*
- aangetaste knollen vernietigen en alleen gezonde knollen opzetten voor stek.
- ruime vruchtwisseling toepassen.

WORTELROT *Pythium* **soorten**
- bemesten met GFT-compost onderdrukt *Pythium* in de grond.
- cultivars gebruiken die weinig *Pythium* gevoelig zijn.
- grond en/of substraat stomen.
- grond goed ontwateren.
- hoog stikstofgehalte voorkomen.
- niet in te koude of te natte grond planten.
- te hoge zoutconcentratie (EC) en overmatige vochtigheid van de grond voorkomen.
- ziektevrij gietwater (leiding- of bronwater) of ontsmet drain-, oppervlakte- en regenwater gebruiken.

ZWARTE BLADTOPPEN complex non-parasitaire factoren2
- bij het waarnemen van de symptomen de kas luchten en de watergift aanpassen.

ZWARTPOOT onbekende factor
- te donkere kasomstandigheden voorkomen en voor voldoende luchtbeweging zorgen.
- te warme en natte omstandigheden in kas en bak voorkomen.

Eremurus soorten NAALD VAN CLEOPATRA

AALTJES aardbeibladaaltje *Aphelenchoides fragariae*, **chrysantenbladaaltje** *Aphelenchoides ritzemabosi*, **scabiosabladaaltje** *Aphelenchoides blastophorus*
- aaltjesvrije trays, potten, grond en gietwater gebruiken.
- afwijkende planten direct verwijderen.
- bassin vrijhouden van waterplanten.
- gewasresten na de oogst onderploegen of verwijderen.
- grond braak laten liggen.
- handen en gereedschap regelmatig ontsmetten.
- onderdoor water geven.
- onkruid bestrijden.
- teeltsysteem met aaltjesbesmetting ontsmetten.

TRIPSEN californische trips *Frankliniella occidentalis*
- grond en/of substraat stomen.
- minder vatbare rassen telen.
- natuurlijke vijanden inzetten of stimuleren.
- onkruid bestrijden.
- plastic bij teeltwisseling vervangen.

Erythronium soorten HONDSTAND

BEWAARROT *Penicillium* **soorten**
- aangetaste planten(delen) verwijderen en afvoeren.
- beschadiging van het gewas voorkomen.
- besmetting van gietwater voorkomen.
- gezond uitgangsmateriaal gebruiken.
- grond en/of substraat stomen.
- handen en gereedschap regelmatig ontsmetten.
- natslaan van gewas en guttatie voorkomen.
- onderdoor water geven.
- ruime plantafstand aanhouden.
- schoenen ontsmetten.
- voor goede groeiomstandigheden zorgen.

- weelderige groei voorkomen.
- wegwerphandschoenen gebruiken en deze zo vaak mogelijk vernieuwen.

KWADEGROND *Rhizoctonia tuliparum*
- aangetaste planten en hun buurplanten verwijderen en de plek markeren.
- plantmateriaal schonen en het afval vernietigen of composteren.

MIJTEN bollenmijt *Rhizoglyphus echinopus*
- kasgrond stomen.

Eucharis soorten EUCHARIS

AALTJES wortellesieaaltje hippeastrum-wortellesieaaltje *Pratylenchus scribneri*
- aaltjesonderdrukkende voorteelt van *Tagetes*-soorten (afrikaantje) gedurende minimaal 3 maanden toepassen.
- besmette grond en/of substraat ontsmetten of inunderen.
- biologische grondontsmetting toepassen.
- pH door bekalking verhogen.
- vruchtwisseling toepassen. Bij vatbare gewassen granen, maïs, grassen, aardappel, knolselderij, peen en vlinderbloemigen als voorvrucht vermijden. Biet en kruisbloemigen zijn goede voorvruchten.

VUUR *Stagonosporopsis curtisii*
- aangetast plantmateriaal verwijderen.
- onderdoor water geven.
- plantmateriaal na rooien zo snel mogelijk drogen, droog bewaren en vroeg planten.
- ruime vruchtwisseling toepassen.

Freesia soorten FRESIA

AALTJES gewoon wortellesieaaltje *Pratylenchus penetrans*
- aaltjesonderdrukkende voorteelt van *Tagetes*-soorten (afrikaantje) gedurende minimaal 3 maanden toepassen.
- besmette grond en/of substraat ontsmetten of inunderen.
- biologische grondontsmetting toepassen.
- pH door bekalking verhogen.
- vruchtwisseling toepassen. Bij vatbare gewassen granen, maïs, grassen, aardappel, knolselderij, peen en vlinderbloemigen als voorvrucht vermijden. Biet en kruisbloemigen zijn goede voorvruchten.

AALTJES wortelknobbelaaltje *Meloidogyne* **soorten**
- gezond uitgangsmateriaal gebruiken, wortels inspecteren en uitspoelen.
- grond ontsmetten.
- onderdoor water geven.
- onkruid bestrijden, ook wanneer er geen cultuurgewas staat.
- ruime vruchtwisseling toepassen.
- zo laat mogelijk zaaien of planten.
- zwarte braak toepassen in de zomer.

AALTJES wortelknobbelaaltje vals wortelknobbelaaltje *Meloidogyne arenaria*, **wortelknobbelaaltje warmteminnend wortelknobbelaaltje** *Meloidogyne incognita*, **wortelknobbelaaltje warmteminnend wortelknobbelaaltje** *Meloidogyne javanica*
- ruime vruchtwisseling toepassen.
- zo laat mogelijk zaaien of planten.
- zwarte braak toepassen in de zomer.

AALTJES wortellesieaaltje *Pratylenchus* **soorten**
- gezond uitgangsmateriaal gebruiken, wortels inspecteren en uitspoelen.
- grond ontsmetten.
- onderdoor water geven.
- onkruid bestrijden, ook wanneer er geen cultuurgewas staat.

BACTERIEZIEK *Erwinia carotovora subsp. carotovora*
- aangetaste planten(delen) verwijderen en afvoeren.
- beschadiging van het gewas voorkomen.
- besmetting van gietwater voorkomen.
- gewas zo hard mogelijk telen.
- gezond uitgangsmateriaal gebruiken.
- grond en/of substraat stomen.
- handen en gereedschap regelmatig ontsmetten.
- hoge relatieve luchtvochtigheid (RV) en (bodem)temperatuur voorkomen door te luchten.
- huisdieren uit de kas weren.
- onderdoor water geven.
- ruime plantafstand aanhouden.
- schoenen ontsmetten.
- tijdelijk met recirculeren stoppen.
- weelderige groei voorkomen.
- wegwerphandschoenen gebruiken en deze zo vaak mogelijk vernieuwen.
- zo min mogelijk bezoekers in de kas en per afdeling aparte jassen gebruiken.

BEWAARROT *Penicillium* **soorten**
- bollen droog en luchtig bewaren met voldoende ventilatie en circulatie.
- bollen snel drogen.
- knollen droog bewaren met voldoende ventilatie en circulatie.

BLADVERBRANDING verdamping
- fluor-arme meststoffen gebruiken.
- fluorhoudende glasreinigingsmiddelen niet gebruiken.
- licht schermen, broezen en tijdelijk weinig luchten ten einde de verdamping tegen te gaan.
- pH van de grond voldoende hoog houden.
- te grote bladmassa afknippen.

BLOEMKNOPPEN VERDROGEN complex non-parasitaire fac
- luchten.
- ruime plantafstand in lichtarme kassen aanhouden.
- voor voldoende licht in de kas zorgen door tijdig de krijtlaag te verwijderen of door assimilatieverlichting toe te passen.
- weelderige gewasgroei voorkomen.

BREEKSTELEN hoge luchtvochtigheid
- luchten.
- verdamping bevorderen door voor zonsondergang een temperatuurstoot te geven.
- voorkomen dat de planten teveel afkoelen door 's nachts te schermen.

DRAAIPLANTEN complex non-parasitaire factoren2
- afwijkende planten direct verwijderen.
- bij donker weer de verdamping bevorderen.
- voor gelijkmatige groeiomstandigheden zorgen, vooral voor de bodemtemperatuur.

DROOGROT *Stromatinia gladioli*
- aangetaste planten en knollen vroegtijdig verwijderen.
- grond stomen of ontsmetten.
- plantgoed uitzoeken en knollen met donkere rand verwijderen.

DUIMEN temperatuurschommelingen
- vroegtijdig luchten.

FLUORIDEOVERMAAT vuur
- opvoeren van de pH. In ernstige gevallen wordt als fosfaatmeststof gebruik van beendermeel aanbevolen.
- tijdens de teelt ruim water geven en verdamping afremmen.

GRAUWE SCHIMMEL *Botryotinia fuckeliana*
- aangetaste planten(delen) verwijderen en afvoeren.
- gereedschap en andere materialen schoonmaken en ontsmetten.

- gewasresten verwijderen.
- minder vatbare of resistente rassen telen.
- vruchtwisseling toepassen.

KIEPEN lage luchtvochtigheid
- instraling van zonlicht beperken door te schermen.
- relatieve luchtvochtigheid (RV) hoog houden.
- vroegtijdig luchten.

KNOLROT *Fusarium oxysporum f.sp. gladioli*
- aangetaste planten(delen) verwijderen.
- grond stomen.
- knollen na ontsmetting nat planten.
- knollen voor het planten zo goed mogelijk uitzoeken.
- ruime vruchtwisseling toepassen en rekening houden met de mogelijkheid dat de Fusarium-soorten van Gladiolus, Iris, Crocus en Ixia eveneens Freesia kunnen aantasten.
- temperatuur van de bodem zo laag mogelijk houden, liefst lager dan 16 °C.
- zeer vatbare cultivars niet gebruiken voor de teelt in het late voorjaar of de zomer.
- zwaar aangetaste partijen vernietigen en licht aangetaste partijen opzuiveren.

MIJTEN bollenmijt *Rhizoglyphus robini*
- bollen gedurende 2 uur een warmwaterbehandeling van 43,5 °C geven (dit kan schadelijk zijn).
- goede luchtbeweging in de cel laten plaatsvinden.
- grond stomen.
- vruchtwisseling toepassen. Let hierbij op waardplanten zoals lelie en gladiool.
- knollen na het rooien snel drogen.
signalering:
- alle partijen bij de oogst inspecteren op 'poederknollen' en deze verwijderen.

SCHURFT *Pseudomonas gladioli*
- aangetaste planten(delen) verwijderen.

SLAPERS non-parasitaire factor
- goede temperatuur tijdens de bewaring aanhouden.
- grondtemperatuur vanaf het planten zoveel mogelijk op 16 tot 18 °C houden.
- structuurbederf van de bovengrond voorkomen.

TRIPSEN californische trips *Frankliniella occidentalis*
- akkerranden kort houden.
- grond en/of substraat stomen.
- minder vatbare rassen telen.
- natuurlijke vijanden inzetten of stimuleren.
- onkruid bestrijden.
- plastic bij teeltwisseling vervangen.
- vruchtwisseling toepassen.

VAN-DE-WORTEL-GAAN
- grondtemperatuur op peil houden.

VIRUSZIEKTEN bonenscherpmozaïekvirus, freesiamozaïekvirus
- aangetaste planten(delen) verwijderen.
- gereedschap en andere materialen schoonmaken en ontsmetten.
- insectengaas aanbrengen.
- overbrengers (vectoren) van virus voorkomen en/of bestrijden.
- voor de bloemproductie geen knollen van buiten geteelde partijen gebruiken.

VIRUSZIEKTEN tomatenbronsvlekkenvirus
- aangetast plantmateriaal verwijderen.
- besmettingsbronnen verwijderen en/of bestrijden.
- gezond uitgangsmateriaal gebruiken.
- indien beschikbaar, resistente of minder vatbare rassen telen.

- onkruid bestrijden.
- overbrengers (vectoren) van virus voorkomen en/of bestrijden.
- planten op grond die vrij is van de virusoverbrengende aaltjes Longidorus en Xiphinema. Zonodig de grond ontsmetten.

VLIEGEN bonenvlieg *Delia platura*
- direct na het bewerken van de grond planten. De grond aandrukken of met plastic afdekken.

VUUR *Botryotinia draytonii*
- hoge relatieve luchtvochtigheid (RV) voorkomen door te ventileren en niet te dicht te planten.
- onderdoor water geven.

Fritillaria imperialis KEIZERSKROON

AALTJES aardbeibladaaltje *Aphelenchoides fragariae*, chrysantenbladaaltje *Aphelenchoides ritzemabosi*
- aaltjesvrije trays, potten, grond en gietwater gebruiken.
- afwijkende planten direct verwijderen.
- bassin vrijhouden van waterplanten.
- gewasresten na de oogst onderploegen of verwijderen.
- grond braak laten liggen.
- handen en gereedschap regelmatig ontsmetten.
- onderdoor water geven.
- onkruid bestrijden.
- teeltsysteem met aaltjesbesmetting ontsmetten.

BOLROT *Fusarium oxysporum*
- aangetaste bollen voor het planten verwijderen.
- beschadiging van de bollen voorkomen en bollen luchtig en droog bewaren.
- bollen van verdachte partijen vroegtijdig rooien.
- fust waarin ziek materiaal is bewaard schoonmaken en ontsmetten.
- gezonde bollen voor vegetatieve vermeerdering gebruiken en bij het snijden het mes telkens ontsmetten en afbranden.
- ruime vruchtwisseling toepassen (minstens 1 op 8 jaar).

KWADEGROND *Rhizoctonia tuliparum*
- aangetaste planten met omringende grond verwijderen en vernietigen.
- grond waarop besmetting wordt verwacht tot in het grondwater onderploegen.
- plantgoed afkomstig van besmette percelen pellen.
- zowel voor het planten als voor het afdekken onbesmette grond gebruiken.

Fritillaria meleagris KIEVITSBLOEM

BEWAARROT *Penicillium* soorten
- beschadiging voorkomen.
- bollen na verwerking luchtig bewaren totdat zij winddroog zijn en pas daarna in vulstof bewaren.

BOLROT *Fusarium oxysporum*
- aangetaste bollen voor het planten verwijderen.
- beschadiging van de bollen voorkomen en bollen luchtig en droog bewaren.
- bollen van verdachte partijen vroegtijdig rooien.
- fust waarin ziek materiaal is bewaard schoonmaken en ontsmetten.
- gezonde bollen voor vegetatieve vermeerdering gebruiken en bij het snijden het mes telkens ontsmetten en afbranden.
- ruime vruchtwisseling toepassen (minstens 1 op 8 jaar).

GRAUWE SCHIMMEL *Botryotinia fuckeliana*
- aangetaste planten(delen) verwijderen en afvoeren.
- gereedschap en andere materialen schoonmaken en ontsmetten.
- gewasresten verwijderen.
- minder vatbare of resistente rassen telen.

- vruchtwisseling toepassen.

KWADEGROND *Rhizoctonia tuliparum*
- aangetaste planten met omringende grond verwijderen en vernietigen.
- grond waarop besmetting wordt verwacht tot in het grondwater onderploegen.
- plantgoed afkomstig van besmette percelen pellen.
- zowel voor het planten als voor het afdekken onbesmette grond gebruiken.

WORTELROT *Pythium* soorten
- bemesten met GFT-compost onderdrukt *Pythium* in de grond.
- cultivars gebruiken die weinig *Pythium* gevoelig zijn.
- grond en/of substraat stomen.
- grond goed ontwateren.
- hoog stikstofgehalte voorkomen.
- niet in te koude of te natte grond planten.
- te hoge zoutconcentratie (EC) en overmatige vochtigheid van de grond voorkomen.
- ziektevrij gietwater (leiding- of bronwater) of ontsmet drain-, oppervlakte- en regenwater gebruiken.

ZWARTSNOT *Sclerotinia bulborum*
- besmette grond in de zomer 6 tot 8 weken inunderen.
- besmette partijen niet voor kistenbroei gebruiken of bollen ontsmetten.
- bollen van zieke planten en enkele buurplanten met omringende grond direct na aantreffen verwijderen.
- plantgoed uitzoeken.

Fritillaria soorten FRITILLARIA

AALTJES aardbeibladaaltje *Aphelenchoides fragariae*
- vruchtwisseling toepassen van 3 maanden, chemische grondontsmetting is dan overbodig.
- warmwaterbehandeling toepassen. Daarna de bollen snel terugdrogen in verband met toegenomen kans op bolrot.
signalering:
- afwijkend gekleurde bollen uitzoeken. Enkele op aanwezigheid van aaltjes laten onderzoeken.

AALTJES chrysantenbladaaltje *Aphelenchoides ritzemabosi*
- aangetaste planten(delen) verwijderen.
- onkruid bestrijden.
- telen van waardplanten die langer dan één jaar duren moet vermeden worden.
- vruchtwisseling toepassen van 3 maanden, chemische grondontsmetting is dan overbodig.
- warmwaterbehandeling toepassen. Daarna de bollen snel terugdrogen in verband met toegenomen kans op bolrot.
- zo min mogelijk beregenen.
- zwarte braak toepassen in de zomer.
signalering:
- afwijkend gekleurde bollen uitzoeken. Enkele op aanwezigheid van aaltjes laten onderzoeken.

AALTJES scabiosabladaaltje *Aphelenchoides blastophorus*
- aangetaste planten(delen) verwijderen.
- onkruid bestrijden.
- ruime vruchtwisseling toepassen. Geen waardplanten zijn lelie, meeste rassen van stamslaboon, spinazie en witlof.
- telen van waardplanten die langer dan één jaar duren moet vermeden worden.
- zo min mogelijk beregenen.
- zwarte braak toepassen in de zomer.

BEWAARROT *Penicillium* soorten
- beschadiging voorkomen.
- bollen droog en luchtig bewaren met voldoende ventilatie en circulatie.

- bollen snel drogen.

BOLROT *Fusarium oxysporum*
- beschadiging voorkomen.
- bij het snijden van de bollen voor vermeerdering het mes na iedere bol ontsmetten in spiritus en in een vlam afbranden.
- plantgoed uitzoeken en ziek plantmateriaal verwijderen.
- vroeg en snel rooien met veel luchtbeweging.

GRAUWE SCHIMMEL *Botryotinia fuckeliana*
- aangetaste planten(delen) verwijderen en afvoeren.
- gereedschap en andere materialen schoonmaken en ontsmetten.
- gewasresten verwijderen.
- minder vatbare of resistente rassen telen.
- vruchtwisseling toepassen.

KWADEGROND *Rhizoctonia tuliparum*
- aangetaste planten en hun buurplanten verwijderen en de plek markeren.
- bollen, buurplanten en de grond tot iets onder de bol verwijderen en de plek markeren wanneer de ziekte voor de eerste maal op een perceel voorkomt.
- grond waarop besmetting wordt verwacht tot in het grondwater onderploegen.
- plantgoed afkomstig van besmette percelen zo goed mogelijk schonen. Het hiervan afkomstige vuil vernietigen of composteren.

SMEUL *Sclerotium perniciosum*
- indien mogelijk telen op onbesmet land.
- plantgoed uitzoeken.

VIRUSZIEKTEN mozaïek tulpenmozaïekvirus
- aangetast plantmateriaal verwijderen.
- besmettingsbronnen verwijderen en/of bestrijden.
- gezond uitgangsmateriaal gebruiken.
- indien beschikbaar, resistente of minder vatbare rassen telen.
- onkruid bestrijden.
- overbrengers (vectoren) van virus voorkomen en/of bestrijden.
- planten op grond die vrij is van de virusoverbrengende aaltjes Longidorus en Xiphinema. Zonodig de grond ontsmetten.

WORMSTEKIGHEID snuitkever *Ceutorhynchus fritillariae*
- aangetaste bollen verwijderen.
- voorzichtig zijn met in cultuur nemen van geïmporteerde partijen.

WORTELROT *Pythium* soorten
- bemesten met GFT-compost onderdrukt *Pythium* in de grond.
- grond goed ontwateren.
- ruime vruchtwisseling toepassen.

ZWARTSNOT *Sclerotinia bulborum*
- aangetaste knollen met omringende grond verwijderen.
- besmette grond in de zomer 6 tot 8 weken inunderen.
- versteende knollen en sclerotiën verwijderen.

Galanthus nivalis SNEEUWKLOKJE

AALTJES gewoon wortellesieaaltje *Pratylenchus penetrans*
- aaltjesonderdrukkende voorteelt van *Tagetes*-soorten (afrikaantje) gedurende minimaal 3 maanden toepassen.
- besmette grond en/of substraat ontsmetten of inunderen.
- biologische grondontsmetting toepassen.
- gezond uitgangsmateriaal gebruiken, wortels inspecteren en uitspoelen.
- pH door bekalking verhogen.
- vruchtwisseling toepassen. Bij vatbare gewassen granen, maïs, grassen, aardappel, knolselderij, peen en vlinderbloe-

migen als voorvrucht vermijden. Biet en kruisbloemigen zijn goede voorvruchten.
signalering:
- grondonderzoek laten uitvoeren.

AALTJES stengelaaltje *Ditylenchus dipsaci*
DIT IS EEN QUARANTAINE-ORGANISME

AALTJES wortellesieaaltje *Pratylenchus* soorten
- aaltjesonderdrukkende voorteelt van *Tagetes*-soorten (afrikaantje) gedurende minimaal 3 maanden toepassen.
- besmette grond en/of substraat ontsmetten of inunderen.
- biologische grondontsmetting toepassen.
- gezond uitgangsmateriaal gebruiken, wortels inspecteren en uitspoelen.
- pH door bekalking verhogen.
- vruchtwisseling toepassen. Bij vatbare gewassen granen, maïs, grassen, aardappel, knolselderij, peen en vlinderbloemigen als voorvrucht vermijden. Biet en kruisbloemigen zijn goede voorvruchten.
signalering:
- grondonderzoek laten uitvoeren.

SMEUL *Botrytis galanthina*
- bollen na de oogst snel drogen, droog bewaren en vroeg planten.
- op onbesmette grond planten.
- opslag verwijderen.
- rooien voordat de planten zijn afgestorven.
- ruime vruchtwisseling toepassen.
- vruchtwisseling niet met narcis toepassen.
- zo snel mogelijk na het rooien plantgoed uitzoeken.

VUUR *Stagonosporopsis curtisii*
- bloemen koppen en verwijderen.
- bollen met bruine verkleuringen verwijderen.
- bollen na de oogst snel drogen, droog bewaren en vroeg planten.
- geen tweejarige teelt bedrijven.
- grond ploegen zodat deze aan de oppervlakte vrij is van sporen en sclerotiën.
- loof na afsterven afvoeren.
- opslag en stekers vroeg in het voorjaar verwijderen.
- ruime vruchtwisseling toepassen.
- vruchtwisseling toepassen van minimaal 1 op 3.
- zwaar gewas, dichte stand en te hoge relatieve luchtvochtigheid (RV) voorkomen.
gewasbehandeling door spuiten
chloorthalonil
    Budget Chloorthalonil 500 SC, Daconil 500 Vloeibaar

Galtonia candicans KAAPSE HYACINT

AALTJES stengelaaltje *Ditylenchus dipsaci*
DIT IS EEN QUARANTAINE-ORGANISME

VIRUSZIEKTEN mozaïek hyacintenmozaïekvirus
- gezonde werkbollen gebruiken.
- niet in de naaste omgeving van partijen telen, waarin een hoog percentage viruszieke planten is vastgesteld.
- virusvrije planten uit zaad opkweken en gescheiden van oudere partijen en smetstofdragende hyacinten, Muscari's en Ornithogalums opplanten, zie ook Hyacinthus.
- voortdurend selectie toepassen.

Gladiolus colvillei GLADIOOL COLVILLII

BEWAARROT *Penicillium* soorten
- aangetaste planten(delen) verwijderen en afvoeren.
- besmetting van gietwater voorkomen.
- gezond uitgangsmateriaal gebruiken.
- grond en/of substraat stomen.
- handen en gereedschap regelmatig ontsmetten.

- hoge relatieve luchtvochtigheid (RV) en (bodem)temperatuur voorkomen door te luchten.
- huisdieren uit de kas weren.
- onderdoor water geven.
- ruime plantafstand aanhouden.
- schoenen ontsmetten.
- tijdelijk met recirculeren stoppen.
- voor goede groeiomstandigheden zorgen.
- weelderige groei voorkomen.
- wegwerphandschoenen gebruiken en deze zo vaak mogelijk vernieuwen.
- zo min mogelijk verschillende personen toelaten in de afdeling waar een aantasting is waargenomen.

BLADVLEKKENZIEKTE *Colletotrichum* soorten
- aangetaste planten(delen) verwijderen en afvoeren.
- gereedschap en andere materialen schoonmaken en ontsmetten.
- gewasresten verwijderen.
- minder vatbare of resistente rassen telen.
- vruchtwisseling toepassen.

KIEMPLANTENZIEKTE *Pythium* soorten
- bemesten met GFT-compost onderdrukt *Pythium* in de grond.
- cultivars gebruiken die weinig *Pythium* gevoelig zijn.
- grond en/of substraat stomen.
- grond goed ontwateren.
- hoog stikstofgehalte voorkomen.
- niet in te koude of te natte grond planten.
- te hoge zoutconcentratie (EC) en overmatige vochtigheid van de grond voorkomen.
- ziektevrij gietwater (leiding- of bronwater) of ontsmet drain-, oppervlakte- en regenwater gebruiken.

Gladiolus nanus GLADIOOL 'NANUS'

BEWAARROT *Penicillium* soorten
- aangetaste planten(delen) verwijderen en afvoeren.
- besmetting van gietwater voorkomen.
- grond en/of substraat stomen.
- handen en gereedschap regelmatig ontsmetten.
- hoge relatieve luchtvochtigheid (RV) en (bodem)temperatuur voorkomen door te luchten.
- huisdieren uit de kas weren.
- onderdoor water geven.
- ruime plantafstand aanhouden.
- schoenen ontsmetten.
- tijdelijk met recirculeren stoppen.
- voor goede groeiomstandigheden zorgen.
- weelderige groei voorkomen.
- wegwerphandschoenen gebruiken en deze zo vaak mogelijk vernieuwen.
- zo min mogelijk verschillende personen toelaten in de afdeling waar een aantasting is waargenomen.

BLADVLEKKENZIEKTE *Colletotrichum* soorten
- aangetaste planten(delen) verwijderen en afvoeren.
- gereedschap en andere materialen schoonmaken en ontsmetten.
- gewasresten verwijderen.
- minder vatbare of resistente rassen telen.
- vruchtwisseling toepassen.

KIEMPLANTENZIEKTE *Pythium* soorten
- bemesten met GFT-compost onderdrukt *Pythium* in de grond.
- cultivars gebruiken die weinig *Pythium* gevoelig zijn.
- grond en/of substraat stomen.
- grond goed ontwateren.
- hoog stikstofgehalte voorkomen.
- niet in te koude of te natte grond planten.
- te hoge zoutconcentratie (EC) en overmatige vochtigheid van de grond voorkomen.
- ziektevrij gietwater (leiding- of bronwater) of ontsmet drain-, oppervlakte- en regenwater gebruiken.

Gladiolus soorten GLADIOOL

AALTJES destructoraaltje *Ditylenchus destructor*
- besmette grond in de zomer 6 tot 8 weken inunderen.
- grond stomen.
- indien beschikbaar, resistente rassen telen.
- ruime vruchtwisseling toepassen.
- warmwaterbehandeling toepassen. Daarna de bollen snel terugdrogen in verband met toegenomen kans op bolrot.

AALTJES gewoon wortellesieaaltje *Pratylenchus penetrans*
- aaltjesonderdrukkende voorteelt van *Tagetes*-soorten (afrikaantje) gedurende minimaal 3 maanden toepassen.
- besmette grond en/of substraat ontsmetten of inunderen.
- biologische grondontsmetting toepassen.
- gezond uitgangsmateriaal gebruiken, wortels inspecteren en uitspoelen.
- pH door bekalking verhogen.
- vruchtwisseling toepassen. Bij vatbare gewassen granen, maïs, grassen, aardappel, knolselderij, peen en vlinderbloemigen als voorvrucht vermijden. Biet en kruisbloemigen zijn goede voorvruchten.

grondbehandeling door injecteren
metam-natrium
    Monam CleanStart, Monam Geconc., Nemasol
signalering:
- grondonderzoek laten uitvoeren.

AALTJES maiswortelknobbelaaltje *Meloidogyne chitwoodi*
DIT IS EEN QUARANTAINE-ORGANISME

AALTJES vrijlevend wortelaaltje *Hemicycliophora conida*
- grond en/of substraat ontsmetten.

AALTJES vrijlevend wortelaaltje *Rotylenchus robustus*, vrijlevende wortelaaltjes *Hemicycliophora* soorten
- aangetaste planten(delen) verwijderen.
- grond en/of substraat ontsmetten.

AALTJES wortelknobbelaaltje warmteminnend wortelknobbelaaltje *Meloidogyne incognita*
- gezond uitgangsmateriaal gebruiken.
- grond en/of substraat ontsmetten.

AALTJES wortellesieaaltje *Pratylenchus* soorten
- aaltjesonderdrukkende voorteelt van *Tagetes*-soorten (afrikaantje) gedurende minimaal 3 maanden toepassen.
- besmette grond en/of substraat ontsmetten of inunderen.
- biologische grondontsmetting toepassen.
- gezond uitgangsmateriaal gebruiken, wortels inspecteren en uitspoelen.
- pH door bekalking verhogen.
- vruchtwisseling toepassen. Bij vatbare gewassen granen, maïs, grassen, aardappel, knolselderij, peen en vlinderbloemigen als voorvrucht vermijden. Biet en kruisbloemigen zijn goede voorvruchten.

signalering:
- grondonderzoek laten uitvoeren.

BEWAARROT *Penicillium* soorten
- beschadiging bij de oogst en het verwerken voorkomen.
- bollen snel drogen.
- knollen droog bewaren met voldoende ventilatie en circulatie.

bol- en/of knolbehandeling door dompelen
captan
    Brabant Captan Flowable, Captan 480 SC, Captan 80 WG, Captan 83% Spuitpoeder, Captan 83% Spuitpoeder, Captosan 500 SC, Captosan Spuitkorrel 80 WG, Malvin WG, Merpan Basic WP, Merpan Flowable, Merpan Spuitkorrel

BLADPUNTVERBRANDING complex non-parasitaire factoren
- broezen en niet plotseling luchten, zodat een te snelle verdamping wordt voorkomen.
- na eind april licht afschermen.

BLADVLEKKENZIEKTE *Colletotrichum* soorten
bol- en/of knolbehandeling door dompelen
captan
> Brabant Captan Flowable, Captan 480 SC, Captan 80 WG, Captan 83% Spuitpoeder, Captan 83% Spuitpoeder, Captosan 500 SC, Captosan Spuitkorrel 80 WG, Malvin WG, Merpan Basic WP, Merpan Flowable, Merpan Spuitkorrel

BLOEMMISVORMING onbekende factor
- geen kralen van ernstig aangetaste partijen gebruiken.
- planten gedurende het groeiseizoen met knol en al verwijderen.

BLOEMVERDROGING complex non-parasitaire factoren2
- dichte stand voorkomen.
- niet voor eind januari planten.
- regelmatig en naar behoefte water geven.
- temperatuur boven 30 °C voorkomen.
- temperatuur in lichtarme perioden verlagen.
- voor de vroegste bloei de goede cultivars kiezen.

BRAND *Urocystis gladiolicola*
- aangetaste planten(delen) verwijderen en afvoeren.
- besmette grond voorkomen.
- knollen en pitten een warmwaterbehandeling geven van minimaal 1 uur bij 47 °C.
- kralen een warmwaterbehandeling geven van 0,5 uur bij 53 °C.

CURVULARIA-ZIEKTE *Curvularia trifolii f.sp. gladioli*
- aangetaste knollen tijdens de bewaring verwijderen.
- kralen een warmwaterbehandeling geven van 0,5 uur bij 53 °C.
bol- en/of knolbehandeling door dompelen
iprodion
> Imex Iprodion Flo, Rovral Aquaflo
bol- en/of knolbehandeling door slurry
iprodion
> Imex Iprodion Flo, Rovral Aquaflo

DROOGROT *Stromatinia gladioli*
- aangetaste planten en omstanders met knol verwijderen en vernietigen.
- kralen een warmwaterbehandeling geven van 0,5 uur bij 53 °C.
- op verse grond planten.
- plantresten na de bloei zo snel mogelijk opruimen.
- vroeg en apart rooien om het uitzoeken van zieke knollen te vergemakkelijken.
bol- en/of knolbehandeling door dompelen
iprodion
> Imex Iprodion Flo, Rovral Aquaflo
thiofanaat-methyl
> Topsin M Vloeibaar
bol- en/of knolbehandeling door slurry
iprodion
> Imex Iprodion Flo, Rovral Aquaflo
grond- of gewasbehandeling door strooien
ethoprofos
> Mocap 15G
grondbehandeling door injecteren
metam-natrium
> Monam CleanStart, Monam Geconc., Nemasol

EMELTEN groentelangpootmug *Tipula oleracea*
plantgoedbehandeling door dompelen
boscalid / kresoxim-methyl

Collis

FLUORWATERSTOF SCHADE fluorovermaat
- meststoffen die veel fluor bevatten niet gebruiken.

FUSARIUM-ROT *Fusarium oxysporum f.sp. gladioli*
- aangetaste planten en knollen zo spoedig mogelijk verwijderen en vernietigen.
- bollen binnen 24 uur na rooien winddroog maken.
- bollen droog en luchtig bewaren met voldoende ventilatie en circulatie.
- geen overmatige stikstofbemesting geven.
- grond stomen.
- kralen nemen van gezonde partijen en na 2 dagen voorweken bij 20 °C een warmwaterbehandeling van 0,5 uur bij 53-55 °C geven.
- kralen niet voorkiemen.
- minder vatbare rassen telen.
- plantgoed en leverbaar uitzoeken.
- plantresten na de bloei zo snel mogelijk opruimen.
- ruime vruchtwisseling toepassen (1 op 6) om schade te voorkomen. Geen vruchtopvolging met gewassen als krokus, freesia, iris en ixia toepassen.
- vroeg planten.
- vroeg rooien.
- zwaar aangetaste partijen van knollen en pitten vernietigen.
bol- en/of knolbehandeling door dompelen
prochloraz
> Budget Prochloraz 45 EW, Mirage 45 EC, Mirage Elan, Sportak EW
ascorbinezuur
> Dipper, Protect Pro

FUSARIUM-ROT *Fusarium* soorten
bol- en/of knolbehandeling door dompelen
folpet / prochloraz
> Mirage Plus 570 SC
prochloraz
> Budget Prochloraz 45 EW, Mirage 45 EC, Mirage Elan, Sportak EW
thiofanaat-methyl
> Topsin M Vloeibaar

GRAUWE SCHIMMEL *Botryotinia fuckeliana*
- beschadiging van het gewas en de knollen voorkomen.
- bloemen verwijderen, bij voorkeur afritsen.
- gewas snel laten drogen bijvoorbeeld door niet te dicht te planten, regelmatig te luchten en het gewas droog te stoken.
- plantgoed warm bewaren en niet te vroeg planten.
bol- en/of knolbehandeling door dompelen
iprodion
> Imex Iprodion Flo, Rovral Aquaflo
bol- en/of knolbehandeling door slurry
iprodion
> Imex Iprodion Flo, Rovral Aquaflo
gewasbehandeling door spuiten
chloorthalonil / prochloraz
> Allure Vloeibaar

HARDROT *Septoria gladioli*
- aangetaste planten(delen) verwijderen.
- kralen een warmwaterbehandeling geven van 0,5 uur bij 53 °C.
- met gewasbehandeling tegen vuur wordt deze schimmel ook bestreden.

IJZERGEBREK
- op verdachte grond, preventief of bij signaleren van de afwijking, ijzerchelaat over het gewas inspoelen.

MAGNESIUMGEBREK
- bij donker en groeizaam weer spuiten met magnesiumsulfaat, zo nodig herhalen.
- grondverbetering toepassen.

- pH verhogen.
- uitgaan van een goede magnesiumtoestand van de grond of het groeimedium.

MANGAANGEBREK
- grondverbetering toepassen.
- mangaansulfaat spuiten, alleen bij donker en groeizaam weer.
- met een mangaan bevattend gewasbeschermingsmiddel spuiten werkt gunstig.
- pH verlagen.
- uitgaan van een goede magnesiumtoestand van de grond of het groeimedium.

MECHANISCHE BESCHADIGING
- met name bij vroeg rooien voorzichtig te werk gaan.

MIJTEN bollenmijt *Rhizoglyphus robini*
- grond stomen, na een aantasting in de voorteelt van Freesia, lelie, Gloriosa of Hippeastrum. Deze gewassen kunnen een hoge besmetting in de grond achterlaten.

RHIZOCTONIA-ZIEKTE *Thanatephorus cucumeris*
- aangetaste knollen uitsorteren.
grondbehandeling door spuiten
azoxystrobin
    Azoxy HF, Budget Azoxystrobin 250 SC

RITNAALDEN *Agriotes* soorten
grond- of gewasbehandeling door strooien
ethoprofos
    Mocap 15G

ROEST pseudo-roest *Fusarium oxysporum*
plantgoedbehandeling door dompelen
boscalid / kresoxim-methyl
    Collis

SCHURFT *Pseudomonas gladioli*
- indirect, door bestrijding van ritnaalden, met name op pas gescheurd weiland.

TRIPSEN gladiolentrips *Thrips simplex*
- gangbare warmwaterbehandeling tegen droogrot is eveneens afdoende tegen trips.
- knollen en pitten na het drogen gedurende minimaal 6 weken bij een constante temperatuur van 2 °C bewaren of 8 weken bij een constante temperatuur van 5 °C.
bol- en/of knolbehandeling door dompelen
imidacloprid
    Admire, Admire O-Teq, Kohinor 70 WG
imidacloprid / natriumlignosulfonaat
    Kohinor 70 WG
gewasbehandeling door spuiten
abamectin
    Abamectine HF-G, Budget Abamectine 18 EC, Imex-Abamactine 2, Parimco Abamectine Nieuw, Vectine Plus, Vertimec Gold, Wopro Abamectin
deltamethrin
    Agrichem Deltamethrin, Deltamethrin E.C. 25, Splendid, Wopro Deltamethrin
imidacloprid
    Admire, Admire O-Teq, Kohinor 70 WG
imidacloprid / natriumlignosulfonaat
    Kohinor 70 WG
thiacloprid
    Calypso, Calypso

VERGELINGSHEKSENBEZEMZIEKTE fytoplasma *Phytoplasma*
- kralen en pitten een warmwaterbehandeling geven.
- planten met vergelingssymptomen verwijderen en vernietigen.
- slecht gegroeide en moeilijk pelbare knollen verwijderen wanneer vergeling op het veld is waargenomen.

VETVLEKKENZIEKTE *Xanthomonas campestris pv. gummisudans*
- vroeg in het voorjaar opslag verwijderen (ook in belendende percelen).

VIRUSZIEKTEN kartelblad tabaksratelvirus
- aangetaste planten(delen) verwijderen.
- bladrammenas als tussengewas gedurende minimaal 2 maanden bij een goed groeiend gewas telen.
- onkruid, met name wortelonkruiden, bestrijden.

VIRUSZIEKTEN mozaïek bonenscherpmozaïekvirus, mozaïek komkommermozaïekvirus, mozaïek latent narcissenvirus
- op het veld zo vroeg mogelijk selectie toepassen door het verwijderen van planten met ernstige mozaïeksymptomen.

VLIEGEN bonenvlieg *Delia platura*
- direct na het bewerken van de grond planten. De grond aandrukken of met plastic afdekken.

VUUR *Botryotinia draytonii*
- aangetaste planten(delen) verwijderen.
- besmette grond in de zomer 6 tot 8 weken inunderen.
- duidelijk aangetaste planten vroegtijdig verwijderen.
- gewasresten en bloemen verwijderen.
- grond ploegen zodat deze aan de oppervlakte vrij is van sporen en sclerotiën.
- kralen en pitten een warmwaterbehandeling geven.
- loof aftrekken of afslaan in plaats van knippen.
- na het rooien snel drogen (op de droogwand), enkele weken nadrogen en droog bewaren.
- na verwerking enkele dagen drogen om eventuele mechanische beschadiging te laten opdrogen.
- partijen waarin vuur voorkomt tijdig rooien.
- relatieve luchtvochtigheid (RV) laag houden door stoken en/of luchten.
- ruime plantafstand aanhouden.
- vruchtwisseling toepassen (1 op 4) en opslag verwijderen.
gewasbehandeling door spuiten
chloorthalonil
    Budget Chloorthalonil 500 SC, Daconil 500 Vloeibaar
chloorthalonil / prochloraz
    Allure Vloeibaar
fluazinam
    Fluazinam 500 SC, Fylan Flow, Ohayo
kresoxim-methyl
    Kenbyo FL
kresoxim-methyl / mancozeb
    Kenbyo MZ
tebuconazool
    Folicur, Folicur SC
trifloxystrobin
    Flint

VUUR *Botrytis* soorten
bol- en/of knolbehandeling door dompelen
iprodion
    Imex Iprodion Flo, Rovral Aquaflo
thiofanaat-methyl
    Topsin M Vloeibaar
gewasbehandeling door spuiten
fluazinam
    Shirlan

WOEKERZIEKTE *Corynebacterium fascians*
- geen specifieke niet-chemische maatregel bekend.

WORTELROT *Pythium* soorten
- bemesten met GFT-compost onderdrukt *Pythium* in de grond.
- cultivars gebruiken die weinig *Pythium* gevoelig zijn.
- grond en/of substraat stomen.
- grond goed ontwateren.
- hoog stikstofgehalte voorkomen.

- niet in te koude of te natte grond planten.
- partijen pellen, zodat geen wortelresten achterblijven.
- structuur van de grond verbeteren.
- te hoge zoutconcentratie (EC) en overmatige vochtigheid van de grond voorkomen.
- wateroverlast voorkomen.
- ziektevrij gietwater (leiding- of bronwater) of ontsmet drain-, oppervlakte- en regenwater gebruiken.

bol- en/of knolbehandeling door dompelen
captan
> Brabant Captan Flowable, Captan 480 SC, Captan 80 WG, Captan 83% Spuitpoeder, Captan 83% Spuitpoeder, Captosan 500 SC, Captosan Spuitkorrel 80 WG, Malvin WG, Merpan Basic WP, Merpan Flowable, Merpan Spuitkorrel

Gloriosa superba PRACHTLELIE

AALTJES krokusknolaaltje *Aphelenchoides subtenuis*
- gezond uitgangsmateriaal gebruiken.
- grond en/of substraat ontsmetten of inunderen.

KNOLROT
- beschadiging van de knollen, onder andere veroorzaakt door bollenmijt, voorkomen.
- lekplaatsen in de kas dichten.

STIKSTOFGEBREK
- stikstofbemesting uitvoeren, vaste stikstofmeststoffen zo nodig inregenen.

VERBRANDING complex non-parasitaire factoren2
- relatieve luchtvochtigheid (RV) door middel van een vernevelingsinstallatie op 80 % te houden.

Hippeastrum hybrida AMARYLLIS HYBRIDEN

AALTJES gewoon wortellesieaaltje *Pratylenchus penetrans*
- aaltjesonderdrukkende voorteelt van *Tagetes*-soorten (afrikaantje) gedurende minimaal 3 maanden toepassen.
- biologische grondontsmetting toepassen.
- bollen bestemd voor bloemproductie kort na het rooien, als de bollen droog zijn, een warmwaterbehandeling geven (gedurende een half uur, bij 50 °C, in schoon water).
- grond en/of substraat ontsmetten of inunderen.
- pH door bekalking verhogen.
- vruchtwisseling toepassen.

GROENE SCHIMMEL *Penicillium hirsutum*
- beschadiging voorkomen.
- bollen droog en luchtig bewaren met voldoende ventilatie en circulatie.
- bollen snel drogen.

HALSROT *Fusarium* soorten
bol- en/of knolbehandeling door dompelen
prochloraz
> Budget Prochloraz 45 EW, Mirage 45 EC, Mirage Elan, Sportak EW

KOPROT *Fusarium proliferatum var. proliferatum*
- minder vatbare rassen telen.
- onderdoor water geven.

MIJTEN bollenmijt *Rhizoglyphus robini*
- bollen jaarlijks rooien.
- kasgrond stomen, vooral na een teelt van Freesia, lelie, Gloriosa of Hippeastrum.
- natuurlijke vijanden inzetten of stimuleren.
- warmwaterbehandeling toepassen.

MIJTEN narcismijt *Steneotarsonemus laticeps*
- bollen voor bloemproductie kort na het rooien een warmwaterbehandeling geven, afhankelijk van de bolgrootte 1 à 2 uur bij 43,5 °C in schoon water of 0,5 uur bij 48 °C.
- fust 'koken' of 15 minuten in water van 60 °C dompelen.

gewasbehandeling door spuiten
pyridaben
> Aseptacarex

TRIPSEN amaryllistrips *Frankliniella fusca, californische trips Frankliniella occidentalis, tabakstrips Thrips tabaci*
- natuurlijke vijanden inzetten of stimuleren.

signalering:
- blauwe vangplaten ophangen.

VLIEGEN grote narcisvlieg *Merodon equestris, kleine narcisvlieg Eumerus strigatus*
- bollen gedurende 2 uur een warmwaterbehandeling van 43,5 °C geven (dit kan schadelijk zijn).

VUUR (ROOD) *Colletotrichum crassipes*
- voor goede groeiomstandigheden zorgen.

VUUR (ROOD) *Stagonosporopsis curtisii*
- aangetast plantmateriaal verwijderen.
- beschadiging van de bollen bij de oogst voorkomen, blad boven de bolhals afsnijden en de bollen snel en goed drogen.
- gewas zo droog mogelijk houden.
- grond ontsmetten.
- niet koud telen en niet diep planten (de neus moet ruim boven de grond uitsteken).
- onderdoor water geven.
- plantmateriaal na rooien zo snel mogelijk drogen, droog bewaren en vroeg planten.
- ruime vruchtwisseling toepassen.

bol- en/of knolbehandeling door dompelen
prochloraz
> Budget Prochloraz 45 EW, Mirage 45 EC, Mirage Elan, Sportak EW

WOLLUIS amarylliswolluis *Vryburgia amaryllidis*
- besmette partijen en besmet fust kort na het rooien een warmwaterbehandeling van een half uur bij 50 °C geven.
- plantgoed een warmwaterbehandeling geven van 2 uur bij 47 °C.

Humulus lupulus HOP

BLADLUIZEN hopluis *Phorodon humuli*
stengelbehandeling door aanstrijken
imidacloprid
> Admire O-Teq

Hyacinthoides hispanica SPAANSE HYACINT

GEELZIEK *Xanthomonas hyacinthi*
- bollen na de oogst snel drogen of enige dagen bij goed drogend weer buiten laten staan.
- direct na het verwijderen van het winterdek met ziekzoeken beginnen en dit regelmatig herhalen tot aan het rooien.
- niet in het gewas komen als het nog nat is.
- voor het rooien het loof van zieke partijen niet maaien maar aftrekken.
- vroeg in het voorjaar opslag verwijderen (ook in belendende percelen).

Hyacinthoides non-scripta WILDE HYACINT

AALTJES gewoon wortellesieaaltje *Pratylenchus penetrans*
- aaltjesonderdrukkende voorteelt van *Tagetes*-soorten (afrikaantje) gedurende minimaal 3 maanden toepassen.
- besmette grond en/of substraat ontsmetten of inunderen.

2.7 Ziekten en plagen bloembollen- en bolbloementeelt

- biologische grondontsmetting toepassen.
- gezond uitgangsmateriaal gebruiken, wortels inspecteren en uitspoelen.
- pH door bekalking verhogen.
- vruchtwisseling toepassen. Bij vatbare gewassen granen, maïs, grassen, aardappel, knolselderij, peen en vlinderbloemigen als voorvrucht vermijden. Biet en kruisbloemigen zijn goede voorvruchten.

signalering:
- grondonderzoek laten uitvoeren.

AALTJES stengelaaltje *Ditylenchus dipsaci*
DIT IS EEN QUARANTAINE-ORGANISME

BEWAARROT *Penicillium* soorten
- beschadiging bij de oogst en het verwerken voorkomen.
- bollen op het optimale tijdstip rooien.
- mits de bollen dit verdragen, snel drogen, droog en luchtig bewaren en vroeg planten.
- relatieve luchtvochtigheid (RV) zo laag mogelijk houden (lager dan 80 %) met een goede luchtcirculatie tussen de bollen bij koele bewaring.
- verwerken van de bollen uitstellen tot vlak voor het planten.

FUSARIUMZIEKTE *Fusarium oxysporum f.sp. hyacinthi*
- bollen met krasbodems en huidziekte voor het planten verwijderen.
- gave bollen gebruiken.
- ruime vruchtwisseling toepassen. Vatbare cultivars afwisselen met niet vatbare.
- vroeg rooien, snel en goed drogen, warm en luchtig bewaren.
- temperatuur na het planten 9 °C of lager houden.

HUIDZIEK *Embellisia hyacinthi*
- bladtopaantasting wordt beperkt door de bollen niet met de grond te bedekken voor de broei.
- gave bollen gebruiken.

KWADEGROND *Rhizoctonia tuliparum*
- aangetaste planten en hun buurplanten verwijderen en de plek markeren.
- bollen, buurplanten en de grond tot iets onder de bol verwijderen en de plek markeren wanneer de ziekte voor de eerste maal op een perceel voorkomt.
- grond waarop besmetting wordt verwacht tot in het grondwater onderploegen.
- plantgoed afkomstig van besmette percelen zo goed mogelijk schonen. Het hiervan afkomstige vuil vernietigen of composteren.

WORTELROT *Pythium ultimum var. ultimum*
- na inundatie eerst een niet-waardplant telen.
- ruime vruchtwisseling toepassen.

ZWARTSNOT *Sclerotinia bulborum*
- besmette grond in de zomer 6 tot 8 weken inunderen.
- besmette partijen niet voor kistenbroei gebruiken of bollen ontsmetten.
- bollen van zieke planten en enkele buurplanten met omringende grond direct na aantreffen verwijderen.
- plantgoed uitzoeken.

Hyacinthus orientalis HYACINT

AALTJES destructoraaltje *Ditylenchus destructor*
- besmette grond in de zomer 6 tot 8 weken inunderen.
- grond stomen.
- indien beschikbaar, resistente rassen telen.
- opslag verwijderen of voorkomen.
- ruime vruchtwisseling toepassen.
- warmwaterbehandeling toepassen. Daarna de bollen snel terugdrogen in verband met toegenomen kans op bolrot.

AALTJES gewoon wortellesieaaltje *Pratylenchus penetrans*
- aaltjesonderdrukkende voorteelt van *Tagetes*-soorten (afrikaantje) gedurende minimaal 3 maanden toepassen.
- besmette grond en/of substraat ontsmetten of inunderen.
- biologische grondontsmetting toepassen.
- gezond uitgangsmateriaal gebruiken, wortels inspecteren en uitspoelen.
- pH door bekalking verhogen.
- vruchtwisseling toepassen. Bij vatbare gewassen granen, maïs, grassen, aardappel, knolselderij, peen en vlinderbloemigen als voorvrucht vermijden. Biet en kruisbloemigen zijn goede voorvruchten.

signalering:
- grondonderzoek laten uitvoeren.

grondbehandeling door injecteren
metam-natrium
    Monam CleanStart, Monam Geconc., Nemasol

AALTJES stengelaaltje *Ditylenchus dipsaci*
DIT IS EEN QUARANTAINE-ORGANISME

AALTJES vrijlevend wortelaaltje *Hemicycliophora conida*
- grond en/of substraat ontsmetten.

AALTJES wortellesieaaltje *Pratylenchus* soorten
- aaltjesonderdrukkende voorteelt van *Tagetes*-soorten (afrikaantje) gedurende minimaal 3 maanden toepassen.
- besmette grond en/of substraat ontsmetten of inunderen.
- biologische grondontsmetting toepassen.
- gezond uitgangsmateriaal gebruiken, wortels inspecteren en uitspoelen.
- pH door bekalking verhogen.
- vruchtwisseling toepassen. Bij vatbare gewassen granen, maïs, grassen, aardappel, knolselderij, peen en vlinderbloemigen als voorvrucht vermijden. Biet en kruisbloemigen zijn goede voorvruchten.

signalering:
- grondonderzoek laten uitvoeren.

BEWAARROT *Penicillium* soorten
- beschadiging bij de oogst en het verwerken voorkomen.
- bij relatieve luchtvochtigheid (RV) van 70 % of lager en met voldoende luchtcirculatie bewaren.
- bollen binnen 24 uur na rooien winddroog maken.
- bollen droog en luchtig bewaren met voldoende ventilatie en circulatie.
- bollen na iedere bewerking drogen.
- bollen niet langer dan twee weken droog koelen. Hierbij inbegrepen is de periode van transport en de wachttijd tot het planten. De resterende weken droge koeling moeten dan in opgeplante toestand worden gegeven en dus bij de koudeperiode worden geteld.
- na hollen/snijden direct drogen bij een relatieve luchtvochtigheid (RV) van 60 %.
- preparatiebehandeling toepassen.
- tot het planten warm bewaren.

bol- en/of knolbehandeling door dompelen
captan
    Brabant Captan Flowable, Captan 480 SC, Captan 80 WG, Captan 83% Spuitpoeder, Captan 83% Spuitpoeder, Captosan 500 SC, Captosan Spuitkorrel 80 WG, Malvin WG, Merpan Basic WP, Merpan Flowable, Merpan Spuitkorrel
- gave bollen gebruiken. Bij voorkeur geen vestbollen gebruiken.
- grote maten zijn vatbaarder.
- schone, gezonde, onbeschadigde bollen gebruiken.
- tot het planten warm bewaren.

BLADVLEKKENZIEKTE *Colletotrichum* soorten
- aangetaste planten(delen) verwijderen en afvoeren.
- gereedschap en andere materialen schoonmaken en ontsmetten.

- gewasresten verwijderen.
- minder vatbare of resistente rassen telen.
- vruchtwisseling toepassen.

bol- en/of knolbehandeling door dompelen
captan
> Brabant Captan Flowable, Captan 480 SC, Captan 80 WG, Captan 83% Spuitpoeder, Captan 83% Spuitpoeder, Captosan 500 SC, Captosan Spuitkorrel 80 WG, Malvin WG, Merpan Basic WP, Merpan Flowable, Merpan Spuitkorrel

BLOEMTROSSEN TE KORT non-parasitaire factor
- koudebehandeling toepassen.

BLOEMTROSSEN TE LANG lage temperatuur
- met de koudebehoefte rekening houden.
- opplant- en inhaaltijdstip aanpassen aan de gewenste bloei-tijd. In gebieden waarin verband met vroeg invallende vorst alles vroeg buiten moeten worden opgeplant, kan men beter overgaan tot het opplanten in koelcellen.

BRUINE BLADTOPPEN complex non-parasitaire factoren3
- mechanische beschadiging voorkomen.
- spruiten direct na inhalen schoonspoelen of besproeien en afdekken met papier en dit 1 à 2 dagen laten liggen.
- spruiten tijdens inhalen beschermen tegen bevriezen.

FUSARIUMZIEKTE *Fusarium oxysporum f.sp. hyacinthi*
- bollen met krasbodems en huidziekte voor het planten ver-wijderen.
- gave bollen gebruiken.
- ruime vruchtwisseling toepassen. Vatbare cultivars afwisselen met niet vatbare.
- temperatuur na het planten 9 °C of lager houden.
- vroeg rooien, snel en goed drogen, warm en luchtig bewaren.

bol- en/of knolbehandeling door dompelen
ascorbinezuur
> Dipper, Protect Pro
folpet / prochloraz
> Mirage Plus 570 SC
prochloraz
> Budget Prochloraz 45 EW, Mirage 45 EC, Mirage Elan, Sportak EW
thiofanaat-methyl
> Topsin M Vloeibaar

GEELZIEK *Xanthomonas hyacinthi*
- aangetaste planten en buurplanten diep wegsteken en ter plaatse vernietigen.
- besmette partijen niet voor kistenbroei gebruiken of bollen ontsmetten.
- bollen in speciale bewaarruimten gedurende 4 weken bij 30 °C opslaan en daarna een heetstookbehandeling uitvoeren.
- bollen na de oogst snel drogen of enige dagen bij goed drogend weer buiten laten staan.
- bollen van zieke plekken apart rooien, bollen vernietigen of snel drogen, afbroeien.
- direct na het verwijderen van het winterdek met ziekzoeken beginnen en dit regelmatig herhalen tot aan het rooien.
- indien geholde en gesneden bollen worden heetgestookt, deze voor de heetstook bij circa 25 °C en tijdens de heetstook de relatieve luchtvochtigheid (RV) verhogen tot 40 %.
- niet in het gewas komen als het nog nat is.
- plantgoed voor het planten uitzoeken.
- rooi-, sorteer- en andere machines en fust na het rooien en het verwerken van besmette partij volgens advies ontsmetten.
- voor het rooien het loof van zieke partijen niet maaien maar aftrekken.
- vroeg in het voorjaar opslag verwijderen (ook in belendende percelen).

GRAUWE SCHIMMEL *Botryotinia fuckeliana*
- aangetaste planten(delen) verwijderen en afvoeren.

- gereedschap en andere materialen schoonmaken en ont-smetten.
- gewasresten verwijderen.
- minder vatbare of resistente rassen telen.
- vruchtwisseling toepassen.

GROENE KOPPEN complex non-parasitaire factoren
- bij de temperatuurbehandeling voor vroege bloei de periode bij 23 °C of 20 °C vrij ruim nemen.
- indien de bodemtemperatuur gedurende de eerste tijd na het planten enige tijd boven de 13 °C ligt of indien de tem-peratuur enkele weken circa 5 °C is of lager, de koudeperiode enigszins verlengen.
- koudeperiode voldoende lang aanhouden.
- na het planten de temperatuur beneden de 5 °C zoveel moge-lijk voorkomen, de meest gunstige temperatuur is 9 °C.

HOLLE NEUZEN herbiciden
- bollen bij voorkeur rechtop en voldoende diep planten.
- bollen voldoende diep planten, ook op kopeinden (10-12 cm grond op de neus van de bol).

HUIDZIEK *Embellisia hyacinthi*
- beschadiging bij de oogst en het verwerken voorkomen.
- bij relatieve luchtvochtigheid (RV) van 70 % of lager en met voldoende luchtcirculatie bewaren.
- bladtopaantasting wordt beperkt door de bollen niet met de grond te bedekken voor de broei.
- bollen binnen 24 uur na rooien winddroog maken.
- bollen niet langer dan twee weken droog koelen. Hierbij inbegrepen is de periode van transport en de wachttijd tot het planten. De resterende weken droge koeling moeten dan in opgeplante toestand worden gegeven en dus bij de koudeperiode worden geteld.
- gave bollen gebruiken. Bij voorkeur geen vestbollen gebruiken.
- grote maten zijn vatbaarder.
- schone, gezonde, onbeschadigde bollen gebruiken.
- na hollen/snijden direct drogen bij een relatieve luchtvochtig-heid (RV) van 60 %.
- preparatiebehandeling toepassen.
- tot het planten warm bewaren.

bol- en/of knolbehandeling door dompelen
captan
> Brabant Captan Flowable, Captan 480 SC, Captan 80 WG, Captan 83% Spuitpoeder, Captosan 500 SC, Captosan Spuitkorrel 80 WG, Malvin WG, Merpan Basic WP, Merpan Flowable, Merpan Spuitkorrel
folpet / prochloraz
> Mirage Plus 570 SC
prochloraz
> Budget Prochloraz 45 EW, Mirage 45 EC, Mirage Elan, Sportak EW

KROMKOPPEN onbekende factor
- tijdens de preparatie van de bollen in de schuur zal vermoe-delijk een iets langere bewaring bij 23 °C een gunstig effect hebben. Op het goede tijdstip uit de kuil halen en in de kas bij een lagere temperatuur in bloei trekken, kan eveneens een

KWADEGROND *Rhizoctonia tuliparum*
- aangetaste planten en hun buurplanten verwijderen en de plek markeren.
- bollen, buurplanten en de grond tot iets onder de bol verwij-deren en de plek markeren wanneer de ziekte voor de eerste maal op een perceel voorkomt.
- grond waarop besmetting wordt verwacht tot in het grond-water onderploegen.
- plantgoed afkomstig van besmette percelen zo goed mogelijk schonen. Het hiervan afkomstige vuil vernietigen of compos-teren.

LISSERS fytoplasma *Phytoplasma*
- aangetaste planten voor de bloei verwijderen.

- verdachte partijen heetstoken, zie geelziek. Daardoor wordt het fytoplasma in geïnfecteerde bollen gedood.
- vroeg rooien en/of doodspuiten van het gewas in warme zomers kan de kans op infectie verminderen.

MIJTEN bollenmijt *Rhizoglyphus echinopus*
- gave bollen gebruiken.

MIJTEN bollenmijt *Rhizoglyphus robini*
- gave bollen gebruiken.
- gave bollen gebruiken. Dit geld met name voor bollen die bestemd zijn voor hollen of snijden.

RHIZOCTONIA-ZIEKTE *Thanatephorus cucumeris*
- bolneus vrij van grond houden (bewortelingsruimte).

ROEST pseudo-roest *Fusarium oxysporum*
plantgoedbehandeling door dompelen
boscalid / kresoxim-methyl
    Collis

ROETBOLLEN *Aspergillus niger*
- bedrijfshygiëne stringent doorvoeren.
- beschadiging van de bollen bij de oogst en verwerking en vooral vlak voor aanvang van de heetstookbehandeling voorkomen.
- bollen die na het snijden/hollen in de heetstook moeten, voor het snijden/hollen ontsmetten, terugdrogen en na het snijden volgens richtlijnen ontsmetten. Daarna zeer goed terugdrogen.
- bollen direct na de oogst met veel buitenlucht drogen, bij voorkeur zonder hoge temperatuur.
- bollen na de heetstook sorteren. Als dit niet mogelijk is, binnen 1 week na het rooien sorteren. De sorteerplaten mogen daarbij niet nat worden, en binnen 12 uur volgens richtlijnen ontsmetten. Droog de bollen 3 tot 5 dagen terug bij een zo laag mogelijke
- bollen na iedere bewerking drogen.
- cellen schoonhouden.
- relatieve luchtvochtigheid (RV) in de holkamer niet hoger dan 70 % houden.
- stof en roetsporen bij bewerkingen afzuigen en de machine schoonhouden.
- verlaag de bewaartemperatuur na de heetstook 3 dagen voor het sorteren tot 20 of 25 °C. Houdt deze temperatuur aan tot 5 dagen na het sorteren.
- voor de vermeerdering uitgaan van werkbollen zonder roetaantasting.
- voor een goede luchtcirculatie tussen de bollen zorgen en de bewaarruimte ventileren.
- zonnebrand voorkomen.

ROTKOPPEN *Penicillium hirsutum*
- kastemperatuur tijdens de broei niet sterk verlagen.
- leverbare planten droog en luchtig opslaan.
- topnagelverdroging voorkomen.
bol- en/of knolbehandeling door dompelen
captan
    Brabant Captan Flowable, Captan 480 SC, Captan 80 WG, Captan 83% Spuitpoeder, Captan 83% Spuitpoeder, Captosan 500 SC, Captosan Spuitkorrel 80 WG, Malvin WG, Merpan Basic WP, Merpan Flowable, Merpan Spuitkorrel

SPOUWERS fysiologische ziekte
- niet planten bij een bodemtemperatuur hoger dan circa 12 °C.
- overmatige vochtigheid in de grond voorkomen.
- plantgoed tot het planten bij minimaal 25 °C bewaren, maar bij voorkeur bij 30 °C.
- te broeien bollen bij voorkeur bij 9 °C planten.
- winterdek pas na half november opbrengen.
- zwavelzure ammoniak niet als kunstmest gebruiken.

SPOUWERS mechanisch ziekte
- opgeplante bollen op het goede tijdstip in de kas brengen.

- temperatuur in de broeiruimte na het inhalen geleidelijk omhoog brengen.

TOPBLOEI non-parasitaire factor
- bollen niet bij te hoge bodemtemperatuur planten. 9 °C is de meest gunstige temperatuur.
- niet te vroeg in de kas brengen.
- voldoende lange koudeperiode aanhouden.

TOPNAGELVERDROGING complex non-parasitaire factoren2
- bij cultivar 'I'Innocence' geen bollen dikker dan 18 cm voor de vroegste bloei gebruiken.
- bollen volgens richtlijnen ontsmetten.
- goed geprepareerde bollen bij 9 °C planten.
- niet inhalen voordat aan de koudebehandeling van de betreffende cultivar is voldaan.

TRIPSEN californische trips *Frankliniella occidentalis*
- grond en/of substraat stomen.
- minder vatbare rassen telen.
- natuurlijke vijanden inzetten of stimuleren.
- onkruid bestrijden.
- plastic bij teeltwisseling vervangen.

VIRUSZIEKTEN grijs of mozaïek hyacintenmozaïekvirus
- aangetaste planten verwijderen voordat er luis optreedt.
- gezonde werkbollen gebruiken.
- niet in de naaste omgeving van partijen telen, waarin een hoog percentage viruszieke planten is vastgesteld.
- voortdurend selectie toepassen.

VIRUSZIEKTEN ratel tabaksratelvirus
- bladrammenas als tussengewas gedurende minimaal 2 maanden bij een goed groeiend gewas telen.
- op besmette gronden laat (2e helft november) planten.
- selectie toepassen en gezonde werkbollen gebruiken.

VUUR *Botrytis hyacinthi*
- beschadiging van het gewas en de knollen voorkomen.
- bloemen verwijderen, bij voorkeur afritsen.
- plantgoed warm bewaren en niet te vroeg planten.
signalering:
- indien mogelijk een waarschuwingssysteem gebruiken.
gewasbehandeling door spuiten
chloorthalonil
    Budget Chloorthalonil 500 SC, Daconil 500 Vloeibaar
fluazinam
    Fluazinam 500 SC, Fylan Flow, Ohayo, Shirlan

WITSNOT *Erwinia carotovora subsp. carotovora*
- aangetaste partijen niet beregenen.
- aangetaste planten(delen) verwijderen.
- blad vlak voor het rooien verwijderen.
- bollen gedurende vier weken nadrogen.
- bollen na de oogst droog houden.
- bollen na iedere bewerking drogen.
- bollen snel drogen en onder goede ventilatie bewaren.
- met name in vochtige perioden tijdig rooien.
- niet bij een hoge temperatuur beregenen.
- overtollige grond verwijderen en bollen binnen 24 uur winddroog maken.
- voor de broei bollen planten bij 9 °C.
- wateroverlast, vorstbeschadiging en aantasting door andere ziekteverwekkers voorkomen.

WORTELROT *Pythium ultimum var. ultimum*
- bollen bij voorkeur rechtop en voldoende diep planten.
- losse grond na planten stevig aandrukken.
- na inundatie eerst een niet-waardplant telen.
- ruime vruchtwisseling toepassen.

- structuur van de grond, bodemleven en waterhuishouding verbetering.
veurbehandeling door spuiten
metalaxyl-M
Budget Metlaxyl-M SL, Ridomil Gold

WORTELROT *Pythium* soorten
- bollen bij voorkeur rechtop en voldoende diep planten.
- losse grond na planten stevig aandrukken.
- structuur van de grond, bodemleven en waterhuishouding verbetering.
bol- en/of knolbehandeling door dompelen
captan
Brabant Captan Flowable, Captan 480 SC, Captan 80 WG, Captan 83% Spuitpoeder, Captosan 500 SC, Captosan Spuitkorrel 80 WG, Malvin WG, Merpan Basic WP, Merpan Flowable, Merpan Spuitkorrel
veurbehandeling door spuiten
metalaxyl-M
Budget Metlaxyl-M SL, Ridomil Gold

ZWARTSNOT *Sclerotinia bulborum*
- besmette grond in de zomer 6 tot 8 weken inunderen.
- besmette partijen niet voor kistenbroei gebruiken of bollen ontsmetten.
- bollen van zieke planten en enkele buurplanten met omringende grond direct na aantreffen verwijderen.
- plantgoed uitzoeken.
plantgoedbehandeling door dompelen
boscalid / kresoxim-methyl
Collis

Hymenocallis soorten ISMENE

AALTJES stengelaaltje *Ditylenchus dipsaci*
DIT IS EEN QUARANTAINE-ORGANISME

VLIEGEN grote narcisvlieg *Merodon equestris*
- aangetaste leverbare bollen een warmwaterbehandeling geven.
- geen meerjarige teelt bedrijven.
- niet in de luwte en in de buurt van bosschages telen.

VUUR *Stagonosporopsis curtisii*
- bij tweejarige teelten het blad na het eerste jaar verwijderen.
- bladresten van de voorgaande teelt verwijderen of onderploegen.
- bollen op het goede tijdstip in de kas halen (na een voldoende lange koudeperiode).
- gezond uitgangsmateriaal gebruiken.

Iris soorten IRIS

AALTJES bedrieglijk maiswortelknobbelaaltje *Meloidogyne fallax*
DIT IS EEN QUARANTAINE-ORGANISME

AALTJES destructoraaltje *Ditylenchus destructor*
- besmette grond in de zomer 6 tot 8 weken inunderen.
- grond stomen.
- indien beschikbaar, resistente rassen telen.
- onkruid bestrijden.
- opslag verwijderen of voorkomen.
- ruime vruchtwisseling toepassen.
- warmwaterbehandeling toepassen. Daarna de bollen snel terugdrogen in verband met toegenomen kans op bolrot.

AALTJES gewoon wortellesieaaltje *Pratylenchus penetrans*
- aaltjesonderdrukkende voorteelt van *Tagetes*-soorten (afrikaantje) gedurende minimaal 3 maanden toepassen.
- besmette grond en/of substraat ontsmetten of inunderen.
- biologische grondontsmetting toepassen.

- gezond uitgangsmateriaal gebruiken, wortels inspecteren en uitspoelen.
- pH door bekalking verhogen.
- vruchtwisseling toepassen. Bij vatbare gewassen granen, maïs, grassen, aardappel, knolselderij, peen en vlinderbloemigen als voorvrucht vermijden. Biet en kruisbloemigen zijn goede voorvruchten.
signalering:
- grondonderzoek laten uitvoeren.
grondbehandeling door injecteren
metam-natrium
Monam CleanStart, Monam Geconc., Nemasol

AALTJES krokusknolaaltje *Aphelenchoides subtenuis*
- besmette grond in de zomer 6 tot 8 weken inunderen.
- grond stomen.
- indien beschikbaar, resistente rassen telen.
- ruime vruchtwisseling toepassen.
- warmwaterbehandeling toepassen. Daarna de bollen snel terugdrogen in verband met toegenomen kans op bolrot.

AALTJES maiswortelknobbelaaltje *Meloidogyne chitwoodi*
DIT IS EEN QUARANTAINE-ORGANISME

AALTJES vrijlevend wortelaaltje *Hemicycliophora conida*
- grond en/of substraat ontsmetten.

AALTJES wortelknobbelaaltje noordelijk wortelknobbelaaltje *Meloidogyne hapla*
- grond en/of substraat ontsmetten.
- ruime vruchtwisseling toepassen.
- zo laat mogelijk zaaien of planten.
- zwarte braak toepassen in de zomer.

AALTJES wortellesieaaltje *Pratylenchus* soorten
- aaltjesonderdrukkende voorteelt van *Tagetes*-soorten (afrikaantje) gedurende minimaal 3 maanden toepassen.
- besmette grond en/of substraat ontsmetten of inunderen.
- biologische grondontsmetting toepassen.
- gezond uitgangsmateriaal gebruiken, wortels inspecteren en uitspoelen.
- pH door bekalking verhogen.
- vruchtwisseling toepassen. Bij vatbare gewassen granen, maïs, grassen, aardappel, knolselderij, peen en vlinderbloemigen als voorvrucht vermijden. Biet en kruisbloemigen zijn goede voorvruchten.
signalering:
- grondonderzoek laten uitvoeren.

BLADVLEKKENZIEKTE *Colletotrichum* soorten
bol- en/of knolbehandeling door dompelen
captan
Brabant Captan Flowable, Captan 480 SC, Captan 80 WG, Captan 83% Spuitpoeder, Captosan 500 SC, Captosan Spuitkorrel 80 WG, Malvin WG, Merpan Basic WP, Merpan Flowable, Merpan Spuitkorrel

BLOEMKNOPVERDROGING complex non-parasitaire factoren
- bollen bij de goede temperatuur behandelen.
- dichte stand voorkomen.
- goed lichtdoorlatende kassen gebruiken.
- hoge temperatuur enkele weken voor de bloei voorkomen.
- kastemperatuur in donkere dagen aanpassen.
- te gebruiken bolmaat afstemmen op het planttijdstip.
- te sterke gewasgroei voorkomen.
- voldoende water geven.
- voor vroegste bloei met ethyleen behandelde bollen gebruiken.

BOLROT *Fusarium oxysporum f.sp. gladioli*
- besmette kasgrond stomen.
- bollen sorteren en ontsmetten.
- ruime vruchtwisseling toepassen (1 op 6).
- tijdig rooien, snel drogen en daarna luchtig bewaren.
- vruchtopvolging met freesia, gladiool, ixia en krokus vermijden.

DRIEBLADERS non-parasitaire factor
- goede bolmaat nemen en bij de voorgeschreven temperatuur behandelen.
- voor vroege bloei met ethyleen behandelde bollen gebruiken.

GRAUWE SCHIMMEL *Botryotinia fuckeliana*
- aangetaste planten(delen) verwijderen en afvoeren.
- beschadiging voorkomen.
- bladnatperiode door een niet te dichte gewasstand, luchten en droogstoken zo veel mogelijk bekorten.
- gereedschap en andere materialen schoonmaken en ontsmetten.
- gewasresten verwijderen.
- minder vatbare of resistente rassen telen.
- vruchtwisseling toepassen.
gewasbehandeling door spuiten
fluazinam
    Fluazinam 500 SC, Fylan Flow, Ohayo, Shirlan

INKTVLEKKENZIEKTE *Drechslera iridis*
- groen rooien en pas gerooide bollen zo snel mogelijk drogen.
- plantgoed voor het planten uitzoeken.

KROONROT *Athelia rolfsii, Athelia rolfsii var. delphinii*
- aangetaste planten met omringende grond verwijderen en vernietigen.
- besmette partijen vernietigen.
- kasgrond stomen.
- na het rooien snel drogen.

KWADEGROND *Rhizoctonia tuliparum*
- besmette grond zo mogelijk diep omploegen (ten minste 40 cm) of de grond in de zomer minimaal 6 tot 8 weken inunderen.
- bollen, buurplanten en de grond tot iets onder de bol verwijderen en de plek markeren wanneer de ziekte voor de eerste maal op een perceel voorkomt.
- plantgoed afkomstig van besmette percelen zo goed mogelijk schonen. Het hiervan afkomstige vuil vernietigen of composteren.
grondbehandeling door spuiten en inwerken
tolclofos-methyl
    Rizolex Vloeibaar

MEERBLADERS complex non-parasitaire factoren2
- bollen 1 tot 2 weken langer dan gebruikelijk bij 17 °C nabehandelen.
- voor buitenplantingen in juni en juli geen bollen gebruiken kleiner dan 9 cm. Bij 'Hildegarde' niet kleiner dan 10 cm.

NAT VOETROT *Phytophthora cryptogea*
- bodemtemperatuur zo laag mogelijk houden.
- grond goed ontwateren.
- grond stomen, met name na de voorteelt van tomaat.
- kas voor het planten flink beregenen zodat dit na het planten minder vaak hoeft te gebeuren.

NAT VOETROT *Phytophthora nicotianae var. nicotianae*
- bodemtemperatuur zo laag mogelijk houden.
- grond goed ontwateren.
- grond stomen, met name na de voorteelt van tomaat.
- kas voor het planten flink beregenen zodat dit na het planten minder vaak hoeft te gebeuren.

PENICILLIUM-ROT *Penicillium hirsutum*
- bollen na het planten onder optimale omstandigheden laten bewortelen. Direct water geven.
- bollen niet onrijp oogsten.
- tijdens de bewaring bij lage temperatuur zorgen voor een niet te hoge relatieve luchtvochtigheid (RV) (70 % of lager) en goede luchtcirculatie tussen de bollen.
bol- en/of knolbehandeling door dompelen
captan
    Brabant Captan Flowable, Captan 480 SC, Captan 80 WG, Captan 83% Spuitpoeder, Captosan 500 SC, Captosan Spuitkorrel 80 WG, Malvin WG, Merpan Basic WP, Merpan Flowable, Merpan Spuitkorrel

RHIZOCTONIA-ZIEKTE *Thanatephorus cucumeris*
- bij de teelt bij 5 °C in verwarmde kassen en in bewortelingsruimten ondiep planten (bolneus op gelijke hoogte met bovenkant grond) en na het planten de grond behandelen volgens richtlijnen. Om het omhooggroeien en onderhuids bewortelen van de
- kasgrond stomen.
grondbehandeling door spuiten en inwerken
tolclofos-methyl
    Rizolex Vloeibaar
knolbehandeling door spuiten
flutolanil
    Monarch
- verse grond gebruiken en nooit afdekken met potgrond maar met zand, en bollen met top iets boven de grond planten.

ROEST *Puccinia iridis*
- aangetaste planten(delen) verwijderen en afvoeren.
- gereedschap en andere materialen schoonmaken en ontsmetten.
- minder vatbare of resistente rassen telen.
- vruchtwisseling toepassen.

ROETDAUW zwartschimmels *Dematiaceae*
- bladluizen bestrijden.

STINKEND ZACHTROT *Erwinia carotovora subsp. carotovora*
- direct na het planten voldoende water geven, daarna naar behoefte van het gewas.
- grond na het planten bedekken met kort stro of ander strooisel.
- in losse, vochtige grond planten.
- kas luchten.
- kastemperatuur niet te hoog laten oplopen. Schermen bij te veel instraling.
- loof van voorteelten niet in de grond verwerken.
- niet op warme dagen planten.
- niet te dicht planten.
- wortels bij planten zo min mogelijk beschadigen.

STREPENZIEKTE *Pseudomonas* **soorten**
- geen specifieke niet-chemische maatregel bekend.

VIRUSZIEKTEN bont latent narcissenvirus
- selectie toepassen en aangetaste planten zo vroeg mogelijk verwijderen.
- teelt van virusvrij gemaakt materiaal nastreven.

VIRUSZIEKTEN grijs irisgrijsvirus
- niet planten naast gewassen die smetstofdrager zijn, zoals Crocus.
- selectie toepassen en aangetaste planten zo vroeg mogelijk verwijderen.
- teelt van virusvrij gemaakt materiaal nastreven.
- tijdens de bewaring in de schuur bladluizen bestrijden.

VIRUSZIEKTEN mozaïek bonenscherpmozaïekvirus
- niet in de naaste omgeving van smetstofdragende gewassen telen zoals Gladiolus, Crocosmia en Ixia, vooral wanneer de

Irissen voor snijbloementeelt laat in het voorjaar worden geplant.
- viruszieke planten zo vroeg mogelijk verwijderen.

VIRUSZIEKTEN mozaïek irismozaïekvirus
- teelt van virusvrij gemaakt materiaal nastreven.

VUUR *Phoma narcissi*
- besmette grond in de zomer 6 tot 8 weken inunderen.
- bloemen koppen en verwijderen.
gewasbehandeling door spuiten
chloorthalonil
    Budget Chloorthalonil 500 SC, Daconil 500 Vloeibaar

WOLLUIZEN *Phenacoccus* soorten
- natuurlijke vijanden inzetten of stimuleren.
- ruime plantafstand aanhouden.
- teeltoppervlakken schoonmaken.
signalering:
- vangplaten of vanglampen ophangen, waardoor het goede bestrijdingsmoment vastgesteld kan worden.

WORTELROT *Pythium ultimum var. ultimum*
- buiten niet te vroeg planten.
- kasgrond stomen.
grondbehandeling door mengen
etridiazool
    AAterra ME
grondbehandeling door spuiten en inwerken
propamocarb-hydrochloride
    Imex-Propamocarb
potgrondbehandeling door mengen
etridiazool
    AAterra ME
potgrondbehandeling door spuiten en mengen
metalaxyl-M
    Budget Metlaxyl-M SL, Ridomil Gold
veurbehandeling door spuiten
metalaxyl-M
    Budget Metlaxyl-M SL, Ridomil Gold

WORTELROT *Pythium* soorten
- bemesten met GFT-compost onderdrukt *Pythium* in de grond.
- cultivars gebruiken die weinig *Pythium* gevoelig zijn.
- grond en/of substraat stomen.
- grond goed ontwateren.
- hoog stikstofgehalte voorkomen.
- niet in te koude of te natte grond planten.
- te hoge zoutconcentratie (EC) en overmatige vochtigheid van de grond voorkomen.
- ziektevrij gietwater (leiding- of bronwater) of ontsmet drain-, oppervlakte- en regenwater gebruiken.
bol- en/of knolbehandeling door dompelen
captan
    Brabant Captan Flowable, Captan 480 SC, Captan 80 WG, Captan 83% Spuitpoeder, Captan 83% Spuitpoeder, Captosan 500 SC, Captosan Spuitkorrel 80 WG, Malvin WG, Merpan Basic WP, Merpan Flowable, Merpan Spuitkorrel
propamocarb-hydrochloride
    Proplant
potgrondbehandeling door spuiten en mengen
metalaxyl-M
    Budget Metlaxyl-M SL, Ridomil Gold

Ixia soorten IXIA

KNOLROT *Fusarium oxysporum*
- afgebroeide knollen vernietigen.
- kasgrond stomen.
- op onbesmette grond planten.
- ruime vruchtwisseling toepassen met andere waardplanten.

KWADEGROND *Rhizoctonia tuliparum*
- besmette grond in de zomer 6 tot 8 weken inunderen.

- grond van zieke plekken met de knol tot 20 cm diep uitgraven en afvoeren.
- op zandgronden de besmette bovenlaag tot in het grondwater onderploegen.
- plantgoed schoonmaken.

RODE-VLEKKENZIEKTE *Thanatephorus cucumeris*
- bij de teelt bij 5 °C in verwarmde kassen en in bewortelingsruimten ondiep planten (bolneus op gelijke hoogte met bovenkant grond) en na het planten de grond behandelen volgens richtlijnen. Om het omhooggroeien en onderhuids bewortelen van de
- verse grond gebruiken en nooit afdekken met potgrond maar met zand, en bollen met top iets boven de grond planten.

VUUR *Botryotinia draytonii*
- aangetaste planten(delen) verwijderen.
- duidelijk aangetaste planten vroegtijdig verwijderen.
- gewasresten en bloemen verwijderen.
- kralen en pitten een warmwaterbehandeling geven.
- loof aftrekken of afslaan in plaats van knippen.
- na het rooien snel drogen (op de droogwand), enkele weken nadrogen en droog bewaren.
- na verwerking enkele dagen drogen om eventuele mechanische beschadiging te laten opdrogen.
- partijen waarin vuur voorkomt tijdig rooien.
- relatieve luchtvochtigheid (RV) laag houden door stoken en/of luchten.
- ruime plantafstand aanhouden.
- vruchtwisseling toepassen (1 op 4) en opslag verwijderen.
gewasbehandeling door spuiten
chloorthalonil
    Budget Chloorthalonil 500 SC, Daconil 500 Vloeibaar

WORTELROT *Pythium* soorten
- bemesten met GFT-compost onderdrukt *Pythium* in de grond.
- bollen 4 uur bij 47 °C koken.
- cultivars gebruiken die weinig *Pythium* gevoelig zijn.
- grond en/of substraat stomen.
- grond goed ontwateren.
- hoog stikstofgehalte voorkomen.
- indien mogelijk voor de winter planten.
- niet in te koude of te natte grond planten.
- partijen pellen, zodat geen wortelresten achterblijven.
- plantgoed en leverbaar uitzoeken en daarna ontsmetten.
- structuur van de grond verbeteren.
- te hoge zoutconcentratie (EC) en overmatige vochtigheid van de grond voorkomen.
- wateroverlast voorkomen.
- ziektevrij gietwater (leiding- of bronwater) of ontsmet drain-, oppervlakte- en regenwater gebruiken.

Liatris soorten LIATRIS

AALTJES destructoraaltje *Ditylenchus destructor*
- besmette grond in de zomer 6 tot 8 weken inunderen.
- grond stomen.
- indien beschikbaar, resistente rassen telen.
- opslag en onkruiden verwijderen of voorkomen.
- ruime vruchtwisseling toepassen.
- warmwaterbehandeling toepassen. Daarna de bollen snel terugdrogen in verband met toegenomen kans op bolrot.

AALTJES gewoon wortellesieaaltje *Pratylenchus penetrans, wortellesieaaltje Pratylenchus* soorten
- aaltjesonderdrukkende voorteelt van *Tagetes*-soorten (afrikaantje) gedurende minimaal 3 maanden toepassen.
- besmette grond en/of substraat ontsmetten of inunderen.
- biologische grondontsmetting toepassen.
- gezond uitgangsmateriaal gebruiken, wortels inspecteren en uitspoelen.
- pH door bekalking verhogen.
- vruchtwisseling toepassen. Bij vatbare gewassen granen, maïs, grassen, aardappel, knolselderij, peen en vlinderbloe-

2.7 Ziekten en plagen bloembollen- en bolbloementeelt

migen als voorvrucht vermijden. Biet en kruisbloemigen zijn goede voorvruchten.

signalering:
- grondonderzoek laten uitvoeren.

BLADVERDROGING non-parasitaire factor
- bij de teelt in kassen tijdig enigszins schermen.
- gewas tijdens scherp drogend weer enkele malen per dag licht broezen.

GRAUWE SCHIMMEL *Botryotinia fuckeliana*
- beschadiging van het gewas voorkomen.
- onkruid bestrijden.
- stikstofbemesting matig toepassen.
- voor een afgehard gewas zorgen.

RHIZOCTONIA-ZIEKTE *Thanatephorus cucumeris*
- grond stomen of ontsmetten.

SCLEROTIËNROT *Sclerotinia sclerotiorum*
- besmette grond stomen of ontsmetten.
- ruime plantafstand aanhouden.
- voor bedekte teelten eenjarige knollen gebruiken.

TRIPSEN californische trips *Frankliniella occiden-talis*
- grond en/of substraat stomen.
- minder vatbare rassen telen.
- natuurlijke vijanden inzetten of stimuleren.
- onkruid bestrijden.
- plastic bij teeltwisseling vervangen.

VERWELKINGSZIEKTE *Verticillium albo-atrum, Verticillium dahliae*
- aangetaste planten(delen) verwijderen en partijen waarin de ziekte werd gevonden niet doortelen.
- bij *L. callilepsis* strenge selectie toepassen. Bij het breken of snijden van de knollen letten op donkere vaatbundels.
- gezond uitgangsmateriaal gebruiken.
- ruime vruchtwisseling toepassen en geen Liatris telen na andere vatbare rassen.
- voor de snijbloementeelt eenjarige knollen gebruiken.

signalering:
- vegetatief vermeerderde soorten op vaatverkleuring inspecteren bij het doorsnijden van de knollen.

Lilium soorten LELIE

AALTJES aardbeibladaaltje *Aphelenchoides fraga-riae,* AALTJES chrysantenbladaaltje *Aphelenchoides ritzemabosi*
- aaltjesvrije trays, potten, grond en gietwater gebruiken.
- afwijkende planten direct verwijderen.
- bassin vrijhouden van waterplanten.
- gewasresten na de oogst onderploegen of verwijderen.
- grond braak laten liggen.
- grond stomen.
- handen en gereedschap regelmatig ontsmetten.
- niet terstond opnieuw lelies planten wanneer aaltjesaantasting is geconstateerd, maar eerst een ander bol- of knolgewas.
- onderdoor water geven.
- onkruid in en om de kas bestrijden.
- ruime vruchtwisseling toepassen.
- schubbollen en het plantgoed een warmwaterbehandeling geven.
- teeltsysteem met aaltjesbesmetting ontsmetten.
- zaad een warmwaterbehandeling geven.

AALTJES gewoon wortellesieaaltje *Pratylenchus penetrans*
- aaltjesonderdrukkende voorteelt van *Tagetes*-soorten (afrikaantje) gedurende minimaal 3 maanden toepassen.
- besmette grond en/of substraat ontsmetten of inunderen.
- biologische grondontsmetting toepassen.

- gezond uitgangsmateriaal gebruiken, wortels inspecteren en uitspoelen.
- pH door bekalking verhogen.
- vruchtwisseling toepassen. Bij vatbare gewassen granen, maïs, grassen, aardappel, knolselderij, peen en vlinderbloemigen als voorvrucht vermijden. Biet en kruisbloemigen zijn goede voorvruchten.

signalering:
- grondonderzoek laten uitvoeren.

grondbehandeling door injecteren
metam-natrium
  Monam CleanStart, Monam Geconc., Nemasol
grondbehandeling door strooien
oxamyl
  Vydate 10G
grondbehandeling volvelds door strooien
ethoprofos
  Mocap 20 GS
rijbehandeling door strooien
oxamyl
  Vydate 10G

AALTJES scabiosabladaaltje *Aphelenchoides blastophorus*
- aaltjesvrije trays, potten, grond en gietwater gebruiken.
- afwijkende planten direct verwijderen.
- bassin vrijhouden van waterplanten.
- gewasresten na de oogst onderploegen of verwijderen.
- grond braak laten liggen.
- handen en gereedschap regelmatig ontsmetten.
- onderdoor water geven.
- onkruid bestrijden.
- teeltsysteem met aaltjesbesmetting ontsmetten.

AALTJES vrijlevend wortelaaltje *Hemicycliophora conida,* vrijlevende wortelaaltjes *Trichodorus* soorten
- grond en/of substraat ontsmetten.

AALTJES wortellesieaaltje *Pratylenchus* soorten
- aaltjesonderdrukkende voorteelt van *Tagetes*-soorten (afrikaantje) gedurende minimaal 3 maanden toepassen.
- besmette grond en/of substraat ontsmetten of inunderen.
- biologische grondontsmetting toepassen.
- gezond uitgangsmateriaal gebruiken, wortels inspecteren en uitspoelen.
- pH door bekalking verhogen.
- vruchtwisseling toepassen. Bij vatbare gewassen granen, maïs, grassen, aardappel, knolselderij, peen en vlinderbloemigen als voorvrucht vermijden. Biet en kruisbloemigen zijn goede voorvruchten.

signalering:
- grondonderzoek laten uitvoeren.

grondbehandeling volvelds door strooien
fosthiazaat
  Nemathorin 10G

BEWAARROT *Penicillium* soorten
- beschadiging bij de oogst en het verwerken voorkomen.
- bollen zo snel mogelijk na de oogst verwerken en bij 2 °C bewaren.
- in plastic verpakte schubben bewaren in een ruimte met een hoge relatieve luchtvochtigheid (RV) (90 tot 95 %) tot ze worden ontsmet en ingepakt in vermiculiet of potgrond.
- niet te vroeg rooien.
- uitdrogen van de bollen direct na de oogst voorkomen.

bol- en/of knolbehandeling door dompelen
captan
  Brabant Captan Flowable, Captan 480 SC, Captan 80 WG, Captan 83% Spuitpoeder, Captosan 500 SC, Captosan Spuitkorrel 80 WG, Malvin WG, Merpan Basic WP, Merpan Flowable, Merpan Spuitkorrel
chloorthalonil / prochloraz
  Allure Vloeibaar

folpet / pyraclostrobin
    Securo
prochloraz
    Budget Prochloraz 45 EW, Mirage 45 EC, Mirage Elan,
    Sportak EW
- schubben direct na het afbreken in een dunne (0,03mm dik)
  plastic zak doen. Deze na het vullen zo snel mogelijk dicht
  vouwen, zodat de schubben niet uitdrogen. Voor de zuurstofvoorziening van de schubben, moeten in het plastic een
  aantal gaatjes van 2 à 3

BLADLUIZEN katoenluis *Aphis gossypii*
- gewasresten na de oogst onderploegen of verwijderen.
- natuurlijke vijanden inzetten of stimuleren.
bol- en/of knolbehandeling door dompelen
imidacloprid
    Imex-Imidacloprid
gewasbehandeling door spuiten
imidacloprid
    Imex-Imidacloprid
pymetrozine
    Plenum 50 WG

BLADTOPNECROSE fluor
- grond doorspoelen.
- niet bemesten met fluorbevattende meststoffen zoals bijvoorbeeld de fosfaatbevattende mengmeststoffen.

BLADVERBRANDING EN BROEIKOP complex non-parasitaire factoren
- bij vatbare Aziatische hybriden de eerste 4 weken een kastemperatuur van 10 tot 12 °C aanhouden en bij Orientals de eerste
  6 weken circa 15 °C.
- bij vatbare rassen grote temperatuurverschillen tussen dag en
  nacht en temperatuur boven de 20 °C voorkomen.
- gewas 's morgens vroeg broezen en kas schermen.
- relatieve luchtvochtigheid (RV) en temperatuur zo gelijkmatig
  mogelijk houden, met name als de bloemknoppen nog niet
  zichtbaar zijn.
- van vatbare rassen geen grote bolmaten gebruiken.
- vatbare cultivars niet voor bloei in de zomermaanden
  gebruiken.
- verdamping bij perioden van hoge relatieve luchtvochtigheid
  (RV) bevorderen.
- voldoende diep planten, 6 tot 8 cm grond boven de bollen.
- voor een klimaat zorgen waarbij de plant matig verdampt.
- voor uitstekend bewortelde bollen zorgen.

BLADVLEKKENZIEKTE *Colletotrichum* soorten
bol- en/of knolbehandeling door dompelen
captan
    Brabant Captan Flowable, Captan 480 SC, Captan 80 WG,
    Captan 83% Spuitpoeder, Captosan 500 SC, Captosan
    Spuitkorrel 80 WG, Malvin WG, Merpan Basic WP, Merpan
    Flowable, Merpan Spuitkorrel

BLAUWZWARTVERKLEURING fysiologische ziekte
- vatbare cultivars niet op risicovolle gronden telen.
signalering:
- grondonderzoek laten uitvoeren, grond bekalken indien
  nodig.

BLOEMKNOPVAL lichtgebrek
- assimilatiebelichting toepassen van begin november tot half
  maart. Minimale lichtsterkte 7,5 Watt per m2 of 3200-3300 lux
  voor SON-T lampen. Bij erg gevoelige cultivars is een lichtsterkte van 4000-5000 lux noodzakelijk..
- knopval-gevoelige rassen niet in een lichtarme periode tot
  bloei laten komen.

BLOEMKNOPVERDROGING complex non-parasi-taire factoren2
- bollen met goede wortels planten, wortelrot en zoutschade
  voorkomen.

- bollen pas rooien nadat de planten zijn afgestorven, direct bij
  0-2 °C opslaan en indrogen voorkomen.
- in de winter voor voldoende belichting zorgen.
- minder vatbare rassen telen.
- vatbare cultivars niet in de winter in bloei trekken.

BOL- EN SCHUBROT *Fusarium oxysporum*
- besmette kasgrond stomen.
- weinig stalmest gebruiken en de stikstofgift beperken.
bol- en/of knolbehandeling door dompelen
ascorbinezuur
    Dipper, Protect Pro
chloorthalonil / prochloraz
    Allure Vloeibaar
prochloraz
    Budget Prochloraz 45 EW, Mirage 45 EC, Mirage Elan,
    Sportak EW
thiofanaat-methyl
    Topsin M Vloeibaar

DOORWAS fysiologische ziekte
- desnoods (te) vroeg rooien.
signalering:
- bollen van vatbare cultivars diep (15 cm) planten en vanaf
  1 september regelmatig de spruitontwikkeling inspecteren.

GRAUWE SCHIMMEL *Botryotinia fuckeliana*
gewasbehandeling door spuiten
chloorthalonil / prochloraz
    Allure Vloeibaar
folpet / prochloraz
    Mirage Plus 570 SC
folpet / tebuconazool
    Spirit

KNOLROT *Nectria radicicola*
- besmette kasgrond stomen.
- weinig stalmest gebruiken en de stikstofgift beperken.

KROONROT *Athelia rolfsii*
- besmette kasgrond stomen of op een andere wijze ontsmetten.

KROONROT *Athelia rolfsii var. delphinii*
- besmette kasgrond stomen of op een andere wijze ontsmetten.

KWADEGROND *Rhizoctonia tuliparum*
- besmette grond in de zomer 6 tot 8 weken inunderen.
- bollen op besmette percelen tijdig rooien.
- om het doorzieken tijdens de koele bewaring te voorkomen
  moeten bollen afkomstig van een ziek perceel direct na de
  oogst gespoeld en iets teruggedroogd worden en zo snel
  mogelijk worden ontsmet.
- op van besmetting verdachte percelen geen tweejarige cultures plegen.

MAGNESIUMGEBREK
- met name op gronden met hoge pH extra aandacht aan de
  magnesiumbemesting besteden.

MIJTEN bollenmijt *Rhizoglyphus robini*
- aangetaste leverbare partijen niet vroeg in de kas planten
  maar eerst minimaal twee maanden opslaan bij -1 à -2 °C.
- aangetaste partijen het laatst ontsmetten.
- besmette kasgrond stomen.
- plantgoed een warmwaterbehandeling geven en vervolgens
  ontsmetten.
- schubben tijdens het inpakken preventief behandelen met
  roofmijt. Mijten uitzetten na de warmtebehandeling.
- uit de kas afkomstige bollen niet gebruiken als voortkwekingsmateriaal zonder de mijten afdoende te behandelen.

NAT VOETROT *Phytophthora nicotianae var. nicotianae*
- grond na stomen behandelen zoals wordt geadviseerd tegen door *Pythium* veroorzaakte wortelrot.
- kasgrond stomen en vooraf opstanden met krachtige water-straal schoonspuiten.
- na het signaleren van de aantasting kan alleen door zo weinig mogelijk water geven en geen water geven over het gewas enige bestrijding verkregen worden.

RHIZOCTONIA-ZIEKTE *Thanatephorus cucumeris*
- grond stomen.
grondbehandeling door spuiten
azoxystrobin
    Azoxy HF, Budget Azoxystrobin 250 SC

SCHIMMELS *Penicillium variabile*
bol- en/of knolbehandeling door dompelen
prochloraz
    Mirage Elan, Budget Prochloraz 45 EW

TRIPSEN lelietrips *Liothrips vaneeckei*
- warmwaterbehandeling toepassen.

VIRUSZIEKTEN bruinkringerigheid tulpenmozaïek-virus, komkommermozaïek komkommermozaïek-virus
- aangetaste planten(delen) verwijderen.
- bladluizen bestrijden.
- gesloten plantverband in het veld aanhouden.
- voor vermeerdering uitgaan van virusvrij materiaal.

VIRUSZIEKTEN kringvlekkenziekte arabis-moza-iekvirus
- aangetaste planten(delen) verwijderen.
- kralen oogsten van gezonde planten.
- vermeerdering door middel van schubbenteelt, waarvoor alleen zuiver witte bollen worden gebruikt.

VIRUSZIEKTEN lelievirus x
- aangetaste planten(delen) verwijderen.
- gesloten plantverband in het veld aanhouden.
- voor vermeerdering uitgaan van virusvrij materiaal. Toetsing langs serologische weg.

VIRUSZIEKTEN ratel tabaksratelvirus
- aangetaste planten(delen) verwijderen en vernietigen.
- onkruid bestrijden, met name ook in de jaren dat geen lelies worden geteeld.
- vatbare cultivars laat planten om de infectiekans te verminderen.

VIRUSZIEKTEN symptoomloos lelievirus
- gezond uitgangsmateriaal gebruiken.
- niet in de naaste omgeving van niet-gecertificeerde partijen telen.
- overbrengers (vectoren) van virus voorkomen en/of bestrijden.
- teelt van virusvrij materiaal toepassen.
- ziekzoeken is moeilijk uitvoerbaar omdat de symptomen vaak onopvallend zijn of pas laat in het groeiseizoen zichtbaar worden. Daarom gecertificeerd uitgangsmateriaal gebruiken.

VOETROT *Phytophthora cryptogea*
- grond na stomen behandelen zoals wordt geadviseerd tegen door *Pythium* veroorzaakte wortelrot.
- kasgrond stomen en vooraf opstanden met krachtige water-straal schoonspuiten.
- na het signaleren van de aantasting kan alleen door zo weinig mogelijk water geven en geen water geven over het gewas enige bestrijding verkregen worden.

VOETROT *Phytophthora* soorten
gewasbehandeling door spuiten

fosetyl / fosetyl-aluminium / propamocarb
    Previcur Energy
plantvoetbehandeling door gieten
dimethomorf
    Paraat

VUUR *Botrytis elliptica*
- blad- en stengelresten na de oogst opruimen.
- geen tweejarige teelt bedrijven.
- land na beëindiging van de teelt ploegen (niet spitten).
- opslag verwijderen.
- snel opdrogen van een vochtig gewas bevorderen door niet te dicht te planten, door onkruiden te bestrijden. In de kas 's morgens water geven en luchten of bij het water geven alleen de grond begieten.
- vruchtwisseling toepassen (minimaal 1 op 3).
signalering:
- indien mogelijk een waarschuwingssysteem gebruiken.
gewasbehandeling door spuiten
chloorthalonil
    Budget Chloorthalonil 500 SC, Daconil 500 Vloeibaar
chloorthalonil / prochloraz
    Allure Vloeibaar
fluazinam
    Fluazinam 500 SC, Fylan Flow, Ohayo, Shirlan
folpet / prochloraz
    Mirage Plus 570 SC
folpet / tebuconazool
    Spirit
kresoxim-methyl
    Kenbyo FL
kresoxim-methyl / mancozeb
    Kenbyo MZ
tebuconazool
    Folicur, Folicur SC
trifloxystrobin
    Flint

WOEKERZIEKTE *Corynebacterium fascians*
- aangetaste partijen als laatste verwerken.
- afwijkende bollen uitsorteren en vernietigen.
- besmette leverbare bollen niet voor de snijbloementeelt onder warme omstandigheden gebruiken.
- kasgrond stomen.
- verspreiding van de ziekte naar onbesmette bedrijven en percelen via plantgoed en grondbewerkingsmachines voor-komen. De grondbewerkingsmachines schoon spuiten.
- voor vollegrondsteelten een zo ruim mogelijke vruchtwisse-ling toepassen. Geen voorteelt met een gewas dat als waard-plant van de bacterie bekend staat.

WORTELROT *Pythium ultimum var. ultimum*
grondbehandeling door mengen
etridiazool
    AAterra ME
potgrondbehandeling door mengen
etridiazool
    AAterra ME
potgrondbehandeling door spuiten en mengen
metalaxyl-M
    Budget Metlaxyl-M SL, Ridomil Gold

ZACHT BOLROT *Rhizopus arrhizus*
- beschadiging voorkomen.
- bollen koel bewaren, ook tijdens transport.

ZACHT SCHUBROT *Pythium* soorten
- voorzichtig rooien, niet rooien voordat het gewas rooirijp is.
bol- en/of knolbehandeling door dompelen
captan
    Brabant Captan Flowable, Captan 480 SC, Captan 80 WG, Captan 83% Spuitpoeder, Captosan 500 SC, Captosan Spuitkorrel 80 WG, Malvin WG, Merpan Basic WP, Merpan Flowable, Merpan Spuitkorrel

propamocarb-hydrochloride
    Proplant
grondbehandeling door spuiten en inwerken
propamocarb-hydrochloride
    Imex-Propamocarb
potgrondbehandeling door mengen
fenamidone / fosetyl-aluminium
    Fenomenal
potgrondbehandeling door spuiten en mengen
metalaxyl-M
    Budget Metlaxyl-M SL, Ridomil Gold

ZWARTBENIGHEID *Sclerotium wakkeri*
- aangetaste bollen verwijderen.

Muscari soorten BLAUW DRUIFJE

AALTJES destructoraaltje *Ditylenchus destructor*
- grond ontsmetten.
- ruime vruchtwisseling toepassen.
- warmwaterbehandeling toepassen.

AALTJES gewoon wortellesieaaltje *Pratylenchus penetrans*
- aaltjesonderdrukkende voorteelt van *Tagetes*-soorten (afrikaantje) gedurende minimaal 3 maanden toepassen.
- besmette grond en/of substraat ontsmetten of inunderen.
- biologische grondontsmetting toepassen.
- gezond uitgangsmateriaal gebruiken, wortels inspecteren en uitspoelen.
- pH door bekalking verhogen.
- vruchtwisseling toepassen. Bij vatbare gewassen granen, maïs, grassen, aardappel, knolselderij, peen en vlinderbloemigen als voorvrucht vermijden. Biet en kruisbloemigen zijn goede voorvruchten.
signalering:
- grondonderzoek laten uitvoeren.

AALTJES stengelaaltje *Ditylenchus dipsaci*
DIT IS EEN QUARANTAINE-ORGANISME

BEWAARROT *Penicillium* soorten
- beschadiging bij de oogst en het verwerken voorkomen.
- bollen op het optimale tijdstip rooien.
- mits de bollen dit verdragen, snel drogen, droog en luchtig bewaren en vroeg planten.
- relatieve luchtvochtigheid (RV) zo laag mogelijk houden (lager dan 80 %) met een goede luchtcirculatie tussen de bollen bij koele bewaring.
- verwerken van de bollen uitstellen tot vlak voor het planten.

KWADEGROND *Rhizoctonia tuliparum*
- aangetaste planten en hun buurplanten verwijderen en de plek markeren.
- bollen, buurplanten en de grond tot iets onder de bol verwijderen en de plek markeren wanneer de ziekte voor de eerste maal op een perceel voorkomt.
- grond waarop besmetting wordt verwacht tot in het grondwater omploegen.
- plantgoed afkomstig van besmette percelen zo goed mogelijk schonen. Het hiervan afkomstige vuil vernietigen of composteren.

NEUSROT fysiologische ziekte
- bollen na rooien door wind laten drogen.
- niet te vroeg rooien.
- zeer ruime ventilatie aanhouden tijdens de eerste weken na het rooien.

RHIZOCTONIA-ZIEKTE *Thanatephorus cucumeris*
- bollen met de neus boven de grond planten zodat de spruit niet met de dekgrond in aanraking komt.
- grond stomen.

VERWILDERING onbekende factor
- afwijkende planten tijdens de veldperiode of afbroei verwijderen.
- alleen kralen van niet verklisterde, ronde bollen winnen.
- kleinste maten en afwijkende vormen van plantmateriaal vernietigen.
- sterk verklisterde bollen voor het planten verwijderen.

VIRUSZIEKTEN hyacintenmozaïekvirus
- aangetast plantmateriaal verwijderen.
- besmettingsbronnen verwijderen en/of bestrijden.
- gezond uitgangsmateriaal gebruiken.
- indien beschikbaar, resistente of minder vatbare rassen telen.
- niet in de buurt van viruszieke hyacintcultivars telen.
- onkruid bestrijden.
- overbrengers (vectoren) van virus voorkomen en/of bestrijden.
- planten op grond die vrij is van de virusoverbrengende aaltjes Longidorus en Xiphinema. Zonodig de grond ontsmetten.

VUUR *Botrytis hyacinthi*
- besmette grond in de zomer 6 tot 8 weken inunderen.
- bloemknoppen uit het gewas en van percelen verwijderen.
- grond ploegen zodat deze aan de oppervlakte vrij is van sporen en sclerotiën.
- opslag en stekers vroeg in het voorjaar verwijderen.
- ruime plantafstand aanhouden.
- vruchtwisseling toepassen (minimaal 1 op 3).
signalering:
- indien mogelijk een waarschuwingssysteem gebruiken.

WOEKERZIEKTE *Corynebacterium fascians*
- 7 tot 10 cm diep planten en daarna de grond met een drukrol aandrukken.
- aangetaste bollen uitsorteren en vernietigen.
- aangetaste partijen als laatste verwerken.
- afwijkende bollen uitsorteren en vernietigen.
- alleen kralen van niet verklisterde, ronde bollen winnen.
- besmette leverbare bollen niet voor de snijbloementeelt onder warme omstandigheden gebruiken.
- kasgrond stomen.
- ruime vruchtwisseling toepassen en rekening houden met onder andere Lilium en Brodiea.
- verspreiding van de ziekte naar onbesmette bedrijven en percelen via plantgoed en grondbewerkingsmachines voorkomen. De grondbewerkingsmachines schoon spuiten.
- voor vollegrondsteelten een zo ruim mogelijke vruchtwisseling toepassen. Geen voorteelt met een gewas dat als waardplant van de bacterie bekend staat.

ZWARTSNOT *Sclerotinia bulborum*
- aangetaste knollen met omringende grond verwijderen.
- besmette grond in de zomer 6 tot 8 weken inunderen.
- besmette partijen niet voor kistenbroei gebruiken of bollen ontsmetten.
- bollen van zieke planten en enkele buurplanten met omringende grond direct na aantreffen verwijderen.
- plantgoed uitzoeken.
- versteende knollen en sclerotiën verwijderen.

Narcissus soorten NARCIS

AALTJES gewoon wortellesieaaltje wortelrot *Pratylenchus penetrans*
- aaltjesonderdrukkende voorteelt van *Tagetes*-soorten (afrikaantje) gedurende minimaal 3 maanden toepassen.
- besmette grond en/of substraat ontsmetten of inunderen.
- biologische grondontsmetting toepassen.
- gezond uitgangsmateriaal gebruiken, wortels inspecteren en uitspoelen.
- pH door bekalking verhogen.
- vruchtwisseling toepassen. Bij vatbare gewassen granen, maïs, grassen, aardappel, knolselderij, peen en vlinderbloe-

migen als voorvrucht vermijden. Biet en kruisbloemigen zijn goede voorvruchten.

signalering:
- grondonderzoek laten uitvoeren.

AALTJES krokusknolaaltje *Aphelenchoides subtenuis*
- besmette grond in de zomer 6 tot 8 weken inunderen.
- opslag verwijderen of voorkomen.
- vruchtwisseling toepassen (1 op 4).
- warmwaterbehandeling toepassen. Daarna de bollen snel terugdrogen in verband met toegenomen kans op bolrot.

signalering:
- bollenmonsters lang bewaren om te zien of een besmetting in de partij aanwezig is.

AALTJES stengelaaltje *Ditylenchus dipsaci*
DIT IS EEN QUARANTAINE-ORGANISME

AALTJES vrijlevend wortelaaltje *Hemicycliophora conida*, vrijlevende wortelaaltjes *Trichodorus* soorten
- grond en/of substraat ontsmetten.

AALTJES wortellesieaaltje muntwortellesieaaltje *Pratylenchoides laticauda*
- aaltjesonderdrukkende voorteelt van *Tagetes*-soorten (afrikaantje) gedurende minimaal 3 maanden toepassen.
- besmette grond en/of substraat ontsmetten of inunderen.
- biologische grondontsmetting toepassen.
- gezond uitgangsmateriaal gebruiken, wortels inspecteren en uitspoelen.
- pH door bekalking verhogen.
- vruchtwisseling toepassen. Bij vatbare gewassen granen, maïs, grassen, aardappel, knolselderij, peen en vlinderbloemigen als voorvrucht vermijden. Biet en kruisbloemigen zijn goede voorvruchten.

signalering:
- grondonderzoek laten uitvoeren.

AALTJES wortellesieaaltje *Pratylenchus* soorten
- aaltjesonderdrukkende voorteelt van *Tagetes*-soorten (afrikaantje) gedurende minimaal 3 maanden toepassen.
- besmette grond en/of substraat ontsmetten of inunderen.
- biologische grondontsmetting toepassen.
- gezond uitgangsmateriaal gebruiken, wortels inspecteren en uitspoelen.
- pH door bekalking verhogen.
- vruchtwisseling toepassen. Bij vatbare gewassen granen, maïs, grassen, aardappel, knolselderij, peen en vlinderbloemigen als voorvrucht vermijden. Biet en kruisbloemigen zijn goede voorvruchten.

signalering:
- grondonderzoek laten uitvoeren.

BEWAARROT *Penicillium* soorten
- beschadiging voorkomen.
- bollen direct na de oogst snel en goed drogen.
- droog en warm bewaren (18 - 20 °C).
- kleine ronde bollen telen.
- vatbare cultivars niet droog koelen.

bol- en/of knolbehandeling door dompelen
captan
    Brabant Captan Flowable, Captan 480 SC, Captan 80 WG, Captan 83% Spuitpoeder, Captan 83% Spuitpoeder, Captosan 500 SC, Captosan Spuitkorrel 80 WG, Malvin WG, Merpan Basic WP, Merpan Flowable, Merpan Spuitkorrel

BLADVLEKKENZIEKTE *Stagonosporopsis curtisii*
- bij tweejarige teelten het blad na het eerste jaar verwijderen.
- bladresten van de voorgaande teelt verwijderen of onderploegen.
- gezond uitgangsmateriaal gebruiken.
- ruime vruchtwisseling toepassen.

bol- en/of knolbehandeling door dompelen
prochloraz
    Budget Prochloraz 45 EW, Mirage 45 EC, Mirage Elan, Sportak EW

BLADVLEKKENZIEKTE *Colletotrichum* soorten
- ruime vruchtwisseling toepassen.

bol- en/of knolbehandeling door dompelen
captan
    Brabant Captan Flowable, Captan 480 SC, Captan 80 WG, Captan 83% Spuitpoeder, Captosan 500 SC, Captosan Spuitkorrel 80 WG, Malvin WG, Merpan Basic WP, Merpan Flowable, Merpan Spuitkorrel

BLOEMVERDROGING complex non-parasitaire factoren
- bollen op het goede tijdstip in de kas halen (na een voldoende lange koudeperiode).
- in bloei trekken bij niet te hoge kastemperatuur (maximaal 18 °C), roodcuppen en dubbele narcissen bij maximaal 15-16 °C.
- relatieve luchtvochtigheid (RV) hoog houden en voldoende water geven. Het verdrogen van de bloemscheden kan dezelfde oorzaken hebben en dient op gelijke wijze te worden voorkomen.

BOLROT *Fusarium oxysporum f.sp. narcissi*
- alle abnormale planten in het veld zo vroeg mogelijk verwijderen.
- beschadiging van de bollen voorkomen. Snel drogen en luchtig bewaren. Pas gerooide bollen niet aan felle zonneschijn blootstellen.
- geen overmatige stikstofbemesting geven.
- laat in oktober planten.
- loof op de dag van rooien verwijderen.
- na de warmwaterbehandeling bij voorkeur direct planten of drogen en droog en luchtig bewaren.
- niet spoelen.
- partijen in de schuur bij 18-20 °C bewaren.
- plantgoed voor het planten uitzoeken.
- ruime vruchtwisseling toepassen.

bol- en/of knolbehandeling door dompelen
ascorbinezuur
    Dipper, Protect Pro
prochloraz
    Budget Prochloraz 45 EW, Mirage 45 EC, Mirage Elan, Sportak EW

GRAUWE SCHIMMEL *Botryotinia fuckeliana*
- aangetaste planten(delen) verwijderen en afvoeren.
- gereedschap en andere materialen schoonmaken en ontsmetten.
- gewasresten verwijderen.
- minder vatbare of resistente rassen telen.
- vruchtwisseling toepassen.

bol- en/of knolbehandeling door dompelen
prochloraz
    Budget Prochloraz 45 EW, Mirage 45 EC, Mirage Elan, Sportak EW

KORT GEWAS complex non-parasitaire factoren3
- goede koudeperiode toepassen.
- goede voorwarmte geven (17 °C).
- koeltemperatuur niet te veel laten zakken in de tijd.
- minimaal 4 tot 6 weken opplanten alvorens in te halen.

KORTSTELIGHEID onbekende factor
- geen specifieke niet-chemische maatregel bekend.

KWADEGROND *Rhizoctonia tuliparum*
- bollen, buurplanten en de grond tot iets onder de bol verwijderen en de plek markeren wanneer de ziekte voor de eerste maal op een perceel voorkomt.
- grond waarop besmetting wordt verwacht tot in het grondwater onderploegen.

MIJTEN bollenmijt *Rhizoglyphus robini*
- gave bollen gebruiken.

MIJTEN narcismijt *Steneotarsonemus laticeps*
- besmet maar niet meegekookt fust moet worden ontsmet door dompeling in water van 60 °C gedurende 15 minuten.
- geen tweejarige narcissen telen.
- gekookte en niet-gekookte partijen apart bewaren.
- leverbaar en bollen bestemd voor het parteren een warmwaterbehandeling van 1 uur bij 43,5 °C geven.
- narcissen niet verwerken waar ook narcissen liggen opgeslagen.
- plantgoed een warmwaterbehandeling geven van 2 uur bij 43,5 °C.
- schuur en fust schoonmaken.
gewasbehandeling door spuiten
pyridaben
   Aseptacarex

MINEERVLIEGEN narcismineervlieg *Norellia spinipes*
- loof en afval afvoeren of composteren.

PAARDENTANDEN onbekende factor
- afwijkende bollen uitsorteren en vernietigen.

TRIPSEN amaryllistrips *Frankliniella fusca*
- besmet maar niet meegekookt fust moet worden ontsmet door dompeling in water van 60 °C gedurende 15 minuten.
- leverbaar en bollen bestemd voor het parteren een warmwaterbehandeling van 1 uur bij 43,5 °C geven.
- plantgoed een warmwaterbehandeling geven van 2 uur bij 43,5 °C.

VIRUSZIEKTEN bladgrijs narcissengrijsvirus, bladzilver narcissenzilverstreepvirus, laat-mozaïek narcissenmozaïekvirus, streperigheid tabaksratelvirus, topzilver narcissentopnecrosevirus
- gezonde partij aanhouden voor vermeerdering.
- met gevoeligheid van cultivar voor de verschillende virusziekten rekening houden.
- narcissen niet te zwaar bemesten zodat symptomen eerder worden onderkend.
- parteren van bollen die in een partij tijdens het seizoen het langst groen zijn gebleven.
- zieke planten tijdig en veelvuldig verwijderen.

VLIEGEN grote narcisvlieg *Merodon equestris*
- aangetaste leverbare bollen een warmwaterbehandeling geven.
- geen meerjarige teelt bedrijven.
- niet in de luwte en in de buurt van bosschages telen.
- plantgoed een warmwaterbehandeling geven, twee uur dompelen in water van 43,5 °C, waaraan een ontsmettingsmiddel is toegevoegd volgens richtlijnen.

VLIEGEN kleine narcisvlieg *Eumerus strigatus*
- bestrijding is doorgaans niet van belang.

VUUR *Botryotinia polyblastis*
- bloemen koppen en de gekopte bloemen van het perceel verwijderen.
- geen meerjarige teelt bedrijven.
- grond bij voorkeur niet spitten of frezen, maar zo diep omploegen dat de eventuele besmette bovenlaag bij het planten niet meer boven kan komen:.
- niet te dicht planten.
- vruchtwisseling toepassen (1 op 4).
gewasbehandeling door spuiten
chloorthalonil
   Budget Chloorthalonil 500 SC, Daconil 500 Vloeibaar
fluazinam
   Fluazinam 500 SC, Fylan Flow, Ohayo, Shirlan
kresoxim-methyl / mancozeb

Kenbyo MZ

WORTELROT *Pythium* soorten
bol- en/of knolbehandeling door dompelen
captan
   Brabant Captan Flowable, Captan 480 SC, Captan 80 WG, Captan 83% Spuitpoeder, Captosan 500 SC, Captosan Spuitkorrel 80 WG, Malvin WG, Merpan Basic WP, Merpan Flowable, Merpan Spuitkorrel

ZACHT BOLROT *Rhizopus arrhizus*
- beschadiging voorkomen.
- bollen moeten winddroog de 34 °C behandeling ingaan.
- direct na het parteren ontsmetten, de temperatuur de eerste 1 tot 3 weken niet hoger dan 20 °C laten oplopen of direct buiten opplanten.
- ventilatie en circulatie moet optimaal zijn.

Nerine soorten NERINE

AALTJES aardbeibladaaltje *Aphelenchoides fragariae*, chrysantenbladaaltje *Aphelenchoides ritzemabosi*
- aaltjesvrije trays, potten, grond en gietwater gebruiken.
- afwijkende planten direct verwijderen.
- bassin vrijhouden van waterplanten.
- besmet plantmateriaal een warmwaterbehandeling geven.
- gewasresten na de oogst onderploegen of verwijderen.
- grond braak laten liggen.
- handen en gereedschap regelmatig ontsmetten.
- onderdoor water geven.
- onkruid bestrijden.
- teeltsysteem met aaltjesbesmetting ontsmetten.

AALTJES gewoon wortellesieaaltje *Pratylenchus penetrans*
- aaltjesonderdrukkende voorteelt van *Tagetes*-soorten (afrikaantje) gedurende minimaal 3 maanden toepassen.
- besmette grond en/of substraat ontsmetten of inunderen.
- biologische grondontsmetting toepassen.
- gezond uitgangsmateriaal gebruiken, wortels inspecteren en uitspoelen.
- pH door bekalking verhogen.
- vruchtwisseling toepassen. Bij vatbare gewassen granen, maïs, grassen, aardappel, knolselderij, peen en vlinderbloemigen als voorvrucht vermijden. Biet en kruisbloemigen zijn goede voorvruchten.
signalering:
- grondonderzoek laten uitvoeren.

AALTJES scabiosabladaaltje *Aphelenchoides blastophorus*
- aaltjesvrije trays, potten, grond en gietwater gebruiken.
- afwijkende planten direct verwijderen.
- bassin vrijhouden van waterplanten.
- gewasresten na de oogst onderploegen of verwijderen.
- grond braak laten liggen.
- handen en gereedschap regelmatig ontsmetten.
- onderdoor water geven.
- onkruid bestrijden.
- teeltsysteem met aaltjesbesmetting ontsmetten.

AALTJES wortellesieaaltje hippeastrum-wortellesieaaltje *Pratylenchus scribneri*
- aaltjesonderdrukkende voorteelt van *Tagetes*-soorten (afrikaantje) gedurende minimaal 3 maanden toepassen.
- besmette grond en/of substraat ontsmetten of inunderen.
- biologische grondontsmetting toepassen.
- gezond uitgangsmateriaal gebruiken, wortels inspecteren en uitspoelen.
- pH door bekalking verhogen.
- vruchtwisseling toepassen. Bij vatbare gewassen granen, maïs, grassen, aardappel, knolselderij, peen en vlinderbloe-

2.7 Ziekten en plagen bloembollen- en bolbloementeelt

migen als voorvrucht vermijden. Biet en kruisbloemigen zijn goede voorvruchten.
signalering:
- grondonderzoek laten uitvoeren.

BEWAARROT *Penicillium* soorten
- beschadiging bij de oogst en het verwerken voorkomen.
- bollen op het optimale tijdstip rooien.
- mits de bollen dit verdragen, snel drogen, droog en luchtig bewaren en vroeg planten.
- relatieve luchtvochtigheid (RV) zo laag mogelijk houden (lager dan 80 %) met een goede luchtcirculatie tussen de bollen bij koele bewaring.
- verwerken van de bollen uitstellen tot vlak voor het planten.

BLADVLEKKENZIEKTE *Stagonosporopsis curtisii*
- aangetaste partijen van andere waardplanten niet in de nabijheid telen.
- bij tweejarige teelten het blad na het eerste jaar verwijderen.
- bladresten van de voorgaande teelt verwijderen of onderploegen.
- gezond uitgangsmateriaal gebruiken.
- langdurig nat blijven van het gewas in de kas voorkomen.
- ruime vruchtwisseling toepassen.

BOLROT *Fusarium bulbicola*
- aangetaste planten(delen) verwijderen.
- bollen binnen 24 uur na rooien winddroog maken.
- gezond uitgangsmateriaal gebruiken.
- kasgrond stomen.
- ruime vruchtwisseling toepassen (1 op 6).
bol- en/of knolbehandeling door dompelen
folpet / prochloraz
    Mirage Plus 570 SC
prochloraz
    Budget Prochloraz 45 EW, Mirage 45 EC, Mirage Elan, Sportak EW

KROONROT *Athelia rolfsii*
- aangetaste bollen verwijderen.
- besmette plekken uitgraven en afvoeren.
- bollen binnen 24 uur na rooien winddroog maken.
- gezond uitgangsmateriaal gebruiken.
- grond stomen of ontsmetten.

KROONROT *Athelia rolfsii var. delphinii*
- aangetaste bollen verwijderen.
- besmette plekken uitgraven en afvoeren.
- bollen binnen 24 uur na rooien winddroog maken.
- gezond uitgangsmateriaal gebruiken.

MIJTEN narcismijt *Steneotarsonemus laticeps*
gewasbehandeling door spuiten
pyridaben
    Aseptacarex

VIRUSZIEKTEN bont komkommermozaïekvirus, bont tabaksratelvirus
- door NAK-B gekeurd uitgangsmateriaal gebruiken.
- regelmatig selecteren om de partij zo groen mogelijk te houden.
- via weefselkweek virusvrije bollen vermeerderen.

VIRUSZIEKTEN tomatenbronsvlekkenvirus
- door NAK-B gekeurd uitgangsmateriaal gebruiken.
- regelmatig selecteren om de partij zo groen mogelijk te houden.
- trips en andere overbrengers (vectoren) van virus voorkomen en/of bestrijden.
- via weefselkweek virusvrije bollen vermeerderen.

WORTELROT *Pythium* soorten
- bemesten met GFT-compost onderdrukt *Pythium* in de grond.
- grond goed ontwateren.

- ruime vruchtwisseling toepassen.

Ornithogalum soorten VOGELMELK

AALTJES stengelaaltje *Ditylenchus dipsaci*
DIT IS EEN QUARANTAINE-ORGANISME

AALTJES wortelknobbelaaltje warmteminnend wortelknobbelaaltje *Meloidogyne incognita*
- gezond uitgangsmateriaal gebruiken.
- grond en/of substraat ontsmetten.

BEWAARROT *Penicillium* soorten
- beschadiging bij de oogst en het verwerken voorkomen.
- bollen niet langer dan 1 maand bij een temperatuur lager dan 20 °C bewaren.
- bollen op het optimale tijdstip rooien.
- met ventilatoren zorgen voor een sterke luchtbeweging tijdens de bewaring.
- mits de bollen dit verdragen, snel drogen, droog en luchtig bewaren en vroeg planten.
- relatieve luchtvochtigheid (RV) zo laag mogelijk houden (lager dan 80 %) met een goede luchtcirculatie tussen de bollen bij koele bewaring.
- verwerken van de bollen uitstellen tot vlak voor het planten.
- voor de bloementeelt bollen met gesloten neuzen gebruiken.

TRIPSEN californische trips *Frankliniella occidentalis*
- grond en/of substraat stomen.
- minder vatbare rassen telen.
- natuurlijke vijanden inzetten of stimuleren.
- onkruid bestrijden.
- plastic bij teeltwisseling vervangen.

VIRUSZIEKTEN mozaïek ornitogalum-mozaïekvirus, tabaksratelvirus
- selectie toepassen.

WORTELROT *Fusarium* soorten
- besmette grond stomen.

ZACHTROT *Erwinia carotovora subsp. carotovora*
- bladnatperiode - nadat gewas goed ontwikkeld is - zo kort mogelijk houden, bijvoorbeeld door gebruik te maken van druppelbevloeiing.
- werk geen restanten van de voorgaande teelt door de grond.

ZWARTSNOT *Sclerotinia bulborum*
- besmette grond in de zomer 6 tot 8 weken inunderen.
- besmette partijen niet voor kistenbroei gebruiken of bollen ontsmetten.
- bollen van zieke planten en enkele buurplanten met omringende grond direct na aantreffen verwijderen.
- plantgoed uitzoeken.

Oxalis soorten KLAVERZURING

AALTJES aardbeibladaaltje *Aphelenchoides fragariae*
- aaltjesvrije trays, potten, grond en gietwater gebruiken.
- afwijkende planten direct verwijderen.
- bassin vrijhouden van waterplanten.
- besmet plantmateriaal een warmwaterbehandeling geven.
- gewasresten na de oogst onderploegen of verwijderen.
- grond braak laten liggen.
- handen en gereedschap regelmatig ontsmetten.
- onderdoor water geven.
- onkruid bestrijden.
- opslag verwijderen of voorkomen.
- ruime vruchtwisseling toepassen.
- teeltsysteem met aaltjesbesmetting ontsmetten.

AALTJES destructoraaltje *Ditylenchus destructor*
- besmette grond in de zomer 6 tot 8 weken inunderen.
- grond stomen.
- indien beschikbaar, resistente rassen telen.
- ruime vruchtwisseling toepassen.
- warmwaterbehandeling toepassen. Daarna de bollen snel terugdrogen in verband met toegenomen kans op bolrot.

AALTJES scabiosabladaaltje *Aphelenchoides blastophorus*
- aaltjesvrije trays, potten, grond en gietwater gebruiken.
- afwijkende planten direct verwijderen.
- bassin vrijhouden van waterplanten.
- gewasresten na de oogst onderploegen of verwijderen.
- grond braak laten liggen.
- handen en gereedschap regelmatig ontsmetten.
- onderdoor water geven.
- onkruid bestrijden.
- teeltsysteem met aaltjesbesmetting ontsmetten.

BEWAARROT *Penicillium* soorten
- beschadiging bij de oogst en het verwerken voorkomen.
- bollen op het optimale tijdstip rooien.
- mits de bollen dit verdragen, snel drogen, droog en luchtig bewaren en vroeg planten.
- relatieve luchtvochtigheid (RV) zo laag mogelijk houden (lager dan 80 %) met een goede luchtcirculatie tussen de bollen bij koele bewaring.
- verwerken van de bollen uitstellen tot vlak voor het planten.

Paeonia soorten PIOENROOS

GRAUWE SCHIMMEL *Botryotinia fuckeliana*
- aangetaste planten(delen) verwijderen.
- beschadiging van het gewas voorkomen.
- beschadiging voorkomen, behandelen indien beschadigd.
- bollen, knollen en dergelijke tijdens de bewaring droog en koel houden en het eventuele invriezen snel laten verlopen.
- gereedschap en andere materialen schoonmaken en ontsmetten.
- gewasresten verwijderen.
- gezond uitgangsmateriaal gebruiken.
- inregenen of lekken van kassen voorkomen.
- minder vatbare of resistente rassen telen.
- natslaan van gewas en guttatie voorkomen.
- onderdoor water geven.
- onkruid bestrijden.
- oude stengels in het najaar zo diep mogelijk verwijderen.
- oude stengels in het najaar zo kort mogelijk afsnijden.
- relatieve luchtvochtigheid (RV) laag houden door stoken en/of luchten.
- ruime plantafstand aanhouden.
- stikstofbemesting matig toepassen.
- voor een afgehard gewas zorgen.
- vruchtwisseling toepassen.
- zoutconcentratie (EC) zo hoog mogelijk houden.
gewasbehandeling door spuiten
thiram
    Hermosan 80 WG, Thiram Granuflo
wortelstokbehandeling door dompelen
thiram
    Hermosan 80 WG, Thiram Granuflo

GRAUWE SCHIMMEL *Botrytis paeoniae*
- oude stengels in het najaar zo diep mogelijk verwijderen.
- oude stengels in het najaar zo kort mogelijk afsnijden.

WORTELBOORDERS slawortelboorder *Hepialus lupulinus*
- gezond uitgangsmateriaal gebruiken.
- grond schoffelen zodat larven zich minder goed door de grond kunnen boren.
- kippen pikken de larven op.
- stomen heeft een nevenwerking.

Puschkinia soorten BUISHYACINT

BEWAARROT *Penicillium* soorten
- bollen droog en luchtig bewaren met voldoende ventilatie en circulatie.
- bollen snel drogen.

KWADEGROND *Rhizoctonia tuliparum*
- aangetaste planten en hun buurplanten verwijderen en de plek markeren.
- plantmateriaal schonen en het afval vernietigen of composteren.

ZWARTSNOT *Sclerotinia bulborum*
- aangetaste knollen met omringende grond verwijderen.
- besmette grond in de zomer 6 tot 8 weken inunderen.
- versteende knollen en sclerotiën verwijderen.

Ranunculus soorten BOTERBLOEM

AALTJES gewoon wortellesieaaltje *Pratylenchus penetrans*
- aaltjesonderdrukkende voorteelt van *Tagetes*-soorten (afrikaantje) gedurende minimaal 3 maanden toepassen.
- besmette grond en/of substraat ontsmetten of inunderen.
- biologische grondontsmetting toepassen.
- gezond uitgangsmateriaal gebruiken, wortels inspecteren en uitspoelen.
- pH door bekalking verhogen.
- vruchtwisseling toepassen. Bij vatbare gewassen granen, maïs, grassen, aardappel, knolselderij, peen en vlinderbloemigen als voorvrucht vermijden. Biet en kruisbloemigen zijn goede voorvruchten.
signalering:
- grondonderzoek laten uitvoeren.

BEWAARROT *Penicillium* soorten
- beschadiging bij de oogst en het verwerken voorkomen.
- bollen op het optimale tijdstip rooien.
- mits de bollen dit verdragen, snel drogen, droog en luchtig bewaren en vroeg planten.
- relatieve luchtvochtigheid (RV) zo laag mogelijk houden (lager dan 80 %) met een goede luchtcirculatie tussen de bollen bij koele bewaring.
- verwerken van de bollen uitstellen tot vlak voor het planten.

KRULBLADZIEKTE *Colletotrichum acutatum*
gewasbehandeling door spuiten
captan
    Brabant Captan Flowable, Captan 480 SC, Captan 80 WG, Captan 83% Spuitpoeder, Captosan 500 SC, Captosan Spuitkorrel 80 WG, Malvin WG, Merpan Basic WP, Merpan Flowable, Merpan Spuitkorrel

VIRUSZIEKTEN mozaïek knollenmozaïekvirus
- aangetaste planten en knollen zo spoedig mogelijk verwijderen en vernietigen.
- nieuwe partijen niet in de buurt van oudere partijen en ranonkels uitzaaien.
- overbrengers (vectoren) van virus voorkomen en/of bestrijden.

Sauromatum soorten VOODOO LELIE

STINKEND ZACHTROT *Erwinia carotovora* subsp. *carotovora*
- bollen binnen 24 uur na rooien winddroog maken.

Scilla soorten STERHYACINT

AALTJES gewoon wortellesieaaltje *Pratylenchus penetrans*
- aaltjesonderdrukkende voorteelt van *Tagetes*-soorten (afrikaantje) gedurende minimaal 3 maanden toepassen.

2.7 Ziekten en plagen bloembollen- en bolbloementeelt

- besmette grond en/of substraat ontsmetten of inunderen.
- biologische grondontsmetting toepassen.
- gezond uitgangsmateriaal gebruiken, wortels inspecteren en uitspoelen.
- pH door bekalking verhogen.
- vruchtwisseling toepassen. Bij vatbare gewassen granen, maïs, grassen, aardappel, knolselderij, peen en vlinderbloemigen als voorvrucht vermijden. Biet en kruisbloemigen zijn goede voorvruchten.

signalering:
- grondonderzoek laten uitvoeren.

AALTJES stengelaaltje *Ditylenchus dipsaci*
DIT IS EEN QUARANTAINE-ORGANISME

BEWAARROT *Penicillium* **soorten**
- beschadiging bij de oogst en het verwerken voorkomen.
- bollen op het optimale tijdstip rooien.
- mits de bollen dit verdragen, snel drogen, droog en luchtig bewaren en vroeg planten.
- relatieve luchtvochtigheid (RV) zo laag mogelijk houden (lager dan 80 %) met een goede luchtcirculatie tussen de bollen bij koele bewaring.
- verwerken van de bollen uitstellen tot vlak voor het planten.

FUSARIUMZIEKTE vethuidigheid *Fusarium oxysporum f.sp. hyacinthi*
- bollen met krasbodems en huidziekte voor het planten verwijderen.
- gave bollen gebruiken.
- ruime vruchtwisseling toepassen. Vatbare cultivars afwisselen met niet vatbare.
- vroeg rooien, snel en goed drogen, warm en luchtig bewaren.
- temperatuur na het planten 9 °C of lager houden.

GEELZIEK *Xanthomonas hyacinthi*
- aangetaste planten en buurplanten met bol en al verwijderen en afvoeren of het loof aftrekken en vernietigen of met zand afdekken.
- besmette partijen niet voor kistenbroei gebruiken of bollen ontsmetten.
- bollen in speciale bewaarruimten gedurende 4 weken bij 30 °C opslaan en daarna een heetstookbehandeling uitvoeren.
- bollen na de oogst snel drogen of enige dagen bij goed drogend weer buiten laten staan.
- bollen van zieke plekken apart rooien, bollen vernietigen of snel drogen, afbroeien.
- direct na het verwijderen van het winterdek met ziekzoeken beginnen en dit regelmatig herhalen tot aan het rooien.
- indien geholde en gesneden bollen worden heetgestookt, deze voor de heetstook bij circa 25 °C en tijdens de heetstook de relatieve luchtvochtigheid (RV) verhogen tot 40 %.
- niet in het gewas komen als het nog nat is.
- plantgoed voor het planten uitzoeken.
- rooi-, sorteer- en andere machines en fust na het rooien en het verwerken van besmette partij volgens advies ontsmetten.
- voor het rooien het loof van zieke partijen niet maaien maar aftrekken.
- vroeg in het voorjaar opslag verwijderen (ook in belendende percelen).

HUIDZIEK *Embellisia hyacinthi*
- bladtopaantasting wordt beperkt door de bollen niet met de grond te bedekken voor de broei.
- gave bollen gebruiken.

KWADEGROND *Rhizoctonia tuliparum*
- aangetaste planten en hun buurplanten verwijderen en de plek markeren.
- bollen, buurplanten en de grond tot iets onder de bol verwijderen en de plek markeren wanneer de ziekte voor de eerste maal op een perceel voorkomt.
- grond waarop besmetting wordt verwacht tot in het grondwater onderploegen.

- plantgoed afkomstig van besmette percelen zo goed mogelijk schonen. Het hiervan afkomstige vuil vernietigen of composteren.

WORTELROT *Pythium ultimum var. ultimum*
- na inundatie eerst een niet-waardplant telen.
- ruime vruchtwisseling toepassen.

ZWARTSNOT *Sclerotinia bulborum*
- besmette grond in de zomer 6 tot 8 weken inunderen.
- besmette partijen niet voor kistenbroei gebruiken of bollen ontsmetten.
- bollen van zieke planten en enkele buurplanten met omringende grond direct na aantreffen verwijderen.
- plantgoed uitzoeken.

Tigridia soorten TIJGERBLOEM

AALTJES destructoraaltje *Ditylenchus destructor*
- warmwaterbehandeling toepassen. Daarna de bollen snel terugdrogen in verband met toegenomen kans op bolrot.

BEWAARROT *Penicillium* **soorten**
- beschadiging bij de oogst en het verwerken voorkomen.
- bollen op het optimale tijdstip rooien.
- mits de bollen dit verdragen, snel drogen, droog en luchtig bewaren en vroeg planten.
- relatieve luchtvochtigheid (RV) zo laag mogelijk houden (lager dan 80 %) met een goede luchtcirculatie tussen de bollen bij koele bewaring.
- verwerken van de bollen uitstellen tot vlak voor het planten.

BOLROT *Fusarium oxysporum f.sp. gladioli*
- ruime vruchtwisseling toepassen.

KWADEGROND *Rhizoctonia tuliparum*
- besmette grond in de zomer 6 tot 8 weken inunderen.
- niet op land telen waar kwadegrond voorkomt.

VIRUSZIEKTEN mozaïek knollenmozaïekvirus
- aangetaste planten(delen) verwijderen en afvoeren.
- via zaad vermeerderen.

Triteleia soorten TRITELEIA

KWADEGROND *Rhizoctonia tuliparum*
- aangetaste planten en hun buurplanten verwijderen en de plek markeren.
- bollen, buurplanten en de grond tot iets onder de bol verwijderen en de plek markeren wanneer de ziekte voor de eerste maal op een perceel voorkomt.
- grond waarop besmetting wordt verwacht tot in het grondwater onderploegen.
- plantgoed afkomstig van besmette percelen zo goed mogelijk schonen. Het hiervan afkomstige vuil vernietigen of composteren.

WOEKERZIEKTE *Corynebacterium fascians*
- afwijkende bollen uitsorteren en vernietigen.
- knollen diep (10-15 cm) planten.
- opslag vernietigen, bijvoorbeeld door inundatie.
- ruime vruchtwisseling toepassen en in vruchtwisselingschema rekening houden met onder andere lelie en Muscari.

ZWARTSNOT *Sclerotinia bulborum*
- besmette grond in de zomer 6 tot 8 weken inunderen.
- dode knollen verwijderen en vernietigen.

Tulipa soorten TULP

AALTJES destructoraaltje *Ditylenchus destructor*
- besmette grond in de zomer 6 tot 8 weken inunderen.
- grond stomen.
- indien beschikbaar, resistente rassen telen.

- ruime vruchtwisseling toepassen.
- warmwaterbehandeling toepassen. Daarna de bollen snel terugdrogen in verband met toegenomen kans op bolrot.

AALTJES gewoon wortellesieaaltje *Pratylenchus penetrans*
- aaltjesonderdrukkende voorteelt van *Tagetes*-soorten (afrikaantje) gedurende minimaal 3 maanden toepassen.
- besmette grond en/of substraat ontsmetten of inunderen.
- biologische grondontsmetting toepassen.
- gezond uitgangsmateriaal gebruiken, wortels inspecteren en uitspoelen.
- pH door bekalking verhogen.
- vruchtwisseling toepassen. Bij vatbare gewassen granen, maïs, grassen, aardappel, knolselderij, peen en vlinderbloemigen als voorvrucht vermijden. Biet en kruisbloemigen zijn goede voorvruchten.

signalering:
- grondonderzoek laten uitvoeren.

grondbehandeling door injecteren
metam-natrium
> Monam CleanStart, Monam Geconc., Nemasol

AALTJES stengelaaltje *Ditylenchus dipsaci*
DIT IS EEN QUARANTAINE-ORGANISME

AALTJES vrijlevend wortelaaltje *Hemicycliophora conida*, AALTJES vrijlevende wortelaaltjes *Trichodorus* soorten
- grond en/of substraat ontsmetten.

wortellesieaaltje *Pratylenchus* soorten
- aaltjesonderdrukkende voorteelt van *Tagetes*-soorten (afrikaantje) gedurende minimaal 3 maanden toepassen.
- besmette grond en/of substraat ontsmetten of inunderen.
- biologische grondontsmetting toepassen.
- gezond uitgangsmateriaal gebruiken, wortels inspecteren en uitspoelen.
- pH door bekalking verhogen.
- vruchtwisseling toepassen. Bij vatbare gewassen granen, maïs, grassen, aardappel, knolselderij, peen en vlinderbloemigen als voorvrucht vermijden. Biet en kruisbloemigen zijn goede voorvruchten.

signalering:
- grondonderzoek laten uitvoeren.

BLADCHLOROSE ijzergebrek
- bollen niet onrijp oogsten.
- buiten met bitterzout spuiten: 3 keer voor de bloei en 1 keer na de bloei, goed oplossen en niet vermengd met gewasbeschermingsmiddelen toepassen. Indien zonder succes, in een volgend seizoen half maart ijzerchelaat spuiten en inregenen.
- in kas bij eerste verschijnselen ijzerchelaat inregenen.

BLADTOPVERDORRING *Trichoderma* soorten
- 1 tot 2 cm zand op de bodem van de broeikisten aanbrengen.
- geen inlegvellen in het broeifust gebruiken.
- grote wortelmassa's in de bewortelingsruimte voorkomen.
- sluit grote wortelmassa's niet op tussen kist en tablet of tafel.
- voorkomen van aantasting van de bakbodem door groeiende wortels. Gebruik broeibakken met inlegvel,
  - breng hierop eerst 0,5 à 1 cm zand aan en vervolgens potgrond,
  - houd het zand ook in de kas goed vochtig,
  - beperk ook in dit geval te uitbundige wortelg

BLADVLEKKENZIEKTE *Colletotrichum* soorten
bol- en/of knolbehandeling door dompelen
captan
> Brabant Captan Flowable, Captan 480 SC, Captan 80 WG, Captan 83% Spuitpoeder, Captosan 500 SC, Captosan Spuitkorrel 80 WG, Malvin WG, Merpan Basic WP, Merpan Flowable, Merpan Spuitkorrel

BLAUWGROEIEN fysiologische ziekte
- beschaduwing van het gewas vanaf eind april.
- bestrijding dient gericht te zijn op remming van de groei van de bol.
- diep koppen met 1 of 2 blaadjes.
- vatbare cultivars dicht planten en niet zwaar bemesten.

BLOEMVERDROGING complex non-parasitaire factoren
- bolmaat 11 niet voor de vroegste bloei gebruiken.
- ethyleenconcentraties boven de 0,1 ppm voorkomen door zure bollen nauwkeurig uit de partij te verwijderen en zure partijen apart op te slaan. Daarnaast hoge ethyleenconcentraties voorkomen door goed ventileren, geen bollen te bewaren bij bloemen, groente
- hoge temperatuur tijdens het transport van de bollen voorkomen.
- koudebehandeling toepassen.
- pas beginnen met de koudebehandeling als de bollen na het voltooien van de bloemaanleg een voldoende lange periode tussentemperatuur hebben gekregen.
- te hoge kastemperatuur voorkomen.
- voldoende water geven.
- voor een goede wortelkwaliteit zorgen.

bol- en/of knolbehandeling door verdamping
1-methylcyclopropeen
> Ethylene Buster, Freshstart Singles

BOTRYTIS *Botrytis* soorten
bol- en/of knolbehandeling door dompelen
iprodion
> Imex Iprodion Flo, Rovral Aquaflo
thiofanaat-methyl
> Topsin M Vloeibaar

DIEVEN onbekende factor
- afwijkende planten met bollen in alle gevallen verwijderen of net boven onderste blad afsnijden en vervolgens behandelen volgens richtlijnen.
- selectiemaatregelen na het rooien zijn noodzakelijk bijvoorbeeld zinker-drijvermethode toepassen of alleen grotere maten opplanten.

GEELPOK *Curtobacterium flaccumfaciens pv. oortii*
- besmette partijen eind november planten om de kans op nachtvorstschade te beperken.
- bollen met geelpok uit het plantgoed verwijderen.
- op zeer vroeg tijdstip planten met geremde groei en witte strepen verwijderen.
- plantgoed de eerste periode bij 25 tot 30 °C bewaren.
- plantgoed tot de plantdatum bij 20 °C bewaren.
- strodek verwijderen voordat de pennen te lang worden kan helsvuur bij vatbare planten beperken.

GOMMEN ethyleen overmaat
- aan ethyleen blootgestelde partij niet eerder verwerken dan na één week goed geventileerd bewaren.
- bollen met gom niet voor de vroegste bloei gebruiken.
- bollen van vatbare cultivars voorzichtig rooien en in goed geventileerde ruimten bewaren.
- ethyleenbronnen zoals zure bollen, fruit, bloemen en gassen van verbrandingsmotoren vermijden.
- sterk aangetaste partijen bij voorkeur buiten en apart bewaren.
- voor een goede luchtcirculatie tussen de bollen zorgen en de bewaarruimte ventileren.
- zure bollen tijdig verwijderen.

signalering:
- bewaarruimten inspecteren op aanwezigheid van ethyleen.

bol- en/of knolbehandeling door verdamping
1-methylcyclopropeen
> Ethylene Buster, Freshstart, Freshstart Singles

GRAUWE SCHIMMEL *Botryotinia fuckeliana*
bol- en/of knolbehandeling door dompelen
fluazinam
Fluazinam 500 SC, Fylan Flow, Ohayo
iprodion
Imex Iprodion Flo, Rovral Aquaflo
pyrimethanil
Scala, Scala
gewasbehandeling door spuiten
chloorthalonil / prochloraz
Allure Vloeibaar
fluazinam
Fluazinam 500 SC, Fylan Flow, Ohayo, Shirlan
folpet / prochloraz
Mirage Plus 570 SC
folpet / tebuconazool
Spirit

GROENE SCHIMMEL *Penicillium* soorten
- beschadiging beperken, vooral later tijdens de bewaring.
- bollen met (nauwelijks) zichtbare spruit uiterst voorzichtig verwerken.
- bollen niet met (te) bleke huid rooien. Indien dit niet mogelijk is, bollen - ook in de koeling - droog bewaren bij een relatieve luchtvochtigheid (RV) van 60 %.
- bollen niet onrijp oogsten.
- bollen planten voordat er sprake is van enige spruitvorming.
- plantgoed en leverbaar voor het planten uitzoeken.
- relatieve luchtvochtigheid (RV) niet hoger dan 60 % houden en de bollen droog en lucht bewaren.
- voor een zo goed mogelijke huidkwaliteit zorgen.
bol- en/of knolbehandeling door dompelen
captan
Brabant Captan Flowable, Captan 480 SC, Captan 80 WG, Captan 83% Spuitpoeder, Captosan 500 SC, Captosan Spuitkorrel 80 WG, Malvin WG, Merpan Basic WP, Merpan Flowable, Merpan Spuitkorrel

HOLLE STELEN complex non-parasitaire factoren2
- bemeste potgrond gebruiken.
- direct na het in de kas halen 50 gram kalksalpeter per m2 toedienen en met weinig water inregenen.
- potgrond niet te nat maken, maximaal 1 tot 1,5 liter water per bak van 40x60 cm gebruiken.
- verdamping bevorderen door luchten en circulatie.

HUIDZIEK *Septocylindrium* soorten
- vatbare cultivars tijdig rooien.
bol- en/of knolbehandeling door dompelen
chloorthalonil / prochloraz
Allure Vloeibaar
prochloraz
Budget Prochloraz 45 EW, Mirage 45 EC, Mirage Elan, Sportak EW
thiofanaat-methyl
Topsin M Vloeibaar

KERNROT bollenmijt *Rhizoglyphus* soorten
- aangetaste bollen verwijderen.
- ethyleenbronnen zoals zure bollen, fruit, bloemen en gassen van verbrandingsmotoren vermijden.
- leverbare bollen van zeer vatbare cultivars bij 17 °C bewaren en tijdig planten bij 9 °C.
- voor een voldoende luchtcirculatie tussen de bollen en ventilatie van de ruimten zorgen, vooral bij aanwezigheid van zuur.

KIEPEN calciumgebrek
- niet te lange koudeperiode geven.
- relatieve luchtvochtigheid (RV) niet hoger dan 85 % houden.
- temperatuurschommelingen voorkomen ten behoeve van een gezond wortelstelsel.
- voor voldoende ventilatie in de trekruimte zorgen.
- watergift aanpassen voor cultivars die vatbaar zijn voor zweten.

KWADEGROND *Rhizoctonia tuliparum*
- besmette grond in de zomer 6 tot 8 weken inunderen.
- besmette opkuilhoek stomen.
- bij kistenbroei verse grond en afdekgrond gebruiken.
- bollen afkomstig van besmette percelen schoon pellen. Om verdere besmetting te voorkomen, het pelafval verzamelen en afvoeren naar elders (bijvoorbeeld vuilnisbelt) of composteren, of door inundatie.
- bollen bij opkomst voor het aangetaste gewas ruim en met omstanders verwijderen en vernietigen.
- bollen vlak voor het planten volgens richtlijnen ontsmetten.
- kisten grondig reinigen.
bol- en/of knolbehandeling door dompelen
thiofanaat-methyl
Topsin M Vloeibaar
grondbehandeling door spuiten en inwerken
tolclofos-methyl
Rizolex Vloeibaar

MIJTEN stromijten *Tyrophagus* soorten
- vroeg planten.

NERFSTREPENZIEKTE complex non-parasitaire factoren3
- bij broei op kisten de potgrond met zand mengen.
- bij de kasteelt voor korte trekperiode en goed ontwaterde grond zorgen.
- bij gebruik van potgrond spaarzaam water geven na het planten, vooral in de eerste week.
- broeibakken 10 tot 15 cm boven de grond zetten.

NEUSROT fysiologische ziekte
- bij vatbare cultivars de diktegroei beperken.
- neusrotgevoelige bollen, die niet gevoelig zijn voor zuur, gedurende 3 dagen bewaren onder natte omstandigheden bij 17 tot 20 °C. Dit kan bijvoorbeeld door nat gerooide of gespoelde bollen onder plastic te zetten of door continu te nevelen met

ORANJEPLUIS *Gibberella avenacea*
- geen grote hoeveelheden organische stof aan de grond toedienen.
- relatieve luchtvochtigheid (RV) laag houden door stoken en/of luchten.
- vatbare cultivars tijdig rooien.

PLEKS- OF BAKSGEWIJS ACHTERBLIJVENDE GROEI *Fusarium culmorum*
- fust reinigen met water van 60 °C.

PSEUDO-KURKSTIP fysiologische ziekte
- vatbare cultivars met bruine huid oogsten of binnen 24 uur na de oogst opslaan bij een temperatuur van 25 tot 35 °C gedurende 1 week.

RAMMELAARS fysiologische ziekte
- bollen luchtig bewaren bij 20 °C.
- dit deel van de partij snel drogen, opdat huiden zullen knappen.
- ondereinden van partijen met veel peren pas oogsten als de huiden bruin zijn.

RHIZOCTONIA-ZIEKTE *Thanatephorus cucumeris*
- besmette kisten ontsmetten, grondig reinigen.
- bij de teelt bij 5 °C in verwarmde kassen en in bewortelingsruimten ondiep planten (bolneus op gelijke hoogte met bovenkant grond) en na het planten de grond behandelen volgens richtlijnen. Om het omhooggroeien en onderhuids bewortelen van de
- bollen planten voordat er sprake is van enige spruitvorming.
- spruitvorming door te koelen bij 2 °C onderdrukken zodra dit verantwoord is of door warm te bewaren (circa 20 °C).
grondbehandeling door spuiten en inwerken
tolclofos-methyl

Rizolex Vloeibaar
knolbehandeling door spuiten
flutolanil
Monarch
- verse grond gebruiken en nooit afdekken met potgrond maar met zand, en bollen met top iets boven de grond planten.

SCHEURBLOMEN OF BREUKSTELEN boriumgebrek
- potgrond zo nodig met een boriummeststof bemesten.
- tijdens de bollenteelt op daarvoor in aanmerking komende percelen begin maart een boraatbemesting uitvoeren.
signalering:
- het boriumgehalte van de grond laten bepalen en volgens het advies bemesten.

SMEUL *Sclerotium perniciosum*
- aangetaste planten met omringende grond verwijderen en vernietigen.

TE KORT OF TE LANG GEWAS temperatuurschommelingen
- temperatuurbehandeling tijdens de bewaring toepassen en met goede koudeperiode in de kas brengen.

VERKALKING complex non-parasitaire factoren4
- beschadiging van de bollen voorkomen. Bollen van cultivars met dunne huid tijdig en voorzichtig rooien en daarna niet te sterk drogen.

VERKLISTERING complex non-parasitaire factoren5
bol- en/of knolbehandeling door verdamping
1-methylcyclopropeen
Ethylene Buster, Freshstart, Freshstart Singles, Freshstart TM Tabs

VIRUSZIEKTEN augustaziekte tabaksnecrosevirus
- broeibakken bij voorkeur in bewortelingsruimte zetten.
- grond goed ontwateren.
- kuilakkers stomen.
- laat planten op gronden, verdacht van besmetting, zodat de temperatuur lager is dan 9 °C.
- bollen met omstanders op de aangetaste plekken ruim verwijderen of apart rooien, bewaren en zieke bollen verwijderen. Dit gedeelte van de partij minimaal één jaar apart telen en blijven selecteren.
- bevriezen van de bakinhoud voorkomen, vooral als er kans is op aanwezige besmetting.
- bollen bij een temperatuur van 10 °C of lager planten.
- verse potgrond gebruiken.

VIRUSZIEKTEN bloemkleurbreking tulpenmozaiekvirus
- bladluizen bestrijden tijdens de bewaring in de schuur.
- selectie toepassen vroeg in het voorjaar en tijdens en na de bloei is zeer belangrijk. Vooral niet rauw koppen.
- zo hoog mogelijk koppen.

VIRUSZIEKTEN grijs tulpengrijsvirus
- aangetaste planten(delen) verwijderen.

VIRUSZIEKTEN kurkstip komkommermozaïekvirus
- bladluizen bestrijden tijdens de bewaring in de schuur.
- bollen in de schuur, kort voor het planten nazien op verschijnselen van kurkstip.
- zieke planten op het veld verwijderen.

VIRUSZIEKTEN ratel tabaksratelvirus
- aangetaste planten(delen) verwijderen.
- bladrammenas als tussengewas gedurende minimaal 2 maanden bij een goed groeiend gewas telen.
- laat planten (na 15 november).
- onkruid, met name wortelonkruiden, bestrijden.

VIRUSZIEKTEN streepbreking symptoomloos lelievirus
- tulpen niet in de nabijheid van lelies telen.
- zieke planten op het veld verwijderen.

VOETROT *Phytophthora cryptogea*
Phytophthora erythroseptica var. erythroseptica
- besmette grond stomen en aanvullend volgens richtlijnen behandelen.
- plantgoed pellen zodat oude vellen en wortels zijn verwijderd.
- rabatten schoonmaken. Fust dompelen in water van 70 °C gedurende een half uur.
- te natte grond voorkomen.
- geen twee trekken op dezelfde grond in een seizoen toepassen.
- verse kuilgrond gebruiken.

VUUR *Botrytis tulipae*
- aangetaste planten (bij ernstige aantasting) direct na opkomst tot aan het rooien verwijderen.
- aangetaste planten(delen) verwijderen, zwaar gewas en dichte stand vermijden en te hoge relatieve luchtvochtigheid (RV) voorkomen.
- bedrijfshygiëne stringent doorvoeren.
- besmette grond in de zomer 6 tot 8 weken inunderen.
- besmette kas- en kuilgronden stomen, inunderen of diepploegen.
- blad- en stengelresten na de oogst in onbedekte teelten verwijderen.
- bloemen tijdig koppen en verwijderen.
- gewas wordt vatbaarder voor een aantasting door vuur door toepassing van minerale olie.
- grond ploegen zodat deze aan de oppervlakte vrij is van sporen en sclerotiën.
- opslag van tulpen inclusief de bol verwijderen.
- tijdig (geelbruin) rooien en snel drogen.
- vruchtwisseling toepassen (minimaal 1 op 3).
signalering:
- indicatorveldje van een vatbare cultivar in het perceel aanleggen.
- indien mogelijk een waarschuwingssysteem gebruiken.
gewasbehandeling door spuiten
chloorthalonil
Budget Chloorthalonil 500 SC, Daconil 500 Vloeibaar
chloorthalonil / prochloraz
Allure Vloeibaar
dithianon
Delan DF
fluazinam
Fluazinam 500 SC, Fylan Flow, Ohayo, Shirlan
folpet / prochloraz
Mirage Plus 570 SC
folpet / tebuconazool
Spirit
kresoxim-methyl
Kenbyo FL
kresoxim-methyl / mancozeb
Kenbyo MZ
tebuconazool
Folicur, Folicur SC
trifloxystrobin
Flint

WORTELROT *Pythium ultimum var. ultimum*
- besmette grond stomen en aanvullend volgens richtlijnen behandelen.
- bollen binnen 24 uur na rooien winddroog maken.
- geen twee trekken op dezelfde grond in een seizoen toepassen.
- grondtemperatuur tijdens de broei gedurende de eerste 2 weken na het planten laag houden (9 °C of lager).
- plantgoed pellen zodat oude vellen en wortels zijn verwijderd.
- rabatten schoonmaken. Fust dompelen in water van 70 °C gedurende een half uur.

- verse kuilgrond gebruiken.
- zandnesten in de kisten voorkomen.

grondbehandeling door gieten
propamocarb-hydrochloride
    Imex-Propamocarb
grondbehandeling door mengen
etridiazool
    AAterra ME
grondbehandeling door spuiten en inwerken
propamocarb-hydrochloride
    Imex-Propamocarb
potgrondbehandeling door gieten en mengen
hymexazool
    Tachigaren Vloeibaar
potgrondbehandeling door mengen
etridiazool
    AAterra ME
potgrondbehandeling door spuiten en mengen
metalaxyl-M
    Budget Metlaxyl-M SL, Ridomil Gold

WORTELROT *Pythium* soorten
- besmette grond stomen en aanvullend volgens richtlijnen behandelen.
- geen twee trekken op dezelfde grond in een seizoen toepassen.
- plantgoed pellen zodat oude vellen en wortels zijn verwijderd.
- rabatten schoonmaken. Fust dompelen in water van 70 °C gedurende een half uur.
- verse kuilgrond gebruiken.

bloembehandeling door steel in oplossing te zetten
fenamidone / fosetyl-aluminium
    Fenomenal
bol- en/of knolbehandeling door dompelen
captan
    Brabant Captan Flowable, Captan 480 SC, Captan 80 WG, Captan 83% Spuitpoeder, Captosan 500 SC, Captosan Spuitkorrel 80 WG, Malvin WG, Merpan Basic WP, Merpan Flowable, Merpan Spuitkorrel
etridiazool
    AAterra ME
propamocarb-hydrochloride
    Imex-Propamocarb, Proplant
potgrondbehandeling door mengen
fenamidone / fosetyl-aluminium
    Fenomenal
potgrondbehandeling door spuiten en mengen
metalaxyl-M
    Budget Metlaxyl-M SL, Ridomil Gold

ZUUR *Fusarium oxysporum f.sp. tulipae*
- aangetaste bollen verwijderen.
- aangetaste partijen bij bewaring flink ventileren.
- beschadiging door ethyleen voorkomen.
- bollen binnen 24 uur na rooien winddroog maken.
- bollen volgens richtlijnen ontsmetten. Dit geldt ook voor grond bestemd voor het vullen van broeibakken.
- ruime vruchtwisseling toepassen (bij voorkeur 1 op 6), zeker wanneer bekend is dat een perceel ernstig besmet is.
- schuur en werkruimten voor de oogst schoonmaken.
- stikstofbemesting zeer matig toepassen.
- van aangetaste partijen bestemd voor de warme kas, bij voorkeur de huid bij de wortelkrans verwijderen en ondiep planten (top van de bol boven de grond) in verband met kans op ethyleenbeschadiging.
- vatbare cultivars laat planten, bij een bodemtemperatuur lager dan 10 °C.
- voldoende diep planten.

bol- en/of knolbehandeling door dompelen
ascorbinezuur
    Dipper, Protect Pro
chloorthalonil / prochloraz
    Allure Vloeibaar
folpet / prochloraz

    Mirage Plus 570 SC
prochloraz
    Budget Prochloraz 45 EW, Mirage 45 EC, Mirage Elan, Sportak EW
thiofanaat-methyl
    Topsin M Vloeibaar
- uit voorzorg grond diepploegen.
- zuurgevoelige cultivars tijdig (geelbruine huid) oogsten (let op: risico voor pseudokurkstrip en rammelaars).
- op bakken voorgetrokken tulpen met voldoende koude inhalen, opdat kasperiode niet te lang gaat duren.

ZWARTBENIGHEID *Sclerotium wakkeri*
- op onbesmette grond planten.
- ruime vruchtwisseling toepassen (lelies en Irissen kunnen ook worden aangetast).

Zantedeschia soorten ARONSKELK

AALTJES noordelijk wortelknobbelaaltje *Meloidogyne hapla*
- ruime vruchtwisseling toepassen.
- zo laat mogelijk zaaien of planten.
- zwarte braak toepassen in de zomer.

STINKEND ZACHTROT *Erwinia carotovora subsp. carotovora*
- aangetast plantmateriaal verwijderen.
- aangetaste planten(delen) verwijderen en afvoeren.
- gezond uitgangsmateriaal gebruiken.
- grond ontwateren.
- handen en gereedschap regelmatig ontsmetten.
- hoge bodemtemperatuur (>20 °C) zo veel mogelijk voorkomen door de grond af te dekken en/of het glas te krijten.
- hoge relatieve luchtvochtigheid (RV) en hoge temperatuur voorkomen.
- knollen na het rooien drogen.
- knollen tijdig rooien en beschadiging voorkomen.
- onderdoor water geven.
- ruime plantafstand aanhouden.
- snel drogen met veel luchtverversing.

gewasbehandeling door spuiten
fenamidone / fosetyl-aluminium
    Fenomenal
plantbehandeling door dompelen
fenamidone / fosetyl-aluminium
    Fenomenal

VIRUSZIEKTEN bladmisvorming en grof-streperig bont dieffenbachia-mozaï
- aangetast plantmateriaal verwijderen.
- besmettingsbronnen verwijderen en/of bestrijden.
- bij Impatiens- of tomatenbronsvlekkenvirus hoeft niet de hele plant te worden vernietigd, maar kan worden volstaan met het vernietigen van planten(delen) met symptomen.
- bladluizen en tripsen bestrijden.
- gezond uitgangsmateriaal gebruiken.
- indien beschikbaar, resistente of minder vatbare rassen telen.
- onkruid bestrijden.
- overbrengers (vectoren) van virus voorkomen en/of bestrijden.
- planten op grond die vrij is van de virusoverbrengende aaltjes Longidorus en Xiphinema. Zonodig de grond ontsmetten.

VUUR *Stagonosporopsis curtisii*
- aangetast plantmateriaal verwijderen.
- onderdoor water geven.
- plantmateriaal na rooien zo snel mogelijk drogen, droog bewaren en vroeg planten.
- ruime vruchtwisseling toepassen.

2.8 Bloemisterij

Deze paragraaf geeft een overzicht van de ziekten, plagen en teeltproblemen die in de verschillende teeltgroepen van de bloemisterij kunnne voorkomen evenals de preventie en bestrijding ervan. Er is onderscheid gemaakt tussen de teeltgroepen perkplanten, potplanten en snijbloemen.

Allereerst treft u per paragraaf de maatregelen voor de algemeen vookomende ziekten, plagen en teeltproblemen van deze sector aan. De genoemde bestrijdingsmogelijkheden zijn toepasbaar voor de behandelde teeltgroep. Vervolgens vindt u de maatregelen voor de specifieke ziekten, plagen en teeltproblemen, gerangschikt per gewas. De bestrijdingsmogelijkheden omvatten cultuurmaatregelen, biologische- en chemische maatregelen. Voor de chemische maatregelen staat de toepassingswijze vermeld, gevolgd door de werkzame stof en de merknamen van de daarvoor toegelaten middelen. Voor de exacte toepassing dient u de toelatingsbeschikking van het betreffende middel te raadplegen. Het overzicht van de wachttijden voor toegelaten werkzame stoffen zijn per gewas opgenomen in hoofdstuk 4.

2.8.1 Algemeen voorkomende ziekten, plagen en teeltproblemen

AALTJES
- bedrijfshygiëne stringent doorvoeren.
- gereedschap en andere materialen schoonmaken en ontsmetten.
- gewas bovengronds droog houden (bladaaltjes).
- gezond uitgangsmateriaal gebruiken.
- grond en/of substraat stomen.
- grond inunderen, minimaal 6 weken bij destructor-, blad- en stengelaaltjes.
- grond ontsmetten.
- indien beschikbaar, resistente of minder vatbare rassen telen.
- onderdoor water geven.
- ruime vruchtwisseling toepassen.
- tabletten ontsmetten.
signalering:
- grondonderzoek laten uitvoeren.
grondbehandeling door strooien
oxamyl
    Vydate 10G
zaaivoorbehandeling door strooien
oxamyl
    Vydate 10G
grondbehandeling door injecteren
metam-natrium
    Monam CleanStart, Monam Geconc., Nemasol

AALTJES aardbeibladaaltje *Aphelenchoides fragariae, Aphelenchoides ritzemabosi*
- aaltjesvrije trays, potten, grond en gietwater gebruiken.
- aangetaste of afwijkende planten verwijderen en vernietigen.
- afwijkende planten direct verwijderen.
- bassin vrijhouden van waterplanten.
- geen zaad en bladstek van aangetaste moerplanten nemen.
- gewasresten grondig verwijderen.
- gewasresten na de oogst onderploegen of verwijderen.
- grond braak laten liggen.
- handen en gereedschap regelmatig ontsmetten.
- onderdoor water geven.
- onkruid bestrijden.
- onkruid in en om de kas bestrijden.
- op aangekocht plantmateriaal bestemd voor vermeerdering quarantaine toepassen.
- teeltsysteem met aaltjesbesmetting ontsmetten.

AALTJES cystenaaltjes *Heterodera* soorten
- bedrijfshygiëne stringent doorvoeren en verse grond en nieuwe potten en dergelijke gebruiken. Zand op tafels verversen of stomen.
- oude cultuur verwijderen. Van planten aangetast door aaltjes kan wel bovengronds stek worden genomen.

- zand op tafels verversen of stomen.

AALTJES gewoon wortellesieaaltje *Pratylenchus penetrans*
- aaltjesonderdrukkende voorteelt van *Tagetes*-soorten (afrikaantje) gedurende minimaal 3 maanden toepassen.
- besmette grond en/of substraat ontsmetten of inunderen.
- biologische grondontsmetting toepassen.
- gezond uitgangsmateriaal gebruiken.
- onderdoor water geven.
- pH door bekalking verhogen.
- vruchtwisseling toepassen.
grondbehandeling door injecteren
metam-natrium
    Monam CleanStart, Monam Geconc., Nemasol

AALTJES noordelijk wortelknobbelaaltje *Meloidogyne hapla*
- ruime vruchtwisseling toepassen.
- zo laat mogelijk zaaien of planten.
- zwarte braak toepassen in de zomer.
- aaltjesvrije trays, potten, grond en gietwater gebruiken.
- gezond uitgangsmateriaal gebruiken, wortels inspecteren en uitspoelen.
- grond en/of substraat ontsmetten.
- onderdoor water geven.
- onkruid bestrijden, ook wanneer er geen cultuurgewas staat.
- ruime vruchtwisseling toepassen.

AALTJES scabiosabladaaltje *Aphelenchoides blastophorus*
- aaltjesvrije trays, potten, grond en gietwater gebruiken.
- aangetaste of afwijkende planten verwijderen en vernietigen.
- bassin vrijhouden van waterplanten.
- grond braak laten liggen.
- onkruid bestrijden.

AALTJES stengelaaltje *Ditylenchus dipsaci*
DIT IS EEN QUARANTAINE-ORGANISME

AALTJES vrijlevend wortelaaltje *Tylenchorhynchus claytoni*
- gezond uitgangsmateriaal gebruiken.
- onderdoor water geven.

AALTJES vrijlevende wortelaaltjes *Xiphinema* soorten
- gezond uitgangsmateriaal gebruiken.
- onderdoor water geven.

AALTJES wortelknobbelaaltje *Meloidogyne* **soorten**
- aaltjesvrije trays, potten, grond en gietwater gebruiken.
- gezond uitgangsmateriaal gebruiken, wortels inspecteren en uitspoelen.
- gezond uitgangsmateriaal gebruiken.
- grond en/of substraat ontsmetten.
- onkruid bestrijden, ook wanneer er geen cultuurgewas staat.

AARDRUPSEN aardrups *Euxoa nigricans*, **bruine aardrups** *Agrotis exclamationis*, **gewone aardrups** *Agrotis segetum*, **zwartbruine aardrups** *Agrotis ipsilon*
- natuurlijke vijanden inzetten of stimuleren.
- perceel tijdens en na de teelt onkruidvrij houden.
- percelen regelmatig beregenen.
- *Steinernema feltiae* (insectparasitair aaltje) inzetten. De bodemtemperatuur dient daarbij minimaal 12 °C te zijn.
- zwarte braak toepassen gedurende een jaar.

AARDVLOOIEN *Phyllotreta* **soorten**
- gewasresten na de oogst onderploegen of verwijderen.
- onkruid bestrijden.
- voor goede groeiomstandigheden zorgen.

(AFGEDRAGEN) GEWAS, doodspuiten van
gewasbehandeling door spuiten
glyfosaat
    Panic Free, Roundup Force
onkruidbehandeling door pleksgewijs spuiten
glyfosaat
    Panic Free, Roundup Force

ALTERNARIA *Alternaria* **soorten**
zaadbehandeling door mengen
iprodion
    Rovral Aquaflo

ALTERNARIA-ZIEKTE *Alternaria solani*
- natslaan van gewas en guttatie voorkomen.

BACTERIËN
- aangetaste planten(delen) verwijderen en afvoeren.
- gezond uitgangsmateriaal gebruiken.
- grond en/of substraat stomen.
- natslaan van gewas en guttatie voorkomen.
- onderdoor water geven.
- ruime plantafstand aanhouden.
- voor goede groeiomstandigheden zorgen.
- weelderige groei voorkomen.

BACTERIEZIEKTEN
- aangetaste planten(delen) verwijderen en afvoeren.
- beschadiging van het gewas voorkomen.
- gewasresten verwijderen.
- gezond uitgangsmateriaal gebruiken.
- handen en gereedschap regelmatig ontsmetten.
- hoge relatieve luchtvochtigheid (RV) en hoge temperatuur voorkomen.
- huisdieren uit de kas weren.
- onderdoor water geven, vooral bij hoge temperatuur.
- tijdelijk met recirculeren stoppen.
- wegwerphandschoenen gebruiken en deze zo vaak mogelijk vernieuwen.
- ziektevrij gietwater (leiding- of bronwater) of ontsmet drain-, oppervlakte- en regenwater gebruiken.
- zo min mogelijk bezoekers in de kas en per afdeling aparte jassen gebruiken.
- zo min mogelijk verschillende personen toelaten in de afdeling waar een aantasting is waargenomen.
- schoenen ontsmetten.

BLADKLEURING, voorkomen van
bloembehandeling door steel in oplossing te zetten
6-benzyladenine / benzyladenine / gibberelline A4 + A7

Chrysal BVB, VBC-476
gewasbehandeling door verdampen
1-methylcyclopropeen
    Ethybloc TM Tabs, Ethylene Buster

BLADLUIZEN *Aphididae*
- bladluizen in akkerranden en wegbermen bestrijden.
- bomen en struiken die fungeren als winterwaard voor bladluizen niet in de omgeving van het bedrijf planten of de bladluizen op de winterwaard bestrijden.
- gewas afdekken met vliesdoek.
- gewasresten na de oogst onderploegen of verwijderen.
- gezond uitgangsmateriaal gebruiken.
- insectengaas 0,8 x 0,8 mm aanbrengen.
- natuurlijke vijanden inzetten of stimuleren.
- spontane parasitering is mogelijk.
- vruchtwisseling toepassen.
signalering:
- gele of blauwe vangplaten ophangen.
- gewasinspecties uitvoeren.
- vangplaten of vanglampen ophangen, waardoor het goede bestrijdingsmoment vastgesteld kan worden.
gewasbehandeling (ruimtebehandeling) door roken
pirimicarb
    Pirimor Rookontwikkelaar
gewasbehandeling door spuiten
acetamiprid
    Gazelle
azadirachtin
    Neemazal-T/S
esfenvaleraat
    Sumicidin Super
flonicamid
    Teppeki
imidacloprid
    Admire O-Teq
koolzaadolie / pyrethrinen
    Promanal-R Concentraat, Promanal-R Gebruiksklaar, Raptol, Spruzit-R concentraat, Spruzit-R gebruiksklaar
pirimicarb
    Agrichem Pirimicarb, Pirimor
thiacloprid
    Calypso
plantbehandeling door spuiten
piperonylbutoxide / pyrethrinen
    Spruzit Vloeibaar
potgrondbehandeling door mengen
thiacloprid
    Exemptor

BLADLUIZEN aardappeltopluis *Macrosiphum euphorbiae*
- natuurlijke vijanden inzetten of stimuleren.
gewasbehandeling door spuiten
pymetrozine
    Plenum 50 WG
thiamethoxam
    Actara

BLADLUIZEN boterbloemluis *Aulacorthum solani*
- natuurlijke vijanden inzetten of stimuleren.
gewasbehandeling door spuiten
acetamiprid
    Gazelle
imidacloprid
    Admire, Admire O-Teq, Imex-Imidacloprid, Kohinor 70 WG
imidacloprid / natriumlignosulfonaat
pymetrozine
    Plenum 50 WG
thiamethoxam
    Actara
plantbehandeling door druppelen via voedingsoplossing
imidacloprid
    Admire, Admire O-Teq, Imex-Imidacloprid, Kohinor 70 WG

imidacloprid / natriumlignosulfonaat

BLADLUIZEN gele rozenluis *Rhodobium porosum*
- natuurlijke vijanden inzetten of stimuleren.
gewasbehandeling door spuiten
pymetrozine
    Plenum 50 WG

BLADLUIZEN gewone rozenluis *Macrosiphum rosae*
- natuurlijke vijanden inzetten of stimuleren.
gewasbehandeling door spuiten
azadirachtin
    Neemazal-T/S

BLADLUIZEN groene kortstaartluis *Brachycaudus helichrysi*
- natuurlijke vijanden inzetten of stimuleren.

BLADLUIZEN groene perzikluis *Myzus persicae*
- natuurlijke vijanden inzetten of stimuleren.
gewasbehandeling door spuiten
acetamiprid
    Gazelle
azadirachtin
    Neemazal-T/S
imidacloprid
    Admire, Admire O-Teq, Imex-Imidacloprid, Kohinor 70 WG
imidacloprid / natriumlignosulfonaat
pymetrozine
    Plenum 50 WG
thiamethoxam
    Actara
plantbehandeling door druppelen via voedingsoplossing
imidacloprid
    Admire, Admire O-Teq, Imex-Imidacloprid, Kohinor 70 WG
imidacloprid / natriumlignosulfonaat

BLADLUIZEN katoenluis *Aphis gossypii*
- natuurlijke vijanden inzetten of stimuleren.
gewasbehandeling door spuiten
acetamiprid
    Gazelle
imidacloprid
    Admire, Admire O-Teq, Imex-Imidacloprid, Kohinor 70 WG
imidacloprid / natriumlignosulfonaat
methiocarb
    Mesurol 500 SC
pymetrozine
    Plenum 50 WG
thiamethoxam
    Actara
plantbehandeling door druppelen via voedingsoplossing
imidacloprid
    Admire, Admire O-Teq, Imex-Imidacloprid, Kohinor 70 WG
imidacloprid / natriumlignosulfonaat

BLADLUIZEN rode luis *Myzus nicotianae*
- natuurlijke vijanden inzetten of stimuleren.
gewasbehandeling door spuiten
imidacloprid
    Admire, Imex-Imidacloprid, Kohinor 70 WG
imidacloprid / natriumlignosulfonaat
pymetrozine
    Plenum 50 WG
plantbehandeling door druppelen via voedingsoplossing
imidacloprid
    Admire, Imex-Imidacloprid, Kohinor 70 WG
imidacloprid / natriumlignosulfonaat

BLADLUIZEN sjalottenluis *Myzus ascalonicus*
- natuurlijke vijanden inzetten of stimuleren.

BLADLUIZEN zwarte bonenluis *Aphis fabae*
- natuurlijke vijanden inzetten of stimuleren.

gewasbehandeling door spuiten
acetamiprid
    Gazelle
imidacloprid
    Admire, Admire O-Teq, Imex-Imidacloprid, Kohinor 70 WG
imidacloprid / natriumlignosulfonaat
plantbehandeling door druppelen via voedingsoplossing
imidacloprid
    Admire, Admire O-Teq, Imex-Imidacloprid, Kohinor 70 WG
imidacloprid / natriumlignosulfonaat

BLADVLEKKENZIEKTE spikkelziekte *Alternaria* **soorten**
- natslaan van gewas en guttatie voorkomen.
- onderdoor water geven.
- stekken niet bij een te lage temperatuur bewaren.
gewasbehandeling door spuiten
iprodion
    Imex Iprodion Flo, Rovral Aquaflo

BLOEI , geen of onvoldoendel
gewasbehandeling door verdampen
1-methylcyclopropeen
    Ethybloc TM Tabs, Ethylene Buster

BLOEM- EN KNOPVAL, voorkomen
bloembehandeling door steel in oplossing te zetten
zilverthiosulfaat
    Chrysal AVB, Florever, Florissant 100
gewasbehandeling door verdampen
1-methylcyclopropeen
    Ethybloc TM Tabs, Ethylene Buster

BLOEMKNOPOPENING, bevorderen van
bloembehandeling door steel in oplossing te zetten
6-benzyladenine / benzyladenine / gibberelline A4 + A7
    Chrysal BVB, VBC-476
zilverthiosulfaat
    Chrysal AVB, Florever, Florissant 100
gewasbehandeling door verdampen
1-methylcyclopropeen
    Ethybloc TM Tabs, Ethylene Buster

BOTRYTIS *Botrytis* **soorten**
- relatieve luchtvochtigheid (RV) laag houden door stoken en/of luchten, beschadigingen voorkomen en niet te dicht planten.
gewasbehandeling door spuiten
iprodion
    Imex Iprodion Flo, Rovral Aquaflo
thiram
    Hermosan 80 WG, Thiram Granuflo

CHLOROSE zoutovermaat
- chloorarme meststoffen toedienen of chloorhoudende mest-stoffen al in de herfst strooien.
- indien het beregeningswater zout is, voorkomen dat de grond te droog wordt: dus blijven beregenen.
- kasgrond vóór de teelt uitspoelen, gedeelde giften geven.
- overvloedig water geven.
- water met een laag chloorgehalte gebruiken.

DOPLUIZEN *Asterolecaniidae*
- aangetaste of afwijkende planten verwijderen en vernietigen.
- bedrijfshygiëne stringent doorvoeren.
- gezond uitgangsmateriaal gebruiken.
- kaspoten schoon branden.
- natuurlijke vijanden inzetten of stimuleren.
gewasbehandeling (ruimtebehandeling) door spuiten
deltamethrin
    Decis Micro
gewasbehandeling door spuiten
deltamethrin

Agrichem Deltamethrin, Decis Micro, Deltamethrin E.C. 25, Splendid, Wopro Deltamethrin

DOPLUIZEN *Coccidae*
- aangetaste of afwijkende planten verwijderen en vernietigen.
- bedrijfshygiëne stringent doorvoeren.
- gezond uitgangsmateriaal gebruiken.
- kaspoten schoon branden.
- natuurlijke vijanden inzetten of stimuleren.

gewasbehandeling (ruimtebehandeling) door spuiten
deltamethrin
  Decis Micro
gewasbehandeling door spuiten
deltamethrin
  Agrichem Deltamethrin, Decis Micro, Deltamethrin E.C. 25, Splendid, Wopro Deltamethrin
koolzaadolie / pyrethrinen
  Promanal-R Concentraat, Promanal-R Gebruiksklaar, Raptol, Spruzit-R concentraat, Spruzit-R gebruiksklaar

DUPONCHELIA FOVEALIS
- afgevallen en dood plantmateriaal verwijderen.
- bedrijfshygiëne stringent doorvoeren.
- droog telen in een periode met veel plaagdruk.
- gaas aanbrengen voor (lucht)ramen.
- natuurlijke vijanden inzetten of stimuleren.
- potgrondmengsel met lager vochtpercentage gebruiken.

signalering:
- blauwe vanglamp ophangen.

ECHTE MEELDAUW *Microsphaera* soorten
gewasbehandeling door spuiten
azoxystrobin
  Ortiva
mepanipyrim
  Frupica SC

ECHTE MEELDAUW *Sphaerotheca pannosa var. pannosa*
- minder vatbare rassen telen.
- sterke temperatuurschommelingen voorkomen.
- te sterke luchtverplaatsing en tocht bij deuren voorkomen.
gewasbehandeling door spuiten
azoxystrobin
  Ortiva
trifloxystrobin
  Flint

ECHTE MEELDAUW *Erysiphe* soorten
- minder vatbare rassen telen.
- sterke temperatuurschommelingen voorkomen.
- te sterke luchtverplaatsing en tocht bij deuren voorkomen.
gewasbehandeling (ruimtebehandeling) door roken
imazalil
  Fungaflor Rook
gewasbehandeling door spuiten
bitertanol
  Baycor Flow
zwavel
  Brabant Spuitzwavel 2, Kumulus S, Thiovit Jet

ECHTE MEELDAUW *Oidium* soorten
- minder vatbare rassen telen.
- sterke temperatuurschommelingen voorkomen.
- te sterke luchtverplaatsing en tocht bij deuren voorkomen.
gewasbehandeling (ruimtebehandeling) door roken
imazalil
  Fungaflor Rook
gewasbehandeling door spuiten
azoxystrobin
  Ortiva
bitertanol
  Baycor Flow
mepanipyrim

Frupica SC
zwavel
  Brabant Spuitzwavel 2, Kumulus S, Thiovit Jet

ECHTE MEELDAUW *Sphaerotheca* soorten
gewasbehandeling door spuiten
azoxystrobin
  Ortiva
mepanipyrim
  Frupica SC

EMELTEN groentelangpootmug *Tipula oleracea,* weidelangpootmug *Tipula paludosa*
- besmette grond stomen of inunderen.
- groenbemester onderwerken.
- grond voor 1 augustus scheuren.
- grondbewerking uitvoeren. Door een grondbewerking worden emelten en engerlingen naar boven gespit waar ze uitdrogen of door vogels worden opgepikt.
- perceel tijdens en na de teelt onkruidvrij houden.
- Steinernema carpocapsaem of Steinernema felbiae (insectparasitaire aaltjes) inzetten.
- uitvoeren van mechanische onkruidbestrijding in augustus en september. Hierdoor zal minder eiafzetting plaatsvinden en is de kans groter dat eieren en jonge larven verdrogen.
- zwarte braak toepassen gedurende een jaar.

ETHYLEENSCHADE, voorkomen van
gewasbehandeling door verdampen
1-methylcyclopropeen
  Ethybloc TM Tabs, Ethylene Buster

FUSARIUMZIEKTE *Fusarium bulbicola*
- relatieve luchtvochtigheid (RV) laag houden door stoken en/of luchten, beschadigingen voorkomen en niet te dicht planten.
- schoenen ontsmetten.
- zaad een warmwaterbehandeling geven.

GEELZUCHT *Verticillium albo-atrum*
- biologische grondontsmetting toepassen.
- eerst teeltwerkzaamheden bij gezonde planten uitvoeren, daarna bij verdachte of aangetaste planten.
- gezond uitgangsmateriaal gebruiken.
- grond stomen met onderdruk.
- organische bemesting toepassen.
- strenge selectie toepassen.
- structuur van de grond verbeteren en voor voldoende bodemtemperatuur zorgen.
- voor optimale cultuuromstandigheden zorgen.
- vruchtwisseling toepassen.
signalering:
- grondonderzoek laten uitvoeren.

GRAUWE SCHIMMEL *Botryotinia fuckeliana*
- aangetaste planten(delen) verwijderen en afvoeren.
- bedrijfshygiëne stringent doorvoeren.
- beschadiging voorkomen. Gave, korte snoeiwonden maken en wonden met een wondafdekmiddel behandelen.
- grond goed ontwateren, dichte stand vermijden en goede onkruidbestrijding toepassen.
- in kassen en bakken flink luchten en droog stoken.
- natslaan van gewas en guttatie voorkomen.
- onderdoor water geven.
- temperatuur van de kweekgrond moet voldoende hoog zijn.
- temperatuurschommelingen voorkomen door gietwater te gebruiken waarvan de temperatuur gelijk is aan die van het wortelmedium.
- zoutconcentratie (EC) zo hoog mogelijk houden.
gewasbehandeling door spuiten
cyprodinil / fludioxonil
  Switch
fenhexamide
  Teldor

thiram
  Hermosan 80 WG, Thiram Granuflo
plantbehandeling door spuiten
gliocladium catenulatum stam j1446
  Prestop
zaadbehandeling door mengen
iprodion
  Rovral Aquaflo

GRAUWE SCHIMMEL *Botrytis* soorten
- aangetaste planten(delen) verwijderen en afvoeren.
- relatieve luchtvochtigheid (RV) laag houden door stoken en/of luchten.
gewasbehandeling (ruimtebehandeling) door spuiten
iprodion
  Imex Iprodion Flo, Rovral Aquaflo
gewasbehandeling door spuiten
iprodion
  Imex Iprodion Flo, Rovral Aquaflo
thiram
  Thiram Granuflo, Hermosan 80 WG

GROEI, bevorderen van
- hogere fosfaatgift toepassen.
- hogere nachttemperatuur dan dagtemperatuur beperkt strekking.
- meer licht geeft compactere groei.
- veel water geven bevordert de celstrekking.

KALIUMGEBREK
- tot begin juli met kalisulfaat (patentkali) bemesten.
- voor een goede kalitoestand van de grond of van het groeimedium zorgen, gecombineerd met een juiste bemesting.

KEVERS *Coleoptera*
plantbehandeling door spuiten
piperonylbutoxide / pyrethrinen
  Spruzit Vloeibaar
potgrondbehandeling door mengen
thiacloprid
  Exemptor

KIEMPLANTENZIEKTE *Phytophthora* soorten
gewasbehandeling via voedingsoplossing
fenamidone / fosetyl-aluminium
  Fenomenal

KIEMPLANTENZIEKTE *Pythium* soorten
- gereedschap en andere materialen schoonmaken en ontsmetten.
- gewasresten verwijderen.
- grond en/of substraat stomen.
- hoog stikstofgehalte voorkomen.
- niet te dicht planten.
- niet teveel water geven.
- structuur van de grond verbeteren en voor voldoende bodemtemperatuur zorgen.
- voor goede en constante groeiomstandigheden zorgen.
- voor voldoende luchtige potgrond zorgen.

MAGNESIUMGEBREK
- bij donker en groeizaam weer spuiten met magnesiumsulfaat, zo nodig herhalen.
- grondverbetering toepassen.
- pH verhogen.

MANGAANGEBREK
- grondverbetering toepassen.
- mangaansulfaat spuiten, alleen bij donker en groeizaam weer.
- pH verlagen.

MIEREN *Formicidae*
- lokdozen gebruiken.
- nesten met kokend water aangieten.

MIJTEN *Acari*
- gewasresten verwijderen.
- gezond uitgangsmateriaal gebruiken.
- natuurlijke vijanden inzetten of stimuleren.
gewasbehandeling door spuiten
azadirachtin
  Neemazal-T/S

MIJTEN *Tarsonemus* soorten
gewasbehandeling door spuiten
pyridaben
  Aseptacarex

MIJTEN bonenspintmijt *Tetranychus urticae*
- natuurlijke vijanden inzetten of stimuleren.
gewasbehandeling door spuiten
abamectin
  Abamectine HF-G, Budget Abamectine 18 EC, Imex-Abamectine 2, Parimco Abamectine, Parimco Abamectine Nieuw, Protex-Abamectine, Vectine Plus, Vertimec Gold, Wopro Abamectin
bifenazaat
  Floramite 240 SC, Wopro Bifenazate
clofentezin
  Apollo, Apollo 500 SC
cyflumetofen
  Danisaraba 20SC, Scelta
etoxazool
  Borneo
hexythiazox
  Nissorun Spuitpoeder, Nissorun Vloeibaar
pyridaben
  Aseptacarex
spirodiclofen
  Envidor
spiromesifen
  Oberon
tebufenpyrad
  Masai 25 WG

MIJTEN spintmijten *Tetranychus* soorten
gewasbehandeling door spuiten
acequinocyl
  Cantack
koolzaadolie / pyrethrinen
  Promanal-R Concentraat, Promanal-R Gebruiksklaar, Raptol, Spruzit-R concentraat, Spruzit-R gebruiksklaar

MIJTEN spintmijten *Tetranychidae*
- gezond uitgangsmateriaal gebruiken.
- insectengaas aanbrengen.
- natuurlijke vijanden inzetten of stimuleren.
- onkruid en resten van de voorteelt verwijderen.
- relatieve luchtvochtigheid (RV) in de kas zo hoog mogelijk houden om spintontwikkeling te remmen.
- spint in de voorafgaande teelt bestrijden.
- tochtplekken voorkomen.
- vruchtwisseling toepassen.
signalering:
- gewasinspecties uitvoeren.
gewasbehandeling door spuiten
azadirachtin
  Neemazal-T/S
fenbutatinoxide
  Torque
milbemectin
  Budget Milbectin 1% EC, Milbeknock

MINEERVLIEGEN *Agromyzidae*
- gewasresten na de oogst onderploegen of verwijderen.
- gezond uitgangsmateriaal gebruiken.
- grond afbranden om poppen te doden.
- insectengaas 0,8 x 0,8 mm aanbrengen.
- kans op spontane parasitering in buitenteelt.

- kas ontsmetten.
- kassen 2-3 weken leeg laten voordat nieuwe teelt erin komt.
- natuurlijke vijanden inzetten of stimuleren.
- onkruid bestrijden.
- plastic bij teeltwisseling vervangen.
- substraat vervangen of stomen.
- vruchtwisseling toepassen.

signalering:
- gele vangplaten ophangen.
- gewasinspecties uitvoeren.
- vangplaten neerleggen op de grond voor de paden. Mineervliegen die net uitkomen worden hiermee weggevangen.
- vast laten stellen welke mineervlieg in het spel is.

gewasbehandeling (ruimtebehandeling) door spuiten
deltamethrin
    Decis Micro
gewasbehandeling door spuiten
cyromazin
    Trigard 100 SL
deltamethrin
    Agrichem Deltamethrin, Decis Micro, Deltamethrin E.C. 25, Splendid, Wopro Deltamethrin
esfenvaleraat
    Sumicidin Super
ruimtebeh. door swing-pulsfog (straalmotorspuit)
esfenvaleraat
    Sumicidin Super

MINEERVLIEGEN chrysantenmineervliegen *Chromatomyia syngenesiae*
signalering:
- gele vangplaten ophangen.
- vast laten stellen welke mineervlieg in het spel is.
gewasbehandeling door spuiten
abamectin
    Abamectine HF-G, Budget Abamectine 18 EC, Imex-Abamactine 2, Parimco Abamectine Nieuw, Vectine Plus, Vertimec Gold, Wopro Abamectin
cyromazin
    Trigard 100 SL

MINEERVLIEGEN floridamineervlieg *Liriomyza trifolii*
- kans op spontane parasitering in buitenteelt.
signalering:
- gele vangplaten ophangen.
- vast laten stellen welke mineervlieg in het spel is.
gewasbehandeling door spuiten
abamectin
    Abamectine HF-G, Budget Abamectine 18 EC, Imex-Abamactine 2, Parimco Abamectine, Parimco Abamectine Nieuw, Protex-Abamectine, Vectine Plus, Vertimec Gold, Wopro Abamectin
cyromazin
    Trigard 100 SL
milbemectin
    Budget Milbectin 1% EC, Milbeknock

MINEERVLIEGEN nerfmineervlieg *Liriomyza huidobrensis*
- gaas aanbrengen voor (lucht)ramen.
- kans op spontane parasitering in buitenteelt.
- natuurlijke vijanden inzetten of stimuleren.
signalering:
- gele vangplaten ophangen.
- vast laten stellen welke mineervlieg in het spel is.
gewasbehandeling door spuiten
abamectin
    Abamectine HF-G, Budget Abamectine 18 EC, Imex-Abamactine 2, Parimco Abamectine, Parimco Abamectine Nieuw, Protex-Abamectine, Vectine Plus, Vertimec Gold, Wopro Abamectin
cyromazin

Trigard 100 SL
deltamethrin
    Agrichem Deltamethrin, Deltamethrin E.C. 25, Splendid, Wopro Deltamethrin
milbemectin
    Budget Milbectin 1% EC, Milbeknock

MINEERVLIEGEN tomatenmineervlieg *Liriomyza bryoniae*
- gaas aanbrengen voor (lucht)ramen.
- natuurlijke vijanden inzetten of stimuleren.
signalering:
- gele vangplaten ophangen.
- vast laten stellen welke mineervlieg in het spel is.
gewasbehandeling door spuiten
abamectin
    Abamectine HF-G, Budget Abamectine 18 EC, Imex-Abamactine 2, Parimco Abamectine, Parimco Abamectine Nieuw, Protex-Abamectine, Vectine Plus, Vertimec Gold, Wopro Abamectin
cyromazin
    Trigard 100 SL
milbemectin
    Budget Milbectin 1% EC, Milbeknock

MOLLEN *Talpa europaea*
- klemmen in gangen plaatsen, voornamelijk aan de rand van het perceel.
gangbehandeling met tabletten
aluminium-fosfide
    Luxan Mollentabletten
magnesiumfosfide
    Magtoxin WM

MOLLEN *Talpidae*
- klemmen in gangen plaatsen, voornamelijk aan de rand van het perceel.
- met een schop vangen.

MUIZEN
- let op: diverse muizensoorten (onder andere veldmuis) zijn wettelijk beschermd.
- nestkasten voor de torenvalk plaatsen.
- onkruid in en om de kas bestrijden.
- slootkanten onderhouden.

OORWORMEN *Forficula auricularia*
- bestrijding is doorgaans niet van belang.

PHYTOPHTHORA *Phytophthora* soorten
- te hoge zoutconcentratie (EC) voorkomen.
- voor goede en constante groeiomstandigheden zorgen.
- ziektevrij gietwater (leiding- of bronwater) of ontsmet drain-, oppervlakte- en regenwater gebruiken.

PISSEBEDDEN *Oniscus asellus*
- bedrijfshygiëne stringent doorvoeren.
- schuilplaatsen zoals afval- en mesthopen verwijderen.

PYTHIUM SCHIMMELS *Pythium* soorten
- bemesten met GFT-compost onderdrukt *Pythium* in de grond.
- beschadiging voorkomen.
- betonvloer schoon branden.
- geen grond tegen de stengel laten liggen.
- grond en/of substraat stomen.
- schoenen ontsmetten.
- schommelingen in de zoutconcentratie (EC) en in temperatuur voorkomen.
- temperatuur van de kweekgrond moet voldoende hoog zijn.
- temperatuurschommelingen voorkomen door gietwater te gebruiken waarvan de temperatuur gelijk is aan die van het wortelmedium.
- ziektevrij gietwater (leiding- of bronwater) of ontsmet drain-, oppervlakte- en regenwater gebruiken.

- niet te vroeg zaaien.

RHIZOCTONIA-ZIEKTE *Thanatephorus cucumeris*
- structuur van de grond verbeteren en voor voldoende bodemtemperatuur zorgen.

grondbehandeling door spuiten en inwerken
tolclofos-methyl
 Rizolex Vloeibaar
plantbehandeling door gieten
tolclofos-methyl
 Rizolex Vloeibaar
potgrondbehandeling door spuiten
tolclofos-methyl
 Rizolex Vloeibaar

RHIZOCTONIA-ZIEKTE *Rhizoctonia* soorten
- beschadiging voorkomen.
- grond en/of substraat stomen.
- besmette kisten ontsmetten, grondig reinigen.
- dichte stand voorkomen.
- geen grond tegen de stengel laten liggen.
- schoenen ontsmetten.
- temperatuur van de kweekgrond moet voldoende hoog zijn.
- temperatuurschommelingen voorkomen door gietwater te gebruiken waarvan de temperatuur gelijk is aan die van het wortelmedium.

RITNAALDEN *Agriotes* soorten
- afschrikmethoden zoals vogelverschrikkers, knalapparaten of folie toepassen.
- besmette grond stomen of inunderen.
- uitvoeren van mechanische onkruidbestrijding in augustus en september. Hierdoor zal minder eiafzetting plaatsvinden en is de kans groter dat eieren en jonge larven verdrogen.
- zwarte braak toepassen gedurende een jaar.

ROEST japanse roest *Puccinia horiana*
- aangetaste planten(delen) in gesloten plastic zak verwijderen.
- gezond uitgangsmateriaal gebruiken.
- minder vatbare rassen telen.
- onderdoor water geven.
- relatieve luchtvochtigheid (RV) laag houden door stoken en/of luchten.

gewasbehandeling door spuiten
mancozeb
 Brabant Mancozeb Flowable, Dithane DG Newtec, Fythane DG, Manconyl 2, Mastana SC, Penncozeb 80 WP, Penncozeb DG, Tridex 80 WP, Tridex DG, Vondozeb DG
maneb
 Trimangol 80 WP, Trimangol DG, Vondac DG

ROEST perlargonium-roest *Puccinia pelargonii-zonalis*
- aangetaste planten(delen) in gesloten plastic zak verwijderen.
- gezond uitgangsmateriaal gebruiken.
- minder vatbare rassen telen.
- onderdoor water geven.
- relatieve luchtvochtigheid (RV) laag houden door stoken en/of luchten.

gewasbehandeling door spuiten
mancozeb
 Brabant Mancozeb Flowable, Dithane DG Newtec, Fythane DG, Manconyl 2, Mastana SC, Penncozeb 80 WP, Penncozeb DG, Tridex 80 WP, Tridex DG, Vondozeb DG
maneb
 Trimangol 80 WP, Trimangol DG, Vondac DG

ROEST *Puccinia* soorten
- aangetaste planten(delen) in gesloten plastic zak verwijderen.
- gezond uitgangsmateriaal gebruiken.
- minder vatbare rassen telen.
- onderdoor water geven.
- relatieve luchtvochtigheid (RV) laag houden door stoken en/of luchten.

gewasbehandeling door spuiten
boscalid / kresoxim-methyl
 Collis
trifloxystrobin
 Flint

ROEST *Uredinales*
- bedrijfshygiëne stringent doorvoeren en een lage relatieve luchtvochtigheid (RV) aanhouden. Onderdoor water geven. Gezond uitgangsmateriaal gebruiken. Aangetaste en verdachte planten verwijderen en afvoeren.

gewasbehandeling door spuiten
maneb
 Trimangol 80 WP, Trimangol DG, Vondac DG

ROETDAUW *Alternaria* soorten
- onderdoor water geven.

ROETDAUW zwartschimmels *Dematiaceae*
- aantasting door honingdauw producerende insecten voorkomen.
- blad-, schild- en dopluizen en wittevlieg bestrijden.
- relatieve luchtvochtigheid (RV) verlagen indien roetdauw ontstaat op suikerafscheiding van de plant zelf.

ROZETGAL *Corynebacterium fascians*
- aangetaste planten(delen) verwijderen en vernietigen.
- gezond uitgangsmateriaal gebruiken.
- grond en/of substraat stomen.
- handen en gereedschap regelmatig ontsmetten.
- natslaan van gewas en guttatie voorkomen.
- onderdoor water geven.
- warmtebehandeling toepassen.
- weelderige groei voorkomen.

RUPSEN *Lepidoptera*
- insectengaas aanbrengen.
- vruchtwisseling toepassen.

gewasbehandeling (ruimtebehandeling) door spuiten
deltamethrin
 Decis Micro
gewasbehandeling door spuiten
azadirachtin
 Neemazal-T/S
deltamethrin
 Agrichem Deltamethrin, Decis Micro, Deltamethrin E.C. 25, Splendid, Wopro Deltamethrin
diflubenzuron
 Dimilin Spuitpoeder 25%, Dimilin Vloeibaar
esfenvaleraat
 Sumicidin Super
methoxyfenozide
 Runner
teflubenzuron
 Nomolt
plantbehandeling door spuiten
piperonylbutoxide / pyrethrinen
 Spruzit Vloeibaar

RUPSEN bladrollers *Tortricidae*
- natuurlijke vijanden inzetten of stimuleren.

gewasbehandeling (ruimtebehandeling) door spuiten
deltamethrin
 Decis Micro
gewasbehandeling door spuiten
deltamethrin
 Agrichem Deltamethrin, Decis Micro, Deltamethrin E.C. 25, Splendid, Wopro Deltamethrin
esfenvaleraat
 Sumicidin Super
indoxacarb
 Steward

RUPSEN floridamot *Spodoptera exigua*
- behandelingen op zo jong mogelijke rupsen toepassen. Oudere rupsen zijn moeilijk te bestrijden.
- behandelingen regelmatig herhalen. Met de hoogste dosering beginnen, later eventueel lagere doseringen gebruiken.

signalering:
- vallen ophangen vanaf begin juni buiten de kas.

gewasbehandeling (ruimtebehandeling) door spuiten
deltamethrin
    Decis Micro
gewasbehandeling door spuiten
deltamethrin
    Agrichem Deltamethrin, Decis Micro, Deltamethrin E.C. 25, Splendid, Wopro Deltamethrin
diflubenzuron
    Dimilin Spuitpoeder 25%, Dimilin Vloeibaar
flubendiamide
    Fame
indoxacarb
    Steward
methoxyfenozide
    Runner
teflubenzuron
    Nomolt
ruimtebeh. door swing-pulsfog (straalmotorspuit)
esfenvaleraat
    Sumicidin Super

RUPSEN gamma-uil *Autographa gamma*
gewasbehandeling door spuiten
Bacillus thuringiensis subsp. *aizawai*
    Xen Tari WG
indoxacarb
    Steward

RUPSEN groente-uil *Lacanobia oleracea*
gewasbehandeling door spuiten
Bacillus thuringiensis subsp. *aizawai*
    Xen Tari WG
indoxacarb
    Steward

RUPSEN *Hepialus* **soorten**
- natuurlijke vijanden inzetten of stimuleren.
- spontane parasitering is mogelijk.

RUPSEN kooluil *Mamestra brassicae*
gewasbehandeling door spuiten
indoxacarb
    Steward

RUPSEN *Pieris* **soorten**
gewasbehandeling door spuiten
Bacillus thuringiensis subsp. *aizawai*
    Turex Spuitpoeder, Xen Tari WG
Bacillus thuringiensis subsp. *kurstaki*
    Delfin, Dipel, Dipel ES, Scutello, Scutello L

RUPSEN *Mamestra* **soorten**
gewasbehandeling door spuiten
Bacillus thuringiensis subsp. *aizawai*
    Turex Spuitpoeder
Bacillus thuringiensis subsp. *kurstaki*
    Delfin, Dipel, Dipel ES, Scutello, Scutello L

RUPSEN *Plusia* **soorten**
gewasbehandeling door spuiten
Bacillus thuringiensis subsp. *aizawai*
    Turex Spuitpoeder, Xen Tari WG
Bacillus thuringiensis subsp. *kurstaki*
    Delfin, Dipel, Dipel ES, Scutello, Scutello L
indoxacarb
    Steward

RUPSEN Turkse mot *Chrysodeixis chalcites*
- natuurlijke vijanden inzetten of stimuleren.
gewasbehandeling door spuiten
Bacillus thuringiensis subsp. *aizawai*
    Xen Tari WG
emamectin benzoaat
    Proclaim
flubendiamide
    Fame
indoxacarb
    Steward
methoxyfenozide
    Runner

SAPROLEGNIALES
gewasbehandeling door spuiten
propamocarb-hydrochloride
    Imex-Propamocarb
grondbehandeling door gieten en inregenen
propamocarb-hydrochloride
    Imex-Propamocarb
grondbehandeling door spuiten
propamocarb-hydrochloride
    Imex-Propamocarb
plantbehandeling door gieten
propamocarb-hydrochloride
    Proplant
potgrondbehandeling door spuiten en mengen
propamocarb-hydrochloride
    Imex-Propamocarb, Proplant

SCHILDLUIZEN
- aangetaste of afwijkende planten verwijderen en vernietigen.
- bedrijfshygiëne stringent doorvoeren.
- gezond uitgangsmateriaal gebruiken.
- kaspoten schoon branden.
- natuurlijke vijanden inzetten of stimuleren.
gewasbehandeling (ruimtebehandeling) door spuiten
deltamethrin
    Decis Micro
gewasbehandeling door spuiten
deltamethrin
    Agrichem Deltamethrin, Decis Micro, Deltamethrin E.C. 25, Splendid, Wopro Deltamethrin
koolzaadolie / pyrethrinen
    Promanal-R Concentraat, Promanal-R Gebruiksklaar, Raptol, Spruzit-R concentraat, Spruzit-R gebruiksklaar

SCHIMMELS
- aangetaste planten(delen) verwijderen en vernietigen.
- gereedschap en andere materialen schoonmaken en ontsmetten.
- gewasresten verwijderen.
- gezond uitgangsmateriaal gebruiken.
- grond goed ontwateren.
- minder vatbare of resistente rassen telen.
- vruchtwisseling toepassen.
- wateroverlast, inregenen of lekken van kassen voorkomen.
bol- en/of knolbehandeling door dompelen
thiofanaat-methyl
    Topsin M Vloeibaar
gewasbehandeling door spuiten
captan
    Captan 80 WG, Captosan 500 SC, Malvin WG, Merpan Flowable
grondbehandeling door injecteren
metam-natrium
    Monam CleanStart, Monam Geconc., Nemasol
zaadbehandeling door mengen
thiram
    Proseed

SCLEROTIËNROT *Sclerotinia minor*
grondbehandeling door spuiten en inwerken

Coniothyrium minitans stam con/m/91-8
    Contans WG

SCLEROTIËNROT *Sclerotinia sclerotiorum*
- aangetaste planten(delen) verwijderen.
- aangetaste scheuten verwijderen voor de rupsen zich ver-poppen.
- besmette bovenlaag zo diep mogelijk ploegen.
- besmette grond stomen of inunderen.
- gewasresten verwijderen.
- gezond uitgangsmateriaal gebruiken.
- grond en/of substraat stomen.
- hoge worteldruk, natslaan van gewas en guttatie voorkomen.
- onderdoor water geven.
- relatieve luchtvochtigheid (RV) laag houden door stoken en/of luchten, beschadigingen voorkomen en niet te dicht planten.
- ruime plantafstand aanhouden.
- schoenen ontsmetten.

gewasbehandeling door spuiten
iprodion
    Imex Iprodion Flo, Rovral Aquaflo
grondbehandeling door spuiten en inwerken
Coniothyrium minitans stam con/m/91-8
    Contans WG

SLAKKEN
- gewas- en stroresten verwijderen of zo snel mogelijk onder-werken.
- grond regelmatig bewerken. Hierdoor wordt de toplaag van de grond droger en is de kans op het verdrogen van eieren en slakken groter.
- grond zo vlak en fijn mogelijk houden.
- onkruid bestrijden.
- Phasmarhabditis hermaphrodita (parasitair aaltje) inzetten.
- schuil- en kweekplaatsen buiten de kas voorkomen.
- schuilplaatsen verwijderen door het land schoon te houden.
- slootkanten onderhouden.

gewasbehandeling door strooien
methiocarb
    Mesurol Pro
grondbehandeling door strooien
metaldehyde
    Brabant Slakkendood, Caragoal GR

SLAKKEN bruine wegslak *Arion subfuscus, gewone wegslak Arion rufus, grauwe wegslak Arion circumscriptus, SLAKKEN zwarte wegslak Arion hortensis*
- onkruid bestrijden.
- Phasmarhabditis hermaphrodita (parasitair aaltje) inzetten.
- schuilplaatsen verwijderen door het land schoon te houden.

gewasbehandeling door strooien
ijzer(III)fosfaat
    Roxasect Slakkenkorrels

SLAKKEN naaktslakken *Agriolimacidae, Arionidae*
gewasbehandeling door strooien
ijzer(III)fosfaat
    Derrex, ECO-SLAK, Ferramol Ecostyle Slakkenkorrels, NEU 1181M, Sluxx, Smart Bayt Slakkenkorrels

SNUITKEVERS gegroefde lapsnuitkever *Otiorhynchus sulcatus*
- gezond uitgangsmateriaal gebruiken.
- kevers met stro of papiersnippers lokken.
- natuurlijke vijanden inzetten of stimuleren.

signalering:
- planken (kevers kruipen hier overdag onder weg) en/of indi-catorplanten (Euonymus) gebruiken.

grondbehandeling door mengen
Metarhizium anisopliae stam fs2
    BIO 1020
potgrondbehandeling door mengen

thiacloprid
    Exemptor
grondbehandeling door mengen
Metarhizium anisopliae stam fs2
    Met52 granulair bioinsecticide

SNUITKEVERS gevlekte lapsnuitkever *Otiorhynchus singularis*
- met larven en eieren besmette potkluiten van het bedrijf afvoeren.

SPRINGSTAARTEN *Collembola*
- grond droog en goed van structuur houden.
- natuurlijke vijanden inzetten of stimuleren.
- verspreiding voorkomen door machines voor grondbewer-king schoon te maken.
- voor voldoende diepe grondbewerking zorgen om bestaande gangen in de grond te verstoren.
- vruchtwisseling toepassen.

STENGELZIEKTE *Phytophthora* soorten
potgrondbehandeling door mengen
etridiazool
    AAterra ME

STENGELZIEKTE *Pythium* soorten
potgrondbehandeling door mengen
etridiazool
    AAterra ME

STIKSTOFGEBREK
- stikstofbemesting uitvoeren, vaste stikstofmeststoffen zo nodig inregenen.

TRIPSEN *Thripidae*
gewasbehandeling door spuiten
koolzaadolie / pyrethrinen
    Promanal-R Concentraat, Promanal-R Gebruiksklaar, Raptol, Spruzit-R concentraat, Spruzit-R gebruiksklaar

TRIPSEN *Thysanoptera*
- akkerranden kort houden.
- gewasresten na de oogst onderploegen of verwijderen.
- gezond uitgangsmateriaal gebruiken.
- grond en/of substraat stomen.
- insectengaas 0,8 x 0,8 mm aanbrengen.
- minder vatbare rassen telen.
- natuurlijke vijanden inzetten of stimuleren.
- onkruid bestrijden.
- plastic bij teeltwisseling vervangen.
- vruchtwisseling toepassen.

signalering:
- gele of blauwe vangplaten ophangen.
- gewasinspecties uitvoeren.

gewasbehandeling (ruimtebehandeling) door spuiten
deltamethrin
    Decis Micro
gewasbehandeling door spuiten
azadirachtin
    Neemazal-T/S
deltamethrin
    Agrichem Deltamethrin, Decis Micro, Deltamethrin E.C. 25, Splendid, Wopro Deltamethrin
esfenvaleraat
    Sumicidin Super
plantbehandeling door spuiten
piperonylbutoxide / pyrethrinen
    Spruzit Vloeibaar

TRIPSEN californische trips *Frankliniella occiden-talis*
- natuurlijke vijanden inzetten of stimuleren.

gewasbehandeling door spuiten
abamectin

Abamectine HF-G, Budget Abamectine 18 EC, Imex-Abamactine 2, Parimco Abamectine Nieuw, Protex-Abamectine, Vectine Plus, Vertimec Gold, Wopro Abamectin
koolzaadolie / pyrethrinen
    Promanal-R Concentraat, Promanal-R Gebruiksklaar, Raptol, Spruzit-R concentraat, Spruzit-R gebruiksklaar
lufenuron
    Match
methiocarb
    Mesurol 500 SC
spinosad
    Conserve

TRIPSEN tabakstrips *Thrips tabaci*
gewasbehandeling door spuiten
abamectin
    Abamectine HF-G, Budget Abamectine 18 EC, Imex-Abamactine 2, Parimco Abamectine Nieuw, Vectine Plus, Vertimec Gold, Wopro Abamectin
koolzaadolie / pyrethrinen
    Promanal-R Concentraat, Promanal-R Gebruiksklaar, Raptol, Spruzit-R concentraat, Spruzit-R gebruiksklaar

VALSE MEELDAUW *Peronospora* soorten
- condensvorming op het gewas voorkomen.
- gewas zo droog mogelijk houden.
- hoog stikstofgehalte voorkomen.
- onderdoor water geven.
- relatieve luchtvochtigheid (RV) laag houden door stoken en/of luchten, beschadigingen voorkomen en niet te dicht planten.
- relatieve luchtvochtigheid (RV) laag houden door stoken en/of luchten.
- ruime plantafstand aanhouden.
- structuur van de grond verbeteren en voor voldoende bodemtemperatuur zorgen.

gewasbehandeling door spuiten
fenamidone / fosetyl-aluminium
    Fenomenal
propamocarb-hydrochloride
    Imex-Propamocarb
grondbehandeling door gieten en inregenen
propamocarb-hydrochloride
    Imex-Propamocarb
grondbehandeling door spuiten
propamocarb-hydrochloride
    Imex-Propamocarb
plantbehandeling door gieten
propamocarb-hydrochloride
    Proplant
potgrondbehandeling door spuiten en mengen
propamocarb-hydrochloride
    Imex-Propamocarb, Proplant

VERWELKING, voorkomen van
bloembehandeling door steel in oplossing te zetten
6-benzyladenine / benzyladenine / gibberelline A4 + A7
    Chrysal BVB, VBC-476
zilverthiosulfaat
    Chrysal AVB, Florever, Florissant 100
gewasbehandeling door verdampen
1-methylcyclopropeen
    Ethybloc TM Tabs, Ethylene Buster

VERWELKINGSZIEKTE *Fusarium* soorten
- temperatuur van de kweekgrond moet voldoende hoog zijn.
- temperatuurschommelingen voorkomen door gietwater te gebruiken waarvan de temperatuur gelijk is aan die van het wortelmedium.

VIRUSZIEKTEN bont komkommerbontvirus
Cucumber green mottle mosaic virus
- aangetaste planten onmiddellijk verwijderen. Zijn er teveel, dan gezonde en zieke planten afzonderlijk snoeien en oogsten.
- bij de opkweek leidingwater, bronwater of bassinwater gebruiken, indien mogelijk gedurende de gehele teelt.
- gezond uitgangsmateriaal gebruiken.
- grond stomen.
- handen tijdens de werkzaamheden in het gewas nat houden met onverdunde magere melk.
- zaad gebruiken dat een temperatuurbehandeling heeft gehad.

VIRUSZIEKTEN mozaïek komkommermozaïekvirus
- aangetaste planten onmiddellijk verwijderen. Zijn er teveel, dan gezonde en zieke planten afzonderlijk snoeien en oogsten.
- temperatuur boven 20 °C houden.

VIRUSZIEKTEN
- aangetaste planten(delen) verwijderen en afvoeren.
- besmettingsbronnen verwijderen en/of bestrijden.
- bestrijden van onkruiden die als besmettingsbron van het virus kunnen fungeren.
- gezond uitgangsmateriaal gebruiken.
- gezonde moerplanten voor vermeerdering gebruiken.
- nieuwe teelten beginnen met virusvrij plantmateriaal in een kas of op een veld vrij van besmettingsbronnen en vectoren.
- onkruid bestrijden.
- overbrengers (vectoren) van virus voorkomen en/of bestrijden.
- planten op grond die vrij is van de virusoverbrengende aaltjes Longidorus en Xiphinema. Zonodig de grond ontsmetten.
- resistente of minder vatbare rassen telen.
signalering:
- gewasinspecties uitvoeren.
- regelmatig op virussymptomen inspecteren en geïnfecteerde planten verwijderen.

VLEKKENZIEKTE *Myrothecium roridum*
- aangetaste planten(delen) verwijderen.
- beschadiging voorkomen. Gave, korte snoeiwonden maken en wonden met een wondafdekmiddel behandelen.
- gezond uitgangsmateriaal gebruiken.
- niet te warm en/of vochtig telen.
- onderdoor water geven.
- ziektevrij gietwater (leiding- of bronwater) of ontsmet drain-, oppervlakte- en regenwater gebruiken.
- zwaar gewas en dichte stand voorkomen.

VOET- EN WORTELROT *Chalara elegans*
- aangetaste planten verwijderen. Na de teelt tabletten, tafels, gietdarmen en opstanden grondig schoonmaken.
- bedrijfshygiëne stringent doorvoeren.
- beschadiging van de wortel en te snelle groei voorkomen. Zorg voor goede groeiomstandigheden.
- gezond uitgangsmateriaal gebruiken.
- grond en/of substraat stomen.
- hoog stikstofgehalte voorkomen.
- plantbedden verhogen bij zeer opdrachtige gronden.
- te hoge zoutconcentratie (EC) en overmatige vochtigheid van de grond voorkomen.
- voldoende luchtige potgrond gebruiken.
plantbehandeling door gieten
thiofanaat-methyl
    Topsin M Vloeibaar

VOET- EN WORTELROT *Nectria radicicola*
- aangetaste planten verwijderen. Na de teelt tabletten, tafels, gietdarmen en opstanden grondig schoonmaken.
- bedrijfshygiëne stringent doorvoeren.
- beschadiging van de wortel en te snelle groei voorkomen. Zorg voor goede groeiomstandigheden.

- gezond uitgangsmateriaal gebruiken.
- grond en/of substraat stomen.
- hoog stikstofgehalte voorkomen.
- plantbedden verhogen bij zeer opdrachtige gronden.
- te hoge zoutconcentratie (EC) en overmatige vochtigheid van de grond voorkomen.
- voldoende luchtige potgrond gebruiken.

VOETROT *Thanatephorus cucumeris*
- aangetaste planten verwijderen. Na de teelt tabletten, tafels, gietdarmen en opstanden grondig schoonmaken.
- bedrijfshygiëne stringent doorvoeren.
- beschadiging van de wortel en te snelle groei voorkomen. Zorg voor goede groeiomstandigheden.
- gezond uitgangsmateriaal gebruiken.
- grond en/of substraat stomen.
- hoog stikstofgehalte voorkomen.
- plantbedden verhogen bij zeer opdrachtige gronden.
- te hoge zoutconcentratie (EC) en overmatige vochtigheid van de grond voorkomen.
- voldoende luchtige potgrond gebruiken.

gewasbehandeling door spuiten
iprodion
    Imex Iprodion Flo, Rovral Aquaflo
grondbehandeling door spuiten en inwerken
tolclofos-methyl
    Rizolex Vloeibaar
plantbehandeling door gieten
thiofanaat-methyl
    Topsin M Vloeibaar

VOETROT *Fusarium* soorten
- aangetaste planten verwijderen. Na de teelt tabletten, tafels, gietdarmen en opstanden grondig schoonmaken.
- bedrijfshygiëne stringent doorvoeren.
- beschadiging van de wortel en te snelle groei voorkomen. Zorg voor goede groeiomstandigheden.
- betonvloer schoon branden.
- gezond uitgangsmateriaal gebruiken.
- grond en/of substraat stomen.
- hoog stikstofgehalte voorkomen.
- indien beschikbaar, minder vatbare rassen telen.
- op betonvloer geen folie gebruiken.
- plantbedden verhogen bij zeer opdrachtige gronden.
- te hoge zoutconcentratie (EC) en overmatige vochtigheid van de grond voorkomen.
- voldoende luchtige potgrond gebruiken.
- ziektevrij gietwater (leiding- of bronwater) of ontsmet drain-, oppervlakte- en regenwater gebruiken.

plantbehandeling door gieten
thiofanaat-methyl
    Topsin M Vloeibaar

VOGELS
- afschrikmethoden zoals vogelverschrikkers, knalapparaten of folie toepassen.
- geen zaaizaad morsen.
- grofmazig gaas voor de luchtramen aanbrengen.
- later zaaien zodat het zaad snel opkomt.
- tijdig oogsten.
- vogels uit de kas weren.
- voldoende diep en regelmatig zaaien voor een regelmatige opkomst.
- zoveel mogelijk gelijktijdig inzaaien.

VUUR *Stagonosporopsis curtisii*
- onderdoor water geven.
- plantmateriaal na rooien zo snel mogelijk drogen, droog bewaren en vroeg planten.
- ruime vruchtwisseling toepassen.

VUUR *Botrytis* soorten
- besmette grond inunderen.
- bloemknoppen uit het gewas en van percelen verwijderen.

- gewasresten na de oogst onderploegen of verwijderen.
- grond ploegen zodat deze aan de oppervlakte vrij is van sporen en sclerotiën.
- natslaan van gewas en guttatie voorkomen.
- onderdoor water geven.
- onkruid bestrijden.
- opslag en stekers vroeg in het voorjaar verwijderen.
- ruime plantafstand aanhouden.
- stikstofbemesting matig toepassen.
- voor een afgehard gewas zorgen.
- vruchtwisseling toepassen (minimaal 1 op 3).
- zoutconcentratie (EC) zo hoog mogelijk houden.

signalering:
- indicatorveldje van een vatbare cultivar in het perceel aanleggen.
- indien mogelijk een waarschuwingssysteem gebruiken.

WANTSEN
plantbehandeling door spuiten
piperonylbutoxide / pyrethrinen
    Spruzit Vloeibaar

WEERBAARHEID, bevorderen van
plantbehandeling door gieten
Trichoderma harzianum rifai stam t-22
    Trianum-P
plantbehandeling via druppelirrigatiesysteem
Trichoderma harzianum rifai stam t-22
    Trianum-P
teeltmediumbehandeling door mengen
Trichoderma harzianum rifai stam t-22
    Trianum-G

WILD haas, konijn, overige zoogdieren
- afrastering plaatsen en/of het gewas afdekken.
- alternatief voedsel aanbieden.
- apparatuur gebruiken om de dieren te verjagen.
- jagen (beperkt toepasbaar in verband met Flora- en Faunawet).
- lokpercelen aanleggen met opslag.
- natuurlijke vijanden inzetten of stimuleren.
- stoffen met repellent werking toepassen.

WITTEVLIEGEN *Aleurodidae*
- gewas afdekken met vliesdoek.
- gewasresten na de oogst onderploegen of verwijderen.
- gezond uitgangsmateriaal gebruiken.
- insectengaas aanbrengen.
- natuurlijke vijanden inzetten of stimuleren.
- onkruid in en om de kas bestrijden.
- perceel tijdens en na de teelt onkruidvrij houden.
- ruime vruchtwisseling toepassen.
- zaaien en opkweken in onkruidvrije ruimten.

signalering:
- gele vangplaten ophangen.

gewasbehandeling (ruimtebehandeling) door spuiten
deltamethrin
    Decis Micro
gewasbehandeling door spuiten
azadirachtin
    Neemazal-T/S
deltamethrin
    Decis Micro
esfenvaleraat
    Sumicidin Super
pyridaben
    Aseptacarex
teflubenzuron
    Nomolt
plantbehandeling door spuiten
piperonylbutoxide / pyrethrinen
    Spruzit Vloeibaar

2.8 Ziekten en plagen bloemisterij

WITTEVLIEGEN kaswittevlieg *Trialeurodes vaporariorum*

gewasbehandeling door spuiten
acetamiprid
    Gazelle
Beauveria bassiana stam gha
    Botanigard Vloeibaar, Botanigard WP
deltamethrin
    Agrichem Deltamethrin, Deltamethrin E.C. 25, Splendid, Wopro Deltamethrin
imidacloprid
    Admire, Admire O-Teq, Imex-Imidacloprid, Kohinor 70 WG
imidacloprid / natriumlignosulfonaat
koolzaadolie / pyrethrinen
    Promanal-R Concentraat, Promanal-R Gebruiksklaar, Raptol, Spruzit-R concentraat, Spruzit-R gebruiksklaar
Lecanicillium muscarium stam ve6
    Mycotal
Paecilomyces fumosoroseus apopka stam 97
    Preferal
pymetrozine
    Plenum 50 WG
pyriproxyfen
    Admiral
spiromesifen
    Oberon
thiacloprid
    Calypso, Calypso Pro
thiamethoxam
    Actara
plantbehandeling door druppelen via voedingsoplossing
imidacloprid
    Admire, Admire O-Teq, Imex-Imidacloprid, Kohinor 70 WG
imidacloprid / natriumlignosulfonaat
potgrondbehandeling door mengen
thiacloprid
    Exemptor

WITTEVLIEGEN tabakswittevlieg *Bemisia tabaci s.l.*

gewasbehandeling door spuiten
acetamiprid
    Gazelle
Beauveria bassiana stam gha
    Botanigard Vloeibaar, Botanigard WP
deltamethrin
    Agrichem Deltamethrin, Deltamethrin E.C. 25, Splendid, Wopro Deltamethrin
koolzaadolie / pyrethrinen
    Promanal-R Concentraat, Promanal-R Gebruiksklaar, Raptol, Spruzit-R concentraat, Spruzit-R gebruiksklaar

WOELRATTEN *Arvicola terrestris*

- let op: de woelrat is wettelijk beschermd.
- mollenklemmen in en bij de gangen plaatsen.
- vangpotten of vangfuiken plaatsen juist onder het wateroppervlak en in de nabijheid van watergangen.
gangbehandeling met lokaas
bromadiolon
    Arvicolex
gangbehandeling met tabletten
aluminium-fosfide
    Luxan Mollentabletten

WOLLUIZEN *Pseudococcidae*

- aangetaste planten(delen) verwijderen.
- druppelaars na afloop van de teelt reinigen of vernieuwen.
- natuurlijke vijanden inzetten of stimuleren.
- ruime plantafstand aanhouden.
- teeltoppervlakken schoonmaken.
signalering:
- vangplaten of vanglampen ophangen, waardoor het goede bestrijdingsmoment vastgesteld kan worden.
gewasbehandeling door spuiten
koolzaadolie / pyrethrinen
    Promanal-R Concentraat, Promanal-R Gebruiksklaar, Raptol, Spruzit-R concentraat, Spruzit-R gebruiksklaar

WOLLUIZEN citruswolluis *Pseudococcus citri*

gewasbehandeling door spuiten
koolzaadolie / pyrethrinen
    Promanal-R Concentraat, Raptol, Spruzit-R concentraat

WOLLUIZEN *Rhizoecus* soorten

potkluitbehandeling door dompelen
dimethoaat
    Danadim 40, Dimistar Progress, Perfekthion

WORTELDUIZENDPOTEN *Scutigerella* soorten

- grond droog en goed van structuur houden.
- grond stomen, bij voorkeur met onderdruk.
- rassen met een zwaarder wortelgestel kiezen.
- schuur schoonmaken.
- verspreiding voorkomen door machines voor grondbewerking schoon te maken.
- voor voldoende diepe grondbewerking zorgen om bestaande gangen in de grond te verstoren.
- vruchtwisseling toepassen.
signalering:
- door grond in een emmer water te doen komen de wortelduizendpoten boven drijven.
- gewasinspecties uitvoeren.

WORTELKNOBBEL *Agrobacterium tumefaciens*

- aangetast materiaal uit de kas verwijderen, eventueel afvoeren of substraat vervangen.
- gewas opzuiveren.
- gezond uitgangsmateriaal gebruiken.
- grond en/of substraat ontsmetten.
- vruchtwisseling toepassen.
signalering:
- grond(substraat)onderzoek laten uitvoeren op aaltjes.

WORTELLUIZEN rijstwortelluis *Rhopalosiphum rufiabdominalis*

- bedrijfshygiëne stringent doorvoeren.
- bij teeltwisseling de grond stomen.
- gezond uitgangsmateriaal gebruiken.
potkluitbehandeling door dompelen
dimethoaat
    Danadim Progress

WORTELLLUIZEN cactuswortelluis *Rhizoecus cacticans*, bessenwortelluis *Eriosoma ulmi*, bonenwortelluis *Smynthurodes betae*, dennenwortelluis *Prociphilus pini*, rozenwortelluis *Maculolachnus submacula*, wollige slawortelluis *Pemphigus bursarius*

potkluitbehandeling door dompelen
dimethoaat
    Danadim Progress

WORTELROT *Phytophthora* soorten

- aangetaste planten verwijderen. Na de teelt tabletten, tafels, gietdarmen en opstanden grondig schoonmaken.
- bedrijfshygiëne stringent doorvoeren.
- beschadiging van de wortel en te snelle groei voorkomen. Zorg voor goede groeiomstandigheden.
- gezond uitgangsmateriaal gebruiken.
- grond en/of substraat stomen.
- hoog stikstofgehalte voorkomen.
- plantbedden verhogen bij zeer opdrachtige gronden.
- te hoge zoutconcentratie (EC) en overmatige vochtigheid van de grond voorkomen.
- voldoende luchtige potgrond gebruiken.
- ziektevrij gietwater (leiding- of bronwater) of ontsmet drain-, oppervlakte- en regenwater gebruiken.
gewasbehandeling door gieten
fenamidone / fosetyl-aluminium
    Fenomenal

propamocarb-hydrochloride
    Imex-Propamocarb, Proplant
gewasbehandeling door spuiten
propamocarb-hydrochloride
    Imex-Propamocarb
grondbehandeling door gieten en inregenen
propamocarb-hydrochloride
    Imex-Propamocarb
grondbehandeling door spuiten
propamocarb-hydrochloride
    Imex-Propamocarb
plantbehandeling door gieten
metalaxyl-M
    Budget Metlaxyl-M SL, Ridomil Gold
propamocarb-hydrochloride
    Proplant
plantbehandeling via druppelirrigatiesysteem
propamocarb-hydrochloride
    Imex-Propamocarb, Proplant
potgrondbehandeling door gieten
dimethomorf
    Paraat
potgrondbehandeling door mengen
etridiazool
    AAterra ME
potgrondbehandeling door spuiten en mengen
metalaxyl-M
    Budget Metlaxyl-M SL, Ridomil Gold
propamocarb-hydrochloride
    Imex-Propamocarb, Proplant

WORTELROT *Pythium* **soorten**
- aangetaste planten verwijderen. Na de teelt tabletten, tafels, gietdarmen en opstanden grondig schoonmaken.
- bedrijfshygiëne stringent doorvoeren.
- beschadiging van de wortel en te snelle groei voorkomen. Zorg voor goede groeiomstandigheden.
- betonvloer schoon branden.
- gezond uitgangsmateriaal gebruiken.
- grond en/of substraat stomen.
- hoog stikstofgehalte voorkomen.
- plantbedden verhogen bij zeer opdrachtige gronden.
- schommelingen in de zoutconcentratie (EC) voorkomen.
- te hoge en te lage temperatuur in het wortelmilieu voorkomen, optimaal is 20 °C.
- te hoge zoutconcentratie (EC) en overmatige vochtigheid van de grond voorkomen.
- voldoende luchtige potgrond gebruiken.
- ziektevrij gietwater (leiding- of bronwater) of ontsmet drain-, oppervlakte- en regenwater gebruiken.
gewasbehandeling door gieten
propamocarb-hydrochloride

    Imex-Propamocarb, Proplant
gewasbehandeling door spuiten
propamocarb-hydrochloride
    Imex-Propamocarb
grondbehandeling door gieten en inregenen
propamocarb-hydrochloride
    Imex-Propamocarb
plantbehandeling door druppelen via voedingsoplossing
gliocladium catenulatum stam j1446
    Prestop
plantbehandeling door gieten
gliocladium catenulatum stam j1446
    Prestop, Prestop Mix
metalaxyl-M
    Budget Metlaxyl-M SL, Ridomil Gold
propamocarb-hydrochloride
    Proplant
plantbehandeling door spuiten
gliocladium catenulatum stam j1446
    Prestop
plantbehandeling via druppelirrigatiesysteem
propamocarb-hydrochloride
    Imex-Propamocarb, Proplant
potgrondbehandeling door mengen
etridiazool
    AAterra ME
potgrondbehandeling door spuiten en mengen
metalaxyl-M
    Budget Metlaxyl-M SL, Ridomil Gold
propamocarb-hydrochloride
    Imex-Propamocarb, Proplant
substraatbehandeling door mengen
gliocladium catenulatum stam j1446
    Prestop, Prestop Mix

WORTELVORMING, geen of onvoldoende
stekbehandeling door dompelen
1-naftylazijnzuur
    Rhizopon B Tabletten
indolylazijnzuur
    Rhizopon A Tabletten
indolylboterzuur
    Rhizopon AA Tabletten
stekbehandeling door poederen
1-naftylazijnzuur
    Rhizopon B Poeder
indolylazijnzuur
    Rhizopon A Poeder
indolylboterzuur
    Chryzoplus Grijs, Chryzopon Rose, Chryzosan Wit, Chryzotek Beige, Chryzotop Groen, Rhizopon AA Poeder, Stekmiddel, Stekpoeder

2.8.2 Perkplanten

2.8.2.1 Ziekten, plagen en teeltproblemen per gewas

Ageratum soorten AGERATUM

BLADVERKLEURING
- temperatuur niet te laag houden.

SCHEUTGROEI, voorkomen van
gewasbehandeling door spuiten
daminozide
    Dazide Enhance, Holland Fytozide, Imex-Daminozide SG

Alcea rosea STOKROOS

ROEST *Puccinia allii*
gewasbehandeling door spuiten
fenpropimorf
    Corbel

Antirrhinum soorten LEEUWEBEK

BLADVLEKKENZIEKTE *Phoma poolensis*
- aangetaste planten(delen) verwijderen.
- gereedschap en andere materialen schoonmaken en ontsmetten.

2.8 Ziekten en plagen bloemisterij

- gewasresten verwijderen.
- gezond uitgangsmateriaal gebruiken.
- inregenen of lekken van kassen voorkomen.
- minder vatbare of resistente rassen telen.
- natslaan van gewas en guttatie voorkomen.
- relatieve luchtvochtigheid (RV) laag houden door stoken en/of luchten.
- schoenen ontsmetten.
- vruchtwisseling toepassen.

gewasbehandeling door spuiten
chloorthalonil
> Budget Chloorthalonil 500 SC, Daconil 500 Vloeibaar

SCHEUTGROEI, voorkomen van
gewasbehandeling door spuiten
daminozide
> Dazide Enhance, Holland Fytozide, Imex-Daminozide SG

AALTJES wit bietencysteaaltje *Heterodera schachtii*
- gereedschap en andere materialen schoonmaken en ontsmetten.
- gezond uitgangsmateriaal gebruiken.
- teelt van voortkwekingsmateriaal in de boomkwekerij is alleen toegestaan met een verklaring dat het perceel vrij is bevonden van het aardappelcysteaaltje dat aardappelmoeheid (AM) veroorzaakt. Informatie over deze AM-vrijverklaring is verkrijgbaar bij de divisie Plant van de Nederlandse Voedsel en Waren Autoriteit (nVWA).
- vruchtwisseling toepassen.

signalering:
- grondonderzoek laten uitvoeren.

VALSE MEELDAUW *Peronospora arborescens*
- sterk aangetaste gewassen terugmaaien.

WITTE ROEST *Albugo candida*
- minder vatbare rassen telen.
- onderdoor water geven.
- relatieve luchtvochtigheid (RV) laag houden door stoken en/of luchten.

SCHEUTGROEI, voorkomen van
gewasbehandeling door spuiten
daminozide
> Dazide Enhance, Holland Fytozide, Imex-Daminozide SG

ECHTE MEELDAUW *Microsphaera begoniae*
gewasbehandeling door spuiten
imazalil
> Fungaflor 100 EC

BLADVLEKKENZIEKTE *Phoma bellidis*
gewasbehandeling door spuiten
propiconazool
> Tilt 250 EC

ROEST *Puccinia distincta*
Puccinia obscura
gewasbehandeling door spuiten
propiconazool
> Tilt 250 EC

SCHEUTGROEI, voorkomen van
gewasbehandeling door spuiten
daminozide
> Alar 64 SP, Alar 85 SG

SCHEUTGROEI, voorkomen van
gewasbehandeling door spuiten
daminozide
> Alar 64 SP, Alar 85 SG, Dazide Enhance, Holland Fytozide, Imex-Daminozide SG

SCHIMMELS
gewasbehandeling door spuiten
propiconazool
> Tilt 250 EC

AALTJES stengelaaltje *Ditylenchus dipsaci*
DIT IS EEN QUARANTAINE-ORGANISME

AALTJES maiswortelknobbelaaltje *Meloidogyne chitwoodi*
DIT IS EEN QUARANTAINE-ORGANISME

MIJTEN bonenspintmijt *Tetranychus urticae*
gewasbehandeling door spuiten
abamectin
> Abamectine HF-G, Budget Abamectine 18 EC, Imex-Abamactine 2, Parimco Abamectine Nieuw, Vectine Plus, Vertimec Gold, Wopro Abamectin

SCHEUTGROEI, voorkomen van
gewasbehandeling door spuiten
daminozide
> Dazide Enhance, Holland Fytozide, Imex-Daminozide SG

ROEST *Puccinia allii*
gewasbehandeling door spuiten
fenpropimorf
> Corbel

ROEST *Puccinia arenariae*
- aangetaste planten(delen) verwijderen.

ROEST *Coleosporium tussilaginis*
gewasbehandeling door spuiten
propiconazool
> Tilt 250 EC

SCHIMMELS
gewasbehandeling door spuiten
propiconazool
> Tilt 250 EC

VIRUSZIEKTEN tomatenbronsvlekkenvirus
- overbrengers (vectoren) van virus voorkomen en/of bestrijden.

ECHTE MEELDAUW *Erysiphe cichoracearum*
gewasbehandeling door spuiten
propiconazool
> Tilt 250 EC

puccinia helianthi *Puccinia helianthi*
gewasbehandeling door spuiten
propiconazool
Tilt 250 EC

septoria helianthi *Septoria helianthi*
gewasbehandeling door spuiten
propiconazool
Tilt 250 EC

VALSE MEELDAUW *Plasmopara halstedii*
gewasbehandeling door spuiten
dimethomorf
Paraat
fosetyl / fosetyl-aluminium / propamocarb
Previcur Energy

Heliotropium soorten HELIOTROOP

BLADVLEKKENZIEKTE *Glomerella cingulata*
gewasbehandeling door spuiten
propiconazool
Tilt 250 EC

Lantana soorten LANTANA

SCHIMMELS
gewasbehandeling door spuiten
propiconazool
Tilt 250 EC

Lilium soorten LELIE

AALTJES aardbeibladaaltje *Aphelenchoides fragariae*, chrysantenbladaaltje *Aphelenchoides ritzemabosi*
- aaltjesvrije trays, potten, grond en gietwater gebruiken.
- aangetaste of afwijkende planten verwijderen en vernietigen.
- afwijkende planten direct verwijderen.
- bassin vrijhouden van waterplanten.
- besmette grond in de zomer 6 tot 8 weken inunderen.
- gewasresten na de oogst onderploegen of verwijderen.
- grond braak laten liggen.
- grond stomen.
- handen en gereedschap regelmatig ontsmetten.
- niet terstond opnieuw lelies planten wanneer aaltjesaantasting is geconstateerd, maar eerst een ander bol- of knolgewas.
- onderdoor water geven.
- onkruid in en om de kas bestrijden.
- resistente rassen telen.
- ruime vruchtwisseling toepassen.
- schubbollen en het plantgoed een warmwaterbehandeling geven.
- teeltsysteem met aaltjesbesmetting ontsmetten.
- zaad een warmwaterbehandeling geven.
signalering:
- grondonderzoek laten uitvoeren.

AALTJES gewoon wortellesieaaltje *Pratylenchus penetrans*
- aaltjesonderdrukkende voorteelt van *Tagetes*-soorten (afrikaantje) gedurende minimaal 3 maanden toepassen.
- besmette grond of substraat ontsmetten of inunderen.
- biologische grondontsmetting toepassen.
- grond stomen.
- pH door bekalking verhogen.
- resistente rassen telen.
- vruchtwisseling toepassen. Bij vatbare gewassen granen, maïs, grassen, aardappel, knolselderij, peen en vlinderbloemigen als voorvrucht vermijden. Biet en kruisbloemigen zijn goede voorvruchten.
signalering:
- grondonderzoek laten uitvoeren.

GEWASGROEI, afremmen van
plantbehandeling door gieten
chloormequat
Agrichem CCC 750, CeCeCe, Stabilan

GRAUWE SCHIMMEL *Botryotinia fuckeliana*
gewasbehandeling door spuiten
folpet / tebuconazool
Spirit

MIJTEN bollenmijt *Rhizoglyphus robini*
- aangetaste leverbare partijen niet vroeg in de kas planten maar eerst minimaal twee maanden opslaan bij -1 à -2 °C.

RHIZOCTONIA-ZIEKTE *Thanatephorus cucumeris*
grondbehandeling door spuiten
azoxystrobin
Azoxy HF, Budget Azoxystrobin 250 SC

VIRUSZIEKTEN bruinkringerigheid tulpenmozaïek-virus
- aangetast plantmateriaal verwijderen.
- besmettingsbronnen verwijderen en/of bestrijden.
- gesloten plantverband in het veld aanhouden.
- gezond uitgangsmateriaal gebruiken.
- onkruid bestrijden.
- overbrengers (vectoren) van virus voorkomen en/of bestrijden.
- planten op grond die vrij is van de virusoverbrengende aaltjes Longidorus en Xiphinema. Zonodig de grond ontsmetten.
- resistente of minder vatbare rassen telen.
signalering:
- gewasinspecties uitvoeren.

VUUR *Botrytis elliptica*
gewasbehandeling door spuiten
folpet / tebuconazool
Spirit

WOEKERZIEKTE *Corynebacterium fascians*
- kasgrond stomen.

ZACHT SCHUBROT *Pythium* soorten
grondbehandeling door spuiten en inwerken
propamocarb-hydrochloride
Imex-Propamocarb

Lobelia soorten LOBELIA

BACTERIEZIEKTE *Xanthomonas campestris pv. lobeliae*
- aangetaste planten(delen) verwijderen en afvoeren.
- beschadiging voorkomen, behandelen indien beschadigd.
- besmetting van gietwater voorkomen.
- gezond uitgangsmateriaal gebruiken, eventueel uit meristeemcultuur.
- grond en/of substraat stomen.
- handen en gereedschap regelmatig ontsmetten.
- hoge relatieve luchtvochtigheid (RV) en (bodem)temperatuur voorkomen door te luchten.
- huisdieren uit de kas weren.
- kas en gereedschap ontsmetten.
- natslaan van gewas en guttatie voorkomen.
- onderdoor water geven.
- per afdeling aparte jassen gebruiken.
- ruime plantafstand aanhouden.
- schoenen ontsmetten.
- tijdelijk met recirculeren stoppen.
- voor goede groeiomstandigheden zorgen.
- weelderige groei voorkomen.
- wegwerphandschoenen gebruiken en deze zo vaak mogelijk vernieuwen.
- zo min mogelijk verschillende personen toelaten in de afdeling waar een aantasting is waargenomen.

2.8 Ziekten en plagen bloemisterij

Matthiola soorten VIOLIER

SCHEUTGROEI, voorkomen van
gewasbehandeling door spuiten
daminozide
Alar 64 SP, Alar 85 SG, Dazide Enhance, Holland Fytozide, Imex-Daminozide SG

Nemesia strumosa NEMESIA

SCHEUTGROEI, voorkomen van
gewasbehandeling door spuiten
daminozide
Alar 64 SP, Alar 85 SG, Dazide Enhance, Holland Fytozide, Imex-Daminozide SG

Osteospermum soorten OSTEOSPERMUM

SCHIMMELS
gewasbehandeling door spuiten
propiconazool
Tilt 250 EC

Pelargonium soorten PELARGONIUM

BACTERIEVLEKKENZIEKTE *Xanthomonas hortorum pv. pelargonii*
- beschadiging voorkomen, behandelen indien beschadigd.
- besmetting van gietwater voorkomen.
- gezond uitgangsmateriaal gebruiken, eventueel uit meris-teemcultuur.
- grond en/of substraat stomen.
- handen en gereedschap regelmatig ontsmetten.
- hoge relatieve luchtvochtigheid (RV) en (bodem)temperatuur voorkomen door te luchten.
- huisdieren uit de kas weren.
- natslaan van gewas en guttatie voorkomen.
- onderdoor water geven.
- per afdeling aparte jassen gebruiken.
- ruime plantafstand aanhouden.
- schoenen ontsmetten.
- tijdelijk met recirculeren stoppen.
- voor goede groeiomstandigheden zorgen.
- weelderige groei voorkomen.
- wegwerphandschoenen gebruiken en deze zo vaak mogelijk vernieuwen.
- zo min mogelijk verschillende personen toelaten in de afde-ling waar een aantasting is waargenomen.

BLADVLEKKENZIEKTE *Phoma hedericola*
gewasbehandeling door spuiten
chloorthalonil
Budget Chloorthalonil 500 SC, Daconil 500 Vloeibaar

ROEST *Puccinia pelargonii-zonalis*
- minder vatbare of resistente rassen telen.
gewasbehandeling door spuiten
bitertanol
Baycor Flow
propiconazool
Tilt 250 EC

SCHIMMELS
gewasbehandeling door spuiten
propiconazool
Tilt 250 EC

Salvia soorten SALIE

SCHEUTGROEI, voorkomen van
gewasbehandeling door spuiten
daminozide
Dazide Enhance, Holland Fytozide, Imex-Daminozide SG

SCHIMMELS
gewasbehandeling door spuiten
propiconazool
Tilt 250 EC

Tagetes soorten AFRIKAANTJE

BACTERIEVLEKKENZIEKTE *Pseudomonas syringae pv. tagetis*
- aangetaste planten(delen) verwijderen.
- gezond uitgangsmateriaal gebruiken.
- grond en/of substraat stomen of vervangen.
- handen en gereedschap regelmatig ontsmetten.
- kas en gereedschap ontsmetten.
- niet over het gewas gieten.

SCHEUTGROEI, voorkomen van
gewasbehandeling door spuiten
daminozide
Alar 64 SP, Alar 85 SG

SCHIMMELS
gewasbehandeling door spuiten
propiconazool
Tilt 250 EC

Viola soorten VIOOLTJE

AALTJES gewoon wortellesieaaltje *Pratylenchus penetrans*
grondbehandeling door injecteren
metam-natrium
Monam CleanStart, Monam Geconc., Nemasol

AALTJES vrijlevende wortelaaltjes *Trichododidae*
grondbehandeling door injecteren
metam-natrium
Monam CleanStart, Monam Geconc., Nemasol

ascochyta violae *Ascochyta violae*
gewasbehandeling door spuiten
propiconazool
Tilt 250 EC

BLADVLEKKENZIEKTE *Ramularia agrestis*
gewasbehandeling door spuiten
captan
Brabant Captan Flowable, Captan 480 SC, Captan 80 WG, Captan 83% Spuitpoeder, Captosan 500 SC, Captosan Spuitkorrel 80 WG, Malvin WG, Merpan Basic WP, Merpan Flowable, Merpan Spuitkorrel
chloorthalonil
Budget Chloorthalonil 500 SC, Daconil 500 Vloeibaar
propiconazool
Tilt 250 EC

ROEST *Puccinia violae*
- aangetaste planten(delen) verwijderen.
- gereedschap en andere materialen schoonmaken en ont-smetten.
- gewasresten verwijderen.
- gezond uitgangsmateriaal gebruiken.
- inregenen of lekken van kassen voorkomen.
- minder vatbare of resistente rassen telen.
- onderdoor water geven.
- relatieve luchtvochtigheid (RV) laag houden door stoken en/of luchten.
- schoenen ontsmetten.
- vruchtwisseling toepassen.
gewasbehandeling door spuiten
propiconazool
Tilt 250 EC

SCHIMMELS
gewasbehandeling door spuiten
captan
  Brabant Captan Flowable, Captan 480 SC, Captan 80 WG, Captan 83% Spuitpoeder, Captosan 500 SC, Captosan Spuitkorrel 80 WG, Malvin WG, Merpan Basic WP, Merpan Flowable, Merpan Spuitkorrel

urocystis violae *Urocystis violae*
gewasbehandeling door spuiten
propiconazool
  Tilt 250 EC

VALSE MEELDAUW *Peronospora violae*
gewasbehandeling door spuiten
fosetyl / fosetyl-aluminium / propamocarb
  Previcur Energy

VLEKKENZIEKTE *Mycocentrospora acerina*
- aangetaste planten(delen) verwijderen en afvoeren.
- besmette grond stomen.
- voor een goede klimaatbeheersing zorgen.
- vruchtwisseling toepassen.
gewasbehandeling door spuiten
captan
  Brabant Captan Flowable, Captan 480 SC, Captan 80 WG, Captan 83% Spuitpoeder, Captosan 500 SC, Captosan Spuitkorrel 80 WG, Malvin WG, Merpan Basic WP, Merpan Flowable, Merpan Spuitkorrel
propiconazool
  Tilt 250 EC

POTPLANTEN

POTPLANTEN ALGEMEEN, AALTJES (nematoda)
grondbehandeling door strooien
oxamyl
  Vydate 10G

GRONDLUIZEN rijstwortelluis *Rhopalosiphum rufiabdominalis*
potkluitbehandeling door dompelen
dimethoaat
  Danadim Progress

MIJTEN bonenspintmijt *Tetranychus urticae*
gewasbehandeling door spuiten
spiromesifen
  Oberon

MINEERVLIEGEN floridamineervlieg *Liriomyza trifolii*, nerfmineervlieg *Liriomyza huidobrensis*, tomatenmineervlieg *Liriomyza bryoniae*
gewasbehandeling door spuiten
milbemectin
  Milbeknock, Budget Milbectin 1% EC

RHIZOCTONIA *Thanatephorus cucumeris*
potgrondbehandeling door spuiten
tolclofos-methyl
  Rizolex Vloeibaar
plantbehandeling door gieten
tolclofos-methyl

Rizolex Vloeibaar

RUPSEN floridamot *Spodoptera exigua*, Turkse mot *Chrysodeixis chalcites*
gewasbehandeling door spuiten
flubendiamide
  Fame

SNUITKEVERS gegroefde lapsnuitkever *Otiorhynchus sulcatus*
grondbehandeling door mengen
Metarhizium anisopliae stam fs2
  BIO 1020, Met52 granulair bioinsecticide

WITTEVLIEGEN kaswittevlieg *Trialeurodes vaporariorum*
gewasbehandeling door spuiten
spiromesifen
  Oberon

WOLLUIZEN wortelwolluis soorten *Rhizoecus sp.*
potkluitbehandeling door dompelen
dimethoaat
  Danadim 40, Dimistar Progress, Perfekthion

WORTELLUIZEN cactuswortelluis *Rhizoecus cacticans*, bessenwortelluis *Eriosoma ulmi*, bonenwortelluis *Smynthurodes betae*, dennenwortelluis *Prociphilus pini*, rozenwortelluis *Maculolachnus submacula*, wollige slawortelluis *Pemphigus bursarius*
potkluitbehandeling door dompelen
dimethoaat
  Danadim Progress

WORTELROT phytophthora soorten *Phytophthora sp.*
gewasbehandeling door gieten
fenamidone / fosetyl-aluminium
  Fenomenal
plantbehandeling door gieten
metalaxyl-M
  Budget Metlaxyl-M SL, Ridomil Gold
potgrondbehandeling door gieten
dimethomorf
  Paraat
potgrondbehandeling door mengen
etridiazool
  AAterra ME
potgrondbehandeling door spuiten en mengen
metalaxyl-M
  Budget Metlaxyl-M SL, Ridomil Gold

WORTELROT *pythium* soorten *Pythium sp.*
plantbehandeling door gieten
metalaxyl-M
  Budget Metlaxyl-M SL, Ridomil Gold
potgrondbehandeling door mengen
etridiazool
  AAterra ME
potgrondbehandeling door spuiten en mengen
metalaxyl-M
  Budget Metlaxyl-M SL, Ridomil Gold

2.8.3 Potplanten

2.8.3.1 Ziekten, plagen en teeltproblemen per gewas

Acacia soorten ACACIA

ECHTE MEELDAUW *Microsphaera* soorten
- aangetaste planten(delen) verwijderen.

- gereedschap en andere materialen schoonmaken en ontsmetten.
- gewasresten verwijderen.
- inregenen of lekken van kassen voorkomen.

- minder vatbare of resistente rassen telen.
- sterke temperatuurschommelingen voorkomen.
- te sterke luchtverplaatsing en tocht bij deuren voorkomen.
- vruchtwisseling toepassen.

ECHTE MEELDAUW *Uncinula* soorten
- gezond uitgangsmateriaal gebruiken.

VERWELKINGSZIEKTE *Verticillium dahliae*
- aangetaste planten(delen) verwijderen.
- biologische grondontsmetting toepassen.
- drainage en structuur van de grond verbeteren.
- eerst teeltwerkzaamheden bij gezonde planten uitvoeren, daarna bij verdachte of aangetaste planten.
- gecertificeerd uitgangsmateriaal gebruiken.
- gereedschap en andere materialen schoonmaken en ontsmetten.
- gewasresten verwijderen.
- gezond uitgangsmateriaal gebruiken.
- grond stomen met onderdruk.
- inregenen of lekken van kassen voorkomen.
- organische bemesting toepassen.
- resistente rassen telen en resistente onderstammen gebruiken indien beschikbaar.
- schoenen ontsmetten.
- strenge selectie toepassen.
- voor optimale cultuuromstandigheden zorgen.
- vruchtwisseling toepassen.

signalering:
- grondonderzoek laten uitvoeren.

Acalypha hispida RODE KATTESTAART

BLADVLEKKENZIEKTE *Septoria brissaceana*
- hoge relatieve luchtvochtigheid (RV) voorkomen en dichte stand voorkomen.

WEEFSELWOEKERINGEN waterovermaat
- te hoge watergift voorkomen en ventilatie verbeteren.

Achimenes soorten ACHIMENES

BRUINE BLADVLEKKEN EN KRINGEN hoge temperatuur, koud gietwater
- bij sterke zon schermen.
- bij voorkeur niet over het gewas gieten en geen water dat veel kouder is dan kastemperatuur gebruiken.

SCHEUTGROEI, voorkomen van
gewasbehandeling door spuiten
daminozide
    Alar 64 SP, Alar 85 SG, Dazide Enhance, Holland Fytozide, Imex-Daminozide SG

Actinidia soorten ACTINIDIA

MIJTEN bonenspintmijt *Tetranychus urticae*
- gezond uitgangsmateriaal gebruiken.
- insectengaas aanbrengen.
- natuurlijke vijanden inzetten of stimuleren.
signalering:
- gewasinspecties uitvoeren.
- indien mogelijk een waarschuwingssysteem gebruiken.
- vangplaten of vanglampen ophangen.

MIJTEN fruitspintmijt *Panonychus ulmi*
- gezond uitgangsmateriaal gebruiken.
- insectengaas aanbrengen.
- natuurlijke vijanden inzetten of stimuleren.
signalering:
- gewasinspecties uitvoeren.
- vangplaten of vanglampen ophangen.

Aechmea soorten KOKERBROMELIA

BLOEI, geen of onvoldoende
gewasbehandeling door spuiten
ethefon
    Ethrel-A

Agapanthus soorten AFRIKAANSE LELIE

AALTJES wortelknobbelaaltje warmteminnend wortelknobbelaaltje *Meloidogyne incognita*
- besmette grond in de zomer 6 tot 8 weken inunderen.
- gezond uitgangsmateriaal gebruiken.
- grond en/of substraat ontsmetten.
- grond en/of substraat stomen.
- resistente rassen telen.
- ruime vruchtwisseling toepassen.
signalering:
- grondonderzoek laten uitvoeren.

KIEMPLANTENZIEKTE *Pythium* soorten
- aangetaste planten(delen) verwijderen.
- gereedschap en andere materialen schoonmaken en ontsmetten.
- gewasresten verwijderen.
- gezond uitgangsmateriaal gebruiken.
- grond stomen.
- inregenen of lekken van kassen voorkomen.
- minder vatbare of resistente rassen telen.
- niet in te koude of te natte grond planten.
- niet met koud water gieten.
- schoenen ontsmetten.
- structuur van de grond verbeteren.
- vruchtwisseling toepassen.
- wateroverlast voorkomen.

TRIPSEN californische trips *Frankliniella occidentalis*
- akkerranden kort houden.
- gezond uitgangsmateriaal gebruiken.
- grond en/of substraat stomen.
- insectengaas aanbrengen.
- minder vatbare rassen telen.
- natuurlijke vijanden inzetten of stimuleren.
- onkruid bestrijden.
- plastic bij teeltwisseling vervangen.
- vruchtwisseling toepassen.
signalering:
- gewasinspecties uitvoeren.
- indien mogelijk een waarschuwingssysteem gebruiken.
- vangplaten of vanglampen ophangen.

VIRUSZIEKTEN tabaksratelvirus
- aangetast plantmateriaal verwijderen.
- besmettingsbronnen verwijderen en/of bestrijden.
- gezond uitgangsmateriaal gebruiken.
- onkruid bestrijden.
- overbrengers (vectoren) van virus voorkomen en/of bestrijden.
- planten op grond die vrij is van de virusoverbrengende aaltjes Longidorus en Xiphinema. Zonodig de grond ontsmetten.
- resistente of minder vatbare rassen telen.
signalering:
- gewasinspecties uitvoeren.

Ageratum soorten AGERATUM

BLADVERKLEURING
- temperatuur niet te laag houden.

SCHEUTGROEI, voorkomen van
gewasbehandeling door spuiten
daminozide

Alar 64 SP, Alar 85 SG, Dazide Enhance, Holland Fytozide, Imex-Daminozide SG

Ajuga soorten AJUGA

VIRUSZIEKTEN
- aangetast plantmateriaal verwijderen.
- besmettingsbronnen verwijderen en/of bestrijden.
- gezond uitgangsmateriaal gebruiken.
- onkruid bestrijden.
- overbrengers (vectoren) van virus voorkomen en/of bestrijden.
- planten op grond die vrij is van de virusoverbrengende aaltjes Longidorus en Xiphinema. Zonodig de grond ontsmetten.
- resistente of minder vatbare rassen telen.

signalering:
- gewasinspecties uitvoeren.

Allamanda soorten ALLAMANDA

SCHEUTGROEI, voorkomen van
gewasbehandeling door spuiten
daminozide
Alar 64 SP, Alar 85 SG, Dazide Enhance, Holland Fytozide, Imex-Daminozide SG

Allium soorten SIERUI

AALTJES stengelaaltje *Ditylenchus dipsaci*
DIT IS EEN QUARANTAINE-ORGANISME

Ampelopsis soorten AMPELOPSIS

ECHTE MEELDAUW *Erysiphe* soorten
- aangetaste planten(delen) verwijderen.
- gereedschap en andere materialen schoonmaken en ontsmetten.
- gewasresten verwijderen.
- gezond uitgangsmateriaal gebruiken.
- inregenen of lekken van kassen voorkomen.
- minder vatbare of resistente rassen telen.
- sterke temperatuurschommelingen voorkomen.
- te sterke luchtverplaatsing en tocht bij deuren voorkomen.
- vruchtwisseling toepassen.

RUPSEN spinselmotten appelstippelmot *Yponomeuta malinella*
- gezond uitgangsmateriaal gebruiken.
- insectengaas aanbrengen.
- natuurlijke vijanden inzetten of stimuleren.
- vruchtwisseling toepassen.

signalering:
- vangplaten of vanglampen ophangen.
- gewasinspecties uitvoeren.

VIRUSZIEKTEN figuurbont necrotische-kringvlekkenziekte van Prunus
- aangetast plantmateriaal verwijderen.
- besmettingsbronnen verwijderen en/of bestrijden.
- gezond uitgangsmateriaal gebruiken.
- onkruid bestrijden.
- overbrengers (vectoren) van virus voorkomen en/of bestrijden.
- planten op grond die vrij is van de virusoverbrengende aaltjes Longidorus en Xiphinema. Zonodig de grond ontsmetten.
- resistente of minder vatbare rassen telen.

signalering:
- gewasinspecties uitvoeren.

Andromeda soorten ANDROMEDA

MIJTEN bonenspintmijt *Tetranychus urticae*, fruitspintmijt *Panonychus ulmi*
- gezond uitgangsmateriaal gebruiken.

- insectengaas aanbrengen.
- natuurlijke vijanden inzetten of stimuleren.

signalering:
- gewasinspecties uitvoeren.
- vangplaten of vanglampen ophangen.

WORTELROT *Phytophthora cinnamomi*
- aangetaste planten(delen) verwijderen.
- gewasresten verwijderen.
- gezond uitgangsmateriaal gebruiken.
- grond en/of substraat stomen.
- inregenen of lekken van kassen voorkomen.
- lage temperatuurschok in het wortelmilieu door koud gietwater voorkomen.
- minder vatbare of resistente rassen telen.
- schoenen ontsmetten.
- te hoge zoutconcentratie (EC) voorkomen.
- te natte grond voorkomen: drainage en afwatering verbeteren.
- voor goede en constante groeiomstandigheden zorgen.
- vruchtwisseling toepassen.
- ziektevrij gietwater (leiding- of bronwater) of ontsmet drain-, oppervlakte- en regenwater gebruiken.

Anemone soorten ANEMOON

AALTJES aardbeibladaaltje *Aphelenchoides fragariae*
- besmette grond in de zomer 6 tot 8 weken inunderen.
- grond en/of substraat stomen.
- resistente rassen telen.
- ruime vruchtwisseling toepassen.

signalering:
- grondonderzoek laten uitvoeren.

AALTJES gewoon wortellesieaaltje *Pratylenchus penetrans*
- resistente rassen telen.
- aaltjesonderdrukkende voorteelt van *Tagetes*-soorten (afrikaantje) gedurende minimaal 3 maanden toepassen.
- besmette grond en/of substraat ontsmetten of inunderen.
- biologische grondontsmetting toepassen.
- pH door bekalking verhogen.
- vruchtwisseling toepassen. Bij vatbare gewassen granen, maïs, grassen, aardappel, knolselderij, peen en vlinderbloemigen als voorvrucht vermijden. Biet en kruisbloemigen zijn goede voorvruchten.

signalering:
- grondonderzoek laten uitvoeren.

AALTJES vrijlevend wortelaaltje *Hemicycliophora conida*, vrijlevend wortelaaltje *Hemicycliophora thienemanni*, vrijlevend wortelaaltje *Rotylenchus robustus*, vrijlevend wortelaaltje *Rotylenchus uniformis*
- grond ontsmetten.
- resistente rassen telen.
- ruime vruchtwisseling toepassen.

signalering:
- grondonderzoek laten uitvoeren.

AALTJES vrijlevende wortelaaltjes *Trichododidae*
- grond ontsmetten.
- grond stomen.
- resistente rassen telen.
- ruime vruchtwisseling toepassen.

signalering:
- grondonderzoek laten uitvoeren.

AALTJES wortelknobbelaaltje *Meloidogyne* soorten
- gezond uitgangsmateriaal gebruiken.
- grond en/of substraat ontsmetten.
- resistente rassen telen.
- ruime vruchtwisseling toepassen.

signalering:
- grondonderzoek laten uitvoeren.

BRAND *Urocystis anemones*
- aangetaste planten verwijderen of afmaaien.

GRAUWE SCHIMMEL *Botryotinia fuckeliana*
- aangetaste planten(delen) verwijderen.
- beschadiging van het gewas voorkomen.
- beschadiging voorkomen, behandelen indien beschadigd.
- gereedschap en andere materialen schoonmaken en ontsmetten.
- gewasresten na de oogst onderploegen of verwijderen.
- gezond uitgangsmateriaal gebruiken.
- inregenen of lekken van kassen voorkomen.
- minder vatbare of resistente rassen telen.
- natslaan van gewas en guttatie voorkomen.
- onderdoor water geven.
- onkruid bestrijden.
- relatieve luchtvochtigheid (RV) laag houden door stoken en/of luchten.
- ruime plantafstand aanhouden.
- schoenen ontsmetten.
- stikstofbemesting matig toepassen.
- voor een afgehard gewas zorgen.
- vruchtwisseling toepassen.
- zoutconcentratie (EC) zo hoog mogelijk houden.

KIEMPLANTENZIEKTE *Pythium* soorten
- aangetaste planten(delen) verwijderen.
- bemesten met GFT-compost onderdrukt *Pythium* in de grond.
- betonvloer schoon branden.
- gereedschap en andere materialen schoonmaken en ontsmetten.
- gewasresten verwijderen.
- gezond uitgangsmateriaal gebruiken.
- grond en/of substraat stomen.
- hoog stikstofgehalte voorkomen.
- inregenen of lekken van kassen voorkomen.
- niet in te koude of te natte grond planten.
- resistente of minder vatbare rassen telen.
- ruime vruchtwisseling toepassen.
- schoenen ontsmetten.
- schommelingen in de zoutconcentratie (EC) en in temperatuur voorkomen.
- structuur van de grond verbeteren.
- te hoge zoutconcentratie (EC) en overmatige vochtigheid van de grond voorkomen.
- temperatuurschommelingen voorkomen.
- voor voldoende luchtige potgrond zorgen.
- ziektevrij gietwater (leiding- of bronwater) of ontsmet drain-, oppervlakte- en regenwater gebruiken.

KWADEGROND *Rhizoctonia tuliparum*
- aangetaste planten(delen) verwijderen.
- gereedschap en andere materialen schoonmaken en ontsmetten.
- gewasresten verwijderen.
- gezond uitgangsmateriaal gebruiken.
- grond en/of substraat stomen.
- inregenen of lekken van kassen voorkomen.
- resistente of minder vatbare rassen telen.
- ruime vruchtwisseling toepassen.
- schoenen ontsmetten.
- structuur van de grond verbeteren.
- wateroverlast voorkomen.

RHIZOCTONIA-ZIEKTE *Thanatephorus cucumeris*
- aangetaste planten(delen) verwijderen.
- gereedschap en andere materialen schoonmaken en ontsmetten.
- gewasresten verwijderen.
- gezond uitgangsmateriaal gebruiken.
- grond en/of substraat stomen.

- inregenen of lekken van kassen voorkomen.
- resistente of minder vatbare rassen telen.
- ruime vruchtwisseling toepassen.
- schoenen ontsmetten.
- structuur van de grond verbeteren.
- wateroverlast voorkomen.

ROEST *Ochropsora ariae*
- aangetaste planten(delen) verwijderen.
- gereedschap en andere materialen schoonmaken en ontsmetten.
- gewasresten verwijderen.
- gezond uitgangsmateriaal gebruiken.
- inregenen of lekken van kassen voorkomen.
- onderdoor water geven.
- relatieve luchtvochtigheid (RV) laag houden door stoken en/of luchten.
- resistente of minder vatbare rassen telen.
- ruime vruchtwisseling toepassen.

SLECHTE KIEMING complex non-parasitaire factoren
- beschadiging bij de oogst en het spoelen voorkomen.
- langzaam drogen (slechts enkele graden boven de buitentemperatuur).
- op het goede tijdstip rooien.

VALSE MEELDAUW *Peronospora antirrhini*
- aangetaste planten(delen) verwijderen.
- gereedschap en andere materialen schoonmaken en ontsmetten.
- gewas zo droog mogelijk houden.
- gewasresten verwijderen.
- gezond uitgangsmateriaal gebruiken.
- inregenen of lekken van kassen voorkomen.
- onderdoor water geven.
- relatieve luchtvochtigheid (RV) laag houden door stoken en/of luchten.
- resistente of minder vatbare rassen telen.
- ruime vruchtwisseling toepassen.
- ruimer zaaien of planten.
- schoenen ontsmetten.
- stikstofniveau laag houden.
- structuur van de grond verbeteren.
gewasbehandeling door spuiten
fosetyl / fosetyl-aluminium / propamocarb
    Previcur Energy

VIRUSZIEKTEN peterselieblad knollenmozaïekvirus met komkommermozaïekvirus
- aangetast plantmateriaal verwijderen.
- besmettingsbronnen verwijderen en/of bestrijden.
- gezond uitgangsmateriaal gebruiken.
- onkruid bestrijden.
- overbrengers (vectoren) van virus voorkomen en/of bestrijden.
- resistente of minder vatbare rassen telen.
signalering:
- gewasinspecties uitvoeren.

VIRUSZIEKTEN
- aangetast plantmateriaal verwijderen.
- besmettingsbronnen verwijderen en/of bestrijden.
- gezond uitgangsmateriaal gebruiken.
- onkruid bestrijden.
- resistente of minder vatbare rassen telen.
signalering:
- gewasinspecties uitvoeren.

ZWARTROT *Sclerotinia bulborum*
- aangetaste planten(delen) verwijderen.
- gereedschap en andere materialen schoonmaken en ontsmetten.
- gewasresten verwijderen.

- gezond uitgangsmateriaal gebruiken.
- grond stomen.
- inregenen of lekken van kassen voorkomen.
- onderdoor water geven.
- relatieve luchtvochtigheid (RV) laag houden door stoken en/of luchten.
- resistente of minder vatbare rassen telen.
- ruime plantafstand aanhouden.
- ruime vruchtwisseling toepassen.
- schoenen ontsmetten.

Anisodontea soorten ANISODONTEA

SCHIMMELS
gewasbehandeling door spuiten
propiconazool
    Tilt 250 EC

Anthurium scherzerianum FLAMINGOPLANT

BACTERIEVERWELKINGSZIEKTE *Xanthomonas axonopodis pv. dieffenbachiae*
- aangetaste planten(delen) verwijderen en afvoeren.
- gekeurd uitgangsmateriaal gebruiken.
- grond en/of substraat stomen of vervangen.
- handen en gereedschap regelmatig ontsmetten.
- materiaal waarin aantasting is gevonden niet voor vermeerdering bestemmen.

BLADVERGELING complex non-parasitaire factoren
- nieuwe stenen potten voor gebruik goed vol laten zuigen door ze in water te dompelen.
- verkeerde cultuuromstandigheden zoals een te lage pH, een te hoge zoutconcentratie (EC), een te lage temperatuur of wortelrot voorkomen.

BLADVLEKKENZIEKTE *Septoria anthurii*
- onderdoor water geven.
- voor een goed groeiend gewas zorgen.
- wortelrot bestrijden.

BLOEMMISVORMING complex non-parasitaire factoren
- sterke schommelingen in relatieve luchtvochtigheid (RV) en temperatuur voorkomen en voor een regelmatige vochtvoorziening zorgen.
- te hoge zoutconcentratie (EC) in de potkluit voorkomen.

GRIJSGROENE BLADVLEKKEN complex non-parasitaire factroren
- gewas droog de nacht in laten gaan door alleen 's morgens en/of onderdoor water te geven.

VIRUSZIEKTEN dieffenbachia-mozaïekvirus, komkommermozaïek komkommermozaïekvirus, tomatenbronsvlekkenvirus
- aangetaste planten(delen) verwijderen.

WORTELROT *Pythium splendens*
- voor een optimale voedingstoestand en goede vochtbeheersing zorgen.

Antirrhinum soorten LEEUWEBEK

BLADVLEKKENZIEKTE *Phoma poolensis*
- vruchtwisseling toepassen.
gewasbehandeling door spuiten
chloorthalonil
    Budget Chloorthalonil 500 SC, Daconil 500 Vloeibaar

SCHEUTGROEI, voorkomen van
gewasbehandeling door spuiten
daminozide

Alar 64 SP, Alar 85 SG, Dazide Enhance, Holland Fytozide, Imex-Daminozide SG

Aquilegia soorten AKELEI

AALTJES gewoon wortellesieaaltje *Pratylenchus penetrans*
- besmette grond in de zomer 6 tot 8 weken inunderen.
- grond en/of substraat stomen.
- resistente rassen telen.
- ruime vruchtwisseling toepassen.
signalering:
- grondonderzoek laten uitvoeren.

BLADLUIZEN roos-akeleiluis *Longicaudus trirhodus*
- bladluizen in akkerranden en wegbermen bestrijden.
- bomen en struiken die fungeren als winterwaard voor bladluizen niet in de omgeving van het bedrijf planten of de bladluizen op de winterwaard bestrijden.
- gewas afdekken met vliesdoek.
- gezond uitgangsmateriaal gebruiken.
- insectengaas aanbrengen.
- natuurlijke vijanden inzetten of stimuleren.
- vruchtwisseling toepassen.
signalering:
- gewasinspecties uitvoeren.
- indien mogelijk een waarschuwingssysteem gebruiken.
- vangplaten of vanglampen ophangen.

BLADVLEKKENZIEKTE *Marssonina aquilegiae*
- aangetaste planten(delen) verwijderen.
- gewas droog de nacht in laten gaan door alleen 's morgens en/of onderdoor water te geven.
- gewasresten verwijderen.
- gezond uitgangsmateriaal gebruiken.
- inregenen of lekken van kassen voorkomen.
- minder vatbare of resistente rassen telen.
- natslaan van gewas en guttatie voorkomen.
- relatieve luchtvochtigheid (RV) laag houden door stoken en/of luchten.
- schoenen ontsmetten.
- vruchtwisseling toepassen.

BLADWESPEN akeleibladwesp *Pristiphora alnivora*
- gezond uitgangsmateriaal gebruiken.
- insectengaas aanbrengen.
- natuurlijke vijanden inzetten of stimuleren.
- perceel tijdens en na de teelt onkruidvrij houden.
- percelen regelmatig beregenen.
- *Steinernema feltiae* (insectparasitair aaltje) inzetten. De bodemtemperatuur dient daarbij minimaal 12 °C te zijn.
- vruchtwisseling toepassen.
- zwarte braak toepassen gedurende een jaar.
signalering:
- gewasinspecties uitvoeren.
- vangplaten of vanglampen ophangen.

ECHTE MEELDAUW *Erysiphe aquilegiae var. aquilegiae*
- aangetaste planten(delen) verwijderen.
- gereedschap en andere materialen schoonmaken en ontsmetten.
- gewasresten verwijderen.
- gezond uitgangsmateriaal gebruiken.
- inregenen of lekken van kassen voorkomen.
- minder vatbare of resistente rassen telen.
- sterke temperatuurschommelingen voorkomen.
- te sterke luchtverplaatsing en tocht bij deuren voorkomen.
- vruchtwisseling toepassen.

RUPSEN ridderspooruil *Plusia moneta*
- gezond uitgangsmateriaal gebruiken.
- insectengaas aanbrengen.
- natuurlijke vijanden inzetten of stimuleren.

- vruchtwisseling toepassen.
signalering:
- gewasinspecties uitvoeren.
- indien mogelijk een waarschuwingssysteem gebruiken.
- vangplaten of vanglampen ophangen.

SCLEROTIËNROT *Sclerotinia sclerotiorum*
- aangetaste planten(delen) verwijderen.
- gereedschap en andere materialen schoonmaken en ont-smetten.
- gewasresten verwijderen.
- gezond uitgangsmateriaal gebruiken.
- grond stomen.
- inregenen of lekken van kassen voorkomen.
- minder vatbare of resistente rassen telen.
- onderdoor water geven.
- relatieve luchtvochtigheid (RV) laag houden door stoken en/of luchten.
- ruime plantafstand aanhouden.
- schoenen ontsmetten.
- vruchtwisseling toepassen.

Arabis soorten ARABIS

AALTJES wit bietencysteaaltje *Heterodera schachtii*
- gereedschap en andere materialen schoonmaken en ont-smetten.
- gezond uitgangsmateriaal gebruiken.
- resistente groenbemester (als zomerbraak) telen.
- resistente rassen telen.
- ruime vruchtwisseling toepassen.
- teelt van voortkwekingsmateriaal in de boomkwekerij is alleen toegestaan met een verklaring dat het perceel vrij is bevonden van het aardappelcysteaaltje dat aardappelmoe-heid (AM) veroorzaakt. Informatie over deze AM-vrijverklaring is verkrijgbaar bij de divisie Plant van de Nederlandse Voedsel en Waren Autoriteit (nVWA).
- vruchtwisseling toepassen.
signalering:
- grondonderzoek laten uitvoeren.

WITTE ROEST *Albugo candida*
- aangetaste planten(delen) verwijderen.
- gereedschap en andere materialen schoonmaken en ont-smetten.
- gewasresten verwijderen.
- gezond uitgangsmateriaal gebruiken.
- inregenen of lekken van kassen voorkomen.
- minder vatbare rassen telen.
- onderdoor water geven.
- relatieve luchtvochtigheid (RV) laag houden door stoken en/of luchten.
- resistente of minder vatbare rassen telen.
- ruime vruchtwisseling toepassen.

Asparagus soorten SIERASPERGE

BLADVERKLEURING gele blaadjes lage luchtvoch-tigheid
- regelmatig water geven zodat de grond niet te sterk uitdroogt.
- relatieve luchtvochtigheid (RV) en temperatuur zo gelijkmatig mogelijk houden.

VOETROT *Thanatephorus cucumeris*
- niet te diep planten en niet te nat telen.

Asplenium soorten NESTVAREN

BACTERIEVLEKKENZIEKTE *Pseudomonas asplenii*
- aangetaste planten(delen) verwijderen.
- gezond uitgangsmateriaal gebruiken.
- grond en/of substraat stomen of vervangen.
- handen en gereedschap regelmatig ontsmetten.
- kas en gereedschap ontsmetten.

- niet over het gewas gieten.
- sproeiwater, onvoldoende hygiëne tijdens werkzaamheden in het gewas en het gebruik van sporen van aangetaste planten dragen bij tot de verspreiding van de bacterie.

PHOMA ADIANTICOLA *Phoma adianticola*
- bedrijfshygiëne stringent doorvoeren.

Aster novi-belgii HERFSTASTER

ECHTE MEELDAUW *Erysiphe cichoracearum*
gewasbehandeling door spuiten
propiconazool
    Tilt 250 EC

ROEST *Puccinia asteris*
gewasbehandeling door spuiten
propiconazool
    Tilt 250 EC

Aster soorten ASTER

SCHEUTGROEI, voorkomen van
gewasbehandeling door spuiten
daminozide
    Alar 64 SP, Alar 85 SG

Aubrieta soorten AUBRIETA

WITTE ROEST *Albugo candida*
- aangetaste planten(delen) verwijderen.
- gereedschap en andere materialen schoonmaken en ont-smetten.
- gewasresten verwijderen.
- gezond uitgangsmateriaal gebruiken.
- inregenen of lekken van kassen voorkomen.
- onderdoor water geven.
- relatieve luchtvochtigheid (RV) laag houden door stoken en/of luchten.
- resistente of minder vatbare rassen telen.
- ruime vruchtwisseling toepassen.

Azalea indica AZALEA

BLADVAL complex non-parasitaire factoren
- kluit bij het opkuilen of oppotten redelijk goed vochtig maken en niet te veel verkleinen.

BLADVLEKKENZIEKTE *Cercospora handelii*
gewasbehandeling door spuiten
propiconazool
    Tilt 250 EC

BLADVLEKKENZIEKTE *Cylindrocladium scoparium*
- aangetaste planten(delen) verwijderen.
- gereedschap en andere materialen schoonmaken en ont-smetten.
- gewasresten verwijderen.
- gezond uitgangsmateriaal gebruiken.
- inregenen of lekken van kassen voorkomen.
- natslaan van gewas en guttatie voorkomen.
- relatieve luchtvochtigheid (RV) laag houden door stoken en/of luchten.
- resistente of minder vatbare rassen telen.
- ruime vruchtwisseling toepassen.
- schoenen ontsmetten.
gewasbehandeling door spuiten
propiconazool
    Tilt 250 EC

BLADVLEKKENZIEKTE *Cylindrocladium spathiphylli*
Pestalotia soorten
- aangetaste en afgevallen bladeren verwijderen.
- hoge bemestingsniveaus voorkomen.

gewasbehandeling door spuiten
chloorthalonil
Budget Chloorthalonil 500 SC, Daconil 500 Vloeibaar
propiconazool
Tilt 250 EC

BLADVLEKKENZIEKTE *Septoria azaleae*
- aangetaste en afgevallen bladeren verwijderen.
- aangetaste planten(delen) verwijderen.
- gereedschap en andere materialen schoonmaken en ont-smetten.
- gewasresten verwijderen.
- gezond uitgangsmateriaal gebruiken.
- hoge bemestingsniveaus voorkomen.
- inregenen of lekken van kassen voorkomen.
- minder vatbare of resistente rassen telen.
- natslaan van gewas en guttatie voorkomen.
- relatieve luchtvochtigheid (RV) laag houden door stoken en/of luchten.
- vruchtwisseling toepassen.
gewasbehandeling door spuiten
chloorthalonil
Budget Chloorthalonil 500 SC, Daconil 500 Vloeibaar
propiconazool
Tilt 250 EC

BLADVLEKKENZIEKTE *Colletotrichum* soorten
gewasbehandeling door spuiten
propiconazool
Tilt 250 EC

BLOEMKNOPVORMING, bevorderen van
gewasbehandeling door spuiten
chloormequat
Agrichem CCC 750, CeCeCe, Stabilan
daminozide
Alar 64 SP, Alar 85 SG, Dazide Enhance, Holland Fytozide, Imex-Daminozide SG

BLOEMROT *Ovulinia azaleae*
- aangetaste planten(delen) verwijderen.
- hoge relatieve luchtvochtigheid (RV) tijdens de bloei voorkomen.

OORTJESZIEKTE *Exobasidium vaccinii var. japo-nicum*
- aangetaste planten(delen) verwijderen voordat sporen vrijkomen.
- gezond uitgangsmateriaal gebruiken.
gewasbehandeling door spuiten
captan
Brabant Captan Flowable, Captan 480 SC, Captan 80 WG, Captan 83% Spuitpoeder, Captosan 500 SC, Captosan Spuitkorrel 80 WG, Malvin WG, Merpan Basic WP, Merpan Flowable, Merpan Spuitkorrel

SCHEUTONTWIKKELING, voorkomen van
gewasbehandeling door spuiten
daminozide
Alar 64 SP, Alar 85 SG, Dazide Enhance, Holland Fytozide, Imex-Daminozide SG

SCHIMMELS
gewasbehandeling door spuiten
captan
Brabant Captan Flowable, Captan 480 SC, Captan 80 WG, Captan 83% Spuitpoeder, Captosan 500 SC, Captosan Spuitkorrel 80 WG, Malvin WG, Merpan Basic WP, Merpan Flowable, Merpan Spuitkorrel
propiconazool
Tilt 250 EC

TAKSTERFTE *Phytophthora citricola*
gewasbehandeling door spuiten

fenamidone / fosetyl-aluminium
Fenomenal

WORTELROT *Phytophthora cinnamomi*
- aangetaste planten(delen) verwijderen.
- gereedschap en andere materialen schoonmaken en ont-smetten.
- gewasresten verwijderen.
- gezond uitgangsmateriaal gebruiken.
- grond en/of substraat stomen.
- inregenen of lekken van kassen voorkomen.
- lage temperatuurschok in het wortelmilieu door koud gietwater voorkomen.
- resistente of minder vatbare rassen telen.
- ruime vruchtwisseling toepassen.
- schoenen ontsmetten.
- te hoge zoutconcentratie (EC) voorkomen.
- te natte grond voorkomen: drainage en afwatering verbeteren.
- voor goede en constante groeiomstandigheden zorgen.
- ziektevrij gietwater (leiding- of bronwater) of ontsmet drain-, oppervlakte- en regenwater gebruiken.

Begonia Rex hybrida BLADBEGONIA

ECHTE MEELDAUW *Microsphaera begoniae*
gewasbehandeling door spuiten
imazalil
Fungaflor 100 EC

Begonia soorten BEGONIA

Imax 200 EC

FUSARIUMZIEKTE *Fusarium bulbicola*
- aangetaste planten(delen) verwijderen en afvoeren.
- relatieve luchtvochtigheid (RV) laag houden door stoken en/of luchten, beschadigingen voorkomen en niet te dicht planten.
- ruime plantafstand aanhouden.

KNOPVAL lichtgebrek
- vatbare rassen niet na 1 juli oppotten.

KRULZIEKTE onbekende factor
- uitsluitend door zeer scherp selecteren in het vermeerderingsmateriaal kan een bruikbare partij worden gekweekt, hoewel geregeld terugval voorkomt. Meristeemcultuur vermindert de aantasting.

MIJTEN begoniamijt *Polyphagotarsonemus latus*
- gezond uitgangsmateriaal gebruiken.
- onkruid bestrijden.
- relatieve luchtvochtigheid (RV) hoog houden.

OLIEVLEKKENZIEKTE *Xanthomonas axonopodis pv. begoniae*
- aangetaste planten(delen) verwijderen.
- besmetting van gietwater voorkomen.
- gezond uitgangsmateriaal gebruiken (stekmes dompelen in spiritus en afbranden).
- kas luchten en niet veel schermen.
- onderdoor water geven.
- planten in een droog en koel klimaat opkweken.
- planten voldoende ruim zetten.
- voldoende kali toedienen en niet overmatig stikstof geven.

WOEKERZIEKTE *Corynebacterium fascians*
- aangetaste planten(delen) verwijderen en vernietigen.
- bevloeiingsmatten of zand verversen en de tafels schoonmaken.
- gezond uitgangsmateriaal gebruiken.
- grond stomen.

2.8 Ziekten en plagen bloemisterij

Bellis soorten MADELIEFJE

BLADVLEKKENZIEKTE *Phoma bellidis*
gewasbehandeling door spuiten
propiconazool
    Tilt 250 EC

ROEST *Puccinia distincta, Puccinia obscura*
gewasbehandeling door spuiten
propiconazool
    Tilt 250 EC

SCHEUTGROEI, voorkomen van
gewasbehandeling door spuiten
daminozide
    Dazide Enhance, Holland Fytozide, Imex-Daminozide SG

Bougainvillea spectabilis BOUGAINVILLEA

BLADVERGELING stikstofgebrek
- ureum spuiten.
signalering:
- grondonderzoek laten uitvoeren, grond bemesten met stikstof indien nodig.

IJZERGEBREK
- ijzerchelaat gieten.

KNOPVAL onbekende factor
- geen specifieke niet-chemische maatregel bekend.

SCHIMMELS
gewasbehandeling door spuiten
propiconazool
    Tilt 250 EC

Brassica oleracea siervormen SIERKOOL

BLADVLEKKENZIEKTE *Mycosphaerella brassicicola*
gewasbehandeling door spuiten
propiconazool
    Tilt 250 EC

BLADVLEKKENZIEKTEN spikkelziekte *Alternaria brassicae, Alternaria brassicicola*
gewasbehandeling door spuiten
propiconazool
    Tilt 250 EC

ECHTE MEELDAUW *Erysiphe cruciferarum*
gewasbehandeling door spuiten
propiconazool
    Tilt 250 EC

VALSE MEELDAUW *Peronospora antirrhini*
gewasbehandeling door spuiten
fosetyl / fosetyl-aluminium / propamocarb
    Previcur Energy

Bromelia soorten BROMELIA

BLADVLEKKENZIEKTE *Fusarium bulbicola*
- dichte stand voorkomen.
- geven van water over het gewas beperken en bemesten via de koker beperken.
- na bevochtigen van het gewas een snelle opdroging bevorderen.
- relatieve luchtvochtigheid (RV) laag houden door stoken en/of luchten en niet te zwaar schermen.

KOKERROT *Phytophthora* **soorten**
- gezond uitgangsmateriaal gebruiken.
- pot- en kuilgrond ontsmetten.
- zand of matten vernieuwen en tafels ontsmetten.

- ziektevrij gietwater (leiding- of bronwater) of ontsmet drain-, oppervlakte- en regenwater gebruiken.

WORTELROT *Pythium* **soorten**
- te hoge zoutconcentratie (EC) van de potgrond voorkomen.

Browallia americana BROWALLIA

BLADVLEKKENZIEKTE *Pseudomonas* **soorten**
- aangetaste planten(delen) verwijderen.
- dichte stand voorkomen.
- voldoende luchten.

Brunfelsia soorten BRUNFELSIA

BLADVERGELING ijzergebrek
- ijzerchelaat gieten.
- voor goede groeiomstandigheden zorgen.

Cactaceae CACTUSSEN EN SUCCULENTEN

AALTJES cactuscysteaaltje *Cactodera cacti*
- bedrijfshygiëne stringent doorvoeren en besmette grond afvoeren.
- besmette planten verwijderen.

KURKVORMING cactusmijt *Brevipalpus obovatus*
- hoge relatieve luchtvochtigheid (RV) bij een lage temperatuur voorkomen.

VOETROT *Fusarium oxysporum f.sp. opuntiarum*
- gezond uitgangsmateriaal gebruiken.
- pot- en kuilgrond voor gebruik ontsmetten.
- voor goede groeiomstandigheden en optimale voedingstoestand zorgen.

Calathea soorten CALATHEA

AALTJES aardbeibladaaltje *Aphelenchoides fragariae*
- onderdoor water geven.

AALTJES wortellesieaaltje *Pratylenchus* **soorten**
- aangetaste moerplanten vernietigen en grond ontsmetten.
- gezond uitgangsmateriaal gebruiken.

BACTERIEZIEKTE *Pseudomonas* **soorten**
- aangetaste planten(delen) verwijderen.
- bedrijfshygiëne stringent doorvoeren.
- blad droog houden.
- gezond uitgangsmateriaal gebruiken.

Calceolaria soorten PANTOFFELPLANT

BLADVERBRANDING complex non-parasitaire factoren
- uitsluitend beweegbare schermen gebruiken.
- van 15 september tot 1 maart niet schermen.
- vanaf zaaien zo licht mogelijk telen, zodat de gevoeligheid voor bladverbranding sterk vermindert.
- voor optimale groeiomstandigheden zorgen.

BLADVERGELING ijzergebrek
- goede verhouding tussen de voedingsstoffen nastreven. Te hoge zoutconcentratie (EC) voorkomen.
- om de 2 tot 3 weken 200 g ijzerchelaat per 1000 liter water geven. Niet over het gewas toedienen.
- speciale potgrond voor Calceolaria gebruiken, eventueel extra ijzer toevoegen.
- structuur van de grond verbeteren.

SCHEUTGROEI, voorkomen van
gewasbehandeling door spuiten
daminozide

Alar 64 SP, Alar 85 SG, Dazide Enhance, Holland Fytozide, Imex-Daminozide SG

Calluna soorten STRUIKHEIDE

INSNOERINGSZIEKTE *Pestalotiopsis funerea*
- aangetaste planten(delen) verwijderen.

Campanula soorten KLOKJESBLOEM

BLADVLEKKENZIEKTE *Ascochyta bohemica*
- aangetaste planten(delen) verwijderen.
- gereedschap en andere materialen schoonmaken en ontsmetten.
- gewasresten verwijderen.
- gezond uitgangsmateriaal gebruiken.
- inregenen of lekken van kassen voorkomen.
- minder vatbare of resistente rassen telen.
- natslaan van gewas en guttatie voorkomen.
- relatieve luchtvochtigheid (RV) laag houden door stoken en/of luchten.
- vruchtwisseling toepassen.

gewasbehandeling door spuiten
propiconazool
    Tilt 250 EC

BLADVLEKKENZIEKTE *Ramularia macrospora*
- aangetaste planten(delen) verwijderen.
- relatieve luchtvochtigheid (RV) laag houden door stoken en/of luchten.

gewasbehandeling door spuiten
chloorthalonil
    Budget Chloorthalonil 500 SC, Daconil 500 Vloeibaar
propiconazool
    Tilt 250 EC

ROEST *Coleosporium tussilaginis*
- aangetaste planten(delen) verwijderen.
- Campanula niet in de omgeving van Pinus sylvestris telen.
- gereedschap en andere materialen schoonmaken en ontsmetten.
- gewasresten verwijderen.
- gezond uitgangsmateriaal gebruiken.
- inregenen of lekken van kassen voorkomen.
- minder vatbare of resistente rassen telen.
- onderdoor water geven.
- relatieve luchtvochtigheid (RV) laag houden door stoken en/of luchten.
- vruchtwisseling toepassen.

gewasbehandeling door spuiten
propiconazool
    Tilt 250 EC

Capsicum soorten SIERPAPRIKA EN SIERPEPER

INTUMESCENTIES hoge luchtvochtigheid
- langdurige hoge relatieve luchtvochtigheid (RV) voorkomen.

Cassia soorten CASSIA

SCHIMMELS
gewasbehandeling door spuiten
propiconazool
    Tilt 250 EC

Celosia argentea HANEKAM

SCHEUTGROEI, voorkomen van
gewasbehandeling door spuiten
daminozide
    Alar 64 SP, Alar 85 SG, Dazide Enhance, Holland Fytozide, Imex-Daminozide SG

SCHIMMELS
gewasbehandeling door spuiten
propiconazool
    Tilt 250 EC

Centaurea soorten KORENBLOEM

SCHEUTGROEI, voorkomen van
gewasbehandeling door spuiten
daminozide
    Dazide Enhance, Holland Fytozide, Imex-Daminozide SG

Cestrum soorten CESTRUM

SCHIMMELS
gewasbehandeling door spuiten
propiconazool
    Tilt 250 EC

Chamaedorea elegans PALM

BRAND *Graphiola phoenicis*
- bij lichte aantasting het aangetaste blad wegknippen.

FYSIOLOGISCHE AFWIJKINGEN hoge luchtvochtigheid
- relatieve luchtvochtigheid (RV) laag houden door stoken en/of luchten.

SCLEROTIËNROT *Athelia rolfsii var. delphinii*
- aangetaste planten(delen) verwijderen.

STENGELVOETROT *Gliocladium vermoeseni*
- beschadiging voorkomen.
- relatieve luchtvochtigheid (RV) laag houden door stoken en/of luchten.
- ruime plantafstand aanhouden.

WITROT *Athelia rolfsii*
- aangetaste planten(delen) verwijderen.

Cheiranthus soorten MUURBLOEM

AALTJES stengelaaltje *Ditylenchus dipsaci*
DIT IS EEN QUARANTAINE-ORGANISME

Chrysanthemum soorten CHRYSANT

BLADLUIZEN *Aphididae, boterbloemluis Aulacorthum solani, groene perzikluis Myzus persicae, katoenluis Aphis gossypii, zwarte bonenluis Aphis fabae*
gewasbehandeling door spuiten
imidacloprid
    Admire O-Teq

ECHTE MEELDAUW *Oidium chrysanthemi*
gewasbehandeling door spuiten
propiconazool
    Tilt 250 EC

MIJTEN bonenspintmijt *Tetranychus urticae*
gewasbehandeling door spuiten
spiromesifen
    Oberon

ROEST *Puccinia pelargonii-zonalis*
gewasbehandeling door spuiten
mancozeb
    Brabant Mancozeb Flowable, Manconyl 2, Mastana SC, Penncozeb 80 WP, Penncozeb DG, Tridex 80 WP, Tridex DG, Vondozeb DG

ROEST chrysantenroest *Puccinia chrysanthemi*
- aangetaste planten(delen) in gesloten plastic zak verwijderen.
- besmette grond stomen.
- relatieve luchtvochtigheid (RV) laag houden door gedurende de nacht de verduisteringsinstallatie te openen.
gewasbehandeling door spuiten
mancozeb
    Brabant Mancozeb Flowable, Dithane DG Newtec, Fythane DG, Manconyl 2, Mastana SC, Penncozeb 80 WP, Penncozeb DG, Tridex 80 WP, Tridex DG, Vondozeb DG
maneb
    Trimangol 80 WP, Trimangol DG, Vondac DG

ROEST japanse roest *Puccinia horiana*
gewasbehandeling door spuiten
chloorthalonil
    Budget Chloorthalonil 500 SC, Daconil 500 Vloeibaar
kresoxim-methyl
    Kenbyo FL

ROEST *Puccinia* **soorten**
gewasbehandeling door spuiten
propiconazool
    Tilt 250 EC

SCHEUTGROEI, voorkomen van
gewasbehandeling door spuiten
azoxystrobin
    Amistar, Azoxy HF, Budget Azoxystrobin 250 SC
daminozide
    Alar 64 SP, Alar 85 SG, Dazide Enhance, Holland Fytozide, Imex-Daminozide SG

STENGELZIEKTE *Phytophthora* **soorten**
gewasbehandeling door spuiten
etridiazool
    AAterra ME

WITTEVLIEGEN kaswittevlieg *Trialeurodes vaporariorum*
gewasbehandeling door spuiten
imidacloprid
    Admire O-Teq

WORTELROT *Pythium* **soorten**
gewasbehandeling door spuiten
etridiazool
    AAterra ME

ZWARTE-VLEKKENZIEKTE *Didymella ligulicola*
gewasbehandeling door spuiten
chloorthalonil
    Budget Chloorthalonil 500 SC, Daconil 500 Vloeibaar

Cimicifuga soorten CIMICIFUGA

AALTJES destructoraaltje *Ditylenchus destructor*
- gezond uitgangsmateriaal gebruiken.
- grond stomen.
- resistente rassen telen.
- ruime vruchtwisseling toepassen.
- warmwaterbehandeling toepassen.
signalering:
- grondonderzoek laten uitvoeren.

Cissus soorten CISSUS

BLADVAL zoutovermaat
- goed gietwater en een goed doorlatend grondmengsel gebruiken.

Clematis soorten BOSRANK

AFSTERVING *Coniothyrium clematidis-rectae*
gewasbehandeling door spuiten
propiconazool
    Tilt 250 EC

ECHTE MEELDAUW *Erysiphe aquilegiae*
gewasbehandeling door spuiten
propiconazool
    Tilt 250 EC

ROEST *Coleosporium tussilaginis*
gewasbehandeling door spuiten
propiconazool
    Tilt 250 EC

VERWELKINGSZIEKTE *Phoma clematidina*
gewasbehandeling door spuiten
propiconazool
    Tilt 250 EC

VERWELKINGSZIEKTE *Verticillium albo-atrum*
plantbehandeling door gieten
thiofanaat-methyl
    Topsin M Vloeibaar

Clerodendrum soorten CLERODENDRUM

SCHEUTGROEI, voorkomen van
gewasbehandeling door spuiten
daminozide
    Alar 64 SP, Alar 85 SG, Dazide Enhance, Holland Fytozide, Imex-Daminozide SG

Codiaeum soorten CROTON

BLADVAL complex non-parasitaire factoren
- bijverschijnselen van diverse andere aantastingen zoals wortelrot en spint.
- te hoge zoutconcentratie (EC) voorkomen.
- veel te lage lichtintensiteit voorkomen.
- voor een regelmatige klimaatsbeheersing zorgen waardoor schokken in de verdamping voorkomen worden.
- voor goede groeiomstandigheden zorgen.

BLADVLEKKENZIEKTE *Glomerella cingulata*
- onderdoor water geven.
- relatieve luchtvochtigheid (RV) laag houden door stoken en/of luchten.

VOET- EN WORTELROT *Thanatephorus cucumeris*
Pythium soorten
signalering:
- vast laten stellen welke schimmel de ziekteveroorzaker is.

Coleus blumei SIERNETEL

SCHEUTGROEI, voorkomen van
gewasbehandeling door spuiten
daminozide
    Alar 64 SP, Alar 85 SG, Dazide Enhance, Holland Fytozide, Imex-Daminozide SG

Cordyline soorten CORDYLINE

BACTERIEVERWELKINGSZIEKTE *Erwinia chrysanthemi*
- aangetaste planten(delen) verwijderen, grond en turfmolm verversen, tablet ontsmetten.
- hoge relatieve luchtvochtigheid (RV) en hoge temperatuur voorkomen.
- moerplanten om de 2 tot 3 jaar vervangen.
- stekmes dompelen in spiritus en afbranden.

RUPSEN bananenvlinder *Opogona sacchari*
DIT IS EEN QUARANTAINE-ORGANISME

STENGEL- EN WORTELROT *Phytophthora palmivora,*
Fusarium **soorten**
- aangetaste planten(delen) verwijderen.

Crassula soorten CRASSULA

BLADVLEKKENZIEKTE *Cylindrocladium candela-*
brum
- aangetaste planten(delen) verwijderen en afvoeren.

VERWELKINGSVERSCHIJNSELEN *Fusarium*
oxysporum
- aangetaste planten(delen) verwijderen.
- gereedschap en andere materialen schoonmaken en ontsmetten.
- gewas zo droog mogelijk houden.
- gewasresten verwijderen.
- gezond uitgangsmateriaal gebruiken.
- grond en/of substraat stomen (drain stomen of stomen met
onderdruk).
- hoogst geplaatste scheutjes als stek nemen.
- inregenen of lekken van kassen voorkomen.
- resistente of minder vatbare rassen telen.
- ruime vruchtwisseling toepassen.
- schoenen ontsmetten.
- te hoge zoutconcentratie (EC) en overmatige vochtigheid van
de grond voorkomen.
- zaad een warmwaterbehandeling geven.
- ziektevrij gietwater (leiding- of bronwater) of ontsmet drain-,
oppervlakte- en regenwater gebruiken.
- zo hoog mogelijk planten.

Crocus soorten KROKUS

AALTJES stengelaaltje *Ditylenchus dipsaci*
DIT IS EEN QUARANTAINE-ORGANISME

Cupressocyparis soorten CUPRESSOCYPARIS

INSNOERINGSZIEKTE *Pestalotiopsis funerea*
- aangetaste planten(delen) verwijderen.
- minder vatbare typen telen.

TAKSTERFTE *Kabatina juniperi*
- aangetaste planten(delen) verwijderen.
- beschadiging voorkomen, behandelen indien beschadigd.
- ruime plantafstand aanhouden.
- snelle groei voorkomen.

Curcuma longa CURCUMA

BRUINROT *Ralstonia solanacearum*
- aangetaste planten(delen) verwijderen en afvoeren.
- bedrijfshygiëne stringent doorvoeren.
- grond en/of substraat stomen of vervangen.
- handen en gereedschap regelmatig ontsmetten.
- kas en gereedschap ontsmetten.
- niet over het gewas gieten.

Cyclamen soorten CYCLAMEN

BACTERIEKNOLROT *Erwinia carotovora subsp.*
carotovora
Erwinia chrysanthemi
- aangetaste planten(delen) verwijderen en afvoeren.
- hoge relatieve luchtvochtigheid (RV) en hoge temperatuur
voorkomen.
- voor optimale groeiomstandigheden zorgen.

BLADMISVORMING erfelijke oorzaak
- tijdens de opkweek van jonge plantjes te lage temperatuur
en te grote schommelingen in het kasklimaat voorkomen.
Omdat deze verschijnselen deels op erfelijke eigenschappen
lijken te berusten moet van planten met deze afwijking geen
zaad worden gewonnen.

GLOEOSPORIUM-ROT *Gloeosporium cyclaminis*
- aangetaste planten(delen) verwijderen.

HARTROT *Botryotinia fuckeliana*
- relatieve luchtvochtigheid (RV) laag houden door stoken en/
of luchten.
- ruime plantafstand aanhouden.
- weinig schermen.
plantbehandeling door gieten
thiofanaat-methyl
    Topsin M Vloeibaar

KIEMPLANTENZIEKTE *Pythium* **soorten**
plantbehandeling door gieten
Streptomyces griseoviridis k61 isolate
    Mycostop

KRULBLADZIEKTE *Colletotrichum acutatum*
- aangetaste planten(delen) verwijderen.
- gezond uitgangsmateriaal gebruiken.
- onderdoor water geven.

VERWELKINGSZIEKTE *Fusarium oxysporum f.sp.*
cyclaminis
plantbehandeling door gieten
Streptomyces griseoviridis k61 isolate
    Mycostop
plantbehandeling op plantenbed door aangieten
Streptomyces griseoviridis k61 isolate
    Mycostop

WORTELROT *Nectria radicicola*
- droog telen.
- nieuwe of ontsmette potten gebruiken.
- pot- en kuilgrond ontsmetten.

WORTEL-/ZACHTROT *Pythium* **soorten**
plantbehandeling door gieten
Streptomyces griseoviridis k61 isolate
    Mycostop
plantbehandeling op plantenbed door aangieten
Streptomyces griseoviridis k61 isolate
    Mycostop

Cytisus soorten BREM

BLADVLEKKENZIEKTE *Pleiochaeta setosa*
gewasbehandeling door spuiten
chloorthalonil
    Budget Chloorthalonil 500 SC, Daconil 500 Vloeibaar

STENGELBASISROT *Phytophthora cactorum*
- grond goed ontwateren.
- onderdoor water geven.
- ruime plantafstand aanhouden.

VOETROT phytophthora soorten *Phytophthora*
soorten
- bij hergebruik van potten deze laten bestralen of spoelen.
- grond goed ontwateren en/of voor luchtige pot- en stekgrond
zorgen.
- voor snelle weggroei na planten of potten zorgen.

WORTELROT *Phytophthora cinnamomi*
- grond goed ontwateren.
- optimale zoutconcentratie (EC) en een regelmatige vocht-
toestand nastreven.

2.8 Ziekten en plagen bloemisterij

- ziektevrij gietwater (leiding- of bronwater) of ontsmet drain-, oppervlakte- en regenwater gebruiken.

Dahlia soorten DAHLIA

AALTJES maiswortelknobbelaaltje *Meloidogyne chitwoodi*
DIT IS EEN QUARANTAINE-ORGANISME

MIJTEN bonenspintmijt *Tetranychus urticae*
gewasbehandeling door spuiten
abamectin
> Abamectine HF-G, Budget Abamectine 18 EC, Imex-Abamactine 2, Parimco Abamectine Nieuw, Vectine Plus, Vertimec Gold, Wopro Abamectin

SCHEUTGROEI, voorkomen van
gewasbehandeling door spuiten
daminozide
> Alar 64 SP, Alar 85 SG, Dazide Enhance, Holland Fytozide, Imex-Daminozide SG

Delphinium hybrida RIDDERSPOOR

BACTERIEZIEKTE *Pseudomonas syringae pv. delphinii*
- aangetaste planten(delen) verwijderen en afvoeren.
- beschadiging voorkomen, behandelen indien beschadigd.
- besmetting van gietwater voorkomen.
- gezond uitgangsmateriaal gebruiken, eventueel uit meris-teemcultuur.
- grond en/of substraat stomen.
- handen en gereedschap regelmatig ontsmetten.
- hoge relatieve luchtvochtigheid (RV) en (bodem)temperatuur voorkomen door te luchten.
- huisdieren uit de kas weren.
- natslaan van gewas en guttatie voorkomen.
- onderdoor water geven.
- per afdeling aparte jassen gebruiken.
- ruime plantafstand aanhouden.
- schoenen ontsmetten.
- tijdelijk met recirculeren stoppen.
- voor goede groeiomstandigheden zorgen.
- weelderige groei voorkomen.
- wegwerphandschoenen gebruiken en deze zo vaak mogelijk vernieuwen.
- zo min mogelijk verschillende personen toelaten in de afde-ling waar een aantasting is waargenomen.

BLADVLEKKENZIEKTE *Ascochyta* soorten
gewasbehandeling door spuiten
chloorthalonil
> Budget Chloorthalonil 500 SC, Daconil 500 Vloeibaar

ECHTE MEELDAUW *Sphaerotheca fusca*
- gezond uitgangsmateriaal gebruiken.
- resistente of minder vatbare rassen telen.
gewasbehandeling door spuiten
kresoxim-methyl
> Kenbyo FL

ECHTE MEELDAUW *Erysiphe* soorten
gewasbehandeling door spuiten
kresoxim-methyl
> Kenbyo FL

KROONROT *Athelia rolfsii var. delphinii*
- aangetaste planten(delen) verwijderen en vernietigen.
- besmette partijen vernietigen.
- planten na het rooien snel laten drogen.

WORTELROT *Phytophthora cinnamomi*
plantvoetbehandeling door gieten
dimethomorf

> Paraat

WORTELROT *Phytophthora* soorten
gewasbehandeling door spuiten
fosetyl / fosetyl-aluminium / propamocarb
> Previcur Energy

Dianthus barbatus DUIZENDSCHOON

ROEST *Puccinia allii*
gewasbehandeling door spuiten
fenpropimorf
> Corbel

ROEST *Puccinia arenariae*
- aangetaste planten(delen) verwijderen.

Dianthus caryophyllus ANJER

AALTJES stengelaaltje *Ditylenchus dipsaci*
DIT IS EEN QUARANTAINE-ORGANISME

SPAT *Mycosphaerella dianthi*
gewasbehandeling door spuiten
chloorthalonil
> Budget Chloorthalonil 500 SC, Daconil 500 Vloeibaar

VIRUSZIEKTEN anjer-etsvirus, anjervlekkenvirus
- door NAK-B gekeurd uitgangsmateriaal gebruiken.

VOETZIEKTE fusarium soorten *Fusarium* soorten
plantbehandeling door dompelen
Streptomyces griseoviridis k61 isolate
> Mycostop
plantbehandeling door gieten
Streptomyces griseoviridis k61 isolate
> Mycostop
plantbehandeling op plantenbed door aangieten
Streptomyces griseoviridis k61 isolate
> Mycostop

WORTELAFSTERVING pythium soorten *Pythium* soorten
plantbehandeling door dompelen
Streptomyces griseoviridis k61 isolate
> Mycostop
plantbehandeling door gieten
Streptomyces griseoviridis k61 isolate
> Mycostop

Dianthus soorten ANJER

AALTJES geel bietencysteaaltje *Heterodera trifolii*, wortelknobbelaaltje noordelijk wortelknobbelaaltje *Meloidogyne hapla*, wortelknobbelaaltje vals wortelknobbelaaltje *Meloidogyne arenaria*, wortelknobbelaaltje warmteminnend wortelknobbelaaltje *Meloidogyne incognita*, wortelknobbelaaltje warmteminnend wortelknobbelaaltje *Meloidogyne javanica*
- gezond uitgangsmateriaal gebruiken.
- grond en/of substraat ontsmetten.
- grond stomen.
- resistente rassen telen.
- ruime vruchtwisseling toepassen.
signalering:
- grondonderzoek laten uitvoeren.

AALTJES gewoon wortellesieaaltje *Pratylenchus penetrans*
- aaltjesonderdrukkende voorteelt van *Tagetes*-soorten (afri-kaantje) gedurende minimaal 3 maanden toepassen.
- besmette grond en/of substraat ontsmetten of inunderen.
- biologische grondontsmetting toepassen.

- grond stomen.
- pH door bekalking verhogen.
- resistente rassen telen.
- vruchtwisseling toepassen. Bij vatbare gewassen granen, maïs, grassen, aardappel, knolselderij, peen en vlinderbloemigen als voorvrucht vermijden. Biet en kruisbloemigen zijn goede voorvruchten.

signalering:
- grondonderzoek laten uitvoeren.

AALTJES stengelaaltje *Ditylenchus dipsaci*
DIT IS EEN QUARANTAINE-ORGANISME

BLADVLEKKENZIEKTE *Alternaria dianthi*
gewasbehandeling door spuiten
chloorthalonil
Budget Chloorthalonil 500 SC, Daconil 500 Vloeibaar
propiconazool
Tilt 250 EC

BLADVLEKKENZIEKTE *Alternaria dianthicola*
gewasbehandeling door spuiten
propiconazool
Tilt 250 EC

BLADVLEKKENZIEKTE *Glomerella cingulata*
gewasbehandeling door spuiten
propiconazool
Tilt 250 EC

ECHTE MEELDAUW *Oidium* soorten
- aangetaste planten(delen) verwijderen.
- gereedschap en andere materialen schoonmaken en ontsmetten.
- gewasresten verwijderen.
- gezond uitgangsmateriaal gebruiken.
- inregenen of lekken van kassen voorkomen.
- resistente of minder vatbare rassen telen.
- ruime vruchtwisseling toepassen.
- te sterke luchtverplaatsing en tocht bij deuren voorkomen.
gewasbehandeling door spuiten
propiconazool
Tilt 250 EC

ROEST *Puccinia arenariae*
gewasbehandeling door spuiten
propiconazool
Tilt 250 EC

ROEST *Uromyces dianthi*
- aangetaste planten(delen) verwijderen.
- gereedschap en andere materialen schoonmaken en ontsmetten.
- gewasresten verwijderen.
- gezond uitgangsmateriaal gebruiken.
- inregenen of lekken van kassen voorkomen.
- onderdoor water geven.
- relatieve luchtvochtigheid (RV) laag houden door stoken en/of luchten.
- resistente of minder vatbare rassen telen.
- ruime vruchtwisseling toepassen.
gewasbehandeling door spuiten
propiconazool
Tilt 250 EC

SPAT *Mycosphaerella dianthi*
gewasbehandeling door spuiten
propiconazool
Tilt 250 EC

TRIPSEN californische trips *Frankliniella occidentalis*
- akkerranden kort houden.
- gezond uitgangsmateriaal gebruiken.

- grond en/of substraat stomen.
- insectengaas 0,8 x 0,8 mm aanbrengen.
- minder vatbare rassen telen.
- natuurlijke vijanden inzetten of stimuleren.
- onkruid bestrijden.
- plastic bij teeltwisseling vervangen.
- vruchtwisseling toepassen.
signalering:
- gele of blauwe vangplaten ophangen.

VOETZIEKTE *Fusarium* soorten
- aangetaste planten(delen) verwijderen.
- gereedschap en andere materialen schoonmaken en ontsmetten.
- gewasresten verwijderen.
- gezond uitgangsmateriaal gebruiken.
- grond en/of substraat stomen (drain stomen of stomen met onderdruk).
- inregenen of lekken van kassen voorkomen.
- resistente of minder vatbare rassen telen.
- ruime vruchtwisseling toepassen.
- schoenen ontsmetten.
- te hoge zoutconcentratie (EC) en overmatige vochtigheid van de grond voorkomen.
- zaad een warmwaterbehandeling geven.
- ziektevrij gietwater (leiding- of bronwater) of ontsmet drain-, oppervlakte- en regenwater gebruiken.
- zo hoog mogelijk planten.

WORTELAFSTERVING *Pythium* soorten
- aangetaste planten(delen) verwijderen.
- bemesten met GFT-compost onderdrukt *Pythium* in de grond.
- betonvloer schoon branden.
- gereedschap en andere materialen schoonmaken en ontsmetten.
- gewasresten verwijderen.
- gezond uitgangsmateriaal gebruiken.
- grond en/of substraat stomen.
- hoog stikstofgehalte voorkomen.
- inregenen of lekken van kassen voorkomen.
- niet in te koude of te natte grond planten.
- resistente of minder vatbare rassen telen.
- ruime vruchtwisseling toepassen.
- schoenen ontsmetten.
- schommelingen in de zoutconcentratie (EC) en in temperatuur voorkomen.
- structuur van de grond verbeteren.
- te hoge zoutconcentratie (EC) en overmatige vochtigheid van de grond voorkomen.
- temperatuurschommelingen voorkomen.
- voor voldoende luchtige potgrond zorgen.
- ziektevrij gietwater (leiding- of bronwater) of ontsmet drain-, oppervlakte- en regenwater gebruiken.

Dieffenbachia maculata DIEF VAN BAGDAD

BACTERIEVERWELKINGSZIEKTE *Erwinia chrysanthemi*
- aangetaste planten verwijderen, grond en turfmolm verversen, tablet ontsmetten.
- hoge relatieve luchtvochtigheid (RV) en hoge temperatuur voorkomen.
- moerplanten om de 2 tot 3 jaar vervangen.
- stekmes dompelen in spiritus en afbranden.

BLADVLEKKENZIEKTE *Phaeosphaeria eustoma*
- relatieve luchtvochtigheid (RV) laag houden door stoken en/of luchten, speciaal bij pas geïmporteerde partijen.

VIRUSZIEKTEN tomatenbronsvlekkenvirus
- bij tomatenbronsvlekkenvirus hoeft niet de hele plant te worden vernietigd, maar kan met vernietiging van plantdelen met symptomen worden volstaan.

Dracaena soorten DRACAENA

BACTERIEVERWELKINGSZIEKTE *Erwinia chrysanthemi*
- aangetaste planten(delen) verwijderen, grond en turfmolm verversen, tablet ontsmetten.
- hoge relatieve luchtvochtigheid (RV) en hoge temperatuur voorkomen.
- moerplanten om de 2 tot 3 jaar vervangen.
- stekmes dompelen in spiritus en afbranden.

RUPSEN bananenvlinder *Opogona sacchari*
DIT IS EEN QUARANTAINE-ORGANISME

STENGEL- EN WORTELROT *Phytophthora palmivora, Fusarium* soorten
- aangetaste planten(delen) verwijderen.

Echeveria soorten ECHEVERIA

BLADVLEKKENZIEKTE *Cylindrocladium candelabrum*
- aangetaste planten(delen) verwijderen en afvoeren.

VERWELKINGSVERSCHIJNSELEN *Fusarium oxysporum*
- gewas zo droog mogelijk houden.
- hoogst geplaatste scheutjes als stek nemen.

Echinops soorten KOGELDISTEL

VOETROT *Phytophthora* soorten
plantvoetbehandeling door gieten
dimethomorf
    Paraat
gewasbehandeling door spuiten
fosetyl / fosetyl-aluminium / propamocarb
    Previcur Energy

Epipremnum pinnatum EPIPREMNUM

BLADVLEKKEN hoge luchtvochtigheid
- groei stimuleren door het geven van een zogenaamde temperatuursstoot (droogstoken).
- ruime plantafstand aanhouden.
- water- en meststofgift aanpassen.

Euphorbia pulcherrima KERSTSTER

BLADMISVORMING onbekende factor
- geen stek van afwijkende moerplanten nemen.

GEWASGROEI, afremmen van
gewasbehandeling door spuiten
chloormequat
    Agrichem CCC 750, CeCeCe, Stabilan
paclobutrazol
    Bonzi

WITTEVLIEGEN kaswittevlieg *Trialeurodes vaporariorum*, tabakswittevlieg *Bemisia tabaci s.l.*
gewasbehandeling door spuiten
pyriproxyfen
    Admiral

Euryops soorten EURYOPS

ROEST *Coleosporium tussilaginis*
gewasbehandeling door spuiten
propiconazool
    Tilt 250 EC

SCHIMMELS
gewasbehandeling door spuiten

propiconazool
    Tilt 250 EC

Eustoma soorten EUSTOMA

STENGELBASISROT *Phytophthora* soorten
plantvoetbehandeling door gieten
dimethomorf
    Paraat

Fatsia soorten VINGERPLANT

BLAD- EN STENGELVLEKKENZIEKTE *Colletotrichum trichellum*
gewasbehandeling door spuiten
propiconazool
    Tilt 250 EC

BLADVLEKKENZIEKTE *Alternaria panax, Glomerella cingulata, Phoma hedericola*
gewasbehandeling door spuiten
propiconazool
    Tilt 250 EC

SCHIMMELS
gewasbehandeling door spuiten
propiconazool
    Tilt 250 EC

Ficus soorten FICUS

AALTJES ficuscysteaaltje *Heterodera fici*
- bedrijfshygiëne stringent doorvoeren en verse grond en nieuwe potten en dergelijke gebruiken.
- besmette grond in de zomer 6 tot 8 weken inunderen.
- grond stomen.
- resistente rassen telen.
- ruime vruchtwisseling toepassen.
signalering:
- grondonderzoek laten uitvoeren.

BLADVLEKKEN hoge luchtvochtigheid
- voor optimale groeiomstandigheden zorgen.

BLADVLEKKENZIEKTE *Glomerella cingulata*
- aangetaste planten(delen) verwijderen.
- gereedschap en andere materialen schoonmaken en ontsmetten.
- gewasresten verwijderen.
- gezond uitgangsmateriaal gebruiken.
- inregenen of lekken van kassen voorkomen.
- minder vatbare of resistente rassen telen.
- natslaan van gewas en guttatie voorkomen.
- relatieve luchtvochtigheid (RV) laag houden door stoken en/of luchten.
- sterke schommelingen in relatieve luchtvochtigheid (RV) en temperatuur voorkomen.
- vruchtwisseling toepassen.

Forsythia soorten CHINEES KLOKJE

ZWART *Pseudomonas syringae*
- aangetaste planten(delen) met grond verwijderen.
- beschadiging voorkomen, behandelen indien beschadigd.
- geen overmatige stikstofbemesting geven.
- gezond uitgangsmateriaal gebruiken.
- onderdoor water geven.
- relatieve luchtvochtigheid (RV) laag houden door stoken en/of luchten.
- ruime plantafstand aanhouden.
- snoeigereedschap ontsmetten.
- voor goede groeiomstandigheden zorgen.

Fritillaria soorten FRITILLARIA

WORTELROT *Pythium* **soorten**
- bemesten met GFT-compost onderdrukt *Pythium* in de grond.
- grond goed ontwateren.
- ruime vruchtwisseling toepassen.

Fuchsia soorten BELLENPLANT

ROEST *Pucciniastrum epilobii f.sp. palustris*
- gewas bovengronds droog houden.
- Godetia niet in de omgeving telen. Ook wilgenroosje, Abies (den), teunisbloem en bastaardwederik zijn goede waardplanten.
- sterk aangetaste planten vernietigen.

VOETROT phytophthora soorten *Phytophthora* **soorten**
- nieuwe of ontsmette plantenbakken en gezonde grond gebruiken.
- te natte grond voorkomen.

Gaillardia soorten KOKARDEBLOEM

VALSE MEELDAUW *Peronospora* **soorten**
gewasbehandeling door spuiten
fosetyl / fosetyl-aluminium / propamocarb
    Previcur Energy

Galanthus nivalis SNEEUWKLOKJE

AALTJES stengelaaltje *Ditylenchus dipsaci*
DIT IS EEN QUARANTAINE-ORGANISME

AALTJES wortellesieaaltje *Pratylenchus* **soorten**
- aaltjesonderdrukkende voorteelt van *Tagetes*-soorten (afrikaantje) gedurende minimaal 3 maanden toepassen.
- besmette grond en/of substraat ontsmetten of inunderen.
- biologische grondontsmetting toepassen.
- pH door bekalking verhogen.
- vruchtwisseling toepassen. Bij vatbare gewassen granen, maïs, grassen, aardappel, knolselderij, peen en vlinderbloemigen als voorvrucht vermijden. Biet en kruisbloemigen zijn goede voorvruchten.

VUUR *Stagonosporopsis curtisii*
- besmette grond in de zomer 6 tot 8 weken inunderen.
- bloemen koppen en verwijderen.
- grond ploegen zodat deze aan de oppervlakte vrij is van sporen en sclerotiën.
- opslag en stekers vroeg in het voorjaar verwijderen.
- vruchtwisseling toepassen van minimaal 1 op 3.
- zwaar gewas, dichte stand en te hoge relatieve luchtvochtigheid (RV) voorkomen.

Gardenia soorten GARDENIA

BLADVLEKKENZIEKTE *Phoma gardenia*
gewasbehandeling door spuiten
propiconazool
    Tilt 250 EC

SCHIMMELS
gewasbehandeling door spuiten
propiconazool
    Tilt 250 EC

Gaultheria soorten BERGTHEE

BLADVLEKKEN EN TAKSTERFTE *Glomerella cingulata*
- aangetaste planten(delen) in de winter verwijderen.
- gereedschap en andere materialen schoonmaken en ontsmetten.

- gewasresten verwijderen.
- gezond uitgangsmateriaal gebruiken.
- inregenen of lekken van kassen voorkomen.
- natslaan van gewas en guttatie voorkomen.
- relatieve luchtvochtigheid (RV) laag houden door stoken en/ of luchten.
- resistente of minder vatbare rassen telen.
- ruime vruchtwisseling toepassen.
- schoenen ontsmetten.
- zaad een warmwaterbehandeling geven.
gewasbehandeling door spuiten
chloorthalonil
    Budget Chloorthalonil 500 SC, Daconil 500 Vloeibaar

Geranium soorten OOIEVAARSBEK

VALSE MEELDAUW *Peronospora* **soorten**
gewasbehandeling door spuiten
fosetyl / fosetyl-aluminium / propamocarb
    Previcur Energy

Gerbera jamesonii GERBERA

BLADLUIZEN *Aphididae, boterbloemluis Aulacorthum solani, groene perzikluis Myzus persicae, katoenluis Aphis gossypii, zwarte bonenluis Aphis fabae*
gewasbehandeling door spuiten
imidacloprid
    Admire O-Teq

cercospora gerberae *Cercospora gerberae*
gewasbehandeling door spuiten
propiconazool
    Tilt 250 EC

ECHTE MEELDAUW *Erysiphe cichoracearum*
gewasbehandeling door spuiten
propiconazool
    Tilt 250 EC

FUSARIUMZIEKTEN *Fusarium* **soorten**
plantbehandeling door gieten
Streptomyces griseoviridis k61 isolate
    Mycostop

MIJTEN bonenspintmijt *Tetranychus urticae*
gewasbehandeling door spuiten
spiromesifen
    Oberon

OIDIUM CITRULLI *Oidium citrulli*
gewasbehandeling door spuiten
bupirimaat
    Nimrod Vloeibaar
propiconazool
    Tilt 250 EC

WITTEVLIEGEN kaswittevlieg *Trialeurodes vaporariorum*
gewasbehandeling door spuiten
spiromesifen
    Oberon
imidacloprid
    Admire O-Teq

WORTEL-/ZACHTROT *Pythium* **soorten**
plantbehandeling door gieten
Streptomyces griseoviridis k61 isolate
    Mycostop

2.8 Ziekten en plagen bloemisterij

Gloxinia soorten GLOXINIA

SCHEUTGROEI, voorkomen van
gewasbehandeling door spuiten
daminozide
 Alar 64 SP, Alar 85 SG, Dazide Enhance, Holland Fytozide, Imex-Daminozide SG

Guzmania minor GUZMANIA

BLOEI, geen of onvoldoende
gewasbehandeling door spuiten
ethefon
 Ethrel-A

Guzmania soorten GUZMANIA

VOCHTSTIPPEN hoge luchtvochtigheid
- relatieve luchtvochtigheid (RV) laag houden door stoken en/ of luchten.

Hebe soorten STRUIKVERONICA

BLADVLEKKENZIEKTE *Septoria veronicae*
- aangetaste planten(delen) verwijderen.
- afgevallen bladeren verwijderen.
- gereedschap en andere materialen schoonmaken en ont-smetten.
- gewasresten verwijderen.
- gezond uitgangsmateriaal gebruiken.
- inregenen of lekken van kassen voorkomen.
- minder vatbare of resistente rassen telen.
- natslaan van gewas en guttatie voorkomen.
- planten in pot niet onder regenleiding telen.
- relatieve luchtvochtigheid (RV) laag houden door stoken en/ of luchten.
- vruchtwisseling toepassen.
gewasbehandeling door spuiten
chloorthalonil
 Budget Chloorthalonil 500 SC, Daconil 500 Vloeibaar

BLADVLEKKENZIEKTE *Alternaria* soorten
gewasbehandeling door spuiten
chloorthalonil
 Budget Chloorthalonil 500 SC, Daconil 500 Vloeibaar

VALSE MEELDAUW *Peronospora grisea*
gewasbehandeling door spuiten
fosetyl / fosetyl-aluminium / propamocarb
 Previcur Energy

VALSE MEELDAUW *Peronospora* soorten
gewasbehandeling door spuiten
fosetyl / fosetyl-aluminium / propamocarb
 Previcur Energy

Hedera helix KLIMOP

BLAD- EN STENGELVLEKKENZIEKTE *Colletotrichum trichellum*
- beschadiging voorkomen.
- gezond uitgangsmateriaal gebruiken.
- onderdoor water geven.
gewasbehandeling door spuiten
propiconazool
 Tilt 250 EC

BLADVLEKKENZIEKTE *Glomerella cingulata*
gewasbehandeling door spuiten
chloorthalonil
 Budget Chloorthalonil 500 SC, Daconil 500 Vloeibaar
propiconazool
 Tilt 250 EC

BLADVLEKKENZIEKTE *Phoma hedericola*
gewasbehandeling door spuiten
propiconazool
 Tilt 250 EC

MIJTEN cyclamenmijt *Phytonemus pallidus*
- relatieve luchtvochtigheid (RV) laag houden door stoken en/ of luchten.

VETVLEKKENZIEKTE *Xanthomonas hortorum pv. hederae*
- aangetaste planten(delen) verwijderen.
- besmetting van gietwater voorkomen.
- gezond uitgangsmateriaal gebruiken, eventueel uit meris-teemcultuur.
- kas luchten en niet veel schermen.
- onderdoor water geven.
- planten in een droog en koel klimaat opkweken.
- planten voldoende ruim zetten.
- regelmatig opbinden waardoor het gewas droger blijft.
- voldoende kali toedienen en niet overmatig stikstof geven.

Helianthus soorten ZONNEBLOEM

ECHTE MEELDAUW *Erysiphe cichoracearum*
gewasbehandeling door spuiten
propiconazool
 Tilt 250 EC

puccinia helianthi *Puccinia helianthi*
gewasbehandeling door spuiten
propiconazool
 Tilt 250 EC

septoria helianthi *Septoria helianthi*
gewasbehandeling door spuiten
propiconazool
 Tilt 250 EC

VALSE MEELDAUW *Plasmopara halstedii*
gewasbehandeling door spuiten
dimethomorf
 Paraat

Heliotropium soorten HELIOTROOP

BLADVLEKKENZIEKTE *Glomerella cingulata*
gewasbehandeling door spuiten
propiconazool
 Tilt 250 EC

SCHIMMELS
gewasbehandeling door spuiten
propiconazool
 Tilt 250 EC

Helleborus niger KERSTROOS

BLOEI, geen of onvoldoende
gewasbehandeling door spuiten
gibberella zuur A3 / gibberelline A4 + A7 / gibberellinezuur
 Falgro
gibberella zuur A3 / gibberellinezuur
 Berelex
gibberelline A4 + A7 / gibberellinezuur
 Valioso

ZWARTE-BLADVLEKKENZIEKTE *Coniothyrium hellebori*
gewasbehandeling door spuiten
chloorthalonil
 Budget Chloorthalonil 500 SC, Daconil 500 Vloeibaar

Hibiscus soorten CHINESE ROOS

BLADVAL hoge luchtvochtigheid
- relatieve luchtvochtigheid (RV) laag houden door stoken en/ of luchten.

GROEI, bevorderen van gelijkmatige
gewasbehandeling door spuiten
chloormequat
Agrichem CCC 750, CeCeCe, Stabilan

KNOPVAL temperatuurschommelingen
- potkluiten niet te sterk laten uitdrogen.
- sterke schommelingen in relatieve luchtvochtigheid (RV) en temperatuur voorkomen.

Hippeastrum hybrida AMARYLLIS HYBRIDEN

MIJTEN bollenmijt *Rhizoglyphus robini*
- natuurlijke vijanden inzetten of stimuleren.

MIJTEN narcismijt *Steneotarsonemus laticeps*
gewasbehandeling door spuiten
pyridaben
Aseptacarex

TRIPSEN amaryllistrips *Frankliniella fusca, californische trips Frankliniella occidentalis, tabakstrips Thrips tabaci*
- natuurlijke vijanden inzetten of stimuleren.
signalering:
- blauwe vangplaten ophangen.

Hyacinthus orientalis HYACINT

AALTJES destructoraaltje *Ditylenchus destructor*
- besmette grond in de zomer 6 tot 8 weken inunderen.
- grond stomen.
- indien beschikbaar, resistente rassen telen.

AALTJES stengelaaltje *Ditylenchus dipsaci*
DIT IS EEN QUARANTAINE-ORGANISME

BEWAARROT *Penicillium* soorten
- beschadiging bij de oogst en het verwerken voorkomen.
- bollen niet langer dan twee weken droog koelen. Hierbij inbegrepen is de periode van transport en de wachttijd tot het planten. De resterende weken droge koeling moeten dan in opgeplante toestand worden gegeven en dus bij de koudeperiode worden geteld.

GROENE KOPPEN complex non-parasitaire factoren
- bij de temperatuurbehandeling voor vroege bloei de periode bij 23 °C of 20 °C vrij ruim nemen.
- indien de bodemtemperatuur gedurende de eerste tijd na het planten enige tijd boven de 13 °C ligt of indien de temperatuur enkele weken circa 5 °C is of lager, de koudeperiode enigszins verlengen.
- koudeperiode voldoende lang aanhouden.
- na het planten de temperatuur beneden de 5 °C zoveel mogelijk voorkomen, de meest gunstige temperatuur is 9 °C.

LISSERS fytoplasma *Phytoplasma*
- vroeg rooien en/of doodspuiten van het gewas in warme zomers kan de kans op infectie verminderen.

MIJTEN bollenmijt *Rhizoglyphus robini*
- gave bollen gebruiken. Dit geld met name voor bollen die bestemd zijn voor hollen of snijden.

ROTKOPPEN *Penicillium hirsutum*
- kastemperatuur tijdens de broei niet sterk verlagen.
- leverbare planten droog en luchtig opslaan.
- topnagelverdroging voorkomen.

SPOUWERS mechanisch ziekte
- opgeplante bollen op het goede tijdstip in de kas brengen.

VIRUSZIEKTEN grijs of mozaïek hyacintenmozaïek-virus
- aangetaste planten verwijderen voordat er luis optreedt.

Hydrangea soorten HORTENSIA

BLADVLEKKENZIEKTE *Phoma exigua var. exigua*
gewasbehandeling door spuiten
propiconazool
Tilt 250 EC

BLADVLEKKENZIEKTE *Septoria hydrangeae*
gewasbehandeling door spuiten
chloorthalonil
Budget Chloorthalonil 500 SC, Daconil 500 Vloeibaar
propiconazool
Tilt 250 EC

BLOEMKNOPVERDROGING zoutovermaat
- niet te vroeg in bloei trekken.
signalering:
- zoutconcentratie (EC) van de grond bepalen.
signalering:
- zoutconcentratie (EC) van de grond bepalen.

ECHTE MEELDAUW *Oidium hortensiae*
gewasbehandeling door spuiten
propiconazool
Tilt 250 EC

SCHEUTGROEI, voorkomen van
gewasbehandeling door spuiten
daminozide
Alar 64 SP, Alar 85 SG, Dazide Enhance, Holland Fytozide, Imex-Daminozide SG

Hypericum soorten HERTSHOOI

ROEST *Puccinia allii*
gewasbehandeling door spuiten
fenpropimorf
Corbel

Iberis soorten SCHEEFBLOEM

VALSE MEELDAUW *Peronospora* soorten
gewasbehandeling door spuiten
fosetyl / fosetyl-aluminium / propamocarb
Previcur Energy

Impatiens soorten VLIJTIG LIESJE

SCHEUTGROEI, voorkomen van
gewasbehandeling door spuiten
daminozide
Alar 64 SP, Alar 85 SG, Dazide Enhance, Holland Fytozide, Imex-Daminozide SG

Iris soorten IRIS

AALTJES bedrieglijk maiswortelknobbelaaltje *Meloidogyne fallax*
DIT IS EEN QUARANTAINE-ORGANISME

AALTJES destructoraaltje *Ditylenchus destructor*
- besmette grond in de zomer 6 tot 8 weken inunderen.
- grond stomen.
- opslag verwijderen of voorkomen.
- resistente rassen telen.
- ruime vruchtwisseling toepassen.
signalering:

- grondonderzoek laten uitvoeren.

AALTJES maiswortelknobbelaaltje *Meloidogyne chitwoodi*
DIT IS EEN QUARANTAINE-ORGANISME

STINKEND ZACHTROT *Erwinia carotovora subsp. carotovora*
- aangetaste planten(delen) verwijderen.
- besmet beregeningswater niet gebruiken.
- direct na het planten voldoende water geven, daarna naar behoefte bij snel drogend weer.
- in losse, vochtige grond planten.
- insecten die verwondingen veroorzaken bestrijden.
- loof van voorteelten niet in de grond verwerken.

VUUR *Phoma narcissi*
- bloemen koppen en verwijderen.

WORTELROT *Pythium ultimum var. ultimum*
- aangetaste planten(delen) verwijderen.
- bemesten met GFT-compost onderdrukt *Pythium* in de grond.
- betonvloer schoon branden.
- buiten niet te vroeg planten.
- gereedschap en andere materialen schoonmaken en ontsmetten.
- gewasresten verwijderen.
- gezond uitgangsmateriaal gebruiken.
- grond en/of substraat stomen.
- hoog stikstofgehalte voorkomen.
- inregenen of lekken van kassen voorkomen.
- kasgrond stomen.
- minder vatbare of resistente rassen telen.
- niet in te koude of te natte grond planten.
- schommelingen in de zoutconcentratie (EC) en in temperatuur voorkomen.
- structuur van de grond verbeteren.
- temperatuurschommelingen voorkomen.
- voor voldoende luchtige potgrond zorgen.
- voorjaarsbloeiers niet te vroeg planten.
- vruchtwisseling toepassen.
- ziektevrij gietwater (leiding- of bronwater) of ontsmet drain-, oppervlakte- en regenwater gebruiken.
grondbehandeling door spuiten en inwerken
propamocarb-hydrochloride
    Imex-Propamocarb

WORTELROT *Pythium* soorten
potgrondbehandeling door mengen
fenamidone / fosetyl-aluminium
    Fenomenal

Ixia soorten IXIA

RODE-VLEKKENZIEKTE *Thanatephorus cucumeris*
- bij de teelt bij 5 °C in verwarmde kassen en in bewortelingsruimten ondiep planten (bolneus op gelijke hoogte met bovenkant grond) en na het planten de grond behandelen volgens richtlijnen. Om het omhooggroeien en onderhuids bewortelen van de

VUUR *Botryotinia draytonii*
- na het rooien snel drogen (op de droogwand), enkele weken nadrogen en droog bewaren.

Kalanchoe blossfeldiana KALANCHOE BLOSSFELDIANA

BACTERIEVERWELKINGSZIEKTE *Erwinia chrysanthemi*
- aangetaste planten(delen) verwijderen en vernietigen.
- gezond uitgangsmateriaal gebruiken.
- hoge relatieve luchtvochtigheid (RV) en hoge temperatuur voorkomen door te luchten.

- licht telen.
- onderdoor water geven.
- planten ruimer plaatsen, waardoor geen onderling contact kan optreden.

ECHTE MEELDAUW *Oidium calanchoeae*
gewasbehandeling door spuiten
propiconazool
    Tilt 250 EC

GEWASGROEI, afremmen van
gewasbehandeling door spuiten
paclobutrazol
    Bonzi

GRAUWE SCHIMMEL *Botryotinia fuckeliana*
- stekken niet te diep steken.

KURKVORMING lage temperatuur
- planten bij de goede temperatuur (niet lager dan 13 °C) telen.

Lantana soorten LANTANA

SCHIMMELS
gewasbehandeling door spuiten
propiconazool
    Tilt 250 EC

Lavatera soorten LAVATERA

VLEKKENZIEKTE *Colletotrichum malvarum*
- aangetaste planten(delen) verwijderen.
- gewas droog de nacht in laten gaan door alleen 's morgens en/of onderdoor water te geven.
- onderdoor water geven.
gewasbehandeling door spuiten
chloorthalonil
    Budget Chloorthalonil 500 SC, Daconil 500 Vloeibaar

Lilium soorten LELIE

AALTJES aardbeibladaaltje *Aphelenchoides fragariae*, chrysantenbladaaltje *Aphelenchoides ritzemabosi*
- aaltjesvrije trays, potten, grond en gietwater gebruiken.
- aangetaste of afwijkende planten verwijderen en vernietigen.
- afwijkende planten direct verwijderen.
- bassin vrijhouden van waterplanten.
- besmette grond in de zomer 6 tot 8 weken inunderen.
- gewasresten na de oogst onderploegen of verwijderen.
- grond braak laten liggen.
- grond stomen.
- handen en gereedschap regelmatig ontsmetten.
- onderdoor water geven.
- onkruid in en om de kas bestrijden.
- resistente rassen telen.
- ruime vruchtwisseling toepassen.
- schubbollen en het plantgoed een warmwaterbehandeling geven.
- teeltsysteem met aaltjesbesmetting ontsmetten.
- zaad een warmwaterbehandeling geven.
signalering:
- grondonderzoek laten uitvoeren.

AALTJES gewoon wortellesieaaltje *Pratylenchus penetrans*
- aaltjesonderdrukkende voorteelt van *Tagetes*-soorten (afrikaantje) gedurende minimaal 3 maanden toepassen.
- besmette grond en/of substraat ontsmetten of inunderen.
- biologische grondontsmetting toepassen.
- grond stomen.
- pH door bekalking verhogen.
- resistente rassen telen.

- vruchtwisseling toepassen. Bij vatbare gewassen granen, maïs, grassen, aardappel, knolselderij, peen en vlinderbloemigen als voorvrucht vermijden. Biet en kruisbloemigen zijn goede voorvruchten.
signalering:
- grondonderzoek laten uitvoeren.

GRAUWE SCHIMMEL *Botryotinia fuckeliana*
gewasbehandeling door spuiten
folpet / tebuconazool
    Spirit

VIRUSZIEKTEN bruinkringerigheid tulpenmozaïekvirus
- aangetast plantmateriaal verwijderen.
- besmettingsbronnen verwijderen en/of bestrijden.
- gezond uitgangsmateriaal gebruiken.
- onkruid bestrijden.
- overbrengers (vectoren) van virus voorkomen en/of bestrijden.
- resistente of minder vatbare rassen telen.
signalering:
- gewasinspecties uitvoeren.

VUUR *Botrytis elliptica*
gewasbehandeling door spuiten
folpet / tebuconazool
    Spirit

Lobelia soorten LOBELIA

BACTERIEZIEKTE *Xanthomonas campestris pv. lobeliae*
- aangetaste planten(delen) verwijderen en afvoeren.
- beschadiging voorkomen, behandelen indien beschadigd.
- besmetting van gietwater voorkomen.
- gezond uitgangsmateriaal gebruiken, eventueel uit meristeemcultuur.
- grond en/of substraat stomen.
- handen en gereedschap regelmatig ontsmetten.
- hoge relatieve luchtvochtigheid (RV) en (bodem)temperatuur voorkomen door te luchten.
- huisdieren uit de kas weren.
- kas en gereedschap ontsmetten.
- natslaan van gewas en guttatie voorkomen.
- onderdoor water geven.
- per afdeling aparte jassen gebruiken.
- ruime plantafstand aanhouden.
- schoenen ontsmetten.
- tijdelijk met recirculeren stoppen.
- voor goede groeiomstandigheden zorgen.
- weelderige groei voorkomen.
- wegwerphandschoenen gebruiken en deze zo vaak mogelijk vernieuwen.
- zo min mogelijk verschillende personen toelaten in de afdeling waar een aantasting is waargenomen.

Lysimachia soorten WEDERIK

WORTELROT *Phytophthora* soorten
Pythium soorten
gewasbehandeling door spuiten
fosetyl / fosetyl-aluminium / propamocarb
    Previcur Energy

Lythrum soorten KATTESTAART

BLADVLEKKENZIEKTE *Septoria brissaceana*
gewasbehandeling door spuiten
chloorthalonil
    Budget Chloorthalonil 500 SC, Daconil 500 Vloeibaar

Maranta soorten MARANTA

AALTJES aardbeibladaaltje *Aphelenchoides fragariae*
- onderdoor water geven.

AALTJES wortellesieaaltje *Pratylenchus* soorten
- aangetaste moerplanten vernietigen en grond ontsmetten.
- gezond uitgangsmateriaal gebruiken.

BACTERIEZIEKTE *Pseudomonas* soorten
- aangetaste planten(delen) verwijderen.
- bedrijfshygiëne stringent doorvoeren.
- blad droog houden.
- gezond uitgangsmateriaal gebruiken.

Matthiola soorten VIOLIER

SCHEUTGROEI, voorkomen van
gewasbehandeling door spuiten
daminozide
    Dazide Enhance, Holland Fytozide, Imex-Daminozide SG

Narcissus soorten NARCIS

AALTJES krokusknolaaltje *Aphelenchoides subtenuis*
- besmette grond in de zomer 6 tot 8 weken inunderen.
- opslag verwijderen of voorkomen.
- vruchtwisseling toepassen (1 op 4).
signalering:
- bollenmonsters lang bewaren om te zien of een besmetting in de partij aanwezig is.

AALTJES stengelaaltje *Ditylenchus dipsaci*
DIT IS EEN QUARANTAINE-ORGANISME

KWADEGROND *Rhizoctonia tuliparum*
- bollen, buurplanten en de grond tot iets onder de bol verwijderen en de plek markeren wanneer de ziekte voor de eerste maal op een perceel voorkomt.

MIJTEN narcismijt *Steneotarsonemus laticeps*
gewasbehandeling door spuiten
pyridaben
    Aseptacarex

Neoregelia carolinae NESTBROMELIA

BLOEI, geen of onvoldoende
gewasbehandeling door spuiten
ethefon
    Ethrel-A

Nerium oleander OLEANDER

BACTERIEGALZIEKTE *Pseudomonas savastanoi pv. nerii*
- aangetaste planten verwijderen. Stekmes met brandspiritus ontsmetten en afbranden.
- gezond uitgangsmateriaal gebruiken.
- planten niet over de kop gieten.
- zwaar gewas, dichte stand en te hoge relatieve luchtvochtigheid (RV) voorkomen.

Nertera granadensis KORAALMOS

VOETROT *Thanatephorus cucumeris*
- tabletten en bakjes ontsmetten.

2.8 Ziekten en plagen bloemisterij

Nidularium soorten NIDULARIUM

VOCHTSTIPPEN hoge luchtvochtigheid
- relatieve luchtvochtigheid (RV) laag houden door stoken en/
  of luchten.

Osteospermum soorten OSTEOSPERMUM

SCHIMMELS
gewasbehandeling door spuiten
propiconazool
    Tilt 250 EC

Pachysandra soorten PACHYSANDRA

BLADVLEKKENZIEKTE *Pseudonectria pachysandri-cola*
- aangetaste planten(delen) verwijderen.
- beschadiging voorkomen.
- gereedschap en andere materialen schoonmaken en ontsmetten.
- gewasresten verwijderen.
- gezond uitgangsmateriaal gebruiken.
- inregenen of lekken van kassen voorkomen.
- minder vatbare of resistente rassen telen.
- natslaan van gewas en guttatie voorkomen.
- relatieve luchtvochtigheid (RV) laag houden door stoken en/
  of luchten.
- voor optimale groeiomstandigheden zorgen.
- vruchtwisseling toepassen.
gewasbehandeling door spuiten
chloorthalonil
    Budget Chloorthalonil 500 SC, Daconil 500 Vloeibaar

Paeonia soorten PIOENROOS

GRAUWE SCHIMMEL *Botryotinia fuckeliana*
- aangetaste planten(delen) verwijderen.
- beschadiging van het gewas voorkomen.
- beschadiging voorkomen, behandelen indien beschadigd.
- bollen, knollen en dergelijke tijdens de bewaring droog en
  koel houden en het eventuele invriezen snel laten verlopen.
- gewasresten verwijderen.
- gezond uitgangsmateriaal gebruiken.
- inregenen of lekken van kassen voorkomen.
- minder vatbare of resistente rassen telen.
- natslaan van gewas en guttatie voorkomen.
- onderdoor water geven.
- onkruid bestrijden.
- oude stengels in het najaar zo diep mogelijk verwijderen.
- oude stengels in het najaar zo kort mogelijk afsnijden.
- relatieve luchtvochtigheid (RV) laag houden door stoken en/
  of luchten.
- ruime plantafstand aanhouden.
- stikstofbemesting matig toepassen.
- voor een afgehard gewas zorgen.
- vruchtwisseling toepassen.
- zoutconcentratie (EC) zo hoog mogelijk houden.
- gereedschap en andere materialen schoonmaken en ontsmetten.
gewasbehandeling door spuiten
thiram
    Hermosan 80 WG, Thiram Granuflo

GRAUWE SCHIMMEL *Botrytis paeoniae*
- oude stengels in het najaar zo diep mogelijk verwijderen.
- oude stengels in het najaar zo kort mogelijk afsnijden.

WORTELBOORDERS slawortelboorder *Hepialus lupulinus*
- gezond uitgangsmateriaal gebruiken.
- grond schoffelen zodat larven zich minder goed door de
  grond kunnen boren.
- kippen pikken de larven op.

- stomen heeft een nevenwerking.

Parthenocissus inserta WINGERD

VALSE MEELDAUW *Peronospora* soorten
gewasbehandeling door spuiten
fosetyl / fosetyl-aluminium / propamocarb
    Previcur Energy

Pelargonium soorten PELARGONIUM

BACTERIEVLEKKENZIEKTE *Xanthomonas hortorum pv. pelargonii*
- aangetaste planten(delen) verwijderen en vernietigen.
- alleen van geselecteerde en getoetste planten stek nemen.
- beschadiging voorkomen, behandelen indien beschadigd.
- besmetting van gietwater voorkomen.
- gezond uitgangsmateriaal gebruiken, eventueel uit meris-
  teemcultuur.
- grond en/of substraat stomen.
- handen en gereedschap regelmatig ontsmetten.
- hoge relatieve luchtvochtigheid (RV) en (bodem)temperatuur
  voorkomen door te luchten.
- huisdieren uit de kas weren.
- natslaan van gewas en guttatie voorkomen.
- onderdoor water geven.
- per afdeling aparte jassen gebruiken.
- ruime plantafstand aanhouden.
- schoenen ontsmetten.
- stekmes dompelen in spiritus en afbranden.
- tijdelijk met recirculeren stoppen.
- voor goede groeiomstandigheden zorgen.
- weelderige groei voorkomen.
- wegwerphandschoenen gebruiken en deze zo vaak mogelijk
  vernieuwen.
- zo min mogelijk verschillende personen toelaten in de afdeling waar een aantasting is waargenomen.

BLADVLEKKENZIEKTE *Phoma hedericola*
gewasbehandeling door spuiten
chloorthalonil
    Budget Chloorthalonil 500 SC, Daconil 500 Vloeibaar

INTUMESCENTIES hoge luchtvochtigheid
- relatieve luchtvochtigheid (RV) laag houden door stoken en/
  of luchten.

ROEST *Puccinia pelargonii-zonalis*
- minder vatbare of resistente rassen telen.
gewasbehandeling door spuiten
bitertanol
    Baycor Flow
propiconazool
    Tilt 250 EC

ROZETGAL *Corynebacterium fascians*
- aangetaste planten(delen) verwijderen.
- bij het stekken het mes regelmatig ontsmetten of steeds
  schone mesjes gebruiken.
- grond ontsmetten.
- nieuwe potten gebruiken.

SCHIMMELS
gewasbehandeling door spuiten
propiconazool
    Tilt 250 EC

TRECHTERVORMIGE BLADEREN complex non-parasitaire factoren
- moerplanten selecteren, gezond uitgangsmateriaal
  gebruiken.
- regelmatig water geven zodat de grond niet te sterk uitdroogt.
- te hoge gloeirest van de potgrond voorkomen.

Pelargonium zonale hybrida PELARGONIUM ZONALE

GEWASGROEI, afremmen van
gewasbehandeling door spuiten
chloormequat
Agrichem CCC 750, CeCeCe, Stabilan

ONGEWENST BLOEITIJDSTIP
gewasbehandeling door spuiten
chloormequat
Agrichem CCC 750, CeCeCe, Stabilan

Peperomia soorten RATTESTAART

BLADVLEKKEN intumescenties hoge luchtvochtigheid
- relatieve luchtvochtigheid (RV) niet hoger dan 70 % houden en niet te warm telen (18-20 °C) telen.

Petunia hybrida PETUNIA

ECHTE MEELDAUW Sphaerotheca fusca
gewasbehandeling door spuiten
propiconazool
Tilt 250 EC

SCHEUTGROEI, voorkomen van
gewasbehandeling door spuiten
daminozide
Alar 64 SP, Alar 85 SG, Dazide Enhance, Holland Fytozide, Imex-Daminozide SG

SCHIMMELS
gewasbehandeling door spuiten
propiconazool
Tilt 250 EC

Phlox soorten VLAMBLOEM

BLADVLEKKENZIEKTE Septoria phlogis
gewasbehandeling door spuiten
chloorthalonil
Budget Chloorthalonil 500 SC, Daconil 500 Vloeibaar

ECHTE MEELDAUW Erysiphe cichoracearum
gewasbehandeling door spuiten
kresoxim-methyl
Kenbyo FL

ECHTE MEELDAUW Sphaerotheca fusca
- gezond uitgangsmateriaal gebruiken.
- resistente of minder vatbare rassen telen.
gewasbehandeling door spuiten
kresoxim-methyl
Kenbyo FL

Primula soorten SLEUTELBLOEM

BLADSTIPPELS
- relatieve luchtvochtigheid (RV) en temperatuur zo gelijkmatig mogelijk houden.

BLADVERGELING ijzergebrek
- bij vergeling per pot gieten met ijzerchelaat.
- grond mag niet te zout zijn en de voedingsstoffen moeten in de goede verhouding voorkomen.
- potgrond met een lage pH gebruiken.

BLADVLEKKENZIEKTE Ramularia primulae
gewasbehandeling door spuiten
chloorthalonil
Budget Chloorthalonil 500 SC, Daconil 500 Vloeibaar
propiconazool

Tilt 250 EC

SCHIMMELS
gewasbehandeling door spuiten
propiconazool
Tilt 250 EC

ramularia eudidyma Ramularia eudidyma
gewasbehandeling door spuiten
propiconazool
Tilt 250 EC

Rhododendron soorten RHODODENDRON

BLADVLEKKENZIEKTE Cercospora handelii
- aangetaste planten(delen) verwijderen.
- gereedschap en andere materialen schoonmaken en ontsmetten.
- gewasresten verwijderen.
- gezond uitgangsmateriaal gebruiken.
- inregenen of lekken van kassen voorkomen.
- minder vatbare of resistente rassen telen.
- natslaan van gewas en guttatie voorkomen.
- relatieve luchtvochtigheid (RV) laag houden door stoken en/of luchten.
- vruchtwisseling toepassen.
gewasbehandeling door spuiten
chloorthalonil
Budget Chloorthalonil 500 SC, Daconil 500 Vloeibaar

BLADVLEKKENZIEKTE Colletotrichum soorten
gewasbehandeling door spuiten
chloorthalonil
Budget Chloorthalonil 500 SC, Daconil 500 Vloeibaar

OORTJESZIEKTE Exobasidium rhododendri
- aangetaste planten(delen) verwijderen voordat sporen vrijkomen.
- gezond uitgangsmateriaal gebruiken.
gewasbehandeling door spuiten
captan
Brabant Captan Flowable, Captan 480 SC, Captan 80 WG, Captan 83% Spuitpoeder, Captosan 500 SC, Captosan Spuitkorrel 80 WG, Malvin WG, Merpan Basic WP, Merpan Flowable, Merpan Spuitkorrel

SCHIMMELS
gewasbehandeling door spuiten
captan
Brabant Captan Flowable, Captan 480 SC, Captan 80 WG, Captan 83% Spuitpoeder, Captosan 500 SC, Captosan Spuitkorrel 80 WG, Malvin WG, Merpan Basic WP, Merpan Flowable, Merpan Spuitkorrel

STENGELBASISROT Phytophthora cactorum
gewasbehandeling door spuiten
fenamidone / fosetyl-aluminium
Fenomenal

VLIEGEN japanse vlieg Stephanitis oberti, Stephanitis rhododendri
- aangetaste planten(delen) verwijderen, scheuten met eieren afknippen.
- besmettingsbronnen verwijderen, ook in de omgeving van de kwekerij.

Rosa soorten ROOS

BLAD- EN STENGELVLEKKENZIEKTE Sphaerulina rehmiana
- aangetaste scheuten verwijderen en in de herfst gevallen blad vernietigen.
- minder vatbare rassen telen.
gewasbehandeling door spuiten

chloorthalonil
> Budget Chloorthalonil 500 SC, Daconil 500 Vloeibaar

BLADWESPEN dalende rozenscheutboorder *Ardis brunniventris*
- aangetaste scheuten verwijderen voor de larve de scheut heeft verlaten.

signalering:
- blauwe of witte vangplaten ophangen.

ECHTE MEELDAUW *Sphaerotheca pannosa var. pannosa*
gewasbehandeling door spuiten
boscalid / kresoxim-methyl
> Collis
bupirimaat
> Nimrod Vloeibaar
dodemorf
> Meltatox
trifloxystrobin
> Flint

ECHTE MEELDAUW *Sphaerotheca* soorten
gewasbehandeling door spuiten
kaliumjodide / kaliumthiocyanaat
> Enzicur

LOODGLANS *Chondrostereum purpureum*
- verdeel het bedrijf in werkeenheden en gebruik per eenheid een aparte schaar.

MIJTEN bonenspintmijt *Tetranychus urticae*
gewasbehandeling door spuiten
tebufenpyrad
> Masai 25 WG
spiromesifen
> Oberon

ROEST *Phragmidium mucronatum*
- aangetaste planten(delen) in gesloten plastic zak verwijderen.
- afgevallen bladeren verwijderen.
- gereedschap en andere materialen schoonmaken en ontsmetten.
- gezond uitgangsmateriaal gebruiken.
- inregenen of lekken van kassen voorkomen.
- minder vatbare of resistente rassen telen.
- onderdoor water geven.
- relatieve luchtvochtigheid (RV) laag houden door stoken en/ of luchten.
- vruchtwisseling toepassen.

ROEST *Phragmidium tuberculatum*
- aangetaste planten(delen) in gesloten plastic zak verwijderen.
- afgevallen bladeren verwijderen.

STERROETDAUW *Diplocarpon rosae*
- aangetaste planten(delen) verwijderen.
- langdurig nat blijven van het gewas voorkomen.
- minder vatbare rassen telen.
gewasbehandeling door spuiten
dithianon
> Delan DF

VALSE MEELDAUW *Pseudoperonospora sparsa*
gewasbehandeling door spuiten
fosetyl / fosetyl-aluminium / propamocarb
> Previcur Energy
mancozeb / metalaxyl-M
> Fubol Gold

VERWELKINGSZIEKTE *Verticillium albo-atrum, Verticillium dahliae*
- kas, verwarmingsbuizen en gaas na de teelt ontsmetten.

WITTEVLIEGEN kaswittevlieg *Trialeurodes vaporariorum*
gewasbehandeling door spuiten
spiromesifen
> Oberon

WORTELKNOBBEL *Agrobacterium tumefaciens*
- indruk bestaat in de praktijk dat deze ziekte kan worden overgebracht met scharen. Verdeel het bedrijf in werkeenheden en gebruik per eenheid een aparte schaar.

WORTELROT *Gnomonia radicicola*
- bij recirculatie drainwater ontsmetten.

WORTELROT *Phytophthora* soorten
- bij grondteelt voor een minder natte grond zorgen.

Saintpaulia ionantha KAAPS VIOOLTJE

AALTJES aardbeibladaaltje *Aphelenchoides fragariae*
- aangetaste planten(delen) verwijderen en vernietigen.
- gezond uitgangsmateriaal gebruiken.
- onderdoor water geven.

BACTERIEROT *Erwinia chrysanthemi*
- aangetaste planten(delen) verwijderen en afvoeren.
- bedrijfshygiëne stringent doorvoeren.
- gezond uitgangsmateriaal gebruiken.
- hoge relatieve luchtvochtigheid (RV) en hoge temperatuur voorkomen door te luchten.
- planten ruimer plaatsen, waardoor geen onderling contact kan optreden.
signalering:
- moerplanten voor het steksnijden nauwkeurig inspecteren.

BLADVLEKKEN *Corynespora cassiicola*
- aangetaste planten(delen) verwijderen en vernietigen.
- blad droog houden.

BLADVLEKKEN zonnebrand
- condensvorming op het gewas voorkomen door teeltmaatregelen (zoals schermen) en niet over planten heen gieten wanneer ze snel opdrogen.
- met een lage bemestingstoestand van de grond starten.

HARDHART zoutovermaat
- met een lage bemestingstoestand van de grond starten.
- te hoge zoutconcentratie (EC) van de grond voorkomen.

Salvia soorten SALIE

SCHEUTGROEI, voorkomen van
gewasbehandeling door spuiten
daminozide
> Alar 64 SP, Alar 85 SG, Dazide Enhance, Holland Fytozide, Imex-Daminozide SG

SCHIMMELS
gewasbehandeling door spuiten
propiconazool
> Tilt 250 EC

Sansevieria trifasciata VROUWENTONGEN

KURKVORMING *Fusarium proliferatum var. minus*
- aangetaste planten(delen) verwijderen en afvoeren. Hoge relatieve luchtvochtigheid (RV) voorkomen.

Schefflera soorten SCHEFFLERA

BLADVERGELING EN BLADVAL
- hoge relatieve luchtvochtigheid (RV), een te vochtige potkluit of een te dichte plantafstand voorkomen.

Scilla soorten STERHYACINT

AALTJES stengelaaltje *Ditylenchus dipsaci*
DIT IS EEN QUARANTAINE-ORGANISME

Scindapsus soorten SCINDAPSUS

BLADVLEKKEN hoge luchtvochtigheid
- groei stimuleren door het geven van een zogenaamde temperatuursstoot (droogstoken).
- ruime plantafstand aanhouden.
- water- en meststofgift aanpassen.

Sempervivum soorten HUISLOOK

BLADAFSTERVING *Fusarium culmorum*
- onderdoor water geven.
- vruchtwisseling toepassen.

BLADVLEKKENZIEKTE *Cylindrocladium candelabrum*
- aangetaste planten(delen) verwijderen.
- bedrijfshygiëne stringent doorvoeren.
- gereedschap en andere materialen schoonmaken en ontsmetten.
- gewasresten verwijderen.
- gezond uitgangsmateriaal gebruiken.
- inregenen of lekken van kassen voorkomen.
- kasklimaat aanpassen.
- minder vatbare of resistente rassen telen.
- natslaan van gewas en guttatie voorkomen.
- relatieve luchtvochtigheid (RV) laag houden door stoken en/
  of luchten.
- vruchtwisseling toepassen.

ROEST *Endophyllum sempervivi*
- aangetaste planten(delen) verwijderen.

Senecio soorten KRUISKRUID

BLADVLEKKENZIEKTE *Alternaria cinerariae*
gewasbehandeling door spuiten
chloorthalonil
     Budget Chloorthalonil 500 SC, Daconil 500 Vloeibaar
propiconazool
     Tilt 250 EC

BLADVLEKKENZIEKTE *Ascochyta* **soorten**
gewasbehandeling door spuiten
propiconazool
     Tilt 250 EC

ECHTE MEELDAUW *Oidium* **soorten**
gewasbehandeling door spuiten
propiconazool
     Tilt 250 EC

ROEST *Coleosporium tussilaginis*
- aangetaste planten(delen) verwijderen.
- gereedschap en andere materialen schoonmaken en ontsmetten.
- gewasresten verwijderen.
- gezond uitgangsmateriaal gebruiken.
- inregenen of lekken van kassen voorkomen.
- minder vatbare of resistente rassen telen.
- onderdoor water geven.
- vruchtwisseling toepassen.

ROEST *Coleosporium tussilaginis f.sp. senecionis*
gewasbehandeling door spuiten
propiconazool
     Tilt 250 EC

Sinningia speciosa SINNINGIA

BESCHADIGING lage temperatuur
- knollen bij een temperatuur hoger dan 15 °C bewaren.

KNOLVLEKKENZIEKTE *Nectria radicicola*
- aangetaste knollen niet opplanten.

Solanum soorten SOLANUM

ECHTE MEELDAUW *Erysiphe cichoracearum*
gewasbehandeling door spuiten
propiconazool
     Tilt 250 EC

SCHIMMELS
gewasbehandeling door spuiten
propiconazool
     Tilt 250 EC

Spathiphyllum soorten LEPELPLANT

BLADVLEKKENZIEKTE *Cylindrocladium spathiphylli*
- aangetaste planten(delen) verwijderen en de tafels schoonmaken.
- plantafval op verantwoorde wijze afvoeren.
- plantmateriaal niet in het gietwater terecht laten komen.
plantbehandeling door gieten
prochloraz
     Sporgon

VIRUSZIEKTEN tomatenbronsvlekkenvirus
- aangetaste planten(delen) verwijderen.

Stephanotis floribunda BRUIDSBLOEM

- bij tomatenbronsvlekkenvirus hoeft niet de hele plant te
  worden vernietigd, maar kan met vernietiging van plantdelen
  met symptomen worden volstaan.

Streptocarpus soorten SPIRAALVRUCHT

HARTROT *Phytophthora* **soorten**
- niet te diep oppotten.
- hart van de planten moet droog blijven.

Syngonium soorten SYNGONIUM

BACTERIEZIEKTE *Erwinia chrysanthemi*
- aangetaste planten(delen) verwijderen en afvoeren.
- hoge relatieve luchtvochtigheid (RV) en hoge temperatuur
  voorkomen door te luchten.
- planten ruimer plaatsen, waardoor geen onderling contact
  kan optreden.
signalering:
- moerplanten voor het steksnijden nauwkeurig inspecteren.

Tillandsia flabellata TILLANDSIA FLABELLATA

AALTJES bladkokeraaltje *Tylenchocriconema alleni*
- aangetaste planten(delen) verwijderen en vernietigen.

Tillandsia usneoides SPAANS MOS

AALTJES bladkokeraaltje *Tylenchocriconema alleni*
- aangetaste planten(delen) verwijderen en vernietigen.

Vinca soorten MAAGDENPALM

BLAD- EN STENGELVLEKKENZIEKTE *Phoma exigua
var. inoxydabilis*
- aangetaste planten(delen) verwijderen.
- gereedschap en andere materialen schoonmaken en ontsmetten.

**2.8 Ziekten en plagen
bloemisterij**

- gewasresten verwijderen.
- gezond uitgangsmateriaal gebruiken.
- inregenen of lekken van kassen voorkomen.
- minder vatbare of resistente rassen telen.
- natslaan van gewas en guttatie voorkomen.
- relatieve luchtvochtigheid (RV) laag houden door stoken en/of luchten.
- voor goede groeiomstandigheden zorgen.
- vruchtwisseling toepassen.

gewasbehandeling door spuiten
chloorthalonil
    Budget Chloorthalonil 500 SC, Daconil 500 Vloeibaar

Viola soorten VIOOLTJE

ascochyta violae *Ascochyta violae*
gewasbehandeling door spuiten
propiconazool
    Tilt 250 EC

BLADVLEKKENZIEKTE *Ramularia agrestis*
gewasbehandeling door spuiten
captan
    Brabant Captan Flowable, Captan 480 SC, Captan 80 WG, Captan 83% Spuitpoeder, Captosan 500 SC, Captosan Spuitkorrel 80 WG, Malvin WG, Merpan Basic WP, Merpan Flowable, Merpan Spuitkorrel
chloorthalonil
    Budget Chloorthalonil 500 SC, Daconil 500 Vloeibaar
propiconazool
    Tilt 250 EC

ROEST *Puccinia violae*
- aangetaste planten(delen) verwijderen.
- minder vatbare of resistente rassen telen.

gewasbehandeling door spuiten
propiconazool
    Tilt 250 EC

SCHIMMELS
gewasbehandeling door spuiten
captan
    Brabant Captan Flowable, Captan 480 SC, Captan 80 WG, Captan 83% Spuitpoeder, Captosan 500 SC, Captosan Spuitkorrel 80 WG, Malvin WG, Merpan Basic WP, Merpan Flowable, Merpan Spuitkorrel

urocystis violae *Urocystis violae*
gewasbehandeling door spuiten
propiconazool
    Tilt 250 EC

VLEKKENZIEKTE *Mycocentrospora acerina*
- aangetaste planten(delen) verwijderen en afvoeren.
- besmette grond stomen.
- voor een goede klimaatbeheersing zorgen.
- vruchtwisseling toepassen.

gewasbehandeling door spuiten
captan
    Brabant Captan Flowable, Captan 480 SC, Captan 80 WG, Captan 83% Spuitpoeder, Captosan 500 SC, Captosan Spuitkorrel 80 WG, Malvin WG, Merpan Basic WP, Merpan Flowable, Merpan Spuitkorrel
propiconazool
    Tilt 250 EC

Vriesea splendens VRIESEA

AALTJES bladkokeraaltje *Tylenchocriconema alleni*
- aangetaste planten(delen) verwijderen en vernietigen.

BLADVLEKKENZIEKTE *Fusarium bulbicola*
- dichte stand voorkomen.

- geven van water over het gewas beperken en bemesten via de koker beperken.
- na bevochtigen van het gewas een snelle opdroging bevorderen.
- relatieve luchtvochtigheid (RV) laag houden door stoken en/of luchten en niet te zwaar schermen.

BLOEI, geen of onvoldoende
gewasbehandeling door spuiten
ethefon
    Ethrel-A

KOKERROT *Phytophthora cinnamomi*
- gezond uitgangsmateriaal gebruiken.
- pot- en kuilgrond ontsmetten.
- zand of matten vernieuwen en tafels ontsmetten.
- ziektevrij gietwater (leiding- of bronwater) of ontsmet drain-, oppervlakte- en regenwater gebruiken.

WORTELROT *Pythium* soorten
- te hoge zoutconcentratie (EC) van de potgrond voorkomen.

Yucca soorten YUCCA

BACTERIEVERWELKINGSZIEKTE *Erwinia chrysanthemi*
- bedrijfshygiëne stringent doorvoeren.
- gezond uitgangsmateriaal gebruiken.

BASTKEVERS ambrosia kevertjes soorten *Xyleborus* soorten
- gezond plantmateriaal gebruiken.

RUPSEN bananenvlinder *Opogona sacchari*
DIT IS EEN QUARANTAINE-ORGANISME

VIRUSZIEKTEN, komkommermozaïek komkommermozaïekvirus
- gezond uitgangsmateriaal gebruiken.

Zantedeschia soorten ARONSKELK

STINKEND ZACHTROT *Erwinia carotovora subsp. carotovora*
- aangetast plantmateriaal verwijderen.
- besmettingsbronnen verwijderen en/of bestrijden.
- gezond uitgangsmateriaal gebruiken.
- onkruid bestrijden.
- resistente of minder vatbare rassen telen.

gewasbehandeling door spuiten
fenamidone / fosetyl-aluminium
    Fenomenal
signalering:
- gewasinspecties uitvoeren.

VIRUSZIEKTEN tomatenbronsvlekkenvirus
- bij Impatiens- of tomatenbronsvlekkenvirus hoeft niet de hele plant te worden vernietigd, maar kan worden volstaan met het vernietigen van planten(delen) met symptomen.

VUUR *Stagonosporopsis curtisii*
- aangetast plantmateriaal verwijderen.
- onderdoor water geven.
- plantmateriaal na rooien zo snel mogelijk drogen, droog bewaren en vroeg planten.
- ruime vruchtwisseling toepassen.

Zinnia soorten ZINNIA

SCHEUTGROEI, voorkomen van
gewasbehandeling door spuiten
daminozide
    Alar 64 SP, Alar 85 SG, Dazide Enhance, Holland Fytozide, Imex-Daminozide SG

2.8.4 Snijbloemen

2.8.4.1 Algemeen voorkomende ziekten, plagen en teeltproblemen

BLADKLEURING, voorkomen van
bloembehandeling door steel in oplossing te zetten
6-benzyladenine / benzyladenine / gibberelline A4 + A7
    VBC-476, Chrysal BVB
gewasbehandeling door verdampen
1-methylcyclopropeen
    Ethylene Buster, Ethybloc TM Tabs

BLOEI - GEEN OF ONVOLDOENDE BLOEI
gewasbehandeling door verdampen
1-methylcyclopropeen
    Ethylene Buster, Ethybloc TM Tabs

BLOEM- EN KNOPVAL, voorkomen
bloembehandeling door steel in oplossing te zetten
zilverthiosulfaat
    Chrysal AVB, Florever, Florissant 100
gewasbehandeling door verdampen
1-methylcyclopropeen
    Ethylene Buster, Ethybloc TM Tabs

BLOEMKNOPOPENING, bevorderen van
bloembehandeling door steel in oplossing te zetten
zilverthiosulfaat
    Chrysal AVB, Florever, Florissant 100
6-benzyladenine / benzyladenine / gibberelline A4 + A7
    VBC-476, Chrysal BVB
gewasbehandeling door verdampen
1-methylcyclopropeen
    Ethylene Buster, Ethybloc TM Tabs

ETHYLEENSCHADE, voorkomen van
gewasbehandeling door verdampen
1-methylcyclopropeen
    Ethylene Buster, Ethybloc TM Tabs

KIEMPLANTENZIEKTE *Phytophthora sp.*
gewasbehandeling via voedingsoplossing
fenamidone / fosetyl-aluminium
    Fenomenal

MIJTEN bonenspintmijt *Tetranychus urticae*
gewasbehandeling door spuiten
etoxazool
    Borneo

MIJTEN spintmijten (tetranychidae)
gewasbehandeling door spuiten
milbemectin
    Milbeknock, Budget Milbectin 1% EC

MINEERVLIEGEN floridamineervlieg *Liriomyza trifolii*
gewasbehandeling door spuiten
milbemectin
    Milbeknock, Budget Milbectin 1% EC

MINEERVLIEGEN nerfmineervlieg *Liriomyza huidobrensis*
gewasbehandeling door spuiten
milbemectin
    Milbeknock, Budget Milbectin 1% EC

MINEERVLIEGEN tomatenmineervlieg *Liriomyza bryoniae*
gewasbehandeling door spuiten
milbemectin
    Milbeknock, Budget Milbectin 1% EC

RHIZOCTONIA *Thanatephorus cucumeris*
grondbehandeling door spuiten en inwerken
tolclofos-methyl
    Rizolex Vloeibaar

ROEST puccinia soorten *Puccinia sp.*
gewasbehandeling door spuiten
boscalid / kresoxim-methyl
    Collis

RUPSEN floridamot *Spodoptera exigua*
gewasbehandeling door spuiten
flubendiamide
    Fame

RUPSEN Turkse mot *Chrysodeixis chalcites*
gewasbehandeling door spuiten
flubendiamide
    Fame

SLAKKEN (Gastropoda)
gewasbehandeling door strooien
methiocarb
    Mesurol Pro

STENGELZIEKTE phytophthora soorten *Phytophthora sp.*
potgrondbehandeling door mengen
etridiazool
    AAterra ME

STENGELZIEKTE *pythium* **soorten** *Pythium sp.*
potgrondbehandeling door mengen
etridiazool
    AAterra ME

VERWELKING, voorkomen van
bloembehandeling door steel in oplossing te zetten
zilverthiosulfaat
    Chrysal AVB, Florever, Florissant 100
6-benzyladenine / benzyladenine / gibberelline A4 + A7
    VBC-476, Chrysal BVB
gewasbehandeling door verdampen
1-methylcyclopropeen
    Ethylene Buster, Ethybloc TM Tabs

SNIJBLOEMEN - ZAAD UITGANGSMATERIAAL

ALTERNARIA *Alternaria sp.*
zaadbehandeling door mengen
iprodion
    Rovral Aquaflo

GRAUWE SCHIMMEL *Botryotinia fuckeliana*
zaadbehandeling door mengen
iprodion
    Rovral Aquaflo

SCHIMMELS
zaadbehandeling door mengen
thiram
    Proseed

SNIJBLOEMEN - ZAADTEELT

AALTJES (nematoda)
grondbehandeling door strooien
oxamyl

2.8 Ziekten en plagen bloemisterij

Vydate 10G
zaaivoorbehandeling door strooien
oxamyl
    Vydate 10G

AALTJES aardbeibladaaltje *Aphelenchoides fragariae, chrysantenbladaaltje Aphelenchoides ritzemabosi*
- aaltjesvrije trays, potten, grond en gietwater gebruiken.
- aangetaste of afwijkende planten verwijderen en vernietigen.
- bassin vrijhouden van waterplanten.
- gewasresten na de oogst onderploegen of verwijderen.
- grond braak laten liggen.
- handen en gereedschap regelmatig ontsmetten.

- onderdoor water geven.
- onkruid in en om de kas bestrijden.

BLADLUIZEN (Aphididae)
gewasbehandeling door spuiten
flonicamid
    Teppeki

ECHTE MEELDAUW *Microsphaera sp.*, oidium soorten, *Oidium sp.*, *sphaerotheca* soorten, *Sphaerotheca sp.*
gewasbehandeling door spuiten
mepanipyrim
    Frupica SC

2.8.4.2 Ziekten, plagen en teeltproblemen per gewas

Achillea soorten DUIZENDBLAD

BLAD- EN STENGELVLEKKENZIEKTE *Leptosphaeria tanaceti*
- gezond uitgangsmateriaal gebruiken.
- na de oogst restanten afmaaien en verwijderen.

BLADVLEKKENZIEKTE *Entyloma achilleae*
- geen specifieke niet-chemische maatregel bekend.

Aconitum soorten MONNIKSKAP

KROONROT *Athelia rolfsii*
- aangetaste planten met omringende grond verwijderen en vernietigen.
- besmette partijen vernietigen.
- planten na het rooien snel laten drogen.

VERWELKINGSZIEKTE *Verticillium albo-atrum, Verticillium dahliae*
- aangetaste partijen vernietigen.
- gezond uitgangsmateriaal gebruiken.
- grond ontsmetten.
- niet na Liatris telen.

Ageratum soorten AGERATUM

SCHEUTGROEI, voorkomen van
gewasbehandeling door spuiten
daminozide
    Alar 64 SP, Alar 85 SG, Dazide Enhance, Holland Fytozide, Imex-Daminozide SG

Alstroemeria soorten INCALELIE

BLADKLEURING, voorkomen van
bloembehandeling door steel in oplossing te zetten
6-benzyladenine / benzyladenine / gibberelline A4 + A7
    Chrysal BVB, VBC-476
gibbereline / gibberellinezuur
    Chrysal SVB, Florissant 200
zilverthiosulfaat
    Chrysal AVB, Florever, Florissant 100

BLOEI - GEEN OF ONVOLDOENDE BLOEI
bloembehandeling door steel in oplossing te zetten
gibbereline / gibberellinezuur
    Chrysal SVB, Florissant 200

BLOEMKNOPOPENING, bevorderen van
bloembehandeling door steel in oplossing te zetten
6-benzyladenine / benzyladenine / gibberelline A4 + A7
    Chrysal BVB, VBC-476
zilverthiosulfaat
    Chrysal AVB, Florever, Florissant 100

VERWELKING, voorkomen van
bloembehandeling door steel in oplossing te zetten
6-benzyladenine / benzyladenine / gibberelline A4 + A7
    Chrysal BVB, VBC-476
gibbereline / gibberellinezuur
    Chrysal SVB, Florissant 200
zilverthiosulfaat
    Chrysal AVB, Florever, Florissant 100

Anemone soorten ANEMOON

BLADKLEURING, voorkomen van
bloembehandeling door steel in oplossing te zetten
6-benzyladenine / benzyladenine / gibberelline A4 + A7
    Chrysal BVB, VBC-476

BLOEMKNOPOPENING, bevorderen van
bloembehandeling door steel in oplossing te zetten
6-benzyladenine / benzyladenine / gibberelline A4 + A7
    Chrysal BVB, VBC-476

GRAUWE SCHIMMEL *Botryotinia fuckeliana*
- beschadiging van het gewas voorkomen.
- stikstofbemesting matig toepassen.

SLECHTE KIEMING complex non-parasitaire factoren
- beschadiging bij de oogst en het spoelen voorkomen.
- langzaam drogen (slechts enkele graden boven de buitentemperatuur).
- op het goede tijdstip rooien.

VERWELKING, voorkomen van
bloembehandeling door steel in oplossing te zetten
6-benzyladenine / benzyladenine / gibberelline A4 + A7
    VBC-476, Chrysal BVB

VIRUSZIEKTEN peterselieblad knollenmozaïekvirus met komkommermozaïekvi *Turnip mosaic virus & cucumber mosaic virus*
- aangetast plantmateriaal verwijderen.
- jonge, uit zaad gewonnen partijen op afstand van oudere partijen anemonen of ranonkels telen.

ZWARTROT *Sclerotinia bulborum*
- aangetaste knollen met omringende grond verwijderen.
- besmette grond in de zomer 6 tot 8 weken inunderen.
- versteende knollen en sclerotiën verwijderen.

Anthurium andraeanum LAKANTHURIUM

BLADVLEKKENZIEKTE *Septoria anthurii*
- onderdoor water geven.
- voor een goed groeiend gewas zorgen.
- wortelrot bestrijden.

BLAUWVERKLEURING hoge luchtvochtigheid
- hoge relatieve luchtvochtigheid (RV) en stagnerende groeiomstandigheden voorkomen door te luchten en het begrenzen van de buistemperatuur.

BLOEMMISVORMING onbekende non-parasitaire factor 1
- hoge relatieve luchtvochtigheid (RV) en stagnerende groeiomstandigheden voorkomen door te luchten en het begrenzen van de buistemperatuur.

VIRUSZIEKTEN tomatenbronsvlekkenvirus *Tomato spotted wilt virus*
- bij tomatenbronsvlekkenvirus hoeft niet de hele plant te worden vernietigd, maar kan met vernietiging van plantdelen met symptomen worden volstaan.

Antirrhinum soorten LEEUWEBEK

BLADVLEKKENZIEKTE *Phoma poolensis*
- vruchtwisseling toepassen.

ROEST *Puccinia antirrhini*
- minder vatbare rassen telen.

SCHEUTGROEI, voorkomen van
gewasbehandeling door spuiten
daminozide
  Alar 64 SP, Alar 85 SG, Dazide Enhance, Holland Fytozide, Imex-Daminozide SG

Asparagus soorten SIERASPERGE

BLADVERKLEURING gele blaadjes complex non-parasitaire factoren
- voldoende schermen.
- voor een goed doorlatende, niet te natte grond (evt. gesloten drainage) en een goede voedingstoestand zorgen.

Aster soorten ASTER

TAKSTERFTE *Fusarium sp., Phialophora* **soorten**
- gezond uitgangsmateriaal gebruiken.
- grond stomen.
- vruchtwisseling toepassen.

Astilbe soorten PLUIMSPIREA

AALTJES aardbeibladaaltje *Aphelenchoides fragariae*
- planten in de rustperiode een warmwaterbehandeling geven.

VIRUSZIEKTEN tabaksnecrosevirus *Tobacco necrosis virus*
- gezond uitgangsmateriaal gebruiken.
- grond stomen voor de teelt.

Begonia soorten BEGONIA

MIJTEN begoniamijt *Polyphagotarsonemus latus*
- gezond uitgangsmateriaal gebruiken.
- onkruid bestrijden.
- relatieve luchtvochtigheid (RV) hoog houden.

Bouvardia soorten BOUVARDIA

BACTERIËN
bloembehandeling door steel in oplossing te zetten
aluminiumsulfaat
  Chrysal RVB, Florissant 600, Rosaflor

BLADVERBRANDING fysiologische ziekte 1
- tijdens plotselinge, zonnige omstandigheden schermen.
- voldoende ventileren bij donker weer.

TAKSTERFTE *Botryosphaeria rhodina*
- relatieve luchtvochtigheid (RV) laag houden door stoken en/of luchten.

VERWELKING, voorkomen van
bloembehandeling door steel in oplossing te zetten
aluminiumsulfaat
  Chrysal RVB, Florissant 600, Rosaflor

Callistephus chinensis CHINESE ASTER

VERWELKINGSVERSCHIJNSELEN *Fusarium oxysporum f.sp. callistephi*
- vruchtwisseling toepassen.
- zure gronden bekalken.

VOETROT phytophthora *Phytophthora* **soorten**
- vruchtwisseling toepassen.
- zure gronden bekalken.

Celosia argentea HANEKAM

SCHEUTGROEI, voorkomen van
gewasbehandeling door spuiten
daminozide
  Alar 64 SP, Alar 85 SG, Dazide Enhance, Holland Fytozide, Imex-Daminozide SG

Cheiranthus soorten MUURBLOEM

AALTJES koolcysteaaltje *Heterodera cruciferae,* **wit bietencysteaaltje** *Heterodera schachtii*
- niet in besmette grond telen.

AALTJES stengelaaltje *Ditylenchus dipsaci*
DIT IS EEN QUARANTAINE-ORGANISME

BLADWESPEN knollenbladwesp *Athalia rosae*
- geen specifieke niet-chemische maatregel bekend.

KNOLVOET *Plasmodiophora brassicae*
- grond stomen.
- vruchtwisseling toepassen en teelt van andere kruisbloemigen (koolsoorten) vermijden.

Chionodoxa soorten SNEEUWROEM

AALTJES noordelijk wortelknobbelaaltje *Meloidogyne hapla*
- zo laat mogelijk zaaien of planten.
- zwarte braak toepassen in de zomer.

AALTJES stengelaaltje *Ditylenchus dipsaci*
DIT IS EEN QUARANTAINE-ORGANISME

KWADEGROND *Rhizoctonia tuliparum*
- aangetaste planten en hun buurplanten verwijderen en de plek markeren.
- plantgoed afkomstig van besmette percelen zo goed mogelijk schonen. Het hiervan afkomstige vuil vernietigen of composteren.
- plantgoed ontsmetten.

Chrysanthemum soorten CHRYSANT

BACTERIËN
bloembehandeling door steel in oplossing te zetten
aluminiumsulfaat
  Chrysal RVB, Florissant 600, Rosaflor

BACTERIESTENGELBRAND *Pseudomonas cichorii*
- aangetaste planten(delen) verwijderen en afvoeren.
- hoge relatieve luchtvochtigheid (RV) en hoge temperatuur voorkomen.

- hoog stikstofgehalte voorkomen.
- onderdoor water geven.
- vatbare rassen niet op pas gestoomde grond en niet in de herfst telen..
- vooral in zomer en herfst welige groei voorkomen.

BACTERIEVERWELKINGSZIEKTE *Erwinia chrysanthemi*
- aangetaste planten(delen) verwijderen en afvoeren.
- gezond uitgangsmateriaal gebruiken.
- hoge relatieve luchtvochtigheid (RV) en hoge temperatuur voorkomen.
- vruchtwisseling toepassen.
- weelderige gewasgroei voorkomen.

BLADLUIZEN (Aphididae), groene perzikluis *Myzus persicae*, katoenluis *Aphis gossypii*, zwarte bonenluis *Aphis fabae*
gewasbehandeling door spuiten
imidacloprid
    Admire O-Teq

BLADVLEKKENZIEKTE spikkelziekte alternaria *Alternaria* soorten
- stekken, vooral verzwakte, niet lang koel of te warm bewaren. Temperatuurwisseling tijdens transport en bewaring van de stekken voorkomen.

BLOEMROT *Itersonilia perplexans*
- besmette grond stomen.
- relatieve luchtvochtigheid (RV) laag houden door stoken en/ of luchten.

FUSARIUMZIEKTE *Fusarium oxysporum f.sp. chrysanthemi*
- alleen door stomen met onderdruk wordt een redelijke bestrijding bereikt.
- minder vatbare rassen telen.

GRAUWE SCHIMMEL *Botryotinia fuckeliana*
- aangetaste planten(delen) verwijderen en vernietigen.
- gezond uitgangsmateriaal gebruiken.
- grond stomen met onderdruk.
- minder vatbare rassen telen.
- structuur van de grond verbeteren.
- wateroverlast voorkomen.

MAGNESIUMGEBREK
- bij donker en groeizaam weer spuiten met magnesiumsulfaat, zo nodig herhalen.
- grondverbetering toepassen.
- pH verhogen.

MANGAANGEBREK
- grondverbetering toepassen.
- mangaansulfaat spuiten, alleen bij donker en groeizaam weer.
- met een mangaan bevattend gewasbeschermingsmiddel spuiten werkt gunstig.
- pH verlagen.

MERGNECROSE *Erwinia carotovora subsp. carotovora*
- moederplanten (vooral die uit warme landen) moeten gezond zijn.

MIJTEN bonenspintmijt *Tetranychus urticae*
gewasbehandeling door spuiten
spiromesifen
    Oberon

RHIZOCTONIA-ZIEKTE *Thanatephorus cucumeris*
- aangetaste planten(delen) verwijderen en vernietigen.
- gezond uitgangsmateriaal gebruiken.
- grond stomen met onderdruk.

- minder vatbare rassen telen.
- structuur van de grond verbeteren.
- wateroverlast voorkomen.

ROEST *Puccinia pelargonii-zonalis*
gewasbehandeling door spuiten
mancozeb
    Brabant Mancozeb Flowable, Manconyl 2, Mastana SC, Penncozeb 80 WP, Penncozeb DG, Tridex 80 WP, Tridex DG, Vondozeb DG

ROEST chrysantenroest *Puccinia chrysanthemi*
- aangetaste planten(delen) in gesloten plastic zak verwijderen.
- besmette grond stomen.
- relatieve luchtvochtigheid (RV) laag houden door gedurende de nacht de verduisteringsinstallatie te openen.
gewasbehandeling door spuiten
mancozeb
    Brabant Mancozeb Flowable, Dithane DG Newtec, Fythane DG, Manconyl 2, Mastana SC, Penncozeb 80 WP, Penncozeb DG, Tridex 80 WP, Tridex DG, Vondozeb DG
maneb
    Trimangol 80 WP, Trimangol DG, Vondac DG

ROEST japanse roest *Puccinia horiana*
- aangetaste planten(delen) in gesloten plastic zak verwijderen.
- bedrijfshygiëne stringent doorvoeren.
- gewas bovengronds zo droog mogelijk houden door bespuitingen uit te voeren als het gewas snel kan drogen en door de relatieve luchtvochtigheid (RV) laag te houden door te luchten en te stoken.
- grote plekken ernstig aangetast gewas vernietigen door middel van stomen. Aangetaste planten en planten resten niet onderfrezen, maar uit de kas verwijderen of meestomen.
- onderdoor water geven.
- relatieve luchtvochtigheid (RV) laag houden door gedurende de nacht de verduisteringsinstallatie te openen.
- resistente rassen telen.
gewasbehandeling door spuiten
chloorthalonil
    Budget Chloorthalonil 500 SC, Daconil 500 Vloeibaar
kresoxim-methyl
    Kenbyo FL

SCHEUTGROEI, voorkomen van
gewasbehandeling door spuiten
azoxystrobin
    Amistar, Azoxy HF, Budget Azoxystrobin 250 SC
daminozide
    Alar 64 SP, Alar 85 SG, Dazide Enhance, Holland Fytozide, Imex-Daminozide SG

STENGELZIEKTE phytophthora *Phytophthora* soorten
gewasbehandeling door spuiten
etridiazool
    AAterra ME

VERWELKING, voorkomen van
bloembehandeling door steel in oplossing te zetten
aluminiumsulfaat
    Chrysal RVB, Florissant 600, Rosaflor

VERWELKINGSZIEKTE *Verticillium albo-atrum, Verticillium dahliae*
- aangetaste planten(delen) verwijderen en vernietigen.
- gezond uitgangsmateriaal gebruiken.
- grond stomen met onderdruk.
- minder vatbare rassen telen.
- structuur van de grond verbeteren.
- wateroverlast voorkomen.

WITTEVLIEGEN kaswittevlieg *Trialeurodes vaporariorum*
gewasbehandeling door spuiten
imidacloprid
> Admire O-Teq

WORTELROT *Phoma chrysanthemicola f.sp. chrysanthemicola*
- structuur van de grond indien nodig verbeteren en zorgen voor een gelijkmatige waterstand.
- aangetaste en verdachte planten(delen) voorzichtig verwijderen en afvoeren naar een daarvoor geschikte stortplaats. Voor het uitplanten de grond stomen.

WORTELROT *Pythium ultimum var. ultimum*
gewasbehandeling door spuiten
metalaxyl-M
> Budget Metlaxyl-M SL, Ridomil Gold
grondbehandeling door spuiten en inwerken
metalaxyl-M
> Budget Metlaxyl-M SL, Ridomil Gold

WORTELROT *Pythium* *Pythium* soorten
gewasbehandeling door gieten
fenamidone / fosetyl-aluminium
> Fenomenal
gewasbehandeling door spuiten
etridiazool
> AAterra ME

ZWARTE-VLEKKENZIEKTE *Didymella ligulicola*
- bedrijfshygiëne stringent doorvoeren en plantmateriaal nauwkeurig inspecteren. Aangetaste en verdachte planten verwijderen en afvoeren.
- grond en/of substraat stomen.
- zwaar gewas, dichte stand en te hoge relatieve luchtvochtigheid (RV) voorkomen.
gewasbehandeling door spuiten
chloorthalonil
> Budget Chloorthalonil 500 SC, Daconil 500 Vloeibaar

Cyclamen persicum CYCLAMEN

GLOEOSPORIUM-ROT *Gloeosporium cyclaminis*
- aangetaste planten(delen) verwijderen.

NECTRIA RADICICOLA *Nectria radicicola*
- droog telen.
- nieuwe of ontsmette potten gebruiken.
- ontsmet zaaizaad gebruiken.
- pot- en kuilgrond ontsmetten.

Dahlia soorten DAHLIA

AALTJES maiswortelknobbelaaltje *Meloidogyne chitwoodi*
DIT IS EEN QUARANTAINE-ORGANISME

Delphinium hybrida RIDDERSPOOR

BACTERIEZIEKTE *Pantoea agglomerans*
- geen specifieke niet-chemische maatregel bekend.

BACTERIEZIEKTE *Pseudomonas syringae pv. delphinii*
- aangetaste planten(delen) verwijderen en afvoeren.
- gezond uitgangsmateriaal gebruiken, eventueel uit meristeemcultuur.
- grond en/of substraat stomen.
- handen en gereedschap regelmatig ontsmetten.
- kas en gereedschap ontsmetten.
- niet over het gewas gieten.

ECHTE MEELDAUW *Sphaerotheca fusca*
- gezond uitgangsmateriaal gebruiken.
- resistente of minder vatbare rassen telen.
gewasbehandeling door spuiten
kresoxim-methyl
> Kenbyo FL

ECHTE MEELDAUW erysiphe *Erysiphe* soorten
gewasbehandeling door spuiten
kresoxim-methyl
> Kenbyo FL

KROONROT *Athelia rolfsii var. delphinii*
- aangetaste planten met omringende grond verwijderen en vernietigen.
- besmette partijen vernietigen.
- planten na het rooien snel laten drogen.

WORTELROT *Phytophthora cinnamomi*
plantvoetbehandeling door gieten
dimethomorf
> Paraat

WORTELROT phytophthora *Phytophthora* soorten
gewasbehandeling door spuiten
fosetyl / fosetyl-aluminium / propamocarb
> Previcur Energy

Dianthus barbatus DUIZENDSCHOON

AALTJES klavercysteaaltje *Heterodera trifolii*
- grond en/of substraat stomen.
- niet in besmette grond telen.

ROEST *Puccinia allii*
gewasbehandeling door spuiten
fenpropimorf
> Corbel

Dianthus caryophyllus ANJER

AALTJES klavercysteaaltje *Heterodera trifolii*
- grond en/of substraat stomen.
- niet in besmette grond telen.

AALTJES stengelaaltje *Ditylenchus dipsaci*
DIT IS EEN QUARANTAINE-ORGANISME

BACTERIEVERWELKINGSZIEKTE *Erwinia chrysanthemi*
- aangetaste planten vlak boven de grond afsnijden, verwijderen en afvoeren.
- door NAK-B gekeurd uitgangsmateriaal gebruiken.
- grond zeer nauwkeurig en zo diep mogelijk stomen (zeilstomen is onvoldoende). De voorkeur gaat uit naar drainstomen of stomen met onderdruk.
- kas en gereedschap ontsmetten.
- kasgrond na aantasting weer ziektevrij krijgen is vaak moeilijk. Teelt in bassins, tabletten of substraatteelt dient dan te worden overwogen.
- schoenen ontsmetten.
- ziektevrij gietwater (leiding- of bronwater) of ontsmet drain-, oppervlakte- en regenwater gebruiken.

BACTERIEZIEKTE *Burkholderia andropogonis*
- aangetaste planten(delen) verwijderen.
- gezond uitgangsmateriaal gebruiken.

BLADAFSTERVING *Fusarium culmorum*
- gezond uitgangsmateriaal gebruiken.
- houdt de bodemtemperatuur op 15 graden Celsius totdat de planten de groei hebben hervat.

BLADVLEKKENZIEKTE *Alternaria dianthi*
- besmettingsbronnen verwijderen.
- condensvorming op het gewas voorkomen.
- gezond uitgangsmateriaal gebruiken.
- houdt de bodemtemperatuur op 15 graden Celsius totdat de planten de groei hebben hervat.
- relatieve luchtvochtigheid (RV) laag houden door stoken en/of luchten.

gewasbehandeling door spuiten
folpet
    Akofol 80 WP, Folpan 80 WP
iprodion
    Imex Iprodion Flo, Rovral Aquaflo

BLADVLEKKENZIEKTE *Alternaria dianthicola*
- besmettingsbronnen verwijderen.
- condensvorming op het gewas voorkomen.
- gezond uitgangsmateriaal gebruiken.
- houdt de bodemtemperatuur op 15 graden Celsius totdat de planten de groei hebben hervat.
- relatieve luchtvochtigheid (RV) laag houden door stoken en/of luchten.

gewasbehandeling door spuiten
iprodion
    Imex Iprodion Flo, Rovral Aquaflo

BRAND *Ustilago violacea*
- gezond uitgangsmateriaal gebruiken. Zieke moerplanten verwijderen.

BROMIDEOVERMAAT
- na ontsmetting veen toedienen.
- ruim stikstof in de vorm van nitraat geven.
- zo nodig zwaar spoelen.

signalering:
- grondonderzoek laten uitvoeren.

GRAUWE SCHIMMEL *Botryotinia fuckeliana*
- besmettingsbronnen verwijderen.
- hoge relatieve luchtvochtigheid (RV) en lage nachttemperatuur voorkomen.
- relatieve luchtvochtigheid (RV) laag houden door stoken en/of luchten.

RHIZOCTONIA-ZIEKTE *Thanatephorus cucumeris*
- gezond uitgangsmateriaal gebruiken.
- houdt de bodemtemperatuur op 15 graden Celsius totdat de planten de groei hebben hervat.

ROEST *Uromyces dianthi*
- onderdoor water geven.
- relatieve luchtvochtigheid (RV) laag houden door stoken en/of luchten.

gewasbehandeling door spuiten
bitertanol
    Baycor Flow

SCHEUREN erfelijke oorzaak
- gezond uitgangsmateriaal gebruiken.
- sterke schommelingen in relatieve luchtvochtigheid (RV) en temperatuur voorkomen.

SPAT *Mycosphaerella dianthi*
- condensvorming op het gewas voorkomen.
- gezond uitgangsmateriaal gebruiken.
- relatieve luchtvochtigheid (RV) laag houden door stoken en/of luchten.

gewasbehandeling door spuiten
bitertanol
    Baycor Flow
chloorthalonil
    Budget Chloorthalonil 500 SC, Daconil 500 Vloeibaar

VAATZIEKTE *Fusarium oxysporum*
- aangetaste planten vlak boven de grond afsnijden, verwijderen en afvoeren.
- door NAK-B gekeurd uitgangsmateriaal gebruiken.
- gezond uitgangsmateriaal gebruiken.
- grond zeer nauwkeurig en zo diep mogelijk stomen (zeilstomen is onvoldoende). De voorkeur gaat uit naar drainstomen of stomen met onderdruk.
- houdt de bodemtemperatuur op 15 graden Celsius totdat de planten de groei hebben hervat.
- kas en gereedschap ontsmetten.
- kasgrond na aantasting weer ziektevrij krijgen is vaak moeilijk. Teelt in bassins, tabletten of substraatteelt dient dan te worden overwogen.
- minder vatbare rassen telen.
- schoenen ontsmetten.
- ziektevrij gietwater (leiding- of bronwater) of ontsmet drain-, oppervlakte- en regenwater gebruiken.

VAATZIEKTE *Phialophora cinerescens*
- aangetaste planten vlak boven de grond afsnijden, verwijderen en afvoeren.
- door NAK-B gekeurd uitgangsmateriaal gebruiken.
- grond zeer nauwkeurig en zo diep mogelijk stomen (zeilstomen is onvoldoende). De voorkeur gaat uit naar drainstomen of stomen met onderdruk.
- kas en gereedschap ontsmetten.
- kasgrond na aantasting weer ziektevrij krijgen is vaak moeilijk. Teelt in bassins, tabletten of substraatteelt dient dan te worden overwogen.
- minder vatbare rassen telen.
- schoenen ontsmetten.
- ziektevrij gietwater (leiding- of bronwater) of ontsmet drain-, oppervlakte- en regenwater gebruiken.

VIRUSZIEKTEN anjer-etsvirus *Carnation etched ring virus*
- door NAK-B gekeurd uitgangsmateriaal gebruiken.

VIRUSZIEKTEN anjervlekkenvirus *Carnation mottle virus*
- door NAK-B gekeurd uitgangsmateriaal gebruiken.
- grond en/of substraat stomen.

VOETZIEKTE fusarium *Fusarium* soorten
- gezond uitgangsmateriaal gebruiken.
- houdt de bodemtemperatuur op 15 graden Celsius totdat de planten de groei hebben hervat.

WORTELROT phytophthora *Phytophthora* soorten
plantbehandeling via druppelirrigatiesysteem
metalaxyl-M
    Budget Metlaxyl-M SL, Ridomil Gold

Dianthus soorten ANJER

AALTJES stengelaaltje *Ditylenchus dipsaci*
DIT IS EEN QUARANTAINE-ORGANISME

VAATZIEKTE *Fusarium oxysporum f.sp. dianthi*
- aangetaste planten vlak boven de grond afsnijden, verwijderen en afvoeren.
- door NAK-B gekeurd uitgangsmateriaal gebruiken.
- grond zeer nauwkeurig en zo diep mogelijk stomen (zeilstomen is onvoldoende). De voorkeur gaat uit naar drainstomen of stomen met onderdruk.
- minder vatbare rassen telen.
- ziektevrij gietwater (leiding- of bronwater) of ontsmet drain-, oppervlakte- en regenwater gebruiken.

Echinops soorten KOGELDISTEL

VOETROT phytophthora *Phytophthora* soorten
gewasbehandeling door spuiten

fosetyl / fosetyl-aluminium / propamocarb
 Previcur Energy
plantvoetbehandeling door gieten
dimethomorf
 Paraat

Euphorbia fulgens EUPHORBIA FULGENS

BLADKLEURING, voorkomen van
bloembehandeling door steel in oplossing te zetten
gibbereline / gibberellinezuur
 Chrysal SVB, Florissant 200

BLADVERBRANDING zonnebrand
- tegen de zon beschermen.

BLADVERGELING zoutovermaat
- sterke uitdroging van de grond voorkomen.

BLOEI - GEEN OF ONVOLDOENDE BLOEI
bloembehandeling door steel in oplossing te zetten
gibbereline / gibberellinezuur
 Chrysal SVB, Florissant 200

BLOEMRUI complex non-parasitaire factoren
- gewas actief houden door een ruimtetemperatuur van mini-maal 17 graden Celsius aan te houden.
- vlak voor de bloei minstens eenmaal onderdoor water geven.

HALSROT fusarium *Fusarium* soorten
signalering:
- vooraf ziekteverwekker laten vaststellen.

KIEMPLANTENZIEKTE *Pythium* Pythium soorten
gewasbehandeling door spuiten
fosetyl / fosetyl-aluminium / propamocarb
 Previcur Energy
signalering:
- vooraf ziekteverwekker laten vaststellen.

RHIZOCTONIA-ZIEKTE *Thanatephorus cucumeris*
signalering:
- vooraf ziekteverwekker laten vaststellen.

VERWELKING, voorkomen van
bloembehandeling door steel in oplossing te zetten
gibbereline / gibberellinezuur
 Chrysal SVB, Florissant 200

VOETROT *Phytophthora nicotianae var. nicotianae*
- gezond uitgangsmateriaal gebruiken.
- grond ontsmetten.
- voor een goede voedingstoestand van de grond zorgen.
- voor goede groeiomstandigheden zorgen, vooral te natte grond en te lage temperatuur voorkomen.

WORTELROT *Chalara elegans*
signalering:
- vooraf ziekteverwekker laten vaststellen.

WORTELROT phytophthora *Phytophthora* soorten
gewasbehandeling door spuiten
fosetyl / fosetyl-aluminium / propamocarb
 Previcur Energy

Euphorbia soorten WOLFSMELK

BLOEI - ONGEWENSTE BLOEM- EN KNOPVAL
bloembehandeling door steel in oplossing te zetten
zilverthiosulfaat
 Chrysal AVB, Florever, Florissant 100

BLOEMKNOPOPENING, bevorderen van
bloembehandeling door steel in oplossing te zetten

zilverthiosulfaat
 Chrysal AVB, Florever, Florissant 100

VERWELKING, voorkomen van
bloembehandeling door steel in oplossing te zetten
zilverthiosulfaat
 Chrysal AVB, Florever, Florissant 100

Eustoma soorten EUSTOMA

PHOMA DROBNJACENSIS *Phoma drobnjacensis*
- grond stomen na beëindiging teelt.

VALSE MEELDAUW *Peronospora chlorae*
- aangetaste planten(delen) verwijderen.
- grond ontsmetten.
- onderdoor water geven.

VOETROT *Gibberella avenacea*
- gewas zo droog mogelijk houden.

Forsythia soorten CHINEES KLOKJE

BLOEMKNOPVERDROGING complex non-parasi-taire factoren
- bij een eventuele koudebehandeling zorgen dat de takken niet kunnen uitdrogen.
- struiken voor het trekken tegen wind (vooral zoute zeewind) beschermen.
- wateroverlast voorkomen.

PAARSE KORSTZWAM *Chondrostereum purpureum*
- aangetaste struiken, dode takken en stammen met vrucht-lichamen verwijderen en afvoeren. Dood hout van wilgen, populieren en elzen besmet met vruchtlichamen verwijderen.

VERWELKINGSZIEKTE *Verticillium albo-atrum, Verticillium dahliae*
- aangetaste planten(delen) verwijderen.
- biologische grondontsmetting toepassen.
- drainage en structuur van de grond verbeteren.
- gezond uitgangsmateriaal gebruiken.
- stomen geeft de beste bestrijding, maar is bij deze teelt meestal niet toepasbaar of te duur. Metam-natrium (alleen in onbedekte teelten) geeft een zeer matige bestrijding. Een groot bezwaar bij iedere vorm van een grondontsmetting is dat de kluiten van d
signalering:
- nieuwe grond laten bemonsteren.

VOET- EN WORTELROT *Chalara elegans, Nectria radicicola, Phytophthora* soorten
- grond goed ontwateren.

ZWART *Pseudomonas syringae*
- gezond uitgangsmateriaal gebruiken.
- onderdoor water geven.
- ruime plantafstand aanhouden.
- voor goede groeiomstandigheden zorgen.

Gaillardia soorten KOKARDEBLOEM

VALSE MEELDAUW peronospora *Peronospora* soorten
gewasbehandeling door spuiten
fosetyl / fosetyl-aluminium / propamocarb
 Previcur Energy

Gerbera jamesonii GERBERA

BLADLUIZEN (Aphididae), katoenluis *Aphis gos-sypii, zwarte bonenluis Aphis fabae*
gewasbehandeling door spuiten
imidacloprid

Admire O-Teq

BLOEMMISVORMING bladaaltjes *Aphelenchoides* soorten
- bladaaltjes bestrijden.

BLOEMMISVORMING brandnetelwants *Liocoris tripustulatus*
- brandnetelwants bestrijden.

BLOEMMISVORMING mijten (acari)
- mijten bestrijden.

IJZERGEBREK
- ijzerchelaat spuiten.

MAGNESIUMGEBREK
- magnesiumsulfaat spuiten.

MANGAANGEBREK
- mangaansulfaat of mangaanchelaat spuiten en inregenen.

MIJTEN bonenspintmijt *Tetranychus urticae*
gewasbehandeling door spuiten
spiromesifen
    Oberon

OIDIUM CITRULLI *Oidium citrulli*
gewasbehandeling door spuiten
bupirimaat
    Nimrod Vloeibaar
penconazool
    Topaz 100 EC

SUIKERROT *Geotrichum candidum*
- geen specifieke niet-chemische maatregel bekend.

VOETROT *Phytophthora cryptogea*
- pleksgewijs aangetaste planten verwijderen.
plantbehandeling via druppelirrigatiesysteem
metalaxyl-M
    Budget Metlaxyl-M SL, Ridomil Gold

VOETROT phytophthora *Phytophthora* soorten
plantvoetbehandeling door gieten
dimethomorf
    Paraat

WINTERBLOEMEN hoge luchtvochtigheid
- relatieve luchtvochtigheid (RV) laag houden door stoken en/of luchten.

WITTE ROEST *Albugo tragopogonis*
- hoge relatieve luchtvochtigheid (RV) en lage temperatuur voorkomen.

WITTEVLIEGEN kaswittevlieg *Trialeurodes vaporariorum*
gewasbehandeling door spuiten
imidacloprid
    Admire O-Teq
spiromesifen
    Oberon

Gypsophila soorten GIPSKRUID

GALZIEKTE *Erwinia herbicola pv. gypsophilae*
- aan het einde van de teelt tabletten ontsmetten, grond stomen of vervangen.
- aangetaste planten(delen) verwijderen en afvoeren.
- gereedschap en andere materialen schoonmaken en ontsmetten.
- gezond uitgangsmateriaal gebruiken.

VAATZIEKTE *Fusarium oxysporum*
- aangetaste planten vlak boven de grond afsnijden, verwijderen en afvoeren.
- door NAK-B gekeurd uitgangsmateriaal gebruiken.
- gereedschap en andere materialen schoonmaken en ontsmetten.
- grond zeer nauwkeurig en zo diep mogelijk stomen (zeilstomen is onvoldoende). De voorkeur gaat uit naar drainstomen of stomen met onderdruk.
- kasgrond na aantasting weer ziektevrij krijgen is vaak moeilijk. Teelt in bassins, tabletten of substraatteelt dient dan te worden overwogen.
- minder vatbare rassen telen.
- schoenen ontsmetten.
- ziektevrij gietwater (leiding- of bronwater) of ontsmet drain-, oppervlakte- en regenwater gebruiken.
signalering:
- indien aantasting voorkomt, eerst laten vaststellen door welke schimmel of bacterie de aantasting wordt veroorzaakt.

VAATZIEKTE *Fusarium oxysporum var. redolens*
- aangetaste planten vlak boven de grond afsnijden, verwijderen en afvoeren.
- door NAK-B gekeurd uitgangsmateriaal gebruiken.
- grond zeer nauwkeurig en zo diep mogelijk stomen (zeilstomen is onvoldoende). De voorkeur gaat uit naar drainstomen of stomen met onderdruk.
- kasgrond na aantasting weer ziektevrij krijgen is vaak moeilijk. Teelt in bassins, tabletten of substraatteelt dient dan te worden overwogen.
- minder vatbare rassen telen.
- ziektevrij gietwater (leiding- of bronwater) of ontsmet drain-, oppervlakte- en regenwater gebruiken.
signalering:
- indien aantasting voorkomt, eerst laten vaststellen door welke schimmel of bacterie de aantasting wordt veroorzaakt.

Helichrysum soorten STROBLOEM

BACTERIEZIEKTE *Erwinia carotovora subsp. carotovora*
- ruime plantafstand aanhouden.

VALSE MEELDAUW *Bremia lactucae*
- dichte stand voorkomen.
gewasbehandeling door spuiten
fosetyl / fosetyl-aluminium / propamocarb
    Previcur Energy
mancozeb / metalaxyl-M
    Fubol Gold
propamocarb-hydrochloride
    Imex-Propamocarb

Helleborus niger KERSTROOS

VALSE MEELDAUW *Peronospora pulveracea*
- aangetaste en verdachte planten(delen) vroegtijdig verwijderen aangezien de schimmel in de wortel achterblijft.

Hemerocallis soorten HEMEROCALLIS

MIJTEN bollenmijt *Rhizoglyphus robini*
- kasgrond stomen.

Hydrangea soorten HORTENSIA

BLADVLEKKENZIEKTE *Septoria hydrangeae*
gewasbehandeling door spuiten
chloorthalonil
    Budget Chloorthalonil 500 SC, Daconil 500 Vloeibaar

SCHEUTGROEI, voorkomen van
gewasbehandeling door spuiten
daminozide

Alar 64 SP, Alar 85 SG, Dazide Enhance, Holland Fytozide, Imex-Daminozide SG

Hypericum soorten HERTSHOOI

ROEST *Puccinia allii*
gewasbehandeling door spuiten
fenpropimorf
 Corbel

Iberis soorten SCHEEFBLOEM

VALSE MEELDAUW peronospora *Peronospora* soorten
gewasbehandeling door spuiten
fosetyl / fosetyl-aluminium / propamocarb
 Previcur Energy

Ilex soorten HULST

TOPSPINNER *Rhopobota unipunctana*
- aangetaste scheuten/takken tot op het gezonde hout afzagen/-knippen en afvoeren.

Iris soorten IRIS

BLADKLEURING, voorkomen van
bloembehandeling door steel in oplossing te zetten
6-benzyladenine / benzyladenine / gibberelline A4 + A7
 Chrysal BVB, VBC-476

BLOEMKNOPOPENING, bevorderen van
bloembehandeling door steel in oplossing te zetten
6-benzyladenine / benzyladenine / gibberelline A4 + A7
 Chrysal BVB, VBC-476

VERWELKING, voorkomen van
bloembehandeling door steel in oplossing te zetten
6-benzyladenine / benzyladenine / gibberelline A4 + A7
 Chrysal BVB, VBC-476

Lathyrus soorten SIERERWT

BLADVLEKKENZIEKTE *Ramularia deusta*
- gewasbehandeling voornamelijk bij kaslathyrus uitvoeren.
- te veel vocht en warmte vemijden.

BLOEM- EN KNOPVAL, voorkomen
- relatieve luchtvochtigheid (RV) en temperatuur zo gelijkmatig mogelijk houden, met name als de bloemknoppen nog niet zichtbaar zijn.

WORTELROT *Chalara elegans*
- grond stomen of ontsmetten.
- vruchtwisseling toepassen.

ZOUTBESCHADIGING zoutovermaat
signalering:
- grondonderzoek laten uitvoeren.

Lavatera soorten LAVATERA

VLEKKENZIEKTE *Colletotrichum malvarum*
- laag bemestingsniveau in de vollegrond aanhouden.
- regelmatig maaien.

Liatris soorten LIATRIS

AALTJES destructoraaltje *Ditylenchus destructor*
- opslag en onkruiden verwijderen of voorkomen.
- ruime vruchtwisseling toepassen.

GRAUWE SCHIMMEL *Botryotinia fuckeliana*
- beschadiging van het gewas voorkomen.

- stikstofbemesting matig toepassen.
- voor een afgehard gewas zorgen.

VERWELKINGSZIEKTE *Verticillium dahliae*
- gezond uitgangsmateriaal gebruiken.

Lilium soorten LELIE

BLOEI - ONGEWENSTE BLOEM- EN KNOPVAL
bloembehandeling door steel in oplossing te zetten
zilverthiosulfaat
 Chrysal AVB, Florever, Florissant 100

BLOEI - ONVOLDOENDE BLOEMKNOPOPENING
bloembehandeling door steel in oplossing te zetten
zilverthiosulfaat
 Florissant 100

BLOEI, GEEN OF ONVOLDOENDE
bloembehandeling door steel in oplossing te zetten
zilverthiosulfaat
 Chrysal AVB, Florever

VERWELKING, voorkomen van
bloembehandeling door steel in oplossing te zetten
zilverthiosulfaat
 Chrysal AVB, Florever, Florissant 100

Limonium soorten LAMSOOR

BACTERIEROT *Pseudomonas* soorten
- voor voldoende calcium in de grond zorgen.

Linum usitatissimum VLAS

AALTJES stengelaaltje *Ditylenchus dipsaci*
DIT IS EEN QUARANTAINE-ORGANISME

LEGERING GEWAS, voorkomen van
- bij een stikstofvoorraad hoger dan 100 kg per hectare is de teelt van vlas af te raden.
- stikstofgift afstemmen op de bodemvoorraad stikstof-mineraal.
- vroeg zaaien.

Lisianthus soorten LISIANTHUS

KIEMSCHIMMEL *Pythium* Pythium soorten
zaadbehandeling door spuiten
metalaxyl-M
 Apron XL

VALSE MEELDAUW peronospora *Peronospora* soorten
zaadbehandeling door spuiten
metalaxyl-M
 Apron XL

Lupinus soorten LUPINE

AALTJES erwtencysteaaltje *Heterodera goettingiana*
- ruime vruchtwisseling toepassen (1 op 7), niet te vaak lupine, wikke, erwt en tuinbonen telen.

AALTJES gewoon wortellesieaaltje *Pratylenchus penetrans*, wortellesieaaltje pratylenchus *Pratylenchus* soorten
- aaltjesonderdrukkende voorteelt van *Tagetes*-soorten (afrikaantje) gedurende minimaal 3 maanden toepassen.
- besmette grond en/of substraat ontsmetten of inunderen.
- biologische grondontsmetting toepassen.
- pH door bekalking verhogen.

- vruchtwisseling toepassen, geen granen, maïs, grassen, aardappel, knolselderij, peen en vlinderbloemigen als voorvrucht telen. Biet en kruisbloemigen zijn goede voorvruchten.

AALTJES noordelijk wortelknobbelaaltje *Meloidogyne hapla*
- ruime vruchtwisseling toepassen.

wortelknobbelaaltje meloidogyne *Meloidogyne soorten*
- ruime vruchtwisseling toepassen.
- zo laat mogelijk zaaien of planten.
- zwarte braak toepassen in de zomer of bepaalde rassen bladrammenas toepassen als vanggewas.

BONENVLIEG *Delia platura*
- vroeg zaaien.

FUSARIUM-VERWELKINGSZIEKTE *Fusarium oxysporum f.sp. lupini*
- ruime vruchtwisseling toepassen.

KALIUMGEBREK
- tot begin juli met kalisulfaat (patentkali) bemesten.
- voor een goede kalitoestand van de grond of van het groeimedium zorgen, gecombineerd met een juiste bemesting.

STIKSTOFGEBREK
- goede ontwikkeling van wortelknolletjes (pH) bewerkstelligen.
- stikstofbemesting uitvoeren, vaste stikstofmeststoffen zo nodig inregenen.

VIRUSZIEKTEN mozaïek bonenscherpmozaïekvirus *Bean yellow mosaic virus*
- bij zaaizaadteelt zieke planten verwijderen.
- gezond uitgangsmateriaal gebruiken.

Lysimachia soorten WEDERIK

WORTELROT phytophthora *Phytophthora sp., Pythium* soorten
gewasbehandeling door spuiten
fosetyl / fosetyl-aluminium / propamocarb
   Previcur Energy

Matthiola soorten VIOLIER

KNOLVOET *Plasmodiophora brassicae*
- grond stomen.
- onkruid bestrijden.
- vruchtwisseling toepassen en teelt van andere kruisbloemigen (koolsoorten) vermijden.

SCHEUTGROEI, voorkomen van
gewasbehandeling door spuiten
daminozide
   Alar 64 SP, Alar 85 SG, Dazide Enhance, Holland Fytozide, Imex-Daminozide SG

VALSE MEELDAUW *Peronospora matthiolae*
- gewas snel laten opdrogen. Temperatuurschommelingen voorkomen.

Nerine soorten NERINE

BLADKLEURING, voorkomen van
bloembehandeling door steel in oplossing te zetten
6-benzyladenine / benzyladenine / gibberelline A4 + A7
   Chrysal BVB, VBC-476

BLOEMKNOPOPENING, bevorderen van
bloembehandeling door steel in oplossing te zetten
6-benzyladenine / benzyladenine / gibberelline A4 + A7

   Chrysal BVB, VBC-476

VERWELKING, voorkomen van
bloembehandeling door steel in oplossing te zetten
6-benzyladenine / benzyladenine / gibberelline A4 + A7
   Chrysal BVB, VBC-476

Nigella damascena JUFFERTJE-IN-HET-GROEN

BLAD- EN STENGELVLEKKENZIEKTE *Cercospora handelii*
- afgestorven planten(delen) verwijderen.
- ruime vruchtwisseling toepassen.

Orchis soorten ORCHIDEE

BACTERIEVLEKKENZIEKTE *Acidovorax avenae subsp. cattleyae*
- aangetaste planten wekelijks verwijderen en afvoeren.
- gewas bovengronds droog houden.
- gewas zo droog mogelijk houden.
- gewasverwarming verdient de voorkeur.
- hoge relatieve luchtvochtigheid (RV) en hoge temperatuur voorkomen.
- maatregelen nemen die een gezonde wortelgroei bevorderen.

BLADVLEKKENZIEKTE *Fusarium proliferatum var. proliferatum*
- onderdoor water geven.

BLADVLEKKENZIEKTE *Glomerella cingulata*
- aangetast blad wegsnijden.
- gewas niet zwaar schermen, bladeren bij water geven niet bevochtigen.

BRUINROT *Erwinia cypripedii*
- aangetaste planten wekelijks verwijderen en afvoeren.
- hoge relatieve luchtvochtigheid (RV) en hoge temperatuur voorkomen.

WITROT *Athelia rolfsii, Athelia rolfsii var. Delphinii*
- aangetaste planten(delen) verwijderen.

Paeonia soorten PIOENROOS

GRAUWE SCHIMMEL *Botryotinia fuckeliana*
- oude stengels in het najaar zo diep mogelijk verwijderen.
- oude stengels in het najaar zo kort mogelijk afsnijden.
gewasbehandeling door spuiten
thiram
   Hermosan 80 WG, Thiram Granuflo
wortelstokbehandeling door dompelen
thiram
   Hermosan 80 WG, Thiram Granuflo

GRAUWE SCHIMMEL *Botrytis paeoniae*
- oude stengels in het najaar zo diep mogelijk verwijderen.
- oude stengels in het najaar zo kort mogelijk afsnijden.

WORTELBOORDERS slawortelboorder *Hepialus lupulinus*
- gezond uitgangsmateriaal gebruiken.
- grond schoffelen zodat larven zich minder goed door de grond kunnen boren.
- kippen pikken de larven op.
- stomen heeft een nevenwerking.

Phlox soorten VLAMBLOEM

ECHTE MEELDAUW *Erysiphe cichoracearum*
gewasbehandeling door spuiten
kresoxim-methyl
   Kenbyo FL

ECHTE MEELDAUW *Sphaerotheca fusca*
- gezond uitgangsmateriaal gebruiken.
- resistente of minder vatbare rassen telen.

gewasbehandeling door spuiten
kresoxim-methyl
Kenbyo FL

WOEKERZIEKTE *Corynebacterium fascians*
- aangetaste planten verwijderen, grond ontsmetten en nieuwe potten gebruiken.
- bij het stekken het mes regelmatig ontsmetten of steeds schone mesjes gebruiken.

Rosa soorten ROOS

AALTJES gewoon wortellesieaaltje *Pratylenchus penetrans,* vrijlevende wortelaaltjes *(trichododidae),* wortelknobbelaaltje noordelijk wortelknobbelaaltje *Meloidogyne hapla,* wortellesieaaltje houtwortellesieaaltje *Pratylenchus vulnus*
- gezond uitgangsmateriaal gebruiken.
- grond diep stomen voor het planten.

signalering:
- grondonderzoek laten uitvoeren 6-9 maanden na ontsmetten, voordat middelen tegen aaltjes zijn toegepast, is gewenst.

BACTERIËN
bloembehandeling door steel in oplossing te zetten
aluminiumsulfaat
Chrysal RVB, Florissant 600, Rosaflor

ECHTE MEELDAUW *Sphaerotheca pannosa var. pannosa*
gewasbehandeling door spuiten
boscalid / kresoxim-methyl
Collis
bupirimaat
Nimrod Vloeibaar
dodecylbenzeensulfonzuur, triethanolamine zout / triadimenol
Exact
dodemorf
Meltatox
imazalil
Fungaflor 100 EC
kaliumjodide / kaliumthiocyanaat
Enzicur
penconazool
Topaz 100 EC
trifloxystrobin
Flint

ECHTE MEELDAUW *Sphaerotheca* soorten
gewasbehandeling door spuiten
triflumizool
Rocket EC

LOODGLANS *Chondrostereum purpureum*
- aangetaste planten(delen) verwijderen.
- verdeel het bedrijf in werkeenheden en gebruik per eenheid een aparte schaar.

MANGAANGEBREK
- goed bemesten, zonodig mangaansulfaat spuiten. Mangaan verplaatst zich niet in de plant dus een herhaalde toepassing kan nodig zijn.

MIJTEN bonenspintmijt *Tetranychus urticae*
gewasbehandeling door spuiten
spiromesifen
Oberon
tebufenpyrad
Masai 25 WG

ROEST *Phragmidium mucronatum*
- aangetaste planten(delen) in gesloten plastic zak verwijderen.
- oppassen voor verspreiding via kleding, handen, gereedschap e.d..
- relatieve luchtvochtigheid (RV) laag houden door stoken en/ of luchten.

ROEST *Phragmidium tuberculatum*
- aangetaste planten(delen) in gesloten plastic zak verwijderen.
- oppassen voor verspreiding via kleding, handen, gereedschap e.d..
- relatieve luchtvochtigheid (RV) laag houden door stoken en/ of luchten.

STAMKANKER *Leptosphaeria coniothyrium*
- aangetaste planten verwijderen. Zorgvuldig enten. Struiken voor het snoeien afharden.
- optimale pH en zoutconcentratie (EC) nastreven.
- relatieve luchtvochtigheid (RV) laag houden door stoken en/ of luchten.
- schermen in de herfst en winter beperken.
- tot ruim onder de aantastingplaats terugsnoeien.
- verzwakking van het gewas voorkomen.

STERROETDAUW *Diplocarpon rosae*
- onderdoor water geven.

gewasbehandeling door spuiten
dithianon
Delan DF
folpet
Akofol 80 WP, Folpan 80 WP

TAKSTERFTE *Botryosphaeria rhodina*
- relatieve luchtvochtigheid (RV) laag houden door stoken en/ of luchten.

VALSE MEELDAUW *Pseudoperonospora sparsa*
- tijdig luchten en stoken. Gewas 's nachts droog houden. Zo nodig onderverwarming gebruiken. Schimmel blijft over op het aangetaste blad.

gewasbehandeling door spuiten
fosetyl / fosetyl-aluminium / propamocarb
Previcur Energy

VERWELKING, voorkomen van
bloembehandeling door steel in oplossing te zetten
aluminiumsulfaat
Chrysal RVB, Florissant 600, Rosaflor

VERWELKINGSZIEKTE *Verticillium albo-atrum, Verticillium dahliae*
- aangetaste planten(delen) verwijderen.
- gezond uitgangsmateriaal gebruiken.
- grond - ook kasgrond waar voorheen nooit rozen hebben gestaan - voor het planten stomen.
- kas, verwarmingsbuizen en gaas na de teelt ontsmetten.
- voor Verticillium vatbare gewassen niet als voorvrucht telen.

VOETROT *Cylindrocladium candelabrum*
- bij grondteelt voor een minder natte grond zorgen.
- bij substraatteelt bij een aantasting van de plantvoet zieke planten inclusief druppelaar verwijderen en op een nieuw te maken plantgat herinplanten.
- relatieve luchtvochtigheid (RV) laag houden door stoken en/ of luchten en niet te diep planten.
- schimmel blijft in de grond over. Vóór het planten de grond ontsmetten.

WITTEVLIEGEN kaswittevlieg *Trialeurodes vaporariorum*
gewasbehandeling door spuiten
spiromesifen
Oberon

WORTELKNOBBEL *Agrobacterium tumefaciens*
- in geval van bacterieaantasting (Agrobacterium tumefaciens) gezonde onderstammen gebruiken, zieke stammen uit de kas verwijderen en afvoeren en besmette grond door stomen ontsmetten.
- indien wortelknobbel niet veroorzaakt wordt door bacteriën is geen niet-chemische maatregel bekend.
- indruk bestaat in de praktijk dat deze ziekte kan worden overgebracht met scharen. Verdeel het bedrijf in werkeenheden en gebruik per eenheid een aparte schaar.

WORTELROT *Gnomonia radicicola*
- bedrijfshygiëne stringent doorvoeren.
- bij recirculatie drainwater ontsmetten.

WORTELROT phytophthora *Phytophthora* soorten
- bij grondteelt voor een minder natte grond zorgen.
- bij substraatteelt drainwater ontsmetten.
- relatieve luchtvochtigheid (RV) laag houden door stoken en/of luchten en niet te diep planten.

plantvoetbehandeling door gieten
dimethomorf
    Paraat

Strelitzia soorten PARADIJSVOGELBLOEM

GOMMEN hoge luchtvochtigheid
- hoge relatieve luchtvochtigheid (RV) in het bloeiseizoen voorkomen:.

HARTROT *Nectria radicicola*
- bij warm weer 's morgens vroeg water geven.
- hoge relatieve luchtvochtigheid (RV) en hoge temperatuur na het overplanten voorkomen.

HARTROT fusarium *Fusarium* soorten
- bij warm weer 's morgens vroeg water geven.
- hoge relatieve luchtvochtigheid (RV) en hoge temperatuur na het overplanten voorkomen.

Tagetes soorten AFRIKAANTJE

SCHEUTGROEI, voorkomen van
gewasbehandeling door spuiten
daminozide
    Dazide Enhance, Holland Fytozide, Imex-Daminozide SG

Trachelium soorten HALSKRUID

AALTJES vrijlevend wortelaaltje *Paratylenchus bukowinensis*, wortelknobbelaaltje warmteminnend wortelknobbelaaltje *Meloidogyne javanica*
- voldoende diep stomen na beëindiging van de teelt.

MANGAANOVERMAAT
- grond bekalken.
- grondbewerking uitvoeren (beluchten), waardoor mangaan tot een niet opneembare vorm wordt geoxideerd.
- mangaangehalte voor het stomen laten bepalen.

Tulipa soorten TULP

BLADKLEURING, voorkomen van
bloembehandeling door steel in oplossing te zetten
6-benzyladenine / benzyladenine / gibberelline A4 + A7
    Chrysal BVB, VBC-476

BLOEMKNOPOPENING, bevorderen van
bloembehandeling door steel in oplossing te zetten
6-benzyladenine / benzyladenine / gibberelline A4 + A7
    Chrysal BVB, VBC-476

STEELLENGTE, voorkomen van
bloembehandeling door steel in oplossing te zetten
ethefon
    Chrysal Plus

VERWELKING, voorkomen van
bloembehandeling door steel in oplossing te zetten
6-benzyladenine / benzyladenine / gibberelline A4 + A7
    Chrysal BVB

2.9 Boomteelt en vaste plantenteelt

Deze paragraaf geeft een overzicht van de ziekten, plagen en teeltproblemen die in de verschillende teeltgroepen van de boomteelt en vaste plantenteelt kunnen voorkomen evenals de preventie en bestrijding ervan.

Allereerst treft u per paragraaf de maatregelen voor de algemeen voorkomende ziekten, plagen en teeltproblemen van deze sector aan. De genoemde bestrijdingsmogelijkheden zijn toepasbaar voor de behandelde teeltgroepen. Vervolgens vindt u de maatregelen voor de specifieke ziekten, plagen en teeltproblemen, gerangschikt per gewas. De bestrijdingsmogelijkheden omvatten cultuurmaatregelen, biologische en chemische maatregelen. Voor de chemische maatregelen staat de toepassingswijze vermeld. Voor de exacte toepassing dient u de toelatingsbeschikking van het betreffende middel te raadplegen.

Het overzicht van de wachttijden voor toegelaten stoffen zijn per gewas opgenomen in hoofdstuk 4.

2.9.1 Algemeen voorkomende ziekten, plagen en teeltproblemen

De hieronder genoemde ziekten en plagen komen voor in verschillende gewassen van de hier behandelde sectoren. Alleen bestrijdingsmogelijkheden die toepasbaar zijn in de sectoren worden in deze eerste paragraaf genoemd. Raadpleeg voor de bestrijdingsmogelijkheden in specifieke gewassen de daaropvolgende paragraaf.

AALTJES
- bedrijfshygiëne stringent doorvoeren.
- gereedschap en andere materialen schoonmaken en ontsmetten.
- gewas bovengronds droog houden (bladaaltjes).
- gezond uitgangsmateriaal gebruiken.
- grond en/of substraat stomen.
- grond inunderen, minimaal 6 weken bij destructor-, blad- en stengelaaltjes.
- indien beschikbaar, resistente of minder vatbare rassen telen.
- ruime vruchtwisseling toepassen.
signalering:
- grondonderzoek laten uitvoeren.
grondbehandeling door strooien
oxamyl
	Vydate 10G

AALTJES aardbeibladaaltje *Aphelenchoides fragariae, chrysantenbladaaltje Aphelenchoides ritzemabosi*
- aaltjesvrije trays, potten, grond en gietwater gebruiken.
- aangetaste of afwijkende planten verwijderen en vernietigen.
- bassin vrijhouden van waterplanten.
- bedrijfshygiëne stringent doorvoeren.
- besmette grond in de zomer 6 tot 8 weken inunderen.
- geen zaad en bladstek van aangetaste moerplanten nemen.
- gewasresten grondig verwijderen.
- gewasresten na de oogst onderploegen of verwijderen.
- grond braak laten liggen.
- grond stomen.
- handen en gereedschap regelmatig ontsmetten.
- moerplanten streng op aaltjes selecteren.
- onderdoor water geven.
- onkruid bestrijden.
- op aangekocht plantmateriaal bestemd voor vermeerdering quarantaine toepassen.
- potgrond, tabletten en gereedschap ontsmetten.
- resistente rassen telen.
- ruime vruchtwisseling toepassen.
- teeltsysteem met aaltjesbesmetting ontsmetten.
signalering:
- grondonderzoek laten uitvoeren.

AALTJES gewoon wortellesieaaltje *Pratylenchus penetrans*
- aaltjesonderdrukkende voorteelt van *Tagetes*-soorten (afrikaantje) gedurende minimaal 3 maanden toepassen.
- besmette grond en/of substraat ontsmetten of inunderen.
- gezond uitgangsmateriaal gebruiken.
- pH door bekalking verhogen.
- vruchtwisseling toepassen. Bij vatbare gewassen granen, maïs, grassen, aardappel, knolselderij, peen en vlinderbloemigen als voorvrucht vermijden. Biet en kruisbloemigen zijn goede voorvruchten.
signalering:
- grondonderzoek laten uitvoeren.
grondbehandeling door injecteren
metam-natrium
	Monam CleanStart, Monam Geconc., Nemasol

AALTJES noordelijk wortelknobbelaaltje *Meloidogyne hapla*
- ruime vruchtwisseling toepassen.
- zo laat mogelijk zaaien of planten.
- zwarte braak toepassen in de zomer.

AALTJES scabiosabladaaltje *Aphelenchoides blastophorus*
- aaltjesvrije trays, potten, grond en gietwater gebruiken.
- aangetaste of afwijkende planten verwijderen en vernietigen.
- bassin vrijhouden van waterplanten.
- bedrijfshygiëne stringent doorvoeren.
- besmette grond in de zomer 6 tot 8 weken inunderen.
- gewasresten na de oogst onderploegen of verwijderen.
- grond braak laten liggen.
- grond stomen.
- moerplanten streng op aaltjes selecteren.
- onderdoor water geven.
- onkruid bestrijden.
- op aangekocht plantmateriaal bestemd voor vermeerdering quarantaine toepassen.
- potgrond, tabletten en gereedschap ontsmetten.
- resistente rassen telen.
- ruime vruchtwisseling toepassen.
signalering:
- grondonderzoek laten uitvoeren.

AALTJES stengelaaltje *Ditylenchus dipsaci*
DIT IS EEN QUARANTAINE-ORGANISME

AALTJES vrijlevende wortelaaltjes *Trichododidae*
- gezond uitgangsmateriaal gebruiken.
- vruchtwisseling toepassen.
grondbehandeling door injecteren
metam-natrium
    Monam CleanStart, Monam Geconc., Nemasol

AALTJES wortelknobbelaaltje *Meloidogyne* **soorten**
- gezond uitgangsmateriaal gebruiken, wortels inspecteren en uitspoelen.
- gezond uitgangsmateriaal gebruiken.
- grond en/of substraat ontsmetten.
- onkruid bestrijden.
- vruchtwisseling toepassen met granen en maïs.
signalering:
- grondonderzoek laten uitvoeren.

AARDRUPSEN aardrups *Euxoa nigricans,* **bruine aardrups** *Agrotis exclamationis,* **gewone aardrups** *Agrotis segetum,* **zwartbruine aardrups** *Agrotis ipsilon*
- natuurlijke vijanden inzetten of stimuleren.
- perceel tijdens en na de teelt onkruidvrij houden.
- percelen regelmatig beregenen.
- *Steinernema feltiae* (insectparasitair aaltje) inzetten. De bodemtemperatuur dient daarbij minimaal 12 °C te zijn.
- zwarte braak toepassen gedurende een jaar.

AARDVLOOIEN *Phyllotreta* **soorten**
- gewasresten na de oogst onderploegen of verwijderen.
- onkruid bestrijden.
- voor goede groeiomstandigheden zorgen.

(AFGEDRAGEN) GEWAS, doodspuiten van
gewasbehandeling door spuiten
glyfosaat
    Panic Free, Roundup Force
onkruidbehandeling door pleksgewijs spuiten
glyfosaat
    Panic Free, Roundup Force

ALTERNARIA-ZIEKTE *Alternaria solani*
- natslaan van gewas en guttatie voorkomen.

BACTERIEZIEKTEN
- aangetaste planten(delen) verwijderen en afvoeren.
- beschadiging van het gewas voorkomen.
- gezond uitgangsmateriaal gebruiken.
- grond en/of substraat stomen.
- hoge relatieve luchtvochtigheid (RV) en hoge temperatuur voorkomen.
- natslaan van gewas en guttatie voorkomen.
- onderdoor water geven.
- ruime plantafstand aanhouden.
- schoenen ontsmetten.
- voor goede groeiomstandigheden zorgen.
- weelderige groei voorkomen.
- wegwerphandschoenen gebruiken en deze zo vaak mogelijk vernieuwen.
- ziektevrij gietwater (leiding- of bronwater) of ontsmet drain-, oppervlakte- en regenwater gebruiken.
- zo min mogelijk bezoekers in de kas en per afdeling aparte jassen gebruiken.

BACTERIEVUUR *Erwinia amylovora*
- teelt van waardplanten, bestemd voor export naar beschermde gebieden binnen de EG, is slechts toegestaan in de bufferzones.

BESSEN- EN KNOPPENVRETERIJ DOOR VOGELS
- afschrikmethoden zoals vogelverschrikkers, knalapparaten of folie toepassen.
- geen zaaizaad morsen.
- netten over het gewas aanbrengen.

BEVER *Castor fiber*
plantbehandeling door smeren
kwartszand
    Wöbra

BLADHAANTJES elzenhaantje *Agelastica alni*
gewasbehandeling door spuiten
diflubenzuron
    Dimilin Spuitpoeder 25%, Dimilin Vloeibaar
teflubenzuron
    Nomolt

BLADLUIZEN *Aphididae*
- bladluizen in akkerranden en wegbermen bestrijden.
- bomen en struiken die fungeren als winterwaard voor bladluizen niet in de omgeving van het bedrijf planten of de bladluizen op de winterwaard bestrijden.
- gewas afdekken met vliesdoek.
- gewasresten na de oogst onderploegen of verwijderen.
- gezond uitgangsmateriaal gebruiken.
- insectengaas 0,8 x 0,8 mm aanbrengen.
- natuurlijke vijanden inzetten of stimuleren.
- spontane parasitering is mogelijk.
- vruchtwisseling toepassen.
signalering:
- gele of blauwe vangplaten ophangen.
- gewasinspecties uitvoeren.
- vangplaten of vanglampen ophangen, waardoor het goede bestrijdingsmoment vastgesteld kan worden.
gewasbehandeling (ruimtebehandeling) door roken
pirimicarb
    Pirimor Rookontwikkelaar
gewasbehandeling door spuiten
acetamiprid
    Gazelle
azadirachtin
    Neemazal-T/S
flonicamid
    Teppeki
imidacloprid
    Admire O-Teq
koolzaadolie / pyrethrinen
    Promanal-R Concentraat, Promanal-R Gebruiksklaar, Raptol, Spruzit-R concentraat, Spruzit-R gebruiksklaar
pirimicarb
    Agrichem Pirimicarb, Pirimor
spirotetramat
    Movento
thiacloprid
    Calypso
plantbehandeling door spuiten
piperonylbutoxide / pyrethrinen
    Spruzit Vloeibaar
potgrondbehandeling door mengen
thiacloprid
    Exemptor

BLADLUIZEN aardappeltopluis *Macrosiphum euphorbiae,* **boterbloemluis** *Aulacorthum solani,* **katoenluis** *Aphis gossypii*
gewasbehandeling door spuiten
acetamiprid
    Gazelle
imidacloprid
    Admire, Admire O-Teq, Imex-Imidacloprid, Kohinor 70 WG
pymetrozine
    Plenum 50 WG
thiamethoxam

Actara

BLADLUIZEN appelbloedluis *Eriosoma lanigerum*
- overwinteringsplekken van appelbloedluis beperken door het wegnemen van opslag en kankerplekken.

BLADLUIZEN beukenbladluis *Phyllaphis fagi*
gewasbehandeling door spuiten
imidacloprid
  Admire, Admire O-Teq, Imex-Imidacloprid, Kohinor 70 WG
spirotetramat
  Movento

BLADLUIZEN gele rozenluis *Rhodobium porosum*
gewasbehandeling door spuiten
pymetrozine
  Plenum 50 WG

BLADLUIZEN gewone rozenluis *Macrosiphum rosae*
gewasbehandeling door spuiten
acetamiprid
  Gazelle
azadirachtin
  Neemazal-T/S
imidacloprid
  Admire, Admire O-Teq, Imex-Imidacloprid, Kohinor 70 WG

BLADLUIZEN groene appeltakluis *Aphis pomi*, groene kortstaartluis *Brachycaudus helichrysi*, groene sparrenluis *Elatobium abietinum*, sjalottenluis *Myzus ascalonicus*, vogelkersluis *Rhopalosiphum padi*, zwarte kersenluis *Myzus cerasi*
gewasbehandeling door spuiten
acetamiprid
  Gazelle
imidacloprid
  Admire, Admire O-Teq, Imex-Imidacloprid, Kohinor 70 WG

BLADLUIZEN groene perzikluis *Myzus persicae*
gewasbehandeling door spuiten
acetamiprid
  Gazelle
azadirachtin
  Neemazal-T/S
imidacloprid
  Admire, Admire O-Teq, Imex-Imidacloprid, Kohinor 70 WG
pymetrozine
  Plenum 50 WG
thiamethoxam
  Actara

BLADLUIZEN rode luis *Myzus nicotianae*
gewasbehandeling door spuiten
imidacloprid
  Admire, Imex-Imidacloprid, Kohinor 70 WG
pymetrozine
  Plenum 50 WG

BLADLUIZEN zwarte bonenluis *Aphis fabae*
- natuurlijke vijanden inzetten of stimuleren.
gewasbehandeling door spuiten
acetamiprid
  Gazelle
imidacloprid
  Admire, Admire O-Teq, Imex-Imidacloprid, Kohinor 70 WG

BLADVLEKKENZIEKTE *Colletotrichum* soorten
- aangetaste planten(delen) verwijderen.
- gewas droog de nacht in laten gaan door alleen 's morgens en/of onderdoor water te geven.
gewasbehandeling door spuiten
azoxystrobin
  Ortiva
chloorthalonil

Daconil 500 Vloeibaar

BLADVLEKKENZIEKTE *Phoma* soorten
Septoria soorten
- aangetaste planten(delen) verwijderen.
- gewas droog de nacht in laten gaan door alleen 's morgens en/of onderdoor water te geven.
gewasbehandeling door spuiten
azoxystrobin
  Ortiva
chloorthalonil
  Daconil 500 Vloeibaar
folpet / prochloraz
  Mirage Plus 570 SC
folpet / tebuconazool
  Spirit

BLADVLOOIEN appelbladvlo *Psylla mali*, perenbladvlo *Cacopsylla pyri*
gewasbehandeling door spuiten
abamectin
  Abamectine HF-G, Budget Abamectine 18 EC, Imex-Abamactine 2, Parimco Abamectine Nieuw, Vectine Plus, Vertimec Gold, Wopro Abamectin

BLADVLOOIEN buxusbladvlo *Psylla buxi*
gewasbehandeling door spuiten
imidacloprid
  Admire, Admire O-Teq
imidacloprid / natriumlignosulfonaat
  Kohinor 70 WG

BOTRYTIS *Botrytis* soorten
- relatieve luchtvochtigheid (RV) laag houden door stoken en/of luchten.
gewasbehandeling door spuiten
chloorthalonil
  Budget Chloorthalonil 500 SC, Daconil 500 Vloeibaar
thiram
  Hermosan 80 WG, Thiram Granuflo

DOPLUIZEN *Asterolecaniidae, Coccidae*
- aangetaste of afwijkende planten verwijderen en vernietigen.
- bedrijfshygiëne stringent doorvoeren.
- gezond uitgangsmateriaal gebruiken.
- kaspoten schoon branden.
- natuurlijke vijanden inzetten of stimuleren.
gewasbehandeling door spuiten (Coccidae)
koolzaadolie / pyrethrinen
  Promanal-R Concentraat, Promanal-R Gebruiksklaar, Raptol, Spruzit-R concentraat, Spruzit-R gebruiksklaar

ECHTE MEELDAUW *Erysiphe* soorten
- gezond uitgangsmateriaal gebruiken.
- resistente of minder vatbare rassen telen.
- sterke temperatuurschommelingen voorkomen.
- te sterke luchtverplaatsing en tocht bij deuren voorkomen.
gewasbehandeling (ruimtebehandeling) door roken
imazalil
  Fungaflor Rook
gewasbehandeling door spuiten
bitertanol
  Baycor Flow
bupirimaat
  Nimrod Vloeibaar
zwavel
  Brabant Spuitzwavel 2, Kumulus S, Thiovit Jet

ECHTE MEELDAUW *Oidium* soorten
- gezond uitgangsmateriaal gebruiken.
- resistente of minder vatbare rassen telen.
- sterke temperatuurschommelingen voorkomen.
- te sterke luchtverplaatsing en tocht bij deuren voorkomen.
gewasbehandeling (ruimtebehandeling) door roken

imazalil
   Fungaflor Rook
gewasbehandeling door spuiten
bitertanol
   Baycor Flow
mepanipyrim
   Frupica SC
trifloxystrobin
   Flint
zwavel
   Brabant Spuitzwavel 2, Kumulus S, Thiovit Jet

ECHTE MEELDAUW *Microsphaera* soorten
Sphaerotheca soorten
gewasbehandeling door spuiten
mepanipyrim
   Frupica SC

ECHTE MEELDAUW *Sphaerotheca pannosa var. pannosa*
gewasbehandeling door spuiten
trifloxystrobin
   Flint

EMELTEN groentelangpootmug *Tipula oleracea, weidelangpootmug Tipula paludosa*
- besmette grond stomen of inunderen.
- groenbemester onderwerken.
- grond voor 1 augustus scheuren.
- grondbewerking uitvoeren. Door een grondbewerking worden emelten en engerlingen naar boven gespit waar ze uitdrogen of door vogels worden opgepikt.
- perceel tijdens en na de teelt onkruidvrij houden.
- Steinernema carpocapsaem of Steinernema felbiae (insectparasitaire aaltjes) inzetten.
- uitvoeren van mechanische onkruidbestrijding in augustus en september. Hierdoor zal minder eiafzetting plaatsvinden en is de kans groter dat eieren en jonge larven verdrogen.
- zwarte braak toepassen gedurende een jaar.

FUSARIUM *Fusarium oxysporum*
- grond en/of substraat stomen.
- ruime vruchtwisseling toepassen.
- te hoge zoutconcentratie (EC) en overmatige vochtigheid van de grond voorkomen.
- zaad een warmwaterbehandeling geven.
- ziektevrij gietwater (leiding- of bronwater) of ontsmet drain-, oppervlakte- en regenwater gebruiken.
- zo hoog mogelijk planten.

FUSARIUMZIEKTE *Fusarium bulbicola*
- relatieve luchtvochtigheid (RV) laag houden door stoken en/of luchten, beschadigingen voorkomen en niet te dicht planten.
- schoenen ontsmetten.

GALMUGGEN eikentopgalmug *Arnoldiola quercus*
gewasbehandeling door spuiten
deltamethrin
   Agrichem Deltamethrin, Decis Micro, Deltamethrin E.C. 25, Splendid, Wopro Deltamethrin

GEELZUCHT *Verticillium albo-atrum*
- biologische grondontsmetting toepassen.
- eerst teeltwerkzaamheden bij gezonde planten uitvoeren, daarna bij verdachte of aangetaste planten.
- gezond uitgangsmateriaal gebruiken.
- grond stomen met onderdruk.
- organische bemesting toepassen.
- strenge selectie toepassen.
- structuur van de grond verbeteren en voor voldoende bodemtemperatuur zorgen.
- voor optimale cultuuromstandigheden zorgen.
- vruchtwisseling toepassen.

signalering:
- grondonderzoek laten uitvoeren.

GRAUWE SCHIMMEL *Botryotinia fuckeliana*
- aangetaste planten(delen) verwijderen en afvoeren.
- dichte stand voorkomen.
- grond ontwateren.
- onderdoor water geven.
- onkruid bestrijden.
- temperatuur van de kweekgrond moet voldoende hoog zijn.
- temperatuurschommelingen voorkomen door gietwater te gebruiken waarvan de temperatuur gelijk is aan die van het wortelmedium.
gewasbehandeling (ruimtebehandeling) door spuiten
iprodion
   Imex Iprodion Flo, Rovral Aquaflo
gewasbehandeling door spuiten
chloorthalonil
   Budget Chloorthalonil 500 SC, Daconil 500 Vloeibaar
cyprodinil / fludioxonil
   Switch
fenhexamide
   Teldor
iprodion
   Imex Iprodion Flo, Rovral Aquaflo
thiram
   Hermosan 80 WG, Thiram Granuflo

GROEI, bevorderen van
- hogere fosfaatgift toepassen.
- hogere nachttemperatuur dan dagtemperatuur beperkt strekking.
- meer licht geeft compactere groei.
- veel water geven bevordert de celstrekking.

HONINGZWAM *Armillaria obscura, echte honingzwam Armillaria mellea, knolhoningzwam Armillaria bulbosa*
- kwekerijen op voormalige bosgrond ontsmetten of niet aanleggen.
- oude stronken, afgestorven delen en zodoende ook de vruchtlichamen en rhizomorphen verwijderen.

KALIUMGEBREK
- tot begin juli met kalisulfaat (patentkali) bemesten.
- voor een goede kalitoestand van de grond of van het groeimedium zorgen, gecombineerd met een juiste bemesting.

KEVERS *Coleoptera*
plantbehandeling door spuiten
piperonylbutoxide / pyrethrinen
   Spruzit Vloeibaar
potgrondbehandeling door mengen
thiacloprid
   Exemptor

KIEMPLANTENZIEKTE *Pythium* soorten
- gereedschap en andere materialen schoonmaken en ontsmetten.
- gewasresten verwijderen.
- grond en/of substraat stomen.
- hoog stikstofgehalte voorkomen.
- niet te dicht planten.
- niet teveel water geven.
- structuur van de grond verbeteren en voor voldoende bodemtemperatuur zorgen.
- voor goede en constante groeiomstandigheden zorgen.
- voor voldoende luchtige potgrond zorgen.

LOODGLANS *Chondrostereum purpureum*
- besmettingsbronnen zoals aangetaste planten, dode takken en stammen met vruchtlichamen verwijderen en afvoeren.
- dood hout van wilgen, populieren en elzen bezet met vruchtlichamen verwijderen en afvoeren.

- in juli en augustus snoeien en (snoei)wonden met een wond-afdekmiddel behandelen.

MAGNESIUMGEBREK
- bij donker en groeizaam weer spuiten met magnesiumsulfaat, zo nodig herhalen.
- grondverbetering toepassen.
- pH verhogen.

MANGAANGEBREK
- grondverbetering toepassen.
- mangaansulfaat spuiten, alleen bij donker en groeizaam weer.
- pH verlagen.

MIEREN *Formicidae*
- lokdozen gebruiken.
- nesten met kokend water aangieten.

MIJTEN *Acari*
gewasbehandeling door spuiten
azadirachtin
    Neemazal-T/S

MIJTEN bonenspintmijt *Tetranychus urticae*
gewasbehandeling door spuiten
abamectin
    Abamectine HF-G, Budget Abamectine 18 EC, Imex-Abamactine 2, Parimco Abamectine Nieuw, Vectine Plus, Vertimec Gold, Wopro Abamectin
bifenazaat
    Floramite 240 SC, Wopro Bifenazate
clofentezin
    Apollo, Apollo 500 SC
cyflumetofen
    Danisaraba 20SC, Scelta
hexythiazox
    Nissorun Spuitpoeder, Nissorun Vloeibaar
pyridaben
    Aseptacarex
spirodiclofen
    Envidor

MIJTEN fruitspintmijt *Panonychus ulmi*
gewasbehandeling door spuiten
abamectin
    Vertimec Gold, Vectine Plus, Parimco Abamectine Nieuw, Imex-Abamactine 2, Abamectine HF-G, Budget Abamectine 18 EC, Wopro Abamectin
clofentezin
    Apollo, Apollo 500 SC
hexythiazox
    Nissorun Spuitpoeder, Nissorun Vloeibaar
pyridaben
    Aseptacarex
spirodiclofen
    Envidor

MIJTEN galmijten *Eriophyidae*
gewasbehandeling door spuiten
abamectin
    Abamectine HF-G, Budget Abamectine 18 EC, Imex-Abamactine 2, Parimco Abamectine Nieuw, Vectine Plus, Vertimec Gold, Wopro Abamectin

MIJTEN loopmijten *Tarsonemus* soorten
gewasbehandeling door spuiten
pyridaben
    Aseptacarex

MIJTEN spintmijten *Tetranychus* soorten
gewasbehandeling door spuiten
acequinocyl
    Cantack
koolzaadolie / pyrethrinen

Promanal-R Concentraat, Promanal-R Gebruiksklaar, Raptol, Spruzit-R concentraat, Spruzit-R gebruiksklaar

MIJTEN spintmijten *Tetranychidae*
- gezond uitgangsmateriaal gebruiken.
- insectengaas aanbrengen.
- natuurlijke vijanden inzetten of stimuleren.
- onkruid en resten van de voorteelt verwijderen.
- relatieve luchtvochtigheid (RV) in de kas zo hoog mogelijk houden om spintontwikkeling te remmen.
- spint in de voorafgaande teelt bestrijden.
- vruchtwisseling toepassen.
gewasbehandeling door spuiten
azadirachtin
    Neemazal-T/S
fenbutatinoxide
    Torque, Torque-L
milbemectin
    Budget Milbectin 1% EC, Milbeknock
signalering:
- gewasinspecties uitvoeren.

MINEERVLIEGEN *Agromyzidae*
- gewasresten na de oogst onderploegen of verwijderen.
- gezond uitgangsmateriaal gebruiken.
- grond afbranden om poppen te doden.
- insectengaas 0,8 x 0,8 mm aanbrengen.
- kans op spontane parasitering in buitenteelt.
- kas ontsmetten.
- kassen 2-3 weken leeg laten voordat nieuwe teelt erin komt.
- natuurlijke vijanden inzetten of stimuleren.
- onkruid bestrijden.
- plastic bij teeltwisseling vervangen.
- substraat vervangen of stomen.
- vruchtwisseling toepassen.
signalering:
- gele vangplaten ophangen.
- gewasinspecties uitvoeren.
- vangplaten neerleggen op de grond voor de paden. Mineervliegen die net uitkomen worden hiermee wegge-vangen.
- vast laten stellen welke mineervlieg in het spel is.
gewasbehandeling door spuiten
deltamethrin
    Agrichem Deltamethrin, Decis Micro, Deltamethrin E.C. 25, Splendid, Wopro Deltamethrin

MINEERVLIEGEN chrysantenmineervliegen *Chromatomyia syngenesiae, floridamineervlieg Liriomyza trifolii, nerfmineervlieg Liriomyza huidobrensis, tomatenmineervlieg Liriomyza bryoniae*
gewasbehandeling door spuiten
abamectin
    Abamectine HF-G, Budget Abamectine 18 EC, Imex-Abamactine 2, Parimco Abamectine Nieuw, Vectine Plus, Vertimec Gold, Wopro Abamectin

MOLLEN *Talpa europaea*
- klemmen in gangen plaatsen, voornamelijk aan de rand van het perceel.
- met een schop vangen.
gangbehandeling met tabletten
aluminium-fosfide
    Luxan Mollentabletten
magnesiumfosfide
    Magtoxin WM

MUIZEN
- let op: diverse muizensoorten (onder andere veldmuis) zijn wettelijk beschermd.
- nestkasten voor de torenvalk plaatsen.
- onkruid in en om de kas bestrijden.
- slootkanten onderhouden.

2.9 Ziekten en plagen boomteelt en vaste-plantenteelt

PHYTOPHTHORA *Phytophthora* **soorten**
- te hoge zoutconcentratie (EC) voorkomen.
- voor goede en constante groeiomstandigheden zorgen.
- ziektevrij gietwater (leiding- of bronwater) of ontsmet drain-, oppervlakte- en regenwater gebruiken.

PISSEBEDDEN *Oniscus asellus*
- bedrijfshygiëne stringent doorvoeren.
- schuilplaatsen zoals afval- en mesthopen verwijderen.

RHIZOCTONIA-ZIEKTE *Rhizoctonia* **soorten**
- beschadiging voorkomen.
- besmette kisten ontsmetten, grondig reinigen.
- dichte stand voorkomen.
- geen grond tegen de stengel laten liggen.
- grond en/of substraat stomen.
- schoenen ontsmetten.
- structuur van de grond verbeteren.
- temperatuur van de kweekgrond moet voldoende hoog zijn.
- temperatuurschommelingen voorkomen door gietwater te gebruiken waarvan de temperatuur gelijk is aan die van het wortelmedium.
- wateroverlast voorkomen.
grondbehandeling door spuiten
pencycuron
    Moncereen Vloeibaar

RHIZOCTONIA-ZIEKTE *Thanatephorus cucumeris*
- bedrijfshygiëne stringent doorvoeren om nieuwe infecties te voorkomen.
- gezond uitgangsmateriaal gebruiken.
- goede ontwatering creëren en bij containerteelt goed waterdoorlatend teeltsubstraat gebruiken.
- potten, kisten en tabletten ontsmetten.
- structuur van de grond verbeteren en voor voldoende bodemtemperatuur zorgen.
- voor optimale groeiomstandigheden zorgen.
signalering:
- grond en zieke planten laten onderzoeken.
gewasbehandeling door spuiten
iprodion
    Imex Iprodion Flo, Rovral Aquaflo

RITNAALDEN *Agriotes* **soorten**
- besmette grond stomen of inunderen.
- uitvoeren van mechanische onkruidbestrijding in augustus en september. Hierdoor zal minder eiafzetting plaatsvinden en is de kans groter dat eieren en jonge larven verdrogen.
- zwarte braak toepassen gedurende een jaar.

ROEST *Uredinales*
- minder vatbare rassen telen.
- onderdoor water geven.
- relatieve luchtvochtigheid (RV) laag houden door stoken en/ of luchten.
gewasbehandeling door spuiten
chloorthalonil
    Budget Chloorthalonil 500 SC, Daconil 500 Vloeibaar
dodecylbenzeensulfonzuur, triethanolamine zout / triadimenol
    Exact
propiconazool
    Tilt 250 EC
tebuconazool
    Folicur, Folicur SC, Rosacur Pro

ROETDAUW *Alternaria* **soorten**
- onderdoor water geven.

ROETDAUW zwartschimmels *Dematiaceae*
- aantasting door honingdauw producerende insecten voorkomen.
- blad-, schild- en dopluizen en wittevlieg bestrijden.
- relatieve luchtvochtigheid (RV) verlagen indien roetdauw ontstaat op suikerafscheiding van de plant zelf.

gewasbehandeling door spuiten
captan
    Brabant Captan Flowable, Captan 480 SC, Captan 80 WG, Captan 83% Spuitpoeder, Captosan 500 SC, Captosan Spuitkorrel 80 WG, Malvin WG, Merpan Basic WP, Merpan Flowable, Merpan Spuitkorrel

ROUWMUGGEN *Sciaridae*
- voor goede groeiomstandigheden zorgen.

RUPSEN *Lepidoptera*
- insectengaas aanbrengen.
- vruchtwisseling toepassen.
gewasbehandeling door spuiten
azadirachtin
    Neemazal-T/S
deltamethrin
    Agrichem Deltamethrin, Decis Micro, Deltamethrin E.C. 25, Splendid, Wopro Deltamethrin
methoxyfenozide
    Runner
plantbehandeling door spuiten
piperonylbutoxide / pyrethrinen
    Spruzit Vloeibaar

RUPSEN bastaardsatijnvlinder *Euproctis chrysorrhoea*
gewasbehandeling door spuiten
Bacillus thuringiensis subsp. *aizawai*
    Turex Spuitpoeder, Xen Tari WG
deltamethrin
    Agrichem Deltamethrin, Decis Micro, Deltamethrin E.C. 25, Splendid, Wopro Deltamethrin
diflubenzuron
    Dimilin Spuitpoeder 25%, Dimilin Vloeibaar
indoxacarb
    Steward
teflubenzuron
    Nomolt

RUPSEN bladrollers *Tortricidae*
signalering:
- blauwe vanglamp ophangen.
- vangplaten of vanglampen ophangen, waardoor het goede bestrijdingsmoment vastgesteld kan worden.
gewasbehandeling door spuiten
deltamethrin
    Agrichem Deltamethrin, Decis Micro, Deltamethrin E.C. 25, Splendid, Wopro Deltamethrin
indoxacarb
    Steward

RUPSEN dennenlotvlinder *Rhyacionia buoliana*
gewasbehandeling door spuiten
deltamethrin
    Agrichem Deltamethrin, Decis Micro, Deltamethrin E.C. 25, Splendid, Wopro Deltamethrin

RUPSEN floridamot *Spodoptera exigua*
gewasbehandeling door spuiten
flubendiamide
    Fame
indoxacarb
    Steward

RUPSEN gamma-uil *Autographa gamma,* **groente-uil** *Lacanobia oleracea,* **kooluil** *Mamestra brassicae,* **voorjaarsuilen soorten** *Orthosia* **soorten**
gewasbehandeling door spuiten
indoxacarb
    Steward

RUPSEN groene eikenbladroller *Tortrix viridana,*
nonvlinder *Lymantria monacha*
gewasbehandeling door spuiten
diflubenzuron
    Dimilin Spuitpoeder 25%, Dimilin Vloeibaar
teflubenzuron
    Nomolt

RUPSEN grote wintervlinder *Erannis defoliaria,*
jeneverbesmineermot *Argyresthia trifasciata*
gewasbehandeling door spuiten
teflubenzuron
    Nomolt

RUPSEN kleine wintervlinder *Operophtera brumata*
gewasbehandeling door spuiten
Bacillus thuringiensis subsp. *aizawai*
    Xen Tari WG
diflubenzuron
    Dimilin Spuitpoeder 25%, Dimilin Vloeibaar
indoxacarb
    Steward
methoxyfenozide
    Runner
teflubenzuron
    Nomolt

RUPSEN koolvlinders *Pieris* **soorten**
gewasbehandeling door spuiten
Bacillus thuringiensis subsp. *aizawai*
    Turex Spuitpoeder, Xen Tari WG

RUPSEN Mamestra soorten
gewasbehandeling door spuiten
Bacillus thuringiensis subsp. *aizawai*
    Turex Spuitpoeder

RUPSEN mineervlinders
gewasbehandeling door spuiten
deltamethrin
    Agrichem Deltamethrin, Deltamethrin E.C. 25, Splendid,
    Wopro Deltamethrin

RUPSEN plakker *Lymantria dispar,* **ringelrupsvlinder**
Malacosoma neustria, **satijnvlinder** *Leucoma salicis*
gewasbehandeling door spuiten
Bacillus thuringiensis subsp. *aizawai*
    Turex Spuitpoeder, Xen Tari WG
diflubenzuron
    Dimilin Spuitpoeder 25%, Dimilin Vloeibaar
teflubenzuron
    Nomolt

RUPSEN *Plusia* **soorten**
gewasbehandeling door spuiten
Bacillus thuringiensis subsp. *aizawai*
    Turex Spuitpoeder
indoxacarb
    Steward

RUPSEN stippelmotten *Yponomeuta* **soorten**
gewasbehandeling door spuiten
Bacillus thuringiensis subsp. *aizawai*
    Turex Spuitpoeder, Xen Tari WG
deltamethrin
    Agrichem Deltamethrin, Decis Micro, Deltamethrin E.C. 25,
    Splendid, Wopro Deltamethrin
diflubenzuron
    Dimilin Spuitpoeder 25%, Dimilin Vloeibaar
indoxacarb
    Steward
teflubenzuron
    Nomolt

RUPSEN Turkse mot *Chrysodeixis chalcites*
gewasbehandeling door spuiten
emamectin benzoaat
    Proclaim
flubendiamide
    Fame
indoxacarb
    Steward

RUPSEN wortelboorders *Hepialus* **soorten**
- natuurlijke vijanden inzetten of stimuleren.
- spontane parasitering is mogelijk.

SCHILDLUIZEN
- aangetaste of afwijkende planten verwijderen en vernietigen.
- bedrijfshygiëne stringent doorvoeren.
- gezond uitgangsmateriaal gebruiken.
- kaspoten schoon branden.
- natuurlijke vijanden inzetten of stimuleren.
gewasbehandeling door spuiten
koolzaadolie / pyrethrinen
    Promanal-R Concentraat, Promanal-R Gebruiksklaar,
    Raptol, Spruzit-R concentraat, Spruzit-R gebruiksklaar

SCHIMMELS
- aangetaste planten(delen) verwijderen en vernietigen.
- gereedschap en andere materialen schoonmaken en ontsmetten.
- gewasresten verwijderen.
- gezond uitgangsmateriaal gebruiken.
- grond goed ontwateren.
- minder vatbare of resistente rassen telen.
- vruchtwisseling toepassen.
- wateroverlast, inregenen of lekken van kassen voorkomen.
bol- en/of knolbehandeling door dompelen
thiofanaat-methyl
    Topsin M Vloeibaar
gewasbehandeling door spuiten
captan
    Brabant Captan Flowable, Captan 480 SC, Captan 80 WG,
    Captan 83% Spuitpoeder, Captosan 500 SC, Captosan
    Spuitkorrel 80 WG, Malvin WG, Merpan Basic WP, Merpan
    Flowable, Merpan Spuitkorrel
grondbehandeling door injecteren
metam-natrium
    Monam CleanStart, Monam Geconc., Nemasol
zaadbehandeling door mengen
propamocarb-hydrochloride
    Imex-Propamocarb

SCHIMMELS *Pythium* **soorten**
- bemesten met GFT-compost onderdrukt *Pythium* in de grond.
- beschadiging voorkomen.
- betonvloer schoon branden.
- geen grond tegen de stengel laten liggen.
- grond en/of substraat stomen.
- niet te vroeg zaaien.
- schoenen ontsmetten.
- schommelingen in de zoutconcentratie (EC) en in temperatuur voorkomen.
- temperatuur van de kweekgrond moet voldoende hoog zijn.
- temperatuurschommelingen voorkomen door gietwater te gebruiken waarvan de temperatuur gelijk is aan die van het wortelmedium.
- ziektevrij gietwater (leiding- of bronwater) of ontsmet drain-, oppervlakte- en regenwater gebruiken.

SCHURFT *Venturia inaequalis, Venturia pyrina*
gewasbehandeling door spuiten
dodine
    Syllit Flow 450 SC

SCHURFT *Venturia* **soorten**
gewasbehandeling door spuiten

captan
> Brabant Captan Flowable, Captan 480 SC, Captan 80 WG, Captan 83% Spuitpoeder, Captosan 500 SC, Captosan Spuitkorrel 80 WG, Malvin WG, Merpan Basic WP, Merpan Flowable, Merpan Spuitkorrel

SCLEROTIËNROT *Sclerotinia minor*
grondbehandeling door spuiten en inwerken
Coniothyrium minitans stam con/m/91-8
> Contans WG

SCLEROTIËNROT *Sclerotinia sclerotiorum*
- aangetaste planten met omringende grond verwijderen en vernietigen.
- aangetaste scheuten verwijderen voor de rupsen zich verpoppen.
- grond en/of substraat stomen.
- grond ontsmetten.
- grond stomen.
- hoge worteldruk, natslaan van gewas en guttatie voorkomen.
- onderdoor water geven.
- relatieve luchtvochtigheid (RV) laag houden door stoken en/of luchten.
- ruime plantafstand aanhouden.
- ruime vruchtwisseling toepassen.
- schoenen ontsmetten.
gewasbehandeling door spuiten
iprodion
> Imex Iprodion Flo, Rovral Aquaflo
grondbehandeling door spuiten en inwerken
Coniothyrium minitans stam con/m/91-8
> Contans WG

SLAKKEN
- gewas- en stroresten verwijderen of zo snel mogelijk onderwerken.
- grond regelmatig bewerken. Hierdoor wordt de toplaag van de grond droger en is de kans op het verdrogen van eieren en slakken groter.
- grond zo vlak en fijn mogelijk houden.
- onkruid bestrijden.
- Phasmarhabditis hermaphrodita (parasitair aaltje) inzetten.
- schuil- en kweekplaatsen buiten de kas voorkomen.
- schuilplaatsen verwijderen door het land schoon te houden.
- slootkanten onderhouden.
grondbehandeling door strooien
metaldehyde
> Brabant Slakkendood, Caragoal GR

SLAKKEN naaktslakken *Agriolimacidae, Arionidae*
gewasbehandeling door strooien
ijzer(III)fosfaat
> Derrex, Eco-Slak, Ferramol Ecostyle Slakkenkorrels, NEU 1181M, Sluxx, Smart Bayt Slakkenkorrels

SNUITKEVERS gegroefde lapsnuitkever *Otiorhynchus sulcatus*
- biologische bestrijding van de larve is mogelijk met de insect-pararasitaire aaltjes Heterohabditis megidis en Steinernema kraussei. Toedienen bij een bodemtemperatuur tussen de 10 en 25 °C op een vochtige grond. De grond dient gedurende 14 dag
- insectparasitaire schimmel *Metarhizium anisopliae* inzetten. Het middel mengen door de (pot)grond. Optimale temperatuur tussen de 15 en 30 °C. Extreem natte omstandigheden beïnvloeden de werking negatief.
grondbehandeling door mengen
Metarhizium anisopliae stam fs2
> BIO 1020, Met52 granulair bioinsecticide
potgrondbehandeling door mengen
thiacloprid
> Exemptor

SNUITKEVERS gevlekte lapsnuitkever *Otiorhynchus singularis, kleine lapsnuitkever Otiorhynchus ovatus*
- Heterorhabditis (insectparasitair aaltje) inzetten tegen larven door de aaltjes over de grond te verspreiden, en met veel water inregenen. Dit biologische middel kan in de kas jaarrond worden toegepast. De grond mag na toepassen enkele dagen niet uitdroge
- tussen de rijen planken neerleggen, zodat de kevers hieronder kruipen. 's Ochtends de planken omdraaien en de kevers vernietigen.

SPIKKELZIEKTE *Alternaria* soorten
- natslaan van gewas en guttatie voorkomen.
- onderdoor water geven.
- stekken niet bij een te lage temperatuur bewaren.
gewasbehandeling door spuiten
iprodion
> Imex Iprodion Flo, Rovral Aquaflo

SPRINGSTAARTEN *Collembola*
- grond droog en goed van structuur houden.
- natuurlijke vijanden inzetten of stimuleren.
- verspreiding voorkomen door machines voor grondbewerking schoon te maken.
- voor voldoende diepe grondbewerking zorgen om bestaande gangen in de grond te verstoren.
- vruchtwisseling toepassen.

SPRINKHANEN *Tachycines asynamorus*
- perceel tijdens en na de teelt onkruidvrij houden.

STAMBASISROT *Phytophthora cactorum*
- gezond uitgangsmateriaal gebruiken.
- grond ontwateren.
- onderdoor water geven.
- ruime plantafstand aanhouden.

STENGELROT *Phytophthora citricola*
- gezond uitgangsmateriaal gebruiken.
- grond ontwateren.
- onderdoor water geven.
- ruime plantafstand aanhouden.

STIKSTOFGEBREK
- stikstofbemesting uitvoeren, vaste stikstofmeststoffen zo nodig inregenen.

TRIPSEN *Thripidae*
gewasbehandeling door spuiten
koolzaadolie / pyrethrinen
> Spruzit-R concentraat, Spruzit-R gebruiksklaar, Promanal-R Gebruiksklaar, Promanal-R Concentraat, Raptol

TRIPSEN *Thysanoptera*
- akkerranden kort houden.
- gewasresten na de oogst onderploegen of verwijderen.
- gezond uitgangsmateriaal gebruiken.
- grond en/of substraat stomen.
- insectengaas 0,8 x 0,8 mm aanbrengen.
- minder vatbare rassen telen.
- natuurlijke vijanden inzetten of stimuleren.
- onkruid bestrijden.
- plastic bij teeltwisseling vervangen.
- vruchtwisseling toepassen.
signalering:
- gewasinspecties uitvoeren.
gewasbehandeling door spuiten
azadirachtin
> Neemazal-T/S
deltamethrin
> Agrichem Deltamethrin, Decis Micro, Deltamethrin E.C. 25, Splendid, Wopro Deltamethrin
plantbehandeling door spuiten
piperonylbutoxide / pyrethrinen

Spruzit Vloeibaar

TRIPSEN californische trips *Frankliniella occidentalis*

signalering:
- blauwe of gele vangplaten ophangen.

gewasbehandeling door spuiten
abamectin
  Abamectine HF-G, Budget Abamectine 18 EC, Imex-Abamactine 2, Parimco Abamectine Nieuw, Vectine Plus, Vertimec Gold, Wopro Abamectin
koolzaadolie / pyrethrinen
  Promanal-R Concentraat, Promanal-R Gebruiksklaar, Raptol, Spruzit-R concentraat, Spruzit-R gebruiksklaar
spinosad
  Conserve

TRIPSEN ligustertrips *Dendrothrips ornatus*, rozentrips *Thrips fuscipennis*

signalering:
- blauwe of gele vangplaten ophangen.

TRIPSEN tabakstrips *Thrips tabaci*

gewasbehandeling door spuiten
abamectin
  Abamectine HF-G, Budget Abamectine 18 EC, Imex-Abamactine 2, Parimco Abamectine Nieuw, Vectine Plus, Vertimec Gold, Wopro Abamectin
koolzaadolie / pyrethrinen
  Promanal-R Concentraat, Promanal-R Gebruiksklaar, Raptol, Spruzit-R concentraat, Spruzit-R gebruiksklaar

VALSE MEELDAUW *Peronospora* soorten
- condensvorming op het gewas voorkomen.
- gewas zo droog mogelijk houden.
- hoog stikstofgehalte voorkomen.
- indien beschikbaar, resistente rassen telen.
- onderdoor water geven.
- onderdoor water geven.
- relatieve luchtvochtigheid (RV) laag houden door stoken en/of luchten, beschadigingen voorkomen en niet te dicht planten.
- ruime plantafstand aanhouden.
- ruimer zaaien of planten en/of plantverband aanpassen.
- stikstofniveau laag houden.
- structuur van de grond verbeteren en voor voldoende bodemtemperatuur zorgen.

gewasbehandeling door spuiten
chloorthalonil
  Budget Chloorthalonil 500 SC, Daconil 500 Vloeibaar
fenamidone / fosetyl-aluminium
  Fenomenal

VERTICILLIUM *Verticillium* soorten
- biologische grondontsmetting toepassen.
- drainage en structuur van de grond verbeteren.
- eerst teeltwerkzaamheden bij gezonde planten uitvoeren, daarna bij verdachte of aangetaste planten.
- gereedschap en andere materialen schoonmaken en ontsmetten.
- grond stomen met onderdruk.
- organische bemesting toepassen.
- resistente rassen telen en resistente onderstammen gebruiken indien beschikbaar.
- strenge selectie toepassen.
- voor optimale cultuuromstandigheden zorgen.
- vruchtwisseling toepassen.

signalering:
- grondonderzoek laten uitvoeren.

VERWELKINGSZIEKTE *Fusarium* soorten
- temperatuur van de kweekgrond moet voldoende hoog zijn.

- temperatuurschommelingen voorkomen door gietwater te gebruiken waarvan de temperatuur gelijk is aan die van het wortelmedium.

VERWELKINGSZIEKTE *Verticillium albo-atrum*
- aangetaste planten geheel verwijderen en verbranden.
- aardappelen of dahlia's niet als voorvrucht telen.
- drainage en structuur van de grond verbeteren.
- gezond uitgangsmateriaal gebruiken.
- vruchtwisseling toepassen.

signalering:
- grondonderzoek laten uitvoeren.

VIRUSZIEKTEN
- aangetaste planten(delen) verwijderen en afvoeren.
- besmettingsbronnen verwijderen en/of bestrijden.
- gezond uitgangsmateriaal gebruiken.
- onkruid bestrijden.
- overbrengers (vectoren) van virus voorkomen en/of bestrijden.
- planten op grond die vrij is van de virusoverbrengende aaltjes Longidorus en Xiphinema. Zonodig de grond ontsmetten.
- resistente of minder vatbare rassen telen.

signalering:
- gewasinspecties uitvoeren.

VIRUSZIEKTEN bont komkommerbontvirus
- aangetaste planten onmiddellijk verwijderen. Zijn er teveel, dan gezonde en zieke planten afzonderlijk snoeien en oogsten.
- bij de opkweek leidingwater, bronwater of bassinwater gebruiken, indien mogelijk gedurende de gehele teelt.
- gezond uitgangsmateriaal gebruiken.
- grond stomen.
- handen tijdens de werkzaamheden in het gewas nat houden met onverdunde magere melk.
- zaad gebruiken dat een temperatuurbehandeling heeft gehad.

VIRUSZIEKTEN mozaïek komkommermozaïekvirus
- aangetaste planten onmiddellijk verwijderen. Zijn er teveel, dan gezonde en zieke planten afzonderlijk snoeien en oogsten.
- temperatuur boven 20 °C houden.

VOETROT *Chalara elegans*
- bedrijfshygiëne stringent doorvoeren om nieuwe infecties te voorkomen.
- gezond uitgangsmateriaal gebruiken.
- goede ontwatering creëren en bij containerteelt goed waterdoorlatend teeltsubstraat gebruiken.
- grond en/of substraat stomen.
- potten, kisten en tabletten ontsmetten.
- te natte grond voorkomen.
- voor optimale groeiomstandigheden zorgen.
- vruchtwisseling toepassen.

signalering:
- grond en zieke planten laten onderzoeken.

VOETROT *Cylindrocarpon* soorten
signalering:
- grond en zieke planten laten onderzoeken.

VOETROT *Fusarium* soorten
- bedrijfshygiëne stringent doorvoeren om nieuwe infecties te voorkomen.
- gezond uitgangsmateriaal gebruiken.
- goede ontwatering creëren en bij containerteelt goed waterdoorlatend teeltsubstraat gebruiken.
- potten, kisten en tabletten ontsmetten.
- voor optimale groeiomstandigheden zorgen.

signalering:
- grond en zieke planten laten onderzoeken.

2.9 Ziekten en plagen boomteelt en vaste-plantenteelt

VOETROT *Pythium* **soorten**
- bedrijfshygiëne stringent doorvoeren om nieuwe infecties te voorkomen.
- betonvloer schoon branden.
- droog telen, zorg voor voldoende luchtige potgrond.
- gezond uitgangsmateriaal gebruiken.
- goede ontwatering creëren en bij containerteelt goed water-doorlatend teeltsubstraat gebruiken.
- grond en/of substraat stomen.
- hoog stikstofgehalte voorkomen.
- minder vatbare cultivars telen.
- niet in te koude of te natte grond planten.
- potten, kisten en tabletten ontsmetten.
- structuur van de grond verbeteren.
- te hoge zoutconcentratie (EC) en overmatige vochtigheid van de grond voorkomen.
- temperatuurschommelingen voorkomen.
- voor optimale groeiomstandigheden zorgen.
- ziektevrij gietwater (leiding- of bronwater) of ontsmet drain-, oppervlakte- en regenwater gebruiken.

signalering:
- grond en zieke planten laten onderzoeken.

VOGELS
- afschrikmethoden zoals vogelverschrikkers, knalapparaten of folie toepassen.
- geen zaaizaad morsen.
- grofmazig gaas voor de luchtramen aanbrengen.
- later zaaien zodat het zaad snel opkomt.
- tijdig oogsten.
- vogels uit de kas weren.
- voldoende diep en regelmatig zaaien voor een regelmatige opkomst.
- zoveel mogelijk gelijktijdig inzaaien.

VUUR *Botrytis* **soorten**
- besmette grond inunderen.
- bloemknoppen uit het gewas en van percelen verwijderen.
- gewasresten na de oogst onderploegen of verwijderen.
- grond ploegen zodat deze aan de oppervlakte vrij is van sporen en sclerotiën.
- natslaan van gewas en guttatie voorkomen.
- onderdoor water geven.
- onkruid bestrijden.
- opslag en stekers vroeg in het voorjaar verwijderen.
- ruime plantafstand aanhouden.
- stikstofbemesting matig toepassen.
- voor een afgehard gewas zorgen.
- vruchtwisseling toepassen (minimaal 1 op 3).
- zoutconcentratie (EC) zo hoog mogelijk houden.

signalering:
- indicatorveldje van een vatbare cultivar in het perceel aan-leggen.
- indien mogelijk een waarschuwingssysteem gebruiken.

VUUR *Nectria cinnabarina*
- aangetaste planten(delen) in de zomer diep wegsnijden en afvoeren. Gave, korte snoeiwonden maken en wonden met een wondafdekmiddel behandelen.
- beschadiging van de bast voorkomen.
- bij zware aantasting snoeihout niet versnipperen maar ver-wijderen.
- gave, korte snoeiwonden maken en wonden met een wond-afdekmiddel behandelen.

VUUR *Stagonosporopsis curtisii*
- aangetast plantmateriaal verwijderen.
- onderdoor water geven.
- plantmateriaal na rooien zo snel mogelijk drogen, droog bewaren en vroeg planten.
- ruime vruchtwisseling toepassen.

WANTSEN
plantbehandeling door spuiten

piperonylbutoxide / pyrethrinen
  Spruzit Vloeibaar

WEERBAARHEID, bevorderen van
plantbehandeling door gieten
Trichoderma harzianum rifai stam t-22
  Trianum-P
plantbehandeling via druppelirrigatiesysteem
Trichoderma harzianum rifai stam t-22
  Trianum-P
teeltmediumbehandeling door mengen
Trichoderma harzianum rifai stam t-22
  Trianum-G

WILD haas, konijn, overige zoogdieren
- afrastering plaatsen en/of het gewas afdekken.
- alternatief voedsel aanbieden.
- apparatuur gebruiken om de dieren te verjagen.
- jagen (beperkt toepasbaar in verband met Flora- en Faunawet).
- lokpercelen aanleggen met opslag.
- natuurlijke vijanden inzetten of stimuleren.
- stoffen met repellent werking toepassen.

WITTEVLIEGEN *Aleurodidae*
- gewas afdekken met vliesdoek.
- gewasresten na de oogst onderploegen of verwijderen.
- gezond uitgangsmateriaal gebruiken.
- insectengaas aanbrengen.
- natuurlijke vijanden inzetten of stimuleren.
- onkruid in en om de kas bestrijden.
- perceel tijdens en na de teelt onkruidvrij houden.
- ruime vruchtwisseling toepassen.
- zaaien en opkweken in onkruidvrije ruimten.
signalering:
- gele vangplaten ophangen.
gewasbehandeling door spuiten
azadirachtin
  Neemazal-T/S
pyridaben
  Aseptacarex
teflubenzuron
  Nomolt
plantbehandeling door spuiten
piperonylbutoxide / pyrethrinen
  Spruzit Vloeibaar

WITTEVLIEGEN kaswittevlieg *Trialeurodes vapora-riorum*
gewasbehandeling door spuiten
acetamiprid
  Gazelle
Beauveria bassiana stam gha
  Botanigard Vloeibaar, Botanigard WP
koolzaadolie / pyrethrinen
  Promanal-R Concentraat, Promanal-R Gebruiksklaar, Raptol, Spruzit-R concentraat, Spruzit-R gebruiksklaar
Lecanicillium muscarium stam ve6
  Mycotal
Paecilomyces fumosoroseus apopka stam 97
  Preferal
thiacloprid
  Calypso, Calypso Pro
thiamethoxam
  Actara
potgrondbehandeling door mengen
thiacloprid
  Exemptor

WITTEVLIEGEN tabakswittevlieg *Bemisia tabaci s.l.*
gewasbehandeling door spuiten
acetamiprid
  Gazelle
Beauveria bassiana stam gha

Botanigard Vloeibaar, Botanigard WP
koolzaadolie / pyrethrinen
Promanal-R Concentraat, Promanal-R Gebruiksklaar,
Raptol, Spruzit-R concentraat, Spruzit-R gebruiksklaar

WOELRATTEN *Arvicola terrestris*
- let op: de woelrat is wettelijk beschermd.
- mollenklemmen in en bij de gangen plaatsen.
- vangpotten of vangfuiken plaatsen juist onder het wateroppervlak en in de nabijheid van watergangen.
gangbehandeling met lokaas
bromadiolon
Arvicolex
gangbehandeling met tabletten
aluminium-fosfide
Luxan Mollentabletten

WOLLUIZEN *Pseudococcidae*
- aangetaste planten(delen) verwijderen.
- druppelaars na afloop van de teelt reinigen of vernieuwen.
- natuurlijke vijanden inzetten of stimuleren.
- ruime plantafstand aanhouden.
- teeltoppervlakken schoonmaken.
signalering:
- vangplaten of vanglampen ophangen, waardoor het goede bestrijdingsmoment vastgesteld kan worden.
gewasbehandeling door spuiten
koolzaadolie / pyrethrinen
Promanal-R Concentraat, Promanal-R Gebruiksklaar,
Raptol, Spruzit-R concentraat, Spruzit-R gebruiksklaar

WOLLUIZEN citruswolluis *Pseudococcus citri*
gewasbehandeling door spuiten
koolzaadolie / pyrethrinen
Promanal-R Concentraat, Raptol, Spruzit-R concentraat

WORTELDUIZENDPOTEN *Scutigerella* soorten
- grond droog en goed van structuur houden.
- grond stomen, bij voorkeur met onderdruk.
- rassen met een zwaarder wortelgestel kiezen.
- schuur schoonmaken.
- verspreiding voorkomen door machines voor grondbewerking schoon te maken.
- voor voldoende diepe grondbewerking zorgen om bestaande gangen in de grond te verstoren.
- vruchtwisseling toepassen.

signalering:
- door grond in een emmer water te doen komen de wortelduizendpoten boven drijven.
- gewasinspecties uitvoeren.

WORTELKNOBBEL *Agrobacterium tumefaciens*
- aangetaste planten(delen) verwijderen en vernietigen.
- gezond uitgangsmateriaal gebruiken.
- moerhoek opschonen.
- vruchtwisseling toepassen.
signalering:
- grondonderzoek laten uitvoeren.

WORTELROT *Phytophthora cinnamomi*
- vruchtwisseling toepassen.
- basis van de stammen niet beschadigen.
- grond ontwateren.
gewasbehandeling door gieten
fenamidone / fosetyl-aluminium
Fenomenal
potgrondbehandeling door gieten
metalaxyl-M
Budget Metlaxyl-M SL, Ridomil Gold
potgrondbehandeling door spuiten
etridiazool
AAterra ME

WORTELVORMING - GEEN OF ONVOLDOENDE WORTELVORMING
stekbehandeling door dompelen
1-naftylazijnzuur
Rhizopon B Tabletten
indolylazijnzuur
Rhizopon A Tabletten
indolylboterzuur
Rhizopon AA Tabletten
stekbehandeling door poederen
1-naftylazijnzuur
Rhizopon B Poeder
indolylazijnzuur
Rhizopon A Poeder
indolylboterzuur
Chryzoplus Grijs, Chryzopon Rose, Chryzosan Wit, Chryzotek Beige, Chryzotop Groen, Rhizopon AA Poeder, Stekmiddel, Stekpoeder

2.9.2 Ziekten, plagen en teeltproblemen per gewas

Acacia soorten, Robinia soorten ACACIA

AALTJES gewoon wortellesieaaltje *Pratylenchus penetrans*
- aaltjesonderdrukkende voorteelt van *Tagetes*-soorten (afrikaantje) gedurende minimaal 3 maanden toepassen.
- besmette grond en/of substraat ontsmetten of inunderen.
- grond en/of substraat stomen.
- pH door bekalking verhogen.
- resistente rassen telen.
- vruchtwisseling toepassen. Bij vatbare gewassen granen, maïs, grassen, aardappel, knolselderij, peen en vlinderbloemigen als voorteelt vermijden. Biet en kruisbloemigen zijn goede voorvruchten.
signalering:
- grondonderzoek laten uitvoeren.

ECHTE MEELDAUW *Microsphaera* soorten
- aangetaste planten(delen) verwijderen.
- gereedschap en andere materialen schoonmaken en ontsmetten.
- gewasresten verwijderen.
- inregenen of lekken van kassen voorkomen.

- minder vatbare of resistente rassen telen.
- sterke temperatuurschommelingen voorkomen.
- te sterke luchtverplaatsing en tocht bij deuren voorkomen.
- vruchtwisseling toepassen.

ECHTE MEELDAUW *Uncinula* soorten
- gezond uitgangsmateriaal gebruiken.

KANKER *Gibberella baccata*
- beschadiging voorkomen, behandelen indien beschadigd.
- op schrale grond planten en wateroverlast voorkomen.
- ruime plantafstand aanhouden.
- wonden met een wondafdekmiddel behandelen.

VERWELKINGSZIEKTE *Verticillium dahliae*
- aangetaste planten(delen) verwijderen.
- biologische grondontsmetting toepassen.
- drainage en structuur van de grond verbeteren.
- eerst teeltwerkzaamheden bij gezonde planten uitvoeren, daarna bij verdachte en aangetaste planten.
- gecertificeerd uitgangsmateriaal gebruiken.
- gereedschap en andere materialen schoonmaken en ontsmetten.

- gewasresten verwijderen.
- gezond uitgangsmateriaal gebruiken.
- grond stomen met onderdruk.
- inregenen of lekken van kassen voorkomen.
- organische bemesting toepassen.
- resistente rassen telen en resistente onderstammen gebruiken indien beschikbaar.
- schoenen ontsmetten.
- strenge selectie toepassen.
- voor optimale cultuuromstandigheden zorgen.
- vruchtwisseling toepassen.
signalering:
- grondonderzoek laten uitvoeren.

Acer soorten ESDOORN

INKTVLEKKENZIEKTE *Rhytisma acerinum*
- aangetaste en afgevallen bladeren verwijderen.

Aconitum soorten MONNIKSKAP

KROONROT *Athelia rolfsii var. delphinii*
- aangetaste partijen vernietigen.
- aangetaste planten(delen) verwijderen en vernietigen.
- planten na het rooien snel laten drogen.

Actinidia soorten ACTINIDIA

MIJTEN bonenspintmijt *Tetranychus urticae*
- gezond uitgangsmateriaal gebruiken.
- insectengaas aanbrengen.
- natuurlijke vijanden inzetten of stimuleren.
signalering:
- gewasinspecties uitvoeren.
- indien mogelijk een waarschuwingssysteem gebruiken.
- vangplaten of vanglampen ophangen.

MIJTEN fruitspintmijt *Panonychus ulmi*
- gezond uitgangsmateriaal gebruiken.
- insectengaas aanbrengen.
- natuurlijke vijanden inzetten of stimuleren.
signalering:
- gewasinspecties uitvoeren.
- vangplaten of vanglampen ophangen.

Aesculus soorten PAARDEKASTANJE

BLADVLEKKENZIEKTE *Guignardia aesculi*
- aangetaste planten(delen) verwijderen.
- afgevallen bladeren verwijderen.
- gereedschap en andere materialen schoonmaken en ontsmetten.
- gezond uitgangsmateriaal gebruiken.
- inregenen of lekken van kassen voorkomen.
- minder vatbare of resistente rassen telen.
- natslaan van gewas en guttatie voorkomen.
- relatieve luchtvochtigheid (RV) laag houden door stoken en/of luchten.
- schoenen ontsmetten.
- vruchtwisseling toepassen.
gewasbehandeling door spuiten
chloorthalonil
    Budget Chloorthalonil 500 SC, Daconil 500 Vloeibaar

Agapanthus soorten AFRIKAANSE LELIE

AALTJES wortelknobbelaaltje warmteminnend wortelknobbelaaltje *Meloidogyne incognita*
- besmette grond in de zomer 6 tot 8 weken inunderen.
- gezond uitgangsmateriaal gebruiken.
- grond en/of substraat ontsmetten.
- grond en/of substraat stomen.
- resistente rassen telen.
- ruime vruchtwisseling toepassen.

signalering:
- grondonderzoek laten uitvoeren.

KIEMPLANTENZIEKTE *Pythium* **soorten**
- aangetaste planten(delen) verwijderen.
- gereedschap en andere materialen schoonmaken en ontsmetten.
- gewasresten verwijderen.
- gezond uitgangsmateriaal gebruiken.
- grond stomen.
- inregenen of lekken van kassen voorkomen.
- minder vatbare of resistente rassen telen.
- niet in te koude of te natte grond planten.
- niet met koud water gieten.
- schoenen ontsmetten.
- structuur van de grond verbeteren.
- vruchtwisseling toepassen.
- wateroverlast voorkomen.

TRIPSEN californische trips *Frankliniella occidentalis*
- akkerranden kort houden.
- gezond uitgangsmateriaal gebruiken.
- grond en/of substraat stomen.
- insectengaas aanbrengen.
- minder vatbare rassen telen.
- natuurlijke vijanden inzetten of stimuleren.
- onkruid bestrijden.
- plastic bij teeltwisseling vervangen.
- vruchtwisseling toepassen.
signalering:
- gewasinspecties uitvoeren.
- indien mogelijk een waarschuwingssysteem gebruiken.
- vangplaten of vanglampen ophangen.

VIRUSZIEKTEN tabaksratelvirus
- aangetast plantmateriaal verwijderen.
- besmettingsbronnen verwijderen en/of bestrijden.
- gezond uitgangsmateriaal gebruiken.
- onkruid bestrijden.
- overbrengers (vectoren) van virus voorkomen en/of bestrijden.
- planten op grond die vrij is van de virusoverbrengende aaltjes Longidorus en Xiphinema. Zonodig de grond ontsmetten.
- resistente of minder vatbare rassen telen.
signalering:
- gewasinspecties uitvoeren.

Ajuga soorten AJUGA

VIRUSZIEKTEN
- aangetast plantmateriaal verwijderen.
- besmettingsbronnen verwijderen en/of bestrijden.
- gezond uitgangsmateriaal gebruiken.
- onkruid bestrijden.
- overbrengers (vectoren) van virus voorkomen en/of bestrijden.
- planten op grond die vrij is van de virusoverbrengende aaltjes Longidorus en Xiphinema. Zonodig de grond ontsmetten.
- resistente of minder vatbare rassen telen.
signalering:
- gewasinspecties uitvoeren.

Allium soorten SIERUI

AALTJES stengelaaltje *Ditylenchus dipsaci*
DIT IS EEN QUARANTAINE-ORGANISME

Alnus soorten ELS

AALTJES noordelijk wortelknobbelaaltje *Meloidogyne hapla*
- besmette grond in de zomer 6 tot 8 weken inunderen.
- gezond uitgangsmateriaal gebruiken.

- grond en/of substraat ontsmetten.
- grond en/of substraat stomen.
- resistente rassen telen.
- ruime vruchtwisseling toepassen.

signalering:
- grondonderzoek laten uitvoeren.

KREUKELZIEKTE *Taphrina alni, Taphrina tosquinettii*
- aangetaste planten(delen) verwijderen.

Ampelopsis soorten AMPELOPSIS

ECHTE MEELDAUW *Erysiphe* soorten
- aangetaste planten(delen) verwijderen.
- gereedschap en andere materialen schoonmaken en ont-smetten.
- gewasresten verwijderen.
- gezond uitgangsmateriaal gebruiken.
- inregenen of lekken van kassen voorkomen.
- minder vatbare of resistente rassen telen.
- schoenen ontsmetten.
- sterke temperatuurschommelingen voorkomen.
- te sterke luchtverplaatsing en tocht bij deuren voorkomen.
- vruchtwisseling toepassen.

RUPSEN appelstippelmot *Yponomeuta malinella*
- gezond uitgangsmateriaal gebruiken.
- insectengaas aanbrengen.
- natuurlijke vijanden inzetten of stimuleren.
- vruchtwisseling toepassen.

signalering:
- gewasinspecties uitvoeren.
- vangplaten of vanglampen ophangen.

VIRUSZIEKTEN figuurbont necrotische-kringvlek-kenziekte van Prunus
- aangetast plantmateriaal verwijderen.
- besmettingsbronnen verwijderen en/of bestrijden.
- gezond uitgangsmateriaal gebruiken.
- onkruid bestrijden.
- overbrengers (vectoren) van virus voorkomen en/of bestrijden.
- planten op grond die vrij is van de virusoverbrengende aaltjes Longidorus en Xiphinema. Zonodig de grond ontsmetten.
- resistente of minder vatbare rassen telen.

signalering:
- gewasinspecties uitvoeren.

Andromeda soorten ANDROMEDA

MIJTEN bonenspintmijt *Tetranychus urticae*, fruitspintmijt *Panonychus ulmi*
- gezond uitgangsmateriaal gebruiken.
- insectengaas aanbrengen.
- natuurlijke vijanden inzetten of stimuleren.

signalering:
- gewasinspecties uitvoeren.
- vangplaten of vanglampen ophangen.

WORTELROT *Phytophthora cinnamomi*
- aangetaste planten(delen) verwijderen.
- gewasresten verwijderen.
- gezond uitgangsmateriaal gebruiken.
- grond en/of substraat stomen.
- inregenen of lekken van kassen voorkomen.
- lage temperatuurschok in het wortelmilieu door koud giet-water voorkomen.
- minder vatbare of resistente rassen telen.
- schoenen ontsmetten.
- te hoge zoutconcentratie (EC) voorkomen.
- te natte grond voorkomen: drainage en afwatering verbe-teren.
- voor goede en constante groeiomstandigheden zorgen.
- vruchtwisseling toepassen.

- ziektevrij gietwater (leiding- of bronwater) of ontsmet drain-, oppervlakte- en regenwater gebruiken.

Anemone soorten ANEMOON

AALTJES aardbeibladaaltje *Aphelenchoides fragariae*, gewoon wortellesieaaltje *Pratylenchus penetrans*, vrijlevend wortelaaltje *Hemicycliophora conica*, vrijlevend wortelaaltje *Hemicycliophora thienemanni*, vrijlevend wortelaaltje *Rotylenchus robustus*, vrijlevend wortelaaltje *Rotylenchus uniformis*, vrijlevende wortelaaltjes *Trichododidae*, wortelknobbelaaltje *Meloidogyne* soorten
- besmette grond in de zomer 6 tot 8 weken inunderen.
- gezond uitgangsmateriaal gebruiken.
- grond en/of substraat ontsmetten.
- grond stomen.
- resistente rassen telen.
- ruime vruchtwisseling toepassen.

signalering:
- grondonderzoek laten uitvoeren.

AALTJES wortellesieaaltje *Pratylenchus* soorten
- aaltjesonderdrukkende voorteelt van *Tagetes*-soorten (afri-kaantje) gedurende minimaal 3 maanden toepassen.
- besmette grond en/of substraat ontsmetten of inunderen.
- biologische grondontsmetting toepassen.
- pH door bekalking verhogen.
- vruchtwisseling toepassen. Bij vatbare gewassen granen, maïs, grassen, aardappel, knolselderij, peen en vlinderbloe-migen als voorvrucht vermijden. Biet en kruisbloemigen zijn goede voorvruchten.

BRAND *Urocystis anemones*
- aangetaste planten verwijderen of afmaaien.

GRAUWE SCHIMMEL *Botryotinia fuckeliana*
- aangetaste planten(delen) verwijderen.
- beschadiging van het gewas voorkomen.
- beschadiging voorkomen, behandelen indien beschadigd.
- gereedschap en andere materialen schoonmaken en ont-smetten.
- gewasresten na de oogst onderploegen of verwijderen.
- gezond uitgangsmateriaal gebruiken.
- inregenen of lekken van kassen voorkomen.
- minder vatbare of resistente rassen telen.
- natslaan van gewas en guttatie voorkomen.
- onderdoor water geven.
- onkruid bestrijden.
- relatieve luchtvochtigheid (RV) laag houden door stoken en/of luchten.
- ruime plantafstand aanhouden.
- schoenen ontsmetten.
- stikstofbemesting matig toepassen.
- voor een afgehard gewas zorgen.
- vruchtwisseling toepassen.
- zoutconcentratie (EC) zo hoog mogelijk houden.

KIEMPLANTENZIEKTE *Pythium* soorten
- aangetaste planten(delen) verwijderen.
- bemesten met GFT-compost onderdrukt *Pythium* in de grond.
- betonvloer schoon branden.
- gereedschap en andere materialen schoonmaken en ont-smetten.
- gewasresten verwijderen.
- gezond uitgangsmateriaal gebruiken.
- grond en/of substraat stomen.
- hoog stikstofgehalte voorkomen.
- inregenen of lekken van kassen voorkomen.
- niet in te koude of te natte grond planten.
- resistente of minder vatbare rassen telen.
- ruime vruchtwisseling toepassen.
- schoenen ontsmetten.

2.9 Ziekten en plagen
boomteelt en vaste-plantenteelt

- schommelingen in de zoutconcentratie (EC) en in temperatuur voorkomen.
- structuur van de grond verbeteren.
- voor voldoende luchtige potgrond zorgen.
- ziektevrij gietwater (leiding- of bronwater) of ontsmet drain-, oppervlakte- en regenwater gebruiken.

KWADEGROND *Rhizoctonia tuliparum*
- aangetaste planten(delen) verwijderen.
- gereedschap en andere materialen schoonmaken en ontsmetten.
- gewasresten verwijderen.
- gezond uitgangsmateriaal gebruiken.
- grond en/of substraat stomen.
- inregenen of lekken van kassen voorkomen.
- resistente of minder vatbare rassen telen.
- ruime vruchtwisseling toepassen.
- schoenen ontsmetten.
- structuur van de grond verbeteren.
- wateroverlast voorkomen.

RHIZOCTONIA-ZIEKTE *Thanatephorus cucumeris*
- aangetaste planten(delen) verwijderen.
- gereedschap en andere materialen schoonmaken en ontsmetten.
- gewasresten verwijderen.
- gezond uitgangsmateriaal gebruiken.
- grond en/of substraat stomen.
- inregenen of lekken van kassen voorkomen.
- resistente of minder vatbare rassen telen.
- ruime vruchtwisseling toepassen.
- schoenen ontsmetten.
- structuur van de grond verbeteren.
- wateroverlast voorkomen.

ROEST *Ochropsora ariae*
- aangetaste planten(delen) verwijderen.
- gereedschap en andere materialen schoonmaken en ontsmetten.
- gewasresten verwijderen.
- gezond uitgangsmateriaal gebruiken.
- inregenen of lekken van kassen voorkomen.
- onderdoor water geven.
- relatieve luchtvochtigheid (RV) laag houden door stoken en/of luchten.
- resistente of minder vatbare rassen telen.
- ruime vruchtwisseling toepassen.
- schoenen ontsmetten.

SLECHTE KIEMING complex non-parasitaire factoren
- beschadiging bij de oogst en het spoelen voorkomen.
- langzaam drogen (slechts enkele graden boven de buitentemperatuur).
- op het goede tijdstip rooien.

VALSE MEELDAUW *Peronospora antirrhini*
- aangetaste planten(delen) verwijderen.
- gereedschap en andere materialen schoonmaken en ontsmetten.
- gewas zo droog mogelijk houden.
- gewasresten verwijderen.
- gezond uitgangsmateriaal gebruiken.
- inregenen of lekken van kassen voorkomen.
- onderdoor water geven.
- relatieve luchtvochtigheid (RV) laag houden door stoken en/of luchten.
- resistente of minder vatbare rassen telen.
- ruime vruchtwisseling toepassen.
- ruimer zaaien of planten.
- schoenen ontsmetten.
- stikstofniveau laag houden.
- structuur van de grond verbeteren.
gewasbehandeling door spuiten

fosetyl / fosetyl-aluminium / propamocarb
 Previcur Energy

VIRUSZIEKTEN
- aangetast plantmateriaal verwijderen.
- besmettingsbronnen verwijderen en/of bestrijden.
- gezond uitgangsmateriaal gebruiken.
- jonge, uit zaad gewonnen partijen op afstand van oudere partijen anemonen of ranonkels telen.
- onkruid bestrijden.
- overbrengers (vectoren) van virus voorkomen en/of bestrijden.
- planten op grond die vrij is van de virusoverbrengende aaltjes Longidorus en Xiphinema. Zonodig de grond ontsmetten.
- resistente of minder vatbare rassen telen.
signalering:
- gewasinspecties uitvoeren.

ZWARTROT *Sclerotinia bulborum*
- aangetaste knollen met omringende grond verwijderen.
- aangetaste planten(delen) verwijderen.
- besmette grond in de zomer 6 tot 8 weken inunderen.
- gereedschap en andere materialen schoonmaken en ontsmetten.
- gewasresten verwijderen.
- gezond uitgangsmateriaal gebruiken.
- grond stomen.
- inregenen of lekken van kassen voorkomen.
- onderdoor water geven.
- relatieve luchtvochtigheid (RV) laag houden door stoken en/of luchten.
- resistente of minder vatbare rassen telen.
- ruime plantafstand aanhouden.
- ruime vruchtwisseling toepassen.
- schoenen ontsmetten.
- versteende knollen en sclerotiën verwijderen.

Aquilegia soorten AKELEI

AALTJES gewoon wortellesieaaltje *Pratylenchus penetrans*
- besmette grond in de zomer 6 tot 8 weken inunderen.
- grond en/of substraat stomen.
- resistente rassen telen.
- ruime vruchtwisseling toepassen.
signalering:
- grondonderzoek laten uitvoeren.

BLADLUIZEN roos-akeleiluis *Longicaudus trirhodus*
- bladluizen in akkerranden en wegbermen bestrijden.
- bomen en struiken die fungeren als winterwaard voor bladluizen niet in de omgeving van het bedrijf planten of de bladluizen op de winterwaard bestrijden.
- gewas afdekken met vliesdoek.
- gezond uitgangsmateriaal gebruiken.
- insectengaas aanbrengen.
- natuurlijke vijanden inzetten of stimuleren.
- vruchtwisseling toepassen.
signalering:
- gewasinspecties uitvoeren.
- indien mogelijk een waarschuwingssysteem gebruiken.
- vangplaten of vanglampen ophangen.

BLADVLEKKENZIEKTE *Marssonina aquilegiae*
- aangetaste planten(delen) verwijderen.
- gewas droog de nacht in laten gaan door alleen 's morgens en/of onderdoor water te geven.
- gewasresten verwijderen.
- gezond uitgangsmateriaal gebruiken.
- inregenen of lekken van kassen voorkomen.
- minder vatbare of resistente rassen telen.
- natslaan van gewas en guttatie voorkomen.
- relatieve luchtvochtigheid (RV) laag houden door stoken en/of luchten.

- schoenen ontsmetten.
- vruchtwisseling toepassen.

BLADWESPEN akeleibladwesp *Pristiphora alnivora*
- gezond uitgangsmateriaal gebruiken.
- insectengaas aanbrengen.
- natuurlijke vijanden inzetten of stimuleren.
- perceel tijdens en na de teelt onkruidvrij houden.
- percelen regelmatig beregenen.
- *Steinernema feltiae* (insectparasitair aaltje) inzetten. De bodemtemperatuur dient daarbij minimaal 12 °C te zijn.
- vruchtwisseling toepassen.
- zwarte braak toepassen gedurende een jaar.

signalering:
- gewasinspecties uitvoeren.
- vangplaten of vanglampen ophangen.

ECHTE MEELDAUW *Erysiphe aquilegiae var. aquilegiae*
- aangetaste planten(delen) verwijderen.
- gereedschap en andere materialen schoonmaken en ontsmetten.
- gewasresten verwijderen.
- gezond uitgangsmateriaal gebruiken.
- inregenen of lekken van kassen voorkomen.
- minder vatbare of resistente rassen telen.
- schoenen ontsmetten.
- sterke temperatuurschommelingen voorkomen.
- te sterke luchtverplaatsing en tocht bij deuren voorkomen.
- vruchtwisseling toepassen.

RUPSEN ridderspooruil *Plusia moneta*
- gezond uitgangsmateriaal gebruiken.
- insectengaas aanbrengen.
- natuurlijke vijanden inzetten of stimuleren.
- vruchtwisseling toepassen.

signalering:
- gewasinspecties uitvoeren.
- indien mogelijk een waarschuwingssysteem gebruiken.
- vangplaten of vanglampen ophangen.

SCLEROTIËNROT *Sclerotinia sclerotiorum*
- aangetaste planten(delen) verwijderen.
- gereedschap en andere materialen schoonmaken en ontsmetten.
- gewasresten verwijderen.
- gezond uitgangsmateriaal gebruiken.
- grond stomen.
- inregenen of lekken van kassen voorkomen.
- minder vatbare of resistente rassen telen.
- onderdoor water geven.
- relatieve luchtvochtigheid (RV) laag houden door stoken en/of luchten.
- ruime plantafstand aanhouden.
- schoenen ontsmetten.
- vruchtwisseling toepassen.

Arabis soorten ARABIS

AALTJES wit bietencysteaaltje *Heterodera schachtii*
- besmette grond in de zomer 6 tot 8 weken inunderen.
- gereedschap en andere materialen schoonmaken en ontsmetten.
- gezond uitgangsmateriaal gebruiken.
- grond stomen.
- resistente groenbemester (als zomerbraak) telen.
- resistente rassen telen.
- ruime vruchtwisseling toepassen.
- teelt van voortkwekingsmateriaal in de boomkwekerij is alleen toegestaan met een verklaring dat het perceel vrij is bevonden van het aardappelcysteaaltje dat aardappelmoeheid (AM) veroorzaakt. Informatie over deze AM-vrijverklaring is verkrijgbaar bij de divisie Plant van de Nederlandse Voedsel en Waren Autoriteit (nVWA).

- vruchtwisseling toepassen.

signalering:
- grondonderzoek laten uitvoeren.

VALSE MEELDAUW *Peronospora arborescens*
- sterk aangetaste gewassen terugmaaien.

WITTE ROEST *Albugo candida*
- aangetaste planten(delen) verwijderen.
- gereedschap en andere materialen schoonmaken en ontsmetten.
- gewasresten verwijderen.
- gezond uitgangsmateriaal gebruiken.
- inregenen of lekken van kassen voorkomen.
- minder vatbare rassen telen.
- onderdoor water geven.
- relatieve luchtvochtigheid (RV) laag houden door stoken en/of luchten.
- resistente of minder vatbare rassen telen.
- ruime vruchtwisseling toepassen.
- schoenen ontsmetten.

Aster novi-belgii HERFSTASTER

ECHTE MEELDAUW *Erysiphe cichoracearum*
gewasbehandeling door spuiten
propiconazool
    Tilt 250 EC

ROEST *Puccinia asteris*
gewasbehandeling door spuiten
propiconazool
    Tilt 250 EC

Aubrieta soorten AUBRIETA

WITTE ROEST *Albugo candida*
- aangetaste planten(delen) verwijderen.
- gereedschap en andere materialen schoonmaken en ontsmetten.
- gewasresten verwijderen.
- gezond uitgangsmateriaal gebruiken.
- inregenen of lekken van kassen voorkomen.
- onderdoor water geven.
- relatieve luchtvochtigheid (RV) laag houden door stoken en/of luchten.
- resistente of minder vatbare rassen telen.
- ruime vruchtwisseling toepassen.
- schoenen ontsmetten.

Azalea indica AZALEA

BLADVAL complex non-parasitaire factoren
- kluit bij het opkuilen of oppotten redelijk goed vochtig maken en niet te veel verkleinen.

BLADVLEKKENZIEKTE *Cercospora handelii*
  Colletotrichum soorten
gewasbehandeling door spuiten
propiconazool
    Tilt 250 EC

BLADVLEKKENZIEKTE *Cylindrocladium scoparium*
- aangetaste planten(delen) verwijderen.
- gereedschap en andere materialen schoonmaken en ontsmetten.
- gewasresten verwijderen.
- gezond uitgangsmateriaal gebruiken.
- inregenen of lekken van kassen voorkomen.
- natslaan van gewas en guttatie voorkomen.
- relatieve luchtvochtigheid (RV) laag houden door stoken en/of luchten.
- resistente of minder vatbare rassen telen.
- ruime vruchtwisseling toepassen.

- schoenen ontsmetten.
gewasbehandeling door spuiten
propiconazool
    Tilt 250 EC

BLADVLEKKENZIEKTE *Cylindrocladium spathiphylli*
Pestalotia soorten
- aangetaste en afgevallen bladeren verwijderen.
- hoge bemestingsniveaus voorkomen.
gewasbehandeling door spuiten
chloorthalonil
    Budget Chloorthalonil 500 SC, Daconil 500 Vloeibaar
propiconazool
    Tilt 250 EC

BLADVLEKKENZIEKTE *Septoria azaleae*
- aangetaste en afgevallen bladeren verwijderen.
- aangetaste planten(delen) verwijderen.
- afgevallen bladeren verwijderen.
- gereedschap en andere materialen schoonmaken en ontsmetten.
- gewasresten verwijderen.
- gezond uitgangsmateriaal gebruiken.
- hoge bemestingsniveaus voorkomen.
- inregenen of lekken van kassen voorkomen.
- minder vatbare of resistente rassen telen.
- natslaan van gewas en guttatie voorkomen.
- relatieve luchtvochtigheid (RV) laag houden door stoken en/of luchten.
- schoenen ontsmetten.
- vruchtwisseling toepassen.
- zo droog mogelijk telen.
gewasbehandeling door spuiten
chloorthalonil
    Budget Chloorthalonil 500 SC, Daconil 500 Vloeibaar
propiconazool
    Tilt 250 EC

BLOEMKNOPVORMING, bevorderen van
gewasbehandeling door spuiten
daminozide
    Dazide Enhance, Holland Fytozide, Imex-Daminozide SG

BLOEMROT *Ovulinia azaleae*
- aangetaste planten(delen) verwijderen.
- hoge relatieve luchtvochtigheid (RV) tijdens de bloei voorkomen.

MIJTEN cyclamenmijt *Phytonemus pallidus*
- natuurlijke vijanden inzetten of stimuleren.

OORTJESZIEKTE *Exobasidium vaccinii var. japonicum*
- aangetaste planten(delen) verwijderen voordat sporen vrijkomen.
- gezond uitgangsmateriaal gebruiken.
gewasbehandeling door spuiten
captan
    Brabant Captan Flowable, Captan 480 SC, Captan 80 WG, Captan 83% Spuitpoeder, Captosan 500 SC, Captosan Spuitkorrel 80 WG, Malvin WG, Merpan Basic WP, Merpan Flowable, Merpan Spuitkorrel

SCHEUTONTWIKKELING, voorkomen van
gewasbehandeling door spuiten
daminozide
    Dazide Enhance, Holland Fytozide, Imex-Daminozide SG

SCHIMMELS
gewasbehandeling door spuiten
captan
    Brabant Captan Flowable, Captan 480 SC, Captan 80 WG, Captan 83% Spuitpoeder, Captosan 500 SC, Captosan

Spuitkorrel 80 WG, Malvin WG, Merpan Basic WP, Merpan Flowable, Merpan Spuitkorrel
propiconazool
    Tilt 250 EC

TAKSTERFTE *Phytophthora citricola*
gewasbehandeling door spuiten
fenamidone / fosetyl-aluminium
    Fenomenal

WORTELROT *Phytophthora cinnamomi*
- aangetaste planten(delen) verwijderen.
- gereedschap en andere materialen schoonmaken en ontsmetten.
- gewasresten verwijderen.
- gezond uitgangsmateriaal gebruiken.
- grond en/of substraat stomen.
- inregenen of lekken van kassen voorkomen.
- lage temperatuurschok in het wortelmilieu door koud gietwater voorkomen.
- resistente of minder vatbare rassen telen.
- ruime vruchtwisseling toepassen.
- schoenen ontsmetten.
- te hoge zoutconcentratie (EC) voorkomen.
- te natte grond voorkomen: drainage en afwatering verbeteren.
- voor goede en constante groeiomstandigheden zorgen.
- ziektevrij gietwater (leiding- of bronwater) of ontsmet drain-, oppervlakte- en regenwater gebruiken.

Bellis soorten MADELIEFJE

BLADVLEKKENZIEKTE *Phoma bellidis*
gewasbehandeling door spuiten
propiconazool
    Tilt 250 EC

ROEST *Puccinia distincta, Puccinia obscura*
gewasbehandeling door spuiten
propiconazool
    Tilt 250 EC

SCHEUTGROEI, voorkomen van
gewasbehandeling door spuiten
daminozide
    Dazide Enhance, Holland Fytozide, Imex-Daminozide SG

Berberis soorten ZUURBES

ROEST *Puccinia graminis subsp. graminicola*
- minder vatbare of resistente cultivars telen.

Buddleia soorten VLINDERSTRUIK

VALSE MEELDAUW *Peronospora hariotii*
gewasbehandeling door spuiten
fosetyl / fosetyl-aluminium / propamocarb
    Previcur Energy

Buxus soorten PALMBOOMPJE

BLADVLOOIEN buxusbladvlo *Psylla buxi*
- planten regelmatig snoeien.

GALMUGGEN buxusbladgalmug *Monarthropalpus buxi*
- flink snoeien.

TAKSTERFTE *Volutella buxi*
- aangetaste planten(delen) en gewasresten verwijderen.
- beschadiging voorkomen.

Calceolaria soorten PANTOFFELPLANT

SCHEUTGROEI, voorkomen van
gewasbehandeling door spuiten
daminozide
    Dazide Enhance, Holland Fytozide, Imex-Daminozide SG

Calluna soorten STRUIKHEIDE

INSNOERINGSZIEKTE *Pestalotiopsis funerea*
- aangetaste planten(delen) verwijderen.

Campanula isophylla STER VAN BETHLEHEM

BLADVERGELING *Phoma trachelii*
- beschadiging voorkomen.
- relatieve luchtvochtigheid (RV) laag houden door stoken en/of luchten.
- voor optimale groeiomstandigheden zorgen.
- water van goede kwaliteit gebruiken.

BLADVERGELING zoutovermaat
- beschadiging voorkomen.
- voor optimale groeiomstandigheden zorgen.
- water van goede kwaliteit gebruiken.

BLADVLEKKENZIEKTE *Ramularia macrospora*
- relatieve luchtvochtigheid (RV) laag houden door stoken en/of luchten.
gewasbehandeling door spuiten
chloorthalonil
    Budget Chloorthalonil 500 SC, Daconil 500 Vloeibaar

SCHEUTGROEI, voorkomen van
gewasbehandeling door spuiten
daminozide
    Alar 64 SP, Alar 85 SG, Dazide Enhance, Holland Fytozide, Imex-Daminozide SG

Campanula soorten KLOKJESBLOEM

BLADVLEKKENZIEKTE *Ascochyta bohemica*
- aangetaste planten(delen) verwijderen.
- gereedschap en andere materialen schoonmaken en ontsmetten.
- gewasresten verwijderen.
- gezond uitgangsmateriaal gebruiken.
- inregenen of lekken van kassen voorkomen.
- minder vatbare of resistente rassen telen.
- natslaan van gewas en guttatie voorkomen.
- relatieve luchtvochtigheid (RV) laag houden door stoken en/of luchten.
- schoenen ontsmetten.
- vruchtwisseling toepassen.
gewasbehandeling door spuiten
propiconazool
    Tilt 250 EC

BLADVLEKKENZIEKTE *Ramularia macrospora*
- aangetaste planten(delen) verwijderen.
- relatieve luchtvochtigheid (RV) laag houden door stoken en/of luchten.
gewasbehandeling door spuiten
chloorthalonil
    Budget Chloorthalonil 500 SC, Daconil 500 Vloeibaar
propiconazool
    Tilt 250 EC

ROEST *Coleosporium tussilaginis*
- aangetaste planten(delen) verwijderen.
- Campanula niet in de omgeving van Pinus sylvestris telen.
- gereedschap en andere materialen schoonmaken en ontsmetten.
- gewasresten verwijderen.

- gezond uitgangsmateriaal gebruiken.
- inregenen of lekken van kassen voorkomen.
- minder vatbare of resistente rassen telen.
- onderdoor water geven.
- relatieve luchtvochtigheid (RV) laag houden door stoken en/of luchten.
- schoenen ontsmetten.
- vruchtwisseling toepassen.
gewasbehandeling door spuiten
propiconazool
    Tilt 250 EC

Cedrus soorten CEDER

RUIZIEKTE *Botryotinia fuckeliana*
gewasbehandeling door spuiten
thiram
    Hermosan 80 WG, Thiram Granuflo

Centaurea soorten KORENBLOEM

SCHEUTGROEI, voorkomen van
gewasbehandeling door spuiten
daminozide
    Alar 64 SP, Alar 85 SG, Dazide Enhance, Holland Fytozide, Imex-Daminozide SG

Cestrum soorten CESTRUM

SCHIMMELS
gewasbehandeling door spuiten
propiconazool
    Tilt 250 EC

Chamaecyparis soorten DWERGCYPRES

INSNOERINGSZIEKTE *Pestalotiopsis funerea*
- aangetaste planten(delen) verwijderen.

WORTELROT *Phytophthora cinnamomi*
gewasbehandeling door spuiten
fenamidone / fosetyl-aluminium
    Fenomenal

Cheiranthus soorten MUURBLOEM

AALTJES stengelaaltje *Ditylenchus dipsaci*
DIT IS EEN QUARANTAINE-ORGANISME

Chrysanthemum maximum MARGRIET

AALTJES chrysantenbladaaltje *Aphelenchoides ritzemabosi*
- aaltjesvrije trays, potten, grond en gietwater gebruiken.
- besmette grond in de zomer 6 tot 8 weken inunderen.
- gewasresten na de oogst onderploegen of verwijderen.
- grond braak laten liggen.
- grond stomen.
- onderdoor water geven.
- onkruid in en om de kas bestrijden.
- resistente rassen telen.
- ruime vruchtwisseling toepassen.
signalering:
- grondonderzoek laten uitvoeren.

Chrysanthemum soorten CHRYSANT

ECHTE MEELDAUW *Oidium chrysanthemi*
gewasbehandeling door spuiten
propiconazool
    Tilt 250 EC

ROEST *Puccinia* soorten
gewasbehandeling door spuiten

propiconazool
   Tilt 250 EC

ROEST *Puccinia pelargonii-zonalis*
gewasbehandeling door spuiten
mancozeb
   Brabant Mancozeb Flowable, Manconyl 2, Mastana SC,
   Penncozeb 80 WP, Penncozeb DG, Tridex 80 WP, Tridex DG,
   Vondozeb DG

ROEST chrysantenroest *Puccinia chrysanthemi*
- aangetaste planten(delen) in gesloten plastic zak verwijderen.
- besmette grond stomen.
- relatieve luchtvochtigheid (RV) laag houden door gedurende
  de nacht de verduisteringsinstallatie te openen.
gewasbehandeling door spuiten
mancozeb
   Brabant Mancozeb Flowable, Dithane DG Newtec, Fythane
   DG, Manconyl 2, Mastana SC, Penncozeb 80 WP, Penncozeb
   DG, Tridex 80 WP, Tridex DG, Vondozeb DG

ROEST japanse roest *Puccinia horiana*
gewasbehandeling door spuiten
chloorthalonil
   Budget Chloorthalonil 500 SC, Daconil 500 Vloeibaar
kresoxim-methyl
   Kenbyo FL

SCHEUTGROEI, voorkomen van
gewasbehandeling door spuiten
azoxystrobin
   Amistar, Azoxy HF, Budget Azoxystrobin 250 SC
daminozide
   Alar 64 SP, Alar 85 SG, Dazide Enhance, Holland Fytozide,
   Imex-Daminozide SG

ZWARTE-VLEKKENZIEKTE *Didymella ligulicola*
gewasbehandeling door spuiten
chloorthalonil
   Budget Chloorthalonil 500 SC, Daconil 500 Vloeibaar

Chrysanthemum vestitum CHRYSANTHEMUM VESTITUM

BLADVLEKKENZIEKTE *Didymella ligulicola, Septoria chrysanthemi, Alternaria* soorten
gewasbehandeling door spuiten
chloorthalonil
   Budget Chloorthalonil 500 SC, Daconil 500 Vloeibaar

MINEERVLIEGEN chrysantenmineervliegen *Chromatomyia syngenesiae*
- bij geringe aantasting aangetast blad verwijderen.
signalering:
- gele vangplaten ophangen.

ROEST *Puccinia horiana*
- bedrijfshygiëne stringent doorvoeren.
- gezond uitgangsmateriaal gebruiken.

Cimicifuga soorten CIMICIFUGA

AALTJES destructoraaltje *Ditylenchus destructor*
- besmette grond in de zomer 6 tot 8 weken inunderen.
- gezond uitgangsmateriaal gebruiken.
- grond stomen.
- resistente rassen telen.
- ruime vruchtwisseling toepassen.
- warmwaterbehandeling toepassen.
signalering:
- grondonderzoek laten uitvoeren.

Clematis soorten BOSRANK

AFSTERVING *Coniothyrium clematidis-rectae*
- aangetaste planten(delen) verwijderen.
- onderdoor water geven.
- stek van droog gewas snijden.
gewasbehandeling door spuiten
propiconazool
   Tilt 250 EC

ECHTE MEELDAUW *Erysiphe aquilegiae*
gewasbehandeling door spuiten
propiconazool
   Tilt 250 EC

ROEST *Coleosporium tussilaginis*
gewasbehandeling door spuiten
propiconazool
   Tilt 250 EC

VERWELKINGSZIEKTE *Phoma clematidina*
gewasbehandeling door spuiten
propiconazool
   Tilt 250 EC

Clerodendrum soorten CLERODENDRUM

SCHEUTGROEI, voorkomen van
gewasbehandeling door spuiten
daminozide
   Dazide Enhance, Holland Fytozide, Imex-Daminozide SG

Convallaria soorten LELIETJE-VAN-DALEN

AALTJES gewoon wortellesieaaltje *Pratylenchus penetrans*, AALTJES vrijlevende wortelaaltjes *Trichododidae*
grondbehandeling door injecteren
metam-natrium
   Monam CleanStart, Monam Geconc., Nemasol

Cornus soorten KORNOELJE

BLADVLEKKENZIEKTE *Alternaria* soorten
gewasbehandeling door spuiten
chloorthalonil
   Budget Chloorthalonil 500 SC, Daconil 500 Vloeibaar

BLADVLEKKENZIEKTE *Phoma* soorten
- beschadiging voorkomen.
- omstandigheden waarin het gewas lang nat blijft voorkomen.
- voor optimale groeiomstandigheden zorgen.

Corylus soorten HAZELAAR

MIJTEN hazelaarrondknopmijt *Phytoptus avellanae*
- sterk aangetaste planten(delen) verwijderen.

TAKBREUK *Xanthomonas arboricola pv. corylina*
- aangetaste planten(delen) verwijderen en afvoeren.
- gezond uitgangsmateriaal gebruiken.

Crassula soorten CRASSULA

VERWELKINGSVERSCHIJNSELEN *Fusarium oxysporum*
- aangetaste planten(delen) verwijderen.
- gereedschap en andere materialen schoonmaken en ontsmetten.
- gewasresten verwijderen.
- gezond uitgangsmateriaal gebruiken.
- grond en/of substraat stomen (drain stomen of stomen met
  onderdruk).
- inregenen of lekken van kassen voorkomen.

- resistente of minder vatbare rassen telen.
- ruime vruchtwisseling toepassen.
- schoenen ontsmetten.
- te hoge zoutconcentratie (EC) en overmatige vochtigheid van de grond voorkomen.
- zaad een warmwaterbehandeling geven.
- ziektevrij gietwater (leiding- of bronwater) of ontsmet drain-, oppervlakte- en regenwater gebruiken.
- zo hoog mogelijk planten.

Crataegus soorten MEIDOORN

ROEST *Gymnosporangium clavariiforme*
- aangetaste planten(delen) verwijderen.
- gereedschap en andere materialen schoonmaken en ontsmetten.
- gewasresten verwijderen.
- gezond uitgangsmateriaal gebruiken.
- inregenen of lekken van kassen voorkomen.
- Juniperus niet in de omgeving planten vanwege waardplantwisseling.
- minder vatbare of resistente rassen telen.
- onderdoor water geven.
- relatieve luchtvochtigheid (RV) laag houden door stoken en/of luchten.
- schoenen ontsmetten.
- verdikkingen uitsnijden.
- vruchtwisseling toepassen.

Cupressocyparis soorten CUPRESSOCYPARIS

INSNOERINGSZIEKTE *Pestalotiopsis funerea*
- aangetaste planten(delen) verwijderen.
- minder vatbare typen telen.

TAKSTERFTE *Kabatina juniperi*
- aangetaste planten(delen) verwijderen.
- beschadiging voorkomen, behandelen indien beschadigd.
- ruime plantafstand aanhouden.
- snelle groei voorkomen.

Cyclamen soorten CYCLAMEN

KIEMPLANTENZIEKTE *Pythium* soorten
plantbehandeling door gieten
Streptomyces griseoviridis k61 isolate
    Mycostop
plantbehandeling op plantenbed door aangieten
Streptomyces griseoviridis k61 isolate
    Mycostop

VERWELKINGSZIEKTE *Fusarium oxysporum f.sp. cyclaminis*
plantbehandeling door gieten
Streptomyces griseoviridis k61 isolate
    Mycostop
plantbehandeling op plantenbed door aangieten
Streptomyces griseoviridis k61 isolate
    Mycostop

Cytisus soorten BREM

BLADVLEKKENZIEKTE *Pleiochaeta setosa*
gewasbehandeling door spuiten
chloorthalonil
    Budget Chloorthalonil 500 SC, Daconil 500 Vloeibaar

STENGELBASISROT *Phytophthora cactorum*
- grond goed ontwateren.
- onderdoor water geven.
- ruime plantafstand aanhouden.

VOETROT *Phytophthora* soorten
- bij hergebruik van potten deze laten bestralen of spoelen.

- grond goed ontwateren en/of voor luchtige pot- en stekgrond zorgen.
- voor snelle weggroei na planten of potten zorgen.

WORTELROT *Phytophthora cinnamomi*
- grond goed ontwateren.
- optimale zoutconcentratie (EC) en een regelmatige vochttoestand nastreven.
- te hoge pottemperatuur in de kas voorkomen.
- ziektevrij gietwater (leiding- of bronwater) of ontsmet drain-, oppervlakte- en regenwater gebruiken.

Dahlia soorten DAHLIA

AALTJES maiswortelknobbelaaltje *Meloidogyne chitwoodi*
DIT IS EEN QUARANTAINE-ORGANISME

Delphinium hybrida RIDDERSPOOR

BACTERIEZIEKTE *Pseudomonas syringae pv. delphinii*
- aangetaste planten(delen) verwijderen en afvoeren.
- beschadiging voorkomen, behandelen indien beschadigd.
- besmetting van gietwater voorkomen.
- gezond uitgangsmateriaal gebruiken, eventueel uit meristeemcultuur.
- grond en/of substraat stomen.
- handen en gereedschap regelmatig ontsmetten.
- hoge relatieve luchtvochtigheid (RV) en (bodem)temperatuur voorkomen door te luchten.
- huisdieren uit de kas weren.
- natslaan van gewas en guttatie voorkomen.
- onderdoor water geven.
- per afdeling aparte jassen gebruiken.
- ruime plantafstand aanhouden.
- schoenen ontsmetten.
- tijdelijk met recirculeren stoppen.
- voor goede groeiomstandigheden zorgen.
- weelderige groei voorkomen.
- wegwerphandschoenen gebruiken en deze zo vaak mogelijk vernieuwen.
- zo min mogelijk verschillende personen toelaten in de afdeling waar een aantasting is waargenomen.

BLADVLEKKENZIEKTE *Ascochyta* soorten
gewasbehandeling door spuiten
chloorthalonil
    Budget Chloorthalonil 500 SC, Daconil 500 Vloeibaar

ECHTE MEELDAUW *Erysiphe* soorten
gewasbehandeling door spuiten
kresoxim-methyl
    Kenbyo FL

ECHTE MEELDAUW *Sphaerotheca fusca*
- gezond uitgangsmateriaal gebruiken.
- resistente of minder vatbare rassen telen.
gewasbehandeling door spuiten
kresoxim-methyl
    Kenbyo FL

KROONROT *Athelia rolfsii var. delphinii*
- besmette partijen vernietigen.
- planten na het rooien snel laten drogen.
- aangetaste planten(delen) verwijderen en vernietigen.

WORTELROT *Phytophthora cinnamomi*
plantvoetbehandeling door gieten
dimethomorf
    Paraat

WORTELROT *Phytophthora* soorten
gewasbehandeling door spuiten

fosetyl / fosetyl-aluminium / propamocarb
  Previcur Energy

Dianthus barbatus DUIZENDSCHOON

AALTJES gewoon wortellesieaaltje *Pratylenchus penetrans,* **vrijlevende wortelaaltjes** *Trichododidae*
grondbehandeling door injecteren
metam-natrium
  Monam CleanStart, Monam Geconc., Nemasol

Dianthus soorten ANJER

AALTJES geel bietencysteaaltje *Heterodera trifolii*
- besmette grond in de zomer 6 tot 8 weken inunderen.
- gezond uitgangsmateriaal gebruiken.
- grond stomen.
- resistente groenbemester (als zomerbraak) telen.
- resistente rassen telen.
- ruime vruchtwisseling toepassen.
signalering:
- grondonderzoek laten uitvoeren.

AALTJES gewoon wortellesieaaltje *Pratylenchus penetrans*
- aaltjesonderdrukkende voorteelt van *Tagetes*-soorten (afri-kaantje) gedurende minimaal 3 maanden toepassen.
- besmette grond en/of substraat ontsmetten of inunderen.
- besmette grond in de zomer 6 tot 8 weken inunderen.
- biologische grondontsmetting toepassen.
- grond stomen.
- pH door bekalking verhogen.
- resistente rassen telen.
- vruchtwisseling toepassen. Bij vatbare gewassen granen, maïs, grassen, aardappel, knolselderij, peen en vlinderbloe-migen als voorvrucht vermijden. Biet en kruisbloemigen zijn goede voorvruchten.
signalering:
- grondonderzoek laten uitvoeren.

AALTJES noordelijk wortelknobbelaaltje *Meloidogyne hapla*
- besmette grond in de zomer 6 tot 8 weken inunderen.
- gezond uitgangsmateriaal gebruiken.
- grond en/of substraat ontsmetten.
- grond stomen.
- resistente rassen telen.
- ruime vruchtwisseling toepassen.
- zo laat mogelijk zaaien of planten.
- zwarte braak toepassen in de zomer.
signalering:
- grondonderzoek laten uitvoeren.

AALTJES stengelaaltje *Ditylenchus dipsaci*
DIT IS EEN QUARANTAINE-ORGANISME

AALTJES vals wortelknobbelaaltje *Meloidogyne are-naria,* **AALTJES warmteminnend wortelknobbelaaltje** *Meloidogyne incognita,* **AALTJES warmteminnend wortelknobbelaaltje** *Meloidogyne javanica*
- besmette grond in de zomer 6 tot 8 weken inunderen.
- gezond uitgangsmateriaal gebruiken.
- grond en/of substraat ontsmetten.
- grond stomen.
- resistente rassen telen.
- ruime vruchtwisseling toepassen.
signalering:
- grondonderzoek laten uitvoeren.

BLADLUIZEN aardappeltopluis *Macrosiphum euphorbiae*
- gewasresten na de oogst onderploegen of verwijderen.
- gezond uitgangsmateriaal gebruiken.
- insectengaas 0,8 x 0,8 mm aanbrengen.

2.9 Ziekten en plagen boomteelt en vaste-plantenteelt

- natuurlijke vijanden inzetten of stimuleren.
- vruchtwisseling toepassen.
signalering:
- gele of blauwe vangplaten ophangen.

BLADVLEKKENZIEKTE *Alternaria dianthi*
- aangetaste planten(delen) verwijderen.
- gereedschap en andere materialen schoonmaken en ont-smetten.
- gewasresten verwijderen.
- gezond uitgangsmateriaal gebruiken.
- inregenen of lekken van kassen voorkomen.
- natslaan van gewas en guttatie voorkomen.
- relatieve luchtvochtigheid (RV) laag houden door stoken en/of luchten.
- resistente of minder vatbare rassen telen.
- ruime vruchtwisseling toepassen.
- schoenen ontsmetten.
gewasbehandeling door spuiten
chloorthalonil
  Budget Chloorthalonil 500 SC, Daconil 500 Vloeibaar
iprodion
  Imex Iprodion Flo, Rovral Aquaflo
propiconazool
  Tilt 250 EC

BLADVLEKKENZIEKTE *Alternaria dianthicola*
gewasbehandeling door spuiten
chloorthalonil
  Budget Chloorthalonil 500 SC, Daconil 500 Vloeibaar
iprodion
  Imex Iprodion Flo, Rovral Aquaflo
propiconazool
  Tilt 250 EC

BLADVLEKKENZIEKTE *Glomerella cingulata*
gewasbehandeling door spuiten
propiconazool
  Tilt 250 EC

BLADVLEKKENZIEKTE *Septoria dianthi*
gewasbehandeling door spuiten
chloorthalonil
  Budget Chloorthalonil 500 SC, Daconil 500 Vloeibaar

ECHTE MEELDAUW *Oidium* **soorten**
- aangetaste planten(delen) verwijderen.
- gereedschap en andere materialen schoonmaken en ont-smetten.
- gewasresten verwijderen.
- gezond uitgangsmateriaal gebruiken.
- inregenen of lekken van kassen voorkomen.
- resistente of minder vatbare rassen telen.
- ruime vruchtwisseling toepassen.
- schoenen ontsmetten.
- te sterke luchtverplaatsing en tocht bij deuren voorkomen.
gewasbehandeling door spuiten
propiconazool
  Tilt 250 EC

ROEST *Puccinia arenariae*
gewasbehandeling door spuiten
propiconazool
  Tilt 250 EC

ROEST *Uromyces dianthi*
- aangetaste planten(delen) verwijderen.
- gereedschap en andere materialen schoonmaken en ont-smetten.
- gewasresten verwijderen.
- gezond uitgangsmateriaal gebruiken.
- inregenen of lekken van kassen voorkomen.
- onderdoor water geven.

- relatieve luchtvochtigheid (RV) laag houden door stoken en/of luchten.
- resistente of minder vatbare rassen telen.
- ruime vruchtwisseling toepassen.
- schoenen ontsmetten.

gewasbehandeling door spuiten
bitertanol
    Baycor Flow
propiconazool
    Tilt 250 EC

RUPSEN anjerbladroller *Cacoecimorpha pronubana*
- gezond uitgangsmateriaal gebruiken.
- insectengaas 0,8 x 0,8 mm aanbrengen.
- natuurlijke vijanden inzetten of stimuleren.
- vruchtwisseling toepassen.

signalering:
- gele of blauwe vangplaten ophangen.

RUPSEN kooluil *Mamestra brassicae*
- gezond uitgangsmateriaal gebruiken.
- insectengaas 0,8 x 0,8 mm aanbrengen.
- natuurlijke vijanden inzetten of stimuleren.
- vruchtwisseling toepassen.

signalering:
- gele of blauwe vangplaten ophangen.

SCLEROTIËNROT *Sclerotinia sclerotiorum*
- aangetaste planten(delen) verwijderen.
- gereedschap en andere materialen schoonmaken en ontsmetten.
- gewasresten verwijderen.
- gezond uitgangsmateriaal gebruiken.
- grond stomen.
- inregenen of lekken van kassen voorkomen.
- onderdoor water geven.
- relatieve luchtvochtigheid (RV) laag houden door stoken en/of luchten.
- resistente of minder vatbare rassen telen.
- ruime plantafstand aanhouden.
- ruime vruchtwisseling toepassen.
- schoenen ontsmetten.

SPAT *Mycosphaerella dianthi*
gewasbehandeling door spuiten
bitertanol
    Baycor Flow
chloorthalonil
    Budget Chloorthalonil 500 SC, Daconil 500 Vloeibaar
propiconazool
    Tilt 250 EC

TRIPSEN californische trips *Frankliniella occidentalis*
- akkerranden kort houden.
- gezond uitgangsmateriaal gebruiken.
- grond en/of substraat stomen.
- insectengaas 0,8 x 0,8 mm aanbrengen.
- minder vatbare rassen telen.
- natuurlijke vijanden inzetten of stimuleren.
- onkruid bestrijden.
- plastic bij teeltwisseling vervangen.
- vruchtwisseling toepassen.

signalering:
- gele of blauwe vangplaten ophangen.

VALSE MEELDAUW *Peronospora* soorten
- aangetaste planten(delen) verwijderen.
- gereedschap en andere materialen schoonmaken en ontsmetten.
- gewas zo droog mogelijk houden.
- gewasresten verwijderen.
- gezond uitgangsmateriaal gebruiken.
- inregenen of lekken van kassen voorkomen.

- onderdoor water geven.
- relatieve luchtvochtigheid (RV) laag houden door stoken en/of luchten.
- resistente of minder vatbare rassen telen.
- ruime vruchtwisseling toepassen.
- ruimer zaaien of planten.
- schoenen ontsmetten.
- stikstofniveau laag houden.
- structuur van de grond verbeteren.

VIRUSZIEKTEN anjer-etsvirus
- aangetast plantmateriaal verwijderen.
- besmettingsbronnen verwijderen en/of bestrijden.
- door NAK-B gekeurd uitgangsmateriaal gebruiken.
- gezond uitgangsmateriaal gebruiken.
- onkruid bestrijden.
- overbrengers (vectoren) van virus voorkomen en/of bestrijden.
- resistente of minder vatbare rassen telen.

signalering:
- gewasinspecties uitvoeren.

VIRUSZIEKTEN anjervlekkenvirus
- aangetast plantmateriaal verwijderen.
- besmettingsbronnen verwijderen en/of bestrijden.
- door NAK-B gekeurd uitgangsmateriaal gebruiken.
- gezond uitgangsmateriaal gebruiken.
- grond en/of substraat stomen.
- onkruid bestrijden.
- overbrengers (vectoren) van virus voorkomen en/of bestrijden.
- planten op grond die vrij is van de virusoverbrengende aaltjes Longidorus en Xiphinema. Zonodig de grond ontsmetten.
- resistente of minder vatbare rassen telen.

signalering:
- gewasinspecties uitvoeren.

VOETZIEKTE *Fusarium* soorten
- aangetaste planten(delen) verwijderen.
- gereedschap en andere materialen schoonmaken en ontsmetten.
- gewasresten verwijderen.
- gezond uitgangsmateriaal gebruiken.
- grond en/of substraat stomen (drain stomen of stomen met onderdruk).
- inregenen of lekken van kassen voorkomen.
- resistente of minder vatbare rassen telen.
- ruime vruchtwisseling toepassen.
- schoenen ontsmetten.
- te hoge zoutconcentratie (EC) en overmatige vochtigheid van de grond voorkomen.
- zaad een warmwaterbehandeling geven.
- ziektevrij gietwater (leiding- of bronwater) of ontsmet drain-, oppervlakte- en regenwater gebruiken.
- zo hoog mogelijk planten.

plantbehandeling door dompelen
Streptomyces griseoviridis k61 isolate
    Mycostop
plantbehandeling door gieten
Streptomyces griseoviridis k61 isolate
    Mycostop
plantbehandeling op plantenbed door aangieten
Streptomyces griseoviridis k61 isolate
    Mycostop

WORTELAFSTERVING *Pythium* soorten
- aangetaste planten(delen) verwijderen.
- bemesten met GFT-compost onderdrukt *Pythium* in de grond.
- betonvloer schoon branden.
- gereedschap en andere materialen schoonmaken en ontsmetten.
- gewasresten verwijderen.
- gezond uitgangsmateriaal gebruiken.
- grond en/of substraat stomen.

- hoog stikstofgehalte voorkomen.
- inregenen of lekken van kassen voorkomen.
- niet in te koude of te natte grond planten.
- resistente of minder vatbare rassen telen.
- ruime vruchtwisseling toepassen.
- schoenen ontsmetten.
- schommelingen in de zoutconcentratie (EC) en in temperatuur voorkomen.
- structuur van de grond verbeteren.
- te hoge zoutconcentratie (EC) en overmatige vochtigheid van de grond voorkomen.
- temperatuurschommelingen voorkomen.
- voor voldoende luchtige potgrond zorgen.
- ziektevrij gietwater (leiding- of bronwater) of ontsmet drain-, oppervlakte- en regenwater gebruiken.

plantbehandeling door dompelen
Streptomyces griseoviridis k61 isolate
    Mycostop
plantbehandeling door gieten
Streptomyces griseoviridis k61 isolate
    Mycostop

Digitalis soorten VINGERHOEDSKRUID

AALTJES stengelaaltje *Ditylenchus dipsaci*
DIT IS EEN QUARANTAINE-ORGANISME

Doronicum soorten VOORJAARSZONNEBLOEM

AALTJES gewoon wortellesieaaltje *Pratylenchus penetrans*, **vrijlevende wortelaaltjes** *Trichododidae*
grondbehandeling door injecteren
metam-natrium
    Monam CleanStart, Monam Geconc., Nemasol

Echinops soorten KOGELDISTEL

VOETROT *Phytophthora* **soorten**
gewasbehandeling door spuiten
fosetyl / fosetyl-aluminium / propamocarb
    Previcur Energy
plantvoetbehandeling door gieten
dimethomorf
    Paraat

Eremurus soorten NAALD VAN CLEOPATRA

AALTJES aardbeibladaaltje *Aphelenchoides fragariae*
- warmwaterbehandeling toepassen. Daarna de bollen snel terugdrogen in verband met toegenomen kans op bolrot.

AALTJES chrysantenbladaaltje *Aphelenchoides ritzemabosi*
- vruchtwisseling toepassen van 3 maanden, chemische grond-ontsmetting is dan overbodig.
- warmwaterbehandeling toepassen. Daarna de bollen snel terugdrogen in verband met toegenomen kans op bolrot.

Erythronium soorten HONDSTAND

MIJTEN bollenmijt *Rhizoglyphus echinopus*
- kasgrond stomen.

Escallonia soorten ESCALLONIA

STENGELBASISROT *Phytophthora cactorum*
gewasbehandeling door spuiten
fenamidone / fosetyl-aluminium
    Fenomenal

Forsythia soorten CHINEES KLOKJE

BLOEMKNOPVORMING, bevorderen van
gewasbehandeling door spuiten
ethefon
    Ethrel-A

PAARSE KORSTZWAM *Chondrostereum purpureum*
- aangetaste struiken, dode takken en stammen met vruchtlichamen verwijderen en afvoeren. Dood hout van wilgen, populieren en elzen besmet met vruchtlichamen verwijderen.

VERWELKINGSZIEKTE *Verticillium albo-atrum, Verticillium dahliae*
- aangetaste planten(delen) verwijderen.
- biologische grondontsmetting toepassen.
- drainage en structuur van de grond verbeteren.
signalering:
- nieuwe grond laten bemonsteren.

VOET- EN WORTELROT *Chalara elegans, Nectria radicicola*
- grond goed ontwateren.
- grond goed ontwateren.

ZWART *Pseudomonas syringae*
- aangetaste planten(delen) met grond verwijderen.
- beschadiging voorkomen, behandelen indien beschadigd.
- geen overmatige stikstofbemesting geven.
- gezond uitgangsmateriaal gebruiken.
- onderdoor water geven.
- relatieve luchtvochtigheid (RV) laag houden door stoken en/of luchten.
- ruime plantafstand aanhouden.
- snoeigereedschap ontsmetten.
- voor goede groeiomstandigheden zorgen.

Gaillardia soorten KOKARDEBLOEM

VALSE MEELDAUW *Peronospora* **soorten**
gewasbehandeling door spuiten
fosetyl / fosetyl-aluminium / propamocarb
    Previcur Energy

Galium soorten GALIUM

VALSE MEELDAUW *Peronospora* **soorten**
gewasbehandeling door spuiten
fosetyl / fosetyl-aluminium / propamocarb

Gaultheria soorten BERGTHEE

BLADVLEKKEN EN TAKSTERFTE *Glomerella cingulata*
- aangetaste planten(delen) in de winter verwijderen.
- gereedschap en andere materialen schoonmaken en ontsmetten.
- gewasresten verwijderen.
- gezond uitgangsmateriaal gebruiken.
- inregenen of lekken van kassen voorkomen.
- natslaan van gewas en guttatie voorkomen.
- relatieve luchtvochtigheid (RV) laag houden door stoken en/of luchten.
- resistente of minder vatbare rassen telen.
- ruime vruchtwisseling toepassen.
- schoenen ontsmetten.
- zaad een warmwaterbehandeling geven.
gewasbehandeling door spuiten
chloorthalonil
    Budget Chloorthalonil 500 SC, Daconil 500 Vloeibaar

Geranium soorten OOIEVAARSBEK

VALSE MEELDAUW *Peronospora* **soorten**
gewasbehandeling door spuiten
fosetyl / fosetyl-aluminium / propamocarb
    Previcur Energy

Gerbera jamesonii GERBERA

BLADLUIZEN *Aphididae*
gewasbehandeling door spuiten
imidacloprid
    Admire O-Teq

FUSARIUMZIEKTEN *Fusarium* **soorten**
plantbehandeling op plantenbed door aangieten
Streptomyces griseoviridis k61 isolate
    Mycostop

WITTEVLIEGEN kaswittevlieg *Trialeurodes vapora-riorum*
gewasbehandeling door spuiten
imidacloprid
    Admire O-Teq

WORTEL-/ZACHTROT *Pythium* **soorten**
plantbehandeling op plantenbed door aangieten
Streptomyces griseoviridis k61 isolate
    Mycostop

Hebe soorten STRUIKVERONICA

BLADVLEKKENZIEKTE *Alternaria* **soorten**
gewasbehandeling door spuiten
chloorthalonil
    Budget Chloorthalonil 500 SC, Daconil 500 Vloeibaar

BLADVLEKKENZIEKTE *Septoria veronicae*
- aangetaste planten(delen) verwijderen.
- afgevallen bladeren verwijderen.
- gereedschap en andere materialen schoonmaken en ont-smetten.
- gewasresten verwijderen.
- gezond uitgangsmateriaal gebruiken.
- inregenen of lekken van kassen voorkomen.
- minder vatbare of resistente rassen telen.
- natslaan van gewas en guttatie voorkomen.
- planten in pot niet onder regenleiding telen.
- relatieve luchtvochtigheid (RV) laag houden door stoken en/of luchten.
- schoenen ontsmetten.
- vruchtwisseling toepassen.
gewasbehandeling door spuiten
chloorthalonil
    Budget Chloorthalonil 500 SC, Daconil 500 Vloeibaar

VALSE MEELDAUW *Peronospora* **soorten**
gewasbehandeling door spuiten
fosetyl / fosetyl-aluminium / propamocarb
    Previcur Energy

Hedera helix KLIMOP

BLAD- EN STENGELVLEKKENZIEKTE *Colletotrichum trichellum*
- beschadiging voorkomen.
- gezond uitgangsmateriaal gebruiken.
- onderdoor water geven.
gewasbehandeling door spuiten
propiconazool
    Tilt 250 EC

BLADVLEKKENZIEKTE *Glomerella cingulata*
gewasbehandeling door spuiten

chloorthalonil
    Budget Chloorthalonil 500 SC, Daconil 500 Vloeibaar
propiconazool
    Tilt 250 EC

BLADVLEKKENZIEKTE *Phoma hedericola*
gewasbehandeling door spuiten
propiconazool
    Tilt 250 EC

VETVLEKKENZIEKTE *Xanthomonas hortorum pv. hederae*
- regelmatig opbinden waardoor het gewas droger blijft.

Helichrysum soorten STROBLOEM

VALSE MEELDAUW *Bremia lactucae*
gewasbehandeling door spuiten
fosetyl / fosetyl-aluminium / propamocarb
    Previcur Energy
mancozeb / metalaxyl-M
    Fubol Gold
propamocarb-hydrochloride
    Imex-Propamocarb

Helleborus niger KERSTROOS

ZWARTE-BLADVLEKKENZIEKTE *Coniothyrium hellebori*
- drainage en structuur van de grond verbeteren en een opti-male pH nastreven.
- langdurig nat blijven van het gewas voorkomen.
- zwaar gewas, dichte stand en te hoge relatieve luchtvochtig-heid (RV) voorkomen.
gewasbehandeling door spuiten
chloorthalonil
    Budget Chloorthalonil 500 SC, Daconil 500 Vloeibaar

Humulus lupulus HOP

BLADLUIZEN hopluis *Phorodon humuli*
stengelbehandeling door aanstrijken
imidacloprid
    Admire O-Teq

Hydrangea soorten HORTENSIA

BLADVLEKKENZIEKTE *Phoma exigua var. exigua*
gewasbehandeling door spuiten
propiconazool
    Tilt 250 EC

BLADVLEKKENZIEKTE *Septoria hydrangeae*
gewasbehandeling door spuiten
chloorthalonil
    Budget Chloorthalonil 500 SC, Daconil 500 Vloeibaar
propiconazool
    Tilt 250 EC

ECHTE MEELDAUW *Oidium hortensiae*
gewasbehandeling door spuiten
propiconazool
    Tilt 250 EC

SCHEUTGROEI, voorkomen van
gewasbehandeling door spuiten
daminozide
    Dazide Enhance, Holland Fytozide, Imex-Daminozide SG

Hypericum soorten HERTSHOOI

ROEST *Puccinia allii*
gewasbehandeling door spuiten
fenpropimorf

Corbel

Iberis soorten SCHEEFBLOEM

AALTJES gewoon wortellesieaaltje *Pratylenchus penetrans*, AALTJES vrijlevende wortelaaltjes *Trichododidae*
grondbehandeling door injecteren
metam-natrium
Monam CleanStart, Monam Geconc., Nemasol

VALSE MEELDAUW *Peronospora* soorten
gewasbehandeling door spuiten
fosetyl / fosetyl-aluminium / propamocarb
Previcur Energy

Ilex soorten HULST

BLADVLEKKENZIEKTE EN TAKSTERFTE
Phytophthora ilicis
- aangetaste planten(delen) verwijderen.
- gereedschap en andere materialen schoonmaken en ontsmetten.
- gewasresten verwijderen.
- gezond uitgangsmateriaal gebruiken.
- inregenen of lekken van kassen voorkomen.
- minder vatbare of resistente rassen telen.
- natslaan van gewas en guttatie voorkomen.
- omstandigheden waarin het gewas lang nat blijft voorkomen.
- relatieve luchtvochtigheid (RV) laag houden door stoken en/of luchten.
- schoenen ontsmetten.
- vruchtwisseling toepassen.
gewasbehandeling door spuiten
chloorthalonil
Budget Chloorthalonil 500 SC, Daconil 500 Vloeibaar

MINEERVLIEGEN hulstvlieg *Phytomyza ilicis*
- rond half juni de nog zachte jonge scheuten snoeien.

RUPSEN topspinner *Rhopobota unipunctana*
- aangetaste planten(delen) verwijderen en afvoeren.

Iris soorten IRIS

AALTJES bedrieglijk maiswortelknobbelaaltje *Meloidogyne fallax*
DIT IS EEN QUARANTAINE-ORGANISME

AALTJES destructoraaltje *Ditylenchus destructor*
- besmette grond in de zomer 6 tot 8 weken inunderen.
- grond stomen.
- onkruid bestrijden.
- opslag verwijderen of voorkomen.
- resistente rassen telen.
- ruime vruchtwisseling toepassen.
signalering:
- grondonderzoek laten uitvoeren.

AALTJES maiswortelknobbelaaltje *Meloidogyne chitwoodi*
DIT IS EEN QUARANTAINE-ORGANISME

STINKEND ZACHTROT *Erwinia carotovora* subsp. *carotovora*
- aangetaste planten(delen) verwijderen.
- besmet beregeningswater niet gebruiken.
- direct na het planten voldoende water geven, daarna naar behoefte bij snel drogend weer.
- in losse, vochtige grond planten.
- insecten die verwondingen veroorzaken bestrijden.
- loof van voorteelten niet in de grond verwerken.

VUUR *Phoma narcissi*
- bloemen koppen en verwijderen.

WORTELROT *Pythium ultimum var. ultimum*
- aangetaste planten(delen) verwijderen.
- bemesten met GFT-compost onderdrukt *Pythium* in de grond.
- betonvloer schoon branden.
- buiten niet te vroeg planten.
- gereedschap en andere materialen schoonmaken en ontsmetten.
- gewasresten verwijderen.
- gezond uitgangsmateriaal gebruiken.
- grond en/of substraat stomen.
- hoog stikstofgehalte voorkomen.
- inregenen of lekken van kassen voorkomen.
- minder vatbare of resistente rassen telen.
- niet in te koude of te natte grond planten.
- schoenen ontsmetten.
- schommelingen in de zoutconcentratie (EC) en in temperatuur voorkomen.
- structuur van de grond verbeteren.
- voor voldoende luchtige potgrond zorgen.
- vruchtwisseling toepassen.
- ziektevrij gietwater (leiding- of bronwater) of ontsmet drain-, oppervlakte- en regenwater gebruiken.
grondbehandeling door spuiten en inwerken
propamocarb-hydrochloride
Imex-Propamocarb

Juglans soorten NOOT

BLADVLEKKENZIEKTE *Gnomonia leptostyla*
- aangetaste planten(delen) verwijderen.
- afgevallen bladeren en bolster in de winter verzamelen en afvoeren.
- gereedschap en andere materialen schoonmaken en ontsmetten.
- gewasresten verwijderen.
- gezond uitgangsmateriaal gebruiken.
- inregenen of lekken van kassen voorkomen.
- minder vatbare of resistente rassen telen.
- natslaan van gewas en guttatie voorkomen.
- relatieve luchtvochtigheid (RV) laag houden door stoken en/of luchten.
- schoenen ontsmetten.
- vruchtwisseling toepassen.

Juniperus soorten JENEVERBESBOOM

INSNOERINGSZIEKTE *Pestalotia* soorten
- aangetaste planten(delen) verwijderen.

ROEST *Gymnosporangium clavariiforme, Gymnosporangium confusum, Gymnosporangium cornutum, Gymnosporangium fuscum, Gymnosporangium tremelloides*
- aangetaste planten(delen) verwijderen.

TAKSTERFTE *Kabatina juniperi*
- aangetaste planten(delen) verwijderen.

Lavatera soorten LAVATERA

VLEKKENZIEKTE *Colletotrichum malvarum*
- aangetaste planten(delen) verwijderen.
- gewas droog de nacht in laten gaan door alleen 's morgens en/of onderdoor water te geven.
- laag bemestingsniveau in de vollegrond aanhouden.
- onderdoor water geven.
- regelmatig maaien.
gewasbehandeling door spuiten
chloorthalonil
Budget Chloorthalonil 500 SC, Daconil 500 Vloeibaar

Liatris soorten LIATRIS

AALTJES destructoraaltje *Ditylenchus destructor*
- besmette grond in de zomer 6 tot 8 weken inunderen.
- gezond uitgangsmateriaal gebruiken.
- grond stomen.
- opslag en onkruiden verwijderen of voorkomen.
- resistente rassen telen.
- ruime vruchtwisseling toepassen.
- warmwaterbehandeling toepassen.

signalering:
- grondonderzoek laten uitvoeren.

GRAUWE SCHIMMEL *Botryotinia fuckeliana*
- aangetaste planten(delen) verwijderen.
- beschadiging van het gewas voorkomen.
- beschadiging voorkomen, behandelen indien beschadigd.
- bollen, knollen en dergelijke tijdens de bewaring droog en koel houden en het eventuele invriezen snel laten verlopen.
- gereedschap en andere materialen schoonmaken en ontsmetten.
- gewasresten na de oogst onderploegen of verwijderen.
- gezond uitgangsmateriaal gebruiken.
- inregenen of lekken van kassen voorkomen.
- minder vatbare of resistente rassen telen.
- natslaan van gewas en guttatie voorkomen.
- onderdoor water geven.
- onkruid bestrijden.
- relatieve luchtvochtigheid (RV) laag houden door stoken en/of luchten.
- ruime plantafstand aanhouden.
- schoenen ontsmetten.
- stikstofbemesting matig toepassen.
- voor een afgehard gewas zorgen.
- vruchtwisseling toepassen.
- zoutconcentratie (EC) zo hoog mogelijk houden.

KROONROT *Athelia rolfsii var. delphinii*
- aangetaste planten(delen) verwijderen en vernietigen.
- planten na het rooien snel laten drogen.

SCLEROTIËNROT *Sclerotinia sclerotiorum*
- aangetaste planten met omringende grond verwijderen en vernietigen.
- aangetaste scheuten verwijderen voor de rupsen zich verpoppen.
- beschadiging voorkomen.
- besmette kasgrond stomen, in onbedekte teelten is vruchtwisseling met granen mogelijk.
- onkruid bestrijden.
- relatieve luchtvochtigheid (RV) laag houden door stoken en/of luchten.

VERWELKINGSZIEKTE *Verticillium albo-atrum*
- biologische grondontsmetting toepassen.
- drainage en structuur van de grond verbeteren.
- eerst teeltwerkzaamheden bij gezonde planten uitvoeren, daarna bij verdachte of aangetaste planten.
- gereedschap en andere materialen schoonmaken en ontsmetten.
- gezond uitgangsmateriaal gebruiken.
- grond stomen met onderdruk.
- inregenen of lekken van kassen voorkomen.
- minder vatbare of resistente rassen telen.
- organische bemesting toepassen.
- strenge selectie toepassen.
- voor optimale cultuuromstandigheden zorgen.
- vruchtwisseling toepassen.

signalering:
- grondonderzoek laten uitvoeren.
- vegetatief vermeerderde soorten op vaatverkleuring inspecteren bij het doorsnijden van de knollen.

VERWELKINGSZIEKTE *Verticillium dahliae*
- gezond uitgangsmateriaal gebruiken.

Lonicera soorten KAMPERFOELIE

MINEERVLIEGEN kamperfoeliemineervlieg *Chromatomyia lonicerae*
- gezond uitgangsmateriaal gebruiken.
- grond en/of substraat stomen.
- insectengaas 0,8 x 0,8 mm aanbrengen.
- minder vatbare rassen telen.
- natuurlijke vijanden inzetten of stimuleren.
- onkruid bestrijden.
- plastic bij teeltwisseling vervangen.
- vruchtwisseling toepassen.

signalering:
- gele of blauwe vangplaten ophangen.
- gewasinspecties uitvoeren.

Lupinus soorten LUPINE

BLADVLEKKEN EN TAKSTERFTE *Glomerella cingulata*
- aangetaste planten(delen) in de winter verwijderen.
- gereedschap en andere materialen schoonmaken en ontsmetten.
- gezond uitgangsmateriaal gebruiken.
- inregenen of lekken van kassen voorkomen.
- minder vatbare of resistente rassen telen.
- natslaan van gewas en guttatie voorkomen.
- relatieve luchtvochtigheid (RV) laag houden door stoken en/of luchten.
- vruchtwisseling toepassen.
- zaad een warmwaterbehandeling geven.

BLADVLEKKENZIEKTE *Pleiochaeta setosa*
- aangetaste planten(delen) verwijderen.
- bij het zaaien ontsmet zaad (warmwaterbehandeling) gebruiken.
- gereedschap en andere materialen schoonmaken en ontsmetten.
- gewasresten verwijderen.
- gezond uitgangsmateriaal gebruiken.
- inregenen of lekken van kassen voorkomen.
- minder vatbare of resistente rassen telen.
- natslaan van gewas en guttatie voorkomen.
- relatieve luchtvochtigheid (RV) laag houden door stoken en/of luchten.
- vruchtwisseling toepassen.

gewasbehandeling door spuiten
chloorthalonil
    Budget Chloorthalonil 500 SC, Daconil 500 Vloeibaar

FUSARIUM-VERWELKINGSZIEKTE *Fusarium oxysporum f.sp. lupini*
- ruime vruchtwisseling toepassen.

Lysimachia soorten WEDERIK

WORTELROT *Phytophthora* soorten, *Pythium* soorten
gewasbehandeling door spuiten
fosetyl / fosetyl-aluminium / propamocarb
    Previcur Energy

Lythrum soorten KATTESTAART

BLADVLEKKENZIEKTE *Septoria brissaceana*
gewasbehandeling door spuiten
chloorthalonil
    Budget Chloorthalonil 500 SC, Daconil 500 Vloeibaar

Mahonia soorten MAHONIE

BLADVLEKKENZIEKTE *Phoma* soorten
gewasbehandeling door spuiten
chloorthalonil
    Budget Chloorthalonil 500 SC, Daconil 500 Vloeibaar

Malus soorten SIERAPPEL

BACTERIEVUUR *Erwinia amylovora*
- bij aantasting op stam of op dikkere takken bomen rooien en afvoeren. Wordt aantasting slechts in enkele bomen gevonden, dan deze besmettingsbron zo radicaal mogelijk verwijderen.

GALMUGGEN oculatiegalmug *Resseliella oculiperda*
- oculatie door een goede bindmethode volkomen afdekken.

KANKER *Nectria galligena*
- aangetaste planten(delen) verwijderen.
- voor goede groeiomstandigheden zorgen.
- wonden met een wondafdekmiddel behandelen.

MIJTEN appelroestmijt *Aculus schlechtendali*
- natuurlijke vijanden inzetten of stimuleren.

Malus sylvestris APPEL

BACTERIEVUUR *Erwinia amylovora*
- aangetaste planten(delen) verwijderen minimaal 50 cm beneden de zichtbare verkleuring van het hout.
- bij aantasting op stam of op dikkere takken bomen rooien en afvoeren. Wordt aantasting slechts in enkele bomen gevonden, dan deze besmettingsbron zo radicaal mogelijk verwijderen.
- gereedschap en andere materialen schoonmaken en ontsmetten.
- groei beheersen.
- nabloei en wortelopslag uit voorzorg verwijderen, ook in percelen waarin geen aantasting wordt gevonden.
- nabloei en wortelopslag verwijderen.

gewasbehandeling door spuiten
laminarin
    Vacciplant
signalering:
- gewasinspecties uitvoeren.

BLADLUIZEN *Aphididae*
gewasbehandeling door spuiten
flonicamid
    Teppeki

BLADLUIZEN appelbloedluis *Eriosoma lanigerum*
- drainage en structuur van de grond verbeteren, zodat de aanwezigheid van oorwormen gestimuleerd wordt.
- natuurlijke vijanden inzetten of stimuleren.
- overwinteringsplekken van appelbloedluis beperken door het wegnemen van opslag en kankerplekken.

BLADWESPEN appelzaagwesp *Hoplocampa testudinea*
- natuurlijke vijanden inzetten of stimuleren.
signalering:
- witte kruisvallen gebruiken. Hiermee wordt de aanwezigheid van de appelzaagwep vastgesteld en kan het goede bestrijdingstijdstip worden vastgesteld.

GLOEOSPORIUM-ROT *Pezicula malicorticis*
gewasbehandeling door spuiten
captan
    Brabant Captan Flowable, Captan 480 SC, Captan 80 WG, Captan 83% Spuitpoeder, Captosan 500 SC, Captosan Spuitkorrel 80 WG, Malvin WG, Merpan Basic WP, Merpan Flowable, Merpan Spuitkorrel

MIJTEN fruitspintmijt *Panonychus ulmi*
gewasbehandeling door spuiten
tebufenpyrad
    Masai 25 WG

SCHURFT *Venturia inaequalis*
- bodemleven bevorderen door een begroeiing van de bodem met kruidachtige planten.
- bodemleven bevorderen door het toepassen van organische mest.
- composttthee spuiten.
- resistente rassen telen.
signalering:
- beslissingsondersteunende systemen gebruiken.
gewasbehandeling door spuiten
captan
    Brabant Captan Flowable, Captan 480 SC, Captan 80 WG, Captan 83% Spuitpoeder, Captosan 500 SC, Captosan Spuitkorrel 80 WG, Malvin WG, Merpan Basic WP, Merpan Flowable, Merpan Spuitkorrel
cyprodinil
    Chorus 50 WG

WORTELOPSLAG, verbreken van
- wortelopslag verwijderen.

Malva soorten KAASJESKRUID

ROEST *Puccinia malvacearum*
- aangetaste planten(delen) verwijderen.
- gereedschap en andere materialen schoonmaken en ontsmetten.
- gewasresten verwijderen.
- gezond uitgangsmateriaal gebruiken.
- inregenen of lekken van kassen voorkomen.
- minder vatbare of resistente rassen telen.
- onderdoor water geven.
- overwinteringsmateriaal verwijderen.
- relatieve luchtvochtigheid (RV) laag houden door stoken en/of luchten.
- schoenen ontsmetten.
- vruchtwisseling toepassen.

Matthiola soorten VIOLIER

SCHEUTGROEI, voorkomen van
gewasbehandeling door spuiten
daminozide
    Alar 64 SP, Alar 85 SG, Dazide Enhance, Holland Fytozide, Imex-Daminozide SG

Pachysandra soorten PACHYSANDRA

BLADVLEKKENZIEKTE *Pseudonectria pachysandricola*
- aangetaste planten(delen) verwijderen.
- beschadiging voorkomen.
- gereedschap en andere materialen schoonmaken en ontsmetten.
- gewasresten verwijderen.
- gezond uitgangsmateriaal gebruiken.
- inregenen of lekken van kassen voorkomen.
- minder vatbare of resistente rassen telen.
- natslaan van gewas en guttatie voorkomen.
- relatieve luchtvochtigheid (RV) laag houden door stoken en/of luchten.
- schoenen ontsmetten.
- voor optimale groeiomstandigheden zorgen.
- vruchtwisseling toepassen.
gewasbehandeling door spuiten
chloorthalonil
    Budget Chloorthalonil 500 SC, Daconil 500 Vloeibaar

Paeonia soorten PIOENROOS

GRAUWE SCHIMMEL *Botryotinia fuckeliana*
- aangetaste planten(delen) verwijderen.
- beschadiging van het gewas voorkomen.
- beschadiging voorkomen, behandelen indien beschadigd.
- bollen, knollen en dergelijke tijdens de bewaring droog en koel houden en het eventuele invriezen snel laten verlopen.
- gereedschap en andere materialen schoonmaken en ontsmetten.
- gewasresten verwijderen.
- gezond uitgangsmateriaal gebruiken.
- inregenen of lekken van kassen voorkomen.
- minder vatbare of resistente rassen telen.
- natslaan van gewas en guttatie voorkomen.
- onderdoor water geven.
- onkruid bestrijden.
- relatieve luchtvochtigheid (RV) laag houden door stoken en/of luchten.
- oude stengels in het najaar zo diep mogelijk verwijderen.
- oude stengels in het najaar zo kort mogelijk afsnijden.
- ruime plantafstand aanhouden.
- stikstofbemesting matig toepassen.
- voor een afgehard gewas zorgen.
- vruchtwisseling toepassen.
- zoutconcentratie (EC) zo hoog mogelijk houden.
gewasbehandeling door spuiten
thiram
> Hermosan 80 WG, Thiram Granuflo

GRAUWE SCHIMMEL *Botrytis paeoniae*
- oude stengels in het najaar zo diep mogelijk verwijderen.
- oude stengels in het najaar zo kort mogelijk afsnijden.

WORTELBOORDERS slawortelboorder *Hepialus lupulinus*
- gezond uitgangsmateriaal gebruiken.
- grond schoffelen zodat larven zich minder goed door de grond kunnen boren.
- kippen pikken de larven op.
- stomen heeft een nevenwerking.

Parthenocissus inserta WINGERD

VALSE MEELDAUW *Peronospora* soorten
gewasbehandeling door spuiten
fosetyl / fosetyl-aluminium / propamocarb
> Previcur Energy

Pernettya mucronata PARELBES

VRUCHTZETTING, bevorderen van
gewasbehandeling door spuiten
gibberella zuur A3 / gibberellinezuur
> Berelex

Phlox soorten VLAMBLOEM

BLADVLEKKENZIEKTE *Septoria phlogis*
gewasbehandeling door spuiten
chloorthalonil
> Budget Chloorthalonil 500 SC, Daconil 500 Vloeibaar

ECHTE MEELDAUW *Erysiphe cichoracearum*
gewasbehandeling door spuiten
kresoxim-methyl
> Kenbyo FL

ECHTE MEELDAUW *Sphaerotheca fusca*
- gezond uitgangsmateriaal gebruiken.
- resistente of minder vatbare rassen telen.
gewasbehandeling door spuiten
kresoxim-methyl
> Kenbyo FL

Picea soorten SPAR

BLADLUIZEN groene sparrenluis *Elatobium abietinum*
- gewasresten na de oogst onderploegen of verwijderen.
- gezond uitgangsmateriaal gebruiken.
- insectengaas 0,8 x 0,8 mm aanbrengen.
- natuurlijke vijanden inzetten of stimuleren.
- vruchtwisseling toepassen.
signalering:
- gele of blauwe vangplaten ophangen.
- gewasinspecties uitvoeren.

SPARAPPELGALLUIS *Adelges abietis*
- bladluizen bestrijden in de maanden juli en augustus.
- gewasresten na de oogst onderploegen of verwijderen.
- gezond uitgangsmateriaal gebruiken.
- insectengaas 0,8 x 0,8 mm aanbrengen.
- natuurlijke vijanden inzetten of stimuleren.
- vruchtwisseling toepassen.
signalering:
- gele of blauwe vangplaten ophangen.
- gewasinspecties uitvoeren.

Pinus soorten DEN

BLADLUIZEN wollige dennenluis *Pineus pini*
- gewasresten na de oogst onderploegen of verwijderen.
- gezond uitgangsmateriaal gebruiken.
- insectengaas 0,8 x 0,8 mm aanbrengen.
- natuurlijke vijanden inzetten of stimuleren.
- vruchtwisseling toepassen.
signalering:
- gele of blauwe vangplaten ophangen.
- gewasinspecties uitvoeren.

DENNENSCHOT *Lophodermium pinastri* **Lophodermium seditiosum**
- dichte stand en onkruidgroei voorkomen.
- minder vatbare rassen telen.
- Pinus niet in directe omgeving van dennenbomen telen.

ROEST *Coleosporium tussilaginis*
- aangetaste planten(delen) verwijderen.
- gereedschap en andere materialen schoonmaken en ontsmetten.
- gewasresten verwijderen.
- gezond uitgangsmateriaal gebruiken.
- inregenen of lekken van kassen voorkomen.
- onderdoor water geven.
- onkruid bestrijden.
- relatieve luchtvochtigheid (RV) laag houden door stoken en/of luchten.
- resistente of minder vatbare rassen telen.
- ruime vruchtwisseling toepassen.
- schoenen ontsmetten.

RUPSEN dennenlotvlinder *Rhyacionia buoliana*
- aangetaste scheuten uitbreken en vernietigen voor de vlinders verschijnen.
- voor optimale groeiomstandigheden zorgen, voorkom watergebrek.

SCHEUTSTERFTE *Sphaeropsis sapinea*
- dode en aangetaste planten voor mei verwijderen.
- Pinus niet in directe omgeving van dennenbomen telen.
- voor optimale groeiomstandigheden zorgen.

STAMBLAASROEST *Cronartium ribicola*
- aangetaste planten(delen) verwijderen.
- Ribes niet in de omgeving telen.

Platanus soorten PLATAAN

BLADVLEKKENZIEKTE *Gnomonia errabunda*
- aangetaste en afgevallen bladeren verwijderen.
- aangetaste planten(delen) verwijderen.
- aangetaste scheuten/takken tot op het gezonde hout afzagen/-knippen en afvoeren.
- voor goede groeiomstandigheden zorgen.

Populus soorten POPULIER

BACTERIEKANKER *Xanthomonas populi*
- aangetaste planten(delen) verwijderen en afvoeren.
- beschadiging voorkomen, behandelen indien beschadigd.
- besmetting van gietwater voorkomen.
- gezond uitgangsmateriaal gebruiken, eventueel uit meristeemcultuur.
- grond en/of substraat stomen.
- handen en gereedschap regelmatig ontsmetten.
- hoge relatieve luchtvochtigheid (RV) en (bodem)temperatuur voorkomen door te luchten.
- huisdieren uit de kas weren.
- minder vatbare rassen telen.
- natslaan van gewas en guttatie voorkomen.
- onderdoor water geven.
- per afdeling aparte jassen gebruiken.
- ruime plantafstand aanhouden.
- schoenen ontsmetten.
- tijdelijk met recirculeren stoppen.
- voor goede groeiomstandigheden zorgen.
- weelderige groei voorkomen.
- wegwerphandschoenen gebruiken en deze zo vaak mogelijk vernieuwen.
- zo min mogelijk verschillende personen toelaten in de afdeling waar een aantasting is waargenomen.

BLAD- EN TWIJGZIEKTE *Venturia macularis*
- aangetaste planten(delen) verwijderen.
- ruime plantafstand aanhouden.
gewasbehandeling door spuiten
captan
    Brabant Captan Flowable, Captan 480 SC, Captan 80 WG, Captan 83% Spuitpoeder, Captosan 500 SC, Captosan Spuitkorrel 80 WG, Malvin WG, Merpan Basic WP, Merpan Flowable, Merpan Spuitkorrel

BLADHAANTJES groot populierenhaantje *Chrysomela populi,* klein populierenhaantje *Chrysomela tremula*
- afgevallen bladeren met eieren en/of larven verwijderen.
- bij weinig kevers deze uit de boom schudden en verwijderen.

BLADVLEKKENZIEKTE *Drepanopeziza populi-albae, Drepanopeziza populorum, Drepanopeziza punctiformis*
- aangetaste planten(delen) en gewasresten verwijderen.
- resistente rassen telen.

ROEST *Melampsora larici-populina*
- aangetaste planten(delen) verwijderen.
- gereedschap en andere materialen schoonmaken en ontsmetten.
- gewasresten verwijderen.
- gezond uitgangsmateriaal gebruiken.
- inregenen of lekken van kassen voorkomen.
- minder vatbare of resistente rassen telen.
- onderdoor water geven.
- Populus en Larix niet in elkaars omgeving telen.
- relatieve luchtvochtigheid (RV) laag houden door stoken en/of luchten.
- schoenen ontsmetten.
- vruchtwisseling toepassen.

ROEST *Melampsora populnea f.sp. laricis*
- aangetaste planten(delen) verwijderen.
- Populus en Larix niet in elkaars omgeving telen.

RUPSEN populierenglasvlinder *Paranthrene tabaniformis*
- beschadiging voorkomen, snoeien vanaf augustus.
- boom terugsnoeien, geen klikken laten staan.

RUPSEN populierenscheutboorder *Gypsonoma aceriana*
- aangetaste scheuten verwijderen voor de rupsen zich verpoppen.

SCHORSBRAND *Cryptodiaporthe populea*
- bemestingsniveau aanpassen.
- bomen voor aflevering bij voorkeur niet opkuilen.
- gedurende de zomer roest en bladvlekkenziekte bestrijden.
- resistente rassen telen.
- tijd tussen rooien en afleveren zo kort mogelijk houden en zorgen dat de wortels niet uitdrogen.
- voor optimale groeiomstandigheden zorgen.

Primula soorten SLEUTELBLOEM

BLADVLEKKENZIEKTE *Ramularia primulae*
gewasbehandeling door spuiten
chloorthalonil
    Budget Chloorthalonil 500 SC, Daconil 500 Vloeibaar
propiconazool
    Tilt 250 EC

SCHIMMELS
gewasbehandeling door spuiten
propiconazool
    Tilt 250 EC

Prunus avium

TAK- EN BLOESEMSTERFTE *Monilinia laxa*
gewasbehandeling door spuiten
boscalid / pyraclostrobin
    Signum

VRUCHTROT *Monilinia fructigena*
gewasbehandeling door spuiten
boscalid / pyraclostrobin
    Signum

Prunus cerasus ZURE KERS

TAK- EN BLOESEMSTERFTE *Monilinia laxa*
gewasbehandeling door spuiten
boscalid / pyraclostrobin
    Signum

VRUCHTROT *Monilinia fructigena*
gewasbehandeling door spuiten
boscalid / pyraclostrobin
    Signum

Prunus domestica subsoorten PRUIM

TAK- EN BLOESEMSTERFTE *Monilinia laxa*
gewasbehandeling door spuiten
boscalid / pyraclostrobin
    Signum

VRUCHTROT *Monilinia fructigena*
gewasbehandeling door spuiten
boscalid / pyraclostrobin
    Signum

Prunus dulcis var. dulcis AMANDEL

RUPSEN azaleabladroller *Acleris latifasciana*
- gezond uitgangsmateriaal gebruiken.
- insectengaas aanbrengen.
- natuurlijke vijanden inzetten of stimuleren.
- vruchtwisseling toepassen.

signalering:
- vangplaten of vanglampen ophangen.
- gewasinspecties uitvoeren.

Prunus soorten SIERPRUNUS

BACTERIEKANKER *Pseudomonas syringae pv. morsprunorum*
- aangetaste planten(delen) verwijderen en afvoeren.
- beschadiging voorkomen, behandelen indien beschadigd.
- besmetting via gietwater voorkomen.
- gezond uitgangsmateriaal gebruiken, eventueel uit meris-teemcultuur.
- grond en/of substraat stomen.
- handen en gereedschap regelmatig ontsmetten.
- hoge relatieve luchtvochtigheid (RV) en (bodem)temperatuur voorkomen door te luchten.
- huisdieren uit de kas weren.
- natslaan van gewas en guttatie voorkomen.
- onderdoor water geven.
- per afdeling aparte jassen gebruiken.
- ruime plantafstand aanhouden.
- schoenen ontsmetten.
- tijdelijk met recirculeren stoppen.
- voor goede groeiomstandigheden zorgen.
- weelderige groei voorkomen.
- wegwerphandschoenen gebruiken en deze zo vaak mogelijk vernieuwen.
- zo min mogelijk verschillende personen toelaten in de afde-ling waar een aantasting is waargenomen.

BLADVALZIEKTE *Blumeriella jaapii*
- afgevallen bladeren verwijderen.
gewasbehandeling door spuiten
dodine
    Syllit Flow 450 SC

GALMUGGEN oculatiegalmug *Resseliella oculiperda*
- oculatie door een goede bindmethode volkomen afdekken.

HAGELSCHOTZIEKTE *Stigmina carpophila*
- aangetaste planten(delen) en gewasresten verwijderen.
- onderdoor water geven.
- voor optimale groeiomstandigheden zorgen.

KNOPPENPIKKERIJ huismus *Passer domesticus*
- struiken met netten afdekken.

KRULZIEKTE *Taphrina deformans*
- aangetaste scheuten verwijderen voordat het witte schimmel-laagje zich heeft gevormd.
- voor optimale groeiomstandigheden zorgen.

LOODGLANS *Chondrostereum purpureum*
- aangetaste planten(delen) verwijderen en afvoeren.
- aangetaste wilgen, populieren en elzen in de omgeving ver-wijderen.
- voor een goede ijzer- en mangaanvoorziening zorgen, licht-toetreding, organische bemesting ter verbetering van de structuur en waterhuishouding.

TAK- EN BLOESEMSTERFTE *Monilinia laxa*
- aangetaste scheuten/takken tot op het gezonde hout afzagen/-knippen en afvoeren.
- direct na de bloei snoeien.
- relatieve luchtvochtigheid (RV) laag houden bij het in bloei trekken.

VRUCHTROT *Monilinia fructigena*
- aangetaste scheuten/takken tot op het gezonde hout afzagen/-knippen en afvoeren.
- direct na de bloei snoeien.
- relatieve luchtvochtigheid (RV) laag houden bij het in bloei trekken.

Pyrus communis PEER

BACTERIEVUUR *Erwinia amylovora*
- aangetaste planten(delen) verwijderen minimaal 50 cm beneden de zichtbare verkleuring van het hout.
- groei beheersen.
gewasbehandeling door spuiten
laminarin
    Vacciplant
signalering:
- gewasinspecties uitvoeren.

BASTKEVERS ongelijke houtkever *Xyleborus dispar*
- aangetaste bomen geheel verwijderen.
- alcoholvallen plaatsen.

BLADLUIZEN *Aphididae*
gewasbehandeling door spuiten
flonicamid
    Teppeki

BLADLUIZEN appelbloedluis *Eriosoma lanigerum*
- drainage en structuur van de grond verbeteren, zodat de aanwezigheid van oorwormen gestimuleerd wordt.
- natuurlijke vijanden inzetten of stimuleren.
- overwinteringsplekken van appelbloedluis beperken door het wegnemen van opslag en kankerplekken.

GLOEOSPORIUM-ROT *Pezicula malicorticis*
gewasbehandeling door spuiten
captan
    Brabant Captan Flowable, Captan 480 SC, Captan 80 WG, Captan 83% Spuitpoeder, Captosan 500 SC, Captosan Spuitkorrel 80 WG, Malvin WG, Merpan Basic WP, Merpan Flowable, Merpan Spuitkorrel

MIJTEN fruitspintmijt *Panonychus ulmi*
gewasbehandeling door spuiten
tebufenpyrad
    Masai 25 WG

MIJTEN perenroestmijt *Epitrimerus piri*
- natuurlijke vijanden inzetten of stimuleren.

RUPSEN bladrollers *Tortricidae*
gewasbehandeling door spuiten
indoxacarb
    Steward

SCHURFT *Venturia pyrina*
gewasbehandeling door spuiten
captan
    Brabant Captan Flowable, Captan 480 SC, Captan 80 WG, Captan 83% Spuitpoeder, Captosan 500 SC, Captosan Spuitkorrel 80 WG, Malvin WG, Merpan Basic WP, Merpan Flowable, Merpan Spuitkorrel
cyprodinil
    Chorus 50 WG

WORTELOPSLAG, verbreken van
- wortelopslag verwijderen.

WORTELROT *Sclerophora pallida*
- bij de combinatie 'Conférence'/'Kwee' MC bij voorkeur bomen met een tussenstam gebruiken.
- bij herinplant oude wortelresten grondig verwijderen.

ZWARTVRUCHTROT *Stemphylium vesicarium*
- afgevallen bladeren verwijderen.
- afrastering plaatsen.
- ureum spuiten.
- zwartstroken schoon houden.

Pyrus soorten SIERPEER

BACTERIEVUUR *Erwinia amylovora*
- bij aantasting op stam of op dikkere takken bomen rooien en afvoeren. Wordt aantasting slechts in enkele bomen gevonden, dan deze besmettingsbron zo radicaal mogelijk verwijderen.
- gewas 'rustig' opkweken.

BLADVLOOIEN kleine perenbladvlo *Cacopsylla pyricola,* **perenbladvlo** *Cacopsylla pyri*
- geen specifieke niet-chemische maatregel bekend.

CICADEN groene rietcicade *Cicadella viridis*
- aangetaste planten(delen) verwijderen.
- tussenwaardplanten (riet, biezen en dergelijke) zoveel mogelijk verwijderen.

KANKER *Nectria galligena*
- aangetaste planten(delen) verwijderen.
- voor goede groeiomstandigheden zorgen.
- wonden met een wondafdekmiddel behandelen.

ROEST *Gymnosporangium clavariiforme, Gymnosporangium fuscum*
- Juniperus in de omgeving verwijderen.
- minder vatbare rassen telen.
- onderdoor water geven.
- relatieve luchtvochtigheid (RV) laag houden door stoken en/of luchten.

WORTELROT *Sclerophora pallida*
- aangetaste bomen geheel verwijderen.
- gecertificeerd uitgangsmateriaal gebruiken.
- geen peer in besmette grond telen.
- strenge selectie toepassen.
- voor goede groeiomstandigheden zorgen.

Quercus soorten EIK

ECHTE MEELDAUW *Microsphaera alphitoides*
gewasbehandeling door spuiten
kresoxim-methyl
    Kenbyo FL

ECHTE MEELDAUW *Sphaerotheca pannosa var. pannosa*
gewasbehandeling door spuiten
kresoxim-methyl
    Kenbyo FL

RUPSEN eikenprocessierups *Thaumetopoea processionea*
- rupsen op de stam van de boom wegbranden.
- rupsennesten door zuigen of branden verwijderen.

Ranunculus soorten BOTERBLOEM

KRULBLADZIEKTE *Colletotrichum acutatum*
gewasbehandeling door spuiten
propiconazool
    Tilt 250 EC

ramularia acris *Ramularia acris*
gewasbehandeling door spuiten
propiconazool
    Tilt 250 EC

ramularia eudidyma *Ramularia eudidyma*
gewasbehandeling door spuiten
propiconazool
    Tilt 250 EC

Rheum rhabarbarum RABARBER

VALSE MEELDAUW *Peronospora jaapiana*
- voor een goed groeiend gewas zorgen.

Rhododendron soorten RHODODENDRON

BLADVLEKKENZIEKTE *Cercospora handelii*
- aangetaste planten(delen) verwijderen.
- gereedschap en andere materialen schoonmaken en ontsmetten.
- gewasresten verwijderen.
- gezond uitgangsmateriaal gebruiken.
- inregenen of lekken van kassen voorkomen.
- minder vatbare of resistente rassen telen.
- natslaan van gewas en guttatie voorkomen.
- relatieve luchtvochtigheid (RV) laag houden door stoken en/of luchten.
- schoenen ontsmetten.
- vruchtwisseling toepassen.
gewasbehandeling door spuiten
chloorthalonil
    Budget Chloorthalonil 500 SC, Daconil 500 Vloeibaar

BLADVLEKKENZIEKTE *Colletotrichum* **soorten**
gewasbehandeling door spuiten
chloorthalonil
    Budget Chloorthalonil 500 SC, Daconil 500 Vloeibaar

NETWANTSEN japanse vlieg *Stephanitis oberti Stephanitis rhododendri*
- aangetaste planten(delen) verwijderen, scheuten met eieren afknippen.
- besmettingsbronnen verwijderen, ook in de omgeving van de kwekerij.

OORTJESZIEKTE *Exobasidium rhododendri*
- gezond uitgangsmateriaal gebruiken.
- aangetaste planten(delen) verwijderen voordat sporen vrijkomen.
gewasbehandeling door spuiten
captan
    Brabant Captan Flowable, Captan 480 SC, Captan 80 WG, Captan 83% Spuitpoeder, Captosan 500 SC, Captosan Spuitkorrel 80 WG, Malvin WG, Merpan Basic WP, Merpan Flowable, Merpan Spuitkorrel

SCHIMMELS
gewasbehandeling door spuiten
captan
    Brabant Captan Flowable, Captan 480 SC, Captan 80 WG, Captan 83% Spuitpoeder, Captosan 500 SC, Captosan Spuitkorrel 80 WG, Malvin WG, Merpan Basic WP, Merpan Flowable, Merpan Spuitkorrel

STENGELBASISROT *Phytophthora cactorum*
gewasbehandeling door spuiten
fenamidone / fosetyl-aluminium
    Fenomenal

Ribes nigrum ZWARTE BES

AMERIKAANSE KRUISBESSENMEELDAUW *Sphaerotheca mors-uvae*
gewasbehandeling door spuiten
kresoxim-methyl
    Stroby WG
zwavel
    Kumulus S, Thiovit Jet

ECHTE MEELDAUW *Sphaerotheca* soorten
gewasbehandeling door spuiten
kresoxim-methyl
> Stroby WG

GRAUWE SCHIMMEL *Botryotinia fuckeliana*
gewasbehandeling door spuiten
captan
> Brabant Captan Flowable, Captan 480 SC, Captan 80 WG, Captan 83% Spuitpoeder, Captosan 500 SC, Captosan Spuitkorrel 80 WG, Malvin WG, Merpan Basic WP, Merpan Flowable, Merpan Spuitkorrel

MIJTEN spintmijten *Tetranychidae*
gewasbehandeling door spuiten
minerale olie / paraffine olie
> Olie-H

RUPSEN kleine wintervlinder *Operophtera brumata*
gewasbehandeling door spuiten
Bacillus thuringiensis subsp. *aizawai*
> Turex Spuitpoeder, Xen Tari WG

SNUITKEVERS gegroefde lapsnuitkever *Otiorhynchus sulcatus*
grondbehandeling door mengen
Metarhizium anisopliae stam fs2
> BIO 1020, Met52 granulair bioinsecticide

WANTSEN
gewasbehandeling door spuiten
minerale olie / paraffine olie
> Olie-H

Ribes rubrum RODE OF WITTE BES

AMERIKAANSE KRUISBESSENMEELDAUW *Sphaerotheca mors-uvae*
gewasbehandeling door spuiten
kresoxim-methyl
> Stroby WG
zwavel
> Kumulus S, Thiovit Jet

ECHTE MEELDAUW *Sphaerotheca* soorten
gewasbehandeling door spuiten
kresoxim-methyl
> Stroby WG

GRAUWE SCHIMMEL *Botryotinia fuckeliana*
gewasbehandeling door spuiten
captan
> Brabant Captan Flowable, Captan 480 SC, Captan 80 WG, Captan 83% Spuitpoeder, Captosan 500 SC, Captosan Spuitkorrel 80 WG, Malvin WG, Merpan Basic WP, Merpan Flowable, Merpan Spuitkorrel

MIJTEN spintmijten *Tetranychidae*
gewasbehandeling door spuiten
minerale olie / paraffine olie
> Olie-H

RUPSEN kleine wintervlinder *Operophtera brumata*
gewasbehandeling door spuiten
Bacillus thuringiensis subsp. *aizawai*
> Turex Spuitpoeder, Xen Tari WG

SNUITKEVERS gegroefde lapsnuitkever *Otiorhynchus sulcatus*
grondbehandeling door mengen
Metarhizium anisopliae stam fs2
> BIO 1020, Met52 granulair bioinsecticide

WANTSEN
gewasbehandeling door spuiten
minerale olie / paraffine olie
> Olie-H

Ribes soorten SIERBES

AMERIKAANSE KRUISBESSENMEELDAUW *Sphaerotheca mors-uvae*
- aangetaste planten(delen) verwijderen.
- resistente rassen telen.

BLADVALZIEKTE *Drepanopeziza ribis*
- aangetaste en afgevallen bladeren verwijderen.

MIJTEN bessenrondknopmijt *Cecidophyopsis ribis*
- planten toppen en/of terugknippen.
- resistente rassen telen.
- scheuten met gezwollen knoppen verwijderen in de winter.

ROEST zwarte bessenroest *Cronartium ribicola*
- aangetaste planten(delen) verwijderen.
- aantasting voorkomen door Pinus-soorten en Ribes-soorten niet in elkaars nabijheid te telen.
- gereedschap en andere materialen schoonmaken en ontsmetten.
- gewasresten verwijderen.
- gezond uitgangsmateriaal gebruiken.
- inregenen of lekken van kassen voorkomen.
- minder vatbare of resistente rassen telen.
- onderdoor water geven.
- relatieve luchtvochtigheid (RV) laag houden door stoken en/of luchten.
- schoenen ontsmetten.
- vruchtwisseling toepassen.

Ribes uva-crispa KRUISBES

AMERIKAANSE KRUISBESSENMEELDAUW *Sphaerotheca mors-uvae*
gewasbehandeling door spuiten
kresoxim-methyl
> Stroby WG
zwavel
> Kumulus S, Thiovit Jet

ECHTE MEELDAUW *Sphaerotheca* soorten
gewasbehandeling door spuiten
kresoxim-methyl
> Stroby WG

GRAUWE SCHIMMEL *Botryotinia fuckeliana*
gewasbehandeling door spuiten
captan
> Brabant Captan Flowable, Captan 480 SC, Captan 80 WG, Captan 83% Spuitpoeder, Captosan 500 SC, Captosan Spuitkorrel 80 WG, Malvin WG, Merpan Basic WP, Merpan Flowable, Merpan Spuitkorrel

MIJTEN spintmijten *Tetranychidae*
gewasbehandeling door spuiten
minerale olie / paraffine olie
> Olie-H

RUPSEN kleine wintervlinder *Operophtera brumata*
gewasbehandeling door spuiten
Bacillus thuringiensis subsp. *aizawai*
> Turex Spuitpoeder, Xen Tari WG

SNUITKEVERS gegroefde lapsnuitkever *Otiorhynchus sulcatus*
grondbehandeling door mengen
Metarhizium anisopliae stam fs2
> BIO 1020, Met52 granulair bioinsecticide

WANTSEN
gewasbehandeling door spuiten
minerale olie / paraffine olie
    Olie-H

Rosa soorten ROOS

BLAD- EN STENGELVLEKKENZIEKTE *Sphaerulina rehmiana*
- aangetaste scheuten verwijderen en in de herfst gevallen blad vernietigen.
- minder vatbare rassen telen.
gewasbehandeling door spuiten
chloorthalonil
    Budget Chloorthalonil 500 SC, Daconil 500 Vloeibaar

BLADWESPEN dalende rozenscheutboorder *Ardis brunniventris*
- aangetaste scheuten verwijderen voor de larve de scheut heeft verlaten.
signalering:
- blauwe of witte vangplaten ophangen.

ECHTE MEELDAUW *Microsphaera alphitoides*
gewasbehandeling door spuiten
kresoxim-methyl
    Kenbyo FL

ECHTE MEELDAUW *Sphaerotheca pannosa var. pannosa*
gewasbehandeling door spuiten
boscalid / kresoxim-methyl
    Collis
bupirimaat
    Nimrod Vloeibaar
dodecylbenzeensulfonzuur, triethanolamine zout / triadimenol
    Exact
dodemorf
    Meltatox
kresoxim-methyl
    Kenbyo FL
trifloxystrobin
    Flint

LOODGLANS *Chondrostereum purpureum*
- verdeel het bedrijf in werkeenheden en gebruik per eenheid een aparte schaar.

ROEST *Phragmidium mucronatum*
- aangetaste planten(delen) in gesloten plastic zak verwijderen.
- afgevallen bladeren verwijderen.
- gereedschap en andere materialen schoonmaken en ontsmetten.
- gezond uitgangsmateriaal gebruiken.
- inregenen of lekken van kassen voorkomen.
- minder vatbare of resistente rassen telen.
- onderdoor water geven.
- relatieve luchtvochtigheid (RV) laag houden door stoken en/of luchten.
- vruchtwisseling toepassen.

ROEST *Phragmidium tuberculatum*
- aangetaste planten(delen) in gesloten plastic zak verwijderen.
- afgevallen bladeren verwijderen.

STERROETDAUW *Diplocarpon rosae*
- aangetaste planten(delen) verwijderen.
- langdurig nat blijven van het gewas voorkomen.
- minder vatbare rassen telen.
gewasbehandeling door spuiten
dithianon
    Delan DF
folpet
    Akofol 80 WP, Folpan 80 WP

VALSE MEELDAUW *Pseudoperonospora sparsa*
gewasbehandeling door spuiten
ethefon
    Ethrel-A
fosetyl / fosetyl-aluminium / propamocarb
    Previcur Energy

VERTAKKING, bevorderen van
mancozeb / metalaxyl-M
    Fubol Gold

VERWELKINGSZIEKTE *Verticillium albo-atrum*
Verticillium dahliae
- kas, verwarmingsbuizen en gaas na de teelt ontsmetten.

VOETROT *Cylindrocladium candelabrum*
- bij grondteelt voor een minder natte grond zorgen.

WORTELKNOBBEL *Agrobacterium tumefaciens*
- indruk bestaat in de praktijk dat deze ziekte kan worden overgebracht met scharen. Verdeel het bedrijf in werkeenheden en gebruik per eenheid een aparte schaar.

WORTELROT *Gnomonia radicicola*
- bij recirculatie drainwater ontsmetten.

WORTELROT *Phytophthora* soorten
- bij grondteelt voor een minder natte grond zorgen.

Rubus fruticosus BRAAM

GRAUWE SCHIMMEL *Botryotinia fuckeliana*
gewasbehandeling door spuiten
captan
    Brabant Captan Flowable, Captan 480 SC, Captan 80 WG, Captan 83% Spuitpoeder, Captosan 500 SC, Captosan Spuitkorrel 80 WG, Malvin WG, Merpan Basic WP, Merpan Flowable, Merpan Spuitkorrel

ROEST *Phragmidium violaceum*
- afgevallen bladeren verwijderen.

RUPSEN kleine wintervlinder *Operophtera brumata*
gewasbehandeling door spuiten
Bacillus thuringiensis subsp. *aizawai*
    Turex Spuitpoeder, Xen Tari WG

SNUITKEVERS gegroefde lapsnuitkever *Otiorhynchus sulcatus*
grondbehandeling door mengen
Metarhizium anisopliae stam fs2
    BIO 1020, Met52 granulair bioinsecticide

STENGELBASISROT *Phytophthora fragariae rubi*
plantbehandeling via druppelirrigatiesysteem
dimethomorf
    Paraat

Rubus idaeus FRAMBOOS

GRAUWE SCHIMMEL *Botryotinia fuckeliana*
gewasbehandeling door spuiten
captan
    Brabant Captan Flowable, Captan 480 SC, Captan 80 WG, Captan 83% Spuitpoeder, Captosan 500 SC, Captosan Spuitkorrel 80 WG, Malvin WG, Merpan Basic WP, Merpan Flowable, Merpan Spuitkorrel

RUPSEN kleine wintervlinder *Operophtera brumata*
gewasbehandeling door spuiten
Bacillus thuringiensis subsp. *aizawai*
    Turex Spuitpoeder, Xen Tari WG

SNUITKEVERS gegroefde lapsnuitkever
Otiorhynchus sulcatus
grondbehandeling door mengen
Metarhizium anisopliae stam fs2
    BIO 1020
Metarhizium anisopliae stam fs2
    Met52 granulair bioinsecticide

STENGELBASISROT *Phytophthora fragariae rubi*
plantbehandeling via druppelirrigatiesysteem
dimethomorf
    Paraat

Rubus soorten SIERRUBUS

ROEST *Phragmidium violaceum*
- aangetaste planten(delen) verwijderen.
- afgevallen bladeren verwijderen.
- gereedschap en andere materialen schoonmaken en ont-smetten.
- gewasresten verwijderen.
- gezond uitgangsmateriaal gebruiken.
- inregenen of lekken van kassen voorkomen.
- minder vatbare of resistente rassen telen.
- onderdoor water geven.
- relatieve luchtvochtigheid (RV) laag houden door stoken en/of luchten.
- vruchtwisseling toepassen.

WORTELSTERFTE *Phytophthora fragariae rubi*
- aangetaste planten(delen) verwijderen.
- gereedschap en andere materialen schoonmaken en ont-smetten.
- gewasresten verwijderen.
- gezond uitgangsmateriaal gebruiken.
- grond en/of substraat stomen.
- inregenen of lekken van kassen voorkomen.
- lage temperatuurschok in het wortelmilieu door koud giet-water voorkomen.
- minder vatbare of resistente rassen telen.
- natte groeiomstandigheden voorkomen.
- ruime vruchtwisseling toepassen op besmette grond.
- schoenen ontsmetten.
- te hoge zoutconcentratie (EC) voorkomen.
- te natte grond voorkomen: drainage en afwatering verbe-teren.
- voor goede en constante groeiomstandigheden zorgen.
- vruchtwisseling toepassen.
- ziektevrij gietwater (leiding- of bronwater) of ontsmet drain-, oppervlakte- en regenwater gebruiken.

Salix soorten WILG

BLADHAANTJES blauw wilgehaantje *Phratora vulgatissima,* **bronzen wilgenhaantje** *Phyllodecta vitellinae*
- afgevallen bladeren met eieren en/of larven verwijderen.
- bij weinig kevers deze uit de boom schudden en verwijderen.

ROEST *Melampsora caprearum*
- aangetaste planten(delen) verwijderen.
- afgevallen bladeren verwijderen.
- gereedschap en andere materialen schoonmaken en ont-smetten.
- gewasresten verwijderen.
- gezond uitgangsmateriaal gebruiken.
- inregenen of lekken van kassen voorkomen.
- minder vatbare of resistente rassen telen.
- onderdoor water geven.
- relatieve luchtvochtigheid (RV) laag houden door stoken en/of luchten.
- Salix niet in de buurt van Larix soorten telen.
- schoenen ontsmetten.
- vruchtwisseling toepassen.

ZWARTE KANKER *Glomerella cingulata*
- aangetaste planten(delen) verwijderen.
- gezond uitgangsmateriaal gebruiken.
- minder vatbare rassen telen.
- ruime plantafstand aanhouden.
- voor een rustige groei zorgen.
- voor goede groeiomstandigheden zorgen.
- voorkom dat takken de grond raken.

Senecio soorten KRUISKRUID

BLADVLEKKENZIEKTE *Alternaria cinerariae*
gewasbehandeling door spuiten
chloorthalonil
    Budget Chloorthalonil 500 SC, Daconil 500 Vloeibaar
propiconazool
    Tilt 250 EC

BLADVLEKKENZIEKTE *Ascochyta* soorten
gewasbehandeling door spuiten
propiconazool
    Tilt 250 EC

ECHTE MEELDAUW *Oidium* soorten
gewasbehandeling door spuiten
propiconazool
    Tilt 250 EC

ROEST *Coleosporium tussilaginis*
- aangetaste planten(delen) verwijderen.
- gereedschap en andere materialen schoonmaken en ont-smetten.
- gewasresten verwijderen.
- gezond uitgangsmateriaal gebruiken.
- inregenen of lekken van kassen voorkomen.
- minder vatbare of resistente rassen telen.
- onderdoor water geven.
- schoenen ontsmetten.
- vruchtwisseling toepassen.

ROEST *Coleosporium tussilaginis f.sp. senecionis*
gewasbehandeling door spuiten
propiconazool
    Tilt 250 EC

Skimmia soorten SKIMMIA

SCLEROTIËNROT *Sclerotinia sclerotiorum*
- aangetaste planten met omringende grond verwijderen en vernietigen.
- aangetaste scheuten verwijderen voor de rupsen zich ver-poppen.
- beschadiging voorkomen.
- besmette kasgrond stomen, in onbedekte teelten is vrucht-wisseling met granen mogelijk.
- onkruid bestrijden.
- relatieve luchtvochtigheid (RV) laag houden door stoken en/of luchten.
- ruime plantafstand aanhouden.

WORTELROT *Phytophthora cinnamomi*
potgrondbehandeling door spuiten
etridiazool
    AAterra ME

Solanum soorten SOLANUM

ECHTE MEELDAUW *Erysiphe cichoracearum*
gewasbehandeling door spuiten
propiconazool
    Tilt 250 EC

SCHIMMELS
gewasbehandeling door spuiten

propiconazool
    Tilt 250 EC

Sorbus soorten LIJSTERBES

KANKER *Nectria galligena*
- aangetaste planten(delen) verwijderen.
- voor goede groeiomstandigheden zorgen.
- wonden met een wondafdekmiddel behandelen.

KIEM- EN BODEMSCHIMMEL *Fusarium* **soorten**
zaadbehandeling door mengen
fosetyl / fosetyl-aluminium / propamocarb
    Previcur Energy

Syringa soorten SERING

BLADWESPEN ligusterbladwesp *Macrophya punctumalbum*
- geen specifieke niet-chemische maatregel bekend.

KNOPSTERFTE *Phytophthora syringae*
- aangetaste planten(delen) snoeien en afvoeren.
- bij enten geen aangetaste onderstammen gebruiken.
- bij trekseringen aangetaste partijen vroeg trekken.

RUPSEN ligusterpijlstaart *Sphinx ligustri*
signalering:
- gewasinspecties uitvoeren.

RUPSEN seringenmot *Caloptilia syringella*
- ligusterhagen steeds goed snoeien.

VERWELKINGSZIEKTE *Verticillium albo-atrum*
- aangetaste struiken omenten.
- grond stomen of ontsmetten.
- perceel tijdens en na de teelt onkruidvrij houden. Veel onkruiden zijn waardplant voor Verticillium.
- voor goede groeiomstandigheden, een goede ontwatering en een goede structuur van de grond zorgen.

VERWELKINGSZIEKTE *Verticillium dahliae*
- aangetaste struiken omenten.
- grond stomen of ontsmetten.
- perceel tijdens en na de teelt onkruidvrij houden. Veel onkruiden zijn waardplant voor Verticillium.
- voor goede groeiomstandigheden, een goede ontwatering en een goede structuur van de grond zorgen.

ZWART *Pseudomonas syringae*
- aangetaste planten(delen) met grond verwijderen.
- beschadiging voorkomen, behandelen indien beschadigd.
- geen overmatige stikstofbemesting geven.
- planten beschermen tegen beschadigingen door onder andere vorst en wind.
- relatieve luchtvochtigheid (RV) laag houden door stoken en/of luchten.
- snoeigereedschap ontsmetten.
- voor goede groeiomstandigheden zorgen.

Tamarix soorten TAMARISK

SCHEUTSTERFTE *Botryotinia fuckeliana*
- ruime plantafstand aanhouden.

Tanacetum coccineum PYRETHRUM

AALTJES gewoon wortellesieaaltje *Pratylenchus penetrans,* **vrijlevende wortelaaltjes** *Trichododidae*
grondbehandeling door injecteren
metam-natrium
    Monam CleanStart, Monam Geconc., Nemasol

Thuja soorten THUJA

INSNOERINGSZIEKTE *Pestalotiopsis funerea*
- aangetaste planten(delen) verwijderen.

RUPSEN thujamineermot *Argyresthia thuiella*
- planten snoeien, aantasting komt vooral in jonge delen voor.

TAKSTERFTE *Didymascella thujina*
- aangetaste planten(delen) verwijderen.
- beschadiging voorkomen.
- dichte stand voorkomen.
- langdurig nat blijven van het gewas voorkomen.

TAKSTERFTE *Kabatina thujae*
- aangetaste planten(delen) verwijderen en afvoeren.
- beschadiging voorkomen, behandelen indien beschadigd.

Tilia soorten LINDE

GALMUGGEN oculatiegalmug *Resseliella oculiperda*
- oculatie door een goede bindmethode volkomen afdekken.

Trollius soorten KOGELBLOEM

AALTJES gewoon wortellesieaaltje *Pratylenchus penetrans,* **vrijlevende wortelaaltjes** *Trichododidae*
grondbehandeling door injecteren
metam-natrium
    Monam CleanStart, Monam Geconc., Nemasol

BRAND *Urocystis trollii*
- aangetaste planten verwijderen of afmaaien.

Ulmus soorten IEP

IEPZIEKTE *Ophiostoma ulmi*
- minder vatbare of resistente cultivars telen.
- vanaf mei/juni letten op ziekteverschijnselen. Aangetaste planten(delen) verwijderen en afvoeren. In de directe of wijdere omgeving broedplaatsen van de kevers, zoals kwijnende en dode iepen, gerooide of omgevallen iepenbomen, takken dikker dan 3 à 4 cm,
plantbehandeling door injecteren
Verticillium albo-atrum stam wcs850
    Dutch Trig

Vaccinium angustifolium BLAUWE BES

ANTHRACNOSE vruchtrot *Colletotrichum acutatum*
gewasbehandeling door spuiten
trifloxystrobin
    Flint

GRAUWE SCHIMMEL *Botryotinia fuckeliana*
gewasbehandeling door spuiten
trifloxystrobin
    Flint

MIJTEN spintmijten *Tetranychidae*
gewasbehandeling door spuiten
minerale olie / paraffine olie
    Olie-H

RUPSEN kleine wintervlinder *Operophtera brumata*
gewasbehandeling door spuiten
Bacillus thuringiensis subsp. *aizawai*
    Turex Spuitpoeder, Xen Tari WG

SNUITKEVERS gegroefde lapsnuitkever *Otiorhynchus sulcatus*
grondbehandeling door mengen
Metarhizium anisopliae stam fs2
    BIO 1020, Met52 granulair bioinsecticide

2.9 Ziekten en plagen boomteelt en vaste-plantenteelt

WANTSEN
gewasbehandeling door spuiten
minerale olie / paraffine olie
   Olie-H

Vaccinium soorten SIERVACCINIUM

GALMUGGEN blauwebessentopgalmug *Prodiplosis vaccinii*
- aangetaste planten(delen) verwijderen.

OORTJESZIEKTE *Exobasidium vaccinii var. japonicum*
- aangetaste planten(delen) verwijderen voordat sporen vrijkomen.
- gezond uitgangsmateriaal gebruiken.
gewasbehandeling door spuiten
captan
   Brabant Captan Flowable, Captan 480 SC, Captan 80 WG, Captan 83% Spuitpoeder, Captosan 500 SC, Captosan Spuitkorrel 80 WG, Malvin WG, Merpan Basic WP, Merpan Flowable, Merpan Spuitkorrel

SCHIMMELS
gewasbehandeling door spuiten
captan
   Brabant Captan Flowable, Captan 480 SC, Captan 80 WG, Captan 83% Spuitpoeder, Captosan 500 SC, Captosan Spuitkorrel 80 WG, Malvin WG, Merpan Basic WP, Merpan Flowable, Merpan Spuitkorrel

Valeriana officinalis VALERIAAN

VERWELKINGSZIEKTE *Verticillium albo-atrum*
- aangetaste planten(delen) verwijderen.
- biologische grondontsmetting toepassen.
- drainage en structuur van de grond verbeteren.
- eerst teeltwerkzaamheden bij gezonde planten uitvoeren, daarna bij verdachte of aangetaste planten.
- gereedschap en andere materialen schoonmaken en ontsmetten.
- gewasresten verwijderen.
- gezond uitgangsmateriaal gebruiken.
- grond stomen met onderdruk.
- inregenen of lekken van kassen voorkomen.
- minder vatbare of resistente rassen telen.
- organische bemesting toepassen.
- schoenen ontsmetten.
- strenge selectie toepassen.
- voor optimale cultuuromstandigheden zorgen.
- vruchtwisseling toepassen.
signalering:
- grondonderzoek laten uitvoeren.

Veronica soorten EREPRIJS

BLADVLEKKENZIEKTE *Septoria veronicae*
gewasbehandeling door spuiten
chloorthalonil
   Budget Chloorthalonil 500 SC, Daconil 500 Vloeibaar

ECHTE MEELDAUW *Sphaerotheca fuliginea f.sp. fuligenea*
Erysiphe soorten
gewasbehandeling door spuiten
kresoxim-methyl
   Kenbyo FL

VALSE MEELDAUW *Peronospora* soorten
gewasbehandeling door spuiten
fosetyl / fosetyl-aluminium / propamocarb
   Previcur Energy

Viburnum soorten GELDERSE ROOS

BLADVLEKKENZIEKTE *Phoma* soorten
gewasbehandeling door spuiten
chloorthalonil
   Budget Chloorthalonil 500 SC, Daconil 500 Vloeibaar

TAKSTERFTE *Phytophthora citricola*
gewasbehandeling door spuiten
fenamidone / fosetyl-aluminium
   Fenomenal

WORTELROT *Phytophthora cinnamomi*
potgrondbehandeling door spuiten
etridiazool
   AAterra ME

Vinca soorten MAAGDENPALM

BLAD- EN STENGELVLEKKENZIEKTE *Phoma exigua var. inoxydabilis*
- aangetaste planten(delen) verwijderen.
- gereedschap en andere materialen schoonmaken en ontsmetten.
- gewasresten verwijderen.
- gezond uitgangsmateriaal gebruiken.
- inregenen of lekken van kassen voorkomen.
- minder vatbare of resistente rassen telen.
- natslaan van gewas en guttatie voorkomen.
- relatieve luchtvochtigheid (RV) laag houden door stoken en/of luchten.
- schoenen ontsmetten.
- voor goede groeiomstandigheden zorgen.
- vruchtwisseling toepassen.
gewasbehandeling door spuiten
chloorthalonil
   Budget Chloorthalonil 500 SC, Daconil 500 Vloeibaar

Vitis soorten DRUIF

BLADLUIZEN *Aphididae*
gewasbehandeling (ruimtebehandeling) door roken
pirimicarb
   Pirimor Rookontwikkelaar

ECHTE MEELDAUW *Uncinula necator*
gewasbehandeling door spuiten
penconazool
   Topaz 100 EC
zwavel
   Brabant Spuitzwavel 2, Kumulus S, Thiovit Jet

RUPSEN kleine wintervlinder *Operophtera brumata*
gewasbehandeling door spuiten
Bacillus thuringiensis subsp. *aizawai*
   Turex Spuitpoeder, Xen Tari WG

VALSE MEELDAUW *Plasmopara viticola*
gewasbehandeling door spuiten
fosetyl / fosetyl-aluminium / propamocarb
   Previcur Energy
mancozeb / metalaxyl-M
   Fubol Gold
trifloxystrobin
   Flint

Zantedeschia soorten ARONSKELK

STINKEND ZACHTROT *Erwinia carotovora subsp. carotovora*
- aangetast plantmateriaal verwijderen.
- besmettingsbronnen verwijderen en/of bestrijden.
- gezond uitgangsmateriaal gebruiken.
- onkruid bestrijden.

- resistente of minder vatbare rassen telen.
gewasbehandeling door spuiten
fenamidone / fosetyl-aluminium
    Fenomenal
signalering:
- gewasinspecties uitvoeren.

VIRUSZIEKTEN tomatenbronsvlekkenvirus
- bij Impatiens- of tomatenbronsvlekkenvirus hoeft niet de hele plant te worden vernietigd, maar kan worden volstaan met het vernietigen van planten(delen) met symptomen.

VUUR *Stagonosporopsis curtisii*
- aangetast plantmateriaal verwijderen.
- onderdoor water geven.

- plantmateriaal na rooien zo snel mogelijk drogen, droog bewaren en vroeg planten.
- ruime vruchtwisseling toepassen.

Zelkova soorten ZELKOVA

IEPZIEKTE *Ophiostoma ulmi*
- minder vatbare of resistente cultivars telen.
- minder vatbare of resistente rassen telen.
- vanaf mei/juni letten op ziekteverschijnselen. Aangetaste planten(delen) verwijderen en afvoeren. In de directe of wijdere omgeving broedplaatsen van de kevers, zoals kwijnende en dode iepen, gerooide of omgevallen iepenbomen, takken dikker dan 3 à 4 cm,

2.10 Openbaar en particulier groen

Deze paragraaf geeft een overzicht van de ziekten, plagen en teeltproblemen die in het openbaar en particulier groen kunnen voorkomen evenals de preventie en bestrijding ervan. Er is onderscheid gemaakt tussen de bestrijdingsmogelijkheden bestemd voor openbaar groen en particulier groen. Beide groepen zijn onderverdeeld in verschillende paragrafen. De bestrijdingsmogelijkheden omvatten cultuurmaatregelen, biologische en chemische maatregelen. Voor de chemische maatregelen staan de toepassingswijze vermeld, gevolgd door de werkzame stof en merknamen van de daarvoor toegelaten middelen. Voor de exacte toepassing dient u de toelatingsbeschikking van het betreffende middel te raadplegen. De overzichten van veiligheidstermijnen en wachttijden voor toegelaten werkzame stoffen zijn opgenomen in hoofdstuk 4.

2.10.1 Openbaar groen – Algemeen

BLADLUIZEN *(Aphididae)*
gewasbehandeling door spuiten
azadirachtin
    Neemazal-T/S
flonicamid
    Teppeki
pirimicarb
    Agrichem Pirimicarb, Pirimor
thiacloprid
    Calypso, Calypso Pro

ECHTE MEELDAUW Erysiphe soorten
gewasbehandeling door spuiten
bupirimaat
    Nimrod Vloeibaar

ECHTE MEELDAUW Oidium soorten, Sphaerotheca soorten, Microsphaera soorten
gewasbehandeling door spuiten
mepanipyrim
    Frupica SC

MIJTEN bonenspintmijt *Tetranychus urticae*
gewasbehandeling door spuiten
cyflumetofen
    Danisaraba 20SC, Scelta
spirodiclofen
    Envidor

MIJTEN fruitspintmijt *Panonychus ulmi*
gewasbehandeling door spuiten
spirodiclofen
    Envidor

MIJTEN spintmijt *Tetranychus* soorten
gewasbehandeling door spuiten
acequinocyl
    Cantack, Xen Tari WG

RUPSEN *(lepidoptera)*
gewasbehandeling door spuiten
azadirachtin
    Neemazal-T/S

RUPSEN bastaardsatijnvlinder *Euproctis chrysorrhoea*, plakker *Lymantria dispar*, ringelrupsvlinder *Malacosoma neustria*, satijnvlinder *Leucoma salicis*
gewasbehandeling door spuiten
Bacillus thuringiensis subsp. *aizawai*
    Turex Spuitpoeder, Xen Tari WG
Bacillus thuringiensis subsp. *kurstaki*
    Delfin, Dipel, Dipel ES, Scutello, Scutello L

RUPSEN eikenprocessierups *Thaumetopoea processionea*
gewasbehandeling door spuiten
Bacillus thuringiensis subsp. *aizawai*
    Xen Tari WG

RUPSEN kleine wintervlinder *Operophtera brumata*, Pieris soorten
gewasbehandeling door spuiten
Bacillus thuringiensis subsp. *aizawai*
    Turex Spuitpoeder, Xen Tari WG

RUPSEN stippelmot *Yponomeuta* soorten
gewasbehandeling door spuiten
Bacillus thuringiensis subsp. *aizawai*
    Turex Spuitpoeder, Xen Tari WG
Bacillus thuringiensis subsp. *kurstaki*
    Delfin, Dipel, Dipel ES, Scutello, Scutello L

SLAKKEN
grondbehandeling door strooien
metaldehyde
    Brabant Slakkendood, Caragoal GR

2.10.2 Openbaar groen – Grasvegetatie

(AFGEDRAGEN) GEWAS, doodspuiten van
gewasbehandeling door spuiten
glyfosaat
    Taifun 360

AALTJES graswortelknobbelaaltje *Meloidogyne naasi*, havercysteaaltje *Heterodera avenae*, ovaal grascysteaaltje *Heterodera bifenestra*, raaigras-cysteaaltje *Heterodera mani*, struisgrascysteaaltje *Punctodera punctata*
- bij ernstige besmetting het gras voor juni doodspuiten, waardoor de jonge aaltjes in de wortels verhongeren. Vervolgschade is hiermee niet geheel te voorkomen, aangezien nimmer alle aaltjes worden gedood. Bovendien leveren vaak ook andere aaltjes een bijdrage aan de schade.
- na doodspuiten en opnieuw inzaaien zorgen voor een optimale groei.

BLADVLEKKENZIEKTE Colletotrichum soorten
gewasbehandeling door spuiten
boscalid / pyraclostrobin
  Signum

BLADVLEKKENZIEKTE Drechslera soorten
gewasbehandeling door spuiten
metconazool
  Caramba

DOLLAR SPOT Sclerotinia homoeocarpa
gewasbehandeling door spuiten
boscalid / pyraclostrobin
  Signum

EMELTEN langpootmuggen (tipulidae)
- overdag de grasmat met een grondzeil afdekken, boven de grond verschijnende emelten verwijderen.
gewasbehandeling door strooien
imidacloprid
  Merit Turf

ENGERLINGEN bladsprietkevers, meikevers Scarabaeidae
- bij lichte aantasting het gras in een droge periode vochtig houden (beregenen), de schade ten gevolge van het afvreten van wortels door aanrollen beperken.
- Heterorhabditis bacteriophora (insectparasitair aaltje) inzetten. de bodemtemperatuur dient minimaal 12 °C te zijn gedurende 4 weken.
curatief:
gewasbehandeling door strooien
imidacloprid
  Merit Turf

FUSARIUMZIEKTEN Fusarium soorten
gewasbehandeling door spuiten
boscalid / pyraclostrobin
  Signum

GEWASGROEI, afremmen van
gewasbehandeling door spuiten
maleine hydrazide
  Lijnfix, Rem, Royal MH-30

HEKSENKRING Marasmius oreades
- grond in de kring dagelijks goed doornat maken gedurende tenminste één maand.

KROONROEST Puccinia coronata
gewasbehandeling door spuiten
metconazool
  Caramba

MOLLEN Talpa europaea
gangbehandeling met tabletten
aluminium-fosfide
  Luxan Mollentabletten
magnesiumfosfide
  Magtoxin WM

RONDE-PLEKKENZIEKTE Gaeumannomyces graminis var. avenae
- optimale ph nastreven.
- eventueel zure meststoffen gebruiken.
- kalkhoudende meststoffen en dressings voorkomen.

ROODDRAAD Phanerochaete fuciformis
- bemesting met zwavelzure ammoniak is meestal voldoende om de grasgroei te herstellen (niet te zwaar bemesten om aantasting door fusarium-soorten te voorkomen).

ROUWVLIEGEN Bibionidae
- gras vooral in de winter kort houden.
  Sumicidin Super
gewasbehandeling door spuiten
esfenvaleraat

ROUWVLIEGEN kleine rouwvlieg Dilophus febrilis
gewasbehandeling door spuiten
deltamethrin
  Agrichem Deltamethrin, Deltamethrin E.C. 25, Splendid, Wopro Deltamethrin

SNEEUWSCHIMMEL Monographella nivalis
- resistente rassen telen.
- cultuurmaatregelen aanpassen.
gewasbehandeling door spuiten
azoxystrobin
  Heritage
metconazool
  Caramba

VOETROT Fusarium culmorum
- resistente rassen telen.
- cultuurmaatregelen aanpassen.

WEERBAARHEID, bevorderen van
gewasbehandeling door gieten
Trichoderma harzianum rifai stam t-22
  Trianum-P
gewasbehandeling door strooien
Trichoderma harzianum rifai stam t-22
  Trianum-G

WOELRATTEN Arvicola terrestris
gangbehandeling met tabletten
aluminium-fosfide
  Luxan Mollentabletten

2.10.3 Openbaar groen - houtige beplanting

ALGEMEEN

AALTJES gewoon wortellesieaaltje Pratylenchus penetrans, AALTJES houtwortellesieaaltje Pratylenchus vulnus
- aaltjesonderdrukkende voorteelt van *tagetes*-soorten (afrikaantje) gedurende minimaal 3 maanden toepassen.
- gezond uitgangsmateriaal gebruiken.
- vruchtwisseling toepassen.

BLADHAANTJES elzenhaantje Agelastica alni
gewasbehandeling door spuiten
diflubenzuron
  Dimilin Vloeibaar, Dimilin Spuitpoeder 25%

BLADLUIZEN Aphididae
gewasbehandeling door spuiten
acetamiprid
  Gazelle

CICADEN
- bestrijding is doorgaans niet van belang.

ECHTE MEELDAUW Erysiphe soorten, Oidium soorten
- minder vatbare rassen telen.

GRAUWE SCHIMMEL Botryotinia fuckeliana
- dichte stand voorkomen.

HONINGZWAM *Armillaria obscura, echte honing-zwam Armillaria mellea, knolhoningzwam Armillaria bulbosa*
- minder vatbare rassen telen.
- aangetaste planten(delen) verwijderen.
- zorgen voor een optimale conditie van de planten op plaatsen waar het niet mogelijk is om alle houtige delen uit de bodem te verwijderen.
- houtwerk in beplantingen dient goed geconserveerd te zijn indien het zich (gedeeltelijk) in de grond bevindt.

KIEMPLANTENZIEKTE *Verticillium dahliae*
- resistente rassen telen.
- verwelkende planten waarbij geen herstel optreedt, rooien.
- structuur van de grond en waterhuishouding bij herinplant verbeteren.
- beschadiging van hoofdwortels voorkomen.

LOODGLANS *Chondrostereum purpureum*
- wonden met een wondafdekmiddel behandelen.
- aangetaste planten(delen) verwijderen en afvoeren.
- in juli en augustus snoeien.

MOLLEN *Talpa europaea*
- op niet afsluitbare terreinen kunnen mollen alleen door middel van klemmen worden bestreden, hoewel dit in verband met spelende kinderen en het werken met grasmaaimachines ook niet zonder risico is.

RUPSEN bastaardsatijnvlinder *Euproctis chrysorrhoea, groene eikenbladroller Tortrix viridana, kleine wintervlinder Operophtera brumata, nonvlinder Lymantria monacha, plakker Lymantria dispar, ringelrupsvlinder Malacosoma neustria, satijnvlinder Leucoma salicis, stippelmot Yponomeuta* soorten
gewasbehandeling door spuiten
diflubenzuron
    Dimilin Vloeibaar, Dimilin Spuitpoeder 25%

SCHEUTVORMING OP STOBBEN, voorkomen van
stobbebehandeling door smeren
glyfosaat
    Acomac, Agrichem Glyfosaat, Agrichem Glyfosaat 2, Agrichem Glyfosaat B, Akosate, Amega, Catamaran, Clinic, Envision, Etna, Glifonex, Glycar, Glyfall, Glyfos, Glyper 360 SL, Glyphogan, Imex-Glyfosaat, Imex-Glyfosaat 2, Klaverblad-Glyfosaat, Luxan Glyfosaat Vloeibaar, Matos, MON 79632, Panic, Panic Free, Policlean, Rosate 36, Roundup, Roundup +, Roundup Econ 400, Roundup Energy, Roundup Evolution, Roundup Force, Roundup Max, Sphinx, Torinka, Wopro Glyphosate
triclopyr
    Garlon 4 E, Tribel 480 EC

SLAKKEN
- slakken handmatig verwijderen en vernietigen.

SNUITKEVERS gegroefde lapsnuitkever *Otiorhynchus sulcatus*
- heterorhabditis (insectparasitair aaltje) inzetten tegen larven door de aaltjes over de grond te verspreiden. de bodemtemperatuur dient daarbij minimaal 15 °C te zijn.

TAK- EN BLOESEMSTERFTE *Monilinia fructigena, Monilinia laxa*
- aangetaste planten(delen) verwijderen en afvoeren.

VERWELKINGSZIEKTE *Verticillium albo-atrum*
- resistente rassen telen.
- verwelkende planten waarbij geen herstel optreedt, rooien.
- structuur van de grond en waterhuishouding bij herinplant verbeteren.
- beschadiging van hoofdwortels voorkomen.

WILD haas, konijn
- alternatief voedsel aanbieden.
- afrastering plaatsen.

WORTELROT Phytophthora soorten
- structuur van de grond en waterhuishouding bij herinplant verbeteren.
- aangetaste planten(delen) verwijderen en vernietigen.
- beschadiging van stambasis voorkomen.

BERK *Betula* **soorten**

BLADVLEKKENZIEKTE *Taphrina betulina*
- geen specifieke niet-chemische maatregel bekend.

ROEST *Melampsoridium betulinum*
- resistente rassen telen.

CALIFORNISCHE CYPRES *Cupressocyparis* **soorten**

INSNOERINGSZIEKTE *Pestalotiopsis funerea*
- minder vatbare typen telen.

RUPSEN jeneverbesmineermot *Argyresthia trifasciata*
signalering:
- hagen waarin in een vorig seizoen aantasting werd geconstateerd, inspecteren op jonge rupsen in de toppen (jeneverbesmineermot: half juli, thujamineermot: half augustus). de hagen vervolgens snoeien en het snoeisel vernietigen.

DEN *Pinus* **soorten**

STAMBLAASROEST *Cronartium ribicola*
- aantasting voorkomen door pinus-soorten en ribes-soorten niet in elkaars nabijheid te telen.

DUINDOORN *Hippophae rhamnoides*

RUPSEN bastaardsatijnvlinder *Euproctis chrysorrhoea*
- nesten in de winter uitknippen en afvoeren.

DWERGCYPRES *Chamaecyparis* **soorten**

RUPSEN jeneverbesmineermot *Argyresthia trifasciata, thujamineermot Argyresthia thuiella*
signalering:
- hagen waarin in een vorig seizoen aantasting werd geconstateerd, inspecteren op jonge rupsen in de toppen (jeneverbesmineermot: half juli, thujamineermot: half augustus). de hagen vervolgens snoeien en het snoeisel vernietigen.

DWERGKWEE *Chaenomeles* **soorten**

BACTERIEVUUR *Erwinia amylovora*
- aangetaste struiken of bomen direct vernietigen en zo snel mogelijk op een afgedekte wagen vervoeren naar een verbrandingsplaats en daar direct verbranden. Wanneer verbranden niet uitvoerbaar is, kan aangetast materiaal ook versnipperd worden. In het winterseizoen zijn hieraan geen risico's verbonden. In het groeiseizoen aangetast materiaal na afzagen enkele dagen laten drogen en dan versnipperen. Snippers in het groeiseizoen alleen in de beplanting terugbrengen als alle waardplanten uit de beplanting zijn verwijderd.
- aangetaste struiken afzagen en de overblijvende stobben doden in de bij de wet ingestelde beschermde gebieden is verplicht. buiten de beschermde gebieden kan eventueel worden volstaan met afknippen van de aangetaste planten(delen) ruim onder de aantasting
- aanplant van Cotoneaster-, Stranvaesia- en Crataegus-soorten is in de beschermde gebieden niet toegestaan.

- eventuele besmettingsbron in de naaste omgeving trachten op te sporen en vernietigen is noodzakelijk, ook als die zich in particuliere tuinen bevindt.
- gereedschap dat in aanraking is geweest met besmette delen ontsmetten. de vervoermiddelen waarmee aangetast materiaal is vervoerd schoonspuiten.

signalering:
- gedurende het groeiseizoen, vooral vanaf de bloei, regelmatig inspecteren op het voorkomen van verdachte symptomen.
- nagaan of de aantasting wellicht met het plantmateriaal kan zijn aangevoerd en indien dat waarschijnlijk is, moeten ook de overige planten afkomstig van dezelfde kwekerij en van dezelfde partij aan een grondige inspectie worden onderworpen.

DWERGMISPEL *Cotoneaster* soorten

BACTERIEVUUR *Erwinia amylovora*
- aangetaste struiken of bomen direct vernietigen en zo snel mogelijk op een afgedekte wagen vervoeren naar een verbrandingsplaats en daar direct verbranden. Wanneer verbranden niet uitvoerbaar is, kan aangetast materiaal ook versnipperd worden. In het winterseizoen zijn hieraan geen risico's verbonden. In het groeiseizoen aangetast materiaal na afzagen enkele dagen laten drogen en dan versnipperen. Snippers in het groeiseizoen alleen in de beplanting terugbrengen als alle waardplanten uit de beplanting zijn verwijderd.
- aangetaste struiken afzagen en de overblijvende stobben doden in de bij de wet ingestelde beschermde gebieden is verplicht. buiten de beschermde gebieden kan eventueel worden volstaan met afknippen van de aangetaste planten(delen) ruim onder de aantasting
- aanplant van Cotoneaster-, Stranvaesia- en Crataegus-soorten is in de beschermde gebieden niet toegestaan.
- eventuele besmettingsbron in de naaste omgeving trachten op te sporen en vernietigen is noodzakelijk, ook als die zich in particuliere tuinen bevindt.
- gereedschap dat in aanraking is geweest met besmette delen ontsmetten. de vervoermiddelen waarmee aangetast materiaal is vervoerd schoonspuiten.

signalering:
- gedurende het groeiseizoen, vooral vanaf de bloei, regelmatig inspecteren op het voorkomen van verdachte symptomen.
- nagaan of de aantasting wellicht met het plantmateriaal kan zijn aangevoerd en indien dat waarschijnlijk is, moeten ook de overige planten afkomstig van dezelfde kwekerij en van dezelfde partij aan een grondige inspectie worden onderworpen.

BLADLUIZEN appelbloedluis *Eriosoma lanigerum*
- eventuele besmettingsbron in de naaste omgeving trachten op te sporen en vernietigen is noodzakelijk, ook als die zich in particuliere tuinen bevindt.

RUPSEN bastaardsatijnvlinder *Euproctis chrysorrhoea*
- nesten in de winter uitknippen en afvoeren.

EIK *Quercus* soorten

RUPSEN bastaardsatijnvlinder *Euproctis chrysorrhoea*
- nesten in de winter uitknippen en afvoeren.

RUPSEN eikenprocessierups *Thaumetopoea processionea*
- rupsen in overlastsituaties bestrijden door middel van branden, wegzuigen van rupsen en nesten of handmatig verwijderen van nesten. gebruik van beschermende kleding, rubber laarzen, handschoenen en een volgelaatsmasker is een vereiste.

ELS *Alnus* soorten

BLADHAANTJES elzenhaantje *Agelastica alni*
- aangetaste bomen en struiken in het voorjaar voor het verschijnen van de kever verwijderen.

BLADWESPEN elzenmineerwesp *Fenusa dohrnii*
- windscherm tijdig snoeien.

KREUKELZIEKTE *Taphrina tosquinettii*
- bestrijding is doorgaans niet van belang.

MIJTEN *Acalitus brevitarsus*
signalering:
- bestrijding toepassen bij 50 % halm bezetting.

MIJTEN *Eriophyidae*
- bestrijding is doorgaans niet van belang.

RUPSEN wilgenhoutvlinder *Cossus cossus*
- aangetaste planten(delen) verwijderen en afvoeren. ook stapels hout (voor open haard) verwijderen.

SNUITKEVERS elzensnuitkever *Cryptorhynchus lapathi*
- aangetaste bomen en struiken in het voorjaar voor het verschijnen van de kever verwijderen.

ES *Fraxinus* soorten

BACTERIEKANKER *Pseudomonas savastanoi pv. fraxini*
- vatbare soorten slechts op beperkte schaal gebruiken en bij voorkeur minder vatbare soorten aanplanten.
- aangetaste takken verwijderen.

KANKER *Nectria galligena*
- minder vatbare rassen telen.
- voor goede groeiomstandigheden zorgen.
- aangetaste plekken tot op het gezonde hout uitsnijden.
- wonden met een wondafdekmiddel behandelen.

RUPSEN wilgenhoutvlinder *Cossus cossus*
- wonden met een wondafdekmiddel behandelen.

ESDOORN *Acer* soorten

VUUR *Nectria cinnabarina*
- aangetaste planten(delen) in de zomer diep wegsnijden en afvoeren.
- geen snoei uitvoeren bij het op gang komen van de sapstroom (april-juni), bij voorkeur snoeien in juli-augustus.

GELDERSE ROOS *Viburnum* soorten

BLADHAANTJES sneeuwbalhaantje *Pyrrhalta viburni*
- bestrijding is doorgaans niet van belang.

GLANSMISPEL *Photinia* soorten

BACTERIEVUUR *Erwinia amylovora*
- aangetaste struiken of bomen direct vernietigen en zo snel mogelijk op een afgedekte wagen vervoeren naar een verbrandingsplaats en daar direct verbranden. Wanneer verbranden niet uitvoerbaar is, kan aangetast materiaal ook versnipperd worden. In het winterseizoen zijn hieraan geen risico's verbonden. In het groeiseizoen aangetast materiaal na afzagen enkele dagen laten drogen en dan versnipperen. Snippers in het groeiseizoen alleen in de beplanting terugbrengen als alle waardplanten uit de beplanting zijn verwijderd.
- aangetaste struiken afzagen en de overblijvende stobben doden in de bij de wet ingestelde beschermde gebieden

is verplicht. buiten de beschermde gebieden kan eventueel worden volstaan met afknippen van de aangetaste planten(delen) ruim onder de aantasting
- aanplant van cotoneaster-, stranvaesia- en crataegus-soorten is in de beschermde gebieden niet toegestaan.
- eventuele besmettingsbron in de naaste omgeving trachten op te sporen en vernietigen is noodzakelijk, ook als die zich in particuliere tuinen bevindt.
- gereedschap dat in aanraking is geweest met besmette delen ontsmetten. de vervoermiddelen waarmee aangetast materiaal is vervoerd schoonspuiten.

signalering:
- gedurende het groeiseizoen, vooral vanaf de bloei, regelmatig inspecteren op het voorkomen van verdachte symptomen.
- nagaan of de aantasting wellicht met het plantmateriaal kan zijn aangevoerd en indien dat waarschijnlijk is, moeten ook de overige planten afkomstig van dezelfde kwekerij en van dezelfde partij aan een grondige inspectie worden onderworpen.

HULST *Ilex* soorten

MINEERVLIEGEN hulstvlieg *Phytomyza ilicis*
- aangetaste hagen in juni snoeien.

IEP *Ulmus* soorten

IEPZIEKTE *Ophiostoma ulmi*
- bij dunningen de voor iepziekte zeer vatbare veldiep opruimen.
- bij herinplant bij voorkeur minder vatbare klonen als 'groeneveld', 'plantijn', 'lobel', 'dodoens', 'clusius', en 'columella' gebruiken.
- ontstaan van opslag (hergroei) vanuit de stobben en wortels van iepen, die vanwege iepziekte zijn gerooid, voorkomen. Dit geldt vooral bij veldiepen of indien veldiep als onderstam is gebruikt. Hergroei kan voor een groot deel voorkomen worden door de stobbe maximaal 3 cm boven maaiveld af te zetten en tegen uitloop te behandelen.
- aangetaste, kwijnende, dode en gevelde iepen verantwoord onschadelijk maken. Ook iepen die door een andere oorzaak dan iepziekte kwijnen (bijvoorbeeld door gaslekkage of grondophoping) verwijderen. Iepenhout met larven, poppen en/of kevers (broedhout) onschadelijk maken door verbranding of ontschorsing, waarbij de schors verbrand wordt. Iepenhout zonder keverbroed kan onschadelijk gemaakt worden door ontschorsen, afvoeren of versnipperen (snippers van maximaal 2 cm groot). Ook gezond iepenhout, bijvoorbeeld openhaardhout, moet worden ontschorst.
- wonden met een wondafdekmiddel behandelen.

plantbehandeling door injecteren
Verticillium albo-atrum stam wcs850
    Dutch Trig

RUPSEN bastaardsatijnvlinder *Euproctis chrysorrhoea*
- nesten in de winter uitknippen en afvoeren.

SCHEUTGROEI, voorkomen van
bladbehandeling door spuiten
triclopyr
    Garlon 4 E, Tribel 480 EC

VUUR *Nectria cinnabarina*
- aangetaste planten(delen) in de zomer diep wegsnijden en afvoeren.
- geen snoei uitvoeren bij het op gang komen van de sapstroom (april-juni), bij voorkeur snoeien in juli-augustus.

JAPANSE MISPEL *Eriobotrya* soorten

BACTERIEVUUR *Erwinia amylovora*
- aangetaste struiken of bomen direct vernietigen en zo snel mogelijk op een afgedekte wagen vervoeren naar een

verbrandingsplaats en daar direct verbranden. Wanneer verbranden niet uitvoerbaar is, kan aangetast materiaal ook versnipperd worden. In het winterseizoen zijn hieraan geen risico's verbonden. In het groeiseizoen aangetast materiaal na afzagen enkele dagen laten drogen en dan versnipperen. Snippers in het groeiseizoen alleen in de beplanting terugbrengen als alle waardplanten uit de beplanting zijn verwijderd.
- aangetaste struiken afzagen en de overblijvende stobben doden in de bij de wet ingestelde beschermde gebieden is verplicht. buiten de beschermde gebieden kan eventueel worden volstaan met afknippen van de aangetaste planten(delen) ruim onder de aantasting
- aanplant van Cotoneaster-, Stranvaesia- en Crataegus-soorten is in de beschermde gebieden niet toegestaan.
- eventuele besmettingsbron in de naaste omgeving trachten op te sporen en vernietigen is noodzakelijk, ook als die zich in particuliere tuinen bevindt.
- gereedschap dat in aanraking is geweest met besmette delen ontsmetten. de vervoermiddelen waarmee aangetast materiaal is vervoerd schoonspuiten.

signalering:
- gedurende het groeiseizoen, vooral vanaf de bloei, regelmatig inspecteren op het voorkomen van verdachte symptomen.
- nagaan of de aantasting wellicht met het plantmateriaal kan zijn aangevoerd en indien dat waarschijnlijk is, moeten ook de overige planten afkomstig van dezelfde kwekerij en van dezelfde partij aan een grondige inspectie worden onderworpen.

JENEVERBESBOOM *Juniperus* soorten

RUPSEN jeneverbesmineermot *Argyresthia trifasciata*
signalering:
- hagen waarin in een vorig seizoen aantasting werd geconstateerd, inspecteren op jonge rupsen in de toppen (jeneverbesmineermot: half juli, thujamineermot: half augustus). de hagen vervolgens snoeien en het snoeisel vernietigen.

KWEE *Cydonia* soorten

BACTERIEVUUR *Erwinia amylovora*
- aangetaste struiken of bomen direct vernietigen en zo snel mogelijk op een afgedekte wagen vervoeren naar een verbrandingsplaats en daar direct verbranden. Wanneer verbranden niet uitvoerbaar is, kan aangetast materiaal ook versnipperd worden. In het winterseizoen zijn hieraan geen risico's verbonden. In het groeiseizoen aangetast materiaal na afzagen enkele dagen laten drogen en dan versnipperen. Snippers in het groeiseizoen alleen in de beplanting terugbrengen als alle waardplanten uit de beplanting zijn verwijderd.
- aangetaste struiken afzagen en de overblijvende stobben doden in de bij de wet ingestelde beschermde gebieden is verplicht. buiten de beschermde gebieden kan eventueel worden volstaan met afknippen van de aangetaste planten(delen) ruim onder de aantasting
- aanplant van Cotoneaster-, Stranvaesia- en Crataegus-soorten is in de beschermde gebieden niet toegestaan.
- eventuele besmettingsbron in de naaste omgeving trachten op te sporen en vernietigen is noodzakelijk, ook als die zich in particuliere tuinen bevindt.
- gereedschap dat in aanraking is geweest met besmette delen ontsmetten. de vervoermiddelen waarmee aangetast materiaal is vervoerd schoonspuiten.

signalering:
- gedurende het groeiseizoen, vooral vanaf de bloei, regelmatig inspecteren op het voorkomen van verdachte symptomen.
- nagaan of de aantasting wellicht met het plantmateriaal kan zijn aangevoerd en indien dat waarschijnlijk is, moeten ook de overige planten afkomstig van dezelfde kwekerij en van dezelfde partij aan een grondige inspectie worden onderworpen.

PRACHTKEVERS perenprachtkever *Agrilus sinuatus*
- voor een goede conditie van de boom zorgen (naarmate de conditie afneemt is de schade ernstiger).
- aangetaste bomen en struiken verwijderen en vernietigen.

LIGUSTER *Ligustrum* soorten

RUPSEN seringenmot *Caloptilia syringella*
- aangetaste planten(delen) in mei verwijderen.
- hagen steeds goed snoeien.

LIJSTERBES *Sorbus* soorten

BACTERIEVUUR *Erwinia amylovora*
- aangetaste struiken of bomen direct vernietigen en zo snel mogelijk op een afgedekte wagen vervoeren naar een verbrandingsplaats en daar direct verbranden. Wanneer verbranden niet uitvoerbaar is, kan aangetast materiaal ook versnipperd worden. In het winterseizoen zijn hieraan geen risico's verbonden. In het groeiseizoen aangetast materiaal na afzagen enkele dagen laten drogen en dan versnipperen. Snippers in het groeiseizoen alleen in de beplanting terugbrengen als alle waardplanten uit de beplanting zijn verwijderd.
- aangetaste struiken afzagen en de overblijvende stobben doden in de bij de wet ingestelde beschermde gebieden is verplicht. buiten de beschermde gebieden kan eventueel worden volstaan met afknippen van de aangetaste planten(delen) ruim onder de aantasting
- aanplant van Cotoneaster-, Stranvaesia- en Crataegus-soorten is in de beschermde gebieden niet toegestaan.
- eventuele besmettingsbron in de naaste omgeving trachten op te sporen en vernietigen is noodzakelijk, ook als die zich in particuliere tuinen bevindt.
- gereedschap dat in aanraking is geweest met besmette delen ontsmetten. de vervoermiddelen waarmee aangetast materiaal is vervoerd schoonspuiten.

signalering:
- gedurende het groeiseizoen, vooral vanaf de bloei, regelmatig inspecteren op het voorkomen van verdachte symptomen.
- nagaan of de aantasting wellicht met het plantmateriaal kan zijn aangevoerd en indien dat waarschijnlijk is, moeten ook de overige planten afkomstig van dezelfde kwekerij en van dezelfde partij aan een grondige inspectie worden onderworpen.

KANKER *Nectria galligena*
- minder vatbare rassen telen.
- voor goede groeiomstandigheden zorgen.
- aangetaste plekken tot op het gezonde hout uitsnijden.
- wonden met een wondafdekmiddel behandelen.

PRACHTKEVERS perenprachtkever *Agrilus sinuatus*
- voor een goede conditie van de boom zorgen (naarmate de conditie afneemt is de schade ernstiger).
- aangetaste bomen en struiken verwijderen en vernietigen.

LINDE *Tilia* soorten

BLADWESPEN lindenbladwesp *Caliroa annulipes*
- bestrijding is doorgaans niet van belang.

MENIEZWAMMETJE *Nectria cinnabarina*
- aangetaste planten(delen) in de zomer diep wegsnijden en afvoeren.
- geen snoei uitvoeren bij het op gang komen van de sapstroom (april-juni), bij voorkeur snoeien in juli-augustus.

MAHONIE *Mahonia* soorten

ROEST *Cumminsiella mirabilissima*
- resistente rassen telen.

MEIDOORN *Crataegus* soorten

BACTERIEVUUR *Erwinia amylovora*
- aangetaste struiken of bomen direct vernietigen en zo snel mogelijk op een afgedekte wagen vervoeren naar een verbrandingsplaats en daar direct verbranden. Wanneer verbranden niet uitvoerbaar is, kan aangetast materiaal ook versnipperd worden. In het winterseizoen zijn hieraan geen risico's verbonden. In het groeiseizoen aangetast materiaal na afzagen enkele dagen laten drogen en dan versnipperen. Snippers in het groeiseizoen alleen in de beplanting terugbrengen als alle waardplanten uit de beplanting zijn verwijderd.
- aangetaste struiken afzagen en de overblijvende stobben doden in de bij de wet ingestelde beschermde gebieden is verplicht. buiten de beschermde gebieden kan eventueel worden volstaan met afknippen van de aangetaste planten(delen) ruim onder de aantasting
- aanplant van Cotoneaster-, Stranvaesia- en Crataegus-soorten is in de beschermde gebieden niet toegestaan.
- eventuele besmettingsbron in de naaste omgeving trachten op te sporen en vernietigen is noodzakelijk, ook als die zich in particuliere tuinen bevindt.
- gereedschap dat in aanraking is geweest met besmette delen ontsmetten. de vervoermiddelen waarmee aangetast materiaal is vervoerd schoonspuiten.

signalering:
- gedurende het groeiseizoen, vooral vanaf de bloei, regelmatig inspecteren op het voorkomen van verdachte symptomen.
- nagaan of de aantasting wellicht met het plantmateriaal kan zijn aangevoerd en indien dat waarschijnlijk is, moeten ook de overige planten afkomstig van dezelfde kwekerij en van dezelfde partij aan een grondige inspectie worden onderworpen.

PRACHTKEVERS perenprachtkever *Agrilus sinuatus*
- voor een goede conditie van de boom zorgen (naarmate de conditie afneemt is de schade ernstiger).
- aangetaste bomen en struiken verwijderen en vernietigen.

RUPSEN bastaardsatijnvlinder *Euproctis chrysorrhoea*
- nesten in de winter uitknippen en afvoeren.

MISPEL *Mespilus* soorten

BACTERIEVUUR *Erwinia amylovora*
- aangetaste struiken of bomen direct vernietigen en zo snel mogelijk op een afgedekte wagen vervoeren naar een verbrandingsplaats en daar direct verbranden. Wanneer verbranden niet uitvoerbaar is, kan aangetast materiaal ook versnipperd worden. In het winterseizoen zijn hieraan geen risico's verbonden. In het groeiseizoen aangetast materiaal na afzagen enkele dagen laten drogen en dan versnipperen. Snippers in het groeiseizoen alleen in de beplanting terugbrengen als alle waardplanten uit de beplanting zijn verwijderd.
- aangetaste struiken afzagen en de overblijvende stobben doden in de bij de wet ingestelde beschermde gebieden is verplicht. buiten de beschermde gebieden kan eventueel worden volstaan met afknippen van de aangetaste planten(delen) ruim onder de aantasting
- aanplant van Cotoneaster-, Stranvaesia- en Crataegus-soorten is in de beschermde gebieden niet toegestaan.
- eventuele besmettingsbron in de naaste omgeving trachten op te sporen en vernietigen is noodzakelijk, ook als die zich in particuliere tuinen bevindt.
- gereedschap dat in aanraking is geweest met besmette delen ontsmetten. de vervoermiddelen waarmee aangetast materiaal is vervoerd schoonspuiten.

signalering:
- gedurende het groeiseizoen, vooral vanaf de bloei, regelmatig inspecteren op het voorkomen van verdachte symptomen.

- nagaan of de aantasting wellicht met het plantmateriaal kan zijn aangevoerd en indien dat waarschijnlijk is, moeten ook de overige planten afkomstig van dezelfde kwekerij en van dezelfde partij aan een grondige inspectie worden onderworpen.

PRACHTKEVERS perenprachtkever *Agrilus sinuatus*
- aangetaste bomen en struiken verwijderen en vernietigen.

PAARDEKASTANJE *Aesculus* soorten

MENIEZWAMMETJE *Nectria cinnabarina*
- aangetaste planten(delen) in de zomer diep wegsnijden en afvoeren.
- geen snoei uitvoeren bij het op gang komen van de sapstroom (april-juni), bij voorkeur snoeien in juli-augustus.

PLATAAN *Platanus* soorten

BLADVLEKKENZIEKTE *Gnomonia errabunda*
- verwijderen van afgevallen blad en kankers op takken reduceert het infectieniveau, maar biedt geen afdoende oplossing onder gunstige infectieomstandigheden.

POPULIER *Populus* soorten

BACTERIEKANKER *Xanthomonas populi*
- minder vatbare rassen telen.
- aangetaste planten(delen) verwijderen.
- aangetaste bomen (bij ernstige aantasting) omzagen.
signalering:
- bij verdachte bomen is extra controle op takbreuk noodzakelijk.
signalering:
- bij verdachte bomen is extra controle op takbreuk noodzakelijk.
signalering:
- bij verdachte bomen is extra controle op takbreuk noodzakelijk.

BASTVLEKKENZIEKTE onbekende factor1
- vatbare rassen in ruim plantverband (meer dan 5 m) aanplanten.

BLADHAANTJES elzenhaantje *Agelastica alni*
- aangetaste bomen en struiken in het voorjaar voor het verschijnen van de kever verwijderen.

BLADVLEKKENZIEKTE *Drepanopeziza populialbae, Drepanopeziza populorum, Drepanopeziza punctiformis*
- afgevallen bladeren verwijderen.

BOBBELZIEKTE *Taphrina populina*
- bestrijding is doorgaans niet van belang.

BOKTORREN grote populierenboktor *Saperda carcharias*
- aangetaste bomen geheel verwijderen.

ROEST *Melampsora allii-populina, Melampsora larici-populina, Melampsora populnea f.sp. laricis, Melampsora populnea f.sp. pinitorqua, Melampsora populnea f.sp. rostrupii*
- resistente rassen telen.
- populus niet als windscherm gebruiken als larix in de omgeving voorkomt.

RUPSEN horzelvlinder *Sesia apiformis*
- beschadiging van de stambasis en de wortels voorkomen.
- zwaar aangetaste bomen rooien en afvoeren. bij licht aangetaste bomen de wonden en uitvlieggaten met een wondafdekmiddel behandelen.

RUPSEN wilgenhoutvlinder *Cossus cossus*
- aangetaste planten(delen) verwijderen en afvoeren. ook stapels hout (voor open haard) verwijderen.
- wonden met een wondafdekmiddel behandelen.

SCHORSBRAND *Cryptodiaporthe populea*
- dichte stand voorkomen.
- voor goede groeiomstandigheden zorgen.
- ruime plantafstand aanhouden.
- roest en bladvlekkenziekte bestrijden.

SNUITKEVERS elzensnuitkever *Cryptorhynchus lapathi*
- aangetaste bomen en struiken in het voorjaar voor het verschijnen van de kever verwijderen.

RHODODENDRON *Rhododendron* soorten

KNOPVERDROGING *Pycnostysanus azaleae*
- planten afzoeken op aangetaste knoppen, deze verzamelen en vernietigen.

NETWANTSEN japanse vlieg *Stephanitis oberti, Stephanitis rhododendri*
- met eieren bezette scheuten in de winter afknippen en vernietigen. in het groeiseizoen aangetast materiaal afplukken.

ROOS *Rosa* soorten

BLADWESPEN kleine rozenbladwesp *Blennocampa pusilla*
- bestrijding is doorgaans niet van belang.

ECHTE MEELDAUW *Sphaerotheca pannosa var. pannosa*
gewasbehandeling door spuiten
bupirimaat
    Nimrod Vloeibaar

ROEST *Phragmidium mucronatum*
- resistente rassen telen.

STERROETDAUW *Diplocarpon rosae*
- minder vatbare rassen telen.
gewasbehandeling door spuiten
dithianon
    Delan DF

VOETROT *Cylindrocladium candelabrum*
- bij grondteelt voor een minder natte grond zorgen.

SERING *Syringa* soorten

RUPSEN seringenmot *Caloptilia syringella*
- aangetaste planten(delen) in mei verwijderen.
- hagen steeds goed snoeien.

SIERAPPEL *Malus* soorten

BACTERIEVUUR *Erwinia amylovora*
- aangetaste struiken of bomen direct vernietigen en zo snel mogelijk op een afgedekte wagen vervoeren naar een verbrandingsplaats en daar direct verbranden. Wanneer verbranden niet uitvoerbaar is, kan aangetast materiaal ook versnipperd worden. In het winterseizoen zijn hieraan geen risico's verbonden. In het groeiseizoen aangetast materiaal na afzage enkele dagen laten drogen en dan versnipperen. Snippers in het groeiseizoen alleen in de beplanting terugbrengen als alle waardplanten uit de beplanting zijn verwijderd.
- aangetaste struiken afzagen en de overblijvende stobben doden in de bij de wet ingestelde beschermde gebieden is verplicht. buiten de beschermde gebieden kan even-

tueel worden volstaan met afknippen van de aangetaste planten(delen) ruim onder de aantasting
- aanplant van Cotoneaster-, Stranvaesia- en Crataegus-soorten is in de beschermde gebieden niet toegestaan.
- eventuele besmettingsbron in de naaste omgeving trachten op te sporen en vernietigen is noodzakelijk, ook als die zich in particuliere tuinen bevindt.
- gereedschap dat in aanraking is geweest met besmette delen ontsmetten. de vervoermiddelen waarmee aangetast materiaal is vervoerd schoonspuiten.

signalering:
- gedurende het groeiseizoen, vooral vanaf de bloei, regelmatig inspecteren op het voorkomen van verdachte symptomen.
- nagaan of de aantasting wellicht met het plantmateriaal kan zijn aangevoerd en indien dat waarschijnlijk is, moeten ook de overige planten afkomstig van dezelfde kwekerij en van dezelfde partij aan een grondige inspectie worden onderworpen.

BLADLUIZEN appelbloedluis *Eriosoma lanigerum*
- op warme zomerdagen aangetaste planten(delen) met een krachtige koudwaterstraal bespuiten.

KANKER *Nectria galligena*
- minder vatbare rassen telen.
- voor goede groeiomstandigheden zorgen.
- aangetaste plekken tot op het gezonde hout uitsnijden.
- wonden met een wondafdekmiddel behandelen.

SCHURFT *Venturia inaequalis*
- resistente rassen telen.

SIERBES *Ribes* soorten

ZWARTE BESSENROEST *Cronartium ribicola*
- aantasting voorkomen door pinus-soorten en ribes-soorten niet in elkaars nabijheid te telen.

SIERPEER *Pyrus* soorten

BACTERIEVUUR *Erwinia amylovora*
- aangetaste struiken of bomen direct vernietigen en zo snel mogelijk op een afgedekte wagen vervoeren naar een verbrandingsplaats en daar direct verbranden. Wanneer verbranden niet uitvoerbaar is, kan aangetast materiaal ook versnipperd worden. In het winterseizoen zijn hieraan geen risico's verbonden. In het groeiseizoen aangetast materiaal na afzagen enkele dagen laten drogen en dan versnipperen. Snippers in het groeiseizoen alleen in de beplanting terugbrengen als alle waardplanten uit de beplanting zijn verwijderd.
- aangetaste struiken afzagen en de overblijvende stobben doden in de bij de wet ingestelde beschermde gebieden is verplicht. buiten de beschermde gebieden kan eventueel worden volstaan met afknippen van de aangetaste planten(delen) ruim onder de aantasting
- aanplant van Cotoneaster-, Stranvaesia- en Crataegus-soorten is in de beschermde gebieden niet toegestaan.
- eventuele besmettingsbron in de naaste omgeving trachten op te sporen en vernietigen is noodzakelijk, ook als die zich in particuliere tuinen bevindt.
- gereedschap dat in aanraking is geweest met besmette delen ontsmetten. de vervoermiddelen waarmee aangetast materiaal is vervoerd schoonspuiten.

signalering:
- gedurende het groeiseizoen, vooral vanaf de bloei, regelmatig inspecteren op het voorkomen van verdachte symptomen.
- nagaan of de aantasting wellicht met het plantmateriaal kan zijn aangevoerd en indien dat waarschijnlijk is, moeten ook de overige planten afkomstig van dezelfde kwekerij en van dezelfde partij aan een grondige inspectie worden onderworpen.

PRACHTKEVERS perenprachtkever *Agrilus sinuatus*
- voor een goede conditie van de boom zorgen (naarmate de conditie afneemt is de schade ernstiger).
- aangetaste bomen en struiken verwijderen en vernietigen.

STRUIKHEIDE *Calluna* soorten

BLADHAANTJES heidekever *Lochmaea suturalis*
- heide afmaaien of indien mogelijk afbranden.

THUJA *Thuja* soorten

RUPSEN jeneverbesmineermot *Argyresthia trifasciata*, RUPSEN thujamineermot *Argyresthia thuiella*
signalering:
- hagen waarin in een vorig seizoen aantasting werd geconstateerd, inspecteren op jonge rupsen in de toppen (jeneverbesmineermot: half juli, thujamineermot: half augustus). de hagen vervolgens snoeien en het snoeisel vernietigen.

VALSE CHRISTUSDOORN *Gleditsia* soorten

GALMUGGEN gleditsiabladgalmug *Dasineura gleditchiae*
- geen specifieke niet-chemische maatregel bekend.

VUURDOORN *Pyracantha* soorten

BACTERIEVUUR *Erwinia amylovora*
- resistente rassen telen.
- aangetaste struiken of bomen direct vernietigen en zo snel mogelijk op een afgedekte wagen vervoeren naar een verbrandingsplaats en daar direct verbranden. Wanneer verbranden niet uitvoerbaar is, kan aangetast materiaal ook versnipperd worden. In het winterseizoen zijn hieraan geen risico's verbonden. In het groeiseizoen aangetast materiaal na afzagen enkele dagen laten drogen en dan versnipperen. Snippers in het groeiseizoen alleen in de beplanting terugbrengen als alle waardplanten uit de beplanting zijn verwijderd.
- aangetaste struiken afzagen en de overblijvende stobben doden in de bij de wet ingestelde beschermde gebieden is verplicht. buiten de beschermde gebieden kan eventueel worden volstaan met afknippen van de aangetaste planten(delen) ruim onder de aantasting
- aanplant van Cotoneaster-, Stranvaesia- en Crataegus-soorten is in de beschermde gebieden niet toegestaan.
- eventuele besmettingsbron in de naaste omgeving trachten op te sporen en vernietigen is noodzakelijk, ook als die zich in particuliere tuinen bevindt.
- gereedschap dat in aanraking is geweest met besmette delen ontsmetten. de vervoermiddelen waarmee aangetast materiaal is vervoerd schoonspuiten.

signalering:
- gedurende het groeiseizoen, vooral vanaf de bloei, regelmatig inspecteren op het voorkomen van verdachte symptomen.
- nagaan of de aantasting wellicht met het plantmateriaal kan zijn aangevoerd en indien dat waarschijnlijk is, moeten ook de overige planten afkomstig van dezelfde kwekerij en van dezelfde partij aan een grondige inspectie worden onderworpen.

RUPSEN vuurdoornvouwmijnmot *Phyllonorycter leucographella*
- bestrijding is doorgaans niet van belang.

WILG *Salix* soorten

BLADWESPEN wilgenbladwesp *Nematus salicis*
- bestrijding is doorgaans niet van belang.

GALMUGGEN wilgentopgalmug *Rabdophaga terminalis*
- geen specifieke niet-chemische maatregel bekend.

ROEST *Melampsora caprearum*
- resistente rassen telen.

RUPSEN wilgenhoutvlinder *Cossus cossus*
- aangetaste planten(delen) verwijderen en afvoeren. ook stapels hout (voor open haard) verwijderen.
- wonden met een wondafdekmiddel behandelen.

SCHILDLUIZEN wilgenschildluis *Chionaspis salicis*
- geen specifieke niet-chemische maatregel bekend.

SCHURFT *Venturia saliciperda*
- resistente rassen telen.

SNUITKEVERS elzensnuitkever *Cryptorhynchus lapathi*
- aangetaste bomen en struiken in het voorjaar voor het verschijnen van de kever verwijderen.

WATERMERKZIEKTE *Erwinia salicis*
- gezond uitgangsmateriaal gebruiken.
- vatbare klonen ('calva', 'drakenburg', 'lichtenvoorde', 'liempde' en 'rockanje') van salix alba niet aanplanten. de overige wilgensoorten beperkt gebruiken in gemengde beplantingen.
- knotbomen om de 3 jaar knotten.
- alleen 1 tot 2 jarig stekmateriaal voor vermeerdering gebruiken, dus geen 'poten'.
- aangetaste bomen verwijderen en afvoeren. licht aangetaste bomen (kroninfectie maximaal 25 %) kunnen omgevormd worden tot knotbomen. een snelle opruiming is gewenst.
- verwelkende bomen snel verwijderen, aangezien in dit stadium de infectie het meest wordt verspreid.

ZWARTE-BLADVLEKKENZIEKTE *Drepanopeziza salicis*
- geen specifieke niet-chemische maatregel bekend.

2.10.4 Openbaar groen - Kruidachtige beplanting

ALGEMEEN

BLADLUIZEN *Aphididae*
gewasbehandeling door spuiten
acetamiprid
> Gazelle

TULP *Tulipa* **soorten**

AALTJES stengelaaltje *Ditylenchus dipsaci*
DIT IS EEN QUARANTAINE-ORGANISME

VIOOLTJE *Viola* **soorten**

BLADVLEKKENZIEKTE *Ramularia agrestis*
gewasbehandeling door spuiten
captan
> Brabant Captan Flowable, Captan 480 SC, Captan 80 WG, Captan 83% Spuitpoeder, Captosan 500 SC, Captosan Spuitkorrel 80 WG, Malvin WG, Merpan Basic WP, Merpan Flowable, Merpan Spuitkorrel

ROEST *Puccinia violae*
- minder vatbare of resistente rassen telen.

SCHIMMELS
gewasbehandeling door spuiten
captan
> Brabant Captan Flowable, Captan 480 SC, Captan 80 WG, Captan 83% Spuitpoeder, Captosan 500 SC, Captosan Spuitkorrel 80 WG, Malvin WG, Merpan Basic WP, Merpan Flowable, Merpan Spuitkorrel

VLEKKENZIEKTE *Mycocentrospora acerina*
gewasbehandeling door spuiten
captan
> Brabant Captan Flowable, Captan 480 SC, Captan 80 WG, Captan 83% Spuitpoeder, Captosan 500 SC, Captosan Spuitkorrel 80 WG, Malvin WG, Merpan Basic WP, Merpan Flowable, Merpan Spuitkorrel

2.10.5 Particulier groen - Gazon

AALTJES graswortelknobbelaaltje *Meloidogyne naasi***, havercysteaaltje** *Heterodera avenae***, ovaal grascysteaaltje** *Heterodera bifenestra***, raaigrascysteaaltje** *Heterodera mani***, struisgrascysteaaltje** *Punctodera punctata*
- geen middelen toegelaten.
- bij ernstige besmetting het gras voor juni doodspuiten, waardoor de jonge aaltjes in de wortels verhongeren. Vervolgschade is hiermee niet geheel te voorkomen, aangezien nimmer alle aaltjes worden gedood. Bovendien leveren vaak ook andere aaltjes een bijdrage aan de schade.
- na doodspuiten en opnieuw inzaaien zorgen voor een optimale groei.

EMELTEN langpootmuggen *Tipulidae*
- overdag de grasmat met een grondzeil afdekken, boven de grond verschijnende emelten verwijderen.

EMELTEN groentelangpootmug *Tipula oleracea***, weidelangpootmug** *Tipula paludosa*
gewasbehandeling door gieten
imidacloprid
> Gazon-Insect, Provado Garden

ENGERLINGEN bladsprietkever (scarabeidae)
- Heterorhabditis bacteriophora (insectparasitair aaltje) inzetten. De bodemtemperatuur dient minimaal 12 °C te zijn gedurende 4 weken.
- bij lichte aantasting het gras in een droge periode vochtig houden (beregenen), de schade ten gevolge van het afvreten van wortels door aanrollen beperken.

HEKSENKRING *Marasmius oreades*
- grond in de kring dagelijks goed doornat maken gedurende tenminste één maand.

KEVERS meikever soorten *Melolontha* **soorten**
gewasbehandeling door gieten
imidacloprid
> Gazon-Insect, Provado Garden

MOLLEN *Talpa europaea*
- mollenklemmen plaatsen.

RONDE-PLEKKENZIEKTE *Gaeumannomyces graminis var. avenae*
- optimale pH nastreven.
- eventueel zure meststoffen gebruiken.
- kalkhoudende meststoffen en dressings voorkomen.

ROODDRAAD *Phanerochaete fuciformis*
- bemesting met zwavelzure ammoniak is meestal voldoende om de grasgroei te herstellen (niet te zwaar bemesten om aantasting door Fusarium-soorten te voorkomen).

ROUWVLIEGEN (bibionidae)
- gras vooral in de winter kort houden.

2.10.6 Particulier groen - Moestuin

ALGEMEEN

BEVERS *Castor fiber*
plantbehandeling door smeren
kwartszand
    Wöbra

BLADLUIZEN *Aphididae*
plantbehandeling door spuiten
piperonylbutoxide / pyrethrinen
    Luizendoder, Luxan Pyrethrum Vloeibaar, Pyrethrum Vloeibaar, Spruzit Vloeibaar

KEVERS *Coleoptera*
plantbehandeling door spuiten
piperonylbutoxide / pyrethrinen
    Luizendoder, Luxan Pyrethrum Vloeibaar, Pyrethrum Vloeibaar, Spruzit Vloeibaar

RUPSEN *Lepidoptera*
plantbehandeling door spuiten
piperonylbutoxide / pyrethrinen
    Luizendoder, Luxan Pyrethrum Vloeibaar, Pyrethrum Vloeibaar, Spruzit Vloeibaar

SLAKKEN
grondbehandeling door strooien
metaldehyde
    Brabant Slakkendood, Caragoal GR, Finion Slakkenkorrels, KB Slakkendood, Luxan Slakkenkorrels Super, Metald-Slakkenkorrels, Metald-Slakkenkorrels N, Pokon Slakken Stop
plantbehandeling door strooien
ijzer(III)fosfaat
    Smart Bayt

SLAKKEN grote naaktslaksoorten *Arion* **soorten**
gewasbehandeling door strooien
ijzer(III)fosfaat
    Slakkenbestrijder, Slakkerdode3r

SLAKKEN naaktslakken *Agriolimacidae, Arionidae*
gewasbehandeling door strooien
ijzer(III)fosfaat
    Ferramol Ecostyle Slakkenkorrels, HGX Natuurvriendelijke Korrels Tegen Slakken, Smart Bayt Slakkenkorrels
grondbehandeling door strooien
ijzer(III)fosfaat
    Escar-Go tegen slakken Ferramol

TRIPSEN *Thysanoptera*
plantbehandeling door spuiten
piperonylbutoxide / pyrethrinen
    Luizendoder, Luxan Pyrethrum Vloeibaar, Pyrethrum Vloeibaar, Spruzit Vloeibaar

WANTSEN
plantbehandeling door spuiten
piperonylbutoxide / pyrethrinen
    Luizendoder, Luxan Pyrethrum Vloeibaar, Pyrethrum Vloeibaar, Spruzit Vloeibaar

SNEEUWSCHIMMEL *Monographella nivalis*
- resistente rassen telen.
- cultuurmaatregelen aanpassen.

VOETROT *Fusarium culmorum*
- resistente rassen telen.
- cultuurmaatregelen aanpassen.

WILD hazen, konijnen, herten
plantbehandeling door smeren
kwartszand
    Wöbra

WITTEVLIEGEN *Aleurodidae*
plantbehandeling door spuiten
piperonylbutoxide / pyrethrinen
    Luizendoder, Luxan Pyrethrum Vloeibaar, Pyrethrum Vloeibaar, Spruzit Vloeibaar

AARDAPPEL

AARDAPPELZIEKTE *Phytophthora infestans f.sp. infestans*
gewasbehandeling door spuiten
chloorthalonil
    Finesse Vloeibaar
cymoxanil / mancozeb
    Cymoxanil-M
fluopicolide / propamocarb / propamocarb-hydrochloride
    Infinito
mandipropamid
    Revus, Revus Gardan

BLADLUIZEN aardappeltopluis *Macrosiphum euphorbiae,* **groene perzikluis** *Myzus persicae,* **wegedoornluis** *Aphis frangulae*
gewasbehandeling door spuiten
thiacloprid
    Calypso Vloeibaar

KNIPTORREN ritnaalden *Agriotes* **soorten**
- vruchtwisseling toepassen, geen grassen telen binnen vier jaar voor de teelt van aardappel.
- grasachtige onkruiden en graanopslag bestrijden.

POEDERSCHURFT *Spongospora subterranea*
- niet op gescheurd grasland telen.

RHIZOCTONIA-ZIEKTE *Thanatephorus cucumeris*
- snelle opkomst en groei bevorderen door voorkiemen en niet te vroeg in het voorjaar poten.
signalering:
- er bestaat een adviessysteem gebaseerd op een zogenaamd Rhizoctonia punten systeem. Boven een bepaalde waarde (bezettingsindex) en vitaliteit van de lakschurft, is chemische bestrijding nodig.
- vorming van lakschurft op de knol voorkomen door loof-trekken of groenrooien en 10 dagen na de loofvernietiging rooien. Bij sterke toename in lakschurft binnen 10 dagen rooien.

AARDBEI

BLADLUIZEN *Aphididae*
gewasbehandeling door spuiten
thiacloprid
    Calypso Vloeibaar

ECHTE MEELDAUW *Sphaerotheca aphanis*
gewasbehandeling door spuiten

zwavel
Luxan Spuitzwavel, Microsulfo, Sulfus, Thiovit Jet

GRAUWE SCHIMMEL *Botryotinia fuckeliana*
gewasbehandeling door spuiten
fenhexamide
Teldor Spuitkorrels

WITTEVLIEGEN kaswittevlieg *Trialeurodes vaporariorum*
gewasbehandeling door spuiten
thiacloprid
Calypso Vloeibaar

AMSOI

GALMUGGEN koolgalmug *Contarinia nasturtii*
- gewas bij eerste planting afdekken met vliesdoek.
- gewasresten na de oogst onderploegen of verwijderen.
- ruime vruchtwisseling toepassen.

MINEERVLIEGEN koolvlieg *Delia radicum*
- gezond uitgangsmateriaal gebruiken.
- vruchtwisseling toepassen.
- gewas bij eerste planting afdekken met vliesdoek.
- gewasresten na de oogst onderploegen of verwijderen.

NATROT *Erwinia carotovora subsp. carotovora*
- beregenen alleen bij drogende omstandigheden.
- 7 tot 10 dagen voor de oogst geen water meer geven.
- voor een voldoende grote watervoorraad in de grond zorgen.

ANDIJVIE

KIEMPLANTENZIEKTE *Pythium ultimum var. ultimum*
- gezond uitgangsmateriaal gebruiken.
- niet in te koude of te natte grond planten.
- niet teveel water geven.

MINEERVLIEGEN nerfmineervlieg *Liriomyza huidobrensis*
- onkruid bestrijden.
- insectengaas aanbrengen.
- gewasresten na de oogst onderploegen of verwijderen.

VALSE MEELDAUW *Bremia lactucae*
gewasbehandeling door spuiten
mandipropamid
Revus

VOETROT onbekende factor
- gezond uitgangsmateriaal gebruiken.
- structuur van de grond verbeteren.

WORTELLUIZEN neotrama *Neotrama caudata*
- mieren bestrijden, luizen leven namelijk samen met mieren.

APPEL

BLADLUIZEN *Aphididae*
gewasbehandeling door spuiten
thiacloprid
Calypso Vloeibaar
plantbehandeling door spuiten
imidacloprid
Admire N, Provado Garden

BLADWESPEN appelzaagwesp *Hoplocampa testudinea*
gewasbehandeling door spuiten
thiacloprid
Calypso Vloeibaar
plantbehandeling door spuiten

imidacloprid
Admire N, Provado Garden

ECHTE MEELDAUW *Podosphaera leucotricha*
gewasbehandeling door spuiten
triadimenol
Exact-Vloeibaar
zwavel
Luxan Spuitzwavel, Microsulfo, Sulfus, Thiovit Jet

MIJTEN fruitspintmijt *Panonychus ulmi*
plantbehandeling door spuiten
tebufenpyrad
Masai

SCHURFT *Venturia inaequalis*
gewasbehandeling door spuiten
zwavel
Luxan Spuitzwavel, Microsulfo, Sulfus, Thiovit Jet

WANTSEN groene appelwants *Lygocoris pabulinus*
gewasbehandeling door spuiten
thiacloprid
Calypso Vloeibaar
plantbehandeling door spuiten
imidacloprid
Admire N, Provado Garden

AUBERGINE

ECHTE MEELDAUW *Leveillula taurica*
gewasbehandeling door spuiten
azoxystrobin
Ortiva, Ortiva Garden

ECHTE MEELDAUW Sphaerotheca soorten
gewasbehandeling door spuiten
azoxystrobin
Ortiva

GRAUWE SCHIMMEL *Botryotinia fuckeliana*
gewasbehandeling door spuiten
fenhexamide
Teldor Spuitkorrels

AUGURK

BLADVLEKKENZIEKTE *Didymella bryoniae*
- gezond uitgangsmateriaal gebruiken.
- gewasresten na de oogst onderploegen of verwijderen.

ECHTE MEELDAUW *Golovinomyces orontii*
gewasbehandeling door spuiten
azoxystrobin
Ortiva Garden

ECHTE MEELDAUW *Sphaerotheca fusca*
gewasbehandeling door spuiten
azoxystrobin
Ortiva

GRAUWE SCHIMMEL *Botryotinia fuckeliana*
gewasbehandeling door spuiten
chloorthalonil
Finesse Vloeibaar
fenhexamide
Teldor Spuitkorrels

KIEMPLANTENZIEKTE *Pythium ultimum var. ultimum*
- gezond uitgangsmateriaal gebruiken.

VALSE MEELDAUW *Pseudoperonospora cubensis*
gewasbehandeling door spuiten

imidacloprid
Admire N, Provado Garden

chloorthalonil
    Finesse Vloeibaar

VIRUSZIEKTEN bont komkommerbontvirus
- gezond uitgangsmateriaal gebruiken.

VIRUSZIEKTEN mozaïek komkommermozaïekvirus
- aangetaste planten onmiddellijk verwijderen. Zijn er teveel, dan gezonde en zieke planten afzonderlijk snoeien en oogsten.
- tolerante rassen telen.

BIET

BLADLUIZEN groene perzikluis *Myzus persicae*
gewasbehandeling door spuiten
thiacloprid
    Calypso Vloeibaar

BLAUWE BES

BLADLUIZEN *Aphididae*
gewasbehandeling door spuiten
thiacloprid
    Calypso Vloeibaar

GRAUWE SCHIMMEL *Botryotinia fuckeliana*
gewasbehandeling door spuiten
fenhexamide
    Teldor Spuitkorrels

WANTSEN groene appelwants *Lygocoris pabulinus*
gewasbehandeling door spuiten
thiacloprid
    Calypso Vloeibaar

BLEEKSELDERIJ

BLADVLEKKENZIEKTE *Septoria apiicola*
- gezond uitgangsmateriaal gebruiken.
- ruime plantafstand aanhouden.
- gewasresten na de oogst onderploegen of verwijderen.
gewasbehandeling door spuiten
chloorthalonil
    Finesse Vloeibaar

BLOEMKOOL

BACTERIEVLEKKENZIEKTE *Pseudomonas syringae pv. maculicola*
- gezond uitgangsmateriaal gebruiken.
- vruchtwisseling toepassen.

BOREN non-parasitaire factor
- groei stimuleren.

ECHTE MEELDAUW *Erysiphe cruciferarum*
gewasbehandeling door spuiten
azoxystrobin
    Ortiva, Ortiva Garden

GALMUGGEN koolgalmug *Contarinia nasturtii*
- gezond uitgangsmateriaal gebruiken.
- gewas bij eerste planting afdekken met vliesdoek.
- gewasresten na de oogst onderploegen of verwijderen.
- ruime vruchtwisseling toepassen.

HARTLOOSHEID beschadiging
- temperatuur boven 8 °C houden bij het doorkomen van de eerste hartblaadjes.

KANKERSTRONKEN *Leptosphaeria maculans*
- vruchtwisseling toepassen.
- gewasresten na de oogst onderploegen of verwijderen.

KNOLVOET *Plasmodiophora brassicae*
- gezond uitgangsmateriaal gebruiken.
- kruisbloemige onkruiden bestrijden.
- op gronden met hoge pH komt minder aantasting voor.

MINEERVLIEGEN koolvlieg *Delia radicum*
- gezond uitgangsmateriaal gebruiken.
- vruchtwisseling toepassen.

RINGVLEKKENZIEKTE *Mycosphaerella brassicicola*
- gewasresten na de oogst onderploegen of verwijderen.
gewasbehandeling door spuiten
azoxystrobin
    Ortiva, Ortiva Garden

SCHIFT onbekende factor
- minder vatbare rassen telen.
- voor matige stikstof- en watervoorziening zorgen.

SPIKKELZIEKTE *Alternaria brassicae, Alternaria brassicicola*
gewasbehandeling door spuiten
azoxystrobin
    Ortiva, Ortiva Garden

VALSE MEELDAUW *Peronospora parasitica*
- zwaar gewas, dichte stand en te hoge relatieve luchtvochtigheid (RV) voorkomen.
- aangetast plantmateriaal verwijderen.

VIRUSZIEKTEN mozaïek bloemkoolmozaïekvirus
- opslag van onder andere koolzaad verwijderen.

WITTE ROEST *Albugo candida*
- gezond uitgangsmateriaal gebruiken.
- minder vatbare rassen telen.
- dichte stand voorkomen.
- bemesting zo laag mogelijk houden.
- natuurlijke waslaag intact houden door zo min mogelijk uitvloeiers te gebruiken.
- voor een beheerste en regelmatige groei zorgen.
gewasbehandeling door spuiten
azoxystrobin
    Ortiva, Ortiva Garden

ZWARTNERVIGHEID *Xanthomonas campestris pv. campestris*
- gezond uitgangsmateriaal gebruiken.
- vruchtwisseling toepassen.
- boerenkool, sluitkool, rammenas en radijs niet verbouwen op gronden waar deze ziekte veel voorkomt.
- zo weinig mogelijk door een besmet perceel lopen en rijden. Hiermee wordt uitbreiding van de ziekte voorkomen.
- aangetaste schorsresten en stronken afvoeren.

BOERENKOOL

AALTJES koolcysteaaltje *Heterodera cruciferae*
- ruime vruchtwisseling toepassen.

ECHTE MEELDAUW *Erysiphe cruciferarum*
gewasbehandeling door spuiten
azoxystrobin
    Ortiva, Ortiva Garden

GALMUGGEN koolgalmug *Contarinia nasturtii*
- gezond uitgangsmateriaal gebruiken.
- gewasresten na de oogst onderploegen of verwijderen.
- ruime vruchtwisseling toepassen.

KALIUMGEBREK
- voor een goede kalitoestand van de grond of van het groeimedium zorgen, gecombineerd met een juiste bemesting.

KANKERSTRONKEN *Leptosphaeria maculans*
- gezond uitgangsmateriaal gebruiken.
- structuur van de grond verbeteren.

KNOLVOET *Plasmodiophora brassicae*
- gezond uitgangsmateriaal gebruiken.
- kruisbloemige onkruiden bestrijden.
- vroege teelten hebben minder last.
- pH verhogen met schuimaarde of gebluste kalk.

MANGAANGEBREK
- goed bemesten, zonodig mangaansulfaat spuiten. Mangaan verplaatst zich niet in de plant dus een herhaalde toepassing kan nodig zijn.

MINEERVLIEGEN koolvlieg *Delia radicum*
- gezond uitgangsmateriaal gebruiken.
- vruchtwisseling toepassen.
- insectengaas 0,8 x 0,8 mm aanbrengen.
- gewasresten na de oogst onderploegen of verwijderen.

RINGVLEKKENZIEKTE *Mycosphaerella brassicicola*
- gewasresten na de oogst onderploegen of verwijderen.
gewasbehandeling door spuiten
azoxystrobin
> Ortiva, Ortiva Garden

SPIKKELZIEKTE *Alternaria brassicae, Alternaria brassicicola*
gewasbehandeling door spuiten
azoxystrobin
> Ortiva, Ortiva Garden

WITTE ROEST *Albugo candida*
- gezond uitgangsmateriaal gebruiken.
- minder vatbare rassen telen.
- structuur van de grond verbeteren.
- dichte stand voorkomen.
- vochtvoorziening optimaliseren.
- gewasresten na de oogst onderploegen of verwijderen.
- bemesting zo laag mogelijk houden.
- natuurlijke waslaag intact houden door zo min mogelijk uitvloeiers te gebruiken.
- voor een beheerste en regelmatige groei zorgen.
gewasbehandeling door spuiten
azoxystrobin
> Ortiva, Ortiva Garden

ZWARTNERVIGHEID *Xanthomonas campestris pv. campestris*
- gezond uitgangsmateriaal gebruiken.
- vruchtwisseling toepassen.
- boerenkool, sluitkool, rammenas en radijs niet verbouwen op gronden waar deze ziekte veel voorkomt.

BRAAM

BLADLUIZEN *Aphididae*
gewasbehandeling door spuiten
thiacloprid
> Calypso Vloeibaar

GRAUWE SCHIMMEL *Botryotinia fuckeliana*
gewasbehandeling door spuiten
fenhexamide
> Teldor Spuitkorrels

RODE-VRUCHTZIEKTE bramengalmijt *Aceria essigi*
gewasbehandeling door spuiten
zwavel
> Luxan Spuitzwavel, Microsulfo, Sulfus, Thiovit Jet

BROCCOLI

BACTERIEVLEKKENZIEKTE *Pseudomonas syringae pv. maculicola*
- gezond uitgangsmateriaal gebruiken.
- vruchtwisseling toepassen.

BOREN non-parasitaire factor
- groei stimuleren.

ECHTE MEELDAUW *Erysiphe cruciferarum*
gewasbehandeling door spuiten
azoxystrobin
> Ortiva, Ortiva Garden

GALMUGGEN koolgalmug *Contarinia nasturtii*
- gezond uitgangsmateriaal gebruiken.
- gewas bij eerste planting afdekken met vliesdoek.
- gewasresten na de oogst onderploegen of verwijderen.

HARTLOOSHEID beschadiging
- temperatuur boven 8 °C houden bij het doorkomen van de eerste hartblaadjes.

KANKERSTRONKEN *Leptosphaeria maculans*
- vruchtwisseling toepassen.
- gewasresten na de oogst onderploegen of verwijderen.

KNOLVOET *Plasmodiophora brassicae*
- gezond uitgangsmateriaal gebruiken.
- kruisbloemige onkruiden bestrijden.
- op gronden met hoge pH komt minder aantasting voor.

RINGVLEKKENZIEKTE *Mycosphaerella brassicicola*
- gewasresten na de oogst onderploegen of verwijderen.
gewasbehandeling door spuiten
azoxystrobin
> Ortiva, Ortiva Garden

SCHIFT onbekende factor
- minder vatbare rassen telen.
- voor matige stikstof- en watervoorziening zorgen.

SPIKKELZIEKTE *Alternaria brassicae, Alternaria brassicicola*
gewasbehandeling door spuiten
azoxystrobin
> Ortiva, Ortiva Garden

VALSE MEELDAUW *Peronospora parasitica*
- aangetast plantmateriaal verwijderen.

WITTE ROEST *Albugo candida*
gewasbehandeling door spuiten
azoxystrobin
> Ortiva, Ortiva Garden

ZWARTNERVIGHEID *Xanthomonas campestris pv. campestris*
- gezond uitgangsmateriaal gebruiken.
- vruchtwisseling toepassen.
- boerenkool, sluitkool, rammenas en radijs niet verbouwen op gronden waar deze ziekte veel voorkomt.
- zo weinig mogelijk door een besmet perceel lopen en rijden. Hiermee wordt uitbreiding van de ziekte voorkomen.
- aangetaste schorsresten en stronken afvoeren.

CHINESE KOOL

KNOLVOET *Plasmodiophora brassicae*
- zeer ruime vruchtwisseling toepassen, geen kruisbloemigen als groenbemester gebruiken.

MINEERVLIEGEN koolvlieg *Delia radicum*
- gezond uitgangsmateriaal gebruiken.
- vruchtwisseling toepassen.

NATROT *Erwinia carotovora subsp. carotovora*
- gezond uitgangsmateriaal gebruiken.
- voor goede groeiomstandigheden zorgen.
- onderdoor water geven.
- weelderige groei voorkomen.
- ruime plantafstand aanhouden.
- grond en/of substraat stomen.
- aangetaste planten(delen) verwijderen en afvoeren.

RUPSEN groot koolwitje *Pieris brassicae, klein koolwitje Pieris rapae*
signalering:
- bestrijdingsdrempel hanteren voordat een bestrijding wordt uitgevoerd.

COURGETTE

ECHTE MEELDAUW *Erysiphe cichoracearum, Golovinomyces orontii*
- resistente rassen telen.

VIRUSZIEKTEN geelmozaïek bonenscherpmozaïek-virus
- gezond uitgangsmateriaal gebruiken.
- aangetaste planten onmiddellijk verwijderen. Zijn er teveel, dan gezonde en zieke planten afzonderlijk snoeien en oogsten.

VIRUSZIEKTEN mozaïek komkommermozaïekvirus
- gezond uitgangsmateriaal gebruiken.

DOPERWT

SNUITKEVERS bladrandkever *Sitona lineatus*
signalering:
- gewasinspecties uitvoeren.

DROGE BOON

AALTJES geel bietencysteaaltje *Heterodera betae*
signalering:
- niet vaker dan éénmaal in de 5 jaar bieten of een ander waard-gewas telen. Bij intensieve teelt regelmatig grondonderzoek laten uitvoeren. Kruisbloemige gewassen zoals koolzaad en spruitkool zijn ook goede waardplanten. Erwten en bonen zijn gevoelig voor aantasting door het geel bietencysteaaltje. Op erwt vindt geen vermeerdering plaats, op bonen vindt in geringe mate vermeerdering plaats.

DROGE ERWT

FUSARIUM-VOETZIEKTE Fusarium soorten
- gezond uitgangsmateriaal gebruiken.
- gewasresten verwijderen.

DRUIF

BESSENROT EN MEIZIEKTE *Botryotinia fuckeliana*
gewasbehandeling door spuiten
fenhexamide
    Teldor Spuitkorrels

ECHTE MEELDAUW *Uncinula necator*
gewasbehandeling door spuiten
triadimenol
    Exact-Vloeibaar
zwavel
    Luxan Spuitzwavel, Microsulfo, Sulfus, Thiovit Jet

FRAMBOOS

BLADLUIZEN *Aphididae*
gewasbehandeling door spuiten
thiacloprid
    Calypso Vloeibaar

GRAUWE SCHIMMEL *Botryotinia fuckeliana*
gewasbehandeling door spuiten
fenhexamide
    Teldor Spuitkorrels

GROENLOF

VALSE MEELDAUW *Bremia lactucae*
gewasbehandeling door spuiten
mandipropamid
    Revus

GROTE SCHORSENEER

ECHTE MEELDAUW *Erysiphe cichoracearum*
gewasbehandeling door spuiten
zwavel
    Luxan Spuitzwavel, Sulfus, Thiovit Jet

KALEBAS

ECHTE MEELDAUW *Sphaerotheca fusca*
gewasbehandeling door spuiten
azoxystrobin
    Ortiva, Ortiva Garden

KERS

BLADLUIZEN *Aphididae*
gewasbehandeling door spuiten
thiacloprid
    Calypso Vloeibaar

GRAUWE SCHIMMEL *Botryotinia fuckeliana*
gewasbehandeling door spuiten
fenhexamide
    Teldor Spuitkorrels

HAGELSCHOTZIEKTE *Stigmina carpophila*
gewasbehandeling door spuiten
zwavel
    Luxan Spuitzwavel, Microsulfo, Sulfus, Thiovit Jet

TAK- EN BLOESEMSTERFTE *Monilinia laxa*
gewasbehandeling door spuiten
fenhexamide
    Teldor Spuitkorrels

WANTSEN groene appelwants *Lygocoris pabulinus*
gewasbehandeling door spuiten
thiacloprid
    Calypso Vloeibaar

KNOLRAAP

MINEERVLIEGEN koolvlieg *Delia radicum*
- gezond uitgangsmateriaal gebruiken.
- vruchtwisseling toepassen.

KNOLSELDERIJ

BLADVLEKKENZIEKTE *Septoria apiicola*
- gezond uitgangsmateriaal gebruiken.
- ruime plantafstand aanhouden.
- gewasresten na de oogst onderploegen of verwijderen.
gewasbehandeling door spuiten
chloorthalonil

Finesse Vloeibaar

SCLEROTIËNROT *Sclerotinia sclerotiorum*
- vruchtwisseling toepassen.

KNOLVENKEL

KIEMPLANTENZIEKTE *Pythium* **soorten**
- gezond uitgangsmateriaal gebruiken.
- structuur van de grond verbeteren.
- vruchtwisseling toepassen.
- niet in te koude of te natte grond planten.
- grond stomen.

NATROT *Erwinia carotovora subsp. carotovora*
- beregenen alleen bij drogende omstandigheden.
- voor een voldoende grote watervoorraad in de grond zorgen.

KOMKOMMER

ECHTE MEELDAUW *Erysiphe cichoracearum*
gewasbehandeling door spuiten
azoxystrobin
Ortiva Garden

ECHTE MEELDAUW *Leveillula taurica,* **Sphaerotheca soorten**
gewasbehandeling door spuiten
azoxystrobin
Ortiva

GRAUWE SCHIMMEL *Botryotinia fuckeliana*
gewasbehandeling door spuiten
chloorthalonil
Finesse Vloeibaar
fenhexamide
Teldor Spuitkorrels

KIEMPLANTENZIEKTE *Pythium ultimum var. ultimum*
- gezond uitgangsmateriaal gebruiken.

VALSE MEELDAUW *Pseudoperonospora cubensis*
gewasbehandeling door spuiten
chloorthalonil
Finesse Vloeibaar

VERWELKINGSZIEKTE *Verticillium albo-atrum, Verticillium dahliae*
- structuur van de grond verbeteren.

VIRUSZIEKTEN geelmozaïek bonenscherpmozaïek-virus
- alleen zaad gebruiken dat een warmtebehandeling heeft ondergaan.

KOOLRAAP

GALMUGGEN koolgalmug *Contarinia nasturtii*
- gezond uitgangsmateriaal gebruiken.
- gewas bij eerste planting afdekken met vliesdoek.
- gewasresten na de oogst onderploegen of verwijderen.
signalering:
- vangplaten ophangen om de eerste vlucht te kunnen voor-spellen, waardoor het goede bestrijdingsmoment vastgesteld kan worden.
- ruime vruchtwisseling toepassen.

MINEERVLIEGEN koolvlieg *Delia radicum*
- gezond uitgangsmateriaal gebruiken.
- vruchtwisseling toepassen.

KOOLRABI

GALMUGGEN koolgalmug *Contarinia nasturtii*
- gezond uitgangsmateriaal gebruiken.
- gewas bij eerste planting afdekken met vliesdoek.
- gewasresten na de oogst onderploegen of verwijderen.
signalering:
- vangplaten ophangen om de eerste vlucht te kunnen voor-spellen, waardoor het goede bestrijdingsmoment vastgesteld kan worden.
- ruime vruchtwisseling toepassen.

KNOLVOET *Plasmodiophora brassicae*
- gezond uitgangsmateriaal gebruiken.
- kruisbloemige onkruiden bestrijden.
- zeer ruime vruchtwisseling toepassen, geen kruisbloemigen als groenbemester gebruiken.
signalering:
- potgrond (groeimedium) voorafgaand aan de opkweek van plantmateriaal laten onderzoeken op knolvoet door middel van een biotoets (NAK-G).

MINEERVLIEGEN koolvlieg *Delia radicum*
- gezond uitgangsmateriaal gebruiken.
- vruchtwisseling toepassen.
- insectengaas 0,8 x 0,8 mm aanbrengen.

KROOT

BLADLUIZEN groene perzikluis *Myzus persicae*
gewasbehandeling door spuiten
thiacloprid
Calypso Vloeibaar

KRUISBES

AMERIKAANSE KRUISBESSENMEELDAUW *Sphaerotheca mors-uvae*
gewasbehandeling door spuiten
zwavel
Luxan Spuitzwavel, Sulfus, Thiovit Jet

BLADLUIZEN *Aphididae*
gewasbehandeling door spuiten
thiacloprid
Calypso Vloeibaar

ECHTE MEELDAUW Sphaerotheca soorten
gewasbehandeling door spuiten
zwavel
Microsulfo

GRAUWE SCHIMMEL *Botryotinia fuckeliana*
gewasbehandeling door spuiten
fenhexamide
Teldor Spuitkorrels

WANTSEN groene appelwants *Lygocoris pabulinus*
gewasbehandeling door spuiten
thiacloprid
Calypso Vloeibaar

LOGANBES

BLADLUIZEN *Aphididae*
gewasbehandeling door spuiten
thiacloprid
Calypso Vloeibaar

GRAUWE SCHIMMEL *Botryotinia fuckeliana*
gewasbehandeling door spuiten
fenhexamide
Teldor Spuitkorrels

2.10 Ziekten en plagen openbaar en particulier groen

MELOEN

ECHTE MEELDAUW *Sphaerotheca fusca*
gewasbehandeling door spuiten
azoxystrobin
    Ortiva, Ortiva Garden

GRAUWE SCHIMMEL *Botryotinia fuckeliana*
gewasbehandeling door spuiten
chloorthalonil
    Finesse Vloeibaar

VALSE MEELDAUW *Pseudoperonospora cubensis*
gewasbehandeling door spuiten
chloorthalonil
    Finesse Vloeibaar

PAKSOI

GALMUGGEN koolgalmug *Contarinia nasturtii*
- gezond uitgangsmateriaal gebruiken.
- gewas bij eerste planting afdekken met vliesdoek.
- gewasresten na de oogst onderploegen of verwijderen.

MINEERVLIEGEN koolvlieg *Delia radicum*
- gezond uitgangsmateriaal gebruiken.
- vruchtwisseling toepassen.

NATROT *Erwinia carotovora subsp. carotovora*
- beregenen alleen bij drogende omstandigheden.
- 7 tot 10 dagen voor de oogst geen water meer geven.
- voor een voldoende grote watervoorraad in de grond zorgen.

PAPRIKA

ECHTE MEELDAUW *Leveillula taurica*
gewasbehandeling door spuiten
azoxystrobin
    Ortiva, Ortiva Garden

ECHTE MEELDAUW *Sphaerotheca fusca*
gewasbehandeling door spuiten
azoxystrobin
    Ortiva

GRAUWE SCHIMMEL *Botryotinia fuckeliana*
gewasbehandeling door spuiten
fenhexamide
    Teldor Spuitkorrels

PATISSON

ECHTE MEELDAUW *Sphaerotheca fusca*
- resistente rassen telen.

GRAUWE SCHIMMEL *Botryotinia fuckeliana*
gewasbehandeling door spuiten
fenhexamide
    Teldor Spuitkorrels

VIRUSZIEKTEN geelmozaïek bonenscherpmozaïekvirus
- gezond uitgangsmateriaal gebruiken.

VIRUSZIEKTEN mozaïek komkommermozaïekvirus
- gezond uitgangsmateriaal gebruiken.
- aangetaste planten onmiddellijk verwijderen. Zijn er teveel, dan gezonde en zieke planten afzonderlijk snoeien en oogsten.
- tolerante rassen telen.

PEEN

BLADVLEKKENZIEKTE *Cercospora carotae*
- bladbemesting toepassen.

ECHTE MEELDAUW *Erysiphe heraclei*
- bladbemesting toepassen.

LOOFVERBRUINING *Alternaria dauci*
- gewasresten na de oogst onderploegen of verwijderen.
- ruime vruchtwisseling toepassen.
- bladbemesting toepassen.
gewasbehandeling door spuiten
azoxystrobin
    Ortiva, Ortiva Garden

MINEERVLIEGEN wortelmineervlieg *Napomyza carotae*
signalering:
- blad regelmatig op mineergangen inspecteren.

SCHURFT *Streptomyces scabies*
- ruime vruchtwisseling toepassen.

SCLEROTIËNROT *Sclerotinia sclerotiorum*
- vruchtwisseling toepassen.
- onkruid bestrijden.

VIOLET WORTELROT *Helicobasidium brebissonii*
- voor goede groeiomstandigheden zorgen.
- aangetaste wortels verwijderen en vernietigen.
- ruime vruchtwisseling toepassen.

VIRUSZIEKTEN roodbladziekte peenroodbladvirus
- bladluizen bestrijden.

ZWARTE-PLEKKENZIEKTE *Alternaria radicina*
- gewasresten na de oogst onderploegen of verwijderen.
- aangetaste wortels verwijderen voordat de wortels in bewaring gaan.
- ruime vruchtwisseling toepassen.

PEER

BLADLUIZEN *Aphididae*
gewasbehandeling door spuiten
thiacloprid
    Calypso Vloeibaar
plantbehandeling door spuiten
imidacloprid
    Admire N, Provado Garden

BLADWESPEN perenzaagwesp *Hoplocampa brevis*
plantbehandeling door spuiten
imidacloprid
    Admire N, Provado Garden

ECHTE MEELDAUW *Podosphaera leucotricha*
gewasbehandeling door spuiten
zwavel
    Luxan Spuitzwavel, Microsulfo, Sulfus, Thiovit Jet

MIJTEN fruitspintmijt *Panonychus ulmi*
plantbehandeling door spuiten
tebufenpyrad
    Masai

MIJTEN perengalmijt *Phytoptus piri*, **perenroestmijt** *Epitrimerus piri*
gewasbehandeling door spuiten
zwavel
    Luxan Spuitzwavel, Microsulfo, Sulfus, Thiovit Jet

SCHURFT *Venturia pyrina*
gewasbehandeling door spuiten
zwavel
Luxan Spuitzwavel, Microsulfo, Sulfus, Thiovit Jet

WANTSEN groene appelwants *Lygocoris pabulinus*
gewasbehandeling door spuiten
thiacloprid
Calypso Vloeibaar
plantbehandeling door spuiten
imidacloprid
Admire N, Provado Garden

PERZIK

HAGELSCHOTZIEKTE *Stigmina carpophila*
gewasbehandeling door spuiten
zwavel
Luxan Spuitzwavel, Microsulfo, Sulfus, Thiovit Jet

PETERSELIE

BLADVLEKKENZIEKTE *Septoria apiicola*
gewasbehandeling door spuiten
chloorthalonil
Finesse Vloeibaar

POMPOEN

ECHTE MEELDAUW *Sphaerotheca fusca*
gewasbehandeling door spuiten
azoxystrobin
Ortiva, Ortiva Garden

PREI

BACTERIEVLEKKENZIEKTE *Pseudomonas syringae pv. porri*
- planten van een besmet perceel niet uitplanten.

FLUWEELVLEKKENZIEKTE *Cladosporium allii-porri*
- minder vatbare rassen telen.
- regelmatige, rustige groei bewerkstelligen.
- niet diep planten en later aanaarden.

PAPIERVLEKKENZIEKTE *Phytophthora porri*
- minder vatbare rassen telen.
- vruchtwisseling toepassen.
- gewasresten verwijderen.
- opspatten van de grond voorkomen door afdekken met stro, stro inbrengen of een ondergroei van gras.

PURPERVLEKKENZIEKTE *Alternaria porri*
- gewasresten verwijderen.
gewasbehandeling door spuiten
chloorthalonil
Finesse Vloeibaar

ROEST *Puccinia allii*
gewasbehandeling door spuiten
azoxystrobin
Ortiva, Ortiva Garden
chloorthalonil
Finesse Vloeibaar

VIRUSZIEKTEN geelstreep *preigeelstreepvirus*
- bladluizen bestrijden.
- zo vroeg mogelijk zieke planten verwijderen.

VLEKKENZIEKTE *Fusarium culmorum*
- beschadiging en groeistagnatie voorkomen.
- ruime vruchtwisseling toepassen.

WITROT *Sclerotium cepivorum*
signalering:
- grondonderzoek laten uitvoeren.

PRONKBOON

GRAUWE SCHIMMEL *Botryotinia fuckeliana*
- minder vatbare rassen telen.
- ruime plantafstand aanhouden.
- bij een te zwaar gewas blad dunnen.
- afgevallen bloemblaadjes niet op het gewas laten liggen.

PRUIM

BLADLUIZEN *Aphididae*
gewasbehandeling door spuiten
thiacloprid
Calypso Vloeibaar

GRAUWE SCHIMMEL *Botryotinia fuckeliana*
gewasbehandeling door spuiten
fenhexamide
Teldor Spuitkorrels

HAGELSCHOTZIEKTE *Stigmina carpophila*
gewasbehandeling door spuiten
zwavel
Luxan Spuitzwavel, Microsulfo, Sulfus, Thiovit Jet

WANTSEN groene appelwants *Lygocoris pabulinus*
gewasbehandeling door spuiten
thiacloprid
Calypso Vloeibaar

RADIJS

MINEERVLIEGEN koolvlieg *Delia radicum*
- gezond uitgangsmateriaal gebruiken.
- vruchtwisseling toepassen.

RAMMENAS

BONENVLIEG *Delia platura*
- vruchtopvolging met rammenas na waardplant vermijden.

MINEERVLIEGEN koolvlieg *Delia radicum*
- gezond uitgangsmateriaal gebruiken.
- vruchtwisseling toepassen.
- insectengaas 0,8 x 0,8 mm aanbrengen.

RODE KOOL

ECHTE MEELDAUW *Erysiphe cruciferarum*
gewasbehandeling door spuiten
azoxystrobin
Ortiva, Ortiva Garden

GALMUGGEN koolgalmug *Contarinia nasturtii*
- gezond uitgangsmateriaal gebruiken.

KALIUMGEBREK
- voor een goede kalitoestand van de grond of van het groeimedium zorgen, gecombineerd met een juiste bemesting.

KNOLVOET *Plasmodiophora brassicae*
- gezond uitgangsmateriaal gebruiken.

MANGAANGEBREK
- goed bemesten, zonodig mangaansulfaat spuiten. Mangaan verplaatst zich niet in de plant dus een herhaalde toepassing kan nodig zijn.

NATROT *Erwinia carotovora subsp. carotovora*
- na de oogst zo snel mogelijk binnen halen.

RINGVLEKKENZIEKTE *Mycosphaerella brassicicola*
- gewasresten na de oogst onderploegen of verwijderen.
gewasbehandeling door spuiten
azoxystrobin
    Ortiva, Ortiva Garden

ROTSTRUIK *Phytophthora porri*
- structuur van de grond verbeteren.
- contact met de grond tijdens het oogsten voorkomen.

SPIKKELZIEKTE *Alternaria brassicae, Alternaria brassicicola*
gewasbehandeling door spuiten
azoxystrobin
    Ortiva, Ortiva Garden

WITTE ROEST *Albugo candida*
gewasbehandeling door spuiten
azoxystrobin
    Ortiva, Ortiva Garden

ZWARTNERVIGHEID *Xanthomonas campestris pv. campestris*
- gezond uitgangsmateriaal gebruiken.

RODE OF WITTE BES

AMERIKAANSE KRUISBESSENMEELDAUW
Sphaerotheca mors-uvae
gewasbehandeling door spuiten
zwavel
    Luxan Spuitzwavel, Sulfus, Thiovit Jet

BLADLUIZEN *Aphididae*
gewasbehandeling door spuiten
thiacloprid
    Calypso Vloeibaar

ECHTE MEELDAUW Sphaerotheca soorten
Sphaerotheca soorten
gewasbehandeling door spuiten
zwavel
    Microsulfo

GRAUWE SCHIMMEL *Botryotinia fuckeliana*
gewasbehandeling door spuiten
fenhexamide
    Teldor Spuitkorrels

WANTSEN groene appelwants *Lygocoris pabulinus*
gewasbehandeling door spuiten
thiacloprid
    Calypso Vloeibaar

ROODLOF

VALSE MEELDAUW *Bremia lactucae*
gewasbehandeling door spuiten
mandipropamid
    Revus

RUCOLA

VALSE MEELDAUW *Bremia lactucae*
gewasbehandeling door spuiten
mandipropamid
    Revus

SAVOOIEKOOL

ECHTE MEELDAUW *Erysiphe cruciferarum*
gewasbehandeling door spuiten
azoxystrobin
    Ortiva, Ortiva Garden

GALMUGGEN koolgalmug *Contarinia nasturtii*
- gezond uitgangsmateriaal gebruiken.
- gewasresten na de oogst onderploegen of verwijderen.

KALIUMGEBREK
- voor een goede kalitoestand van de grond of van het groei-medium zorgen, gecombineerd met een juiste bemesting.

KNOLVOET *Plasmodiophora brassicae*
- gezond uitgangsmateriaal gebruiken.
- vroege teelten hebben minder last.
- pH verhogen met schuimaarde of gebluste kalk.

RINGVLEKKENZIEKTE *Mycosphaerella brassicicola*
- gewasresten na de oogst onderploegen of verwijderen.
gewasbehandeling door spuiten
azoxystrobin
    Ortiva, Ortiva Garden

ROTSTRUIK *Phytophthora porri*
- structuur van de grond verbeteren.
- beschadiging voorkomen.

SPIKKELZIEKTE *Alternaria brassicae, Alternaria brassicicola*
gewasbehandeling door spuiten
azoxystrobin
    Ortiva, Ortiva Garden

WITTE ROEST *Albugo candida*
gewasbehandeling door spuiten
azoxystrobin
    Ortiva, Ortiva Garden

ZWARTNERVIGHEID *Xanthomonas campestris pv. campestris*
- gezond uitgangsmateriaal gebruiken.

SJALOT

KOPROT *Botrytis aclada*
- geen overmatige stikstofbemesting geven.

WITROT *Sclerotium cepivorum*
- gezond uitgangsmateriaal gebruiken.
- ruime plantafstand aanhouden.

SLA - BINDSLA

BLADLUIZEN groene perzikluis *Myzus persicae, groene slaluis Nasonovia ribisnigri*
- gezond uitgangsmateriaal gebruiken.
- gewasresten na de oogst onderploegen of verwijderen.
signalering:
- gewasinspecties uitvoeren.

BOLROT lage luchtvochtigheid
- vochtvoorziening optimaliseren.

GRAUWE SCHIMMEL *Botryotinia fuckeliana*
- gezond uitgangsmateriaal gebruiken.
- onkruid bestrijden.
- ruime plantafstand aanhouden.
- gewasresten na de oogst onderploegen of verwijderen.
- rassenkeuze aanpassen aan de teeltperiode van het jaar.

MINEERVLIEGEN floridamineervlieg *Liriomyza trifolii,* **nerfmineervlieg** *Liriomyza huidobrensis,* **tomatenmineervlieg** *Liriomyza bryoniae*
- onkruid bestrijden.
- insectengaas aanbrengen.
- gewasresten na de oogst onderploegen of verwijderen.

ROEST *Puccinia opizii*
- zegge in de naaste omgeving verwijderen.

VALSE MEELDAUW *Bremia lactucae*
- aangetaste planten(delen) en gewasresten verwijderen.
- voor een goede klimaatbeheersing zorgen.
- niet te dicht planten.
gewasbehandeling door spuiten
azoxystrobin
    Ortiva, Ortiva Garden
mandipropamid
    Revus

VIRUSZIEKTEN bobbelblad slabobbelbladvirus
- ziektevrij gietwater (leiding- of bronwater) of ontsmet drain-, oppervlakte- en regenwater gebruiken.

VIRUSZIEKTEN dwergziekte komkommermozaïek-virus
- onkruid bestrijden.
- bladluizen bestrijden.

VOETROT *Pythium tracheiphilum*
- vruchtwisseling toepassen.
- grond stomen.

VOETROT onbekende factor
- gezond uitgangsmateriaal gebruiken.
- structuur van de grond verbeteren.

WORTELLUIZEN trama *Trama troglodytes,* **wollige slawortelluis** *Pemphigus bursarius*
- mieren bestrijden, luizen leven namelijk samen met mieren.

SLA - IJSBERGSLA, KROPSLA, KRULSLA

BLADLUIZEN groene perzikluis *Myzus persicae,* **groene slaluis** *Nasonovia ribisnigri*
- gezond uitgangsmateriaal gebruiken.
- natuurlijke vijanden inzetten of stimuleren.
- gewasresten na de oogst onderploegen of verwijderen.
signalering:
- gewasinspecties uitvoeren.

BOLROT lage luchtvochtigheid
- vochtvoorziening optimaliseren.

ROEST *Puccinia opizii*
- zegge in de naaste omgeving verwijderen.

VALSE MEELDAUW *Bremia lactucae*
- resistente rassen telen.
- onkruid bestrijden.
- aangetaste planten(delen) en gewasresten verwijderen.
- voor een goede klimaatbeheersing zorgen.
- niet te dicht planten.
gewasbehandeling door spuiten
azoxystrobin
    Ortiva, Ortiva Garden
mandipropamid
    Revus

VIRUSZIEKTEN bobbelblad slabobbelbladvirus
- ziektevrij gietwater (leiding- of bronwater) of ontsmet drain-, oppervlakte- en regenwater gebruiken.

VIRUSZIEKTEN dwergziekte komkommermozaïek-virus
- onkruid bestrijden.
- bladluizen bestrijden.

WORTELLUIZEN trama *Trama troglodytes,* **wollige slawortelluis** *Pemphigus bursarius*
- mieren bestrijden, luizen leven namelijk samen met mieren.

SNIJBOON

GRAUWE SCHIMMEL *Botryotinia fuckeliana*
- minder vatbare rassen telen.
- zwaar gewas en dichte stand voorkomen.
- ruime plantafstand aanhouden.
- voor een niet te weelderige gewas zorgen.
- bij een te zwaar gewas blad dunnen.
- afgevallen bloemblaadjes niet op het gewas laten liggen.

MIJTEN bonenspintmijt *Tetranychus urticae*
- gezond uitgangsmateriaal gebruiken.

TRIPSEN californische trips *Frankliniella occidentalis*
- gezond uitgangsmateriaal gebruiken.
- onkruid bestrijden.

SPAANSE PEPER

ECHTE MEELDAUW *Leveillula taurica*
gewasbehandeling door spuiten
azoxystrobin
    Ortiva, Ortiva Garden

ECHTE MEELDAUW *Sphaerotheca fusca*
gewasbehandeling door spuiten
azoxystrobin
    Ortiva

GRAUWE SCHIMMEL *Botryotinia fuckeliana*
gewasbehandeling door spuiten
fenhexamide
    Teldor Spuitkorrels

MIJTEN bonenspintmijt *Tetranychus urticae*
- schuilplaatsen voor spintmijt beperken door kieren en naden af te dichten.

VOET- EN WORTELROT *Phytophthora capsici*
- gezond uitgangsmateriaal gebruiken.

SPERZIEBOON

GRAUWE SCHIMMEL *Botryotinia fuckeliana*
- minder vatbare rassen telen.
- bij een te zwaar gewas blad dunnen.
- afgevallen bloemblaadjes niet op het gewas laten liggen.

TRIPSEN californische trips *Frankliniella occidentalis*
- gezond uitgangsmateriaal gebruiken.
- onkruid bestrijden.

SPITSKOOL

ECHTE MEELDAUW *Erysiphe cruciferarum*
gewasbehandeling door spuiten
azoxystrobin
    Ortiva, Ortiva Garden

GALMUGGEN koolgalmug *Contarinia nasturtii*
- gezond uitgangsmateriaal gebruiken.
- gewas bij eerste planting afdekken met vliesdoek.

KNOLVOET *Plasmodiophora brassicae*
- gezond uitgangsmateriaal gebruiken.
- kruisbloemige onkruiden bestrijden.

NATROT *Erwinia carotovora subsp. carotovora*
- tijdens droog weer oogsten.
- na de oogst zo snel mogelijk binnen halen.

RINGVLEKKENZIEKTE *Mycosphaerella brassicicola*
- gewasresten na de oogst onderploegen of verwijderen.
gewasbehandeling door spuiten

azoxystrobin
Ortiva, Ortiva Garden

ROTSTRUIK *Phytophthora porri*
- beschadiging voorkomen.

SPIKKELZIEKTE *Alternaria brassicae, Alternaria brassicicola*
gewasbehandeling door spuiten
azoxystrobin
Ortiva, Ortiva Garden

WITTE ROEST *Albugo candida*
gewasbehandeling door spuiten
azoxystrobin
Ortiva, Ortiva Garden

ZWARTNERVIGHEID *Xanthomonas campestris pv. campestris*
- gezond uitgangsmateriaal gebruiken.

SPRUITKOOL

ECHTE MEELDAUW *Erysiphe cruciferarum*
gewasbehandeling door spuiten
azoxystrobin
Ortiva, Ortiva Garden

GALMUGGEN koolgalmug *Contarinia nasturtii*
- gezond uitgangsmateriaal gebruiken.

KALIUMGEBREK
- voor een goede kalitoestand van de grond of van het groei-medium zorgen, gecombineerd met een juiste bemesting.

RINGVLEKKENZIEKTE *Mycosphaerella brassicicola*
- gewasresten na de oogst onderploegen of verwijderen.
gewasbehandeling door spuiten
azoxystrobin
Ortiva, Ortiva Garden

SPIKKELZIEKTE *Alternaria brassicae, Alternaria brassicicola*
gewasbehandeling door spuiten
azoxystrobin
Ortiva, Ortiva Garden

WITTE ROEST *Albugo candida*
- gezond uitgangsmateriaal gebruiken.
- minder vatbare rassen telen.
- dichte stand voorkomen.
- bemesting zo laag mogelijk houden.
- natuurlijke waslaag intact houden door zo min mogelijk uit-vloeiers te gebruiken.
- voor een beheerste en regelmatige groei zorgen.
gewasbehandeling door spuiten
azoxystrobin
Ortiva, Ortiva Garden

ZWARTNERVIGHEID *Xanthomonas campestris pv. campestris*
- gezond uitgangsmateriaal gebruiken.
- vruchtwisseling toepassen.

SQUASH

ECHTE MEELDAUW *Sphaerotheca fusca*
gewasbehandeling door spuiten
azoxystrobin
Ortiva, Ortiva Garden

TAYBES

BLADLUIZEN *Aphididae*
gewasbehandeling door spuiten
thiacloprid
Calypso Vloeibaar

TOMAAT

AARDAPPELZIEKTE *Phytophthora infestans f.sp. infestans*
gewasbehandeling door spuiten
chloorthalonil
Finesse Vloeibaar

ECHTE MEELDAUW *Leveillula taurica*
Sphaerotheca fusca
gewasbehandeling door spuiten
azoxystrobin
Ortiva

ECHTE MEELDAUW Erysiphe soorten
gewasbehandeling door spuiten
azoxystrobin
Ortiva Garden

GRAUWE SCHIMMEL *Botryotinia fuckeliana*
gewasbehandeling door spuiten
fenhexamide
Teldor Spuitkorrels

RHIZOCTONIA-VOETZIEKTE *Thanatephorus cucumeris*
- aanaarden, bij voorkeur met potgrond of tuinturf.

SCLEROTIËNROT *Sclerotinia sclerotiorum*
- grondoppervlak droog houden.

TUINBOON/VELDBOON

AALTJES gewoon wortellesieaaltje *Pratylenchus penetrans*
- vruchtwisseling toepassen, geen granen, maïs, grassen, aard-appel, knolselderij, peen en vlinderbloemigen als voorvrucht telen. Biet en kruisbloemigen zijn goede voorvruchten.

VIRUSZIEKTEN enatiemozaïek erwtenenatiemoza-iekviru
- virusvrij zaaizaad gebruiken.
- aangetaste planten(delen) verwijderen en afvoeren.

VIRUSZIEKTEN mozaïek bonenscherpmozaïekvirus
- bonen niet in de omgeving van gladiolen zaaien. Ook geen bonen na gladiolen, Montbretia's of Freesia's telen in verband met opslag hiervan.

UI

BOTRYTIS-BLADVLEKKENZIEKTE *Botryotinia squamosa*
gewasbehandeling door spuiten
azoxystrobin
Ortiva, Ortiva Garden
chloorthalonil
Finesse Vloeibaar

VALSE MEELDAUW *Peronospora destructor*
- gezond uitgangsmateriaal gebruiken.
- gewasresten verwijderen.
gewasbehandeling door spuiten
azoxystrobin
Ortiva, Ortiva Garden

VALSE MEELDAUW *Peronospora parasitica*
- gezond uitgangsmateriaal gebruiken.
- gewasresten verwijderen.

WITTE KOOL

ECHTE MEELDAUW *Erysiphe cruciferarum*
gewasbehandeling door spuiten
azoxystrobin
    Ortiva, Ortiva Garden

GALMUGGEN koolgalmug *Contarinia nasturtii*
- gezond uitgangsmateriaal gebruiken.

KALIUMGEBREK
- voor een goede kalitoestand van de grond of van het groei-medium zorgen, gecombineerd met een juiste bemesting.

KNOLVOET *Plasmodiophora brassicae*
- gezond uitgangsmateriaal gebruiken.
- kruisbloemige onkruiden bestrijden.

NATROT *Erwinia carotovora subsp. carotovora*
- tijdens droog weer oogsten.
- na de oogst zo snel mogelijk binnen halen.

RAND onbekende non-parasitaire factor
- minder vatbare rassen telen.
- nauw plantverband en te weelderige groei voorkomen.

RINGVLEKKENZIEKTE *Mycosphaerella brassicicola*
- gewasresten na de oogst onderploegen of verwijderen.
gewasbehandeling door spuiten
azoxystrobin
    Ortiva, Ortiva Garden

ROTSTRUIK *Phytophthora porri*
- beschadiging voorkomen.

SPIKKELZIEKTE *Alternaria brassicae, Alternaria brassicicola*
gewasbehandeling door spuiten

azoxystrobin
    Ortiva, Ortiva Garden

WITTE ROEST *Albugo candida*
gewasbehandeling door spuiten
azoxystrobin
    Ortiva, Ortiva Garden

ZWARTNERVIGHEID *Xanthomonas campestris pv. campestris*
- gezond uitgangsmateriaal gebruiken.

ZWARTE BES

AMERIKAANSE KRUISBESSENMEELDAUW *Sphaerotheca mors-uvae*
gewasbehandeling door spuiten
zwavel
    Luxan Spuitzwavel, Sulfus, Thiovit Jet

BLADLUIZEN *Aphididae*
gewasbehandeling door spuiten
thiacloprid
    Calypso Vloeibaar

ECHTE MEELDAUW Sphaerotheca soorten
gewasbehandeling door spuiten
zwavel
    Microsulfo

GRAUWE SCHIMMEL *Botryotinia fuckeliana*
gewasbehandeling door spuiten
fenhexamide
    Teldor Spuitkorrels

WANTSEN groene appelwants *Lygocoris pabulinus*
gewasbehandeling door spuiten
thiacloprid
    Calypso Vloeibaar

2.10.7 Particulier groen - Siertuin en kuip- en kamerplanten

KAMER- EN KUIPPLANTEN - Algemeen

BLADLUIZEN *Aphididae*
plantbehandeling door gieten
thiacloprid
    Calypso Vloeibaar
plantbehandeling door spuiten
koolzaadolie / pyrethrinen
    Promanal-R Concentraat, Promanal-R Gebruiksklaar, Raptol, Spruzit-R concentraat, Spruzit-R gebruiksklaar
piperonylbutoxide / pyrethrinen
    Anti Bladluis, HGX "Spray Tegen Bladluis", Lizetan Plantenspray, Luizendoder, Luxan Pyrethrum Vloeibaar, POKON hardnekkige insecten STOP, Pokon Luizen Stop, Pyrethrum Plantspray, Pyrethrum Spray, Pyrethrum Vloeibaar, Spruzit Gebruiksklaar, Tegen bladluizen, Vapona Bladluizenspray
thiacloprid
    Calypso Spray
plantbehandeling door strooien
thiamethoxam
    Axoris Quick-Gran
plantbehandeling met staafjes
imidacloprid
    Pokon Plantstick, Provado Insectenpin
thiamethoxam
    Axoris Quick-Sticks

BLADVLEKKENZIEKTE Colletotrichum soorten, Phoma soorten, Septoria soorten
plantbehandeling door spuiten
tebuconazool / trifloxystrobin
    TWIST PLUS SPRAY

BOTRYTIS *Botryotinia fuckeliana*
gewasbehandeling door spuiten
chloorthalonil
    Finesse Vloeibaar

DOPLUIZEN *Asterolecaniidae*
plantbehandeling door spuiten
minerale olie
    Promanal Gebruiksklaar

DOPLUIZEN *Coccidae*
plantbehandeling door gieten
thiacloprid
    Calypso Vloeibaar
plantbehandeling door spuiten
koolzaadolie / pyrethrinen
    Promanal-R Concentraat, Promanal-R Gebruiksklaar, Raptol, Spruzit-R concentraat, Spruzit-R gebruiksklaar
minerale olie
    Promanal Gebruiksklaar
thiacloprid

Calypso Spray
plantbehandeling door strooien
thiamethoxam
Axoris Quick-Gran
plantbehandeling met staafjes
thiamethoxam
Axoris Quick-Sticks

ECHTE MEELDAUW Erysiphe soorten
plantbehandeling door spuiten
tebuconazool
Pokon Schimmel Stop, Rosacur Spray
tebuconazool / trifloxystrobin
TWIST PLUS SPRAY

KEVERS *Coleoptera*
plantbehandeling door gieten
thiacloprid
Calypso Vloeibaar
plantbehandeling door spuiten
piperonylbutoxide / pyrethrinen
Luxan Pyrethrum Vloeibaar, Pyrethrum Vloeibaar
thiacloprid
Calypso Spray
piperonylbutoxide / pyrethrinen
Luizendoder, Pyrethrum Vloeibaar

MIJTEN *Acari, Tetranychidae*
plantbehandeling door spuiten
minerale olie
Promanal Gebruiksklaar

MIJTEN bonenspintmijt *Tetranychus urticae*
plantbehandeling door spuiten
tebufenpyrad
Masai

MIJTEN spintmijt soorten *Tetranychus* soorten
plantbehandeling door spuiten
koolzaadolie / pyrethrinen
Promanal-R Concentraat, Promanal-R Gebruiksklaar, Raptol, Spruzit-R concentraat, Spruzit-R gebruiksklaar

ROEST Melampsora soorten
plantbehandeling door spuiten
tebuconazool / trifloxystrobin
Twist Plus Spray

ROUWMUGGEN varenrouwmug *Sciara prothalliorum*
plantbehandeling door strooien
thiamethoxam
Axoris Quick-Gran
plantbehandeling met staafjes
thiamethoxam
Axoris Quick-Sticks

RUPSEN *Lepidoptera*
plantbehandeling door spuiten
piperonylbutoxide / pyrethrinen
Anti Bladluis, Lizetan Plantenspray, Luizendoder, Luxan Pyrethrum Vloeibaar, POKON hardnekkige insecten STOP, Pokon Luizen Stop, Pyrethrum Plantspray, Pyrethrum Spray, Pyrethrum Vloeibaar, Vapona Bladluizenspray

SCHILDLUIZEN
plantbehandeling door gieten
thiacloprid
Calypso Vloeibaar
plantbehandeling door spuiten
koolzaadolie / pyrethrinen
Promanal-R Gebruiksklaar, Promanal-R Concentraat, Raptol, Spruzit-R concentraat, Spruzit-R gebruiksklaar
plantbehandeling door strooien

thiamethoxam
Axoris Quick-Gran
plantbehandeling met staafjes
thiamethoxam
Axoris Quick-Sticks

TRIPSEN *Thripidae*
plantbehandeling door spuiten
koolzaadolie / pyrethrinen
Promanal-R Gebruiksklaar, Promanal-R Concentraat, Raptol, Spruzit-R concentraat, Spruzit-R gebruiksklaar

TRIPSEN *Thysanoptera*
plantbehandeling door spuiten
piperonylbutoxide / pyrethrinen
Anti Bladluis, Luxan Pyrethrum Vloeibaar, Lizetan Plantenspray, Pyrethrum Plantspray, Pyrethrum Spray, Pyrethrum Vloeibaar, Vapona Bladluizenspray, Luizendoder, Pokon Luizen Stop, POKON hardnekkige insecten STOP, Pyrethrum Vloeibaar
plantbehandeling door strooien
thiamethoxam
Axoris Quick-Gran
plantbehandeling met staafjes
thiamethoxam
Axoris Quick-Sticks

TRIPSEN californische trips *Frankliniella occidentalis, tabakstrips Thrips tabaci*
plantbehandeling door spuiten
koolzaadolie / pyrethrinen
Promanal-R Concentraat, Promanal-R Gebruiksklaar, Raptol, Spruzit-R concentraat, Spruzit-R gebruiksklaar

VALSE MEELDAUW Peronosporales
gewasbehandeling door spuiten
chloorthalonil
Finesse Vloeibaar

WANTSEN
plantbehandeling door spuiten
piperonylbutoxide / pyrethrinen
Anti Bladluis, Lizetan Plantenspray, Luizendoder, Luxan Pyrethrum Vloeibaar, POKON hardnekkige insecten STOP, Pokon Luizen Stop, Pyrethrum Plantspray, Pyrethrum Spray, Pyrethrum Vloeibaar, Vapona Bladluizenspray

WITTEVLIEGEN *Aleurodidae*
plantbehandeling door gieten
thiacloprid
Calypso Vloeibaar
plantbehandeling door spuiten
piperonylbutoxide / pyrethrinen
Anti Bladluis, Lizetan Plantenspray, Luizendoder, Luxan Pyrethrum Vloeibaar, POKON hardnekkige insecten STOP, Pokon Luizen Stop, Pyrethrum Plantspray, Pyrethrum Spray, Pyrethrum Vloeibaar, Vapona Bladluizenspray
thiacloprid
Calypso Spray
plantbehandeling door strooien
thiamethoxam
Axoris Quick-Gran
plantbehandeling met staafjes
thiamethoxam
Axoris Quick-Sticks

WITTEVLIEGEN kaswittevlieg *Trialeurodes vaporariorum*
plantbehandeling door gieten
thiacloprid
Calypso Vloeibaar
plantbehandeling door spuiten
koolzaadolie / pyrethrinen

Promanal-R Concentraat, Promanal-R Gebruiksklaar, Raptol, Spruzit-R concentraat, Spruzit-R gebruiksklaar

WITTEVLIEGEN tabakswittevlieg *Bemisia tabaci s.l.*
plantbehandeling door spuiten
koolzaadolie / pyrethrinen
Promanal-R Concentraat, Promanal-R Gebruiksklaar, Raptol, Spruzit-R concentraat, Spruzit-R gebruiksklaar

WOLLUIZEN *Pseudococcidae*
plantbehandeling door gieten
thiacloprid
Calypso Vloeibaar
plantbehandeling door spuiten
koolzaadolie / pyrethrinen
Promanal-R Concentraat, Promanal-R Gebruiksklaar, Raptol, Spruzit-R concentraat, Spruzit-R gebruiksklaar
minerale olie
Promanal Gebruiksklaar
thiacloprid
Calypso Spray
plantbehandeling door strooien
thiamethoxam
Axoris Quick-Gran
plantbehandeling met staafjes
thiamethoxam
Axoris Quick-Sticks

WOLLUIZEN cactuswolluis *Pseudococcus mamillariae*
plantbehandeling met staafjes
imidacloprid
Pokon Plantstick, Provado Insectenpin

WOLLUIZEN citruswolluis *Pseudococcus citri*
plantbehandeling door spuiten
koolzaadolie / pyrethrinen
Promanal-R Concentraat, Raptol, Spruzit-R concentraat

SIERTUIN - Algemeen

AALTJES gewoon wortellesieaaltje *Pratylenchus penetrans*, houtwortellesieaaltje *Pratylenchus vulnus*
- aaltjesonderdrukkende voorteelt van *Tagetes*-soorten (afrikaantje) gedurende minimaal 3 maanden toepassen.
- gezond uitgangsmateriaal gebruiken.
- vruchtwisseling toepassen.

BEVER *Castor fiber*
plantbehandeling door smeren
kwartszand
Wöbra

BLADLUIZEN *Aphididae*
gewasbehandeling door spuiten
thiacloprid
Calypso Vloeibaar
plantbehandeling door gieten
imidacloprid
Admire N
plantbehandeling door spuiten
imidacloprid
Admire N, Provado Garden
koolzaadolie / pyrethrinen
Promanal-R Concentraat, Promanal-R Gebruiksklaar, Raptol, Spruzit-R concentraat, Spruzit-R gebruiksklaar
piperonylbutoxide / pyrethrinen
Anti Bladluis, Lizetan Plantenspray, Luizendoder, Luxan Pyrethrum Vloeibaar, POKON hardnekkige insecten STOP, Pokon Luizen Stop, Pyrethrum Plantspray, Pyrethrum Spray, Pyrethrum Vloeibaar, Spruzit Vloeibaar, Vapona Bladluizenspray
thiacloprid

Calypso Spray
plantbehandeling met staafjes
imidacloprid
Pokon Plantstick, Provado Insectenpin

BLADVLEKKENZIEKTE Colletotrichum soorten, Septoria soorten
gewasbehandeling door spuiten
azoxystrobin
Ortiva
plantbehandeling door spuiten
tebuconazool / trifloxystrobin
TWIST PLUS SPRAY

BLADVLEKKENZIEKTE Phoma soorten
gewasbehandeling door spuiten
azoxystrobin
Ortiva, Ortiva Garden
plantbehandeling door spuiten
tebuconazool / trifloxystrobin
TWIST PLUS SPRAY

BLADVLOOIEN buxusbladvlo *Psylla buxi*
plantbehandeling door spuiten
imidacloprid
Admire N, Provado Garden

BOTRYTIS *Botryotinia fuckeliana*
- dichte stand voorkomen.
gewasbehandeling door spuiten
chloorthalonil
Finesse Vloeibaar
fenhexamide
Teldor Spuitkorrels

DOPLUIZEN *Coccidae*
gewasbehandeling door spuiten
thiacloprid
Calypso Vloeibaar
plantbehandeling door spuiten
koolzaadolie / pyrethrinen
Promanal-R Gebruiksklaar, Spruzit-R gebruiksklaar
thiacloprid
Calypso Spray

ECHTE MEELDAUW Erysiphe soorten
- minder vatbare rassen telen.
gewasbehandeling door spuiten
azoxystrobin
Ortiva
tebuconazool
Rosacur
zwavel
Luxan Spuitzwavel, Microsulfo, Sulfus, Thiovit Jet
plantbehandeling door spuiten
tebuconazool
Pokon Schimmel Stop, Rosacur Spray
tebuconazool / trifloxystrobin
TWIST PLUS SPRAY

ECHTE MEELDAUW Oidium soorten
- minder vatbare rassen telen.
gewasbehandeling door spuiten
azoxystrobin
Ortiva Garden
zwavel
Luxan Spuitzwavel, Microsulfo, Sulfus, Thiovit Jet

ECHTE MEELDAUW *Sphaerotheca pannosa var. pannosa*
gewasbehandeling door spuiten
triadimenol
Exact-Vloeibaar

HONINGZWAM *Armillaria obscura,* **echte honing-zwam** *Armillaria mellea,* **knolhoningzwam** *Armillaria bulbosa*
- minder vatbare rassen telen.
- aangetaste planten(delen) verwijderen.
- zorgen voor een optimale conditie van de planten op plaatsen waar het niet mogelijk is om alle houtige delen uit de bodem te verwijderen.
- houtwerk in beplantingen dient goed geconserveerd te zijn indien het zich (gedeeltelijk) in de grond bevindt.

KEVERS *Coleoptera*
gewasbehandeling door spuiten
thiacloprid
    Calypso Vloeibaar
plantbehandeling door spuiten
piperonylbutoxide / pyrethrinen
    Luizendoder, Luxan Pyrethrum Vloeibaar, Pyrethrum Vloeibaar, Spruzit Vloeibaar
thiacloprid
    Calypso Spray

KIEMPLANTENZIEKTE *Verticillium dahliae*
- resistente rassen telen.
- verwelkende planten waarbij geen herstel optreedt, rooien.
- structuur van de grond en waterhuishouding bij herinplant verbeteren.
- beschadiging van hoofdwortels voorkomen.

LOODGLANS *Chondrostereum purpureum*
- wonden met een wondafdekmiddel behandelen.
- aangetaste planten(delen) verwijderen en afvoeren.
- in juli en augustus snoeien.

MIJTEN fruitspintmijt *Panonychus ulmi*
plantbehandeling door spuiten
tebufenpyrad
    Masai

MIJTEN spintmijt *Tetranychus* **soorten**
plantbehandeling door spuiten
koolzaadolie / pyrethrinen
    Promanal-R Concentraat, Promanal-R Gebruiksklaar, Raptol, Spruzit-R concentraat, Spruzit-R gebruiksklaar

MOLLEN *Talpa europaea*
- op niet afsluitbare terreinen kunnen mollen alleen door middel van klemmen worden bestreden, hoewel dit in verband met spelende kinderen en het werken met grasmaai-machines ook niet zonder risico is.

ROEST Melampsora soorten
gewasbehandeling door spuiten
triadimenol
    Exact-Vloeibaar
plantbehandeling door spuiten
tebuconazool / trifloxystrobin
    TWIST PLUS SPRAY

RUPSEN *Lepidoptera*
plantbehandeling door spuiten
piperonylbutoxide / pyrethrinen
    Anti Bladluis, Lizetan Plantenspray, Luizendoder, Luxan Pyrethrum Vloeibaar, POKON hardnekkige insecten STOP, Pokon Luizen Stop, Pyrethrum Plantspray, Pyrethrum Spray, Pyrethrum Vloeibaar, Spruzit Vloeibaar, Vapona Bladluizenspray

SCHEUTVORMING OP STOBBEN, voorkomen van
stobbebehandeling door smeren
glyfosaat
    Acomac, Catamaran, Clinic, Etna, Glyfos, Imex-Glyfosaat 2, Luxan Glyfosaat Vloeibaar, Matos, Panic Free, Policlean, Roundup, Roundup Evolution, Roundup Force

stobbebehandeling door spuiten
glyfosaat
    Clean-up, Clear-Up 120, Clear-Up 360 N, Clear-up concentraat, Cliness, Fleche, GLY-360, Glyfos Envision 120 g/l, Greenfix, Greenfix NW, HG onkruidweg concentraat, Onkruid Totaal, Onkruidkiller, Pokon onkruid totaal stop concentraat, Roundup Huis & Tuin

SCHILDLUIZEN
gewasbehandeling door spuiten
thiacloprid
    Calypso Vloeibaar
plantbehandeling door spuiten
koolzaadolie / pyrethrinen
    Promanal-R Gebruiksklaar, Spruzit-R gebruiksklaar
thiacloprid
    Calypso Spray

SLAKKEN
- slakken handmatig verwijderen en vernietigen.
grondbehandeling door strooien
metaldehyde
    Brabant Slakkendood, Caragoal GR, Finion Slakkenkorrels, KB Slakkendood, Luxan Slakkenkorrels Super, Metald-Slakkenkorrels, Metald-Slakkenkorrels N, Pokon Slakken Stop
plantbehandeling door strooien
ijzer(III)fosfaat
    Smart Bayt

SLAKKEN grote naaktslaksoorten *Arion* **soorten**
gewasbehandeling door strooien
ijzer(III)fosfaat
    Slakkenbestrijder, Slakkerdode3r

SLAKKEN naaktslakken *Agriolimacidae, Arionidae*
gewasbehandeling door strooien
ijzer(III)fosfaat
    Ferramol Ecostyle Slakkenkorrels, HGX Natuurvriendelijke Korrels Tegen Slakken, Smart Bayt Slakkenkorrels
grondbehandeling door strooien
ijzer(III)fosfaat
    Escar-Go tegen slakken Ferramol

SNUITKEVERS gegroefde lapsnuitkever *Otiorhynchus sulcatus*
- Heterorhabditis (insectparasitair aaltje) inzetten tegen larven door de aaltjes over de grond te verspreiden. De bodemtemperatuur dient daarbij minimaal 15 °C te zijn.

TAK- EN BLOESEMSTERFTE *Monilinia fructigena* *Monilinia laxa*
- aangetaste planten(delen) verwijderen en afvoeren.

TRIPSEN *Thripidae*
plantbehandeling door spuiten
koolzaadolie / pyrethrinen
    Promanal-R Concentraat, Promanal-R Gebruiksklaar, Raptol, Spruzit-R concentraat, Spruzit-R gebruiksklaar

TRIPSEN *Thysanoptera*
plantbehandeling door spuiten
piperonylbutoxide / pyrethrinen
    Anti Bladluis, Lizetan Plantenspray, Luizendoder, Luxan Pyrethrum Vloeibaar, Pokon hardnekkige insecten Stop, Pokon Luizen Stop, Pyrethrum Plantspray, Pyrethrum Spray, Pyrethrum Vloeibaar, Spruzit Vloeibaar, Vapona Bladluizenspray

TRIPSEN californische trips *Frankliniella occidentalis,* **tabakstrips** *Thrips tabaci*
plantbehandeling door spuiten
koolzaadolie / pyrethrinen

Promanal-R Concentraat, Promanal-R Gebruiksklaar, Raptol, Spruzit-R concentraat, Spruzit-R gebruiksklaar

VALSE MEELDAUW Peronosporales
gewasbehandeling door spuiten
chloorthalonil
 Finesse Vloeibaar

VERWELKINGSZIEKTE *Verticillium albo-atrum*
- resistente rassen telen.
- verwelkende planten waarbij geen herstel optreedt, rooien.
- structuur van de grond en waterhuishouding bij herinplant verbeteren.
- beschadiging van hoofdwortels voorkomen.

WANTSEN
plantbehandeling door spuiten
piperonylbutoxide / pyrethrinen
 Anti Bladluis, Lizetan Plantenspray, Luizendoder, Luxan Pyrethrum Vloeibaar, Pokon hardnekkige insecten Stop, Pokon Luizen Stop, Pyrethrum Plantspray, Pyrethrum Spray, Pyrethrum Vloeibaar, Spruzit Vloeibaar, Vapona Bladluizenspray

WILD hazen, konijnen, overige zoogdieren
- alternatief voedsel aanbieden.
- afrastering plaatsen.
plantbehandeling door smeren
kwartszand
 Wöbra

WITTEVLIEGEN *Aleurodidae*
gewasbehandeling door spuiten
thiacloprid
 Calypso Vloeibaar
plantbehandeling door gieten
imidacloprid
 Admire N
plantbehandeling door spuiten
imidacloprid
 Admire N, Provado Garden
piperonylbutoxide / pyrethrinen
 Anti Bladluis, Lizetan Plantenspray, Luizendoder, Luxan Pyrethrum Vloeibaar, Pokon hardnekkige insecten Stop, Pokon Luizen Stop, Pyrethrum Plantspray, Pyrethrum Spray, Pyrethrum Vloeibaar, Spruzit Vloeibaar, Vapona Bladluizenspray
thiacloprid
 Calypso Spray

WITTEVLIEGEN kaswittevlieg *Trialeurodes vaporariorum*
gewasbehandeling door spuiten
thiacloprid
 Calypso Vloeibaar
plantbehandeling door spuiten
koolzaadolie / pyrethrinen
 Promanal-R Gebruiksklaar, Spruzit-R gebruiksklaar

WITTEVLIEGEN tabakswittevlieg *Bemisia tabaci s.l.*
plantbehandeling door spuiten
koolzaadolie / pyrethrinen
 Promanal-R Gebruiksklaar, Spruzit-R gebruiksklaar

WOLLUIZEN *Pseudococcidae*
gewasbehandeling door spuiten
thiacloprid
 Calypso Vloeibaar
plantbehandeling door gieten
imidacloprid
 Admire N
plantbehandeling door spuiten
imidacloprid
 Admire N, Provado Garden

koolzaadolie / pyrethrinen
 Promanal-R Gebruiksklaar, Spruzit-R gebruiksklaar
thiacloprid
 Calypso Spray

WORTELROT Phytophthora soorten
- structuur van de grond en waterhuishouding bij herinplant verbeteren.
- aangetaste planten(delen) verwijderen en vernietigen.
- beschadiging van stambasis voorkomen.

AGERATUM *Ageratum* soorten

ROEST *Puccinia antirrhini*
gewasbehandeling door spuiten
chloorthalonil
 Finesse Vloeibaar

ANEMOON *Anemone* soorten

ZWARTROT *Sclerotinia bulborum*
- besmette grond in de zomer 6 tot 8 weken inunderen.
- aangetaste knollen met omringende grond verwijderen.
- versteende knollen en sclerotiën verwijderen.

ANJER *Dianthus caryophyllus*

BLADVLEKKENZIEKTE *Alternaria dianthi, Alternaria dianthicola*
gewasbehandeling door spuiten
chloorthalonil
 Finesse Vloeibaar

ROEST *Uromyces dianthi*
gewasbehandeling door spuiten
chloorthalonil
 Finesse Vloeibaar

SPAT *Mycosphaerella dianthi*
gewasbehandeling door spuiten
chloorthalonil
 Finesse Vloeibaar

VIRUSZIEKTEN anjer-etsvirus, anjervlekkenvirus
- door NAK-B gekeurd uitgangsmateriaal gebruiken.

ASTER *Aster* soorten

ROEST *Puccinia asteris*
gewasbehandeling door spuiten
chloorthalonil
 Finesse Vloeibaar

AZALEA *Azalea indica*

BLADVLEKKENZIEKTE *Cylindrocladium spathiphylli*
Pestalotia soorten
Septoria azaleae
gewasbehandeling door spuiten
chloorthalonil
 Finesse Vloeibaar

BEGONIA *Begonia* soorten

LOOPMIJTEN begoniamijt *Polyphagotarsonemus latus*
- gezond uitgangsmateriaal gebruiken.
- onkruid bestrijden.
- relatieve luchtvochtigheid (RV) hoog houden.

BELLENPLANT *Fuchsia* soorten

ROEST *Pucciniastrum epilobii f.sp. palustris*
gewasbehandeling door spuiten

chloorthalonil
    Finesse Vloeibaar

VOETROT Phytophthora soorten *Phytophthora* **soorten**
- nieuwe of ontsmette plantenbakken en gezonde grond gebruiken.

BERK *Betula* **soorten**

BLADVLEKKENZIEKTE *Taphrina betulina*
- geen specifieke niet-chemische maatregel bekend.

ROEST *Melampsoridium betulinum*
- resistente rassen telen.

BREM *Cytisus* **soorten**

VOETROT Phytophthora soorten *Phytophthora* **soorten**
- grond goed ontwateren en/of voor luchtige pot- en stekgrond zorgen.
- bij hergebruik van potten deze laten bestralen of spoelen.
- voor snelle weggroei na planten of potten zorgen.

WORTELROT *Phytophthora cinnamomi*
- grond goed ontwateren.
- ziektevrij gietwater (leiding- of bronwater) of ontsmet drain-, oppervlakte- en regenwater gebruiken.
- optimale zoutconcentratie (EC) en een regelmatige vocht-toestand nastreven.
- te hoge pottemperatuur in de kas voorkomen.

BROMELIA *Bromelia* **soorten**

BLADVLEKKENZIEKTE *Fusarium bulbicola*
gewasbehandeling door spuiten
chloorthalonil
    Finesse Vloeibaar

CHINEES KLOKJE *Forsythia* **soorten**

VERWELKINGSZIEKTE *Verticillium albo-atrum*
Verticillium dahliae
- aangetaste planten(delen) verwijderen.
- biologische grondontsmetting toepassen.
signalering:
- nieuwe grond laten bemonsteren.
- drainage en structuur van de grond verbeteren.

ZWART *Pseudomonas syringae*
- gezond uitgangsmateriaal gebruiken.
- onderdoor water geven.
- ruime plantafstand aanhouden.

CHRYSANT *Chrysanthemum* **soorten**

ROEST chrysantenroest *Puccinia chrysanthemi*
- aangetaste planten(delen) in gesloten plastic zak verwijderen.
- besmette grond stomen.
- relatieve luchtvochtigheid (RV) laag houden door gedurende de nacht de verduisteringsinstallatie te openen.

CHRYSANTHEMUM VESTITUM *Chrysanthemum vestitum*

BLADVLEKKENZIEKTE *Didymella ligulicola*
Septoria chrysanthemi

Alternaria soorten *Alternaria* **soorten**
gewasbehandeling door spuiten
chloorthalonil
    Finesse Vloeibaar

GRAUWE SCHIMMEL *Botryotinia fuckeliana*
gewasbehandeling door spuiten
chloorthalonil
    Finesse Vloeibaar

ROEST *Puccinia chrysanthemi, Puccinia horiana*
gewasbehandeling door spuiten
chloorthalonil
    Finesse Vloeibaar

CORDYLINE *Cordyline* **soorten**

BLADVLEKKENZIEKTE *Fusarium sacchari var. sacchari*
gewasbehandeling door spuiten
chloorthalonil
    Finesse Vloeibaar

CROTON *Codiaeum* **soorten**

BLADVLEKKENZIEKTE *Glomerella cingulata*
gewasbehandeling door spuiten
chloorthalonil
    Finesse Vloeibaar

CUPRESSOCYPARIS *Cupressocyparis* **soorten**

INSNOERINGSZIEKTE *Pestalotiopsis funerea*
- minder vatbare typen telen.

RUPSEN jeneverbesmineermot *Argyresthia trifasciata*
signalering:
- hagen waarin in een vorig seizoen aantasting werd geconstateerd, inspecteren op jonge rupsen in de toppen (jeneverbesmineermot: half juli, thujamineermot: half augustus). De hagen vervolgens snoeien en het snoeisel vernietigen.

CYCLAMEN *Cyclamen persicum*

GLOEOSPORIUM-ROT *Gloeosporium cyclaminis*
- aangetaste planten(delen) verwijderen.

DAHLIA *Dahlia* **soorten**

BLADVLEKKENZIEKTE *Entyloma calendulae f.sp. dahliae*
gewasbehandeling door spuiten
chloorthalonil
    Finesse Vloeibaar

DEN *Pinus* **soorten**

STAMBLAASROEST *Cronartium ribicola*
- aantasting voorkomen door Pinus-soorten en Ribes-soorten niet in elkaars nabijheid te telen.

DIEF VAN BAGDAD *Dieffenbachia maculata*

BLADVLEKKENZIEKTE *Phaeosphaeria eustoma*
gewasbehandeling door spuiten
chloorthalonil
    Finesse Vloeibaar

DRACAENA *Dracaena* **soorten**

BLADVLEKKENZIEKTE *Fusarium sacchari var. sacchari*
gewasbehandeling door spuiten
chloorthalonil
    Finesse Vloeibaar

DUINDOORN *Hippophae rhamnoides*

RUPSEN bastaardsatijnvlinder *Euproctis chrysorrhoea*
- nesten in de winter uitknippen en afvoeren.

DUIZENDSCHOON *Dianthus barbatus*

ROEST *Puccinia arenariae*
gewasbehandeling door spuiten
chloorthalonil
    Finesse Vloeibaar

DWERGCYPRES *Chamaecyparis* soorten

RUPSEN jeneverbesmineermot *Argyresthia trifasciata,* thujamineermot *Argyresthia thuiella*
signalering:
- hagen waarin in een vorig seizoen aantasting werd geconstateerd, inspecteren op jonge rupsen in de toppen (jeneverbesmineermot: half juli, thujamineermot: half augustus). De hagen vervolgens snoeien en het snoeisel vernietigen.

DWERGKWEE *Chaenomeles* soorten

BACTERIEVUUR *Erwinia amylovora*
- aangetaste struiken of bomen direct vernietigen en zo snel mogelijk op een afgedekte wagen vervoeren naar een verbrandingsplaats en daar direct verbranden. Wanneer verbranden niet uitvoerbaar is, kan aangetast materiaal ook versnipperd worden. In het winterseizoen zijn hieraan geen risico's verbonden. In het groeiseizoen aangetast materiaal na afzagen enkele dagen laten drogen en dan versnipperen. Snippers in het groeiseizoen alleen in de beplanting terugbrengen als alle waardplanten uit de beplanting zijn verwijderd.
- aanplant van Cotoneaster-, Stranvaesia- en Crataegus-soorten is in de beschermde gebieden niet toegestaan.
- eventuele besmettingsbron in de naaste omgeving trachten op te sporen en vernietigen is noodzakelijk, ook als die zich in particuliere tuinen bevindt.
- gereedschap dat in aanraking is geweest met besmette delen ontsmetten. De vervoermiddelen waarmee aangetast materiaal is vervoerd schoonspuiten.
signalering:
- gedurende het groeiseizoen, vooral vanaf de bloei, regelmatig inspecteren op het voorkomen van verdachte symptomen.
- nagaan of de aantasting wellicht met het plantmateriaal kan zijn aangevoerd en indien dat waarschijnlijk is, moeten ook de overige planten afkomstig van dezelfde kwekerij en van dezelfde partij aan een grondige inspectie worden onderworpen.

DWERGMISPEL *Cotoneaster* soorten

BACTERIEVUUR *Erwinia amylovora*
- aangetaste struiken of bomen direct vernietigen en zo snel mogelijk op een afgedekte wagen vervoeren naar een verbrandingsplaats en daar direct verbranden. Wanneer verbranden niet uitvoerbaar is, kan aangetast materiaal ook versnipperd worden. In het winterseizoen zijn hieraan geen risico's verbonden. In het groeiseizoen aangetast materiaal na afzagen enkele dagen laten drogen en dan versnipperen. Snippers in het groeiseizoen alleen in de beplanting terugbrengen als alle waardplanten uit de beplanting zijn verwijderd.
- aanplant van Cotoneaster-, Stranvaesia- en Crataegus-soorten is in de beschermde gebieden niet toegestaan.
- gereedschap dat in aanraking is geweest met besmette delen ontsmetten. De vervoermiddelen waarmee aangetast materiaal is vervoerd schoonspuiten.
signalering:
- gedurende het groeiseizoen, vooral vanaf de bloei, regelmatig inspecteren op het voorkomen van verdachte symptomen.

- nagaan of de aantasting wellicht met het plantmateriaal kan zijn aangevoerd en indien dat waarschijnlijk is, moeten ook de overige planten afkomstig van dezelfde kwekerij en van dezelfde partij aan een grondige inspectie worden onderworpen.

BLADLUIZEN appelbloedluis *Eriosoma lanigerum*
- eventuele besmettingsbron in de naaste omgeving trachten op te sporen en vernietigen is noodzakelijk, ook als die zich in particuliere tuinen bevindt.

RUPSEN bastaardsatijnvlinder *Euproctis chrysorrhoea*
- nesten in de winter uitknippen en afvoeren.

EIK *Quercus* soorten

RUPSEN bastaardsatijnvlinder *Euproctis chrysorrhoea*
- nesten in de winter uitknippen en afvoeren.

RUPSEN eikenprocessierups *Thaumetopoea processionea*
- rupsen in overlastsituaties bestrijden door middel van branden, wegzuigen van rupsen en nesten of handmatig verwijderen van nesten. Gebruik van beschermende kleding, rubber laarzen, handschoenen en een volgelaatsmasker is een vereiste.

ELS *Alnus* soorten

BLADHAANTJES elzenhaantje *Agelastica alni*
- aangetaste bomen en struiken in het voorjaar voor het verschijnen van de kever verwijderen.

SNUITKEVERS elzensnuitkever *Cryptorhynchus lapathi*
- aangetaste bomen en struiken in het voorjaar voor het verschijnen van de kever verwijderen.

ES *Fraxinus* soorten

BACTERIEKANKER *Pseudomonas savastanoi pv. fraxini*
- vatbare soorten slechts op beperkte schaal gebruiken en bij voorkeur minder vatbare soorten aanplanten.
- aangetaste takken verwijderen.

KANKER *Nectria galligena*
- minder vatbare rassen telen.
- voor goede groeiomstandigheden zorgen.
- aangetaste plekken tot op het gezonde hout uitsnijden.
- wonden met een wondafdekmiddel behandelen.

RUPSEN wilgenhoutvlinder *Cossus cossus*
- wonden met een wondafdekmiddel behandelen.

ESDOORN *Acer* soorten

VUUR *Nectria cinnabarina*
- aangetaste planten(delen) in de zomer diep wegsnijden en afvoeren.
- geen snoei uitvoeren bij het op gang komen van de sapstroom (april-juni), bij voorkeur snoeien in juli-augustus.

FICUS *Ficus* soorten

BLADVLEKKENZIEKTE *Glomerella cingulata*
gewasbehandeling door spuiten
chloorthalonil
    Finesse Vloeibaar

2.10 Ziekten en plagen openbaar en particulier groen

FLAMINGOPLANT *Anthurium scherzerianum*

BLADVLEKKENZIEKTE *Septoria anthurii*
gewasbehandeling door spuiten
chloorthalonil
    Finesse Vloeibaar

GELDERSE ROOS *Viburnum* soorten

BLADVLEKKENZIEKTE phoma soorten *Phoma* soorten
gewasbehandeling door spuiten
chloorthalonil
    Finesse Vloeibaar

GLANSMISPEL *Photinia* soorten

BACTERIEVUUR *Erwinia amylovora*
- aangetaste struiken of bomen direct vernietigen en zo snel mogelijk op een afgedekte wagen vervoeren naar een verbrandingsplaats en daar direct verbranden. Wanneer verbranden niet uitvoerbaar is, kan aangetast materiaal ook versnipperd worden. In het winterseizoen zijn hieraan geen risico's verbonden. In het groeiseizoen aangetast materiaal na afzagen enkele dagen laten drogen en dan versnipperen. Snippers in het groeiseizoen alleen in de beplanting terugbrengen als alle waardplanten uit de beplanting zijn verwijderd.
- aanplant van Cotoneaster-, Stranvaesia- en Crataegus-soorten is in de beschermde gebieden niet toegestaan.
- eventuele besmettingsbron in de naaste omgeving trachten op te sporen en vernietigen is noodzakelijk, ook als die zich in particuliere tuinen bevindt.
- gereedschap dat in aanraking is geweest met besmette delen ontsmetten. De vervoermiddelen waarmee aangetast materiaal is vervoerd schoonspuiten.
signalering:
- gedurende het groeiseizoen, vooral vanaf de bloei, regelmatig inspecteren op het voorkomen van verdachte symptomen.
- nagaan of de aantasting wellicht met het plantmateriaal kan zijn aangevoerd en indien dat waarschijnlijk is, moeten ook de overige planten afkomstig van dezelfde kwekerij en van dezelfde partij aan een grondige inspectie worden onderworpen.

HORTENSIA *Hydrangea* soorten

BLADVLEKKENZIEKTE *Phoma exigua var. exigua*
  Septoria hydrangeae
gewasbehandeling door spuiten
chloorthalonil
    Finesse Vloeibaar

HUISLOOK *Sempervivum* soorten

ROEST *Endophyllum sempervivi*
gewasbehandeling door spuiten
chloorthalonil
    Finesse Vloeibaar

HULST *Ilex* soorten

MINEERVLIEGEN hulstvlieg *Phytomyza ilicis*
- aangetaste hagen in juni snoeien.

HYACINT *Hyacinthus orientalis*

BEWAARROT penicillium soorten *Penicillium* soorten
- beschadiging bij de oogst en het verwerken voorkomen.
- bollen niet langer dan twee weken droog koelen. Hierbij inbegrepen is de periode van transport en de wachttijd tot het planten. De resterende weken droge koeling moeten

dan in opgeplante toestand worden gegeven en dus bij de koudeperiode worden geteld.

GRAUWE SCHIMMEL *Botryotinia fuckeliana*
- gewasresten verwijderen.

SPOUWERS mechanisch ziekte
- opgeplante bollen op het goede tijdstip in de kas brengen.

IEP *Ulmus* soorten

IEPZIEKTE *Ophiostoma ulmi*
- bij dunningen de voor iepziekte zeer vatbare veldiep opruimen.
- bij herinplant bij voorkeur minder vatbare klonen als 'Groeneveld', 'Plantijn', 'Lobel', 'Dodoens', 'Clusius', en 'Columella' gebruiken.
- ontstaan van opslag (hergroei) vanuit de stobben en wortels van iepen, die vanwege iepziekte zijn gerooid, voorkomen. Dit geldt vooral bij veldiepen of indien veldiep als onderstam is gebruikt. Hergroei kan voor een groot deel voorkomen worden door de stobbe maximaal 3 cm boven maaiveld af te zetten en tegen uitloop te behandelen.
- aangetaste, kwijnende, dode en gevelde iepen verantwoord onschadelijk maken. Ook iepen die door een andere oorzaak dan iepziekte kwijnen (bijvoorbeeld door gaslekkage of grondophoping) verwijderen. Iepenhout met larven, poppen en/of kevers (broedhout) onschadelijk maken door verbranding of ontschorsing, waarbij de schors verbrand wordt. Iepenhout zonder keverbroed kan onschadelijk gemaakt worden door ontschorsen, afvoeren of versnipperen (snippers van maximaal 2 cm groot). Ook gezond iepenhout, bijvoorbeeld openhaardhout, moet worden ontschorst.
- wonden met een wondafdekmiddel behandelen.

RUPSEN bastaardsatijnvlinder *Euproctis chrysorrhoea*
- nesten in de winter uitknippen en afvoeren.

VUUR *Nectria cinnabarina*
- aangetaste planten(delen) in de zomer diep wegsnijden en afvoeren.
- geen snoei uitvoeren bij het op gang komen van de sapstroom (april-juni), bij voorkeur snoeien in juli-augustus.

IERSE KLOKKEN *Moluccella* soorten

BLADVLEKKENZIEKTE *Cercospora molucellae*
gewasbehandeling door spuiten
chloorthalonil
    Finesse Vloeibaar

IRIS *Iris* soorten

BLADVLEKKENZIEKTE *Mycosphaerella macrospora*
gewasbehandeling door spuiten
chloorthalonil
    Finesse Vloeibaar

JAPANSE MISPEL *Eriobotrya* soorten

BACTERIEVUUR *Erwinia amylovora*
- aangetaste struiken of bomen direct vernietigen en zo snel mogelijk op een afgedekte wagen vervoeren naar een verbrandingsplaats en daar direct verbranden. Wanneer verbranden niet uitvoerbaar is, kan aangetast materiaal ook versnipperd worden. In het winterseizoen zijn hieraan geen risico's verbonden. In het groeiseizoen aangetast materiaal na afzagen enkele dagen laten drogen en dan versnipperen. Snippers in het groeiseizoen alleen in de beplanting terugbrengen als alle waardplanten uit de beplanting zijn verwijderd.
- aanplant van Cotoneaster-, Stranvaesia- en Crataegus-soorten is in de beschermde gebieden niet toegestaan.

- eventuele besmettingsbron in de naaste omgeving trachten op te sporen en vernietigen is noodzakelijk, ook als die zich in particuliere tuinen bevindt.
- gereedschap dat in aanraking is geweest met besmette delen ontsmetten. De vervoermiddelen waarmee aangetast materiaal is vervoerd schoonspuiten.

signalering:
- gedurende het groeiseizoen, vooral vanaf de bloei, regelmatig inspecteren op het voorkomen van verdachte symptomen.
- nagaan of de aantasting wellicht met het plantmateriaal kan zijn aangevoerd en indien dat waarschijnlijk is, moeten ook de overige planten afkomstig van dezelfde kwekerij en van dezelfde partij aan een grondige inspectie worden onderworpen.

JENEVERBESBOOM *Juniperus* soorten

RUPSEN jeneverbesmineermot *Argyresthia trifasciata*
signalering:
- hagen waarin in een vorig seizoen aantasting werd geconstateerd, inspecteren op jonge rupsen in de toppen (jeneverbesmineermot: half juli, thujamineermot: half augustus). De hagen vervolgens snoeien en het snoeisel vernietigen.

KALANCHOE BLOSSFELDIANA *Kalanchoe blossfeldiana*

GRAUWE SCHIMMEL *Botryotinia fuckeliana*
- stekken niet te diep steken.

KERSTROOS *Helleborus niger*

ZWARTE-BLADVLEKKENZIEKTE *Coniothyrium hellebori*
gewasbehandeling door spuiten
chloorthalonil
    Finesse Vloeibaar

KLOKJESBLOEM *Campanula* soorten

BLADVLEKKENZIEKTE *Ramularia macrospora*
gewasbehandeling door spuiten
chloorthalonil
    Finesse Vloeibaar

ROEST *Coleosporium tussilaginis*
gewasbehandeling door spuiten
chloorthalonil
    Finesse Vloeibaar

KROKUS *Crocus* soorten

ROEST *Uromyces croci*
gewasbehandeling door spuiten
chloorthalonil
    Finesse Vloeibaar

KRUISKRUID *Senecio* soorten

BLADVLEKKENZIEKTE *Alternaria cinerariae*
gewasbehandeling door spuiten
chloorthalonil
    Finesse Vloeibaar

KWEE *Cydonia* soorten

BACTERIEVUUR *Erwinia amylovora*
- aangetaste struiken of bomen direct vernietigen en zo snel mogelijk op een afgedekte wagen vervoeren naar een verbrandingsplaats en daar direct verbranden. Wanneer verbranden niet uitvoerbaar is, kan aangetast materiaal ook versnipperd worden. In het winterseizoen zijn hieraan geen risico's verbonden. In het groeiseizoen aangetast materiaal

na afzagen enkele dagen laten drogen en dan versnipperen. Snippers in het groeiseizoen terugbrengen in de beplanting als alle waardplanten uit de beplanting zijn verwijderd.
- aanplant van Cotoneaster-, Stranvaesia- en Crataegus-soorten is in de beschermde gebieden niet toegestaan.
- eventuele besmettingsbron in de naaste omgeving trachten op te sporen en vernietigen is noodzakelijk, ook als die zich in particuliere tuinen bevindt.
- gereedschap dat in aanraking is geweest met besmette delen ontsmetten. De vervoermiddelen waarmee aangetast materiaal is vervoerd schoonspuiten.

signalering:
- gedurende het groeiseizoen, vooral vanaf de bloei, regelmatig inspecteren op het voorkomen van verdachte symptomen.
- nagaan of de aantasting wellicht met het plantmateriaal kan zijn aangevoerd en indien dat waarschijnlijk is, moeten ook de overige planten afkomstig van dezelfde kwekerij en van dezelfde partij aan een grondige inspectie worden onderworpen.

PRACHTKEVERS perenprachtkever *Agrilus sinuatus*
- voor een goede conditie van de boom zorgen (naarmate de conditie afneemt is de schade ernstiger).
- aangetaste bomen en struiken verwijderen en vernietigen.

LAKANTHURIUM *Anthurium andraeanum*

BLADVLEKKENZIEKTE *Septoria anthurii*
gewasbehandeling door spuiten
chloorthalonil
    Finesse Vloeibaar

LAMSOOR *Limonium* soorten

ROEST *Uromyces nattrassii*
gewasbehandeling door spuiten
chloorthalonil
    Finesse Vloeibaar

LAVATERA *Lavatera* soorten

VLEKKENZIEKTE *Colletotrichum malvarum*
- laag bemestingsniveau in de vollegrond aanhouden.

LEEUWEBEK *Antirrhinum* soorten

BLADVLEKKENZIEKTE *Phoma poolensis*
gewasbehandeling door spuiten
chloorthalonil
    Finesse Vloeibaar

ROEST *Puccinia antirrhini*
gewasbehandeling door spuiten
chloorthalonil
    Finesse Vloeibaar

LELIE *Lilium* soorten

AALTJES aardbeibladaaltje *Aphelenchoides fragariae*, chrysantenbladaaltje *Aphelenchoides ritzemabosi*
- aaltjesvrije trays, potten, grond en gietwater gebruiken.
- afwijkende planten direct verwijderen.
- bassin vrijhouden van waterplanten.
- gewasresten na de oogst onderploegen of verwijderen.
- grond braak laten liggen.
- handen en gereedschap regelmatig ontsmetten.
- onderdoor water geven.
- onkruid in en om de kas bestrijden.
- ruime vruchtwisseling toepassen.
- schubbollen en het plantgoed een warmwaterbehandeling geven.
- teeltsysteem met aaltjesbesmetting ontsmetten.

- zaad een warmwaterbehandeling geven.

AALTJES gewoon wortellesieaaltje *Pratylenchus penetrans*
signalering:
- grondonderzoek laten uitvoeren.

LIATRIS *Liatris* soorten

GRAUWE SCHIMMEL *Botryotinia fuckeliana*
- stikstofbemesting matig toepassen.
- beschadiging van het gewas voorkomen.
- voor een afgehard gewas zorgen.

LIGUSTER *Ligustrum* soorten

RUPSEN seringenmot *Caloptilia syringella*
- aangetaste planten(delen) in mei verwijderen.
- hagen steeds goed snoeien.

LIJSTERBES *Sorbus* soorten

BACTERIEVUUR *Erwinia amylovora*
- aangetaste struiken of bomen direct vernietigen en zo snel mogelijk op een afgedekte wagen vervoeren naar een verbrandingsplaats en daar direct verbranden. Wanneer verbranden niet uitvoerbaar is, kan aangetast materiaal ook versnipperd worden. In het winterseizoen zijn hieraan geen risico's verbonden. In het groeiseizoen aangetast materiaal na afzagen enkele dagen laten drogen en dan versnipperen. Snippers in het groeiseizoen alleen in de beplanting terugbrengen als alle waardplanten uit de beplanting zijn verwijderd.
- aanplant van Cotoneaster-, Stranvaesia- en Crataegus-soorten is in de beschermde gebieden niet toegestaan.
- eventuele besmettingsbron in de naaste omgeving trachten op te sporen en vernietigen is noodzakelijk, ook als die zich in particuliere tuinen bevindt.
- gereedschap dat in aanraking is geweest met besmette delen ontsmetten. De vervoermiddelen waarmee aangetast materiaal is vervoerd schoonspuiten.
signalering:
- gedurende het groeiseizoen, vooral vanaf de bloei, regelmatig inspecteren op het voorkomen van verdachte symptomen.
- nagaan of de aantasting wellicht met het plantmateriaal kan zijn aangevoerd en indien dat waarschijnlijk is, moeten ook de overige planten afkomstig van dezelfde kwekerij en van dezelfde partij aan een grondige inspectie worden onderworpen.

KANKER *Nectria galligena*
- minder vatbare rassen telen.
- voor goede groeiomstandigheden zorgen.
- aangetaste plekken tot op het gezonde hout uitsnijden.
- wonden met een wondafdekmiddel behandelen.

PRACHTKEVERS perenprachtkever *Agrilus sinuatus*
- voor een goede conditie van de boom zorgen (naarmate de conditie afneemt is de schade ernstiger).
- aangetaste bomen en struiken verwijderen en vernietigen.

LINDE *Tilia* soorten

MENIEZWAMMETJE *Nectria cinnabarina*
- aangetaste planten(delen) in de zomer diep wegsnijden en afvoeren.
- geen snoei uitvoeren bij het op gang komen van de sapstroom (april-juni), bij voorkeur snoeien in juli-augustus.

LUPINE *Lupinus* soorten

FUSARIUM-VERWELKINGSZIEKTE *Fusarium oxysporum f.sp. lupini*
- ruime vruchtwisseling toepassen.

MAHONIE *Mahonia* soorten

ROEST *Cumminsiella mirabilissima*
- resistente rassen telen.

MEIDOORN *Crataegus* soorten

BACTERIEVUUR *Erwinia amylovora*
- aangetaste struiken of bomen direct vernietigen en zo snel mogelijk op een afgedekte wagen vervoeren naar een verbrandingsplaats en daar direct verbranden. Wanneer verbranden niet uitvoerbaar is, kan aangetast materiaal ook versnipperd worden. In het winterseizoen zijn hieraan geen risico's verbonden. In het groeiseizoen aangetast materiaal na afzagen enkele dagen laten drogen en dan versnipperen. Snippers in het groeiseizoen alleen in de beplanting terugbrengen als alle waardplanten uit de beplanting zijn verwijderd.
- aanplant van Cotoneaster-, Stranvaesia- en Crataegus-soorten is in de beschermde gebieden niet toegestaan.
- eventuele besmettingsbron in de naaste omgeving trachten op te sporen en vernietigen is noodzakelijk, ook als die zich in particuliere tuinen bevindt.
- gereedschap dat in aanraking is geweest met besmette delen ontsmetten. De vervoermiddelen waarmee aangetast materiaal is vervoerd schoonspuiten.
signalering:
- gedurende het groeiseizoen, vooral vanaf de bloei, regelmatig inspecteren op het voorkomen van verdachte symptomen.
- nagaan of de aantasting wellicht met het plantmateriaal kan zijn aangevoerd en indien dat waarschijnlijk is, moeten ook de overige planten afkomstig van dezelfde kwekerij en van dezelfde partij aan een grondige inspectie worden onderworpen.

PRACHTKEVERS perenprachtkever *Agrilus sinuatus*
- voor een goede conditie van de boom zorgen (naarmate de conditie afneemt is de schade ernstiger).
- aangetaste bomen en struiken verwijderen en vernietigen.

RUPSEN bastaardsatijnvlinder *Euproctis chrysorrhoea*
- nesten in de winter uitknippen en afvoeren.

MISPEL *Mespilus* soorten

BACTERIEVUUR *Erwinia amylovora*
- aangetaste struiken of bomen direct vernietigen en zo snel mogelijk op een afgedekte wagen vervoeren naar een verbrandingsplaats en daar direct verbranden. Wanneer verbranden niet uitvoerbaar is, kan aangetast materiaal ook versnipperd worden. In het winterseizoen zijn hieraan geen risico's verbonden. In het groeiseizoen aangetast materiaal na afzagen enkele dagen laten drogen en dan versnipperen. Snippers in het groeiseizoen alleen in de beplanting terugbrengen als alle waardplanten uit de beplanting zijn verwijderd.
- eventuele besmettingsbron in de naaste omgeving trachten op te sporen en vernietigen is noodzakelijk, ook als die zich in particuliere tuinen bevindt.
- aanplant van Cotoneaster-, Stranvaesia- en Crataegus-soorten is in de beschermde gebieden niet toegestaan.
- gereedschap dat in aanraking is geweest met besmette delen ontsmetten. De vervoermiddelen waarmee aangetast materiaal is vervoerd schoonspuiten.
signalering:
- gedurende het groeiseizoen, vooral vanaf de bloei, regelmatig inspecteren op het voorkomen van verdachte symptomen.
- nagaan of de aantasting wellicht met het plantmateriaal kan zijn aangevoerd en indien dat waarschijnlijk is, moeten ook de overige planten afkomstig van dezelfde kwekerij en van dezelfde partij aan een grondige inspectie worden onderworpen.

KEVERS perenprachtkever *Agrilus sinuatus*
- aangetaste bomen en struiken verwijderen en vernietigen.

NARCIS *Narcissus* soorten

BLADVLEKKENZIEKTE *Stagonosporopsis curtisii*
gewasbehandeling door spuiten
chloorthalonil
    Finesse Vloeibaar

NERINE *Nerine* soorten

BLADVLEKKENZIEKTE *Stagonosporopsis curtisii*
gewasbehandeling door spuiten
chloorthalonil
    Finesse Vloeibaar

ORCHIDEE *Orchis* soorten

BLADVLEKKENZIEKTE *Fusarium proliferatum var. proliferatum*
 Glomerella cingulata
gewasbehandeling door spuiten
chloorthalonil
    Finesse Vloeibaar

PAARDEKASTANJE *Aesculus* soorten

MENIEZWAMMETJE *Nectria cinnabarina*
- aangetaste planten(delen) in de zomer diep wegsnijden en afvoeren.
- geen snoei uitvoeren bij het op gang komen van de sapstroom (april-juni), bij voorkeur snoeien in juli-augustus.

PALM *Chamaedorea elegans*

BLADVLEKKENZIEKTE *Cylindrocladium scoparium*
gewasbehandeling door spuiten
chloorthalonil
    Finesse Vloeibaar

PANTOFFELPLANT *Calceolaria* soorten

BLADVERBRANDING complex non-parasitaire factoren
- vanaf zaaien zo licht mogelijk telen, zodat de gevoeligheid voor bladverbranding sterk vermindert.
- van 15 september tot 1 maart niet schermen.

PELARGONIUM *Pelargonium* soorten

BLADVLEKKENZIEKTE *Phoma hedericola*
gewasbehandeling door spuiten
chloorthalonil
    Finesse Vloeibaar

ROEST *Puccinia pelargonii-zonalis*
gewasbehandeling door spuiten
chloorthalonil
    Finesse Vloeibaar

PLATAAN *Platanus* soorten

BLADVLEKKENZIEKTE *Gnomonia errabunda*
- verwijderen van afgevallen blad en kankers op takken reduceert het infectieniveau, maar biedt geen afdoende oplossing onder gunstige infectieomstandigheden.

POPULIER *Populus* soorten

BACTERIEKANKER *Xanthomonas populi*
- minder vatbare rassen telen.
- aangetaste planten(delen) verwijderen.
- aangetaste bomen (bij ernstige aantasting) omzagen.

signalering:
- bij verdachte bomen is extra controle op takbreuk noodzakelijk.

BLADHAANTJES elzenhaantje *Agelastica alni*
- aangetaste bomen en struiken in het voorjaar voor het verschijnen van de kever verwijderen.

BLADVLEKKENZIEKTE *Drepanopeziza populialbae, Drepanopeziza populorum, Drepanopeziza punctiformis*
- afgevallen bladeren verwijderen.

BOKTORREN grote populierenboktor *Saperda carcharias*
- aangetaste bomen geheel verwijderen.

ROEST *Melampsora allii-populina, Melampsora larici-populina, Melampsora populnea f.sp. laricis, Melampsora populnea f.sp. pinitorqua, Melampsora populnea f.sp. rostrupii*
- resistente rassen telen.

RUSPSEN horzelvlinder *Sesia apiformis*
- beschadiging van de stambasis en de wortels voorkomen.
- zwaar aangetaste bomen rooien en afvoeren. Bij licht aangetaste bomen de wonden en uitvlieggaten met een wondafdekmiddel behandelen.

RUPSEN wilgenhoutvlinder *Cossus cossus*
- wonden met een wondafdekmiddel behandelen.

SCHORSBRAND *Cryptodiaporthe populea*
- dichte stand voorkomen.
- voor goede groeiomstandigheden zorgen.

SNUITKEVERS elzensnuitkever *Cryptorhynchus lapathi*
- aangetaste bomen en struiken in het voorjaar voor het verschijnen van de kever verwijderen.

RHODODENDRON *Rhododendron* soorten

KNOPVERDROGING *Pycnostysanus azaleae*
- planten afzoeken op aangetaste knoppen, deze verzamelen en vernietigen.

WANTSEN japanse vlieg *Stephanitis oberti*
Stephanitis rhododendri
- met eieren bezette scheuten in de winter afknippen en vernietigen. In het groeiseizoen aangetast materiaal afplukken.

RIDDERSPOOR *Delphinium hybrida*

BACTERIEZIEKTE *Pseudomonas syringae pv. delphinii*
- aangetaste planten(delen) verwijderen en afvoeren.

BLADVLEKKENZIEKTE *Ascochyta* soorten
gewasbehandeling door spuiten
chloorthalonil
    Finesse Vloeibaar

ECHTE MEELDAUW *Sphaerotheca fusca*
- gezond uitgangsmateriaal gebruiken.
- resistente of minder vatbare rassen telen.

ZWART PENROT *Phoma exigua var. exigua*
gewasbehandeling door spuiten
chloorthalonil
    Finesse Vloeibaar

ROOS *Rosa* soorten

ECHTE MEELDAUW *Microsphaera alphitoides*
gewasbehandeling door spuiten
tebuconazool
    Rosacur
plantbehandeling door spuiten
tebuconazool
    Pokon Schimmel Stop, Rosacur Spray

ECHTE MEELDAUW *Sphaerotheca pannosa var. pannosa*
gewasbehandeling door spuiten
tebuconazool
    Rosacur
triadimenol
    Exact-Vloeibaar
plantbehandeling door spuiten
tebuconazool / trifloxystrobin
    TWIST PLUS SPRAY

ECHTE MEELDAUW Sphaerotheca soorten
plantbehandeling door spuiten
tebuconazool / trifloxystrobin
    TWIST PLUS SPRAY

LOODGLANS *Chondrostereum purpureum*
- verdeel het bedrijf in werkeenheden en gebruik per eenheid een aparte schaar.

ROEST *Phragmidium mucronatum*
- resistente rassen telen.
gewasbehandeling door spuiten
chloorthalonil
    Finesse Vloeibaar
triadimenol
    Exact-Vloeibaar
plantbehandeling door spuiten
tebuconazool / trifloxystrobin
    TWIST PLUS SPRAY

ROEST *Phragmidium tuberculatum*
gewasbehandeling door spuiten
chloorthalonil
    Finesse Vloeibaar
plantbehandeling door spuiten
tebuconazool / trifloxystrobin
    TWIST PLUS SPRAY

ROEST Uredinales
- resistente rassen telen.

STERROETDAUW *Diplocarpon rosae*
- minder vatbare rassen telen.
gewasbehandeling door spuiten
tebuconazool
    Rosacur
plantbehandeling door spuiten
tebuconazool
    Pokon Schimmel Stop, Rosacur Spray
tebuconazool / trifloxystrobin
    TWIST PLUS SPRAY

VERWELKINGSZIEKTE *Verticillium albo-atrum, Verticillium dahliae*
- kas, verwarmingsbuizen en gaas na de teelt ontsmetten.

VOETROT *Cylindrocladium candelabrum*
- bij grondteelt voor een minder natte grond zorgen.

WORTELKNOBBEL *Agrobacterium tumefaciens*
- indruk bestaat in de praktijk dat deze ziekte kan worden overgebracht met scharen. Verdeel het bedrijf in werkeenheden en gebruik per eenheid een aparte schaar.

WORTELROT *Phytophthora* soorten
- bij grondteelt voor een minder natte grond zorgen.

SCINDAPSUS *Scindapsus* soorten

BLADVLEKKEN hoge luchtvochtigheid
- water- en meststofgift aanpassen.

SERING *Syringa* soorten

RUPSEN seringenmot *Caloptilia syringella*
- aangetaste planten(delen) in mei verwijderen.
- hagen steeds goed snoeien.

SIERAPPEL *Malus* soorten

BACTERIEVUUR *Erwinia amylovora*
- aangetaste struiken of bomen direct vernietigen en zo snel mogelijk op een afgedekte wagen vervoeren naar een verbrandingsplaats en daar direct verbranden. Wanneer verbranden niet uitvoerbaar is, kan aangetast materiaal ook versnipperd worden. In het winterseizoen zijn hieraan geen risico's verbonden. In het groeiseizoen aangetast materiaal na afzagen enkele dagen laten drogen en dan versnipperen. Snippers in het groeiseizoen alleen in de beplanting terugbrengen als alle waardplanten uit de beplanting zijn verwijderd.
- aanplant van Cotoneaster-, Stranvaesia- en Crataegus-soorten is in de beschermde gebieden niet toegestaan.
- eventuele besmettingsbron in de naaste omgeving trachten op te sporen en vernietigen is noodzakelijk, ook als die zich in particuliere tuinen bevindt.
- gereedschap dat in aanraking is geweest met besmette delen ontsmetten. De vervoermiddelen waarmee aangetast materiaal is vervoerd schoonspuiten.
signalering:
- gedurende het groeiseizoen, vooral vanaf de bloei, regelmatig inspecteren op het voorkomen van verdachte symptomen.
- nagaan of de aantasting wellicht met het plantmateriaal kan zijn aangevoerd en indien dat waarschijnlijk is, moeten ook de overige planten afkomstig van dezelfde kwekerij en van dezelfde partij aan een grondige inspectie worden onderworpen.

BLADLUIZEN appelbloedluis *Eriosoma lanigerum*
- op warme zomerdagen aangetaste planten(delen) met een krachtige koudwaterstraal bespuiten.

KANKER *Nectria galligena*
- minder vatbare rassen telen.
- voor goede groeiomstandigheden zorgen.
- aangetaste plekken tot op het gezonde hout uitsnijden.
- wonden met een wondafdekmiddel behandelen.

SCHURFT *Venturia inaequalis*
- resistente rassen telen.

SIERBES *Ribes* soorten

ZWARTE BESSENROEST *Cronartium ribicola*
- aantasting voorkomen door Pinus-soorten en Ribes-soorten niet in elkaars nabijheid te telen.

SIERERWT *Lathyrus* soorten

BLADVLEKKENZIEKTE *Ramularia deusta*
gewasbehandeling door spuiten
chloorthalonil
    Finesse Vloeibaar

SIERPEER *Pyrus* soorten

BACTERIEVUUR *Erwinia amylovora*
- aangetaste struiken of bomen direct vernietigen en zo snel mogelijk op een afgedekte wagen vervoeren naar een verbrandingsplaats en daar direct verbranden. Wanneer verbranden niet uitvoerbaar is, kan aangetast materiaal ook versnipperd worden. In het winterseizoen zijn hieraan geen risico's verbonden. In het groeiseizoen aangetast materiaal na afzagen enkele dagen laten drogen en dan versnipperen. Snippers in het groeiseizoen alleen in de beplanting terugbrengen als alle waardplanten uit de beplanting zijn verwijderd.
- aanplant van Cotoneaster-, Stranvaesia- en Crataegus-soorten is in de beschermde gebieden niet toegestaan.
- eventuele besmettingsbron in de naaste omgeving trachten op te sporen en vernietigen is noodzakelijk, ook als die zich in particuliere tuinen bevindt.
- gereedschap dat in aanraking is geweest met besmette delen ontsmetten. De vervoermiddelen waarmee aangetast materiaal is vervoerd schoonspuiten.
signalering:
- gedurende het groeiseizoen, vooral vanaf de bloei, regelmatig inspecteren op het voorkomen van verdachte symptomen.
- nagaan of de aantasting wellicht met het plantmateriaal kan zijn aangevoerd en indien dat waarschijnlijk is, moeten ook de overige planten afkomstig van dezelfde kwekerij en van dezelfde partij aan een grondige inspectie worden onderworpen.
Pyrus soorten

PRACHTKEVERS perenprachtkever *Agrilus sinuatus*
- voor een goede conditie van de boom zorgen (naarmate de conditie afneemt is de schade ernstiger).
- aangetaste bomen en struiken verwijderen en vernietigen.

SLEUTELBLOEM *Primula* soorten

BLADVLEKKENZIEKTE *Ramularia primulae*
gewasbehandeling door spuiten
chloorthalonil
    Finesse Vloeibaar

STER VAN BETHLEHEM *Campanula isophylla*

BLADVLEKKENZIEKTE *Ramularia macrospora*
gewasbehandeling door spuiten
chloorthalonil
    Finesse Vloeibaar

STRUIKHEIDE *Calluna* soorten

BLADHAANTJES heidekever *Lochmaea suturalis*
- heide afmaaien of indien mogelijk afbranden.

STRUIKVERONICA *Hebe* soorten

BLADVLEKKENZIEKTE *Septoria veronicae, Alternaria* soorten
gewasbehandeling door spuiten
chloorthalonil
    Finesse Vloeibaar

THUJA *Thuja* soorten

RUPSEN jeneverbesmineermot *Argyresthia trifasciata,* thujamineermot *Argyresthia thuiella*
signalering:
- hagen waarin in een vorig seizoen aantasting werd geconstateerd, inspecteren op jonge rupsen in de toppen (jeneverbesmineermot: half juli, thujamineermot: half augustus). De hagen vervolgens snoeien en het snoeisel vernietigen.

TULP *Tulipa* soorten

BLOEMVERDROGING complex non-parasitaire factoren
- voldoende water geven.

VALSE CHRISTUSDOORN *Gleditsia* soorten

GALMUGGEN gleditsiabladgalmug *Dasineura gleditchiae*
- geen specifieke niet-chemische maatregel bekend.

VIOOLTJE *Viola* soorten

BLADVLEKKENZIEKTE *Ramularia agrestis*
gewasbehandeling door spuiten
chloorthalonil
    Finesse Vloeibaar

ROEST *Puccinia violae*
gewasbehandeling door spuiten
chloorthalonil
    Finesse Vloeibaar

VLAMBLOEM *Phlox* soorten

ECHTE MEELDAUW *Sphaerotheca fusca*
- gezond uitgangsmateriaal gebruiken.
- resistente of minder vatbare rassen telen.

VUURDOORN *Pyracantha* soorten

BACTERIEVUUR *Erwinia amylovora*
- resistente rassen telen.
- aangetaste struiken of bomen direct vernietigen en zo snel mogelijk op een afgedekte wagen vervoeren naar een verbrandingsplaats en daar direct verbranden. Wanneer verbranden niet uitvoerbaar is, kan aangetast materiaal ook versnipperd worden. In het winterseizoen zijn hieraan geen risico's verbonden. In het groeiseizoen aangetast materiaal na afzagen enkele dagen laten drogen en dan versnipperen. Snippers in het groeiseizoen alleen in de beplanting terugbrengen als alle waardplanten uit de beplanting zijn verwijderd.
- aanplant van Cotoneaster-, Stranvaesia- en Crataegus-soorten is in de beschermde gebieden niet toegestaan.
- eventuele besmettingsbron in de naaste omgeving trachten op te sporen en vernietigen is noodzakelijk, ook als die zich in particuliere tuinen bevindt.
- gereedschap dat in aanraking is geweest met besmette delen ontsmetten. De vervoermiddelen waarmee aangetast materiaal is vervoerd schoonspuiten.
signalering:
- gedurende het groeiseizoen, vooral vanaf de bloei, regelmatig inspecteren op het voorkomen van verdachte symptomen.
- nagaan of de aantasting wellicht met het plantmateriaal kan zijn aangevoerd en indien dat waarschijnlijk is, moeten ook de overige planten afkomstig van dezelfde kwekerij en van dezelfde partij aan een grondige inspectie worden onderworpen.

RUPSEN vuurdoornvouwmijnmot *Phyllonorycter leucographella*
- bestrijding is doorgaans niet van belang.

WILG *Salix* soorten

ROEST *Melampsora caprearum*
- resistente rassen telen.

RUPSEN wilgenhoutvlinder *Cossus cossus*
- wonden met een wondafdekmiddel behandelen.

SCHURFT *Venturia saliciperda*
- resistente rassen telen.

SNUITKEVERS elzensnuitkever *Cryptorhynchus lapathi*
- aangetaste bomen en struiken in het voorjaar voor het verschijnen van de kever verwijderen.

WATERMERKZIEKTE *Erwinia salicis*
- vatbare klonen ('Calva', 'Drakenburg', 'Lichtenvoorde', 'Liempde' en 'Rockanje') van Salix alba niet aanplanten. De overige wilgensoorten beperkt gebruiken in gemengde beplantingen.
- knotbomen om de 3 jaar knotten.
- alleen 1 tot 2 jarig stekmateriaal voor vermeerdering gebruiken, dus geen 'poten'.

- aangetaste bomen verwijderen en afvoeren. Licht aangetaste bomen (krooninfectie maximaal 25 %) kunnen omgevormd worden tot knotbomen. Een snelle opruiming is gewenst.

YUCCA *Yucca* **soorten**

BOLROT *Fusarium bulbicola*
gewasbehandeling door spuiten
chloorthalonil
    Finesse Vloeibaar

ZINNIA *Zinnia* **soorten**

BLADVLEKKENZIEKTE *Alternaria zinniae*
gewasbehandeling door spuiten
chloorthalonil
    Finesse Vloeibaar

2.11 Houtteelt

Deze paragraaf geeft een overzicht van de ziekten, plagen en teeltproblemen die in de houtteelt (loofhout, naaldhout, snijteen) kunnen voorkomen evenals de preventie en bestrijding ervan. De bestrijdingsmogelijkheden worden per ziekte, plaag of teeltprobleem weergegeven en omvatten cultuurmaatregelen, biologische en chemische maatregelen. Voor de exacte toepassing dient u de toelatingsbeschikking van het betreffende middel te raadplegen.

2.11.1 Ziekten, plagen en teeltproblemen in de houtteelt

Algemeen

RUPSEN bastaardsatijnvlinder *Euproctis chrysorrhoea, plakker Lymantria dispar, ringelrupsvlinder Malacosoma neustria, satijnvlinder Leucoma salicis, stippelmotten Yponomeutidae*
gewasbehandeling door spuiten
Bacillus thuringiensis subsp. *kurstaki*
 Delfin, Dipel, Dipel ES, Scutello

SCHEUTVORMING OP STOBBEN, voorkomen van
stobbebehandeling door smeren
glyfosaat
 Acomac, Agrichem Glyfosaat, Agrichem Glyfosaat 2, Agrichem Glyfosaat B, Akosate, Amega, Catamaran, Clinic, Envision, Etna, Glifonex, Glycar, Glyfall, Glyfos, Glyper 360 SL, Glyphogan, Imex-Glyfosaat, Imex-Glyfosaat 2, Klaverblad-Glyfosaat, Luxan Glyfosaat Vloeibaar, Matos, MON 79632, Panic, Panic Free, Policlean, Rosate 36, Roundup, Roundup +, Roundup Econ 400, Roundup Energy, Roundup Evolution, Roundup Force, Roundup Max, Sphinx, Torinka, Wopro Glyphosate
triclopyr
 Garlon 4 E, Tribel 480 EC

SLAKKEN
grondbehandeling door strooien
metaldehyde
 Brabant Slakkendood, Caragoal GR

IEP

IEPZIEKTE *Ophiostoma ulmi*
plantbehandeling door injecteren
Verticillium albo-atrum stam wcs850
 Dutch Trig

LOOFHOUT

BEVER *Castor fiber*
plantbehandeling door smeren
kwartszand
 Wöbra

RUPSEN bastaardsatijnvlinder *Euproctis chrysorrhoea, plakker Lymantria dispar, ringelrupsvlinder*

Malacosoma neustria, satijnvlinder *Leucoma salicis, stippelmot Yponomeuta* **soorten**
gewasbehandeling door spuiten
Bacillus thuringiensis subsp. *aizawai*
 Turex Spuitpoeder, Xen Tari WG
Bacillus thuringiensis subsp. *kurstaki*
 Scutello L

RUPSEN kleine wintervlinder *Operophtera brumata*, **Pieris soorten**
gewasbehandeling door spuiten
Bacillus thuringiensis subsp. *aizawai*
 Turex Spuitpoeder, Xen Tari WG

WILD herten
plantbehandeling door smeren
kwartszand
 Wöbra

NAALDHOUT

BEVER *Castor fiber*
plantbehandeling door smeren
kwartszand
 Wöbra

RUPSEN bastaardsatijnvlinder *Euproctis chrysorrhoea, plakker Lymantria dispar, ringelrupsvlinder Malacosoma neustria, satijnvlinder Leucoma salicis, stippelmot Yponomeuta* **soorten**
gewasbehandeling door spuiten
Bacillus thuringiensis subsp. *aizawai*
 Turex Spuitpoeder, Xen Tari WG
Bacillus thuringiensis subsp. *kurstaki*
 Scutello L

RUPSEN kleine wintervlinder *Operophtera brumata*, **Pieris soorten**
gewasbehandeling door spuiten
Bacillus thuringiensis subsp. *aizawai*
 Turex Spuitpoeder, Xen Tari WG

WILD herten
plantbehandeling door smeren
kwartszand
 Wöbra

2.12 Objecten

Deze paragraaf geeft een overzicht van de ziekten, plagen en teeltproblemen die betrekking hebben op objecten zoals bijvoorbeeld bewaarplaatsen, teelttafels en dergelijke, evenals de preventie en bestrijding ervan. De bestrijdingsmogelijkheden worden per ziekte, plaag of teeltprobleem weergegeven en omvatten cultuurmaatregelen, biologische en chemische maatregelen. Voor de exacte toepassing van de middelen dient u de toelatingsbeschikking van het betreffende middel te raadplegen.

2.12.1 Ziekten, plagen en teeltproblemen met betrekking tot objecten

BETONVLOER

BACTERIËN
objectbehandeling door spuiten
didecyldimethylammoniumchloride
    Menno Ter Forte
objectbehandeling door spuiten gieten borstelen
benzoezuur
    Menno Clean

SCHIMMELS
objectbehandeling door spuiten gieten borstelen
benzoezuur
    Menno Clean

VIRUSZIEKTEN
objectbehandeling door spuiten gieten borstelen
benzoezuur
    Menno Clean

BEVLOEIINGSMAT

BACTERIËN
objectbehandeling door spuiten
didecyldimethylammoniumchloride
    Menno Ter Forte
objectbehandeling door spuiten gieten borstelen
benzoezuur
    Menno Clean

SCHIMMELS
objectbehandeling door spuiten gieten borstelen
benzoezuur
    Menno Clean

VIRUSZIEKTEN
objectbehandeling door spuiten gieten borstelen
benzoezuur
    Menno Clean

BEWAARPLAATS

BACTERIËN
objectbehandeling door spuiten
natrium-p-tolueensulfonchloramide
    Halamid-D

BEWAARSCHIMMELS Aspergillus soorten Cladosporium soorten, Penicillium soorten
gewasbehandeling (ruimtebehandeling) door roken
imazalil
    Fungaflor Rook

BLADLUIZEN *Aphididae*
gewasbehandeling (ruimtebehandeling) door roken
pirimicarb
    Pirimor Rookontwikkelaar

INSEKTEN
ruimtebehandeling door nevelen
dichloorvos
    Lurectron Nevelautomaat, Lurectron Nevelautomaat Extra

SLAKKEN
objectbehandeling door strooien
methiocarb
    Mesurol Pro

DROGE SLOOTBODEM

MOLLEN *Talpa europaea*
gangbehandeling met tabletten
aluminium-fosfide
    Luxan Mollentabletten
magnesiumfosfide
    Magtoxin WM

WOELRATTEN *Arvicola terrestris*
gangbehandeling met tabletten
aluminium-fosfide
    Luxan Mollentabletten

DRUPPELSYSTEEM

BACTERIËN
objectbehandeling door spuiten
didecyldimethylammoniumchloride
    Menno Ter Forte
objectbehandeling door spuiten gieten borstelen
benzoezuur
    Menno Clean

SCHIMMELS
objectbehandeling door spuiten gieten borstelen
benzoezuur
    Menno Clean

VIRUSZIEKTEN
objectbehandeling door spuiten gieten borstelen
benzoezuur
    Menno Clean

FUST

BACTERIËN
objectbehandeling door dompelen
quaternaire ammonium verbindingen, benzyl-c8-18-al
    Embalit NT, Embalit NTK
objectbehandeling door strijken of spuiten
quaternaire ammonium verbindingen, benzyl-c8-18-al
    Embalit NT, Embalit NTK

INSEKTEN
fustbehandeling door spuiten
pirimifos-methyl
    Actellic 50, Wopro Pirimiphos Methyl

SCHIMMELS
objectbehandeling door dompelen
quaternaire ammonium verbindingen, benzyl-c8-18-al
Embalit NT, Embalit NTK
objectbehandeling door drenken
propiconazool
Tanalith P 6303
objectbehandeling door spuiten
propiconazool
Tanalith P 6303
objectbehandeling door strijken of spuiten
quaternaire ammonium verbindingen, benzyl-c8-18-al
Embalit NT, Embalit NTK

TRIPSEN gladiolentrips *Thrips simplex, katoenknoppentrips Frankliniella schultzei, tabakstrips Thrips tabaci*
fustbehandeling door spuiten
pirimifos-methyl
Actellic 50, Wopro Pirimiphos Methyl
fustbehandeling door spuiten
pirimifos-methyl
Actellic 50, Wopro Pirimiphos Methyl

VIRUSZIEKTEN
objectbehandeling door dompelen
quaternaire ammonium verbindingen, benzyl-c8-18-al
Embalit NT, Embalit NTK
objectbehandeling door strijken of spuiten
quaternaire ammonium verbindingen, benzyl-c8-18-al
Embalit NT, Embalit NTK

WOLLUIZEN *Phenacoccus* soorten
fustbehandeling door spuiten
pirimifos-methyl
Actellic 50, Wopro Pirimiphos Methyl

FUST VOOR FRUIT

BACTERIËN
objectbehandeling door dompelen
didecyldimethylammoniumchloride
Bardac 22, Fervent Groen Weg, Mucosin-AT
quaternaire ammonium verbindingen, benzyl-c8-18-al
Dimanin-Algendoder, Embalit NT

SCHIMMELS
objectbehandeling door dompelen
didecyldimethylammoniumchloride
Bardac 22, Fervent Groen Weg, Mucosin-AT
quaternaire ammonium verbindingen, benzyl-c8-18-al
Dimanin-Algendoder, Embalit NT

VIRUSZIEKTEN
objectbehandeling door dompelen
quaternaire ammonium verbindingen, benzyl-c8-18-al
Dimanin-Algendoder, Embalit NT

FUST VOOR POOTAARDAPPELEN

BACTERIËN
fustbehandeling door dompelen
natrium-p-tolueensulfonchloramide
Halamid-D
objectbehandeling door dompelen
didecyldimethylammoniumchloride
Bardac 22, Fervent Groen Weg, Mucosin-AT
quaternaire ammonium verbindingen, benzyl-c8-18-al
Dimanin-Algendoder, Embalit NT

SCHIMMELS
objectbehandeling door dompelen
didecyldimethylammoniumchloride
Bardac 22, Fervent Groen Weg, Mucosin-AT

quaternaire ammonium verbindingen, benzyl-c8-18-al
Dimanin-Algendoder, Embalit NT

VIRUSZIEKTEN
objectbehandeling door dompelen
quaternaire ammonium verbindingen, benzyl-c8-18-al
Dimanin-Algendoder, Embalit NT

HANDGEREEDSCHAP

BACTERIËN
objectbehandeling door dompelen
benzoezuur
Menno Clean

SCHIMMELS
objectbehandeling door dompelen
benzoezuur
Menno Clean
objectbehandeling door spuiten
2-propanol / didecyldimethylammoniumchloride / glutaaraldehyde / quaternaire ammonium verbindingen, benzyl-c8-18-al
Agri Des
didecyldimethylammoniumchloride / glutaaraldehyde / quaternaire ammonium verbindingen, benzyl-c8-18-al
Viro Cid

VIRUSZIEKTEN
objectbehandeling door dompelen
benzoezuur
Menno Clean

HANDSCHOEN

BACTERIËN
objectbehandeling door dompelen
benzoezuur
Menno Clean

SCHIMMELS
objectbehandeling door dompelen
benzoezuur
Menno Clean

VIRUSZIEKTEN
objectbehandeling door dompelen
benzoezuur
Menno Clean

KAS EN WARENHUIS

BACTERIËN
objectbehandeling door spuiten
benzoezuur
Menno Clean

SCHIMMELS
objectbehandeling door spuiten
benzoezuur
Menno Clean

SLAKKEN
objectbehandeling door strooien
methiocarb
Mesurol Pro

VIRUSZIEKTEN
objectbehandeling door spuiten
benzoezuur
Menno Clean

2.12 Ziekten en plagen objecten

KWEEKTAFEL

BACTERIËN
objectbehandeling door spuiten gieten borstelen
benzoezuur
> Menno Clean

objectbehandeling door spuiten
didecyldimethylammoniumchloride
> Menno Ter Forte

SCHIMMELS
objectbehandeling door spuiten gieten borstelen
benzoezuur
> Menno Clean

VIRUSZIEKTEN
objectbehandeling door spuiten gieten borstelen
benzoezuur
> Menno Clean

LEGE BEWAARPLAATS

BACTERIËN
fustbehandeling door dompelen
natrium-p-tolueensulfonchloramide
> Halamid-D

objectbehandeling door spuiten
didecyldimethylammoniumchloride
> Bardac 22, Fervent Groen Weg, Menno Ter Forte, Mucosin-AT

quaternaire ammonium verbindingen, benzyl-c8-18-al
> Dimanin-Algendoder, Embalit NT

SCHIMMELS
objectbehandeling door spuiten
2-propanol / didecyldimethylammoniumchloride / glutaaralde-hyde / quaternaire ammonium verbindingen, benzyl-c8-18-al
> Agri Des

didecyldimethylammoniumchloride
> Bardac 22, Fervent Groen Weg, Menno Ter Forte, Mucosin-AT

didecyldimethylammoniumchloride / glutaaraldehyde / quater-naire ammonium verbindingen, benzyl-c8-18-al
> Viro Cid

quaternaire ammonium verbindingen, benzyl-c8-18-al
> Dimanin-Algendoder, Embalit NT

VIRUSZIEKTEN
objectbehandeling door spuiten
quaternaire ammonium verbindingen, benzyl-c8-18-al
> Dimanin-Algendoder, Embalit NT

LEGE KOELRUIMTE

SCHIMMELS
objectbehandeling door spuiten
2-propanol / didecyldimethylammoniumchloride / glutaaralde-hyde / quaternaire ammonium verbindingen, benzyl-c8-18-al
> Agri Des

didecyldimethylammoniumchloride / glutaaraldehyde / quater-naire ammonium verbindingen, benzyl-c8-18-al
> Viro Cid

LEGE TEELTRUIMTE

SCHIMMELS
objectbehandeling door spuiten
2-propanol / didecyldimethylammoniumchloride / glutaaralde-hyde / quaternaire ammonium verbindingen, benzyl-c8-18-al
> Agri Des

didecyldimethylammoniumchloride / glutaaraldehyde / quater-naire ammonium verbindingen, benzyl-c8-18-al
> Viro Cid

MUUR

SCHIMMELS
objectbehandeling door spuiten
2-propanol / didecyldimethylammoniumchloride / glutaaralde-hyde / quaternaire ammonium verbindingen, benzyl-c8-18-al
> Agri Des

didecyldimethylammoniumchloride / glutaaraldehyde / quater-naire ammonium verbindingen, benzyl-c8-18-al
> Viro Cid

NET

SCHIMMELS
objectbehandeling door spuiten
2-propanol / didecyldimethylammoniumchloride / glutaaralde-hyde / quaternaire ammonium verbindingen, benzyl-c8-18-al
> Agri Des

didecyldimethylammoniumchloride / glutaaraldehyde / quater-naire ammonium verbindingen, benzyl-c8-18-al
> Viro Cid

NEVENRUIMTE

SCHIMMELS
objectbehandeling door spuiten
2-propanol / didecyldimethylammoniumchloride / glutaaralde-hyde / quaternaire ammonium verbindingen, benzyl-c8-18-al
> Agri Des

didecyldimethylammoniumchloride / glutaaraldehyde / quater-naire ammonium verbindingen, benzyl-c8-18-al
> Viro Cid

PLANTCONTAINER

BACTERIËN
objectbehandeling door dompelen
benzoezuur
> Menno Clean

objectbehandeling door spuiten
didecyldimethylammoniumchloride
> Menno Ter Forte

SCHIMMELS
objectbehandeling door dompelen
benzoezuur
> Menno Clean

VIRUSZIEKTEN
objectbehandeling door dompelen
benzoezuur
> Menno Clean

PLANTENKWEKERSKIST

BACTERIËN
objectbehandeling door dompelen
benzoezuur
> Menno Clean

objectbehandeling door spuiten
didecyldimethylammoniumchloride
> Menno Ter Forte

SCHIMMELS
objectbehandeling door dompelen
benzoezuur
> Menno Clean

VIRUSZIEKTEN
objectbehandeling door dompelen
benzoezuur
> Menno Clean

RAND VAN AKKER

MOLLEN *Talpa europaea*
gangbehandeling met tabletten
aluminium-fosfide
    Luxan Mollentabletten
magnesiumfosfide
    Magtoxin WM

WOELRATTEN *Arvicola terrestris*
gangbehandeling met tabletten
aluminium-fosfide
    Luxan Mollentabletten

RAND VAN WEILAND

MOLLEN *Talpa europaea*
gangbehandeling met tabletten
aluminium-fosfide
    Luxan Mollentabletten
magnesiumfosfide
    Magtoxin WM

WOELRATTEN *Arvicola terrestris*
gangbehandeling met tabletten
aluminium-fosfide
    Luxan Mollentabletten

ROOI-APPARATUUR VOOR POOTAARDAPPELEN

BACTERIËN
objectbehandeling door spuiten
quaternaire ammonium verbindingen, benzyl-c8-18-al
    Embalit NT
objectbehandeling door spuiten of borstelen
didecyldimethylammoniumchloride
    Bardac 22, Fervent Groen Weg, Menno Ter Forte,
    Mucosin-AT
quaternaire ammonium verbindingen, benzyl-c8-18-al
    Dimanin-Algendoder

SCHIMMELS
objectbehandeling door spuiten
quaternaire ammonium verbindingen, benzyl-c8-18-al
    Embalit NT
objectbehandeling door spuiten of borstelen
didecyldimethylammoniumchloride
    Bardac 22, Fervent Groen Weg, Menno Ter Forte,
    Mucosin-AT
quaternaire ammonium verbindingen, benzyl-c8-18-al
    Dimanin-Algendoder

VIRUSZIEKTEN
objectbehandeling door spuiten
quaternaire ammonium verbindingen, benzyl-c8-18-al
    Embalit NT
objectbehandeling door spuiten of borstelen
quaternaire ammonium verbindingen, benzyl-c8-18-al
    Dimanin-Algendoder

SLOOTKANT

MOLLEN *Talpa europaea*
gangbehandeling met tabletten
aluminium-fosfide
    Luxan Mollentabletten
magnesiumfosfide
    Magtoxin WM

WOELRATTEN *Arvicola terrestris*
gangbehandeling met lokaas
bromadiolon
    Arvicolex
gangbehandeling met tabletten

aluminium-fosfide
    Luxan Mollentabletten

STEKBAK

BACTERIËN
objectbehandeling door dompelen
benzoezuur
    Menno Clean
objectbehandeling door spuiten
didecyldimethylammoniumchloride
    Menno Ter Forte

SCHIMMELS
objectbehandeling door dompelen
benzoezuur
    Menno Clean

VIRUSZIEKTEN
objectbehandeling door dompelen
benzoezuur
    Menno Clean

STELLING

SCHIMMELS
objectbehandeling door spuiten
didecyldimethylammoniumchloride / glutaaraldehyde / quaternaire ammonium verbindingen, benzyl-c8-18-al
    Viro Cid
2-propanol / didecyldimethylammoniumchloride / glutaaraldehyde / quaternaire ammonium verbindingen, benzyl-c8-18-al
    Agri Des

TEELTBAK

SLAKKEN
objectbehandeling door strooien
methiocarb
    Mesurol Pro

VEENMOLLEN
Gryllotalpidae
objectbehandeling door strooien
methiocarb
    Mesurol Pro

TRANSPORTAPPARATUUR VOOR POOTAARDAPPELEN

BACTERIËN
objectbehandeling door spuiten
quaternaire ammonium verbindingen, benzyl-c8-18-al
    Embalit NT
objectbehandeling door spuiten of borstelen
didecyldimethylammoniumchloride
    Bardac 22, Fervent Groen Weg, Menno Ter Forte,
    Mucosin-AT
quaternaire ammonium verbindingen, benzyl-c8-18-al
    Dimanin-Algendoder

SCHIMMELS
objectbehandeling door spuiten
quaternaire ammonium verbindingen, benzyl-c8-18-al
    Embalit NT
objectbehandeling door spuiten of borstelen
didecyldimethylammoniumchloride
    Bardac 22, Fervent Groen Weg, Menno Ter Forte,
    Mucosin-AT
quaternaire ammonium verbindingen, benzyl-c8-18-al
    Dimanin-Algendoder

VIRUSZIEKTEN
objectbehandeling door spuiten

quaternaire ammonium verbindingen, benzyl-c8-18-al
    Embalit NT
objectbehandeling door spuiten of borstelen
quaternaire ammonium verbindingen, benzyl-c8-18-al
    Dimanin-Algendoder

VERWERKINGSAPPARATUUR VOOR POOTAARDAPPELEN

BACTERIËN
apparatuurbehandeling door spuiten
natrium-p-tolueensulfonchloramide
    Halamid-D
objectbehandeling door spuiten
quaternaire ammonium verbindingen, benzyl-c8-18-al
    Embalit NT
objectbehandeling door spuiten of borstelen
didecyldimethylammoniumchloride
    Bardac 22, Fervent Groen Weg, Menno Ter Forte, Mucosin-AT
quaternaire ammonium verbindingen, benzyl-c8-18-al
    Dimanin-Algendoder

SCHIMMELS
objectbehandeling door spuiten
quaternaire ammonium verbindingen, benzyl-c8-18-al

    Embalit NT
objectbehandeling door spuiten of borstelen
didecyldimethylammoniumchloride
    Bardac 22, Fervent Groen Weg, Menno Ter Forte, Mucosin-AT
quaternaire ammonium verbindingen, benzyl-c8-18-al
    Dimanin-Algendoder

VIRUSZIEKTEN
objectbehandeling door spuiten
quaternaire ammonium verbindingen, benzyl-c8-18-al
    Embalit NT
objectbehandeling door spuiten of borstelen
quaternaire ammonium verbindingen, benzyl-c8-18-al
    Dimanin-Algendoder

VLOER VAN CHAMPIGNONCEL

SCHIMMELS
objectbehandeling door spuiten
2-propanol / didecyldimethylammoniumchloride / glutaaraldehyde / quaternaire ammonium verbindingen, benzyl-c8-18-al
    Agri Des
didecyldimethylammoniumchloride / glutaaraldehyde / quaternaire ammonium verbindingen, benzyl-c8-18-al
    Viro Cid

2.13 Windschermen

Deze paragraaf geeft een overzicht van de ziekten, plagen en teeltproblemen die betrekking hebben op windschermen, evenals de preventie en bestrijding ervan. De bestrijdingsmogelijkheden worden per ziekte, plaag of teeltprobleem weergegeven en omvatten cultuurmaatregelen, biologische en chemische maatregelen. Voor de exacte toepassing van de middelen dient u de toelatingsbeschikking van het betreffende middel te raadplegen.

2.13.1 Ziekten, plagen en teeltproblemen in windschermen

ALGEMEEN

SCHEUTVORMING OP STOBBEN, voorkomen van
stobbebehandeling door smeren
triclopyr
    Garlon 4 E
    Tribel 480 EC

CONIFEER *cupressocyparis leylandii*

CICADEN fuchsiacicade *Empoasca vitis*
- geen specifieke niet-chemische maatregel bekend.

RUPSEN jeneverbesmineermot *Argyresthia trifasciata*
- hagen in de eerste helft van juli snoeien.

TAKSTERFTE *Kabatina juniperi*
- aangetaste planten(delen) verwijderen.

3. Onkruiden voorkomen en bestrijden

3.1 Inleiding

In dit hoofdstuk treft u informatie aan over de mogelijkheden tot het voorkomen en bestrijden van onkruiden in de verschillende sectoren van de land- en tuinbouw en in het openbaar en particulier groen. Ook de onkruidbestrijding op objecten, zoals tijdelijk onbeteelde terreinen en apparatuur evenals de bestrijding van algen, wieren, mossen en groene aanslag wordt in dit hoofdstuk weergegeven.

Het hoofdstuk bestaat uit een aantal paragrafen waarbij voor de volgende ingangen gekozen is:
- Een korte **inleiding** op dit hoofdstuk (3.1) plus een overzicht van een groot aantal Nederlandse onkruiden, ingedeeld per onkruidgroep en onder vermelding van de wetenschappelijke naam.
- Een algemeen overzicht van beschikbare **niet-chemische maatregelen** ter voorkoming en bestrijding van onkruiden voor de verschillende sectoren (3.2).
- Overzichten per sector en gewas waarin staat weergegeven welke **herbiciden** zijn toegelaten en wat het bijbehorende werkingsspectrum en toepassingstijdstip is (3.3). In de tabellen wordt weergegeven tegen welke groep van onkruiden de genoemde werkzame stof ingezet kan worden en of de stof voor of na opkomst moet worden toegepast. Daarnaast staan ook per gewas de toegelaten doodspuitmiddelen vermeld. In de kruistabellen wordt achtereenvolgens weergegeven:
  - De toegelaten werkzame stoffen per gewas. Zowel de werkzame stoffen als de gewassen zijn op alfabetische volgorde gerangschikt.
  - De onkruidgroep die bestreden wordt: eenjarige en overjarige monocotyle onkruiden, eenjarige en overjarige dicotyle onkruiden en 'gewas' als het een doodspuitmiddel betreft.
  - Het tijdstip van de toepassing te weten voor opkomst van het gewas of na opkomst van het gewas.

Tevens wordt een overzicht gegeven van de toegelaten middelen ter bestrijding van **onkruiden, algen, wieren en mossen per object** (3.3.11) zoals bijvoorbeeld tijdelijk onbeteeld land, watergangen of teelttafels. In de kruistabel wordt achtereenvolgens weergegeven:
- De toegelaten werkzame stoffen per object. Zowel de werkzame stoffen als de objecten zijn op alfabetische volgorde gerangschikt.
- De onkruidgroep of aantasting die bestreden wordt: eenjarige en overjarige monocotyle onkruiden, eenjarige en overjarige dicotyle onkruiden, mossen, algen en wieren, vaatcryptogamen (zoals bijvoorbeeld varens) en naaktzadigen.

Het grootste deel van de herbiciden heeft alleen een toelating in onbedekte teelten en niet in bedekte teelten, in de tabellen wordt dit niet nader gespecificeerd. Raadpleeg voor de toepassing van herbiciden dan ook altijd eerst het actuele Wettelijk Gebruiksvoorschrift en de Gebruiksaanwijzing van het middel voor het specifieke toepassingsgebied.

De beschrijvingen van de werkzame stoffen in dit hoofdstuk en het werkingsspectrum van deze stoffen zijn gebaseerd op de gebruiksaanwijzingen in de toelatingsbeschikkingen van de verschillende herbiciden.

3.1.1 Nederlandse onkruiden, naam en groepering

De volgende tabel geeft een overzicht van een groot aantal Nederlandse onkruiden, ingedeeld per onkruidgroep, met hun wetenschappelijke en Nederlandse naam.

Tabel 3. Algemeen voorkomende onkruiden in Nederland, naamgeving en groepering.

Nederlandse naam	Wetenschappelijke naam	onkruidgroep
aardappel	*Solanum tuberosum*	overblijvende tweezaadlobbigen
akkerandoorn	*Stachys arvensis*	eenjarige tweezaadlobbigen
akkerboterbloem	*Ranunculus arvensis*	eenjarige tweezaadlobbigen
akkerdistel	*Cirsium arvense*	overblijvende tweezaadlobbigen
akkerereprijs	*Veronica agrestis*	eenjarige tweezaadlobbigen
akkerkers	*Rorippa sylvestris*	overblijvende tweezaadlobbigen
akkerkool	*Lapsana communis*	eenjarige tweezaadlobbigen
akkerleeuwenbek	*Antirrhinum orontium*	eenjarige tweezaadlobbigen
akkermelkdistel	*Sonchus arvensis*	overblijvende tweezaadlobbigen
akkermunt	*Mentha arvensis*	overblijvende tweezaadlobbigen
akkervergeet-mij-nietje	*Myosotis arvensis*	eenjarige tweezaadlobbigen
akkerviooltje	*Viola arvensis*	eenjarige tweezaadlobbigen
akkerwinde	*Convolvulus arvensis*	overblijvende tweezaadlobbigen
Amerikaanse vogelkers	*Prunus serotina*	overblijvende tweezaadlobbigen
basterdwederik soorten	*Epilobium spp.*	overblijvende tweezaadlobbigen
bezemkruiskruid	*Senecio inaeqidens*	overblijvende tweezaadlobbigen
biet	*Beta vulgaris*	eenjarige tweezaadlobbigen
blaartrekkende boterbloem	*Ranunculus sceleratus*	eenjarige tweezaadlobbigen
blauw walstro	*Sherardia arvensis*	overblijvende tweezaadlobbigen
bleekgele hennepnetel	*Galeopsis segetum*	eenjarige tweezaadlobbigen
bochtige smele	*Deschampsia flexuosa*	overblijvende grassen
bonte wikke	*Vicia villosa*	eenjarige tweezaadlobbigen
bosrank	*Clematis vitalba*	overblijvende tweezaadlobbigen
boterbloem soorten	*Ranunculus spp.*	overblijvende tweezaadlobbigen
braam	*Rubus fruticosus*	overblijvende tweezaadlobbigen
buntgras	*Corynephorus canescens*	overblijvende grassen
Canadese fijnstraal	*Conyza canadensis*	eenjarige tweezaadlobbigen
dauwnetel	*Galeopsis speciosa*	eenjarige tweezaadlobbigen
draadereprijs	*Veronica filiformis*	overblijvende tweezaadlobbigen
driehoornig walstro	*Galium tricornutum*	eenjarige tweezaadlobbigen
driekleurig viooltje	*Viola tricolor*	eenjarige tweezaadlobbigen
drijvend fonteinkruid	*Potamogeton natans*	overblijvende overige eenzaadlobbigen
duist	*Alopecurus myosuroides*	eenjarige grassen
duizendblad	*Achillea millefolium ssp. lanulosa*	overblijvende tweezaadlobbigen
duizendknoop soorten	*Polygonum spp.*	eenjarige tweezaadlobbigen
echte kamille	*Matricaria recutita*	eenjarige tweezaadlobbigen
echte karwij	*Carum carvi*	tweejarige tweezaadlobbigen
eendekroos soorten	*Lemna spp.*	overblijvende overige eenzaadlobbigen
egelboterbloem	*Ranunculus flammula*	overblijvende tweezaadlobbigen
egelskop soorten	*Sparganium spp.*	overblijvende overige eenzaadlobbigen
eironde leeuwenbek	*Kickxia spuria*	eenjarige tweezaadlobbigen
engels raaigras	*Lolium perenne*	overblijvende grassen
ereprijs soorten	*Veronica spp.*	eenjarige tweezaadlobbigen
fioringras	*Agrostis stolonifera*	overblijvende grassen
fluitenkruid	*Anthriscus sylvestris*	overblijvende tweezaadlobbigen
fluweelblad	*Abutilon theophrasti*	eenjarige tweezaadlobbigen
fonteinkruid soorten	*Potamogeton spp.*	overblijvende tweezaadlobbigen
framboos	*Rubus idaeus*	overblijvende tweezaadlobbigen
ganzenvoet soorten	*Chenopodium spp.*	eenjarige tweezaadlobbigen
geknikte vossenstaart	*Alopecurus geniculatus*	overblijvende grassen
gekroesde melkdistel	*Sonchus asper*	eenjarige tweezaadlobbigen
gele ganzebloem	*Chrysanthemum segetum*	eenjarige tweezaadlobbigen
gele lis	*Iris pseudacorus*	overblijvende overige eenzaadlobbigen
gele plomp	*Nuphar lutea*	overblijvende tweezaadlobbigen
gerst	*Hordeum vulgare*	eenjarige granen
gevlekte scheerling	*Conium maculatum*	tweejarige tweezaadlobbigen
gewone brunel	*Prunella vulgaris*	overblijvende tweezaadlobbigen
gewone duivekervel	*Fumaria officinalis*	eenjarige tweezaadlobbigen
gewone hoornbloem	*Cerastium fontanum*	overblijvende tweezaadlobbigen
gewone melkdistel	*Sonchus oleraceus*	eenjarige tweezaadlobbigen
gewone paardebloem	*Taraxacum officinale*	overblijvende tweezaadlobbigen
gewone reigersbek	*Erodium cicutarium*	eenjarige tweezaadlobbigen
gewone spurrie	*Spergula arvensis*	eenjarige tweezaadlobbigen

Nederlandse naam	Wetenschappelijke naam	onkruidgroep
gewone steenraket	*Erysimum cheiranthoides*	eenjarige tweezaadlobbigen
gewone veldbies	*Luzula campestris*	overblijvende overige eenzaadlobbigen
gewoon struisgras	*Agrostis tenuis*	overblijvende grassen
glad vingergras	*Digitaria ischaemum*	eenjarige grassen
glanshaver	*Arrhenatherum elatius*	overblijvende grassen
grassen	*Gramineae*	eenjarige grassen
greppelrus	*Juncus bufonius*	overblijvende overige eenzaadlobbigen
groene aanslag	*Chlorophyta*	wieren
groene naaldaar	*Setaria viridis*	eenjarige grassen
groot hoefblad	*Petasites hybridus*	overblijvende tweezaadlobbigen
grote boterbloem	*Ranunculus lingua*	overblijvende tweezaadlobbigen
grote brandnetel	*Urtica dioica*	overblijvende tweezaadlobbigen
grote ereprijs	*Veronica persica*	eenjarige tweezaadlobbigen
grote kroosvaren	*Azolla filiculoides*	varens
grote leeuwenklauw	*Aphanes arvensis*	eenjarige tweezaadlobbigen
grote lisdodde	*Typha latifolia*	overblijvende overige eenzaadlobbigen
grote ratelaar	*Rhinanthus angustifolius*	eenjarige tweezaadlobbigen
grote schorseneer	*Scorzonera hispanica*	overblijvende tweezaadlobbigen
grote teunisbloem	*Oenothera erythrosepala*	tweejarige tweezaadlobbigen
grote varkenskers	*Coronopus squamatus*	eenjarige tweezaadlobbigen
grote vossenstaart	*Alopecurus pratensis*	overblijvende grassen
grote weegbree	*Plantago major*	overblijvende tweezaadlobbigen
grote wolfsklauw	*Lycopodium clavatum*	wolfsklauwen
grove den	*Pinus silvestris*	naaktzadigen
gulden boterbloem	*Ranunculus auricomus*	overblijvende tweezaadlobbigen
haagwinde	*Calystegia sepium*	overblijvende tweezaadlobbigen
handjesgras	*Cynodon dactylon*	overblijvende grassen
hanenpoot	*Echinochloa crus-galli*	eenjarige grassen
harig knopkruid	*Galinsoga quadriradiata*	eenjarige tweezaadlobbigen
harig vingergras	*Digitaria sanquinalis*	eenjarige grassen
haver	*Avena sativa*	eenjarige granen
havikskruid soorten	*Hieracium spp.*	overblijvende tweezaadlobbigen
hazenpootje	*Trifolium arvense*	eenjarige tweezaadlobbigen
heen	*Scirpus maritimus*	overblijvende overige eenzaadlobbigen
heermoes	*Equisetum arvense*	paardestaarten
heggenwikke	*Vicia sepium*	eenjarige tweezaadlobbigen
heksenmelk	*Euphorbia esula*	overblijvende tweezaadlobbigen
herderstasje	*Capsella bursa-pastoris*	eenjarige tweezaadlobbigen
herfstleeuwentand	*Leontodon autumnalis*	overblijvende tweezaadlobbigen
herik	*Sinapis arvensis*	eenjarige tweezaadlobbigen
hoenderbeet	*Lamium amplexicaule*	eenjarige tweezaadlobbigen
hondsdraf	*Glechoma hederacea*	overblijvende tweezaadlobbigen
hondspeterselie	*Aethusa cynapium*	eenjarige tweezaadlobbigen
hoornblad soorten	*Ceratophyllum spp.*	overblijvende tweezaadlobbigen
huttentut	*Camelina sativa ssp. microcarpa*	eenjarige tweezaadlobbigen
ingesneden dovenetel	*Lamium incisum*	eenjarige tweezaadlobbigen
Italiaans raaigras	*Lolium multiflorum*	eenjarige grassen
jacobskruiskruid	*Senecio jacobaea*	tweejarige tweezaadlobbigen
Japanse duizendknoop	*Polygonum cuspidatum*	overblijvende tweezaadlobbigen
kaal knopkruid	*Galinsoga parviflora*	eenjarige tweezaadlobbigen
kale jonker	*Cirsium palustre*	tweejarige tweezaadlobbigen
kalmoes	*Acorus calamus*	overblijvende overige eenzaadlobbigen
kamille soorten	*Anthemis spp.*	eenjarige tweezaadlobbigen
kamille soorten	*Matricaria spp.*	eenjarige tweezaadlobbigen
klaproos soorten	*Papaver spp.*	eenjarige tweezaadlobbigen
klaver soorten	*Trifolium spp.*	overblijvende tweezaadlobbigen
kleefkruid	*Galium aparine*	eenjarige tweezaadlobbigen
klein hoefblad	*Tussilago farfara*	overblijvende tweezaadlobbigen
klein kruiskruid	*Senecio vulgaris*	eenjarige tweezaadlobbigen
klein liefdegras	*Eragrostis minor*	eenjarige grassen
klein tasjeskruid	*Teesdalia nudicaulis*	eenjarige tweezaadlobbigen
kleine brandnetel	*Urtica urens*	eenjarige tweezaadlobbigen
kleine klit	*Arctium minus*	tweejarige tweezaadlobbigen
kleine leeuwenbek	*Chaenorrhinum minus*	eenjarige tweezaadlobbigen
kleine leeuwenklauw	*Aphanes microcarpa*	eenjarige tweezaadlobbigen
kleine lisdodde	*Typha angustifolia*	overblijvende overige eenzaadlobbigen
kleine ooievaarsbek	*Geranium pusillum*	eenjarige tweezaadlobbigen
kleine teunisbloem	*Oenothera parviflora*	tweejarige tweezaadlobbigen
kleine varkenskers	*Coronopus didymus*	eenjarige tweezaadlobbigen
kleine veldkers	*Cardamine hirsuta*	eenjarige tweezaadlobbigen
kleine wolfsmelk	*Euphorbia exigua*	eenjarige tweezaadlobbigen
klimopereprijs	*Veronica hederifolia*	eenjarige tweezaadlobbigen

Nederlandse onkruiden

Nederlandse naam	Wetenschappelijke naam	onkruidgroep
kluwen hoornbloem	*Cerastium glomeratum*	eenjarige tweezaadlobbigen
knolcyperus	*Cyperus esculentus*	overblijvende overige eenzaadlobbigen
knopherik	*Raphanus rhaphanistrum*	eenjarige tweezaadlobbigen
knopige duizendknoop	*Polygonum lapathifolium*	eenjarige tweezaadlobbigen
koolzaad	*Brassica napus*	tweejarige tweezaadlobbigen
korenbloem	*Centaurea cyanus*	eenjarige tweezaadlobbigen
korensla	*Arnoseris minima*	eenjarige tweezaadlobbigen
korrelganzenvoet	*Chenopodium polyspermum*	eenjarige tweezaadlobbigen
kraailook	*Allium vineale*	overblijvende tweezaadlobbigen
kransnaaldaar	*Setaria verticillata*	eenjarige grassen
kromhals	*Anchusa arvensis*	eenjarige tweezaadlobbigen
kroontjeskruid	*Euphorbia helioscopia*	eenjarige tweezaadlobbigen
kruipende boterbloem	*Ranunculus repens*	overblijvende tweezaadlobbigen
kruipertje	*Hordeum murinum*	eenjarige grassen
kruiskruid soorten	*Senecio spp.*	eenjarige tweezaadlobbigen
kruldistel	*Carduus crispus*	tweejarige tweezaadlobbigen
kweek	*Elytrigia repens*	overblijvende grassen
leeuwentand	*Leontodon nudicaulis*	overblijvende tweezaadlobbigen
lidrus	*Equisetum palustre*	paardestaarten
liesgras	*Glyceria aquatica*	overblijvende grassen
madeliefje	*Bellis perennis*	overblijvende tweezaadlobbigen
mais	*Zea mays*	eenjarige granen
mannagras	*Glyceria fluitans*	overblijvende grassen
melde soorten	*Atriplex spp.*	eenjarige tweezaadlobbigen
melganzenvoet	*Chenopodium album*	eenjarige tweezaadlobbigen
moerasandoorn	*Stachys palustris*	overblijvende tweezaadlobbigen
moerasdroogbloem	*Gnaphalium uliginosum*	eenjarige tweezaadlobbigen
moeraskers	*Rorippa palustris*	eenjarige tweezaadlobbigen
muizenoor	*Hieracium pilosella*	overblijvende tweezaadlobbigen
muizenstaart	*Myosurus minimus*	eenjarige tweezaadlobbigen
muurleeuwenbek	*Cymbalaria muralis*	eenjarige tweezaadlobbigen
muurpeper	*Sedum acre*	overblijvende tweezaadlobbigen
naaldaar soorten	*Setaria spp.*	eenjarige grassen
nerfamarant	*Amaranthus blitoides*	eenjarige tweezaadlobbigen
oot	*Avena fatua*	eenjarige grassen
paardestaart soorten	*Equisetum spp.*	paardestaarten
paarse dovenetel	*Lamium purpureum*	eenjarige tweezaadlobbigen
papegaaienkruid	*Amaranthus retroflexus*	eenjarige tweezaadlobbigen
peen	*Daucus carota*	tweejarige tweezaadlobbigen
perzikkruid	*Polygonum persicaria*	eenjarige tweezaadlobbigen
pijpestrootje	*Molinia coerulea*	overblijvende grassen
pinksterbloem	*Cardamine pratensis*	overblijvende tweezaadlobbigen
pitrus	*Juncus effusus*	overblijvende overige eenzaadlobbigen
raapzaad	*Brassica rapa subsp. oleifera*	tweejarige tweezaadlobbigen
radijs	*Raphanus sativus*	eenjarige tweezaadlobbigen
reukloze kamille	*Matricaria maritima*	eenjarige tweezaadlobbigen
reuze berenklauw	*Heracleum mantegazzianum*	overblijvende tweezaadlobbigen
ridderzuring	*Rumex obtusifolius*	overblijvende tweezaadlobbigen
riet	*Phragmites australis*	overblijvende grassen
rietzwenkgras	*Festuca arundinacea*	overblijvende grassen
ringelwikke	*Vicia hirsuta*	eenjarige tweezaadlobbigen
rode ganzenvoet	*Chenopodium rubrum*	eenjarige tweezaadlobbigen
rode schijnspurrie	*Spergularia rubra*	eenjarige tweezaadlobbigen
rogge	*Secale cereale*	eenjarige granen
rood guichelheil	*Anagalis arvensis*	eenjarige tweezaadlobbigen
roodzwenkgras	*Festuca rubra*	overblijvende grassen
rosse vossenstaart	*Alopecurus aequalis*	overblijvende grassen
ruige leeuwentand	*Leontodon hispidus*	overblijvende tweezaadlobbigen
rus soorten	*Juncus spp.*	overblijvende overige eenzaadlobbigen
ruw beemdgras	*Poa trivialis*	overblijvende grassen
ruw parelzaad	*Buglossoides arvensis*	eenjarige tweezaadlobbigen
ruwe smele	*Deschampsia cespitosa*	overblijvende grassen
schapenzuring	*Rumex acetosella*	overblijvende tweezaadlobbigen
scherpe boterbloem	*Ranunculus acris*	overblijvende tweezaadlobbigen
scherpe zegge	*Carex acuta*	overblijvende overige eenzaadlobbigen
schijfkamille	*Matricaria discoidea*	eenjarige tweezaadlobbigen
slangenwortel	*Calla pallustris*	overblijvende overige eenzaadlobbigen
slofhak	*Anthoxanthum aristatum*	eenjarige grassen
smalle raai	*Galeopsis angustifolia*	eenjarige tweezaadlobbigen
smalle rolklaver	*Lotus glaber*	overblijvende tweezaadlobbigen
smalle weegbree	*Plantago lanceolata*	overblijvende tweezaadlobbigen
smeerwortel	*Symphytum officinale*	overblijvende tweezaadlobbigen

Nederlandse naam	Wetenschappelijke naam	onkruidgroep
sofiekruid	*Sisymbrium sophia*	eenjarige tweezaadlobbigen
speenkruid	*Ranunculus ficaria*	overblijvende tweezaadlobbigen
speerdistel	*Cirsium vulgare*	tweejarige tweezaadlobbigen
spiegelklokje	*Legousia durandi*	eenjarige tweezaadlobbigen
spiesleeuwenbek	*Kickxia elatine*	eenjarige tweezaadlobbigen
spiesmelde	*Atriplex prostata*	eenjarige tweezaadlobbigen
stalkaars	*Verbascum densiflorum*	tweejarige tweezaadlobbigen
steenlevermos	*Marchantia polymorpha*	levermossen
stijve klaverzuring	*Oxalis fontana*	overblijvende tweezaadlobbigen
stippelganzenvoet	*Chenopodium serotinum*	eenjarige tweezaadlobbigen
straatgras	*Poa annua*	eenjarige grassen
straatliefdegras	*Eragrostis pilosa*	eenjarige grassen
strandbiet	*Beta vulgaris ssp. maritima*	eenjarige tweezaadlobbigen
strandkamille	*Tripleurospermum maritimum*	eenjarige tweezaadlobbigen
tarwe	*Triticum aestivum*	eenjarige granen
tormentil	*Potentilla erecta*	overblijvende tweezaadlobbigen
tuinbingelkruid	*Mercurialis annua*	eenjarige tweezaadlobbigen
tuinwolfsmelk	*Euphorbia peplus*	eenjarige tweezaadlobbigen
uitstaande melde	*Atriplex patula*	eenjarige tweezaadlobbigen
valse kamille	*Anthemis arvensis*	eenjarige tweezaadlobbigen
varkensgras	*Polygonum aviculare*	eenjarige tweezaadlobbigen
vederdistel soorten	*Cirsium spp.*	overblijvende tweezaadlobbigen
vederkruid soorten	*Myriophyllum spp.*	overblijvende tweezaadlobbigen
veelbloemige veldbies	*Luzula multiflora*	overblijvende overige eenzaadlobbigen
veenwortel	*Polygonum amphibium*	overblijvende tweezaadlobbigen
veerdelig tandzaad	*Bidens tripartita*	eenjarige tweezaadlobbigen
veldbeemdgras	*Poa pratensis*	overblijvende grassen
veldwarkruid	*Cuscuta campestris*	eenjarige tweezaadlobbigen
veldzuring	*Rumex acetosa*	overblijvende tweezaadlobbigen
vergeet-mij-nietje soorten	*Myosotis spp.*	eenjarige tweezaadlobbigen
vierzaadwikke	*Vicia tetrasperma*	eenjarige tweezaadlobbigen
viltganzerik	*Potentilla argentea*	overblijvende tweezaadlobbigen
viltige duizendknoop	*Persicaria tomentosa*	eenjarige tweezaadlobbigen
vingergras soorten	*Digitaria spp.*	eenjarige grassen
vlottende waterranonkel	*Batrachium fluitans*	eenjarige tweezaadlobbigen
voederwikke	*Vicia sativa*	eenjarige tweezaadlobbigen
vogelmuur	*Stellaria media*	eenjarige tweezaadlobbigen
vogelpootklaver	*Trifolium ornithopodioides*	eenjarige tweezaadlobbigen
warkruid soorten	*Cuscuta spp.*	eenjarige tweezaadlobbigen
watergentiaan	*Nymphoides peltata*	overblijvende tweezaadlobbigen
waterkruiskruid	*Senecio aquaticus*	overblijvende tweezaadlobbigen
waterpeper	*Polygonum hydropyper*	eenjarige tweezaadlobbigen
wikke soorten	*Vicia spp.*	eenjarige tweezaadlobbigen
wilde haver	*Avena sterilis*	eenjarige granen
wilde postelein	*Portulaca oleracea*	eenjarige tweezaadlobbigen
wilde ridderspoor	*Consolida regalis*	eenjarige tweezaadlobbigen
wilgenroosje	*Chamaenerion angustifolium*	overblijvende tweezaadlobbigen
winde soorten	*Convolvulus spp.*	overblijvende tweezaadlobbigen
windhalm	*Apera spica-venti*	eenjarige grassen
wintergerst	*Hordeum vulgare (winter)*	eenjarige granen
witbol	*Holcus lanatus*	overblijvende grassen
witte dovenetel	*Lamium album*	overblijvende tweezaadlobbigen
witte klaver	*Trifolium repens*	overblijvende tweezaadlobbigen
witte klaverzuring	*Oxalis acetosella*	overblijvende tweezaadlobbigen
witte krodde	*Thlaspi arvense*	eenjarige tweezaadlobbigen
witte waterkers	*Rorippa nasturtium-aquaticum*	overblijvende tweezaadlobbigen
witte waterlelie	*Nymphaea ampla*	overblijvende tweezaadlobbigen
zachte dravik	*Bromus mollis*	eenjarige grassen
zachte duizendknoop	*Polygonum mite*	eenjarige tweezaadlobbigen
zachte ooievaarsbek	*Geranium molle*	eenjarige tweezaadlobbigen
zandambrosia	*Ambrosia psilostachya*	overblijvende tweezaadlobbigen
zandraket	*Arabidopsis thaliana*	eenjarige tweezaadlobbigen
zeegroene ganzenvoet	*Chenopodium glaucum*	eenjarige tweezaadlobbigen
zegge soorten	*Carex spp.*	overblijvende overige eenzaadlobbigen
zevenblad	*Aegopodium podagraria*	overblijvende tweezaadlobbigen
zilverschoon	*Potentilla anserina*	overblijvende tweezaadlobbigen
zomergerst	*Hordeum vulgare (spring)*	eenjarige granen
zomertarwe	*Triticum aestivum*	eenjarige granen
zuring soorten	*Rumex spp.*	overblijvende tweezaadlobbigen
zwaluwtong	*Polygonum convolvulus*	eenjarige tweezaadlobbigen
zwarte nachtschade	*Solanum nigrum*	eenjarige tweezaadlobbigen
zwenkgras soorten	*Festuca spp.*	overblijvende grassen

3.2 Algemene niet-chemische maatregelen

Hieronder treft u een beschrijving aan van de algemeen toepasbare niet-chemische maatregelen om onkruiden te voorkomen of te bestrijden. De lijst geeft een breed beeld van de verschillende mogelijkheden die de praktijk ter beschikking staan veel eerder dan dat het een volledige opsomming is van alle in Nederland toegepaste niet-chemische maatregelen voor wat betreft onkruidbestrijding. De maatregelen zijn als volgt gerangschikt: Bedrijfshygiëne, Omgang met de bodem of substraat, Mechanische onkruidbestrijding, Concurrentiekracht, Teeltmaatregelen en Overig. Daarnaast is in deze paragraaf een tabel opgenomen waarin, door middel van nummers die verwijzen naar de tekst, wordt weergegeven in welke sector van de land- en tuinbouw en het openbaar en particulier groen de maatregel het best kan worden toegepast.

Bedrijfshygiëne
1. Machines en gereedschappen goed schoonmaken, zodat deze vrij zijn van onkruidwortels en –zaden.
2. Het perceel consequent schoonhouden van onkruid om zaadvorming van onkruiden te voorkomen.
3. Schone potten, kisten, containers, oogstfust en dergelijke gebruiken die vrij zijn van onkruidwortels en –zaden.
4. Schoon substraat gebruiken dat behandeld en eventueel gekeurd is. Dit geldt ook voor aanhangende grond bij uitgangsmateriaal.
5. Handmatige onkruidbestrijding door handmatig wieden, schoffelen, hakken enzovoort. Het bedrijfshygiënisch effect is groot, omdat ook de laatste onkruiden worden verwijderd en vermeerdering wordt voorkomen.

Omgang met de bodem of substraat
6. Inundatie van vlak braakland. Deze maatregel is onder andere toepasbaar voor bollenbedrijven op daartoe geschikte grond. Door de inzet van deze maatregel kan een aantal onkruiden, zoals bijvoorbeeld akkerdistel, bestreden worden.
7. Grondontsmetting door stomen. Deze maatregel is hoofdzakelijk toepasbaar in de teelten onder glas.
8. Biologische grondontsmetting door het inwerken van stro in de grond. Door de inzet van deze maatregel wordt het kiemen en groeien van onkruiden geremd.
9. Een vals zaaibed maken. Snelkiemende onkruiden voor het zaaien bestrijden door bijvoorbeeld afbranden of eggen.
10. Voor het zaaien een grondbewerking uitvoeren. Maak daartoe de grond zo laat mogelijk zaaiklaar.

Mechanische onkruidbestrijding
11. Het effect van een mechanische onkruidbestrijding hangt nauw samen met aspecten zoals, de grondsoort waarop geteeld wordt, het soort gewas, het stadium waarin het onkruid zich bevindt, het weer voor en na de bestrijding, de homogeniteit van het perceel en de rijsnelheid en afstelling van de machine. Mechanische onkruidbestrijding is met name effectief tegen éénjarige onkruiden. Wortelonkruiden worden doorgaans minder goed bestreden. Voorbeelden van mechanische onkruidbestrijding zijn:
    a. Ploegen: in de zomerperiode kan men door regelmatig ondiep te ploegen wortelonkruiden op braakland bestrijden.
    b. Spitten: dit is voor wat betreft het onkruidbestrijdende effect vergelijkbaar met ploegen.
    c. Cultivateren: kan een goed onkruidbestrijdend effect hebben maar is doorgaans minder effectief dan een kerende grondbewerking.
    d. Frezen: daarmee kunnen de onkruiden voor de start van de teelt worden ondergewerkt. Even als cultivateren is frezen doorgaans minder effectief dan een kerende grondbewerking.
    e. Eggen: heeft een uitstekend onkruidbestrijdend effect mits het op het juiste moment wordt toegepast, als de onkruiden kiemen of nog heel jong zijn. Eggen kan in een aantal gewassen gewasschade veroorzaken.
    f. Schoffelen: heeft alleen een onkruidbestrijdend effect tussen de rijen en niet in de rij.

g. Vingerwieder, rotorwieder, torsiewieder: door wieders in te zetten in combinatie met schoffelen kunnen zowel onkruiden tussen de rijen als in de rij bestreden worden.

h. Aanaarden: is alleen mogelijk in de teelt op ruggen maar kan daar zeer effectief zijn.

Concurrentiekracht

12. Concurrentiekrachtige rassen met bijvoorbeeld een betere grondbedekking of snellere loofontwikkeling telen.

13. Voorgekiemd zaad gebruiken geeft het gewas een voorsprong op het (kiemende) onkruid.

14. Zaai- of plantafstanden verkleinen; hierdoor krijgt onkruid minder kans.

15. Door gewassen te planten in plaats van ter plaatse te zaaien wordt het concurrentie-effect van het gewas vergroot.

16. Onderzaaien van onkruidonderdrukkende gewassen zoals bijvoorbeeld klaver of een dekvrucht telen. Met name in de graszaadteelt kan gebruik worden gemaakt van een onkruidonderdrukkende dekvrucht, zoals bijvoorbeeld graan.

17. Tussen twee teelten door een onkruidonderdrukkende groenbemester zaaien.

Teeltmaatregelen

18. Teelt- en vruchtwisseling toepassen. Teelten waarin onkruiden lastig te bestrijden zijn afwisselen met teelten waarbij onkruiden gemakkelijk kunnen worden bestreden. Het is ook mogelijk om onkruidonderdrukkende gewasrotaties van snel- en langzaam groeiende gewassen toe te passen.

19. Zaaitijdstip verlaten. Door zo laat mogelijk te zaaien kunnen veel gekiemde onkruiden bestreden worden. Deze maatregel kan riskant zijn met het oog op het weer, maar is tegelijkertijd erg effectief tegen een aantal onkruiden zoals duist.

20. Gewassen op ruggen telen. Daarbij is het mogelijk om onkruiden te bestrijden door middel van aanaarden en schoffelen.

21. Onder door water geven zodat de bovenste laag van de pot of container droog blijft en ingewaaide onkruiden minder kans krijgen om te kiemen (specifiek pot- en containerteelt).

22. Afdekmaterialen zoals schors of dekseltjes of andere soorten van bodembedekking gebruiken, bijvoorbeeld stro of plastic. Deze maatregel is zeer effectief maar kan bemestingsproblemen (bijvoorbeeld stikstof) veroorzaken (specifiek pot- en containerteelt).

23. Worteldoek onder de containers plaatsen om de ondergrond vrij te houden van onkruiden (specifiek pot- en containerteelt).

Overig

24. Percelen kiezen waarvan bekend is dat de onkruiddruk laag is.

25. Weinig organische mest uitrijden, dit kan veel onkruidzaden bevatten.

26. Een maaiweide van twee jaar opnemen in de vruchtwisseling.

27. Haarden van wortelonkruiden verwijderen.

28. Het inzetten van onkruidbranders voor de opkomst van het gewas.

29. Gezond uitgangsmateriaal gebruiken, dat vrij is van onkruidwortels of onkruidzaad.

30. Schermen plaatsen om ingroei en overwaaien van onkruidzaden te verminderen.

Tabel 4. Mogelijkheden tot het inzetten van niet-chemische maatregelen ter bestrijding van onkruiden in de verschillende sectoren.

	Akkerbouw	Groot fruit	Klein fruit	Groenten vol	Groenten glas	Kruiden	Paddenstoelen	Bloembollen / bolbloemen	Bloemisterij vol	Bloemisterij glas	Boom / vaste planten	Openbaar groen
1	x	x	x	x	x	x	x	x	x	x	x	x
2	x	x	x	x	x	x		x	x	x	x	x
3	x	x	x	x	x	x		x	x	x	x	
4		x	x	x	x		x	x		x	x	
5	x	x	x	x	x	x	x	x	x	x	x	x
6	x		x	x	x			x	x		x	
7					x					x		
8	x		x	x	x	x		x	x		x	
9	x			x	x	x		x	x			
10	x			x	x	x			x		x	
11	x	x	x	x	x	x		x	x	x	x	x
12	x		x	x	x	x		x	x			
13	x			x	x	x			x			
14	x	x	x	x	x	x			x	x	x	
15	x		x	x	x				x	x	x	
16	x	x	x								x	x
17	x			x		x		x	x			
18	x		x	x	x	x		x	x	x	x	
19	x			x		x			x			
20				X								
21					x			x	x	x	x	
22	x		x	x				x	x	x	x	
23											x	
24	x		x	x		x		x	x		x	
25	x		x	x	x	x		x	x			
26	x		x	x		x		x	x		x	
27	x	x	x	x	x	x		x	x	x	x	x
28	x			x	x	x		x	x	x		
29	x	x	x	x	x	x		x	x	x	x	x
30		x	x	x	x	x		x	x	x	x	

3.3 Chemische maatregelen per sector

3.3.1 De werking van herbiciden

Tabel 5. Werkingsspectrum van herbiciden (werkzame stof).

werkzame stof(fen)	contactwerking	systemische werking	opname via bovengrondse delen	opname via ondergrondse delen
2,4-D		+	+	
2,4-D / dicamba		+	+	
2,4-D / dicamba / MCPA		+	+	
2,4-D / triclopyr		+	+	
2,4-DB		+	+	
aclonifen	+	+	+	+
alkylamine ethoxylaat / formaldehyde / glyfosaat		+	+	
amidosulfuron		+	+	
amidosulfuron / jodosulfuron-methyl-natrium		+	+	
aminopyralid / fluroxypyr-meptyl		+	+	
amitrol		+	+	
asulam		+	+	+
bentazon	+		+	
bentazon / terbuthylazine	+	+	+	
bifenox / mecoprop-P	+	+	+	+
bromoxynil	+		+	
carbetamide		+		+
carfentrazone-ethyl	+		+	
carfentrazone-ethyl / metsulfuron-methyl	+	+	+	
chloorprofam		+	+	+
chloridazon		+	+	+
chloridazon / quinmerac		+	+	+
cinidon-ethyl	+	+	+	
clodinafop-propargyl / pinoxaden	+	+	+	
clomazone		+		+
clopyralid		+	+	
cycloxydim		+	+	
decaanzuur / nonaanzuur	+		+	
decaanzuur / octaanzuur	+		+	
desmedifam / ethofumesaat / fenmedifam	+	+	+	+
desmedifam / ethofumesaat / fenmedifam / metamitron	+	+	+	
dicamba		+	+	
diflufenican		+		+
diflufenican / ioxynil / isoproturon	+	+	+	+
diflufenican / isoproturon		+	+	+
dimethenamide / dimethenamide-P	+		+	
dimethenamide-P	+		+	
ethofumesaat		+		+
ethofumesaat / fenmedifam	+	+	+	+
ethofumesaat / metamitron	+	+	+	+
fenmedifam			+	
fenoxaprop-P-ethyl	+	+		
fenoxaprop-P-ethyl / mefenpyr-diethyl	+	+	+	+
florasulam		+	+	+
florasulam / fluroxypyr / fluroxypyr-meptyl	+	+	+	
florasulam / fluroxypyr-meptyl		+	+	+
florasulam / pyroxsulam		+	+	+
fluazifop-P-butyl		+	+	
flumioxazin			+	
fluroxypyr		+	+	
foramsulfuron / iodosulfuron-methyl-natrium		+		
glufosinaat-ammonium	+		+	

werkzame stof(fen)	contactwerking	systemische werking	opname via bovengrondse delen	opname via ondergrondse delen
glyfosaat		+	+	
glyfosaat / uitgedrukt als diquat		+	+	
iodosulfuron-methyl-natrium		+		
iodosulfuron-methyl-natrium / mesosulfuron-methyl		+		
ioxynil	+	+	+	+
isoxadifen-ethyl / tembotrione		+	+	
isoxaflutool		+		+
linuron		+	+	+
maleine hydrazide / nonaanzuur	+		+	
MCPA		+	+	
mecoprop-P		+	+	
mesotrione		+	+	+
mesotrione / nicosulfuron		+	+	+
mesotrione / terbuthylazine		+	+	+
metamitron		+	+	+
metazachloor		+		
metribuzin		+		+
metsulfuron-methyl		+	+	
nicosulfuron		+	+	
pendimethalin		+		+
pinoxaden		+		
propyzamide		+		+
prosulfocarb		+		+
pyraflufen-ethyl	+			
pyridaat	+		+	
quizalofop-P-ethyl		+	+	
rimsulfuron		+	+	
S-metolachloor		+		+
S-metolachloor / terbuthylazine		+		+
sulcotrion		+	+	
tembotrione		+	+	
tepraloxydim		+	+	
topramezone		+	+	+
tri-allaat				+
triclopyr		+	+	
triflusulfuron-methyl		+	+	
tritosulfuron		+	+	+

3.3.2 Akkerbouw en grasland

Tabel 6. Herbiciden, toegelaten werkzame stoffen, werkingsspectrum en toepassingstijdstip per gewas.

werkzame stof(fen) voor/na opkomst, doodspuiten	onkruidgroep	Algemeen Voor	algemeen na	algemeen dood	aardappel voor
2,4-D / dicamba	tweezaadlobbigen				
2,4-D / dicamba / MCPA	eenjarige tweezaadlobbigen				
2,4-D / dicamba / MCPA	overblijvende tweezaadlobbigen				
2,4-D / dicamba / MCPA	tweezaadlobbigen				
2,4-DB	tweezaadlobbigen				
aclonifen	eenjarige grassen				+
aclonifen	eenjarige tweezaadlobbigen				+
aclonifen	tweezaadlobbigen				+
amidosulfuron	eenjarige tweezaadlobbigen				
amidosulfuron	overblijvende tweezaadlobbigen				
amidosulfuron	tweejarige tweezaadlobbigen				
amidosulfuron / jodosulfuron-methyl-natrium	eenjarige tweezaadlobbigen				
asulam	eenjarige grassen				
asulam	eenjarige tweezaadlobbigen				
asulam	tweezaadlobbigen				
bentazon	eenjarige eenzaadlobbigen				
bentazon	eenjarige tweezaadlobbigen				
bentazon	overblijvende overige eenzaadlobbigen				
bentazon / terbuthylazine	eenjarige grassen				
bentazon / terbuthylazine	eenjarige tweezaadlobbigen				
bentazon / terbuthylazine	overblijvende overige eenzaadlobbigen				
bifenox / mecoprop-P	eenjarige tweezaadlobbigen				
bifenox / mecoprop-P	tweezaadlobbigen				
bromoxynil	eenjarige tweezaadlobbigen				
carbetamide	eenjarige grassen				
carbetamide	eenjarige tweezaadlobbigen				
carbetamide	overblijvende tweezaadlobbigen				
carbetamide	tweezaadlobbigen				
carfentrazone-ethyl	eenjarige tweezaadlobbigen				
carfentrazone-ethyl / metsulfuron-methyl	eenjarige tweezaadlobbigen				
carfentrazone-ethyl / metsulfuron-methyl	tweezaadlobbigen				
chloorprofam	eenjarige eenzaadlobbigen				
chloorprofam	eenjarige grassen				
chloorprofam	eenjarige tweezaadlobbigen				
chloridazon	eenzaadlobbigen				
chloridazon	tweezaadlobbigen				
chloridazon / quinmerac	eenjarige tweezaadlobbigen				
chloridazon / quinmerac	overblijvende tweezaadlobbigen				
cinidon-ethyl	eenjarige tweezaadlobbigen				
clodinafop-propargyl / pinoxaden	eenjarige granen				
clodinafop-propargyl / pinoxaden	eenjarige grassen				
clodinafop-propargyl / pinoxaden	overblijvende grassen				
clomazone	eenjarige tweezaadlobbigen				+
clopyralid	eenjarige tweezaadlobbigen				
clopyralid	overblijvende tweezaadlobbigen				
clopyralid	tweezaadlobbigen				
cycloxydim	eenjarige granen				
cycloxydim	eenjarige grassen				
cycloxydim	gewas				
cycloxydim	overblijvende grassen				
desmedifam / ethofumesaat / fenmedifam	eenjarige tweezaadlobbigen				
desmedifam / ethofumesaat / fenmedifam / metamitron	eenjarige eenzaadlobbigen				
desmedifam / ethofumesaat / fenmedifam / metamitron	eenjarige tweezaadlobbigen				
dicamba	eenjarige tweezaadlobbigen				
dicamba	overblijvende tweezaadlobbigen				
dicamba	tweejarige tweezaadlobbigen				
diflufenican / ioxynil / isoproturon	eenjarige grassen				
diflufenican / ioxynil / isoproturon	eenjarige tweezaadlobbigen				

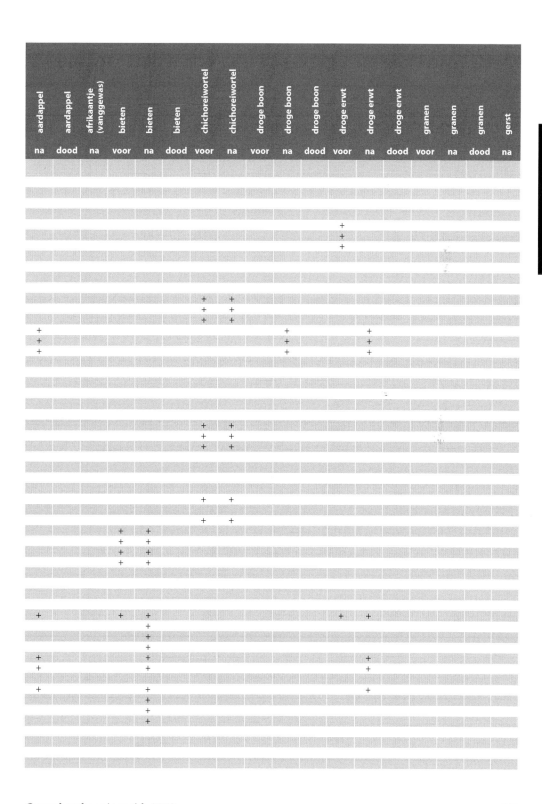

werkzame stof(fen) voor/na opkomst, doodspuiten	onkruidgroep	Algemeen Voor	algemeen na	algemeen dood	aardappel voor
diflufenican / isoproturon	eenjarige grassen				
diflufenican / isoproturon	eenjarige tweezaadlobbigen				
dimethenamide-P	eenjarige eenzaadlobbigen				
dimethenamide-P	eenjarige grassen				
dimethenamide-P	eenjarige tweezaadlobbigen				
diquat dibromide / diquat-dibromide	gewas				
ethofumesaat	eenjarige eenzaadlobbigen				
ethofumesaat	eenjarige grassen				
ethofumesaat	eenjarige tweezaadlobbigen				
ethofumesaat	tweezaadlobbigen				
ethofumesaat / fenmedifam	eenjarige eenzaadlobbigen				
ethofumesaat / fenmedifam	eenjarige tweezaadlobbigen				
ethofumesaat / fenmedifam	overblijvende tweezaadlobbigen				
ethofumesaat / metamitron	eenjarige eenzaadlobbigen				
ethofumesaat / metamitron	eenjarige tweezaadlobbigen				
fenmedifam	eenjarige tweezaadlobbigen				
fenmedifam	tweejarige tweezaadlobbigen				
fenoxaprop-p-ethyl	eenjarige granen				
fenoxaprop-p-ethyl	eenjarige grassen				
fenoxaprop-p-ethyl / mefenpyr-diethyl	eenjarige granen				
fenoxaprop-p-ethyl / mefenpyr-diethyl	eenjarige grassen				
florasulam	eenjarige tweezaadlobbigen				
florasulam / fluroxypyr / fluroxypyr-meptyl	eenjarige tweezaadlobbigen				
florasulam / fluroxypyr-meptyl	eenjarige tweezaadlobbigen				
florasulam / fluroxypyr-meptyl	overblijvende tweezaadlobbigen				
florasulam / pyroxsulam	eenjarige grassen				
florasulam / pyroxsulam	eenjarige tweezaadlobbigen				
fluazifop-P-butyl	eenjarige granen				+
fluazifop-P-butyl	eenjarige grassen				+
fluazifop-P-butyl	overblijvende grassen				+
fluroxypyr	eenjarige tweezaadlobbigen				
fluroxypyr	overblijvende tweezaadlobbigen				
fluroxypyr	tweezaadlobbigen				
fluroxypyr-meptyl	eenjarige tweezaadlobbigen				
fluroxypyr-meptyl	overblijvende tweezaadlobbigen				
fluroxypyr-meptyl	tweezaadlobbigen				
foramsulfuron / jodosulfuron-methyl-natrium	eenjarige grassen				
foramsulfuron / jodosulfuron-methyl-natrium	eenjarige tweezaadlobbigen				
foramsulfuron / jodosulfuron-methyl-natrium	overblijvende grassen				
glufosinaat-ammonium	eenjarige eenzaadlobbigen	+	+		+
glufosinaat-ammonium	eenjarige grassen	+	+		
glufosinaat-ammonium	eenjarige tweezaadlobbigen	+	+		+
glufosinaat-ammonium	gewas				
glufosinaat-ammonium	overblijvende grassen				+
glyfosaat	eenjarige eenzaadlobbigen		+		+
glyfosaat	eenjarige granen	+	+	+	
glyfosaat	eenjarige grassen	+	+	+	
glyfosaat	eenjarige tweezaadlobbigen		+		+
glyfosaat	gewas	+	+	+	+
glyfosaat	overblijvende grassen		+		+
glyfosaat	overblijvende overige eenzaadlobbigen		+		+
glyfosaat	overblijvende tweezaadlobbigen		+		+
glyfosaat	tweejarige tweezaadlobbigen				+
glyfosaat	tweezaadlobbigen		+		+
ioxynil / ioxynil octanoaat / ioxynil-octanoaat	eenjarige tweezaadlobbigen				
ioxynil / ioxynil octanoaat / ioxynil-octanoaat	overblijvende tweezaadlobbigen				
isoxadifen-ethyl / tembotrione	eenjarige grassen				
isoxadifen-ethyl / tembotrione	eenjarige tweezaadlobbigen				
isoxaflutool	eenjarige grassen				
isoxaflutool	eenjarige tweezaadlobbigen				
jodosulfuron-methyl-natrium	eenjarige grassen				
jodosulfuron-methyl-natrium	eenjarige tweezaadlobbigen				
jodosulfuron-methyl-natrium / mesosulfuron-methyl	eenjarige grassen				

aardappel	aardappel	afrikaantje (vanggewas)	bieten	bieten	bieten	chichoreiwortel	chichoreiwortel	droge boon	droge boon	droge boon	droge erwt	droge erwt	droge erwt	granen	granen	granen	gerst
na	dood	na	voor	na	dood	voor	na	voor	na	dood	voor	na	dood	voor	na	dood	na
				+													
				+													
				+													
	+																
				+													
				+													
				+													
				+													
				+													
				+													
			+	+													
			+	+													
		+		+													
		+		+													
+			+	+		+	+				+	+					
+	+		+	+		+	+				+	+					
+			+	+		+	+				+	+					
+																	
+																	
+	+																
+																	
+	+		+					+	+	+	+	+	+	+	+	+	
			+						+			+			+		+
+	+		+					+	+	+	+	+	+	+	+		
+	+																
+	+		+					+	+	+	+	+	+	+	+	+	+
+	+		+					+	+	+	+	+	+	+	+	+	
+	+		+	+	+			+	+	+	+	+	+	+	+		
			+														
+	+		+					+	+	+	+	+	+	+	+	+	

3.3.2 Onkruidbestrijding akkerbouw en grasland

werkzame stof(fen)	onkruidgroep	Algemeen	algemeen	algemeen	aardappel
voor/na opkomst, doodspuiten		Voor	na	dood	voor
jodosulfuron-methyl-natrium / mesosulfuron-methyl	overblijvende grassen				
linuron	eenjarige grassen				+
linuron	eenjarige tweezaadlobbigen				+
linuron	overblijvende tweezaadlobbigen				+
linuron	tweezaadlobbigen				+
MCPA	eenjarige tweezaadlobbigen				
MCPA	gewas				
MCPA	overblijvende tweezaadlobbigen				
MCPA	tweezaadlobbigen				
mecoprop-P	eenjarige tweezaadlobbigen				
mecoprop-P	tweezaadlobbigen				
mesotrione	eenjarige grassen				
mesotrione	eenjarige tweezaadlobbigen				
mesotrione / nicosulfuron	eenjarige eenzaadlobbigen				
mesotrione / nicosulfuron	eenjarige grassen				
mesotrione / nicosulfuron	eenjarige tweezaadlobbigen				
mesotrione / nicosulfuron	overblijvende grassen				
mesotrione / terbuthylazine	eenjarige grassen				
mesotrione / terbuthylazine	eenjarige tweezaadlobbigen				
metamitron	eenjarige eenzaadlobbigen				
metamitron	eenjarige grassen				
metamitron	eenjarige tweezaadlobbigen				
metamitron	eenzaadlobbigen				
metamitron	tweezaadlobbigen				
metam-natrium	anguinidae				+
metam-natrium	heteroderidae				+
metam-natrium	meloidogynidae				+
metam-natrium	overblijvende overige eenzaadlobbigen	+			
metam-natrium	pratylenchidae				+
metam-natrium	trichodoridae				+
metazachloor	eenjarige eenzaadlobbigen				+
metazachloor	eenjarige grassen				+
metazachloor	eenjarige tweezaadlobbigen				+
metribuzin	eenjarige grassen				+
metribuzin	eenjarige tweezaadlobbigen				+
metribuzin	overblijvende grassen				
metsulfuron-methyl	eenjarige tweezaadlobbigen				
nicosulfuron	eenjarige grassen				
nicosulfuron	eenjarige tweezaadlobbigen				
nicosulfuron	onkruiden				
nicosulfuron	overblijvende grassen				
pendimethalin	eenjarige grassen				+
pendimethalin	eenjarige tweezaadlobbigen				+
pinoxaden	eenjarige granen				
pinoxaden	eenjarige grassen				
pinoxaden	overblijvende grassen				
propyzamide	eenjarige eenzaadlobbigen				
propyzamide	eenjarige grassen				
propyzamide	eenjarige tweezaadlobbigen				
prosulfocarb	eenjarige grassen				+
prosulfocarb	eenjarige tweezaadlobbigen				+
prosulfocarb	overblijvende grassen				
quizalofop-P-ethyl	eenjarige granen				
quizalofop-P-ethyl	eenjarige grassen				
quizalofop-P-ethyl	overblijvende grassen				
rimsulfuron	eenjarige grassen				
rimsulfuron	eenjarige tweezaadlobbigen				
rimsulfuron	overblijvende grassen				
rimsulfuron	overblijvende tweezaadlobbigen				
S-metolachloor	eenjarige grassen				
S-metolachloor	eenjarige tweezaadlobbigen				
S-metolachloor / terbuthylazine	eenjarige eenzaadlobbigen				
S-metolachloor / terbuthylazine	eenjarige grassen				

aardappel	aardappel	afrikaantje (vanggewas)	bieten	bieten	bieten	chichoreiwortel	chichoreiwortel	droge boon	droge boon	droge boon	droge erwt	droge erwt	droge erwt	granen	granen	granen	gerst
na	dood	na	voor	na	dood	voor	na	voor	na	dood	voor	na	dood	voor	na	dood	na
+								+	+		+						
+								+	+		+						
+								+	+		+						
+								+	+		+						
+																	
+																	
+															+		
+															+		
															+		
															+		
		+	+														
		+	+														
		+	+														
		+	+														
		+															
		+	+														
		+															
		+															
+																	
+																	
+																	
+																	
+																	
+							+	+	+		+	+					
+							+	+	+		+	+					
						+	+										
						+	+										
+																	
+																	
+				+								+					
+				+								+					
+				+													
+																	
+																	
+																	
+																	
						+	+										
		+	+			+	+										

werkzame stof(fen)	onkruidgroep	Algemeen	algemeen	algemeen	aardappel
voor/na opkomst, doodspuiten		Voor	na	dood	voor
S-metolachloor / terbuthylazine	eenjarige tweezaadlobbigen				
S-metolachloor / terbuthylazine	overblijvende tweezaadlobbigen				
sulcotrion	eenjarige grassen				
sulcotrion	eenjarige tweezaadlobbigen				
tembotrione	eenjarige grassen				
tembotrione	eenjarige tweezaadlobbigen				
tepraloxydim	eenjarige granen				
tepraloxydim	eenjarige grassen				
tepraloxydim	overblijvende grassen				
topramezone	eenjarige eenzaadlobbigen				
topramezone	eenjarige grassen				
topramezone	eenjarige tweezaadlobbigen				
tri-allaat	eenjarige tweezaadlobbigen				
triflusulfuron-methyl	tweezaadlobbigen				
tritosulfuron	eenjarige tweezaadlobbigen				
tritosulfuron	tweezaadlobbigen				

aardappel	aardappel	afrikaantje (vanggewas)	bieten	bieten	bieten	chichoreiwortel	chichoreiwortel	droge boon	droge boon	droge boon	droge erwt	droge erwt	droge erwt	granen	granen	granen	gerst
na	dood	na	voor	na	dood	voor	na	voor	na	dood	voor	na	dood	voor	na	dood	na
+				+													
+				+													
+				+													
				+													
				+			+										

werkzame stof(fen)	onkruidgroep	haver	tarwe	graszaad	graszaad
voor/na opkomst, doodspuiten		na	na	voor	na
2,4-D / dicamba	tweezaadlobbigen				+
2,4-D / dicamba / MCPA	eenjarige tweezaadlobbigen				+
2,4-D / dicamba / MCPA	overblijvende tweezaadlobbigen				+
2,4-D / dicamba / MCPA	tweezaadlobbigen				+
2,4-DB	tweezaadlobbigen				
aclonifen	eenjarige grassen				
aclonifen	eenjarige tweezaadlobbigen				
aclonifen	tweezaadlobbigen				
amidosulfuron	eenjarige tweezaadlobbigen	+			
amidosulfuron	overblijvende tweezaadlobbigen	+			
amidosulfuron	tweejarige tweezaadlobbigen	+			
amidosulfuron / jodosulfuron-methyl-natrium	eenjarige tweezaadlobbigen				
asulam	eenjarige grassen				
asulam	eenjarige tweezaadlobbigen				
asulam	tweezaadlobbigen				
bentazon	eenjarige eenzaadlobbigen	+			+
bentazon	eenjarige tweezaadlobbigen	+			+
bentazon	overblijvende overige eenzaadlobbigen	+			+
bentazon / terbuthylazine	eenjarige grassen				
bentazon / terbuthylazine	eenjarige tweezaadlobbigen				
bentazon / terbuthylazine	overblijvende overige eenzaadlobbigen				
bifenox / mecoprop-P	eenjarige tweezaadlobbigen	+			+
bifenox / mecoprop-P	tweezaadlobbigen	+			+
bromoxynil	eenjarige tweezaadlobbigen				
carbetamide	eenjarige grassen				
carbetamide	eenjarige tweezaadlobbigen				
carbetamide	overblijvende tweezaadlobbigen				
carbetamide	tweezaadlobbigen				
carfentrazone-ethyl	eenjarige tweezaadlobbigen				
carfentrazone-ethyl / metsulfuron-methyl	eenjarige tweezaadlobbigen	+			
carfentrazone-ethyl / metsulfuron-methyl	tweezaadlobbigen	+			
chloorprofam	eenjarige eenzaadlobbigen				
chloorprofam	eenjarige grassen			+	+
chloorprofam	eenjarige tweezaadlobbigen				
chloridazon	eenzaadlobbigen				
chloridazon	tweezaadlobbigen				
chloridazon / quinmerac	eenjarige tweezaadlobbigen				
chloridazon / quinmerac	overblijvende tweezaadlobbigen				
cinidon-ethyl	eenjarige tweezaadlobbigen	+			
clodinafop-propargyl / pinoxaden	eenjarige granen				
clodinafop-propargyl / pinoxaden	eenjarige grassen				
clodinafop-propargyl / pinoxaden	overblijvende grassen				
clomazone	eenjarige tweezaadlobbigen				
clopyralid	eenjarige tweezaadlobbigen				
clopyralid	overblijvende tweezaadlobbigen				
clopyralid	tweezaadlobbigen				
cycloxydim	eenjarige granen				+
cycloxydim	eenjarige grassen				+
cycloxydim	gewas				
cycloxydim	overblijvende grassen				+
desmedifam / ethofumesaat / fenmedifam	eenjarige tweezaadlobbigen				
desmedifam / ethofumesaat / fenmedifam / metamitron	eenjarige eenzaadlobbigen				
desmedifam / ethofumesaat / fenmedifam / metamitron	eenjarige tweezaadlobbigen				
dicamba	eenjarige tweezaadlobbigen				
dicamba	overblijvende tweezaadlobbigen				
dicamba	tweejarige tweezaadlobbigen				
diflufenican / ioxynil / isoproturon	eenjarige grassen				
diflufenican / ioxynil / isoproturon	eenjarige tweezaadlobbigen				
diflufenican / isoproturon	eenjarige grassen				
diflufenican / isoproturon	eenjarige tweezaadlobbigen				
dimethenamide-P	eenjarige eenzaadlobbigen				

koolzaad voor	koolzaad na	landbouwstamboon voor	landbouwstamboon na	mais voor	mais na	mais dood	blauwmaanzaad voor	blauwmaanzaad na	karwij voor	karwij na	karwij dood	olie en vezelgewassen / gewone zonnebloem voor	olie en vezelgewassen / teunisbloem soorten voor	olie en vezelgewassen / teunisbloem soorten na	spelt na	teff na	triticale soorten na
				+													
				+													
				+													
																	+
																	+
																	+
												+					+
							+	+									
							+	+									
					+			+									+
					+			+									+
					+			+									+
					+												
					+												
					+												
																	+
																	+
					+												
+	+								+	+							
+	+								+	+							
																	+
																	+
										+							
										+							
										+							
																	+
																	+
																	+
																	+
+	+	+	+														
	+				+												
					+												
	+				+												
	+		+														
	+		+														
			+														
					+												
					+												
					+												
				+	+												

werkzame stof(fen)	onkruidgroep	haver	tarwe	graszaad	graszaad
voor/na opkomst, doodspuiten		na	na	voor	na
dimethenamide-P	eenjarige grassen				
dimethenamide-P	eenjarige tweezaadlobbigen				
diquat dibromide / diquat-dibromide	gewas				
ethofumesaat	eenjarige eenzaadlobbigen				+
ethofumesaat	eenjarige grassen				+
ethofumesaat	eenjarige tweezaadlobbigen				+
ethofumesaat	tweezaadlobbigen				
ethofumesaat / fenmedifam	eenjarige eenzaadlobbigen				
ethofumesaat / fenmedifam	eenjarige tweezaadlobbigen				
ethofumesaat / fenmedifam	overblijvende tweezaadlobbigen				
ethofumesaat / metamitron	eenjarige eenzaadlobbigen				
ethofumesaat / metamitron	eenjarige tweezaadlobbigen				
fenmedifam	eenjarige tweezaadlobbigen				
fenmedifam	tweejarige tweezaadlobbigen				
fenoxaprop-p-ethyl	eenjarige granen				
fenoxaprop-p-ethyl	eenjarige grassen				+
fenoxaprop-p-ethyl / mefenpyr-diethyl	eenjarige granen				+
fenoxaprop-p-ethyl / mefenpyr-diethyl	eenjarige grassen				+
florasulam	eenjarige tweezaadlobbigen	+			+
florasulam / fluroxypyr / fluroxypyr-meptyl	eenjarige tweezaadlobbigen	+			+
florasulam / fluroxypyr-meptyl	eenjarige tweezaadlobbigen	+			
florasulam / fluroxypyr-meptyl	overblijvende tweezaadlobbigen	+			
florasulam / pyroxsulam	eenjarige grassen				
florasulam / pyroxsulam	eenjarige tweezaadlobbigen				
fluazifop-P-butyl	eenjarige granen			+	+
fluazifop-P-butyl	eenjarige grassen			+	+
fluazifop-P-butyl	overblijvende grassen			+	+
fluroxypyr	eenjarige tweezaadlobbigen	+			+
fluroxypyr	overblijvende tweezaadlobbigen				
fluroxypyr	tweezaadlobbigen	+			+
fluroxypyr-meptyl	eenjarige tweezaadlobbigen	+			
fluroxypyr-meptyl	overblijvende tweezaadlobbigen	+			
fluroxypyr-meptyl	tweezaadlobbigen	+			
foramsulfuron / jodosulfuron-methyl-natrium	eenjarige grassen				
foramsulfuron / jodosulfuron-methyl-natrium	eenjarige tweezaadlobbigen				
foramsulfuron / jodosulfuron-methyl-natrium	overblijvende grassen				
glufosinaat-ammonium	eenjarige eenzaadlobbigen				
glufosinaat-ammonium	eenjarige grassen				+
glufosinaat-ammonium	eenjarige tweezaadlobbigen				
glufosinaat-ammonium	gewas				
glufosinaat-ammonium	overblijvende grassen				+
glyfosaat	eenjarige eenzaadlobbigen				
glyfosaat	eenjarige granen				
glyfosaat	eenjarige grassen	+	+		
glyfosaat	eenjarige tweezaadlobbigen				
glyfosaat	gewas				
glyfosaat	overblijvende grassen	+	+		
glyfosaat	overblijvende overige eenzaadlobbigen				
glyfosaat	overblijvende tweezaadlobbigen				
glyfosaat	tweejarige tweezaadlobbigen				
glyfosaat	tweezaadlobbigen	+	+		
ioxynil / ioxynil octanoaat / ioxynil-octanoaat	eenjarige tweezaadlobbigen				
ioxynil / ioxynil octanoaat / ioxynil-octanoaat	overblijvende tweezaadlobbigen				
isoxadifen-ethyl / tembotrione	eenjarige grassen				
isoxadifen-ethyl / tembotrione	eenjarige tweezaadlobbigen				
isoxaflutool	eenjarige grassen				
isoxaflutool	eenjarige tweezaadlobbigen				
jodosulfuron-methyl-natrium	eenjarige grassen				+
jodosulfuron-methyl-natrium	eenjarige tweezaadlobbigen				+
jodosulfuron-methyl-natrium / mesosulfuron-methyl	eenjarige grassen				
jodosulfuron-methyl-natrium / mesosulfuron-methyl	overblijvende grassen				

koolzaad		landbouwstamboon		maïs			blauwmaanzaad		karwij			olie en vezelgewassen / gewone zonnebloem	olie en vezelgewassen / teunisbloem soorten		spelt	teff	triticale soorten
voor	na	voor	na	voor	na	dood	voor	na	voor	na	dood	voor	voor	na	na	na	na
				+	+												
				+	+												
					+										+		+
					+										+		+
					+												+
					+												+
															+		+
															+		+
+	+	+	+				+	+	+	+							
+	+	+	+				+	+	+	+							
+	+	+	+				+	+	+	+							
					+										+	+	+
					+												
					+										+	+	+
					+												
					+												+
					+												+
					+												+
					+												
					+												
					+												
				+	+				+	+	+						
				+	+					+	+						
				+	+				+	+	+						
		+															
			+														
				+	+	+											
			+														
					+												
					+												
				+	+												
				+	+												
																	+
																+	+
															+		+
															+		+

werkzame stof(fen)	onkruidgroep	haver	tarwe	graszaad	graszaad
voor/na opkomst, doodspuiten		na	na	voor	na
linuron	eenjarige grassen				
linuron	eenjarige tweezaadlobbigen				
linuron	overblijvende tweezaadlobbigen				
linuron	tweezaadlobbigen				
MCPA	eenjarige tweezaadlobbigen				
MCPA	gewas				
MCPA	overblijvende tweezaadlobbigen				
MCPA	tweezaadlobbigen				+
mecoprop-P	eenjarige tweezaadlobbigen				+
mecoprop-P	tweezaadlobbigen				+
mesotrione	eenjarige grassen				
mesotrione	eenjarige tweezaadlobbigen				
mesotrione / nicosulfuron	eenjarige eenzaadlobbigen				
mesotrione / nicosulfuron	eenjarige grassen				
mesotrione / nicosulfuron	eenjarige tweezaadlobbigen				
mesotrione / nicosulfuron	overblijvende grassen				
mesotrione / terbuthylazine	eenjarige grassen				
mesotrione / terbuthylazine	eenjarige tweezaadlobbigen				
metamitron	eenjarige eenzaadlobbigen				
metamitron	eenjarige grassen				
metamitron	eenjarige tweezaadlobbigen				
metamitron	eenzaadlobbigen				
metamitron	tweezaadlobbigen				
metam-natrium	anguinidae				
metam-natrium	heteroderidae				
metam-natrium	meloidogynidae				
metam-natrium	overblijvende overige eenzaadlobbigen				
metam-natrium	pratylenchidae				
metam-natrium	trichodoridae				
metazachloor	eenjarige eenzaadlobbigen				
metazachloor	eenjarige grassen				
metazachloor	eenjarige tweezaadlobbigen				
metribuzin	eenjarige grassen				
metribuzin	eenjarige tweezaadlobbigen				
metribuzin	overblijvende grassen				+
metsulfuron-methyl	eenjarige tweezaadlobbigen	+			
nicosulfuron	eenjarige grassen				
nicosulfuron	eenjarige tweezaadlobbigen				
nicosulfuron	onkruiden				
nicosulfuron	overblijvende grassen				
pendimethalin	eenjarige grassen				+
pendimethalin	eenjarige tweezaadlobbigen				+
pinoxaden	eenjarige granen				
pinoxaden	eenjarige grassen				
pinoxaden	overblijvende grassen				
propyzamide	eenjarige eenzaadlobbigen				
propyzamide	eenjarige grassen				
propyzamide	eenjarige tweezaadlobbigen				
prosulfocarb	eenjarige grassen			+	+
prosulfocarb	eenjarige tweezaadlobbigen				
prosulfocarb	overblijvende grassen			+	+
quizalofop-P-ethyl	eenjarige granen				+
quizalofop-P-ethyl	eenjarige grassen				+
quizalofop-P-ethyl	overblijvende grassen				+
rimsulfuron	eenjarige grassen				
rimsulfuron	eenjarige tweezaadlobbigen				
rimsulfuron	overblijvende grassen				
rimsulfuron	overblijvende tweezaadlobbigen				
S-metolachloor	eenjarige grassen				
S-metolachloor	eenjarige tweezaadlobbigen				
S-metolachloor / terbuthylazine	eenjarige eenzaadlobbigen				

koolzaad		landbouwstamboon		mais			blauwmaanzaad		karwij			olie en vezelgewassen / gewone zonnebloem	olie en vezelgewassen / teunisbloem soorten			spelt	teff	triticale soorten
voor	na	voor	na	voor	na	dood	voor	na	voor	na	dood	voor	voor	na	na	na	na	na
												+						
												+						
												+						
												+						
					+													
					+													
					+													
					+													
					+													
					+													
					+													
					+													
+	+																	
+	+																	
+	+																	
																		+
					+													
					+													
					+													
					+													
				+	+									+	+			
				+	+									+	+			
																+		+
																+		+
																+		+
+																		
	+																	
							+	+		+								
							+	+		+								
	+																	
	+																	
	+																	
					+													
					+													
					+													
					+													
				+	+													
				+	+													
				+	+													

werkzame stof(fen)	onkruidgroep	haver	tarwe	graszaad	graszaad
voor/na opkomst, doodspuiten		na	na	voor	na
S-metolachloor / terbuthylazine	eenjarige grassen				
S-metolachloor / terbuthylazine	eenjarige tweezaadlobbigen				
S-metolachloor / terbuthylazine	overblijvende tweezaadlobbigen				
sulcotrion	eenjarige grassen				
sulcotrion	eenjarige tweezaadlobbigen				
tembotrione	eenjarige grassen				
tembotrione	eenjarige tweezaadlobbigen				
tepraloxydim	eenjarige granen				
tepraloxydim	eenjarige grassen				
tepraloxydim	overblijvende grassen				
topramezone	eenjarige eenzaadlobbigen				
topramezone	eenjarige grassen				
topramezone	eenjarige tweezaadlobbigen				
tri-allaat	eenjarige tweezaadlobbigen				
triflusulfuron-methyl	tweezaadlobbigen				
tritosulfuron	eenjarige tweezaadlobbigen	+			
tritosulfuron	tweezaadlobbigen	+			

koolzaad	koolzaad	landbouwstamboon	landbouwstamboon	mais	mais	mais	blauwmaanzaad	blauwmaanzaad	karwij	karwij	karwij	olie en vezelgewassen / gewone zonnebloem	olie en vezelgewassen / teunisbloem soorten	olie en vezelgewassen / teunisbloem soorten	spelt	teff	triticale soorten
voor	na	voor	na	voor	na	dood	voor	na	voor	na	dood	voor	voor	na	na	na	na
				+	+												
				+	+												
				+	+												
					+												
					+												
				+	+												
					+												
					+												
					+												
					+												
					+										+		+
					+										+		+

werkzame stof(fen) voor/na opkomst, doodspuiten	onkruidgroep	vlas voor	vlas na	riet na	tuinboon/veldboon voor
2,4-D / dicamba	tweezaadlobbigen				
2,4-D / dicamba / MCPA	eenjarige tweezaadlobbigen				
2,4-D / dicamba / MCPA	overblijvende tweezaadlobbigen				
2,4-D / dicamba / MCPA	tweezaadlobbigen				
2,4-DB	tweezaadlobbigen				
aclonifen	eenjarige grassen				+
aclonifen	eenjarige tweezaadlobbigen				+
aclonifen	tweezaadlobbigen				+
amidosulfuron	eenjarige tweezaadlobbigen				
amidosulfuron	overblijvende tweezaadlobbigen				
amidosulfuron	tweejarige tweezaadlobbigen				
amidosulfuron / jodosulfuron-methyl-natrium	eenjarige tweezaadlobbigen				
asulam	eenjarige grassen				
asulam	eenjarige tweezaadlobbigen				
asulam	tweezaadlobbigen				
bentazon	eenjarige eenzaadlobbigen		+		
bentazon	eenjarige tweezaadlobbigen		+		
bentazon	overblijvende overige eenzaadlobbigen		+		
bentazon / terbuthylazine	eenjarige grassen				
bentazon / terbuthylazine	eenjarige tweezaadlobbigen				
bentazon / terbuthylazine	overblijvende overige eenzaadlobbigen				
bifenox / mecoprop-P	eenjarige tweezaadlobbigen				
bifenox / mecoprop-P	tweezaadlobbigen				
bromoxynil	eenjarige tweezaadlobbigen				
carbetamide	eenjarige grassen				
carbetamide	eenjarige tweezaadlobbigen				
carbetamide	overblijvende tweezaadlobbigen				
carbetamide	tweezaadlobbigen				
carfentrazone-ethyl	eenjarige tweezaadlobbigen				
carfentrazone-ethyl / metsulfuron-methyl	eenjarige tweezaadlobbigen				
carfentrazone-ethyl / metsulfuron-methyl	tweezaadlobbigen				
chloorprofam	eenjarige eenzaadlobbigen				
chloorprofam	eenjarige grassen				
chloorprofam	eenjarige tweezaadlobbigen				
chloridazon	eenzaadlobbigen				
chloridazon	tweezaadlobbigen				
chloridazon / quinmerac	eenjarige tweezaadlobbigen				
chloridazon / quinmerac	overblijvende tweezaadlobbigen				
cinidon-ethyl	eenjarige tweezaadlobbigen				
clodinafop-propargyl / pinoxaden	eenjarige granen				
clodinafop-propargyl / pinoxaden	eenjarige grassen				
clodinafop-propargyl / pinoxaden	overblijvende grassen				
clomazone	eenjarige tweezaadlobbigen				
clopyralid	eenjarige tweezaadlobbigen		+		
clopyralid	overblijvende tweezaadlobbigen		+		
clopyralid	tweezaadlobbigen		+		
cycloxydim	eenjarige granen				
cycloxydim	eenjarige grassen				
cycloxydim	gewas				
cycloxydim	overblijvende grassen				
desmedifam / ethofumesaat / fenmedifam	eenjarige tweezaadlobbigen				
desmedifam / ethofumesaat / fenmedifam / metamitron	eenjarige eenzaadlobbigen				
desmedifam / ethofumesaat / fenmedifam / metamitron	eenjarige tweezaadlobbigen				
dicamba	eenjarige tweezaadlobbigen				
dicamba	overblijvende tweezaadlobbigen				
dicamba	tweejarige tweezaadlobbigen				
diflufenican / ioxynil / isoproturon	eenjarige grassen				
diflufenican / ioxynil / isoproturon	eenjarige tweezaadlobbigen				
diflufenican / isoproturon	eenjarige grassen				
diflufenican / isoproturon	eenjarige tweezaadlobbigen				
dimethenamide-P	eenjarige eenzaadlobbigen				
dimethenamide-P	eenjarige grassen				

tuinboon/veldboon	veldboon	veldboon	voeder en groen-bemestingsgewassen	voeder en groen-bemestingsgewassen	voeder en groen-bemestingsgewassen	wintergerst	wintergerst	winterrogge	winterrogge	wintertarwe	wintertarwe	witlof	witlof	zomergerst	zomerrogge	zomertarwe
na	voor	na	voor	na	dood	voor	na	voor	na	voor	na	voor	na	na	na	na
				+												
			+							+						
			+													
							+		+		+			+	+	+
							+		+		+			+	+	+
							+		+		+			+	+	+
				+			+		+		+			+		+
												+	+			
												+	+			
												+	+			
+				+			+		+		+			+		+
+				+			+		+		+			+		+
+				+			+		+		+			+		+
				+			+		+		+			+	+	+
				+			+		+		+			+	+	+
			+	+								+	+			
			+	+								+	+			
			+	+								+	+			
				+			+				+			+		+
				+			+		+		+			+	+	+
				+			+		+		+			+	+	+
				+								+	+			
				+								+	+			
			+	+												
			+	+												
				+			+		+		+			+		+
											+					
											+					
											+					
	+	+	+	+												
				+												
				+												
				+												
				+												
				+												
				+												
				+												
				+												
				+												
							+				+					
							+				+					
				+			+				+					
							+				+					
				+												
				+												

3.3.2 Onkruidbestrijding akkerbouw en grasland

werkzame stof(fen)	onkruidgroep	vlas	vlas	riet	tuinboon/veldboon
voor/na opkomst, doodspuiten		voor	na	na	voor
dimethenamide-P	eenjarige tweezaadlobbigen				
diquat dibromide / diquat-dibromide	gewas				
ethofumesaat	eenjarige eenzaadlobbigen				
ethofumesaat	eenjarige grassen				
ethofumesaat	eenjarige tweezaadlobbigen				
ethofumesaat	tweezaadlobbigen				
ethofumesaat / fenmedifam	eenjarige eenzaadlobbigen				
ethofumesaat / fenmedifam	eenjarige tweezaadlobbigen				
ethofumesaat / fenmedifam	overblijvende tweezaadlobbigen				
ethofumesaat / metamitron	eenjarige eenzaadlobbigen				
ethofumesaat / metamitron	eenjarige tweezaadlobbigen				
fenmedifam	eenjarige tweezaadlobbigen				
fenmedifam	tweejarige tweezaadlobbigen				
fenoxaprop-p-ethyl	eenjarige granen				
fenoxaprop-p-ethyl	eenjarige grassen				
fenoxaprop-p-ethyl / mefenpyr-diethyl	eenjarige granen				
fenoxaprop-p-ethyl / mefenpyr-diethyl	eenjarige grassen				
florasulam	eenjarige tweezaadlobbigen				
florasulam / fluroxypyr / fluroxypyr-meptyl	eenjarige tweezaadlobbigen				
florasulam / fluroxypyr-meptyl	eenjarige tweezaadlobbigen				
florasulam / fluroxypyr-meptyl	overblijvende tweezaadlobbigen				
florasulam / pyroxsulam	eenjarige grassen				
florasulam / pyroxsulam	eenjarige tweezaadlobbigen				
fluazifop-P-butyl	eenjarige granen				
fluazifop-P-butyl	eenjarige grassen				+
fluazifop-P-butyl	overblijvende grassen				+
fluroxypyr	eenjarige tweezaadlobbigen				
fluroxypyr	overblijvende tweezaadlobbigen				
fluroxypyr	tweezaadlobbigen				
fluroxypyr-meptyl	eenjarige tweezaadlobbigen				
fluroxypyr-meptyl	overblijvende tweezaadlobbigen				
fluroxypyr-meptyl	tweezaadlobbigen				
foramsulfuron / jodosulfuron-methyl-natrium	eenjarige grassen				
foramsulfuron / jodosulfuron-methyl-natrium	eenjarige tweezaadlobbigen				
foramsulfuron / jodosulfuron-methyl-natrium	overblijvende grassen				
glufosinaat-ammonium	eenjarige eenzaadlobbigen				
glufosinaat-ammonium	eenjarige grassen				
glufosinaat-ammonium	eenjarige tweezaadlobbigen				
glufosinaat-ammonium	gewas				
glufosinaat-ammonium	overblijvende grassen				
glyfosaat	eenjarige eenzaadlobbigen				
glyfosaat	eenjarige granen				
glyfosaat	eenjarige grassen				
glyfosaat	eenjarige tweezaadlobbigen				
glyfosaat	gewas				
glyfosaat	overblijvende grassen				
glyfosaat	overblijvende overige eenzaadlobbigen				
glyfosaat	overblijvende tweezaadlobbigen				
glyfosaat	tweejarige tweezaadlobbigen				
glyfosaat	tweezaadlobbigen				
ioxynil / ioxynil octanoaat / ioxynil-octanoaat	eenjarige tweezaadlobbigen		+		
ioxynil / ioxynil octanoaat / ioxynil-octanoaat	overblijvende tweezaadlobbigen		+		
isoxadifen-ethyl / tembotrione	eenjarige grassen				
isoxadifen-ethyl / tembotrione	eenjarige tweezaadlobbigen				
isoxaflutool	eenjarige grassen				
isoxaflutool	eenjarige tweezaadlobbigen				
jodosulfuron-methyl-natrium	eenjarige grassen				
jodosulfuron-methyl-natrium	eenjarige tweezaadlobbigen				
jodosulfuron-methyl-natrium / mesosulfuron-methyl	eenjarige grassen				
jodosulfuron-methyl-natrium / mesosulfuron-methyl	overblijvende grassen				
linuron	eenjarige grassen	+			+
linuron	eenjarige tweezaadlobbigen	+			+

tuinboon/veldboon	veldboon	veldboon	voeder en groen-bemestingsgewassen	voeder en groen-bemestingsgewassen	voeder en groen-bemestingsgewassen	wintergerst	wintergerst	winterrogge	winterrogge	wintertarwe	wintertarwe	witlof	witlof	zomergerst	zomerrogge	zomertarwe
na	voor	na	voor	na	dood	voor	na	voor	na	voor	na	voor	na	na	na	na
				+												
				+												
				+												
				+												
				+												
			+	+												
			+	+												
				+												
				+												
											+					+
											+					+
											+					+
											+					+
				+			+		+		+			+	+	+
				+			+		+		+			+	+	+
							+		+		+			+	+	+
							+		+		+			+	+	+
											+					
							+		+		+					
	+	+	+	+								+	+			
+	+	+	+	+								+	+			
+	+	+	+	+								+	+			
							+		+		+			+	+	+
							+		+		+			+	+	+
							+		+		+			+	+	+
							+		+		+			+	+	+
				+	+											
			+									+				
+		+														
			+									+				
			+	+	+											
+		+	+									+				
			+									+				
			+	+	+											
			+									+				
+		+	+									+				
									+		+					
									+		+					
									+		+					
											+					
+																
+																

werkzame stof(fen) voor/na opkomst, doodspuiten	onkruidgroep	vlas voor	vlas na	riet na	tuinboon/veldboon voor
linuron	overblijvende tweezaadlobbigen	+			+
linuron	tweezaadlobbigen	+			+
MCPA	eenjarige tweezaadlobbigen				
MCPA	gewas				
MCPA	overblijvende tweezaadlobbigen			+	
MCPA	tweezaadlobbigen		+		
mecoprop-P	eenjarige tweezaadlobbigen				
mecoprop-P	tweezaadlobbigen				
mesotrione	eenjarige grassen				
mesotrione	eenjarige tweezaadlobbigen				
mesotrione / nicosulfuron	eenjarige eenzaadlobbigen				
mesotrione / nicosulfuron	eenjarige grassen				
mesotrione / nicosulfuron	eenjarige tweezaadlobbigen				
mesotrione / nicosulfuron	overblijvende grassen				
mesotrione / terbuthylazine	eenjarige grassen				
mesotrione / terbuthylazine	eenjarige tweezaadlobbigen				
metamitron	eenjarige eenzaadlobbigen				
metamitron	eenjarige grassen				
metamitron	eenjarige tweezaadlobbigen				
metamitron	eenzaadlobbigen				
metamitron	tweezaadlobbigen				
metam-natrium	anguinidae				
metam-natrium	heteroderidae				
metam-natrium	meloidogynidae				
metam-natrium	overblijvende overige eenzaadlobbigen				
metam-natrium	pratylenchidae				
metam-natrium	trichodoridae				
metazachloor	eenjarige eenzaadlobbigen				
metazachloor	eenjarige grassen				
metazachloor	eenjarige tweezaadlobbigen				
metribuzin	eenjarige grassen				
metribuzin	eenjarige tweezaadlobbigen				
metribuzin	overblijvende grassen				
metsulfuron-methyl	eenjarige tweezaadlobbigen				
nicosulfuron	eenjarige grassen				
nicosulfuron	eenjarige tweezaadlobbigen				
nicosulfuron	onkruiden				
nicosulfuron	overblijvende grassen				
pendimethalin	eenjarige grassen				+
pendimethalin	eenjarige tweezaadlobbigen				+
pinoxaden	eenjarige granen				
pinoxaden	eenjarige grassen				
pinoxaden	overblijvende grassen				
propyzamide	eenjarige eenzaadlobbigen				
propyzamide	eenjarige grassen				
propyzamide	eenjarige tweezaadlobbigen				
prosulfocarb	eenjarige grassen				
prosulfocarb	eenjarige tweezaadlobbigen				
prosulfocarb	overblijvende grassen				
quizalofop-P-ethyl	eenjarige granen				
quizalofop-P-ethyl	eenjarige grassen				
quizalofop-P-ethyl	overblijvende grassen				
rimsulfuron	eenjarige grassen				
rimsulfuron	eenjarige tweezaadlobbigen				
rimsulfuron	overblijvende grassen				
rimsulfuron	overblijvende tweezaadlobbigen				
S-metolachloor	eenjarige grassen				
S-metolachloor	eenjarige tweezaadlobbigen				
S-metolachloor / terbuthylazine	eenjarige eenzaadlobbigen				
S-metolachloor / terbuthylazine	eenjarige grassen				
S-metolachloor / terbuthylazine	eenjarige tweezaadlobbigen				
S-metolachloor / terbuthylazine	overblijvende tweezaadlobbigen				

tuinboon/veldboon	veldboon	veldboon	voeder en groen-bemestingsgewassen	voeder en groen-bemestingsgewassen	voeder en groen-bemestingsgewassen	wintergerst	wintergerst	winterrogge	winterrogge	wintertarwe	wintertarwe	witlof	witlof	zomergerst	zomerrogge	zomertarwe
na	voor	na	voor	na	dood	voor	na	voor	na	voor	na	voor	na	na	na	na
+																
+																
				+												
				+												
			+	+												
			+	+												
			+	+												
			+	+												
			+													
			+	+												
			+													
			+													
				+			+		+		+			+	+	+
+			+	+		+	+	+	+	+	+					
+		+	+	+		+	+	+	+	+	+					
							+		+		+			+		+
							+		+		+			+		+
				+												
												+	+			
				+								+	+			
						+	+			+	+					
						+	+			+	+					
				+												
				+												
				+												
				+												
				+												
				+												
												+	+			
		+		+								+	+			

werkzame stof(fen)	onkruidgroep	vlas	vlas	riet	tuinboon/veldboon
voor/na opkomst, doodspuiten		voor	na	na	voor
sulcotrion	eenjarige grassen				
sulcotrion	eenjarige tweezaadlobbigen				
tembotrione	eenjarige grassen				
tembotrione	eenjarige tweezaadlobbigen				
tepraloxydim	eenjarige granen		+		
tepraloxydim	eenjarige grassen		+		
tepraloxydim	overblijvende grassen		+		
topramezone	eenjarige eenzaadlobbigen				
topramezone	eenjarige grassen				
topramezone	eenjarige tweezaadlobbigen				
tri-allaat	eenjarige tweezaadlobbigen				
triflusulfuron-methyl	tweezaadlobbigen				
tritosulfuron	eenjarige tweezaadlobbigen				
tritosulfuron	tweezaadlobbigen				

tuinboon/veldboon	veldboon	veldboon	voeder en groen-bemestingsgewassen	voeder en groen-bemestingsgewassen	voeder en groen-bemestingsgewassen	wintergerst	wintergerst	winterrogge	winterrogge	wintertarwe	wintertarwe	witlof	witlof	zomergerst	zomerrogge	zomertarwe
na	voor	na	voor	na	dood	voor	na	voor	na	voor	na	voor	na	na	na	na
+				+												
+				+												
+				+												
				+												
				+									+			
							+		+		+			+		+
							+		+		+			+		+

3.3.3 Fruitteelt

3.3.3.1 Grootfruit

Tabel 7. Herbiciden, toegelaten werkzame stoffen, werkingsspectrum en toepassingstijdstip per gewas.

werkzame stof(fen)	onkruidgroep	algemeen voor	algemeen na	algemeen dood	abrikoos na	appel voor	appel na	kersen - zoete en zure kers voor	kersen - zoete en zure kers na	nectarine na	peer voor	peer na	perzik na	pitvruchten voor	pitvruchten na	pruim voor	pruim na	steenvruchten voor	steenvruchten na
2,4-D	eenjarige tweezaadlobbigen						+					+							
2,4-D	overblijvende tweezaadlobbigen						+					+							
2,4-D / dicamba / MCPA	overblijvende tweezaadlobbigen						+												
amitrol	eenjarige grassen						+		+			+						+	
amitrol	overblijvende grassen						+		+			+						+	
amitrol	paardestaarten						+		+			+						+	
amitrol	tweezaadlobbigen						+		+			+						+	
fluazifop-P-butyl	eenjarige granen					+	+	+	+		+	+				+	+		
fluazifop-P-butyl	eenjarige grassen				+	+	+	+	+		+	+				+	+		
fluazifop-P-butyl	overblijvende grassen				+	+	+	+	+		+	+							
glufosinaat-ammonium	eenjarige eenzaadlobbigen	+	+											+	+			+	+
glufosinaat-ammonium	eenjarige tweezaadlobbigen	+	+											+	+			+	+
glyfosaat	eenjarige eenzaadlobbigen		+	+			+	+	+					+	+			+	
glyfosaat	eenjarige grassen		+				+					+							+
glyfosaat	eenjarige tweezaadlobbigen		+				+					+							
glyfosaat	gewas	+	+	+															
glyfosaat	overblijvende grassen		+	+			+	+	+					+	+	+		+	+
glyfosaat	overblijvende overige eenzaadlobbigen		+				+					+							
glyfosaat	overblijvende tweezaadlobbigen		+				+								+				+
glyfosaat	tweezaadlobbigen		+				+	+	+		+	+		+		+		+	
linuron	eenjarige grassen						+					+							
linuron	eenjarige tweezaadlobbigen						+					+							
linuron	overblijvende tweezaadlobbigen						+					+							
linuron	tweezaadlobbigen						+					+							
MCPA	tweezaadlobbigen						+					+							
metam-natrium	overblijvende overige eenzaadlobbigen														+			+	
metazachloor	eenjarige eenzaadlobbigen					+	+							+	+				
metazachloor	eenjarige grassen					+	+							+	+				
metazachloor	eenjarige tweezaadlobbigen					+	+							+	+				
propyzamide	overblijvende grassen						+								+				

3.3.3.2 Kleinfruit

Tabel 8. Herbiciden, toegelaten werkzame stoffen, werkingsspectrum en toepassingstijdstip per gewas.

werkzame stof(fen)	onkruidgroep	algemeen			aardbei		bessen	braam, framboos		kruisbes, rode bes, witte bes, zwarte bes	
voor/na opkomst, doodspuiten		voor	na	dood	voor	na	voor	voor	na	voor	na
amitrol	eenjarige grassen										+
amitrol	overblijvende grassen										+
amitrol	paardestaarten										+
amitrol	tweezaadlobbigen										+
clopyralid	eenjarige tweezaadlobbigen					+					
clopyralid	overblijvende tweezaadlobbigen					+					
clopyralid	tweezaadlobbigen					+					
fenmedifam	eenjarige tweezaadlobbigen					+					
fenmedifam	tweejarige tweezaadlobbigen					+					
fluazifop-P-butyl	eenjarige granen				+	+		+	+	+	+
fluazifop-P-butyl	eenjarige grassen				+	+		+	+	+	+
fluazifop-P-butyl	overblijvende grassen				+	+		+	+	+	+
glufosinaat-ammonium	eenjarige eenzaadlobbigen	+	+		+	+	+		+		+
glufosinaat-ammonium	eenjarige grassen				+	+			+		+
glufosinaat-ammonium	eenjarige tweezaadlobbigen	+	+		+	+	+		+		+
glyfosaat	eenjarige eenzaadlobbigen		+								
glyfosaat	eenjarige grassen		+								
glyfosaat	eenjarige tweezaadlobbigen		+								
glyfosaat	gewas	+	+	+							
glyfosaat	overblijvende grassen		+								
glyfosaat	overblijvende overige eenzaadlobbigen		+								
glyfosaat	overblijvende tweezaadlobbigen		+								
glyfosaat	tweezaadlobbigen		+								
MCPA	overblijvende tweezaadlobbigen										+
metamitron	eenjarige eenzaadlobbigen					+					
metamitron	eenjarige tweezaadlobbigen					+					
metam-natrium	overblijvende overige eenzaadlobbigen				+		+				
metam-natrium	pratylenchidae				+						
metam-natrium	trichodoridae				+						
quizalofop-P-ethyl	eenjarige granen					+					
S-metolachloor	eenjarige grassen				+	+					
S-metolachloor	eenjarige tweezaadlobbigen				+	+					

3.3.4 Groenteteelt

Tabel 9. Herbiciden, toegelaten werkzame stoffen, werkingsspectrum en toepassingstijdstip per gewas.

werkzame stof(fen)	onkruidgroep	algemeen	algemeen	algemeen	afrikaantje vanggewas	andijvie	andijvie	andijvie krulandijvie	andijvie krulandijvie	asperge	asperge	augurk
voor/na opkomst/doodspuiten		voor	na	dood	na	voor	na	voor	na	voor	na	voor
aclonifen	eenjarige grassen											
aclonifen	eenjarige tweezaadlobbigen											
aclonifen	tweezaadlobbigen											
asulam	eenjarige grassen											+
asulam	tweezaadlobbigen											+
bentazon	eenjarige eenzaadlobbigen											
bentazon	eenjarige tweezaadlobbigen											
bentazon	overblijvende overige eenzaadlobbigen											
carbetamide	eenjarige grassen					+	+					
carbetamide	eenjarige tweezaadlobbigen											
carbetamide	overblijvende tweezaadlobbigen											
carbetamide	tweezaadlobbigen					+	+					
chloorprofam	eenjarige eenzaadlobbigen					+	+					
chloorprofam	eenjarige tweezaadlobbigen					+	+					
chloridazon	eenzaadlobbigen											
chloridazon	tweezaadlobbigen											
clomazone	eenjarige tweezaadlobbigen									+	+	
clopyralid	eenjarige tweezaadlobbigen											
clopyralid	overblijvende tweezaadlobbigen											
clopyralid	tweezaadlobbigen											
cycloxydim	eenjarige granen											
cycloxydim	eenjarige grassen											
cycloxydim	overblijvende grassen											
fenmedifam	eenjarige tweezaadlobbigen				+							
fenmedifam	tweejarige tweezaadlobbigen				+							
florasulam / fluroxypyr-meptyl	eenjarige tweezaadlobbigen											
florasulam / fluroxypyr-meptyl	overblijvende tweezaadlobbigen											
fluazifop-P-butyl	eenjarige granen									+	+	
fluazifop-P-butyl	eenjarige grassen									+	+	
fluazifop-P-butyl	overblijvende grassen									+	+	
glufosinaat-ammonium	eenjarige eenzaadlobbigen	+	+									
glufosinaat-ammonium	eenjarige grassen											
glufosinaat-ammonium	eenjarige tweezaadlobbigen	+	+									
glufosinaat-ammonium	gewas											
glyfosaat	eenjarige eenzaadlobbigen		+							+		
glyfosaat	eenjarige grassen		+									
glyfosaat	eenjarige tweezaadlobbigen		+							+		
glyfosaat	gewas	+	+	+								
glyfosaat	overblijvende grassen		+							+		
glyfosaat	overblijvende overige eenzaadlobbigen		+							+		
glyfosaat	overblijvende tweezaadlobbigen		+							+		
glyfosaat	tweejarige tweezaadlobbigen									+		
glyfosaat	tweezaadlobbigen		+							+		
ioxynil	eenjarige tweezaadlobbigen											
ioxynil	overblijvende tweezaadlobbigen											
isoxadifen-ethyl / tembotrione	eenjarige grassen											
isoxadifen-ethyl / tembotrione	eenjarige tweezaadlobbigen											
linuron	eenjarige grassen									+		
linuron	eenjarige tweezaadlobbigen									+		
linuron	overblijvende tweezaadlobbigen									+		
linuron	tweezaadlobbigen									+		
MCPA	overblijvende tweezaadlobbigen											
MCPA	paardestaarten										+	
MCPA	tweezaadlobbigen										+	
metamitron	eenjarige eenzaadlobbigen											
metamitron	eenjarige tweezaadlobbigen											
metamitron	eenzaadlobbigen											

3.3.4 Onkruidbestrijding groenteteelt

augurk	bieslook	bieslook	bleekselderij	bloemkool	boerenkool	boerenkool	broccoli	doperwt	doperwt	droge erwt	droge erwt	groenlof	groenlof	grote schorseneer	grote schorseneer	knoflook	knolselderij	knolselderij	knolvenkel	knolvenkel	koolraap	koolraap	kroot	kroot
na	voor	na	na	na	voor	na	na	voor	na	voor	na	voor	na	voor	na	na	voor	na	voor	na	voor	na	voor	na
								+		+														
								+		+														
								+		+														
+																								
+																								
									+		+													
									+		+													
									+		+													
														+	+									
														+	+									
														+	+									
														+	+								+	+
														+	+								+	+
																							+	+
																							+	+
		+	+	+	+	+	+										+	+	+	+	+			
			+								+													
			+								+													
			+																					
																							+	
																							+	
								+		+	+			+	+		+	+			+	+	+	+
								+		+	+			+	+		+	+			+	+	+	+
								+		+	+			+	+		+	+			+	+	+	+
														+										
														+										
																	+	+						
																	+	+						
																	+	+						
																	+	+						
																							+	+
																							+	+
																							+	+

werkzame stof(fen)	onkruidgroep	algemeen	algemeen	algemeen	afrikaantje vanggewas	andijvie	andijvie	andijvie krulandijvie	andijvie krulandijvie	asperge	asperge	augurk
voor/na opkomst/doodspuiten		voor	na	dood	na	voor	na	voor	na	voor	na	voor
metamitron	tweezaadlobbigen											
metam-natrium	anguinidae											
metam-natrium	meloidogynidae	+										
metam-natrium	overblijvende overige eenzaadlobbigen	+										
metam-natrium	pratylenchidae	+										
metam-natrium	trichodoridae	+										
metazachloor	eenjarige eenzaadlobbigen											
metazachloor	eenjarige grassen											
metazachloor	eenjarige tweezaadlobbigen											
metribuzin	eenjarige grassen									+	+	
metribuzin	eenjarige tweezaadlobbigen									+	+	
pendimethalin	eenjarige grassen									+		
pendimethalin	eenjarige tweezaadlobbigen									+		
propyzamide	eenjarige eenzaadlobbigen					+	+	+	+			
propyzamide	eenjarige tweezaadlobbigen					+	+	+	+			
prosulfocarb	eenjarige grassen											
prosulfocarb	eenjarige tweezaadlobbigen											
pyridaat	eenjarige tweezaadlobbigen									+		
quizalofop-P-ethyl	eenjarige granen											
quizalofop-P-ethyl	eenjarige grassen											
quizalofop-P-ethyl	overblijvende grassen											
S-metolachloor	eenjarige grassen											
S-metolachloor	eenjarige tweezaadlobbigen											
tepraloxydim	eenjarige granen											
tepraloxydim	eenjarige grassen											
tepraloxydim	overblijvende grassen											
tritosulfuron	eenjarige tweezaadlobbigen											
tritosulfuron	tweezaadlobbigen											

	augurk	bieslook	bieslook	bleekselderij	bloemkool	boerenkool	boerenkool	broccoli	doperwt	doperwt	droge erwt	droge erwt	groenlof	groenlof	grote schorseneer	grote schorseneer	knoflook	knolselderij	knolselderij	knolvenkel	knolvenkel	koolraap	koolraap	kroot	kroot
	na	voor	na	na	na	voor	na	na	voor	na	voor	na	voor	na	voor	na	na	voor	na	voor	na	voor	na	voor	na
																								+	+
															+										
					+		+	+																	
					+		+	+																	
					+		+	+																	
		+	+																						
		+	+																						
													+	+											
													+	+											
						+	+	+																	
										+															
										+															
					+		+	+		+		+													
					+		+	+		+		+													
					+		+	+		+		+													

3.3.4 Onkruidbestrijding groenteteelt

werkzame stof(fen)	onkruidgroep	mais	pastinaak	pastinaak	peen	peen	peul	prei	prei	pronkboon	pronkboon	rabarber	riet soorten
voor/na opkomst/doodspuiten		na	voor	na	voor	na	na	voor	na	voor	na	na	na
aclonifen	eenjarige grassen												
aclonifen	eenjarige tweezaadlobbigen												
aclonifen	tweezaadlobbigen												
asulam	eenjarige grassen												
asulam	tweezaadlobbigen												
bentazon	eenjarige eenzaadlobbigen	+					+						
bentazon	eenjarige tweezaadlobbigen	+					+						
bentazon	overblijvende overige eenzaadlobbigen	+					+						
carbetamide	eenjarige grassen												
carbetamide	eenjarige tweezaadlobbigen												
carbetamide	overblijvende tweezaadlobbigen												
carbetamide	tweezaadlobbigen												
chloorprofam	eenjarige eenzaadlobbigen									+	+		
chloorprofam	eenjarige tweezaadlobbigen								+	+			
chloridazon	eenzaadlobbigen												
chloridazon	tweezaadlobbigen												
clomazone	eenjarige tweezaadlobbigen				+	+					+	+	+
clopyralid	eenjarige tweezaadlobbigen												
clopyralid	overblijvende tweezaadlobbigen												
clopyralid	tweezaadlobbigen												
cycloxydim	eenjarige granen							+	+				
cycloxydim	eenjarige grassen							+	+				
cycloxydim	overblijvende grassen							+	+				
fenmedifam	eenjarige tweezaadlobbigen												
fenmedifam	tweejarige tweezaadlobbigen												
florasulam / fluroxypyr-meptyl	eenjarige tweezaadlobbigen	+											
florasulam / fluroxypyr-meptyl	overblijvende tweezaadlobbigen	+											
fluazifop-P-butyl	eenjarige granen				+	+							
fluazifop-P-butyl	eenjarige grassen				+	+							
fluazifop-P-butyl	overblijvende grassen				+	+							
glufosinaat-ammonium	eenjarige eenzaadlobbigen												
glufosinaat-ammonium	eenjarige grassen												
glufosinaat-ammonium	eenjarige tweezaadlobbigen												
glufosinaat-ammonium	gewas												
glyfosaat	eenjarige eenzaadlobbigen												
glyfosaat	eenjarige grassen												
glyfosaat	eenjarige tweezaadlobbigen												
glyfosaat	gewas												
glyfosaat	overblijvende grassen												
glyfosaat	overblijvende overige eenzaadlobbigen												
glyfosaat	overblijvende tweezaadlobbigen												
glyfosaat	tweejarige tweezaadlobbigen												
glyfosaat	tweezaadlobbigen												
ioxynil	eenjarige tweezaadlobbigen								+				
ioxynil	overblijvende tweezaadlobbigen								+				
isoxadifen-ethyl / tembotrione	eenjarige grassen	+											
isoxadifen-ethyl / tembotrione	eenjarige tweezaadlobbigen	+											
linuron	eenjarige grassen		+	+	+	+							
linuron	eenjarige tweezaadlobbigen		+	+	+	+							
linuron	overblijvende tweezaadlobbigen		+	+	+	+							
linuron	tweezaadlobbigen		+	+	+	+							
MCPA	overblijvende tweezaadlobbigen												+
MCPA	paardestaarten												
MCPA	tweezaadlobbigen												
metamitron	eenjarige eenzaadlobbigen												
metamitron	eenjarige tweezaadlobbigen												
metamitron	eenzaadlobbigen												
metamitron	tweezaadlobbigen												
metam-natrium	anguinidae												
metam-natrium	meloidogynidae												
metam-natrium	overblijvende overige eenzaadlobbigen												
metam-natrium	pratylenchidae												

roodlof	roodlof	sjalot	sjalot	sla - bindsla, krulsla	sla - bindsla, krulsla	sla - ijsbergsla, kropsla	sla - ijsbergsla, kropsla	sluitkolen - rode kool, savooie kool, spitskool	sluitkolen - witte kool	snijboon	snijboon	sperzieboon	sperzieboon	spinazie	spinazie	spinazie	spruitkool	tuinboon/veldboon	tuinboon/veldboon	ui	ui	witlof
voor	na	voor	na	voor	na	voor	na	na	na	voor	na	voor	na	voor	na	dood	na	voor	na	voor	na	voor
												+	+									
												+	+									
		+										+	+					+		+		
		+										+	+					+		+		
						+	+											+		+		
																		+	+			
+	+	+	+	+	+	+	+													+	+	
+	+	+	+	+	+	+	+													+	+	
		+	+																	+	+	
		+	+																	+	+	
								+	+	+	+	+	+	+	+		+					
								+	+								+					
								+	+								+					
								+									+					
																		+		+		
																		+		+		
																		+		+		
														+								
		+	+							+	+							+	+	+	+	
		+	+							+	+							+	+	+	+	
		+	+							+	+							+	+	+	+	
														+	+							
																				+		+
																			+			
																				+		+
																				+		+
																			+			
																				+		+
																			+			
																				+		+
		+																			+	
		+																			+	
																		+	+			
																		+	+			
																		+	+			
																		+	+			
		+																		+		
		+																		+		
		+																		+		

werkzame stof(fen) / voor/na opkomst/doodspuiten	onkruidgroep	mais na	pastinaak voor	pastinaak na	peen voor	peen na	peul na	prei voor	prei na	pronkboon voor	pronkboon na	rabarber na	riet soorten na
metam-natrium	trichodoridae												
metazachloor	eenjarige eenzaadlobbigen								+				
metazachloor	eenjarige grassen								+				
metazachloor	eenjarige tweezaadlobbigen								+				
metribuzin	eenjarige grassen					+							
metribuzin	eenjarige tweezaadlobbigen					+							
pendimethalin	eenjarige grassen				+	+		+	+				
pendimethalin	eenjarige tweezaadlobbigen				+	+		+	+				
propyzamide	eenjarige eenzaadlobbigen												
propyzamide	eenjarige tweezaadlobbigen												
prosulfocarb	eenjarige grassen												
prosulfocarb	eenjarige tweezaadlobbigen												
pyridaat	eenjarige tweezaadlobbigen								+				
quizalofop-P-ethyl	eenjarige granen								+				
quizalofop-P-ethyl	eenjarige grassen								+				
quizalofop-P-ethyl	overblijvende grassen								+				
S-metolachloor	eenjarige grassen												
S-metolachloor	eenjarige tweezaadlobbigen												
tepraloxydim	eenjarige granen					+	+		+				
tepraloxydim	eenjarige grassen					+	+		+				
tepraloxydim	overblijvende grassen					+	+		+				
tritosulfuron	eenjarige tweezaadlobbigen	+											
tritosulfuron	tweezaadlobbigen	+											

roodlof	roodlof	sjalot	sjalot	sla - bindsla, kruisla	sla - bindsla, kruisla	sla - ijsbergsla, kropsla	sla - ijsbergsla, kropsla	sluitkolen - rode kool, savooie kool, spitskool	sluitkolen - witte kool	snijboon	snijboon	sperzieboon	sperzieboon	spinazie	spinazie	spinazie	spruitkool	tuinboon/veldboon	tuinboon/veldboon	ui	ui	witlof
voor	na	voor	na	voor	na	voor	na	na	na	voor	na	voor	na	voor	na	dood	na	voor	na	voor	na	voor
		+																		+		
								+	+								+					
								+	+								+					
								+	+								+					
		+	+																	+	+	
		+	+																	+	+	
+	+			+	+	+	+															
+	+				+	+	+	+														
			+					+	+													+
		+	+							+	+	+	+							+	+	
		+	+								+	+	+	+						+	+	
			+					+	+													+
			+											+	+							+
			+					+	+													+

3.3.5 Kruidenteelt

Tabel 10. Herbiciden, toegelaten werkzame stoffen, werkingsspectrum en toepassingstijdstip per gewas.

werkzame stof(fen)	onkruidgroep	algemeen	algemeen	algemeen	bieslook	bieslook	bladselderij	bladselderij	blauwmaanzaad
voor/na opkomst/doodspuiten		voor	na	dood	voor	na	voor	na	voor
asulam	eenjarige grassen								+
asulam	tweezaadlobbigen								+
bentazon	eenjarige eenzaadlobbigen					+			
bentazon	eenjarige tweezaadlobbigen					+			
bentazon	overblijvende overige eenzaadlobbigen					+			
carbetamide	eenjarige grassen								
carbetamide	eenjarige tweezaadlobbigen								
carbetamide	overblijvende tweezaadlobbigen								
clomazone	eenjarige tweezaadlobbigen								+
fluazifop-P-butyl	eenjarige granen								+
fluazifop-P-butyl	eenjarige grassen								+
fluazifop-P-butyl	overblijvende grassen								+
glufosinaat-ammonium	eenjarige eenzaadlobbigen	+	+						
glufosinaat-ammonium	eenjarige grassen	+	+						
glufosinaat-ammonium	eenjarige tweezaadlobbigen	+	+						
glyfosaat	eenjarige eenzaadlobbigen		+						
glyfosaat	eenjarige grassen		+						
glyfosaat	eenjarige tweezaadlobbigen		+						
glyfosaat	gewas	+	+	+					
glyfosaat	overblijvende grassen		+						
glyfosaat	overblijvende overige eenzaadlobbigen		+						
glyfosaat	overblijvende tweezaadlobbigen		+						
glyfosaat	tweezaadlobbigen		+						
linuron	eenjarige grassen						+	+	
linuron	eenjarige tweezaadlobbigen						+	+	
linuron	overblijvende tweezaadlobbigen						+	+	
linuron	tweezaadlobbigen						+	+	
metam-natrium	overblijvende overige eenzaadlobbigen	+							
pendimethalin	eenjarige grassen				+	+			
pendimethalin	eenjarige tweezaadlobbigen				+	+			
prosulfocarb	eenjarige grassen								+
prosulfocarb	eenjarige tweezaadlobbigen								+

blauwmaanzaad na	dille voor	dille na	dragon voor	dragon na	driekleurig viooltje voor	driekleurig viooltje na	echte kervel voor	echte kervel na	maggiplant voor	maggiplant na	mariadistel voor	mariadistel na	peterselie soorten voor	peterselie soorten na	wollig vingerhoedskruid voor	wollig vingerhoedskruid na
+					+	+									+	+
+					+	+									+	+
+																+
+																+
+																+
			+	+							+	+				
			+	+							+	+				
			+	+							+	+				
+																
+																
+																
+																
	+	+					+	+	+	+			+	+		
	+	+					+	+	+	+			+	+		
	+	+					+	+	+	+			+	+		
	+	+					+	+	+	+			+	+		
+																
+																

3.3.6 Bloembollen en bolbloemen

Tabel 11. Herbiciden, toegelaten werkzame stoffen, werkingsspectrum en toepassingstijdstip per gewas.

werkzame stof(fen) — voor/na opkomst, doodspuiten	onkruidgroep	algemeen voor	algemeen na	algemeen dood	*Acidanthera* soorten abessijnse gladiool voor	*Acidanthera* soorten abessijnse gladiool na	*Allium* soorten sierui voor	*Allium* soorten sierui na	*Alstroemeria* soorten incalelie voor
asulam	eenjarige grassen								
asulam	eenjarige tweezaadlobbigen								
asulam	tweezaadlobbigen								
chloorprofam	eenjarige eenzaadlobbigen				+	+	+	+	
chloorprofam	eenjarige tweezaadlobbigen				+	+	+	+	
chloridazon	eenzaadlobbigen								
chloridazon	tweezaadlobbigen								
cycloxydim	eenjarige granen		+						
cycloxydim	eenjarige grassen		+						
cycloxydim	overblijvende grassen		+						
dimethenamide / dimethenamide-P	eenjarige eenzaadlobbigen								
dimethenamide / dimethenamide-P	eenjarige grassen								
dimethenamide / dimethenamide-P	eenjarige tweezaadlobbigen								
dimethenamide / dimethenamide-P	overblijvende tweezaadlobbigen								
fenmedifam	eenjarige tweezaadlobbigen								
fenmedifam	tweejarige tweezaadlobbigen								
fluazifop-P-butyl	eenjarige granen	+	+						
fluazifop-P-butyl	eenjarige grassen	+	+						
fluazifop-P-butyl	overblijvende grassen	+	+						
glufosinaat-ammonium	eenjarige eenzaadlobbigen	+	+						
glufosinaat-ammonium	eenjarige grassen	+	+						
glufosinaat-ammonium	eenjarige tweezaadlobbigen	+	+						
glyfosaat	eenjarige eenzaadlobbigen	+	+						
glyfosaat	eenjarige granen	+	+	+					
glyfosaat	eenjarige grassen	+	+	+					
glyfosaat	eenjarige tweezaadlobbigen	+	+						
glyfosaat	gewas	+	+	+					
glyfosaat	overblijvende grassen	+	+						
glyfosaat	overblijvende overige eenzaadlobbigen	+	+						
glyfosaat	overblijvende tweezaadlobbigen	+	+						
glyfosaat	tweejarige tweezaadlobbigen	+							
glyfosaat	tweezaadlobbigen	+	+						
linuron	eenjarige grassen								+
linuron	eenjarige tweezaadlobbigen								+
linuron	mossen								+
linuron	overblijvende tweezaadlobbigen								+
linuron	tweezaadlobbigen								+
linuron	wieren								+
MCPA	overblijvende tweezaadlobbigen								
MCPA	tweejarige tweezaadlobbigen								
metamitron	eenjarige eenzaadlobbigen		+						
metamitron	eenjarige tweezaadlobbigen		+						
metamitron	eenzaadlobbigen								
metamitron	tweezaadlobbigen								
metam-natrium	helotiales								
metam-natrium	overblijvende overige eenzaadlobbigen	+							
metam-natrium	pratylenchidae	+							
metam-natrium	schimmels	+							
metam-natrium	trichodoridae	+							
pendimethalin	eenjarige grassen		+						
pendimethalin	eenjarige tweezaadlobbigen		+						
quizalofop-P-ethyl	eenjarige granen		+						
quizalofop-P-ethyl	eenjarige grassen		+						
quizalofop-P-ethyl	overblijvende grassen		+						
S-metolachloor	eenjarige grassen								
S-metolachloor	eenjarige tweezaadlobbigen								
tepraloxydim	eenjarige granen								
tepraloxydim	eenjarige grassen								
tepraloxydim	overblijvende grassen								

	Alstroemeria soorten incalelie	Anemone soorten anemoon	Anemone soorten anemoon	Brodiaea soorten brodiaea	Brodiaea soorten brodiaea	Camassia soorten camassia	Camassia soorten camassia	Chionodoxa soorten sneeuwroem	Chionodoxa soorten sneeuwroem	Colchicum soorten herfsttijloos	Colchicum soorten herfsttijloos	Crocosmia soorten montbretia	Crocosmia soorten montbretia	Crocus soorten krokus	Crocus soorten krokus	Dahlia soorten dahlia	Dahlia soorten dahlia	Eremurus soorten naald van cleopatra	Eremurus soorten naald van cleopatra
	na	voor	na	voor	na	voor	na	voor	na	voor	na	voor	na	voor	na	voor	na	voor	na
		+	+	+	+	+	+	+	+	+	+	+	+	+	+	+	+	+	+
		+	+	+	+	+	+	+	+	+	+	+	+	+	+	+	+	+	+
														+					
														+					
														+					

(onderste rijen met +-tekens in kolommen Alstroemeria/Anemone:)

na	voor	na
+	+	+
+	+	+
+		
+	+	+
+	+	+
+		

	Crocus soorten krokus voor
	+
	+

werkzame stof(fen)	onkruidgroep	Erythronium soorten hondstand	Erythronium soorten hondstand	Freesia soorten fresia	Freesia soorten fresia	Fritillaria imperialis keizerskroon	Fritillaria imperialis keizerskroon	Fritillaria meleagris kievitsbloem	Fritillaria meleagris kievitsbloem
voor/na opkomst, doodspuiten		voor	na	voor	na	voor	na	voor	na
asulam	eenjarige grassen								
asulam	eenjarige tweezaadlobbigen								
asulam	tweezaadlobbigen								
chloorprofam	eenjarige eenzaadlobbigen	+	+	+	+	+	+	+	+
chloorprofam	eenjarige tweezaadlobbigen	+	+	+	+	+	+	+	+
chloridazon	eenzaadlobbigen								
chloridazon	tweezaadlobbigen								
cycloxydim	eenjarige granen								
cycloxydim	eenjarige grassen								
cycloxydim	overblijvende grassen								
dimethenamide / dimethenamide-P	eenjarige eenzaadlobbigen								
dimethenamide / dimethenamide-P	eenjarige grassen								
dimethenamide / dimethenamide-P	eenjarige tweezaadlobbigen								
dimethenamide / dimethenamide-P	overblijvende tweezaadlobbigen								
fenmedifam	eenjarige tweezaadlobbigen								
fenmedifam	tweejarige tweezaadlobbigen								
fluazifop-P-butyl	eenjarige granen								
fluazifop-P-butyl	eenjarige grassen								
fluazifop-P-butyl	overblijvende grassen								
glufosinaat-ammonium	eenjarige eenzaadlobbigen								
glufosinaat-ammonium	eenjarige grassen								
glufosinaat-ammonium	eenjarige tweezaadlobbigen								
glyfosaat	eenjarige eenzaadlobbigen								
glyfosaat	eenjarige granen								
glyfosaat	eenjarige grassen								
glyfosaat	eenjarige tweezaadlobbigen								
glyfosaat	gewas								
glyfosaat	overblijvende grassen								
glyfosaat	overblijvende overige eenzaadlobbigen								
glyfosaat	overblijvende tweezaadlobbigen								
glyfosaat	tweejarige tweezaadlobbigen								
glyfosaat	tweezaadlobbigen								
linuron	eenjarige grassen			+	+				
linuron	eenjarige tweezaadlobbigen			+	+				
linuron	mossen			+	+				
linuron	overblijvende tweezaadlobbigen			+	+				
linuron	tweezaadlobbigen			+	+				
linuron	wieren			+	+				
MCPA	overblijvende tweezaadlobbigen								
MCPA	tweejarige tweezaadlobbigen								
metamitron	eenjarige eenzaadlobbigen								
metamitron	eenjarige tweezaadlobbigen								
metamitron	eenzaadlobbigen								
metamitron	tweezaadlobbigen								
metam-natrium	helotiales								
metam-natrium	overblijvende overige eenzaadlobbigen								
metam-natrium	pratylenchidae								
metam-natrium	schimmels								
metam-natrium	trichodoridae								
pendimethalin	eenjarige grassen								
pendimethalin	eenjarige tweezaadlobbigen								
quizalofop-P-ethyl	eenjarige granen								
quizalofop-P-ethyl	eenjarige grassen								
quizalofop-P-ethyl	overblijvende grassen								
S-metolachloor	eenjarige grassen								
S-metolachloor	eenjarige tweezaadlobbigen								
tepraloxydim	eenjarige granen								
tepraloxydim	eenjarige grassen								
tepraloxydim	overblijvende grassen								

Galtonia candicans kaapse hyacint		Gladiolus soorten gladiool		Hyacinthoides hispanica spaanse hyacint		Hyacinthoides non-scripta wilde hyacint		Hyacinthus orientalis hyacint		Iris soorten iris		Ixia soorten ixia		Ixiolirion soorten ixiolirion		Liatris spicata liatris spicata	
voor	na	voor	na	voor	na	voor	na	voor	na	voor	na	voor	na	voor	na	voor	na
								+	+								
								+	+								
								+	+								
+	+	+	+	+	+	+	+	+	+	+	+						
+	+	+	+	+	+	+	+	+	+	+	+	+	+	+	+	+	+
								+	+	+	+						
								+	+	+	+						
			+						+								
			+						+								
			+						+								
											+						
											+						
		+	+					+	+								
		+	+					+	+								
		+	+					+	+								
		+	+					+	+								
			+														
			+														
										+	+						
										+	+						
											+						
											+						
		+															
		+						+		+							
		+						+		+							
			+						+		+						
			+						+		+						
			+						+		+						
			+						+								
			+						+								
			+						+								

werkzame stof(fen)	onkruidgroep	*Lilium* soorten lelie voor	*Lilium* soorten lelie na	*Muscari* soorten blauw druifje voor	*Muscari* soorten blauw druifje na	*Narcissus* soorten narcis voor	*Narcissus* soorten narcis na	*Narcissus* soorten narcis dood	*Ornithogalum thyrsoides* zuidenwindlelie voor
voor/na opkomst, doodspuiten		voor	na	voor	na	voor	na	dood	voor
asulam	eenjarige grassen	+	+						
asulam	eenjarige tweezaadlobbigen	+	+						
asulam	tweezaadlobbigen	+	+						
chloorprofam	eenjarige eenzaadlobbigen	+	+	+	+	+	+		+
chloorprofam	eenjarige tweezaadlobbigen	+	+	+	+	+	+		+
chloridazon	eenzaadlobbigen	+	+			+	+		
chloridazon	tweezaadlobbigen	+	+			+	+		
cycloxydim	eenjarige granen		+				+		
cycloxydim	eenjarige grassen		+				+		
cycloxydim	overblijvende grassen		+				+		
dimethenamide / dimethenamide-P	eenjarige eenzaadlobbigen								
dimethenamide / dimethenamide-P	eenjarige grassen								
dimethenamide / dimethenamide-P	eenjarige tweezaadlobbigen								
dimethenamide / dimethenamide-P	overblijvende tweezaadlobbigen								
fenmedifam	eenjarige tweezaadlobbigen								
fenmedifam	tweejarige tweezaadlobbigen								
fluazifop-P-butyl	eenjarige granen								
fluazifop-P-butyl	eenjarige grassen								
fluazifop-P-butyl	overblijvende grassen								
glufosinaat-ammonium	eenjarige eenzaadlobbigen								
glufosinaat-ammonium	eenjarige grassen								
glufosinaat-ammonium	eenjarige tweezaadlobbigen								
glyfosaat	eenjarige eenzaadlobbigen					+	+	+	
glyfosaat	eenjarige granen								
glyfosaat	eenjarige grassen								
glyfosaat	eenjarige tweezaadlobbigen					+	+	+	
glyfosaat	gewas								
glyfosaat	overblijvende grassen					+	+	+	
glyfosaat	overblijvende overige eenzaadlobbigen					+	+	+	
glyfosaat	overblijvende tweezaadlobbigen					+	+	+	
glyfosaat	tweejarige tweezaadlobbigen								
glyfosaat	tweezaadlobbigen					+	+	+	
linuron	eenjarige grassen								
linuron	eenjarige tweezaadlobbigen								
linuron	mossen								
linuron	overblijvende tweezaadlobbigen								
linuron	tweezaadlobbigen								
linuron	wieren								
MCPA	overblijvende tweezaadlobbigen								
MCPA	tweejarige tweezaadlobbigen								
metamitron	eenjarige eenzaadlobbigen	+	+			+	+		
metamitron	eenjarige tweezaadlobbigen	+	+			+	+		
metamitron	eenzaadlobbigen		+				+		
metamitron	tweezaadlobbigen		+				+		
metam-natrium	helotiales								
metam-natrium	overblijvende overige eenzaadlobbigen								
metam-natrium	pratylenchidae	+							
metam-natrium	schimmels								
metam-natrium	trichodoridae	+							
pendimethalin	eenjarige grassen								
pendimethalin	eenjarige tweezaadlobbigen								
quizalofop-P-ethyl	eenjarige granen		+				+		
quizalofop-P-ethyl	eenjarige grassen		+				+		
quizalofop-P-ethyl	overblijvende grassen		+				+		
S-metolachloor	eenjarige grassen	+	+						
S-metolachloor	eenjarige tweezaadlobbigen	+	+						
tepraloxydim	eenjarige granen						+		
tepraloxydim	eenjarige grassen						+		
tepraloxydim	overblijvende grassen						+		

Ornithogalum thyrsoides zuidenwindlelie	Oxalis soorten klaverzuring	Oxalis soorten klaverzuring	Paeonia soorten pioenroos	Paeonia soorten pioenroos	Phragmites soorten riet	Puschkinia soorten buishyacint	Puschkinia soorten buishyacint	Sauromatum soorten voodoo lelie	Sauromatum soorten voodoo lelie	Scilla soorten sterhyacint	Scilla soorten sterhyacint	Sparaxis soorten sparaxis	Sparaxis soorten sparaxis	Tagetes soorten afrikaantje	Tigridia soorten tijgerbloem	Tigridia soorten tijgerbloem	Tulipa soorten tulp	Tulipa soorten tulp
na	voor	na	voor	na	na	voor	na	voor	na	voor	na	voor	na	na	voor	na	voor	na
																	+	+
																	+	+
																	+	+
+	+	+	+	+		+	+	+	+	+	+	+	+		+	+	+	+
+	+	+	+	+		+	+	+	+	+	+	+	+		+	+	+	+
																	+	+
																		+
																		+
																		+
																		+
																	+	
																	+	
																	+	
																	+	
														+				
														+				
					+													
																	+	+
																	+	+
																	+	+
																	+	+
																	+	
																	+	
																	+	+
																	+	+
																	+	
																		+

3.3.7 Bloemisterij

Tabel 12. Herbiciden, toegelaten werkzame stoffen, werkingsspectrum en toepassingstijdstip per gewas.

werkzame stof(fen)	onkruidgroep	algemeen voor	algemeen na	algemeen dood	algemeen - droogbloemen voor	algemeen - droogbloemen na	algemeen - zaadteelt voor	algemeen - zaadteelt na	algemeen - snijbloemen voor	algemeen - snijbloemen na
asulam	eenjarige grassen				+	+	+	+	+	+
asulam	eenjarige tweezaadlobbigen									
asulam	tweezaadlobbigen				+	+	+	+	+	+
bentazon	eenjarige eenzaadlobbigen						+	+	+	+
bentazon	eenjarige tweezaadlobbigen						+	+	+	+
bentazon	overblijvende overige eenzaadlobbigen						+	+	+	+
carbetamide	eenjarige grassen									
carbetamide	eenjarige tweezaadlobbigen									
carbetamide	overblijvende tweezaadlobbigen									
chloorprofam	eenjarige eenzaadlobbigen									
chloorprofam	eenjarige tweezaadlobbigen									
clomazone	eenjarige tweezaadlobbigen									
clopyralid	tweezaadlobbigen						+			
cycloxydim	eenjarige granen						+			+
cycloxydim	eenjarige grassen						+			+
cycloxydim	overblijvende grassen						+			+
fenmedifam	eenjarige tweezaadlobbigen									
fenmedifam	tweejarige tweezaadlobbigen									
glufosinaat-ammonium	eenjarige eenzaadlobbigen	+	+							
glufosinaat-ammonium	eenjarige grassen									
glufosinaat-ammonium	eenjarige tweezaadlobbigen	+	+							
glyfosaat	eenjarige eenzaadlobbigen		+							
glyfosaat	eenjarige grassen		+							
glyfosaat	eenjarige tweezaadlobbigen		+							
glyfosaat	gewas	+	+	+						
glyfosaat	overblijvende grassen		+							
glyfosaat	overblijvende overige eenzaadlobbigen		+							
glyfosaat	overblijvende tweezaadlobbigen		+							
glyfosaat	tweezaadlobbigen		+							
linuron	eenjarige grassen									
linuron	eenjarige tweezaadlobbigen									
linuron	mossen									
linuron	overblijvende tweezaadlobbigen									
linuron	tweezaadlobbigen									
linuron	wieren									
MCPA	overblijvende tweezaadlobbigen									
metamitron	eenjarige eenzaadlobbigen						+	+		
metamitron	eenjarige tweezaadlobbigen						+	+		
metamitron	eenzaadlobbigen									
metamitron	tweezaadlobbigen									
metam-natrium	overblijvende overige eenzaadlobbigen									
metam-natrium	pratylenchidae	+								
metam-natrium	schimmels	+								
metam-natrium	trichodoridae	+								
propyzamide	eenjarige eenzaadlobbigen				+	+	+	+	+	+
propyzamide	eenjarige tweezaadlobbigen				+	+	+	+	+	+
S-metolachloor	eenjarige grassen									
S-metolachloor	eenjarige tweezaadlobbigen									
tepraloxydim	eenjarige granen		+							
tepraloxydim	eenjarige grassen		+							
tepraloxydim	overblijvende grassen		+							

Achillea filipendulina duizendblad		*Achillea millefolium* duizendblad		*Aconitum* soorten monnikskap		*Amaranthus* soorten kattestaart	*Anaphalis* soorten witte knoop		*Astilbe* soorten pluimspirea		*Calendula* soorten goudsbloem		*Campanula* soorten klokjesbloem		*Carthamus tinctorius* saffloer	
voor	na	voor	na	voor	na	na	voor	na	voor	na	voor	na	voor	na	voor	na
+	+	+	+				+	+	+	+	+	+	+	+	+	+
+	+	+	+				+	+	+	+	+	+	+	+	+	+
						+										
						+										
				+	+				+	+			+	+		
				+	+				+	+			+	+		

3.3.7 Onkruidbestrijding bloemisterij

werkzame stof(fen)	onkruidgroep	Centaurea soorten korenbloem		Chionodoxa soorten sneeuwroem		Chrysanthemum cinerariifolium dalmatische pyrethrum		Chrysanthemum leucanthemum grote margriet	
voor/na opkomst, doodspuiten		voor	na	voor	na	voor	na	voor	na
asulam	eenjarige grassen								
asulam	eenjarige tweezaadlobbigen								
asulam	tweezaadlobbigen								
bentazon	eenjarige eenzaadlobbigen								
bentazon	eenjarige tweezaadlobbigen								
bentazon	overblijvende overige eenzaadlobbigen								
carbetamide	eenjarige grassen								
carbetamide	eenjarige tweezaadlobbigen								
carbetamide	overblijvende tweezaadlobbigen								
chloorprofam	eenjarige eenzaadlobbigen	+	+	+	+	+	+	+	+
chloorprofam	eenjarige tweezaadlobbigen	+	+	+	+	+	+	+	+
clomazone	eenjarige tweezaadlobbigen								
clopyralid	tweezaadlobbigen								
cycloxydim	eenjarige granen								
cycloxydim	eenjarige grassen								
cycloxydim	overblijvende grassen								
fenmedifam	eenjarige tweezaadlobbigen								
fenmedifam	tweejarige tweezaadlobbigen								
glufosinaat-ammonium	eenjarige eenzaadlobbigen								
glufosinaat-ammonium	eenjarige grassen								
glufosinaat-ammonium	eenjarige tweezaadlobbigen								
glyfosaat	eenjarige eenzaadlobbigen								
glyfosaat	eenjarige grassen								
glyfosaat	eenjarige tweezaadlobbigen								
glyfosaat	gewas								
glyfosaat	overblijvende grassen								
glyfosaat	overblijvende overige eenzaadlobbigen								
glyfosaat	overblijvende tweezaadlobbigen								
glyfosaat	tweezaadlobbigen								
linuron	eenjarige grassen	+	+						
linuron	eenjarige tweezaadlobbigen	+	+						
linuron	mossen								
linuron	overblijvende tweezaadlobbigen	+	+						
linuron	tweezaadlobbigen	+	+						
linuron	wieren								
MCPA	overblijvende tweezaadlobbigen								
metamitron	eenjarige eenzaadlobbigen								
metamitron	eenjarige tweezaadlobbigen								
metamitron	eenzaadlobbigen								
metamitron	tweezaadlobbigen								
metam-natrium	overblijvende overige eenzaadlobbigen								
metam-natrium	pratylenchidae								
metam-natrium	schimmels								
metam-natrium	trichodoridae								
propyzamide	eenjarige eenzaadlobbigen								
propyzamide	eenjarige tweezaadlobbigen								
S-metolachloor	eenjarige grassen								
S-metolachloor	eenjarige tweezaadlobbigen								
tepraloxydim	eenjarige granen								
tepraloxydim	eenjarige grassen								
tepraloxydim	overblijvende grassen								

Chrysanthemum segetum gele ganzebloem		Chrysanthemum soorten chrysant		Convallaria soorten lelietje-van-dalen		Coreopsis soorten luizenbloem		Cymbidium soorten cymbidium		Dahlia soorten dahlia		Delphinium belladonna delphinium belladonna		Delphinium hybrida ridderspoor		Eremurus soorten naald van cleopatra	
voor	na	voor	na	voor	na	voor	na	voor	na	voor	na	voor	na	voor	na	voor	na
+	+			+	+	+	+			+	+	+	+			+	+
+	+			+	+	+	+			+	+	+	+			+	+
							+	+									
							+	+									
							+	+									
							+	+									
							+	+									
							+	+									
														+	+		
														+	+		
	+	+															
	+	+															

3.3.7 Onkruidbestrijding bloemisterij

3.3.7 Onkruidbestrijding bloemisterij

werkzame stof(fen)	onkruidgroep	Gypsophila soorten gipskruid		Helianthus annuus gewone zonnebloem		Helichrysum soorten strobloem		Helipterum roseum zonnestrobloem	
voor/na opkomst, doodspuiten		voor	na	voor	na	voor	na	voor	na
asulam	eenjarige grassen								
asulam	eenjarige tweezaadlobbigen								
asulam	tweezaadlobbigen								
bentazon	eenjarige eenzaadlobbigen								
bentazon	eenjarige tweezaadlobbigen								
bentazon	overblijvende overige eenzaadlobbigen								
carbetamide	eenjarige grassen								
carbetamide	eenjarige tweezaadlobbigen								
carbetamide	overblijvende tweezaadlobbigen								
chloorprofam	eenjarige eenzaadlobbigen					+	+	+	+
chloorprofam	eenjarige tweezaadlobbigen					+	+	+	+
clomazone	eenjarige tweezaadlobbigen								
clopyralid	tweezaadlobbigen								
cycloxydim	eenjarige granen								
cycloxydim	eenjarige grassen								
cycloxydim	overblijvende grassen								
fenmedifam	eenjarige tweezaadlobbigen								
fenmedifam	tweejarige tweezaadlobbigen								
glufosinaat-ammonium	eenjarige eenzaadlobbigen								
glufosinaat-ammonium	eenjarige grassen								
glufosinaat-ammonium	eenjarige tweezaadlobbigen								
glyfosaat	eenjarige eenzaadlobbigen								
glyfosaat	eenjarige grassen								
glyfosaat	eenjarige tweezaadlobbigen								
glyfosaat	gewas								
glyfosaat	overblijvende grassen								
glyfosaat	overblijvende overige eenzaadlobbigen								
glyfosaat	overblijvende tweezaadlobbigen								
glyfosaat	tweezaadlobbigen								
linuron	eenjarige grassen	+	+						
linuron	eenjarige tweezaadlobbigen	+	+						
linuron	mossen	+	+						
linuron	overblijvende tweezaadlobbigen	+	+						
linuron	tweezaadlobbigen	+	+						
linuron	wieren	+	+						
MCPA	overblijvende tweezaadlobbigen								
metamitron	eenjarige eenzaadlobbigen			+	+				
metamitron	eenjarige tweezaadlobbigen			+	+				
metamitron	eenzaadlobbigen								
metamitron	tweezaadlobbigen								
metam-natrium	overblijvende overige eenzaadlobbigen								
metam-natrium	pratylenchidae								
metam-natrium	schimmels								
metam-natrium	trichodoridae								
propyzamide	eenjarige eenzaadlobbigen								
propyzamide	eenjarige tweezaadlobbigen								
S-metolachloor	eenjarige grassen								
S-metolachloor	eenjarige tweezaadlobbigen								
tepraloxydim	eenjarige granen								
tepraloxydim	eenjarige grassen								
tepraloxydim	overblijvende grassen								

	Helipterum soorten helipterum		*Helleborus niger* kerstroos		*Lavatera* soorten lavatera	*Liatris spicata* liatris spicata		*Lilium* soorten lelie		*Lonas* soorten lonas		*Lupinus albus* witte lupine		*Lysimachia* soorten wederik		*Mesembryanthemum spectabile* ijsbloem	*Paeonia* soorten pioenroos	
	voor	na	voor	na	na	voor	na	voor	na	voor	na	voor	na	voor	na	na	voor	na
								+	+									
	+	+	+	+		+	+			+	+						+	+
	+	+	+	+		+	+			+	+						+	+
												+	+					
						+										+		
						+										+		
														+	+		+	+
														+	+		+	+
								+	+									
								+	+									

werkzame stof(fen)	onkruidgroep	Papaver somniferum blauwmaanzaad		Phlox soorten vlambloem		Phragmites soorten riet	Reseda luteola wouw		Rosa soorten roos	
voor/na opkomst, doodspuiten		voor	na	voor	na	na	voor	na	voor	na
asulam	eenjarige grassen									
asulam	eenjarige tweezaadlobbigen									
asulam	tweezaadlobbigen									
bentazon	eenjarige eenzaadlobbigen									
bentazon	eenjarige tweezaadlobbigen									
bentazon	overblijvende overige eenzaadlobbigen									
carbetamide	eenjarige grassen									
carbetamide	eenjarige tweezaadlobbigen									
carbetamide	overblijvende tweezaadlobbigen									
chloorprofam	eenjarige eenzaadlobbigen									
chloorprofam	eenjarige tweezaadlobbigen									
clomazone	eenjarige tweezaadlobbigen	+	+							
clopyralid	tweezaadlobbigen									
cycloxydim	eenjarige granen									
cycloxydim	eenjarige grassen									
cycloxydim	overblijvende grassen									
fenmedifam	eenjarige tweezaadlobbigen				+					
fenmedifam	tweejarige tweezaadlobbigen				+					
glufosinaat-ammonium	eenjarige eenzaadlobbigen									
glufosinaat-ammonium	eenjarige grassen									
glufosinaat-ammonium	eenjarige tweezaadlobbigen									
glyfosaat	eenjarige eenzaadlobbigen									
glyfosaat	eenjarige grassen									
glyfosaat	eenjarige tweezaadlobbigen									
glyfosaat	gewas									
glyfosaat	overblijvende grassen									
glyfosaat	overblijvende overige eenzaadlobbigen									
glyfosaat	overblijvende tweezaadlobbigen									
glyfosaat	tweezaadlobbigen									
linuron	eenjarige grassen						+	+	+	+
linuron	eenjarige tweezaadlobbigen						+	+	+	+
linuron	mossen								+	+
linuron	overblijvende tweezaadlobbigen						+	+	+	+
linuron	tweezaadlobbigen						+	+	+	+
linuron	wieren								+	+
MCPA	overblijvende tweezaadlobbigen					+				
metamitron	eenjarige eenzaadlobbigen			+	+					
metamitron	eenjarige tweezaadlobbigen			+	+					
metamitron	eenzaadlobbigen									
metamitron	tweezaadlobbigen									
metam-natrium	overblijvende overige eenzaadlobbigen									
metam-natrium	pratylenchidae									
metam-natrium	schimmels									
metam-natrium	trichodoridae									
propyzamide	eenjarige eenzaadlobbigen									
propyzamide	eenjarige tweezaadlobbigen									
S-metolachloor	eenjarige grassen									
S-metolachloor	eenjarige tweezaadlobbigen									
tepraloxydim	eenjarige granen									
tepraloxydim	eenjarige grassen									
tepraloxydim	overblijvende grassen									

Saponaria officinalis zeepkruid	Solidago soorten guldenroede	Solidago soorten guldenroede	Tagetes soorten afrikaantje	Tagetes soorten afrikaantje	Tanacetum coccineum pyrethrum	Tanacetum coccineum pyrethrum	Tigridia soorten tijgerbloem	Tigridia soorten tijgerbloem	Tropaeolum majus oostindische kers	Tropaeolum majus oostindische kers	Tropaeolum peregrinum klimmende oostindische kers	Tropaeolum peregrinum klimmende oostindische kers	Viola soorten viooltje	Viola tricolor driekleurig viooltje	Viola tricolor driekleurig viooltje	Xeranthemum cylindraceum papierbloem	Xeranthemum cylindraceum papierbloem
na	voor	na	voor	na	voor	na	voor	na	voor	na	voor	na	voor	voor	na	voor	na
														+	+		
														+	+		
+																	
+																	
+																	
	+	+	+	+	+	+	+	+			+	+				+	+
	+	+	+	+	+	+	+	+			+	+				+	+
						+											
						+											
											+	+					
											+	+					
											+	+					
											+	+					
	+	+	+	+													
	+	+	+	+													
				+													
				+													
													+				
													+				

3.3.8 Boomkwekerij en vaste planten

Tabel 13. Herbiciden, toegelaten werkzame stoffen, werkingsspectrum en toepassingstijdstip per gewas.

werkzame stof(fen)	onkruidgroep	algemeen	algemeen	algemeen	boomkwekerij zaaibedden	boomkwekerij zaaibedden	boomkwekerij- gewassen	boomkwekerij- gewassen	siergewassen	siergewassen
voor/na opkomst, doodspuiten		voor	na	dood	voor	na	voor	na	voor	na
asulam	eenjarige grassen				+	+				
asulam	tweezaadlobbigen				+	+				
chloorprofam	eenjarige eenzaadlobbigen				+	+	+	+		
chloorprofam	eenjarige tweezaadlobbigen				+	+	+	+		
chloridazon	eenzaadlobbigen						+	+		
chloridazon	tweezaadlobbigen						+	+		
cycloxydim	eenjarige granen							+		
cycloxydim	eenjarige grassen							+		
cycloxydim	overblijvende grassen							+		
fenmedifam	eenjarige tweezaadlobbigen					+				
fenmedifam	tweejarige tweezaadlobbigen					+				
fluazifop-P-butyl	eenjarige granen						+	+		
fluazifop-P-butyl	eenjarige grassen						+	+		
fluazifop-P-butyl	overblijvende grassen						+	+		
glufosinaat-ammonium	eenjarige eenzaadlobbigen	+	+				+	+	+	+
glufosinaat-ammonium	eenjarige grassen						+	+		
glufosinaat-ammonium	eenjarige tweezaadlobbigen	+	+				+	+	+	+
glyfosaat	eenjarige eenzaadlobbigen		+							
glyfosaat	eenjarige grassen		+							
glyfosaat	eenjarige tweezaadlobbigen		+							
glyfosaat	gewas	+	+	+						
glyfosaat	overblijvende grassen		+							
glyfosaat	overblijvende overige eenzaadlobbigen		+							
glyfosaat	overblijvende tweezaadlobbigen		+							
glyfosaat	tweezaadlobbigen		+							
linuron	eenjarige grassen									
linuron	eenjarige tweezaadlobbigen									
linuron	overblijvende tweezaadlobbigen									
linuron	tweezaadlobbigen									
MCPA	overblijvende tweezaadlobbigen									
metamitron	eenjarige eenzaadlobbigen									
metamitron	eenjarige tweezaadlobbigen									
metam-natrium	overblijvende overige eenzaadlobbigen									
metam-natrium	pratylenchidae						+			
metam-natrium	schimmels						+			
metam-natrium	trichodoridae						+			
metazachloor	eenjarige eenzaadlobbigen							+		
metazachloor	eenjarige grassen							+		
metazachloor	eenjarige tweezaadlobbigen							+		
pendimethalin	eenjarige grassen									
pendimethalin	eenjarige tweezaadlobbigen									
propyzamide	eenjarige eenzaadlobbigen						+	+		
propyzamide	eenjarige tweezaadlobbigen						+	+		
quizalofop-P-ethyl	eenjarige granen							+		
quizalofop-P-ethyl	eenjarige grassen							+		
quizalofop-P-ethyl	overblijvende grassen							+		
tepraloxydim	eenjarige granen							+		
tepraloxydim	eenjarige grassen							+		
tepraloxydim	overblijvende grassen							+		

sierteeltgewassen	sierteeltgewassen	vaste planten	vaste planten	vruchtbomen en -struiken	*Abies* soorten zilverspar	*Abies* soorten zilverspar	*Aconitum* soorten monnikskap	*Aconitum* soorten monnikskap	*Aesculus* soorten paardekastanje	*Aesculus* soorten paardekastanje	*Allium* soorten sierui	*Allium* soorten sierui	*Anemone* soorten anemoon	*Anemone* soorten anemoon	*Astilbe* soorten pluimspirea	*Astilbe* soorten pluimspirea
voor	na	voor	na	voor	voor	na	voor	na	voor	na	voor	na	voor	na	voor	na
					+	+			+	+	+	+			+	+
					+	+			+	+	+	+			+	+
		+	+													
		+	+													
		+	+													
+	+			+												
+	+															
+	+			+												
	+															
	+															
	+															
													+	+		
													+	+		
													+	+		
													+	+		
		+					+	+							+	+
			+				+	+							+	+
+																
		+														
		+														
		+	+													
		+	+													
			+													
			+													
			+													

werkzame stof(fen)	onkruidgroep	Campanula soorten klokjesbloem		Castanea soorten kastanje		Centaurea soorten korenbloem		Convallaria soorten lelietje-van-dalen	
voor/na opkomst, doodspuiten		voor	na	voor	na	voor	na	voor	na
asulam	eenjarige grassen								
asulam	tweezaadlobbigen								
chloorprofam	eenjarige eenzaadlobbigen	+	+	+	+	+	+	+	+
chloorprofam	eenjarige tweezaadlobbigen	+	+	+	+	+	+	+	+
chloridazon	eenzaadlobbigen								
chloridazon	tweezaadlobbigen								
cycloxydim	eenjarige granen								
cycloxydim	eenjarige grassen								
cycloxydim	overblijvende grassen								
fenmedifam	eenjarige tweezaadlobbigen								
fenmedifam	tweejarige tweezaadlobbigen								
fluazifop-P-butyl	eenjarige granen								
fluazifop-P-butyl	eenjarige grassen								
fluazifop-P-butyl	overblijvende grassen								
glufosinaat-ammonium	eenjarige eenzaadlobbigen								
glufosinaat-ammonium	eenjarige grassen								
glufosinaat-ammonium	eenjarige tweezaadlobbigen								
glyfosaat	eenjarige eenzaadlobbigen								
glyfosaat	eenjarige grassen								
glyfosaat	eenjarige tweezaadlobbigen								
glyfosaat	gewas								
glyfosaat	overblijvende grassen								
glyfosaat	overblijvende overige eenzaadlobbigen								
glyfosaat	overblijvende tweezaadlobbigen								
glyfosaat	tweezaadlobbigen								
linuron	eenjarige grassen								
linuron	eenjarige tweezaadlobbigen								
linuron	overblijvende tweezaadlobbigen								
linuron	tweezaadlobbigen								
MCPA	overblijvende tweezaadlobbigen								
metamitron	eenjarige eenzaadlobbigen	+	+						
metamitron	eenjarige tweezaadlobbigen	+	+						
metam-natrium	overblijvende overige eenzaadlobbigen								
metam-natrium	pratylenchidae							+	
metam-natrium	schimmels								
metam-natrium	trichodoridae							+	
metazachloor	eenjarige eenzaadlobbigen								
metazachloor	eenjarige grassen								
metazachloor	eenjarige tweezaadlobbigen								
pendimethalin	eenjarige grassen								
pendimethalin	eenjarige tweezaadlobbigen								
propyzamide	eenjarige eenzaadlobbigen								
propyzamide	eenjarige tweezaadlobbigen								
quizalofop-P-ethyl	eenjarige granen								
quizalofop-P-ethyl	eenjarige grassen								
quizalofop-P-ethyl	overblijvende grassen								
tepraloxydim	eenjarige granen								
tepraloxydim	eenjarige grassen								
tepraloxydim	overblijvende grassen								

3.3.8 Onkruidbestrijding boomkwekerij en vaste-plantenteelt

Corylus soorten hazelaar		Dahlia soorten dahlia		Delphinium hybrida ridderspoor		Dianthus barbatus duizendschoon	Doronicum soorten voorjaarszonnebloem	Eremurus soorten naald van cleopatra		Erythronium soorten hondstand		Fagus soorten beuk		Helianthus annuus gewone zonnebloem		Helichrysum soorten strobloem	
voor	na	voor	na	voor	na	voor	voor	voor	na	voor	na	voor	na	voor	na	voor	na
+	+	+	+					+	+	+	+	+	+			+	+
+	+	+	+					+	+	+	+	+	+			+	+
				+	+									+	+		
				+	+									+	+		
						+	+										
						+	+										

werkzame stof(fen)	onkruidgroep	*Helleborus niger* kerstroos	*Helleborus niger* kerstroos	*Iberis* soorten scheefbloem	*Iris* soorten iris	*Iris* soorten iris	*Lilium* soorten lelie	*Lilium* soorten lelie	*Linum* soorten vlas
voor/na opkomst, doodspuiten		voor	na	voor	voor	na	voor	na	voor
asulam	eenjarige grassen								
asulam	tweezaadlobbigen								
chloorprofam	eenjarige eenzaadlobbigen	+	+		+	+	+	+	
chloorprofam	eenjarige tweezaadlobbigen	+	+		+	+	+	+	
chloridazon	eenzaadlobbigen								
chloridazon	tweezaadlobbigen								
cycloxydim	eenjarige granen								
cycloxydim	eenjarige grassen								
cycloxydim	overblijvende grassen								
fenmedifam	eenjarige tweezaadlobbigen					+			
fenmedifam	tweejarige tweezaadlobbigen					+			
fluazifop-P-butyl	eenjarige granen								
fluazifop-P-butyl	eenjarige grassen								
fluazifop-P-butyl	overblijvende grassen								
glufosinaat-ammonium	eenjarige eenzaadlobbigen								
glufosinaat-ammonium	eenjarige grassen								
glufosinaat-ammonium	eenjarige tweezaadlobbigen								
glyfosaat	eenjarige eenzaadlobbigen								
glyfosaat	eenjarige grassen								
glyfosaat	eenjarige tweezaadlobbigen								
glyfosaat	gewas								
glyfosaat	overblijvende grassen								
glyfosaat	overblijvende overige eenzaadlobbigen								
glyfosaat	overblijvende tweezaadlobbigen								
glyfosaat	tweezaadlobbigen								
linuron	eenjarige grassen								+
linuron	eenjarige tweezaadlobbigen								+
linuron	overblijvende tweezaadlobbigen								+
linuron	tweezaadlobbigen								+
MCPA	overblijvende tweezaadlobbigen								
metamitron	eenjarige eenzaadlobbigen				+	+			
metamitron	eenjarige tweezaadlobbigen				+	+			
metam-natrium	overblijvende overige eenzaadlobbigen								
metam-natrium	pratylenchidae			+					
metam-natrium	schimmels								
metam-natrium	trichodoridae			+					
metazachloor	eenjarige eenzaadlobbigen								
metazachloor	eenjarige grassen								
metazachloor	eenjarige tweezaadlobbigen								
pendimethalin	eenjarige grassen								
pendimethalin	eenjarige tweezaadlobbigen								
propyzamide	eenjarige eenzaadlobbigen								
propyzamide	eenjarige tweezaadlobbigen								
quizalofop-P-ethyl	eenjarige granen								
quizalofop-P-ethyl	eenjarige grassen								
quizalofop-P-ethyl	overblijvende grassen								
tepraloxydim	eenjarige granen								
tepraloxydim	eenjarige grassen								
tepraloxydim	overblijvende grassen								

Linum soorten vlas	*Lysimachia* soorten wederik	*Lysimachia* soorten wederik	*Oxalis* soorten klaverzuring	*Oxalis* soorten klaverzuring	*Paeonia* soorten pioenroos	*Paeonia* soorten pioenroos	*Phlox* soorten vlambloem	*Phlox* soorten vlambloem	*Phragmites* soorten riet	*Picea abies* gewone spar	*Picea abies* gewone spar	*Picea abies* gewone spar	*Picea* soorten spar	*Picea* soorten spar	*Pinus* soorten den	*Pinus* soorten den
na	voor	na	voor	na	voor	na	voor	na	na	voor	na	dood	voor	na	voor	na
			+	+	+	+							+	+	+	+
			+	+	+	+							+	+	+	+
										+	+	+				
										+						
										+	+	+				
										+	+	+				
										+	+	+				
										+	+	+				
										+	+	+				
+																
+																
+																
+																
									+							
	+	+			+	+	+	+								
	+	+			+	+	+	+								

werkzame stof(fen)	onkruidgroep	*Pyrus communis* peer	*Pyrus communis* peer	*Quercus soorten* eik	*Quercus soorten* eik	*Ribes nigrum* zwarte bes	*Ribes nigrum* zwarte bes	*Ribes rubrum* rode of witte bes	*Ribes rubrum* rode of witte bes
voor/na opkomst, doodspuiten		voor	na	voor	na	voor	na	voor	na
asulam	eenjarige grassen								
asulam	tweezaadlobbigen								
chloorprofam	eenjarige eenzaadlobbigen			+	+				
chloorprofam	eenjarige tweezaadlobbigen			+	+				
chloridazon	eenzaadlobbigen								
chloridazon	tweezaadlobbigen								
cycloxydim	eenjarige granen								
cycloxydim	eenjarige grassen								
cycloxydim	overblijvende grassen								
fenmedifam	eenjarige tweezaadlobbigen								
fenmedifam	tweejarige tweezaadlobbigen								
fluazifop-P-butyl	eenjarige granen	+	+			+	+	+	+
fluazifop-P-butyl	eenjarige grassen	+	+			+	+	+	+
fluazifop-P-butyl	overblijvende grassen	+	+			+	+	+	+
glufosinaat-ammonium	eenjarige eenzaadlobbigen						+		+
glufosinaat-ammonium	eenjarige grassen						+		+
glufosinaat-ammonium	eenjarige tweezaadlobbigen						+		+
glyfosaat	eenjarige eenzaadlobbigen								
glyfosaat	eenjarige grassen								
glyfosaat	eenjarige tweezaadlobbigen								
glyfosaat	gewas								
glyfosaat	overblijvende grassen								
glyfosaat	overblijvende overige eenzaadlobbigen								
glyfosaat	overblijvende tweezaadlobbigen								
glyfosaat	tweezaadlobbigen								
linuron	eenjarige grassen								
linuron	eenjarige tweezaadlobbigen								
linuron	overblijvende tweezaadlobbigen								
linuron	tweezaadlobbigen								
MCPA	overblijvende tweezaadlobbigen						+		+
metamitron	eenjarige eenzaadlobbigen								
metamitron	eenjarige tweezaadlobbigen								
metam-natrium	overblijvende overige eenzaadlobbigen								
metam-natrium	pratylenchidae								
metam-natrium	schimmels								
metam-natrium	trichodoridae								
metazachloor	eenjarige eenzaadlobbigen								
metazachloor	eenjarige grassen								
metazachloor	eenjarige tweezaadlobbigen								
pendimethalin	eenjarige grassen								
pendimethalin	eenjarige tweezaadlobbigen								
propyzamide	eenjarige eenzaadlobbigen								
propyzamide	eenjarige tweezaadlobbigen								
quizalofop-P-ethyl	eenjarige granen								
quizalofop-P-ethyl	eenjarige grassen								
quizalofop-P-ethyl	overblijvende grassen								
tepraloxydim	eenjarige granen								
tepraloxydim	eenjarige grassen								
tepraloxydim	overblijvende grassen								

Ribes uva-crispa kruisbes	Rosa soorten roos	Rosa soorten roos	Rubia soorten meekrap	Rubus fruticosus braam	Rubus fruticosus braam	Rubus idaeus framboos	Tagetes soorten afrikaantje	Tanacetum coccineum pyrethrum	Thuja soorten thuja	Thuja soorten thuja	Trollius soorten kogelbloem	Tropaeolum majus oostindische kers	Tropaeolum majus oostindische kers	Tsuga soorten scheerlingsden	Tsuga soorten scheerlingsden
na	voor	na	na	voor	na	na	na	voor	voor	na	voor	voor	na	voor	na
	+	+							+	+				+	+
	+	+							+	+				+	+
							+								
							+								
				+	+										
				+	+										
				+	+										
+					+	+									
+					+	+									
+					+	+									
												+	+		
												+	+		
												+	+		
												+	+		
+															
								+			+				
								+			+				
				+											
				+											

3.3.9 Openbaar en particulier groen

3.3.9.1 Openbaar groen

Tabel 14. Herbiciden, toegelaten werkzame stoffen, werkingsspectrum en toepassingstijdstip per gewas.

werkzame stof(fen)	onkruidgroep	algemeen	houtige beplanting	houtige beplanting	grasvegetatie algemeen	den	den	grassen	iep	thuja	thuja
voor/na opkomst		na	voor	na	na	voor	na	na	na	voor	na
2,4-D / dicamba	overblijvende tweezaadlobbigen							+			
2,4-D / dicamba	tweezaadlobbigen							+			
2,4-D / dicamba / MCPA	eenjarige tweezaadlobbigen							+			
2,4-D / dicamba / MCPA	overblijvende tweezaadlobbigen							+			
2,4-D / dicamba / MCPA	tweezaadlobbigen							+			
amitrol	eenjarige grassen			+							
amitrol	overblijvende grassen			+							
amitrol	paardestaarten			+							
amitrol	tweezaadlobbigen			+							
bentazon	eenjarige eenzaadlobbigen							+			
bentazon	eenjarige tweezaadlobbigen							+			
bentazon	overblijvende overige eenzaadlobbigen							+			
bifenox / mecoprop-P	eenjarige tweezaadlobbigen							+			
bifenox / mecoprop-P	overblijvende tweezaadlobbigen							+			
chloorprofam	eenjarige eenzaadlobbigen		+	+		+	+			+	+
chloorprofam	eenjarige tweezaadlobbigen		+	+		+	+			+	+
cycloxydim	eenjarige granen			+							
cycloxydim	eenjarige grassen			+							
cycloxydim	overblijvende grassen			+							
florasulam	eenjarige tweezaadlobbigen							+			
florasulam / fluroxypyr / fluroxypyr-meptyl	eenjarige tweezaadlobbigen							+			
glufosinaat-ammonium	eenjarige eenzaadlobbigen		+	+							
glufosinaat-ammonium	eenjarige grassen		+	+							
glufosinaat-ammonium	eenjarige tweezaadlobbigen		+	+							
glyfosaat	eenjarige eenzaadlobbigen	+									
glyfosaat	eenjarige grassen	+									
glyfosaat	eenjarige tweezaadlobbigen	+									
glyfosaat	gewas				+						
glyfosaat	overblijvende grassen	+									
glyfosaat	overblijvende overige eenzaadlobbigen	+									
glyfosaat	overblijvende tweezaadlobbigen	+									
glyfosaat	tweezaadlobbigen	+									
ijzer(II)sulfaat	mossen							+			
MCPA	overblijvende tweezaadlobbigen				+			+			
mecoprop-P	eenjarige tweezaadlobbigen							+			
mecoprop-P	overblijvende tweezaadlobbigen							+			
propyzamide	eenjarige eenzaadlobbigen		+	+							
propyzamide	eenjarige tweezaadlobbigen		+	+							
quizalofop-P-ethyl	eenjarige granen			+							
quizalofop-P-ethyl	eenjarige grassen			+							
quizalofop-P-ethyl	overblijvende grassen			+							
tepraloxydim	eenjarige granen			+							
tepraloxydim	eenjarige grassen			+							
tepraloxydim	overblijvende grassen			+							
triclopyr	gewas									+	

aardappel	appel	asperge	grassen	grassen	mais	mais	narcis soorten	narcis soorten	peer	suikerbiet	suikerbiet	suikerbiet	ui
dood	na	voor	voor	na	na	dood	na	dood	na	voor	na	dood	voor
				+									
				+									
				+									
	+			+									
				+									
				+									
				+									
			+										
				+									
			+										
			+										
+	+	+	+				+	+	+	+			+
			+										
+	+	+	+				+	+	+	+			+
+	+	+	+				+	+	+	+			+
+	+	+	+		+	+	+	+	+	+	+	+	+
+	+	+	+				+	+	+	+			+
			+										
+	+	+	+				+	+	+	+			+
			+										
			+										
			+										
			+										
				+									
				+									
				+									
				+									

3.3.11 Objecten, bestrijding van onkruiden, algen, wieren en mossen

Tabel 17. Herbiciden, toegelaten werkzame stoffen, werkingsspectrum en toepassingstijdstip per object.

werkzame stof(fen)	onkruidgroep	bestrating	bouwland in de stoppel na de oogst	braakliggend bollenland	droge slootbodem	erf
2,4-D	eenjarige tweezaadlobbigen			+		
2,4-D	overblijvende tweezaadlobbigen			+		
2,4-D / triclopyr	tweezaadlobbigen					
alkylamine ethoxylaat / formaldehyde / glyfosaat	eenjarige grassen					
alkylamine ethoxylaat / formaldehyde / glyfosaat	overblijvende grassen					
alkylamine ethoxylaat / formaldehyde / glyfosaat	tweezaadlobbigen					
amitrol	eenzaadlobbigen					
amitrol	paardestaarten					
amitrol	tweezaadlobbigen					
decaanzuur / nonaanzuur	onkruiden	+				
fluazifop-P-butyl	overblijvende grassen					
flumioxazin	eenjarige tweezaadlobbigen					
flumioxazin	eenzaadlobbigen					
flumioxazin	tweejarige tweezaadlobbigen					
fluroxypyr	eenjarige tweezaadlobbigen					
fluroxypyr	overblijvende tweezaadlobbigen					
glufosinaat-ammonium	eenjarige eenzaadlobbigen	+				
glufosinaat-ammonium	eenjarige tweezaadlobbigen	+				
glyfosaat	eenjarige eenzaadlobbigen		+	+		
glyfosaat	eenjarige grassen					
glyfosaat	eenjarige tweezaadlobbigen		+	+		
glyfosaat	eenzaadlobbigen					
glyfosaat	overblijvende grassen		+	+		
glyfosaat	overblijvende overige eenzaadlobbigen		+	+		
glyfosaat	overblijvende tweezaadlobbigen		+	+		
glyfosaat	tweezaadlobbigen		+	+		
linuron	eenjarige grassen					
linuron	eenjarige tweezaadlobbigen					
linuron	overblijvende tweezaadlobbigen					
linuron	tweezaadlobbigen					
maleine hydrazide / nonaanzuur	mossen					
maleine hydrazide / nonaanzuur	onkruiden					
maleine hydrazide / nonaanzuur	wieren					
MCPA	overblijvende tweezaadlobbigen				+	
MCPA	tweezaadlobbigen		+	+	+	
mecoprop-P	eenjarige tweezaadlobbigen					+
mecoprop-P	overblijvende tweezaadlobbigen					+
mecoprop-P	tweezaadlobbigen					

grensstrook wegen/paden met daarlangsliggende berm	onder hekwerk en afrastering en hagen	onder teelttafels voor potplantenteelt	onder vangrail en rond wegbebakening	onverhard permanent onbeteeld land	pad	pad half verhard	permanent onbeteeld land	ploegvoor	rand van akker	rand van weiland	spoorbaan	talud van watergang	terras	tijdelijk onbeteeld land	wegberm
									+	+				+	
									+	+				+	
							+							+	
	+													+	
	+													+	
	+													+	
											+				
											+				
											+				
	+				+								+		
									+						
+			+				+								
+			+				+								
+			+				+								
									+	+					
									+	+					
+	+				+										
+	+				+										
+			+					+	+						+
+	+		+				+								+
+			+			+		+	+						+
	+		+	+		+									+
+	+		+				+	+	+						+
+			+				+	+	+						+
+			+			+		+	+				+		+
+	+		+	+		+	+	+	+						+
		+													
		+													
		+													
		+													
	+				+										+
	+				+										+
	+				+										+
							+								+
							+		+	+		+			
									+	+					
									+	+					
									+	+					

4. Veiligheidstermijnen en wachttijden

4.1 Inleiding

In de gebruiksvoorschriften van de gewasbeschermingsmiddelen zijn veiligheidstermijnen en/of wachttijden opgenomen. De veiligheidstermijn geeft weer hoeveel tijd er minimaal moet verstrijken tussen de laatste toepassing van het gewasbeschermingsmiddel en de oogst of afzet van het product. De wachttijd geeft aan hoeveel tijd er minimaal moet verstrijken tussen de laatste toepassing van het middel en het maaien van het gras voor vervoedering of tot de betreding van het perceel of de ruimte door mensen (gazon, sportvelden, kassen) of vee (grasland).

Door de toepassing van veiligheidstermijnen en wachttijden wordt niet alleen met de blootstelling van consumenten aan residuen van gewasbeschermingsmiddelen zoveel mogelijk voorkomen maar wordt tevens zoveel mogelijk getracht te voorkomen dat residuen van deze middelen in vee en vlees terechtkomen.

In de tabellen die in dit hoofdstuk zijn opgenomen worden de veiligheidstermijnen en wachttijden in dagen per combinatie van werkzame stof en gewas weergegeven. Voor wat betreft de veiligheidstermijnen is voor iedere sector een aparte tabel opgesteld. De wachttijden voor volgteelt voor herbiciden zijn voor alle sectoren gebundeld in één tabel.

Indien geen veiligheidstermijn of wachttijd is opgenomen voor een bepaalde combinatie van werkzame stof en gewas dan betekent dit dat voor die combinatie:
*   Geen middelen op basis van deze werkzame stof zijn toegelaten, of
*   Geen veiligheidstermijn of wachttijd is vastgesteld.

Voor bijna iedere veiligheidstermijn of wachttijd geeft de toelatingsbeschikking nadere specificaties. Raadpleeg hiervoor daarom óók altijd de toelatingsbeschikking van het betreffende middel. In de gebruiksaanwijzing staat ook beschreven wat de termijnen voor verschillende gewassen zijn en of deze verschillen per periode, toepassingswijze en/of concentratie van het middel.

4.2 Veiligheidstermijnen akkerbouw, grasland en graszaad

Tabel 18. Veiligheidstermijnen (dagen) voor toegelaten werkzame stoffen in de akkerbouw, grasland en graszaadteelt.

Werkzame stof(fen)	algemeen	aardappel	blauwmaanzaad	cichoreiwortel	droge boon	droge erwt	echte karwij	engels raaigras[1]	gerst	granen	grasland - cultuurgrasland[1]	grasland - te beweiden[1]	grasland - hooi- en maaigrasland[1]
2,4-DB												14	14
acetamiprid		14											
aluminium-fosfide											3		
ametoctradin / mancozeb		7											
amisulbrom		7											
azoxystrobin		7							35				
azoxystrobin / chloorthalonil													
azoxystrobin / cyproconazool									42				
Bacillus thuringiensis subsp. aizawai				7									
bentazon					21	21						7	
benthiavalicarb-isopropyl / mancozeb		7											
boscalid / epoxiconazool									35				
boscalid / pyraclostrobin													
chloorprofam		1-60*											
chloorthalonil													
chloorthalonil / metalaxyl-M		7											
chloorthalonil / propiconazool									42				
cyazofamide		1											
cycloxydim		56				56							
cymoxanil		7											
cymoxanil / famoxadone		14											
cymoxanil / mancozeb		21											
cymoxanil / propamocarb-hydrochloride		14											
cypermethrin										42			
cyproconazool / trifloxystrobin								45					
deltamethrin		7			7	7			28	28		14	
difenoconazool													
epoxiconazool									42				
epoxiconazool / fenpropimorf									42				
epoxiconazool / fenpropimorf / kresoxim-methyl									35				
epoxiconazool / kresoxim-methyl									35				
epoxiconazool / pyraclostrobin									35				
esfenvaleraat		7				7				28		14	14
fenamidone / propamocarb / propamocarb-hydrochloride		7											
fenpropidin									42				
fenpropimorf									42				
flonicamid		14											
florasulam / fluroxypyr / fluroxypyr-meptyl							'					7	7
fluazifop-P-butyl		75		56		56							
fluazinam		7											
fluoxastrobin / prothioconazool									35				
fluroxypyr												7	
glufosinaat-ammonium											7	7	
glyfosaat	7-28*	7			7-28*	7-28*			7	7-28*	7-28*	7	7
groenemuntolie		12											
imidacloprid													
indoxacarb													
iprodion					14	35							

* De veiligheidstermijn kan per gewas, seizoen, dosering en/of middel verschillen, raadpleeg de gebruiksaanwijzing van het gebruikte middel.
[1] Tevens wachttijden tussen toepassing en beweiding of vervoedering van gemaaid gras.

graszaad	haver	hop	kikkererwt / droog te oogsten erwten	koolzaad	landbouwstambonen	mais	rogge	spelt	suikerbiet	tarwe	triticale	tuinboon/veldboon	veldbeemdgras[1]	vlas	witlof pennenteelt	zwenkgras[1]
										35						
										35						
				42						42	42					
															7	
			21		21											
	35						35*			35	35					
										42						
										42						
					56											
			49													
									21	45	45		45			45
14	28						28		7	28	28	7				
									28							
							42*			42	42					
							42*		14	42						
							35*			35						
							35*		28	35						35*
							35*			35	35					
14												7				
										42	42					
28	42					42				42						
										28	28					
					56				56			56			56	49
										35	35					
7																
	7			7		28	7		28	7	7	7			28	
	35															
				56												
			21	50	35							14				

Werkzame stof(fen)	algemeen	aardappel	blauwmaanzaad	cichoreiwortel	droge boon	droge erwt	echte karwij	engels raaigras[1]	gerst	granen	grasland - cultuurgrasland[1]	grasland - te beweiden[1]	grasland - hooi- en maaigrasland[1]
lambda-cyhalothrin		7				7				28			
magnesiumfosfide											3		
maleine hydrazide		21											
mancozeb		7											
mancozeb / metalaxyl-M		7											
mancozeb / zoxamide		7											
mandipropamid		3											
maneb													
MCPA		28										7	
metrafenon										35			
metribuzin		28											
picoxystrobin / waterstofperoxide										35			
pirimicarb		7				7				14			
prochloraz										42			
propiconazool										42			
prosulfocarb			75				90						
prothioconazool										35			
prothioconazool / tebuconazool													
prothioconazool / trifloxystrobin										35			
pymetrozine		7											
pyraclostrobin										35			
pyraflufen-ethyl		14											
quizalofop-P-ethyl		60				21							
tebuconazool													
tebuconazool / triadimenol									42				
tepraloxydim	28-35*												
thiacloprid		14											
thiamethoxam		7											
thiofanaat-methyl													
triclopyr													7
trifloxystrobin										42			

* De veiligheidstermijn kan per gewas, seizoen, dosering en/of middel verschillen, raadpleeg de gebruiksaanwijzing van het gebruikte middel.
[1] Tevens wachttijden tussen toepassing en beweiding of vervoedering van gemaaid gras.

graszaad	haver	hop	kikkererwt / droog te oogsten erwten	koolzaad	landbouwstambonen	mais	rogge	spelt	suikerbiet	tarwe	triticale	tuinboon/veldboon	veldbeemdgras[1]	vlas	witlof pennenteelt	zwenkgras[1]
									7							
										28-42*						
										42						
							35			35	35					
35										35						
					7					14						
										42						
28										42	42					
						35*				35	35					
										35	35					
								35		35	35					
						35*				35	35					
																28
		56								42			42			42*
								56				56		90		
								35								
										35						
										42						

4.3 Veiligheidstermijnen fruitteelt

4.3.1 Grootfruit, onbedekte teelt

Tabel 19. Veiligheidstermijnen (dagen) voor toegelaten werkzame stoffen in de onbedekte teelt van grootfruit.

werkzame stof(fen)	appel	kers	peer	pit- en steenvruchten	pruim	walnoot
1-naftylazijnzuur	7		7			
abamectin	28	28	28		28	
acetamiprid	14	14	14			
Bacillus thuringiensis subsp. *aizawai*	7	7	7		7	
Bacillus thuringiensis subsp. *kurstaki*	7		7			
boscalid / pyraclostrobin	7	7	7		7	
bupirimaat	14					
captan	21		21			
clofentezin	28		28			
Cydia pomonella granulose virus	1		1			
cyprodinil / fludioxonil	3	7	3		7	
deltamethrin	7	7	7		7	
difenoconazool	28		28			
diflubenzuron	14		14			
dithianon	28		28			
dodecylbenzeensulfonzuur, triethanolamine zout / triadimenol	7					
dodine	28	28	28			
emamectin benzoaat	3		3			
ethefon	10					
fenhexamide		3			3	
fenoxycarb	21-60*		21-60*		28	
flonicamid	24		24			
fluazifop-P-butyl	28	28	28		28	
folpet		4				
glyfosaat	28		28	7		
hexythiazox	28		28			
imazalil / pyrimethanil			1			
imidacloprid	14		14			
imidacloprid / natriumlignosulfonaat	14		14			
indoxacarb	7		7			
kresoxim-methyl	42		42			
mancozeb	56		56			
methoxyfenozide	14		14			
metiram	28		28			
penconazool	14		14			
pirimicarb	7	7	7		7	7
prohexadione-calcium	45		45			
pyrimethanil	28		28			
spirodiclofen	14		14			
spirotetramat	21	21	21		21	
tebuconazool	14	7	14		7	
tebufenpyrad	7		7			
thiacloprid	14	14	14		14	
thiram	35		35			
triadimenol	7					
triclopyr	21		21			
trifloxystrobin	14	14	14			
zwavel	7		7			

* De veiligheidstermijn kan per gewas, seizoen, dosering en/of middel verschillen, raadpleeg de gebruiksaanwijzing van het gebruikte middel.

4.3.2 Grootfruit, bedekte teelt

Tabel 20. Veiligheidstermijnen (dagen) voor toegelaten werkzame stoffen in de bedekte teelt van grootfruit.

werkzame stof(fen)	kers	perzik	pruim
abamectin	28		28
acetamiprid	14		
boscalid / pyraclostrobin	7		
cyprodinil / fludioxonil	7		7
folpet	4		
pirimicarb		7	
thiacloprid	14		
trifloxystrobin	14		

4.3 Veiligheidstermijnen fruitteelt

4.3.3 Kleinfruit, onbedekte teelt

Tabel 21. Veiligheidstermijnen (dagen) voor toegelaten werkzame stoffen in de onbedekte teelt van kleinfruit.

werkzame stof(fen)	aardbei	bessen	blauwe bes	braam, framboos	druif	kruisbes	loganbes	rode of witte bes	taybes	zwarte bes
abamectin	3			3		28		28		28
Bacillus thuringiensis subsp. aizawai	7		7	7		7		7		7
bifenazaat	1									
boscalid / kresoxim-methyl					28					
boscalid / pyraclostrobin	1			3				3		
bupirimaat	3									
captan	4			4		10		10		10
cyprodinil / fludioxonil			10	10	21	10		10		10
deltamethrin	4			7	7	7		7		7
dimethomorf	35				28					
dodecylbenzeensulfonzuur, triethanolamine zout / triadimenol			14			14		14		14
fenamidone / fosetyl-aluminium	35									
fenhexamide	1		3	7	21	3	7	3		3
fluazifop-P-butyl	42			45		45		45		45
folpet	4			4		10		10		10
fosetyl-aluminium	14									
glyfosaat										
hexythiazox	3									
indoxacarb					10					
iprodion	2		7	3	21	7		7		7
kresoxim-methyl	7					14		14		14
mepanipyrim	3									
penconazool	3				28					
piperonylbutoxide / pyrethrinen		2								
pirimicarb	7			7		7		7		7
pyrimethanil	3									
quizalofop-P-ethyl	21									
S-metolachloor	28									
spirodiclofen	3									
thiacloprid	3		3	3		3	3	3	3	3
thiram	14									
trifloxystrobin	3		7		35					
zwavel						7		28		28

4.3.4 Kleinfruit, bedekte teelt

Tabel 22. Veiligheidstermijnen (dagen) voor toegelaten werkzame stoffen in de bedekte teelt van kleinfruit.

werkzame stof(fen)	aardbei	bessen	blauwe bes	braam, framboos	druif	kruisbes, zwarte bes	rode of witte bes
abamectin	3			3		28	28
Bacillus thuringiensis subsp. *aizawai*	7		7	7	7		7
bifenazaat	1						
boscalid / pyraclostrobin	1			3			3
bupirimaat	3						
captan	14			4			10
cyprodinil / fludioxonil	1		10	10	21	10	10
deltamethrin	4			7	7		7
dimethomorf	35				28		
fenhexamide	1						
folpet	14			4			10
glyfosaat							
hexythiazox	3						
iprodion	2		7	3	21		7
kaliumjodide / kaliumthiocyanaat	1						
kresoxim-methyl	7						14
mepanipyrim	3						
penconazool	3				28		
piperonylbutoxide / pyrethrinen		2					
pirimicarb	7-14*			7-14*	7-14*	7-14*	7-14*
spinosad	1						
spirodiclofen	3						
thiacloprid	1						
trifloxystrobin	3						
zwavel							28

* De veiligheidstermijn kan per gewas, seizoen, dosering en/of middel verschillen, raadpleeg de gebruiksaanwijzing van het gebruikte middel.

4.4 Veiligheidstermijnen groenteteelt

4.4.1 Groenteteelt, onbedekte teelt

Tabel 23. Veiligheidstermijnen (dagen) voor toegelaten werkzame stoffen in de onbedekte groenteteelt.

werkzame stof(fen)	algemeen	amsoi, paksoi	andijvie	andijvie - krulandijvie	asperge-erwt	augurk	bleekselderij	bloemkool	boerenkool	broccoli	chinese broccoli
abamectin	21										
azoxystrobin								14	14	14	
azoxystrobin / difenoconazool								14	14	14	
Bacillus thuringiensis subsp. *aizawai*		7	7	7	1	7		7	7	7	
Bacillus thuringiensis subsp. *kurstaki*								7	7	7	
bentazon											
bifenazaat						1					
boscalid / pyraclostrobin								14		14	14
bupirimaat						1					
captan		21									
chloorthalonil							28				
chloorthalonil / metalaxyl-M								14		14	
chloorthalonil / prochloraz											
chloridazon											
cycloxydim											
cyprodinil / fludioxonil			7	7							
deltamethrin		14				3		7	7	7	
difenoconazool		14					21	14	14	14	14
dimethomorf											
dimethomorf / mancozeb											
epoxiconazool / fenpropimorf											
epoxiconazool / kresoxim-methyl											
esfenvaleraat								7		7	
fenmedifam											
fenpropimorf											
fluazifop-P-butyl											
fluazinam											
fluoxastrobin / prothioconazool											
glyfosaat	7										
hexythiazox						3					
imidacloprid											
indoxacarb								1		1	
iprodion		21	21	21		3		14		14	
kresoxim-methyl											
kresoxim-methyl / mancozeb											
lambda-cyhalothrin								7		7	
maleine hydrazide											
mancozeb											
mancozeb / metalaxyl-M											
mandipropamid			7	7							
maneb											
metribuzin											
pirimicarb		7	7			1-3*	14	7	7	7	
propamocarb-hydrochloride								14		14	
prothioconazool											
pymetrozine		14						14		14	
pyridaat								42	42	42	
quizalofop-P-ethyl											
spinosad								3			
spirotetramat		3						3	3	3	
tebuconazool								21		21	
tebuconazool / trifloxystrobin								21		21	
tepraloxydim								21	28	21	
thiram		28	28								
trifloxystrobin			7			3	14	14			

* De veiligheidstermijn kan per gewas, seizoen, dosering en/of middel verschillen, raadpleeg de gebruiksaanwijzing van het gebruikte middel.

chinese kool	choisum, mizuna, tatsoi	courgette	doperwt	droge erwt	groenlof	grote schorseneer	hop	knoflook	knolraap	knolselderij	knolvenkel	komatsuna	koolraap	koolrabi
21														
14														
7		1						7		7			7	7
7														
			42	21										
		1												
		1												
										28				
		3	7	7					7		7		7	7
14	14									21		14		
			7	7										10
			56	56		56				56			56	
		3												
							35							
21		3	21	35								21		
			7	7										
								14						
7		1-3*	4		7					7	7		7	7
			21											
3														3
			35	35										
		3								14				

4.4 Veiligheidstermijnen groenteteelt

werkzame stof(fen)	kroot	mais	pastinaak	patisson	peen	peul	peulgroenten	pompoen	postelein	prei	pronkboon
abamectin										7	
azoxystrobin					10					21	
azoxystrobin / difenoconazool					14					21	
Bacillus thuringiensis subsp. *aizawai*	7			1	7					7	
Bacillus thuringiensis subsp. *kurstaki*											
bentazon						21					
bifenazaat											
boscalid / pyraclostrobin					28					14	
bupirimaat											
captan										14	
chloorthalonil										14	
chloorthalonil / metalaxyl-M										14	
chloorthalonil / prochloraz											
chloridazon											
cycloxydim					42					42	
cyprodinil / fludioxonil							14				
deltamethrin										7	
difenoconazool	28		14		14						
dimethomorf											
dimethomorf / mancozeb											
epoxiconazool / fenpropimorf	14										
epoxiconazool / kresoxim-methyl	28										
esfenvaleraat											
fenmedifam											
fenpropimorf										21	
fluazifop-P-butyl	56				56						
fluazinam											
fluoxastrobin / prothioconazool											
glyfosaat											
hexythiazox								3			
imidacloprid											
indoxacarb								1			
iprodion				7	28	14					14
kresoxim-methyl										14	
kresoxim-methyl / mancozeb											
lambda-cyhalothrin											
maleine hydrazide											
mancozeb											
mancozeb / metalaxyl-M											
mandipropamid											
maneb											
metribuzin					60						
pirimicarb	7	7		1-3	7				7	7	
propamocarb-hydrochloride										14	
prothioconazool										21	
pymetrozine											
pyridaat										28	
quizalofop-P-ethyl										21	
spinosad										7	
spirotetramat											
tebuconazool					21					14	
tebuconazool / trifloxystrobin					21					14	
tepraloxydim					21	35				28	
thiram											
trifloxystrobin				3	14				3	14	

* De veiligheidstermijn kan per gewas, seizoen, dosering en/of middel verschillen, raadpleeg de gebruiksaanwijzing van het gebruikte middel.

rabarber	rammenas	roodlof	rucola	sjalot	sla - bindsla, kropsla, krulsla	sla - ijsbergsla	sluitkolen - rode kool, savooiekool, spitskool, witte kool	snijboon	sperzieboon	spinazie	spruitkool	tuinboon/veldboon	ui	veldsla
					14	14	14				14		14	
					21						21			
	7			7	7	7	7	1	1	7	7		7	7
							7				7			
								21	21					
				21		14	14			14	14		21	
				28							14		14	
				14			14				14		14	
				7									7	
				90									90	
												28	21	
					7	7								
	7			7	14	14	7				7		7	
							21				21			
														14
				14	14	14							14	
				14			10		10		7		14	
										28				
				28					56			56	28	
				7-28*									7-28*	
													14	
													28	
							1				28			
			21	21	21	21	14	14	14		14		21	
				28									28	
				7			7				7		7	
				14									14	
				28									28	
				14	14	14							14	
			7		7	7								
				28									28	
7	7	7			7	7	7	4-7	4	7	4	4		7
					7-21	21	14				14			
							21				21			
					14	14	14							
				56			42				42		56	
				7			3				3		7	
					7	7	3				3			
							21				21			
							21				21			
				28			21						28	
					28	28								
							14				14			

4.4.2 Groenteteelt, bedekte teelt

Tabel 24. Veiligheidstermijnen (dagen) voor toegelaten werkzame stoffen in de bedekte groenteteelt.

werkzame stof(fen)	algemeen	amsoi, paksoi	andijvie krulandijvie	aubergine	augurk	bleekselderij	bloemkool	broccoli	cayenne peper	chinese broccoli	chinese kool
abamectin	21			3	3				3		21
acetamiprid				3	3						
azoxystrobin				1	1		14	14			
Bacillus thuringiensis subsp. aizawai		7	7	1	1	7	7	7			7
Bacillus thuringiensis subsp. kurstaki							7	7			7
bentazon											
bifenazaat				1	1						
bitertanol											
boscalid / kresoxim-methyl					1						
boscalid / pyraclostrobin			21	1			14	14		14	
bupirimaat					1						
chloorthalonil					3	28					
clofentezin											
cyprodinil / fludioxonil			7								
cyromazin		14		1		14					
deltamethrin				3	3		7	7			
dimethomorf											
esfenvaleraat							7	7			
ethefon											
etoxazool				3							
fenbutatinoxide				3	3						
fenhexamide				1	1						
flubendiamide					1						
fosetyl / fosetyl-aluminium / propamocarb				3							
glyfosaat	28										
hexythiazox				3	3						
imazalil				1-3*							
indoxacarb				1	1						
iprodion	21			3	3		14		3		21
kaliumjodide / kaliumthiocyanaat				1							
Lecanicillium muscarium stam ve6				1	1						
mancozeb / metalaxyl-M		28									
mandipropamid											
methiocarb											
methoxyfenozide				1							
piperonylbutoxide / pyrethrinen	2										
pirimicarb		7-14*		1-3*	1-3*	7-14*	7-14*	7-14*			7-14*
propamocarb-hydrochloride				3			14	14			
pymetrozine				1	3						
pyridaben				3	3						
pyridalyl				3							
pyrimethanil											
pyriproxyfen				3							
spinosad				1	1		3				
teflubenzuron				3	3						
thiacloprid				1	1						
thiofanaat-methyl											
tolclofos-methyl											
trifloxystrobin					3						
triflumizool											

* De veiligheidstermijn kan per gewas, seizoen, dosering en/of middel verschillen, raadpleeg de gebruiksaanwijzing van het gebruikte middel.

courgette	daikon	fleskalebas	groenlof	kalebas	knolselderij	knolvenkel	komatsuna	komkommer	koolrabi	korte kousenband	kouseband	kroot	meloen	okra	paprika
3								3			7		3		3
3								3							3
1				3				1					3		1
1					7			1	7		1	7	1		1
1								1							1
3								3							
1		1	1					1					1		
	14														1
1								1							
			28					3					3		
											3				1
3						7		3	7				3		3
									10						
3								3							3
1								1							1
1				1				1					1		1
3								3							3
3								3					3	3	3
1								1-3*					1-3*		
1				1				1					1		1
3				7			21	3					7		3
								1							1
1								1					1		1
													3		
															1
1-3*			7	7	7-14*			1-3*	7-14*	7-14*	7-14*	3			1-3*
3								3				3			3
3								3					1	1	1
3								3							3
															3
															3
1								1					1		1
3								3					3		
1								1							1
													3		
3	3			3				3	1	1			3		1
1								1							

werkzame stof(fen)	patisson	peen	peul	pompoen	postelein	prei	pronkboon	rabarber	radijs	rammenas	roodlof	rucola
abamectin	3			3			7		14			
acetamiprid												
azoxystrobin		10		3								
Bacillus thuringiensis subsp. *aizawai*	1	7							7	7		
Bacillus thuringiensis subsp. *kurstaki*												
bentazon			21									
bifenazaat												
bitertanol												
boscalid / kresoxim-methyl				1								
boscalid / pyraclostrobin		28							14	14		14
bupirimaat												
chloorthalonil												
clofentezin												
cyprodinil / fludioxonil												
cyromazin							3					
deltamethrin									7			
dimethomorf												14
esfenvaleraat												
ethefon												
etoxazool												
fenbutatinoxide												
fenhexamide	1											
flubendiamide	1			1								
fosetyl / fosetyl-aluminium / propamocarb	3								14			
glyfosaat												
hexythiazox				3								
imazalil												
indoxacarb	1			1								
iprodion	7	28	3	7			3		14			14
kaliumjodide / kaliumthiocyanaat												
Lecanicillium muscarium stam ve6												
mancozeb / metalaxyl-M												
mandipropamid												7
methiocarb												
methoxyfenozide												
piperonylbutoxide / pyrethrinen												
pirimicarb	1-3*	7-14*	7-14*		7-14*	7-14*	7-14*	7	7-14*	7-14*	7	
propamocarb-hydrochloride	3											
pymetrozine	3			1								
pyridaben												
pyridalyl												
pyrimethanil												
pyriproxyfen												
spinosad				1								3
teflubenzuron												
thiacloprid	1											
thiofanaat-methyl												
tolclofos-methyl												
trifloxystrobin	3			3			1					

* De veiligheidstermijn kan per gewas, seizoen, dosering en/of middel verschillen, raadpleeg de gebruiksaanwijzing van het gebruikte middel.

sla - bindsla, ijsbergsla, kropsla, kruisla	slangkalebas	sluitkolen - rode kool, savooiekool, spitskool, witte kool	snijboon	spaanse peper	sperzieboon	spinazie	spruitkool	squash	tomaat	tuinkers	ui	veldsla	watermeloen	witlof
14			7	3	7				3			14	3	
				3					3					
		14		1			14	1	1					
7			1	1	1	7			1			7		
				1					1					
									3					
	1							1						
14		14					14		1			21		
							14		3					
									3					
7									3					
14			3	1	3				1			14		
14		7					7		3			14		
14												14		
		10			10		7							
									7					
									3					
									3					
		1		1	1				1					
				1				1	1					
21									3					
														28
				3					3					
									1					
				1				1	1					
50		14	3	3	3				3				7	
									1					
				1					1					
28														
7														
				1					1					
7-28*		7-14*	4-14*	1-3*	4-14*	7-14*	4		1-3*		7-14*	7-14*		7-14*
14-21*		14					14		3					
14*				1					1					
									3					
				3					3					
									1					
									3					
3		3*		1					1		3	14	1	
									3					
				1					1					
28												28		
7	3		1	1	1			3	1					

4.5 Veiligheidstermijnen kruidenteelt

Tabel 25. Veiligheidstermijnen (dagen) voor toegelaten werkzame stoffen in de kruidenteelt.

werkzame stof(fen)	algemeen	bladselderij	blauwmaanzaad	echte kervel	engelwortel	maggiplant	peterselie	wollig vingerhoedskruid
abamectin	14							
Bacillus thuringiensis subsp. *aizawai*	7	7					7	
boscalid / pyraclostrobin	14							
chloorthalonil		28					28	
cyromazin	14							
difenoconazool		14					14	
dimethomorf	14						14	
fosetyl / fosetyl-aluminium / propamocarb	21							
glyfosaat	7-28*							
iprodion	14-21*							
mancozeb / metalaxyl-M	28							
pirimicarb	7-10*	7-14*		7	7	7	7-14*	7
prosulfocarb			75					
pymetrozine	14							
spinosad	3							
trifloxystrobin	7							

* De veiligheidstermijn kan per gewas, seizoen, dosering en/of middel verschillen, raadpleeg de gebruiksaanwijzing van het gebruikte middel.

4.6 Veiligheidstermijnen eetbare paddenstoelen

Tabel 26. Veiligheidstermijnen (dagen) voor toegelaten werkzame stoffen in de teelt van eetbare padden-stoelen.

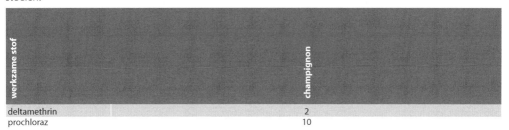

werkzame stof	champignon
deltamethrin	2
prochloraz	10

4.7 Veiligheidstermijnen particulier groen

Tabel 27. Veiligheidstermijnen (dagen) voor toegelaten werkzame stoffen in het particulier groen.

werkzame stof(fen)	moestuin bedekt	moestuin onbedekt	aardappel	aardbei	andijvie, krulandijvie	appel	aubergine	augurk	blauwe bes	bleekselderij
azoxystrobin							1	1		
chloorthalonil								3		28
fenhexamide			1				1	1	7	
florasulam / fluroxypyr / fluroxypyr-meptyl										
fluopicolide / propamocarb / propamocarb-hydrochloride			7							
folpet										
glyfosaat	28					28				
imidacloprid						14				
mandipropamid			3		7					
piperonylbutoxide / pyrethrinen	2	2								
tebufenpyrad						7				
thiacloprid			14	3		14			3	
triadimenol						7				
zwavel						7				

werkzame stof(fen)	loganbes	mais	meloen	paprika	patisson	peen	peer	peterselie	pompoen	prei
azoxystrobin			3	1		10			3	21
chloorthalonil			3					28		14
fenhexamide	7			1	1					
florasulam / fluroxypyr / fluroxypyr-meptyl										
fluopicolide / propamocarb / propamocarb-hydrochloride										
folpet										
glyfosaat		28					28			
imidacloprid							14			
mandipropamid										
piperonylbutoxide / pyrethrinen										
tebufenpyrad							7			
thiacloprid	3						14			
triadimenol										
zwavel							7			

bloemkool	boerenkool	braam, framboos	broccoli	courgette	druif	grassen	groenlof	kalebas	kers	knolselderij	komkommer	kroot	kruisbes
14	14		14	1				3			1		
										28	3		
		7		1	21				3		1		7
						7							
									4				
							7						
		3							14			35	3
					14								
													7

pruim	rode of witte bes, zwarte bes	roodlof	rucola	sla - bindsla, ijsbergsla, kropsla, kruisla	sluitkool - rode kool, savooiekool, spitskool, witte kool	spaanse peper	spruitkool	squash	suikerbiet	taybes	tomaat	ui
				14	14	1	14	1			1	14
											3	14
3	7					1					1	
									28			28
		7	7	7								
14	3								35	3		
	28											

4.8 Wachttijden voor herbiciden, alle teelten

Tabel 28. Wachttijden (dagen) voor toegelaten werkzame stoffen met herbicide werking.*

werkzame stof(fen)	aardappel	anemoon soorten	appel	asperge	bladselderij	bloemkool	boerenkool	braakliggend bollenland	broccoli	cymbidium soorten	dille	droge boon	droog te oogsten erwten	echte kervel	fresia soorten	gewone zonnebloem	gipskruid soorten	gladiool soorten
diflufenican / isoproturon																		
linuron	120	120	120	120	120					90	120	120	120	120	90	120	90	120
MCPA								56										
metazachloor	180					180	180		180									

*Raadpleeg de gebruiksaanwijzing voor meer gedetailleerde informatie.

hyacint	incalelie soorten	knolselderij	korenbloem soorten	maggiplant	oostindische kers	pastinaak	peen	peer	peterselie soorten	roos soorten	sluitkolen - rode kool	sluitkolen - savooiekool	sluitkolen - spitskool	sluitkolen - witte kool	spruitkool	tuinboon/veldboon	vlas	vlas soorten	wintergerst	winterkoolzaad	wintertarwe	wouw
																			120	120		
120	90	120	120	120	120	120	120	120	120	90						120	120	120				120
											180	180	180	180	180			180				

4.8 Wachttijden herbiciden

4.9 Wachttijden voor gazon en sportveld

Tabel 29. Wachttijden (dagen) voor toegelaten werkzame stoffen op gazons en sportvelden.

werkzame stof(fen)	algemeen	golfgreen	openbaar gazon	openbaar sportveld
aluminium-fosfide			3	3
bentazon			7	7
deltamethrin				14
esfenvaleraat				5
florasulam / fluroxypyr / fluroxypyr-meptyl			7	7
glyfosaat	7			
magnesiumfosfide			3	3
MCPA			7	7

Bijlagen

Bijlage 1. Digitale informatiebronnen

De bestrijdingsmiddelendatabank van het Ctgb

De Bestrijdingsmiddelendatabank van het Ctgb is een openbare databank met gegevens over alle bestrijdingsmiddelen in Nederland. De volledige teksten van alle relevante Collegebesluiten over toelatingen, wijzigingen, verlengingen en beëindigingen zijn in de Bestrijdingsmiddelendatabank opgenomen. Per middel zijn het actuele Wettelijke Gebruiksvoorschrift (WG) en de Gebruiksaanwijzingen (GA) van alle toegelaten en vervallen middelen te vinden. In de bestrijdingsmiddelendatabank kan gezocht worden op:

- het toelatingsnummer
- de naam van het bestrijdingsmiddel
- de werkzame stof(fen)
- de toelatingshouder
- datum ondertekening besluit
- de status van het middel (toegelaten/vervallen)
- de bestrijdingsmiddelencategorie
- expiratiedatum

Het internetadres van de bestrijdingsmiddelendatabank is http://www.ctgb.nl.

Bijlage 2. Adressen

Nederlandse Voedsel en Waren Autoriteit

Nederlandse Voedsel en Waren Autoriteit
voorheen Plantenziektenkundige Dienst (PD)
Postbus 9102, 6700 HC Wageningen
Tel.: 0317 496911, F: 0317 421701
pd.info@minlnv.nl
www.nieuwevwa.nl

Toelating gewasbeschermingsmiddelen

College voor de Toelating van gewasbeschermingsmiddelen en biociden (Ctgb)
Postbus 217, 6700 AE Wageningen
T: 0317 471810, F: 0317 471899
post@ctgb.nl
www.ctgb.nl

Ministeries betrokken bij de toelating van gewasbeschermingsmiddelen

Ministerie van Economische zaken, Landbouw en innovatie (EL&I)

Directie Agroketens en Visserij
Postbus 20401, 2500 EK Den Haag
T: 070 3786868, F: 070 3786100
www.minlenv.nl

Directie natuur, Landschap en Platteland
Postbus 20401, 2500 EK Den Haag
T: 070 3785004, F: 070 3786120

Ministerie van Infrastructuur en Milieu (I&M)
Postbus 20901, 2500 EX Den Haag
T: 070 3393939, F: 070 4561111
www.minvenw.nl

Ministerie van Sociale Zaken en Werkgelegenheid (SZW)
Postbus 90801, 2509 LV Den Haag
T: 070 3334444, F: 070 3334033
www.rijksoverheid.nl/ministeries/szw

Ministerie van Volksgezondheid, Welzijn en Sport
Postbus 20350, 2500 EJ Den Haag
Telefoon: 070 3407911
F: 070 3407834
www.rijksoverheid.nl/ministeries/vws

Instanties betrokken bij toezicht/controle op naleving van de bestrijdingsmiddelenwetgeving

IG Nederlandse Voedsel en Waren Autoriteit (NVWA)
Postbus 43006, 3540 AA Utrecht
T: 088 2233333
email: info@vwa.nl
www.vwa.nl

Inspectie SZW
(samenvoeging van Arbeidsinspectie, Inspectie Werk en Inkomen en Sociale Inlichtingen- en Opsporingsdienst)
Postbus 820, 3500 AV Utrecht
T: 0800 2700000, F: 070 3336161
www.inspectieszw.nl/

Inspectie Leefomgeving en transport
(voorheen VROM-inspectie en Inspectie Verkeer en Waterstaat)
Hoofdkantoor
Postbus 16191, 2500 BD DEN HAAG
Telefoon: 088 4890000
www.vrominspectie.nl

Onderzoeksinstellingen

Agro Research International B.V.
Kladde 24, 4664 TC Lepelstraat
T: 0164 630405, F: 0164 630598
info@agroresearch.nl
www.agroresearch.nl

Agrotechnology and Food Sciences Group
Postbus 17, 6700 AA Wageningen
T: 0317 480084, F: 0317 483011
info.afsg@wur.nl
www.afsg.wur.nl

Alterra
Postbus 47, 6700 AA Wageningen
T: 0317 480700, F: 0317 419000
info.alterra@wur.nl
www.alterra.nl

Botany BV
Van Vlattenstraat 115, 5975 SE Sevenum
info@botany.nl
www.botany.nl

Hilbrands Laboratorium voor Bodemziekten (HLB)
Kampsweg 27, 9418 PD Wijster
T: 593 582 828, F: 593 582 829
info@hlbbv.nl
www.hlbbv.nl

Innoventis B.V.
Postbus 1077, 8300 BB Emmeloord
T: 0527 631515, F: 0527 631510
info@Profytodsd.nl, info@innoventis.nl
www.profyto.nl, www.innoventis.nl

Instituut voor Rationele Suikerproductie (IRS)
Postbus 32, 4600 AA Bergen op Zoom
T: 0164 274400, F: 0164 250962
irs@irs.nl
www.irs.nl

Nederlandse Organisatie voor Toegepast
Natuurwetenschappelijk Onderzoek (TNO)
Postbus 6000, 2600 JA Delft
T: 088 8660866, F: 015 2612403
wegwijzer@tno.nl
www.tno.nl

Plant Research International (PRI)
Postbus 16, 6700 AA Wageningen
T: 0317 486001, F: 0317 418094
info.pri@wur.nl
www.pri.wur.nl

Praktijkonderzoek Plant en Omgeving (PPO)
Sector Akkerbouw, Groene ruimte en Vollegrondsgroenten
Postbus 430, 8200 AK Lelystad
T: 0320 291111, F: 0320 230479
infoagv.ppo@wur.nl
www.ppo.wur.nl

Sector Bloembollen en sector Bomen
Postbus 85, 2160 AB Lisse
T: 0252 462121, F: 0252 462100
infobollen.ppo@wur.nl; infobomen.ppo@wur.nl
www.ppo.dlo.nl

Sector Fruit
Postbus 200, 6670 AE Zetten
T: 0488 473702, F: 0488 473717
infofruit.ppo@wur.nl
www.ppo.dlo.nl

Animal Sciences Group
Postbus 65, 8200 AB Lelystad
T: 0320 238238, F: 0320 238050
info.livestockresearch@wur.nl
www.asg.wur.nl

Proefbedrijf Gewasbescherming De Bredelaar B.V.
Breedlersestraat 7, 6662 NP Elst (Gld)
T: 0481 462379, F: 0481 465225

Proeftuin Zwaagdijk
Tolweg 13, 1681 ND Zwaagdijk
T: 0228 563164, F: 0228 563029
proeftuin@proeftuinzwaagdijk.nl
www.proeftuinzwaagdijk.nl

Rijksinstituut voor Volksgezondheid en Milieu (RIVM)
Postbus 1, 3720 BA Bilthoven
T: 030 2749111, F: 030 2742971
info@rivm.nl
www.rivm.nl

Rikilt
Postbus 230, 6700 AE Wageningen
T: 0317 480256, F: 0317 417717
info.rikilt@wur.nl
www.rikilt.wur.nl

Stichting Proefboerderijen Noordelijke Akkerbouw
Hooge Zuidwal 1, 9853 TJ Munnekezijl
T: 0594 688615, F: 0594 688460
info@spna.nl
www.spna.nl

Wageningen UR Glastuinbouw
Postbus 20, 2665 ZG Bleiswijk
Tel. 0317 485606, F: 010 5225193

Postbus 644, 6700 AP Wageningen
T: 0317 486001, F: 0317 418094
glastuinbouw@wur.nl
www.glastuinbouw.wur.nl

Andere diensten en instellingen

Artemis
Brederolaan 34, 2692 DA 's-Gravenzande
T: 0174 415388, F: 0174 418601
info@artemisnatuurlijk.nl
www.artemisnatuurlijk.nl

BLGG AgroXpertus
Postbus 170, 6700 AD Wageningen
T: 088 8761010, F: 088 8761011
klantenservice@blgg.agroxpertus.nl
www.blgg.agroxpertus.nl

Bibliotheek Wageningen UR
Postbus 9100, 6700 HA Wageningen
T: 0317 484440, F: 0317 484761
servicedesk.library@wur.nl
library.wur.nl

Bloembollenkeuringsdienst (BKD)
Postbus 300, 2160 AH Lisse
T: 0252 419101, F: 0252 417856
info@bkd.eu
www.bkd.eu

Buizer Advies
De Welle 48, 8939 AT Leeuwarden
T: 058 2990530
F: 058 2990529
info@buizeradvies.nl
www.buizeradvies.nl

Centrum voor Landbouw en Milieu (CLM)
Postbus 62, 4100 AB Culemborg
T: 0345 470700, F: 0345 470799
info@clm.nl
www.clm.nl

Dienst Landbouw Voorlichting Adviesgroep NV (DLV Plant)
Postbus 7001, 6700 CA Wageningen
T: 0317 491578, F: 0317 460400
info@dlvplant.nl
www.dlvplant.nl

Hoofdproductschap Akkerbouw (HPA)
Postbus 29739, 2502 LS Den Haag
T: 070 3708708, F: 070 3708444
info@hpa.agro.nl
www.hpa.nl

Kenniscentrum Dierplagen (KAD)
Postbus 350, 6700 AJ Wageningen
T: 0317 419660, F: 0317 414595
info@kad.nl
www.kad.nl

Koninklijke Algemene Vereniging voor Bloembollencultuur (KAVB)
Postbus 175, 2180 AD Hillegom
T: 0252 536950, F: 0252 536951
kavb@kavb.nl
www.kavb.nl

Linge Agroconsultancy BV
Breedlersestraat 7, 6662 NP Elst (Gld)
T: 0481 466213, F: 0481 465225
info@lingeagroconsultancy.nl
www.lingeagroconsultancy.nl

LTO Groeiservice
Postbus 183, 2665 ZK Bleiswijk
T: 070 3075050, F: 070 3075051
info@groeiservice.nl
www.groeiservice.nl

LTO Nederland
Postbus 29773, 2502 LT Den Haag
T: 070 3382700, F: 070 3382710
info@lto.nl
www.lto.nl

LLTB
Postbus 960, 6040 AZ Roermond
Telefoon: 0475 381777, F: 0475 333243
E-mail. info@lltb.nl
www.lltb.nl

LTO Noord
Postbus 240, 8000 AE Zwolle
Telefoon: 088 888 6644, F: 088 888 6640
info@ltonoord.nl
www.ltonoord.nl

LTO Noord Glaskracht Nederland
Postbus 51, 2665 ZH Bleiswijk
T: 010 8008400, F: 010 8008440
info@ltonoordglaskracht.nl
www.ltonoordglaskracht.nl

Milieu Programma Sierteelt (MPS)
Postbus 533, 2675 ZT Honselersdijk
T: 0174 615715, F: 0174 632059
info@my-mps.com
www.my-mps.com

Nederlandse Algemene Keuringsdienst voor zaaizaad en pootgoed van landbouwgewassen (NAK)
Postbus 1115, 8300 BC Emmeloord
T: 0527 635400, F: 0527 635411
nak@nak.nl
www.nak.nl

Nederlandse Algemene Kwaliteitsdienst Tuinbouw (NAK tuinbouw)
Postbus 40, 2370 AA Roelofarendsveen
T: 071 3326262, F: 071 3326363
info@naktuinbouw.nl
www.naktuinbouw.nl

Nederlandse Bond van Boomkwekers (NBvB)
Per 1 januari 2011 zijn alle activiteiten overgedragen aan LTO-Nederland en haar gewesten LTO Noord, ZLTO en LLTB

Nederlandse Fruittelers Organisatie (NFO)
Postbus 344, 2700 AH Zoetermeer
T: 079 3681300, F: 079 3681355
info@nfofruit.nl
www.nfofruit.nl

Nederlandse Stichting voor Fytofarmacie (Nefyto)
Postbus 80523, 2508 GM Den Haag
T: 070 7503115, F: 070 3544631
nefyto@nefyto.nl
www.nefyto.nl

Plantum NL
Postbus 462, 2800 AL Gouda
T: 0182 688668, F: 0182 688667
info@plantum.nl
www.plantum.nl

Productschap Tuinbouw (PT)
Postbus 280, 2700 AG Zoetermeer
T: 079 3470707, F: 079 3470404
info@tuinbouw.nl
www.tuinbouw.nl

Unie van Waterschappen (UvW)
Postbus 93218, 2509 AE Den Haag
T: 070 3519751, F: 070 3544642
info@uvw.nl
www.uvw.nl

Vereniging Agrodis
Postbus 80523, 2508 GM Den Haag
T: 070 7503117, F: 070 3544631
agrodis@agrodis.nl
www.agrodis.nl

Vereniging van Hoveniers en Groenvoorzieners (VHG)
Postbus 1010, 3990 CA Houten
T: 030 659 55 50, F: 030 659 56 55
info@vhg.org
www.vhg.org

Vereniging van Nederlandse Gemeenten (VNG)
Postbus 30435, 2500 GK Den Haag
T: 070 3738393, F: 070 3635682
informatiecentrum@vng.nl
www.vng.nl

Vereniging van Waterbedrijven in Nederland (VEWIN)
Postbus 1019, 2280 CA Rijswijk
T: 070 4144750, F: 070 4144420
info@vewin.nl
www.vewin.nl

Waterdienst Rijkswaterstaat
Postbus 17, 8200 AA Lelystad
T: 0320 298411, F: 0320 249218
info.waterdienst@rws.nl

ZLTO Contactcentrum
T: 073 2173000, F: 073 2173001
info@zlto.nl
www.zlto.nl

Toelatingshouders van gewasbeschermingsmiddelen

AAK   Aako B.V
Postbus 205
3830 AE Leusden
T: 033 4948494, F: 033 4948044
info@aako.nl
www.aako.nl

ACIB   Aci B.V.
Postbus 6323
4000 HH Tiel
T: 0344 635851, F: 0344 635819
info@aci-groep.nl
www.aci-groep.nl

ACTI   Action Non Food B.V.
Perenmarkt 15
1681 PG Zwaagdijk-Oost
T: 0228 565656, F: 0228 565085
www.action.nl

AGC   Agrichem B.V.
Koopvaardijweg 9
4906 CV Oosterhout
T: 0162 431931, F: 0162 456797
info@agrichem.info
www.agrichem.nl

AGOS   Agos Groothandel B.V.
Jutlandsestraat 15
7202 CB Zutphen
T: 0575 545995

AGPH   Agriphar S.A.
Rue de Renory 26/1
B-4102 Ougrée
België
T: +32 4 3859711, F: +32 4 3859749
info@agriphar.com
www.agriphar.com

AGRI   Agrisense-BCS Limited
Treforest Industrial Estate
Pontypridd CF37 5SU South Wales
Groot-Brittanië
T: +44 1443 841155, F: +44 1443 841152
agrisales@agrisense.co.uk
www.agrisense.co.uk

AGRR   Agri Retail
Galvanistraat 100
6716 AE Ede (Gld)
T: 0318 432000
www.agriretail.nl

AKZO   AKZO Nobel Coatings B.V.
Rijksstraatweg 31
2171 AJ Sassenheim
T: 071 3086944, F: 071 3082002
info@akzonobel.com
www.akzonobel.com

ALBA   Albaugh UK Ltd.
Manor Farm
Eddlethorpe Malton
North Yorkshire Y017 9QT
Verenigd Koninkrijk

ARC   Bomendienst
Postbus 177
7300 AD Apeldoorn
T: 055 5999444, F: 055 5338844
bomendienst@btl.nl
www.bomendienst.nl

ARCT   Arch Timber Protection B.V.
Saltshof 1004
6604 EA Wijchen
T: 024 3772430, F: 024 3781043
holz.info@lonza.com
www.archtp.info

ARES   Ares Europe B.V.
Sniep 71
1112 AJ Diemen
T: 020 41060618

ARYS   Arysta LifeScience Europe
Route d'Artix, BP 80, 64150 Nogueres
France
www.arystalifescience.com

ASF   Asef Team B.V.
Calandstraat 1
2521 AD Den Haag
T: 070 3884002, F: 070 3883540
info@asefbv.nl
www.asefbv.nl

ASP   Asepta B.V.
Cyclotronweg 1
2629 HN Delft
T: 015 2569210, F: 015 2571901

AVF   Avf Water Treatment B.V.
van Konijnenburgweg 84
4612 PL Bergen op Zoom
T: 0164 212835, F: 0164-212831
info@avf.dehon.com
www.waterbron.nl

BAN   Bayer CropScience SA-NV
Postbus 231
3641 RT Mijdrecht
T: 0297 280666, F: 0297 284165
info@bayercropscience.nl
www.bayercropscience.nl

BAS   Basf Nederland B.V. Divisie Agro
Postbus 1019
6801 MC Arnhem
T: 026 3717171, F: 026 3717122
www.agro.basf.nl

BAT   PokonNaturado
Dynamostraat 22-24, 3903 LK Veenendaal
T: 0318 521605
http://www.bartuin.nl/

BEBO   Beaphar Nederland B.V.
Postbus 120
5320 AC Hedel
T: 073 5998600, F: 073 5998690
www.beaphar.nl

BELC Belchim Crop Protection N.V./S.A.
Technologielaan 7
1840 Londerzeel
België
T: +32 52 300906
F +32 52 301135
www.belchim.com

BIBB Biobest
Ilse Velden 18
2260 Westerlo
België
T: +32 14 257980, F: +32 14 257982
info@biobest.be
www.biobest.be

BICL Bio Clean All
Postbus 342
2240 AH Wassenaar
T: 070 5116019, F: 070 5141357
info@biocleanall.nl
www.biocleanall.nl

BIOI Bio Services International BVBA
Jagershoek 13
B-8570 Vichte
België
T: +32 56772434, F: +32 56772435
info@bioservice.be
www.bioservice.be

BIPA BELCHIM Crop Protection nv/sa
Technologielaan 7
B-1840 Londerzeel
België
T: +32 52 300906
F: +32 52 301135
www.belchim.com

BKM Brinkman Agro B.V.
Postbus 301
2690 AH 's-Gravenzande
T: 0174 446100, F: 0174 446150
agro@brinkman.nl
www.brinkman.com

BOCO Boco Chemie B.V.
Emmaweg 58
1241 LH 's-Graveland
T: 035 6561402, F: 035 6563554
boco@boco.nl
www.boco.nl

BRIN Brinkman Tuinbouw Techniek B.V.
Postbus 302
2690 AH 's-Gravenzande
T: 0174-446446, F: 0174 446 304
info@brinkmantechniek.nl

BSI BioServices International
Jagershoek 13
8570 Vichte
België
T: +32 56 772434, F: +32 56 772435
nederland@bsi-procucts.be
www.bioservice.be

CBC CBC (Europe) Ltd
7-8, Garrick Industrial Centre
Irving Way, West Hendon
London NW9 6AQ
Verenigd Koninkrijk
T: +44 020-8732-3310, F: +44 020-8202-3387
info@cbcuk.com
www.cbceurope.com

CERE Cerexagri B.V.
Tankhoofd 10
3196 KE Vondelingenplaat
T: 010 4725100, F: 010 4382613
www.cerexagri.nl

CERT Certis Europe bv
Postbus 1180
3600 BD Maarssen
T: 0346 290600, F: 0346 290601
info@certiseurope.nl
www.certiseurope.nl

CHEA Cheminova A/S
Postboks 9
7620 Lemvig
Denemarken
T: +45 96 909690, F: +45 96 909691
info@cheminova.dk
www.cheminova.com

CHEI Chemion Bvba
Nijverheidszone, Begijnenmeers 37
1770 Liedekerke
België
T: +32 53 662142, F: +32 53 662661

CHEM Chempropack B.V.
Donker Duyvisweg 45
3316 BL Dordrecht
T: 078 6183500, F: 078 6180768
info@chempropack.nl
www.chempropack.nl

CHIA Chimac-Agriphar S.A.
Rue de Renory 26
4102 Ougrée
België
T: +32 41 301711, F: +32 41 301749
info@agriphar.com
www.agriphar.com

CHMT ChemMate B.V.
Postbus 55
7570 AB Oldenzaal
T: 0541 744033, F: 0541 744034
order@chemmate.eu
www.chemmate.nl

CHRY Chrysal Benelux
Gooimeer 7
1411 DD Naarden
T: 035-6955888, F: 035-6955822
info@chrysal.nl

CID CID Lines SA
Waterpoortstraat 2
8900 Ieper
België
T: +32 57217877, F: +32 57217879
www.cidlines.com

CITR Citrex Europe B.V.
De Drieslag 30
8251 JZ Dronten
T: 0321 387925, F: 0321 313514
info@citrex.nl

CLPR Chemtech Chemicals B.V.
Breevaartstraat 71
3044 AG Rotterdam
T: 010 4120974, F: 010 4124706
info@chemtec.nl
www.chemtec.nl

COBE Compo Benelux nv
Filliersdreef 14
9800 Deinze
België
T: +32 9 3818383, F: +32 9 3867713
www.compo.be

CPAP CP Agro (Ireland) PYT Ltd.
Arthur Cox Building, Earlsfort Terrace
Dublin 2
Ierland

DANA Danagri DK ApS.
Øster Løgumvej 88
6230 Rødekro
Denemarken
info@danagri.dk
www.danagri.dk

DASI Dasic Holland B.V.
Mijlweg 47
3295 KG 's-Gravendeel
T: 078 6733966, F: 078 6736025
info@dasic.nl
www.dasic.nl

DEE Handelsonderneming Degesch Benelux
Postbus 1186
5004 BD Tilburg
T: 013 4635470, F: 013 4675170

DENK Denka Registrations B.V.
Postbus 337
3770 AH Barneveld
T: 0342 455455, F: 0342 490587
info@denka.nl
www.denka.nl

DILE JohnsonDiversey B.V.
Postbus 40441
3504 AE Utrecht
T: 030 2476911, F: 030 2476317
http://www.johnsondiversey.com/Cultures/nl-NL

DNK Denka International B.V.
Postbus 337
3770 AH Barneveld
T: 0342 455455, F: 0342 490587
info@denka.nl
www.denka.nl

DOWA Dow Agrosciences B.V.
Postbus 48
4542 NM Hoek
T: 0115 671234, F: 0115 672423
http://www.dow.com/benelux/index.htm

DUP Dupont De Nemours (Nederland) B.V.
Postbus 145 St.18M
3300 AC Dordrecht
T: 078 6301011, F: 078 6301998
dupontagro@nld.dupont.com
http://www2.dupont.com/Crop_Protection/nl_NL

EEA Cerexagri B.V.
Postbus 6030
3196 XH Vondelingenplaat
T: 010 4725100, F: 010 4725318
contact@cerexagri.com
www.cerexagri.nl/

ECH Eurochemie B.V.
Postbus 263
7570 AG Oldenzaal
T: 0541 530300, F: 0541 530204
www.eurochemie.nl

ECOS Ecostyle B.V.
Postbus 14
8426 ZM Appelscha
T: 0516 432122, F: 0516 433113
professioneel@ecostyle.nl
www.ecostyle.nl

ECPO Eco Point International B.V.
Postbus 137
4660 AC Halsteren
T: 0164 632550, F: 0164 632556
info@eco-point.nl
www.eco-point.com

ENHO Enhold B.V.
Postbus 5300
1410 AH Naarden
Nederland
T: 035 6955831, F: 035 6955866
ineke.soest@enhold.nl

EWET E. van de Wetering Handelsonderneming
Naell Tynnegieterstraat 41
6821 EW Arnhem
T: 026-3516819, F: 026-4461171
info@nerta-oost.nl
www.nerta-oost.nl

EXOS Exosect Ltd.
Colden Common
Winchester SO21 1TH
Hampshire
England
T: +44 8451995540, F: +44 8451995538
info@exosect.com
www.exosect.com

FAL Fine Agrochemicals Ltd
Hill End House,
Whittington, Worcester WR5 2RQ
Engeland
T: +44 1905 361800, F: +44 1905 361810
enquire@fine-agrochemicals.com
www.fine-agrochemicals.com

FEIN Feinchemie Schwebda GmbH
Edmund-Rumpler Strasse 6
D-51149 Köln
Duitsland
T: +49 22035039000, F: +49 22035039199
info@fcs-feinchemie.com
www.fcs-feinchemie.com

FIA Fine Agrochemicals Limited
Hill End House,
Whittington, Worcester WR5 2RQ
Engeland
T: +44 1905 361800, F: +44 1905 361810
enquire@fine-agrochemicals.com
www.fine-agrochemicals.com

FLOR Florissant B.V.
Rietwijkeroordweg 15
1432 JG Aalsmeer
T: 0297 343603, F: 0297 368753
info@ufosupplies.nl
www.ufosupplies.nl

FLUE
Flügel GmbH
Westerhöferstrasse 45
D-37520 Osterode am Harz
T: +49 552231910, F: +49 5522319128
Duitsland
info@fluegel-gmbh.de
www.fluegel-gmbh.de

FMC FMC Corporation
Boulevard de la Plaine 9
1050 Brussels
Belgium
T: +32 2 6459584, F: +32 26459655
www.fmc.com

FOOD Eco2Clean B.V.
Postbus 58
3960 BB Wijk bij Duurstede
T: 0343 595460, F: 0343 595464
info@eco2clean.nl
www.eco2clean.nl

FORM Formula Installatie Services B.V.
Postbus 257
6170 AG Stein
T: 046 4110202, F: 046 4111971
info@formula-group.nl
www.formula-group.nl

FRIS Frisson Reinigingsproducten
Houtwijk 29-37
8251 GD Dronten
T: 0321315361, F: 0321319843
www.rnd-homecare.nl

FRVE Frans Veugen Bedrijfshygiëne B.V.
Pannenweg 329
6031 RK Nederweert
T: 0495 460188, F: 0495 460186
www.fransveugen.nl

FUCH Fuchshuber Agrarhandel GmbH
Mühlbachstrasse 151
A-4063 Hörsching
Oostenrijk
T: +43 7221 72151, F: +43 7221 73616
www.fuchshuber.com

GAMM Intergamma Nederland B.V.
Postbus 100
3830 AC Leusden
Nederland
T: 033 4348111, F: 033 4348100
www.intergamma.nl

GLOB Globachem N.V.
Lichtenberglaan 2019
BE-3800 Sint-Truiden
België
T: +32 11 785717, F: +32 11 681565
globachem@globachem.com
www.globachem.com

GOEM Goëmar Laboratoires S.A.
CS 41908 St-Jouan des Geúrets
35419 Saint Malo cedex
France
T: +33 299191919
www.goemar.com

GROB Grobé Nederland B.V.
Postbus 113
9750 AC Haren
T: 050 5352717, F: 050 3080839

HBV B.V. Chemicaliënhandel HBV
Postbus 93
3130 AB Vlaardingen
T: 010 4343911, F: 010 4602436
info@hbvchemie.nl
www.hbvchemie.nl

HELI Helichem B.V.
Postbus 4006
5950 AA Belfeld
T: 077 3590999, F: 077 3590998
info@helichem.nl
www.helichem.nl

HERM Hermoo Belgium N.V.
Lichtenberglaan 2045
B-3800 Sint-Truiden
België
T: +32 11 686866, F: +32 11 671205
hermoo@hermoo.be
www.hermoo.be

HFY Profyto B.V.
Postbus 1077
8300 BB Emmeloord
T: 0527 631515, F: 0527 631510
info@profytodsd.nl
www.profyto.nl

HGI HG International B.V.
Postbus 30078
1303 AB Almere
T: 036 5494700, F: 036 5494744
www.hg.eu

HOET Hoetmer B.V.
Postbus 1
3300 AA Dordrecht
T: 078 6350720, F: 078 6133029

HOLL Holland Fyto B.V.
Postbus 1077
8300 BB Emmeloord
T: 0527 631500, F: 0527 631501
info@hollandfyto.nl
www.hollandfyto.nl

HOM Homburg Chemicals B.V.
Postbus 12
7390 AA Twello
T: 0571 261996, F: 0571 261667
www.homburg-chemicals.nl

HORT Hortipack Polska Sp. z.o.o.
Bydgoska 14
62-005 Owinska
Polen
T: +61 8126508, F: +61 8126506
biuro@hortipack.pl

HUCH Huchem Special Products B.V.
Feenselweg 10
9541 CX Vlagtwedde
T: 0599-312345, F: 0599-313616
info@huchem.nl
www.huchem.nl

HUN Huntjens B.V.
Veilingweg 23
6247 EP Gronsveld
043 4083663
huntjens@huntjensbv.nl

HYP Hypred S.A.
55, Boulevard Jules Verger
BP 10180
F-35803 Dinard Cedex
Frankrijk
T: +33 299165000, F: +33 299165020
www.hypred.fr

INGA Intergamma Nederland B.V.
Postbus 100
3830 AC Leusden
Nederland
T: 033 4348111, F: 033 4348100
www.intergamma.nl

INTR Intratuin Nederland B.V.
Postbus 228
3440 AE Woerden
T: 0348 439100, F: 0348 439109
info@intratuin.nl
www.intratuin.nl

ISK ISK Biosciences Europe S.A.
Avenue Louise 480 12B
B-1050 Brussel
België
T: +32 26278611, F: +32 26278600

ITIC Iticon N.V.
Werfkaai 14
8380 Zeebrugge-Brugge
België
T: +32 50550777, F: +32 50550716
iticon@iticon.com

JAS Janssen Pharmaceutica N.V.
Turnhoutseweg 30
B-2340 Beerse
België
T: 32 14602111, F: +32 14602841
www.janssenpharmaceutica.be

KLC Klaverblad Chemicaliën V.O.F.
Havenweg 24
8256 BH Biddinghuizen
T: 0321 332544

KOLB Dr. W. Kolb Nederland B.V.
Postbus 123
4790 AC Klundert
T: 0168 387080, F: 0168 330481
info@kolb.ch
www.kolb.ch

KPP Koppert B.V.
Postbus 155
2650 AD Berkel en Rodenrijs
T: 010 5140444, F: 010 5115203
info@koppert.nl
www.koppert.nl

KREG Kreglinger Europe N.V.
Grote Markt 7
B-2000 Antwerpen
België
T: +32 32222020, F: +32 32222080
info@kreglinger.com
www.kreglinger.com

LCI L.C.I. Productions B.V.
Postbus 38
9350 AA Leek
T: 0594 580231, F: 0594 580252
info@lciproductions.nl
www.lciproductions.nl

LIJN Lijnvast B.V.
Zonnenbergstraat 35
7384 DK Wilp (Gld)
T: 055 5422779 , F: +055 5428937
info@lijnvast.nl
www.lijnvast.nl

LOCO Lonza Cologne GmbH
Nattermannallee 1
DE-50829 Köln
T: +49 221991990, F: +49 22199199111
info.cologne@lonza.com
www.lonza.com

LON Lonza Benelux B.V.
Postbus 3148
4800 DC Breda
T: 076 5425100, F: 076 5424070
contact.nl@lonza.com
www.lonza.com

LUX D.C.M. Nederland.
Valkenburgseweg 62a
2223 KE Katwijk
T: 071 4018844, F: 071 4078993
info@dcmnederland.com
www.dcm-info.com

MAH Makhteshim-Agan Holland B.V.
Postbus 355
3830 AK Leusden
T: 033 4453160, F: 033 4321598
www.makhteshim-agan.nl

MAP MAC-GmbH Agricultural Products
Alte Landstrasse 15
D-88138 Sigmarszell
Duitsland
T: +49 8389921830, F: +49 83899218318
info@macgmbh.de
www.macgmbh.de

MARK A.H. Marks and Company Ltd.
Wyke Lane
Wyke Bradford, BD21 9EJ
West Yorkshire
Engeland
T: +44 1274 691234, F: +44 1274 691176
postmaster@ahmarks.com
www.ahmarks.com

MEGA   Mega Cleaning Products B.V.
De Meeten 41-43
4706 NJ Roosendaal
T: 0165 544100, F: 123 4567892
info@mega-cleaning.nl
www.mega-cleaning.nl

MEL   Melchemie Holland B.V.
Postbus 156
7120 AD Aalten
T:0543 475778

MELL   Mellerud Chemie GmbH
Bernhard-Röttgen-Waldweg 20
41379 Brüggen/Niederrhein
Duitsland
T: +49 2163 950900, F: +49 2163 95090120
service@mellerud.de
www.mellerud.de

MIL   Militex B.V.
Ampèrestraat 3a
1976 BE IJmuiden
T: 0255 531644, F: 0255 532780
info@militex.nl
www.militex.nl

MONA   Monsanto Agriculture France SAS
1, rue Jacques Monod
69673 Bron Cedex
Frankrijk
T: +33 472144040, F: +33 472144141
www.monsanto.com

MONB   Monsanto Europe N.V. (Brussel)
Tervurenlaan 270-272
1150 Brussel
België
T: +32 27767600, F: +32 27767639
www.monsanto.com

MONE   Monsanto Europe N.V.
Tervurenlaan 270-272
1150 Brussel
België
T: +32 27767600, F: +32 27767639
www.monsanto.com

NEUD   W. Neudorff GmbH KG
An Der Mühle 3
31860 Emmerthal
Duitsland
T: +49 51556240, F: +49 51556010
info@neudorff.de
www.neudorff.de

NFO   Nederlandse Fruittelers Organisatie (NFO)
Postbus 344
2700 AH Zoetermeer
T: 079 3681300, F: 079 3681355
info@nfofruit.nl
www.nfofruit.nl

NISN   Nissan Chemical Europe S.A.R.L.
2, rue Claude Chappe
69370 Saint Didier au Mont d'Or
Frankrijk
T: +33 437644020
www.nissanchem.co.jp/english

NISS   Sumitomo Chemical Agro Europe S.A.S.
2, rue Claude Chappe
69370 Saint Didier au Mont d'Or
Frankrijk
T: + 33 478643260, F: + 33 478472545
www.sumitomo-chem.co.jp/english/

NOFI   Novafito S.p.A.
Via Beltrami Fratelli 15
20026 Novate Milanese
Italië
T: +39 2382121, F: +39 238200032

NOVH   NOVAP Handelsmaatschappij B.V.
Rijksweg Zuid 84
6662 KH Elst
T: 0481 378200, F: 0481 351361
http://novaphm.debreyendaal.nl/

NOVO   Novozymes Biologicals France S.A.S.
Parc Technologique des Grillons
78230 Le Pecq
Frankrijk
T: +33 130152840, F: +33 130151545
www.novozymes.com/en/

NUF   Nufarm GmbH & Co KG
St. Peterstrasse 25
A-4021 Linz
Oostenrijk
T: +43 7069182006, F: +43 7069182004
sales@at.nufarm.com
www.nufarm.com

NUFA   Nufarm UK Limited
Wyke Lane
Wyke
Bradford
West Yorkshire BD12 9EJ
Engeland
T: +44 1274691234, F: +44 1274691176
www.nufarm.co.uk

NUFK   Nufarm Deutschland GmbH
Im Mediapark 4d
D-50670 Keulen
T: +49 2211791790, F: +49 22117917955
Duitsland
kontakt@de.nufarm.com
www.nufarm.de

OTSU   Otsuka Chemical Co.Ltd.
3-2-27 Ote-Dori, Chuo-Ku
Osaka, 540-0021
Japan
T: +81 669437701
c_master@otsukac.co.jp
http://www.otsukac.co.jp/en/

OXOI   Oxon Italia S.p.A.
Via Sempione 195
20016 Pero
Italië
T: +39 2353781
scartacci@oxon.it
www.oxon.it

PAR   Cebeco Agrochemie B.V.
Postbus 346
3000 AH Rotterdam
T: 010 2170950, F: 010 4132273
info@cebecoagrochemie.nl
www.cebecoagrochemie.nl

PEAR   Pearl Paint Holland B.V.
Postbus 2365
8203 AH Lelystad
T: 0320 285353, F: 0320 285350
sales@pearlpaint.nl
www.pearlpaint.nl

PLNT   Plantum NL
Postbus 462
2800 AL Gouda
T: 0182 688668, F: 0182 688667
info@plantum.nl
www.plantum.nl

POC   Pokon Naturado
Dynamostraat 22-24
3903 LK Veenendaal
T: 0318 521605, F: 0318 510192
www.pokonnaturado.nl

POLY   Polyplant Limited
40 Hauxton Road
Little Shelford
Cambridge CB2 5HJ
Verenigd Koninkrijk
T: +44 1223849200

PRO   Protex
Leeuwenhoekstraat 34
2652 XL Berkel en Rodenrijs
T: 010 4614213, F: 010 4625495
info@protex.nl
www.protex.nl

PROF   Profan B.V.
De Amstel 18-20
8253 PC Dronten
T: 0321 316158
profan@introweb.nl
www.prospect.nl

PROG   Progema GmbH
Blankschmiede 6
31855 Aerzen
Duitsland
T: +49 515470560, F: +49 51547056299
info@progema.info
www.progema.info

QCHE   Q-chem B.V.
De Trompet 1918
1967 DB Heemskerk
T: 0251 233025, F: 0251 254405
info@qchem.nl
www.qchem.nl

RAH   Rohm And Haas France S.A.S.
23 Avenue Jules Rimet
93631 La Plaine St Denis Cedex
Frankrijk
T: +33 149217878, F: +33 149217979
www.rohmhaas.com

RAME   Ramex CTP
Lidwinahof 15
5801 JW Venray
T: 0478 550301, F: 0478 550302
info@ramexchemie.nl
www.ramexchemie.nl

RECP   Rens Cleaning Products
Dam Bustersstraat 10
4651 SJ Steenbergen
T: 0167 561205
info@reinigingsmiddelen.com
www.reinigingsmiddelen.com

REM   Remmers Bouwchemie B.V.
Postbus 142
7900 AC Hoogeveen
T: 0528 229333, F: 0528 268199
info@remmersbouwchemie.nl
www.remmersbouwchemie.nl

REST   Restrain Comp. Ltd.
Baronielaan 128
4818 RD Breda
T: 06 53869221
dirk_garos@yahoo.co.uk
www.restrain.eu.com/du

RIW   Riwa B.V.
Postbus 2280
4800 CG Breda
T: 076 5484650, F: 076 5426353
info@riwa.nl
www.riwa.nl

ROC   Bichemie B.V.
Postbus 2365
8203 AH Lelystad
T: 0320 285356, F: 0320 285350
advies@bichemie.nl
www.bichemie.nl

ROHP   Rohm And Haas France S.A.S.
23 Avenue Jules Rimet
93631 La Plaine St Denis Cedex
Frankrijk
T: +33 149217878, F: +33 149217979
www.rohmhaas.com

ROW   Rowi-Tiel B.V.
Postbus 188
4000 AD Tiel
T: 0344 614150, F: 0344 624270
info@rowireinigingsproducten.nl
www.rowireinigingsproducten.nl

RZP   Rhizopon B.V.
Postbus 336
2400 AH Alphen aan den Rijn
T: 071 3415146, F: 071 3415829
info@rhizopon.com
www.rhizopon.nl

SAPH   Saphire bvba
Heedstraat 58
B-1730 Asse
België
T: +32 24664444, F: +32 24633658
info@saphire.be
www.saphire.be

SARA   Sara Lee International B.V.
Postbus 2
3500 CA Utrecht
T: 030 2979111
www.saralee.com

SCHO B.N.L. Dienstverlening
Ronde Tocht 42
1507 CK Zaandam
T: 075 6124455, F: 075 6124456

SCOT Everris International B.V.
Postbus 40
4190 CA Geldermalsen
T: 0418 655700, F: 0418 655795
info@everris.com
www.scottsprofessional.com

SIC Sipcam S.p.A.
SS Sempione 195
20016 Pero (MI)
Italië
T: +39 235378400, F: +39 23390275
sipcam@sipcam.it
www.sipcam.it

SIM Simonis B.V. Industrie- en Handelsonderneming
Postbus 620
7000 AP Doetinchem
T: 0314 333700, F: 0314 344167
agrochem@simonisbv.nl
www.simonisbv.nl

SPE Spectro B.V.
Postbus 699
5340 AR Oss
T: 0412 631956, F: 0412 645487
info@spectro.nl
www.spectro.nl

SPOT Spotless Benelux B.V.
Archimedesbaan 18D
3439 ME Nieuwegein
T: 030 6023381, F: 030 6023399
www.spotlessbenelux.nl

STRU Stichting Trustee Bijzondere Toelatingen
Hogeweg 16
2585 JD Den Haag
T: 070 3589221

SUBE Sumitomo Benelux S.A./N.V.
Triumph Building II
Avenue A. Fraiteur 15-23
1050 Brussel
T: +32 25097811, F: +32 25133105
www.sumitomocorpeurope.com

SUMI Sumitomo Chemical Agro Europe S.A.S.
2, rue Claude Chappe
69370 Saint Didier au Mont d'Or
Frankrijk
T: +33 478643260, F: +33 478472545
www.sumitomo-chem.co.jp/english

SUN Petronas Lubricants Netherlands B.V.
Postbus 9362
3007 AJ Rotterdam
T: 010 4836700, F: 010 4790094
info@nl.petronas.com
www.sunoco.nl

SYNG Syngenta Crop Protection B.V.
Postbus 512
4600 AM Bergen op Zoom
T: 0164 225500, F: 0164 225502
www3.syngenta.com/country/nl/nl/

TENS Tensio bvba
Doornpark 36
9120 Beveren
België
T: +32 37554874, F: +32 37555155
www.tensio.be

TEV Tevan B.V.
Postbus 37
4200 AA Gorinchem
T: 0183 621799, F: 0183 622180
info@tevan.com
www.tevan.com

TISP Tristar Industries Special Products B.V.
Hazeldonk 6035
4836 LA Breda
T: 076 5967700, F: 076 5963391
info@reinigingsproducten.nl
www.tristarweb.eu

TOM Tomen France S.A.
18, Avenue De L'Opera
75001 Parijs
Frankrijk
T: +33 142961456, F: +33 142968120

TTH Techno Trading Holland
Postbus 224
1740 AE Schagen
T: 0224 541923
www.technotradingholland.nl

UCN Taminco
Pantserschipstraat 207
9000 Gent
België
T: +32 92541411, F: +32 92541410
www.taminco.com

UCT Chemtura Netherlands BV (eerst Cromptom Europe)
Ankerweg 18
1041 AT Amsterdam
T: 020 5871871, F: 020 5871703
www.chemtura.com

UPL United Phosphorus Limited
Birchwood Park
WA3 6AE Warrington
Groot-Brittannië
T: +44 1925819999, F: +44 1925817425
info.uk@uniphos.com
www.upleurope.com

VAT Vat Onderhouds- en Reinigingsproducten B.V.
Postbus 142
4940 AC Raamsdonksveer
T: 0162 521287, F: 0162 521293
info@vat-raamsdonksveer.nl
www.vat-raamsdonksveer.nl

VEC Vecom Group B.V.
Postbus 27
3140 AA Maassluis
T: 010 5930299, F: 010 5930225
info@vecom-group.com
www.vecom-group.com

VEIP Veip B.V.
Postbus 50
3960 BB Wijk Bij Duurstede
T: 0343 572244, F: 0343 577104
info@veip.nl
www.veip.nl

VERD   Verdera Oy
P.O. Box 5
Kurjenkellontie 5B
02270 Espoo
Finland
T: +358 102173700, F: +358 102173711
infoverdera@lallemand.com
www.verdera.fi/en/

VHS   Visschedijk Facilitair B.V.
Lübeckstraat 1
7575 EE Oldenzaal
T: 0541 288650, F: 0541 288659
info@visschedijk.nl
www.visschedijk.nl

VKKA   VK Bio V.O.F.
Grutto 18
5161 SE Sprang-Capelle
T: 0416 272036, F: 0416 283145
info@vkbio.nl
www.vkbio.nl

VOS   Vossen Laboratories Int. B.V.
Postbus 10053
6000 GB Weert
T: 0495 583400, F: 0495 583481
info@vossenlaboratories.com
www.vossenlaboratories.com

WES   R. Van Wesemael B.V.
Zoutestraat 109
4561 TB Hulst
T: 0114 314853, F: 0114 319555
info@wesemael.nl
www.wesemael.nl

WODC   Woodstream Corporation
P.O. Box 327
Lititz, PA 17543-0327
Verenigde Staten
T: +1 7176262125, F: +1 7176261912
www.woodstream.com

WOF   Wolf-Garten Nederland B.V.
Postbus 32
5240 AA Rosmalen
T: 073 5235850, F: 073 5217614
info@nl.wolf-garten.com
www.wolf-garten.nl

XEDA   Xeda International
RD7 Z.A. La Crau
13670 Saint Andiol
Frankrijk
T: +33 490902323, F: +33 490902320
info@xeda.com
www.xeda.com

ZEND   ZenDac Group B.V.
Pampuslaan 143
1382 JN Weesp
T: 0294 280575, F: 0294 412665
info@zendac.nl
www.zendac.nl

ZEP   Zep Industries B.V.
Vierlinghweg 30
4612 PN Bergen Op Zoom
T: 0164 250100, F: 0164 266710
info@zepbenelux.com
www.zepindustries.eu/nl

Index van plantennamen, objecten en trefwoorden